完全实例自学
·系列丛书·

完全实例自学

AutoCAD 2012 建筑绘图

唯美科技工作室 / 编著

机械工业出版社
CHINA MACHINE PRESS

本书以案例的形式详细介绍了使用 AutoCAD 2012 绘图的方法与技巧。全书共分为两大部分，第一部分为 AutoCAD 2012 绘图基础篇（第 1～5 章），第二部分为 AutoCAD 绘图综合应用篇（第 6～11 章）。

全书以大量的实例对 AutoCAD 2012 绘图的功能进行了一一介绍，并采用了新颖的双栏排版，其中的小栏部分，主要介绍了实例中应用到的软件功能、重点提示、操作技巧以及建筑绘图标准等，使读者以理论结合实例的方法进行系统的学习。本书附赠一张超大容量的多媒体教学光盘，其中包括软件视频教学，以及书中所有实例的操作视频，使读者能对书中内容进行直观的学习，提高学习效率。

本书可操作性强，循序渐进，易学易会，是广大计算机初、中级用户以及各类相关职业学校、计算机培训班的首选学习教材，同时也可作为建筑绘图领域从业人员的参考用书。

图书在版编目（CIP）数据

完全实例自学 AutoCAD 2012 建筑绘图/唯美科技工作室编著.
—北京：机械工业出版社，2012.4
（完全实例自学系列丛书）
ISBN 978-7-111-37840-2

Ⅰ. ①完… Ⅱ. ①唯… Ⅲ. ①建筑制图—计算机辅助设计—AutoCAD 软件
Ⅳ. ①TU204

中国版本图书馆 CIP 数据核字（2012）第 052396 号

机械工业出版社（北京市百万庄大街 22 号　邮政编码 100037）
策划编辑：张晓娟　　责任编辑：张晓娟　罗子超
版式设计：墨格文慧　责任印制：乔　宇
三河市宏达印刷有限公司印刷
2012 年 7 月第 1 版第 1 次印刷
184mm×260mm · 26 印张 · 643 千字
0 001—4 000 册
标准书号：ISBN 978-7-111-37840-2
　　　　　ISBN 978-7-89433-535-7（光盘）
定价：55.00 元（含 1DVD）

凡购本书，如有缺页、倒页、脱页，由本社发行部调换

电话服务
社服务中心：(010) 88361066
销售一部：(010) 68326294
销售二部：(010) 88379649
读者购书热线：(010) 88379203

网络服务
门户网：http://www.cmpbook.com
教材网：http://www.cmpedu.com

前　言

AutoCAD 是现代计算机绘图的主要软件之一，目前它的最新版本是 AutoCAD 2012。使用 AutoCAD 绘图不但可以提高绘图精度，缩短设计周期，还可以成批量地生产建筑图形，缩短出图周期。在建筑设计行业中，熟练掌握 AutoCAD 专业绘图软件，已经成为建筑设计师们必须具备的一项基本能力。

本书以典型实例制作为主，全面而详细地介绍了使用 AutoCAD 2012 的建筑绘图知识以及技巧。通过本书的学习，读者可以快速、全面地掌握 AutoCAD 2012 的使用方法和绘图技巧，并且可达到融会贯通、灵活运用的目的。

全书共分为两大部分，第一部分为绘图基础篇（第 1～5 章），包括 AutoCAD 2012 建筑基础绘图，建筑绘图的编辑与修改，建筑注释、标注及表格，建筑实体建模，建筑实体修改 5 章内容，为初学者打好坚实的绘图基础；第二部分为绘图综合应用篇（第 6～11 章），包括建筑平面图、建筑立面图、建筑三视图、建筑剖视图与剖视详图、绘制生活小物件以及建筑公共设施 6 章内容，通过实例使读者巩固第 1～5 章的基础知识，并绘制更加专业、形象的复杂图形。希望通过各种典型的实例，能使读者触类旁通、举一反三，更好、更轻松地掌握 AutoCAD。

本书区别于同类书的最大特点是配以理论知识介绍的小栏部分，使读者能够有针对性地进行系统的学习，实现活学活用的目的。在基础篇章的小栏中，主要讲解软件的各项功能、操作技巧、重点提示以及疑难解答等；在综合应用篇的小栏中，主要讲解建筑绘图的理论知识、操作技巧、重点提示、疑难解答以及建筑术语等。

另外，本书配有超大容量的 DVD 多媒体光盘，其中包括教学和实例演示两部分，教学部分是对 AutoCAD 2012 的各项功能进行系统的多媒体教学；实例演示部分包括了书中所有实例的操作演示过程。书 + 光盘的配套学习，对于没有任何使用 AutoCAD 软件基础的读者，也可以轻松快速地学习软件，掌握操作技术。

本书由唯美科技工作室组织编写，参加编写的人员有钱江、钱力军、叶卫东、田新、王锦、褚杰、李卫、袁江、刘伟、高玉雷、李亚玲、李斌、刘健、王瑞云、孙永涛、王兰娣、金水仙、朱秀君、王银兰等。由于时间仓促，书中难免有纰漏和不当之处，敬请广大读者批评指正。

本书以循序渐进、细致、全面、直观的特点向广大读者展示了 AutoCAD 的设计魅力。通过对本书的学习，将会对 AutoCAD 中的各种应用技巧应用自如，再加上读者的灵感与创意，一定会制作出精准完美的作品。

编　者

目　　录

第 1 章 AutoCAD 2012 建筑基础绘图

基础绘图是 AutoCAD 图形设计的最基本操作。在众多绘图命令中，一部分是二维绘图命令，它们是绘制二维图形和三维图形的基础，使用这些命令可以绘制出各种基本的图形。本章以介绍二维绘图功能为主，以实际操作来讲解软件功能。本章的小栏部分主要讲解 AutoCAD 二维绘图的相关理论知识。

本章讲解的实例及主要功能如下：

实　例	主要功能	实　例	主要功能	实　例	主要功能
绘制大门	矩形、圆 直线	绘制发光的太阳	圆、圆弧 直线	绘制风车	圆、直线 通过夹点缩放线段、圆弧 图案填充
绘制带花纹的地砖	多边形、圆弧 图案填充	绘制栅栏	多段线 直线、移动	绘制篮球场	矩形、直线 圆、圆弧 删除
绘制渐变填充	椭圆 渐变填充	绘制气压图	样条曲线	绘制剖面图	直线 图案填充

本章在讲解实例的过程中，全面系统地介绍了建筑基础绘图的相关知识和操作方法，包含的内容如下:

实例 1-1　绘制大门

作为本书的第一个实例，我们来绘制一个简单的大门图形，以帮助读者对 AutoCAD 有个初步的认识。实例中包含门框、门把手和门上的花纹等，主要应用了矩形、圆、直线等功能。实例效果如图 1–1 所示。

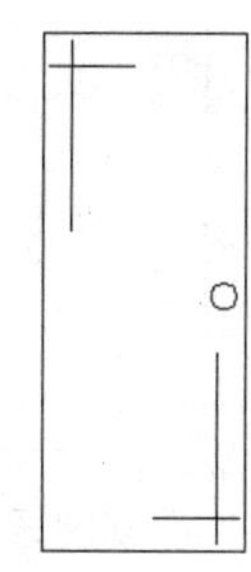

图 1–1　大门效果图

操作步骤

1 启动 AutoCAD 2012，即可新建一个空白文档，工作界面如图 1–2 所示。

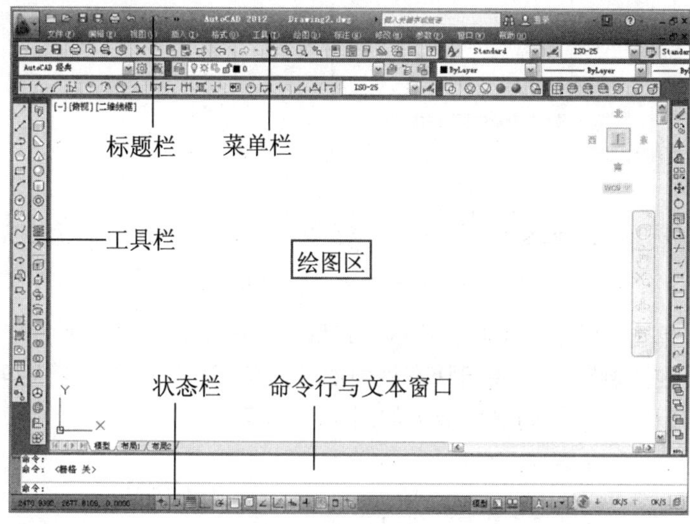

图 1–2　工作界面

2 单击“绘图”工具栏中的“直线”按钮，绘制一个长方形，长为 800、宽为 2000，如图 1–3 所示。

① 在绘图区域中指定第一个角点

图 1–3　绘图门框

实例 1-1 说明

- 知识点：
  - 矩形
  - 圆
  - 直线
- 视频教程：
  光盘\教学\第 1 章 AutoCAD 2012 建筑基础绘图
- 效果文件：
  光盘\素材和效果\01\效果\1-1.dwg
- 实例演示：
  光盘\实例\第 1 章\绘制大门

相关知识　AutoCAD 工作界面

AutoCAD 2012 经典版的工作界面主要由标题栏、菜单栏、工具栏、绘图区、命令行与文本窗口和状态栏 6 个主要部分组成。

1. 标题栏

标题栏位于窗口的最顶端，用于管理图形文件，显示当前正在运行的程序名及文件名等信息。

2. 菜单栏

AutoCAD 中菜单栏与 Windows 系统下程序的风格类同，单击任一主菜单即可弹出其相应的子菜单，选择相应的选项即可执行或启动该命令。

3. 工具栏

工具栏是菜单栏中各个功能的快捷表达按钮，工具栏的应用可以大大提高绘图效率。

4. 绘图区

绘图区是 AutoCAD 的工作区域，所有的绘图操作都要在这个区域中进行。

5. 命令行与文本窗口

命令行与文本窗口位于绘图区的下方，用于接收用户输入的命令，并显示 AutoCAD 系统信息，提示用户进行相应的命令操作。

6. 状态栏

状态栏位于 AutoCAD 工作界面的最底部，用来显示当前的状态或提示，如命令和功能按钮的说明、当前鼠标指针所处的位置等。

相关知识 菜单栏的分类

菜单栏上的命令或按钮，可以根据不同的方式分为以下 5 类：

- 不带内容符号的菜单项：单击该项将直接执行或启动该命令。
- 菜单项后跟有快捷键：表示按下该快捷键也可执行此命令。
- 带有三角符号的菜单项：表明该菜单项下还有子菜单，单击命令后就可以打开子菜单。

② 在光标的提示框后输入坐标（800，2000）

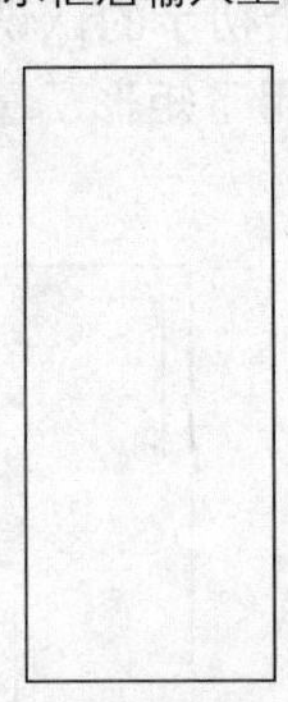

③ 绘制完成

图 1–3 绘制门框（续）

3 单击“绘图”工具栏中的“圆”按钮，在门的适当位置，绘制一个半径为 50 的圆作为门把手，如图 1–4 所示。

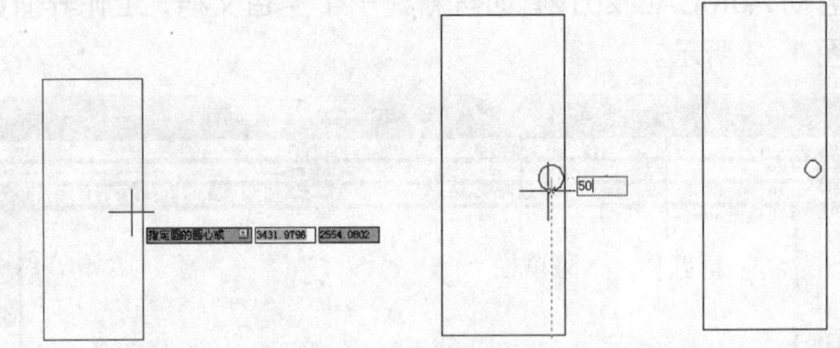

① 在门的适当位置指定圆心 ② 输入半径 50 ③ 门把手绘制完成

图 1–4 绘制门把手

4 单击“绘图”工具栏中的“直线”按钮，绘制门上的花纹。在绘制前，先关闭状态栏中的“对象捕捉”功能，然后再进行绘制，得到最终效果如图 1–5 所示。

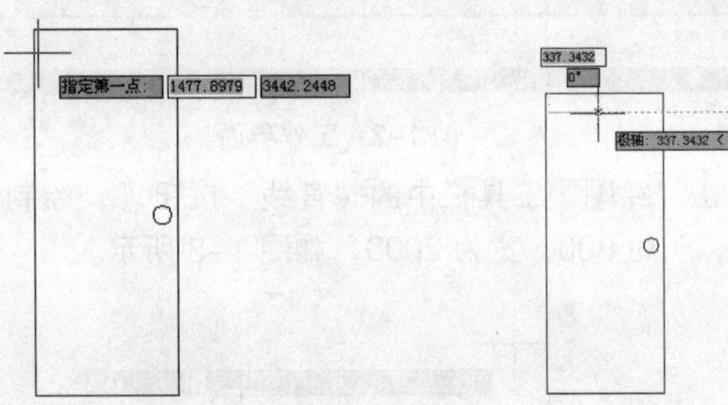

① 指定第一条直线的起点 ② 沿水平线极轴拉长直线

图 1–5 绘制门上的花纹

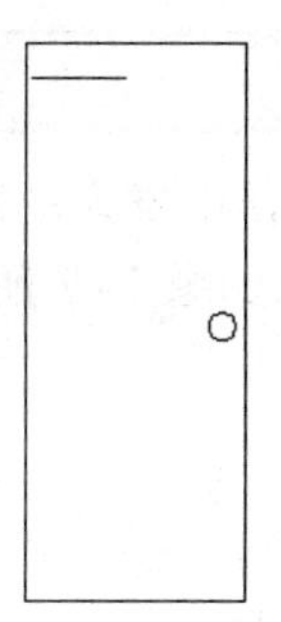

③ 绘制成一条水平线段

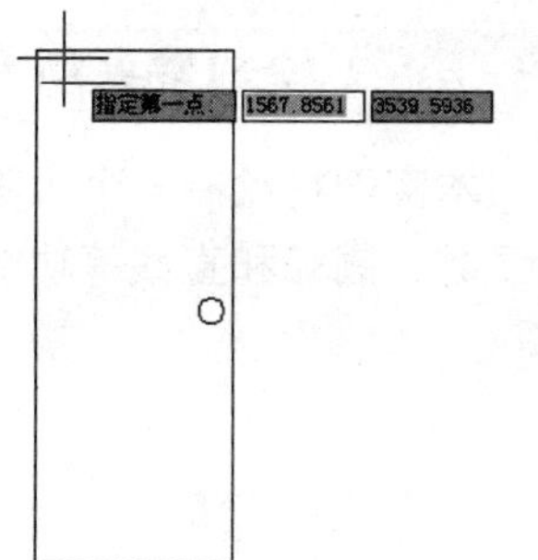

④ 指定第二条直线的起点

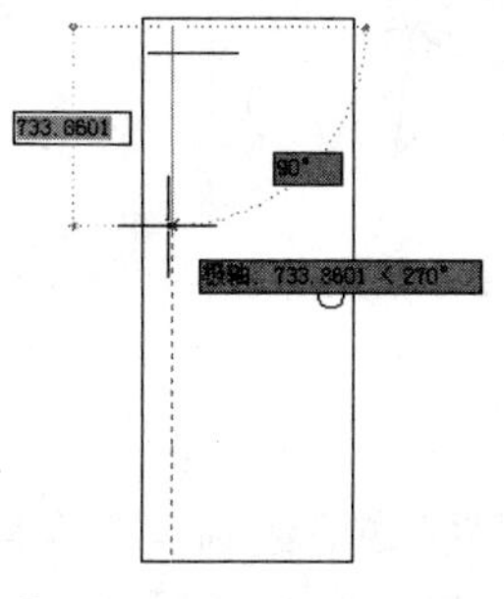

⑤ 沿垂直极轴拉长直线

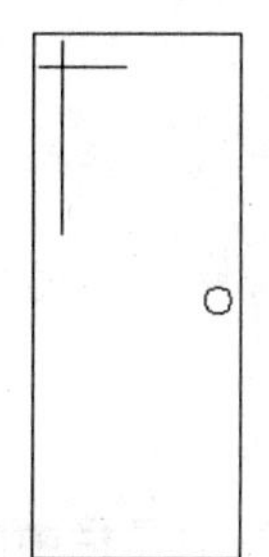

⑥ 绘制成一条垂直直线

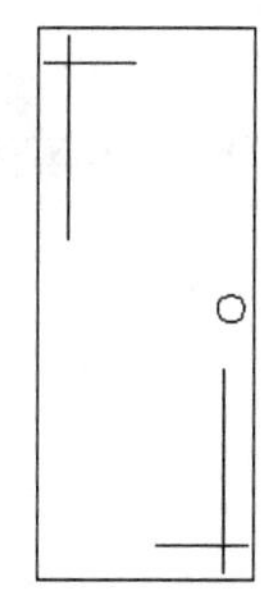

⑦ 用同样的方法，再绘制两条直线

图 1-5　绘制门上的花纹（续）

5 单击“标准”工具栏中的“保存”按钮，打开“图形另存为”对话框，在“文件名”文本框中输入名称“大门”，设置好存储位置后，单击“保存”按钮即可，如图 1-6 所示。

图 1-6　“图形另存为”对话框

- 带有省略号的菜单项：表示选择该菜单项将弹出一个对话框或面板。
- 菜单项呈灰色：表示该命令在当前状态下不可用，需要相应的状态才能激活该命令。

相关知识　**怎样管理图形文件**

与 Windows 操作系统中的其他图形图像软件一样，AutoCAD 中的图形也是以文件的形式存在并管理的。图形文件的管理主要是创建文件、打开已有文件、保存文件、关闭文件等操作。

相关知识　**创建图形文件**

在启动 AutoCAD 2012 后，系统会自动创建一个默认名为 Drawing1.dwg 的文件。

操作技巧　**创建图形文件的操作方法**

可以通过以下 5 种方法来执行“创建图形文件”操作：

- 选择“菜单浏览器”→“新建”命令。
- 单击状态栏上的“新建”按钮。

- 选择“文件”→“新建”菜单命令。
- 单击“标准”工具栏中的“新建”按钮。
- 在命令行中输入“new”后，按回车键。

实例 1-2 说明

知识点：

- 圆
- 圆弧
- 直线

视频教程：

光盘\教学\第1章 AutoCAD 2012建筑基础绘图

效果文件：

光盘\素材和效果\01\效果\1-2.dwg

实例演示：

光盘\实例\第1章\发光的太阳

相关知识 打开图形文件

该功能用于打开已经存在的图形文件。在找不到路径，但知道文件名的情况下，可以使用搜索功能查找出需要的文件。

操作技巧 打开图形文件的操作方法

可以通过以下5种方法来执行“打开图形文件”操作：

- 选择“菜单浏览器”→“打开”命令。

实例 1-2 绘制发光的太阳

本实例将绘制一个太阳的图形，并作出发光的效果，主要应用了圆、圆弧和直线等功能。实例效果如图1-7所示。

图1-7 发光的太阳效果图

操作步骤

1 单击“绘图”工具栏中的“圆”按钮，绘制一个半径为300的圆，当做太阳的脸，如图1-8所示。

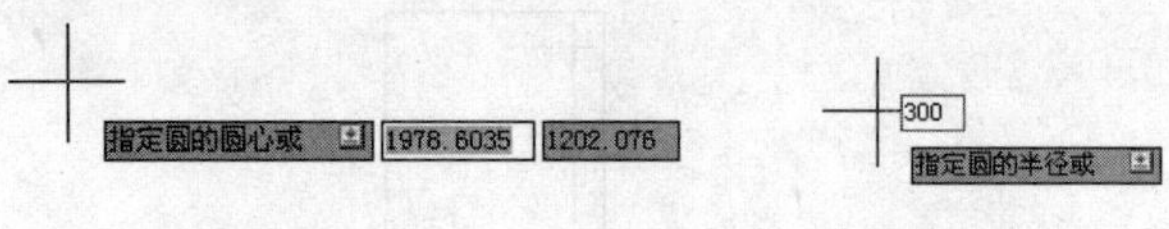

① 指定圆心　　② 输入半径值300

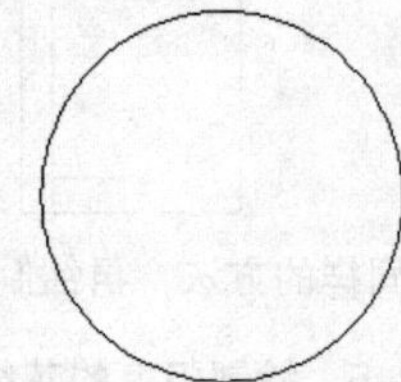

③ 绘制完成

图1-8 绘制圆脸

2 单击“绘图”工具栏中的“圆弧”按钮，绘制两段圆弧，当做太阳的眼睛，如图1-9所示。

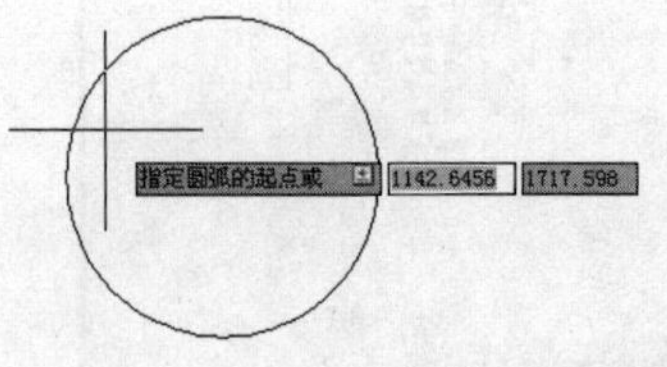

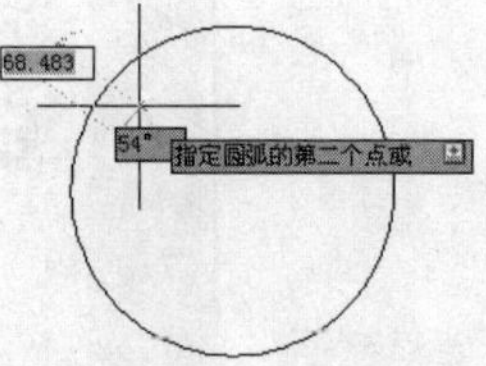

① 指定圆弧的起点　　② 指定圆弧的过渡点

图1-9 绘制眼睛

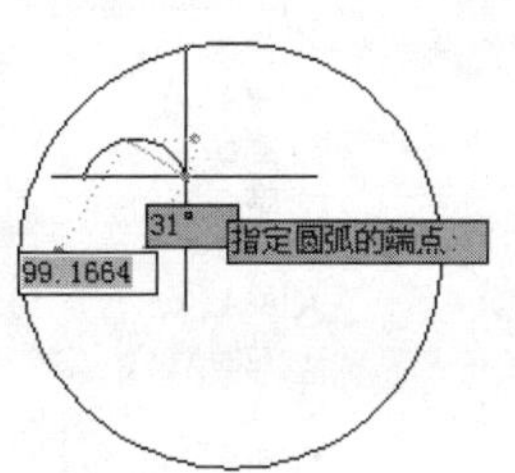

③ 指定圆弧的终点

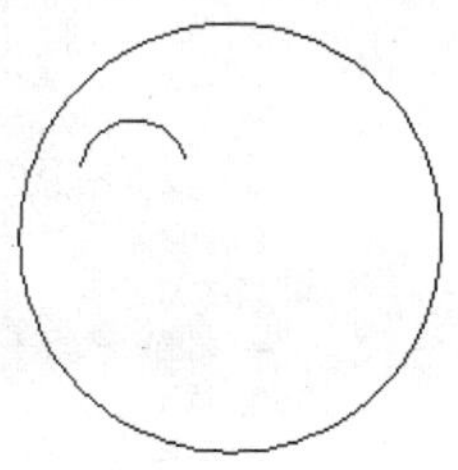

④ 绘制完成

⑤ 用同样的方法绘制另一只眼睛

图 1-9 绘制眼睛（续）

3 再次单击“绘图”工具栏中的“圆弧”按钮，用同样的方法再绘制太阳的嘴巴，如图 1-10 所示。

① 指定圆弧的起点

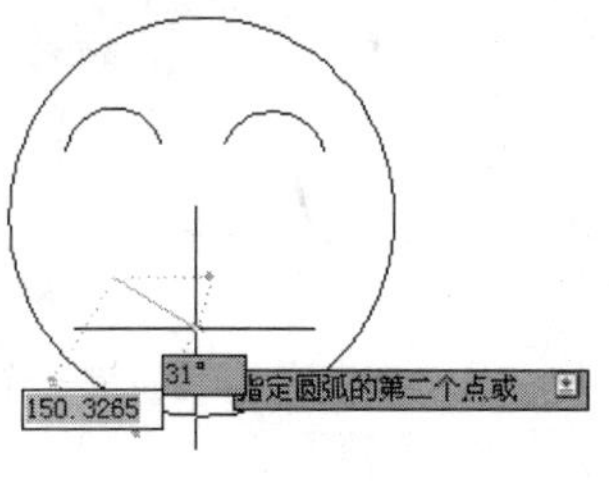

② 指定圆弧的过渡点

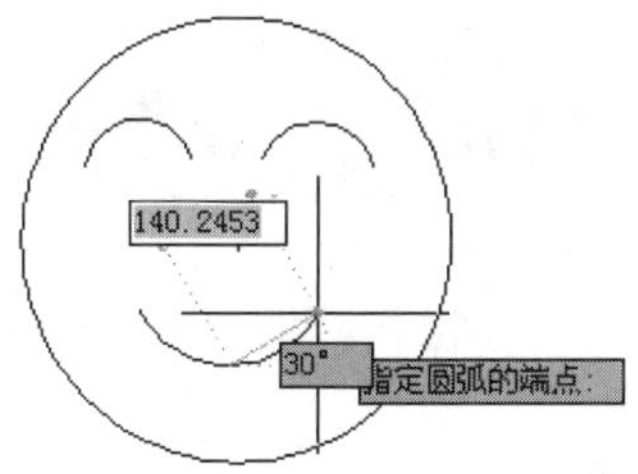

③ 指定圆弧的终点

④ 绘制完成

图 1-10 绘制嘴巴

4 将光标指向状态栏中的“对象捕捉”按钮后，单击鼠标右键，在弹出的快捷菜单中关闭“圆心”、“切点”命令，打开“最近点”命令。一次只能执行一个操作，如果一次不能到位，只要反复鼠标右键单击“对象捕捉”按钮即可，如图 1-11 所示。

- 单击状态栏上的“打开”按钮。
- 选择“文件”→“打开”菜单命令。
- 单击“标准”工具栏中的“打开”按钮。
- 在命令行中输入“open”后，按回车键。

相关知识 **保存图形文件**

在保存文件时，用户最好重新设置文件名和存储文件的路径，以方便查看或修改。

操作技巧 **保存图形文件的操作方法**

可以通过以下5种方法来执行“保存图形文件”操作：

- 选择“菜单浏览器”→“保存”命令。
- 单击状态栏上的“保存”按钮。
- 选择“文件”→“保存”菜单命令。
- 单击“标准”工具栏中的“保存”按钮。
- 在命令行中输入“qsave”后，按回车键。

重点提示 **保存与另存为的区别**

第一次保存文件时，这两

个功能没有区别。但在第二次或以后的操作中，保存是用于替换已保存过的文件；而另存为是在不替换之前文件的前提下，另外存储为一个新的文件，但是在同一个文件夹下，另存的文件名不能和原来的文件名相同。

相关知识 **关闭图形文件**

用户在没有保存文件的情况下，系统会弹出提示对话框，询问是否保存文件。单击“是”按钮会保存文件并关闭图形文件；单击“取消”按钮即退出关闭文件操作。

操作技巧 **关闭图形文件的操作方法**

可以通过以下3种方法来执行“关闭图形文件”操作：

- 选择“菜单浏览器”→“关闭”命令。
- 单击绘图区右上角的“关闭”按钮。
- 在命令行中输入“close”后，按回车键。

相关知识 **什么是点**

点是绘图中最基本的元素，任何图形都是由点构成的。

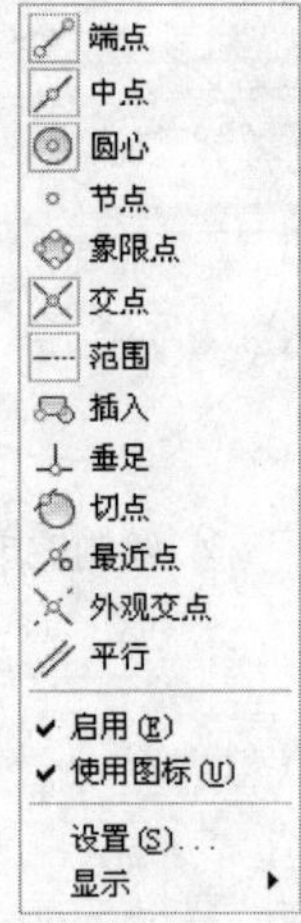

①“对象捕捉”快捷菜单更改前

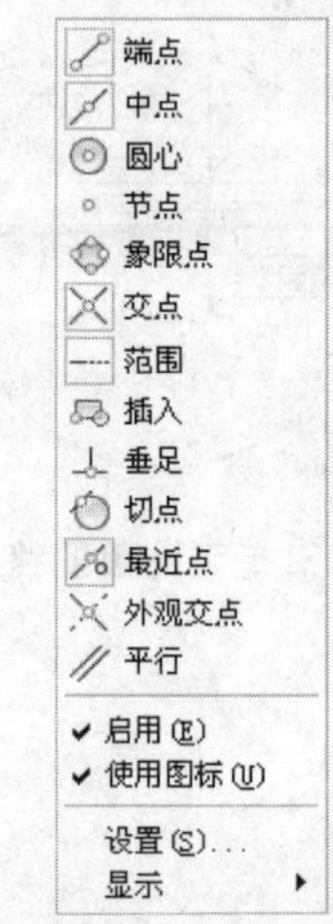

②“对象捕捉”快捷菜单更改后

图 1-11 调整对象捕捉

5 单击“绘图”工具栏中的“直线”按钮，绘制太阳所发出的光。这里要求随意绘制，不求对称，如图 1-12 所示。

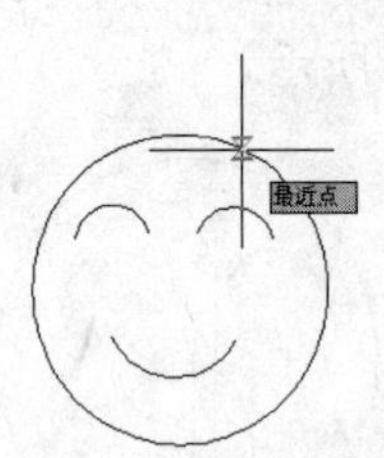

① 指定直线的第一个点

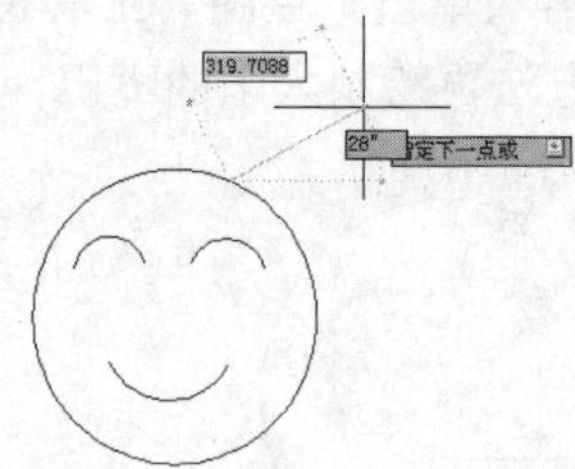

② 指定直线的第二个点

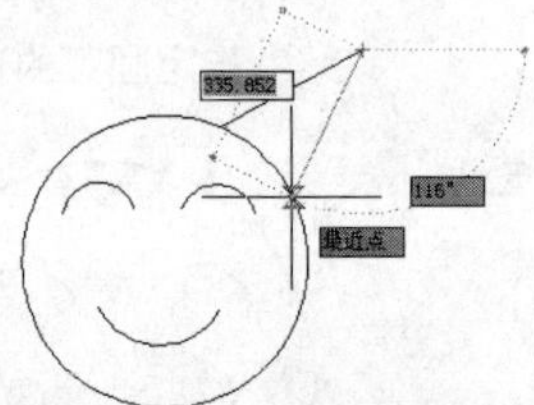

③ 指定直线的第三个点

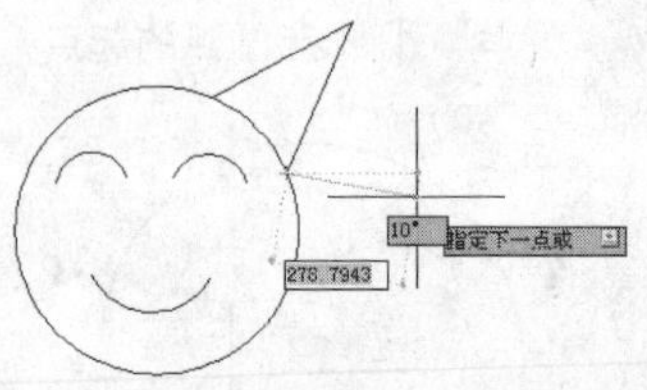

④ 指定直线的第四个点

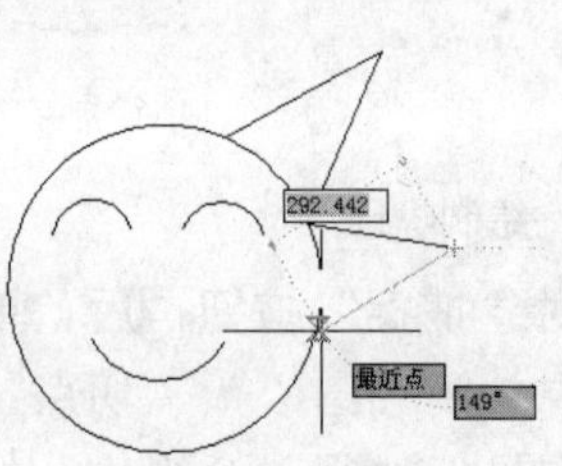

⑤ 指定直线的第五个点

⑥ 重复操作，完成绘制

图 1-12 绘制太阳所发出的光

实例 1-3　绘制风车

本实例将制作一个风车图形，其中包含中心轴与彩色的风车叶片，主要应用了圆、直线、通过夹点缩放线段、圆弧、图案填充等功能。实例效果如图 1–13 所示。

图 1–13　风车效果图

操作步骤

1 单击“绘图”工具栏中的“圆”按钮，绘制一个半径为 50 的圆，当做风车的中心轴，如图 1–14 所示。

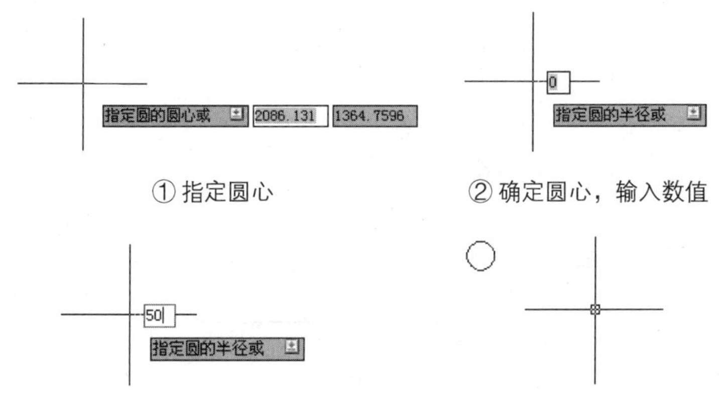

图 1–14　绘制中心轴

2 单击“绘图”工具栏中的“直线”按钮，以圆心为起点，沿水平极轴向右绘制一条长为 700 的直线，如图 1–15 所示。

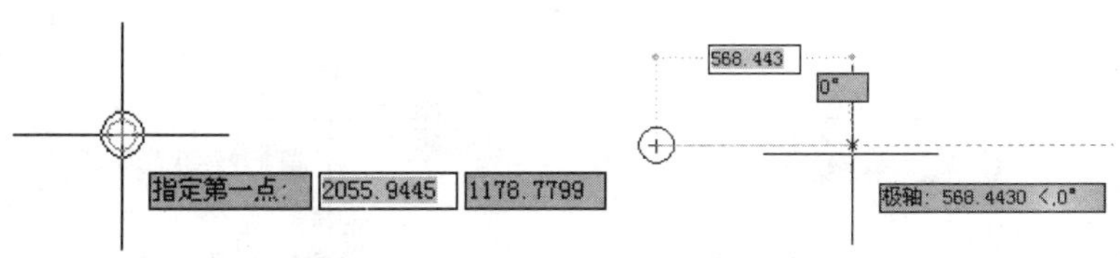

图 1–15　绘制长度为 700 的直线

实例 1-3 说明

- 知识点：
  - 圆
  - 直线
  - 通过夹点缩放线段
  - 圆弧
  - 图案填充
- 视频教程：

  光盘\教学\第 1 章 AutoCAD 2012 建筑基础绘图
- 效果文件：

  光盘\素材和效果\01\效果\1-3.dwg
- 实例演示：

  光盘\实例\第 1 章\绘制风车

操作技巧　点的操作方法

可以通过以下 3 种方法来执行“点”操作：

- 选择“绘图”→“点”→“单点”或“多点”菜单命令。
- 单击“绘图”工具栏中的“点”按钮。
- 在命令行中输入“point”后，按回车键。

相关知识　怎样设置点

在绘图时，点的大小和样式都是按系统默认设置的。也可以选择“格式”→“点样式”菜单命令，在系统弹出的“点样式”对话框中，可以设置点的形状和大小。

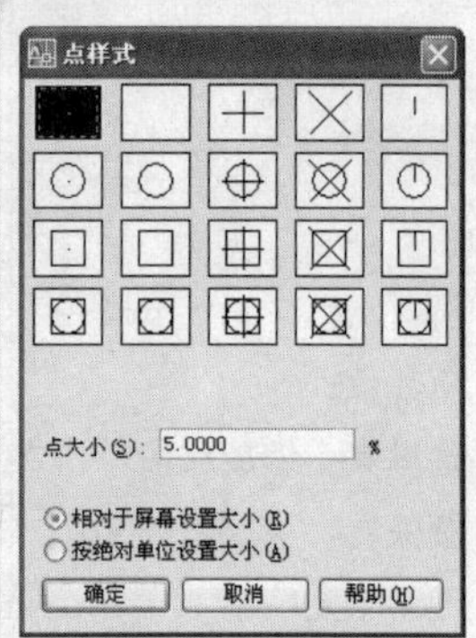

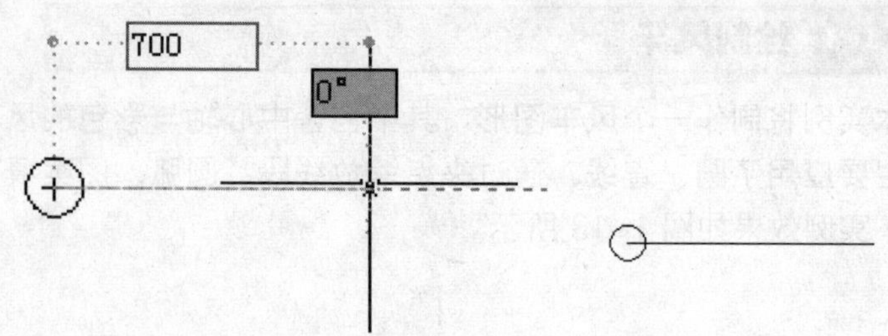

③ 输入长度值 700　　④ 按回车键绘制直线

图 1–15　绘制长度为 700 的直线（续）

3 选择步骤 2 绘制的直线，通过蓝色夹点将左边起点线段进行调整，如图 1–16 所示。

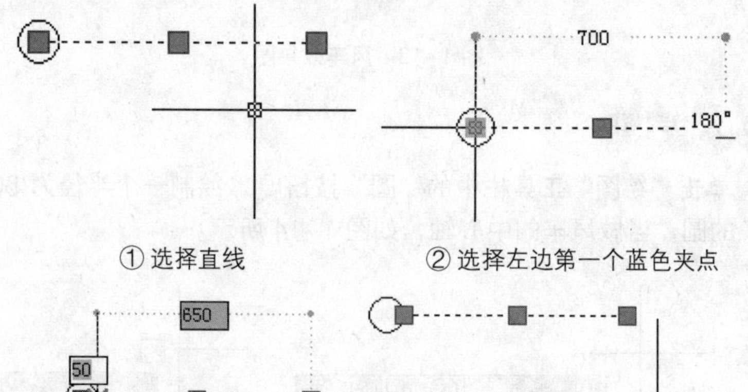

① 选择直线　　② 选择左边第一个蓝色夹点

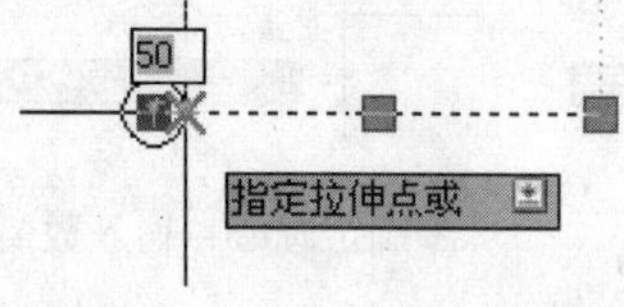

③ 将光标移动到拉伸位置　　④ 放开鼠标后

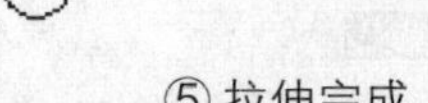

⑤ 拉伸完成

图 1–16　拉伸上一步绘制的直线

4 单击"绘图"工具栏中的"圆弧"按钮，绘制风车的叶片，如图 1–17 所示。

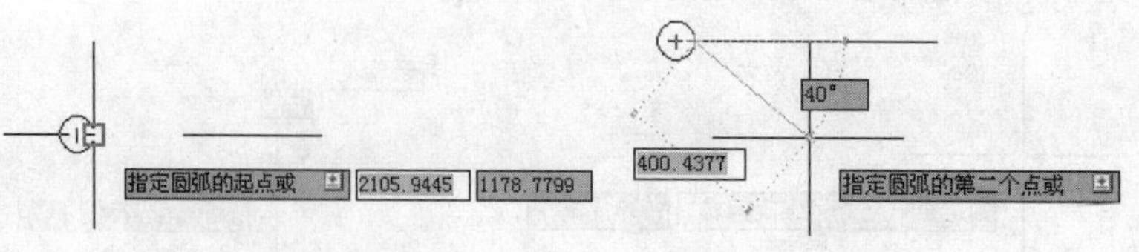

① 指定圆弧的起点　　② 指定圆弧的过渡点

图 1–17　绘制风车的叶片

相关知识　点功能的分支

在绘制点时，主要有两个特殊功能：定数等分和定距等分。

相关知识　什么是定数等分

定数等分可以把一段线均匀地分成几段。

在设置点样式后，等分一条直线：

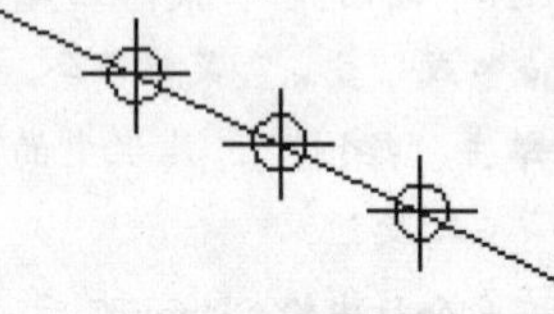

等分一条圆弧：

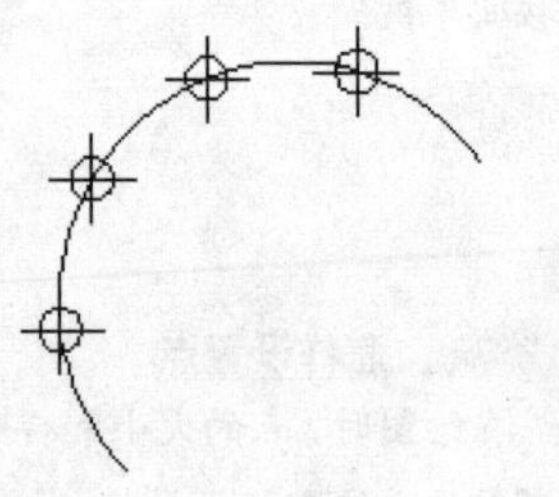

操作技巧　定数等分的操作方法

可以通过以下两种方法来执行"定数等分"操作：

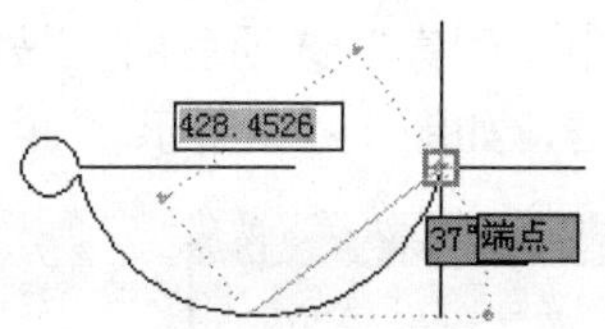

③ 指定圆弧的终点

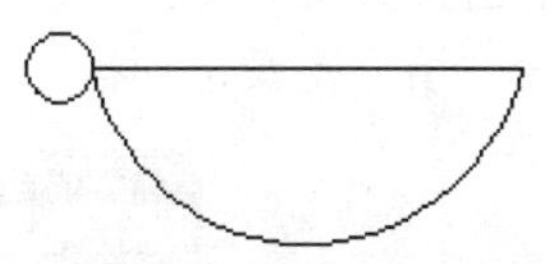

④ 绘制完成

图 1–17　绘制风车的叶片（续）

5 重复图 1–17 中步骤②~④的操作，绘制风车的其他叶片，如图 1–18 所示。

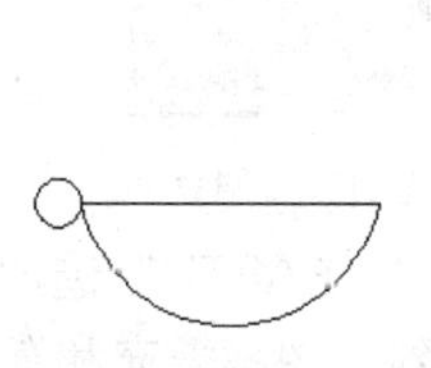

① 绘制一片叶片的风车

② 重复操作绘制第二片叶片

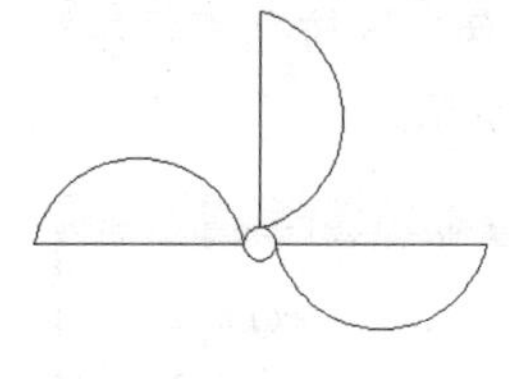

③ 重复操作绘制第三片叶片

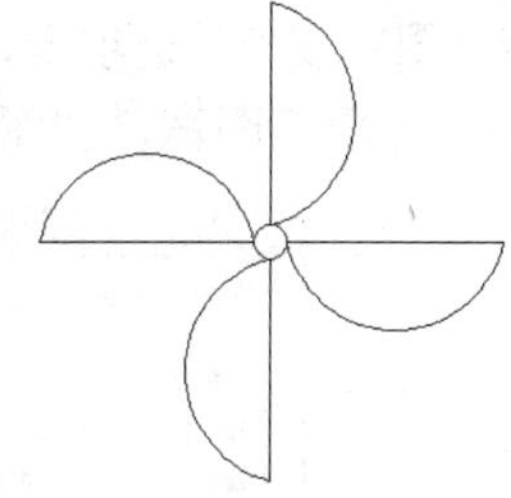

④ 重复操作绘制第四片叶片

图 1–18　绘制风车的其他叶片

6 单击“绘图”工具栏中的“图案填充”按钮，打开“图案填充和渐变色”对话框，如图 1–19 所示。

图 1–19　“图案填充和渐变色”对话框

- 选择“绘图”→“点”→“定数等分”菜单命令。
- 在命令行中输入“divide”后，按回车键。

相关知识　什么是定距等分

定距等分是将一线段按照指定距离分成数段。

操作技巧　定距等分的操作方法

可以通过以下两种方法来执行“定距等分”操作：

- 选择“绘图”→“点”→“定距等分”菜单命令。
- 在命令行中输入“measure”后，按回车键。

重点提示　等分点比等分数少 1

因为输入的是等分数，而不是放置点的个数，所以如果将所选对象分成 N 份，则实际上只生成 N–1 个点。

相关知识　什么是直线

直线是绘图中最常用的功能之一。直线其实是几何学中的线段，只要指定了起点和终点即可绘制一条直线。

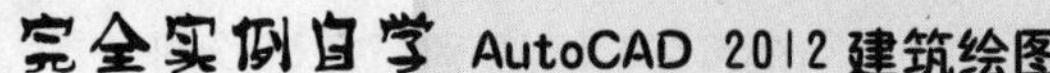

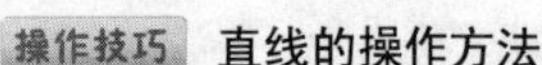

操作技巧 直线的操作方法

可以通过以下3种方法来执行“直线”操作：

- 选择“绘图”→“直线”菜单命令。
- 单击“绘图”工具栏中的“直线”按钮。
- 在命令行中输入“line”后，按回车键。

相关知识 线型与线宽

在绘制直线时，肯定会遇到一些和线型、线宽相关的问题。

- 线型：线段的样式和类型。
- 线宽：线段的粗细。

相关知识 怎样设置线型

在绘图时，点的大小和样式都是按系统默认设置的。也可以选择“格式”→“线型”菜单命令，在弹出的“线型管理器”对话框中加载各种所需的线型。

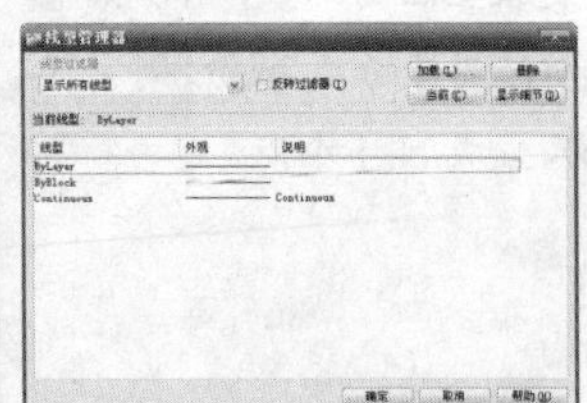

单击“显示细节”按钮，在显示的“全局比例因子”和“当前对象缩放比例”文本框中调节线型比例。

全局比例因子(G)： 1.0000
当前对象缩放比例(O)： 1.0000
ISO 笔宽(P)： 1.0 毫米

7 单击“类型和图案”选项组中“图案”选项后的…按钮，打开“填充图案选项板”对话框，如图1-20所示。

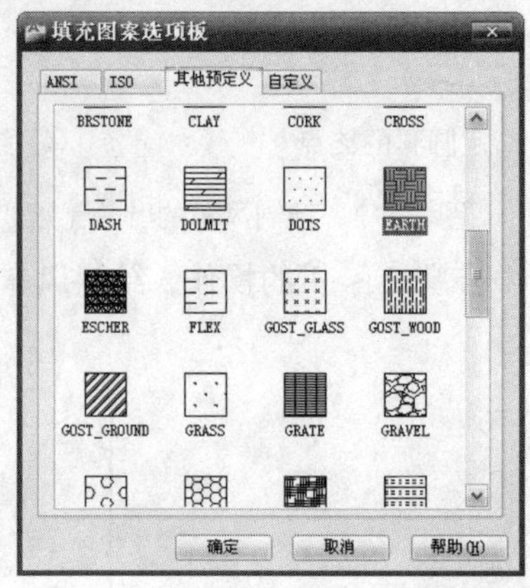

图1-20 “填充图案选项板”对话框

8 选择“其他预定义”选项卡，选择“EARTH”选项作为填充图案，单击“确定”按钮，返回到“图案填充和渐变色”对话框。

9 选择“图案填充”选项卡，在“颜色”下拉列表框中选择“红”选项作为填充图案，如图1-21所示。

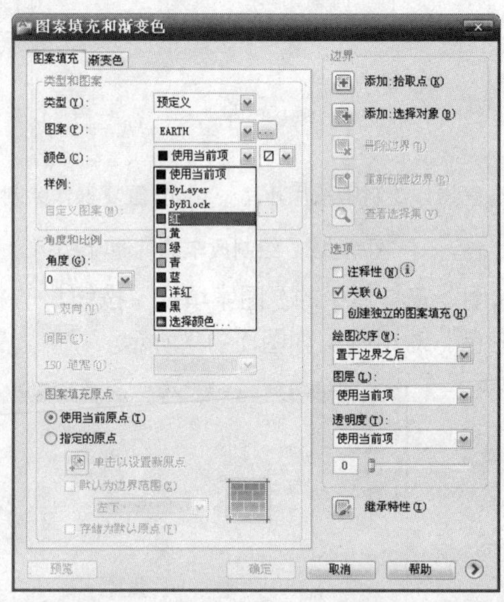

图1-21 在弹出的“颜色”下拉列表框中选择“红”选项

10 在“角度和比例”选项组中的“比例”下拉列表框中设置填充比例为5；单击“边界”选项组中的“添加：拾取点”按钮，切换到绘图窗口；在图形中选择需要填充的区域后，按回车键返回到“图案填充和渐变色”对话框，然后单击“确定”按钮即可填充图形，如图1-22所示。

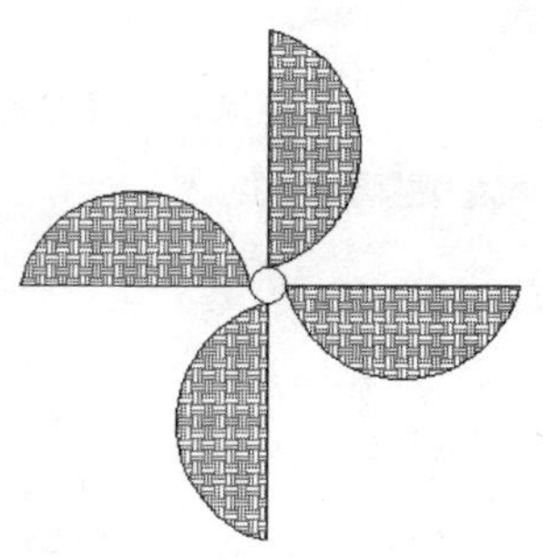

图 1–22　填充风车叶片

实例 1-4　绘制带花纹的地砖

本实例将制作带花纹的地砖图形，主要应用了多边形、圆弧、图案填充等功能。实例效果如图 1–23 所示。

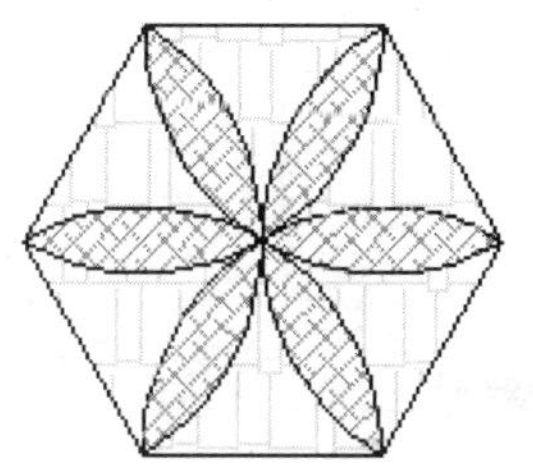

图 1–23　带花纹的地砖效果图

操作步骤

1 单击“绘图”工具栏中的“多边形”按钮，绘制一个外切于圆、半径为 200 的正六边形，当做地砖的外形，如图 1–24 所示。

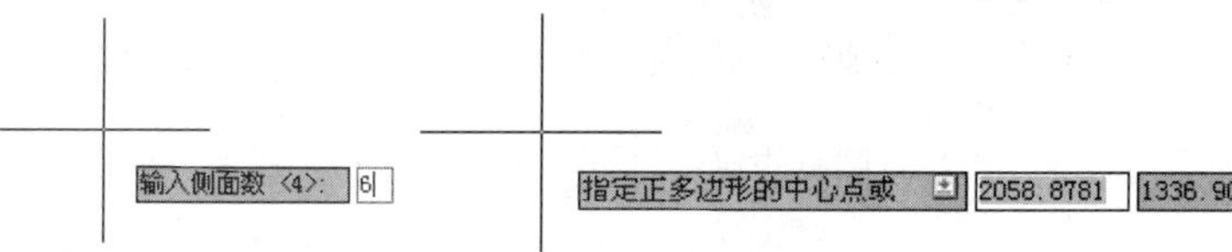

① 输入边数 6　　② 指定中心点

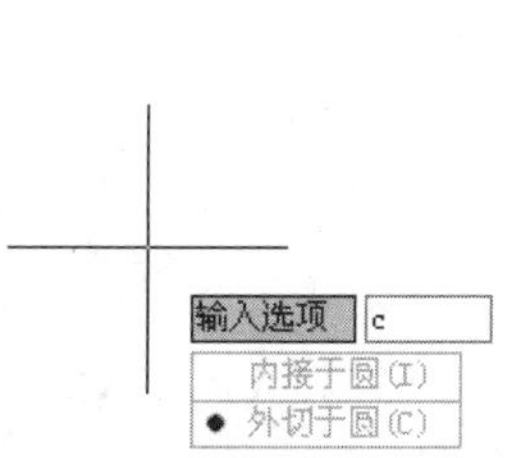

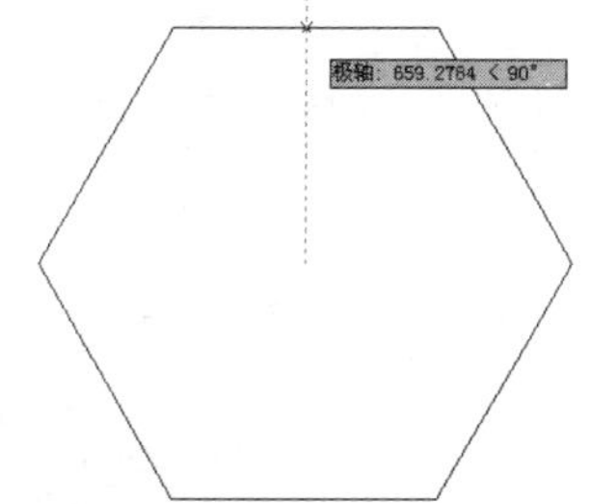

③ 输入 c 选择外切于圆　　④ 将光标沿垂直极轴向上移动

图 1–24　绘制地砖外形

单击“加载”按钮，打开“加载或重载线型”对话框，选择合适的线型后，单击“确定”按钮返回到“线型管理器”对话框。如果需要加载多种线型，可反复执行此操作即可。

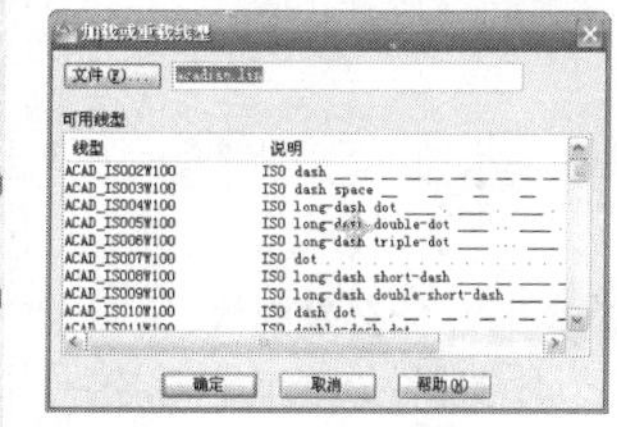

实例 1-4 说明

知识点：

- 多边形
- 圆弧
- 图案填充

视频教程：

光盘\教学\第 1 章 AutoCAD 2012 建筑基础绘图

效果文件：

光盘\素材和效果\01\效果\1-4.dwg

实例演示：

光盘\实例\第 1 章\带花纹的地砖

相关知识　怎样设置线宽

在绘图时，点的大小和样式都是按系统默认设置的。可以选择“格式”→“线宽”菜单命令。在弹出的“线宽”对话框中，可以调整线宽的粗细，但是前提是打开了状态栏上的“线宽”功能。

“线宽设置”对话框：

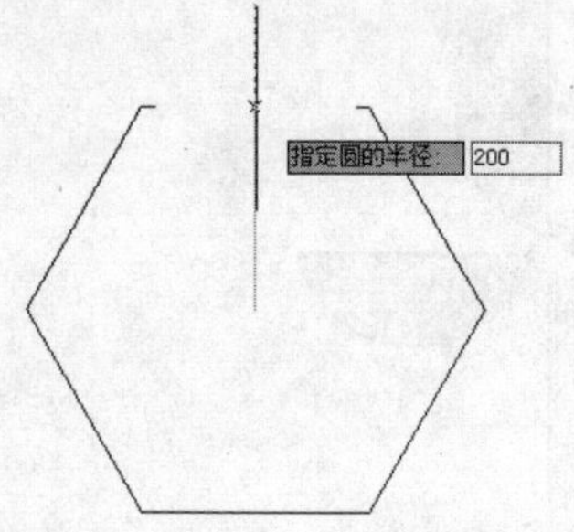

⑤ 输入外切圆的半径值 200

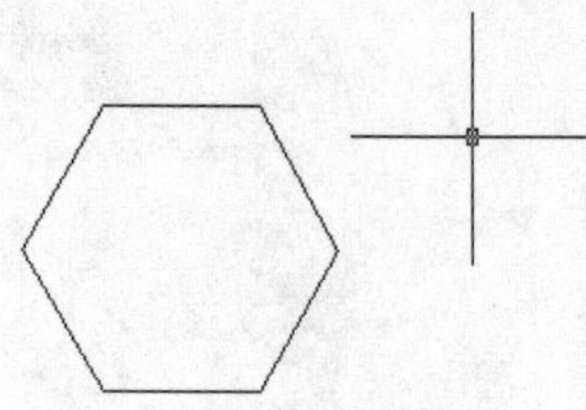

⑥ 绘制完成

图 1-24　绘制地砖外形（续）

2 选择“绘图”菜单中“圆弧”子菜单中的“圆心、起点、端点”命令，以最右边的角点为圆心，右上的角点为起点，右下的角点为端点，绘制一条圆弧，如图 1-25 所示。

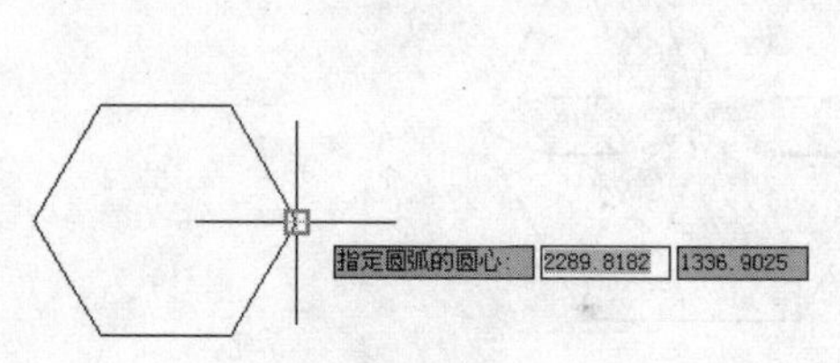

① 指定圆弧的圆心

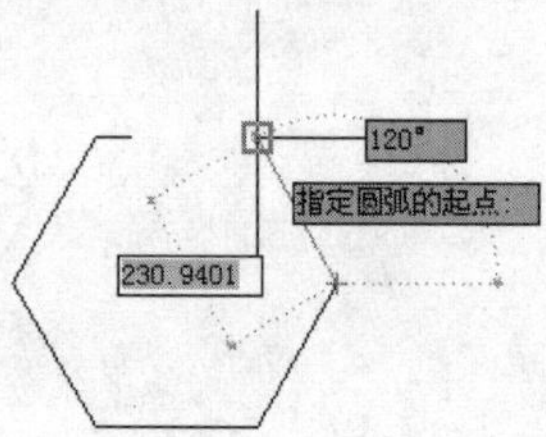

② 指定圆弧的起点

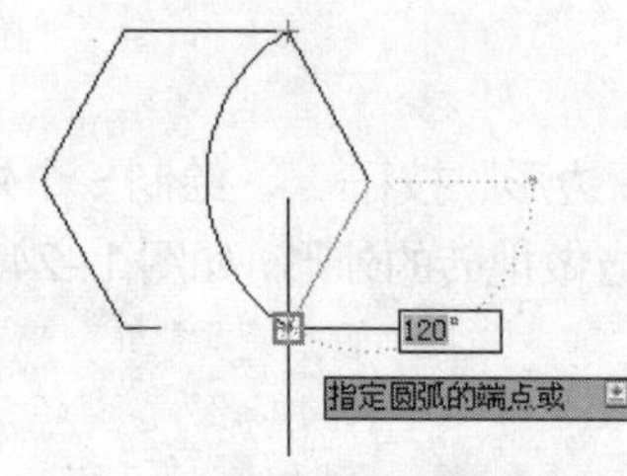

③ 指定圆弧的端点

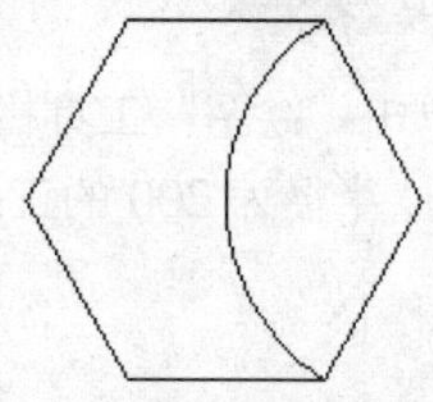

④ 绘制完成

图 1-25　绘制一条圆弧

3 反复执行操作步骤 2，选择“绘图”菜单中“圆弧”子菜单中的“圆心、起点、端点”命令，以其他 5 个角点为圆心，分别绘制 5 条圆弧，如图 1-26 所示。

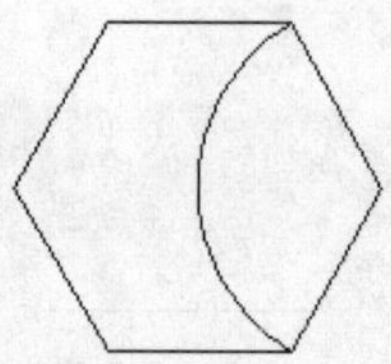

① 原图形

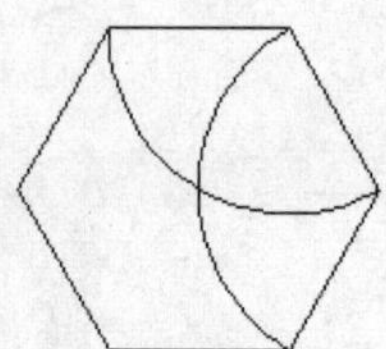

② 绘制第一条圆弧

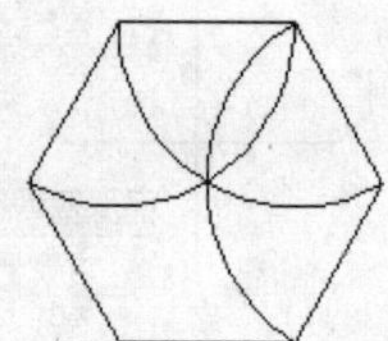

③ 绘制第二条圆弧

图 1-26　绘制其他 5 条圆弧

相关知识　什么是射线

射线是一端固定，而另一端无限延长的直线。

操作技巧　射线的操作方法

可以通过以下两种方法来执行“射线”操作：

- 选择“绘图”→“射线”菜单命令。
- 在命令行中输入“ray”后，按回车键。

相关知识　什么是构造线

构造线为两端可以无限延伸的直线，没有起点和终点，可以放置在三维空间的任何地方，主要作为辅助线使用。

操作技巧　构造线的操作方法

可以通过以下3种方法来执行“构造线”操作：

- 选择“绘图”→“构造线”菜单命令。

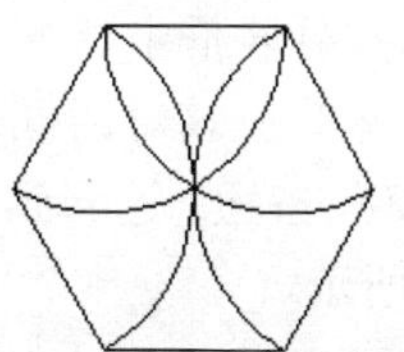

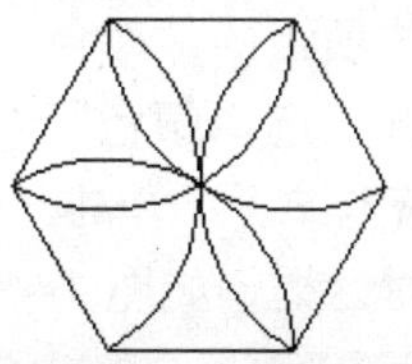

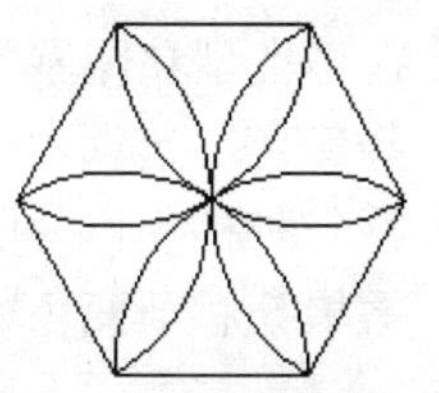

④ 绘制第三条圆弧　　⑤ 绘制第四条圆弧　　⑥ 绘制第五条圆弧

图 1–26　绘制其他 5 条圆弧（续）

4 单击“绘图”工具栏中的“图案填充”按钮，打开“图案填充和渐变色”对话框，如图 1–27 所示。

图 1–27　“图案填充和渐变色”对话框

5 单击“类型和图案”选项组中“图案”选项后的按钮，打开“填充图案选项板”对话框；选择“ANSI”选项卡，选择“ANSI38”作为填充样式，单击“确定”按钮，返回到“图案填充和渐变色”对话框，如图 1–28 所示。

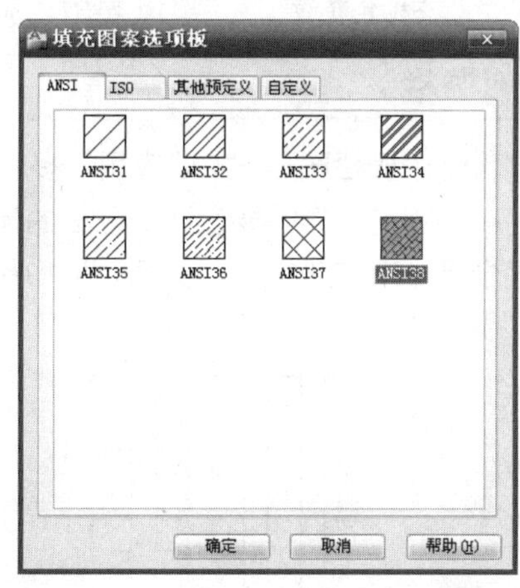

图 1–28　“填充图案选项板”对话框

- 单击“绘图”工具栏中的“构造线”按钮。
- 在命令行中输入“xline”后，按回车键。

相关知识　**什么是多线**

多线常用于绘制建筑图中的墙体、电子电路图等平行线对象，它是由多条平行线组成的对象，平行线之间的间距和数目可以调整。

操作技巧　**多线的操作方法**

可以通过以下两种方法来执行“多线”操作：

- 选择“绘图”→“多线”菜单命令。
- 在命令行中输入“mline”后，按回车键。

相关知识　**怎样设置多线样式**

在绘图时，多线的大小和样式都是按系统默认设置的，需要通过修改来完成多线样式的变更。

可以选择“格式”→“多线样式”菜单命令，打开“多线样式”对话框。

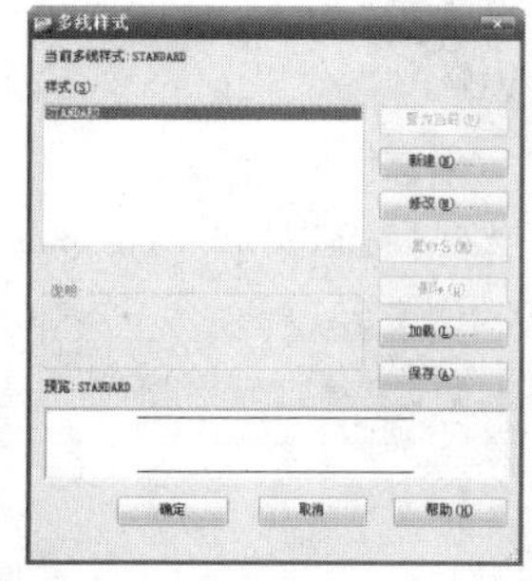

在弹出的“多线样式”对话框中可以新建、修改、加载，以及保存多线样式。

相关知识　怎样编辑多线样式

当绘制非常复杂的多线图形时，可以通过编辑多线样式来调整简化多线效果。选择“修改”→“对象”→“多线”菜单命令，在弹出的“多线编辑工具”对话框中可以对多线的样式进行调整。

实例 1-5 说明

- 知识点：
  - 多段线
  - 直线
  - 移动
- 视频教程：
  光盘\教学\第 1 章 AutoCAD 2012 建筑基础绘图
- 效果文件：
  光盘\素材和效果\01\效果\1-5.dwg
- 实例演示：
  光盘\实例\第 1 章\绘制栅栏

6 在“类型和图案”选项组的“颜色”下拉列表框中选择“选择颜色”选项，打开“选择颜色”对话框。在该对话框中选择一种棕色作为填充样式后，单击“确定”按钮，返回到“图案填充和渐变色”对话框，如图 1-29 所示。

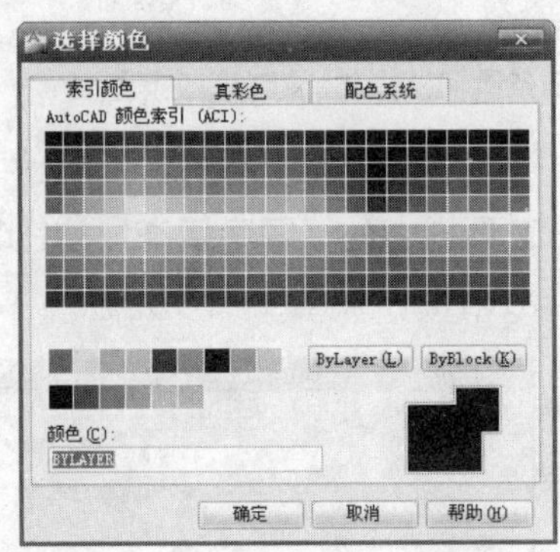

图 1-29 “选择颜色”对话框

7 在“角度和比例”选项组的“比例”下拉列表框中设置填充比例为 5。

8 单击“边界”选项组中的“添加：拾取点”按钮，切换到绘图窗口。在图形中选择需要填充的区域后，按回车键返回到“图案填充和渐变色”对话框。单击“确定”按钮即可填充图形，如图 1-30 所示。

9 用同样的方法，设置填充样式为“AR-RSHKE”，设置颜色为淡黄色，设置比例为 0.2，填充其他区域，如图 1-31 所示。

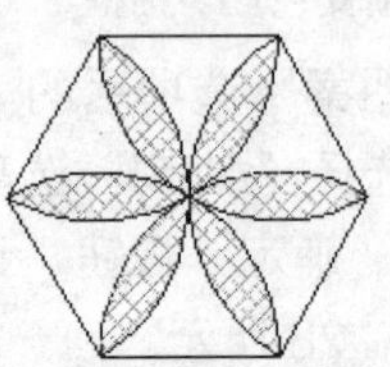

图 1-30　填充棕色花纹

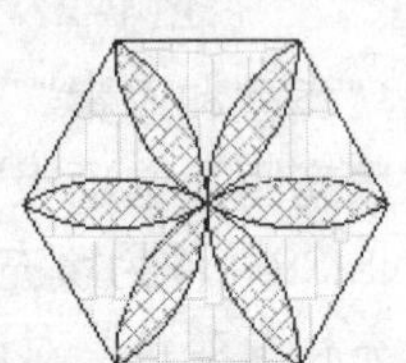

图 1-31　填充淡黄色花纹

实例 1-5　绘制栅栏

本实例将制作一个栅栏图形，主要应用了多段线、直线、移动等功能。本实例在绘制前首先需要设计好栅栏的尺寸。在绘制时，可以直接输入各个尺寸来完成操作。实例效果如图 1-32 所示。

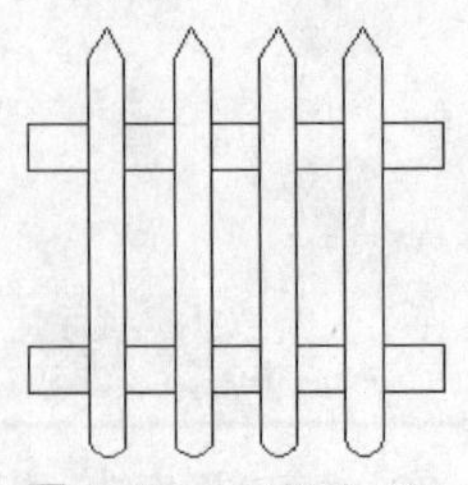

图 1-32　栅栏效果图

操 作 步 骤

1 单击“绘图”工具栏中的“多段线”按钮，绘制一条竖直的栅栏，如图 1-33 所示。

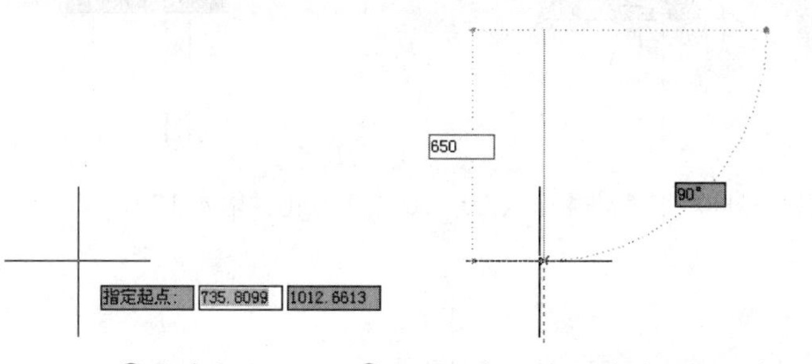

① 指定起点 ② 沿垂直极轴向下移动光标并输入 650

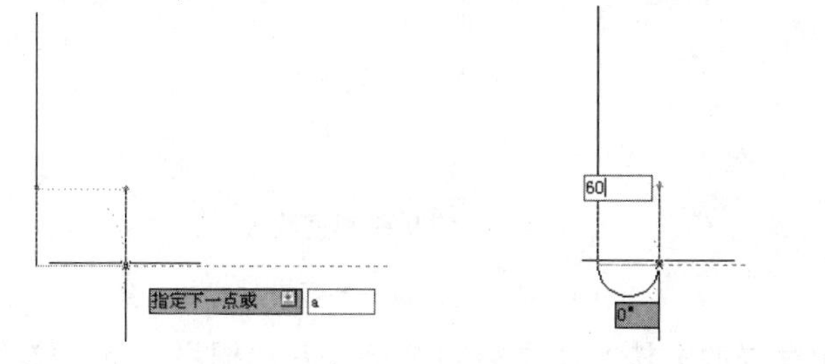

③ 输入选项 a ④ 沿水平极轴向右移动光标并输入 60

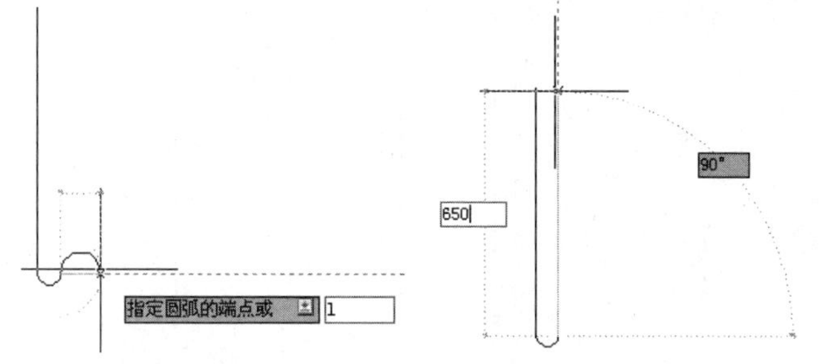

⑤ 输入选项 l ⑥ 沿垂直极轴向上移动光标并输入 650

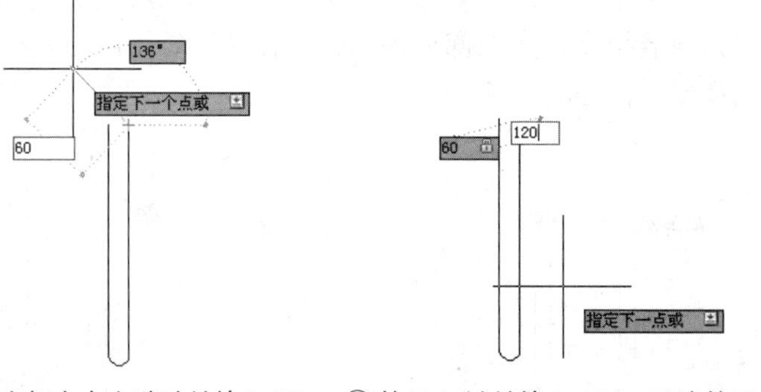

⑦ 将光标向左上移动并输入 60 ⑧ 按 Tab 键并输入 120，再次按回车键

图 1-33 绘制一条竖直的栅栏

相关知识 什么是多段线

多段线由相连的直线段与弧线段组成，可以为不同线段设置不同的宽度，甚至每个线段的开始点和结束点的宽度都可以不同。

操作技巧 多段线的操作方法

可以通过以下 3 种方法来执行“多段线”操作：

- 选择“绘图”→“多段线”菜单命令。
- 单击“绘图”工具栏中的“多段线”按钮。
- 在命令行中输入“pline”后，按回车键。

相关知识 什么是多边形

多边形是由 3 条或 3 条以上的边组成的等边等角的几何图形。其中边越少的多边形，所形成的夹角越小；反之边越多的，夹角也就越大。

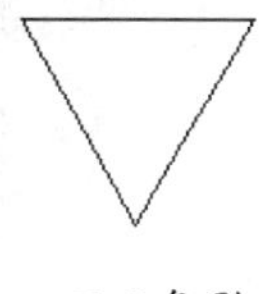

正三角形

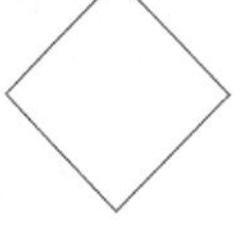

正四边形

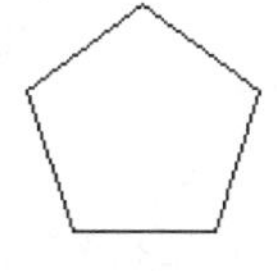

正五边形

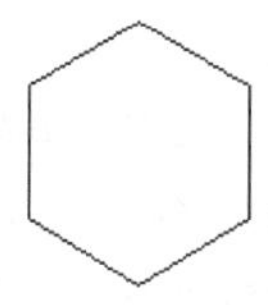

正六边形

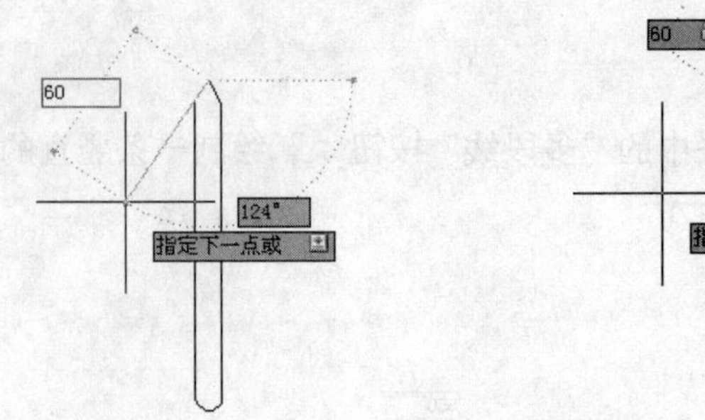

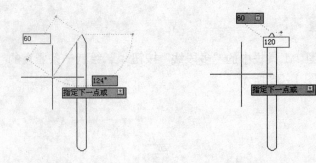

⑨ 将光标向左下移动并输入 60 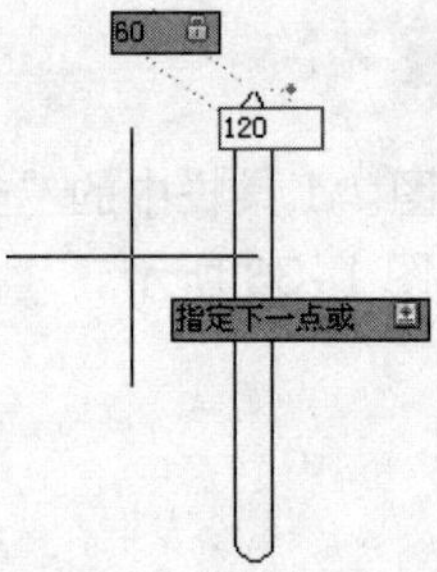　⑩ 按 Tab 键并输入 120，再次按回车键

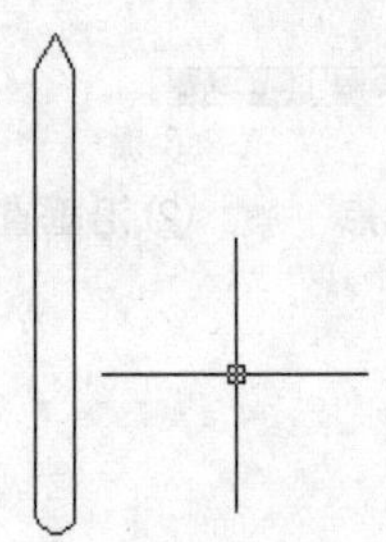

⑪ 绘制完成

图 1–33　绘制一条竖直的栅栏（续）

2 用同样的方法，再次绘制 3 条竖直的栅栏。不一样平齐没有关系，稍后再作调整，如图 1–34 所示。

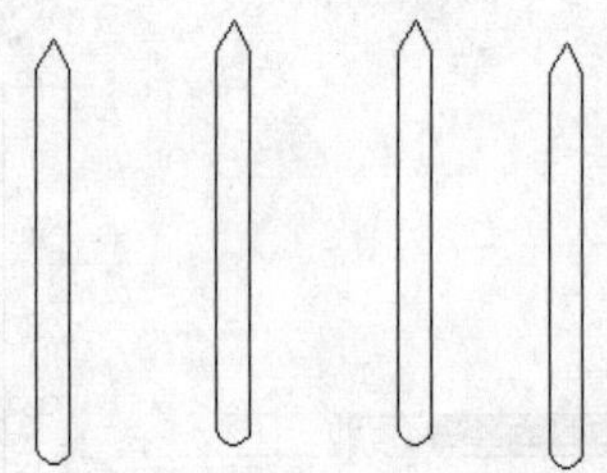

图 1–34　再绘制 3 条竖直的栅栏

3 单击“绘图”工具栏中的“直线”按钮，绘制部分横栅栏。因为横竖相交，所以部分被遮挡，在这里要绘制出没有遮挡的横栅栏，如图 1–35 所示。

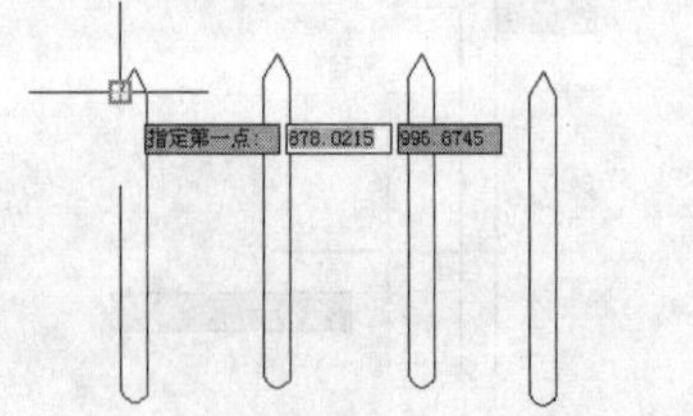

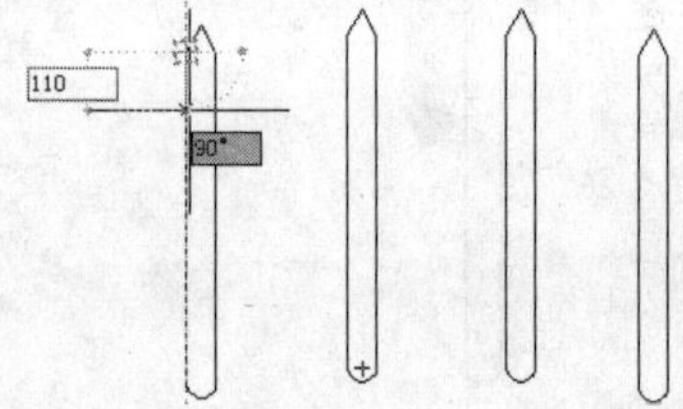

① 指定起点　② 沿垂直极轴向下移动光标并输入 110

图 1–35　绘制部分横栅栏

操作技巧 多边形的操作方法

可以通过以下 3 种方法来执行“多边形”操作:

- 选择“绘图”→“多边形”菜单命令。
- 单击“绘图”工具栏中的“多段线”按钮。
- 在命令行中输入“polygon”后，按回车键。

相关知识 什么是矩形

矩形是由 4 条边组成，并且 4 个角都呈直角的几何图形。

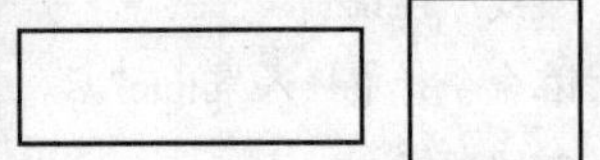

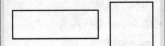

操作技巧 矩形的操作方法

可以通过以下 3 种方法来执行“矩形”操作:

- 选择“绘图”→“矩形”菜单命令。
- 单击“绘图”工具栏中的“矩形”按钮。
- 在命令行中输入“rectang”后，按回车键。

重点提示 正方形与矩形的关系

正方形算是特殊矩形。普通矩形的特点是4个直角，两条对边相等，另两条对边相等；而正方形是 4 个直角，4 条边都相等。

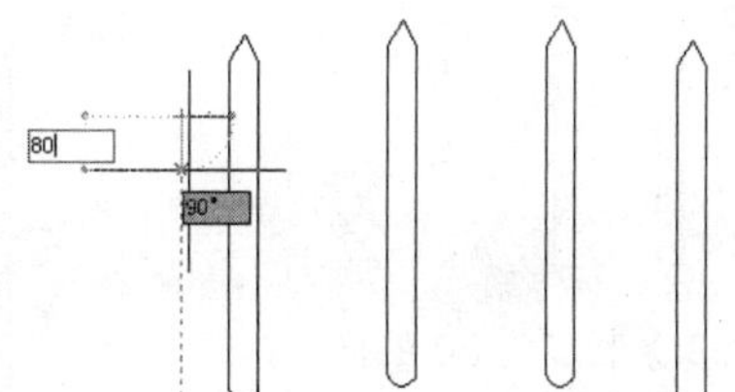

③ 沿水平极轴向左移动光标并输入 100，沿垂直极轴向下移动光标并输入 80

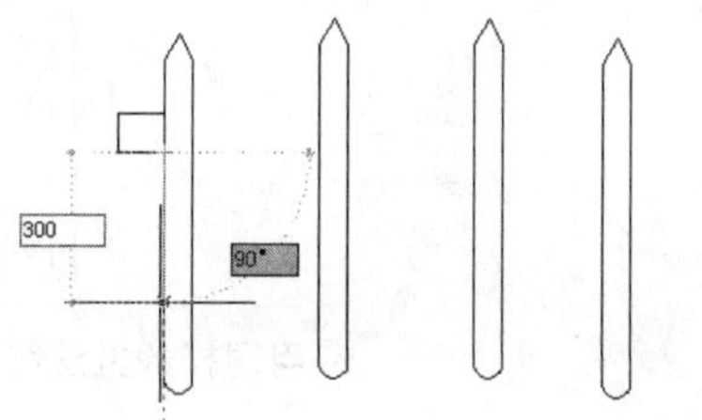

④ 沿水平极轴向右移动光标与竖栅栏相交，沿垂直极轴向下移动光标并输入 300

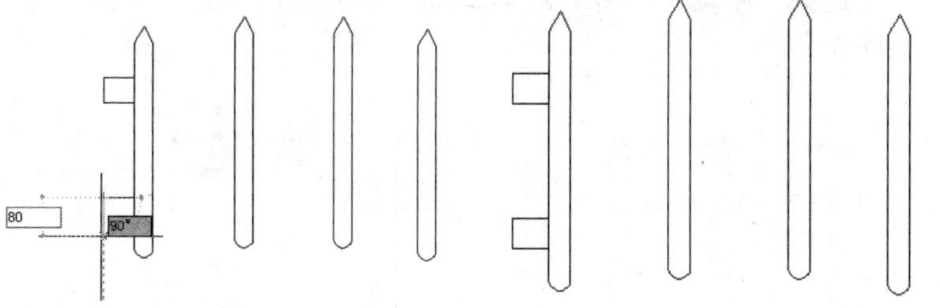

⑤ 沿水平极轴向左移动光标并输入 100，沿垂直极轴向下移动光标并输入 80

⑥ 沿水平极轴向右移动光标，与竖栅栏相交完成绘制

图 1–35　绘制部分横栅栏（续）

4 再次单击“绘图”工具栏中的“直线”按钮，绘制部分横放的栅栏，如图 1–36 所示。

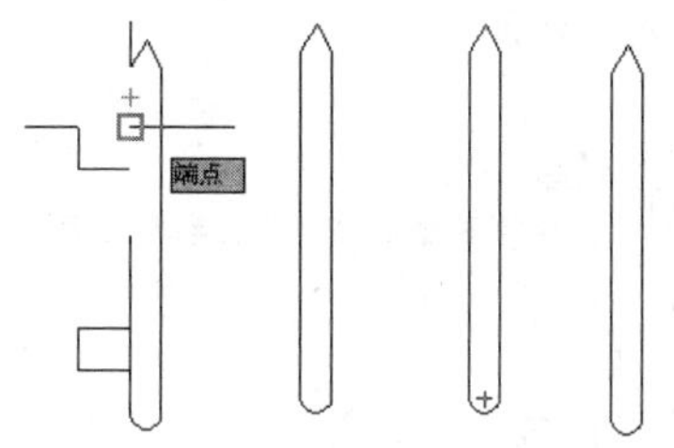

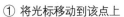

① 将光标移动到该点上

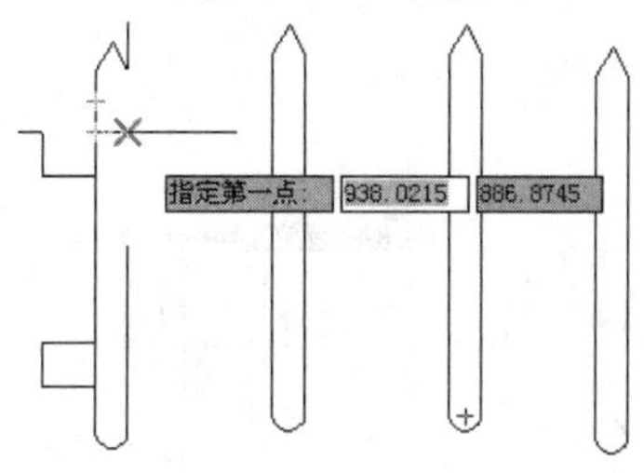

② 拖动光标向右平移到第二根竖线上，指定起点

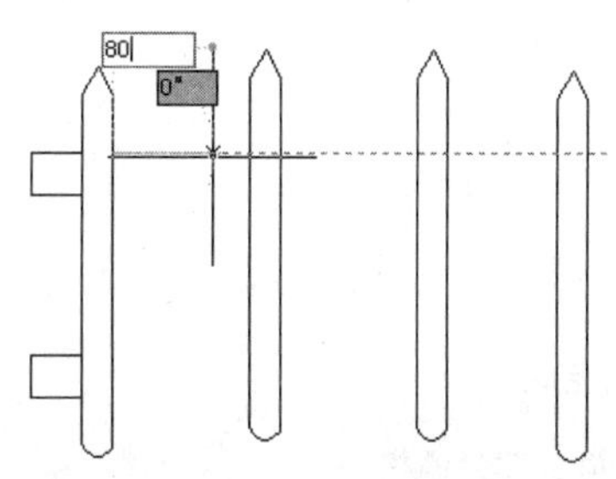

③ 沿水平极轴向右移动光标并输入 80

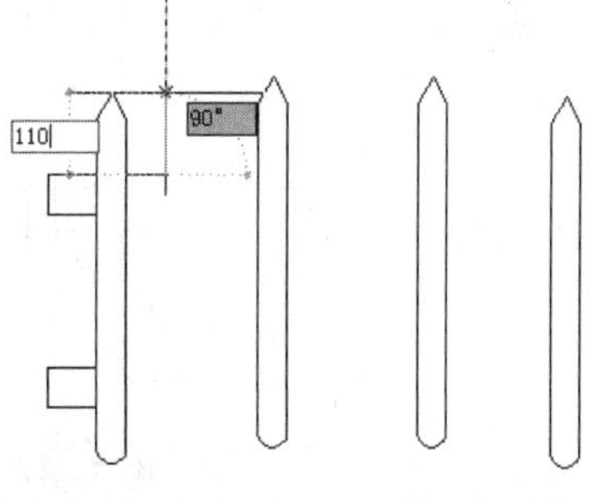

④ 沿垂直极轴向上移动光标并输入 110

图 1–36　再次绘制部分横栅栏

相关知识　**什么是圆**

圆是一条首尾相连的圆弧。

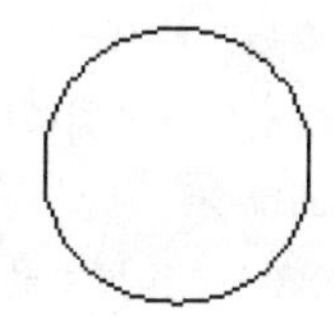

操作技巧　**圆的操作方法**

可以通过以下 3 种方法来执行“圆”操作：

- 选择“绘图”→“圆”菜单命令。
- 单击“绘图”工具栏中的“圆”按钮。
- 在命令行中输入“circle”后，按回车键。

操作技巧　**圆的绘制方法**

可以通过以下几种方法来执行“圆”的绘制：

- 圆心、半径。
- 圆心、直径。
- 两点。
- 三点。
- 相切、相切、半径。
- 相切、相切、相切。

相关知识　**什么是圆弧**

圆弧就是不完整的圆。

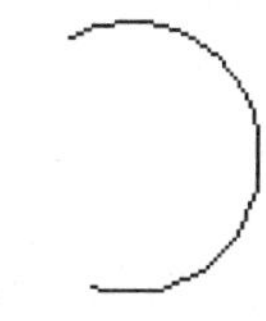

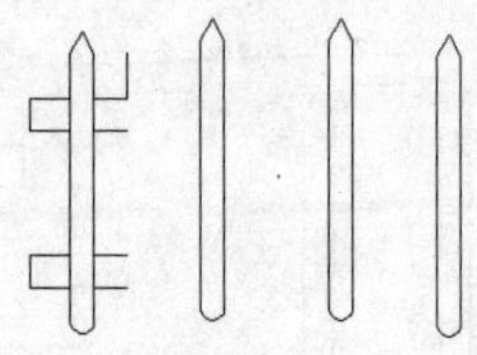

⑤ 用同样的方法绘制其他 3 条长度为 80 的横线

图 1–36　再次绘制部分横栅栏（续）

5 选定第二部分竖直栅栏，单击鼠标右键，在弹出的快捷菜单中选择“移动”命令，对第二部分图形进行调整，如图 1–37 所示。

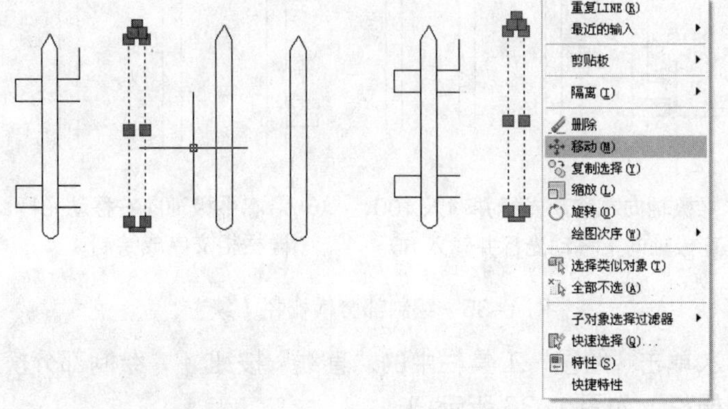

① 选定第二部分竖栅栏　② 单击鼠标右键，在弹出的快捷菜单中选择“移动”命令

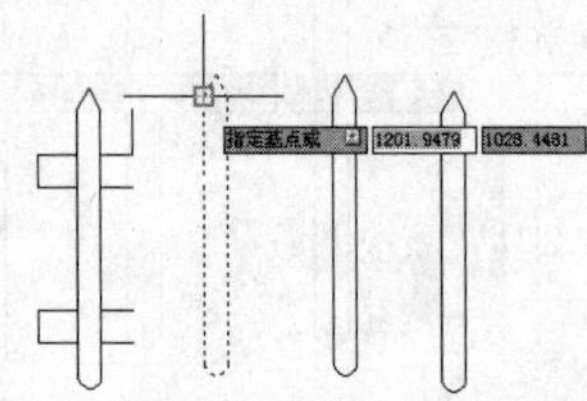

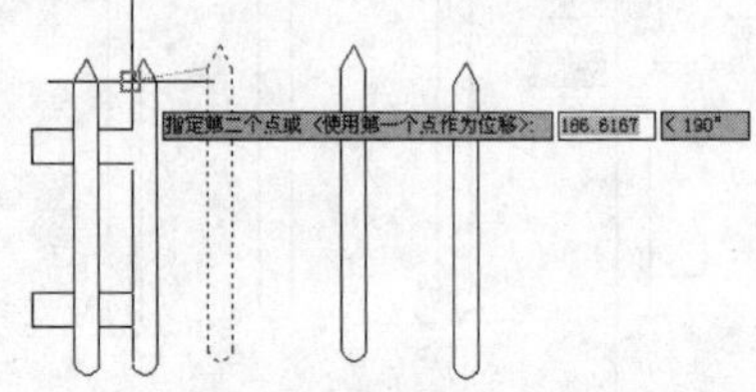

③ 指定移动的基点　④ 指定移动的第二个点

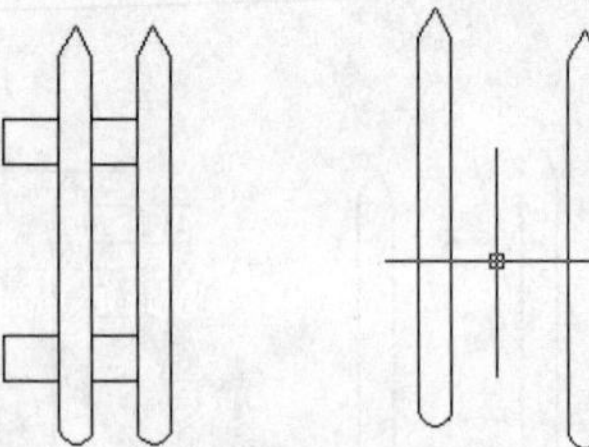

⑤ 绘制完成

图 1–37　移动第二部分栅栏

6 重复步骤 3 和步骤 4，绘制和调整其他部分栅栏，如图 1–38 所示。

操作技巧　圆弧的操作方法

可以通过以下 3 种方法来执行“圆弧”操作：

- 选择“绘图”→“圆弧”子菜单中的命令。
- 单击“绘图”工具栏中的“圆弧”按钮。
- 在命令行中输入“arc”后，按回车键。

操作技巧　圆弧的绘制方法

可以通过以下 11 种方法来执行圆弧绘制：

- 三点。
- 起点、圆心、端点。
- 起点、圆心、角度。
- 起点、圆心、长度。
- 起点、端点、角度。
- 起点、端点、方向。
- 起点、端点、半径。
- 圆心、起点、端点。
- 圆心、起点、角度。
- 圆心、起点、长度。
- 继续。

相关知识　什么是椭圆

椭圆是指用两种不同半径绘制的完整弧线。

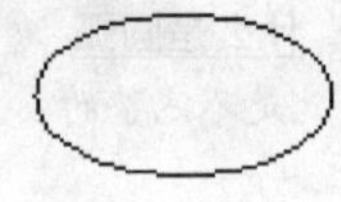

操作技巧　椭圆的操作方法

可以通过以下 3 种方法来执行“椭圆”操作：

7 应用类同步骤 2 的样式，绘制剩下的部分，如图 1–39 所示。

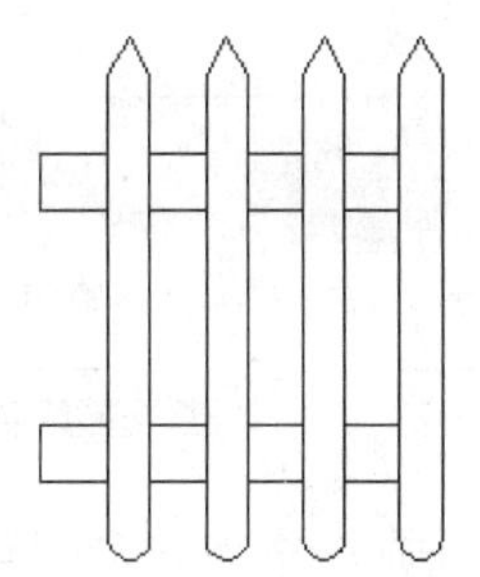

图 1–38 绘制和调整其他部分栅栏

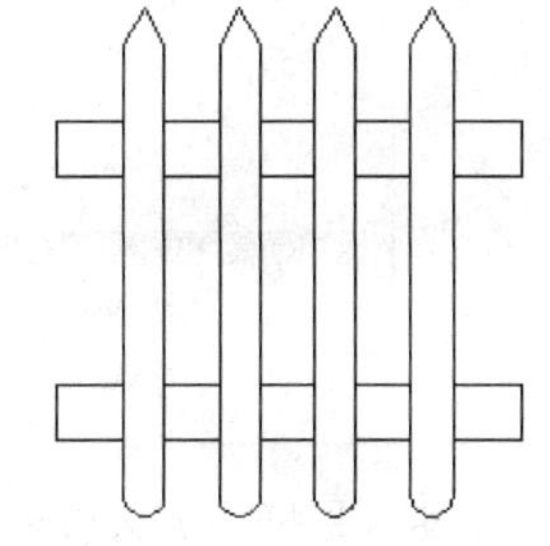

图 1–39 绘制剩下的部分

实例 1-6 绘制篮球场

本实例将制作篮球场图形，主要应用了矩形、直线、圆、圆弧、删除等功能。实例效果如图 1–40 所示。

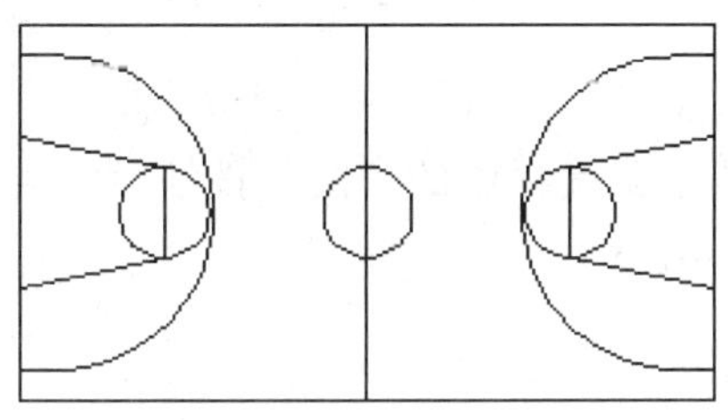

图 1–40 篮球场效果图

操作步骤

1 单击“绘图”工具栏中的“矩形”按钮，绘制篮球场的大致面积，如图 1–41 所示。

① 指定第一个角点

② 将光标向右上拖动，输入 280 后，按 Tab 键并输入 150，按回车键

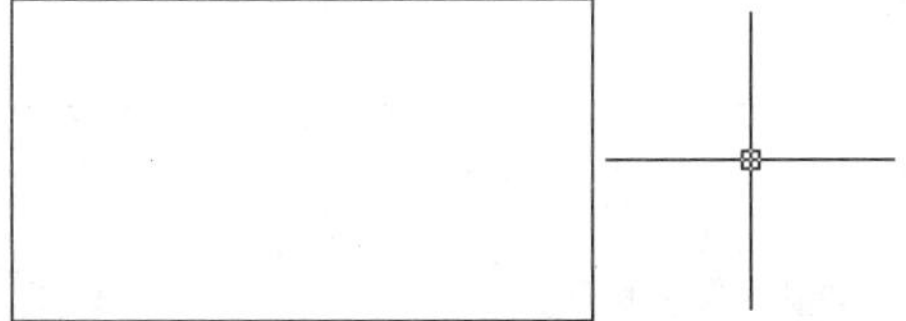

③ 绘制矩形

图 1–41 绘制篮球场的大致面积

- 选择“绘图”→“椭圆”菜单命令。
- 单击“绘图”工具栏中的“椭圆”按钮。
- 在命令行中输入“ellipse”后，按回车键。

实例 1-6 说明

- 知识点：
  - 矩形
  - 直线
  - 圆
  - 圆弧
  - 删除
- 视频教程：
  光盘\教学\第 1 章 AutoCAD 2012 建筑基础绘图
- 效果文件：
  光盘\素材和效果\01\效果\1-6.dwg
- 实例演示：
  光盘\实例\第 1 章\绘制篮球场

相关知识 什么是圆环

圆环由两条圆弧多段线组成，这两条圆弧多段线首尾相连而形成圆形。

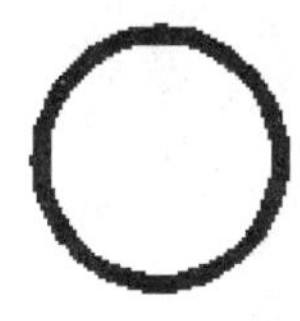

操作技巧 圆环的操作方法

可以通过以下两种方法来执行“圆环”操作：

- 选择“绘图”→“圆环”菜单命令。
- 在命令行中输入“donut”后，按回车键。

相关知识 什么是样条曲线

样条曲线是一条光滑的曲线，主要由数据点、拟合点和控制点组成。常用于创建建筑图中的地形、地貌，以及机械图中的断面。

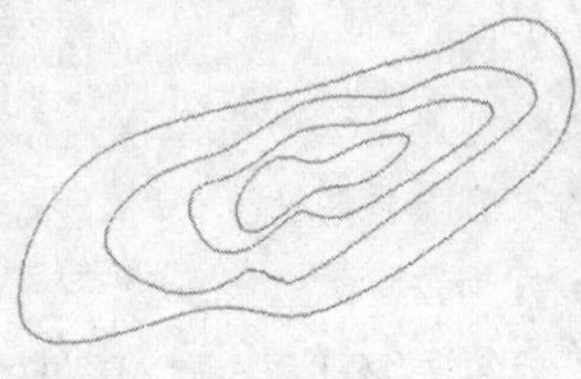

操作技巧 样条曲线的操作方法

可以通过以下 3 种方法来执行“样条曲线”操作：

- 选择“绘图”→“样条曲线”菜单命令。
- 单击“绘图”工具栏中的“样条曲线”按钮。
- 在命令行中输入“spline”后，按回车键。

相关知识 编辑样条曲线

在绘制样条曲线时，一次很难达到预期的效果，需要通过编辑样条曲线来调整绘图效果。

2 单击“绘图”工具栏中的“直线”按钮，连接矩形长边的中点，如图 1-42 所示。

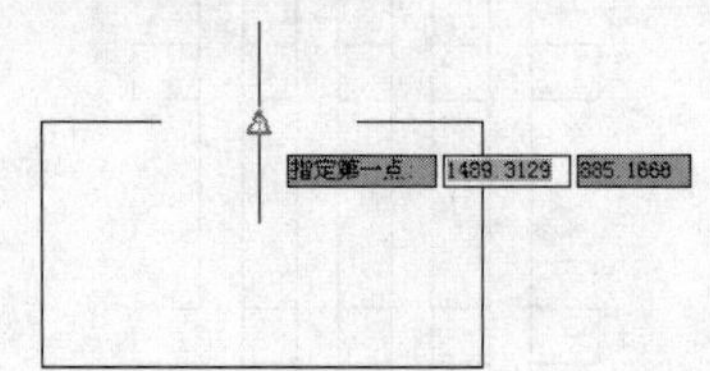

①指定上面水平线的中点为第一个点

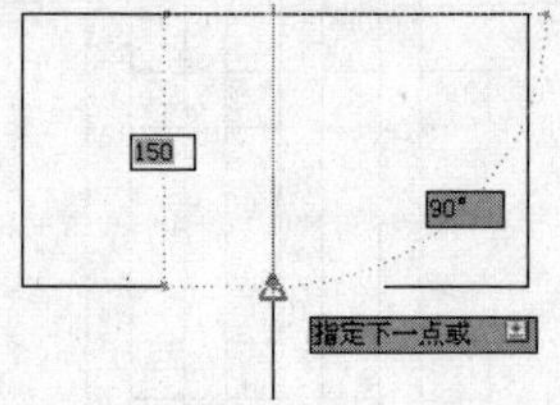

②指定下面水平线的中点为第二个点

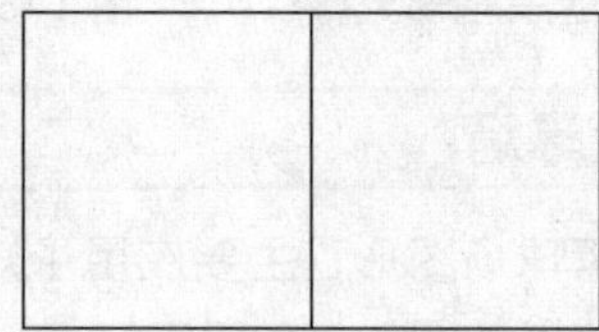

③ 绘制直线

图 1-42　绘制中线

3 单击“绘图”工具栏中的“圆”按钮，绘制争球区，如图 1-43 所示。

① 指定上一步绘制的直线中点为圆心

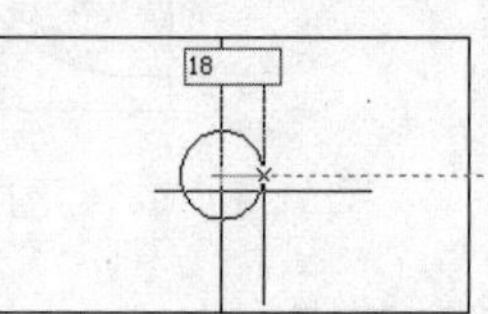

② 输入半径值 18

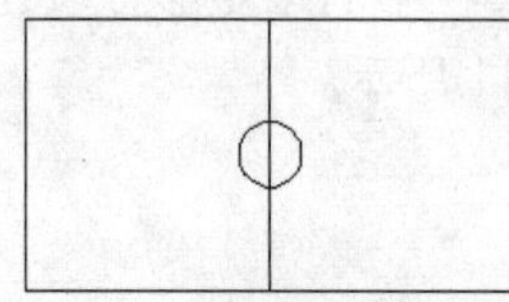

③ 绘制圆

图 1-43　绘制争球区

4 单击“绘图”工具栏中的“直线”按钮，绘制辅助线，如图 1-44 所示。

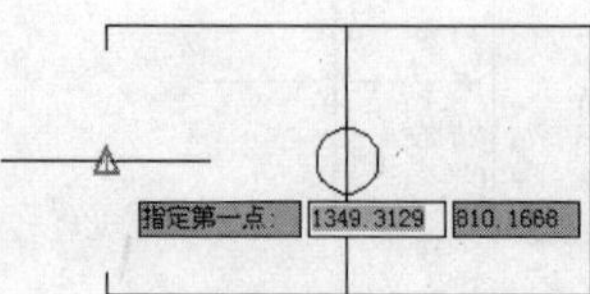

①指定左边竖线的中点为起点

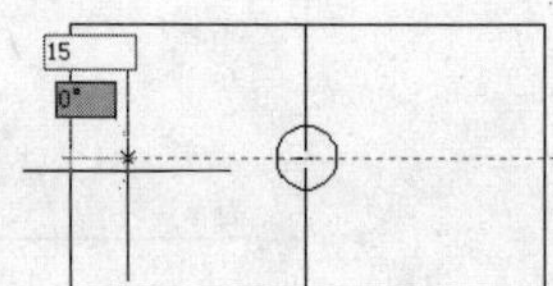

②沿水平极轴向右移动光标并输入15

图 1-44　绘制辅助线

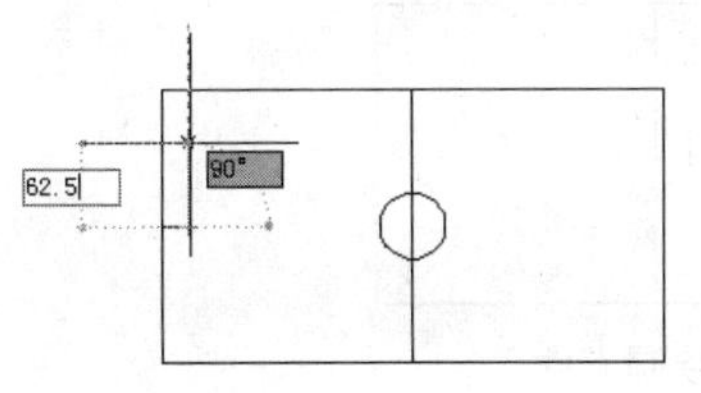

③ 沿垂直极轴向右移动光标并输入 62.5

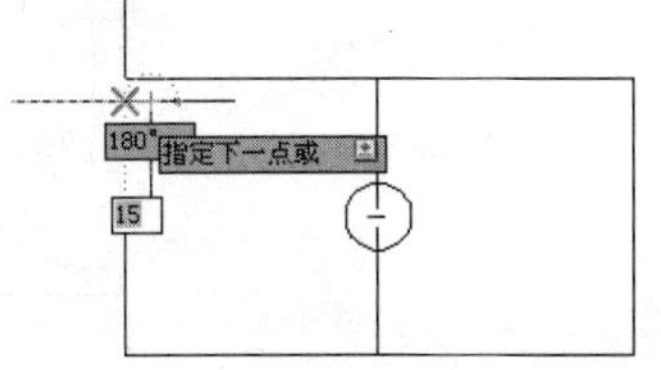

④ 沿水平极轴向左移动光标与竖栅栏相交

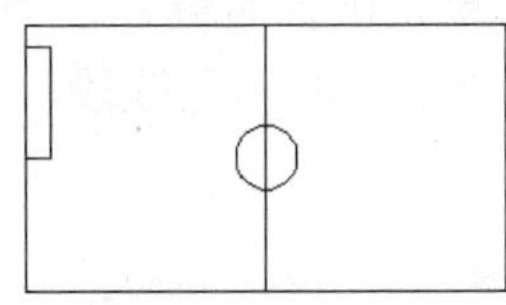

⑤ 绘制直线

图 1–44　绘制辅助线（续）

5 选择“绘图”菜单中“圆弧”子菜单中的“圆心、起点、角度”命令，绘制三分线，如图 1–45 所示。

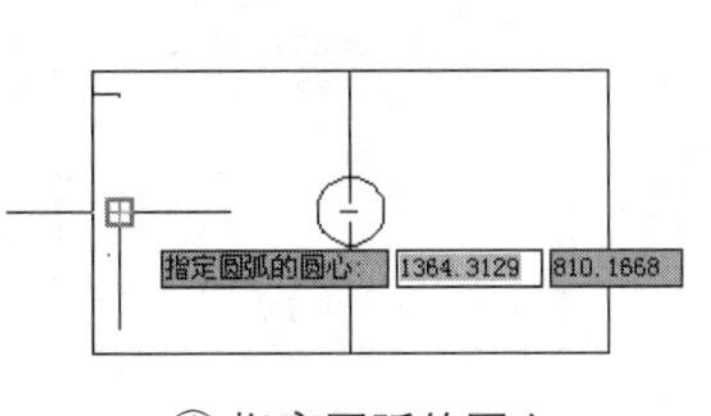

① 指定圆弧的圆心

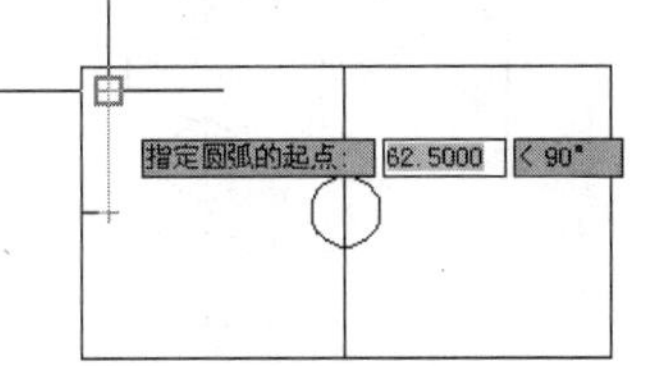

② 指定圆弧的起点

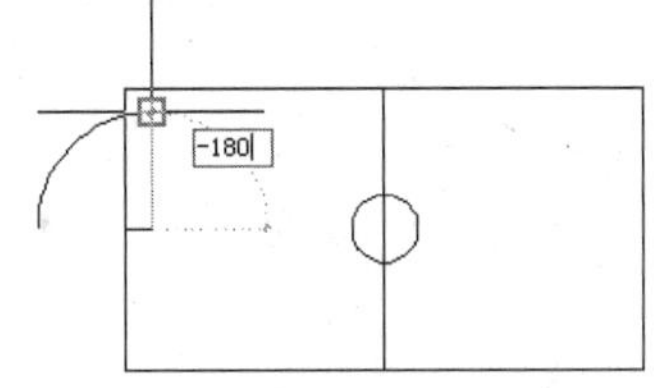

③ 输入半径值–180

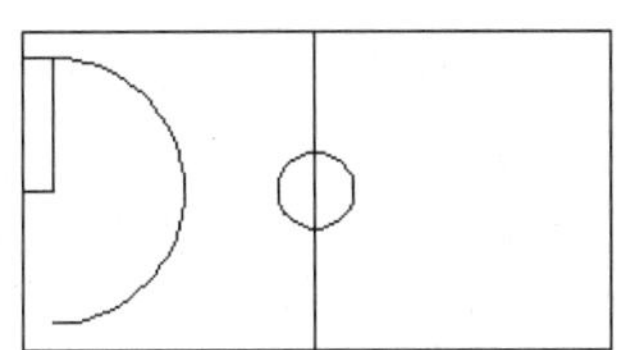

④ 绘制圆弧

图 1–45　绘制三分线

6 单击“绘图”工具栏中的“直线”按钮，绘制一条线段，如图 1–46 所示。

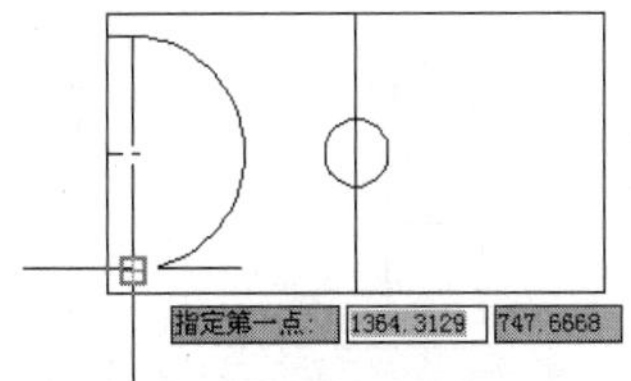

① 指定直线的起点

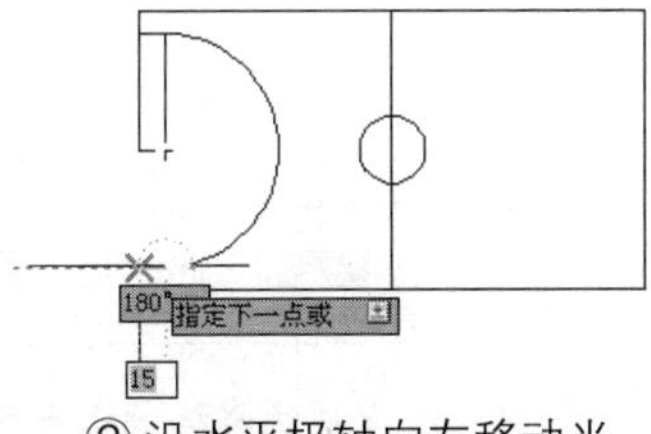

② 沿水平极轴向左移动光标与竖栅栏相交

图 1–46　绘制线段

原图：

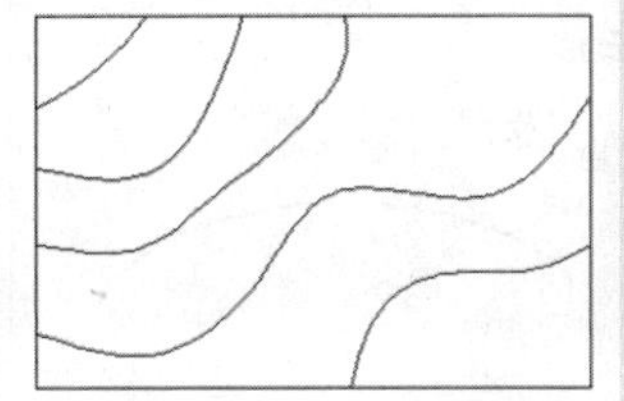

选中要修改的样条曲线：

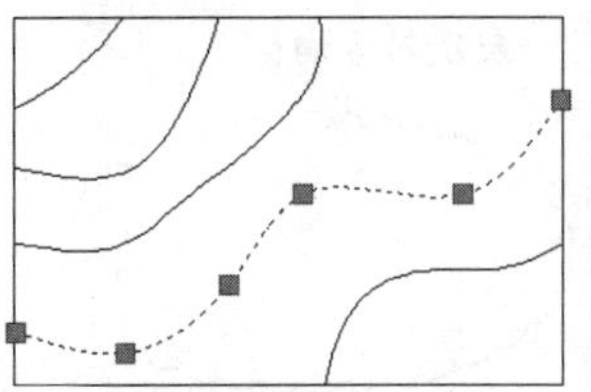

修改后：

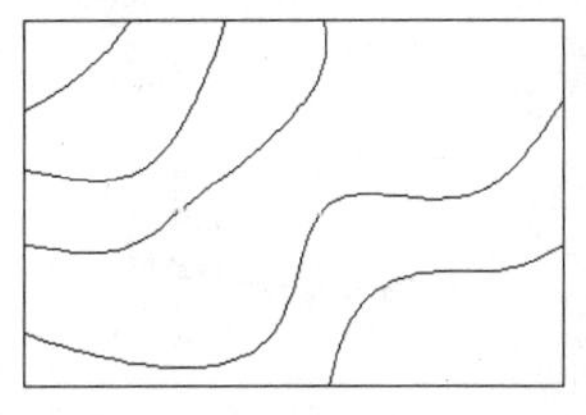

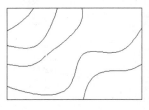

操作技巧　**编辑样条曲线的操作方法**

可以通过以下两种方法来执行“编辑样条曲线”操作：

- 选择“绘图”→“修改”→“对象”→“样条曲线”菜单命令。
- 在命令行中输入“splinedit”后，按回车键。

相关知识　**什么是修订云线**

修订云线是由连续圆弧组成的多段线，经常用于在检查图形时提醒用户注意图形的某个部分。

绘制时，通常先绘制一个封闭的图形，然后转换成修订云线。

原图：

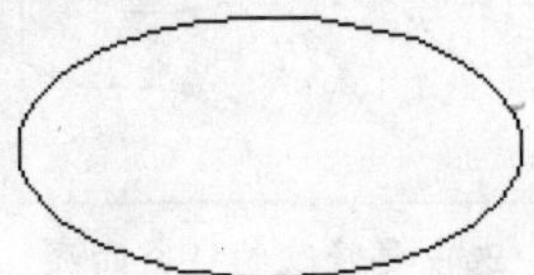

未反转方向：

反转方向：

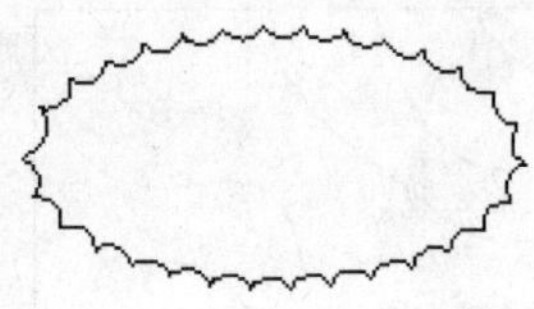

操作技巧 修订云线的操作方法

可以通过以下 3 种方法来执行“修订云线”操作：

- 选择“绘图”→“修订云线”菜单命令。
- 单击“绘图”工具栏中的“修订云线”按钮。
- 在命令行中输入“revcloud”后，按回车键。

相关知识 什么是图案填充

图案填充是指用选定的图案对指定的区域进行覆盖填充。

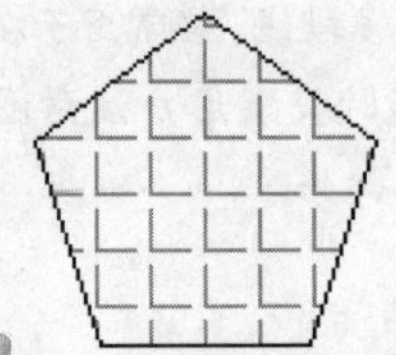

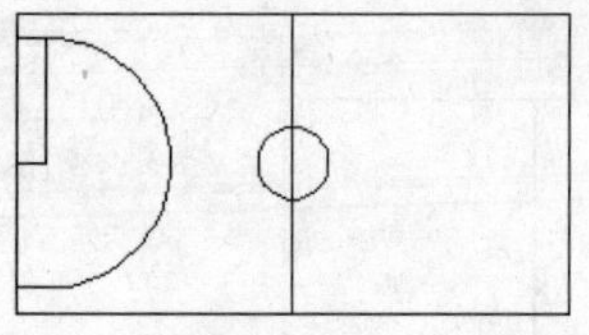

③ 绘制直线

图 1–46 绘制线段（续）

7 选定部分辅助线，单击鼠标右键，在弹出的快捷菜单中选择“删除”命令，删除多余的辅助线段，如图 1–47 所示。

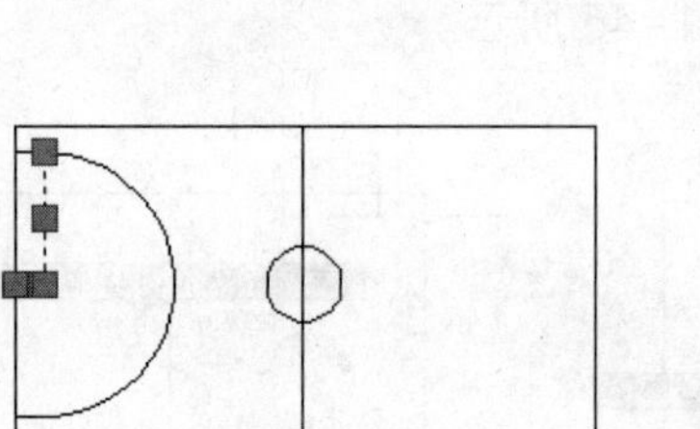

① 选定部分辅助线

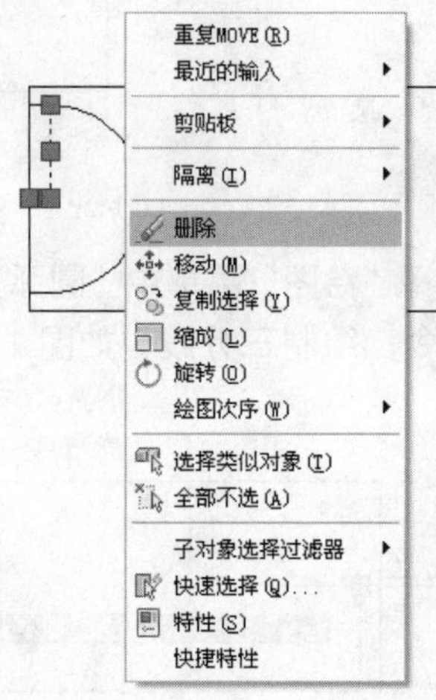

② 单击鼠标右键，在弹出的快捷菜单中选择“删除”命令

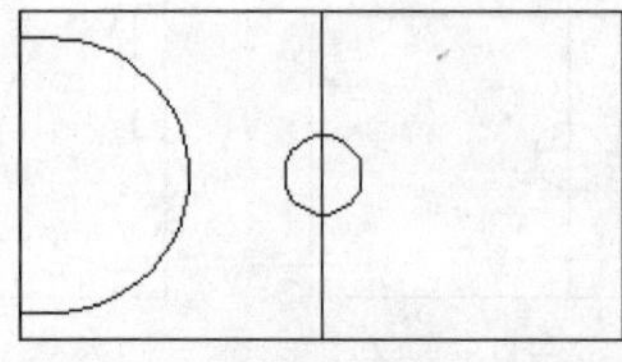

③ 删除线段

图 1–47 删除多余辅助线段

8 单击“绘图”工具栏中的“直线”按钮，绘制一条辅助线，如图 1–48 所示。

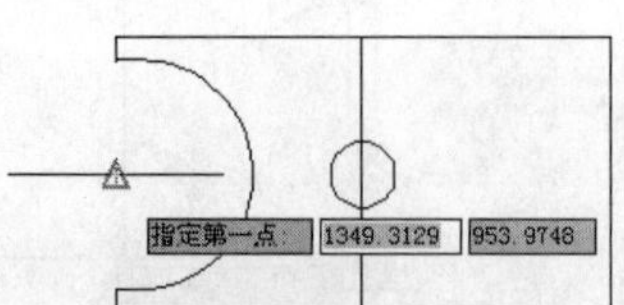

① 指定左边竖线的中点为起点

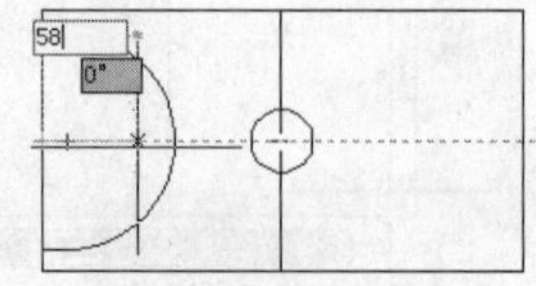

② 沿水平极轴向右移动光标并输入 58

图 1–48 绘制辅助线

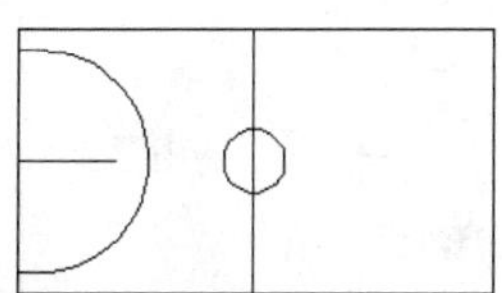

③ 绘制线段

图 1-48　绘制辅助线（续）

9 单击"绘图"工具栏中的"圆"按钮，绘制一个半径为 18 的圆，如图 1-49 所示。

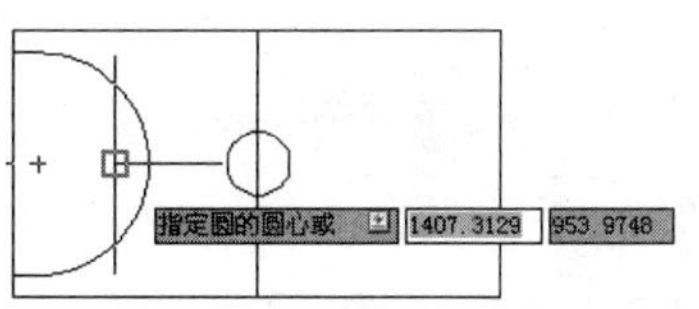

① 指定步骤 8 绘制的直线的右端点为起点

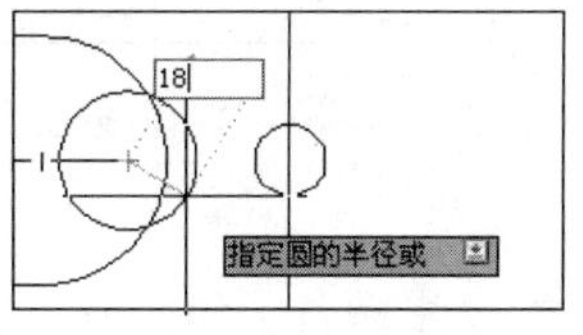

② 输入半径值 18

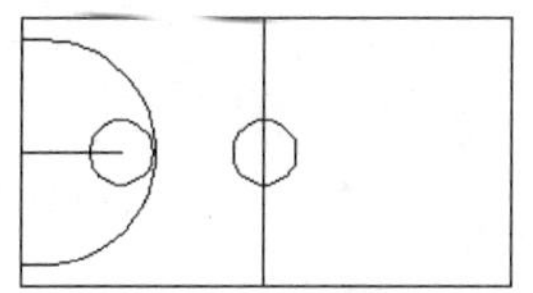

③ 绘制圆

图 1-49　绘制半径为 18 的圆

10 单击"绘图"工具栏中的"直线"按钮，以步骤 9 绘制的圆的圆心为起点，沿垂直极轴向上绘制到圆的线段，绘制一半罚球线，如图 1-50 所示。

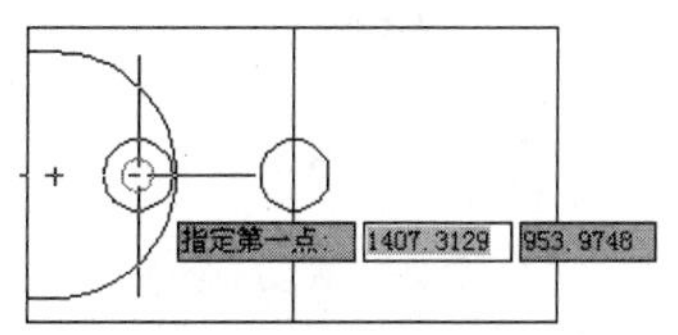

① 指定步骤 9 绘制的圆的圆心为起点

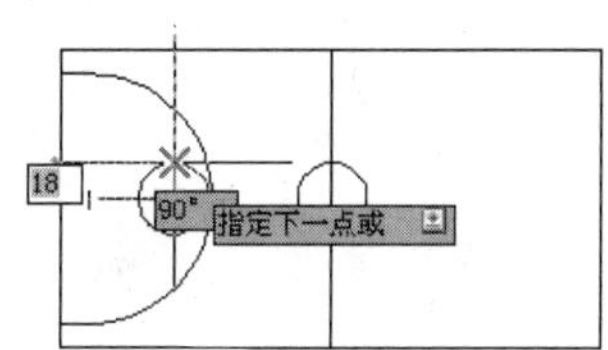

② 沿垂直极轴向上绘制到圆的线段

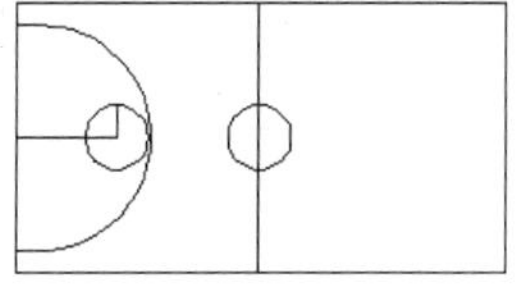

③ 绘制线段

图 1-50　绘制一半罚球线

11 再次单击"绘图"工具栏中的"直线"按钮，以辅助线的左端点为起点，沿垂直极轴向上绘制一条长为 30 的线段，再与罚球线相连，绘制一半三秒区，如图 1-51 所示。

操作技巧　图案填充的操作方法

可以通过以下 3 种方法来执行"图案填充"操作：

- 选择"绘图"→"图案填充"菜单命令。
- 单击"绘图"工具栏中的"图案填充"按钮。
- 在命令行中输入"bhatch"后，按回车键。

相关知识　图案填充的各项设置

在"图案填充和渐变色"对话框中，填充图形的各项设置如下：

1. 设置图案

AutoCAD 默认"预定义"方式，这种方式所提供的多种预定义图样均保存在 ACAD.PAT 文件中。

在该对话框中单击"图案"下拉箭头，每一种图样对应的图样形式会在"样例"列表框中显示，或者单击"图案"右侧的图标按钮，则会弹出"填充图案选项板"对话框，从中可以选择需要的图案。

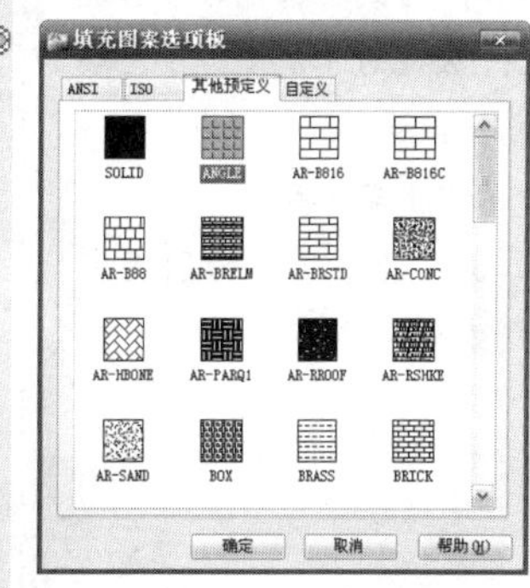

2. 设置颜色

在该对话框中可以为图形或背景添加填充的颜色，在“颜色”下拉列表框中选择合适的颜色或单击“选择颜色”选项，打开“选择颜色”对话框，从中可以选择需要的颜色。

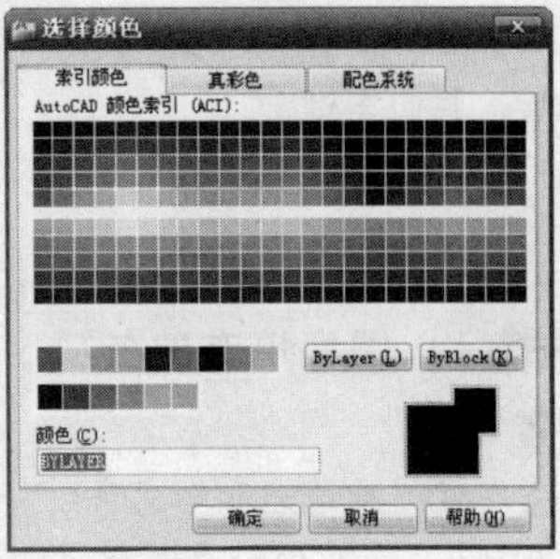

3. 设置角度

选择图案后，根据绘图的需要，可在“角度”下拉列表框中设定图案填充的角度。

4. 设置比例

填充图案的比例设定很重要，比例过小或过大，填充结果将显示不出来。所以，预览后如果达不到预期的效果，应调整比例，使其大小合适。

5. 设置边界

填充边界是由图形实体组成的封闭区域，边界必须完全封闭，否则在填充时会出现错误，因此边界定义对于区域填充非常重要。

6. 设置选项

设置几个常用的图案填充或填充选项。

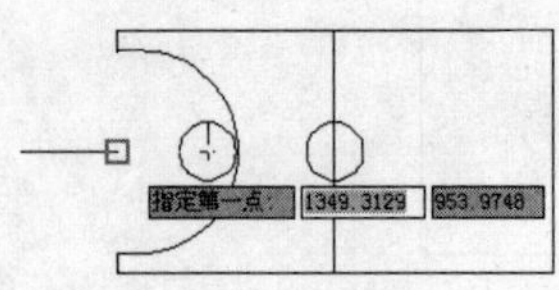

①指定辅助线的左端点为起点

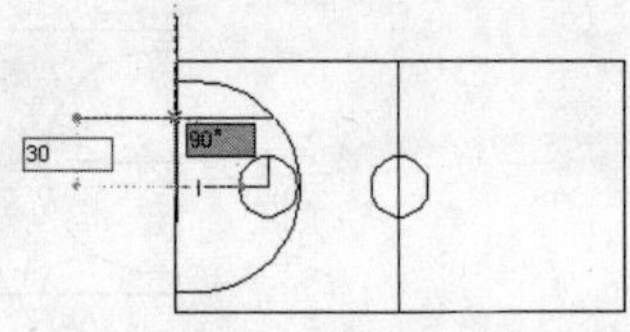

②沿垂直极轴向上移动光标并输入30

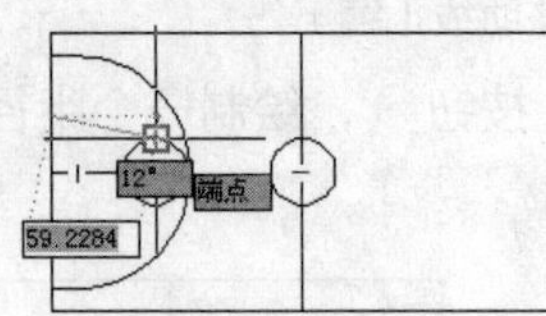

③与罚球线相连

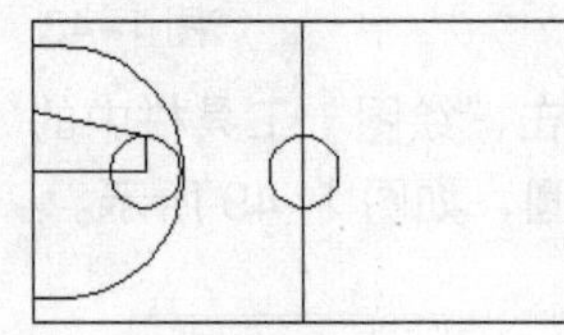

④绘制线段

图 1-51　绘制一半三秒区

12 重复步骤 10 和步骤 11，绘制另一半罚球线与三秒区，如图 1-52 所示。

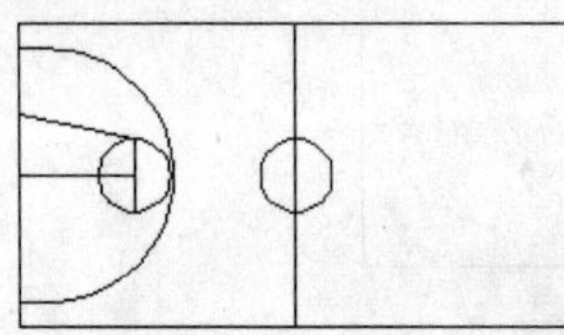

① 重复步骤 10 的操作

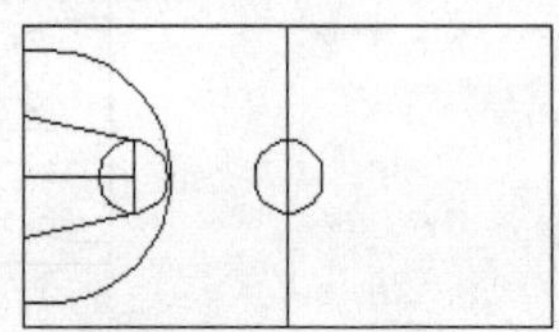

② 重复步骤 11 的操作

图 1-52　绘制另一半罚球线与三秒区

13 选定辅助线，单击鼠标右键，在弹出的快捷菜单中选择“删除”命令，删除辅助线段，如图 1-53 所示。

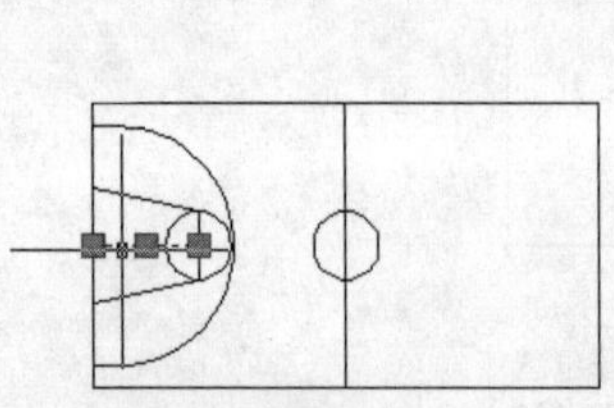

① 选定辅助线

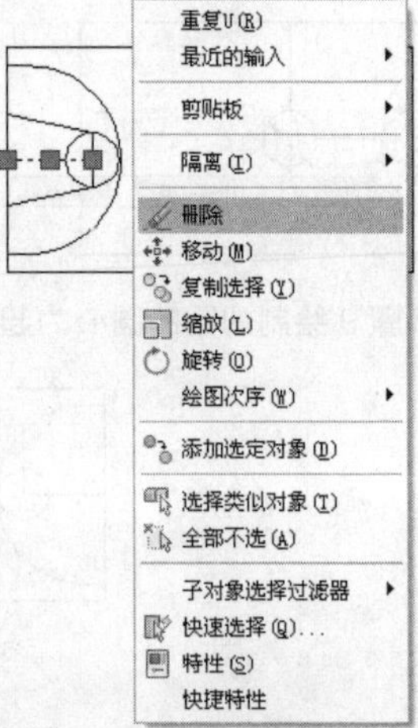

② 单击鼠标右键，在弹出的快捷菜单中选择“删除”命令

图 1-53　删除辅助线段

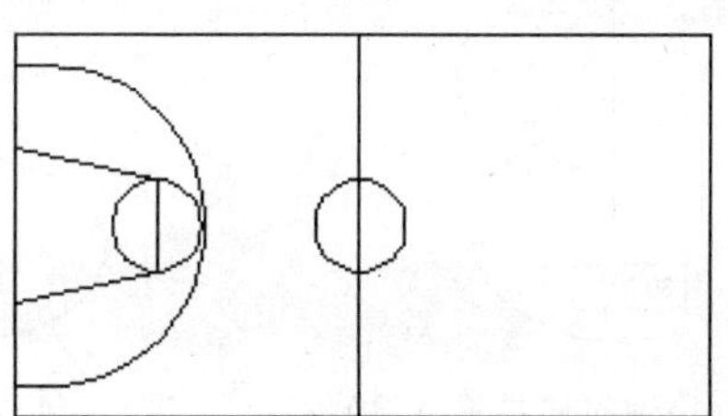

③ 删除完成

图 1-53　删除辅助线段（续）

14 重复步骤 4～步骤 13，绘制另一半球场，如图 1-54 所示。

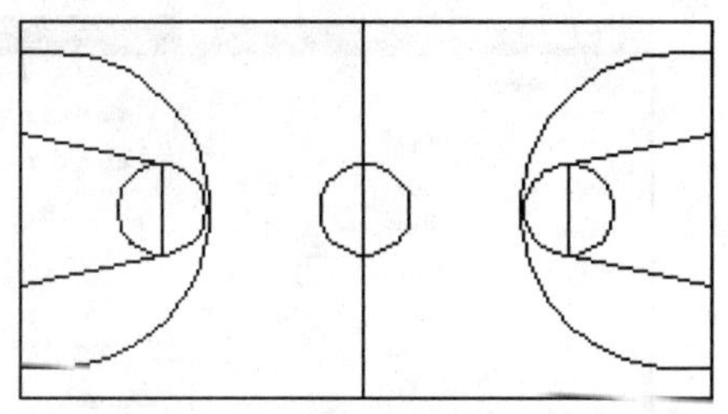

图 1-54　绘制另一半球场

实例 1-7　绘制渐变填充

本实例将制作渐变填充图形，主要应用了椭圆、渐变填充两个功能。实例效果如图 1-55 所示。

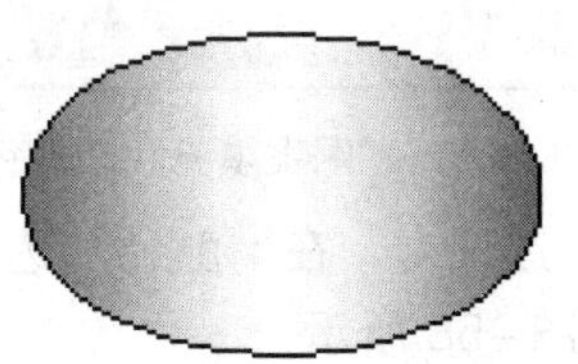

图 1-55　渐变填充效果图

操作步骤

1 单击“绘图”工具栏中的“椭圆”按钮，绘制一个长轴半径为 50、短轴半径为 30 的椭圆，如图 1-56 所示。

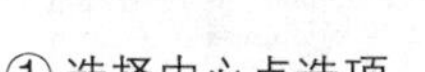

① 选择中心点选项 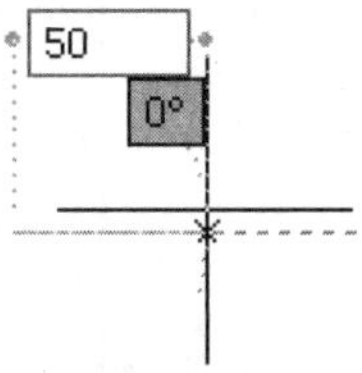　　② 沿 X 轴极轴拉伸并输入 50

图 1-56　绘制一个椭圆

重点提示　选择填充图案时需注意的问题

拾取点一次可以选择多个要填充的目标。

如果选择了非闭合的区域，系统将显示错误警告。此时可鼠标右键单击，从弹出的快捷菜单中选择“全部清除”或“取消后选择/拾取”命令。

操作技巧　修改图案填充

在对图案填充效果不满意时，可以双击填充的图案，在弹出的“特性”面板中修改相关参数。

图案填充

颜色	颜色 40
图层	0
类型	预定义
图案名	DOLMIT
注释性	否
角度	0
比例	1
关联	是
背景色	无

实例 1-7 说明

- 知识点：
  - 椭圆
  - 渐变填充
- 视频教程：
  光盘\教学\第 1 章 AutoCAD 2012 建筑基础绘图
- 效果文件：
  光盘\素材和效果\01\效果\1-7.dwg
- 实例演示：
  光盘\实例\第 1 章\绘制渐变填充

相关知识 什么是渐变色

渐变色可以表现出光照在图案上而产生的过渡颜色效果。

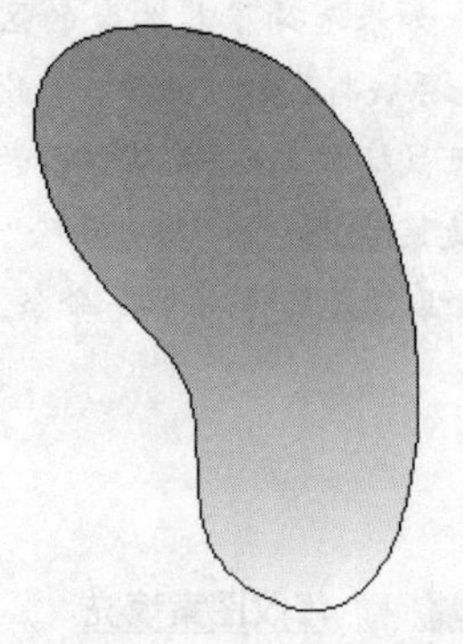

操作技巧 渐变色的操作方法

可以通过以下 3 种方法来执行“渐变色”操作:

- 选择“绘图”→“渐变色”菜单命令。
- 单击“绘图”工具栏中的“渐变色”按钮。
- 在命令行中输入“gradient”后，按回车键。

重点提示 渐变填充的限制

在 AutoCAD 中，虽然可以使用渐变色来填充图形，但此渐变色最多只能由两种颜色创建，不能使用位图填充图形。

疑难解答 开始绘图前要做哪些准备

计算机绘图与手工画图一样，也要做些必要的准备，

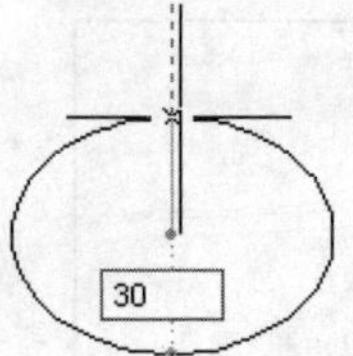

③ 沿 Y 轴极轴拉伸并输入 30

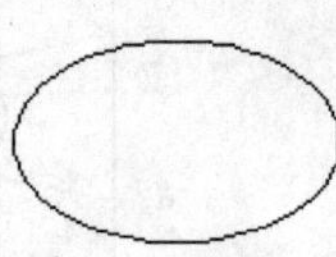

④ 绘制完成

图 1–56 绘制一个椭圆（续）

2 单击“绘图”工具栏中的“图案填充”按钮，打开“图案填充和渐变色”对话框，如图 1–57 所示。

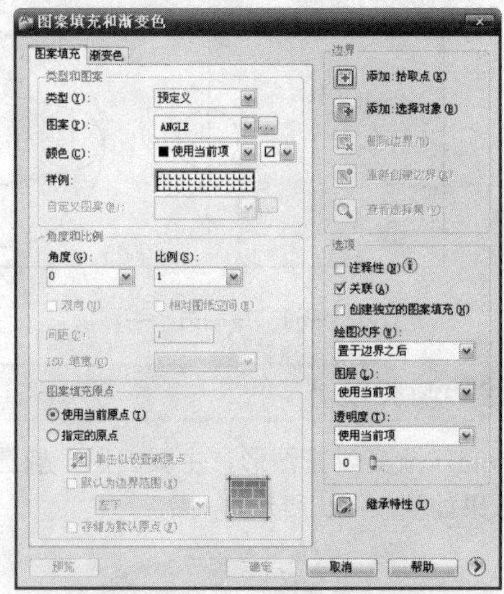

图 1–57 “图案填充和渐变色”对话框

3 选择“渐变色”选项卡，在“颜色”选项组中选中“单色”单选按钮，如图 1–58 所示。

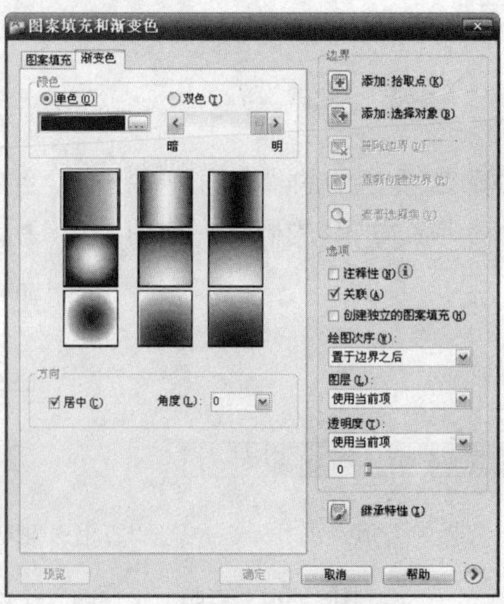

图 1–58 “渐变色”选项卡

4 在“颜色”选项组中，单击“单色”下面的 按钮，打开“选择颜色”对话框，如图 1–59 所示。

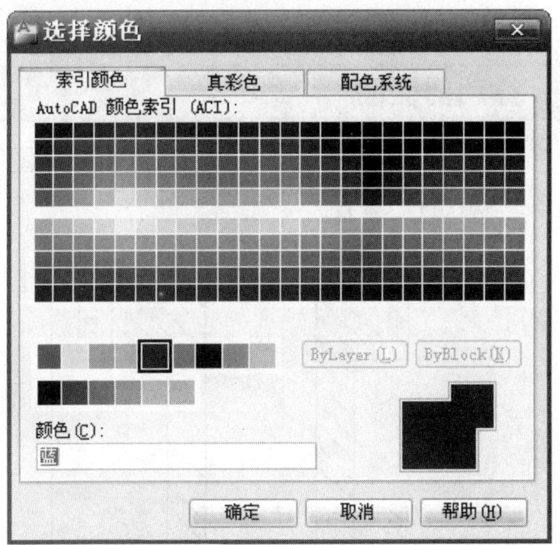

图 1–59 “选择颜色”对话框

5 设置“洋红”色，单击“确定”按钮，返回到“图案填充和渐变色”对话框，设置 9 种填充样式中的第一排第二种样式填充椭圆。

6 在“边界”选项组中单击“添加：拾取点”按钮，在图中选取椭圆后，按回车键，返回到“图案填充和渐变色”对话框，再单击“确定”按钮即可填充图案，如图 1–60 所示。

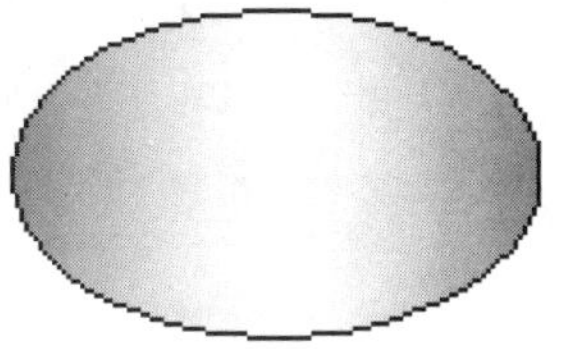

图 1–60　填充图形

实例 1-8　绘制气压图

本实例将制作气压图，主要应用了样条曲线功能。实例效果如图 1–61 所示。

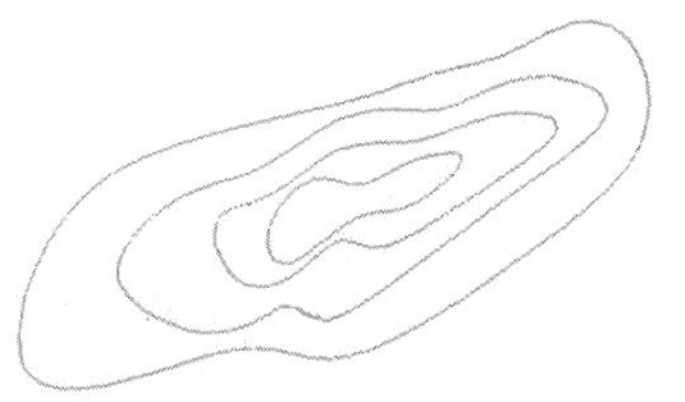

图 1–61　气压效果图

如设置图层、线型、标注样式、目标捕捉、单位格式、图形界限等。很多重复的工作则可以在样板文件（如 acad.dwt）中预先做好，绘图时直接拿来使用即可。

疑难解答　save 命令与 save as 命令有什么区别

在 AutoCAD 中，这两个命令都是用来“另存为”文件，但它们又有各自的区别：save 命令执行以后，原来的文件仍为当前文件；而 save as 命令执行以后，另存为的文件变为当前文件。

疑难解答　什么是DXF 文件格式

图形交换文件（Drawing Exchange File，DXF）是一种 ASCII 文本文件，它包含对应的 DWG 文件的全部信息。通常，不同类型的计算机，即使是用同一版本的文件，其 DWG 文件也不可交换。为此，AutoCAD 提供了 DXF 类型文件，其内部为 ASCII 码。这样，不同类型的计算机可通过交换 DXF 文件来交换图形，由于 DXF 文件可读性好，用户可方便地对它进行修改、编辑，达到从外部图形进行编辑、修改的目的。

疑难解答 **为什么 AutoCAD 的文件无法打开**

在 AutoCAD 2012 中是不会出现此类现象的，假如需要将文件传给其他用户，如果在版本过低的情况下，将无法打开 AutoCAD 文件。

解决的方法是：转换保存的格式。如果想打开高版本 AutoCAD 绘制的图形，那么在高版本的 AutoCAD 文件存档时，需要将文件类型转换成低版本格式，如保存为“AutoCAD 2007 图形”格式。

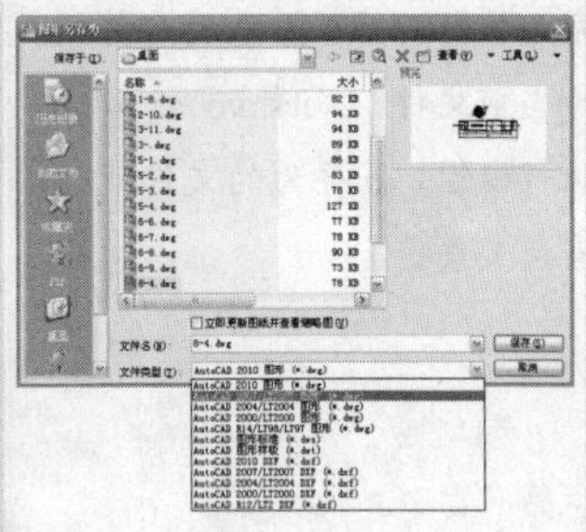

在绘制图形时，用样条曲线勾勒出一个不规则的圈，注意相邻的圈不能相交或重合。具体操作见“光盘\实例\第 1 章\绘制气压图”。

实例 1-9 绘制剖面图

本实例将制作一个剖面图，主要应用了直线、图案填充等功能。实例效果如图 1-62 所示。

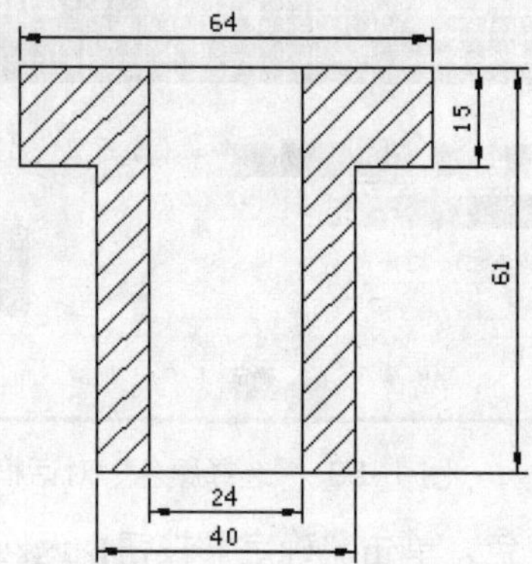

图 1-62　剖面效果图

在绘制图形时，先用直线绘制出如图 1-62 所示尺寸的外形，再用图案填充功能填充剖面效果。具体操作见“光盘\实例\第1 章\绘制剖面图”。

第2章 建筑绘图的编辑与修改

在利用AutoCAD进行绘图时，仅使用基本的绘图命令，并不能快速有效地绘制出各种复杂的图形。AutoCAD提供了许多实用而有效的编辑命令，使用这些命令，可以轻松地对用基本绘图命令绘制的图形进行编辑，从而构成各种复杂的图形。

本章讲解的主要实例及其功能如下：

实　例	主要功能	实　例	主要功能	实　例	主要功能
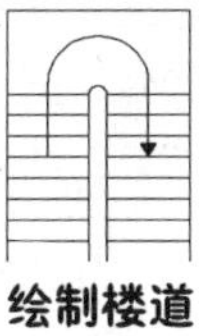 绘制楼道	直线、圆弧 多边形 矩形阵列 旋转 图案填充	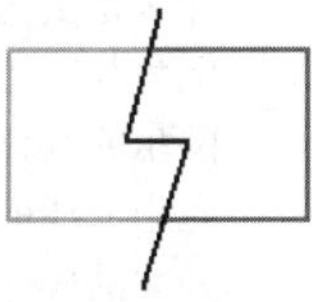 修饰图符	矩形、直线 打断于点 合并 设置颜色	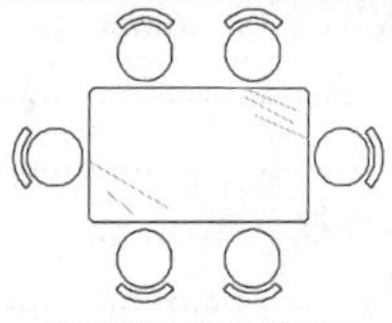 绘制餐桌和餐椅	圆 旋转 镜像 缩放
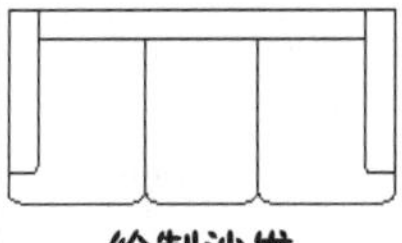 绘制沙发	偏移 修剪 圆角 镜像	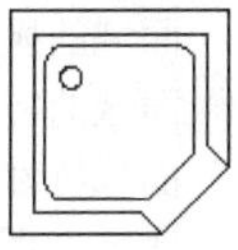 绘制水槽	圆、倒角、 偏移、延伸、 圆角、修剪	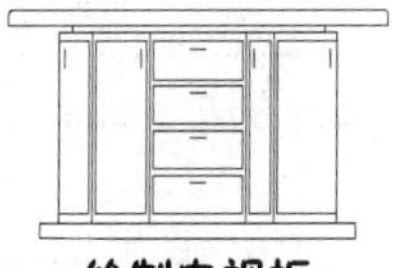 绘制电视柜	矩形、直线 圆角、偏移 复制、删除
 绘制旋转楼梯	圆、多边形 圆弧、旋转 修剪、阵列 图案填充	 绘制未折的纸盒	偏移、修剪 圆角、延伸 镜像、倒角	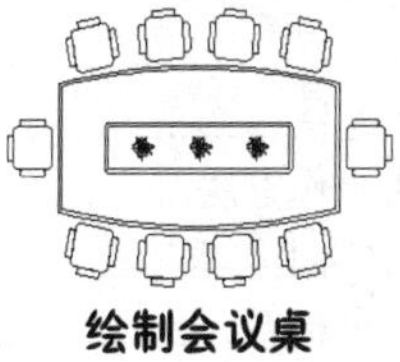 绘制会议桌	圆弧、镜像 圆角、旋转 复制、比例 删除
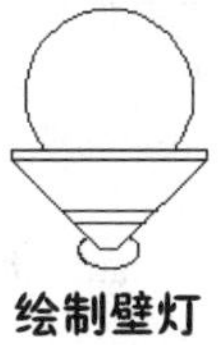 绘制壁灯	椭圆、圆 旋转、偏移 倒角、修剪	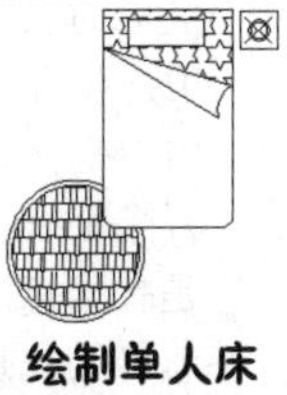 绘制单人床	圆弧、圆 旋转、移动 修剪 图案填充	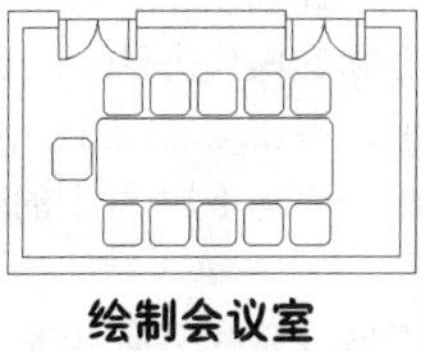 绘制会议室	直线、矩形 圆、偏移 修剪、圆角 复制、镜像 矩形阵列

本章在讲解实例操作的过程中，全面系统地介绍关于建筑绘图的编辑与修改的相关知识和操作方法，包含的内容如下：

实例 2-1　绘制楼道

本实例将制作一个楼道的平面图，其中包含楼梯、转角和一个方向指示箭头，主要应用了直线、圆弧、多边形、矩形阵列、旋转、图案填充等功能。实例效果如图 2-1 所示。

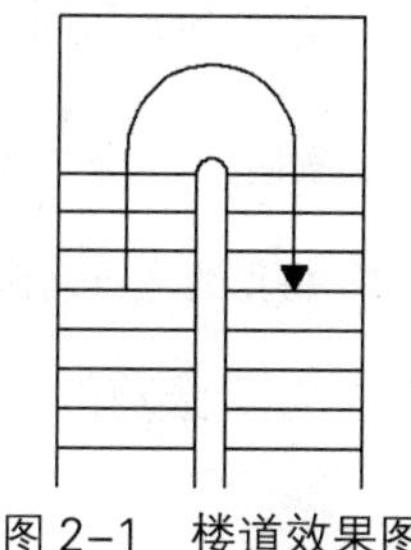

图 2-1　楼道效果图

操作步骤

1 单击“绘图”工具栏中的“直线”按钮，绘制 3 条直线，长度分别为 6000、4000、6000，如图 2-2 所示。

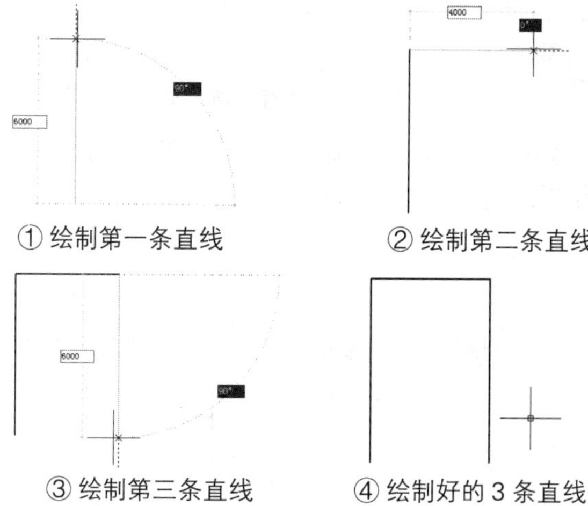

① 绘制第一条直线　② 绘制第二条直线

③ 绘制第三条直线　④ 绘制好的 3 条直线

图 2-2　绘制 3 条直线

2 单击“修改”工具栏中的“偏移”按钮，将长度为 4000 的直线向内偏移 2000，长度为 6000 的直线各向内偏移 1800，如图 2-3 所示。

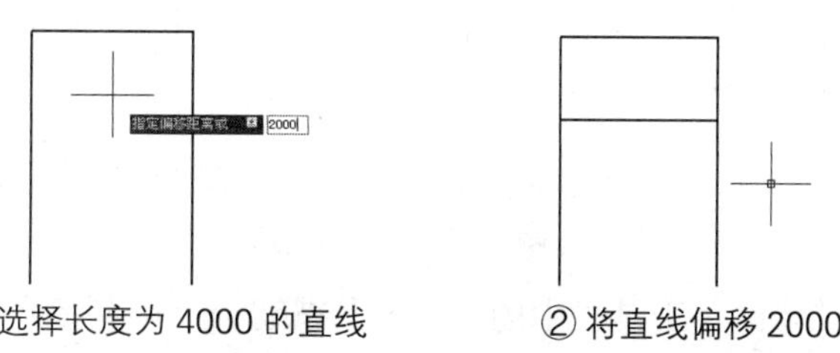

① 选择长度为 4000 的直线　② 将直线偏移 2000

图 2-3　将直线进行偏移

实例 2-1 说明

- 知识点：
  - 直线
  - 圆弧
  - 多边形
  - 矩形阵列
  - 旋转
  - 图案填充
- 视频教程：
  光盘\教学\第 2 章　建筑绘图的编辑与修改
- 效果文件：
  光盘\素材和效果\02\效果\2-1.dwg
- 实例演示：
  光盘\实例\第 2 章\绘制楼道

相关知识　什么是选择对象

选择对象是进行绘图的一项最基本的操作，在对图形进行编辑之前，首先就需要将图形选中，被选中的对象以虚线高亮显示。用户可以选择一个对象，也可以同时选择多个对象进行编辑操作。

相关知识　怎样选择一个对象

用光标指向要选择的对象，当拾取框光标放在要选择对象的位置时，图形高亮显示，单击即可选择对象。被选中的对象以虚线高亮显示，如选择方桌外边框。

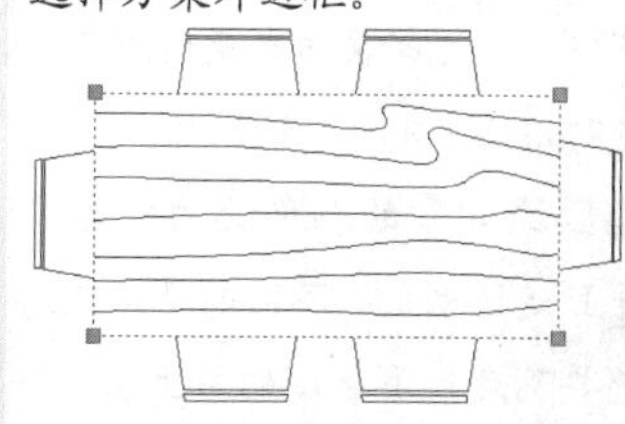

用鼠标单击的方法，还可以逐一地选择其他对象。这种方法适合于需要选择的图形对象较少的情况下，如果要选择多个对象，采用鼠标一一单击的方法比较麻烦，而且对于重叠的对象比较难操作。

相关知识 **怎样选择多个对象**

选择多个对象时，通常使用“指定窗口选择区域”和“窗口相交选择区域”两种方法。

1. 指定窗口选择区域

通过指定对角点来定义矩形区域，被选区域背景的颜色变为蓝色并且是透明的。首先确定矩形区域的左上角或左下角，向对角点方向拖动鼠标将确定选择的对象。

框选图形操作：

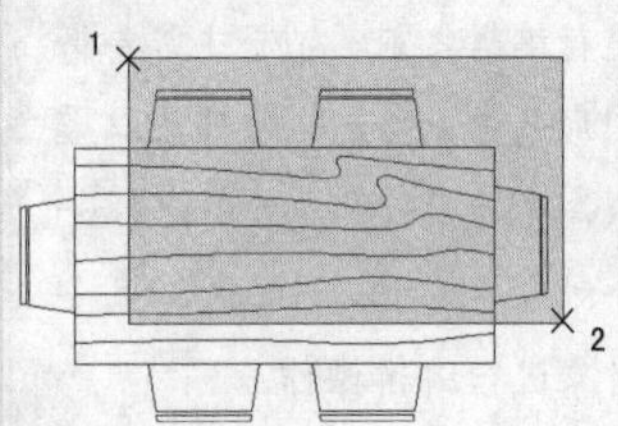

框选图形效果：

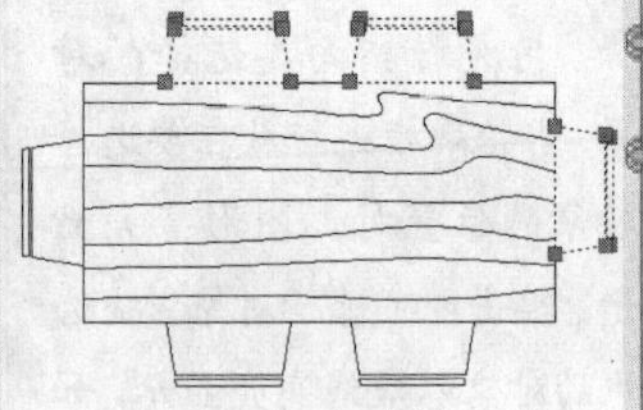

2. 窗口相交选择区域

窗口相交选择区域也是通过指定对角点来定义矩形区域，被选区域背景的颜色变为绿色并且是透明的。不同的是，首先要确定矩形区域的右上角

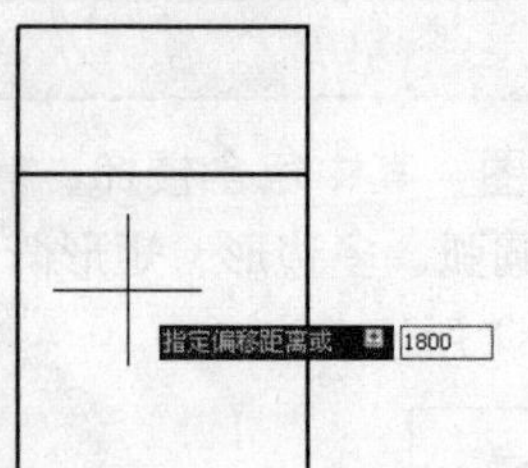

③ 选择长度为 6000 的直线

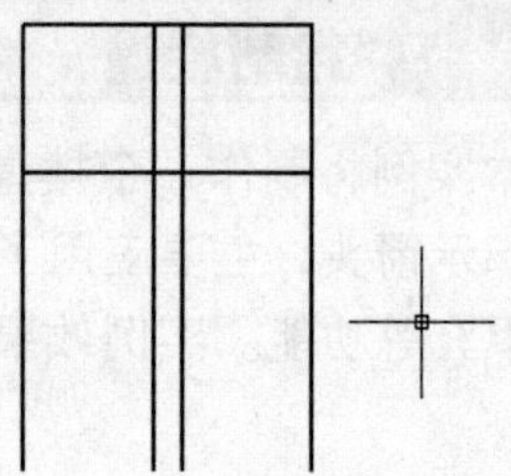

④ 各向内偏移 1800

图 2-3 将直线进行偏移（续）

3 单击“修改”工具栏中的“修剪”按钮，修剪图形，如图 2-4 所示。

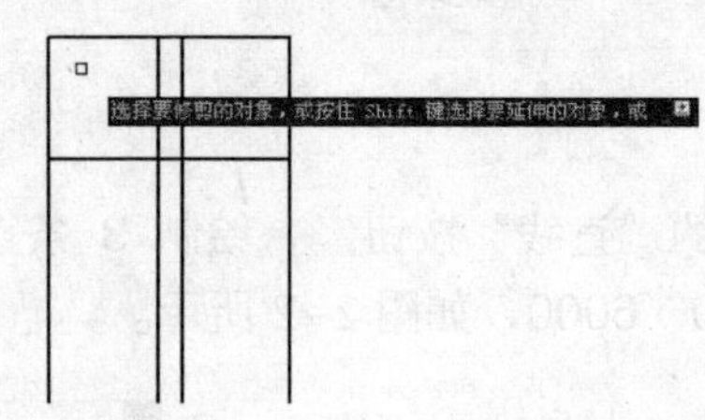

① 选择要修剪的直线

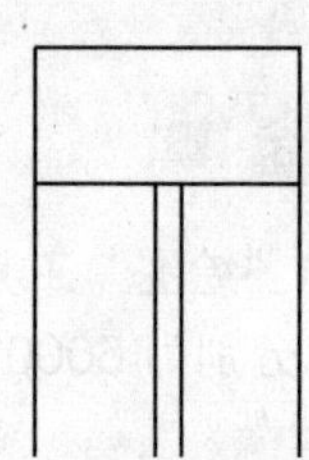

② 修剪直线

图 2-4 将直线进行修剪

4 选择“绘图”菜单中“圆弧”子菜单下的“起点、端点、方向”命令，绘制一个半圆，如图 2-5 所示。

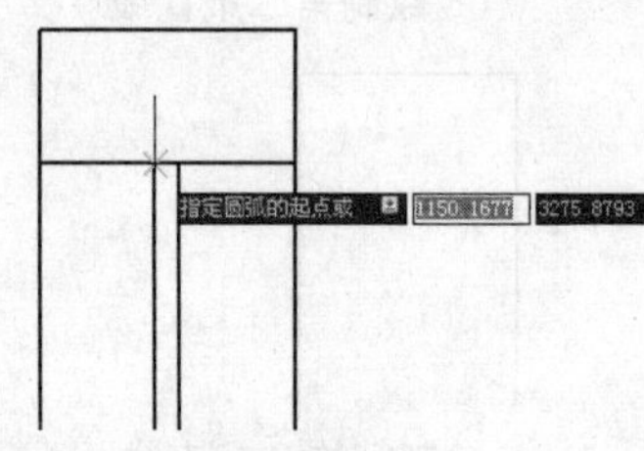

① 指定半圆的起点

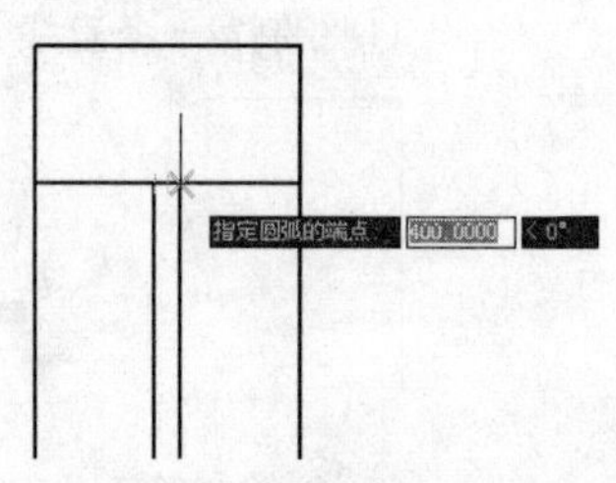

② 指定半圆的端点

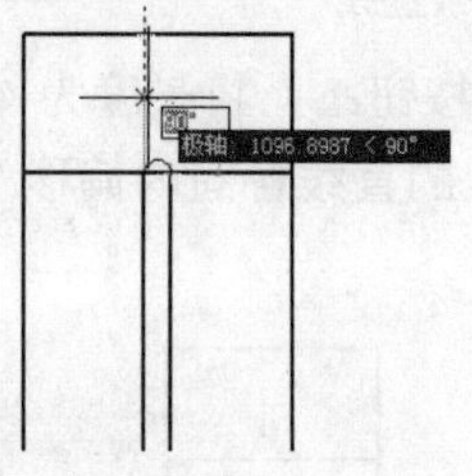

③ 设置方向

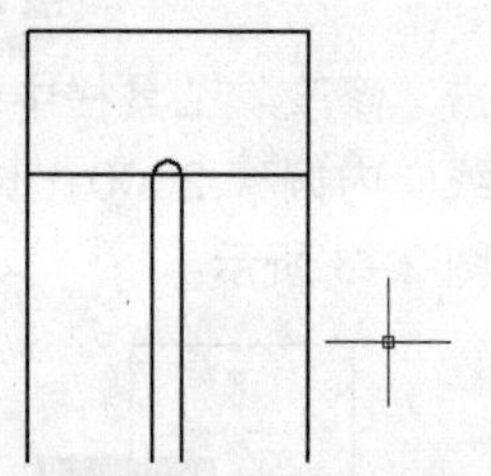

④ 半圆绘制完成

图 2-5 绘制半圆形

5 单击“修改”工具栏中的“修剪”按钮，修剪多余的线段，如图 2-6 所示。

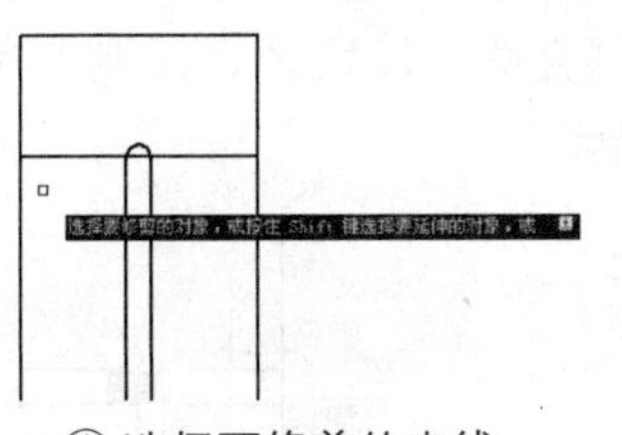

① 选择要修剪的直线　② 修剪完成

图 2-6 修剪多余的线段

6 单击“修改”工具栏中的“矩形阵列”按钮，打开“阵列”对话框。设置阵列行数为 8、列数为 1、行偏移为-500、列偏移为 0，如图 2-7 所示。

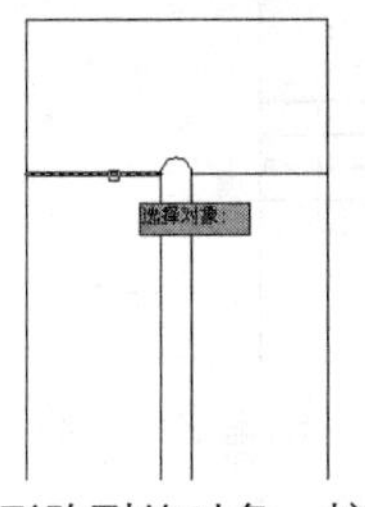

① 选择矩形阵列的对象，按回车键

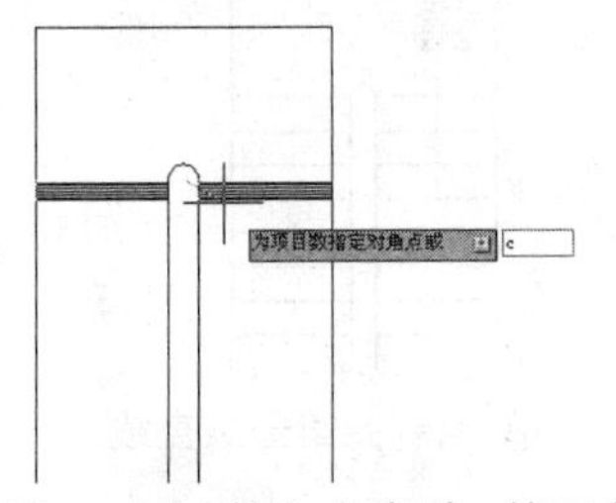

② 输入字母 c，以计数方式阵列，按回车键

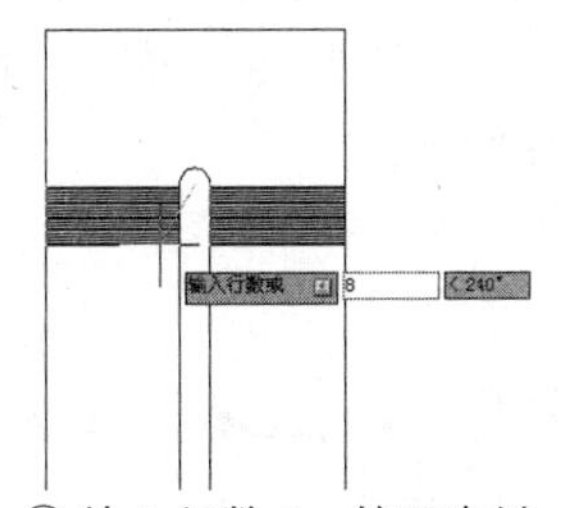

③ 输入行数 8，按回车键

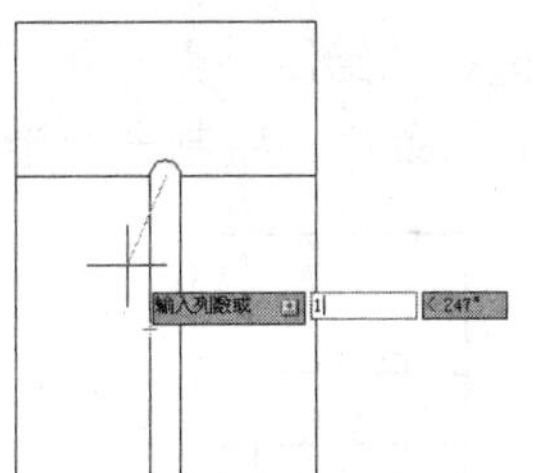

④ 输入列数 1，按回车键

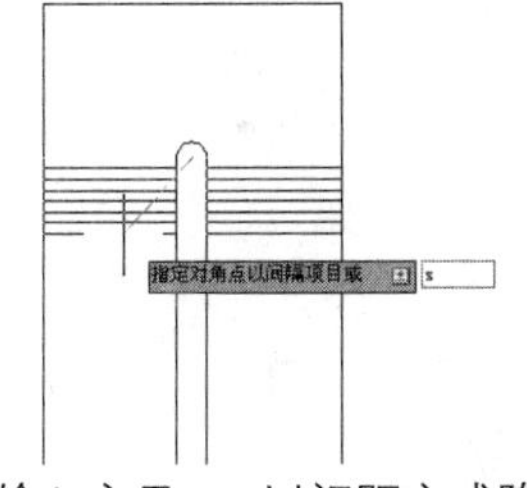

⑤ 输入字母 s，以间距方式阵列，按回车键

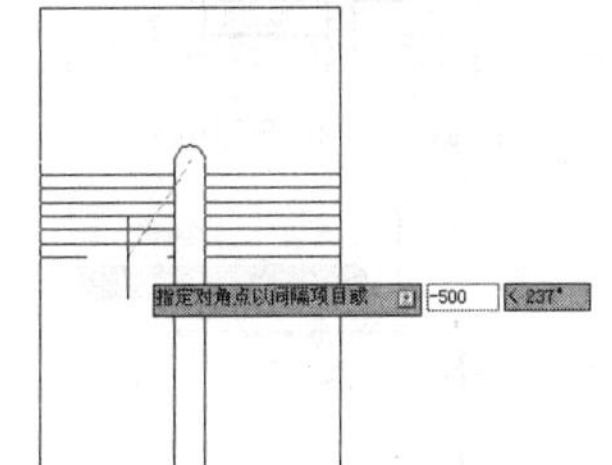

⑥ 输入间距值-500，按回车键

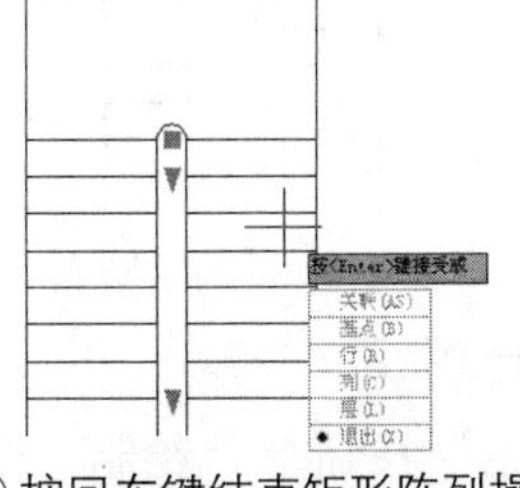

⑦ 按回车键结束矩形阵列操作

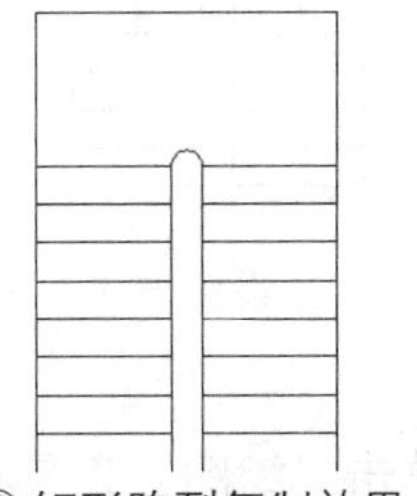

⑧ 矩形阵列复制效果

图 2-7 矩形阵列两条直线

或右下角，向对角点方向拖动鼠标将确定选择的对象。

框选图形操作：

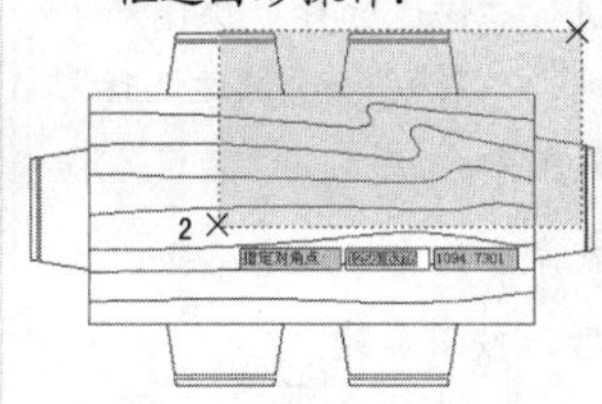

框选图形效果：

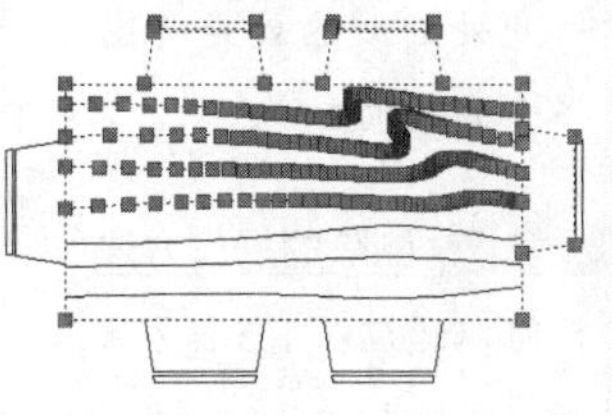

用这种方法，可以选中矩形区域内包围的或相交的对象。也就是说，只要图形有一部分在矩形区域内，就可以被选中。

相关知识 **什么是快速选择**

快速选择是指根据图形所具有的属性来筛选对象。

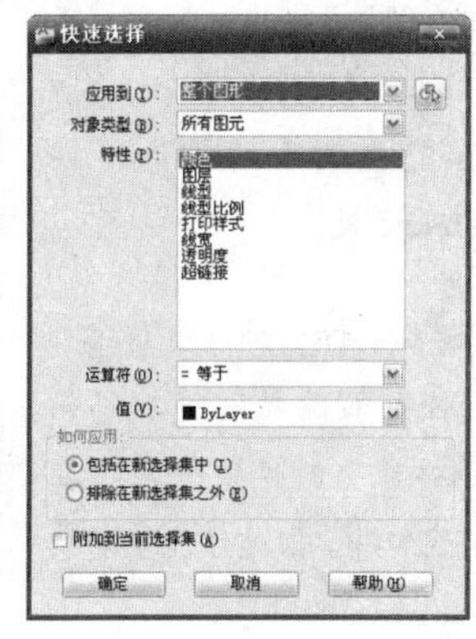

在建筑制图中，“快速选择”命令常用于比较复杂的图形中选择对象。例如，使用快速选择功能，选择颜色为绿色的所有图形对象，或者选择线宽为 0.40mm 的多段线等。

操作技巧 快速选择的操作方法

可以通过以下两种方法来执行“快速选择”操作：

- 选择“工具”→“快速选择”菜单命令。
- 在命令行中输入“qselect”后，按回车键。

相关知识 什么是删除

此处的删除就是将图形中多余的线段去除。

操作技巧 删除的操作方法

可以通过以下5种方法来执行“删除”操作：

- 选择“修改”→“删除”菜单命令。
- 单击“修改”工具栏中的“删除”按钮。
- 在命令行中输入“erase”后，按回车键。
- 选定要删除的对象，单击鼠标右键，在弹出的快捷菜单中选择“删除”命令。
- 选定要删除的对象，按Delete键。

相关知识 什么是恢复删除

恢复删除功能可以将删除的对象重新恢复并显示在当前窗口中，但是只能恢复最后一次删除的对象。

操作技巧 恢复删除的操作方法

可以通过以下两种方法来执行恢复删除操作：

- 在命令行中输入“oops”后，按回车键。

7 单击“绘图”工具栏中的“直线”按钮，绘制两条长度为1800的直线，如图2-8所示。

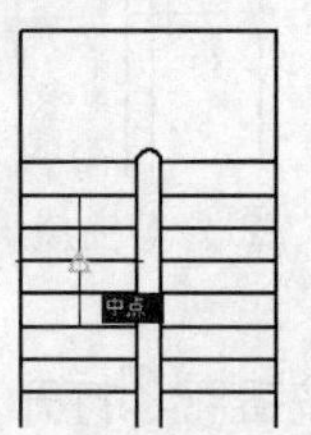

① 选择直线的第一点

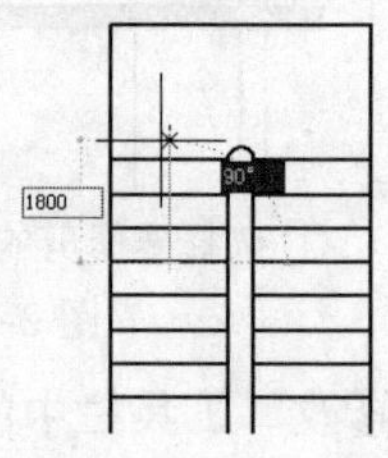

② 将光标垂直向上并输入1800

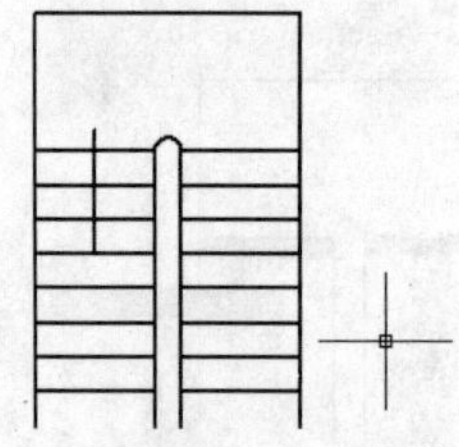
③ 绘制完第一条直线

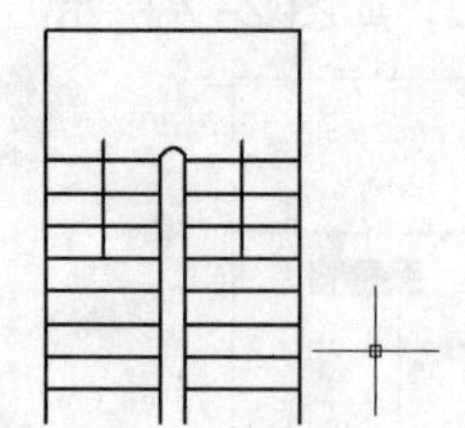
④ 用同样方法绘制第二条直线

图2-8 绘制两条直线

8 选择“绘图”菜单中“圆弧”子菜单下的“起点、端点、角度”命令，绘制一个半圆，如图2-9所示。

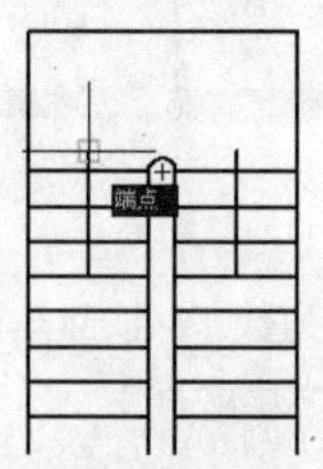

① 选择半圆的起点

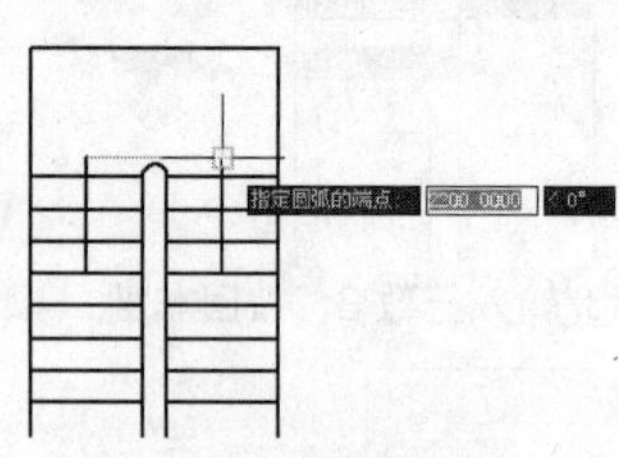

② 选择半圆的端点

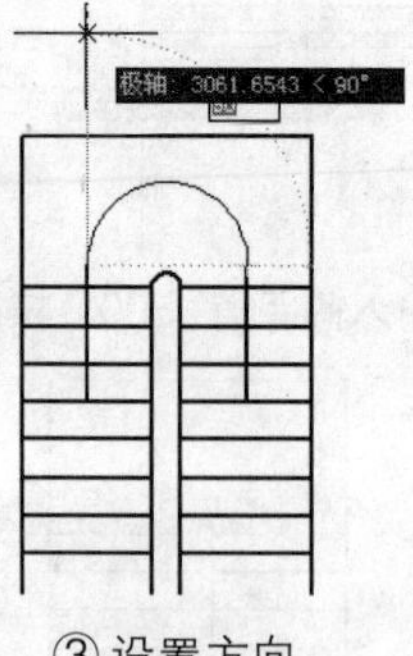

③ 设置方向

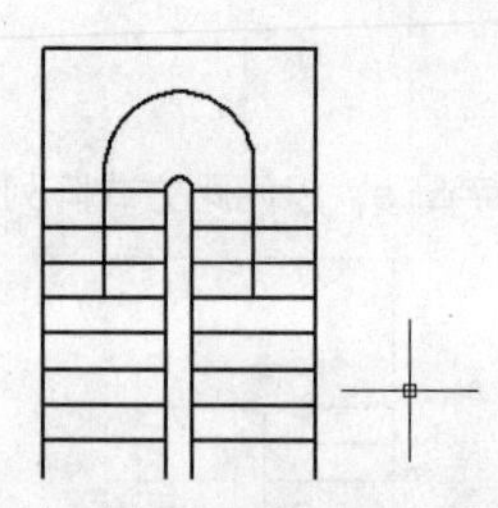
④ 半圆绘制完成

图2-9 绘制一个半圆

9 单击“绘图”工具栏中的“多边形”按钮，绘制一个边长为200的正三角形，如图2-10所示。

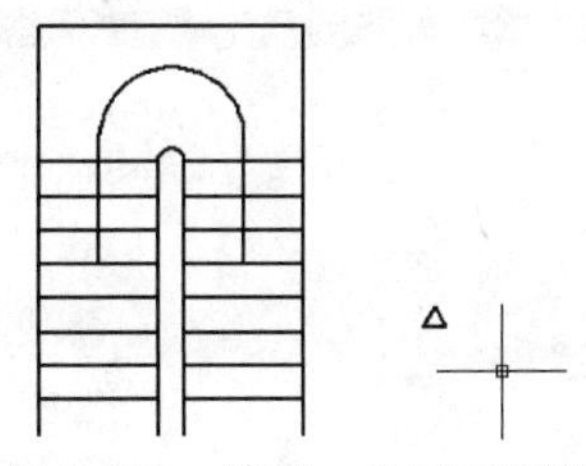

图 2–10　绘制一个正三角形

10 单击“修改”工具栏中的“旋转”按钮，将绘制的正三角形旋转 180°，如图 2–11 所示。

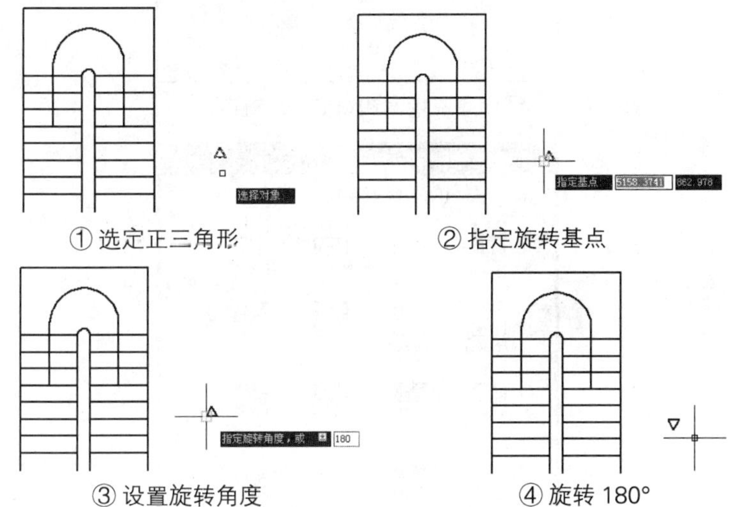

① 选定正三角形　② 指定旋转基点

③ 设置旋转角度　④ 旋转 180°

图 2–11　旋转正三角形

11 单击“修改”工具栏中的“移动”按钮，将正三角形移动到图形中，如图 2–12 所示。

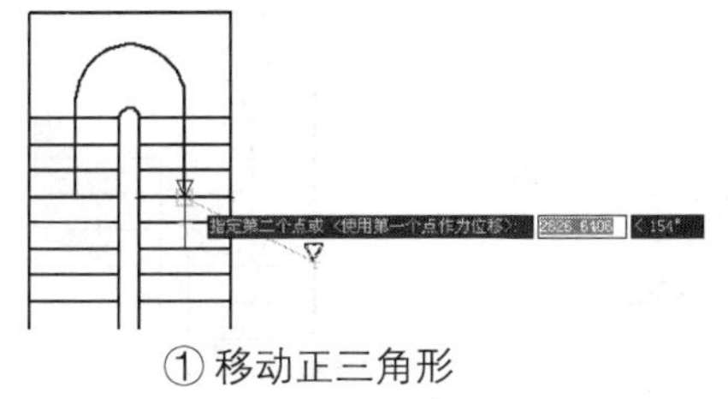

① 移动正三角形　② 移动到的位置

图 2–12　将正三角形移到图形中

12 单击“绘图”工具栏中的“图案填充”按钮，打开“填充图案和渐变色”对话框。单击“图案”后面的弹出按钮，在弹出的“填充图案选项板”对话框中，将填充图案设置为“SOLID”，单击“确定”按钮，返回到“填充图案和渐变色”对话框。在“边界”选项组中单击“添加：拾取点”按钮，切换到绘图区，单击正三角形内部，按回车键返回“填充图案和渐变色”对话框，单击“确定”按钮，将图案填充为黑色，得到最终效果，如图 2–13 所示。

- 在删除线段后，按 Ctrl+Z 组合键。

相关知识 什么是移动

在绘制复杂图形时，可以先在空白区域绘制完各个部件，然后再将绘制的各部件移动到主体中去。

移动前：

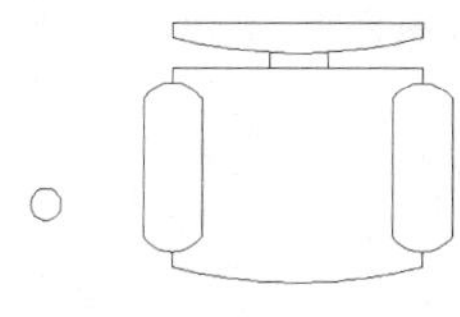

移动后：

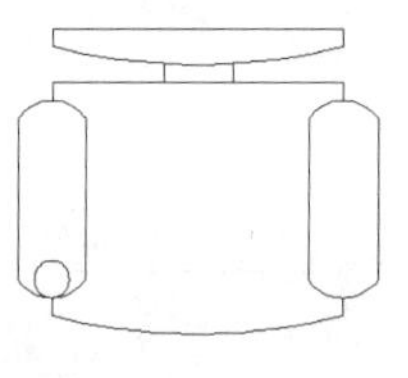

操作技巧 移动的操作方法

可以通过以下 4 种方法来执行“移动”功能：

- 选择“修改”→“移动”菜单命令。
- 单击“修改”工具栏中的“移动”按钮。
- 在命令行中输入“move”后，按回车键。
- 选定移动的对象，单击鼠标右键，在弹出的快捷菜单中选择“移动”命令。

相关知识 什么是旋转

对辅助线的绘制，通常不能一步到位，那就需要通过一些方法达到辅助的效果，旋转就是其中一种方法。

旋转前：

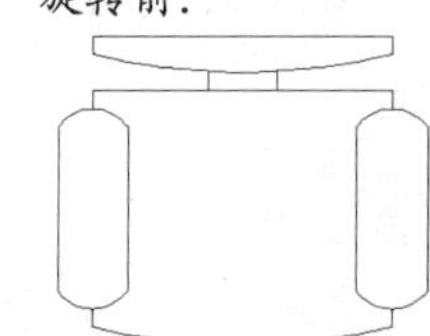

向左旋转：

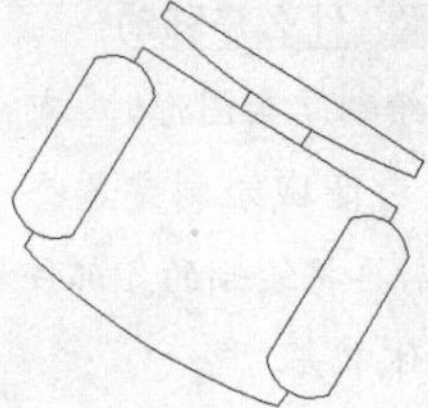

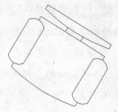

向右旋转：

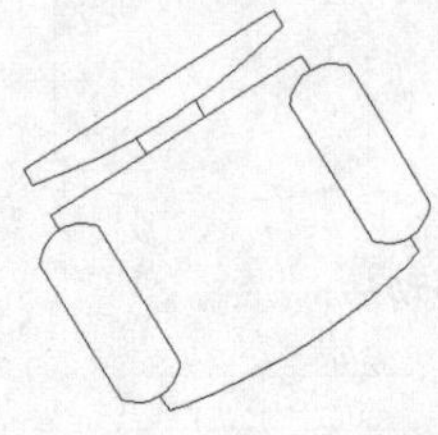

操作技巧 旋转的操作方法

可以通过以下4种方法来执行"旋转"功能：

- 选择"修改"→"旋转"菜单命令。
- 单击"修改"工具栏中的"旋转"按钮。
- 在命令行中输入"rotate"后，按回车键。
- 选定要旋转的对象，单击鼠标右键，在弹出的快捷菜单中选择"旋转"命令。

重点提示 旋转操作的注意事项

旋转的对象可以是单个对象，也可以是多个对象。在旋转时，输入角度为正值时为逆时针旋转，输入为负值时是顺时针旋转。

①"填充图案和渐变色"对话框

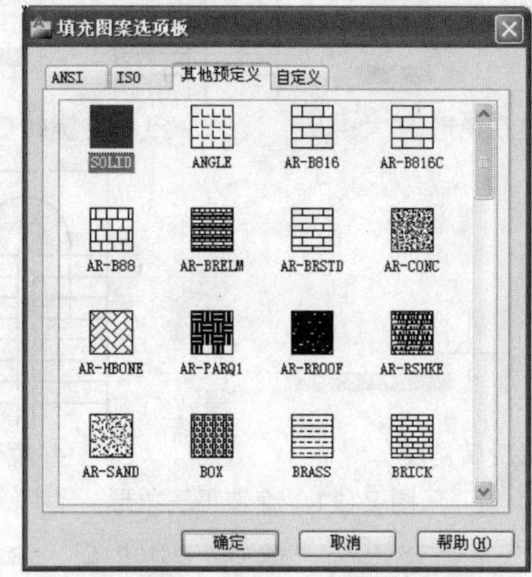

②"填充图案选项板"对话框

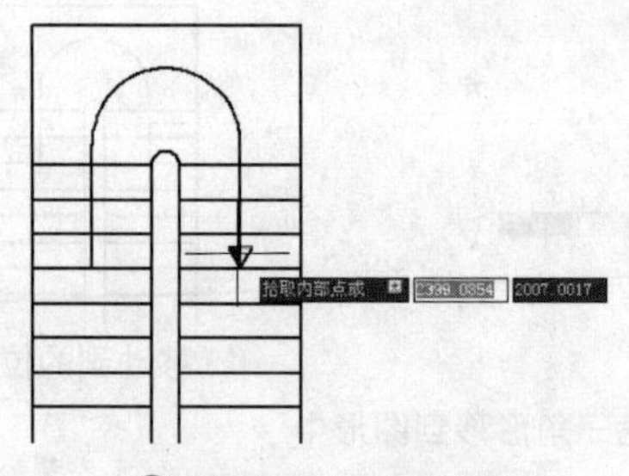

③ 单击正三角形内部

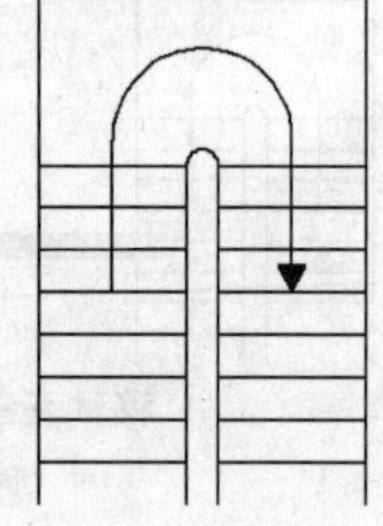

④ 填充后的效果

图 2-13 将正三角形填充为黑色

实例 2-2 修饰图符

本实例将绘制一个矩形图符，并将矩形打断为两部分，分别设置为不同的颜色，主要应用了矩形、直线、打断于点、合并、设置颜色等功能。实例效果如图 2-14 所示。

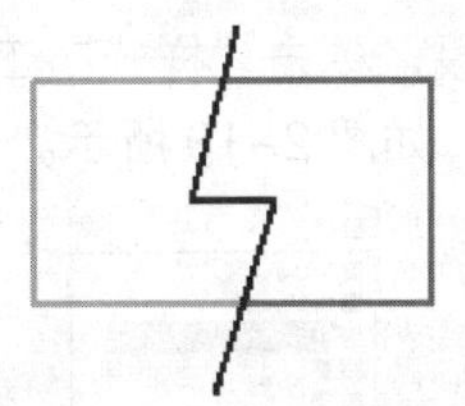

图 2-14　修饰图符效果

操 作 步 骤

1 单击“绘图”工具栏中的“矩形”按钮，在图中绘制一个矩形，如图 2-15 所示。

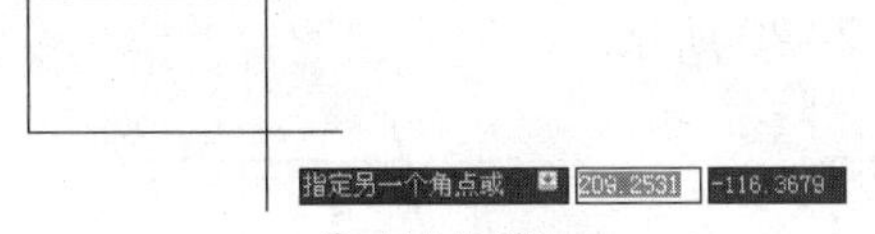

① 绘制过程

② 矩形

图 2-15　绘制一个矩形

2 单击“绘图”工具栏中的“直线”按钮，绘制一条折线，如图 2-16 所示。

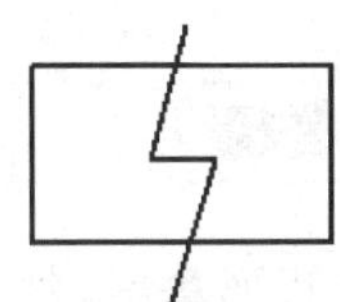

图 2-16　绘制一条折线

3 选中矩形，单击“样式”工具栏中的“颜色”下拉列表框，选择绿色，如图 2-17 所示。

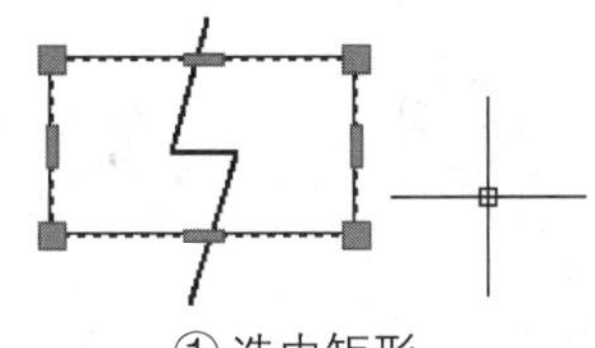

① 选中矩形

② 颜色下拉列表

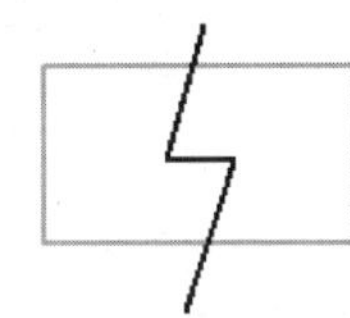

③ 选择绿色

图 2-17　将矩形设置为绿色

4 单击“修改”工具栏中的“打断于点”按钮，将矩形打断，如图 2-18 所示。

① 指定第一个打断点

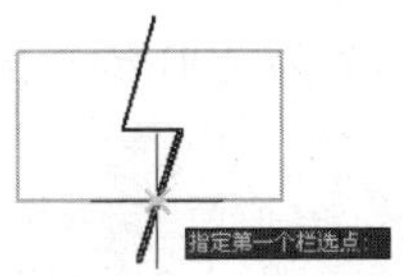

② 指定第一个栏选点

图 2-18　将矩形打断

实例 2-2 说明

- 知识点：
  - 矩形
  - 直线
  - 打断于点
  - 合并
  - 设置颜色
- 视频教程：
  光盘\教学\第 2 章 建筑绘图的编辑与修改
- 效果文件：
  光盘\素材和效果\02\效果\2-2.dwg
- 实例演示：
  光盘\实例\第 2 章\修饰图符

相关知识　什么是对齐

使用对齐命令，可以将当前对象与其他对象对齐，该命令不仅适用于二维图形，也适用于三维对象。对于二维图形，对齐时可以指定一点对齐，也可以指定两点对齐；对于三维图形，则需要指定三点来对齐对象。

对齐前：

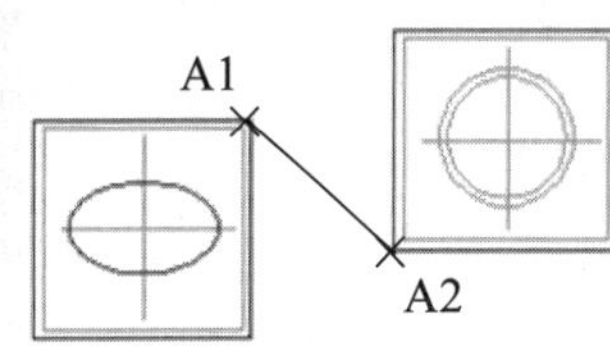

对齐后：

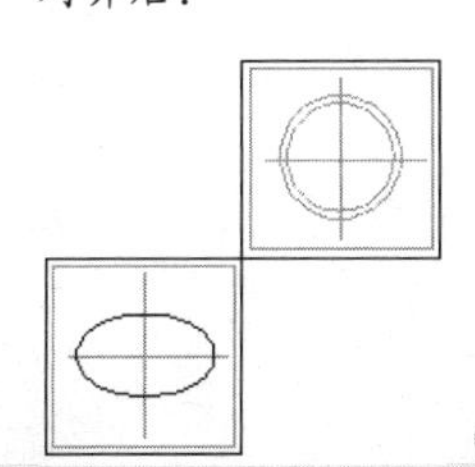

操作技巧 对齐的操作方法

可以通过以下两种方法来执行"对齐"功能：

- 选择"修改"→"三维操作"→"对齐"菜单命令。
- 在命令行中输入"align"后，按回车键。

实例 2-3 说明

- 知识点：
  - 圆
  - 旋转
  - 镜像
  - 缩放
- 视频教程：
  光盘\教学\第 2 章 建筑绘图的编辑与修改
- 效果文件：
  光盘\素材和效果\02\效果\2-3.dwg
- 实例演示：
  光盘\实例\第 2 章\绘制餐桌和餐椅

5 选中折线一边的线段，单击"样式"工具栏中"颜色"下拉列表框，选择红色，如图 2-19 所示。

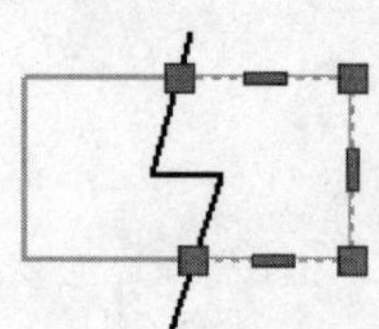

① 选中矩形的一半线段

② "颜色"下拉列表框

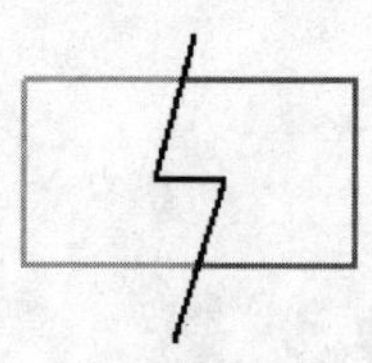

③ 选择红色

图 2-19 将矩形另一边设置为红色

6 单击"修改"工具栏中的"合并"按钮，合并部分线段，得到最终效果图，如图 2-20 所示。

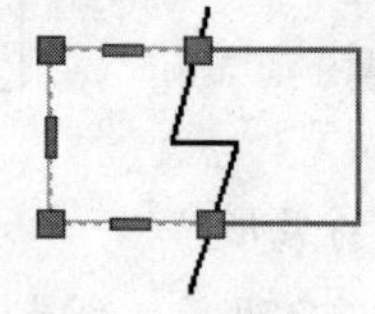

①选择线段

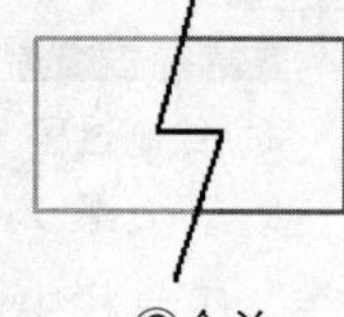

②合并

图 2-20 将矩形两部分合并

实例 2-3 绘制餐桌和餐椅

本实例将先绘制一个矩形餐桌，然后在餐桌的四周绘制几把餐椅，主要应用了圆、旋转、镜像、缩放等功能。实例效果如图 2-21 所示。

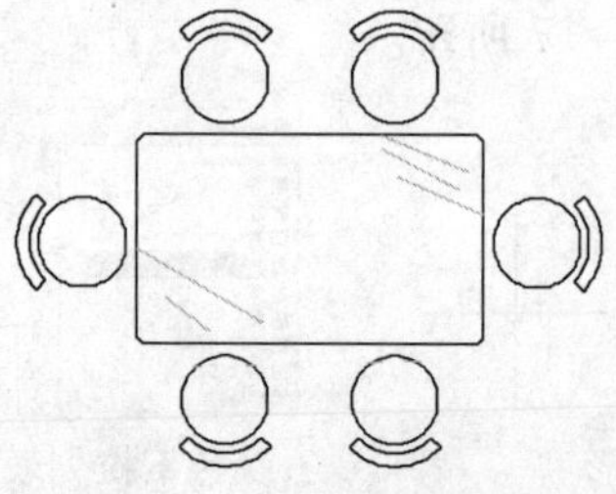

图 2-21 餐桌和餐椅效果

操作步骤

1 单击"绘图"工具栏中的"矩形"按钮，绘制一个长为 1200、宽为 700 的矩形作为餐桌桌面，如图 2-22 所示。

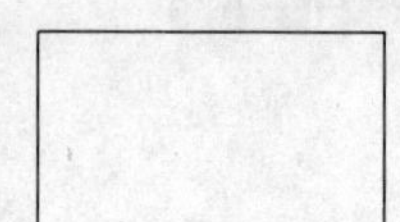

图 2-22 绘制一个矩形

2 单击“修改”工具栏中的“倒角”按钮，设置两个倒角距离为 20，倒直角修饰餐桌，如图 2–23 所示。

① 选择要倒角的第一条直线

② 选择第二条直线

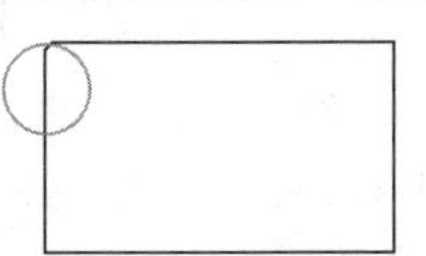

③ 对两条直线的交角进行倒角

④ 对其余 3 个角进行倒角

图 2–23　将矩形倒角

3 单击“绘图”工具栏中的“直线”按钮，在矩形当中的左下角与右上角绘制几条直线，如图 2–24 所示。

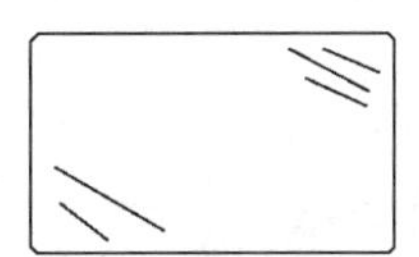

图 2–24　制作餐桌的平面效果

4 选择步骤 3 绘制的直线，单击“样式”工具栏中的“颜色”下拉列表框，选择“选择颜色”选项，系统弹出“选择颜色”对话框，在对话框中设置线条为灰色，增加餐桌的平面效果，如图 2–25 所示。

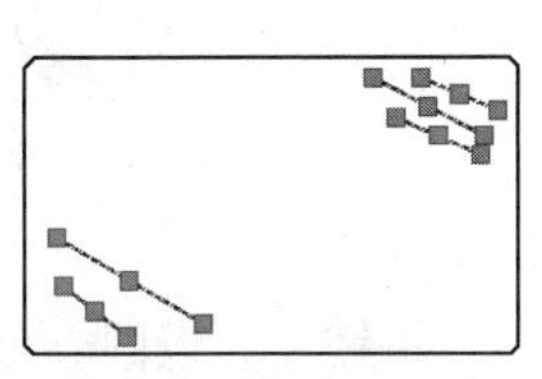

① 选择矩形中的直线

② “颜色”下拉列表框

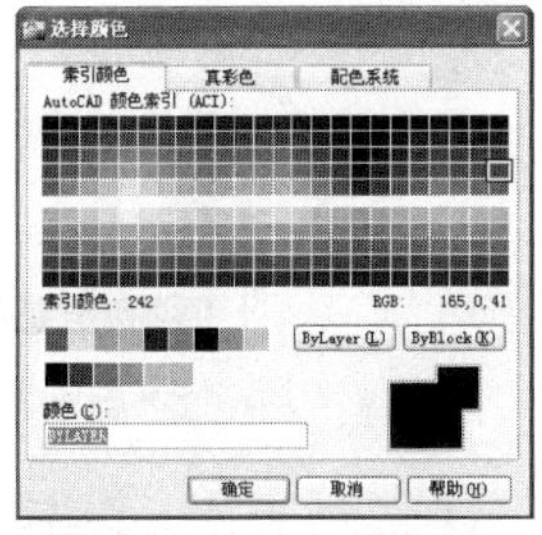

③ “选择颜色”对话框

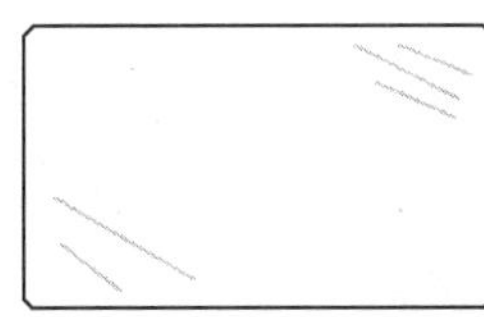

④ 将线条设置为灰色

图 2–25　增加餐桌的平面效果

5 单击“修改”工具栏中的“延伸”按钮，延伸灰色直线，修饰平面效果，如图 2–26 所示。

相关知识　**什么是复制**

复制就是将需要重复绘制的图形，进行简化操作的一个功能。

复制前：

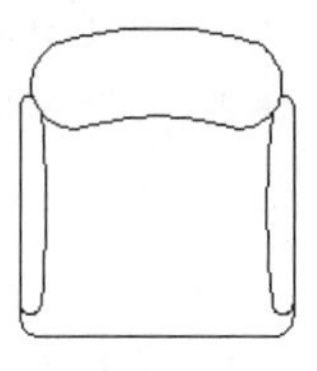

复制后：

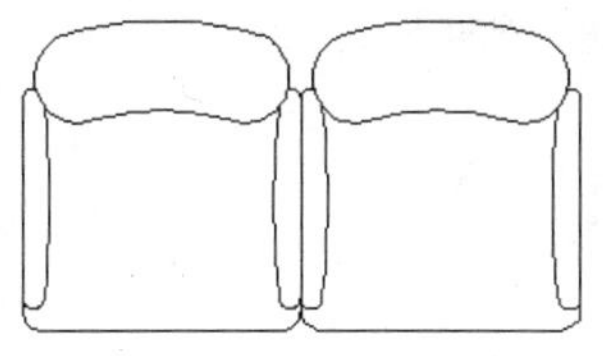

操作技巧　**复制的操作方法**

可以通过以下 4 种方法来执行复制操作：

- 选择“修改”→“复制”菜单命令。
- 单击“修改”工具栏中的“复制”按钮。
- 在命令行中输入“copy”后，按回车键。

- 选定复制的对象，单击鼠标右键，在弹出的快捷菜单中选择“复制”命令。

重点提示 复制的模式

在默认情况下，复制图形对象时启用的是“多个”复制模式，此外还可以启用“单个”模式。在“单个”模式下，图形对象被复制了一次之后就完成操作，不会再提示是否要指定第二个点。

相关知识 什么是偏移

偏移就是将选定的对象进行位移性的复制。

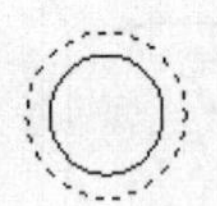

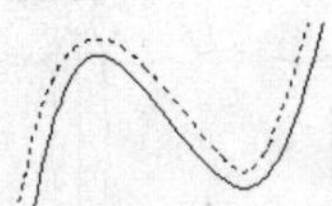

圆　样条曲线

直线

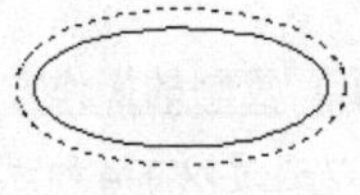

椭圆

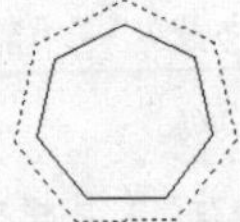

多边形

重点提示 偏移操作的注意事项

偏移时需要注意以下几点：

- 该指令在执行时，只能对单一对象进行操作。

① 设置要延伸到的直线

② 选择要延伸的对象

③ 延伸左下角的一条直线

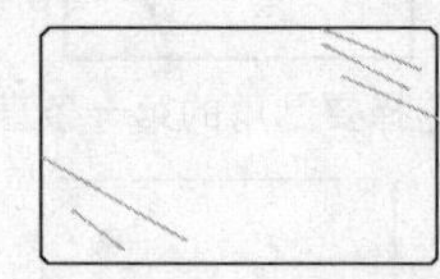

④ 延伸右上角的一条直线

图 2–26　将直线延伸

6 单击“绘图”工具栏中的“圆”按钮，在空白区域上绘制3个半径分别为100、120、150的圆。单击“绘图”工具栏中的“直线”按钮，以圆心为起点，向下绘制一条直线，如图2–27所示。

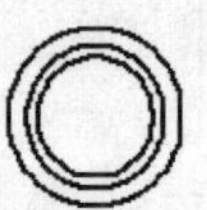

① 绘制3个圆

② 在圆中绘制一条直线

图 2–27　绘制圆

7 单击“修改”工具栏中的“旋转”按钮，旋转直线，旋转角度为45°，如图2–28所示。

① 设置旋转角度

② 旋转45°

图 2–28　将直线进行旋转

8 单击“修改”工具栏中的“镜像”按钮，以圆心为起点，垂直镜像旋转的直线，如图2–29所示。

① 设置镜像的第一点

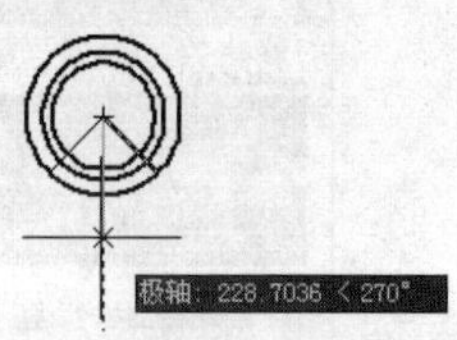

② 旋转角度

③ 选择不删除源对象

④ 镜像完成

图 2–29　旋转镜像直线

9 单击“修改”工具栏中的“修剪”按钮，修剪图形中的多余线段，绘制完餐椅。单击“修改”工具栏中的“移动”按钮，将餐椅移动到合适位置，如图 2-30 所示。

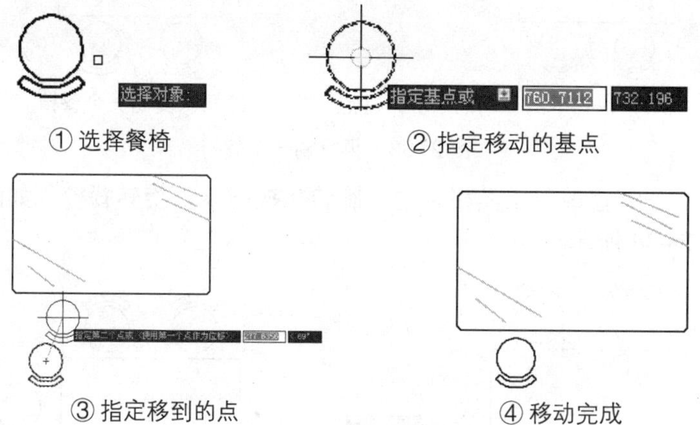

① 选择餐椅　② 指定移动的基点

③ 指定移到的点　④ 移动完成

图 2-30　将餐椅移到餐桌边

10 单击“修改”工具栏中的“缩放”按钮，将餐椅放大 1.5 倍，如图 2-31 所示。

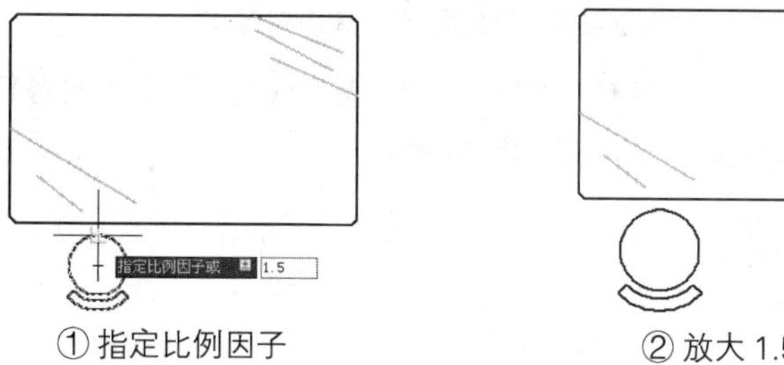

① 指定比例因子　② 放大 1.5 倍

图 2-31　将餐椅放大

11 单击“修改”工具栏中的“镜像”按钮，以桌子的中心点为镜像线，镜像复制餐椅，如图 2-32 所示。

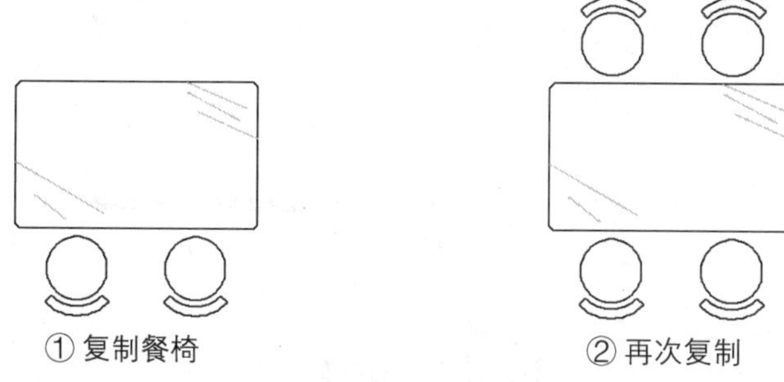

① 复制餐椅　② 再次复制

图 2-32　将餐椅复制成 4 个

12 单击“修改”工具栏中的“复制”按钮，复制餐椅，如图 2-33 所示。

- 偏移的距离值必须大于 0。
- 偏移命令中，按回车键可以直接偏移对象。
- 偏移得到的结果，不一定与偏移对象相同，如正多边形、圆、圆弧等。

操作技巧　偏移的操作方法

可以通过以下 3 种方法来执行“偏移”操作：

- 选择“修改”→“偏移”菜单命令。
- 单击“修改”工具栏中的“偏移”按钮。
- 在命令行中输入“offset”后，按回车键。

重点提示　偏移的对象

对直线、射线、构造线进行偏移操作后，得到的结果是平行复制；对圆、椭圆进行偏移后，偏移后的圆或椭圆与原来的圆或椭圆有相同的圆心，但半径和轴长要发生改变；对圆弧作偏移后，新圆弧与原来的圆弧有相同的包含角，但弧长会发生改变。

相关知识　什么是镜像

在绘制对称图形时，可以绘制半个图形，然后使用镜像功能进行复制。

镜像前：

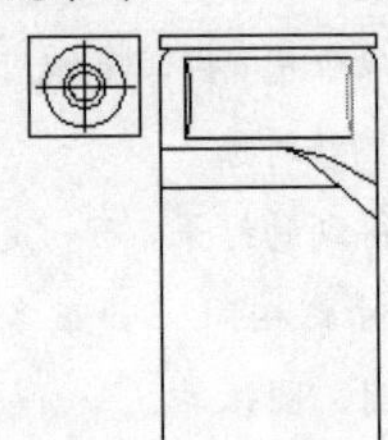

镜像后：

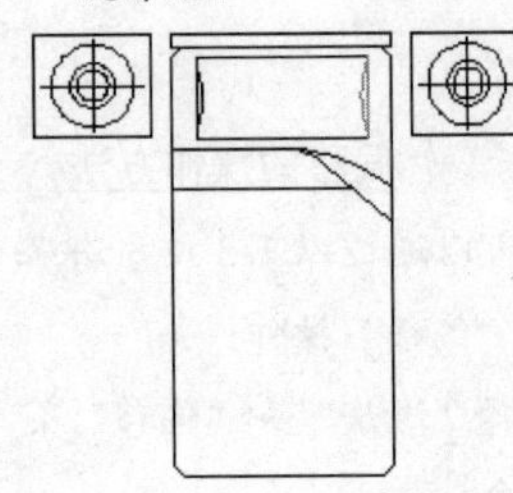

操作技巧 镜像的操作方法

可以通过以下3种方法来执行“镜像”功能：

- 选择“修改”→“镜像”菜单命令。
- 单击“修改”工具栏中的“镜像”按钮。
- 在命令行中输入“mirror”后，按回车键。

重点提示 镜像的操作技巧

镜像复制时需要两个点确定镜像线。在进行水平镜像时，只需要一个点就可以完成镜像操作的要求。

操作时，在需要的位置单击即可选择第一个镜像点；第二个点则可以将鼠标垂直向下拉，在辅助框提示极轴的情况下单击即可。

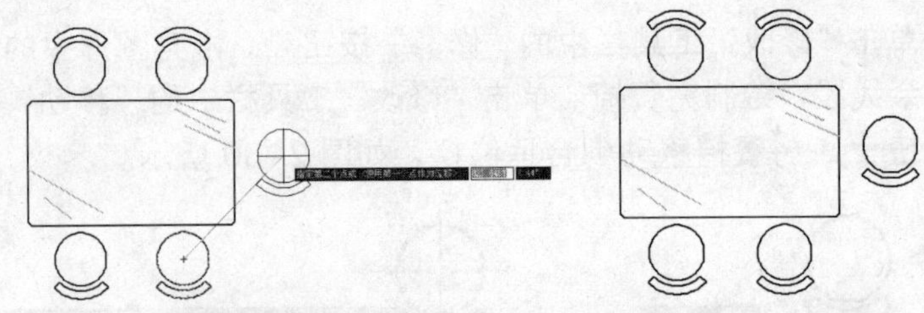

① 以右下的餐椅的中心为基点　② 再次复制一个餐椅

图 2-33　再复制一个餐椅

13 单击“修改”工具栏中的“旋转”按钮，旋转餐椅，如图 2-34 所示。

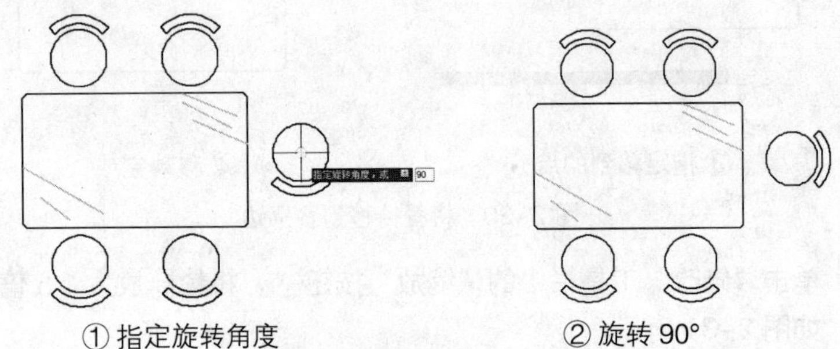

① 指定旋转角度　② 旋转 90°

图 2-34　旋转餐椅使其面对餐桌

14 单击“修改”工具栏中的“移动”按钮，将放大的餐椅摆放至合适位置，如图 2-35 所示。

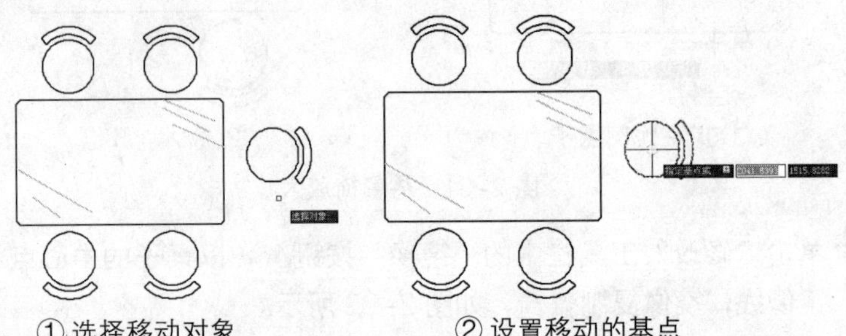

① 选择移动对象　② 设置移动的基点

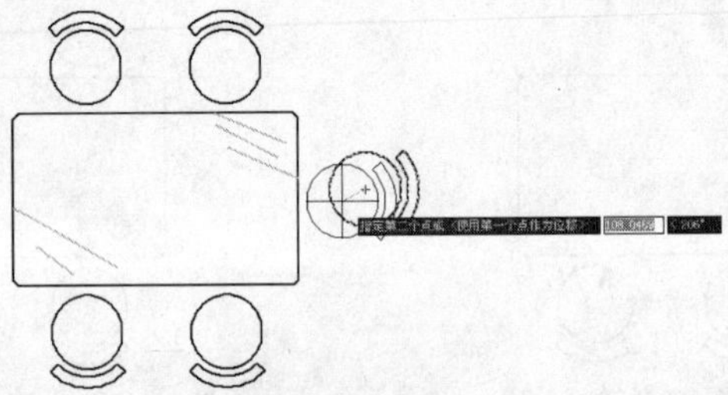

③ 指定移到的位置

图 2-35　移动餐椅的位置

15 单击“绘图”工具栏中的“镜像”按钮。镜像复制餐椅，得到最终效果图，如图 2-36 所示。

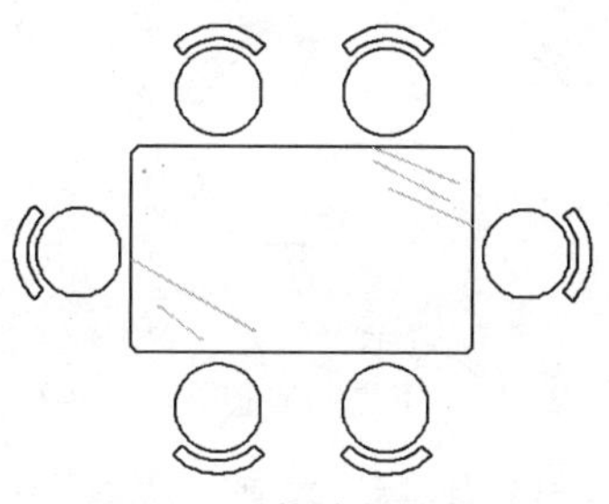

图 2-36　镜像复制餐椅

同样的道理，垂直镜像也可以用相同的道理镜像复制图形。

实例 2-4　绘制奥运五环

本实例将先绘制一个圆环，然后通过复制、修剪重叠部分，再进行填充颜色，主要应用了圆、复制、移动、修剪、图案填充等功能。实例效果如图 2-37 所示。

图 2-37　奥运五环效果

1 单击“绘图”工具栏中的“圆”按钮，绘制半径为 100 和 120 的同心圆，如图 2-38 所示。

2 单击“修改”工具栏中的“复制”按钮，将绘制的圆环沿水平极轴向右复制 260、520，如图 2-39 所示。

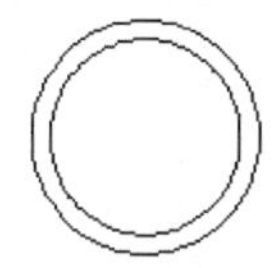

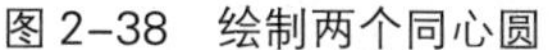

图 2-38　绘制两个同心圆

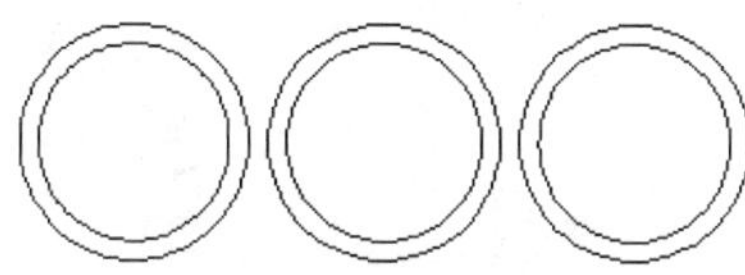

图 2-39　向右复制 260、520

3 再次单击“修改”工具栏中的“复制”按钮，将中间的圆环向下复制 120，如图 2-40 所示。

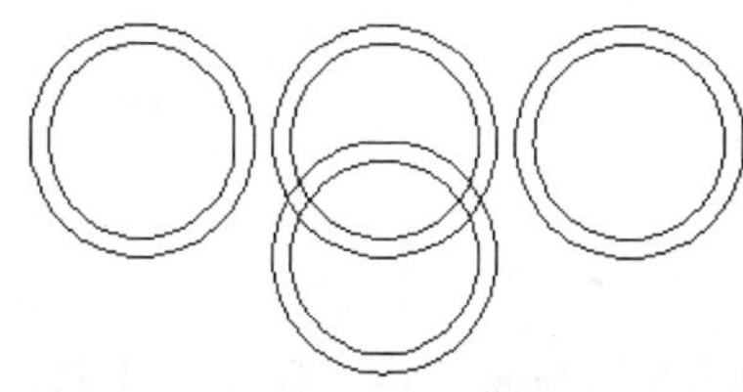

图 2-40　将中间的圆环向下复制 120

4 单击“修改”工具栏中的“移动”按钮，将步骤 3 复制的圆环沿水平极轴向左平移 130，如图 2-41 所示。

实例 2-4 说明

- 知识点：
  - 圆
  - 复制
  - 移动
  - 修剪
  - 图案填充
- 视频教程：

  光盘\教学\第 2 章　建筑绘图的编辑与修改
- 效果文件：

  光盘\素材和效果\02\效果\2-4.dwg
- 实例演示：

  光盘\实例\第 2 章\绘制奥运五环

相关知识　什么是阵列

阵列是一种以规则的方式复制对象，可以通过矩形阵列、环形阵列或者路径阵列来进行对象复制。

矩形阵列：

环形阵列：

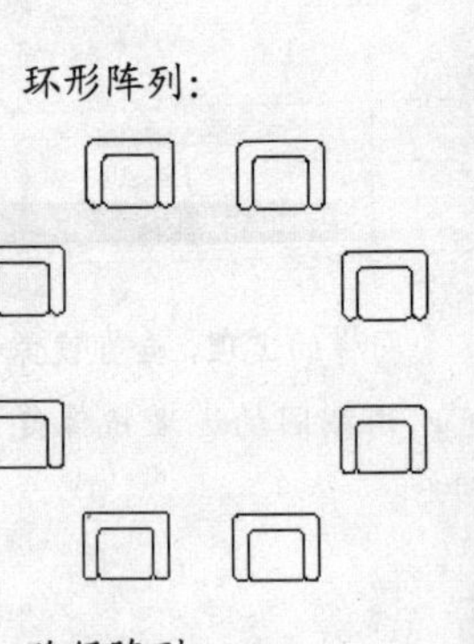

路径阵列：

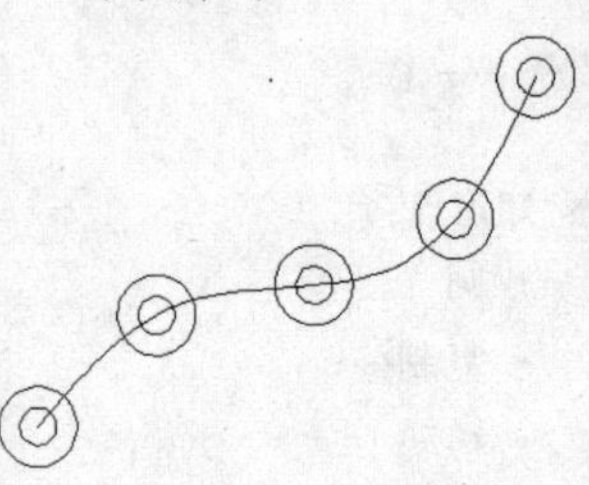

操作技巧　阵列的操作方法

可以通过以下3种方法来执行“阵列”功能：

- 选择“修改”→“阵列”中的子菜单命令。
- 单击“修改”工具栏中的“矩形阵列”下拉列表框。
- 在命令行中输入“array”后，按回车键。

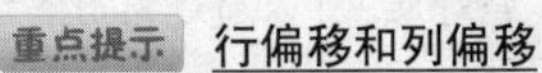

重点提示　行偏移和列偏移

在“矩形阵列”功能中，“行偏移”和“列偏移”的数值的正负，直接关系到阵列复制的方向。

设置完成后，可以先单击“预览”按钮，查看阵列复制的效果，如果阵列正确，按回车键执行阵列复制操作；如果

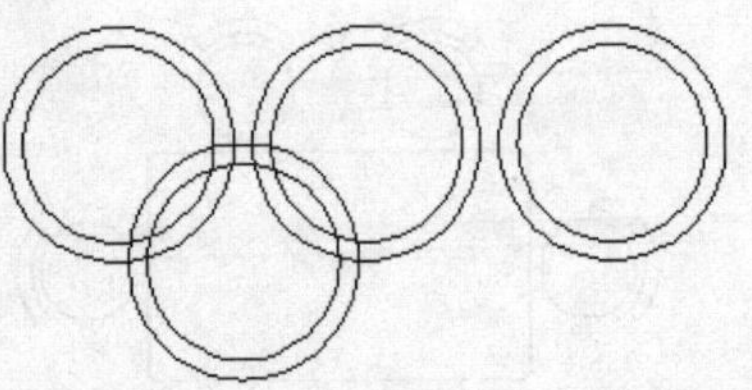

图 2–41　将复制的圆环向左平移 130

5 单击“修改”工具栏中的“复制”按钮，将平移后的圆环沿水平极轴向右复制 260，如图 2–42 所示。

图 2–42　将平移后的圆环向右复制 260

6 单击“修改”工具栏中的“修剪”按钮，修剪重叠部分多余的线段，如图 2–43 所示。

图 2–43　修剪重叠部分多余的线段

7 单击“绘图”工具栏中的“图案填充”按钮，打开“图案填充和渐变色”对话框，如图 2–44 所示。

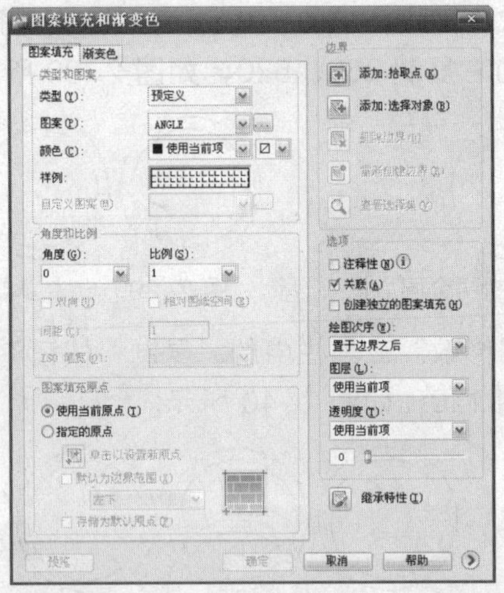

图 2–44　“图案填充和渐变色”对话框

8 单击“类型和图案”选项组中“图案”下拉列表框后的按钮，打开“填充图案选项板”对话框。设置“SOLID”作为填充样式，单击“确定”按钮，返回到“图案填充和渐变色”对话框，如图 2–45 所示。

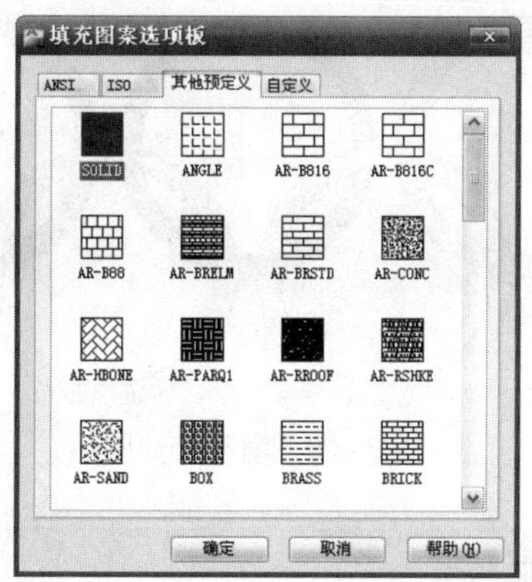

图 2-45　“填充图案选项板”对话框

9 单击“类型和图案”选项组中“颜色”下拉列表框，选择“青”选项填充图案，如图 2-46 所示。

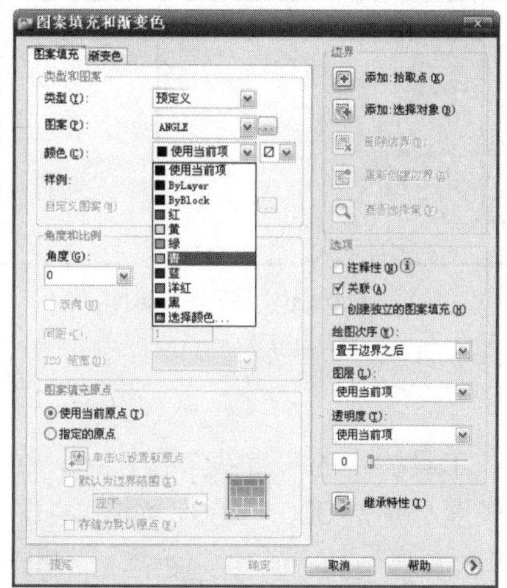

图 2-46　选择“青”选项填充图案

10 单击“边界”选项组中的“添加：拾取点”按钮，切换到绘图窗口；在图形中选择需要填充的区域后，按回车键返回到“图案填充和渐变色”对话框；单击“确定”按钮填充图形，如图 2-47 所示。

图 2-47　填充第一个圆环

11 重复操作步骤 7～步骤 10，填充其他的颜色（依次是黑色、红色、黄色、绿色），如图 2-48 所示。

阵列出现偏差或错误，可以在提示行中的选项下重新设置阵列参数。

相关知识　什么是缩放

对绘制完成的部分图形，因比例不同需要调整时，可以使用缩放来调整图形。

原图：

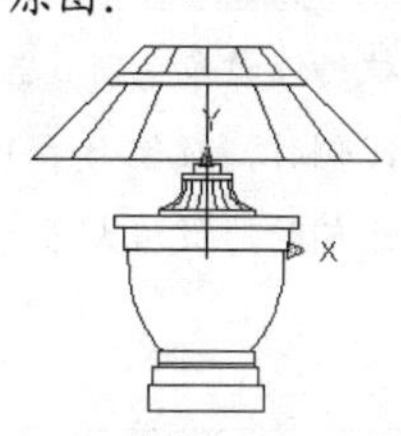

放大一倍：

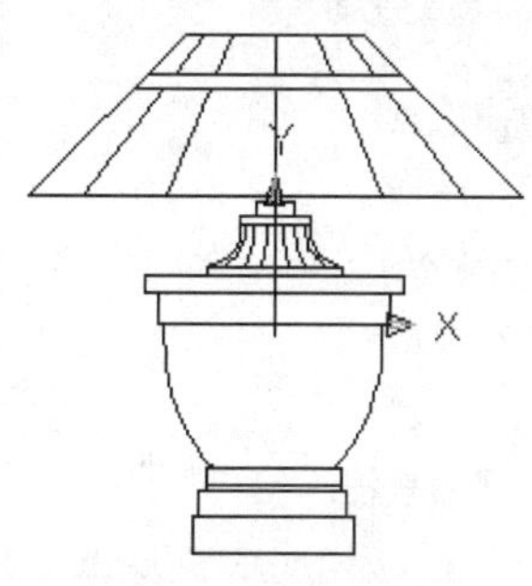

缩小二分之一：

操作技巧　缩放的操作方法

可以通过以下4种方法来执行“缩放”功能：

- 选择“修改”→“缩放”菜单命令。

图 2-48 填充其他圆环

实例 2-5 绘制沙发

本实例将绘制沙发的平面图，主要应用了偏移、修剪、圆角、镜像等功能。实例效果如图 2-49 所示。

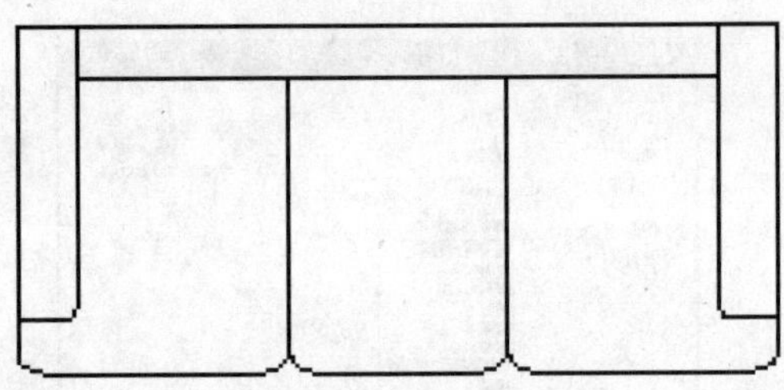

图 2-49 沙发效果图

操作步骤

1. 单击“绘图”工具栏中的“直线”按钮，绘制两条互相垂直的线段，长度分别是 900、400，如图 2-50 所示。
2. 单击“修改”工具栏中的“偏移”按钮，将水平线段向下偏移 60、340、400，再将垂直线段向左偏移 70、320，如图 2-51 所示。

图 2-50 绘制线段

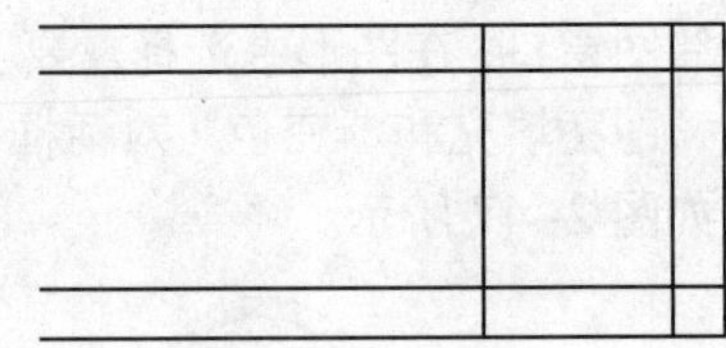

图 2-51 偏移直线

3. 单击“修改”工具栏中的“修剪”按钮，修剪沙发的基本形状，如图 2-52 所示。
4. 单击“修改”工具栏中的“圆角”按钮，对最小的偏移图形剩余的 3 个直角倒圆角，圆角半径为 15，倒圆角沙发的扶手，如图 2-53 所示。

- 选择“修改”工具栏中的“缩放”按钮。
- 在命令行中输入“scale”后，按回车键。
- 选定缩放的对象，单击鼠标右键，在弹出的快捷菜单中选择“缩放”命令。

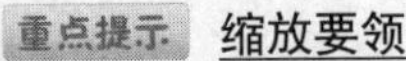

重点提示 缩放要领

在执行缩放命令时，当输入缩小比例时，数值小于 1；当放大比例时，数值大于 1。

实例 2-5 说明

- 知识点：
  - 偏移
  - 修剪
  - 圆角
  - 镜像
- 视频教程：
  光盘\教学\第 2 章 建筑绘图的编辑与修改
- 效果文件：
  光盘\素材和效果\02\效果\2-5.dwg
- 实例演示：
  光盘\实例\第 2 章\绘制沙发

相关知识 什么是拉伸

当图形需要变形时，选定需要拉伸点相临的两条直线，然后对角点进行修改。

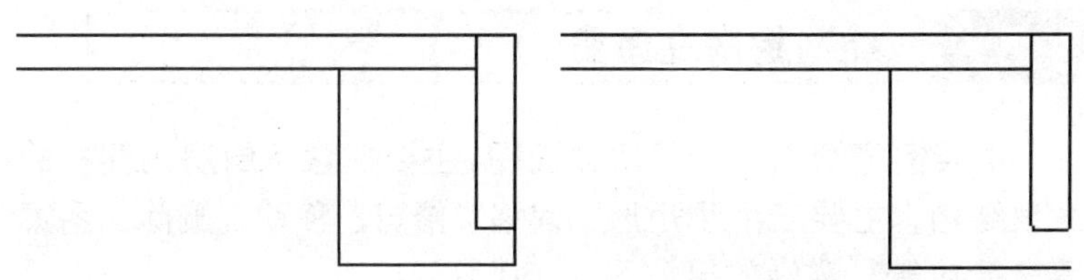

图 2-52　修剪图形　　　图 2-53　倒圆角沙发的扶手

5 单击“修改”工具栏中的“延伸”按钮，将倒圆角后消失的其中一条线段补充回来，如图 2-54 所示。

6 单击“修改”工具栏中的“圆角”按钮，对最小的偏移图形剩余的 3 个直角倒圆角，圆角半径为 30，对沙发的座位倒圆角，如图 2-55 所示。

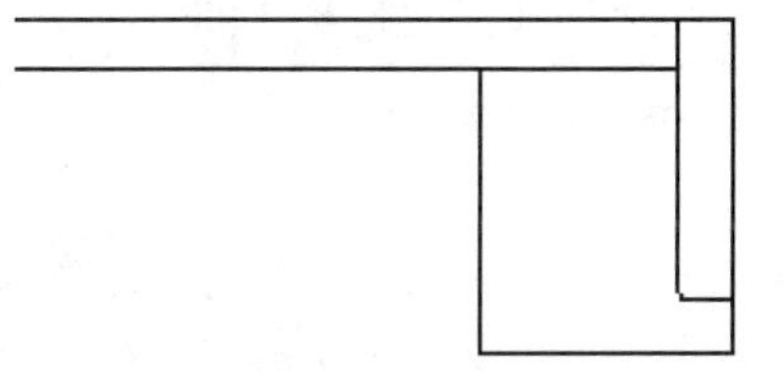

图 2-54　延伸线段　　　图 2-55　倒圆角沙发的座位

7 单击“修改”工具栏中的“镜像”按钮，镜像沙发座位的左半边圆弧，如图 2-56 所示。

8 再次单击“修改”工具栏中的“镜像”按钮，将沙发的右半边部分以最上边直线的中点镜像复制，如图 2-57 所示。

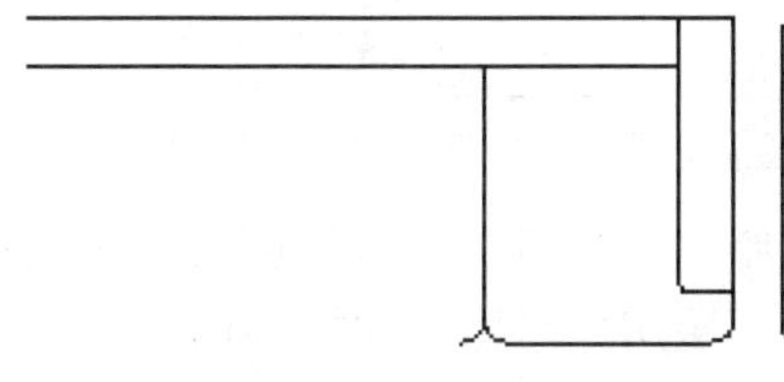

图 2-56　镜像圆弧

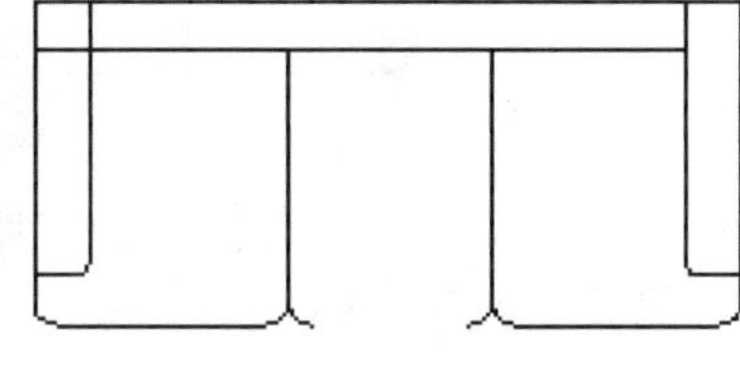

图 2-57　镜像沙发

9 接着单击“修改”工具栏中的“修剪”按钮，修剪沙发另一边的扶手，如图 2-58 所示。

10 单击“绘图”工具栏中的“直线”按钮，绘制两条圆弧之间的连线，如图 2-59 所示。

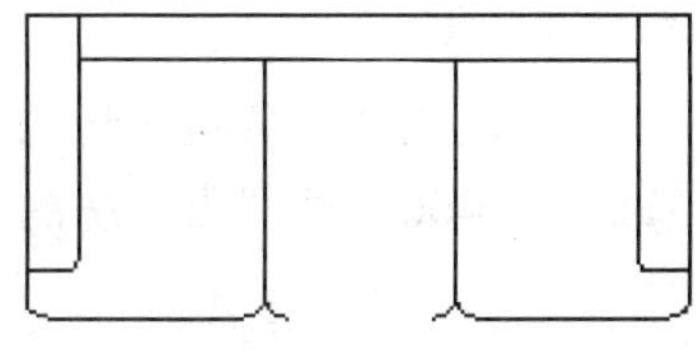

图 2-58　修剪扶手

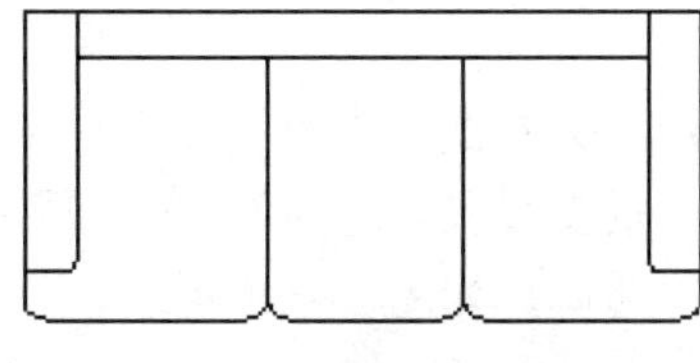

图 2-59　连接圆弧

拉伸前：

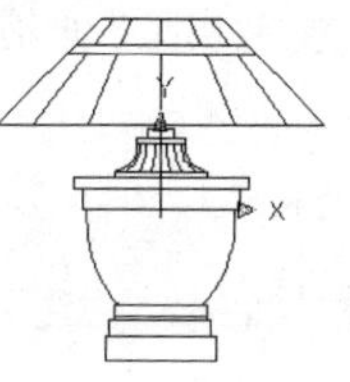

拉伸后：

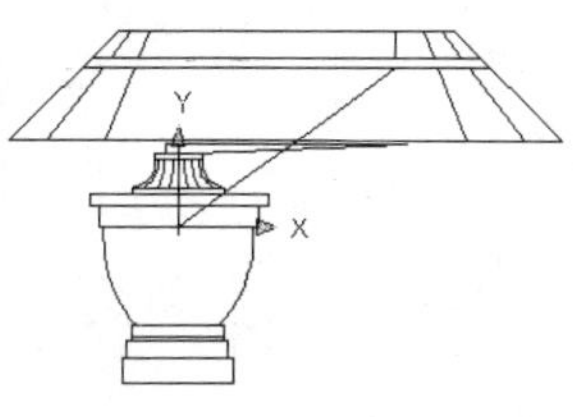

操作技巧　**拉伸的操作方法**

可以通过以下3种方法来执行“拉伸”功能：

- 选择“修改”→“拉伸”菜单命令。
- 单击“修改”工具栏中的“拉伸”按钮。
- 在命令行中输入“stretch”后，按回车键。

重点提示　**拉伸注意事项**

假如是在拉伸一个矩形，拉伸时不能选中整个矩形，只需选中拉伸顶点相临的两条线段即可；未选中的顶点是不动的，如果拉伸时选定了所有线段，那么整个矩形都被拉伸时，功能就类同于移动指令。

相关知识　**什么是拉长**

通过拉长操作，可以调整图形对象的大小，使其在一个方向上或是按比例增大或缩小。

可以拉长直线、圆弧开放的多段线、椭圆弧、开放的样条曲线，以及圆弧的包含角图形对象的长度。

拉长前：

拉长后：

操作技巧 拉长的操作方法

可以通过以下两种方法来执行“拉长”功能：

- 选择“修改”→“拉长”菜单命令。
- 在命令行中输入“lengthen”后，按回车键。

实例 2-6 说明

- 知识点：
  - 矩形
  - 偏移
  - 修剪
  - 移动
  - 删除
  - 图案填充
- 视频教程：
  光盘\教学\第 2 章 建筑绘图的编辑与修改
- 效果文件：
  光盘\素材和效果\02\效果\2-6.dwg
- 实例演示：
  光盘\实例\第 2 章\绘制厨房立面图

实例 2-6 绘制厨房立面图

本实例将制作一个厨房立面图，主要包含了厨房内橱柜的大致结构，主要应用了矩形、偏移、修剪、移动、删除、图案填充等功能。实例效果如图 2-60 所示。

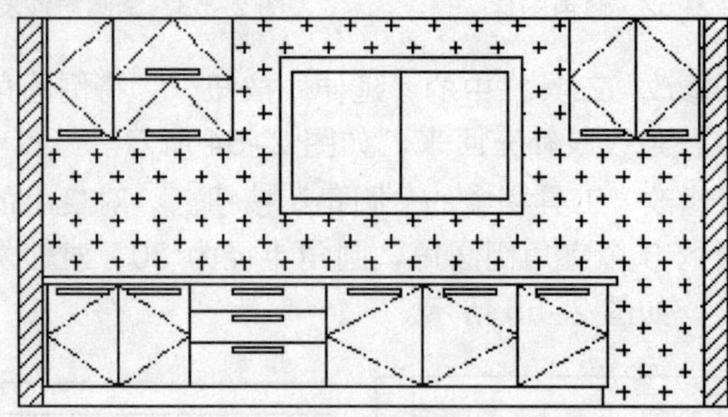

图 2-60 厨房立面图效果图

操作步骤

1 单击“绘图”工具栏中的“直线”按钮，绘制一个长为 1500、宽为 800 的矩形，绘制厨房立面图的外框，如图 2-61 所示。

图 2-61 绘制立面图的外框

2 单击“修改”工具栏中的“偏移”按钮，将下边的水平线段向上偏移 250、270，偏移出厨房的台面，如图 2-62 所示。

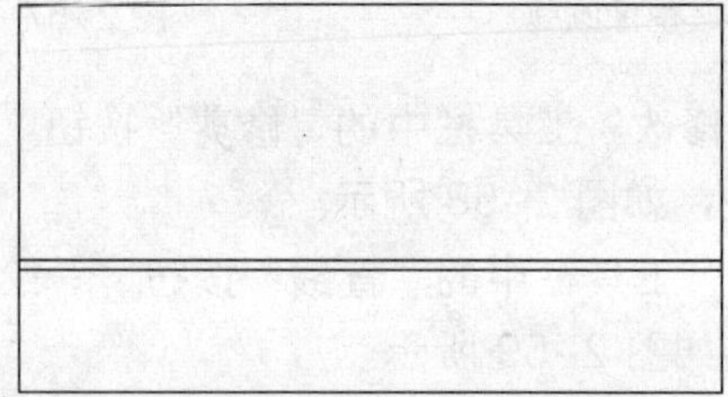

图 2-62 偏移出厨房的台面

3 再次单击“修改”工具栏中的“偏移”按钮，再将左边的垂直线段向右偏移 50、1240、1260、1450，偏移出厨房的墙体，如图 2-63 所示。

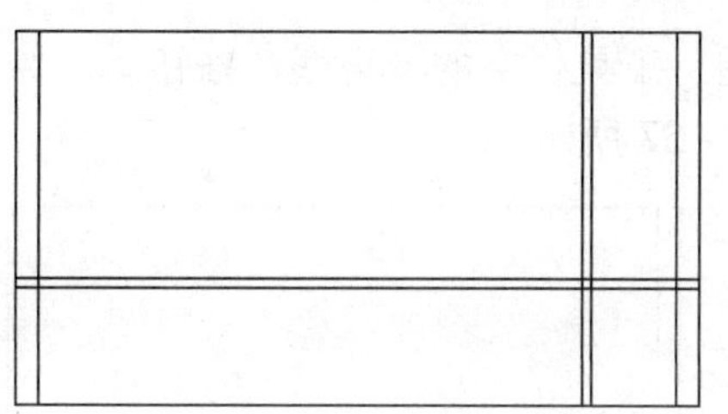

图 2-63　偏移出厨房的墙体

4 单击“修改”工具栏中的“修剪”按钮，修剪图形中的多余线段，如图 2-64 所示。

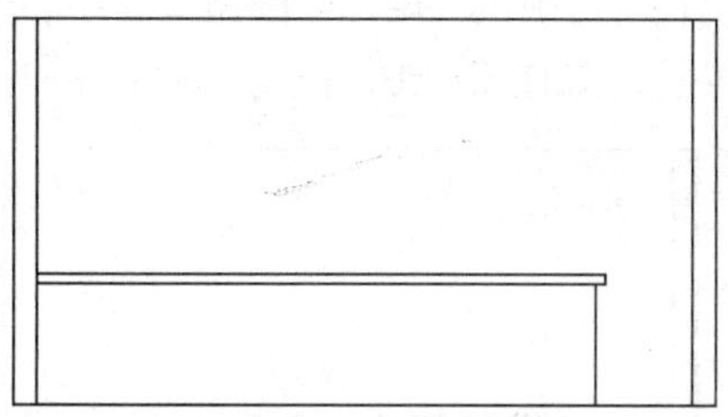

图 2-64　修剪图形

5 单击“修改”工具栏中的“偏移”按钮，将最下边的水平线段向上偏移 40、130、195，再将最左边的垂直线段向右偏移 60、210、360、650、850、1050、1230，偏移出厨房地柜的立面图形，如图 2-65 所示。

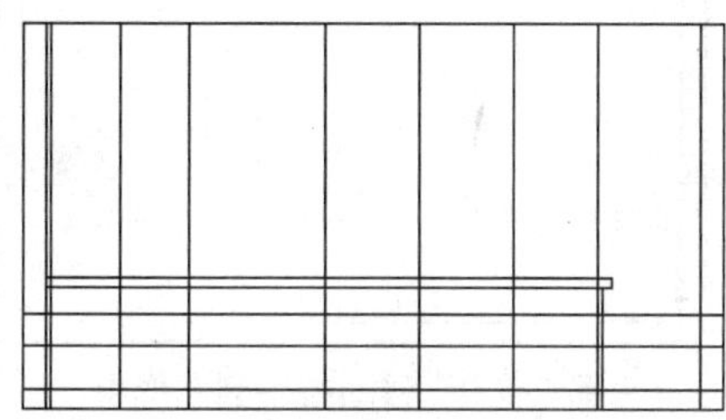

图 2-65　偏移出厨房地柜的立面图形

6 单击“修改”工具栏中的“修剪”按钮，修剪出地柜的立面形状，如图 2-66 所示。

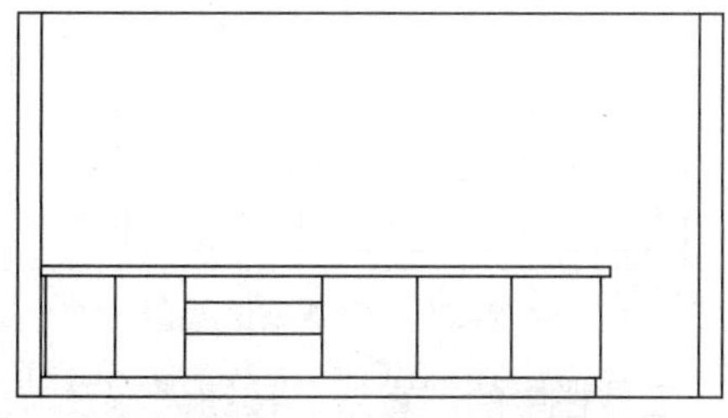

图 2-66　修剪出地柜的立面形状

相关知识　什么是修剪

绘图中，经常会遇到多余的线段，这时就需要对多余的线段进行修剪。

修剪前：

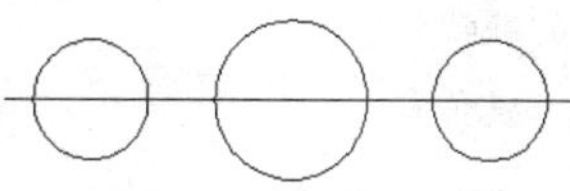

修剪后：

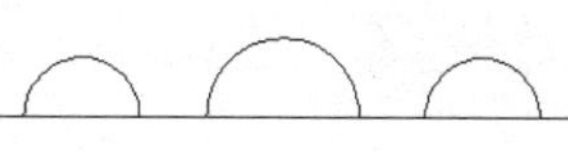

操作技巧　修剪的操作方法

可以通过以下 3 种方法来执行“修剪”功能：

- 选择“修改”→“修剪”菜单命令。
- 单击“修改”工具栏中的“修剪”按钮。
- 在命令行中输入“trim”后，按回车键。

重点提示　修剪与延伸的关系

修剪与延伸是两个相反的功能，在执行修剪时，按住 Shift 键后，再选择线段即可执行延伸操作。在操作延伸功能时，按住 Shift 键后，再选择线段即可执行修剪操作。

相关知识 什么是延伸

延伸功能与修剪功能类似，却又与修剪的用途刚好相反。修剪是剪切范围以外的线段，延伸的作用是延长范围以内的线段。

延伸前：

延伸后：

操作技巧 延伸的操作方法

可以通过以下3种方法来执行“延伸”功能：

- 选择“修改”→“延伸”菜单命令。
- 单击“修改”工具栏中的“延伸”按钮。
- 在命令行中输入“extend”后，按回车键。

7 单击“绘图”工具栏中的“直线”按钮，绘制两条辅助线段，如图2-67所示。

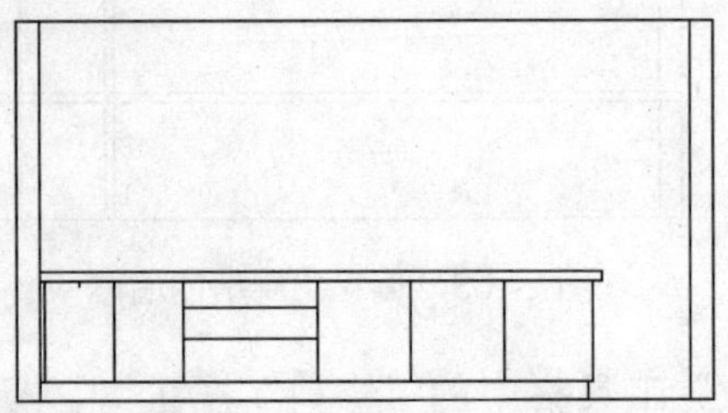

图2-67 绘制两条辅助线

8 单击“绘图”工具栏中的“矩形”按钮，绘制一个长为110、高为10的拉手，如图2-68所示。

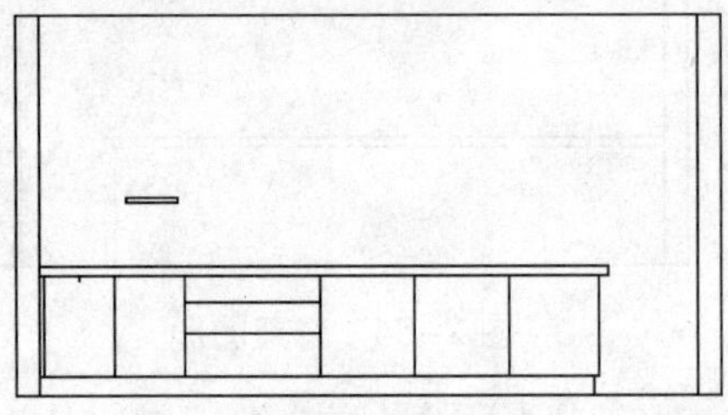

图2-68 绘制拉手

9 单击“修改”工具栏中的“移动”按钮，将绘制的拉手移动到图形中，如图2-69所示。

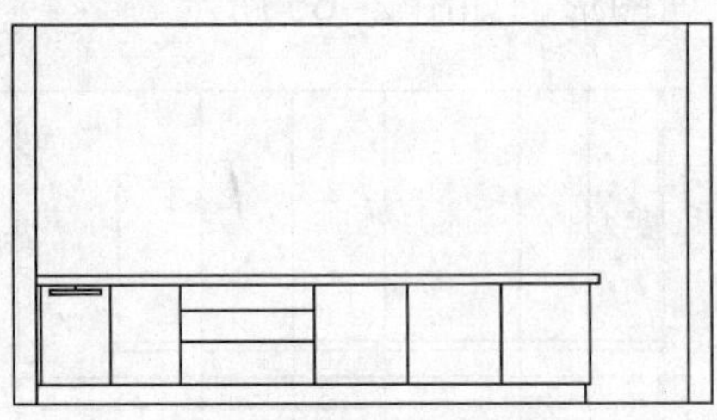

图2-69 移动拉手到图形中

10 单击“修改”工具栏中的“删除”按钮，删除之前绘制的辅助线段，如图2-70所示。

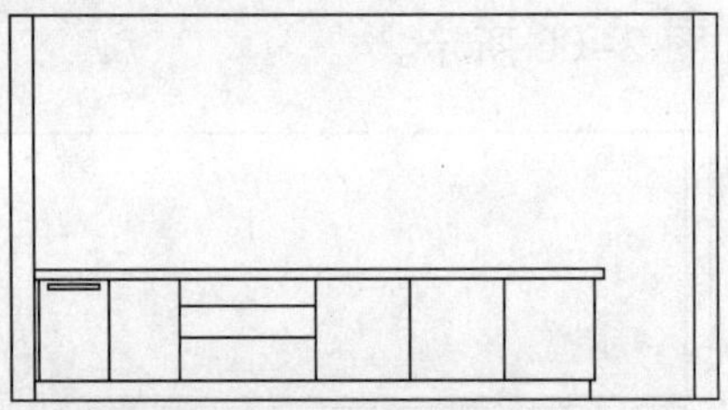

图2-70 删除辅助线段

11 单击“绘图”工具栏中的“直线”按钮以及“修改”工具栏中的“复制”按钮，复制其他地柜的拉手，如图2-71所示。

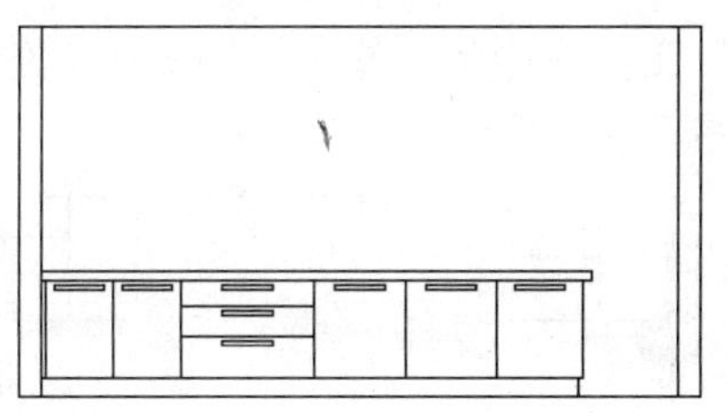

图 2-71　复制其他地柜的拉手

12 单击“特性”工具栏中的“选择线性”按钮，加载“DASHDOTX2”线型，并将其设置为当前线型，如图 2-72 所示。

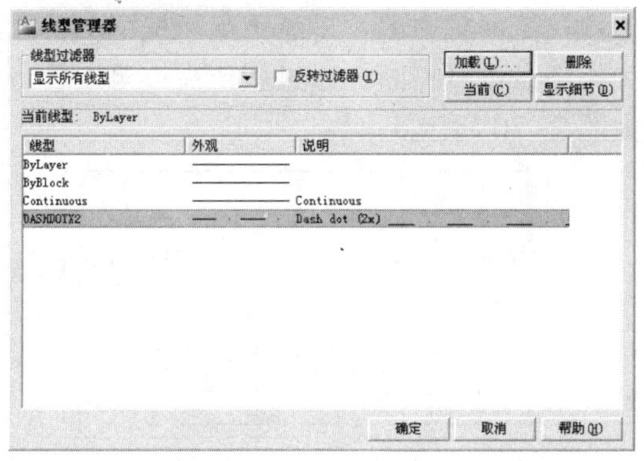

图 2-72　加载“DASHDOTX2”线型

13 单击“绘图”工具栏中的“直线”按钮，绘制地柜门的开启方向，如图 2-73 所示。

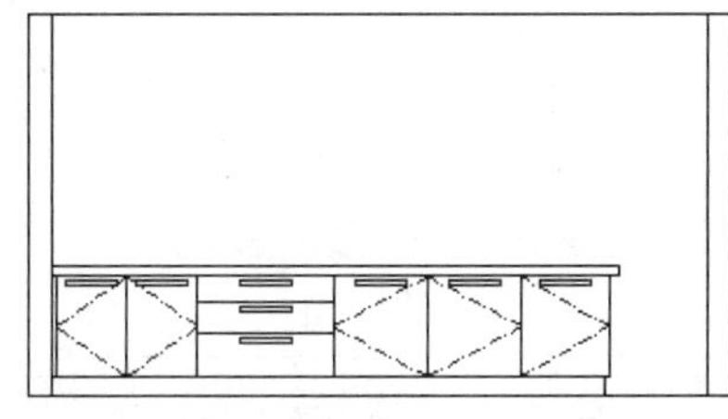

图 2-73　绘制地柜门的开启方向

14 单击“修改”工具栏中的“偏移”按钮，将最上边的水平线段向下偏移 125 和 250，再将最左边的垂直线段向右偏移 60、200、450、1160、1300 和 1440，偏移出厨房吊柜的立面图形，如图 2-74 所示。

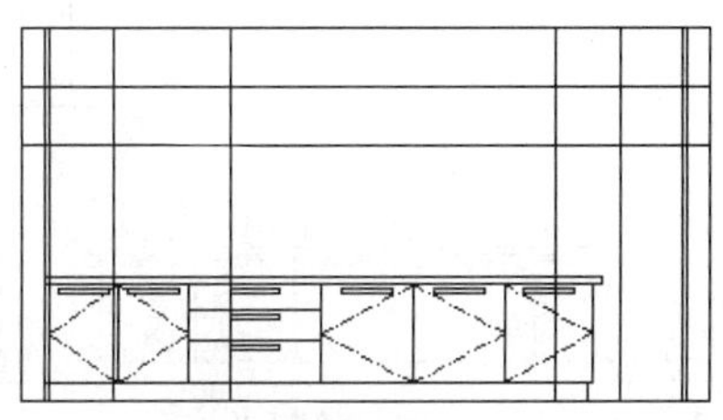

图 2-74　偏移出厨房吊柜的立面图形

相关知识　什么是打断

打断主要是将一条完整的线段删除中间一段或者从中间剪断。因此，打断可以分为打断和打断于点两种形式，打断于点是打断的特殊形式。

打断前:

打断后:

打断于点:

操作技巧　打断的操作方法

可以通过以下 3 种方法来执行“打断”功能:

- 选择“修改”→“打断”菜单命令。
- 单击“修改”工具栏中的“打断”按钮。
- 在命令行中输入“break”后，按回车键。

操作技巧　打断于点的操作方法

可以通过以下 3 种方法来执行“打断于点”功能:

- 选择“修改”→“打断”菜单命令。
- 单击“修改”工具栏中的“打断于点”按钮。
- 在命令行中输入“break”后，按回车键。

相关知识 **什么是合并**

合并与打断功能正好相反，它可以将两条或多条相同类型的线段、弧线以及曲线合并为一条线段。

合并前：

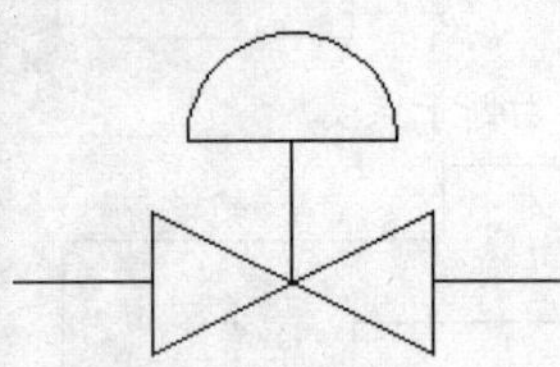

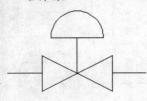

合并后：

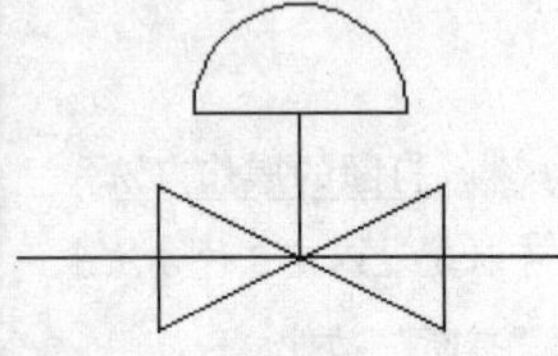

操作技巧 **合并的操作方法**

可以通过以下3种方法来执行“合并”功能：

- 选择“修改”→“合并”菜单命令。
- 单击“修改”工具栏中的“合并”按钮。
- 在命令行中输入“join”后，按回车键。

15 单击“修改”工具栏中的“修剪”按钮，修剪出吊柜的立面形状，如图 2-75 所示。

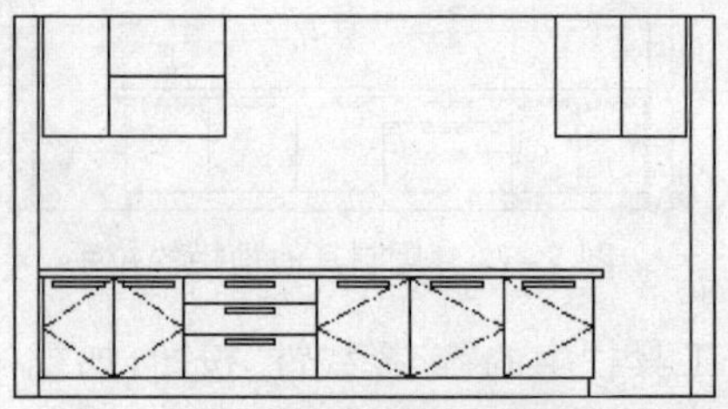

图 2-75　修剪出吊柜的立面形状

16 单击“修改”工具栏中的“打断于点”按钮，将两条线段以交点为打断点进行打断，通过蓝色夹点可以看出打断后的效果，如图 2-76 所示。

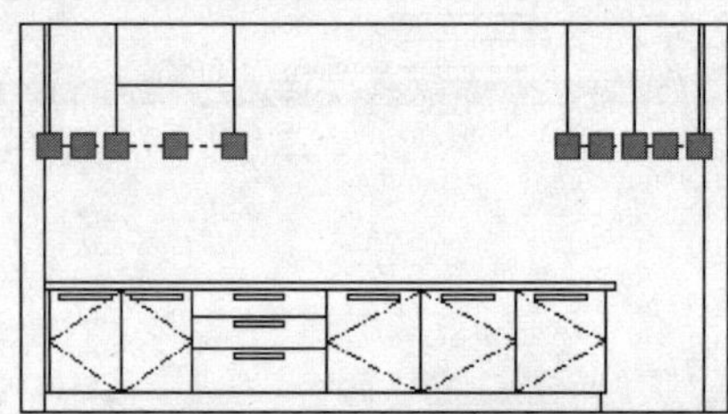

图 2-76　打断两条线段

17 单击“绘图”工具栏中的“直线”按钮，绘制两条辅助线，如图 2-77 所示。

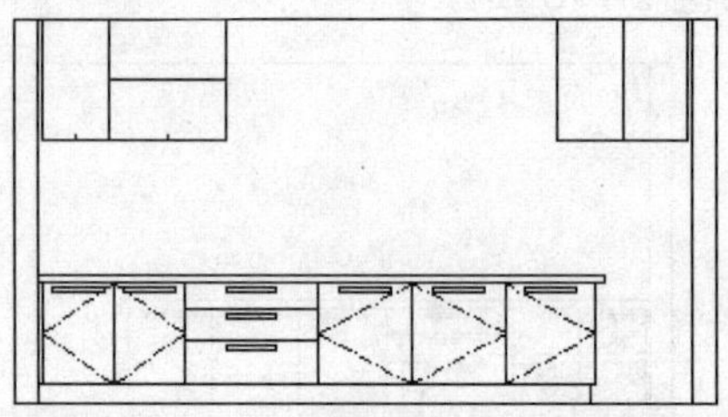

图 2-77　绘制两条辅助线

18 单击“特性”工具栏中的“选择线型”按钮，将其设置为默认线型。

19 单击“绘图”工具栏中的“矩形”按钮，绘制一个长为 90、高为 10 的小拉手，如图 2-78 所示。

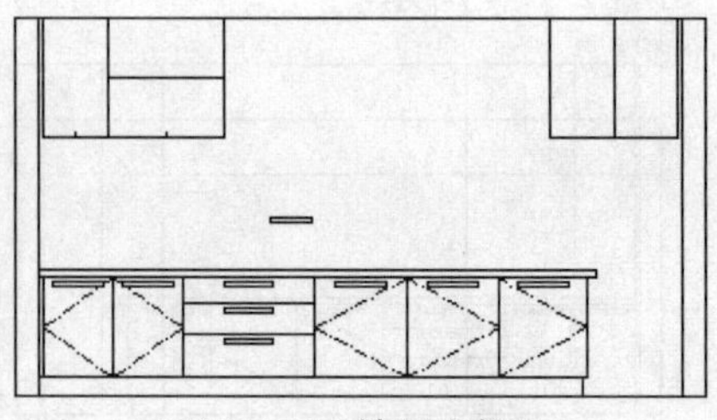

图 2-78　绘制小拉手

21 单击“修改”工具栏中的“移动”按钮，将绘制的小拉手移动到图形中，如图 2–79 所示。

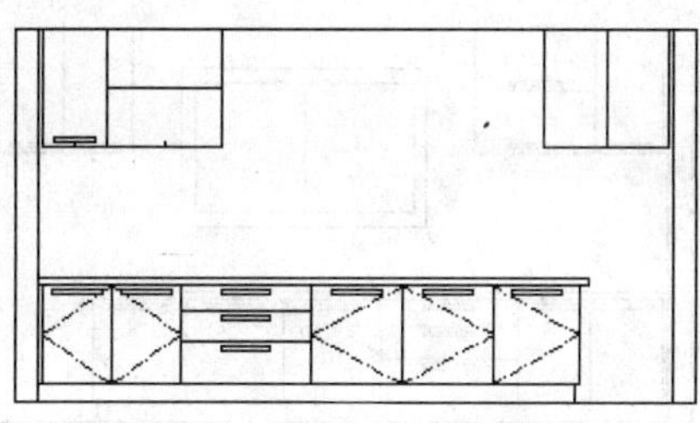

图 2–79 移动小拉手到图形中

21 单击“修改”工具栏中的“复制”按钮，复制小拉手到右边的吊柜上，再将地柜的拉手复制到上翻吊柜上，如图 2–80 所示。

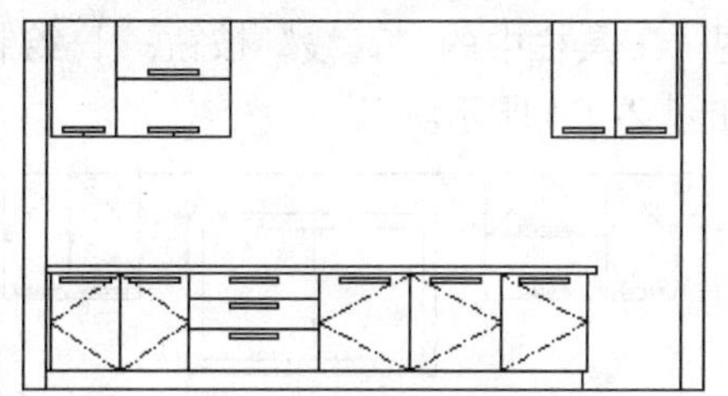

图 2–80 复制拉手

22 单击“修改”工具栏中的“删除”按钮，删除之前绘制的辅助线段，如图 2–81 所示。

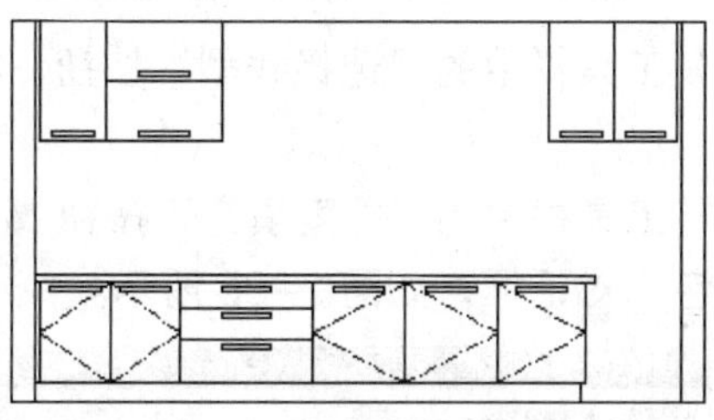

图 2–81 删除辅助线段

23 单击“修改”工具栏中的“偏移”按钮，将最上边的水平线段向下偏移 80、110、370、400，再将最左边的垂直线段向右偏移 550、580、805、1030、1060，偏移出窗户，如图 2–82 所示。

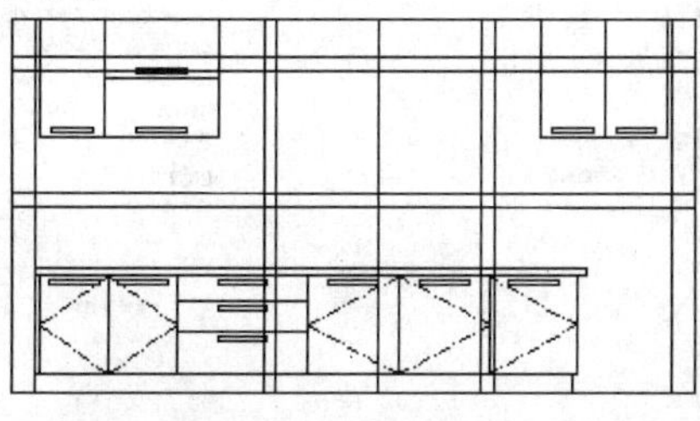

图 2–82 偏移出窗户

相关知识 **什么是倒角**

倒角指令可以将线段、射线或者实体进行倒直角。

倒角前:

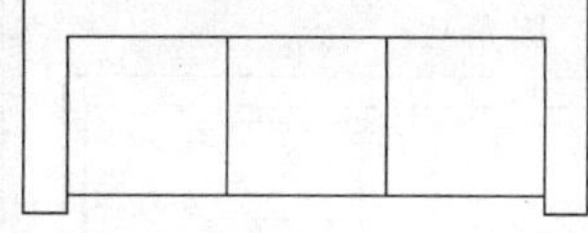

倒角后:

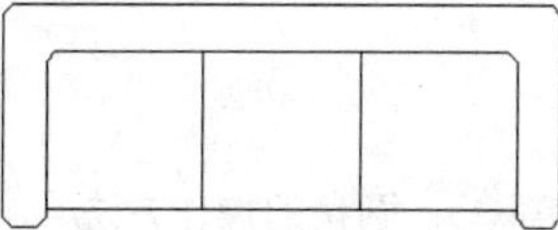

操作技巧 **倒角的操作方法**

可以通过以下3种方法来执行“倒角”功能:

- 选择“修改”→“倒角”菜单命令。
- 单击“修改”工具栏中的“倒角”按钮。
- 在命令行中输入“chamfer”后，按回车键。

重点提示 **倒角与圆角**

倒角与圆角功能不仅可以适用于二维图形，也可以应用在三维实体编辑中。

相关知识 **什么是圆角**

圆角功能是用一段指定半径的圆弧将两个对象连接在一起，对象可以是相交的，也可以是不相交的，但都对半径有相关要求。

圆角前:

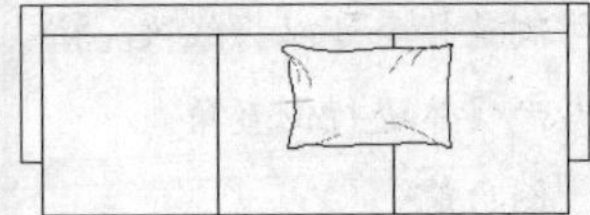

圆角后:

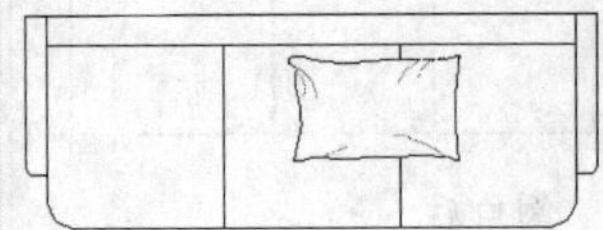

操作技巧 圆角的操作方法

可以通过以下3种方法来执行“圆角”功能:

- 选择“修改”→“圆角”菜单命令。
- 选择“修改”工具栏中的“圆角”按钮。
- 在命令行中输入“fillet”后,按回车键。

相关知识 什么是光顺曲线

光顺曲线是将两条不相连的样条曲线用曲线连接起来,并可以通过连接曲线上的夹点调整曲线的样式。

光顺曲线前:

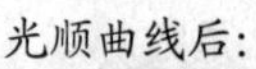

光顺曲线后:

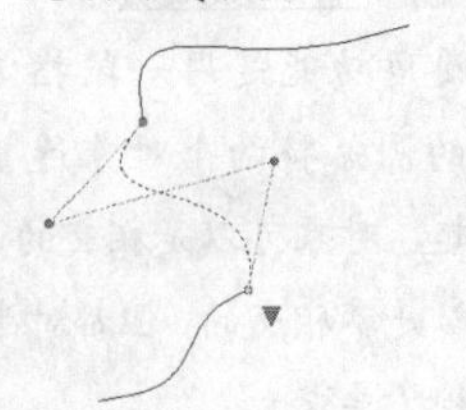

24 单击“修改”工具栏中的“修剪”按钮，修剪出窗户，如图 2–83 所示。

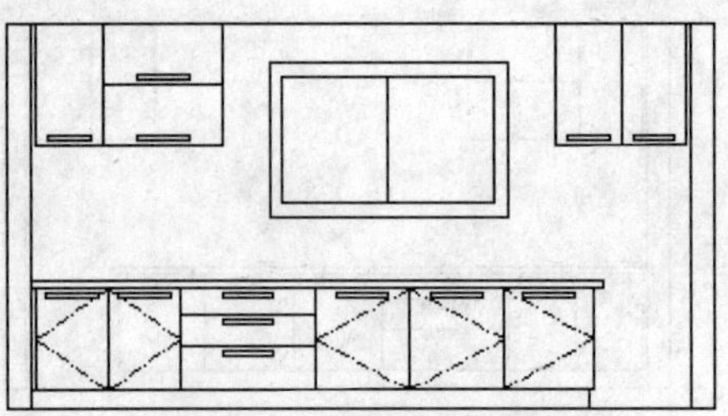

图 2–83 修剪出窗户

25 单击“特性”工具栏中的“选择线型”按钮，将“DASHDOTX2”设置为当前线型。

26 单击“绘图”工具栏中的“直线”按钮，绘制吊柜门的开启方向，如图 2–84 所示。

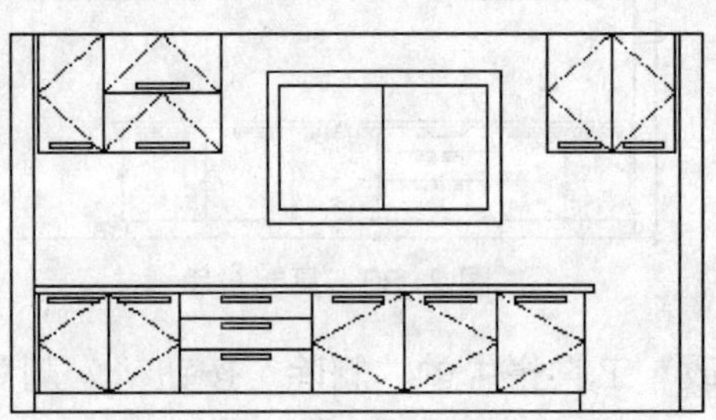

图 2–84 绘制吊柜门的开启方向

27 单击“特性”工具栏中的“选择线型”按钮，将其设置为默认线型。

28 单击“绘图”工具栏中的“图案填充”按钮，打开“图案填充和渐变色”对话框，如图 2–85 所示。

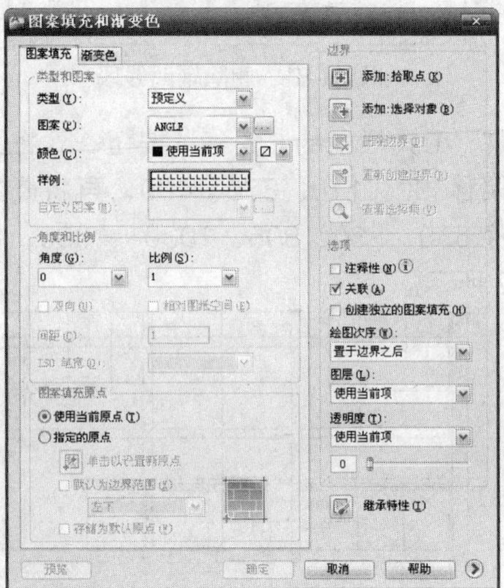

图 2–85 “图案填充和渐变色”对话框

29 单击“类型和图案”选项组中“图案”选项后面的⋯按钮，打开“填充图案选项板”对话框。在该对话框中选择“CROSS”作为样式后，单击“确定”按钮，返回到“图案填充和渐变色”对话框，如图 2-86 所示。

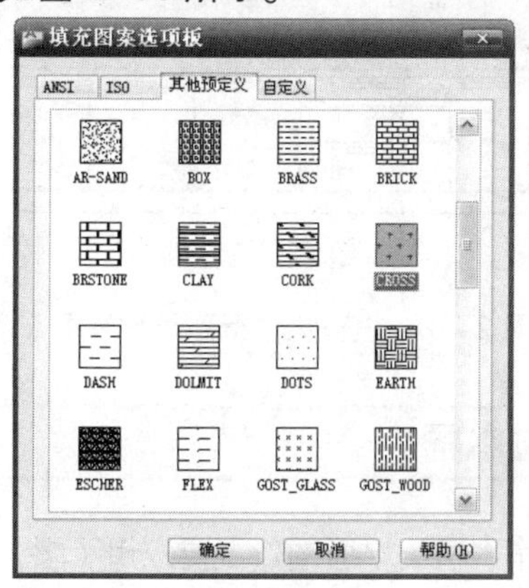

图 2-86　设置填充样式“CROSS”

30 在“角度和比例”选项组的“比例”文本框中输入“7”。

31 在“边界”选项组中单击“添加：拾取点”按钮，在图中选取要填充的墙体区域后，按回车键返回到“图案填充和渐变色”对话框，再单击“确定”按钮即可填充图案，如图 2-87 所示。

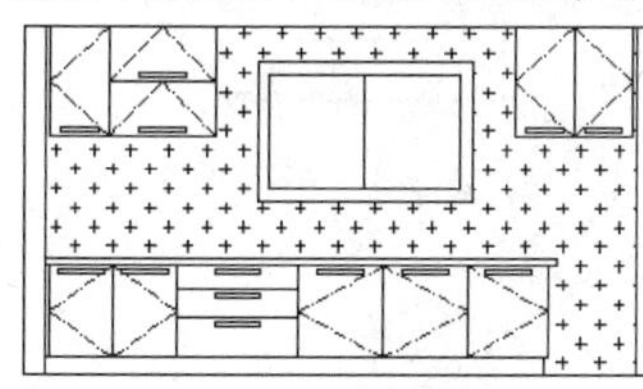

图 2-87　填充墙体

32 用同样的方法，在“填充图案选项板”对话框中的“ANSI”选项卡中，设置“ANSI31”为填充样式，对墙体断面进行填充，如图 2-88 所示。

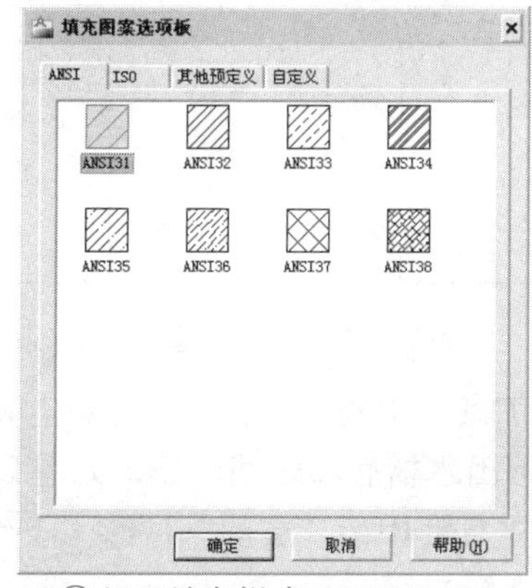

① 设置填充样式“ANSI31”

图 2-88　填充墙体得到最终效果

调整蓝色夹点：

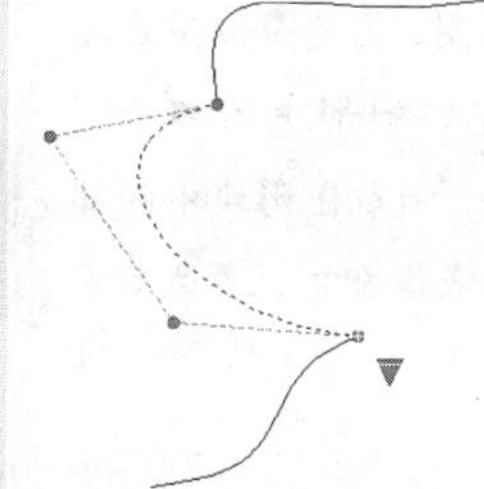

操作技巧　光顺曲线的操作方法

可以通过以下 3 种方法来执行“光顺曲线”功能：

- 选择“修改”→“光顺曲线”菜单命令。
- 单击“修改”工具栏中的“光顺曲线”按钮。
- 在命令行中输入“blend”后，按回车键。

相关知识　什么是分解

分解对象是指可以把多段线分解成一系列组成该多段线的直线与圆弧，把多线分解成各直线段，把块分解成组成该块的各对象，把一个尺寸标注分解成线段、箭头和尺寸文字等。

操作技巧　分解的操作方法

可以通过以下 3 种方法来执行“分解”功能：

- 选择“修改”→“分解”菜单命令。
- 单击“修改”工具栏中的“分解”按钮。
- 在命令行中输入“explode”后，按回车键。

重点提示 分解对象

在 Auto CAD 中，分解功能并不常用，主要是应用在提取某些完整图形中的部分图形。例如，提取图形块中的部分图形，或者矩形、多边形中的一条边等。

实例 2-7 说明

- 知识点：
  - 圆
  - 倒角
  - 偏移
  - 延伸
  - 圆角
  - 修剪
- 视频教程：
  光盘\教学\第 2 章 建筑绘图的编辑与修改
- 效果文件：
  光盘\素材和效果\02\效果\2-7.dwg
- 实例演示：
  光盘\实例\第 2 章\绘制水槽

相关知识 什么是面域

面域是用封闭的二维线条平面图构成的“面”。这些线条必须是首尾相接的封闭线，而且必须处在同一个平面，不能是三维空间中的首尾连接。简单地说，面域就是一个具有边界的平面。

面域前：

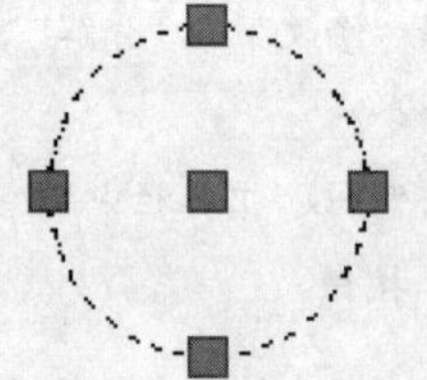

面域后：

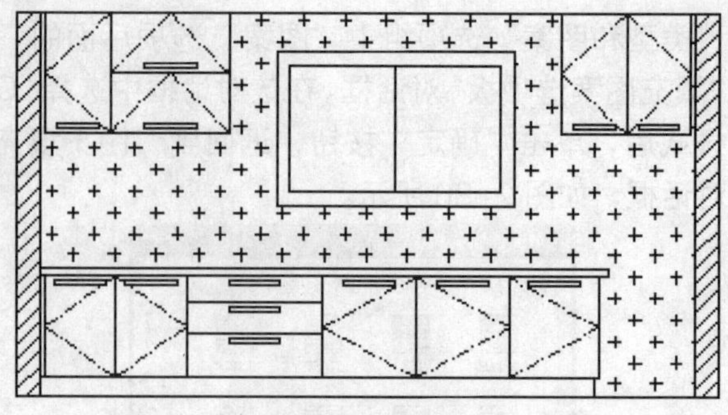

② 填充墙体断面

图 2-88　填充墙体得到最终效果（续）

实例 2-7　绘制水槽

本实例将制作水槽的平面图，主要应用了圆、矩形、倒角、延伸、偏移、复制、修剪、圆角等功能。实例效果如图 2-89 所示。

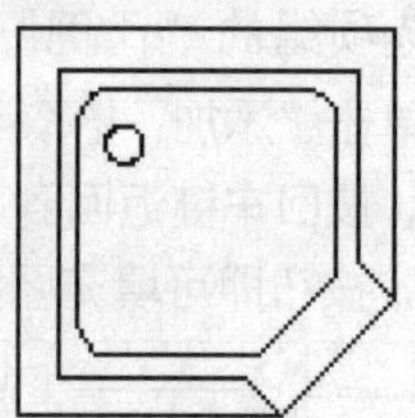

图 2-89　水槽效果图

操作步骤

1. 单击“绘图”工具栏中的“矩形”按钮，绘制一个长为 100、宽为 100 的矩形，如图 2-90 所示。
2. 单击“修改”工具栏中的“倒角”按钮，对其中的一个角进行倒角，倒角距离为 30、30，如图 2-91 所示。

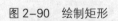

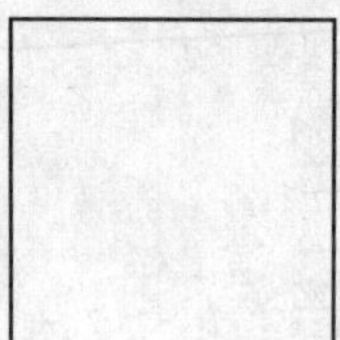

图 2-90　绘制矩形

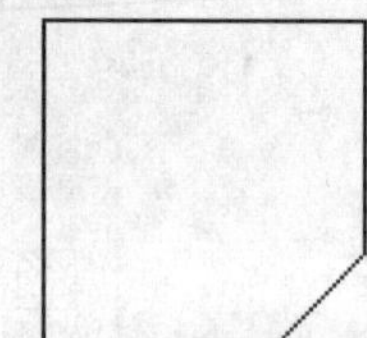

图 2-91　将矩形倒角一个角

3. 单击“修改”工具栏中的“偏移”按钮，对图形向内偏移 10 和 15，偏移出水槽底和之间的坡，如图 2-92 所示。
4. 单击“绘图”工具栏中的“直线”按钮，绘制一条辅助线段，如图 2-93 所示。

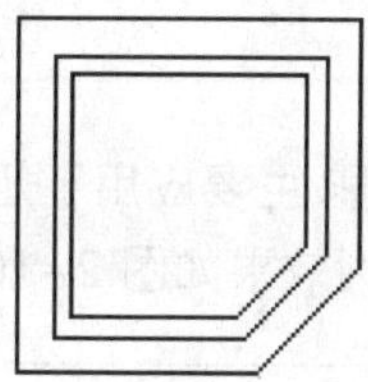

图2-92 向内偏移10和15

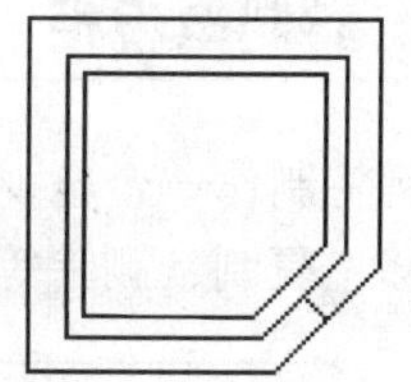

图2-93 绘制辅助线段

5 单击“修改”工具栏中的“复制”按钮，对辅助线段进行复制，如图2-94所示。

6 单击“修改”工具栏中的“延伸”按钮，将复制的辅助线段延伸到偏移的图形上，如图2-95所示。

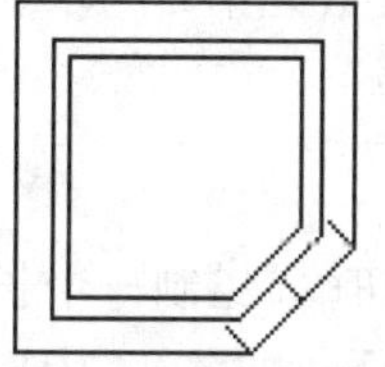

图2-94 复制辅助线

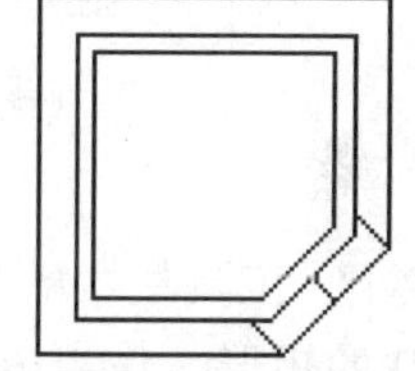

图2-95 延伸复制线段

7 单击“修改”工具栏中的“修剪”按钮，修剪图形中的多余线段，如图2-96所示。

8 单击“修改”工具栏中的“删除”按钮，删除多余辅助线段，如图2-97所示。

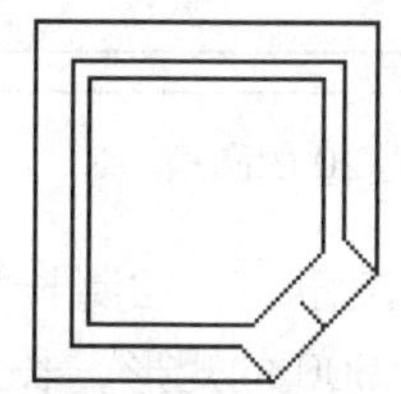

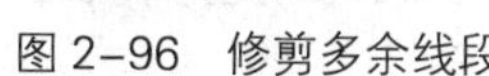

图2-96 修剪多余线段

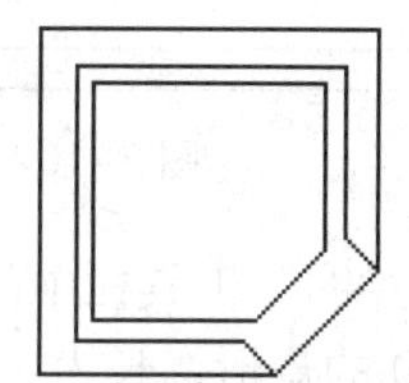

图2-97 删除辅助线

9 单击“修改”工具栏中的“圆角”按钮，对最小的偏移图形剩余的3个直角倒圆角，圆角半径为10，如图2-98所示。

10 单击“绘图”工具栏中的“圆”按钮，绘制半径为5的下水口，如图2-99所示。

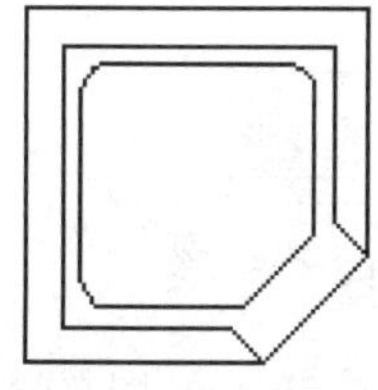

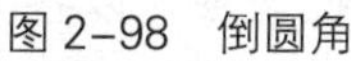

图2-98 倒圆角

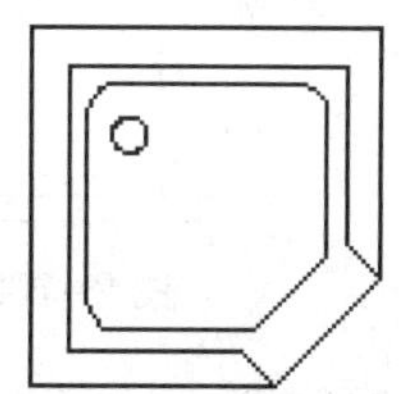

图2-99 绘制下水口

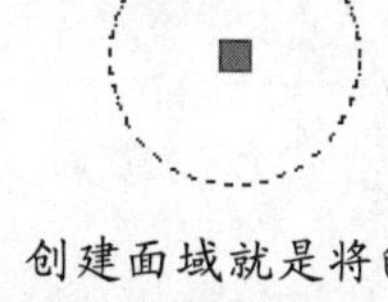

创建面域就是将包含封闭区域的对象转换为面域对象的过程。组成面域的封闭区域可以是直线、多段线、圆、圆弧、椭圆、椭圆弧和样条曲线的组合，组合后的对象必须是闭合的，或通过与其他对象共享端点而形成闭合的区域。

重点提示 修改面域

如果要修改面域的形状，可以将面分解成二维图形后修改，完成后再创建成面。

操作技巧 面域的操作方法

可以通过以下3种方法来执行“面域”功能：

- 选择“绘图”→“面域”菜单命令。
- 单击“绘图”工具栏中的“面域”按钮。
- 在命令行中输入“region”后，按回车键。

相关知识 面域图形的其他方法

使用“边界”命令也可以将封闭的区域创建为面域。选择“绘图”→“边界”菜单命令，打开“边界创建”对话框。在“对象类型”下拉列表框中选择“面域”选项即可。

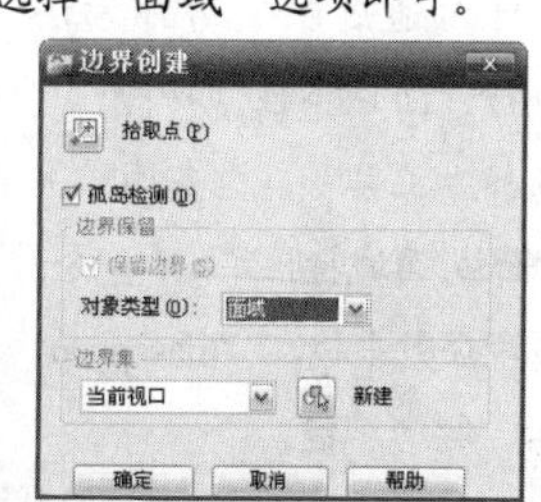

实例 2-8 说明

- 知识点：
  - 矩形
  - 直线
  - 圆角
  - 偏移
  - 复制
  - 删除
- 视频教程：

  光盘\教学\第 2 章 建筑绘图的编辑与修改
- 效果文件：

  光盘\素材和效果\02\效果\2-8.dwg
- 实例演示：

  光盘\实例\第 2 章\绘制电视柜

重点提示 面域的应用范围

转换为面域的封闭图形，除了可以继续进行二维的编辑修改操作外，还可以进行布尔运算、生成三维实体操作（拉伸、旋转、扫掠、放样）、渲染等。

相关知识 面域的质量特性

面域的质量特性包括周长、面积、质心、惯性矩、旋转半径等。

操作技巧 面域特性的操作方法

可以通过以下两种方法来执行“面域特性”功能：

- 选择“工具”→“查询”→“面域/面域特性”菜单命令。
- 在命令行中输入“massprop”后，按回车键。

实例 2-8 绘制电视柜

本实例将制作一个电视柜的立面图，主要应用了矩形、直线、圆角、偏移、复制、删除等功能。实例效果如图 2-100 所示。

图 2-100　电视柜效果图

操作步骤

1 单击“绘图”工具栏中的“矩形”按钮，绘制一个长为 1500、宽为 50 的矩形，作为电视柜的桌面，如图 2-101 所示。

图 2-101　绘制桌面

2 单击“修改”工具栏中的“圆角”按钮，对桌面修饰半径为 20 的圆角，如图 2-102 所示。

图 2-102　修饰半径为 20 的圆角

3 单击“绘图”工具栏中的“矩形”按钮，绘制长为 1000、宽为 20 的矩形，长为 1100、宽为 600 的矩形，长为 1250、宽为 50 的矩形，如图 2-103 所示。

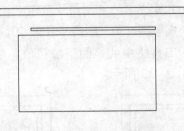

图 2-103　再次绘制 3 个矩形

4 单击“修改”工具栏中的“移动”按钮，以各图形的中点对中点，将 4 个矩形相互组合起来，如图 2-104 所示。

图 2-104　将 4 个矩形相互组合起来

5 单击“绘图”工具栏中的“直线”按钮，以中间大矩形的中点为基点，绘制一条直线，如图 2-105 所示。

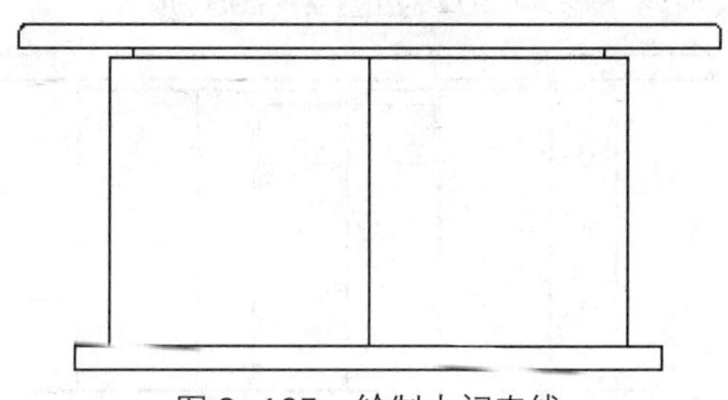

图 2-105　绘制中间直线

6 单击“修改”工具栏中的“偏移”按钮，将中间线段向左偏移 190、420，向右偏移 190、300，为电视柜主体做格局，如图 2-106 所示。

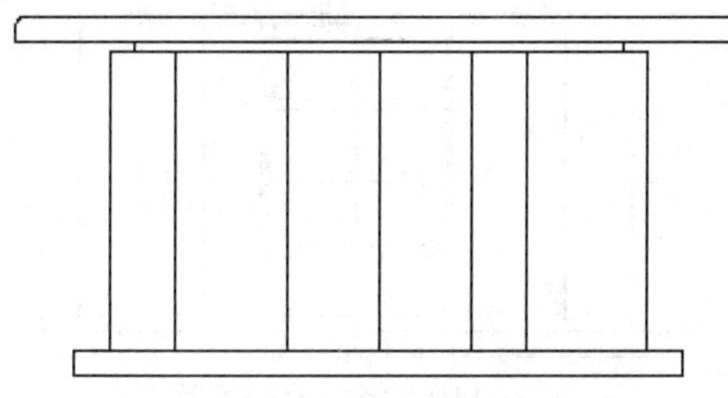

图 2-106　做格局

7 单击“绘图”工具栏中的“矩形”按钮，绘制长为 355、宽为 120 的矩形，绘制抽屉，如图 2-107 所示。

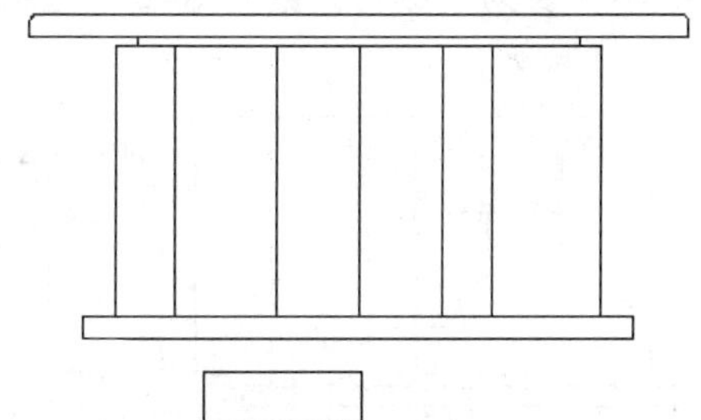

图 2-107　绘制抽屉

8 单击“修改”工具栏中的“移动”按钮，将绘制的抽屉移动到图形中，如图 2-108 所示。

相关知识 什么是通过夹点编辑图形

夹点是一些实心的小矩形框，当选定图形对象时，对象关键点上将出现夹点，也就是对象上的控制点。锁定图层上的图形对象不显示夹点。

选择图形后显示蓝色夹点：

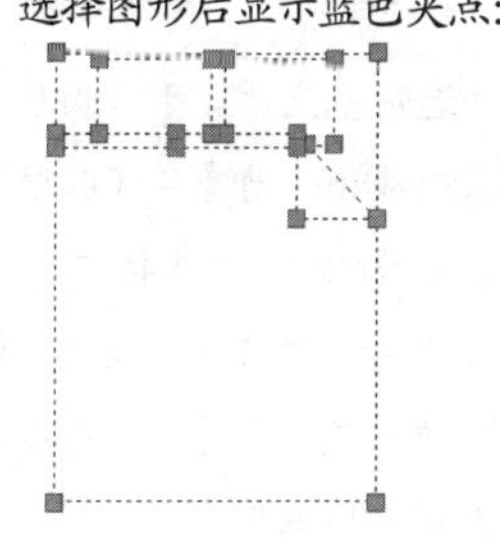

重点提示 通过夹点移动图形

文字、块参照、直线中点、圆心和点对象上的夹点将移动对象而不是拉伸它。这是移动块参照和调整标注的好方法。

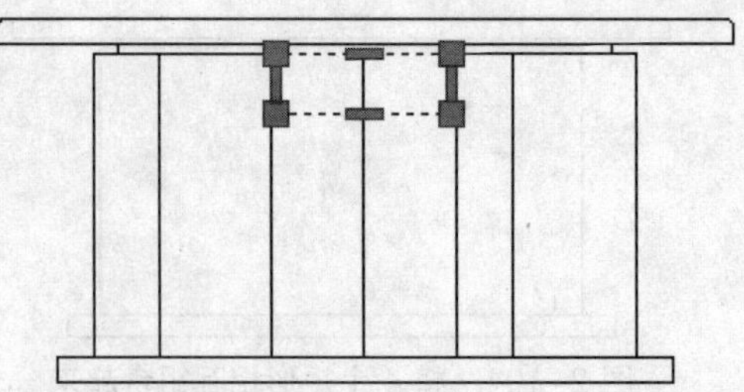
图 2-108　将绘制的抽屉移动到图形中

9 再次单击“修改”工具栏中的“移动”按钮，将移动后的抽屉沿极轴向下移动 30，如图 2-109 所示。

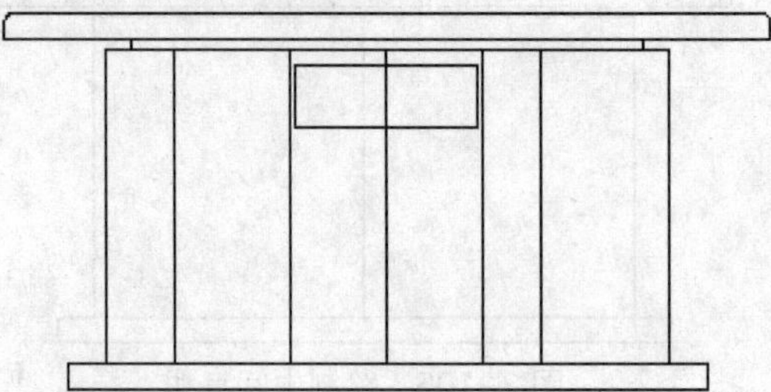
图 2-109　将移动后的抽屉再向下移动 30

10 再次单击“修改”工具栏中的“复制”按钮，将抽屉向下复制 140、280、420，如图 2-110 所示。

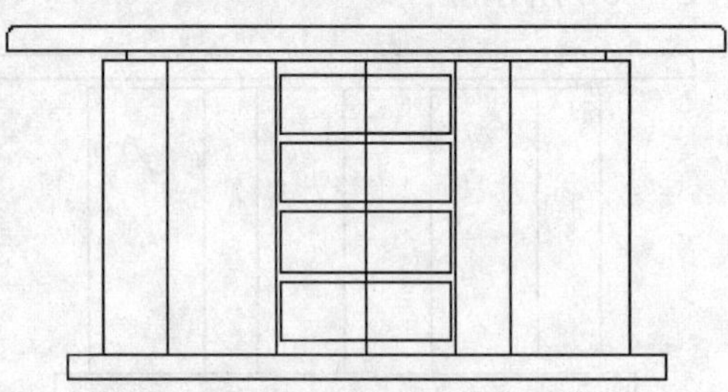
图 2-110　将抽屉向下复制

11 单击“绘图”工具栏中的“矩形”按钮，绘制 4 个长方形，分别为长为 85、宽为 540，长为 237.5、宽为 540，长为 205、宽为 540，长为 117.5、宽为 540，绘制 4 个柜体门板，如图 2-111 所示。

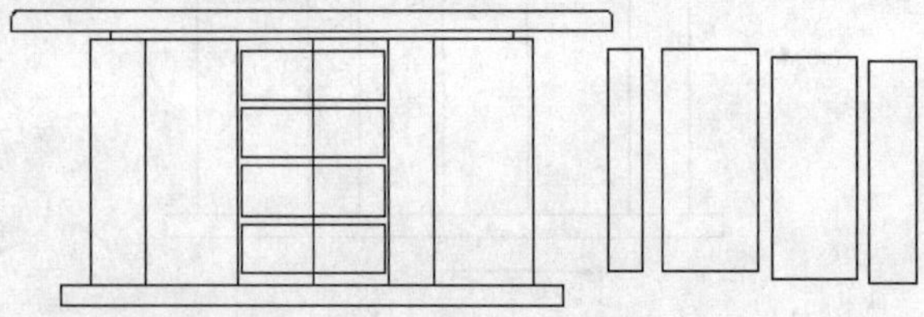
图 2-111　绘制 4 个柜体门板

12 单击“修改”工具栏中的“移动”按钮，将两边的门板先移动到图形中，如图 2-112 所示。

相关知识　夹点编辑形式

通过使用夹点功能，可以完成对象的移动、旋转、拉伸、缩放及镜像等操作。要使用夹点模式，应选择作为操作基点的夹点（称为“基准夹点”或“热夹点”）。

1. 通过夹点拉伸对象

可以通过将选定夹点移动到新位置来拉伸对象。

2. 通过夹点缩放对象

选定基点后，可以相对于基点缩放图形对象。可以通过从基点向外拖动并指定点位置来增大图形尺寸，或通过向内拖动来减小尺寸，或者输入一个相对缩放值。

3. 通过夹点移动对象

可以通过选定的夹点来方便地移动对象。选定的对象被高亮显示并按指定的下一点位置移动一定的方向和距离。

4. 通过夹点旋转对象

可以通过将选定夹点移动到新位置来拉伸对象。

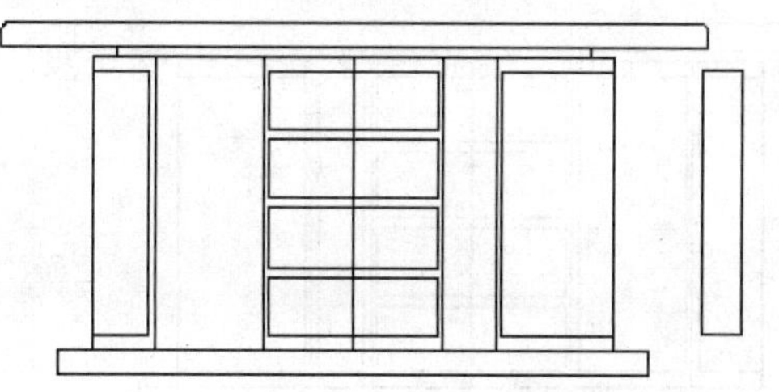

图 2–112　移动两边门板到图形

13 单击“绘图”工具栏中的“直线”按钮，绘制 4 条辅助线段，通过蓝色夹点可以看到辅助线，如图 2–113 所示。

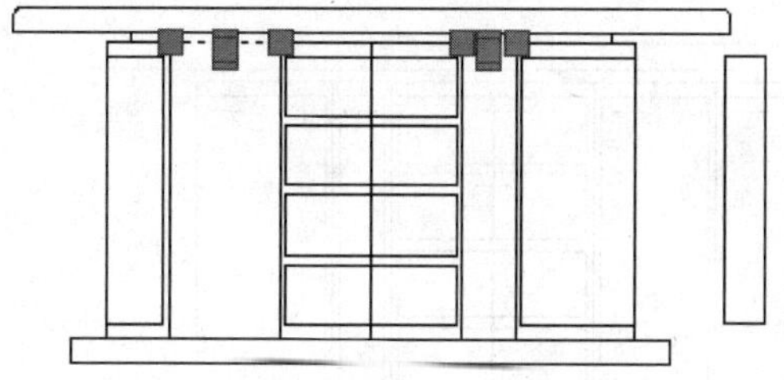

图 2–113　绘制辅助线段

14 单击“修改”工具栏中的“移动”按钮，将剩下的门板移动到图形中，如图 2–114 所示。

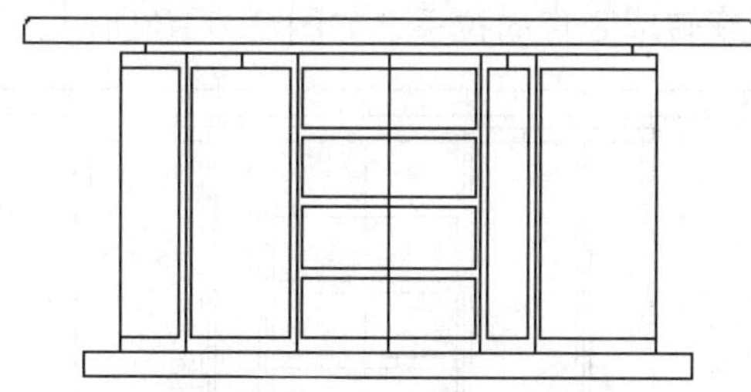

图 2–114　移动剩下的门板

15 单击“绘图”工具栏中的“直线”按钮，在图形外绘制一条长为 60 的线段，绘制抽屉和门板的拉手，如图 2–115 所示。

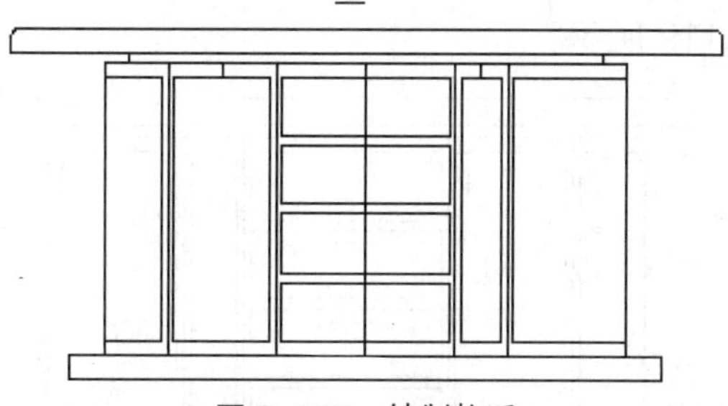

图 2–115　绘制拉手

16 单击“修改”工具栏中的“移动”按钮，将绘制完成的抽屉和门板的拉手移动到图形中，如图 2–116 所示。

相关知识　**状态栏上的辅助绘图按钮及其功能**

状态栏上的辅助绘图按钮主要有推断约束、捕捉模式、栅格显示、正交模式、极轴追踪、对象捕捉、三维对象捕捉、对象捕捉追踪、允许/禁止动态 UCS 等 14 个功能。

1. 推断约束

该约束可以分为几何约束和标注约束两种。几何约束用来规范和要求图形；标注约束中包括公式和方程式，通过修改变量来调整绘图。

2. 捕捉模式

在开启该功能时，光标只能沿 X 轴或 Y 轴移动，并且按设定的 X 轴间距或 Y 轴间距跳跃式移动。

3. 栅格显示

开启该功能时，屏幕上将显示网格点，此功能主要是配合捕捉模式一起使用的。

4. 正交模式

在开启正交模式功能时，绘制的直线只能是水平的或竖直的。

5. 极轴追踪

当开启极轴追踪模式时，系统以极坐标的形式显示定位点，并随光标移动指示当前的极坐标。

6. 对象捕捉

可以通过此功能，按设定的捕捉方式对图形元素中的特殊几何点进行捕捉绘图。

7. 三维对象捕捉

与对象捕捉功能类同，用于三维绘图时的对象捕捉功能。

8. 对象捕捉追踪

使用对象捕捉追踪，可以沿着基于对象捕捉点的对齐路径进行追踪。

9. 允许/禁止动态 UCS

用于设置打开或关闭用户定义的动态坐标系，即用户坐标系（UCS）。

10. 动态输入

动态输入是系统为光标提供的一个坐标显示信息，可以在光标后的动态栏中直接输入精准坐标，不需要到命令行中输入，从而方便绘图。

11. 显示/隐藏线宽

开启该功能可以显示有宽度属性的线条。

12. 显示/隐藏透明度

该功能用于设置显示或隐藏透明度。

13. 快捷特性

该功能用于设置选项板的显示或隐藏、选项板的位置、锁定选项板，以及选项板空闲时的状态等。

14. 选择循环

该功能用于设置列表框或标题栏的循环参数。

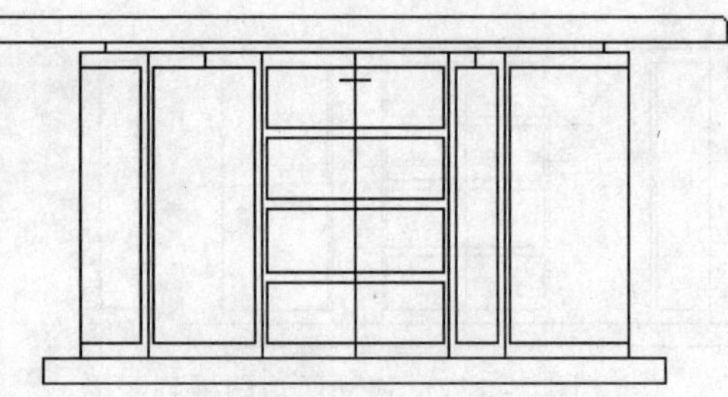

图 2–116 移动拉手

17 单击“修改”工具栏中的“复制”按钮，复制其他的拉手，如图 2–117 所示。

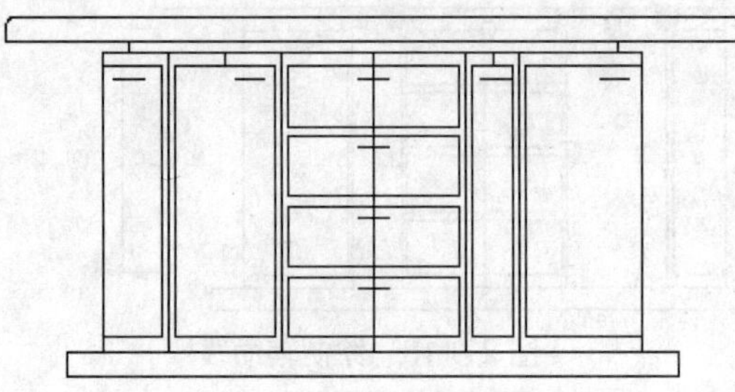

图 2–117 复制其他拉手

18 单击“修改”工具栏中的“旋转”按钮，旋转门板的拉手，使横拉手旋转成竖直的拉手，如图 2–118 所示。

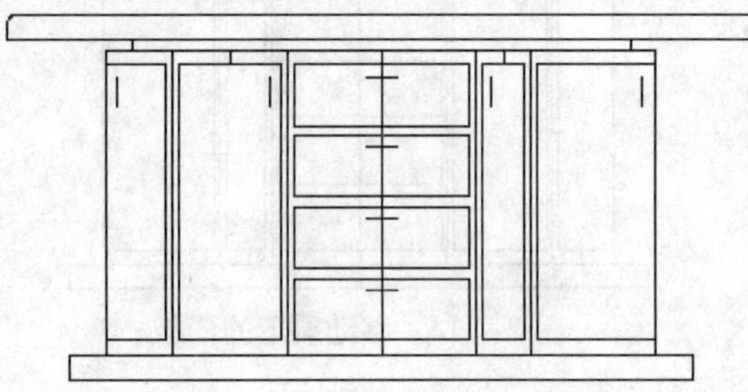

图 2–118 旋转拉手

19 单击“修改”工具栏中的“删除”按钮，删除多余的线段，如图 2–119 所示。

图 2–119 删除多余线段

实例 2-9　绘制旋转楼梯

本实例将制作旋转楼梯的平面图，主要应用了圆、多边形、圆弧、旋转、修剪、阵列、图案填充等功能。实例效果如图 2-120 所示。

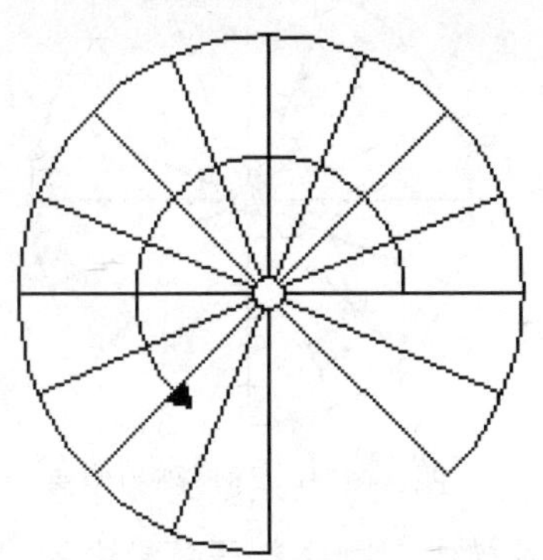

图 2-120　旋转楼梯效果图

操作步骤

1 单击“绘图”工具栏中的“圆”按钮，绘制两个半径分别为 50 和 800 的同心圆，如图 2-121 所示。

2 单击“绘图”工具栏中的“直线”按钮，以圆心为起点，绘制一条直线，如图 2-122 所示。

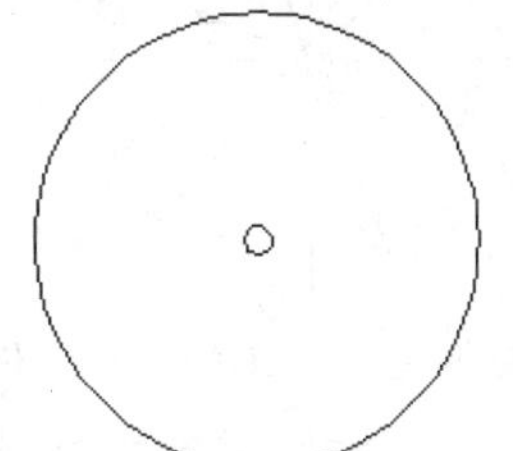

图 2-121　绘制半径为 50 和 800 的两个圆

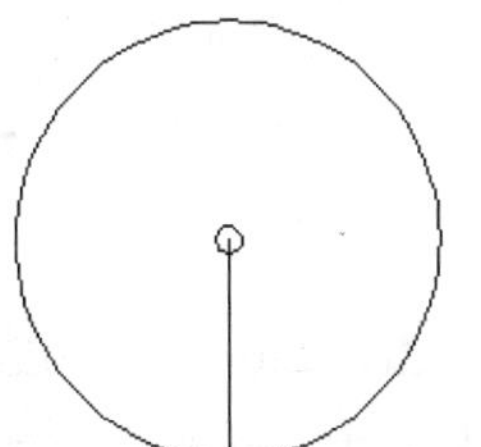

图 2-122　绘制一条直线

3 单击“修改”工具栏中的“旋转”按钮，旋转复制直线，如图 2-123 所示。

4 单击“修改”工具栏中的“修剪”按钮，修剪多余线段，如图 2-124 所示。

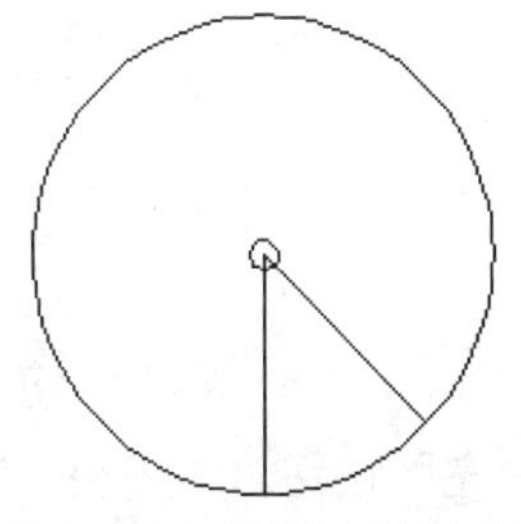

图 2-123　旋转复制直线

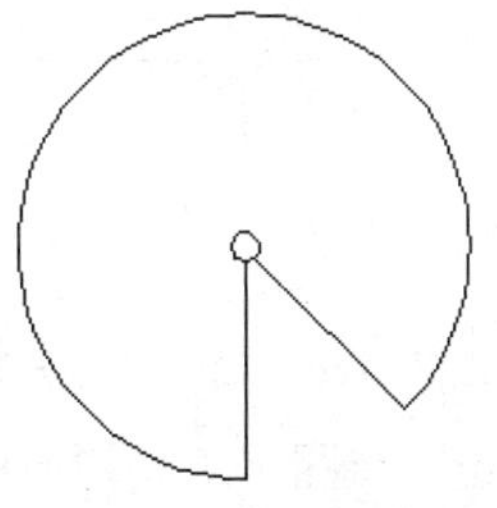

图 2-124　修剪多余线段

实例 2-9 说明

知识点：

- 圆
- 多边形
- 圆弧
- 旋转
- 修剪
- 阵列
- 图案填充

视频教程：

光盘\教学\第 2 章 建筑绘图的编辑与修改

效果文件：

光盘\素材和效果\02\效果\2-9.dwg

实例演示：

光盘\实例\第 2 章\绘制旋转楼道

相关知识　设置命令行文字

“特性设置”对话框中的各个选项功能如下：

在默认情况下，命令行与文本框中的文字偏大，看起来效果不太好，用户可以重新设置其文字的大小。

在绘图窗口中单击鼠标右键，在弹出的快捷菜单中选择“选项”命令，打开“选项”对话框。在“显示”选项卡的“窗口元素”区域单击“字体”按钮，打开“命令行窗口字体”对话框。在其中设置“字体”、“字形”和“字号”。

5 单击“修改”工具栏中的“矩形阵列”下拉列表框中的“环形阵列”按钮，设置圆心为中心点、旋转复制的直线为阵列对象、项目总数为 15、填充角度为 315°，如图 2-125 所示。

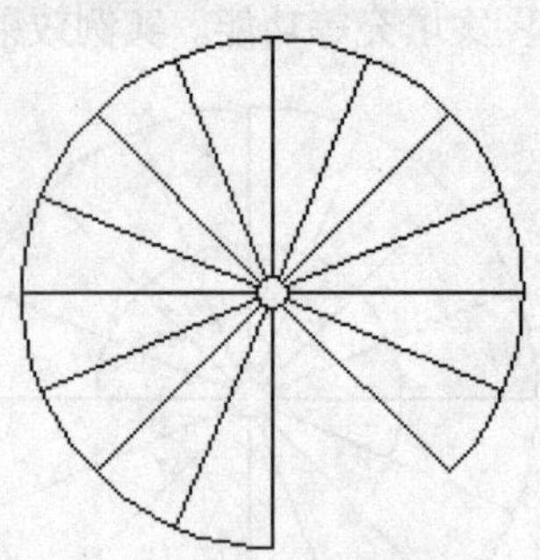

图 2-125　环形阵列楼梯

6 选择“绘图”菜单中“圆弧”子菜单中的“起点、圆心、端点”命令，以环形阵列的直线的中点为起点和端点绘制圆弧，如图 2-126 所示。

7 单击“绘图”工具栏中的“多边形”按钮，绘制一个边长为 50 的正三角形，如图 2-127 所示。

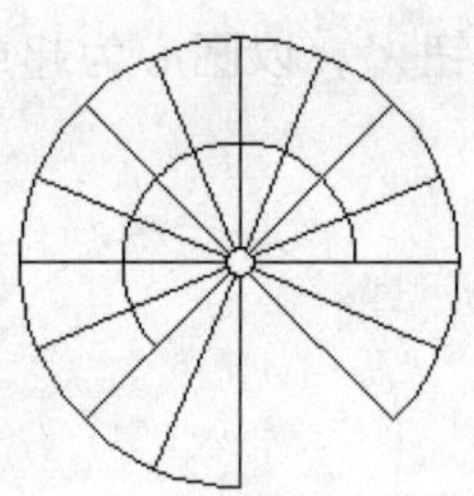

图2-126　绘制一段圆弧

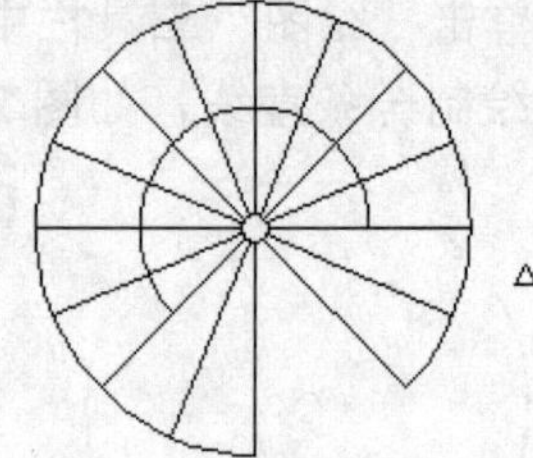

图2-127　绘制边长为50的正三角形

8 单击“修改”工具栏中的“旋转”按钮，旋转步骤 7 绘制的正三角形，旋转角度为-15°，如图 2-128 所示。

9 单击“修改”工具栏中的“移动”按钮，将步骤 8 旋转得到的正三角形移动到图形中，如图 2-129 所示。

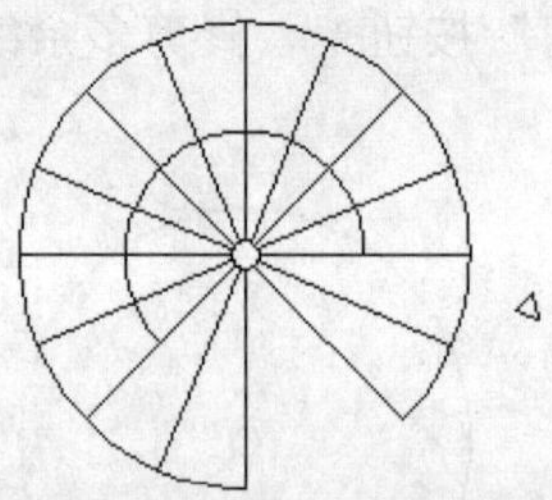

图 2-128　旋转正三角形

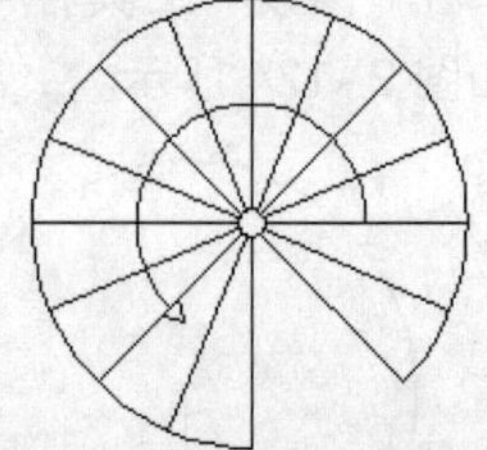

图 2-129　移动正三角形

10 单击“绘图”工具栏中的“图案填充”按钮，打开“图案填充和渐变色”对话框，如图 2-130 所示。

相关知识　什么是对象特性

对象特性包括一般的特性和几何特性。对象的一般特性包括对象的线型、颜色、线宽及颜色等；几何特性包括对象的尺寸和位置。用户可以直接在“特性”窗口中设置和修改对象的这些特性。

对象特性的范围包括常规对象、三维效果、打印样式以及视图等。

“特性”面板：

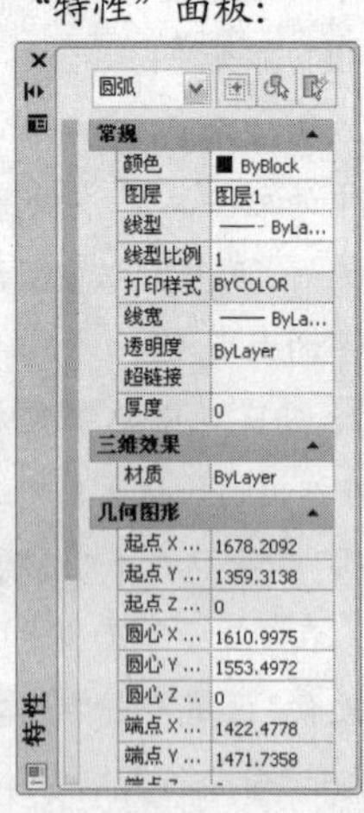

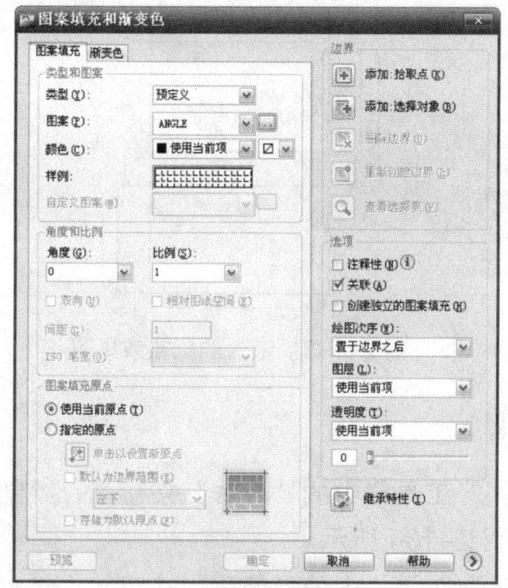

图 2-130　“图案填充和渐变色”对话框

11 单击“类型和图案”选项组中“图案”后面的按钮，打开“填充图案选项板”对话框。在该对话框中选择“SOLID”作为样式后，单击“确定”按钮，返回到“图案填充和渐变色”对话框，如图 2-131 所示。

12 在“边界”选项组中单击“添加：拾取点”按钮，在图中选取正三角形内的区域后，按回车键返回到“图案填充和渐变色”对话框，再单击“确定”按钮即可填充图案，如图 2-132 所示。

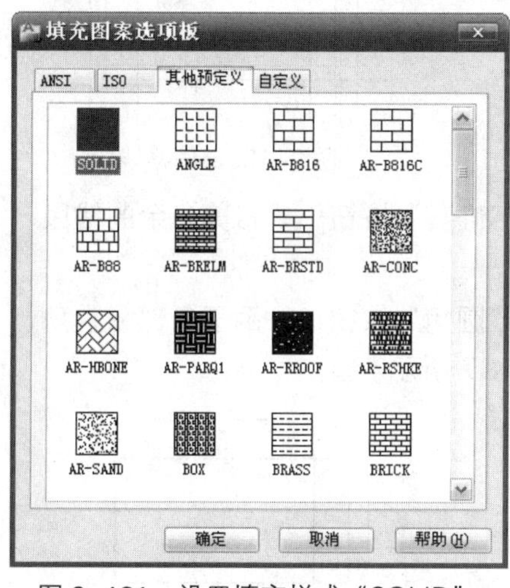

图 2-131　设置填充样式“SOLID”

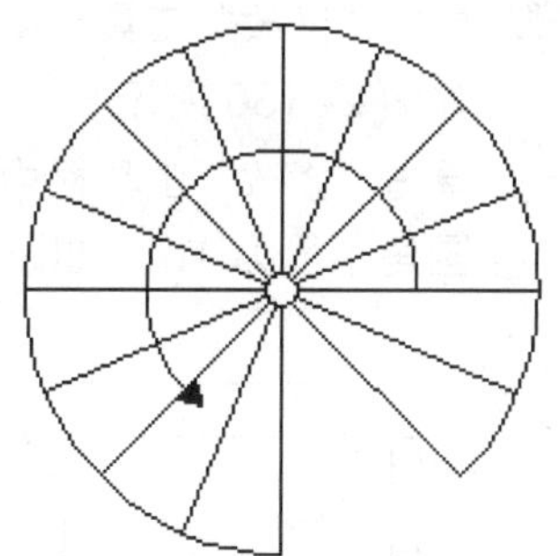

图 2-132　填充正三角形

实例 2-10　绘制未折的纸盒

本实例将制作未折的纸盒，主要应用了偏移、修剪、圆角、延伸、镜像、倒角等功能。实例效果如图 2-133 所示。

在“特性”面板的标题栏上单击鼠标右键，系统弹出一个快捷菜单，用户可通过该菜单确定是否隐藏窗口、是否在窗口内显示特性的说明部分，以及是否将窗口锁定在主窗口中。

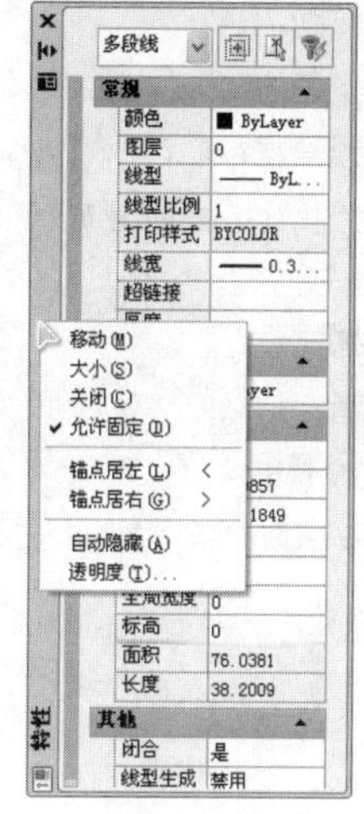

操作技巧　特性的操作方法

可以通过以下4种方法来执行“特性”功能：

- 选择“工具”→“选项板”→“特性”菜单命令。
- 选择“修改”→“特性”菜单命令。
- 单击“标准”工具栏中的“特性”按钮。
- 在命令行中输入“massprop”后，按回车键。

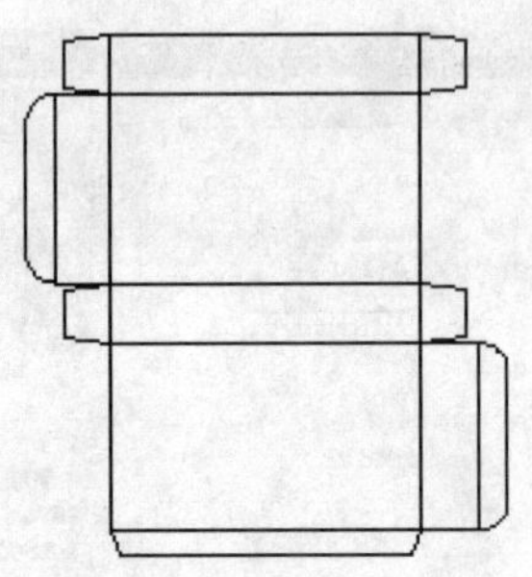

图 2-133　未折的纸盒效果图

实例 2-10 说明

- 知识点：
  - 偏移
  - 修剪
  - 圆角
  - 延伸
  - 镜像
  - 倒角
- 视频教程：

  光盘\教学\第 2 章 建筑绘图的编辑与修改
- 效果文件：

  光盘\素材和效果\02\效果\2-10.dwg
- 实例演示：

  光盘\实例\第 2 章\绘制未折的纸盒

操作步骤

1. 单击“绘图”工具栏中的“直线”按钮，绘制两条相交的线段，如图 2-134 所示。
2. 单击“修改”工具栏中的“偏移”按钮，将水平线段向上偏移 30，向下偏移 95、125、220、232，再将垂直线段向左偏移 160、183、189、204，向右偏移 29、44，如图 2-135 所示。

图 2-134　绘制线段

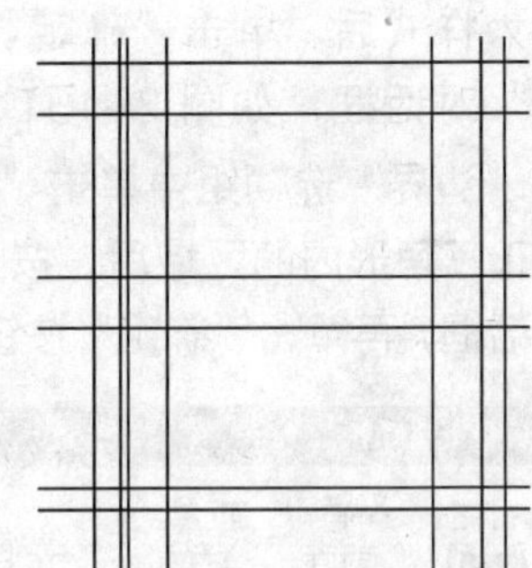

图 2-135　偏移线段

3. 单击“修改”工具栏中的“修剪”按钮，修剪多余的线段，如图 2-136 所示。
4. 单击“修改”工具栏中的“圆角”按钮，倒圆角部分直角，圆角半径为 15，如图 2-137 所示。

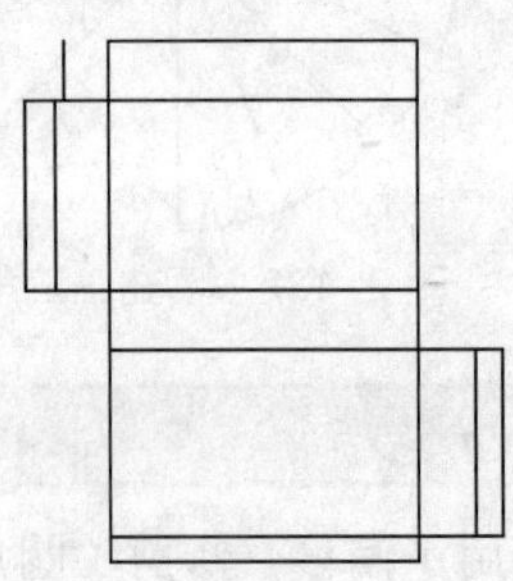

图 2-136　修剪多余线段

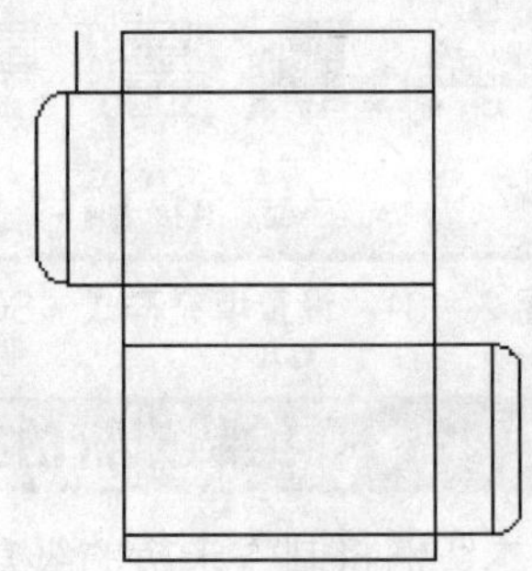

图 2-137　倒圆角直角

相关知识　什么是对象匹配

对象匹配是将一个对象的某些或所有属性都复制到其他一个或多个对象中，包括颜色、图层、线型、线宽等。

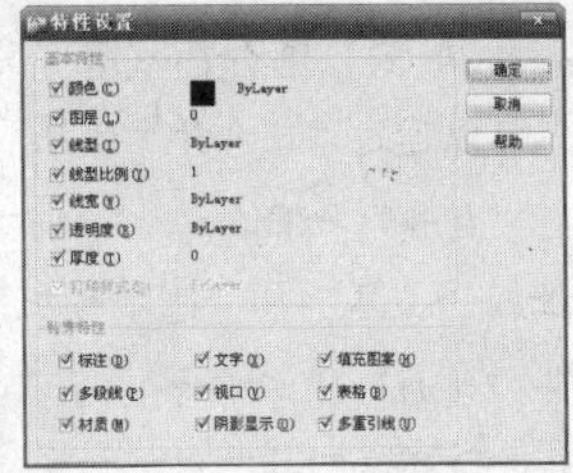

操作技巧　特性匹配的操作方法

可以通过以下 3 种方法来执行“特性匹配”功能：

- 选择“修改”→“特性匹配”菜单命令。

5 单击“修改”工具栏中的“旋转”按钮，旋转复制最上边的两条水平线段，以左边的垂直线段交点为旋转点，旋转正负 8，如图 2-138 所示。

6 单击“修改”工具栏中的“延伸”按钮，延伸上边的旋转复制线段，如图 2-139 所示。

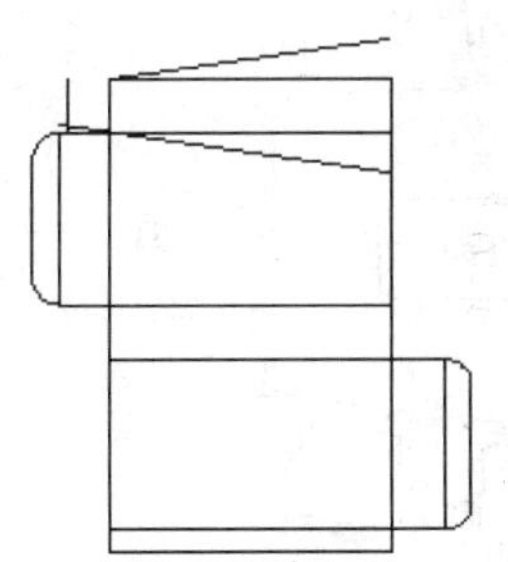

图 2-138　旋转复制线段

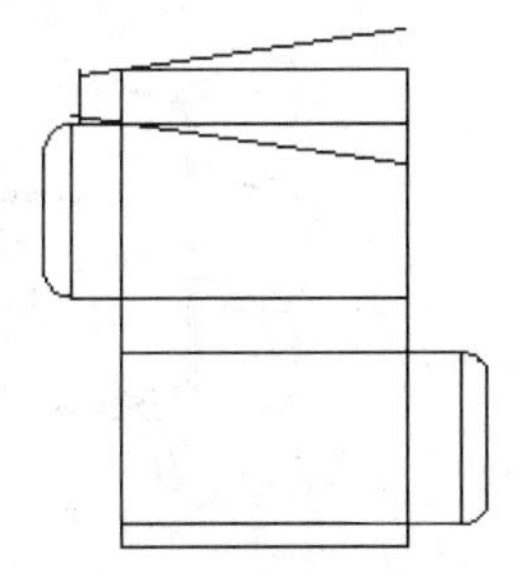

图 2-139　延伸线段

7 单击“修改”工具栏中的“修剪”按钮，修剪多余的线段，如图 2-140 所示。

8 单击“修改”工具栏中的“镜像”按钮，镜像复制对称的图形，如图 2-141 所示。

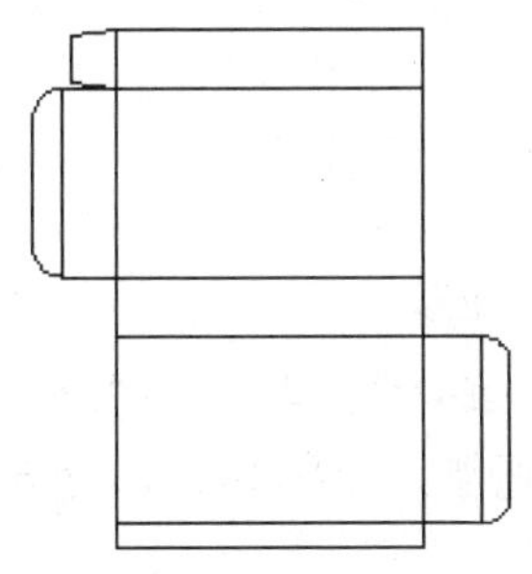

图 2-140　修剪线段

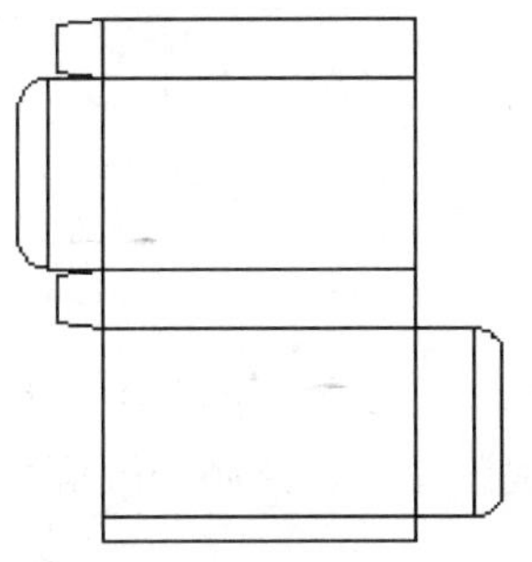

图 2-141　镜像复制图形

9 再次单击“修改”工具栏中的“镜像”按钮，镜像复制对称的图形，如图 2-142 所示。

10 单击“修改”工具栏中的“倒角”按钮，倒角粘贴边上的直角，倒角距离为 5、12，如图 2-143 所示。

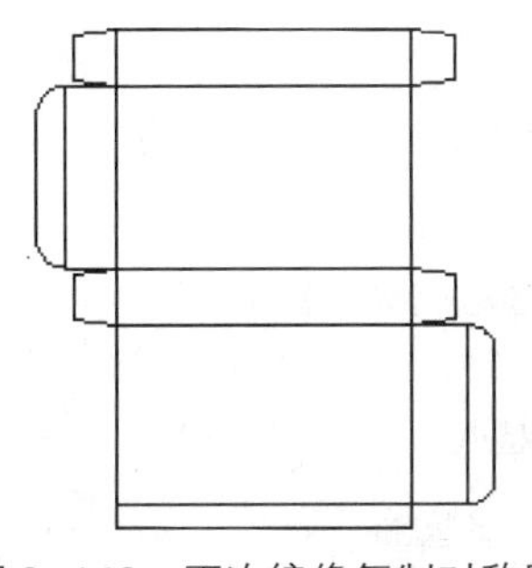

图 2-142　再次镜像复制对称图形

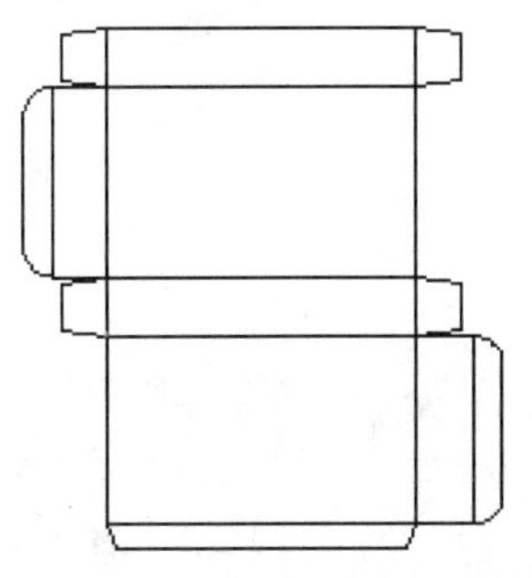

图 2-143　倒直角

- 单击“标准”工具栏中的“特性匹配”按钮。
- 在命令行中输入“matchprop”后，按回车键。

相关知识　设置“特性设置”参数

在“特性设置”对话框中各选项功能如下：

- 颜色：将目标对象的颜色改为源对象的颜色。
- 图层：将目标对象所在的图层改为源对象所在的图层。
- 线型：将目标对象的线型改为源对象的线型，适用于“属性”、“填充图案”、“多行文字”、“oel 对象”、“点”和“视口”之外的所有对象。
- 线型比例：将目标对象的线型比例改为源对象的线型比例，适用于“属性”、“填充图案”、“多行文字”、“oel 对象”、“点”和“视口”之外的所有对象。
- 线宽：将目标对象的线宽改为源对象的线宽，并适用于所有对象。
- 厚度：将目标对象的厚度改为源对象的厚度。该特性的适用范围仅在“圆”、“圆弧”、“属性”、“直线”、“点”、“二维多段线”、“面域”、“文字”以及“跟踪”等对象。

- 打印样式：将目标对象改为源对象的打印样式。如果当前正属于依赖颜色的打印样式模式（系统变量 pstylepolicy 设置为 1），则该选项无效。该特性适用于“oel 对象”外的所有对象。
- 文字：将目标对象的文字样式改为源对象的文字样式。该特性只适用于单行文字和多行文字。
- 标注：将目标对象的标注样式改为源对象的标注样式。该特性适用于“标注”、“引线”和“公差”对象。
- 图案填充：将目标对象的填充图案改为源对象的填充图案。该特性只适用于填充图案对象。
- 多段线：将目标多段线的线宽和线型所生成特性，改为源多段线的特性。源多段线的标高等特性将不会应用到目标多段线。假如多段线的线宽不固定，则线宽特性就不会应用到目标多段线。
- 视口：将目标视口特性改为源视口相同，这些特性包括打开关闭、显示锁定、标准的或自定义的缩放、着色模式、捕捉、栅格以及 UCS 图标的可视化和位置。但是，每个视口的 UCS 设置、图层的冻结/解冻状态等特性不会应用到目标对象。

实例 2-11 绘制会议桌

本实例将绘制会议桌，主要应用了圆弧、镜像、圆角、旋转、复制、比例、删除等功能。实例效果如图 2-144 所示。

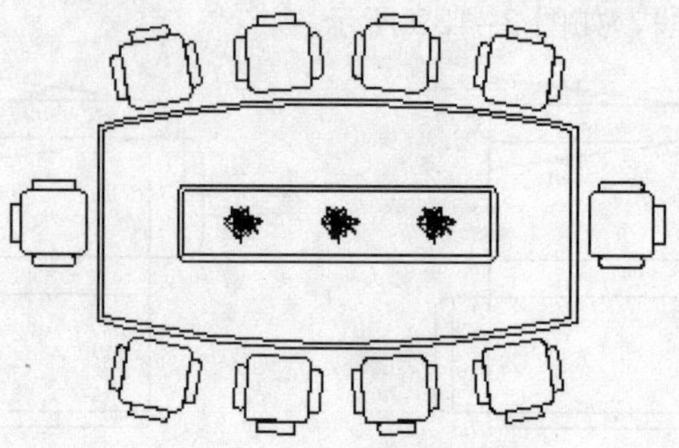

图 2-144 会议桌效果图

操作步骤

1 单击“绘图”工具栏中的“矩形”按钮▭，绘制一个长为 4500、宽为 1500 的矩形，如图 2-145 所示。

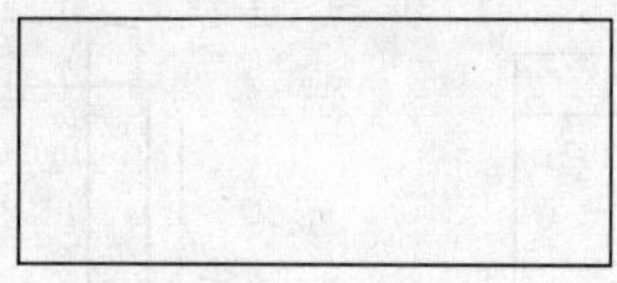

图 2-145 绘制矩形

2 单击“绘图”菜单中“圆弧”子菜单中的“起点、端点、角度”命令，绘制一段角度为 25 的圆弧，如图 2-146 所示。

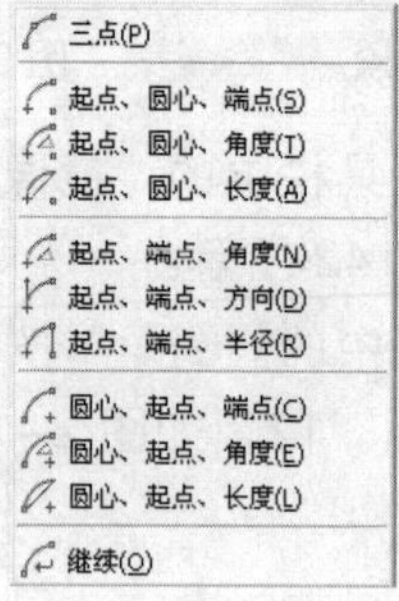

① “圆弧”子菜单

② 指定圆弧起点

图 2-146 绘制一段圆弧

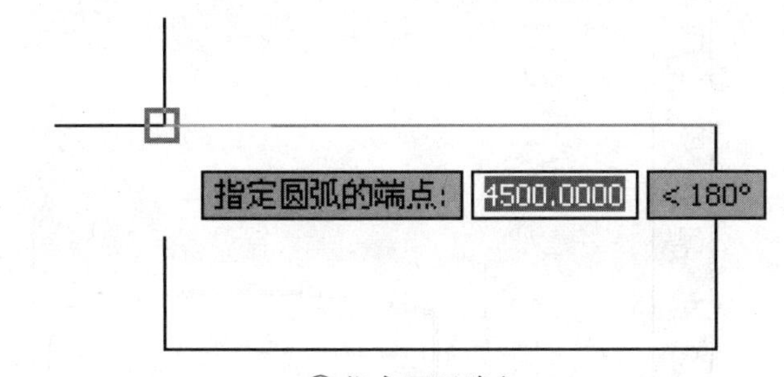

③ 指定圆弧端点

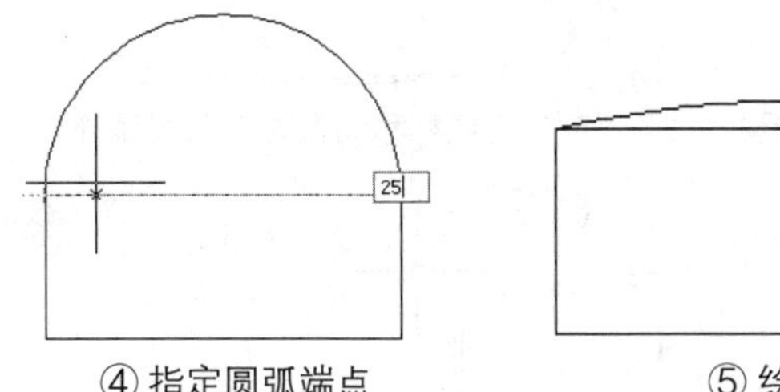

④ 指定圆弧端点　　　　⑤ 绘制完成

图 2–146　绘制一段圆弧（续）

3 单击“修改”工具栏中的“镜像”按钮，以矩形两条短边的中点为镜像线，镜像复制圆弧，如图 2–147 所示。

4 单击“修改”工具栏中的“修剪”按钮，修剪矩形的两条长边，如图 2–148 所示。

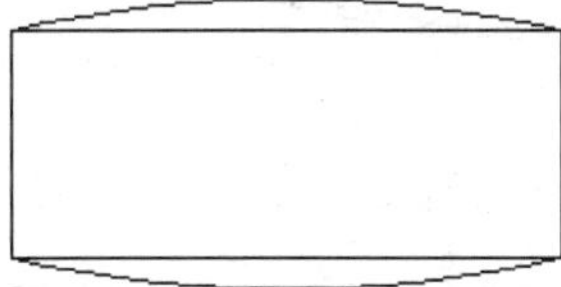

图 2–147　镜像复制圆弧

图 2–148　修剪矩形长边

5 单击“修改”工具栏中的“偏移”按钮，将 4 条线段分别向图形内部偏移 50，如图 2–149 所示。

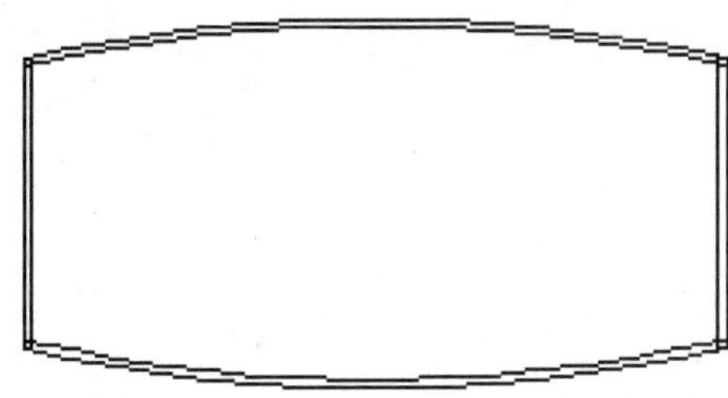

图 2–149　偏移线段

6 单击“修改”工具栏中的“修剪”按钮，修剪偏移后的多余线段，如果因为偏移线段与原线段较为紧密，不容易选中需要修剪的线段，可以通过“窗口缩放”功能或鼠标上的滚动滑轮来调整图形状态，如图 2–150 所示。

- 表：将目标对象的表示样式改为与源表相同。该功能只适用于表对象。
- 材质：目标对象应用源对象的材质，如果源对象没有材质，而目标对象有材质，则删除目标对象中的材质。
- 阴影显示：更改阴影显示。对象可以投射阴影、接收阴影、投射和接收阴影或者可以忽略阴影。
- 多重引线：将目标对象的多重引线样式和注释性特性更改为源对象的多重引线样式和特性，只适用于多重引线对象。

实例 2-11 说明

知识点：

- 圆弧
- 镜像
- 圆角
- 旋转
- 复制
- 比例
- 删除

视频教程：

光盘\教学\第 2 章 建筑绘图的编辑与修改

效果文件：

光盘\素材和效果\02\效果\2-11.dwg

实例演示：

光盘\实例\第 2 章\绘制会议桌

相关知识　AutoCAD 中的坐标系

在绘图时，要精确定位某个位置，必须以某个坐标系作为参照。坐标系是 AutoCAD 图中不可缺少的元素，是确定对象位置的基本手段。通过坐标系，可以按照高精度的标准，准确地设计并绘制图形。

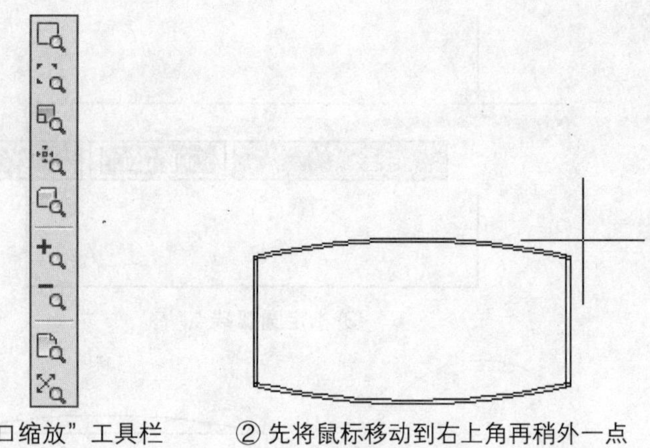

① “窗口缩放”工具栏　　② 先将鼠标移动到右上角再稍外一点

③ 按住滑轮向上滚动就可放大，向下滚动可以缩小

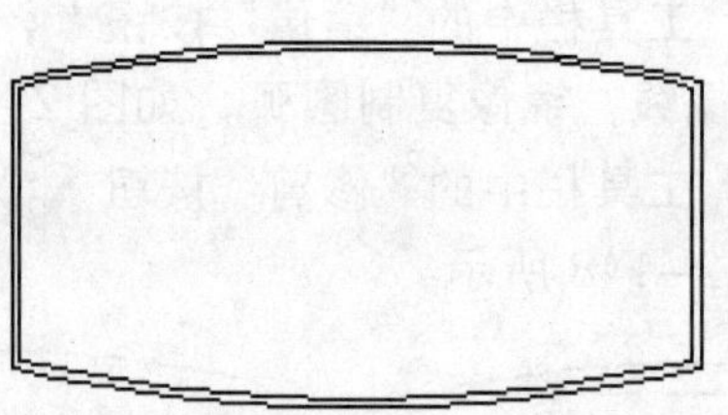

④ 修剪完成

图 2-150　修剪多余线段

7 单击“绘图”工具栏中的“矩形”按钮，在图形的空白区域，绘制一个长为3000、宽为700的矩形，如图2-151所示。

8 单击“绘图”工具栏中的“直线”按钮，绘制一条长为750的辅助线，如图2-152所示。

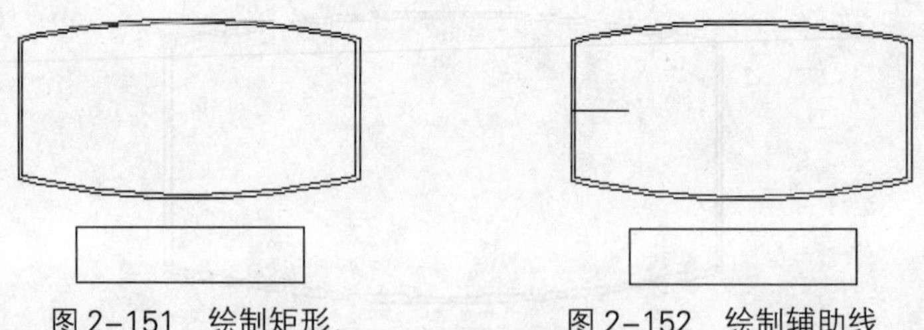

图 2-151　绘制矩形　　图 2-152　绘制辅助线

9 单击“修改”工具栏中的“移动”按钮，将绘制的矩形移动到图形中，如图2-153所示。

10 单击“修改”工具栏中的“圆角”按钮，倒圆角矩形的4个直角，圆角半径为50，如图2-154所示。

相关知识 坐标系的分类

在通常情况下，AutoCAD的坐标系可分为世界坐标系（WCS）和用户坐标系（UCS）两种，在这两种坐标系下，用户都是通过使用坐标值来精确地定位点。

相关知识 什么是世界坐标系

AutoCAD中默认的坐标系是世界坐标系（World Coordinate System，WCS），是在进入AutoCAD时由系统自动建立，原点位置和坐标轴方向固定的一种整体坐标系。WCS包括X轴和Y轴（如果是在3D空间，还有Z轴），其坐标轴的交汇处有一个“□”字形标记。

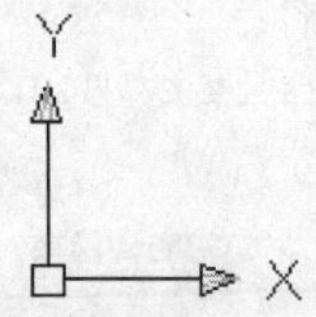

通常在二维视图中，世界坐标系的X轴为水平方向，Y轴为垂直方向，原点为X轴和Y轴的交点（0，0）。世界坐标系中所有的位置都是相对于坐标原点计算的。

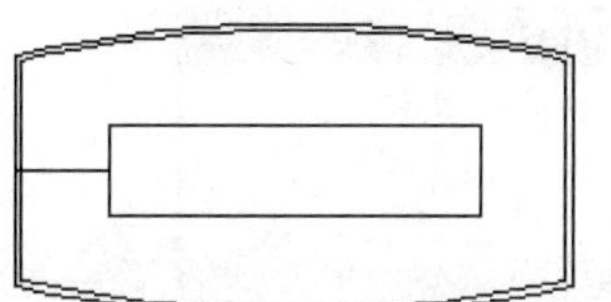

图 2–153　移动矩形　　　图 2–154　矩形倒圆角

11 单击“修改”工具栏中的“偏移”按钮，再将倒圆角后的矩形向内偏移 50，如图 2–155 所示。

12 单击“绘图”工具栏中的“矩形”按钮，在图形的空白区域，绘制一个长为 200、宽为 200 的小矩形，如图 2–156 所示。

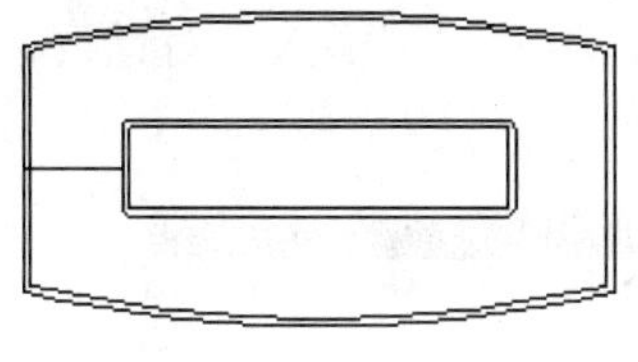

图 2–155　偏移矩形

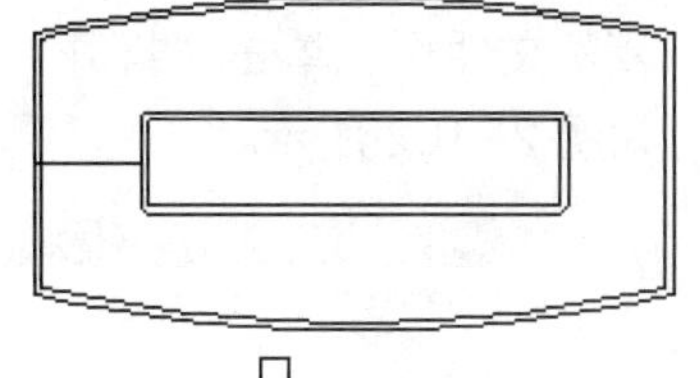

图 2–156　绘制小矩形

13 单击“修改”工具栏中的“旋转”按钮，将小矩形旋转 45°，如图 2–157 所示。

14 单击“绘图”工具栏中的“直线”按钮，绘制一条长为 1200 的辅助线，如图 2–158 所示。

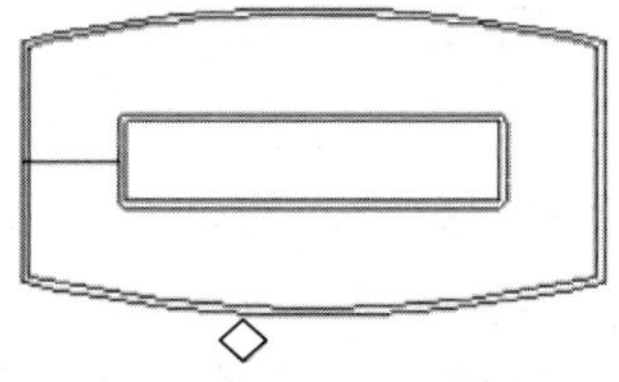

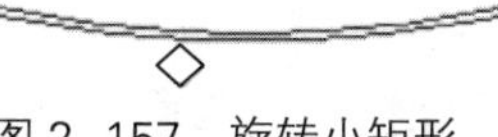

图 2–157　旋转小矩形

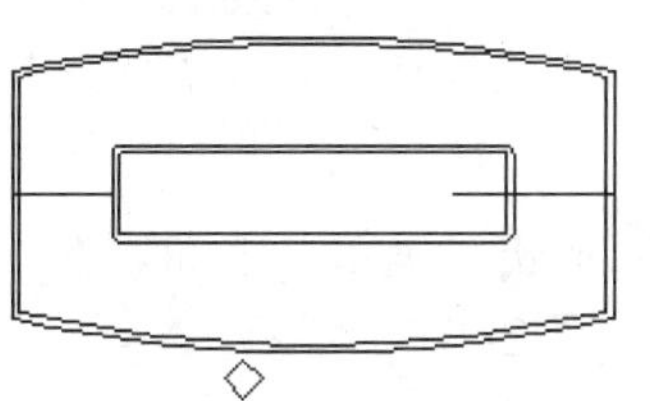

图 2–158　绘制辅助线

15 单击“修改”工具栏中的“移动”按钮，将小矩形移动到辅助线的左端点上，如图 2–159 所示。

16 单击“修改”工具栏中的“复制”按钮，将小矩形向左移动复制 910、1820，如图 2–160 所示。

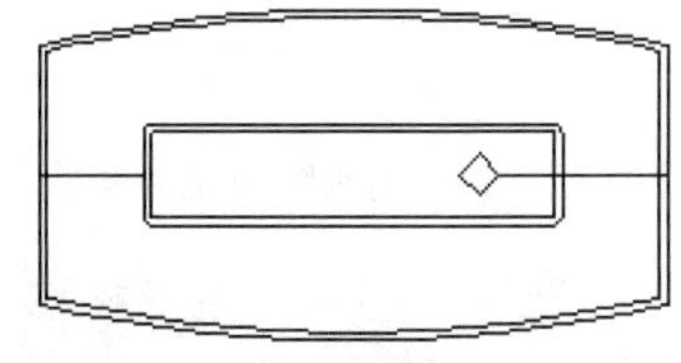

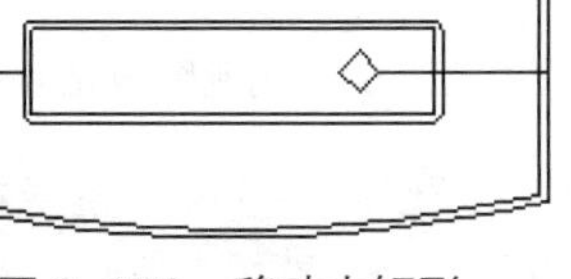

图 2–159　移动小矩形

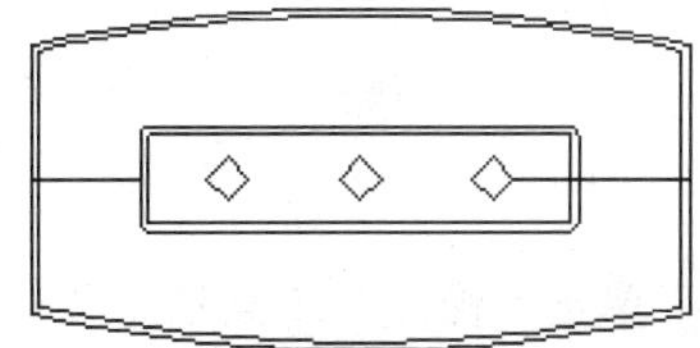

图 2–160　复制小矩形

17 选择“插入”菜单中的“块”命令，打开“插入”对话框，如图 2–161 所示。

重点提示 世界坐标系的唯一性

AutoCAD 中的世界坐标系是唯一的，用户不能自行建立，也不能修改它的原点位置和坐标方向。因此，世界坐标系为用户的图形操作提供了一个不变的参考基准。

相关知识 什么是用户坐标系

有时为了能够方便绘图，用户经常需要改变坐标系的原点和方向，这时就要将世界坐标系改为用户坐标系（UCS）。用户坐标系的原点可以定义在世界坐标系中的任意位置，坐标轴与世界坐标系也可以成任意角度。用户坐标系的坐标轴交汇处没有“□”字形标记。

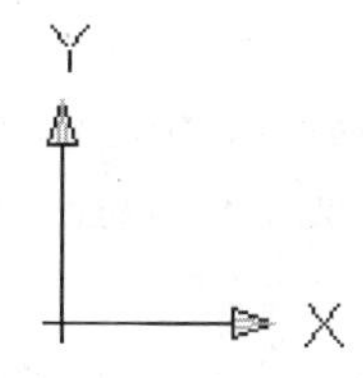

二维制图中，UCS 最有用的应用之一是通过图形中的某一特征或对象调整 UCS。下面以绘制一个圆形对象为参照，新建一个 UCS。

相关知识 坐标的表示方法

在 AutoCAD 2012 中，点坐标的表示方法有 4 种：绝对直角坐标、绝对极坐标、相对直角坐标和相对极坐标。

1. 绝对直角坐标

绝对直角坐标是从点（0，0）或（0，0，0）出发的位移值，其中的 x、y、z 值可以使用分数、小数或科学记数等形式表示，它们之间用逗号隔开。

表示方法：（x，y）或（x，y，z）。例如，（12，23），（0，10.3），（25，123，4.57）。

2. 相对直角坐标

相对直角坐标是指相对于某一点的 X 轴和 Y 轴位移，表示方法是在绝对直角坐标的前面添加“@”符号。

表示方法：（@x，y，z）。例如，（@26.8，-90），（@36，84.5），（@23，-56，36）。

3. 绝对极坐标

绝对极坐标是从点（0，0）或（0，0，0）出发的位移，其中 x 表示距离，角度值表示偏离原点的角度，规定 X 轴的正方向为 0°，Y 轴的正方向为 90°。距离与角度值之间用“<”分开。表示方法：（x<角度值）。例如，（58<60），（68.9<73）。

4. 相对极坐标

相对直角坐标是指相对于某一点的距离和角度值，其中角度值是当前点与上一点的连接与 X 轴的夹点。表示方法是在绝对极坐标的前面添加“@”符号。

表示方法：（@x<角度值）。例如，（@38<123），（@-20<69）。

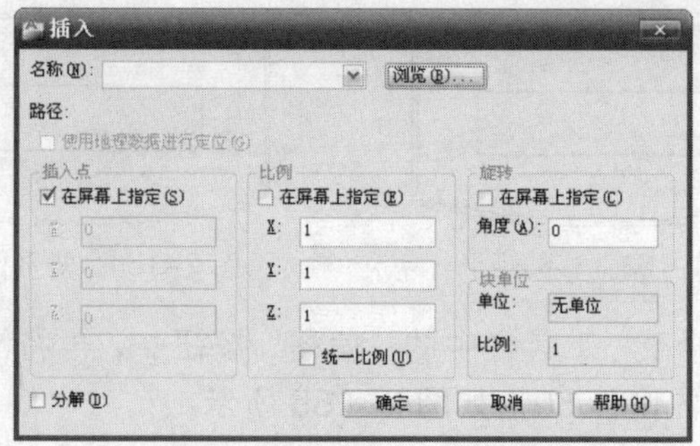

图 2-161 “插入”对话框

18 单击“浏览”按钮，打开“选择图形文件”对话框。选择“盆栽”文件后，单击“打开”按钮，返回到“插入”对话框，如图 2-162 所示。

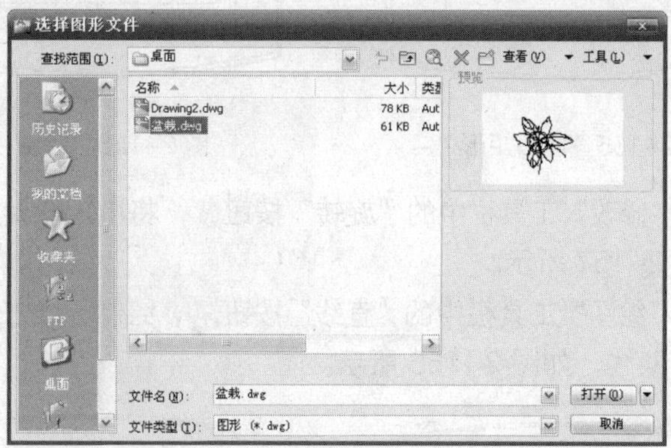

图 2-162 “选择图形文件”对话框

19 单击“确定”按钮，在图形的空白区域中先插入图形，如图 2-163 所示。

20 单击“修改”工具栏中的“比例”按钮，将盆栽图块再缩放 0.7，如图 2-164 所示。

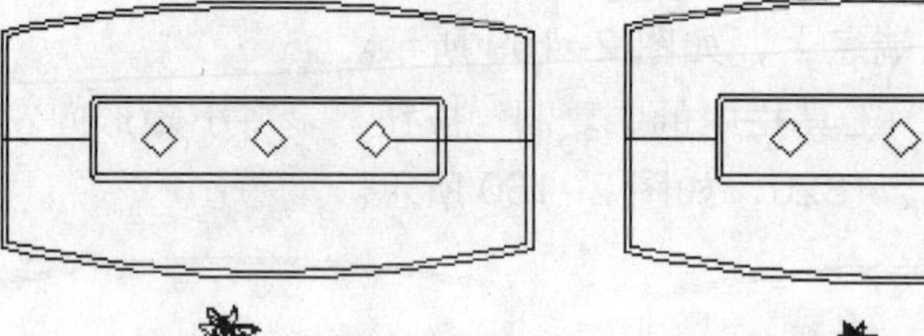

图 2-163 插入盆栽图块　　图 2-164 比例缩放盆栽图块

21 单击“修改”工具栏中的“移动”按钮，将盆栽图块移动到图形中，如图 2-165 所示。

22 单击“修改”工具栏中的“复制”按钮，将盆栽图块向左复制 910、1820，如图 2-166 所示。

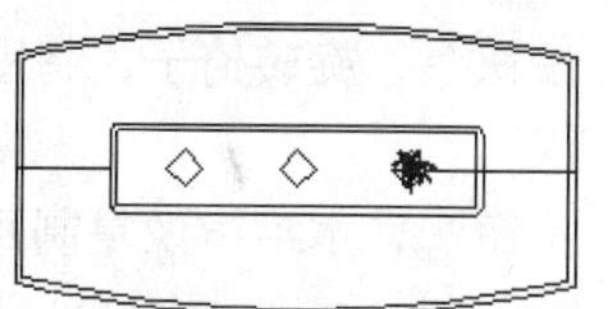
图 2-165　移动盆栽图块

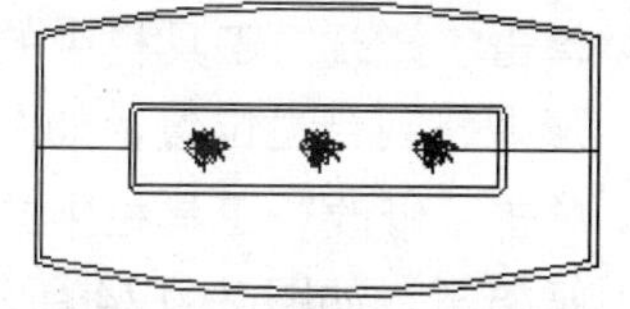
图 2-166　复制盆栽图块

23 单击“修改”工具栏中的“删除”按钮，删除两条辅助线，如图 2-167 所示。

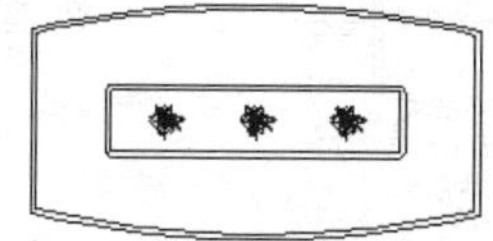
图 2-167　删除辅助线

24 单击“绘图”工具栏中的“矩形”按钮，绘制一个长为 600、宽为 600，两个长为 100、宽为 400，一个长为 350、宽为 100 的共 4 个矩形，如图 2-168 所示。

25 单击“修改”工具栏中的“圆角”按钮，倒圆角 4 个矩形的直角，大矩形圆角半径为 70，小矩形圆角为 30，如图 2-169 所示。

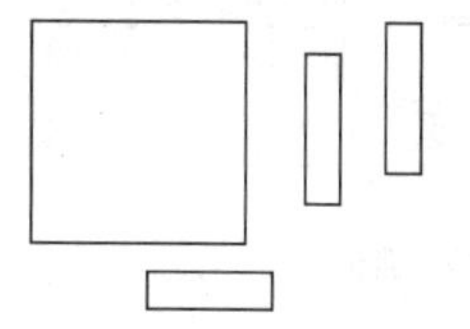
图 2-168　绘制 4 个矩形

图 2-169　矩形倒圆角

26 单击“修改”工具栏中的“移动”按钮，将 4 个矩形组合成一把椅子，如图 2-170 所示。

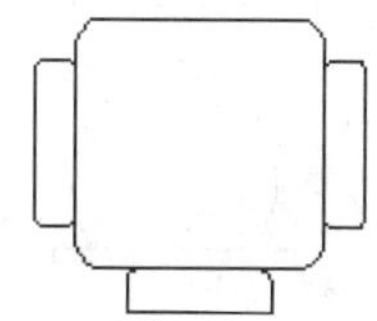
图 2-170　组合成椅子

27 再次单击“修改”工具栏中的“移动”按钮，将椅子移动到图形中，如图 2-171 所示。

28 单击“修改”工具栏中的“复制”按钮，复制两把椅子，如图 2-172 所示。

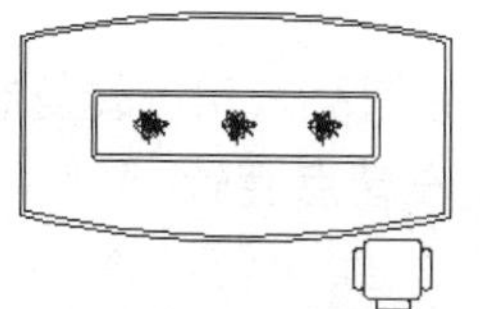
图 2-171　移动椅子

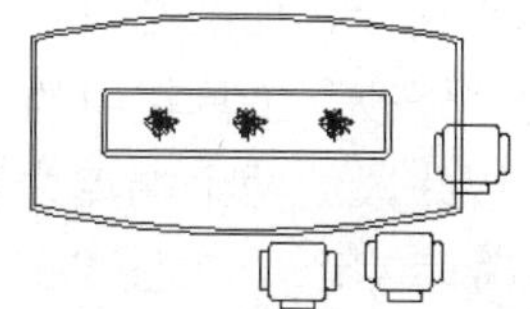
图 2-172　复制椅子

操作技巧　创建用户坐标的操作方法

可以通过以下两种方法来执行“创建用户坐标”功能：

- 选择“工具”→“新建 UCS”子菜单中的各项命令。
- 在命令行中输入“UCS”后，按回车键。

相关知识　用户坐标系中的各个指令功能

在执行上面的菜单操作步骤时，系统会弹出“新建 UCS”子菜单。

世界(W)
上一个
面(F)
对象(O)
视图(V)
原点(N)
Z 轴矢量(A)
三点(3)
X
Y
Z

菜单中各项指令的功能如下：

- 世界：将坐标系设置为世界坐标系。
- 上一个：恢复上一个 UCS。
- 面：基于选定的面新建坐标系。
- 对象：基于选定的对象新建坐标系。
- 视图：建立新的坐标系，并且使 XY 平面平行于屏幕。

- 原点：通过鼠标移动原点来建立坐标系。
- Z 轴矢量：用指定的正 Z 轴建立坐标系。
- 三点：指定新的坐标系的原点以及 X 轴和 Y 轴的方向。
- X：绕 X 轴旋转当前坐标系。
- Y：绕 Y 轴旋转当前坐标系。
- Z：绕 Z 轴旋转当前坐标系。

29 单击“修改”工具栏中的“旋转”按钮，旋转椅子，将图形调整到合适位置，如图 2-173 所示。

30 单击“修改”工具栏中的“镜像”按钮，水平镜像复制两把椅子，如图 2-174 所示。

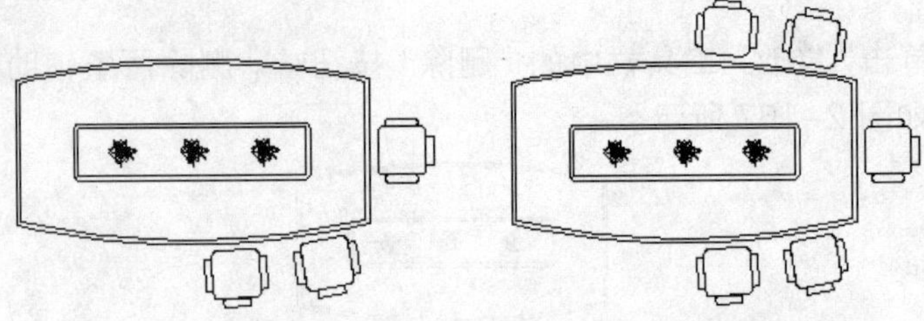

图 2-173　调整椅子　　图 2-174　镜像复制椅子

31 再次单击“修改”工具栏中的“镜像”按钮，垂直镜像复制 5 把椅子，如图 2-175 所示。

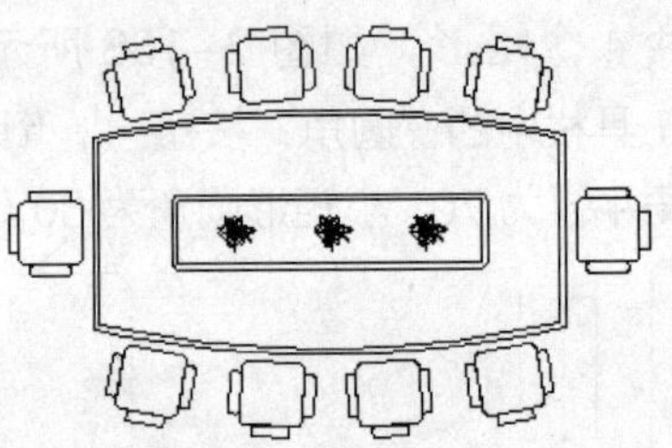

图 2-175　再次镜像复制椅子

实例 2-12 说明

- 知识点：
  - 椭圆
  - 圆
  - 旋转
  - 偏移
  - 倒角
  - 修剪
- 视频教程：
  光盘\教学\第 2 章　建筑绘图的编辑与修改
- 效果文件：
  光盘\素材和效果\02\效果\2-12.dwg
- 实例演示：
  光盘\实例\第 2 章\绘制壁灯

实例 2-12　绘制壁灯

本实例将绘制壁灯，主要应用了圆弧、圆、旋转、移动、修剪、图案填充等功能。实例效果如图 2-176 所示。

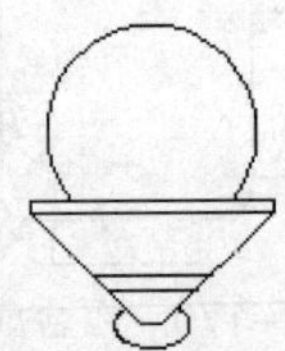

图 2-176　壁灯效果图

操作步骤

1 单击“绘图”工具栏中的“直线”按钮，绘制一条长为 180 的水平线段，如图 2-177 所示。

2 单击“修改”工具栏中的“旋转”按钮，用旋转复制的方法，以线段的两个端点为基点，绕左端点旋转-45°，绕右端点旋转 45°，如图 2-178 所示。

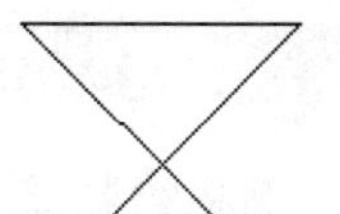

图 2-177　绘制水平线段　　图 2-178　旋转复制线段

3 单击“修改”工具栏中的“偏移”按钮，将水平线段向下偏移 8、50、60，如图 2-179 所示。

4 单击“修改”工具栏中的“倒角”按钮，将两条斜线的交角倒角，倒角距离为 10、10，如图 2-180 所示。

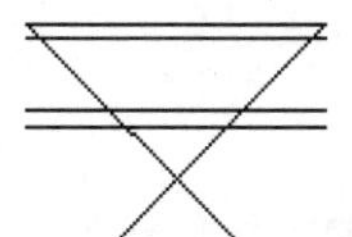

图 2-179　绘制水平线段

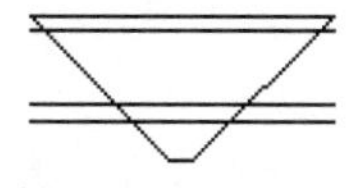

图 2-180　倒角交角

5 单击“绘图”工具栏中的“椭圆”按钮，以倒角边的中点为椭圆中心，绘制一个长轴为 25、短轴为 15 的椭圆，如图 2-181 所示。

6 单击“绘图”工具栏中的“直线”按钮，以偏移线段与斜线的交点为起点，作水平线的垂线，如图 2-182 所示。

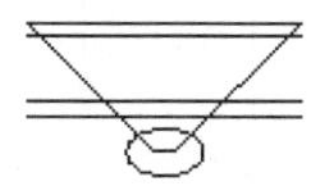

图 2-181　绘制椭圆

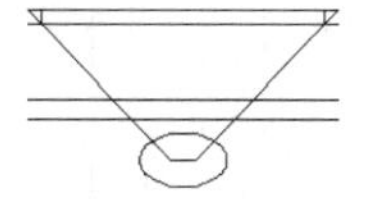

图 2-182　绘制垂线

7 单击“修改”工具栏中的“修剪”按钮，修剪图形中多余部分的线段，如图 2-183 所示。

8 单击“绘图”工具栏中的“直线”按钮，以水平线段的中点为起点，向上绘制一条长为 45 的辅助线段，如图 2-184 所示。

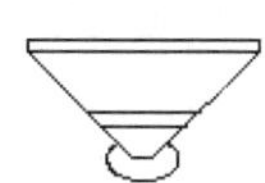

图 2-183　修剪多余线段

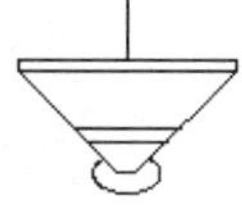

图 2-184　绘制辅助线

9 单击“绘图”工具栏中的“圆”按钮，绘制灯罩，以辅助线的上端点为圆心，绘制一个半径为 70 的圆，如图 2-185 所示。

10 单击“修改”工具栏中的“修剪”按钮和“删除”按钮，修剪灯罩并删除辅助线段，如图 2-186 所示。

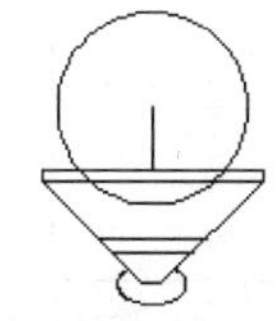

图 2-185　绘制圆

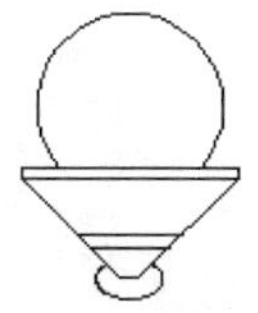

图 2-186　修剪并删除多余线段

相关知识　**命名用户坐标系**

单击“工具”→“命名 UCS”命令，打开“UCS”对话框。该对话框用于设置坐标系的相关参数。

“命名 UCS”选项卡：

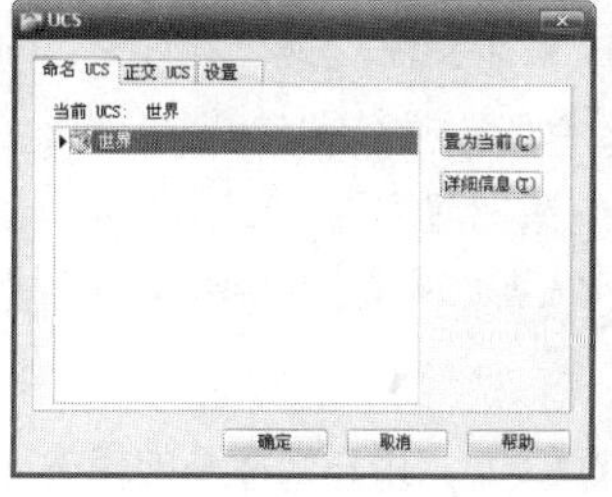

“正交 UCS”选项卡：

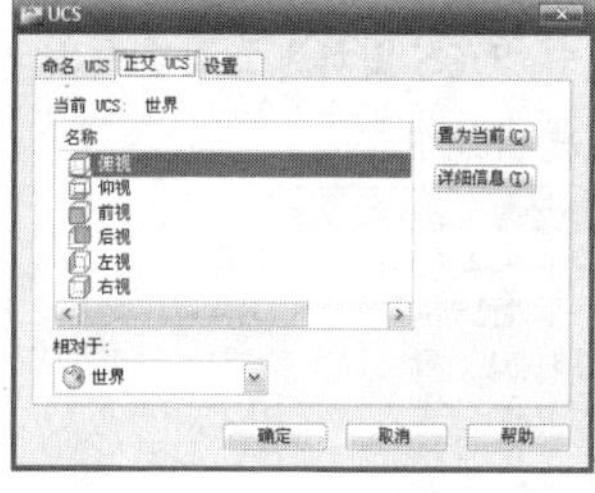

“设置”选项卡：

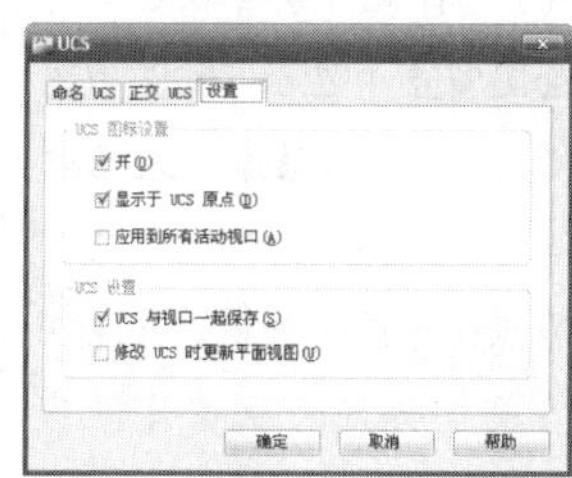

实例 2-13 说明

- 知识点：
  - 圆弧
  - 圆
  - 旋转
  - 移动
  - 修剪
  - 图案填充
- 视频教程：

  光盘\教学\第 2 章 建筑绘图的编辑与修改
- 效果文件：

  光盘\素材和效果\02\效果\2-13.dwg
- 实例演示：

  光盘\实例\第 2 章\绘制单人床

相关知识 **用户坐标系的相关设置**

"视图"菜单中"显示"子菜单中"UCS 图标"子菜单中各个选项如下：

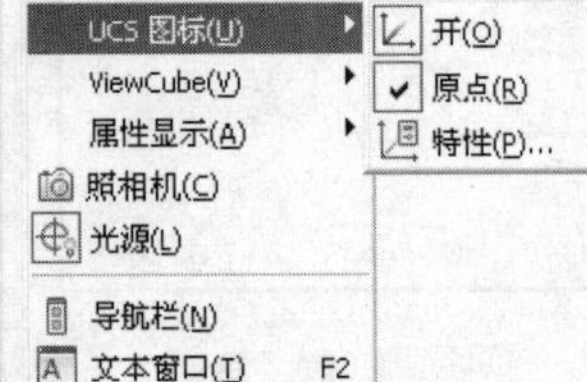

- 开：选择此命令可以在当前绘图窗口中显示 UCS 的图标；再次单击该命令表示取消 UCS 图标的显示。
- 原点：选择此命令，可以在当前坐标系的原点处显示 UCS 图标；再次单击该命令则取消该命令只在绘图窗口的左下角显示UCS 图标。
- 特性：选择此命令，将打开"UCS 图标"对话框。

实例 2-13 绘制单人床

本实例将绘制单人床，主要应用了圆弧、圆、旋转、移动、修剪、图案填充等功能。实例效果如图 2-187 所示。

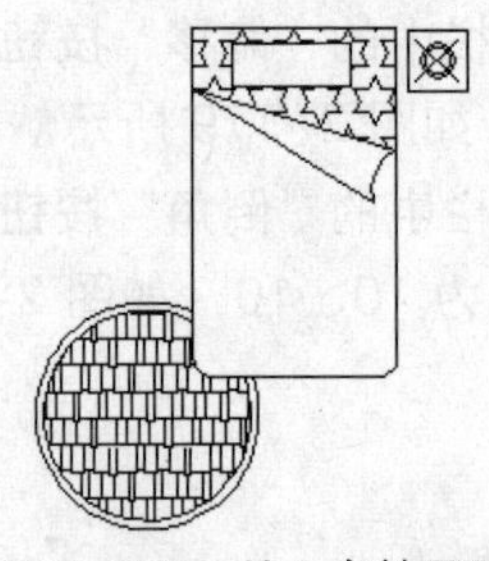

图 2-187 单人床效果图

操作步骤

1. 单击"绘图"工具栏中的"矩形"按钮，绘制一个长为 1200、宽为 2000 的矩形，如图 2-188 所示。
2. 单击"修改"工具栏中的"圆角"按钮，倒圆角床的两个直角，圆角半径为 100，如图 2-189 所示。

图 2-188 绘制矩形

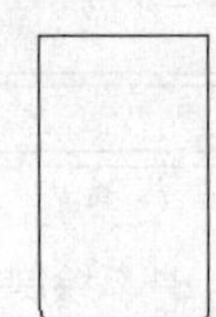

图 2-189 床角倒圆角

3. 在状态栏中的"对象捕捉"按钮上单击鼠标右键，在弹出的快捷菜单中选择"最近点"命令，如图 2-190 所示。
4. 单击"绘图"工具栏中的"直线"按钮，绘制一条斜线，如图 2-191 所示。

图 2-190 "对象捕捉"快捷菜单

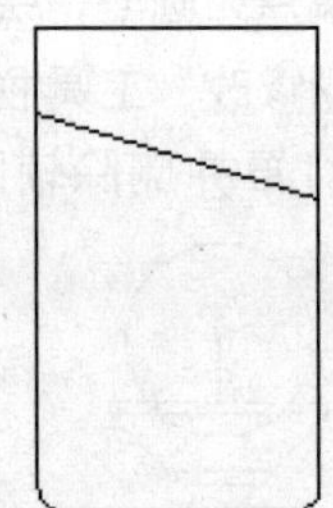

图 2-191 绘制斜线

5 单击“修改”工具栏中的“旋转”按钮，旋转复制斜线，旋转角度为-15°，如图 2-192 所示。

6 单击“绘图”菜单中“圆弧”子菜单中的“起点、端点、角度”命令，绘制一段圆弧，如图 2-193 所示。

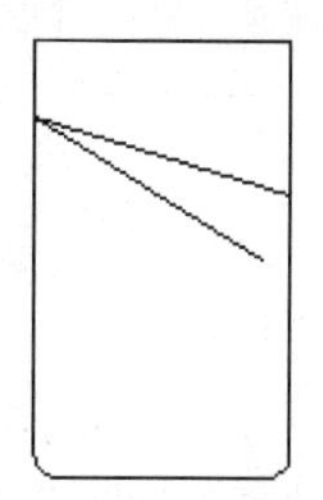
图 2-192　复制斜线

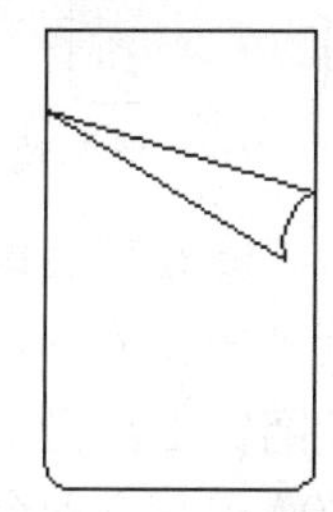
图 2-193　绘制圆弧

7 单击“绘图”工具栏中的“矩形”按钮，在空白区域，绘制一个长为 700、宽为 250 的矩形，绘制枕头，如图 2-194 所示。

8 单击“修改”工具栏中的“移动”按钮，将枕头移动到图形中，如图 2-195 所示。

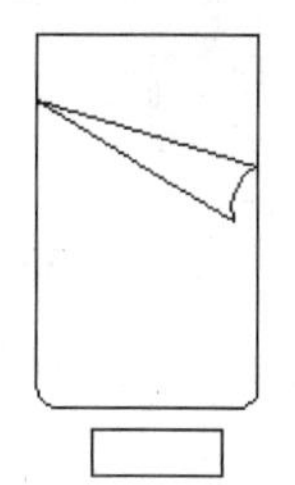
图 2-194　绘制矩形

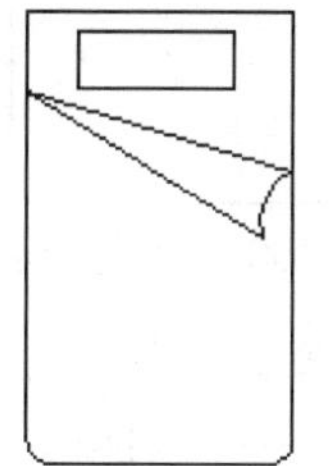
图 2-195　移动矩形

9 单击“绘图”工具栏中的“矩形”按钮，在床头右边绘制一个长为 350、宽为 350 的矩形，绘制床头柜，如图 2-196 所示。

10 单击“绘图”工具栏中的“直线”按钮，绘制一条辅助线段，如图 2-197 所示。

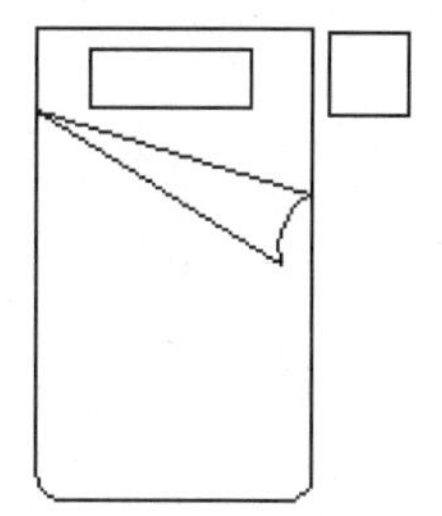
图 2-196　绘制矩形

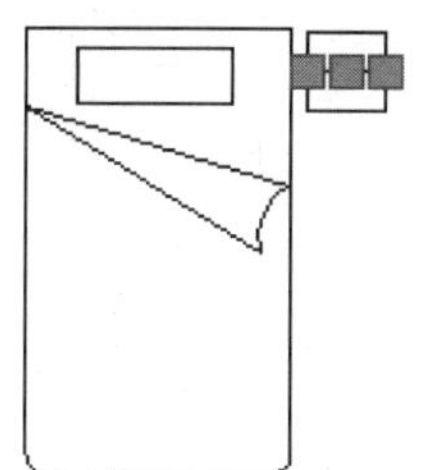
图 2-197　绘制辅助线段

11 单击“绘图”工具栏中的“圆”按钮，以辅助线的中点为圆心分别绘制半径为 75、100 的两个圆，绘制台灯，如图 2-198 所示。

12 单击“修改”工具栏中的“旋转”按钮，以辅助线的中点为基点，旋转辅助线 45°，绘制灯架，如图 2-199 所示。

“UCS 图标”对话框：

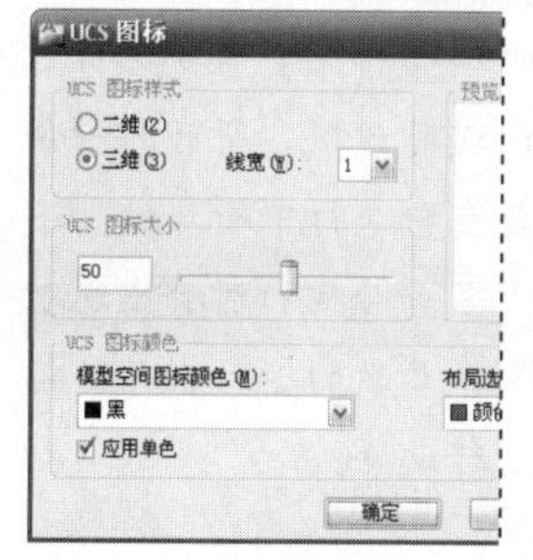

在该对话框中可以设置 UCS 图标的样式、大小、颜色，以及布局选项卡图标的颜色。例如，将 UCS 图标的样式改为二维后的效果。

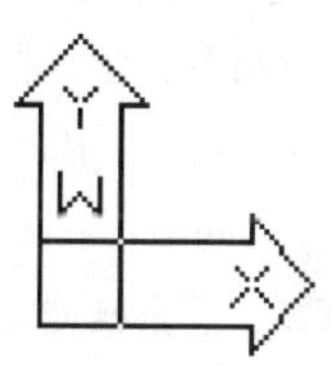

另外，在之前命名 UCS 中的“设置”选项卡中，也可以对 UCS 进行相关设置。

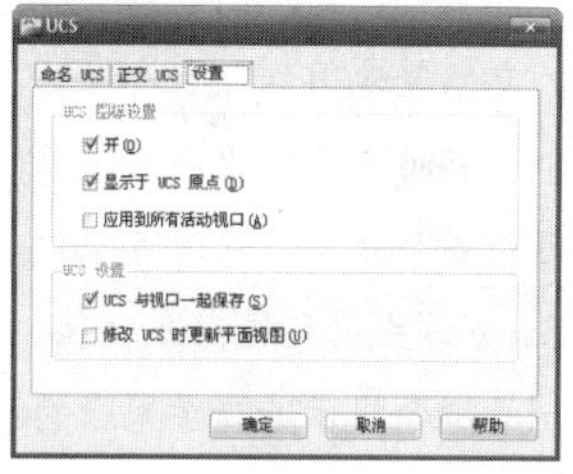

疑难解答　**在命令前加“_”与不加“_”的区别**

命令前加“_”与不加“_”在 AutoCAD 中的意义是不一样的。加“_”是 AutoCAD 2000 以后的版本为了使各种语言版本的指令有统一的写法而制定的指令。命令前加“_”是该命令的命令行模式，不加就是对话框模式。意思是说，前面加“_”后，命令运行时不出现对话框，所有的命令都是在命令行中输入的；不加“_”命令运行时会出现对话框，参数的输入在对话框中进行设置。

疑难解答 样条曲线提示选项中的“拟合公差”是什么意思

拟合公差是指实际样条曲线与输入的控制点之间允许偏移距离的最大值。差值越大，曲线越流畅，但精确度越低；反之，差值太小，曲线的平滑度越差，复杂性越大。

疑难解答 如何一次修剪或延长多条线段

方法一：在绘图设计过程中，要频繁地用到延长和修剪命令，有时可能需要同时修剪或延长多条线段，这时可以使用 fence 方式进行修剪或延长。当 trim 命令提示选择要剪除的图形时，输入“f”，然后在屏幕上画出一条虚线，按回车键，这时与该虚线相交的图形全部被剪切掉。要延长多条线段，则在“选择对象:”提示时输入“f”即可。

方法二：在修剪或延伸操作下，要替换功能，只需要按住 Shift 键，再选择修剪或延伸的线段即可。

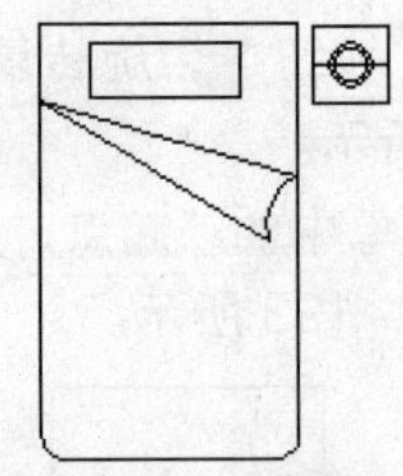
图 2-198 绘制圆

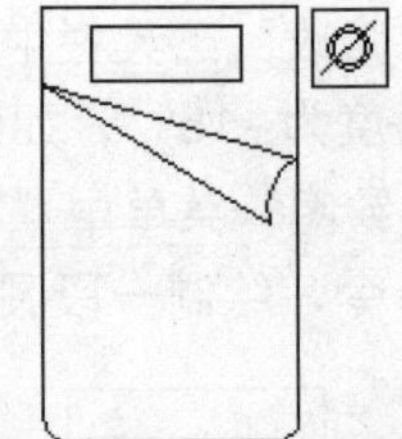
图 2-199 旋转辅助线

13 再次单击“修改”工具栏中的“旋转”按钮，旋转复制辅助线，旋转角度为 90°，如图 2-200 所示。

14 单击“绘图”工具栏中的“圆”按钮，在床的左下方绘制半径为 600 和 650 两个同心圆，绘制地毯，如图 2-201 所示。

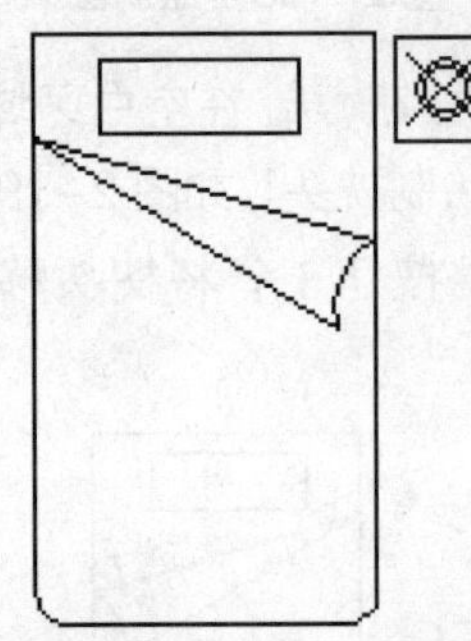
图 2-200 旋转复制辅助线

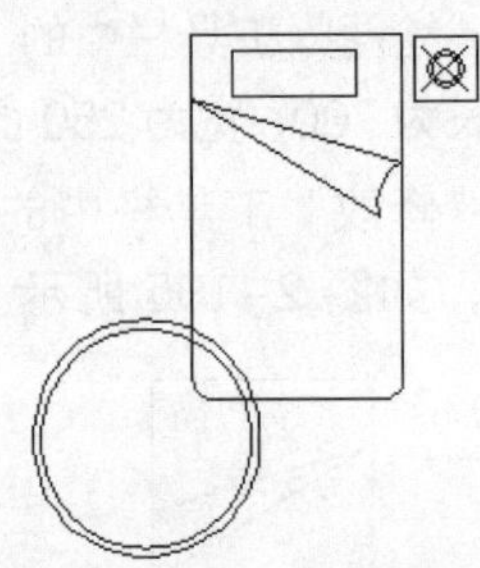
图 2-201 绘制圆

15 单击“修改”工具栏中的“修剪”按钮，修剪被床所遮挡的部分地毯，如图 2-202 所示。

16 单击“绘图”工具栏中的“图案填充”按钮，打开“图案填充和渐变色”对话框，如图 2-203 所示。

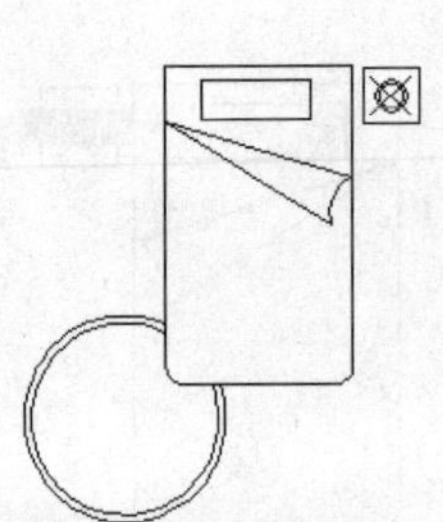
图 2-202 修剪遮挡部分

图 2-203 “图案填充和渐变色”对话框

17 单击“类型和图案”选项组中“图案”后面的按钮，打开“填充图案选项板”对话框。在该对话框中选择“STARS”作为样式后，单击“确定”按钮，返回到“图案填充和渐变色”对话框，如图 2-204 所示。

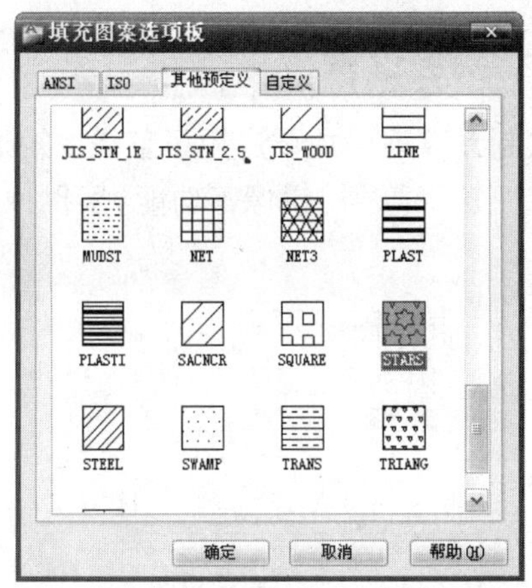

图 2-204　设置填充样式“STARS”

18 在“角度和比例”选项组中的“比例”文本框中输入“25”。

19 在“边界”选项组中单击“添加：拾取点”按钮，在图中选取要填充的床单区域后，按回车键返回到“图案填充和渐变色”对话框，再单击“确定”按钮即可填充图案，如图 2-205 所示。

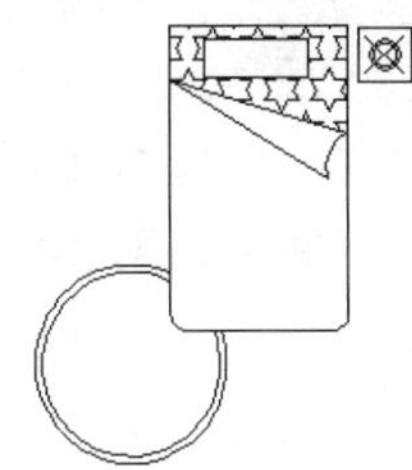

图 2-205　填充床单

20 用同样的方法，选择“填充图案选项板”对话框中“其他预定义”选项卡中的“AR-RSHKE”对地毯进行填充，如图 2-206 所示。

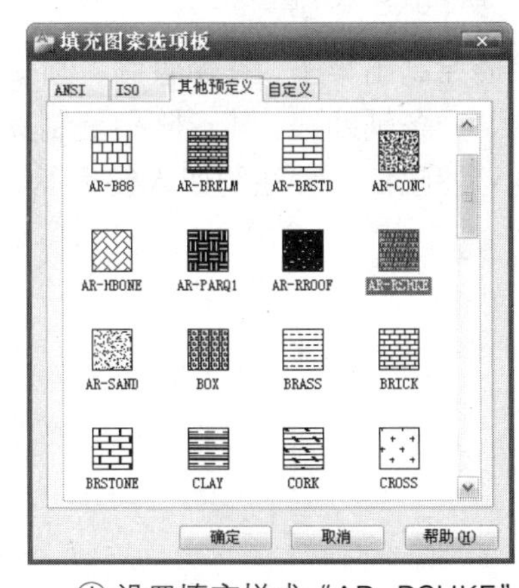

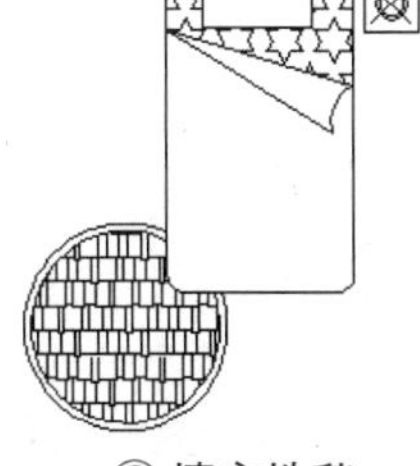

① 设置填充样式“AR-RSHKE”　　② 填充地毯

图 2-206　填充地毯得到最终效果

疑难解答　**怎样简化反复执行撤销操作**

可以使用 undo 命令一次撤销多个操作。undo 命令后的提示如下：

命令: undo
输入要放弃的操作数目或[自动(A)/控制(C)/开始(BE)/结束(E)/标记(M)/后退(B)]：

疑难解答　**如何减少文件大小**

在图形绘制完成后，使用 purge 命令，可以清理掉多余的图形对象，如没用的块，没有对象的图层，未用的线型、字体、尺寸样式等，可以有效地减少文件大小。一般彻底清理需要执行 purge 命令 2～3 次。

另外，默认情况下，如果需要释放磁盘空间，则必须设置 isavepercent 系统变量为 0，来关闭这种逐步保存特性，这样当第二次存盘时，文件大小就减少了。

疑难解答　**在 AutoCAD 中采用什么比例绘图好**

最好使用 1:1 比例，输出比例可以随便调整。画图比例和输出比例是两个概念，输出时使用“输出 1 单位=绘图 500 单位”就是按 1:500 比例输出。若“输出 10 单位=绘图 1 单位”就是放大 10 倍输出。用 1:1 比例画图好处很多，具体如下：

- 容易发现错误，由于按实际尺寸画图，很容易发现尺寸设置不合理的地方。
- 标注尺寸非常方便，尺寸数字是多少，软件自己测量，如果画错了，一看尺寸数字就会发现。
- 在各个图之间复制局部图形或者使用块时，由于都是1:1比例，调整块尺寸方便。
- 由零件图拼成装配图或由装配图拆画零件图时非常方便。
- 不使用进行繁琐的比例缩小和放大计算，提高了工作效率，防止出现换算过程中可能出现的差错。

实例 2-14 绘制会议室

本实例将绘制会议室，主要应用了直线、矩形、圆、偏移、修剪、圆角、复制、矩形阵列、镜像等功能。实例效果如图 2-207 所示。

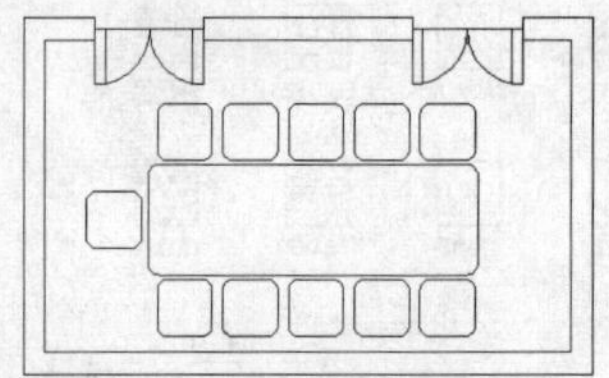

图 2-207 会议室效果图

在绘制图形时，先用直线、偏移、修剪功能绘制出墙体，再用直线、圆、修剪功能绘制出门，然后使用矩形功能绘制桌椅并复制、阵列和镜像椅子。具体操作见“光盘\实例\第 2 章\绘制会议室”。

实例 2-15 绘制四人餐桌

本实例将绘制四人餐桌，主要应用了直线、矩形、圆弧、修剪、环形阵列等功能。实例效果如图 2-208 所示。

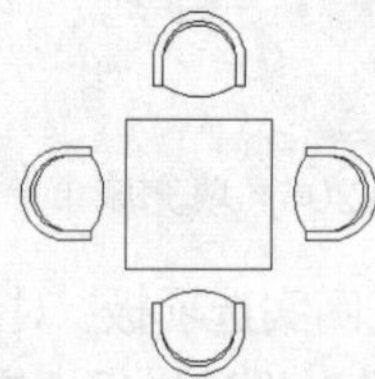

图 2-208 四人餐桌效果图

在绘制图形时，先用矩形绘制出桌子，在用直线、圆弧、修剪等功能绘制出椅子，再绘制一条辅助线，环形阵列复制其他 3 把椅子。具体操作见“光盘\实例\第 2 章\绘制四人餐桌”。

03

第3章 建筑注释、标注及表格

在绘制完成一个图形后，需要通过文字和尺寸标注对图形进行补充说明，以便查看图样的人可以更好地了解图样信息。本章主要讲解制作表格、注释文字以及尺寸标注，它们都是绘图中的重点。

本章讲解的实例和主要功能如下：

实　例	主要功能	实　例	主要功能	实　例	主要功能
制作绘图表格（一）	设置表格样式 创建表格 编辑表格 输入文字	制作绘图表格（二）	设置表格样式 创建表格 编辑表格 输入文字	制作公司图释	矩形、直线 复制、移动 文字
制作新房装修流程图	矩形 文字 快速标注	添加文字说明	打开文件 文字样式 多行文字	标注哑铃图	标注样式 线性标注 半径标注
标注台灯图	标注样式 线性标注 基线标注 对齐标注 角度标注	标注浴盆图	线性标注 半径标注 直径标注	标注房间平面图（一）	文字样式 多行文字 线性标注 连续标注
标注房屋平面图（二）	矩形 线性标注 连续标注 删除	制作表格	表格样式 创建表格 编辑表格 输入文字	绘制并标注门架	直线 偏移 修剪 镜像 线性标注

本章在讲解实例操作的过程中，全面系统地介绍关于建筑注释、标注及表格的相关知识和操作方法，包含的内容如下：

实例 3-1　制作绘图表格(一)

本实例将制作绘图表格，主要应用了设置表格样式、创建表格、编辑表格、输入文字等功能。

实例效果如图 3-1 所示。

富林机械制造有限公司					
设计		重量		45#钢	挂钩
制图		件数			
审核		比例		FLJX-SP012	
工艺		标准化			
批准		日期		共　页	第　页

图 3-1　制作绘图表格效果图

操作步骤

1 单击“格式”菜单中的“表格样式”命令，打开“表格样式”对话框，如图 3-2 所示。

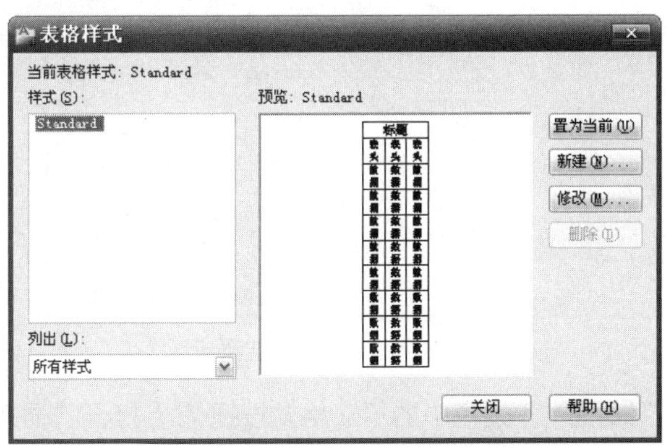

图 3-2　“表格样式”对话框

2 单击“新建”按钮，打开“创建新的表格样式”对话框，如图 3-3 所示。

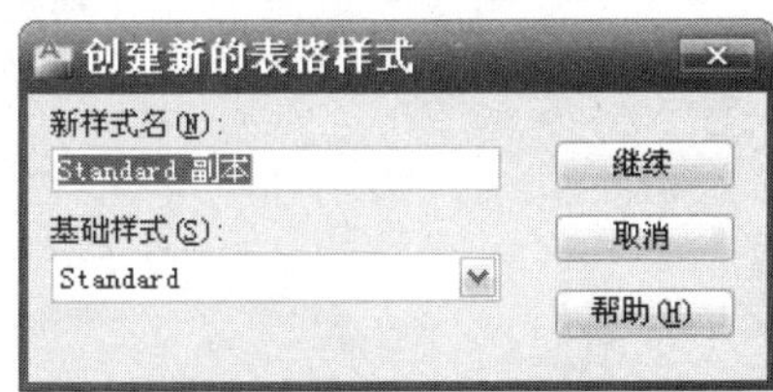

图 3-3　“创建新的表格样式”对话框

3 单击“继续”按钮，打开“新建表格样式”对话框。在“单元样式”选项组中的“常规”选项卡中，在“对齐”下拉列表框中选择“正中”，在“水平”文本框中输入“2”，在“垂直”文本框中输入“1.5”，如图 3-4 所示。

实例 3-1 说明

知识点：

- 设置表格样式
- 创建表格
- 编辑表格
- 输入文字

视频教程：

光盘\教学\第 3 章 建筑注释、标注及表格

效果文件：

光盘\素材和效果\03\效果\3-1.dwg

实例演示：

光盘\实例\第 3 章\制作绘图表格 1

相关知识　AutoCAD 文字设置

绘制 AutoCAD 建筑图样时，只有图形是不能完全表达整个图样的内容的，有时还需要加上适当的文字说明或注释（如图形中的技术说明、材料说明等），这样才能使整张图样更加清晰明了。

在 AutoCAD 中，用户可以直接对文字的字体、字号、角度等属性进行设置，也可以将常用的文字内容定义为一种文字样式，使创建的文字套用当前样式。

重点提示　建筑图样中的文字规范

绘制建筑图样时，图样中的文字要符合一定的规范，一般要求做到以下几点：

- 字体工整、排列整齐、间隔均匀。
- 汉字应写成简化仿宋体，汉字的高度一般不应小于3.5mm，字宽为$1/\sqrt{2}$。
- 数字和字母均可以写成直体或斜体，斜体字的字头向右倾斜，与水平面成75°角。
- 在同一张图样上，只允许使用一种形式的字体。

相关知识 为什么要设置文字

因为每一个图形的比例不同，因此输入注释时需要根据图形的比例而设定。

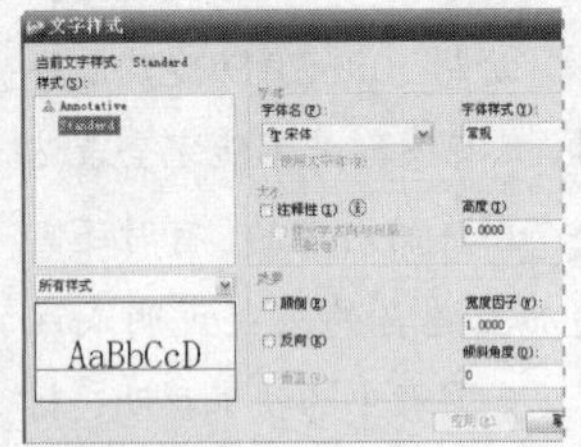

操作技巧 文字样式的操作方法

可以通过以下4种方法来执行“文字样式”功能：

- 选择“格式”→“文字样式”菜单命令。
- 单击“样式”工具栏中的“文字样式”按钮。
- 单击“文字”工具栏中的“文字样式”按钮。
- 在命令行中输入“style”后，按回车键。

图 3-4 “新建表格样式”对话框

4 切换到“文字”选项卡，在“特性”选项组中设置“文字高度”为10，单击“确定”按钮，返回到“表格样式”对话框。然后单击“关闭”按钮，返回到绘图窗口，如图3-5所示。

图 3-5 “文字”选项卡

5 单击“绘图”工具栏中的“表格”按钮，打开“插入表格”对话框。在“列和行设置”选项组中设置“列数”为“8”、行数为“5”、行高为“3”，列宽不变。设置“第二行单元样式”为“数据”，如图3-6所示。

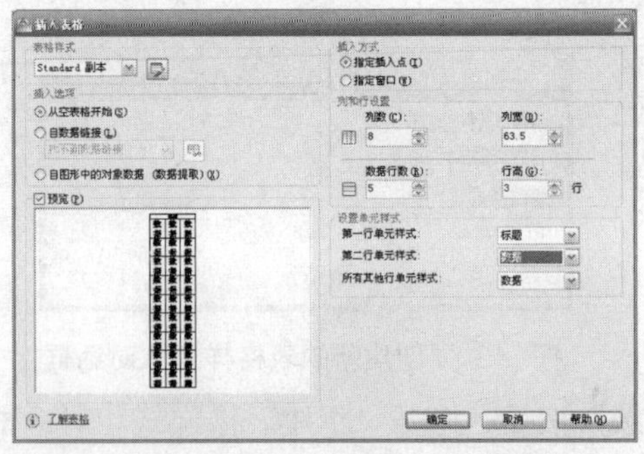

图 3-6 “插入表格”对话框

6 单击“确定”按钮，在绘图窗口指定一个角点，插入一个表格，如图3-7所示。

图 3-7　插入一个表格

7 将鼠标移动到单元格 A1 处单击，按住 Shift 键，将鼠标移动到单元格 H2 上，单击第 2 点，框选上第 1 和第 2 行的表格，如图 3-8 所示。

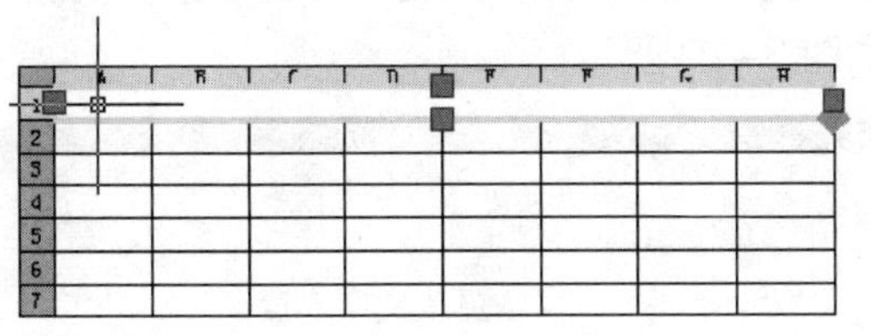

① 将鼠标移到图中单元格 A1 上单击

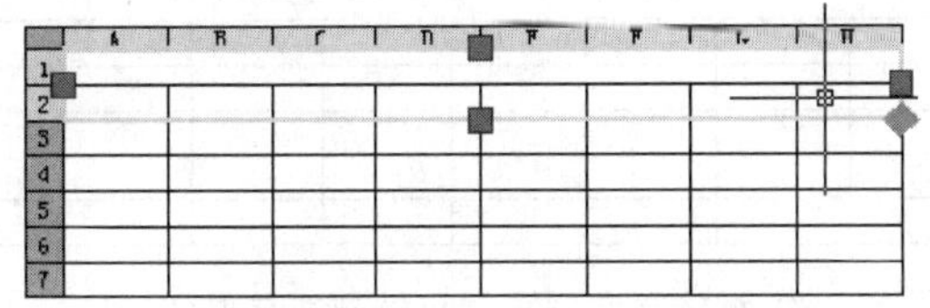

② 按住 Shift 键，在将鼠标移动到单元格 H2 上单击

图 3-8　选择第 1 和第 2 行的表格

8 单击鼠标右键，打开表格编辑快捷菜单，在菜单中选择“合并”子菜单中的“全部”命令，将上面两行表格合并成一个单元格，如图 3-9 所示。

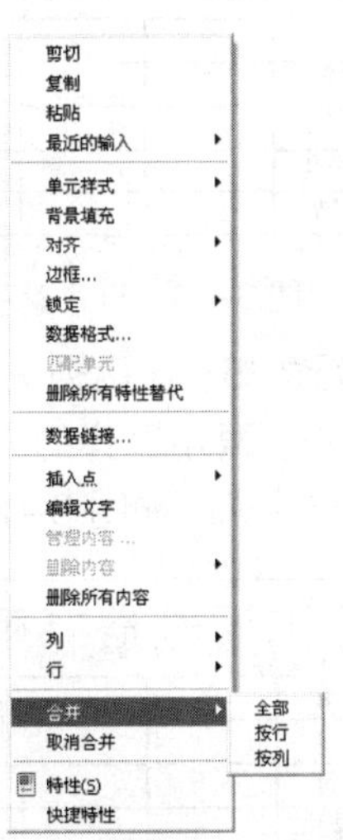

① 在选择的表格上单击鼠标右键，系统弹出表格编辑快捷菜单

图 3-9　合并表格

重点提示　文字设置提醒

只有在“字体名”中指定 SHX 文件，才能创建并使用“大字体”。

操作技巧　文字样式效果

“文字样式”对话框中的“效果”选项组，是用来修改字体的高度、宽度因子、倾斜角以及是否颠倒显示、反向或垂直对齐等特性。

- 颠倒：用于设置颠倒显示字符。

AutoCAD 建筑设计

- 宽度因子：用于设置字符宽度。输入值小于 1.0，将压缩文字；输入值大于 1.0，则扩大文字。

- 反向：用于设置反向显示字符。

AutoCAD 建筑设计

- 垂直：用于设置显示垂直对齐的字符。此选项只有在选定的字体支持双向时才可用，对 TrueType 字体不可用。

- 倾斜角度：设置文字的倾斜角，输入值范围为-85°～85°。

AutoCAD 建筑设计

相关知识 单行文字的操作方法

在创建文本时，如果需要添加的文字不长，创建单行文本即可。

可以通过以下3种方法来执行“单行文字”功能：

- 选择“绘图”→“文字”→“单行文字”菜单命令。
- 单击“文字”工具栏中的“单行文字”按钮。
- 在命令行中输入“text”后，按回车键。

操作技巧 单行文字操作提醒

在输入文字过程中，将鼠标移到其他的位置单击，结束当前命令，随后输入的文字在新的位置出现。

重点提示 文字中的特殊符号

在输入文字时，有时需要输入一些特殊符号，例如ϕ、±、° 等，这些符号有些不能直接从键盘上输入。为此，AutoCAD 中提供了代码来实现这些符号的输入。

代码	输入符号
%%C	直径（ϕ）
%%D	度（°）
%%P	正负公差（±）

代码	输入符号
%%%	百分比（%）
%%O	打开或关闭文字上画线
%%U	打开或关闭文字下画线

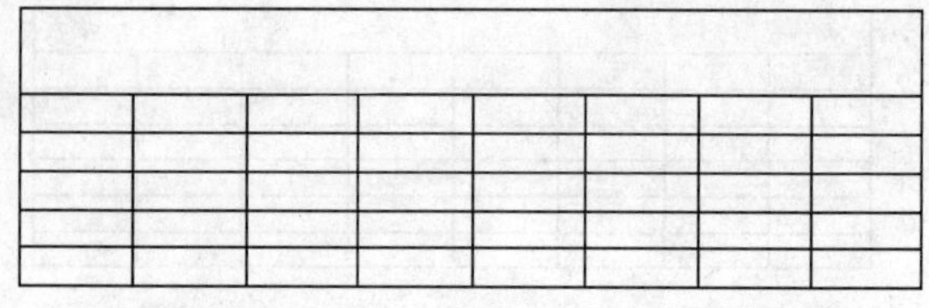

② 单击“合并”子菜单中的“全部”命令

图 3–9 合并表格（续）

9 双击合并后的单元格，进入单元格的文字编辑状态，将文字高度 10 更改为 20，并输入文字，如“富林机械制造有限公司”，如图 3–10 所示。

① 更改文字高度

富林机械制造有限公司							

② 编辑文字“富林机械制造有限公司”

图 3–10 输入文字

10 在第 1 列和第 3 列单元格中输入一些表格的具体项目，如设计、审核、制图、日期等，如图 3–11 所示。

富林机械制造有限公司							
设计		重量					
制图		件数					
审核		比例					
工艺		标准化					
批准		日期					

图 3–11 输入文字

11 选择第 3 行和第 4 行的 5、6 两列进行合并，设置文字高度为 15，并输入“45 钢”。再用同样的方法合并第 3、4 行的 7、8 两列，输入文字“挂钩”，如图 3–12 所示。

富林机械制造有限公司							
设计		重量		45钢		挂钩	
制图		件数					
审核		比例					
工艺		标准化					
批准		日期					

图 3–12 合并表格并输入文字

12 选择第 5 行和第 6 行的 5～8 列进行合并，设置文字高度为 15，并输入图号“FLJX-SP012”，然后在“多行文字对正”下拉列表框中选择“正中 MC”选项，如图 3-13 所示。

富林机械制造有限公司							
设计		重量		45钢		挂钩	
制图		件数					
审核		比例		FLJX-SP012			
工艺		标准化					
批准		日期					

图 3-13　输入“FLJX-SP012”

13 选择第 7 行的 5、6 列进行合并，并输入“共　　页”，注意两个字中间空几个字符的空格，方便打印出来后图样的填写。用同样的方法合并第 7 行的 7、8 两列，并输入“第　　页”，如图 3-14 所示。

富林机械制造有限公司					
设计		重量		45钢	挂钩
制图		件数			
审核		比例		FLJX-SP012	
工艺		标准化			
批准		日期		共　　页	第　　页

图 3-14　输入“第　　页”

实例 3-2　制作绘图表格（二）

本实例将继续制作绘图表格，主要应用了表格样式，以及快捷菜单下的表格编辑命令等功能。实例效果如图 3-15 所示。

居家设计公司			
室内设计		卧室	
材料：PVC、木塑型材、瓷砖			
设计		图号	
绘图		比例	
审核		日期	
批准		备注	

图 3-15　制作绘图表格效果图

操作步骤

1 单击“格式”菜单中的“表格样式”命令，打开“表格样式”对话框，如图 3-16 所示。

相关知识　什么是多行文字

绘制图形时，有时添加的说明文字可能会很长，这就需要创建多行文本。指定了对角点后，绘图区将显示多行文字编辑器，在编辑器中就可以输入文字了。

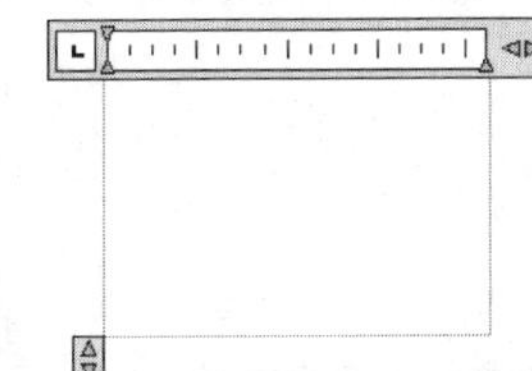

操作技巧　多行文字的操作方法

可以通过以下 4 种方法来执行“多行文字”功能：

- 选择“绘图”→“文字”→“多行文字”菜单命令。
- 单击“绘图”工具栏中的“多行文字”按钮。
- 单击“文字”工具栏中的“多行文字”按钮。
- 在命令行中输入“mtext”后，按回车键。

实例 3-2 说明

知识点：

- 设置表格样式
- 创建表格
- 编辑表格
- 输入文字

视频教程：

光盘\教学\第 3 章　建筑注释、标注及表格

效果文件：

光盘\素材和效果\03\效果\3-2.dwg

实例演示：

光盘\实例\第 3 章\制作绘图表格 2

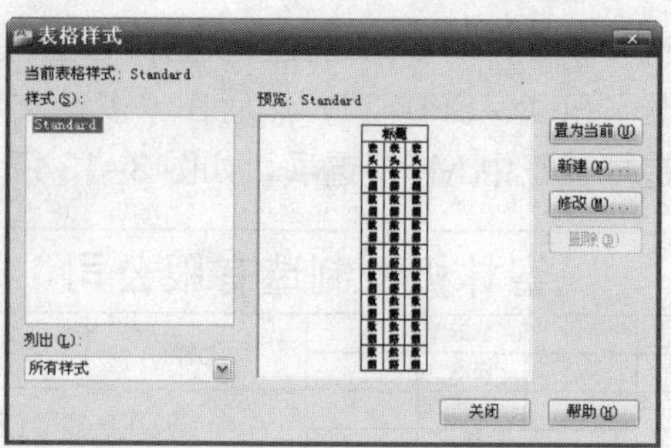

图 3–16 “表格样式”对话框

2 单击“修改”按钮，打开“修改表格样式”对话框。在“常规”选项卡中，“对齐”设置为“正中”。切换到“文字”选项卡，设置“文字高度”为 10，单击“确定”按钮，返回到“表格样式”对话框。然后单击“关闭”按钮，返回到绘图窗口，如图 3–17 所示。

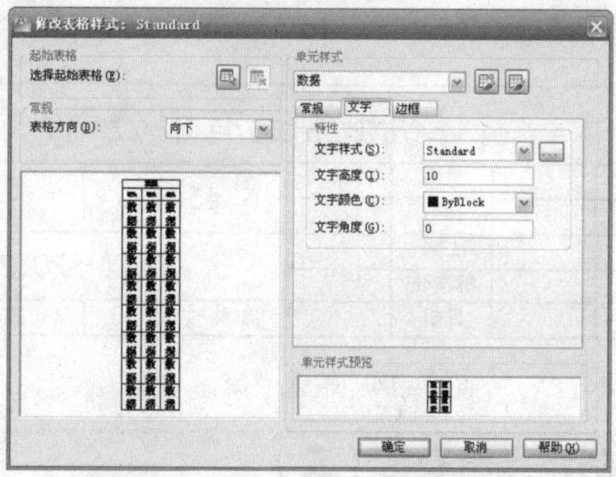

图 3–17 “修改表格样式”对话框

3 单击“绘图”工具栏中的“表格”按钮，打开“插入表格”对话框。在“列和行设置”选项组中设置“列数”为 4、“行数”为 7、列宽为 40、行高为 1。设置第一行单元样式、第二行单元样式为数据，如图 3–18 所示。

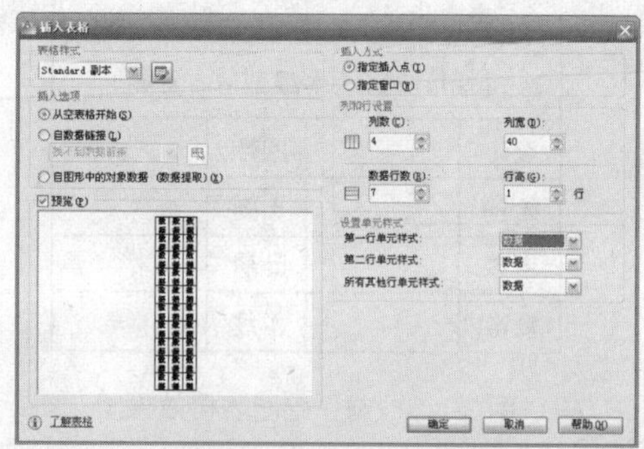

图 3–18 “插入表格”对话框

4 单击“确定”按钮，在绘图窗口中插入一个表格，如图 3–19 所示。

相关知识 为什么要编辑文字

文字输入完成后，有时还需要进行修改或编辑操作，这样就用到了编辑文字功能。

操作技巧 编辑文字的方法

编辑文字的方法有多种，包括双击文字、ddedit 命令、特性面板进行快速编辑以及通过夹点编辑文字 4 种。

1. 双击文字编辑

双击选定的文字即可打开“文字格式”功能选项板。通过文字编辑器和“样式”、“对齐”、“段落”、“栏数”、“符号”、“关闭”等功能可以方便地对文字进行编辑。

2. 使用 ddedit 命令编辑文字

在命令行中，输入“ddedit”命令后，选择要编辑的文字内容，系统弹出“文字格式”功能选项板，从而编辑文字。

3. 使用特性面板快速编辑文字

选中要编辑的文字后，单

5 将鼠标移动到单元格 A1 处单击，按住 Shift 键，将鼠标移动到单元格 D2 上单击，框选上第 1 行和第 2 行的表格。使用表格编辑快捷菜单中“合并”子菜单中的“所有”命令，合并前两排表格单元，如图 3–20 所示。

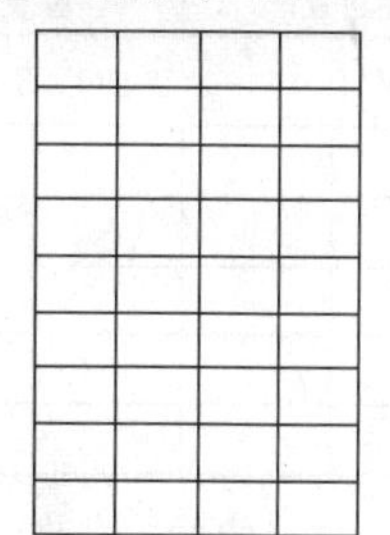

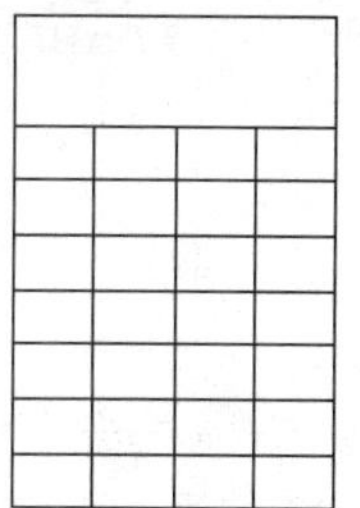

图 3–19　插入一个表格　　图 3–20　合并前两排表格单元

6 双击合并后的单元格，在弹出的“文字格式”标题栏中设置“文字高度”为“15”并输入文字，如“居家设计公司”，如图 3–21 所示。

① 重新设置文字高度

② 输入“居家设计公司”

图 3–21　输入文字

7 合并第 3 行的第 1、2 两列和第 3、4 两列，并输入“室内设计”和“卧室”，如图 3–22 所示。

8 合并第 4 行的第 1～4 列，并输入“材料：PVC、木塑型材、瓷砖”，如图 3–23 所示。

图 3–22　输入第 3 行文字　　图 3–23　输入第 4 行文字

击状态栏上的“快捷特性”按钮，即可打开多行文字的特性面板。通过该面板可以修改文字的内容、样式、对正方式、文字高度、是否旋转等属性。

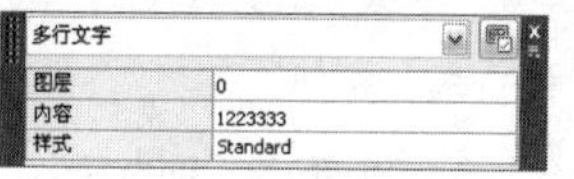

4. 通过夹点编辑文字

选中文字后，通过拖动 4 个夹点可以改变多行文字的宽度和高度，或者拖动文本移动到新的位置上。

相关知识　**AutoCAD 表格设置**

在 AutoCAD 中，可以根据创建表命令创建数据表和标题块，也可以从 Microsoft Excel 中直接复制表格，并将其作为 AutoCAD 表格对象粘贴到图形中。还可以输出 AutoCAD 的表格数据，应用到其他应用程序中。

相关知识　**什么是表格样式**

通过设置表格样式可以控制表格的外观，如设置表格文字字体、颜色、高度和行距等。

操作技巧 **表格样式的操作方法**

可以通过以下3种方法来执行“表格样式”功能：

- 选择“格式”→“表格样式”菜单命令。
- 单击“样式”工具栏中的“表格样式”按钮。
- 在命令行中输入“tablestyle”后，按回车键。

操作技巧 **创建表格的操作方法**

可以通过以下3种方法来执行“创建表格”功能：

- 选择“绘图”→“表格”菜单命令。
- 单击“绘图”工具栏中的“表格”按钮。
- 在命令行中输入“table”后，按回车键。

相关知识 **怎样编辑表格**

在 AutoCAD 中，要编辑表格，在选择单元格后，单击鼠标右键，在弹出的单元格快捷菜单中选择编辑表格样式。

重点提示 **通过夹点编辑表格**

使用夹点也可以编辑表格。选中表格，在表的周围和标题栏上会出现若干个夹点，拖动夹点的位置可以方便地调整列宽、行高，还可以调整表格的位置。

9 选择表格，通过向右的蓝色箭头拉伸表格，如图 3–24 所示。

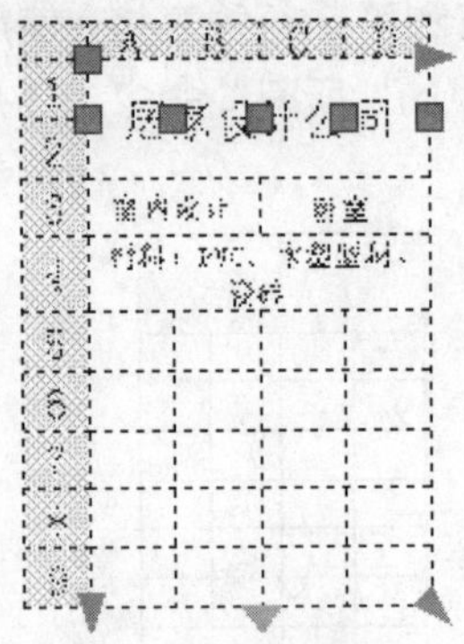

① 通过向右的蓝色箭头拉伸

居家设计公司			
室内设计		卧室	
材料：PVC、木塑型材、瓷砖			

② 拉伸后的表格

图 3–24 拉伸表格

10 在第 1 列的单元格中依次输入“设计”、“绘图”、“审核”、“批准”，如图 3–25 所示。

11 在第 3 列的单元格中依次输入“图号”、“比例”、“日期”、“备注”，如图 3–26 所示。

居家设计公司			
室内设计		卧室	
材料：PVC、木塑型材、瓷砖			
设计			
绘图			
审核			
批准			

图 3–25 输入第 1 列文字

居家设计公司			
室内设计		卧室	
材料：PVC、木塑型材、瓷砖			
设计		图号	
绘图		比例	
审核		日期	
批准		备注	

图 3–26 输入第 3 列文字

12 选择表格，通过第 2 行的方形蓝色夹点调整单元格的间距，如图 3–27 所示。

① 通过方形蓝色夹点调整间距

居家设计公司			
室内设计		卧室	
材料：PVC、木塑型材、瓷砖			
设计		图号	
绘图		比例	
审核		日期	
批准		备注	

② 调整后的表格

图 3–27 调整单元格间距

13 选择最后一行单元中的一个单元格，单击鼠标右键，在弹出的快捷菜单中选择“行”子菜单中的“删除”命令，删除最后一行单元格，如图 3–28 所示。

<table>
<tr><td colspan="4">居家设计公司</td></tr>
<tr><td colspan="2">室内设计</td><td colspan="2">卧室</td></tr>
<tr><td colspan="4">材料：PVC、木塑型材、瓷砖</td></tr>
<tr><td>设计</td><td></td><td>图号</td><td></td></tr>
<tr><td>绘图</td><td></td><td>比例</td><td></td></tr>
<tr><td>审核</td><td></td><td>日期</td><td></td></tr>
<tr><td>批准</td><td></td><td>备注</td><td></td></tr>
</table>

图 3–28　删除最后一行单元格

实例 3-3　制作公司图释

本实例将制作公司图释，主要应用了矩形、直线、复制、移动、文字等功能。实例效果如图 3–29 所示。

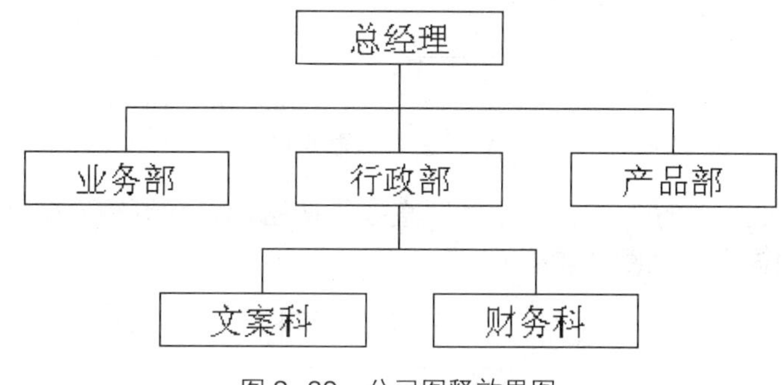

图 3–29　公司图释效果图

操作步骤

1 单击“绘图”工具栏中的“矩形”按钮，绘制一个长为 60、宽为 15 的矩形，如图 3–30 所示。

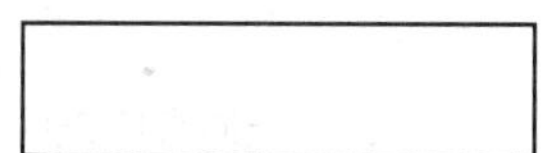

图 3–30　绘制一个矩形

2 单击“修改”工具栏中的“复制”按钮，将绘制的矩形向下复制 40、80，如图 3–31 所示。

实例 3-3 说明

知识点：

- 矩形
- 直线
- 复制
- 移动
- 文字

视频教程：

光盘\教学\第 3 章 建筑注释、标注及表格

效果文件：

光盘\素材和效果\03\效果\3-3.dwg

实例演示：

光盘\实例\第 3 章\制作公司图释

相关知识　什么是标注

标注是向图形中添加测量注释的过程。通常情况下，一个完整的尺寸标注是由尺寸线、延伸线、箭头和标注文字 4 部分组成。

标注的组成部分：

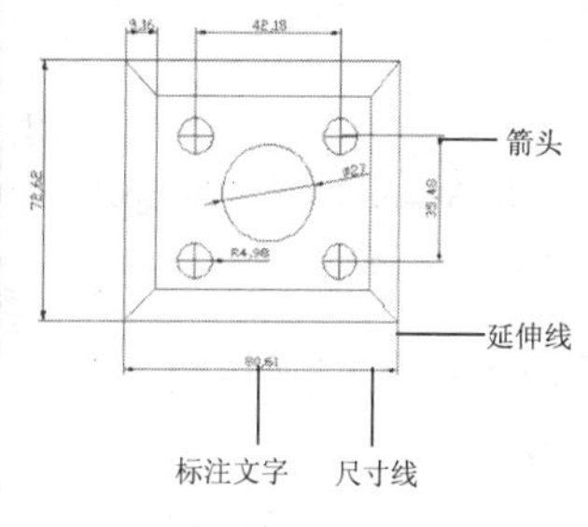

1. 尺寸线

尺寸线表示尺寸标注的范围，通常使用箭头来指出尺寸线的起点和端点。

2. 箭头

箭头位于尺寸线的两端，用于标记标注的起始和终止位置。箭头的形式很多样，既可以是短画线、点或其他标记，也可以是块。

3. 延伸线

为使标注清晰，通常利用延伸线将标注尺寸引出被标注对象之外。有时也用对象的轮廓或中心线代替延伸线。延伸线一般与尺寸线垂直，但在特殊情况下也可以将延伸线倾斜。

4. 标注文字

标注文字用来标注尺寸的具体值。尺寸文字可以只反映基本的尺寸，也可以带尺寸公差，还可以按极限尺寸形式标注。

重点提示 **尺寸标注的基本规则**

在 AutoCAD 中，标注尺寸时应遵循以下几点基本规则：

- 标注的尺寸数值应反映物体对象的真实大小，与 AutoCAD 中的绘图准确度和绘图比例无关。
- 标注的尺寸应该是物体最终的实际尺寸。

3 单击“修改”工具栏中的“移动”按钮，将第 3 个矩形向左移动 40，如图 3-32 所示。

图 3-31　复制矩形

图 3-32　移动矩形

4 单击“修改”工具栏中的“复制”按钮，将第 2 个矩形向左右各复制 80，将第 3 个矩形向右复制 80，如图 3-33 所示。

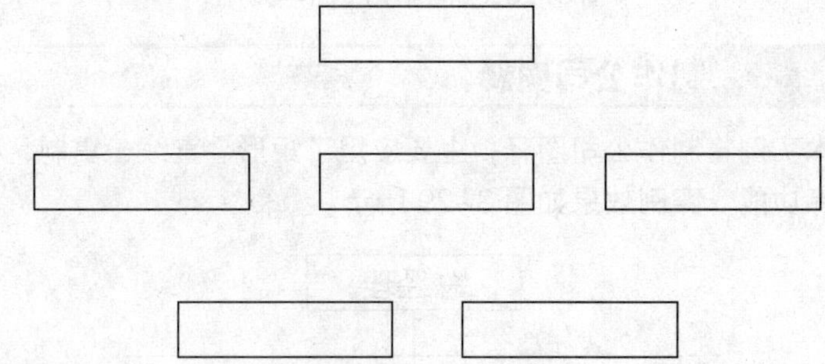

图 3-33　复制矩形

5 单击“绘图”工具栏中的“直线”按钮，绘制矩形框之间的连线，如图 3-34 所示。

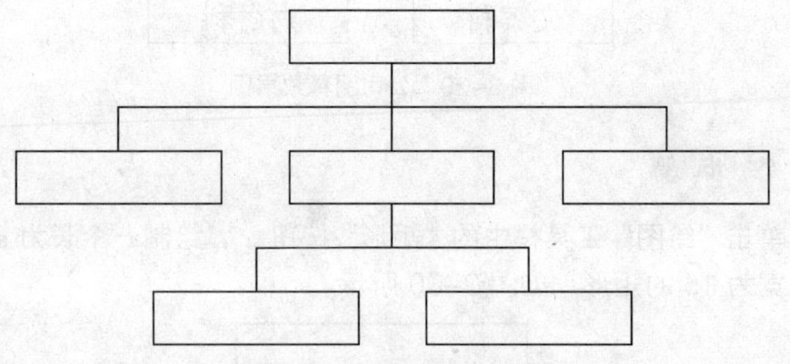

图 3-34　绘制直线连线

6 单击“绘图”工具栏中的“文字”按钮，选择第一个矩形的左上角为第一角点，选择右下角为对角点后，系统弹出“文字格式”面板，如图 3-35 所示。

图 3–35　“文字格式”面板

7 设置文字高度为 7，设置多行文字对齐为正中“MC”，再输入文字“总经理”，如图 3–36 所示。

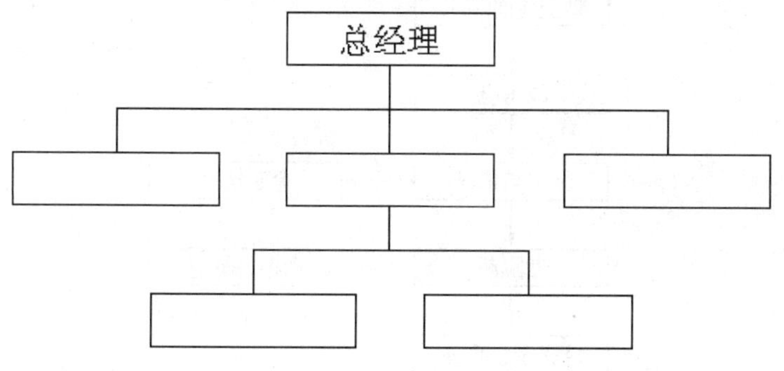

图 3–36　输入文字

8 单击“修改”工具栏中的“复制”按钮，将文字“总经理”复制到其他矩形框中，如图 3–37 所示。

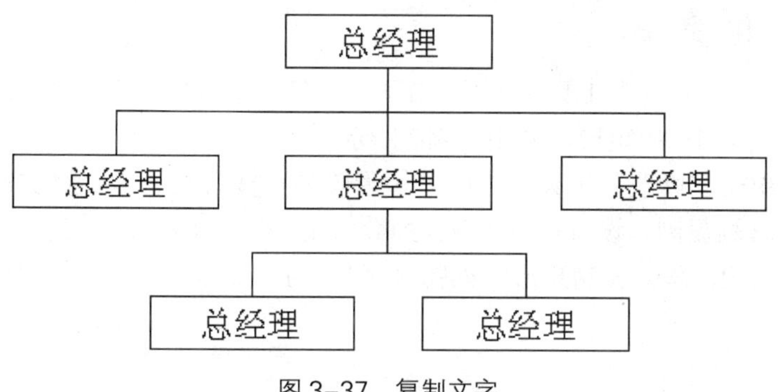

图 3–37　复制文字

9 双击其他文字，依次更改文字，如图 3–38 所示。

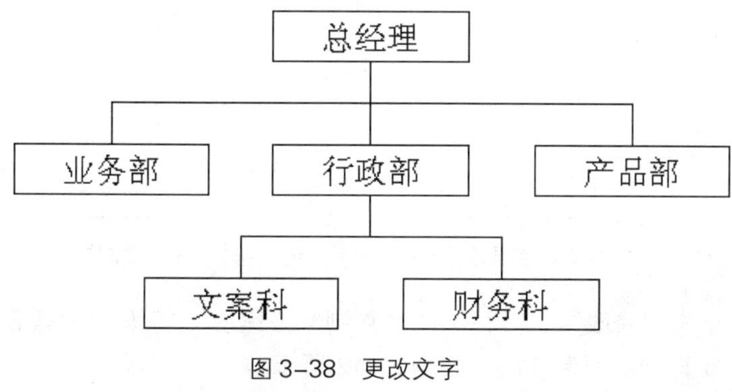

图 3–38　更改文字

- 标注的尺寸以 mm（毫米）为单位时，不需标注单位，采用其他单位时，应标明单位名称。
- 一般情况下，每个尺寸只能标注一次。
- 尺寸应标注正确、清楚、齐全，尺寸配置合理。

相关知识　什么是标注样式

标注样式用于控制标注的相关变量，包括尺寸线、标注文字、延伸线、箭头的外观及方式、尺寸公差、替换单位等。

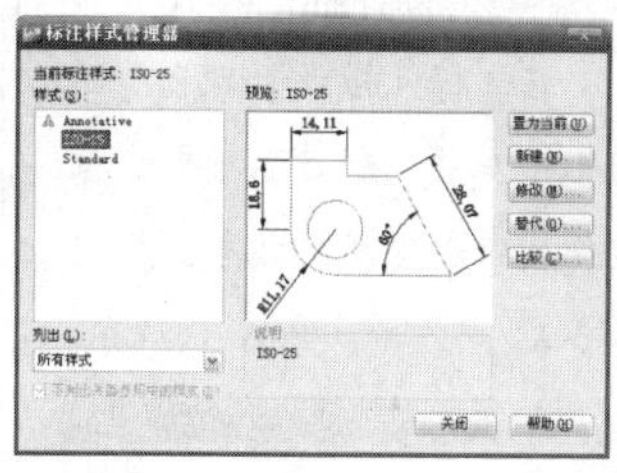

操作技巧　标注样式的操作方法

可以通过以下 5 种方法来执行“标注样式”功能：

- 选择“格式”→“标注样式”菜单命令。
- 选择“标注”→“标注样式”菜单命令。
- 单击“样式”工具栏中的“标注样式”按钮。
- 单击“标注”工具栏中的“标注样式”按钮。
- 在命令行中输入“dimstyle”后，按回车键。

实例 3-4 说明

知识点：
- 矩形
- 文字
- 快速标注

视频教程：
光盘\教学\第 3 章 建筑注释、标注及表格

效果文件：
光盘\素材和效果\03\效果\3-4.dwg

实例演示：
光盘\实例\第 3 章\制作新房装修流程图

相关知识 新建标注样式

在“标注样式管理器”对话框中单击“新建”按钮，系统弹出“创建新标注样式”对话框。

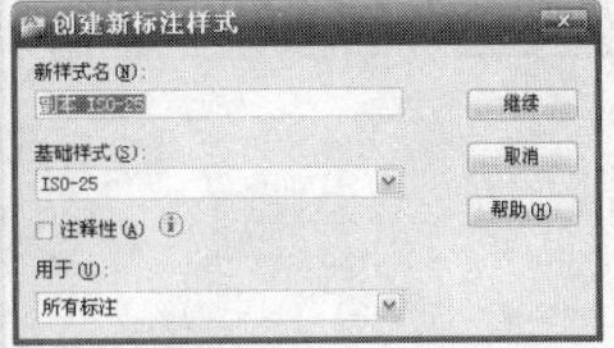

1. “新样式名”文本框

该文本框用于设置新的表格样式名称。

2. “基础样式”下拉列表框

在该下拉列表框中，选择用做新样式的起点的样式。如果没有创建样式，将以标准样式 ISO-25 为基础创建新样式。

3. “注释性”复选框

该复选框用于指定标注样式为注释性。

实例 3-4 制作新房装修流程图

本实例将制作新房装修流程图，主要应用了矩形、文字、快速标注等功能。实例效果如图 3-39 所示。

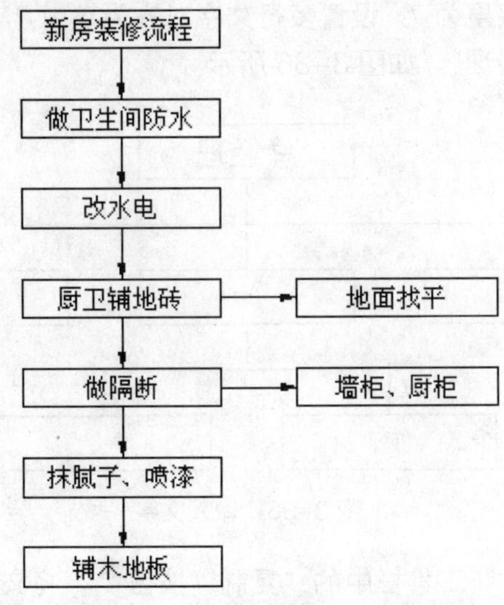

图 3-39 新房装修流程效果图

操作步骤

1. 单击“绘图”工具栏中的“矩形”按钮，绘制一个长为 80、宽为 15 的矩形，如图 3-40 所示。
2. 单击“修改”工具栏中的“矩形阵列”按钮，以计数方式阵列复制，设置行数为 7、列数为 1、行偏移为-35、列偏移为 0，阵列复制矩形，如图 3-41 所示。

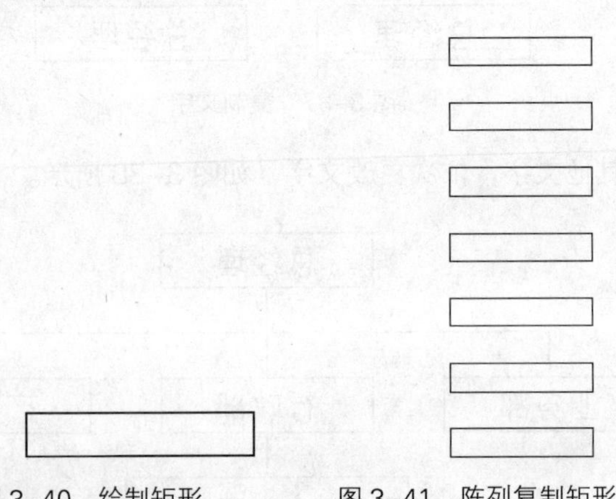

图 3-40 绘制矩形　　图 3-41 阵列复制矩形

3. 单击“修改”工具栏中的“复制”按钮，将第 4 和第 5 个矩形向右复制 110，如图 3-42 所示。

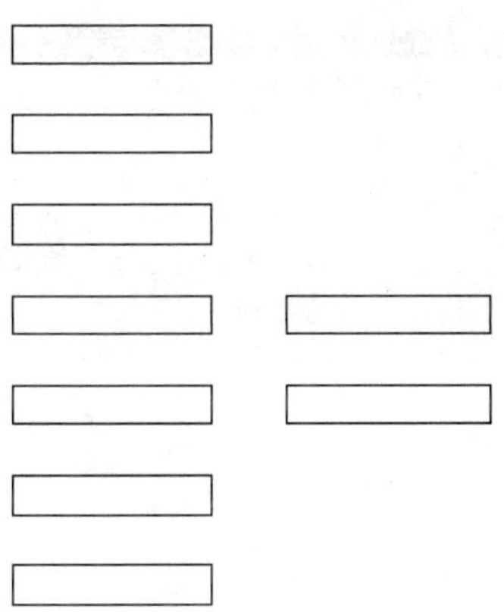

图 3-42　复制矩形

4 单击“标注”工具栏中的“标注样式”按钮，打开“标注样式管理器”对话框，如图 3-43 所示。

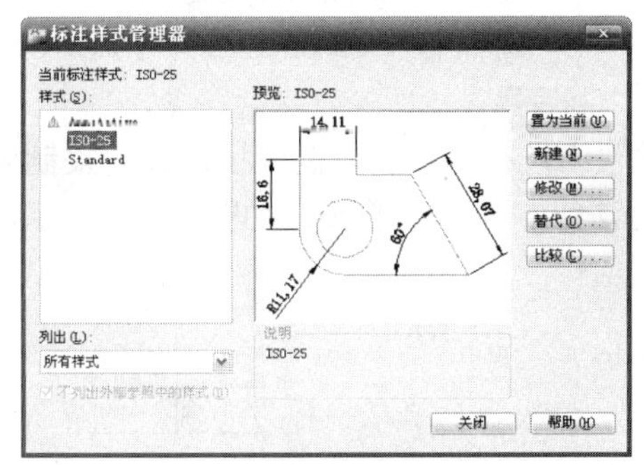

图 3-43　“标注样式管理器”对话框

5 单击“修改”按钮，打开“修改标注样式”对话框，如图 3-44 所示。

图 3-44　“修改标注样式”对话框

6 选择“符号和箭头”选项卡，在“箭头”选项组中设置箭头大小为 6，单击“确定”按钮返回到“标注样式管理器”对话框，单击“关闭”按钮返回绘图区域，如图 3-45 所示。

4. “用于”下拉列表框

在该下拉列表框中指出使用新样式的标注类型，默认设置为“所有标注”。也可以选择特定的标注类型，此时将创建基础样式的子样式。

相关知识　**“标注样式”对话框**

设置完成后单击“继续”按钮，打开“新建标注样式”对话框。

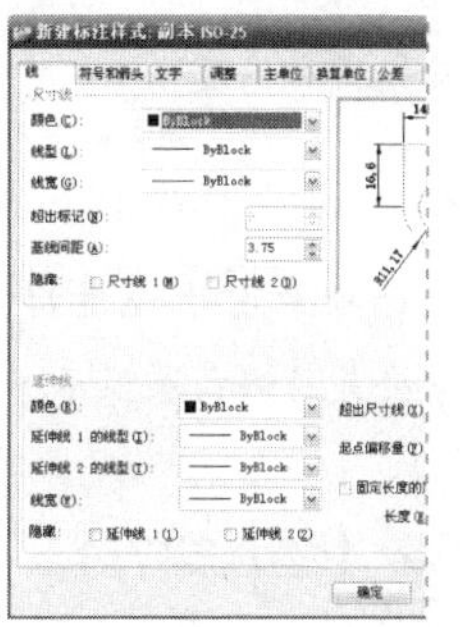

该对话框有 7 个选项卡，分别是线、符号和箭头、文字、调整、主单位、换算单位和公差。用户可以在各选项卡中设置相应的参数。

1. “线”选项卡

该选项卡用来设置尺寸线、延伸线、箭头和圆心标记的格式和特性。

2. “符号和箭头”选项卡

该选项卡用来设置箭头、圆心标记、弧长符号和折弯半径标注的格式和位置。

3. “文字”选项卡

该选项卡用来设置标注文字的格式、放置和对齐等样式。

4. “调整”选项卡

该选项卡用来设置标注文字、箭头、引线和尺寸线的放置。

5. “主单位”选项卡

该选项卡用来设置主标注单位的格式和精度，并设置标注文字的前缀和扩展名。

6. “换算单位”选项卡

该选项卡用于指定标注测量值中换算单位的显示并设置其格式和精度。

7. “公差”选项卡

该选项卡用于设置标注文字中公差的格式及显示。

相关知识 什么是线性标注

线性标注多用于标注两个点之间的水平距离或垂直距离。通过指定两个点来完成标注，也可以选择对象标注。

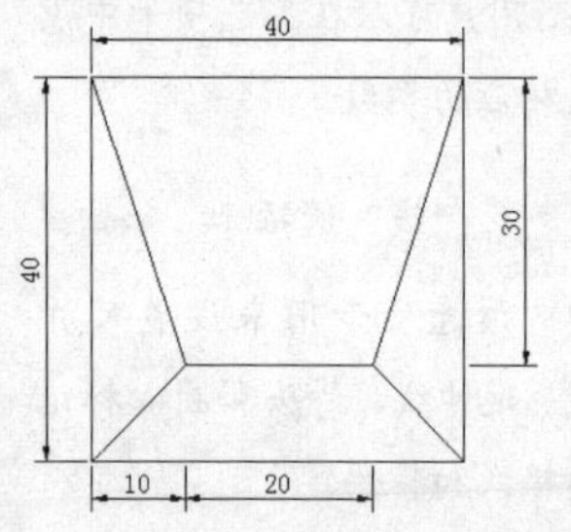

线性标注是基线标注和连续标注的基础之一，在执行这两个标注前，要先执行线性标注。

操作技巧 线性标注的操作方法

可以通过以下3种方法来

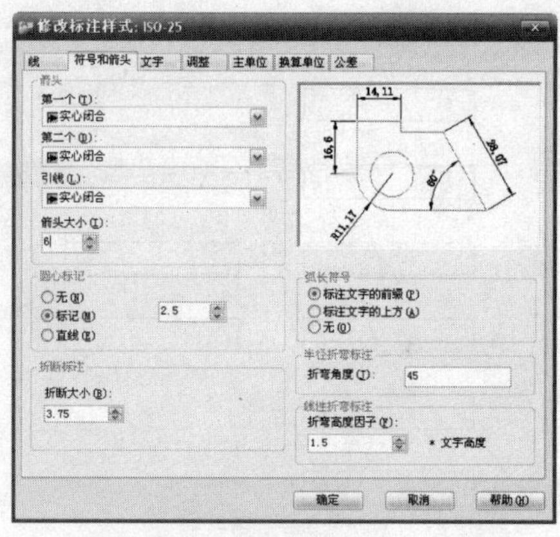

图 3-45 设置箭头大小为 6

7 选择“标注”菜单中的“多重引线”命令，先指定第 2 个矩形的顶面中心，然后再指定第一个矩形的底面中心，在输入文字时，直接按 Esc 键退出文字输入，如图 3-46 所示。

8 单击“修改”工具栏中的“复制”按钮，复制向下的箭头，用同样的方法绘制向右的箭头，如图 3-47 所示。

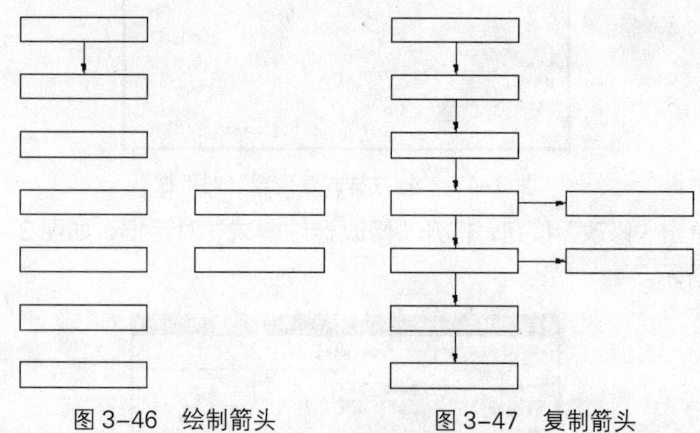

图 3-46 绘制箭头　　图 3-47 复制箭头

9 单击“绘图”工具栏中的“文字”按钮 A，选择第一个矩形的左上角为第一角点，选择右下角为对角点后，系统弹出“文字格式”面板，如图 3-48 所示。

图 3-48 “文字格式”面板

10 设置文字高度为 7，设置多行文字对齐为正中“MC”，再输入文字“新房装修流程”，如图 3-49 所示。

11 单击“修改”工具栏中的“复制”按钮，将文字“新房装修流程”复制到其他矩形框中，如图 3-50 所示。

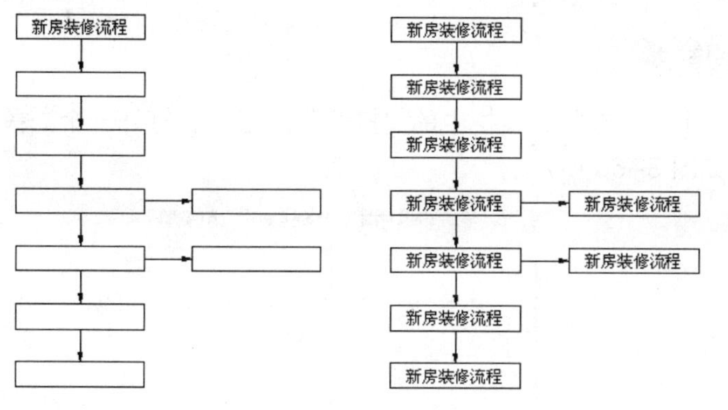

图 3-49 输入文字　　图 3-50 复制文字

12 双击其他文字，依次更改文字，如图 3-51 所示。

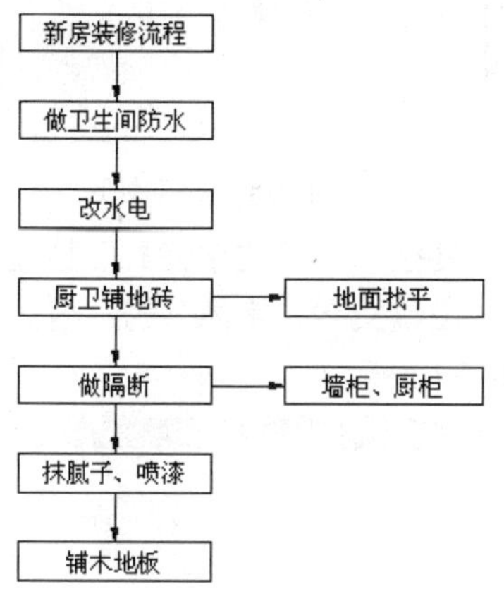

图 3-51 更改文字

实例 3-5 添加文字说明

本实例将添加文字说明，主要应用了打开文件、文字样式、多行文字等功能。实例效果如图 3-52 所示。

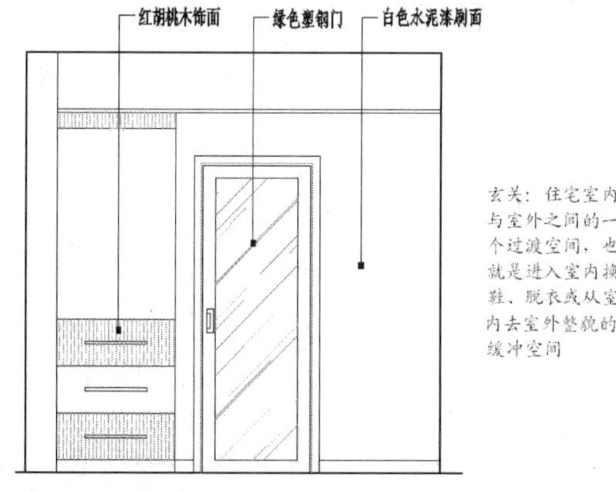

图 3-52 添加文字说明效果图

执行“线性标注”功能：

- 选择“标注”→“线性标注”菜单命令。
- 单击“标注”工具栏中的“线性标注”按钮。
- 在命令行中输入“dimlinear”后，按回车键。

重点提示 调整线性标注的注意事项

当两条尺寸线的起点没有位于同一水平线和同一垂直线时，可以通过拖动鼠标的方向来确定是创建水平标注还是垂直标注。使光标位于两尺寸界线的起始点之间，上下拖动鼠标可引出垂直尺寸线；使光标位于两尺寸界线的起始点之间，左右拖动鼠标则可引出水平尺寸线。

实例 3-5 说明

知识点：

- 打开文件
- 文字样式
- 多行文字

视频教程：

光盘\教学\第 3 章 建筑注释、标注及表格

效果文件：

光盘\素材和效果\03\效果\3-5.dwg

实例演示：

光盘\实例\第 3 章\添加文字说明

相关知识 什么是对齐标注

对齐尺寸标注可以标注某一条倾斜线段的实际长度。对齐标注是线性标注的一种特殊形式。

在对直线进行标注时，如果该直线的倾斜角度未知，那么使用线性标注方法将无法得到准确的测量结果，这时可以使用对齐标注。

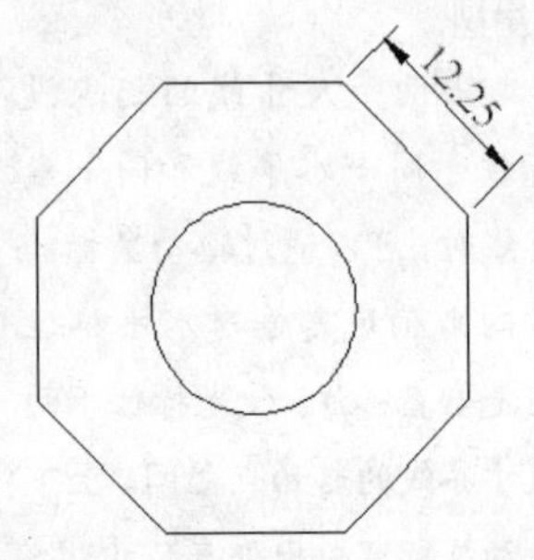

操作技巧 对齐标注的操作方法

可以通过以下 3 种方法来执行“对齐标注”功能：

- 选择“标注”→“对齐标注”菜单命令。
- 单击“标注”工具栏中的“对齐标注”按钮。
- 在命令行中输入“dimaligned”后，按回车键。

操作步骤

1 单击“标准”工具栏中的“打开”按钮，打开一个玄关图，如图 3-53 所示。

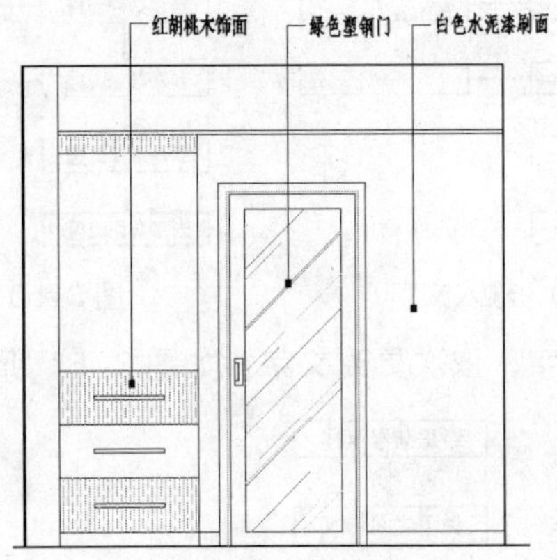

图 3-53　打开图形

2 单击“格式”工具栏中的“文字样式”按钮，打开“文字样式”对话框。设置文字“字体”为“楷体”、文字“高度”为 50，如图 3-54 所示。

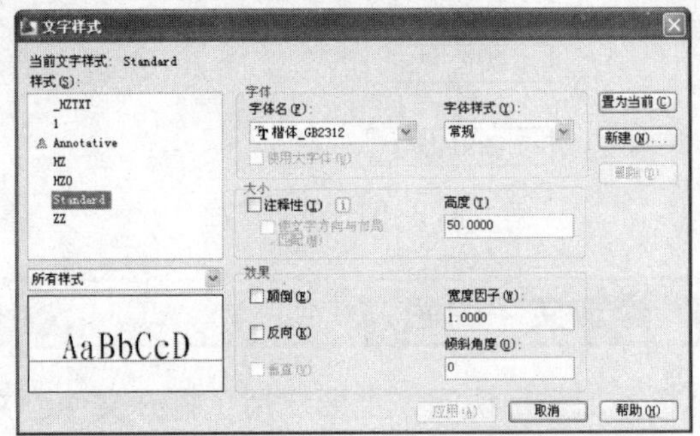

图 3-54　“文字样式”对话框

3 单击“绘图”工具栏中的“文字”按钮，在图形的右边框选一个多行文字范围并输入文字，如图 3-55 所示。

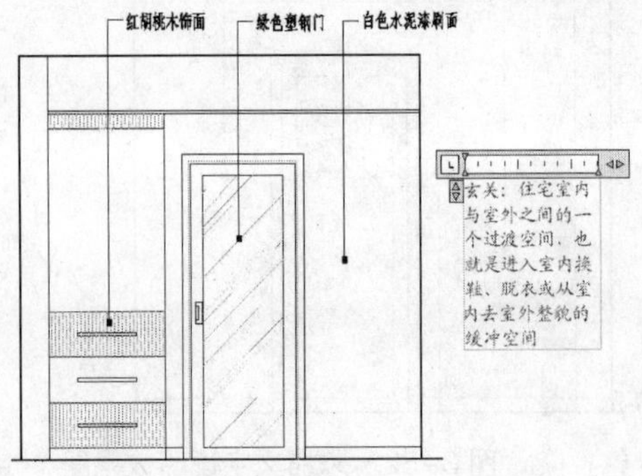

图 3-55　输入文字

实例 3-6　标注哑铃图

本实例将标注哑铃图，主要应用了标注样式、线性标注、半径标注等功能。实例效果如图 3-56 所示。

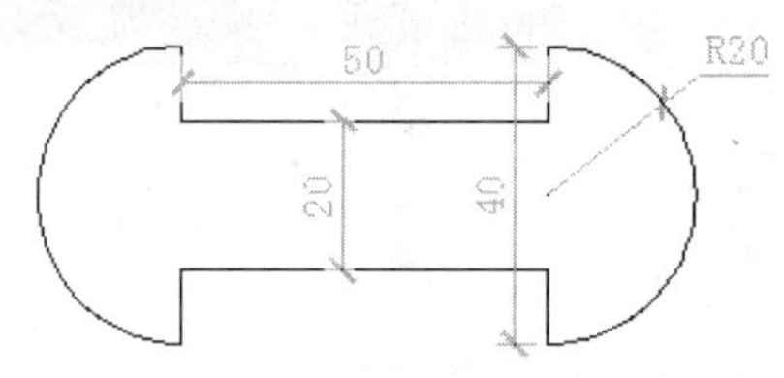

图 3-56　标注哑铃效果图

操作步骤

1. 单击“标准”工具栏中的“打开”按钮，打开一个哑铃的图，如图 3-57 所示。
2. 单击“标注”工具栏中的“标注样式”按钮，打开“标注样式管理器”对话框，如图 3-58 所示。

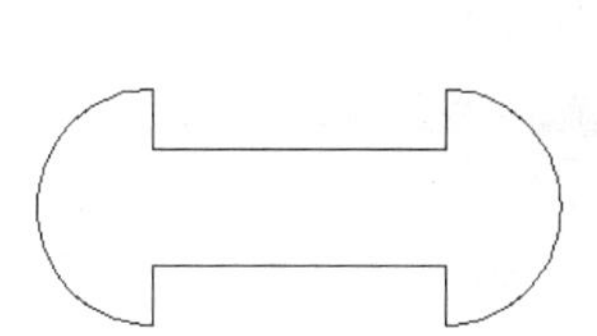

图 3-57　打开图形

图 3-58　“标注样式管理器”对话框

3. 单击“修改”按钮，打开“修改标注样式：ISO-25”对话框。设置尺寸线和延伸线的颜色为“绿”，设置超出尺寸线为“2.5”、“起点偏移量”为“1.5”，如图 3-59 所示。

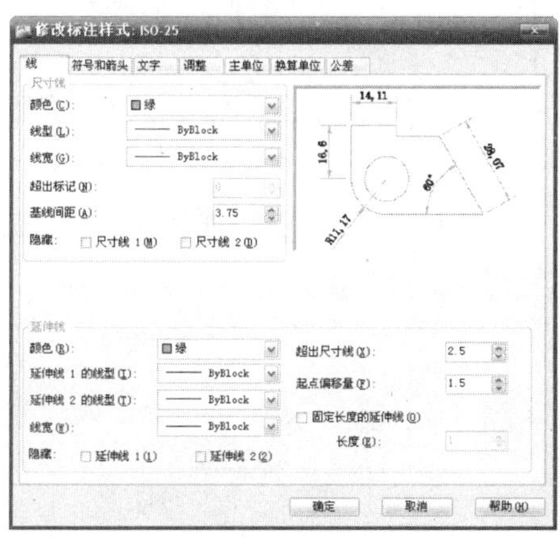

图 3-59　“修改标注样式：ISO-25”对话框

实例 3-6 说明

- 知识点：
  - 标注样式
  - 线性标注
  - 半径标注
- 视频教程：
  光盘\教学\第 3 章　建筑注释、标注及表格
- 效果文件：
  光盘\素材和效果\03\效果\3-6.dwg
- 实例演示：
  光盘\实例\第 3 章\标注哑铃图

相关知识　什么是基线标注

基线标注是自同一基线处测量的多个标注。在创建基线标注之前，必须创建线性、对齐或角度标注。AutoCAD 将会从基线标注的第一个延伸线处测量基线标注。

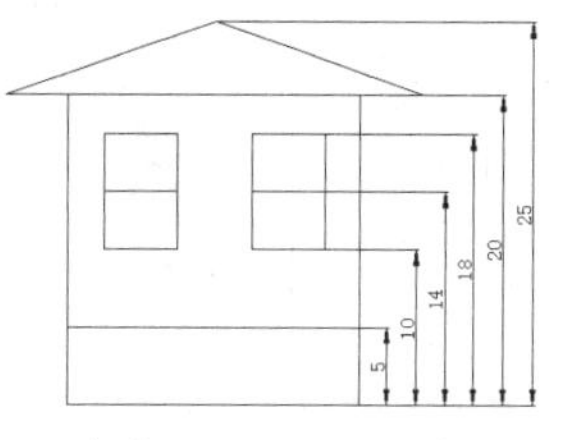

基线标注也可以基于角度标注。

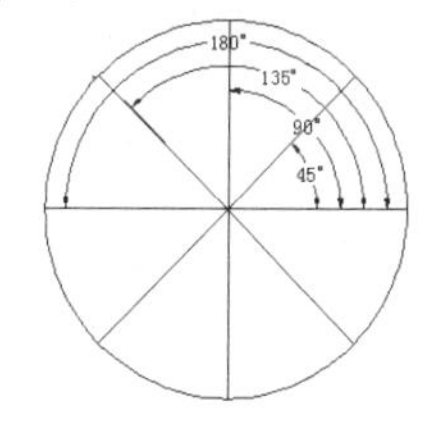

操作技巧　基线标注的操作方法

可以通过以下 3 种方法来执行“基线标注”功能：

- 选择“标注”→“基线标注”菜单命令。
- 单击“标注”工具栏中的“基线标注”按钮。
- 在命令行中输入“dimbaseline”后，按回车键。

相关知识 什么是连续标注

连续标注是首尾相连的多个标注。在创建连续标注之前，必须创建线性、对齐或角度标注，以确定连续标注所需要的前一尺寸标注的延伸线。

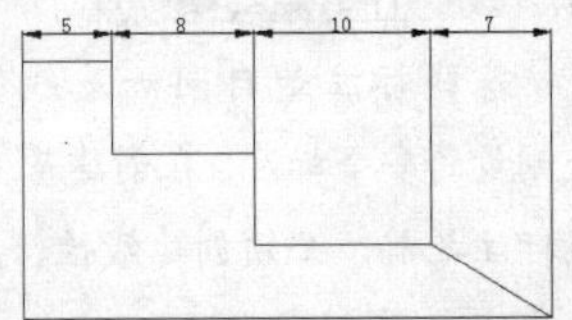

连续标注也可以基于角度标注。

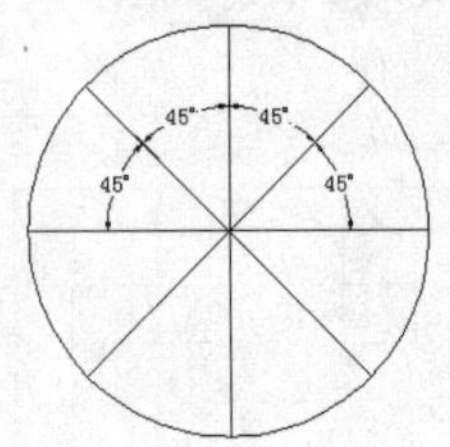

操作技巧 连续标注的操作方法

可以通过以下3种方法来执行“连续标注”功能：

- 选择“标注”→“连续标注”菜单命令。
- 单击“标注”工具栏中的“连续标注”按钮。

4 选择“符号和箭头”选项卡，从“箭头”选项组中的“第一个”下拉列表框中选择“建筑标记”选项，设置“箭头大小”数值框为“3”，如图 3-60 所示。

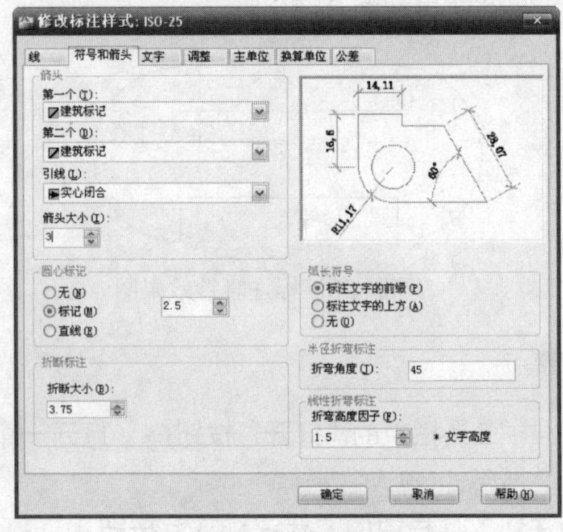

图 3-60　设置箭头大小为 3

5 选择“文字”选项卡，设置文字颜色为“绿”，设置文字高度为“4”，设置从尺寸线偏移为“1.5”，设置文字对齐为“ISO 标准”，单击“确定”按钮，返回到“标注样式管理器”对话框，再单击“关闭”按钮，如图 3-61 所示。

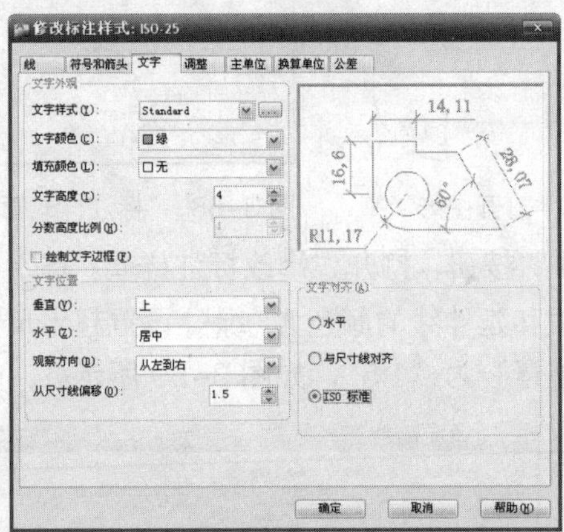

图 3-61　设置文字高度和对齐方式

6 单击“标注”工具栏中的“线性”按钮，标注直线的尺寸，如图 3-62 所示。

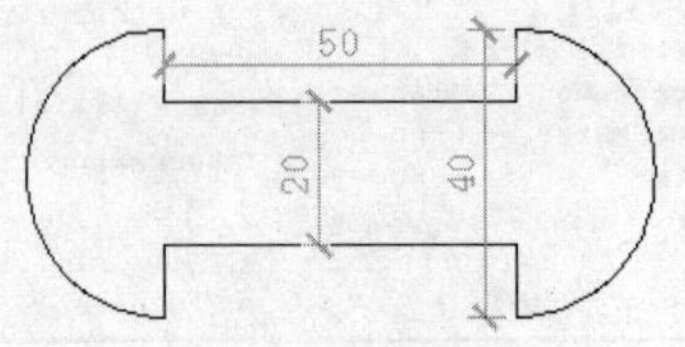

图 3-62　标注线性尺寸

7 单击“标注”工具栏中的“半径”按钮，标注直线的尺寸，如图 3-63 所示。

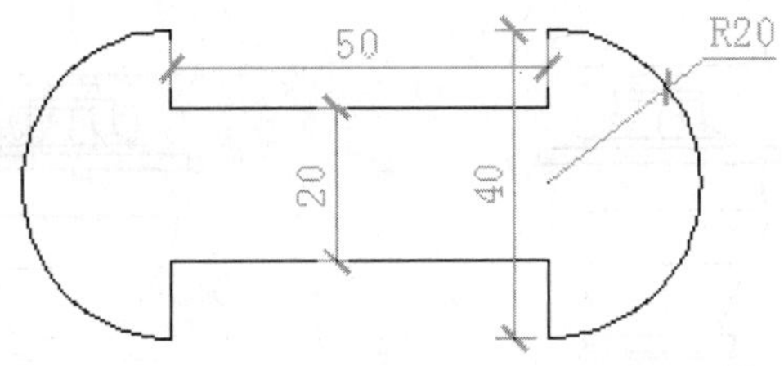

图 3-63　标注半径尺寸

实例 3-7　标注台灯图

本实例将制作标注台灯图，主要应用了标注样式、线性标注、基线标注、对齐标注、角度标注等功能。实例效果如图 3-64 所示。

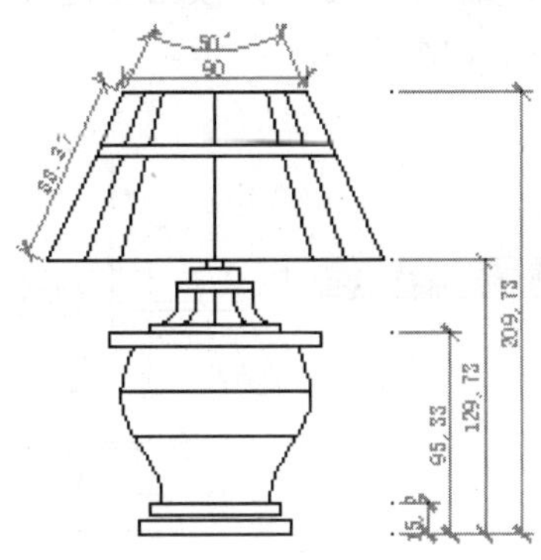

图 3-64　标注台灯效果图

操作步骤

1 单击“标准”工具栏中的“打开”按钮，打开一个台灯图，如图 3-65 所示。

2 单击“标注”工具栏中的“标注样式”按钮，打开“标注样式管理器”对话框。单击“修改”按钮，打开“修改标注样式：ISO-25”对话框，设置尺寸线和延伸线的颜色为“洋红色”，设置超出尺寸线为“5”、起点偏移量为“3”。

3 选择“符号和箭头”选项卡，在“箭头”选项组中设置“第一个”下拉列表框为“建筑标记”选项、“箭头大小”数值框为“7”。

4 选择“文字”选项卡，设置文字颜色为“洋红色”、文字高度为“8”，设置从尺寸线偏移为“3”，设置文字对齐为“ISO 标准”，单击“确定”按钮，返回到“标注样式管理器”对话框，再单击“关闭”按钮。

5 单击“标注”工具栏中的“线性”按钮，标注直线的尺寸，如图 3-66 所示。

- 在命令行中输入“dimcontinue”后，按回车键。

实例 3-7 说明

知识点：
- 标注样式
- 线性标注
- 基线标注
- 对齐标注
- 角度标注

视频教程：

光盘\教学\第 3 章 建筑注释、标注及表格

效果文件：

光盘\素材和效果\03\效果\3-7.dwg

实例演示：

光盘\实例\第 3 章\标注台灯图

相关知识　什么是角度标注

角度标注可以测量两条直线间的角度、3 点间的角度，或者圆和圆弧的角度。

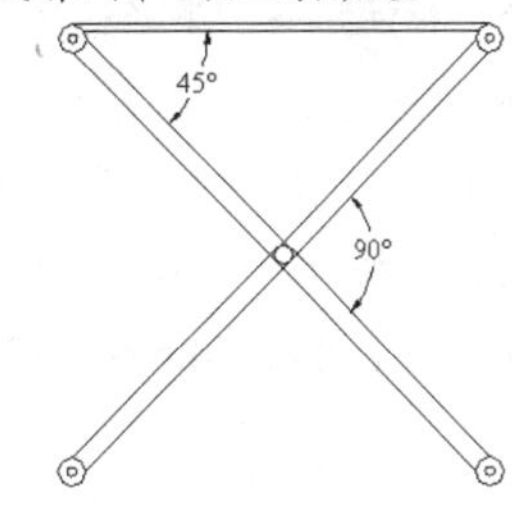

操作技巧　角度标注的操作方法

可以通过以下 3 种方法来执行“角度标注”功能：

01
02
03
04
05
06
07
08
09
10
11

- 选择“标注”→“角度标注”菜单命令。
- 单击“标注”工具栏中的“角度标注”按钮。
- 在命令行中输入“dimangular”后，按回车键。

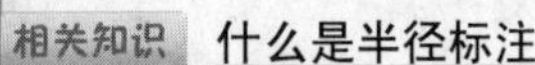

相关知识 什么是半径标注

半径标注用来标注圆弧或圆的半径。例如，为最外面的圆和外数第三个圆标注半径。

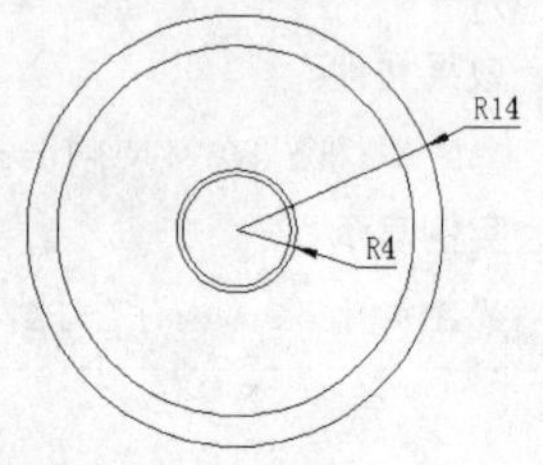

操作技巧 半径标注的操作方法

可以通过以下 3 种方法来执行“半径标注”功能：

- 选择“标注”→“半径标注”菜单命令。
- 单击“标注”工具栏中的“半径标注”按钮。
- 在命令行中输入“dimradius”后，按回车键。

相关知识 什么是直径标注

直径标注用来标注圆弧或圆的直径。例如，为最内的圆和外数第二个圆标注直径。

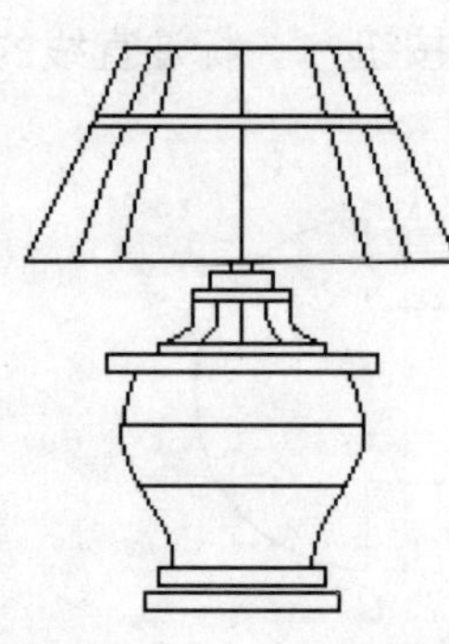

图 3-65 打开图形

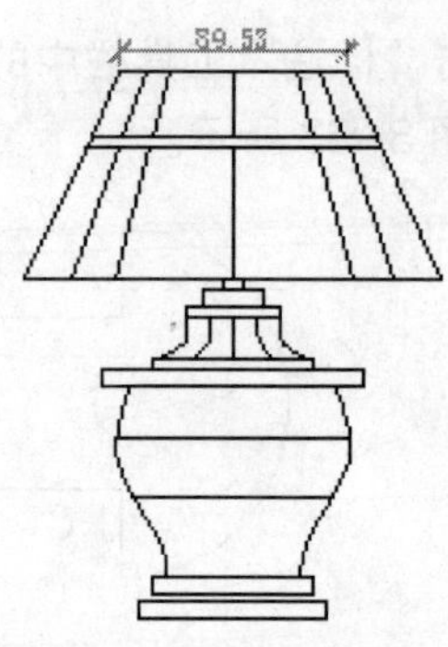

图 3-66 标注直线尺寸

6 顶面的实际尺寸为 90，这里并不需要重新绘图才能更改尺寸。有两种方法可以更改尺寸数值，先介绍第一种：在标注时，指定完标注两点后，将光标拖出图形前，先按“t”重新设置文字，输入“90”并按回车键，光标处的标注文字就变成了 90，如图 3-67 所示。

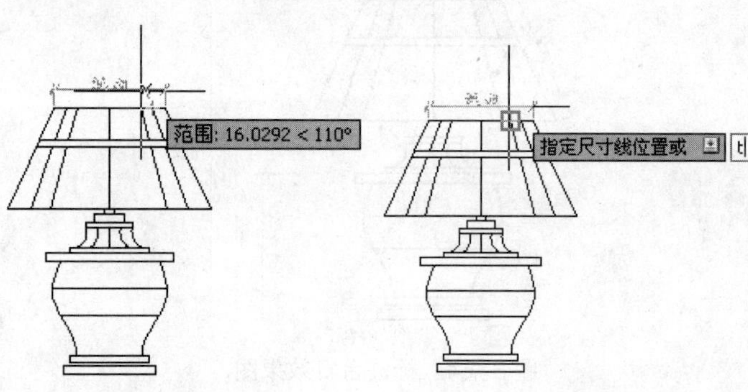

① 指定完标注的两点后，将光标拖出图形

② 输入“t”重新设置文字

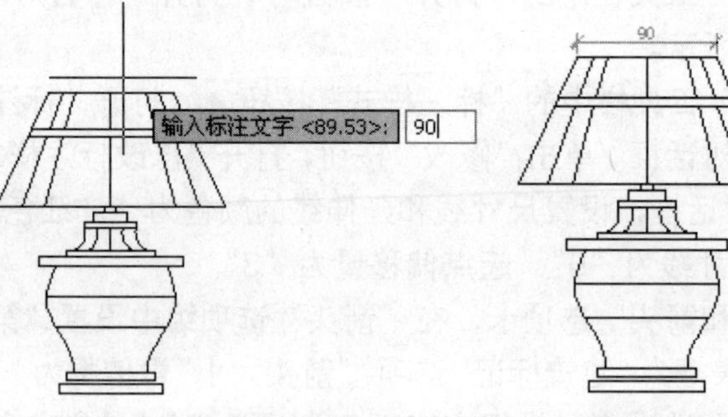

③ 输入新数值 90 按回车键

④ 重新设置标注位置

图 3-67 标注时更改数值

7 第二种方法：在标注完错误尺寸之后，双击线性标注，在弹出的“特性”面板中修改“文字替代”选项中的数值即可，如图 3-68 所示。

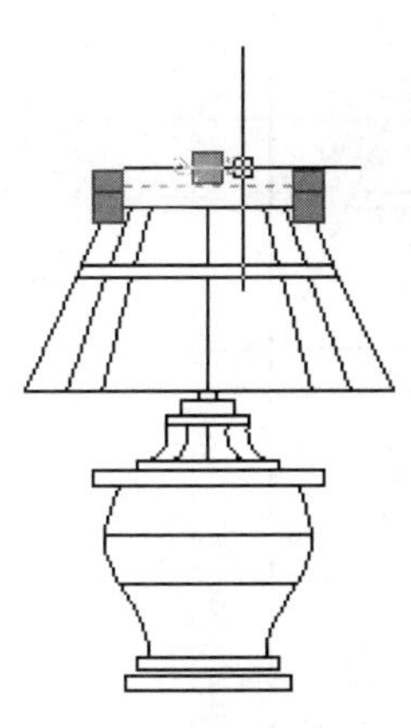

① 双击更改的标注　　② 系统弹出“特性”面板并设置数值

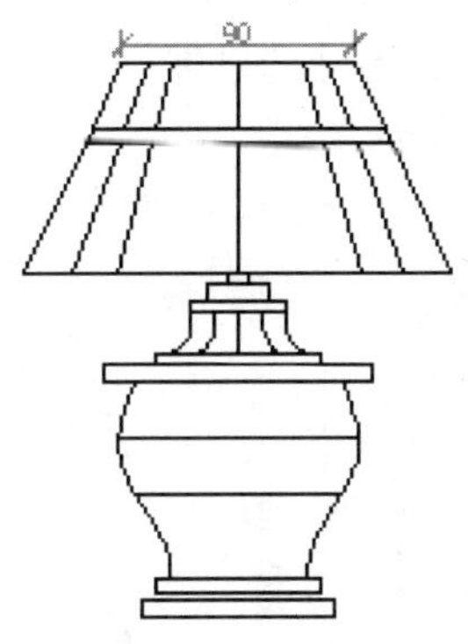

③ 更改数值效果

图 3–68　标注后更改数值

8 单击“绘图”工具栏中的“直线”按钮，绘制一段辅助垂直线段，如图 3–69 所示。

9 单击“标注”工具栏中的“线性”按钮，标注台灯底部的高度尺寸，如图 3–70 所示。

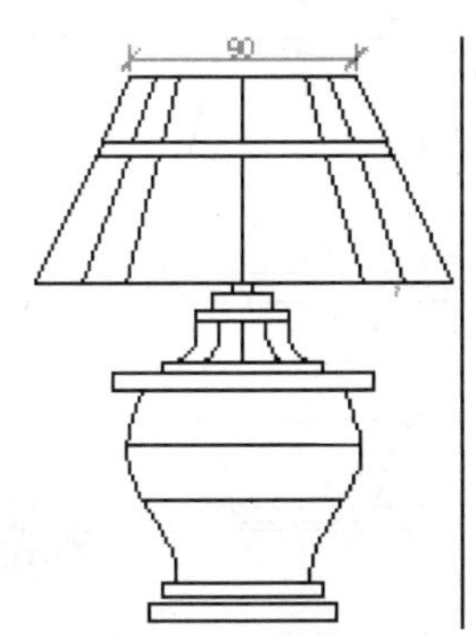

图 3–69　绘制辅助垂直线段

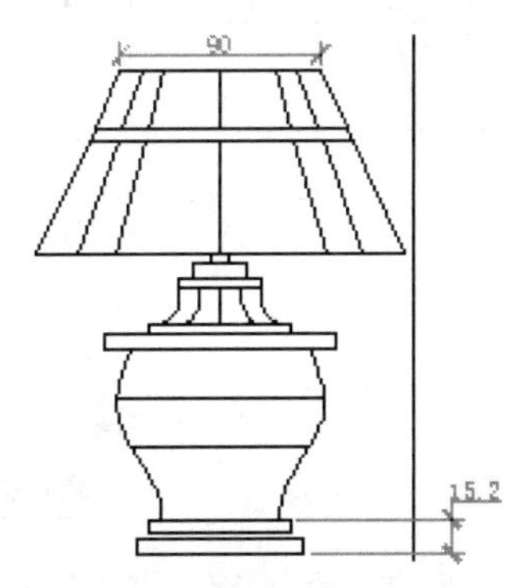

图 3–70　标注台灯底部高度

直径标注：

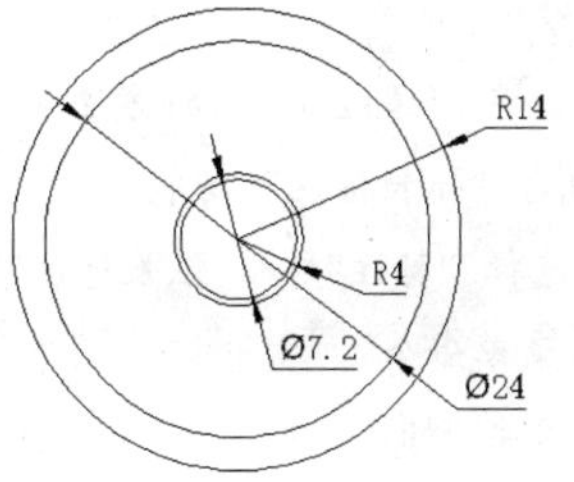

操作技巧　直径标注的操作方法

可以通过以下3种方法来执行“直径标注”功能：

- 选择“标注”→“直径标注”菜单命令。
- 单击“标注”工具栏中的“直径标注”按钮。
- 在命令行中输入“dimdiameter”后，按回车键。

相关知识　什么是弧长标注

弧长标注用于测量圆弧或多段线弧线段上的距离。弧长标注的方法比较简单，用户只需要执行弧长标注命令，接着选定要标注的弧线，再放置弧长标注的位置即可。

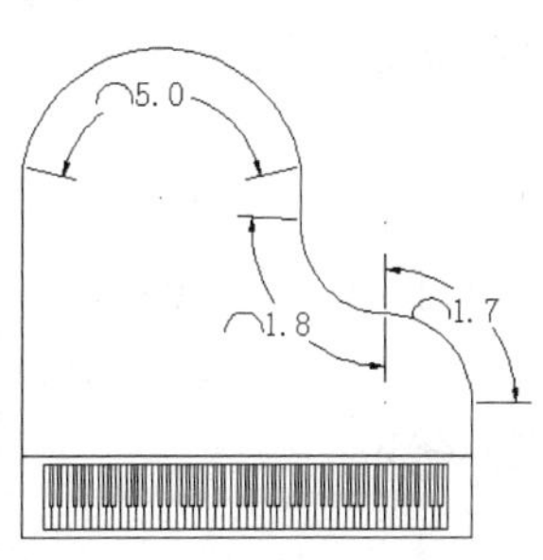

操作技巧 弧长标注的操作方法

可以通过以下3种方法来执行“弧长标注”功能：

- 选择“标注”→“弧长标注”菜单命令。
- 单击“标注”工具栏中的“弧长标注”按钮。
- 在命令行中输入“dimarc”后，按回车键。

相关知识 什么是圆心标记

用来创建圆和圆弧的圆心或中心线，即标注的圆和圆弧的圆心。

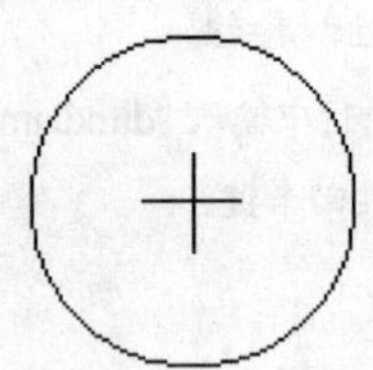

标注圆弧的圆心标记：

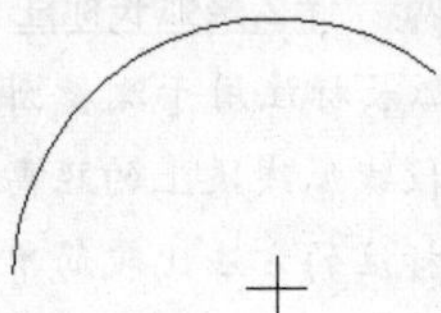

操作技巧 圆心标记的操作方法

可以通过以下3种方法来执行“圆心标记”功能：

- 选择“标注”→“圆心标记”菜单命令。

10 单击“标注”工具栏中的“基线”按钮，标注台灯的各个高度尺寸，如图3-71所示。

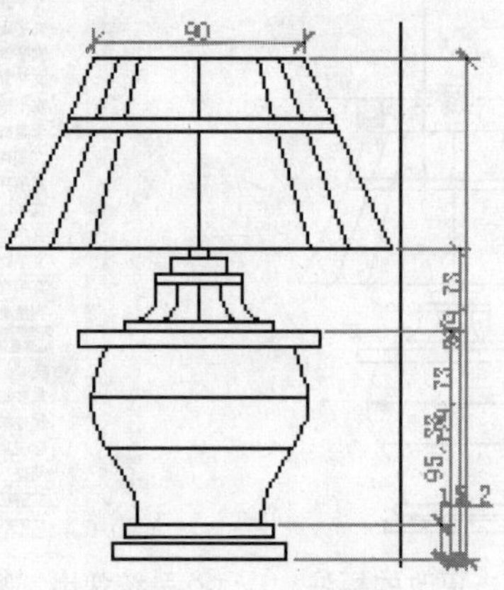

图3-71　标注基线尺寸

11 调整尺寸标注，并将标注的延伸线段的端点缩放到垂直辅助线上，如图3-72所示。

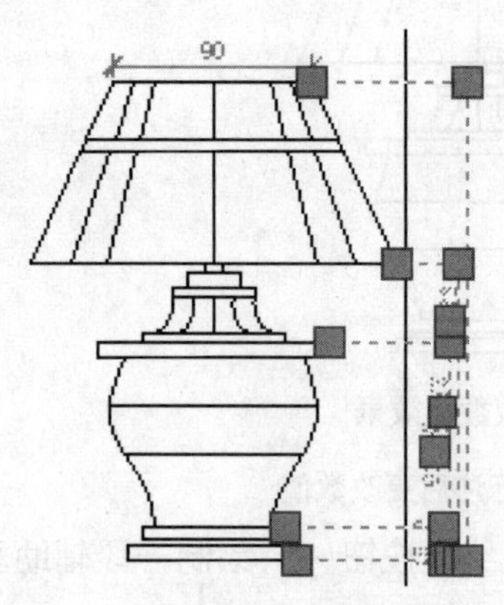

① 框选需要调节的标注

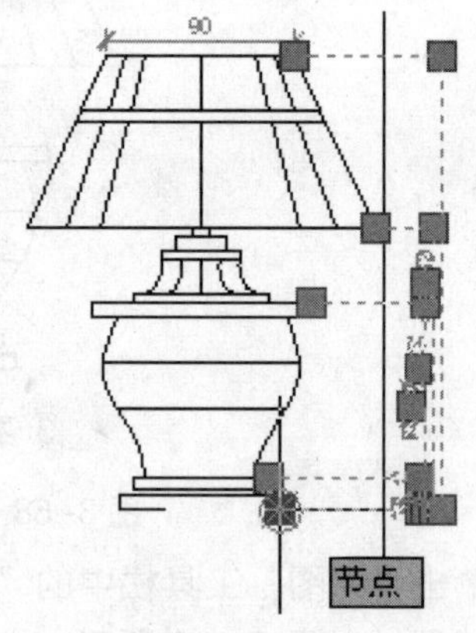

② 单击调整的标注的蓝色节点

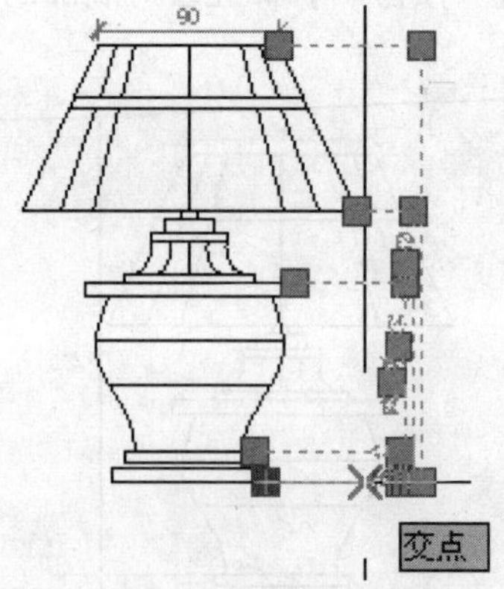

③ 调节蓝色节点到辅助线上

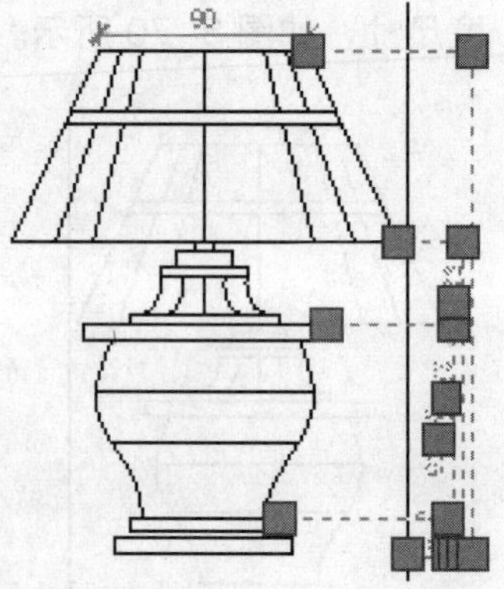

④ 调整完第一个节点

图3-72　调整尺寸标注

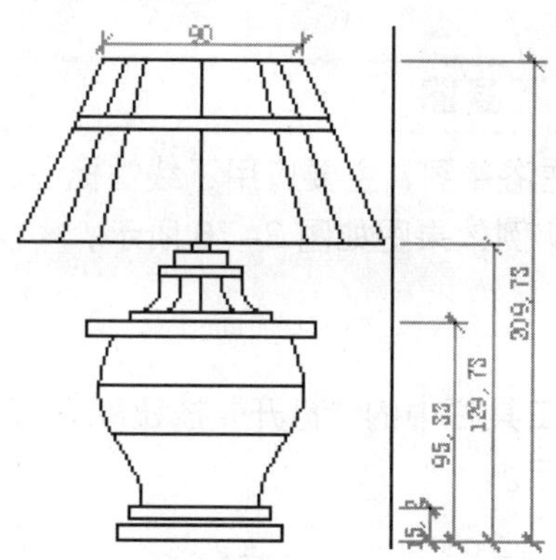

⑤ 调整完所有节点

图 3–72　调整尺寸标注（续）

12 单击“标注”工具栏中的“对齐”按钮，标注台灯灯罩的斜尺寸，如图 3–73 所示。

13 单击“标注”工具栏中的“角度”按钮，标注台灯灯罩的倾斜角度，如图 3–74 所示。

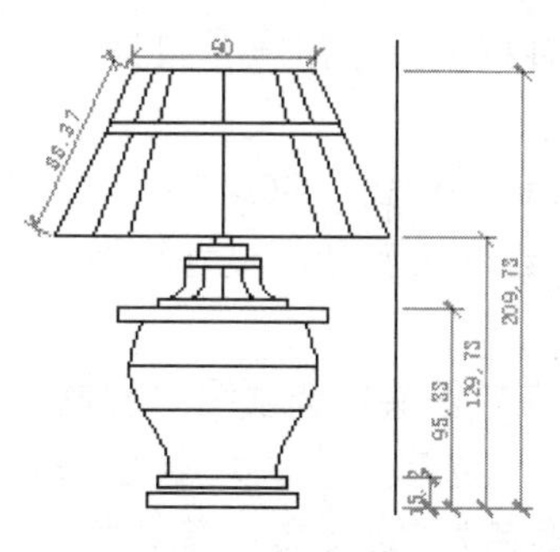

图 3–73　标注对齐尺寸

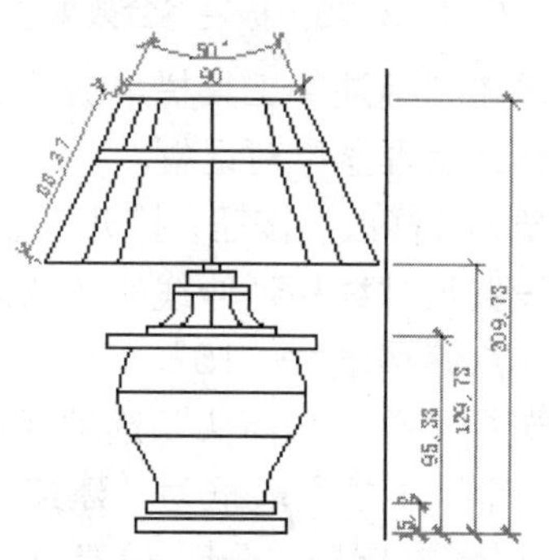

图 3–74　标注角度尺寸

14 单击“修改”工具栏中的“删除”按钮，删除垂直辅助线段，如图 3–75 所示。

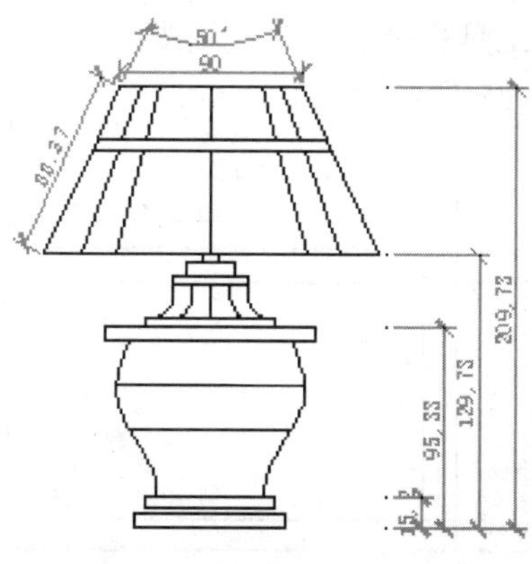

图 3–75　删除辅助线段

- 单击“标注”工具栏中的“圆心标记”按钮。
- 在命令行中输入“dimcenter”后，按回车键。

相关知识　**什么是折弯标注**

当圆弧或圆的中心位于布局外且无法在其实际位置显示时，使用折弯标注命令可以创建折弯半径标注。

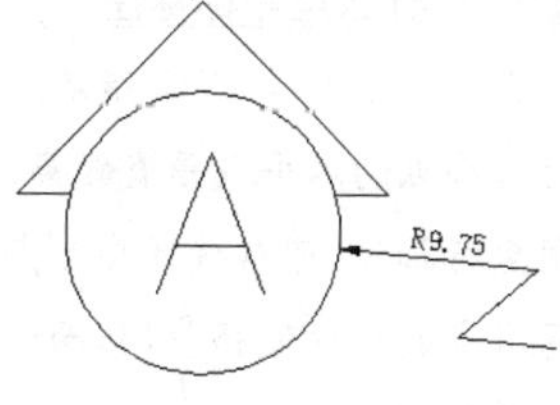

操作技巧　**折弯标注的操作方法**

可以通过以下 3 种方法来执行“折弯标注”功能：

- 选择“标注”→“折弯标注”菜单命令。
- 单击“标注”工具栏中的“折弯标注”按钮。
- 在命令行中输入“dimjogline”后，按回车键。

实例 3-8 说明

- **知识点：**
  - 线性标注
  - 半径标注
  - 直径标注
- **视频教程：**

  光盘\教学\第 3 章 建筑注释、标注及表格
- **效果文件：**

  光盘\素材和效果\03\效果\3-8.dwg
- **实例演示：**

  光盘\实例\第 3 章\标注浴盆图

相关知识 什么是坐标标注

坐标标注用来标示指定点到坐标原点的水平或垂直距离。使用坐标标注，可以确保指定点与基准点的精确偏移量，从而避免误差的增大。

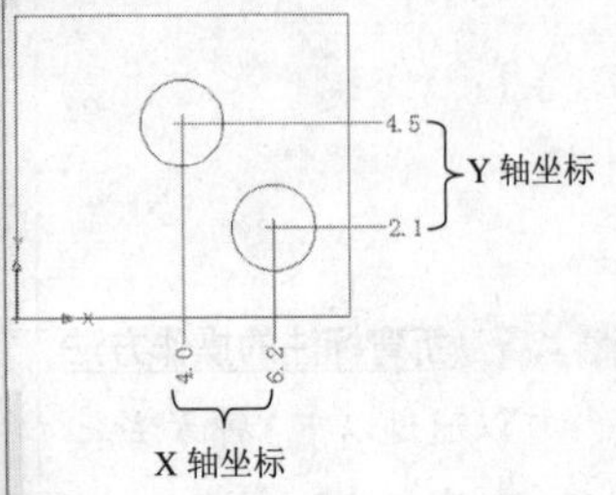

操作技巧 坐标标注的操作方法

可以通过以下 3 种方法来执行“坐标标注”功能：

- 选择“标注”→“坐标标注”菜单命令。
- 单击“标注”工具栏中的“坐标标注”按钮。
- 在命令行中输入“dimordinate”后，按回车键。

实例 3-8 标注浴盆图

本实例将标注浴盆图，主要应用了线性标注、半径标注、直径标注等功能。实例效果图如图 3-76 所示。

操作步骤

1 单击“标准”工具栏中的“打开”按钮，打开一个浴盆图，如图 3-77 所示。

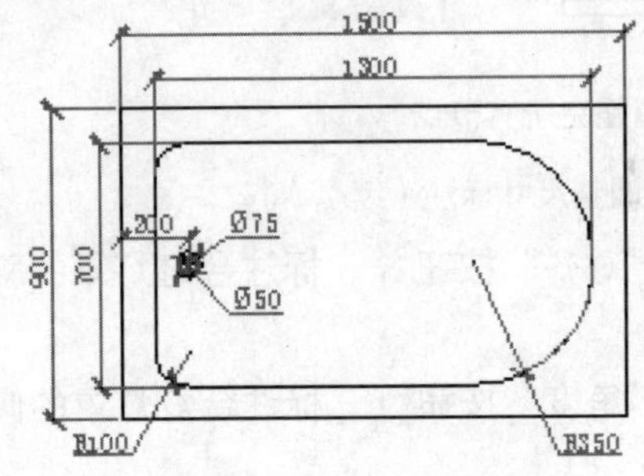

图 3-76 标注浴盆效果图

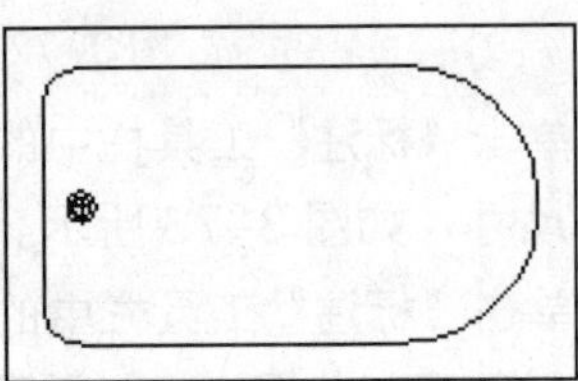

图 3-77 打开图形

2 单击“标注”工具栏中的“标注样式”按钮，打开“标注样式管理器”对话框。

3 单击“修改”按钮，打开“修改标注样式：ISO-25”对话框。设置尺寸线和延伸线的颜色为“红”，设置超出尺寸线为“20”、起点偏移量为“15”。

4 选择“符号和箭头”选项卡，在“箭头”选项组中设置“第一个”下拉列表框为“建筑标记”选项、箭头大小为“50”。

5 选择“文字”选项卡，设置文字颜色为“红”、文字高度为“60”，设置尺寸线偏移为“15”，设置文字对齐为“ISO 标准”，单击“确定”按钮，返回到“标注样式管理器”对话框，再单击“关闭”按钮。

6 单击“标注”工具栏中的“线性”按钮，标注所有的线性尺寸，如图 3-78 所示。

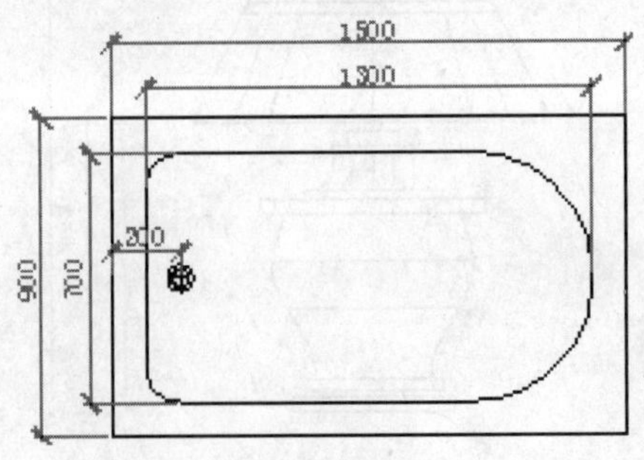

图 3-78 标注线性尺寸

7 单击“标注”工具栏中的“半径”按钮，标注浴盆内部的圆角尺寸，如图 3-79 所示。

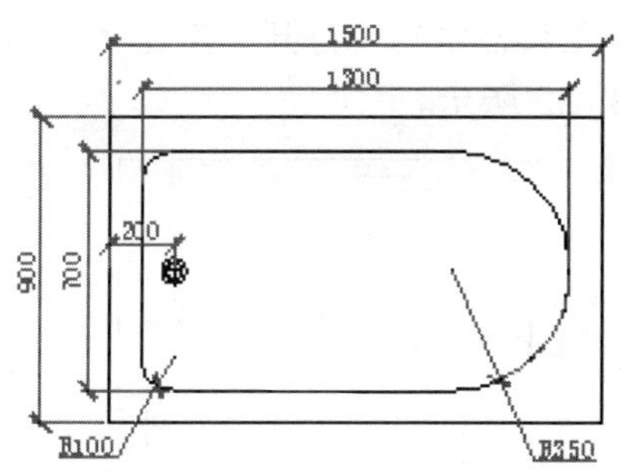

图 3-79 标注半径尺寸

8 单击“标注”工具栏中的“直径”按钮，标注浴盆内部地漏的圆的直径尺寸，如图 3-80 所示。

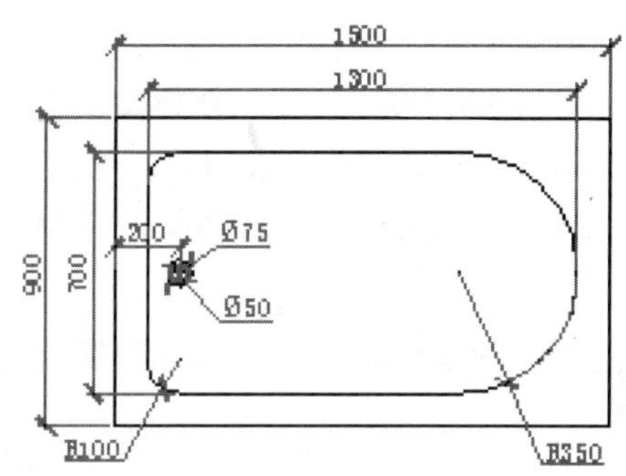

图 3-80 标注直径尺寸

实例 3-9 标注房间平面图（一）

本实例将标注房间平面图，主要应用了文字样式、多行文字、线性标注、连续标注等功能。实例效果如图 3-81 所示。

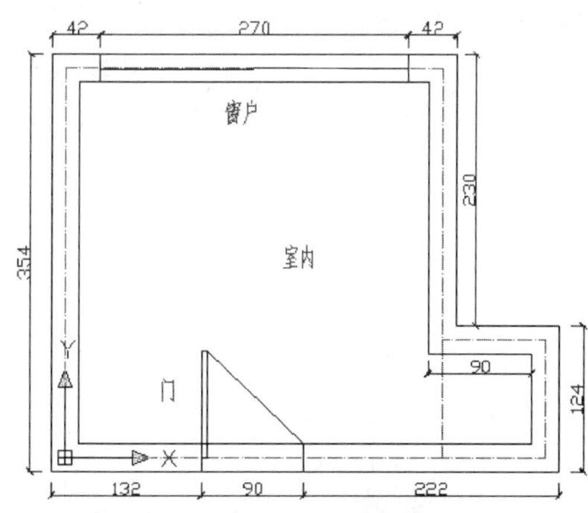

图 3-81 标注房间平面效果图

重点提示 坐标标注要领

在命令行提示“指定点坐标:”时，如果相对于指定点上下方向移动鼠标，将标注出 X 轴的坐标；如果相对于指定点左右方向移动鼠标，则标注出 Y 轴的坐标。

实例 3-9 说明

- 知识点：
  - 文字样式
  - 多行文字
  - 线性标注
  - 连续标注
- 视频教程：
  光盘\教学\第 3 章 建筑注释、标注及表格
- 效果文件：
  光盘\素材和效果\03\效果\3-9.dwg
- 实例演示：
  光盘\实例\第 3 章\标注房间平面图 1

相关知识 什么是形位公差标注

形位公差用来表示对象的形状、轮廓、方向、位置和跳动的允许偏差。公差标注包括形状公差和位置公差，是指导生产、检验产品、控制质量的技术依据。

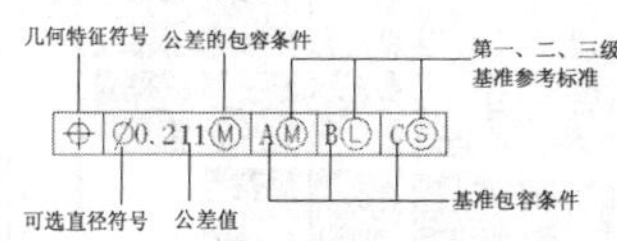

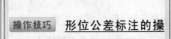

操作技巧 形位公差标注的操作方法

可以通过以下3种方法来执行“形位公差标注”功能:

- 选择“标注”→“形位公差标注”菜单命令。
- 单击“标注”工具栏中的“形位公差标注”按钮。
- 在命令行中输入“tolerance”后，按回车键。

操作技巧 创建形位公差标注

用以上操作方法的任意一种方法，都可以打开“形位公差”对话框。在此对话框中可以设置公差的符号、值以及基准等参数。

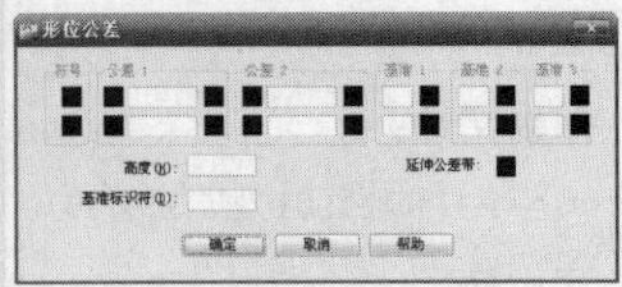

该对话框中的各个选项定义如下:

1. 符号

符号用于显示或设置所要标注形位公差的符号，单击此区的图标■可以打开“特征符号”对话框，在此对话框中可以选择所需要的形位公差符号。

操作步骤

1 单击“标准”工具栏中的“打开”按钮，打开一个房间平面图，如图 3-82 所示。

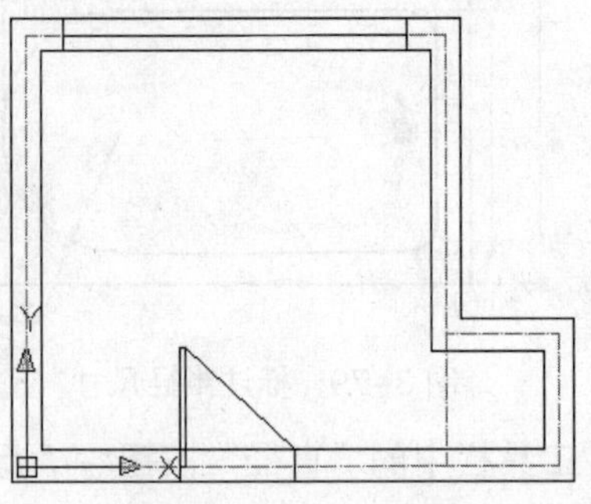

图 3-82 打开图形

2 选择“格式”菜单中的“文字样式”命令，打开“文字样式”对话框。单击“新建”按钮，在“新建文字样式”对话框的“样式名”文本框中输入“standard1”，单击“确定”按钮，返回到“文字样式”对话框。设置高度为“20”，如图 3-83 所示。

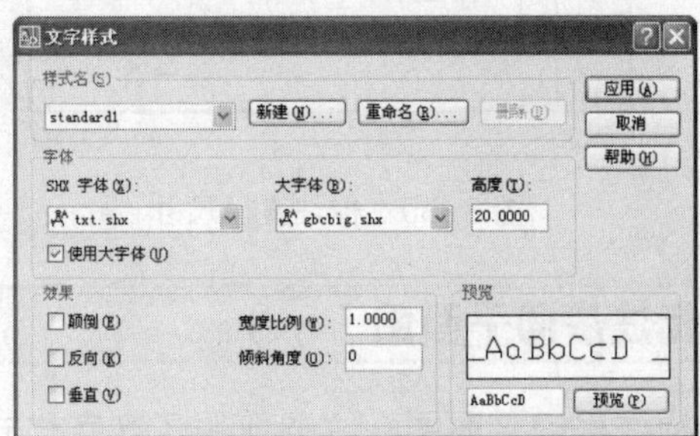

图 3-83 “文字样式”对话框

3 单击“绘图”工具栏中的“文字”按钮A，在图中靠近窗子的位置处输入文字“窗户”，在靠近门口处输入文字“门”，在图中心输入文字“室内”，如图 3-84 所示。

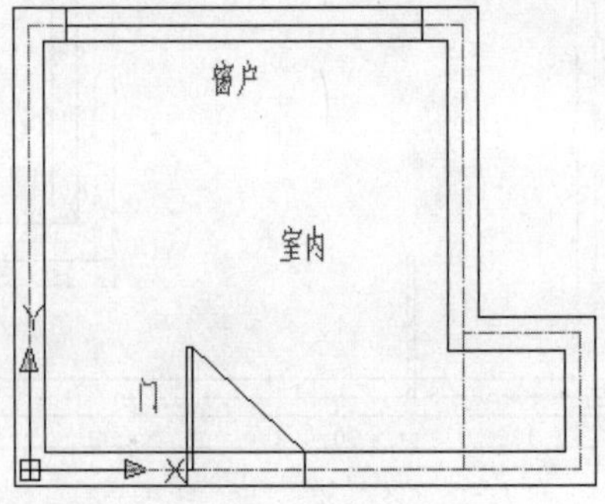

图 3-84 输入文字

4 单击“标注”工具栏中的“标注样式”按钮，打开“标注样式管理器”对话框。单击“新建”按钮，打开“创建新标注样式”对话框，设置新样式名为“副本 ISO-25”，单击“继续”按钮，系统弹出“新建标注样式”对话框。

5 在“直线”选项卡中设置“尺寸线”和“尺寸界线”的颜色都为蓝色，选中“固定长度的尺寸界线”复选框，设置长度为“10”。

6 在“符号和箭头”选项卡中，设置“箭头”选项组中的“第一个”、“第二个”都为“建筑标记”、箭头大小为“5”，其他使用默认设置。

7 在“文字”选项卡中设置文字高度为“12”、文字颜色为蓝色；在“主单位”选项卡中设置精度为“0.00”，单击“确定”按钮，返回到“标注样式管理器”对话框，单击“置为当前”按钮，单击“关闭”按钮。

8 单击“标注”工具栏中的“线性”按钮，在图中先标注一段尺寸，如图 3-85 所示。

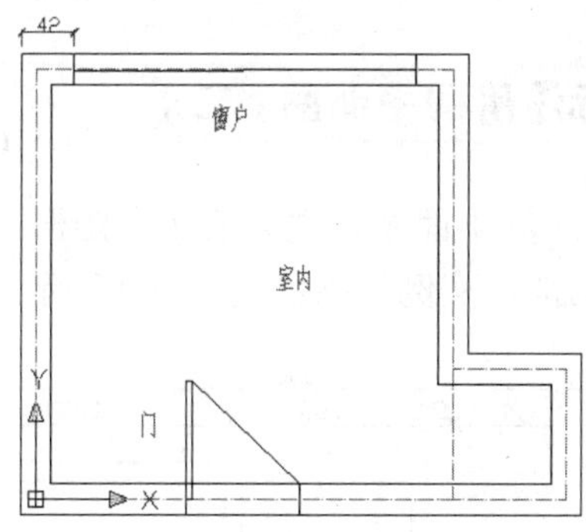

图 3-85　标注一段尺寸

9 单击“标注”工具栏中的“连续”按钮，标注同一面的同排尺寸，如图 3-86 所示。

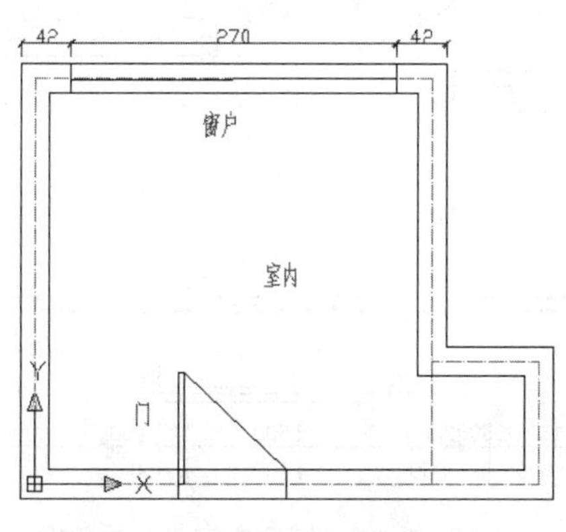

图 3-86　标注同排尺寸

2. 公差 1 和公差 2

单击前列的■图标按钮，将插入一个直径符号，在中间的文本框中可以输入公差值；单击后列的■图标按钮，将会打开“附加符号”对话框，可为公差选择包容条件符号。

附加符号

Ⓜ Ⓛ Ⓢ

3. 基准 1、基准 2 和基准 3

该功能用于在特征控制框中创建第一级基准参照、第二级基准参照和第三级基准参照。

4. 高度

高度用于创建投影公差零值。投影公差带可控制固定垂直部分延伸区的高度变化，并以位置公差控制公差精度。

5. 延伸公差带

延伸公差带用于在延伸公差带值的后面插入延伸公差带符号。

6. 基准标识符

基准标识符用于创建由参照字母组成的基准标识符号。

实例 3-10 说明

- 知识点：
  - 矩形
  - 线性标注
  - 连续标注
  - 删除
- 视频教程：

  光盘\教学\第 3 章 建筑注释、标注及表格
- 效果文件：

  光盘\素材和效果\03\效果\3-10.dwg
- 实例演示：

  光盘\实例\第 3 章\标注房屋平面图 2

相关知识 什么是快速标注

对于一系列相邻或相近的实体目标，如果逐一对它们进行尺寸标注，则效率会很低。

AutoCAD 2012 中的“快速标注”命令，可以一次快速标注一系列尺寸，从而提高绘图效率。

使用快速标注创建连续标注：

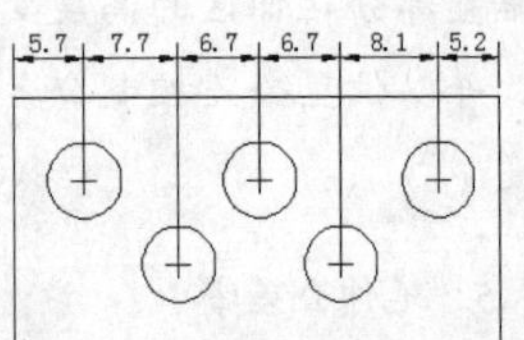

使用快速标注创建坐标标注：

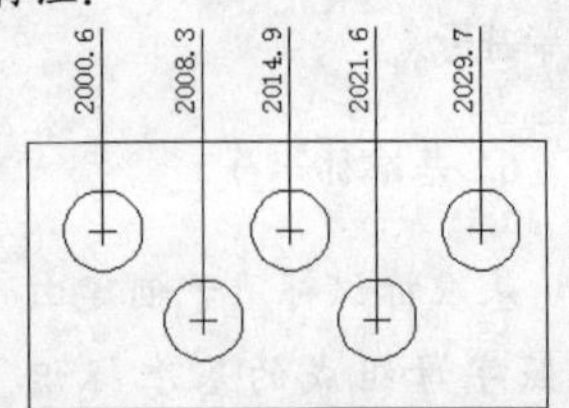

使用快速标注创建半径标注：

10 用同样的方法标注另外 3 个面图形的尺寸，如图 3-87 所示。

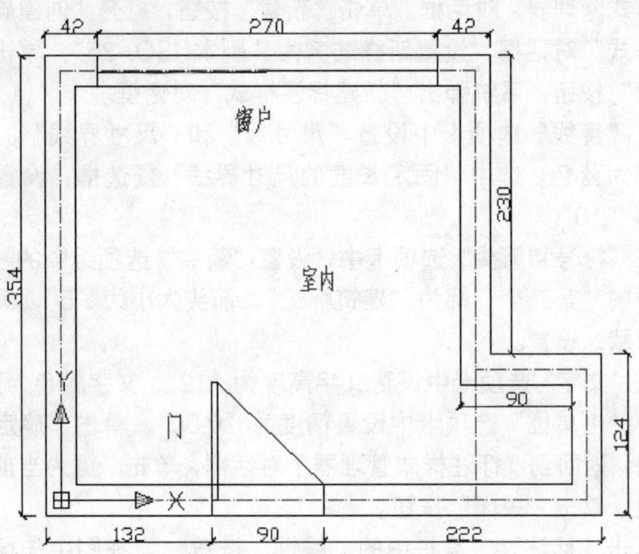

图 3-87 标注另外 3 个面图形的尺寸

实例 3-10 标注房间平面图（二）

本实例将标注房间平面图，主要应用了矩形、线性标注、连续标注、删除等功能。实例效果如图 3-88 所示。

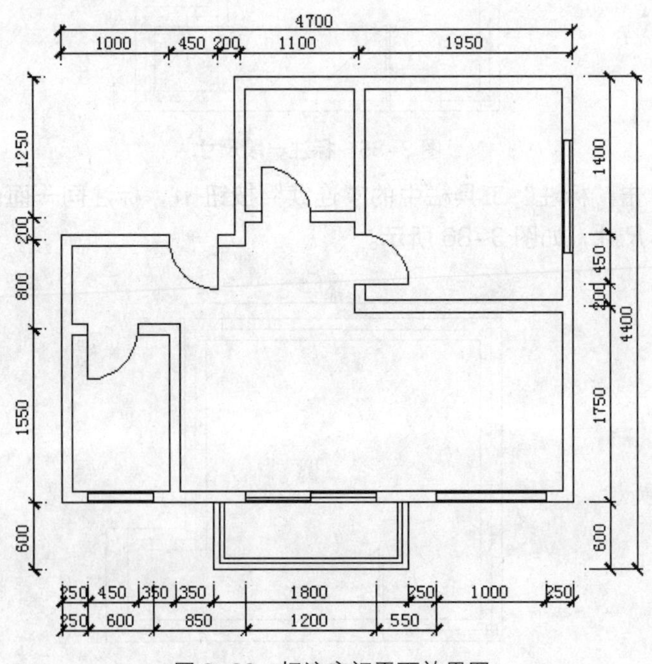

图 3-88 标注房间平面效果图

操作步骤

1 单击“标准”工具栏中的“打开”按钮，打开一个房屋平面图，如图 3-89 所示。

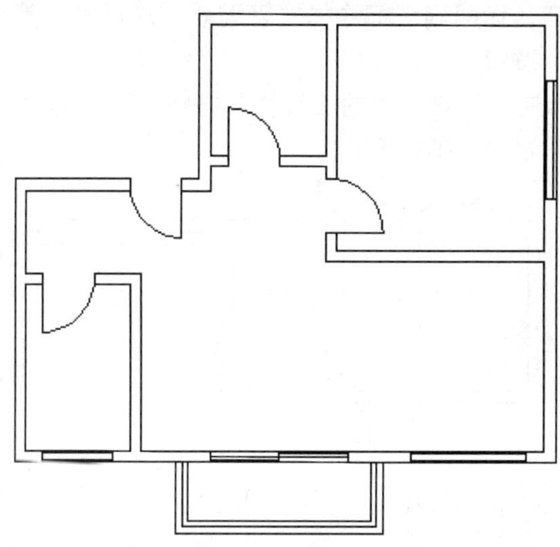

图 3-89 打开图形

2 单击“绘图”工具栏中的“矩形”按钮，在图形外绘制一个辅助矩形。由于图形比较复杂，标注的延伸线段在图形内会造成图形观察的不便，所以绘制一个辅助矩形，便于缩放标注的延伸线段，如图 3-90 所示。

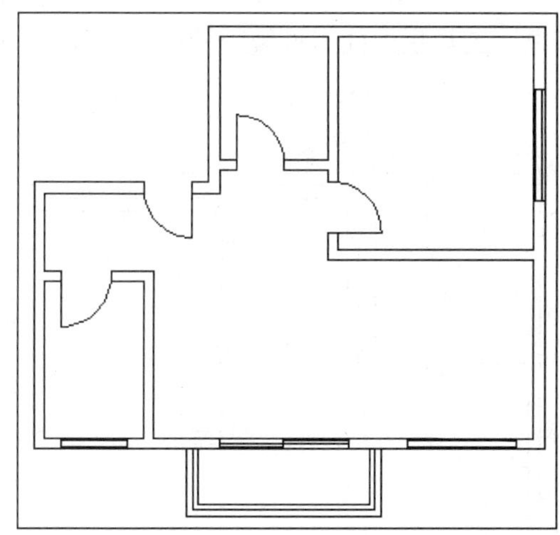

图 3-90 绘制辅助矩形

3 单击“标注”工具栏中的“标注样式”按钮，打开“标注样式管理器”对话框。

4 单击“修改”按钮，打开“修改标注样式：ISO-25”对话框，设置超出尺寸线为“50”、起点偏移量为“40”。

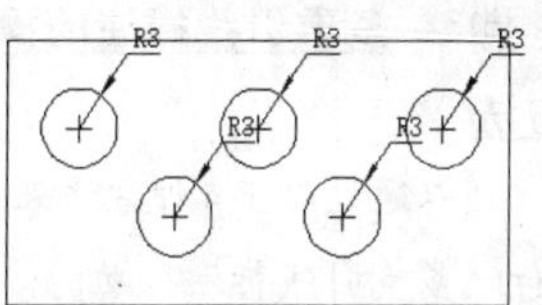

操作技巧 **快速标注的操作方法**

可以通过以下3种方法来执行“快速标注”功能：

- 选择“标注”→“快速标注”菜单命令。
- 单击“标注”工具栏中的“快速标注”按钮。
- 在命令行中输入“qdim”后，按回车键。

相关知识 **什么是多重引线标注**

引线对象是一条线或样条曲线，其一端带有箭头，另一端带有多行文字对象或块。在某些情况下，还会有一条短水平线（也称为基线），将文字或块和特征控制框连接到引线上。

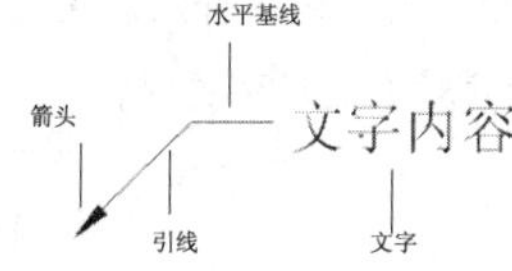

引线样式为样条曲线：

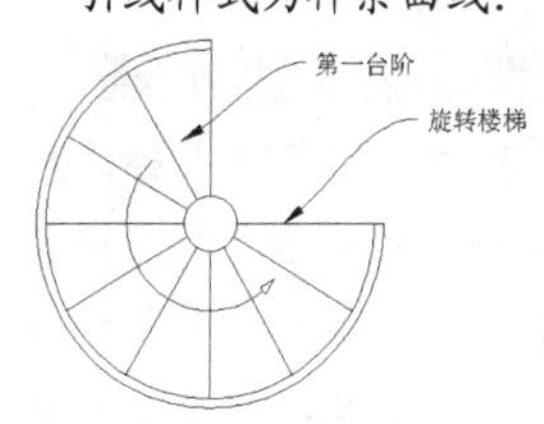

对齐多重引线：

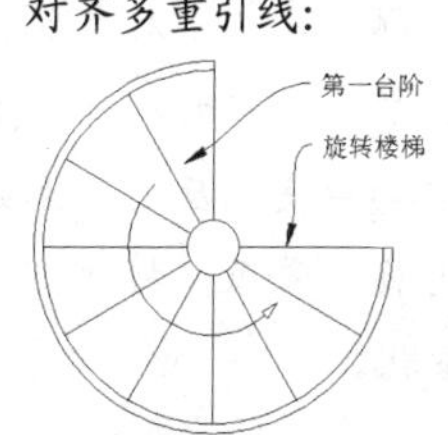

操作技巧 **多重引线标注的操作方法**

可以通过以下4种方法来执行"多重引线标注"功能：

- 选择"标注"→"多重引线标注"菜单命令。
- 单击"样式"工具栏中的"多重引线样式"按钮。
- 单击"标注"工具栏中的"多重引线标注"按钮。
- 在命令行中输入"mleader"后，按回车键。

相关知识 **什么是编辑尺寸标注**

绘制尺寸标注后，可以使用编辑命令对标注对象的文字位置、尺寸线以及标注样式等进行编辑修改，而无需从头标注一次。

编辑尺寸标注的常用方法有4种：倾斜标注、对齐文字、使用夹点修改标注以及设置标注对象的尺寸关联。

相关知识 **标注的尺寸关联**

尺寸关联指的是标注尺寸与被标注对象之间是否有关联关系。若标注的尺寸值与被标注对象之间存在关联关系，那么当标注对象的大小改变后，相应的标注尺寸也会自动改变。反之，无论对象怎样被修改，标注都不发生变化。

5 选择"符号和箭头"选项卡，"箭头"选项组中的"第一个"下拉列表框设置为"建筑标记"选项，箭头大小设置为"90"。

6 选择"文字"选项卡，设置文字的高度为"120"、尺寸线偏移设置为"40"，设置文字的对齐为"ISO 标准"，单击"确定"按钮，返回到"标注样式管理器"对话框，然后再单击"关闭"按钮。

7 单击"标注"工具栏中的"线性"按钮，在图中先标注一段尺寸，如图3-91所示。

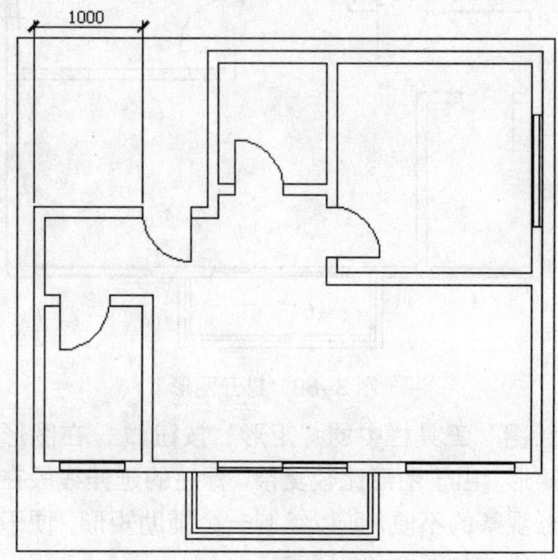

图3-91 标注线性尺寸

8 单击"标注"工具栏中的"连续"按钮，标注同一面的同排尺寸，如图3-92所示。

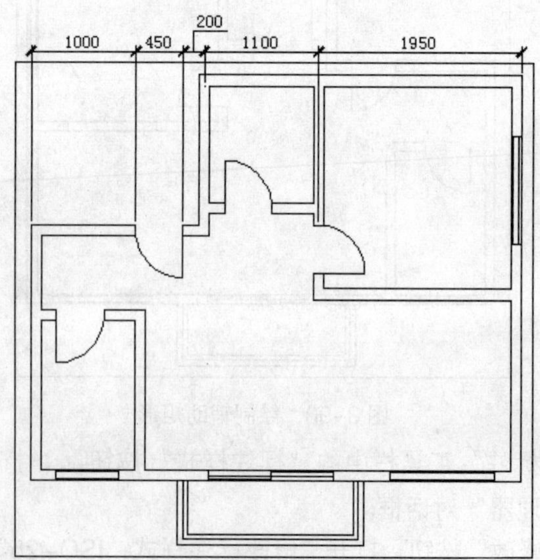

图3-92 标注连续尺寸

9 单击“标注”工具栏中的“线性”按钮![]，标注房屋的总尺寸，如图 3-93 所示。

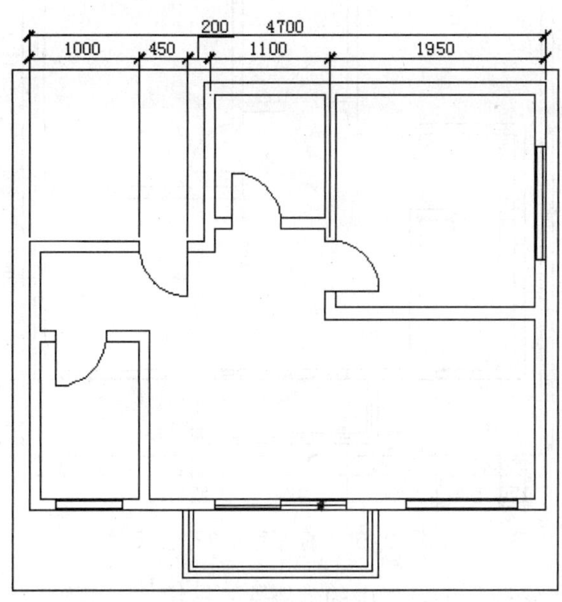

图 3-93　标注线性总尺寸

10 选择标注的尺寸，通过蓝色夹点将标注的点拉伸到辅助矩形上，并且适当调整文字位置，如图 3-94 所示。

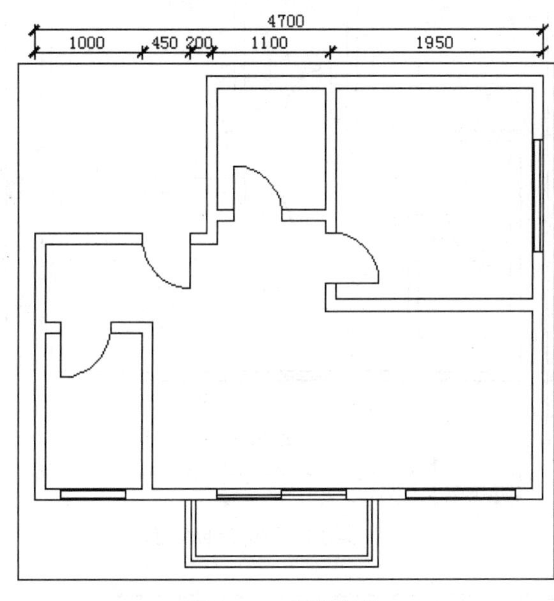

图 3-94　调整标注

11 用同样的方法，标注另外的其他面尺寸。如果图形比较复杂，可以分成两层或 3 层来详细标注图形，如图 3-95 所示。

关联前：

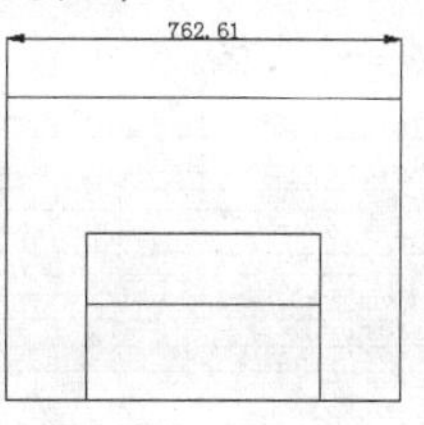

关联后：

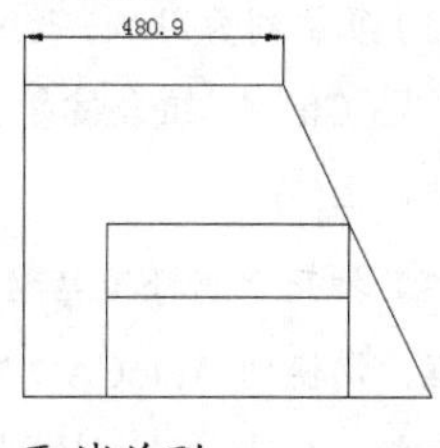

取消关联：

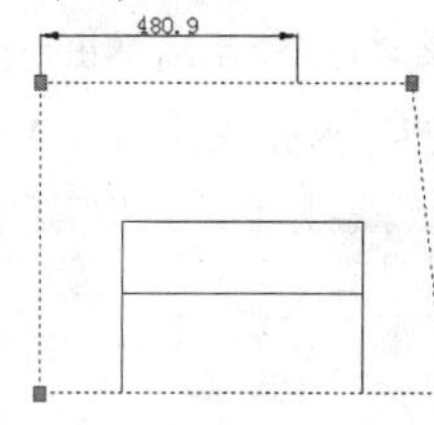

重点提示　怎样查看关联性

如果要查看当前选中标注是否与对象有关联性，可以单击状态栏上的“快捷特性”按钮![]，打开快捷特性面板。

转角标注

关联	是
标注样式	ISO-25
注释性	否
测量单位	762.5581
文字替代	

疑难解答　如何将 Excel 工作表插入 AutoCAD 中

将 Excel 工作表插入 AutoCAD 中的操作步骤如下：

（1）制作表格。在 Excel 中制作一个表格。

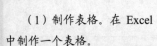

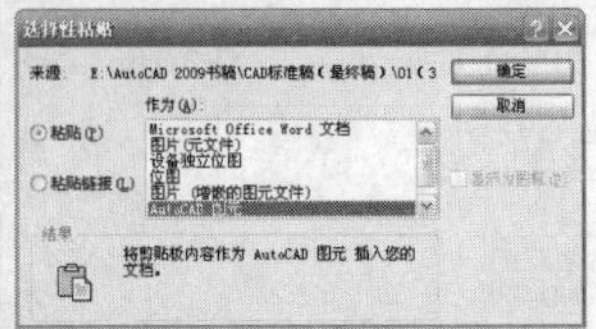

视图名称	视点	在XY平面上的角度	与XY平面的夹角
俯视	0,0,1	270	90
仰视	0,0,-1	270	-90
左视	-1,0,0	180	0
右视	1,0,0	0	0
前视	0,-1,0	270	0
后视	0,1,0	90	0
西南等轴测	-1,-1,1	225	45
东南等轴测	1,-1,1	315	45
东北等轴测	1,1,1	45	45
西北等轴测	-1,1,1	135	45

（2）复制到剪贴板。选中内容，按 Ctrl+C 组合键复制到剪贴板上。

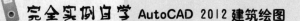

（3）打开“选择性粘贴”对话框，切换到 AutoCAD 窗口，单击“编辑”→“选择性粘贴”菜单命令，系统弹出“选择性粘贴”对话框。

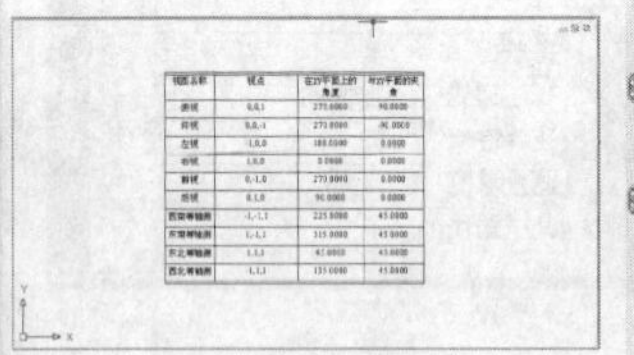

（4）设置“AutoCAD 图元”插入表格。在“作为”下拉列表框中选择以哪种形式粘贴，此处选择“AutoCAD 图元”选项，单击“确定”按钮，在绘图区指定插入点后，即可插入 Excel 表格。

（5）分解表格。单击“修改”面板上的“分解”按钮，即可编辑其中的线条和文字。

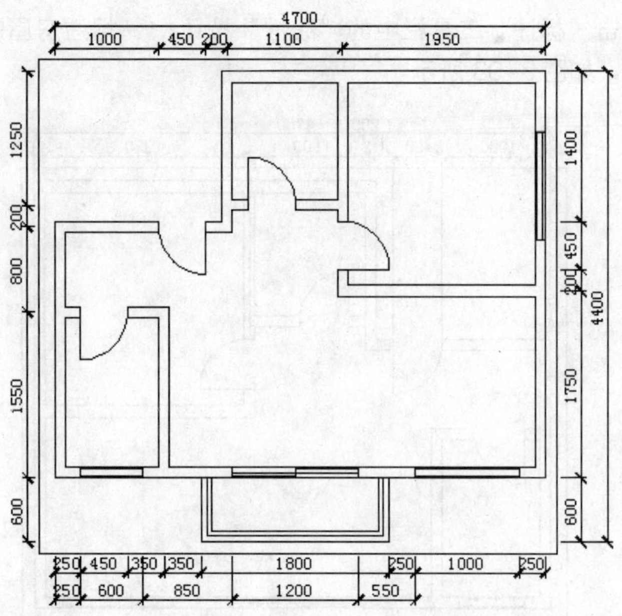

图 3-95　标注另外 3 个面尺寸

12 单击“修改”工具栏中的“删除”按钮，删除辅助矩形，如图 3-96 所示。

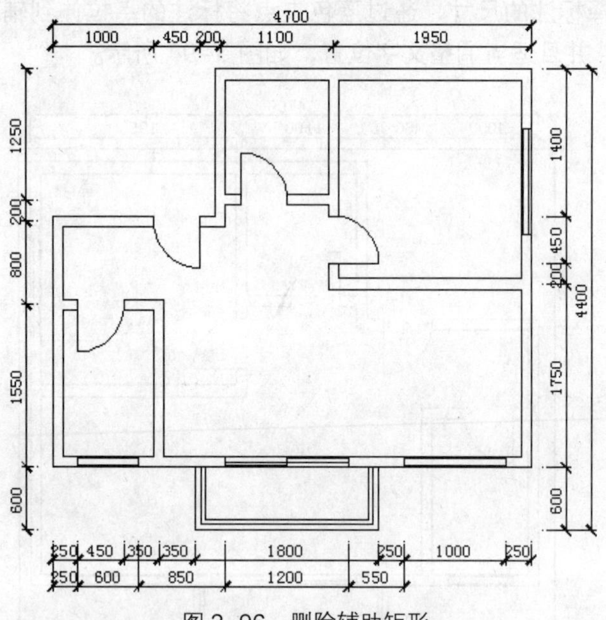

图 3-96　删除辅助矩形

实例 3-11　制作表格

本实例将制作一个表格，主要应用了表格样式、创建表格、编辑表格、输入文字等功能。实例效果如图 3-97 所示。

XX建筑工程设计院			证号	
院长			图号	
总工			电子存档号	
设计师			专业工种	
审核			设计阶段	
复核			比例	
设计			第　张	

图 3-97　制作表格效果图

在绘制图形时，先创建一个表格样式，然后创建表格并进行表格编辑，最后输入文字。具体操作见“光盘\实例\第 3 章\制作表格”。

实例 3-12　绘制并标注门架

本实例将绘制并标注门架，主要应用了直线、偏移、修剪、镜像、线性标注等功能。实例效果如图 3-98 所示。

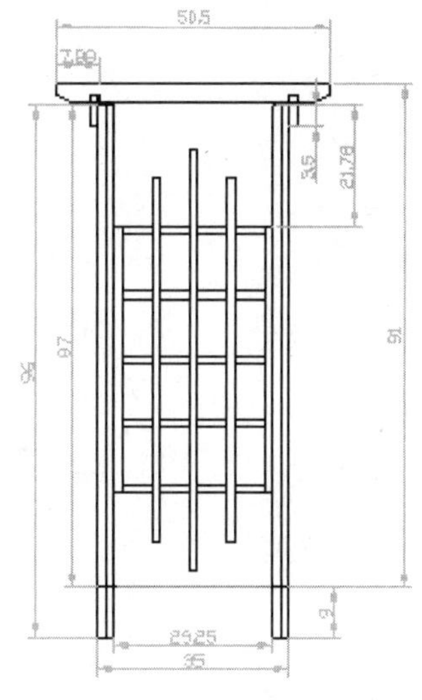

图 3-98　绘制并标注门架效果图

在绘制图形时，用直线、偏移、修剪等功能绘制出门架的样式，然后使用线性标注尺寸。具体操作见“光盘\实例\第 3 章\绘制并标注门架”。

疑难解答　不能显示汉字或输入的汉字变成了问号

其原因可能有以下几个：

- 对应的文字没有使用汉字字体。
- 当前系统中没有汉字字体文件；应将所用到的字体文件复制到 Windows 的字体目录中（一般为 C:Windows\FONTS\）。
- 对于某些符号（如希腊字母等），同样必须使用对应的字体文件。

疑难解答　在标注直径尺寸时，字母“ϕ”以“□”形式显示

出现这种情况，是由于文字样式设置错误的原因。

解决方法是：在设置文字样式时，不要将 AutoCAD 默认的文字样式“标准样式”的字体名称改变，而且在标注样式的设置时，“文字”选项卡中的文字样式也不要改动，都按系统默认的选项。

04

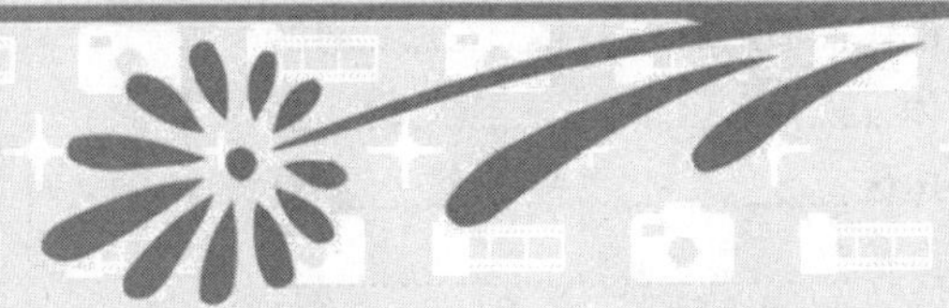

第 4 章 建筑实体建模

在建筑绘图中，三维建模是一种使用非常普遍的功能，通过三维建模生成的图形可以给人一种强烈的真实感，经过视觉样式的修饰可使三维图形的效果更加逼真。本章讲解的实例及主要功能如下：

实 例	主要功能	实 例	主要功能	实 例	主要功能
绘制木桌	长方体 圆角 移动 消隐	绘制木椅	长方体 圆柱体 圆角、复制 旋转、镜像 新建 UCS	绘制铅笔	东北等轴测 圆柱体 圆锥体
绘制高脚杯	旋转 偏移 镜像 面域 二维旋转成实体	绘制酒吧椅	面域 东北等轴测 新建 UCS 二维拉伸成实体 圆柱体	绘制盘子	删除 偏移 三维旋转 二维旋转成实体
绘制一段台阶	修剪 旋转 三维旋转 二维拉伸成实体			绘制拐杖	修剪 打断 二维拉伸成实体 球体
绘制树池	长方体 镜像 消隐	绘制简易床	长方体 移动 并集	绘制沙发	长方体 圆角 复制 并集

本章在讲解实例操作的过程中，全面系统地介绍关于建筑实体建模的相关知识和操作方法，包含的内容如下：

实例 4-1　绘制木桌

本实例将绘制一个木桌的立体图形，主要是应用了长方体、圆角、移动、消隐等功能。实例效果如图 4-1 所示。

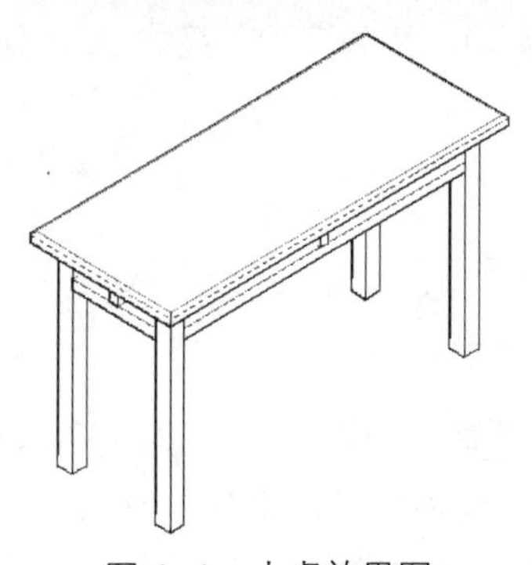

图 4-1　木桌效果图

操作步骤

1. 单击“视图”菜单中“三维视图”子菜单中的“东北等轴测”命令，将视图由二维模式切换到三维模式，如图 4-2 所示。
2. 单击“建模”工具栏中的“长方体”按钮，绘制一个长为 1200、宽为 500、高为 30 的长方体，如图 4-3 所示。

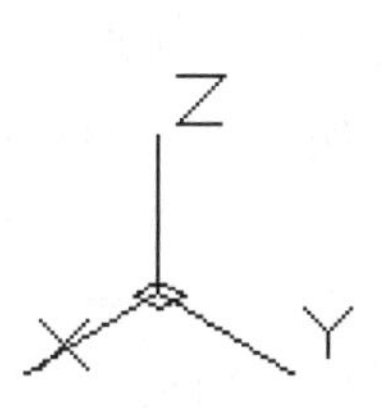

图 4-2　切换为三维模式

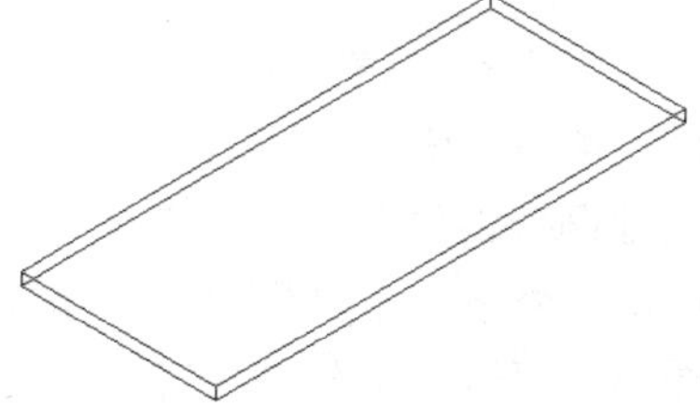

图 4-3　绘制长方体

3. 单击“修改”工具栏中的“圆角”按钮，对上面的 4 条边倒圆角，圆角半径为 10，如图 4-4 所示。
4. 单击“建模”工具栏中的“长方体”按钮，绘制 3 个长方体，尺寸分别为长为 1000、宽为 30、高为 15，长为 1000、宽为 30、高为 30，长为 30、宽为 30、高为 70，如图 4-5 所示。

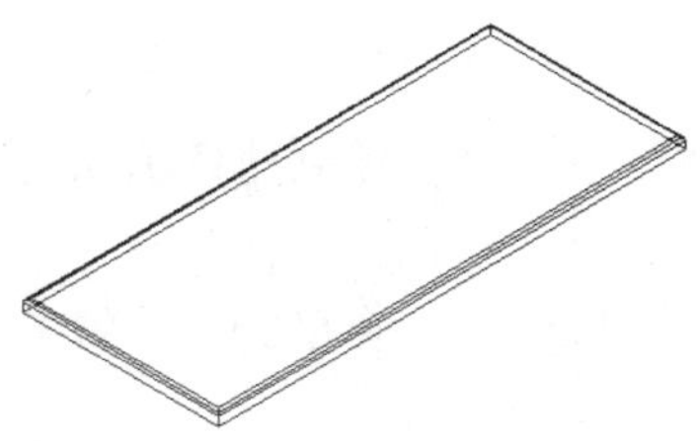

图 4-4　对 4 条边进行倒圆角

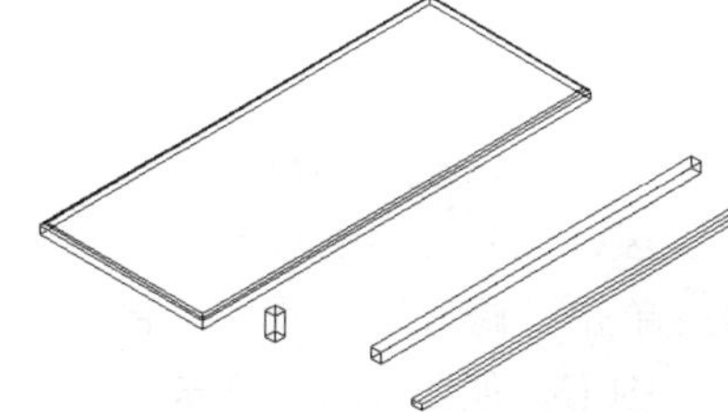

图 4-5　绘制 3 个长方体

实例 4-1 说明

- **知识点：**
  - 长方体
  - 圆角
  - 移动
  - 消隐
- **视频教程：**
  光盘\教学\第 4 章　建筑实体建模
- **效果文件：**
  光盘\素材和效果\04\效果\4-1.dwg
- **实例演示：**
  光盘\实例\第 4 章\绘制木桌

相关知识　**什么是三维视图**

因为一个投影仅表示建筑物一个方向的投影，所以在绘图或看图过程中不需要改变图形的观察方向。但要用三维立体图表达物体各个方向的立体形状时，就需要经常改变图形的观察方向，以便从不同方向绘制或观察物体。

视点预设(I)...
视点(V)
平面视图(P)
俯视(T)
仰视(B)
左视(L)
右视(R)
前视(F)
后视(K)
西南等轴测(S)
东南等轴测(E)
东北等轴测(N)
西北等轴测(W)

相关知识 三维视图的选项

三维视图包括以下选项：视点预设、视点、平面视图、俯视、仰视、左视、右视、主视、后视、西南等轴测、东南等轴测、东北等轴测、西北等轴测。这些选项可以分为以下4类。

1. 视点预设

视点预设用于设置绝对于世界坐标系（WCS）的观察角度，也可以设置相对于用户坐标系（UCS）的观察角度，具体设置可视情况而定。

选择“视图”→“三维视图”→“视点预设”菜单命令，打开“视点预设”对话框。

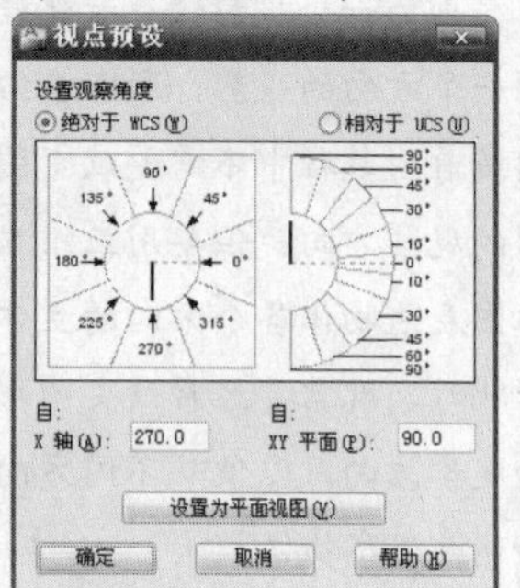

2. 视点

AutoCAD 默认的视点为（0，0，1），就是从（0，0，1）点（Z轴正向）向（0，0，0）点（原点）观察模型。

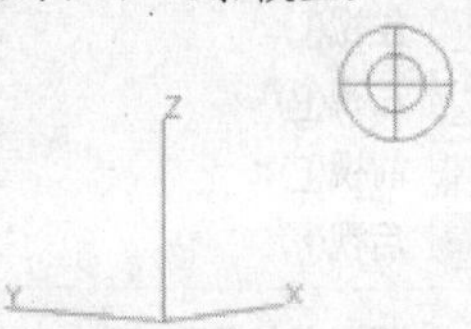

3. 平面视图

平面视图是按视点（0，0，1）来观察图形，包括当前UCS、世界UCS和命名UCS。平面视图

5 单击“修改”工具栏中的“移动”按钮，将步骤4绘制的3个图形进行调整，如图4-6所示。

6 单击“建模”工具栏中的“长方体”按钮，绘制3个长方体，尺寸分别为长为50、宽为50、高为670，长为30、宽为300、高为15，长为30、宽为300、高为30，如图4-7所示。

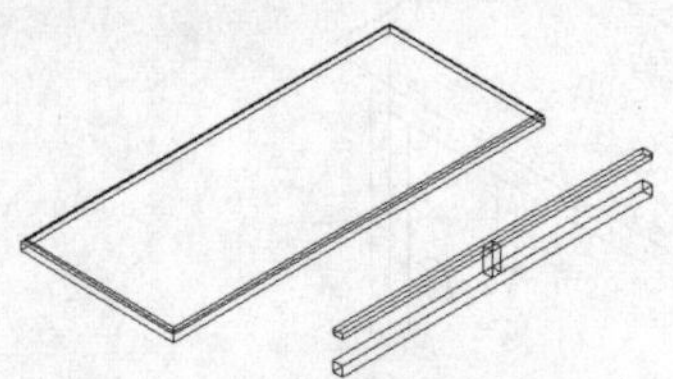

图4-6 调整长方体

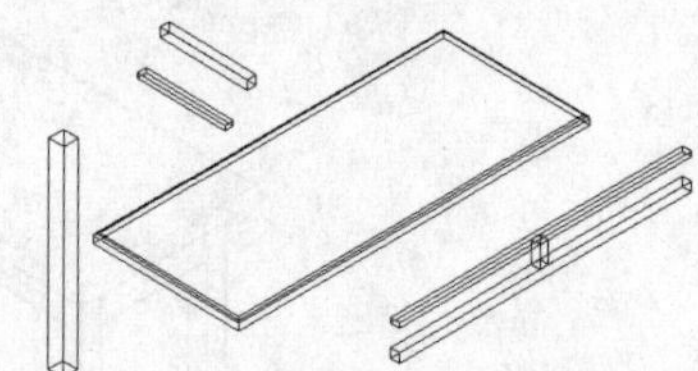

图4-7 再绘制3个长方体

7 单击“修改”工具栏中的“复制”按钮，复制长为30、宽为30、高为70的长方体到另一组长方体上，如图4-8所示。

8 单击“修改”工具栏中的“移动”按钮，对图形进行调整，如图4-9所示。

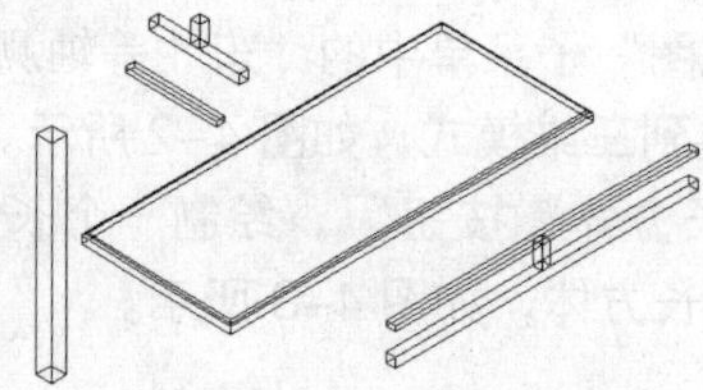

图4-8 复制一个长方体

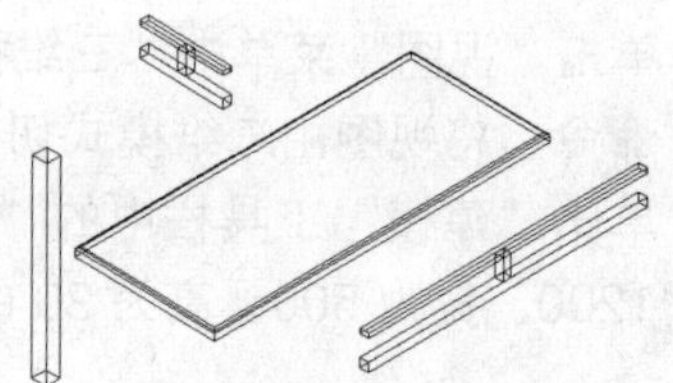

图4-9 移动长方体

9 再次单击“修改”工具栏中的“移动”按钮，对图形进行全部调整，如图4-10所示。

10 单击“修改”工具栏中的“镜像”按钮，由于桌子是对称图形，可以对桌脚进行镜像复制，如图4-11所示。

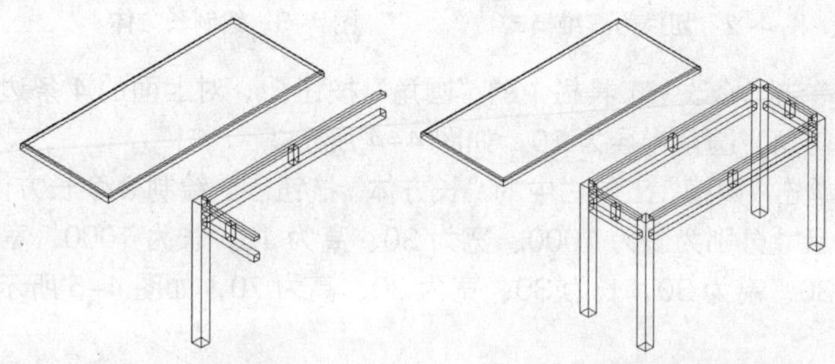

4-10 调整图形　　图4-11 镜像复制图形

11 单击“绘图”工具栏中的“直线”按钮，绘制两条辅助线段，如图4-12所示。

12 单击“修改”工具栏中的“移动”按钮，将桌面移动到桌脚下，如图4-13所示。

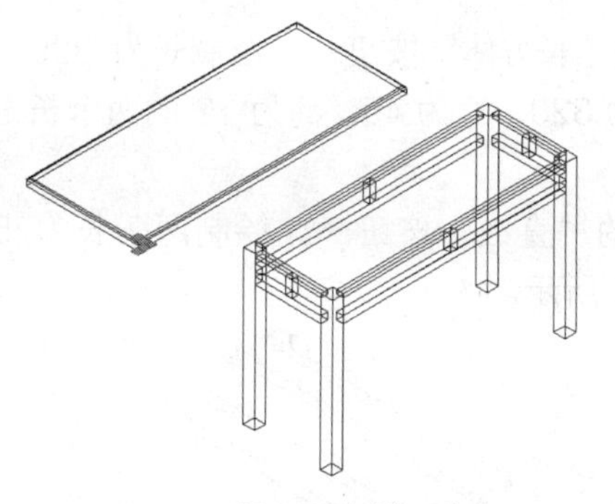

图 4-12　绘制两条辅助线段

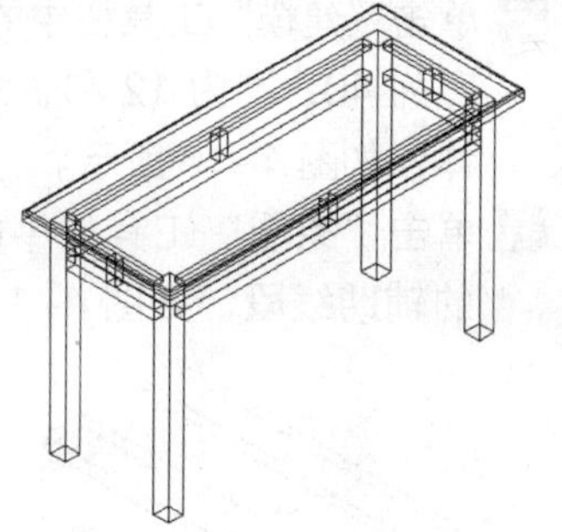

图 4-13　移动图形

13 选择“视图”菜单中的“消隐”命令，调整图形的视觉效果，如图 4-14 所示。

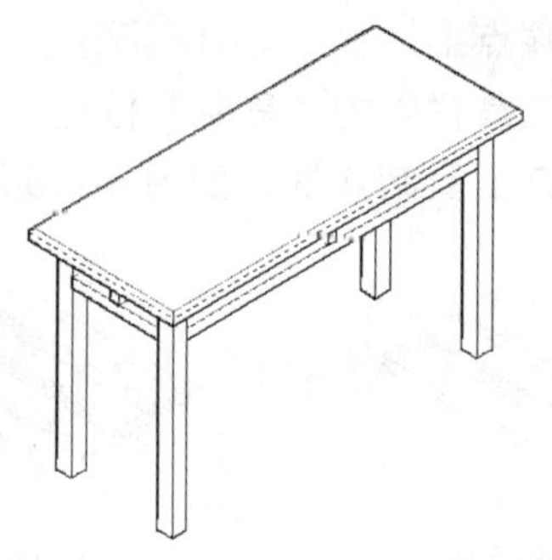

图 4-14　调整视图样式观察图形

实例 4-2　绘制木椅

本实例将绘制一个木椅的立体图形，主要应用了长方体、圆柱体、圆角、复制、旋转、镜像、新建 UCS 等功能。实例效果如图 4-15 所示。

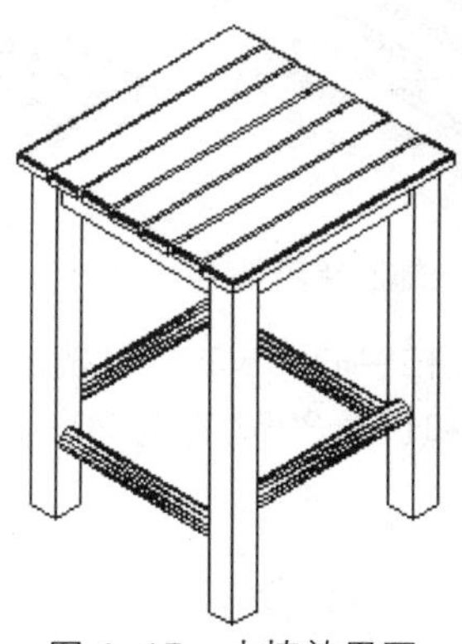

图 4-15　木椅效果图

操作步骤

1 选择“视图”菜单中“三维视图”子菜单中的“东北等轴测”命令，将视图由二维模式切换到三维模式。

包括俯视、仰视、前视、后视、左视、右视 6 项。

- 俯视：从图形的正上方观察视图。
- 仰视：从图形的正下方观察图形。
- 前视：从图形的正前方观察图形。
- 后视：从图形的正后方观察图形。
- 左视：从图形的正左方观察图形。
- 右视：从图形的正右方观察图形。

4. 三维视图

- 西南等轴测：由西南方观测图形，和之后的 3 个视图一样，也是立体视图观察图形。

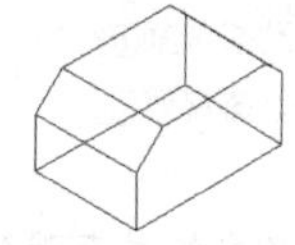

- 东南等轴测：由实体的东南侧视观察图形。
- 东北等轴测：由实体的东北侧视观察图形。
- 西北等轴测：由实体的西北侧视观察图形。

实例 4-2 说明

知识点：
- 长方体
- 圆柱体
- 圆角
- 复制
- 旋转
- 镜像
- 新建 UCS

视频教程：
光盘\教学\第 4 章 建筑实体建模

效果文件：
光盘\素材和效果\04\效果\4-2.dwg

实例演示：
光盘\实例\第 4 章\绘制木椅

相关知识 什么是动态观察

AutoCAD 提供了 3 种三维动态观察器来观察图形：受约束的动态观察、自由动态观察和连续动态观察。通过观察器可以在当前视口中创建一个三维视图，用户可以使用鼠标来实时地控制和改变这个视图，以从不同的方向观察图形。

受约束的动态观察(C)
自由动态观察(F)
连续动态观察(O)

1. 受约束的动态观察

沿 XY 平面或 Z 轴约束三维动态观察。

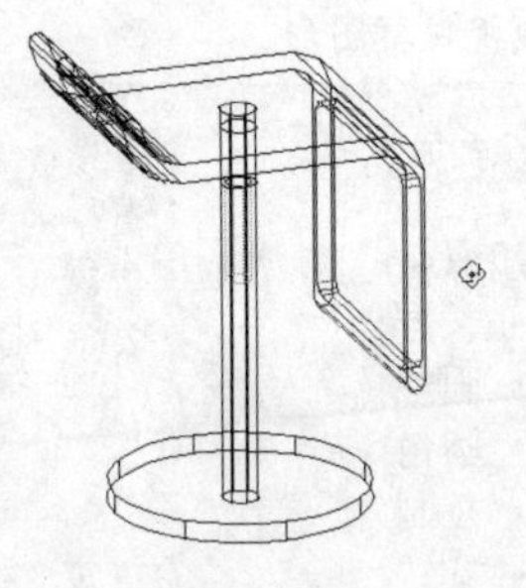

2 单击“建模”工具栏中的“长方体”按钮，绘制长为 320、宽为 40、高为 12 和长为 320、宽为 45、高为 12 的两个长方体，如图 4-16 所示。

3 单击“绘图”工具栏中的“直线”按钮，绘制两条长为 5 的辅助线段，如图 4-17 所示。

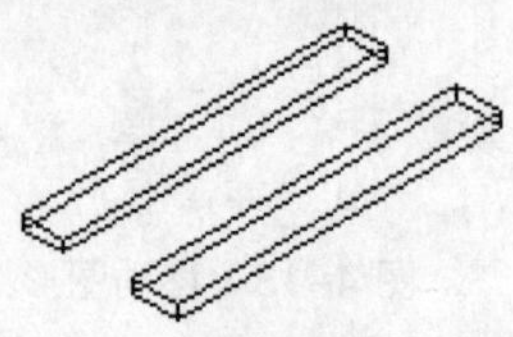

图 4-16 绘制两个长方体

图 4-17 绘制两条辅助线段

4 单击“修改”工具栏中的“移动”按钮，将大的长方体移动到辅助线的端点上，如图 4-18 所示。

5 单击“修改”工具栏中的“复制”按钮，将小的长方体和辅助线一起向左上复制 4 次，如图 4-19 所示。

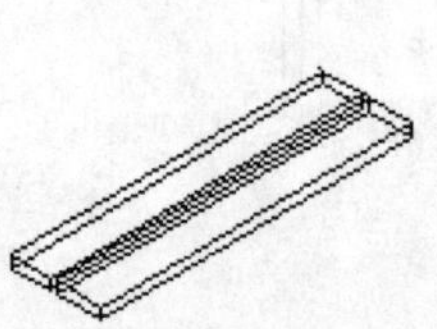

图 4-18 移动长方体

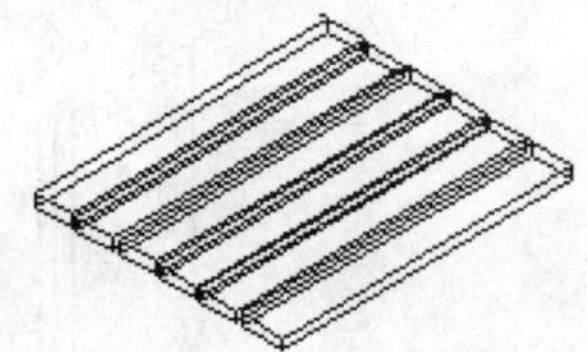

图 4-19 复制长方体

6 再次单击“修改”工具栏中的“复制”按钮，将大的长方体复制到左上方，并删除辅助线段，如图 4-20 所示。

7 单击“修改”工具栏中的“圆角”按钮，将椅子外围一圈的直角修改成圆角，如图 4-21 所示。

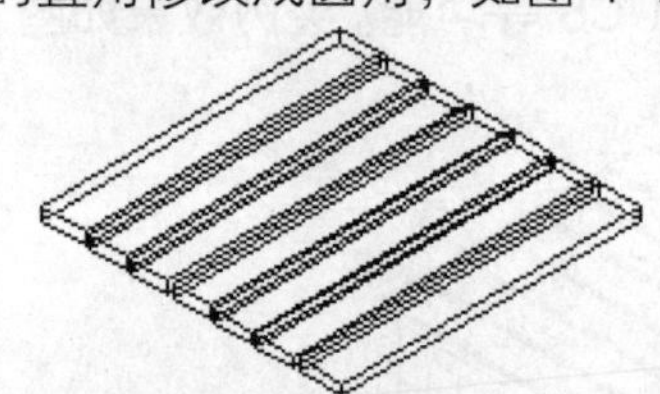

图 4-20 删除辅助线段

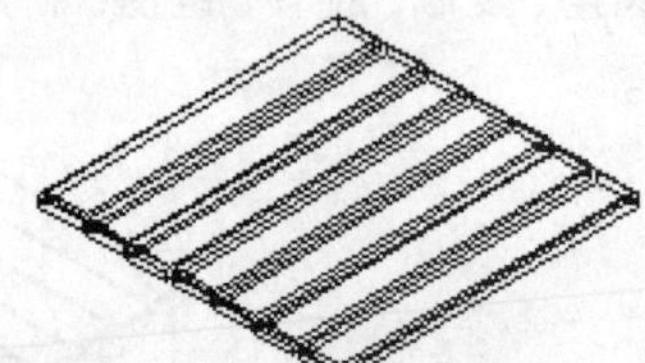

图 4-21 修圆角

8 单击“建模”工具栏中的“长方体”按钮，绘制长为 35、宽为 35、高为 420 和长为 325、宽为 20、高为 38 的两个长方体，如图 4-22 所示。

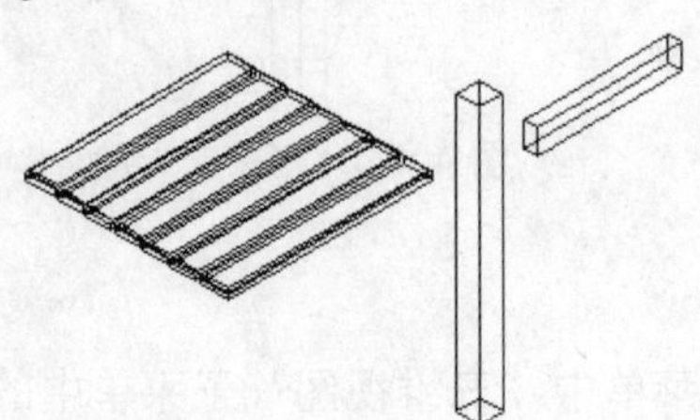

图 4-22 绘制两个长方体

9 单击“修改”工具栏中的“复制”按钮，将横向的长方体在绘图区中复制一个，如图 4–23 所示。

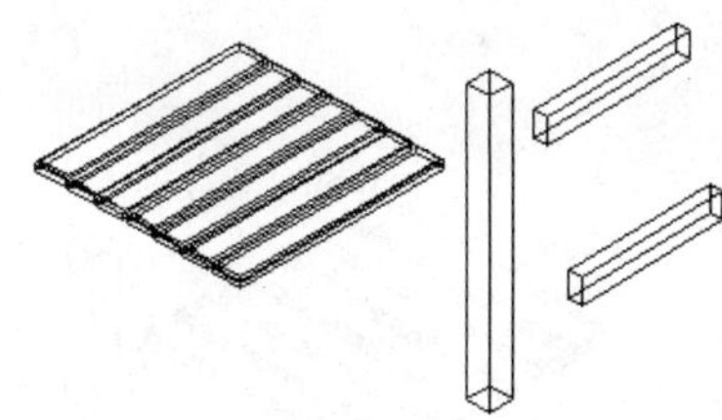

图 4–23　复制横向的长方体

10 单击“修改”工具栏中的“旋转”按钮，将复制的长方体旋转 90°，如图 4–24 所示。

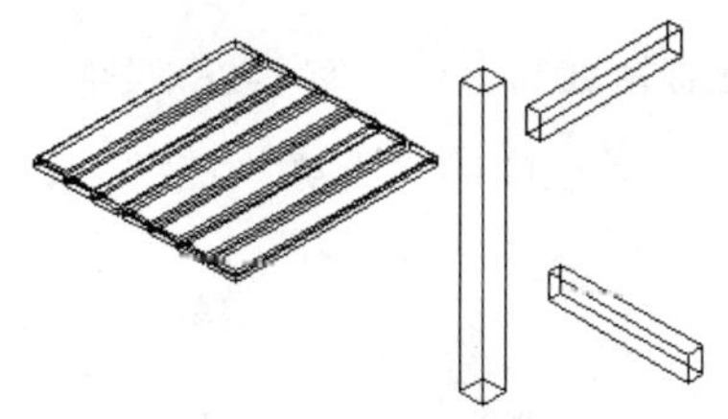

图 4–24　旋转复制的长方体

11 单击“修改”工具栏中的“移动”按钮，对 3 个长方体进行组合，如图 4–25 所示。

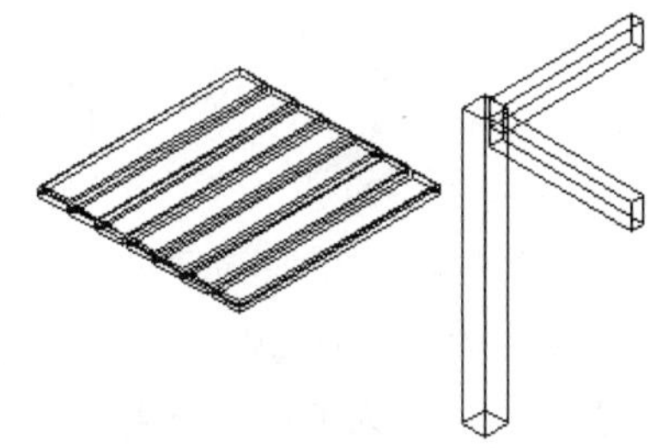

图 4–25　组合长方体

12 单击“修改”工具栏中的“镜像”按钮，重复两次镜像操作，如图 4–26 所示。

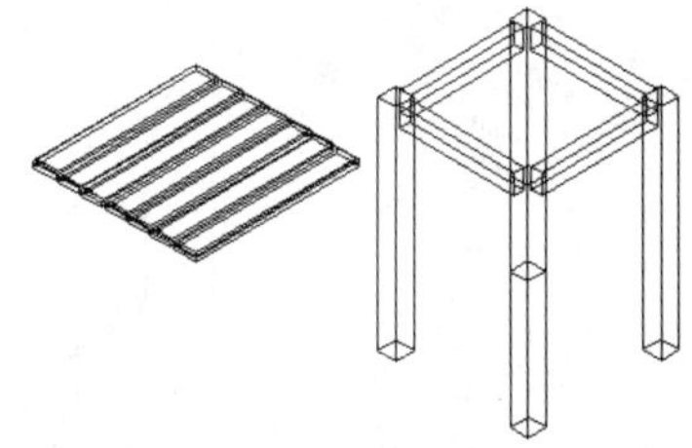

图 4–26　镜像复制

13 选择“工具”菜单栏中“新建 UCS”子菜单中的“X”命令，更改 X 坐标轴，旋转 90°，如图 4–27 所示。

2. 自由动态观察

自由动态观察不参照平面，在任意方向上进行动态观察。沿 XY 平面和 Z 轴进行动态观察时，视点不受约束。

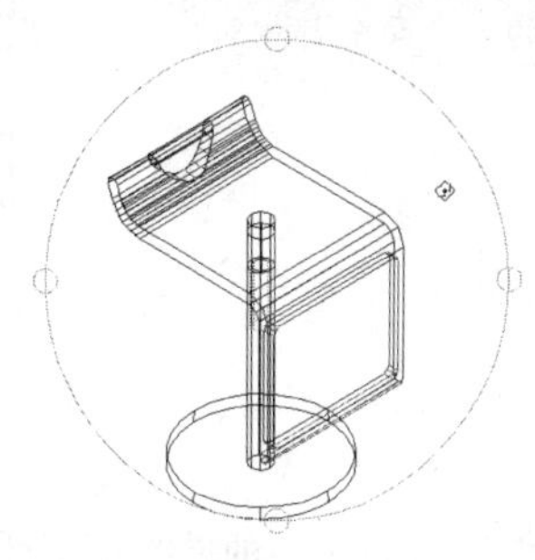

3. 连续动态观察

在要使连续动态观察移动的方向上单击并拖动，然后释放鼠标按钮，轨道会沿该方向继续移动。

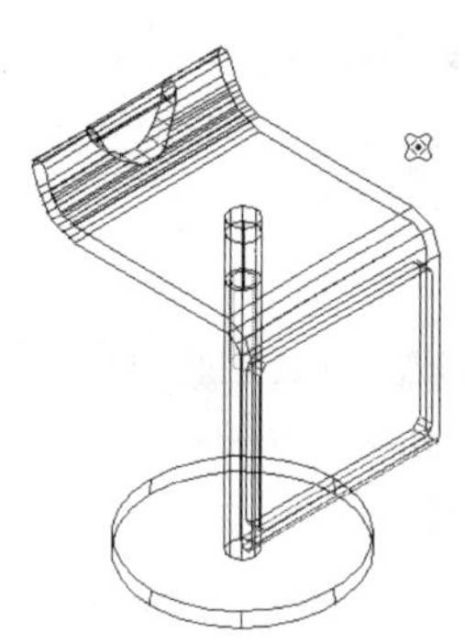

重点提示　自由动态观察技巧

在自由动态观察模式下，会出现一个大圆，大圆的四周各有一个小圆。大圆球的中心称为目标点，被观察的目标保持静止不动，而视点可以绕目标点在三维空间转动。

相关知识 什么是长方体

由 6 个长方形围成的实体图形称为长方体，长方体的任意一个面都与对应的面相同。

正方体是特殊的长方体，它的 6 个面全都相同。

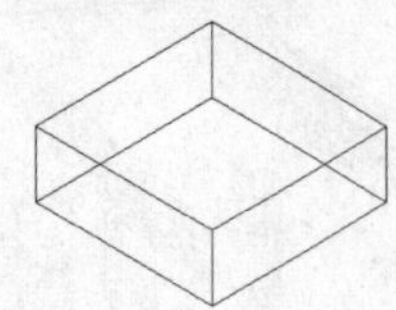

操作技巧 长方体的操作方法

可以通过以下 3 种方法来执行“长方体”功能：

- 选择“绘图”→“建模”→“长方体”菜单命令。
- 单击“建模”工具栏中的“长方体”按钮。
- 在命令行中输入“box”后，按回车键。

相关知识 什么是圆柱体

由一个长方形绕其中一棱边旋转 360° 生成的实体，或者由一个圆垂直拉伸成的实体都称为圆柱体。

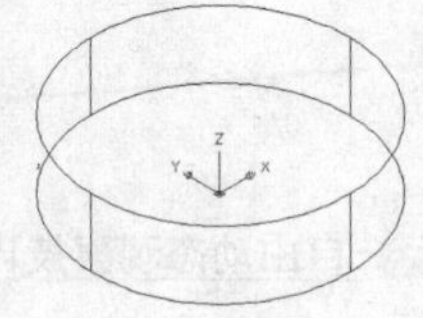

操作技巧 圆柱体的操作方法

可以通过以下 3 种方法来执行“圆柱体”功能：

14 单击“建模”工具栏中的“圆柱体”按钮，绘制半径为 3、高度为 250 和半径为 12.5、高度为 225 的两个圆柱体，如图 4-28 所示。

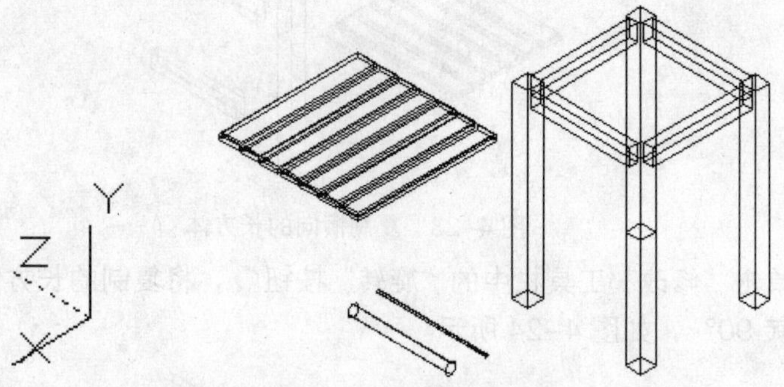

图 4-27 旋转 X 坐标轴 90°　　图 4-28 绘制两个圆柱体

15 单击“绘图”工具栏中的“直线”按钮，绘制 4 条辅助线段，如图 4-29 所示。

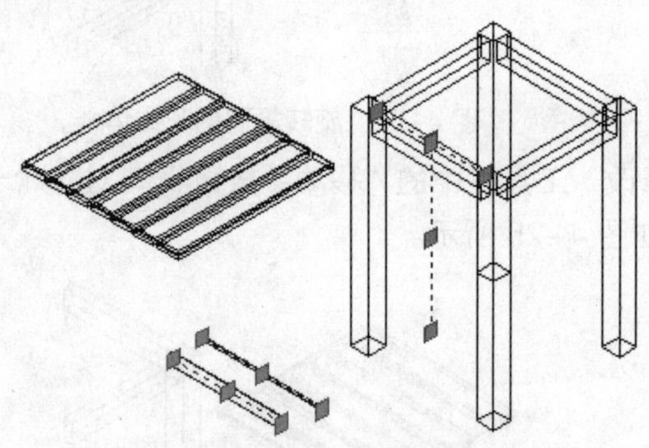

图 4-29 绘制 4 条辅助线段

16 单击“修改”工具栏中的“移动”按钮，将小的圆柱体移动到木椅辅助线的上边，大的圆柱体移动到木椅辅助线的下边，如图 4-30 所示。

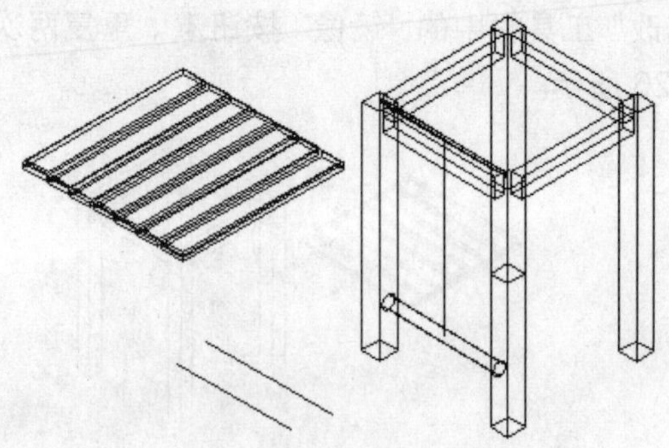

图 4-30 移动圆柱体

17 选择“工具”菜单栏中“新建 UCS”子菜单中的“Y”命令，更改 Y 坐标轴，旋转 90°，如图 4-31 所示。

18 单击“建模”工具栏中的“圆柱体”按钮，绘制一个圆柱体，半径为 12.5、高度为 225，如图 4-32 所示。

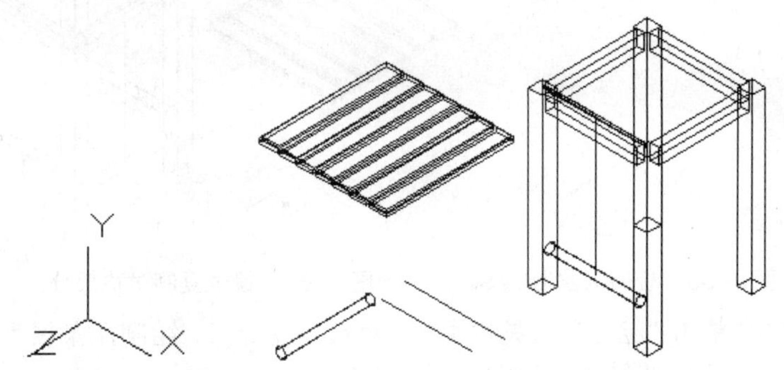

图 4-31　旋转 Y 坐标轴 90°　　图 4-32　绘制一个圆柱体

19 单击“绘图”工具栏中的“直线”按钮，绘制 3 条辅助线段，如图 4-33 所示。

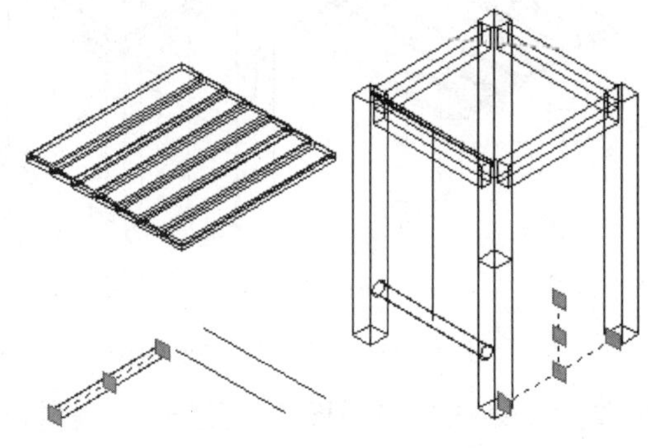

图 4-33　绘制 3 条辅助线段

20 单击“修改”工具栏中的“移动”按钮，将步骤 18 绘制的圆柱体移动到图形中，如图 4-34 所示。

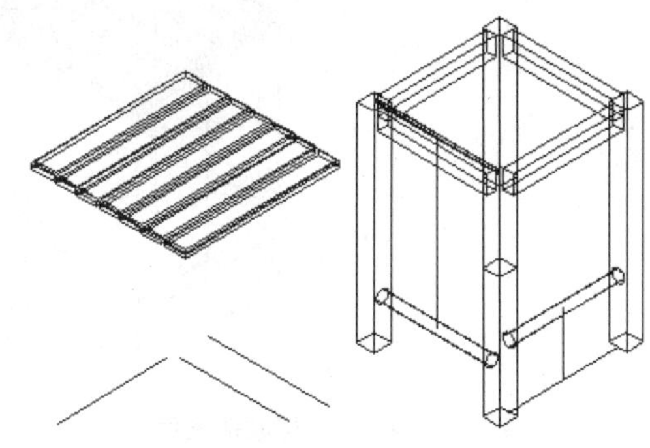

图 4-34　移动圆柱体

21 选择“工具”菜单栏中“新建 UCS”子菜单中的“X”命令，更改 X 坐标轴，旋转 90°，如图 4-35 所示。

22 单击“修改”工具栏中的“镜像”按钮，镜像复制对称部分，如图 4-36 所示。

- 选择“绘图”→“建模”→“圆柱体”菜单命令。
- 单击“建模”工具栏中的“圆柱体”按钮。
- 在命令行中输入“cylinder”后，按回车键。

重点提示　**设置 isolines 系统变量**

isolines 是系统变量，用于设置实体网线的密度，数值越大，网格线密度越大，显示结果越逼真，但同时占用的系统资源也越多，系统的运行速度也会越慢。

设置 isolines 参数为 20。

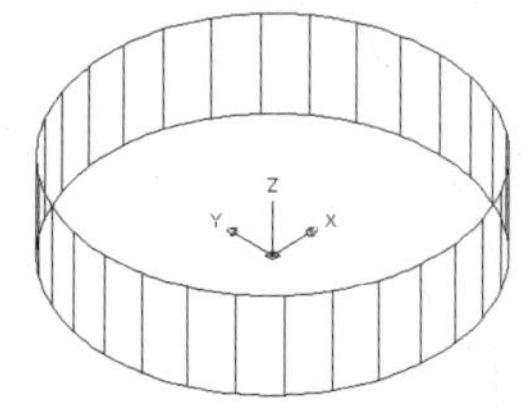

相关知识　**什么是楔体**

先绘制一个长方形，然后指定单边的垂直拉伸高度，生成的倾斜实体称为楔体。

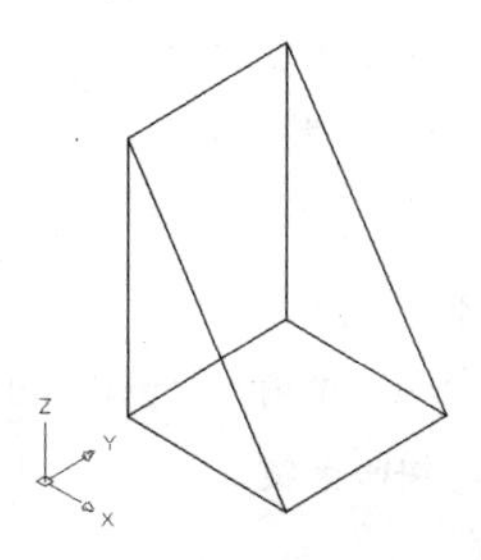

操作技巧 楔体的操作方法

可以通过以下 3 种方法来执行“楔体”功能：

- 选择“绘图”→“建模”→“楔体”菜单命令。
- 单击“建模”工具栏中的“楔体”按钮。
- 在命令行中输入“wedge”后，按回车键。

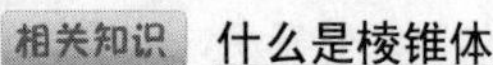

相关知识 什么是棱锥体

由一个正方形为底面，其余 4 个侧面均为三角形，4 条棱边均长，且有一个公共顶点的实体称为棱锥体。

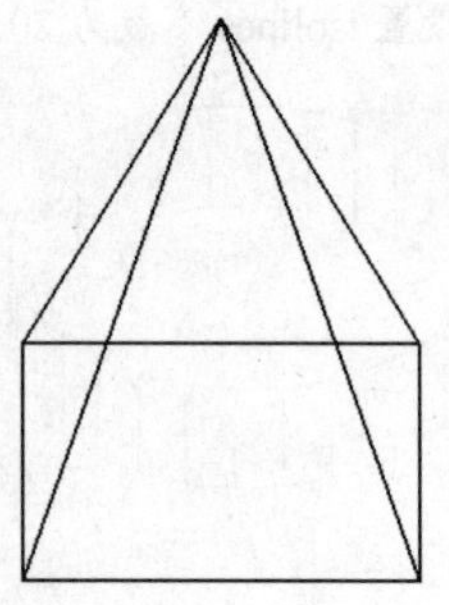

操作技巧 棱锥体的操作方法

可以通过以下 3 种方法来执行“棱锥体”功能：

- 选择“绘图”→“建模”→“棱锥体”菜单命令。
- 单击“建模”工具栏中的“棱锥体”按钮。
- 在命令行中输入“pyramid”后，按回车键。

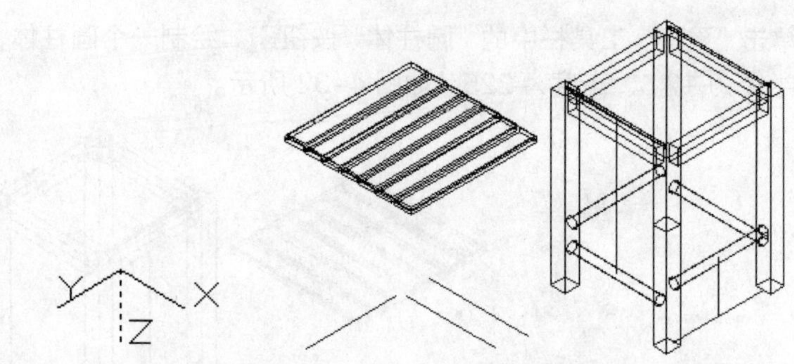

图 4-35 旋转 X 坐标轴 90°　　图 4-36 镜像复制对称部分

23 单击“绘图”工具栏中的“直线”按钮，绘制两条长为 12.5 的辅助线段，如图 4-37 所示。

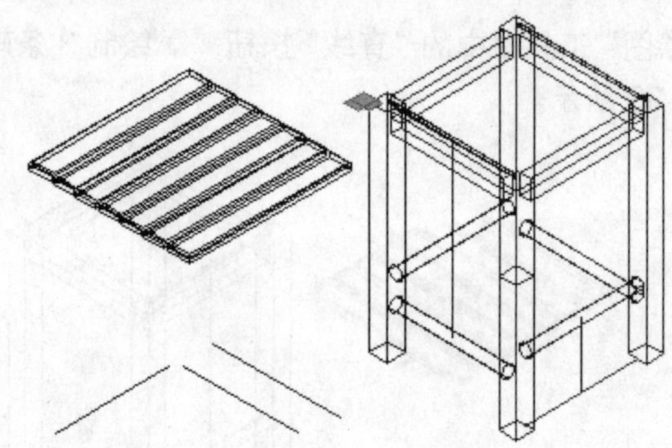

图 4-37 绘制两条辅助线段

24 单击“修改”工具栏中的“移动”按钮，将椅子面部分向椅子架部分移动，如图 4-38 所示。

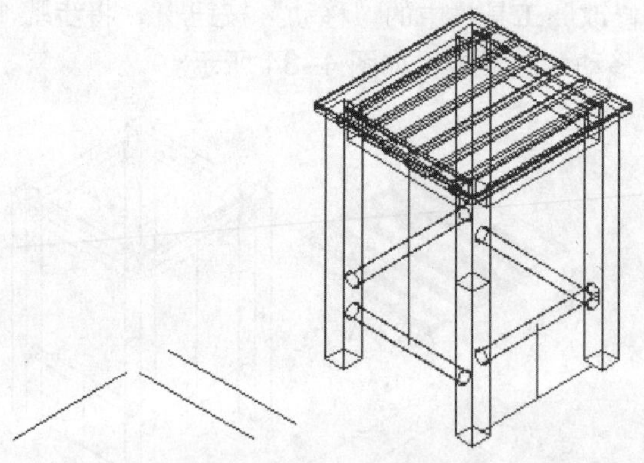

图 4-38 移动椅子面

25 单击“修改”工具栏中的“删除”按钮，删除图形中的所有辅助线段，如图 4-39 所示。

26 选择“视图”菜单中的“消隐”命令，调整图形的视觉效果，如图 4-40 所示。

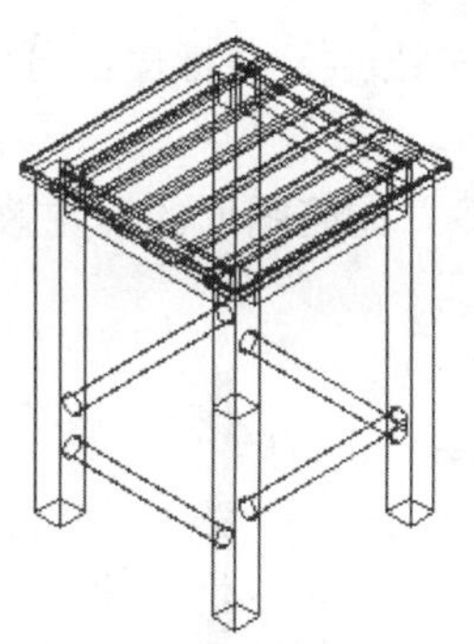

图 4-39　删除辅助线段

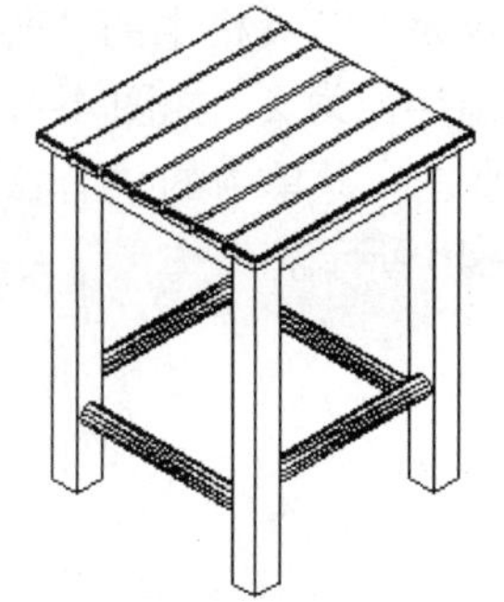

图 4-40　消隐样式观察图形

实例 4-3　绘制铅笔

本实例将制作一个铅笔图形，主要应用了东北等轴测、圆柱体和圆锥体等功能。实例效果如图 4-41 所示。

图 4-41　铅笔效果图

操作步骤

1 单击“视图”菜单中“三维视图”子菜单中的“东北等轴测”命令，将视图由二维模式切换到三维模式。

2 单击“建模”工具栏中的“圆柱体”按钮，绘制半径为 4、高度为 150 的圆柱体，绘制铅笔主体，如图 4-42 所示。

3 单击“建模”工具栏中的“圆锥体”按钮，绘制半径为 4、高度为 20 的圆柱体，绘制笔尖，如图 4-43 所示。

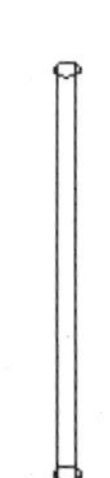

图 4-42　绘制铅笔主体

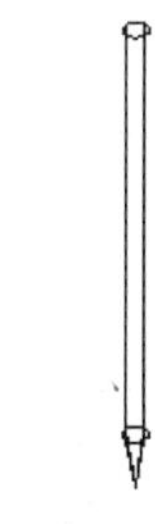

图 4-43　绘制笔尖

4 单击“建模”工具栏中的“圆锥体”按钮，绘制半径为 4、高度为 10 的圆柱体，绘制橡皮，如图 4-44 所示。

实例 4-3 说明

- 知识点：
  - 东北等轴测
  - 圆柱体
  - 圆锥体
- 视频教程：
  光盘\教学\第 4 章　建筑实体建模
- 效果文件：
  光盘\素材和效果\04\效果\4-3.dwg
- 实例演示：
  光盘\实例\第 4 章\绘制铅笔

相关知识　什么是圆锥体

圆锥体是由一个直角三角形，沿一条直接边旋转 360° 生成的实体称为圆锥体。

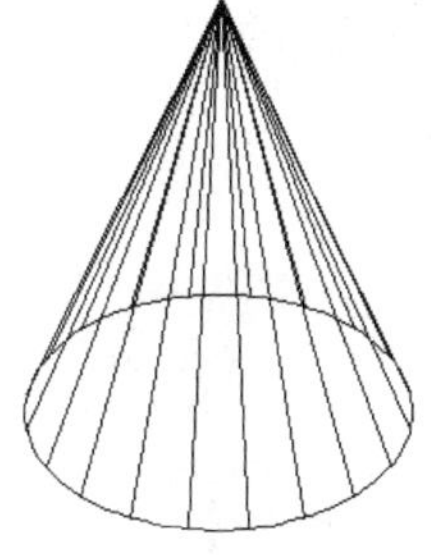

操作技巧　圆锥体的操作方法

可以通过以下 3 种方法来执行“圆锥体”功能：

- 选择“绘图”→“建模”→“圆锥体”菜单命令。
- 单击“建模”工具栏中的“圆锥体”按钮。
- 在命令行中输入“cone”后，按回车键。

实例 4-4 说明

- 知识点：
  - 旋转
  - 偏移
  - 镜像
  - 面域
  - 二维旋转成实体
- 视频教程：
  光盘\教学\第 4 章 建筑实体建模
- 效果文件：
  光盘\素材和效果\04\4-4.dwg
- 实例演示：
  光盘\实例\第 4 章\绘制高脚杯

相关知识 什么是球体

由一个圆沿过圆心的直线为轴，旋转 360° 生成的实体称为球体。它表面的所有点到中心点的具体都相等。

球表面为一个曲面，也称为球面。

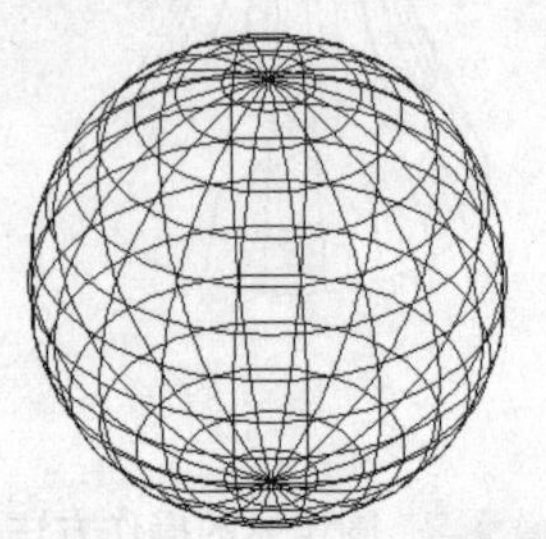

操作技巧 球体的操作方法

可以通过以下 3 种方法来执行“球体”功能：

- 选择“绘图”→“建模”→“球体”菜单命令。

5 单击“修改”工具栏中的“圆角”按钮，对橡皮部分倒圆角，圆角半径为 2，如图 4-45 所示。

6 选择“视图”菜单中的“消隐”命令，调整图形的视觉效果，如图 4-46 所示。

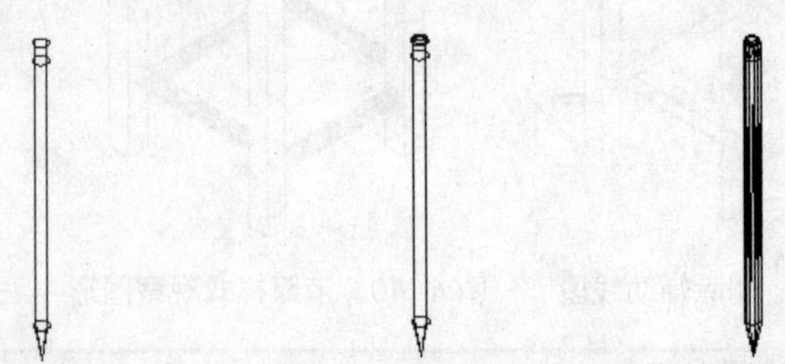

图 4-44 绘制橡皮　图 4-45 修饰橡皮　图 4-46 消隐观察图形

实例 4-4 绘制高脚杯

本实例将制作一个高脚杯，主要应用了旋转、偏移、镜像、面域和二维旋转成实体等功能。实例效果如图 4-47 所示。

图 4-47 高脚杯效果图

操作步骤

1 单击“绘图”工具栏中的“直线”按钮，绘制长为 70、95、45 的 3 条连续的线段，如图 4-48 所示。

2 单击“修改”工具栏中的“旋转”按钮，将上面的线段旋转-60°，下边的线段旋转 60°，如图 4-49 所示。

图 4-48 绘制 3 条线段

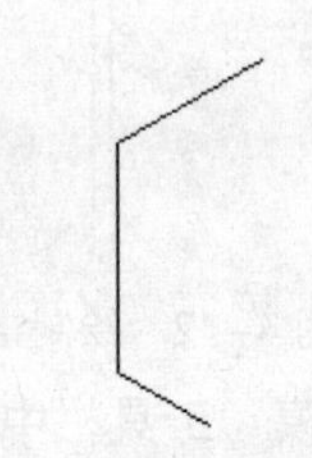

图 4-49 旋转线段

3 单击“修改”工具栏中的“偏移”按钮，将 3 条线段都向右偏移 3，如图 4–50 所示。

4 单击“修改”工具栏中的“镜像”按钮，将两条旋转的线段以垂直线段为中心线进行镜像复制，如图 4–51 所示。

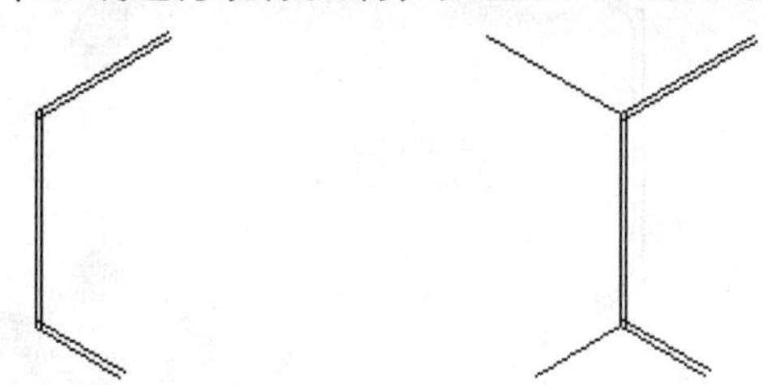

图 4–50　绘制偏移线段　　　图 4–51　镜像复制

5 单击“修改”工具栏中的“圆角”按钮，对偏移和镜像的线段进行倒圆角，圆角半径为 10，如图 4–52 所示。

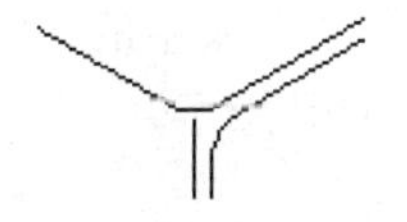

① 上边的两个圆角

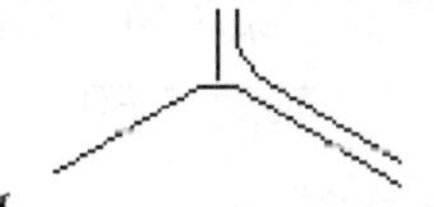

② 下边的两个圆角

图 4–52　修饰过渡圆角

6 单击“修改”工具栏中的“延伸”按钮，将垂直线段延伸到圆角，如图 4–53 所示。

7 单击“绘图”工具栏中的“直线”按钮，绘制两条辅助线段，如图 4–54 所示。

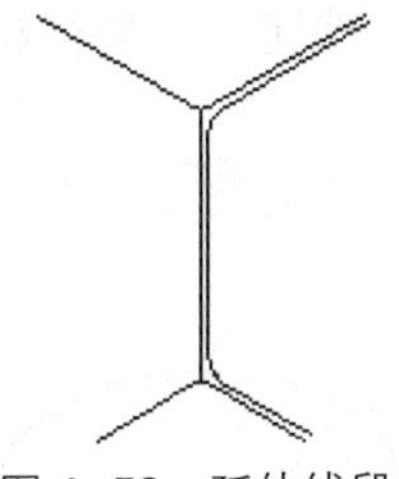

图 4–53　延伸线段

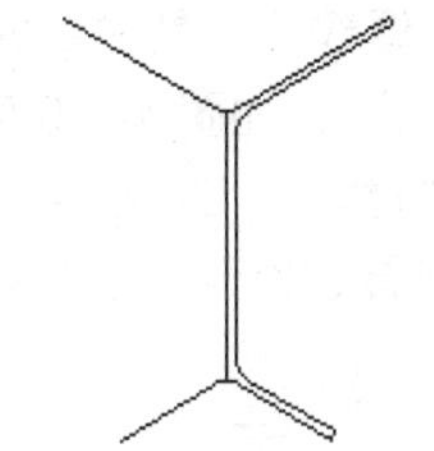

图 4–54　绘制辅助线段

8 单击“绘图”工具栏中的“圆”按钮，以步骤 7 绘制的辅助线的中点为圆心，任意一个端点为半径，绘制两个圆边，如图 4–55 所示。

① 上边的圆

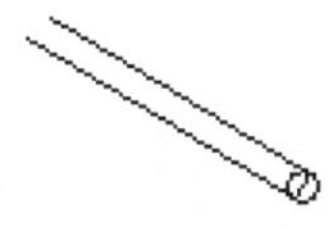

② 下边的圆

图 4–55　绘制圆边

9 单击“修改”工具栏中的“修剪”按钮和“删除”按钮，修剪和删除图中多余的线段，如图 4–56 所示。

- 单击“建模”工具栏中的“球体”按钮。
- 在命令行中输入“sphere”后，按回车键。

相关知识　什么是圆环体

由一个圆沿过圆心外不与圆相交的直线为轴，旋转 360° 生成的实体称为圆环体。

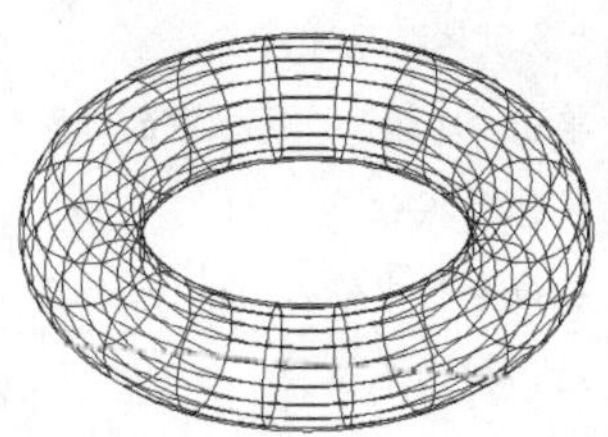

操作技巧　圆环体的操作方法

可以通过以下 3 种方法来执行“圆环体”功能：

- 选择“绘图”→“建模”→“圆环体”菜单命令。
- 单击“建模”工具栏中的“圆环体”按钮。
- 在命令行中输入“torus”后，按回车键。

相关知识　什么是多段体

默认情况下，多段体始终带有一个矩形轮廓，多用于创建墙。可以直接绘制出实体，还可以从现有的直线、二维多段线、圆弧或圆创建多段体。

多段体：

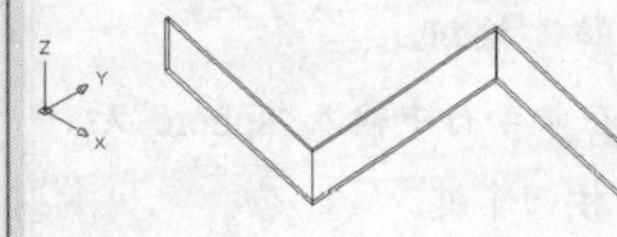

操作技巧 多段体的操作方法

可以通过以下 3 种方法来执行“多段体”功能：

- 选择“绘图”→“建模”→“多段体”菜单命令。
- 单击“建模”工具栏中的“多段体”按钮。
- 在命令行中输入“polysolid”后，按回车键。

相关知识 什么是三维多段线

三维多段线是指在三维绘图时用的多段线样式。

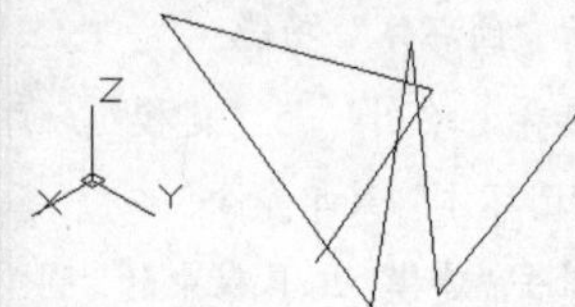

操作技巧 三维多段线的操作方法

可以通过以下两种方法来执行“三维多段线”操作：

- 选择“绘图”→“三维多段线”菜单命令。
- 在命令行中输入“3dpoly”后，按回车键。

10 单击“绘图”工具栏中的“面域”按钮，将修整后的图形创建成面，如图 4-57 所示。

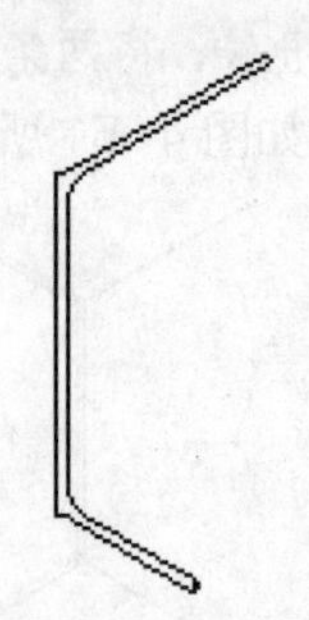

图 4-56 修剪和删除多余线段

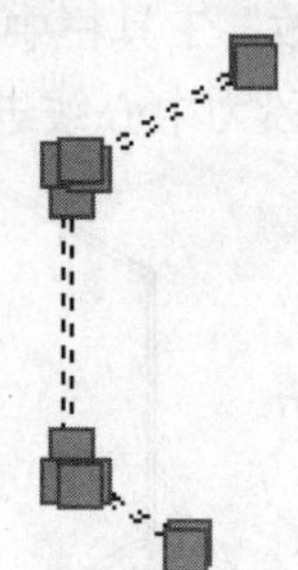

图 4-57 创建成面

11 选择“视图”菜单中“三维视图”子菜单中的“东北等轴测”命令，将视图由二维绘图切换到三维绘图，如图 4-58 所示。

12 单击“工具”菜单中“新建 UCS”子菜单中的“Y”命令，将坐标轴沿 Y 轴旋转 90°，如图 4-59 所示。

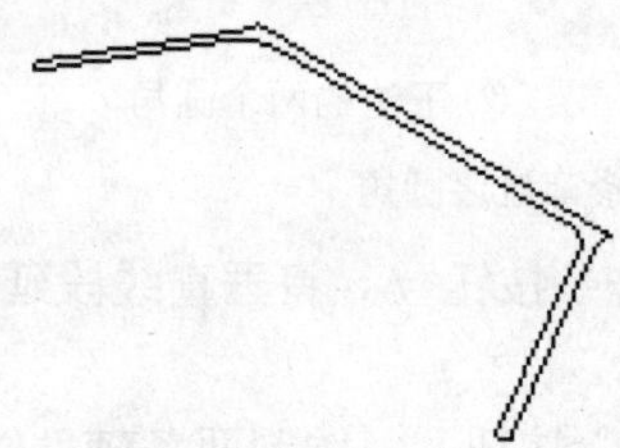

图 4-58 调整为三维视角

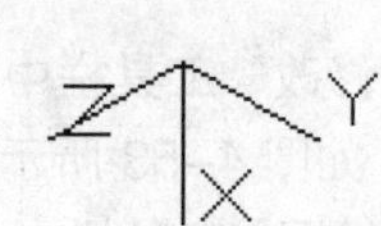

图 4-59 调整坐标轴

13 单击“修改”工具栏中的“旋转”按钮，将坐标轴沿 Y 轴旋转 90°，如图 4-60 所示。

14 单击“建模”工具栏中的“旋转”按钮，把图形以垂直的线段旋转 360°，如图 4-61 所示。

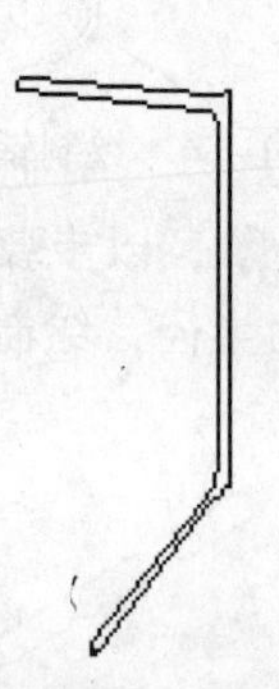

图 4-60 旋转图形

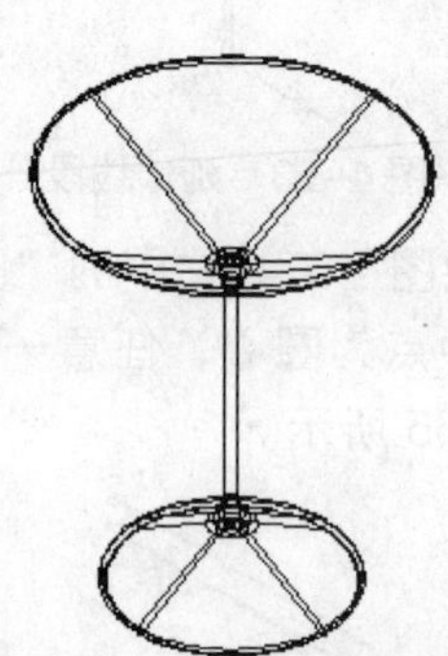

图 4-61 旋转成实体

15 选择“视图”菜单中的“消隐”命令，调整图形的视觉效果，如图 4-62 所示。

图 4-62　消隐样式观察图形

实例 4-5　绘制酒吧椅

本实例将制作一个酒吧椅的模型，这是一种无靠背的椅子，因此椅子后背部分短、下边部分长，主要应用了直线、二维编辑以及二维拉伸成实体等功能。实例效果如图 4-63 所示。

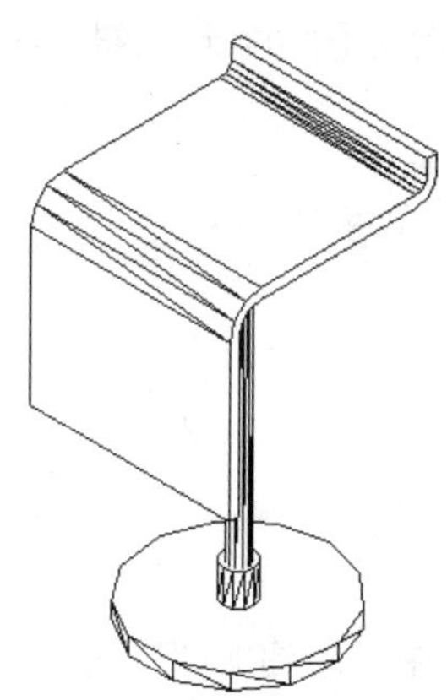

图 4-63　酒吧椅效果图

操作步骤

1 单击“绘图”工具栏中的“直线”按钮，绘制长度为 70、380、330 的 3 条连续的线段，如图 4-64 所示。

2 单击“修改”工具栏中的“圆角”按钮，对两个交角进行倒圆角，圆角半径为 40，如图 4-65 所示。

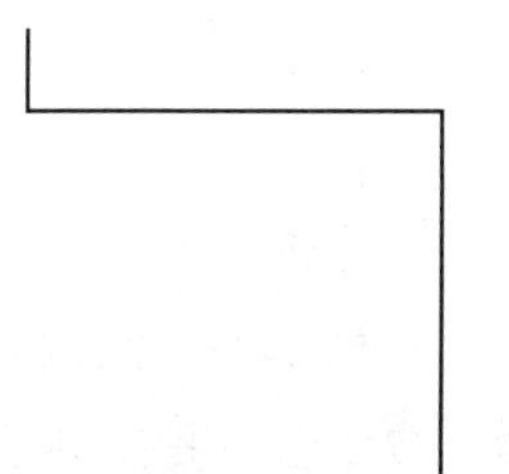

图 4-64　绘制直线

图 4-65　倒圆角

重点提示　三维多段线与多段线的关系

因为多段线只能在二维绘图中使用，如果将绘图空间切换成三维绘图时，多段线只能绘制 XY 平面上的图形，因此三维多段线与多段线是不同的。但是三维多段线在二维绘图时，与多段线功能相同。

实例 4-5 说明

- 知识点：
  - 面域
  - 东北等轴测
  - 新建 UCS
  - 二维拉伸成实体
  - 圆柱体
- 视频教程：
  光盘\教学\第 4 章 建筑实体建模
- 效果文件：
  光盘\素材和效果\04\效果\4-5.dwg
- 实例演示：
  光盘\实例\第 4 章\绘制酒吧椅

相关知识　什么是螺旋

螺旋就是开口的二维或三维螺旋。

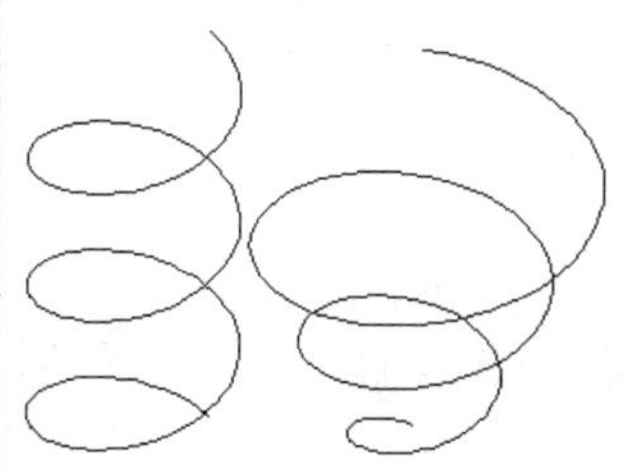

3 单击“修改”工具栏中的“偏移”按钮，将所有线段向右偏移 20，如图 4-66 所示。

4 单击“绘图”工具栏中的“直线”按钮，绘制两条线段，连接偏移的线段，如图 4-67 所示。

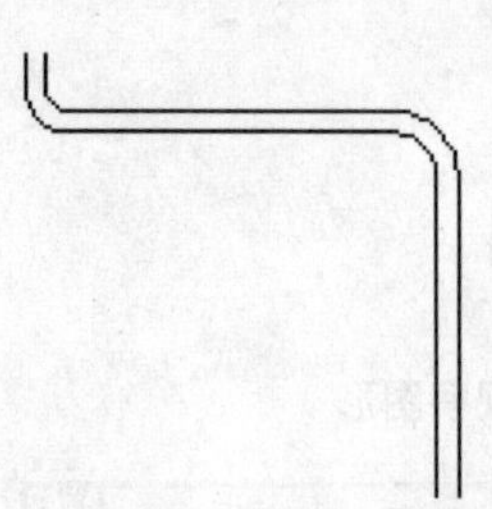
图 4-66 偏移线段

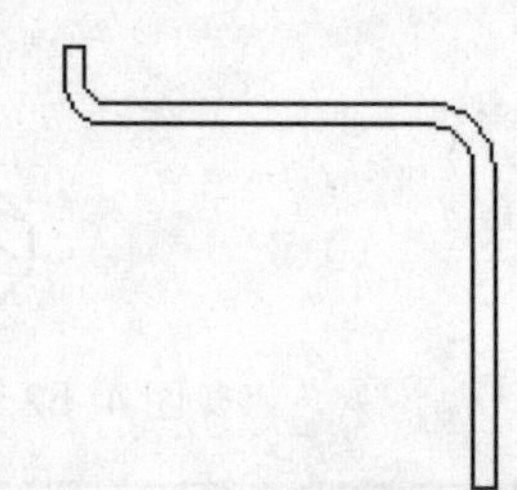
图 4-67 连接偏移线段

5 单击“绘图”工具栏中的“面域”按钮，将绘制的线段创建成一个面，如图 4-68 所示。

6 单击“视图”菜单中“三维视图”子菜单中的“东北等轴测”命令，将视图由二维绘图切换到三维绘图，如图 4-69 所示。

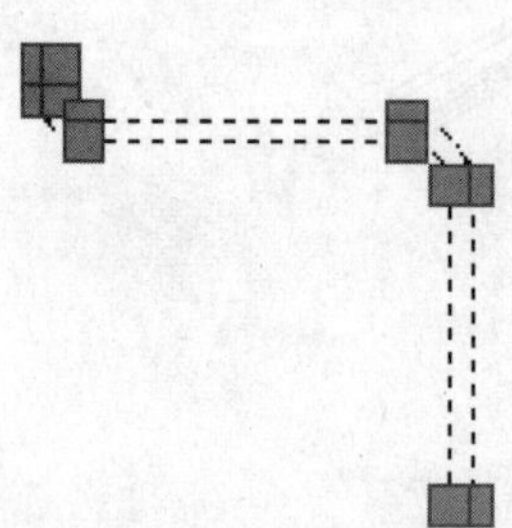
图 4-68 创建成面

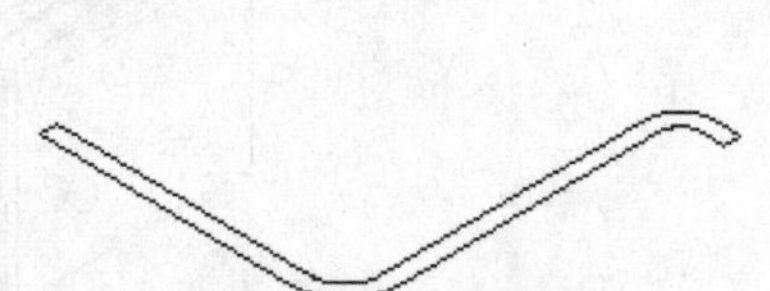
图 4-69 调整为三维视角

7 单击“工具”菜单中“新建 UCS”子菜单中的“Y”命令，将坐标轴沿 Y 轴旋转 90°，如图 4-70 所示。

8 单击“修改”工具栏中的“旋转”按钮，将坐标轴沿 Y 轴旋转 90°，如图 4-71 所示。

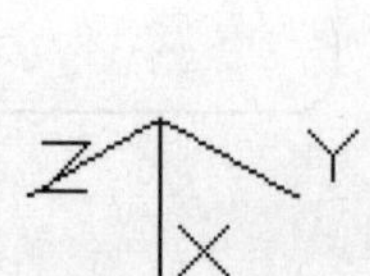

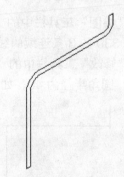

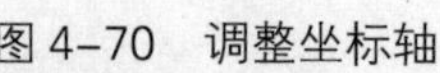
图 4-70 调整坐标轴

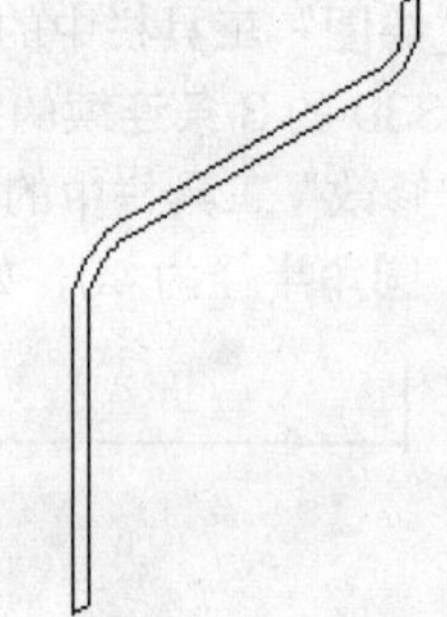
图 4-71 旋转面

9 单击“建模”工具栏中的“拉伸”按钮，把旋转后的面拉伸 380，如图 4-72 所示。

操作技巧 螺旋的操作方法

可以通过以下 3 种方法来执行“螺旋”操作：

- 选择“绘图”→“螺旋”菜单命令。
- 单击“建模”工具栏中的“螺旋”按钮。
- 在命令行中输入“helix”后，按回车键。

相关知识 二维图形生成三维实体

除了以上一些基本的绘制三维实体功能外，还可以应用二维图形转化为三维实体的功能创建实体。其功能包括拉伸、旋转、扫掠和放样 4 种。

相关知识 拉伸二维图形生成三维实体

在三维视图中，使用拉伸功能可以将二维图形拉伸成三维实体。在 AutoCAD 中，可以拉伸的对象包括直线、圆弧、椭圆弧、二维多段线、二维样条曲线、圆、椭圆、三维平面、二维实体、宽线、面域、平面曲面和实体上的平面。

拉伸(X)
旋转(R)
扫掠(P)
放样(L)

10 选择“工具”菜单中“新建 UCS”子菜单中的“Y”命令，将坐标轴沿 Y 轴旋转 90°，如图 4-73 所示。

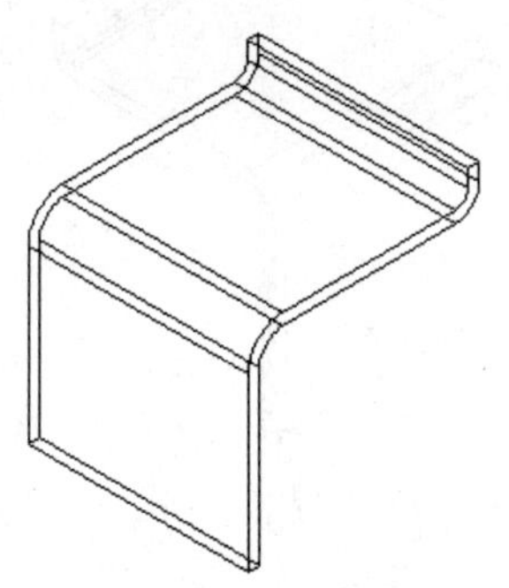

图 4-72　拉伸面

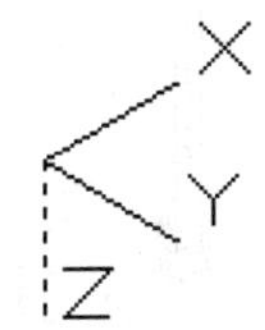

图 4-73　调整坐标轴

11 单击“建模”工具栏中的“圆柱体”按钮，绘制 4 个圆柱体，尺寸分别为半径为 30、高度为 40，半径为 30、高度为 60，半径为 20、高度为 650，半径为 175、高度为 30，如图 4-74 所示。

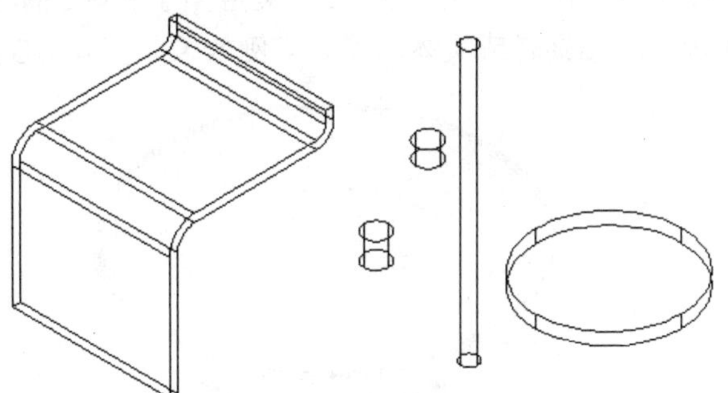

图 4-74　绘制圆柱体

12 单击“绘图”工具栏中的“直线”按钮，绘制一条辅助线段，如图 4-75 所示。

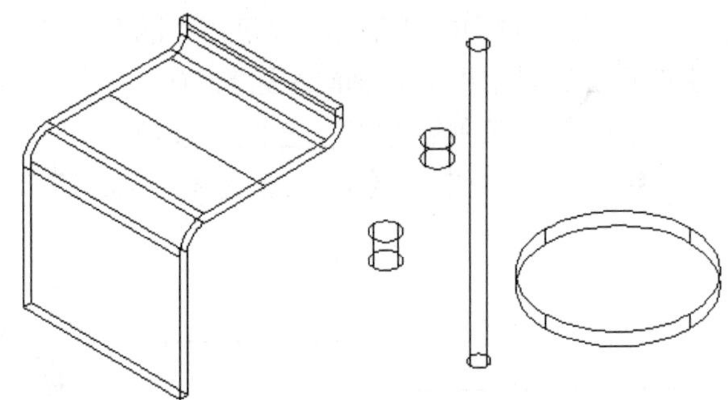

图 4-75　绘制辅助线段

13 单击“修改”工具栏中的“移动”按钮，将各个圆柱体有机组合起来，如图 4-76 所示。

14 选择“视图”菜单中的“消隐”命令，调整图形的视觉效果，如图 4-77 所示。

垂直拉伸二维图形：

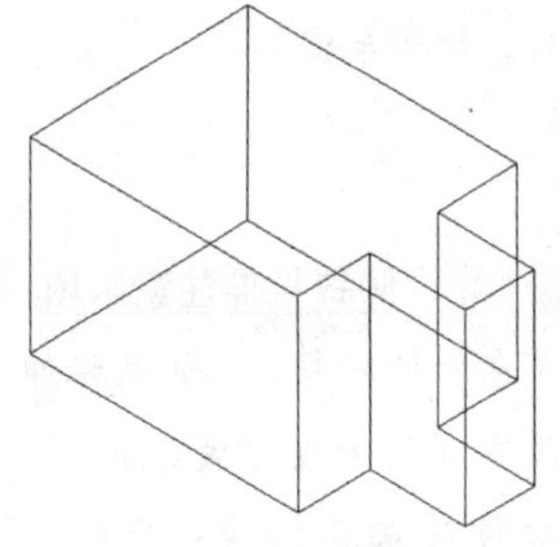

倾斜拉伸圆：

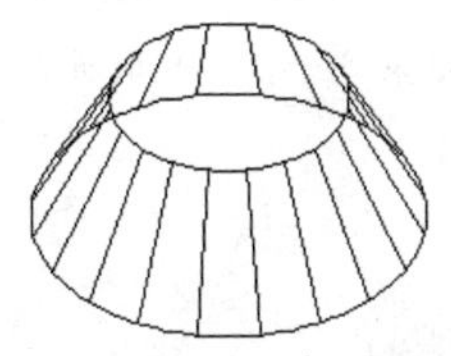

路径拉伸矩形：

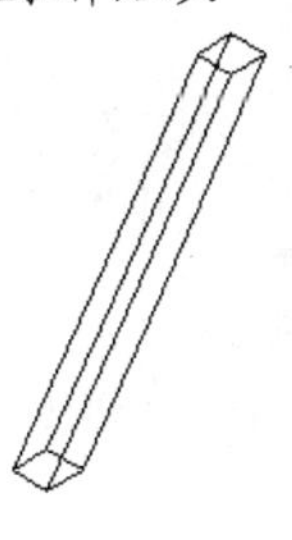

重点提示　**拉伸注意事项**

拉伸图形时需注意，用来拉伸成实体的二维图形必须是封闭的。

操作技巧　**拉伸的操作方法**

可以通过以下 3 种方法来执行“拉伸”功能：

- 选择“绘图”→“建模”→“拉伸”菜单命令。
- 单击“建模”工具栏中的“拉伸”按钮。

- 在命令行中输入“extrude”后，按回车键。

重点提示 倾斜拉伸注意事项

在拉伸对象时，如果拉伸高度或倾斜角度过大，将会导致拉伸对象或拉伸对象的一部分在到达拉伸高度之前就已经会聚到一点，此时无法进行拉伸。

实例 4-6 说明

- 知识点：
  - 删除
  - 偏移
  - 面域
  - 三维旋转
  - 二维旋转成实体
- 视频教程：
  光盘\教学\第 4 章 建筑实体建模
- 效果文件：
  光盘\素材和效果\04\效果\4-6.dwg
- 实例演示：
  光盘\实例\第 4 章\绘制盘子

相关知识 旋转二维图形生成三维实体

使用旋转功能将二维对象绕某一轴旋转生成为实体。可以旋转生成实体的二维对象有直线、圆弧、椭圆弧、二维多段线、二维样条曲线、圆、椭圆、三维平面、二维实体、宽线、面域和实体或曲面上的平面。

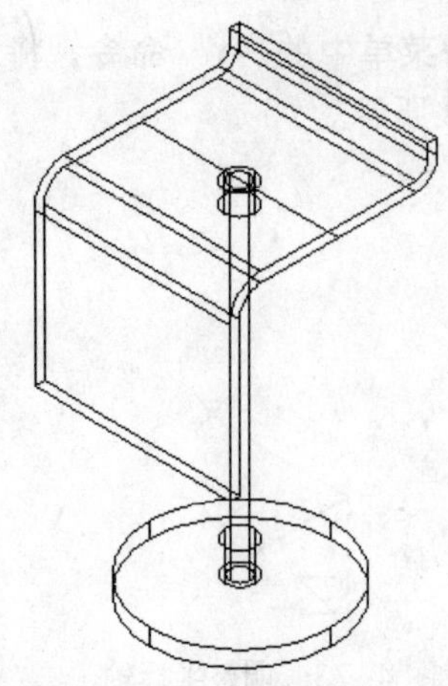
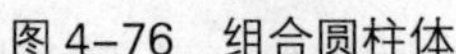
图 4–76 组合圆柱体

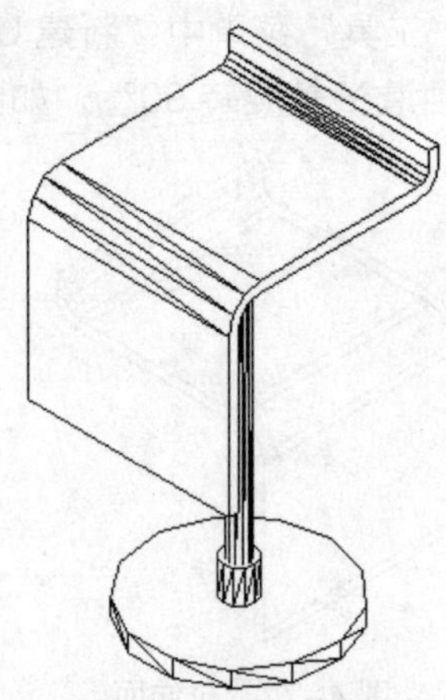
图 4–77 消隐样式观察图形

实例 4-6 绘制盘子

本实例将制作一个盘子模型，主要应用了删除、偏移、面域、三维旋转、二维旋转成实体功能。实例效果如图 4–78 所示。

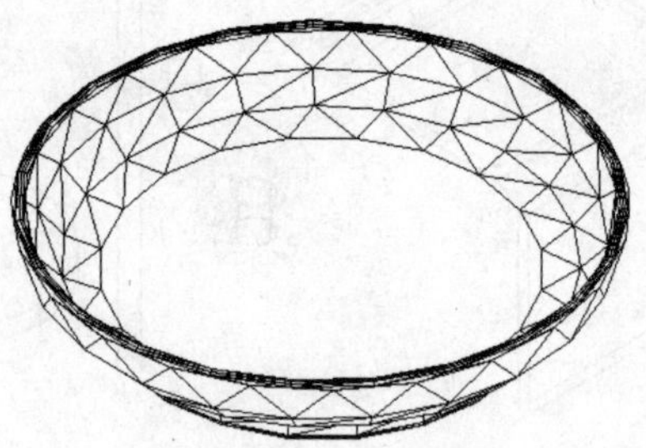
图 4–78 盘子效果图

操 作 步 骤

1. 单击“绘图”工具栏中的“直线”按钮，随意确定一个起点，沿 Y 轴向下绘制 25，再沿 X 轴向左绘制 100，如图 4–79 所示。
2. 再次单击“绘图”工具栏中的“直线”按钮，以交角为起点，向左绘制 25，再向下绘制 10，如图 4–80 所示。

图 4–79 绘制直线

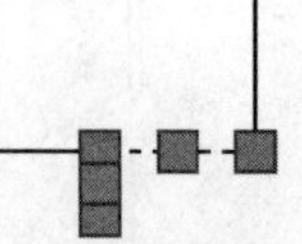
图 4–80 以交角为起点绘制直线

3. 单击“修改”工具栏中的“圆角”按钮，对大直角进行倒圆角，圆角半径为 25，如图 4–81 所示。
4. 单击“修改”工具栏中的“删除”按钮，删除长为 25 的直线，如图 4–82 所示。

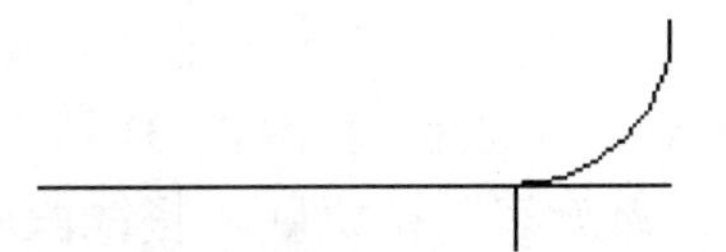

图 4-81　倒圆角　　　图 4-82　删除直线

5 单击“修改”工具栏中的“偏移”按钮，将线段向下偏移 4，如图 4-83 所示。

6 单击“修改”工具栏中的“移动”按钮，将长度为 10 的直线向下移动 4，如图 4-84 所示。

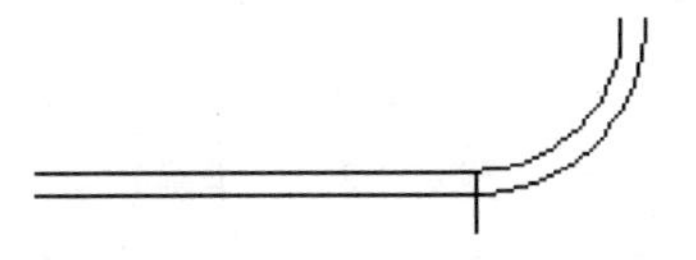

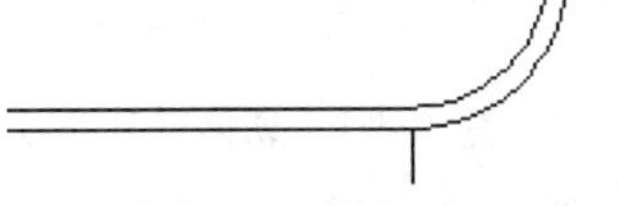

图 4-83　偏移线段　　　图 4-84　移动线段

7 单击“修改”工具栏中的“偏移”按钮，将移动后的直线向左偏移 4，如图 4-85 所示。

8 单击“修改”工具栏中的“圆角”按钮，对两个交角分别倒圆角，圆角半径为 5，如图 4-86 所示。

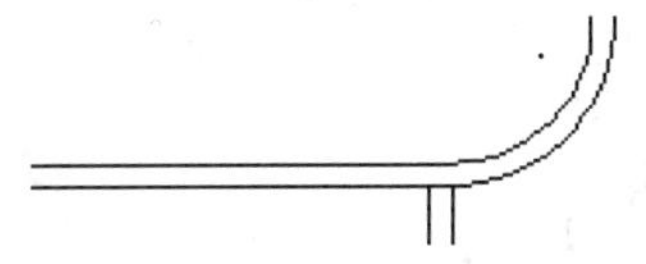

图 4-85　偏移线段　　　图 4-86　倒圆角

9 单击“绘图”工具栏中的“直线”按钮，绘制与偏移线段之间的连线，如图 4-87 所示。

10 单击“绘图”工具栏中的“圆”按钮，对剩下两个断口用两点绘制一个圆的方法，绘制两个圆，如图 4-88 所示。

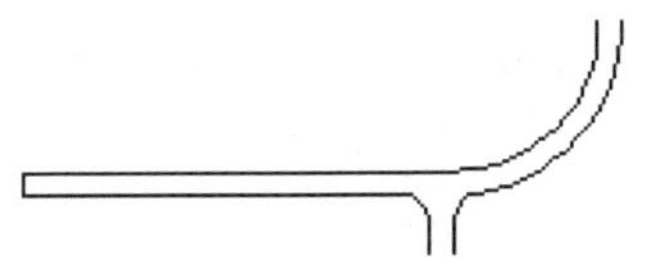

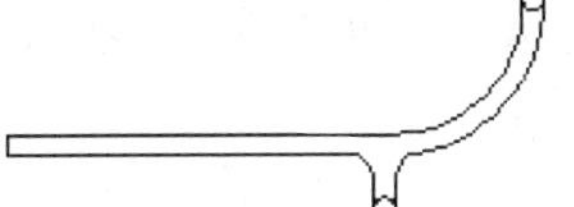

图 4-87　绘制线段　　　图 4-88　绘制两个圆

11 单击“修改”工具栏中的“修剪”按钮，修建多余的圆弧，如图 4-89 所示。

12 单击“绘图”工具栏中的“面域”按钮，框选所有线段，创建成一个面，如图 4-90 所示。

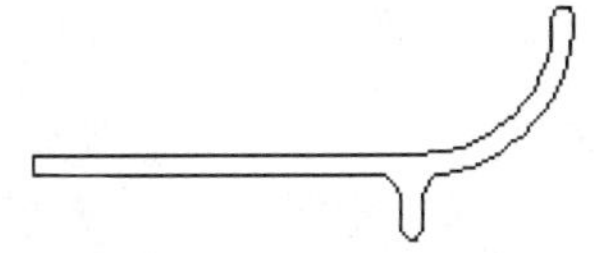

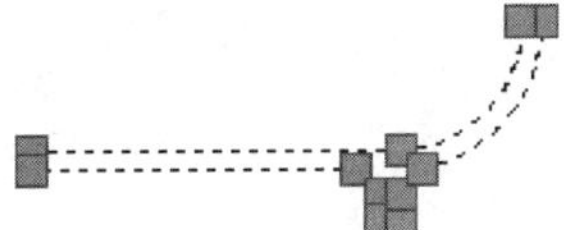

图 4-89　修剪多余圆弧　　　图 4-90　框选所有线段创建成面

旋转前:

旋转后:

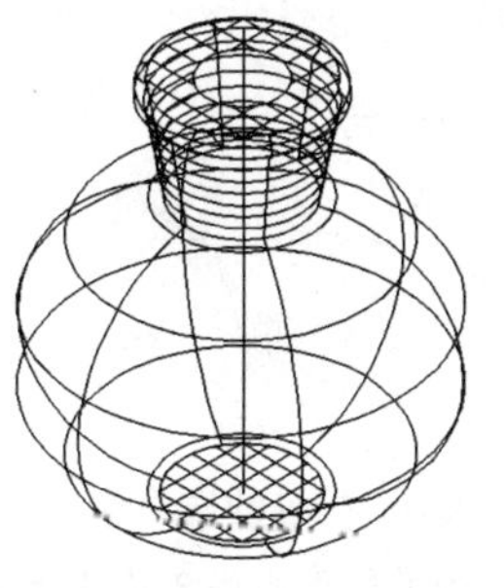

消隐样式观察图形:

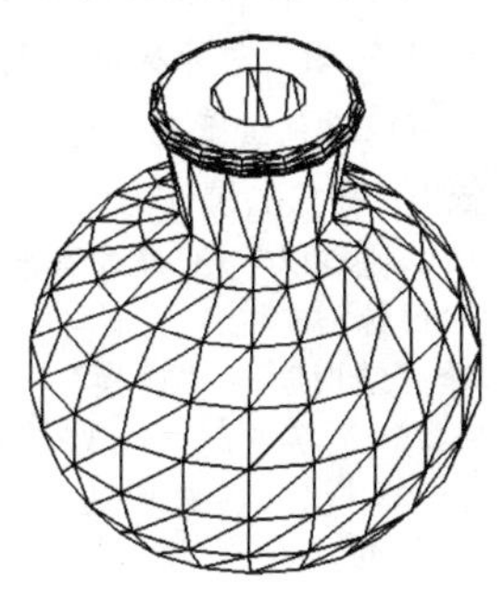

操作技巧　旋转的操作方法

可以通过以下 3 种方法来执行“旋转”功能:

- 选择“绘图”→“建模”→“旋转”菜单命令。
- 单击“建模”工具栏中的“旋转”按钮。
- 在命令行中输入“revolve”后，按回车键。

相关知识 扫掠二维图形生成三维实体

扫掠是通过沿开放或闭合的二维或三维路径扫掠开放或闭合的平面曲线，来创建新实体或曲面。

扫掠前：

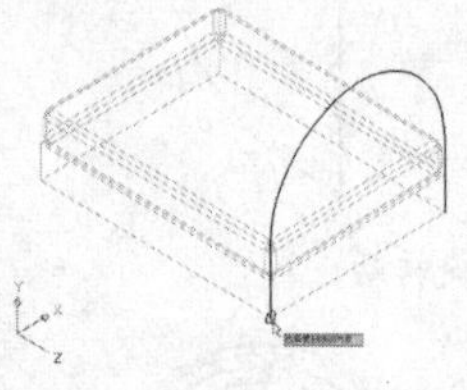

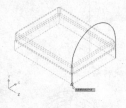

扫掠后：

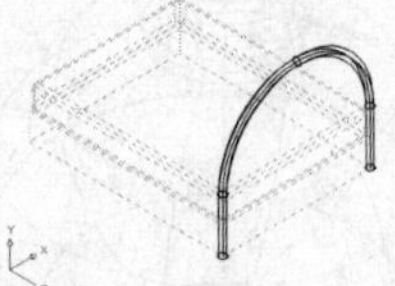

重点提示 扫掠的注意事项

如果轮廓曲线不垂直于路径曲线起点的切向，则轮廓曲线将自动对齐。出现对齐提示时输入No，可以避免该情况的发生。

操作技巧 扫掠的操作方法

可以通过以下3种方法来执行“扫掠”功能：

- 选择“绘图”→“建模”→“扫掠”菜单命令。
- 单击“建模”工具栏中的“扫掠”按钮。
- 在命令行中输入“sweep”后，按回车键。

实例 4-7 说明

- 知识点：
  - 修剪
  - 倒角
  - 旋转
  - 三维旋转
  - 二维拉伸成实体
- 视频教程：
  光盘\教学\第4章 建筑实体建模
- 效果文件：
  光盘\素材和效果\04\效果\4-7.dwg
- 实例演示：
  光盘\实例\第4章\绘制一段台阶

13 单击“视图”菜单中“三维视图”子菜单中的“东北等轴测”命令，将视图由二维绘图切换到三维绘图，如图 4-91 所示。

14 单击“建模”工具栏中的“三维旋转”按钮，将线段旋转 90°，如图 4-92 所示。

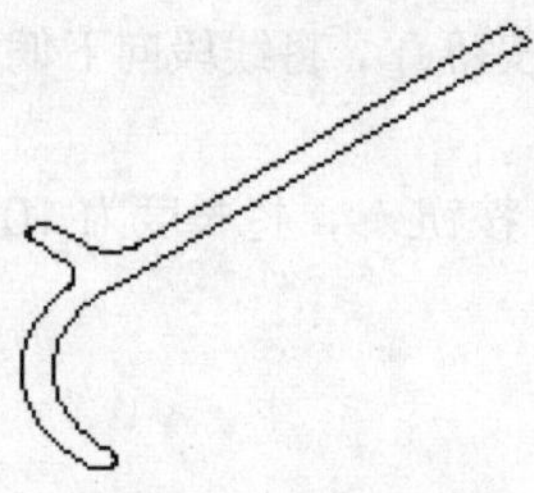

图 4-91 切换成三维视图　　图 4-92 三维旋转面

15 单击“建模”工具栏中的“旋转”按钮，将面旋转 360° 生成实体，如图 4-93 所示。

16 选择“视图”菜单中的“消隐”命令，调整图形的视觉效果，如图 4-94 所示。

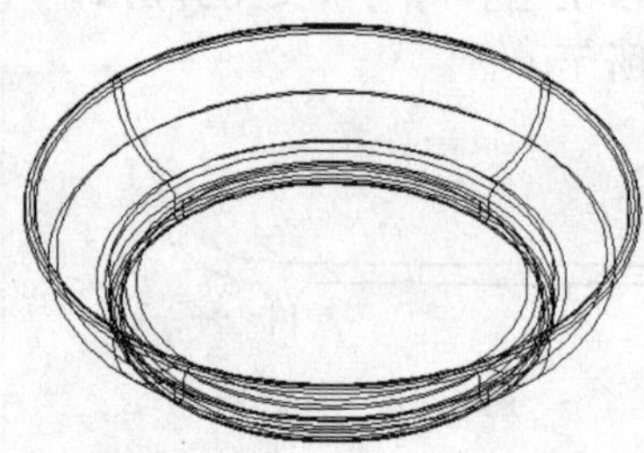

图 4-93 旋转生成实体

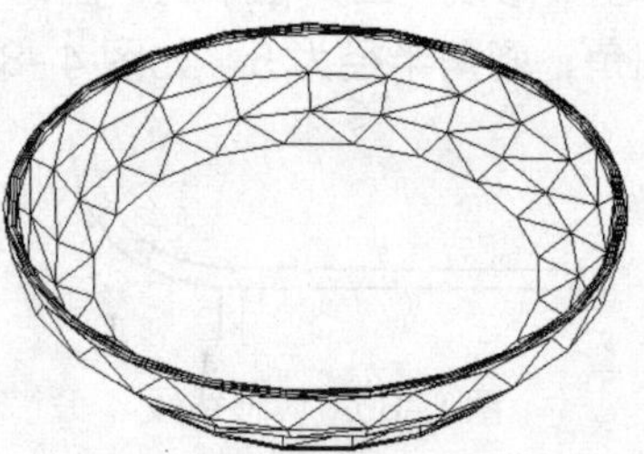

图 4-94 消隐样式观察图形

实例 4-7 绘制一段台阶

本实例将制作一段台阶的实体图形，主要应用了修剪、倒角、旋转三维旋转、二维拉伸成实体等功能。实例效果如图 4-95 所示。

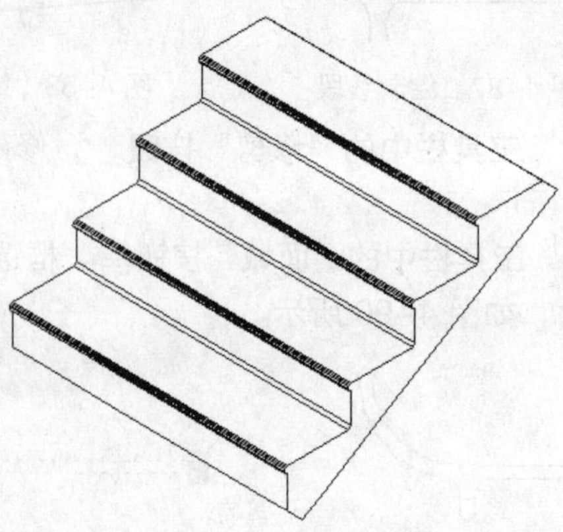

图 4-95 一段台阶效果图

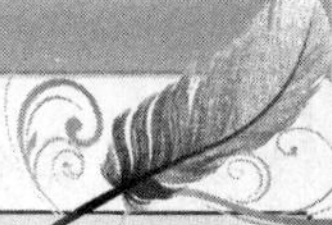

操作步骤

1 单击“绘图”工具栏中的“直线”按钮，绘制长度为 30、18 的两条直线，如图 4-96 所示。

2 单击“绘图”工具栏中的“圆”按钮，以交点为圆心绘制一个半径为 1.5 的圆，然后再以圆与垂直线段的交点为圆心，再绘制一个半径为 1.5 的圆，如图 4-97 所示。

图 4-96　绘制直线　　　　图 4-97　绘制两个圆

3 单击“修改”工具栏中的“删除”按钮，删除第一个圆，如图 4-98 所示。

4 单击“修改”工具栏中的“修剪”按钮，修剪多余的线段，如图 4-99 所示。

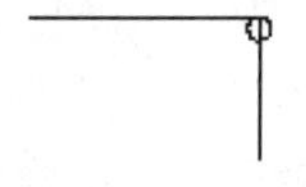

图 4-98　删除第一个圆　　　　图 4-99　修剪多余线段

5 单击“修改”工具栏中的“复制”按钮，重复复制 3 次，如图 4-100 所示。

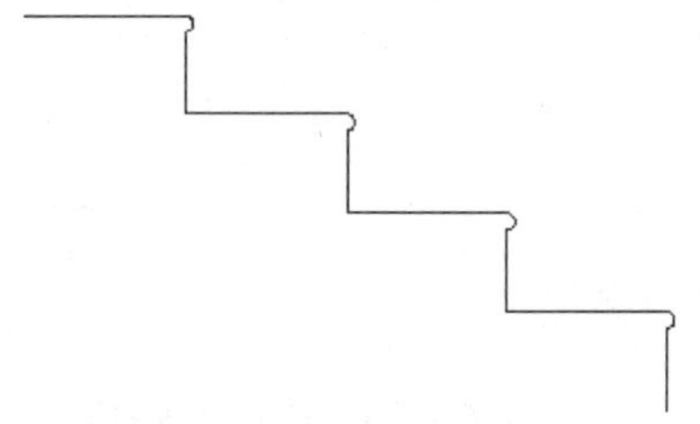

图 4-100　重复复制 3 次

6 单击“修改”工具栏中的“倒角”按钮，倒角复制台阶之间的直角，倒角距离分别为 1、1，如图 4-101 所示。

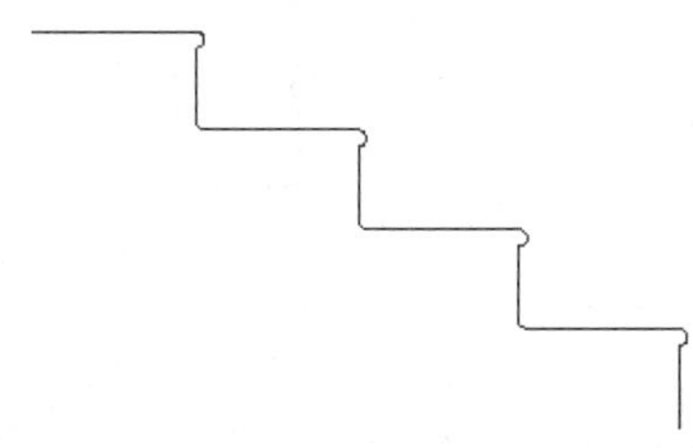

图 4-101　倒角台阶之间的直角

7 单击“绘图”工具栏中的“直线”按钮，绘制一条长度为 10 的线段，如图 4-102 所示。

相关知识　放样二维图形生成三维实体

放样功能是通过对包含两条或两条以上横截面曲线的一组曲线进行放样，以创建三维实体或曲面。

横截面定义了实体或曲面的轮廓，它可以是开放的，也可以是闭合的。放样时，至少必须指定两个横截面。

放样前：

放样后：

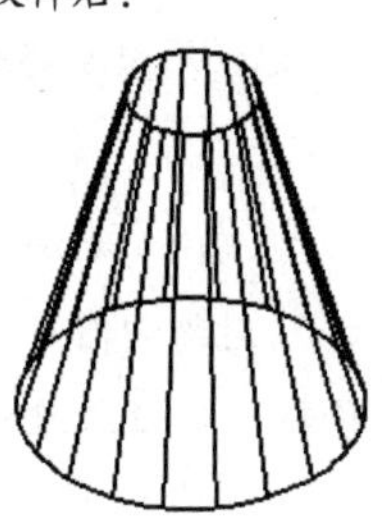

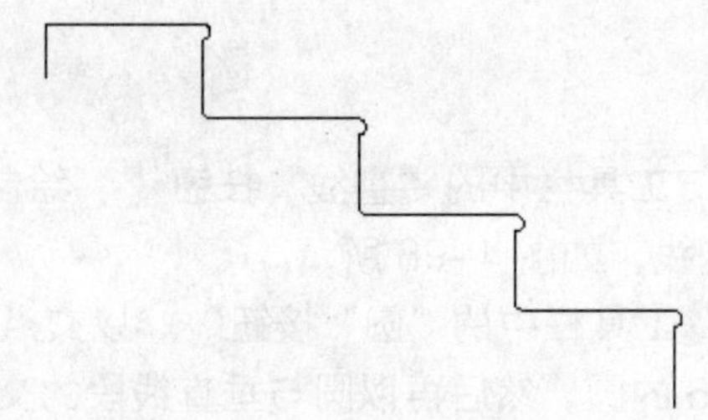

图 4-102　绘制线段

8 单击“修改”工具栏中的“旋转”按钮，将绘制的线段以起点为基点旋转-45°，如图 4-103 所示。

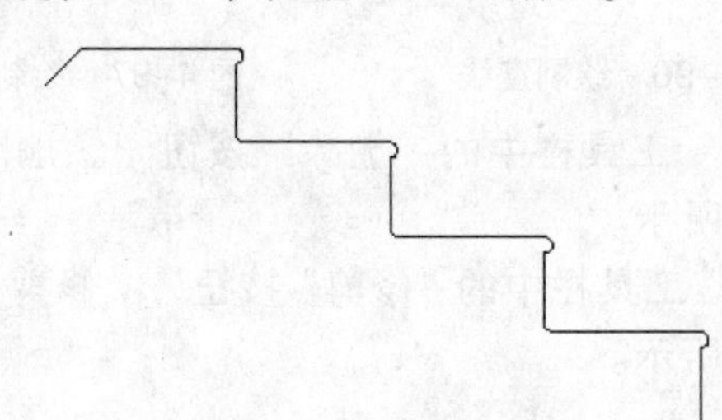

图 4-103　旋转线段 45°

9 单击“修改”工具栏中的“复制”按钮，将旋转的直线复制到下边的垂直线段上，如图 4-104 所示。

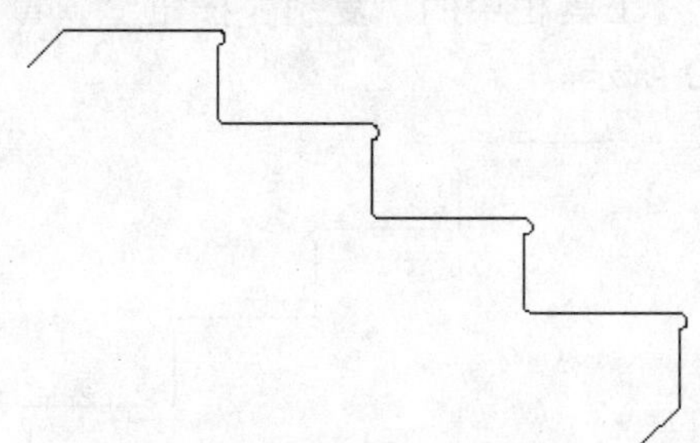

图 4-104　复制旋转线段

10 单击“绘图”工具栏中的“直线”按钮，连接两条线段，如图 4-105 所示。

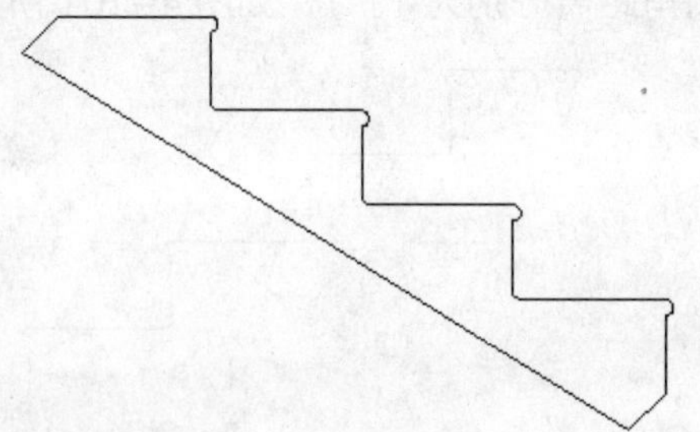

图 4-105　连接两条线段

11 单击“绘图”工具栏中的“面域”按钮，框选所有的线段创建成面，如图 4-106 所示。

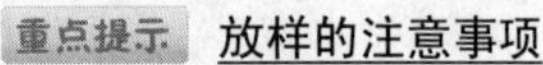

操作技巧　**放样的操作方法**

可以通过以下 3 种方法来执行“放样”功能：

- 选择“绘图”→“建模”→“放样”菜单命令。
- 单击“建模”工具栏中的“放样”按钮。
- 在命令行中输入“loft”后，按回车键。

重点提示　**放样的注意事项**

放样时使用的曲线必须全部开放或全部闭合。不能使用既包含开放曲线又包含闭合曲线的选择集。

相关知识　**什么是实体消隐**

使用消隐功能可以将暂时隐藏位于实体背后的面遮挡掉，这样可以使图形看起来更加清晰逼真。

在消隐状态下，无法缩放视图的大小，对绘制图形或修改的图形都会变回二维线框的模式。

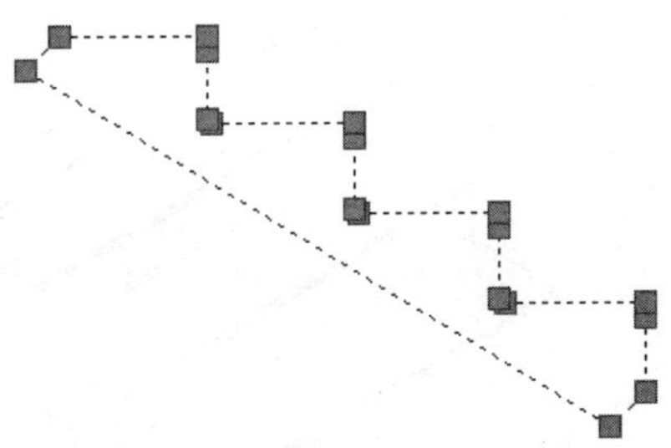

图 4-106　框选所有线段创建成面

12 选择“视图”菜单中“三维视图”子菜单中的“东北等轴测”命令，将视图由二维绘图切换到三维绘图，如图 4-107 所示。

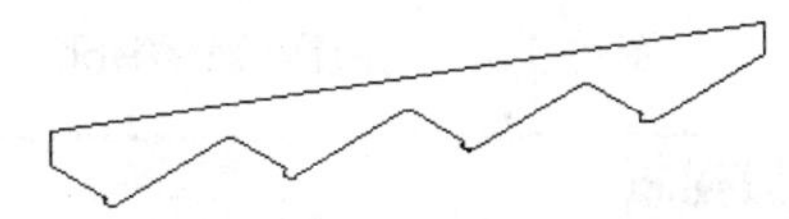

图 4-107　切换成三维视图

13 单击“建模”工具栏中的“三维旋转”按钮，将面旋转 90°，如图 4-108 所示。

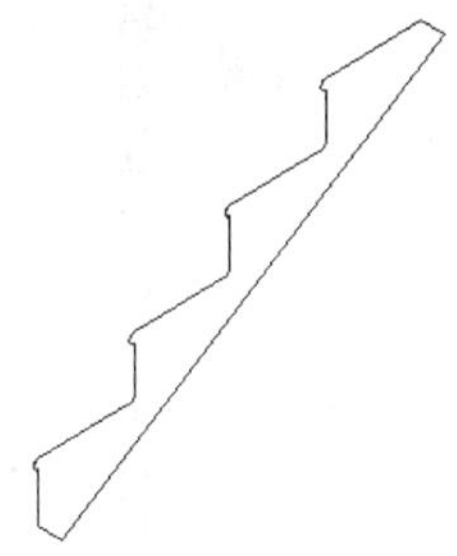

图 4-108　旋转 90°

14 单击“建模”工具栏中的“拉伸”按钮，进行拉伸面操作，拉伸长度为 130，如图 4-109 所示。

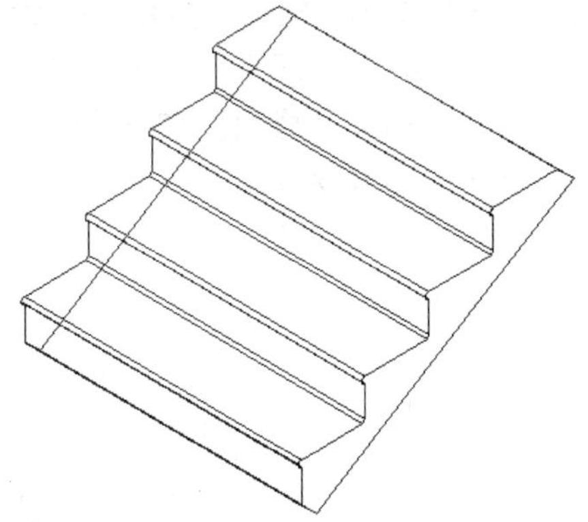

图 4-109　拉伸

15 选择“视图”菜单中的“消隐”命令，调整图形的视觉效果，如图 4-110 所示。

消隐前：

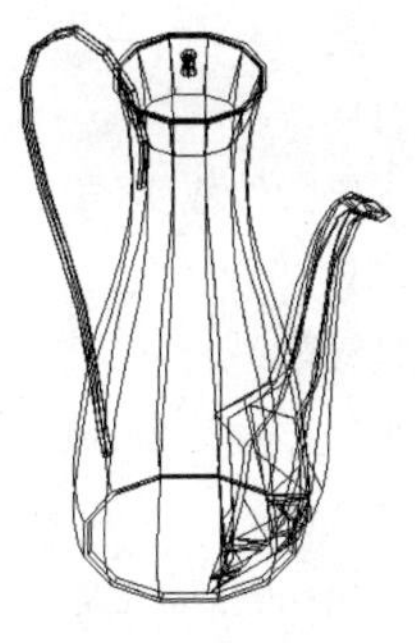

消隐后：

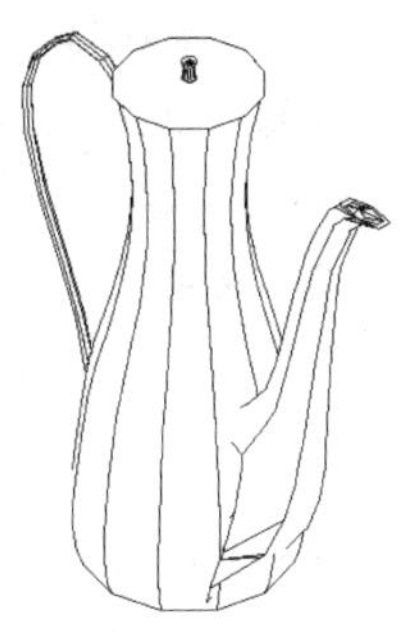

操作技巧　消隐的操作方法

可以通过以下两种方法来执行“消隐”功能：

- 选择“绘图”→“建模”→“消隐”菜单命令。
- 在命令行中输入“hide”后，按回车键。

实例 4-8 说明

- 知识点：
  - 修剪
  - 打断
  - 二维拉伸成实体
  - 球体
- 视频教程：
  光盘\教学\第 4 章 建筑实体建模
- 效果文件：
  光盘\素材和效果\04\效果\4-8.dwg
- 实例演示：
  光盘\实例\第 4 章\绘制拐杖

相关知识 视觉样式

视觉样式可以用来处理实体模型，不仅可以实现模型的消隐，还能够给实体模型的表面着色，包括二维线框、三维线框、三维隐藏、真实、概念、着色、带边缘着色、灰度、勾画和 X 射线 10 种。

- 二维线框：用直线和曲线表示边界的对象，线型和线宽都可见。

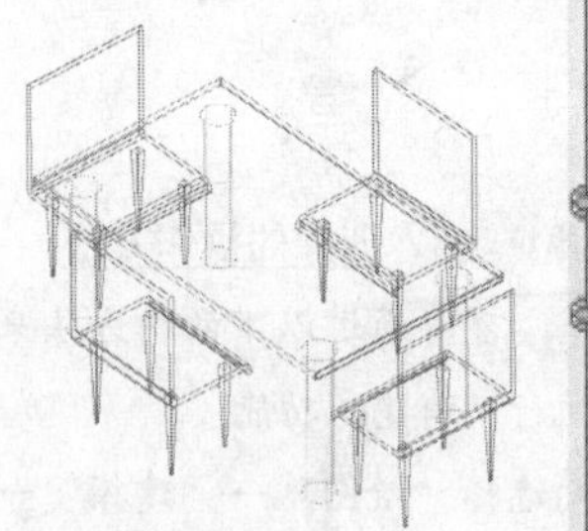

- 三维线框：用直线和曲线表示边界。线型及线宽不可见。效果和上面一样。
- 三维隐藏：显示用三维线框表示的对象并隐藏表示后向面的直线。

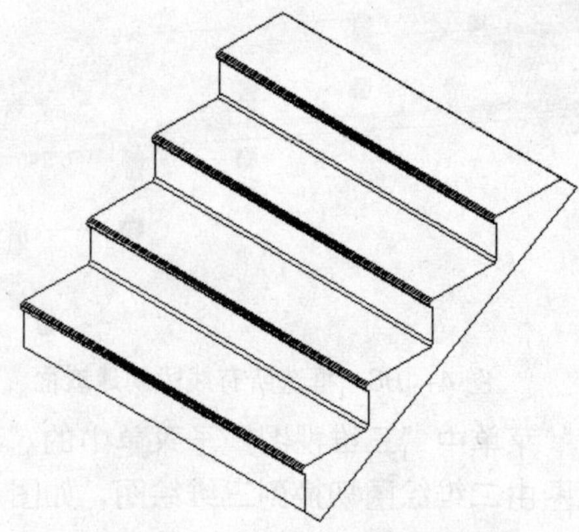

图 4-110 消隐样式观察图形

实例 4-8 绘制拐杖

本实例将绘制一个拐杖模型，主要应用了修剪、打断、二维拉伸成实体、球体等功能。实例效果如图 4-111 所示。

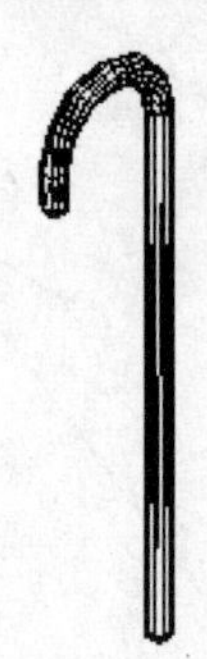

图 4-111 拐杖模型效果图

操作步骤

1. 单击“绘图”工具栏中的“矩形”按钮，绘制长为 15、高为 70 的矩形，如图 4-112 所示。
2. 单击“修改”工具栏中的“修剪”按钮，将最下面的水平线段修剪掉，如图 4-113 所示。

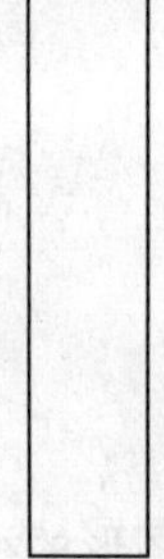

图 4-112 绘制矩形

图 4-113 修剪下面的水平线段

3. 单击“修改”工具栏中的“打断”按钮和“删除”按钮，打断右边的垂直线段，然后删除打断后多余的线段，如图 4-114 所示。在打断时，为了方便打断操作，可以在此步骤暂时关闭“对象捕捉”功能。
4. 单击“修改”工具栏中的“圆角”按钮，倒圆角图中的两个直角，圆角半径为 7.5，如图 4-115 所示。

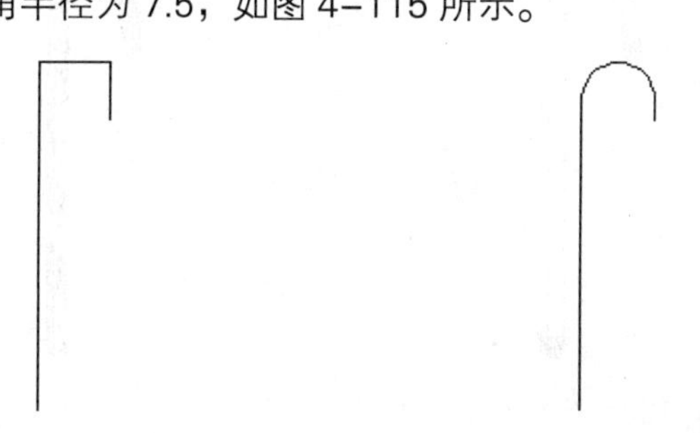

图 4-114　修整图形　　　　图 4-115　倒圆角直角

5. 选择“视图”菜单中“三维视图”子菜单中的“东北等轴测”命令，将视图由二维绘图切换到三维绘图，如图 4-116 所示。
6. 单击“建模”工具栏中的“三维旋转”按钮，调整图形方位，如图 4-117 所示。

图 4-116　切换成三维视图　　　　图 4-117　调整图形方位

7. 单击“绘图”工具栏中的“圆”按钮，以其中一个端点为圆心，绘制一个半径为 1.5 的圆，这里以下端点为例，如图 4-118 所示。
8. 单击“建模”工具栏中的“拉伸”按钮，使圆面以线段为路径拉伸成实体，如图 4-119 所示。

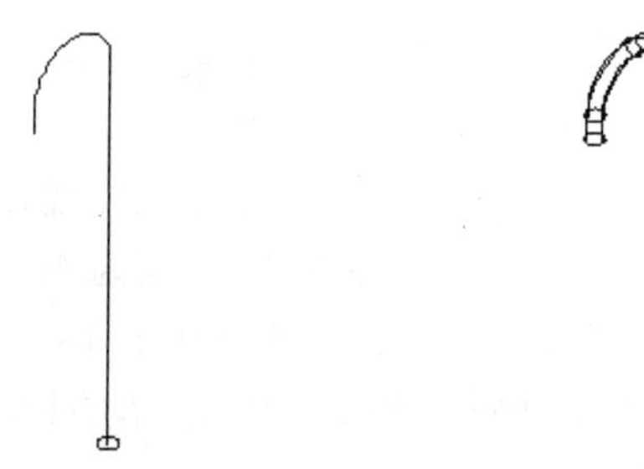

图 4-118　绘制圆　　　　图 4-119　拉伸圆面成实体

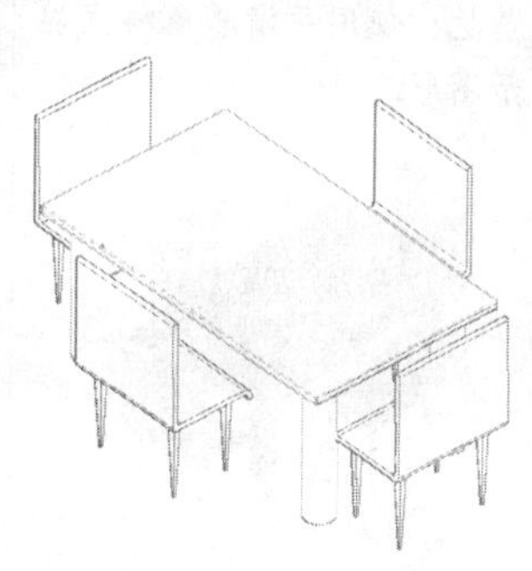

- 真实：着色多边形平面间的对象，并使对象的边平滑化。将显示已附着到对象的材质。

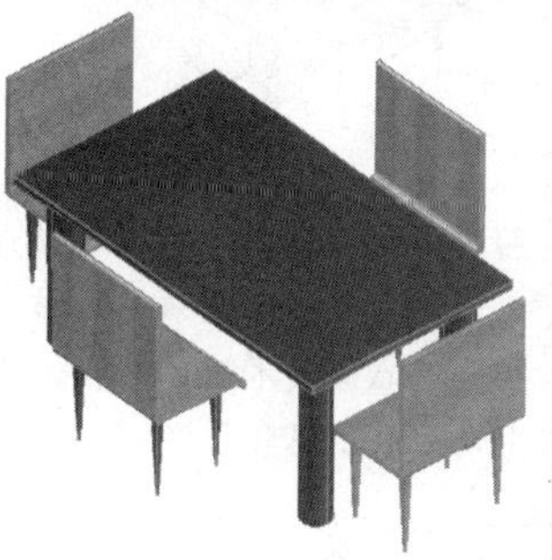

- 概念：概念样式着色多边形平面间的对象，并使对象的边平滑化。着色使用古氏面样式，一种冷色和暖色之间的过渡而不是从深色到浅色的过渡。效果缺乏真实感，但是可以更方便地查看模型的细节。

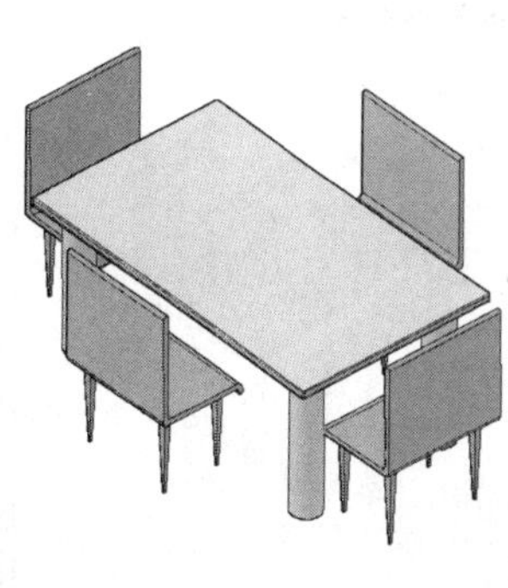

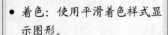

- 着色：使用平滑着色样式显示图形。

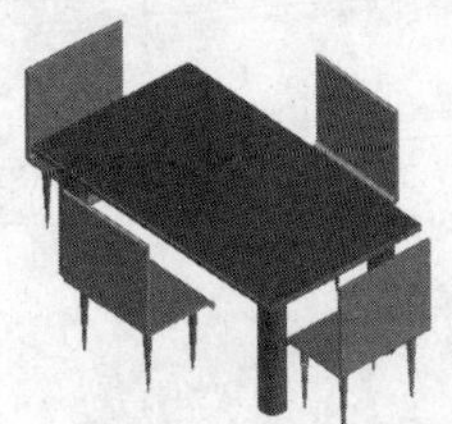

- 灰度：使用平滑着色样式和单色灰度显示图形。

- 勾画：使用线段延伸和抖动边修改器显示绘图效果。该功能有点像美术里的素描，生动地展示图形。

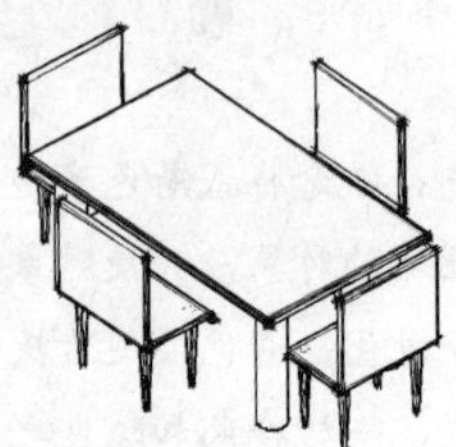

- X射线：通过透明样式显示图形。使用该功能，图形中显示的所有实体都呈透明状，可以清晰地看到实体下的各个细节。

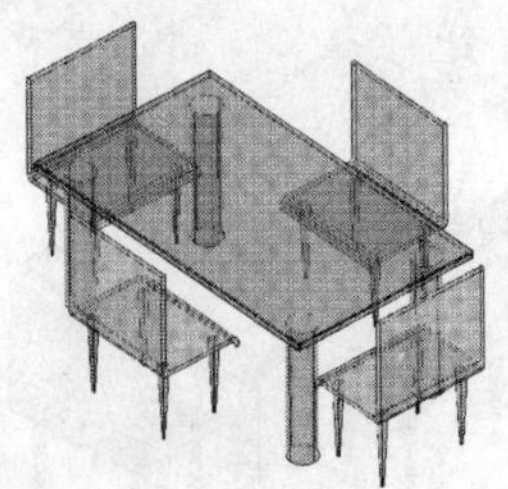

9 单击“建模”工具栏中的“球体”按钮，以实体的两个圆面端点为圆心，绘制两个半径为1.5的球体，如图4-120所示。

10 选择“视图”菜单中的“消隐”命令，调整图形的视觉效果，如图4-121所示。

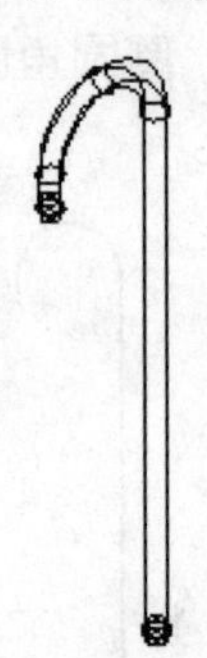

图4-120 绘制两个球体

图4-121 消隐样式观察图形

实例4-9 绘制树池

本实例将绘制一个树池图形，主要应用了长方体、镜像、消隐等功能。实例效果如图4-122所示。

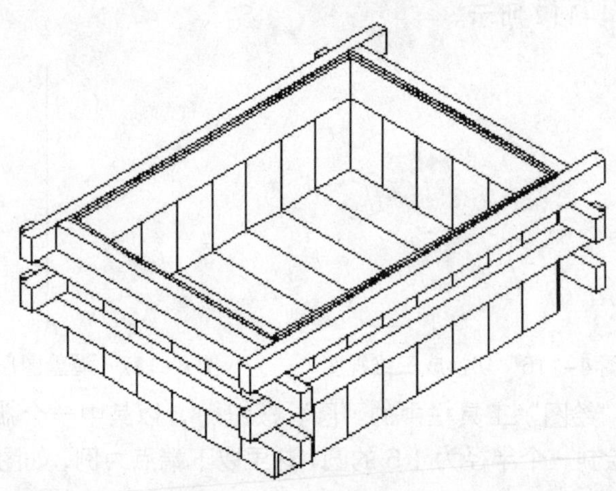

图4-122 树池效果图

操作步骤

1 选择“视图”菜单中“三维视图”子菜单中的“东北等轴测”命令，将视图由二维绘图切换到三维绘图。

2 单击“建模”工具栏中的“长方体”按钮，绘制长为138.4、宽为4、高为8，长为13.5、宽为1.2、高为45，长为105.6、宽为1.2、高为13.5的3个长方体，如图4-123所示。

3 单击“修改”工具栏中的“移动”按钮，组合3个长方体，如图4-124所示。

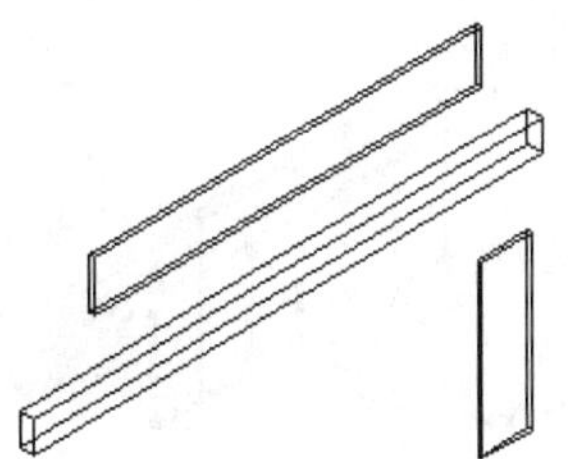

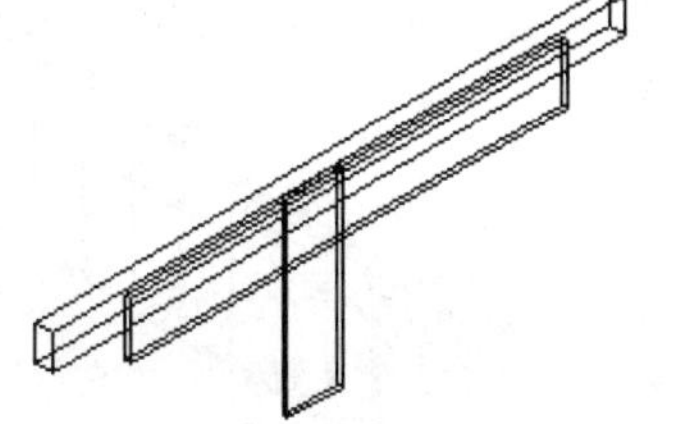

图 4-123　绘制长方体　　　　图 4-124　组合长方体

4 单击“修改”工具栏中的“复制”按钮，将最小的长方体向左复制 3 个，向右复制 4 个，如图 4-125 所示。

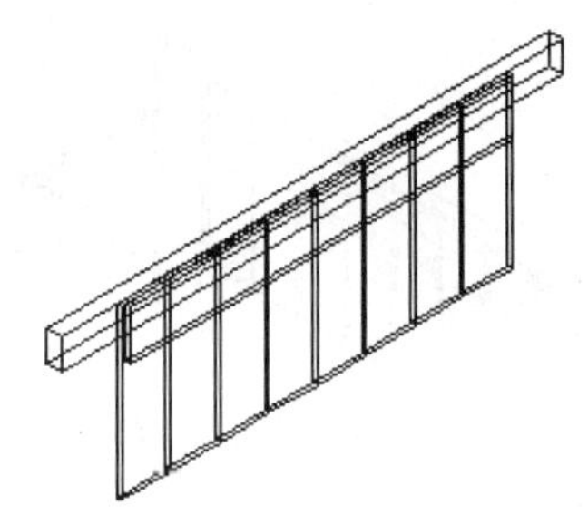

图 4-125　复制长方体

5 单击“建模”工具栏中的“长方体”按钮，绘制长为 4、宽为 109、高为 8，长为 1.2、宽为 13.5、高为 45，长为 1.2、宽为 78.6、高为 13.5 的 3 个长方体，如图 4-126 所示。

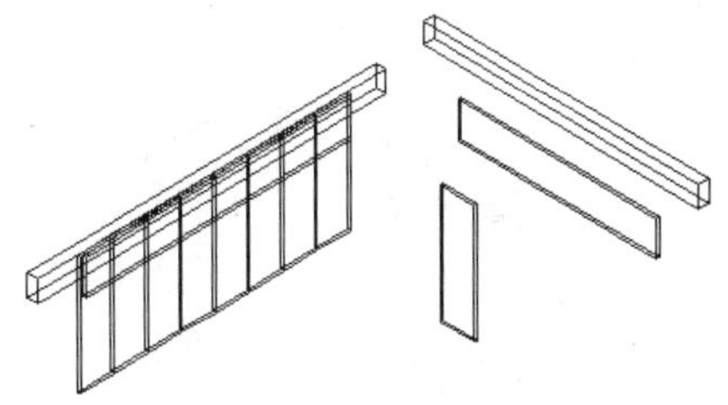

图 4-126　绘制长方体

6 单击“修改”工具栏中的“移动”按钮，组合新绘制的 3 个长方体，如图 4-127 所示。

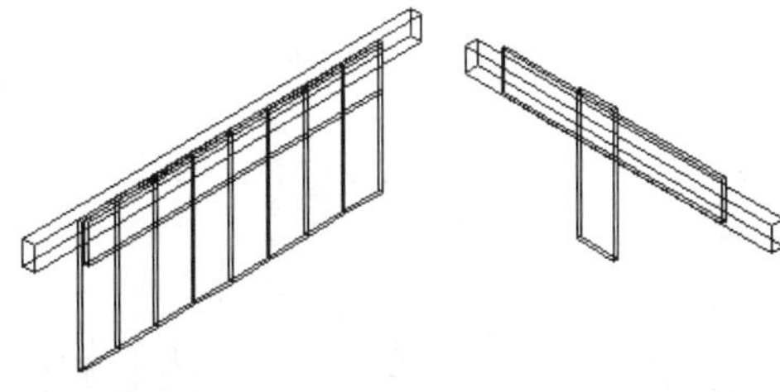

图 4-127　移动长方体

7 单击“修改”工具栏中的“复制”按钮，将绘制最小的长方体向左复制 2 个，向右复制 3 个，如图 4-128 所示。

- 带边缘着色：使用平滑着色样式，并加深边缘效果显示图形。

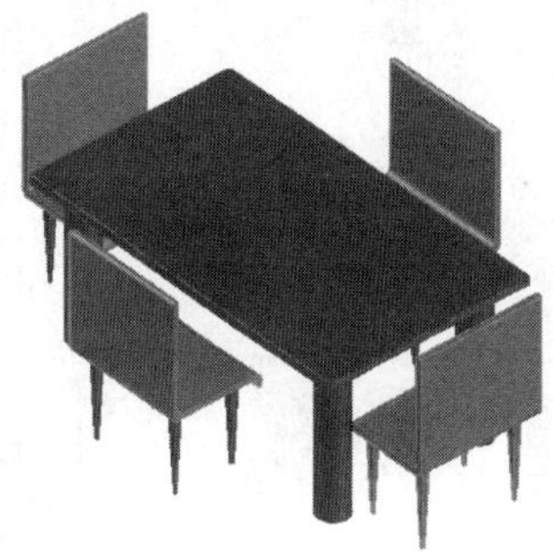

实例 4-9 说明

知识点：
- 长方体
- 镜像
- 消隐

视频教程：
光盘\教学\第 4 章 建筑实体建模

效果文件：
光盘\素材和效果\04\4-9.dwg

实例演示：
光盘\实例\第 4 章\绘制树池

相关知识　视觉样式管理

视觉样式管理器用于设置面、环境以及边的参数。

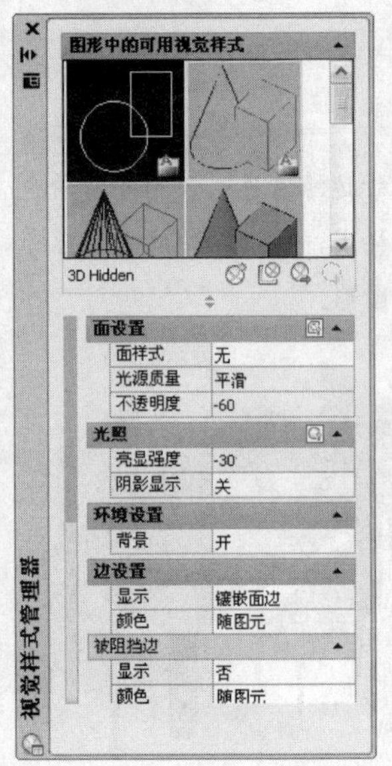

1. 面设置

该项用于设置面的外观，包括以下几个选项。

- 面样式：设置面上的着色，其中包括：
  * 实时：接近于面在现实中的表现方式。
  * 古氏：使用冷色和暖色而不是暗色和亮色来增强面的显示效果，这些面可以附加阴影并且很难在真实显示中看到。
  * 无：不应用面样式。
- 光源质量：设置光源是否显示模型上的镶嵌面，默认为“平滑”。
- 高亮显示强度：控制高亮显示在无材质的面上的大小。
- 不透明度：控制面在视口中的不透明度或透明度。

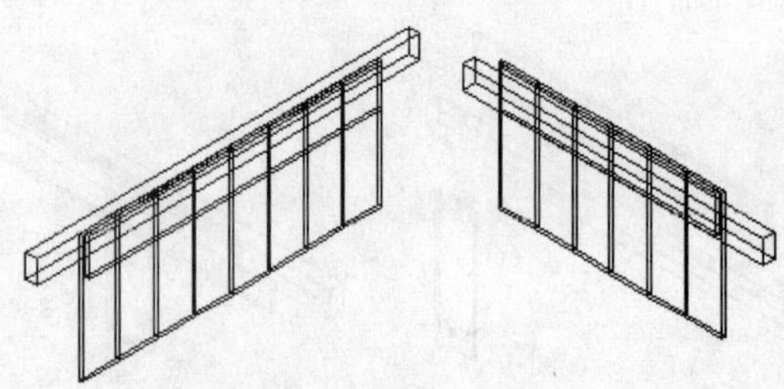

图 4–128　复制长方体

8 单击“修改”工具栏中的“移动”按钮，将两部分图形组合起来，如图 4–129 所示。

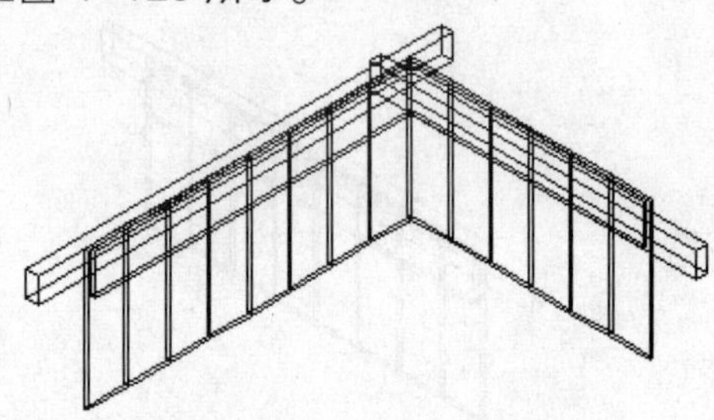

图 4–129　组合两部分实体

9 单击“建模”工具栏中的“长方体”按钮，绘制长为 13.5、宽为 78.6、高为 1.2，长为 4、宽为 76.2、高为 6，长为 95.2、宽为 4、高为 6 的 3 个长方体，作为底部衬条与衬板，如图 4–130 所示。

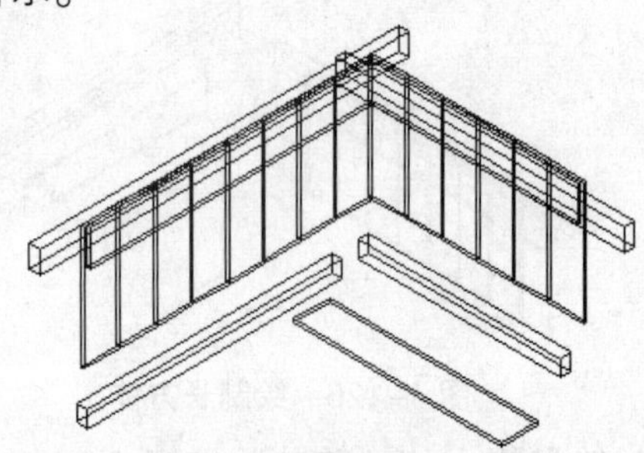

图 4–130　绘制长方体

10 单击“修改”工具栏中的“移动”按钮，将绘制的 3 个长方体移动到图形中，如图 4–131 所示。

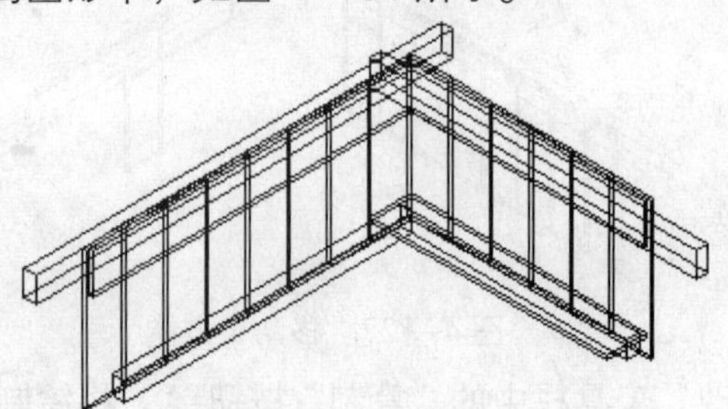

图 4–131　移动长方体

11 单击“修改”工具栏中的“复制”按钮，复制衬板直到铺满底部，如图 4-132 所示。

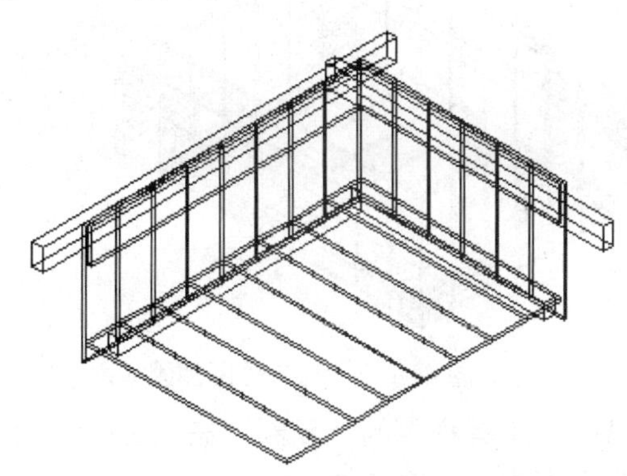

图 4-132　复制衬板铺满底部

12 单击“修改”工具栏中的“镜像”按钮，连续镜像对称复制两次，复制树池的外框，如图 4-133 所示。

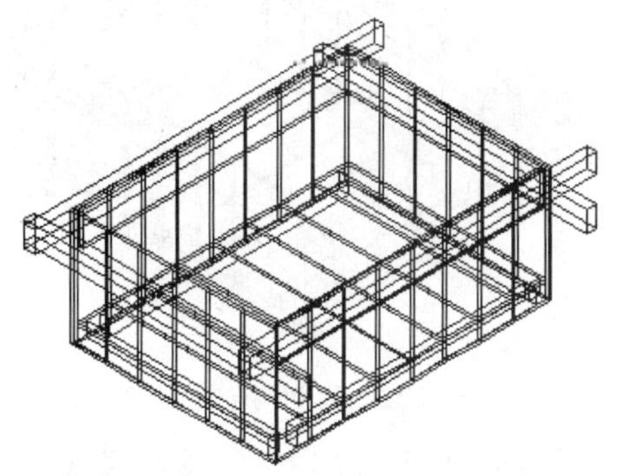

图 4-133　镜像复制实体

13 单击“修改”工具栏中的“复制”按钮，将固定外框的 4 条横木向下复制 16，如图 4-134 所示。

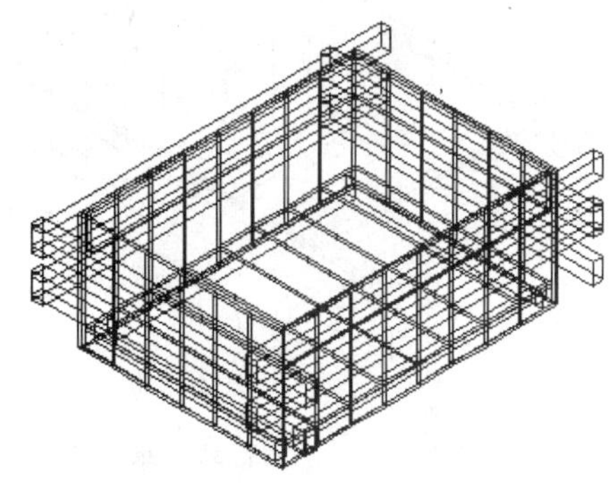

图 4-134　复制外框横木

14 单击“建模”工具栏中的“长方体”按钮，绘制长为 4、宽为 81、高为 8 的长方体，绘制外围加固横木，如图 4-135 所示。

2. 环境设置

该项用于设置阴影和背景。

- 阴影显示：控制阴影的显示如无阴影、仅地面阴影或全阴影。将阴影关闭以增强性能。
- 背景：用于设置在视口中是否显示背景。

3. 边设置

该项用于控制如何显示边。

- 边模式：可以将边显示设置为“镶嵌面边”、“素线”或“无”。
- 颜色：用于设置边的颜色，单击右端的下拉按钮，从下拉列表中可以选择边的颜色。
- 边修改器：用于控制应用到边模式的设置。
- 快速轮廓边：控制应用到轮廓边的设置。轮廓边不显示在线框或透明对象上。
- 遮挡边：控制当边模式设置为“镶嵌面边”时应用到遮挡边的设置。
- 相交边：控制当边模式设置为“镶嵌面边”时应用到相交边的设置。

重点提示　**环境设置要领**

要显示全阴影，需要硬件加速。关闭“几何加速”时，将无法显示全阴影。

疑难解答　**无法拉伸绘制的二维图形**

在 AutoCAD 中，有以下两种

形式无法拉伸二维图形：

- 具有相交或自交线段的多段线。
- 包含在块内的对象。

解决方法：如果要使用直线或圆弧从轮廓创建实体，可以使用 pedit 命令下的“合并”选项将它们转换为一个多段线对象，也可以将对象转换成面域后再拉伸。

疑难解答 **无法将创建的面拉伸成实体**

在拉伸成实体功能中，可以分为高度拉伸或者按路径拉伸。

1. 按路径拉伸

先将绘制的线条用三维观察器看一下，若是三维空间线条，就不能拉伸，因为 AutoCAD 只能用平面线条作拉伸路径。

2. 按高度拉伸

可能是因为面域没生成好，查看二维图形看还有哪个地方没有连接好，将其连接好即可进行拉伸。

疑难解答 **绘制的二维图形无法放样**

在 AutoCAD 中，放样时使用的曲线必须全部开放或全部闭合。不能使用既包含开放曲线又包含闭合曲线的选择集。

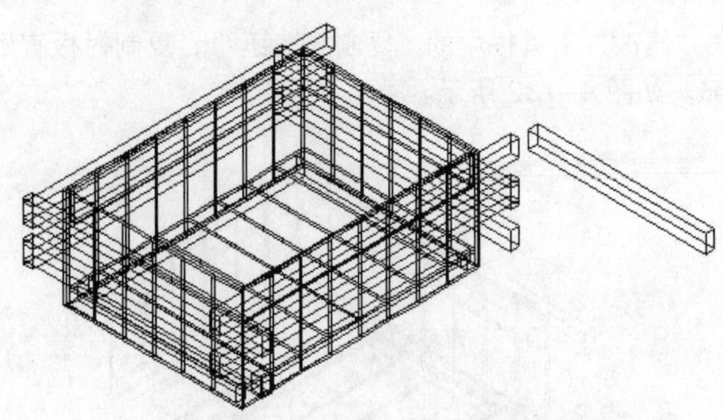

图 4-135 绘制外围加固横木

15 单击“修改”工具栏中的“复制”按钮，将外围的加固横木复制到图形中，如图 4-136 所示。

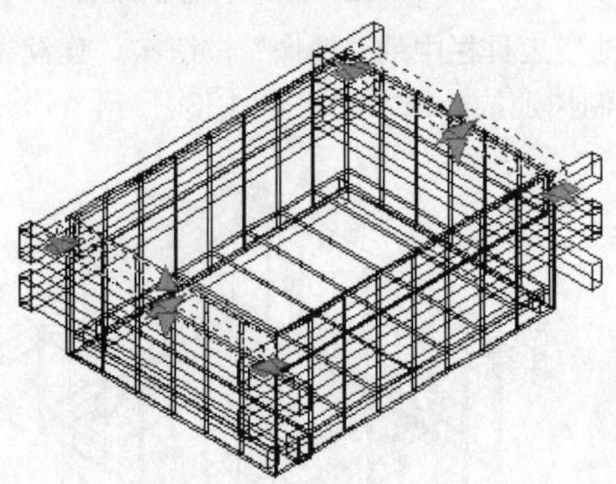

图 4-136 复制两个外围加固横木

16 选择“视图”菜单中的“消隐”命令，调整图形的视觉效果，如图 4-137 所示。

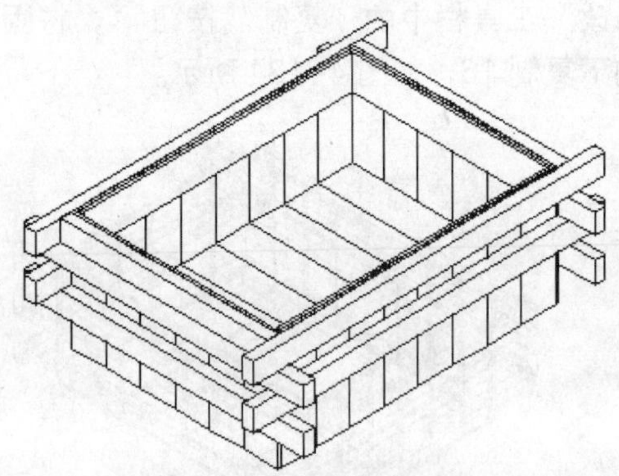

图 4-137 消隐样式观察图形

实例 4-10 绘制简易床

本实例将绘制一个简易床，主要应用了长方体、移动、并集等功能。实例效果如图 4-138 所示。

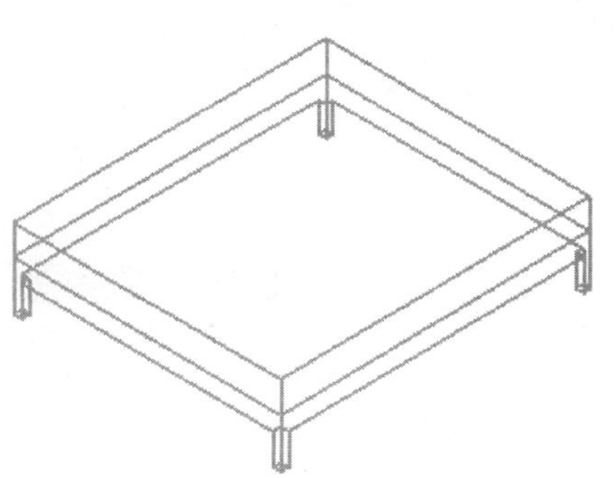

图 4-138　简易床效果图

在绘制图形时，先绘制两个大的长方体，再绘制一个小长方体为床脚，并将绘制的床脚复制到其他角上，然后使用并集功能与下面的长方体实体相加，具体操作见“光盘\实例\第 4 章\绘制简易床”。

实例 4-11 绘制沙发

本实例将绘制一个沙发，主要应用了长方体、圆角、复制、并集等功能。实例效果如图 4-139 所示。

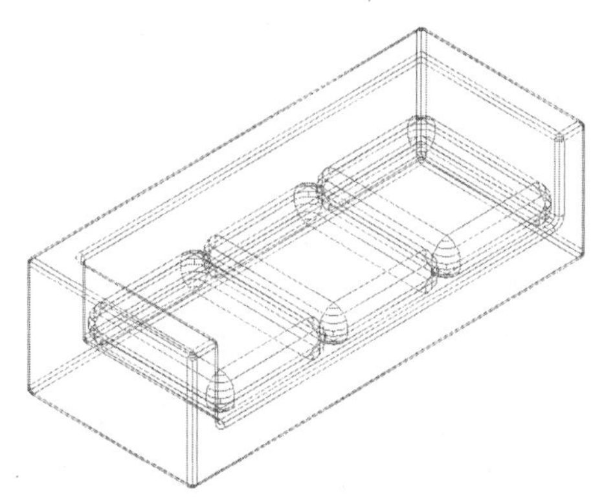

图 4-139　沙发效果图

在绘制图形时，沙发外形用几个长方体并集组成一个实体，再绘制一个沙发垫并修饰圆角，然后复制沙发垫。具体操作见“光盘\实例\第 4 章\绘制沙发”。

疑难解答　怎样快捷地切换多个图形文件

利用 Ctrl+F6 组合键，或 Ctrl+Tab 组合键可以快捷地在多个窗口间切换。但要注意一点，必须在英文输入法状态下。

疑难解答　怎样隐藏坐标轴

隐藏坐标轴的方法有以下两种：

- 选择“视图”→“显示”→“UCS 图标”→“开”命令。
- 在命令行中输入“ucsicon”命令，将其值设置为“off”，即可关闭，设置为“on”时将显示坐标系。

疑难解答　如何使粗糙的图形变得平滑

在缩放图形过程中，原先显示的图形变得很粗糙，如圆经过缩放显示成了多边形。解决方法，可以在调整好视图窗口后，用“重生成”功能重新刷新图形的显示，即可将图形变平滑。

第5章

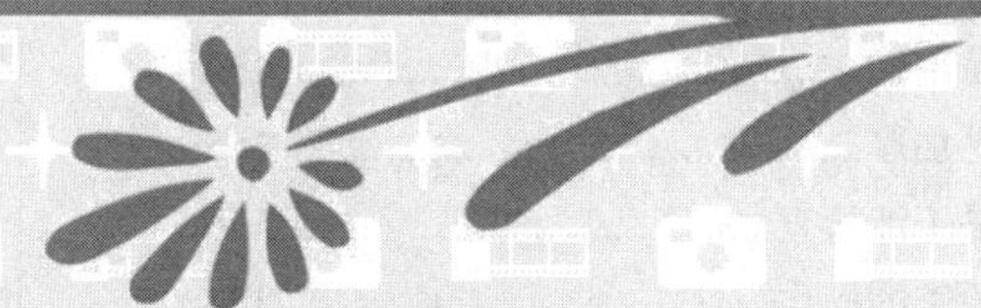

建筑实体修改

本章实例主要讲解三维实体编辑与其他之前所学到知识的结合应用，并且在本章小栏的理论知识中详细讲解各项三维编辑功能和网格建模等知识。

本章讲解的实例和主要功能如下：

实　　例	主要功能	实　　例	主要功能	实　　例	主要功能
绘制林苑圆门	圆、偏移、修剪 三维旋转、消隐 二维拉伸成实体	绘制圆形茶几	圆柱体、圆角 圆环体、交集 三维阵列	绘制门把手	圆角、面域 三维旋转、扫掠
绘制烟灰缸	长方体、圆柱体 二维拉伸成实体 环形阵列、差集	绘制公交站牌	圆柱体、球体 扫掠、圆环体 三维旋转 圆角、三维镜像 消隐	绘制吊灯	样条曲线、扫掠 剖切、三维旋转 二维旋转成实体 三维阵列 自由动态观察
绘制指示牌	样条曲线、镜像 图案填充、文字 并集、编辑文字	绘制六角笔筒	多边形、差集 二维拉伸成实体 倒角、消隐	绘制方底圆口杯	多段线、圆弧 环形阵列、拉伸 建模、边界网格 三维阵列
绘制护栏	点样式、扫掠 定数等分、并集 剖切、球体	绘制工具箱	长方体、差集 圆角、剖切 扫掠、插入块 缩放	绘制椅子	多段线、圆 样条曲线、圆角 面域扫掠 圆柱体、复制 二维拉伸成实体

本章在讲解实例操作的过程中，全面系统地介绍关于图像的基本编辑操作，包含的内容如下：

实例 5-1　绘制林苑圆门

本实例将制作一个林苑圆门的立体效果图，主要应用了圆、偏移、修剪二维绘制、二维编辑以及二维拉伸成实体等功能。实例效果如图 5-1 所示。

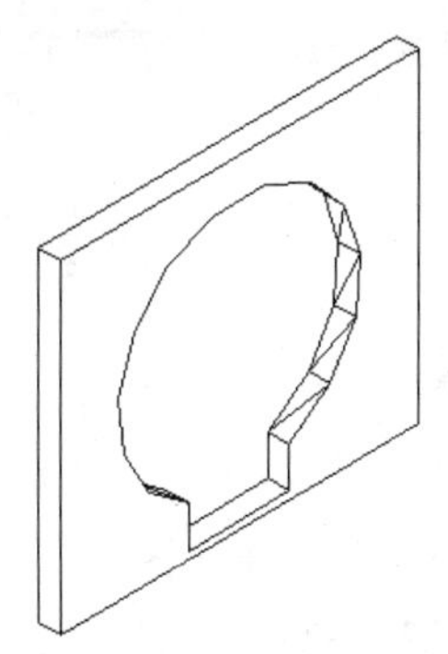

图 5-1　林苑圆门效果图

操作步骤

1 单击“绘图”工具栏中的“直线”按钮，绘制长为 2500、高为 2200 的矩形，如图 5-2 所示。

2 单击“修改”工具栏中的“偏移”按钮，将下边的水平线段向上偏移 50、1100，再将左边的垂直线段向右偏移 900、1250、1600，如图 5-3 所示。

图 5-2　绘制矩形

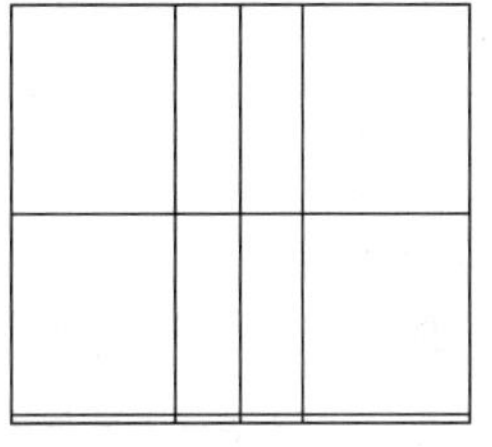

图 5-3　偏移线段

3 单击“绘图”工具栏中的“圆”按钮，以中间的交点为圆心绘制一个半径为 850 的圆，绘制圆门，如图 5-4 所示。

4 单击“修改”工具栏中的“修剪”按钮和“删除”按钮，修剪图形中的多余线段，如图 5-5 所示。

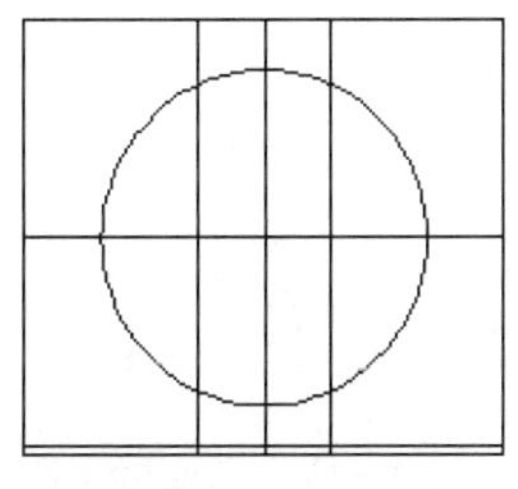

图 5-4　绘制圆门

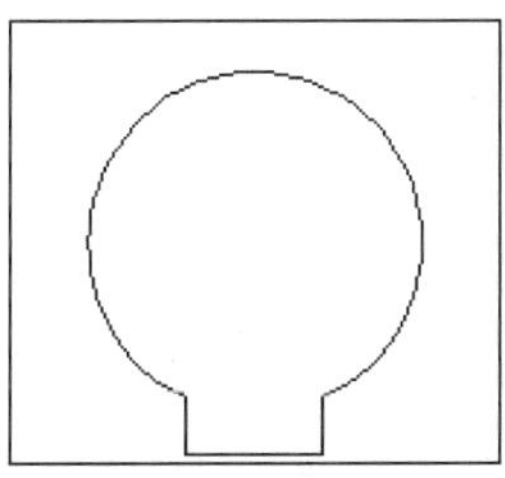

图 5-5　修剪多余线段

实例 5-1 说明

- 知识点：
  - 圆
  - 偏移
  - 修剪
  - 三维旋转
  - 二维拉伸成实体
  - 消隐
- 视频教程：
  光盘\教学\第 5 章　建筑实体修改
- 效果文件：
  光盘\素材和效果\05\效果\5-1.dwg
- 实例演示：
  光盘\实例\第 5 章\绘制林苑圆门

相关知识　三维模型的分类

细分一下，AutoCAD 中的三维模型分为 3 类：线框模型、表面模型和实体模型。

1．线框模型

线框模型是在二维模型的基础上创建的。在线框模型中没有实体表面的概念，实体是由点、圆弧、椭圆和样条曲线等构成。此种模型中每一条线都是单独绘制和定位的，所以对于复杂的图形往往很难绘制和表达。因此，使用此类模型构造三维模型的效率不高。

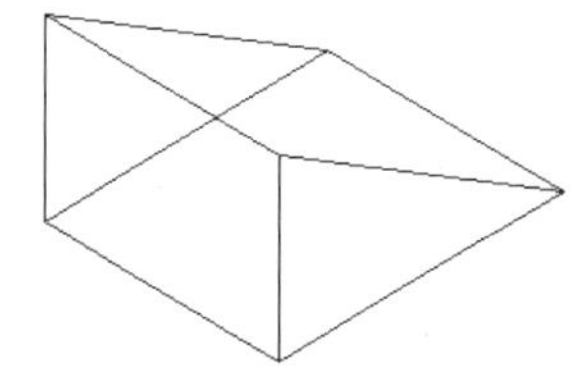

2. 表面模型

表面模型是更高级的表达方式，它不仅定义了三维模型的边界，而且还定义了三维模型的表面。

在 AutoCAD 中，通过多边形网格所形成的小单元来定义模型的表面，其过程相当于在框架上覆盖一层薄膜。表面模型实际上也不代表实体的真正特性。

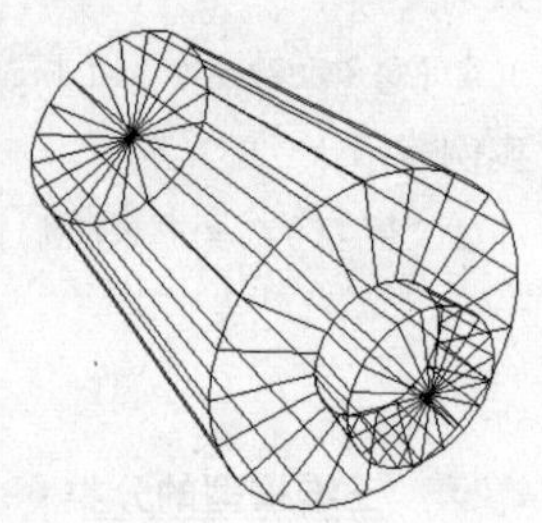

3. 实体模型

实体模型是构造三维模型最高级的方式。从表面上看，实体模型类似于消除了隐藏线的线框模型和表面模型。但实际上，实体模型与这两种模型并不相同，实体模型具有重量、体积等的特点。

AutoCAD 提供了很多基本的三维实体，还可以通过交、差、并等运算由基本的三维实体构造出更复杂的实体。

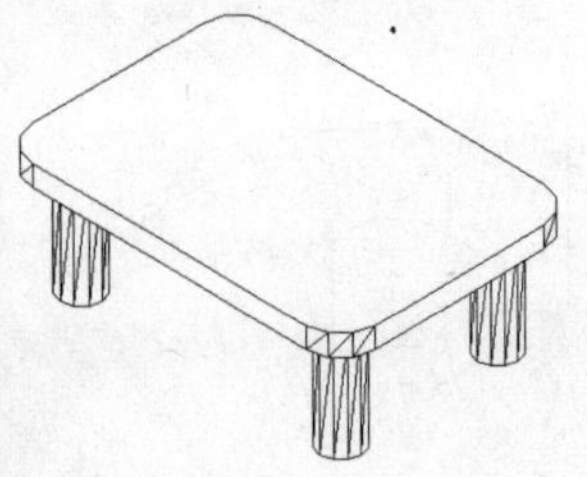

5 单击“绘图”工具栏中的“面域”按钮，将修整后的图形创建成两个面，如图 5-6 所示。

6 单击“建模”工具栏中的“差集”按钮，将大的面减去小的面，如图 5-7 所示。

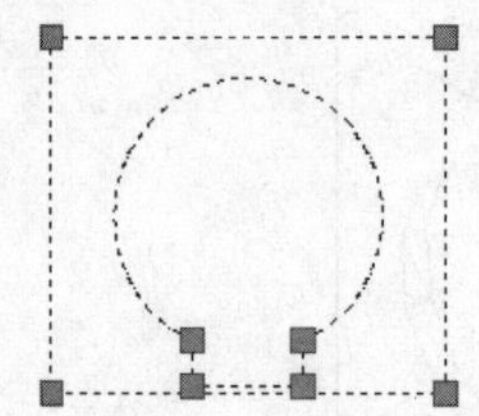

图 5-6 创建成两个面

图 5-7 差集面

7 选择“视图”菜单中“三维视图”子菜单中的“东北等轴测”命令，将视图由二维绘图切换到三维绘图，如图 5-8 所示。

8 单击“建模”工具栏中的“三维旋转”按钮，将图形旋转到立面形式，如图 5-9 所示。

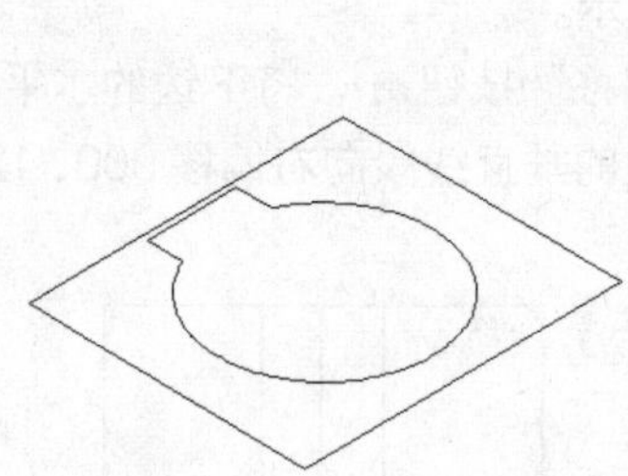

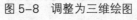

图 5-8 调整为三维绘图

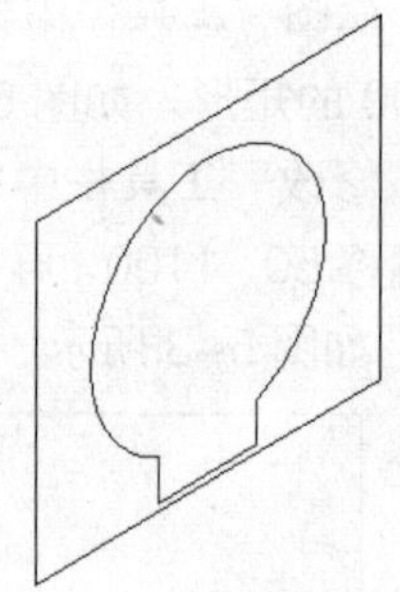

图 5-9 三维旋转调整

9 单击“建模”工具栏中的“拉伸”按钮，对面进行拉伸，拉伸厚度为 100，如图 5-10 所示。

10 选择“视图”菜单中的“消隐”命令，调整图形的视觉效果，如图 5-11 所示。

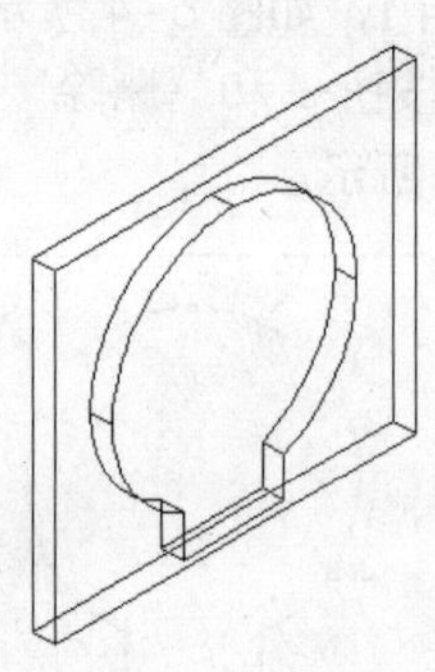

图 5-10 拉伸成实体

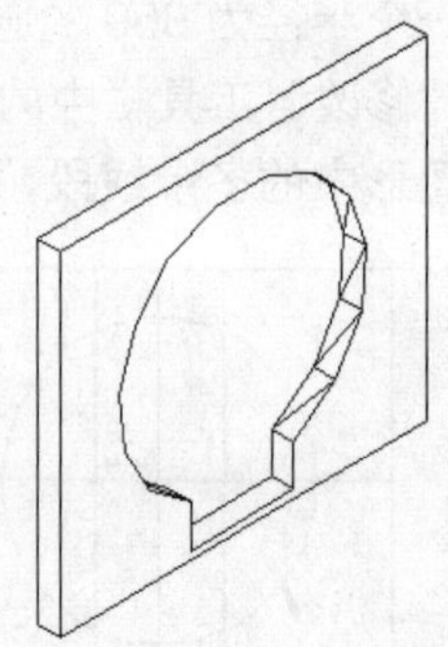

图 5-11 消隐样式观察图形

实例 5-2　绘制圆形茶几

本实例将制作一个圆形茶几，主要应用了圆柱体、圆角、圆环体、交集、三维阵列等功能。实例效果如图 5-12 所示。

图 5-12　圆形茶几效果图

操作步骤

1. 选择“视图”菜单中“三维视图”子菜单中的“东北等轴测”命令，将视图由二维绘图切换到三维绘图。
2. 单击“建模”工具栏中的“圆柱体”按钮，一个半径为 350、高度为 10 的圆柱体，如图 5-13 所示。
3. 单击“修改”工具栏中的“倒角”按钮，倒角距离为 3、3，对上面的边角倒直角，如图 5-14 所示。

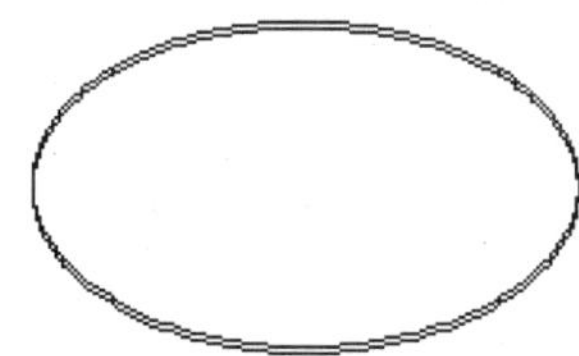

图 5-13　组合圆柱体

图 5-14　倒角

4. 单击“绘图”工具栏中的“直线”按钮，从圆柱体顶面向下绘制一条长为 250 的辅助线段，如图 5-15 所示。
5. 单击“建模”工具栏中的“圆环体”按钮，以步骤 4 绘制直线的下端点为中心点，绘制一个半径为 200、环半径为 15 的圆环体，如图 5-16 所示。

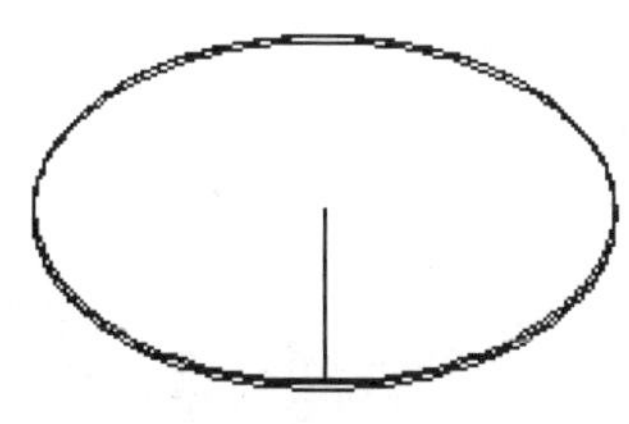

图 5-15　绘制辅助线

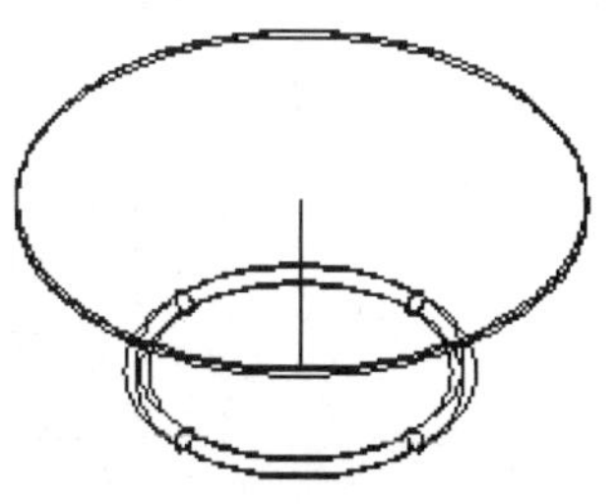

图 5-16　绘制圆环体

实例 5-2 说明

- 知识点：
  - 圆柱体
  - 圆角
  - 圆环体
  - 交集
  - 三维阵列
- 视频教程：
  光盘\教学\第 5 章 建筑实体修改
- 效果文件：
  光盘\素材和效果\05\效果\5-2.dwg
- 实例演示：
  光盘\实例\第 5 章\绘制圆形茶几

相关知识　什么是三维坐标系

与前面所介绍的坐标系统相似，在三维坐标系统中同样也有世界坐标系（WCS）、用户坐标系（UCS）等，而且也有相对坐标和绝对坐标之分。三维坐标有 3 种形式，即三维笛卡尔坐标、圆柱坐标和球坐标。

1. 三维笛卡尔坐标

三维笛卡尔坐标又称为三维直角坐标，与二维直角坐标（X，Y）相似，只是在二维直角坐标的基础上，按右手定则的方式增加了 Z 方向的坐标。空间中的点的三维坐标值用 X、Y、Z 的方式来表示。

三维笛卡尔坐标除了可以使用基于当前坐标系原点的绝对坐标值外，还可以使用基于上一个输入点的相对坐标值（在坐标值前加符号@）。

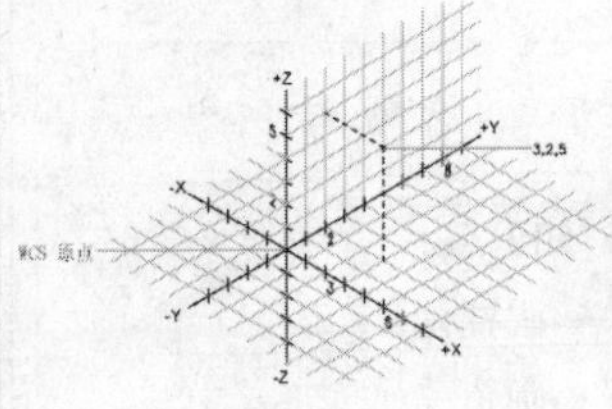

2. 圆柱坐标

圆柱坐标类似于二维极坐标，但增加了从所要确定的点到 XY 平面的高度值。空间中的点的三维坐标值用 d<a，h 的方式来表示。与三维笛卡尔坐标相类似，圆柱坐标也可以使用相对坐标的形式（在坐标值前加符号@）来表示某点相对于上一个输入点的相对坐标值。

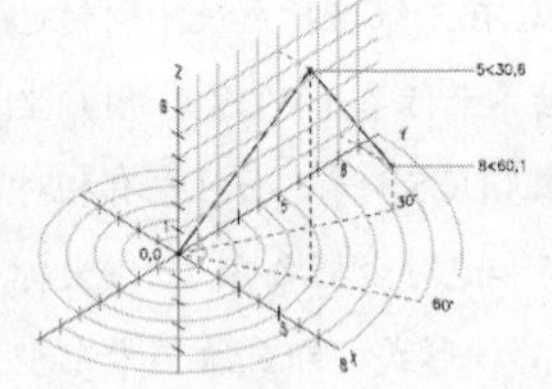

3. 球坐标

球坐标类似于二维极坐标，空间中的点的二维坐标值用 d<a<β 的方式来表示。球坐标与前面两种坐标相类似，也可以使用相对坐标的形式（在坐标值前加符号@）来表示某点相对于上一个输入点的相对坐标值。

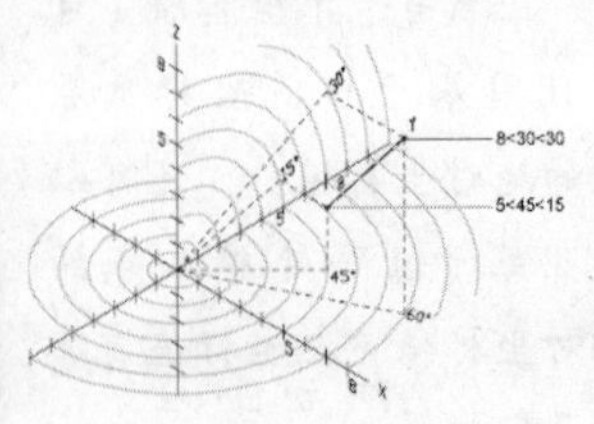

6 选择“工具”菜单栏中“新建 UCS”子菜单中的“X”命令，更改 X 坐标轴，旋转 90°，如图 5-17 所示。

7 单击“绘图”工具栏中的“直线”按钮，以辅助线段的下端点为起点，沿 X 轴绘制两条辅助线，如图 5-18 所示。

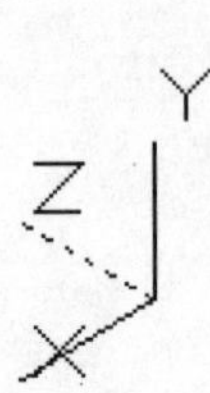

图 5-17 旋转 X 坐标轴 90°

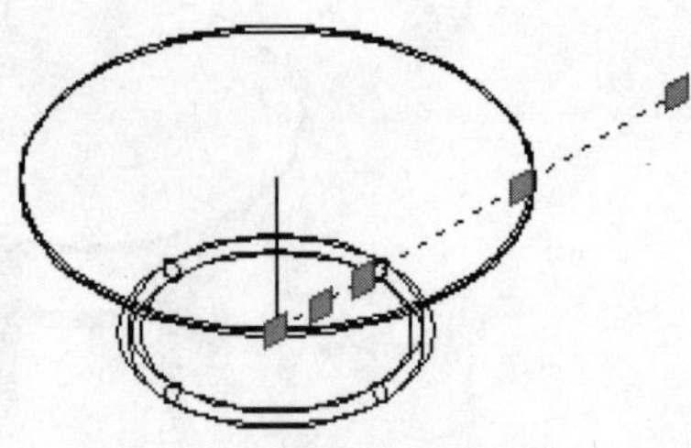

图 5-18 绘制两条辅助线段

8 单击“建模”工具栏中的“圆环体”按钮，以步骤 7 绘制直线的下端点为中心点，绘制一个半径为 600、环半径为 15 的圆环体，如图 5-19 所示。

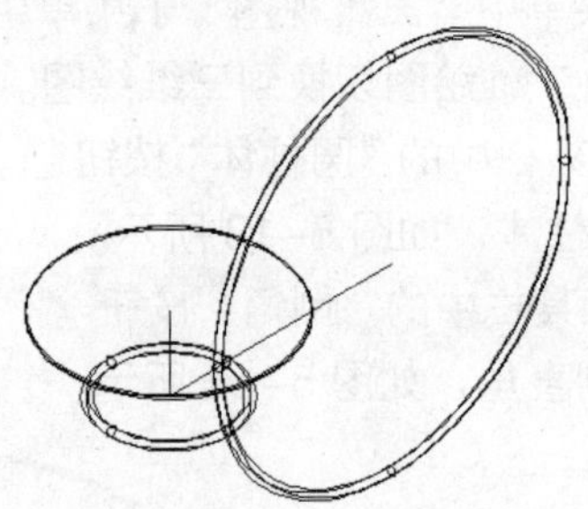

图 5-19 绘制大圆环体

9 选择第一条辅助线，通过夹点使线段上端向下缩短 10，如图 5-20 所示。

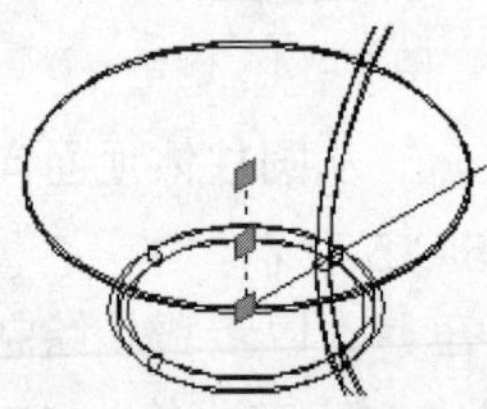

① 选定辅助线段

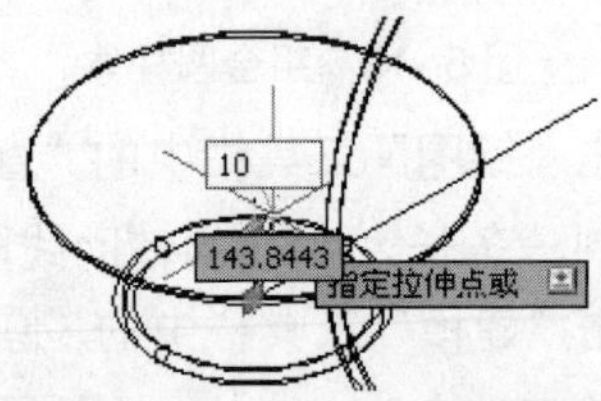

② 将光标沿 Y 轴向下拖动并输入 10

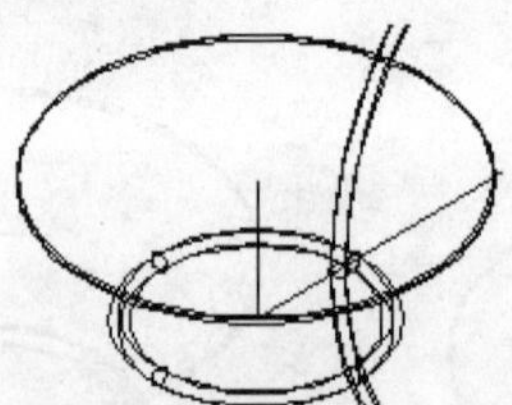

③ 缩短完成

图 5-20 缩短辅助线段

10 单击“建模”工具栏中的“长方体”按钮，在空白区域内绘制一个长为 400、宽为 570、高为 100 的长方体，如图 5-21 所示。

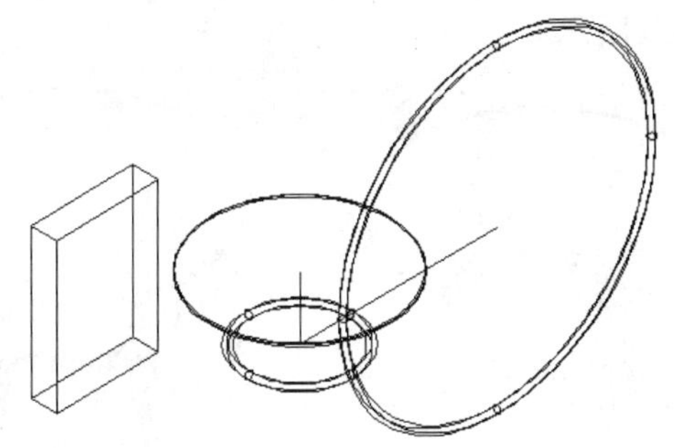

图 5-21　绘制长方体

11 单击“修改”工具栏中的“移动”按钮，将绘制的长方体移动到图形中，如图 5-22 所示。

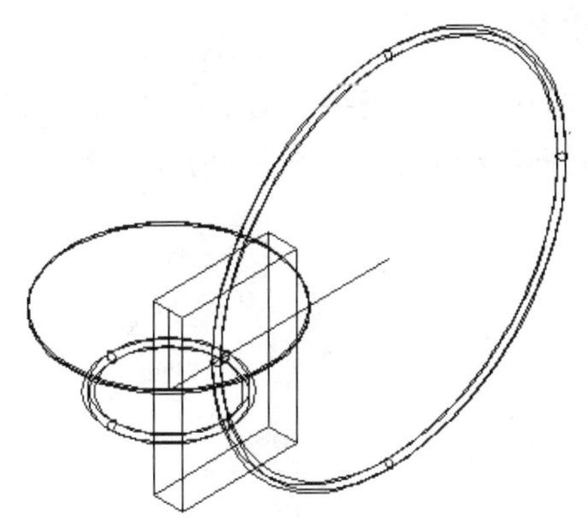

图 5-22　移动长方体

12 单击“建模”工具栏中的“交集”按钮，选择长方体和大的圆环体进行交集，如图 5-23 所示。

13 单击“建模”工具栏中的“三维阵列”按钮，将交集后的图形以竖直的辅助线为中心线，环形阵列复制 4 个，如图 5-24 所示。

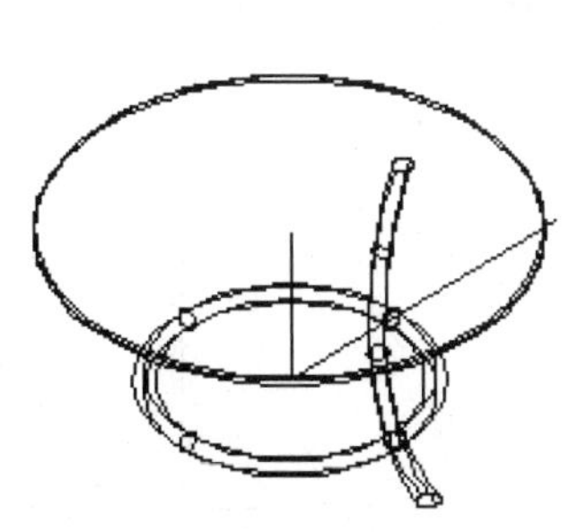

图 5-23　交集两实体

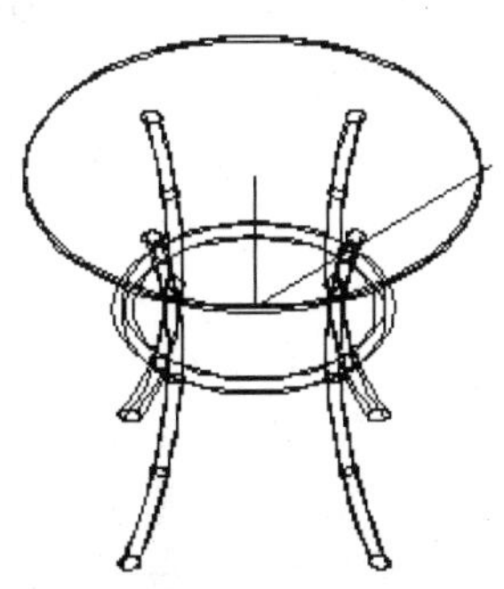

图 5-24　三维阵列

相关知识　**三维操作的分类**

AutoCAD 中的三维操作包括三维移动、三维旋转、三维镜像、三维阵列、三维对齐和剖切实体。

相关知识　**什么是三维移动**

三维移动就是在三维空间里移动三维对象。在 AutoCAD 中执行三维移动操作时，会用到移动夹点工具。

相关知识　**使用移动夹点工具移动图形**

使用移动夹点工具，可以将选择的对象约束到轴或面上。移动夹点工具有 3 个轴句柄，用红色、绿色、蓝色区分，分别与 X 轴、Y 轴、Z 轴相对应。

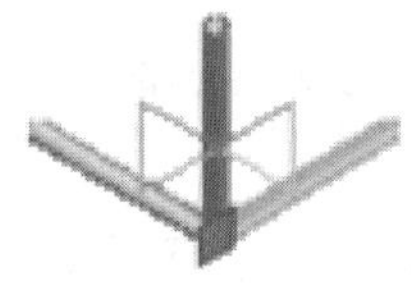

按移动方式分，可以分为沿指定轴移动对象和沿指定面移动对象。

1. 沿指定轴移动对象

使用三维移动功能可以沿指定的 X 轴、Y 轴和 Z 轴移动对象。

2. 沿指定平面移动对象

使用三维移动工具可以沿 XY、XZ、YZ 平面移动对象。

操作技巧 三维移动的操作方法

可以通过以下3种方法来执行“三维移动”操作：

- 选择“修改”→“三维操作”→“三维移动”菜单命令。
- 单击“建模”工具栏中的“三维移动”按钮。
- 在命令行中输入“3dmove”后，按回车键。

实例 5-3 说明

- 知识点：
  - 圆角
  - 面域
  - 三维旋转
  - 扫掠
- 视频教程：
  光盘\教学\第5章 建筑实体修改
- 效果文件：
  光盘\素材和效果\05\效果\5-3.dwg
- 实例演示：
  光盘\实例\第5章\绘制门把手

相关知识 什么是三维旋转

使用三维旋转功能，可以自由旋转对象，或将旋转约束到轴。三维旋转时会用到旋转夹点工具。

三维旋转前：

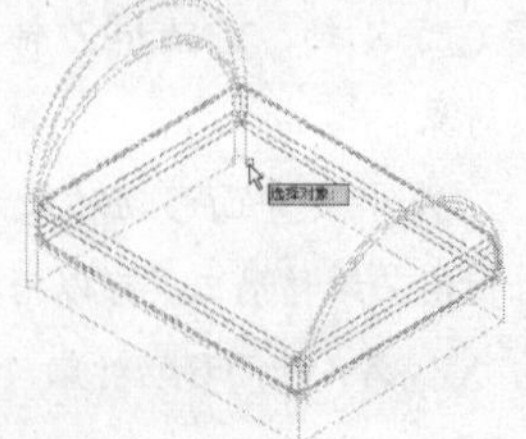

14 单击“修改”工具栏中的“删除”按钮，删除图形中的辅助线段，如图5-25所示。

15 选择“视图”菜单中的“消隐”命令，调整图形的视觉效果，如图5-26所示。

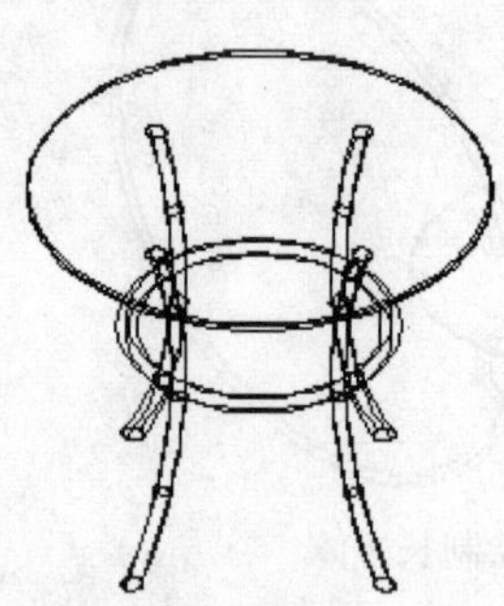

图5-25 删除辅助线段

图5-26 消隐样式观察图形

实例 5-3 绘制门把手

本实例将制作一个门把手的模型，主要应用了圆角、面域、三维旋转、扫掠等功能。实例效果如图5-27所示。

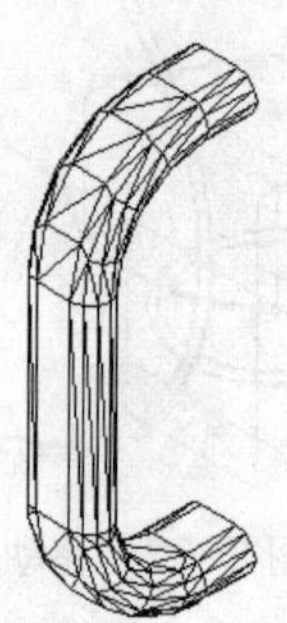

图5-27 门把手效果图

操作步骤

1 单击“绘图”工具栏中的“矩形”按钮，绘制一个长为30、宽为80的矩形，如图5-28所示。

2 单击“修改”工具栏中的“修剪”按钮，剪去其中一条长线，如图5-29所示。

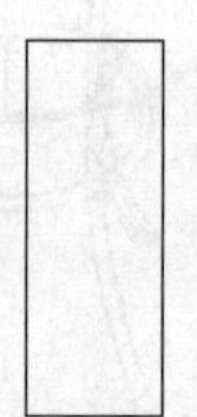

图5-28 绘制矩形

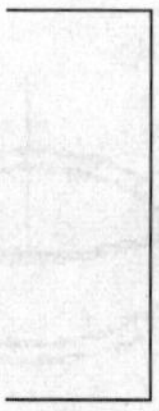

图5-29 修剪一条长线

3 单击“修改”工具栏中的“圆角”按钮，对两个直角倒圆角，圆角半径为 20，如图 5-30 所示。

4 单击“绘图”工具栏中的“矩形”按钮，绘制一个长为 8、宽为 15 的矩形，如图 5-31 所示。

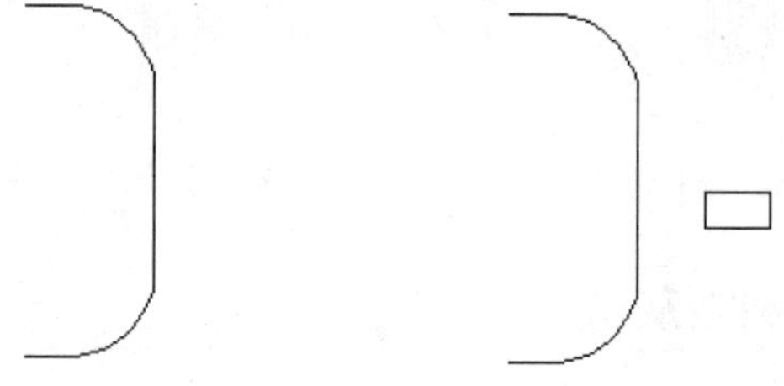

图 5-30　倒圆角　　图 5-31　绘制矩形

5 单击“修改”工具栏中的“圆角”按钮，对步骤 4 绘制矩形的 4 个角倒圆角，圆角半径为 4，如图 5-32 所示。

6 单击“绘图”工具栏中的“面域”按钮，将倒圆后的矩形创建成面，如图 5-33 所示。

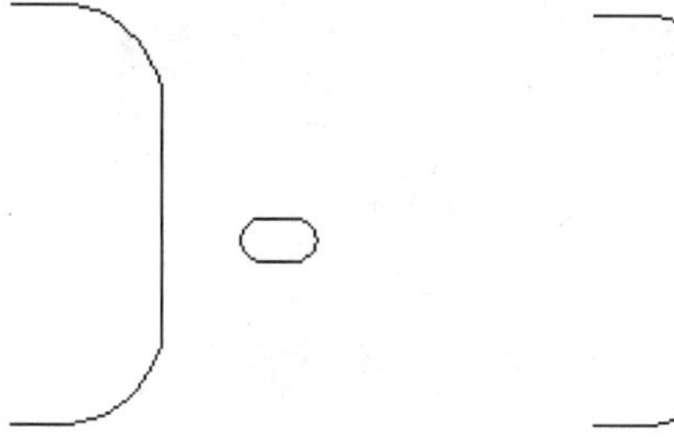

图 5-32　再次倒圆角　　图 5-33　创建成面

7 选择“视图”菜单中“三维视图”子菜单中的“东北等轴测”命令，将视图由二维绘图切换到三维绘图，如图 5-34 所示。

8 单击“建模”工具栏中的“三维旋转”按钮，将线段旋转 90°，如图 5-35 所示。

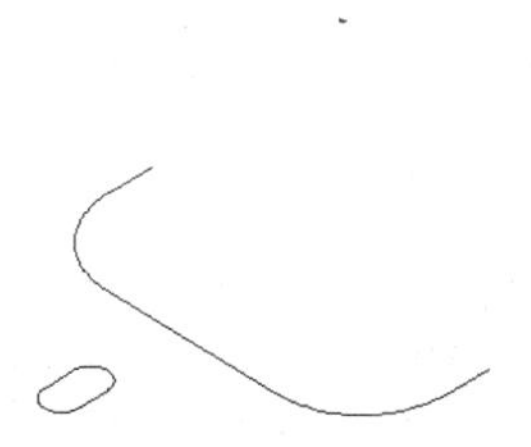

图 5-34　切换成三维视图　　图 5-35　三维旋转线段

9 单击“建模”工具栏中的“扫掠”按钮，使用面扫掠线段得到实体，如图 5-36 所示。

10 选择“视图”菜单中的“消隐”命令，调整图形的视觉效果，如图 5-37 所示。

三维旋转后：

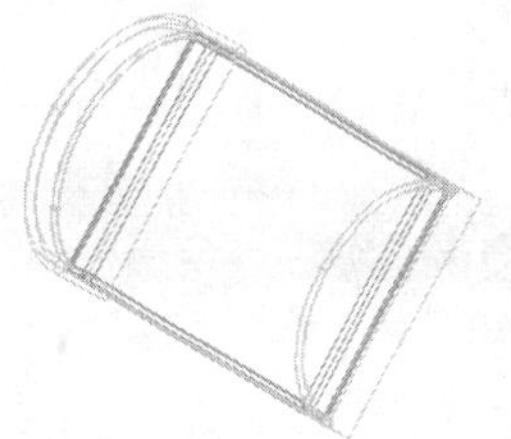

相关知识　**使用旋转夹点工具旋转图形**

与移动夹点工具一样，旋转夹点工具的 3 个轴句柄分别代表 X 轴（红色）、Y 轴（绿色）和 Z 轴（蓝色）。

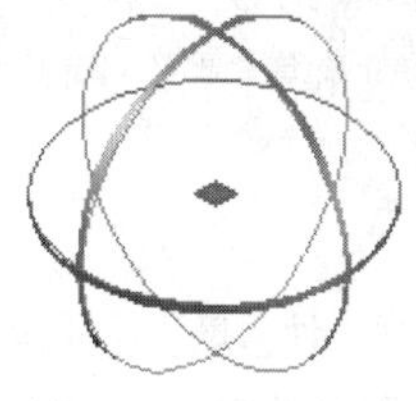

选择轴后，选定的轴呈黄色。

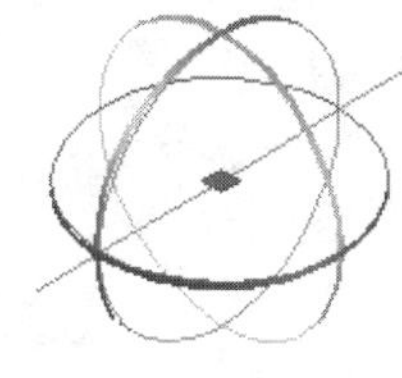

操作技巧　**三维旋转的操作方法**

可以通过以下3种方法来执行“三维旋转”操作：

- 选择“修改”→“三维操作”→“三维旋转”菜单命令。
- 单击“建模”工具栏中的“三维旋转”按钮。

- 在命令行中输入“3drotate”后，按回车键。

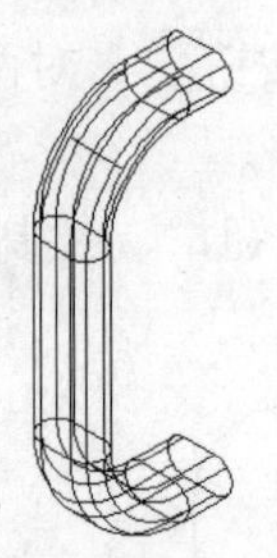

图 5-36 扫掠成实体

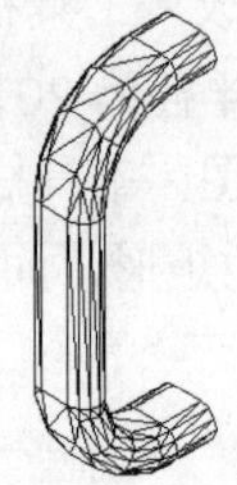

图 5-37 消隐样式观察图形

实例 5-4 说明

知识点：
- 长方体
- 二维拉伸成实体
- 圆柱体
- 环形阵列
- 差集

视频教程：
光盘\教学\第 5 章 建筑实体修改

效果文件：
光盘\素材和效果\05\效果\5-4.dwg

实例演示：
光盘\实例\第 5 章\绘制烟灰缸

实例 5-4 绘制烟灰缸

本实例将制作烟灰缸的模型，主要应用了长方体、二维拉伸成实体、圆柱体、环形阵列、差集等功能。实例效果如图 5-38 所示。

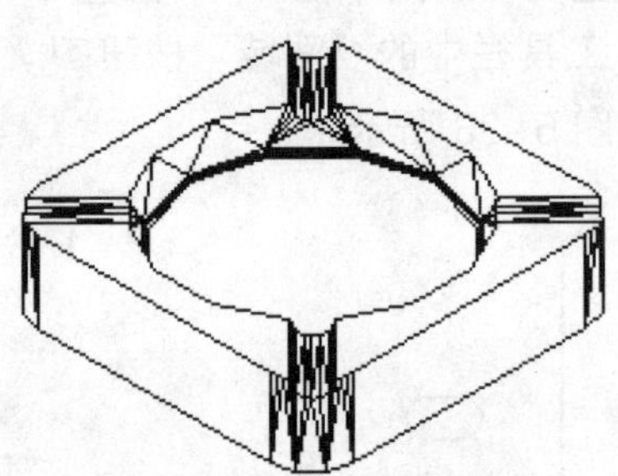

图 5-38 烟灰缸效果图

相关知识 什么是三维镜像

三维镜像就是将对象在三维空间里相对于某一平面镜像，得到镜像实体。

三维镜像前：

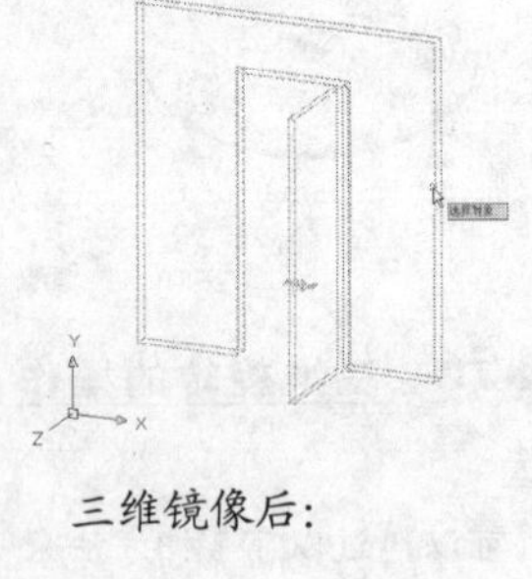

三维镜像后：

操作步骤

1. 选择“视图”菜单中“三维视图”子菜单中的“东北等轴测”命令，将视图由二维绘图切换到三维绘图。
2. 单击“建模”工具栏中的“长方体”按钮，绘制一个长为 600、宽为 600、高为 150 的长方体，如图 5-39 所示。
3. 单击“绘图”工具栏中的“直线”按钮，以顶面的对角点绘制一条直线，如图 5-40 所示。

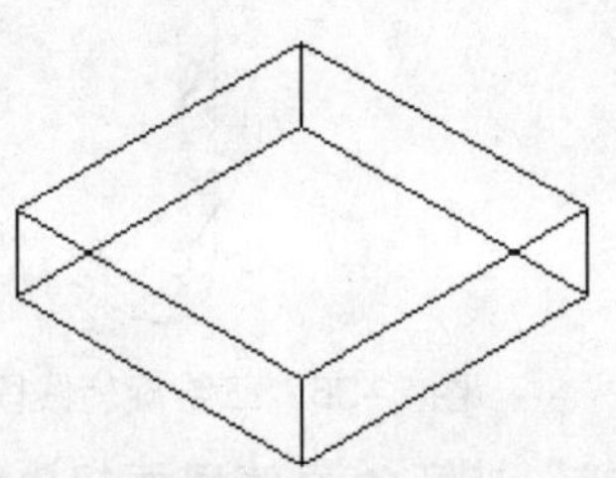

图 5-39 绘制长方体

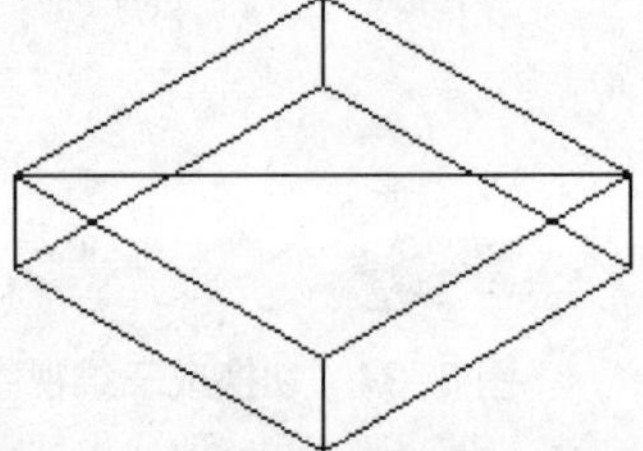

图 5-40 绘制直线

4. 单击“绘图”工具栏中的“圆”按钮，以直线的中点为圆心，绘制一个半径为 250 的圆，如图 5-41 所示。

5 单击“建模”工具栏中的“拉伸”按钮，将绘制的圆拉伸，拉伸角度为 10°，拉伸高度为-70，如图 5-42 所示。

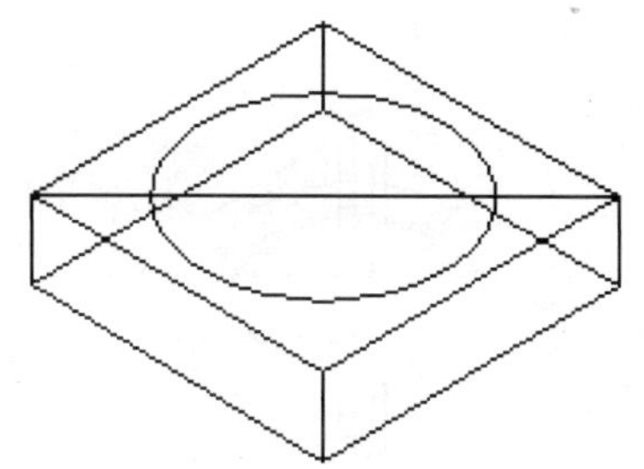
图 5-41 绘制圆

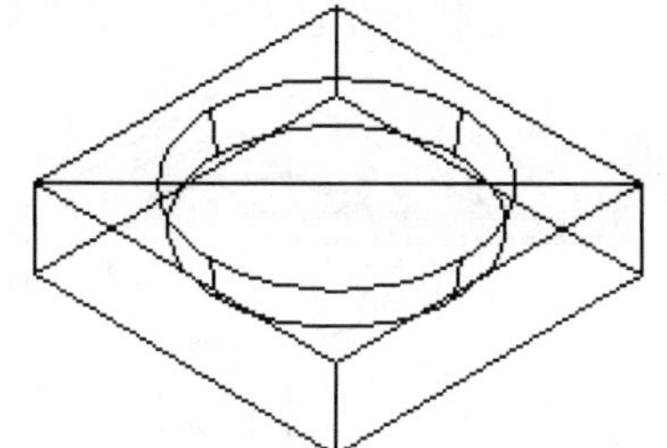
图 5-42 拉伸成实体

6 单击“修改”工具栏中的“圆角”按钮，拉伸的实体下边缘倒圆角，圆角半径为 10，如图 5-43 所示。

7 单击“修改”工具栏中的“删除”按钮，删除辅助直线，如图 5-44 所示。

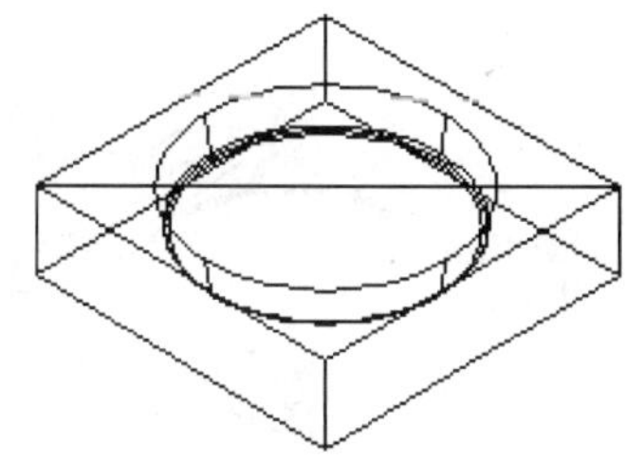
图 5-43 对拉伸实体边缘倒圆角

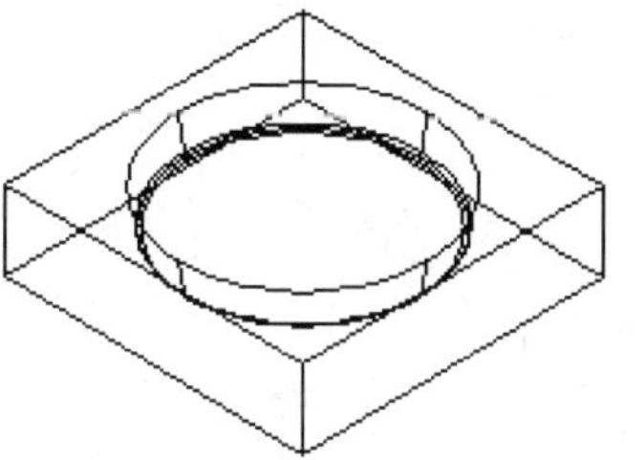
图 5-44 删除辅助直线

8 单击“修改”工具栏中的“圆角”按钮，对长方体的边缘倒圆角，圆角半径为 80，如图 5-45 所示。

9 单击“建模”工具栏中的“圆柱体”按钮，以拉伸面的圆心为基点，绘制一个底面半径为 30、高度为 500 的圆柱体，如图 5-46 所示。

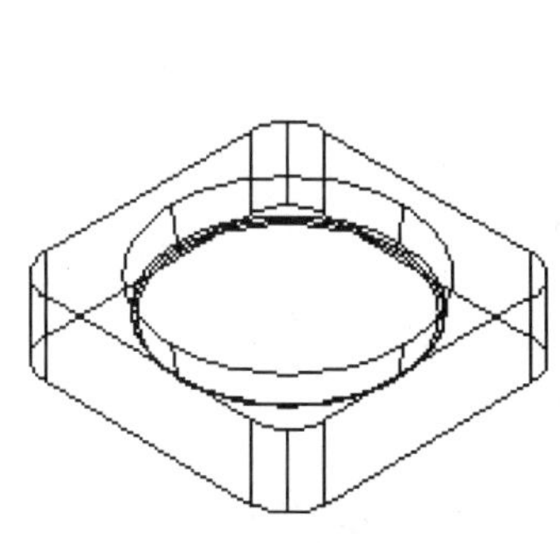
图 5-45 长方体边缘倒圆角

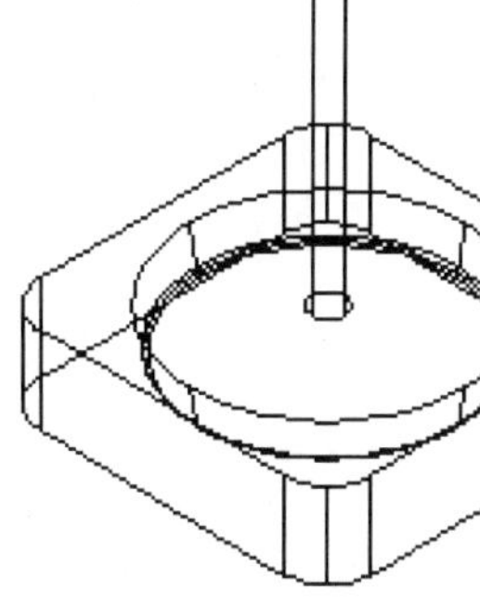
图 5-46 绘制圆柱体

10 单击“建模”工具栏中的“三维旋转”按钮，将绘制的圆柱体先旋转 90°，再旋转 45°，如图 5-47 所示。

操作技巧 三维镜像的操作方法

可以通过以下两种方法来执行“三维镜像”操作：

- 选择“修改”→“三维操作”→“三维镜像”菜单命令。
- 在命令行中输入“mirror3d”后，按回车键。

相关知识 什么是三维阵列

三维阵列功能用于在三维空间里创建对象的多个副本。三维阵列包括矩形阵列和环形阵列两种方式。

1. 矩形阵列

在矩形阵列时，要指定行数、列数、层数、行间距、列间距以及层间距。

三维矩形阵列前：

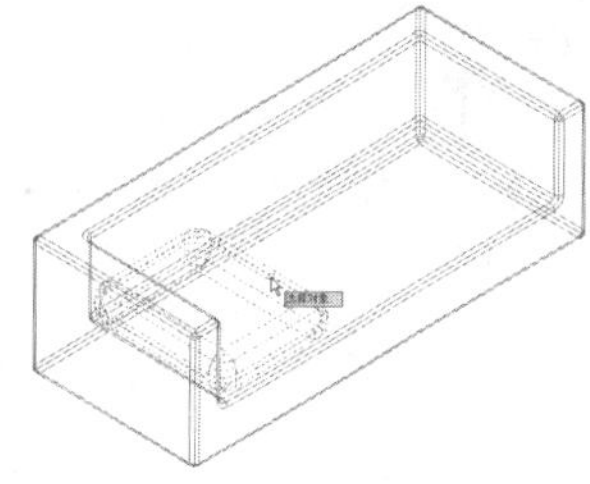

三维矩形阵列后：

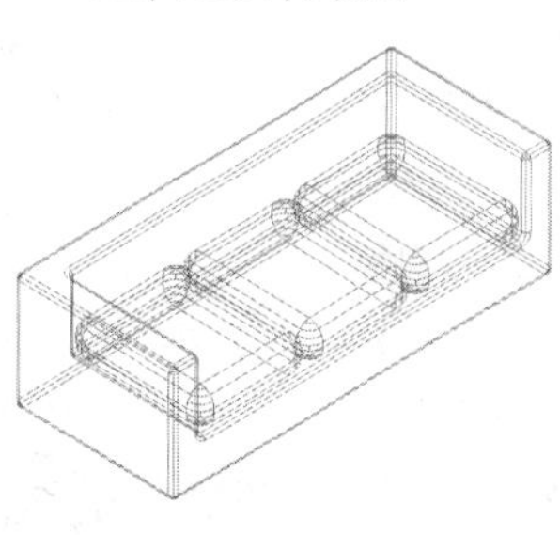

2. 环形阵列

在环形阵列时，要指定阵列的数目、阵列填充的角度、旋转轴的起点和终点，以及对象在阵列后是否绕着阵列中心旋转。

三维环形阵列前：

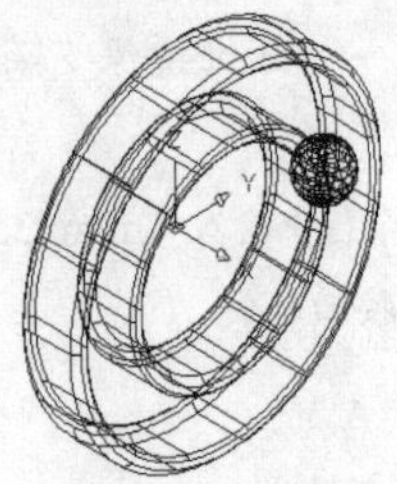

三维环形阵列后：

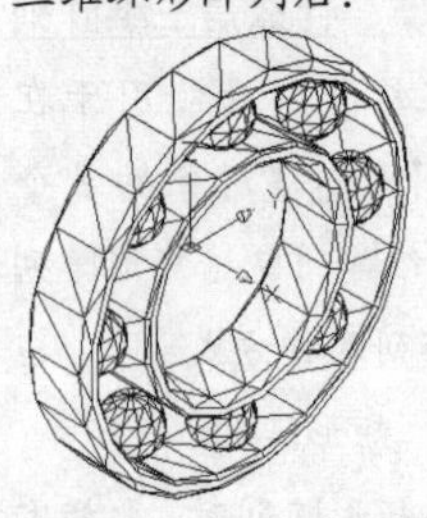

实例 5-5 说明

- 知识点：
  - 圆柱体
  - 球体
  - 扫掠
  - 圆环体
  - 三维旋转
  - 圆角
  - 三维镜像
  - 消隐
- 视频教程：

  光盘\教学\第 5 章 建筑实体修改
- 效果文件：

  光盘\素材和效果\05\效果\5-5.dwg
- 实例演示：

  光盘\实例\第 5 章\绘制公交站牌

11 单击“修改”工具栏中的“矩形阵列”下拉列表中的“环形阵列”按钮，将圆柱体以拉伸面的圆心为中心点，环形阵列复制 4 个圆柱体，如图 5-48 所示。

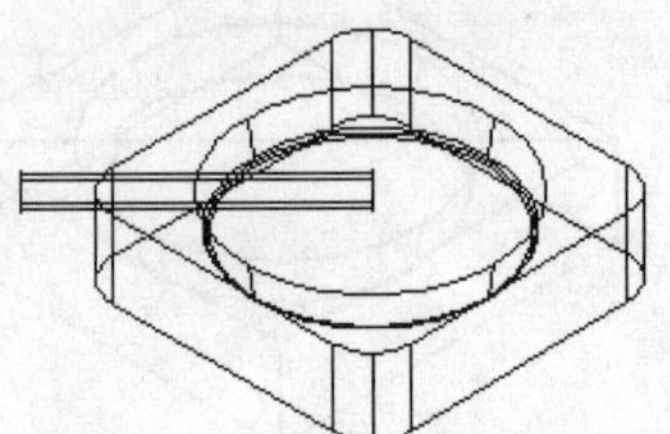

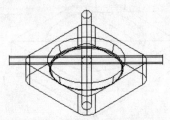

图 5-47 三维旋转圆柱体　　图 5-48 环形阵列复制圆柱体

12 单击“建模”工具栏中的“差集”按钮，选择长方体后，按回车键，再选择拉伸的实体和 4 个圆柱体，按回车键减去，生成出新的实体，如图 5-49 所示。

13 选择“视图”菜单中的“消隐”命令，调整图形的视觉效果，如图 5-50 所示。

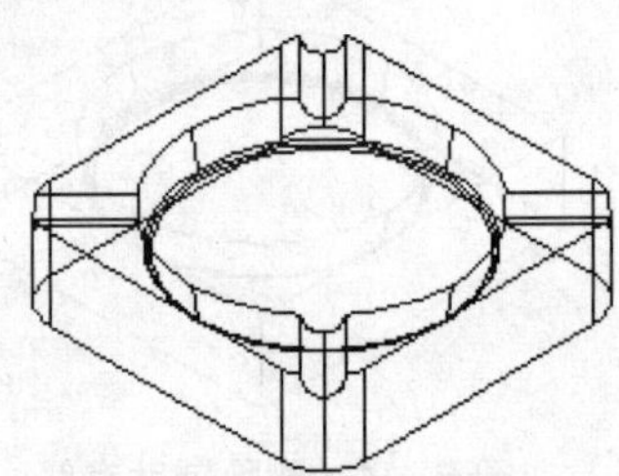

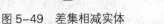

图 5-49 差集相减实体

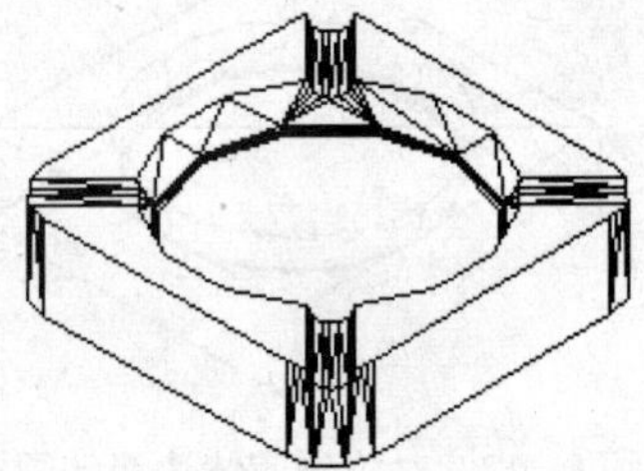

图 5-50 消隐样式观察图形

实例 5-5 绘制公交站牌

本实例将制作公交站牌，主要应用了圆柱体、球体、扫掠、圆环体、三维旋转、圆角、三维镜像、消隐等功能。实例效果如图 5-51 所示。

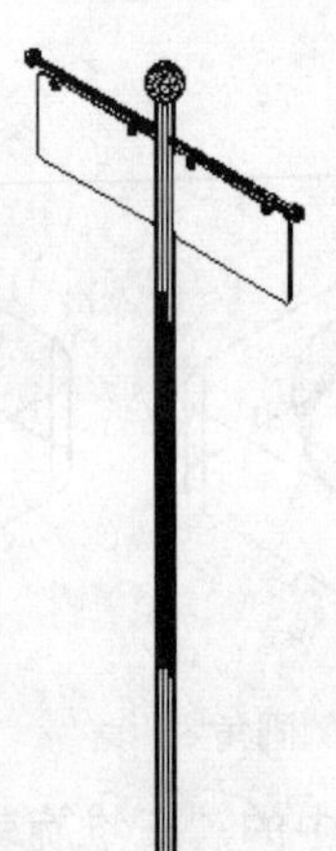

图 5-51 公交站牌效果图

操作步骤

1. 选择“视图”菜单中“三维视图”子菜单中的“东北等轴测”命令，将视图由二维绘图切换到三维绘图。
2. 单击“建模”工具栏中的“圆柱体”按钮，绘制一个半径为 25、高度为 2200 的圆柱体，如图 5-52 所示。
3. 单击“建模”工具栏中的“球体”按钮，以圆柱体顶面圆心为中心点，绘制一个半径为 50 的球体，如图 5-53 所示。
4. 单击“绘图”工具栏中的“直线”按钮，以球体的中心为起点，沿 Z 轴向下绘制 150，再沿 Y 轴向右下绘制 450，如图 5-54 所示。

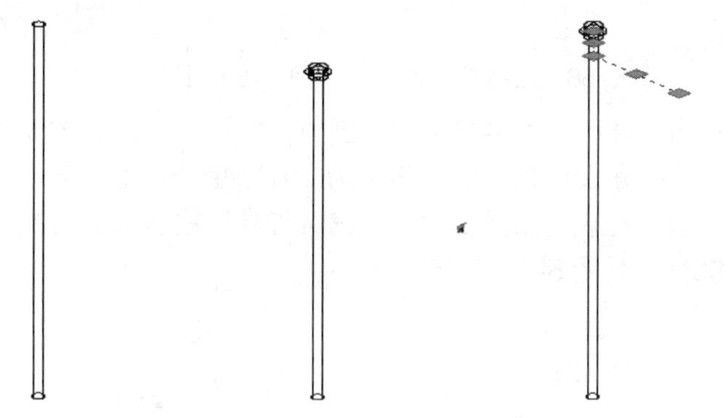

图 5-52　绘制圆柱体　图 5-53　绘制球体　图 5-54　绘制直线

5. 单击“绘图”工具栏中的“圆”按钮，在空白区域内绘制一个半径为 10 的圆，如图 5-55 所示。
6. 单击“建模”工具栏中的“扫掠”按钮，先选择圆，按回车键，然后选取扫掠对象，这里选择 Y 轴上绘制的线段，如图 5-56 所示。
7. 单击“建模”工具栏中的“球体”按钮，在圆柱体的一头绘制一个半径为 20 的球体，如图 5-57 所示。

图 5-55　绘制圆　图 5-56　扫掠成实体　图 5-57　绘制球体

操作技巧　三维阵列的操作方法

可以通过以下 3 种方法来执行“三维阵列”操作：

- 选择“修改”→“三维操作”→“三维阵列”菜单命令。
- 单击“建模”工具栏中的“三维阵列”按钮。
- 在命令行中输入“3darray”后，按回车键。

相关知识　什么是三维对齐

三维对齐功能可以在三维空间中移动、旋转或缩放对象，使其与其他对象对齐。要对齐某个对象，最多可以给对象添加 3 对源点和目标点。

三维对齐前：

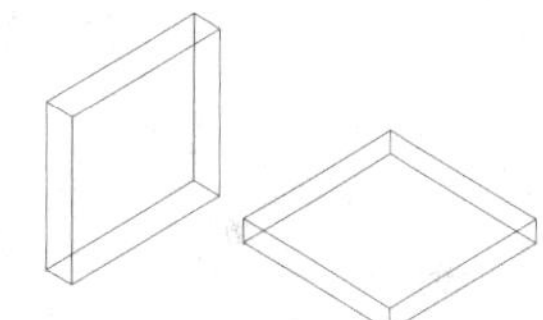

三维对齐后：

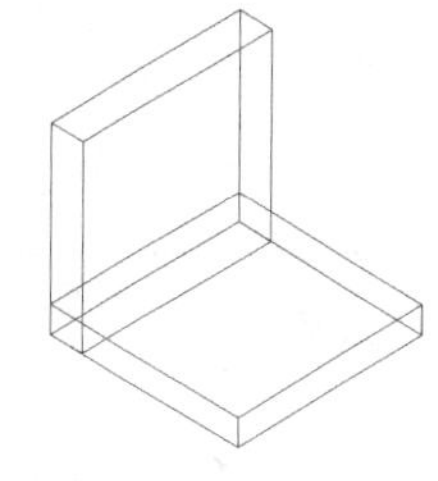

操作技巧　三维对齐的操作方法

可以通过以下 3 种方法来执行“三维对齐”操作：

- 选择“修改”→“三维操作”→“三维对齐”菜单命令。
- 单击“建模”工具栏中的“三维对齐”按钮。
- 在命令行中输入“3dalign”后，按回车键。

相关知识 什么是剖切

剖切就是将一个实体图形切割成两个实体图形的过程。

剖切前：

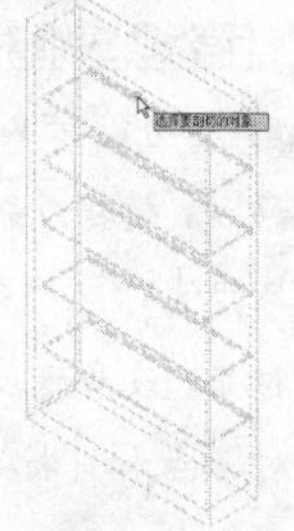

剖切后：

移动剖切的一部分实体，看清剖切效果：

8 单击“建模”工具栏中的“圆环体”按钮，绘制一个圆环半径为 20、管径为 5 的圆环体，如图 5-58 所示。

9 单击“建模”工具栏中的“长方体”按钮，绘制一个长为 3、宽为 400、高为 250 的长方体，如图 5-59 所示。

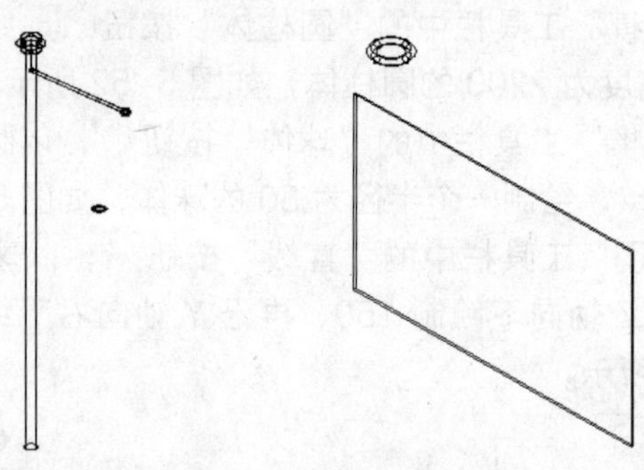

图 5-58 绘制圆环体　　图 5-59 绘制长方体

10 单击“修改”工具栏中的“圆角”按钮，对长方体的 4 个短边直角倒圆角，圆角半径为 20，如图 5-60 所示。

11 单击“建模”工具栏中的“三维旋转”按钮，旋转圆环体 90°，如图 5-61 所示。

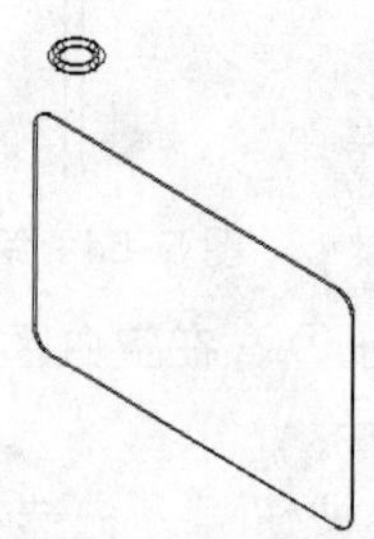

图 5-60 倒圆角直边

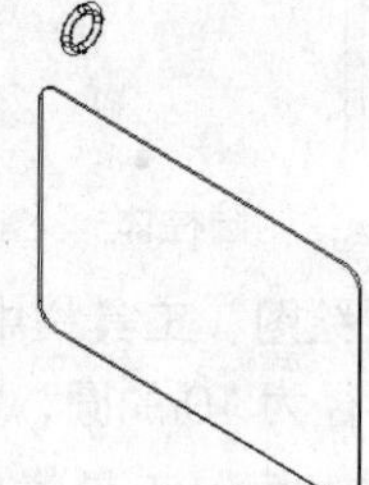

图 5-61 三维旋转圆环体

12 单击“修改”工具栏中的“移动”按钮，将圆环体和长方体移动到图形中，如图 5-62 所示。

13 单击“修改”工具栏中的“复制”按钮，复制圆环体，沿 Y 轴输入 260，如图 5-63 所示。

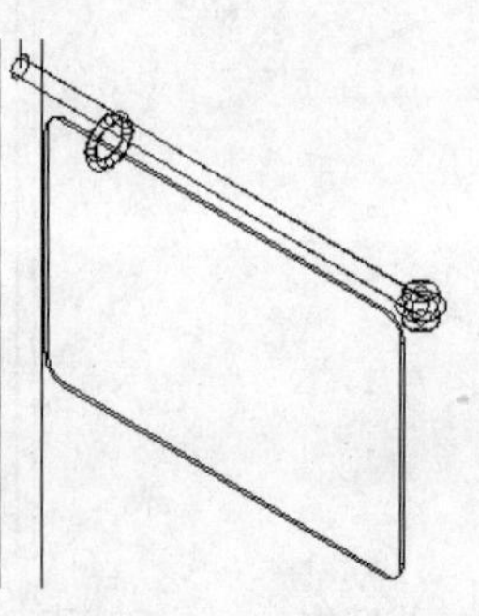

图 5-62 移动图形

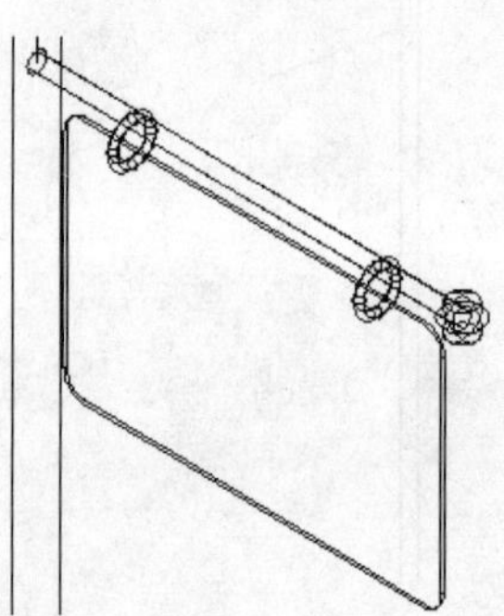

图 5-63 复制圆环体

14 单击“修改”菜单中“三维操作”子菜单中的“三维镜像”命令，镜像对称复制另一半站牌，如图 5-64 所示。

15 单击“视图”菜单中的“消隐”命令，调整图形的视觉效果，如图 5-65 所示。

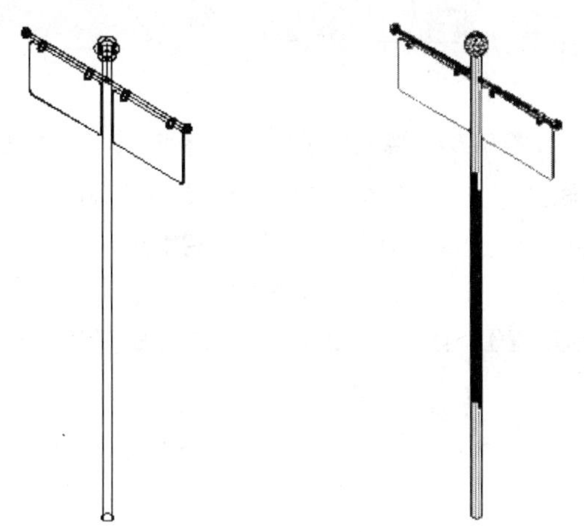

图 5-64　镜像复制另一半站牌　　图 5-65　消隐样式观察图形

实例 5-6　绘制吊灯

本实例将制作吊灯模型，主要应用了样条曲线、扫掠、二维旋转成实体、三维旋转、剖切、三维阵列、自由动态观察等功能。实例效果如图 5-66 所示。

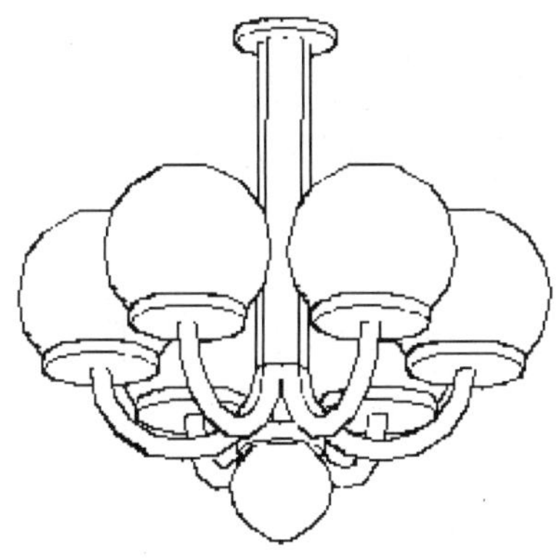

图 5-66　吊灯效果图

操作步骤

1 单击“绘图”工具栏中的“直线”按钮，绘制两条长为 400、200 的线段，如图 5-67 所示。

2 单击“绘图”工具栏中的“圆”按钮，以长为 200 的线段中点为圆心绘制一个半径为 100 的圆，如图 5-68 所示。

操作技巧　剖切的操作方法

可以通过以下两种方法来执行“剖切”操作：

- 选择“修改”→“三维操作”→“剖切”菜单命令。
- 在命令行中输入“slice”后，按回车键。

操作技巧　什么是加厚

加厚就是将从任何曲面类型创建三维实体的过程。

加厚前：

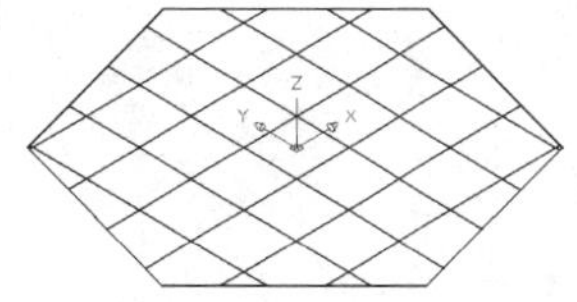

加厚后：

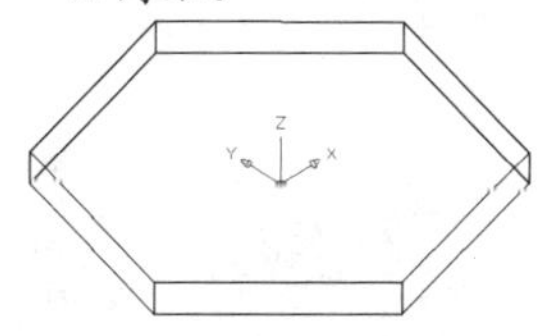

操作技巧　加厚的操作方法

可以通过以下两种方法来执行“加厚”操作：

- 选择“修改”→“三维操作”→“加厚”菜单命令。
- 在命令行中输入“thicken”后，按回车键。

实例 5-6 说明

知识点：

- 样条曲线
- 扫掠
- 二维旋转成实体
- 三维旋转
- 剖切
- 三维阵列
- 自由动态观察

视频教程：

光盘\教学\第 5 章 建筑实体修改

效果文件：

光盘\素材和效果\05\效果\5-6.dwg

实例演示：

光盘\实例\第 5 章\绘制吊灯

相关知识 什么是干涉检查

在 AutoCAD 中，干涉检查功能是通过从两个或多个实体的公共体积创建临时组合三维实体，来亮显重叠的三维实体。

干涉检查前：

干涉检查后：

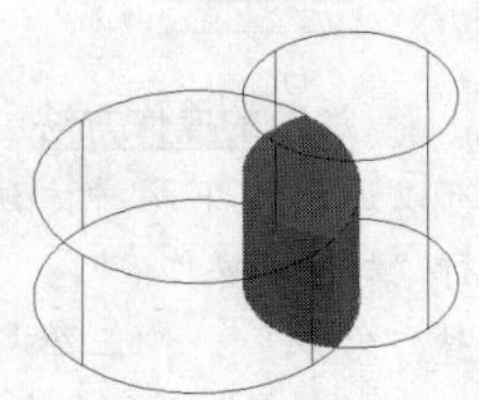

相关知识 干涉检查情况

干涉检查常见情况包括以下 3 种，定义单个选择集、定义两个选择集以及定义两个选择集中包含三维实体。

1. 定义单个选择集

定义了单个选择集，将对比检查集合中的全部实体。

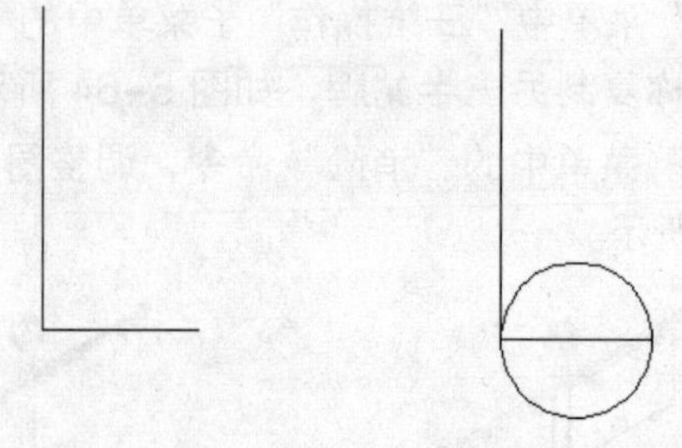

图 5-67　绘制线段　　　图 5-68　绘制圆

3 单击“修改”工具栏中的“修剪”按钮和“删除”按钮，修整图形中的多余线段，如图 5-69 所示。

4 单击“绘图”工具栏中的“直线”按钮，绘制长度分别为 130、50、20、15 的 4 条直线，如图 5-70 所示。

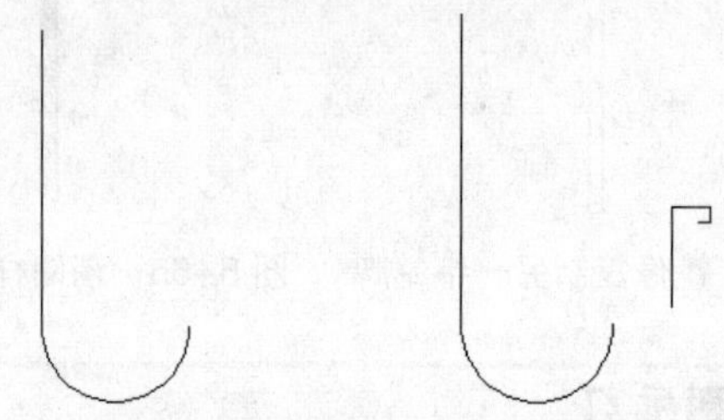

图 5-69　修整图形　　　图 5-70　绘制直线

5 单击“绘图”工具栏中的“样条曲线”按钮，绘制与图 5-71 相似的样条曲线即可。可以先绘制出大致图形，然后选择图形，通过蓝色夹点调整到满意为止，并将绘制完的图形创建成一个面，如图 5-71 所示。

6 单击“绘图”工具栏中的“直线”按钮，绘制长度分别为 20、480 的两条直线，如图 5-72 所示。

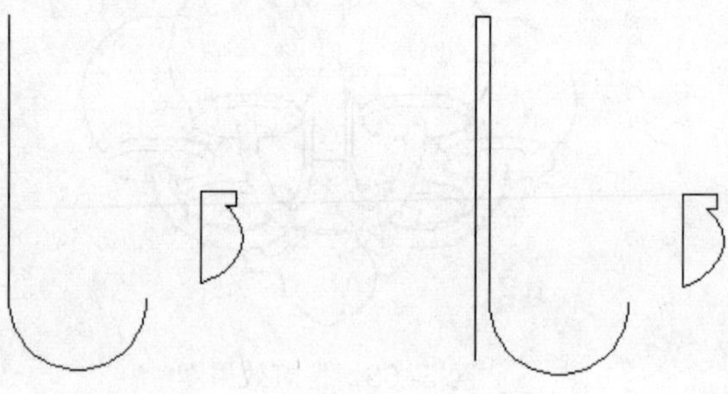

图 5-71　绘制样条曲线并创建成面　　　图 5-72　绘制直线

7 单击“修改”工具栏中的“删除”按钮，删除步骤 6 绘制的短线段，如图 5-73 所示。

8 选择“视图”菜单中“三维视图”子菜单中的“东北等轴测”命令，将视图由二维绘图切换到三维绘图，如图 5-74 所示。

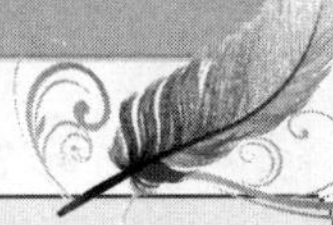

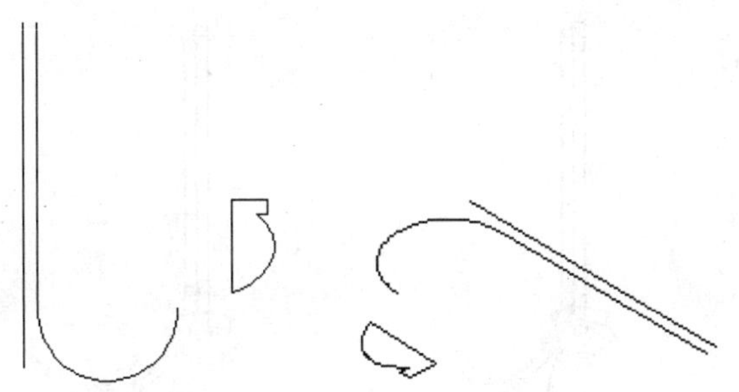

图 5–73　删除短线段　　图 5–74　切换成三维视图

9 单击“建模”工具栏中的“三维旋转”按钮，调整三维视图的角度，如图 5–75 所示。

10 单击“绘图”工具栏中的“圆”按钮，绘制 3 个半径为 10 的圆，如图 5–76 所示。

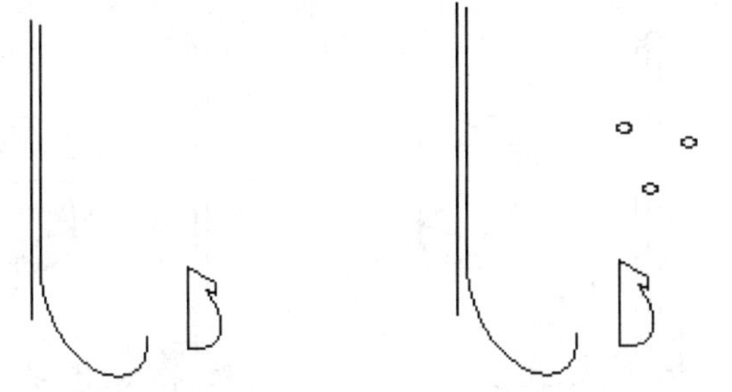

图 5–75　调整三维视图角度　　图 5–76　绘制 3 个圆

11 单击“建模”工具栏中的“扫掠”按钮，用圆扫掠 3 段线段，如图 5–77 所示。

12 单击“建模”工具栏中的“旋转”按钮，旋转创建出来的面，生成新的实体，如图 5–78 所示。

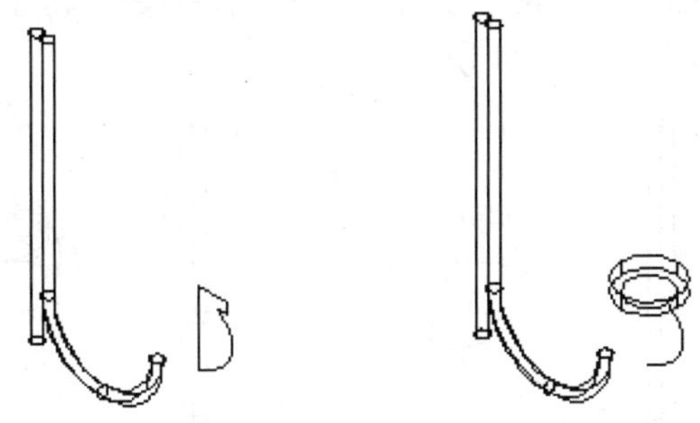

图 5–77　扫掠线段　　图 5–78　旋转面生成实体

13 单击“修改”工具栏中的“移动”按钮，将旋转的实体移动到扫掠出的圆柱体下，如图 5–79 所示。

14 单击“建模”工具栏中的“圆柱体”按钮，以扫掠实体的一个端面中心点为起点，绘制一个半径为 70、高度为 15 的圆柱体，如图 5–80 所示。

2. 定义两个选择集

定义了两个选择集，干涉检查功能将对比检查第一个选择集中的实体与第二个选择集中的实体。

3. 定义两个选择集中包含三维实体

如果在两个选择集中都包括了同一个三维实体，此功能将此三维实体视为第一个选择集中的一部分，而在第二个选择集中忽略它。

操作技巧 干涉检查的操作方法

可以通过以下两种方法来执行“干涉检查”操作：

- 选择“修改”→“三维操作”→“干涉检查”菜单命令。
- 在命令行中输入“interfere”后，按回车键。

相关知识 什么是布尔运算

布尔运算是一种关系描述系统，可以用于说明把一个或者多个基本元素合并为统一实体时，各组成部分之间的构成关系。

在 AutoCAD 中，三维实体的布尔运算包括并集、差集和交集。用户可以根据这 3 种布尔运算来创建复杂的实体。

相关知识 **什么是并集**

并集运算就是将两个或两个以上的实体进行合并，使之成为一个新的实体。

并集前：

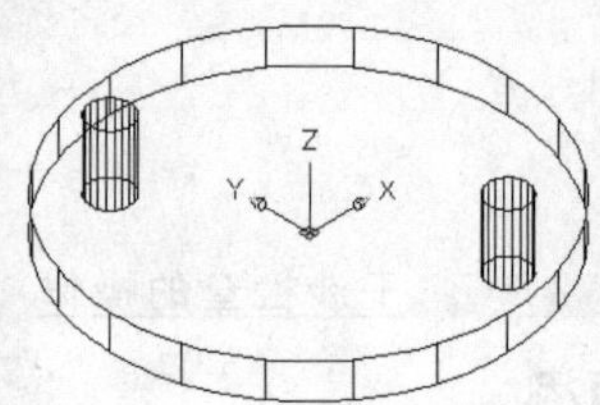

并集后：

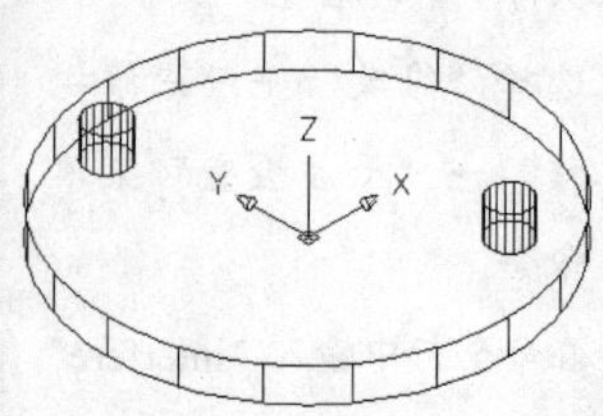

操作技巧 **并集的操作方法**

可以通过以下4种方法来执行“并集”操作：

- 选择“修改”→“实体编辑”→“并集”菜单命令。
- 单击“建模”工具栏中的“并集”按钮。
- 单击“实体编辑”工具栏中的“并集”按钮。
- 在命令行中输入“union”后，按回车键。

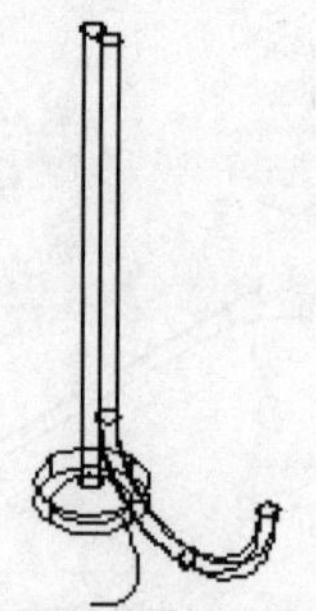

图 5-79　移动生成的实体

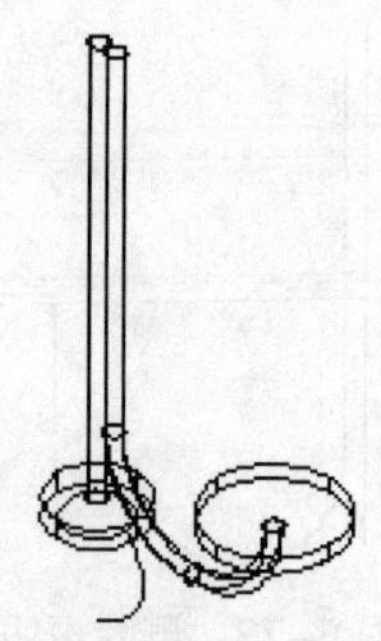

图 5-80　绘制圆柱体

15 单击“建模”工具栏中的“球体”按钮，绘制一个半径为 100 的球体，如图 5-81 所示。

16 单击“绘制”工具栏中的“直线”按钮，从球体的中心点为起点，沿极轴向下绘制长度为 75 的辅助线，如图 5-82 所示。

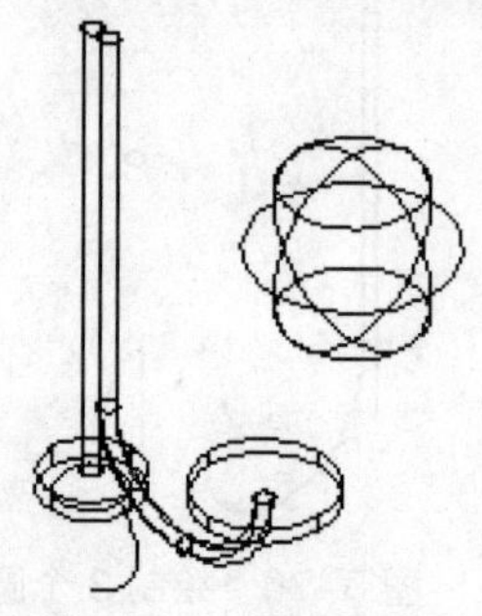

图 5-81　绘制球体

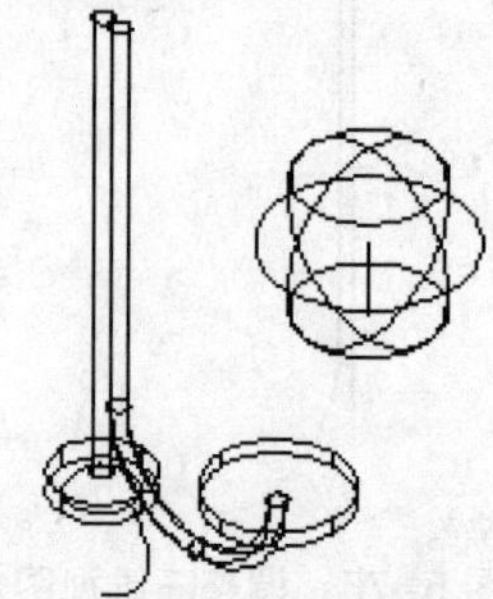

图 5-82　绘制辅助线

17 选择“修改”菜单中“三维操作”子菜单中的“剖切”命令，以辅助线的下端点为起点，水平剖切球体，如图 5-83 所示。

18 单击“修改”工具栏中的“删除”按钮，删除剖切后多余的图形，如图 5-84 所示。

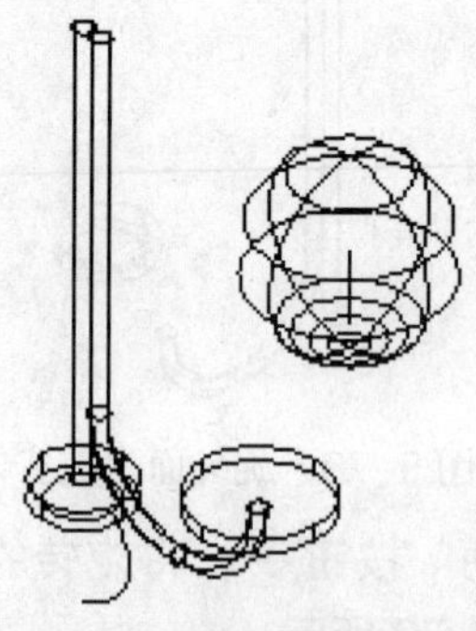

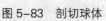

图 5-83　剖切球体

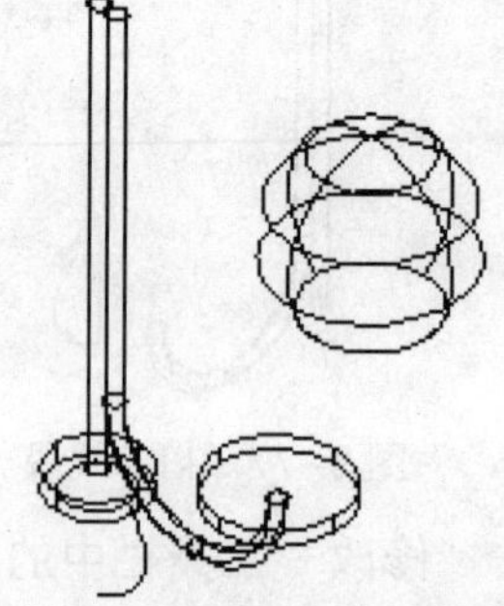

图 5-84　删除多余图形

19 单击“修改”工具栏中的“移动”按钮，将剖切后生成的实体移动到图形中，如图 5-85 所示。

20 单击“建模”工具栏中的“圆柱体”按钮，以扫掠圆柱体顶面圆心为起点，绘制一个半径为 60、高度为 10 的圆柱体，如图 5-86 所示。

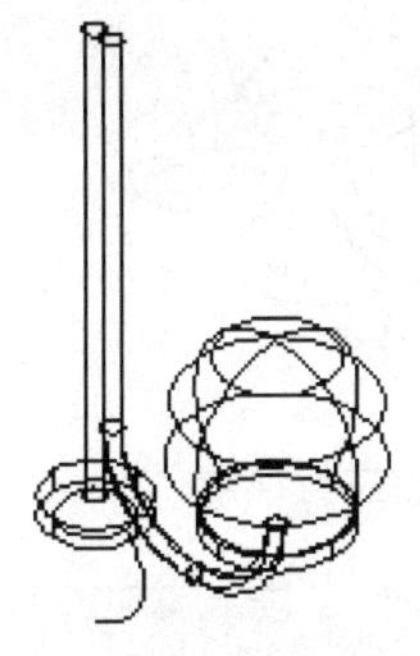

图 5-85　移动实体到图形中

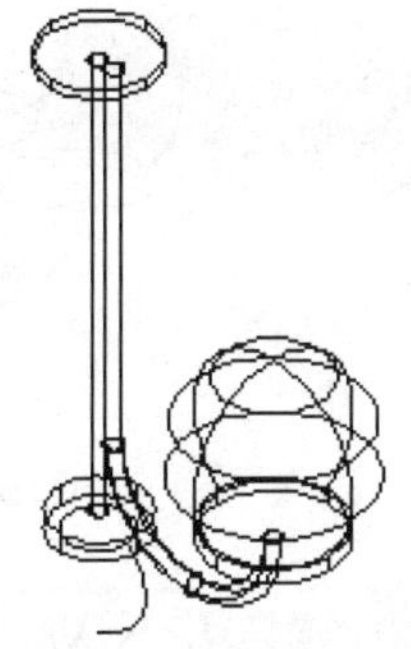

图 5-86　绘制圆柱体

21 单击“建模”工具栏中的“三维阵列”按钮，三维阵列复制外围实体，复制数量为 6，如图 5-87 所示。

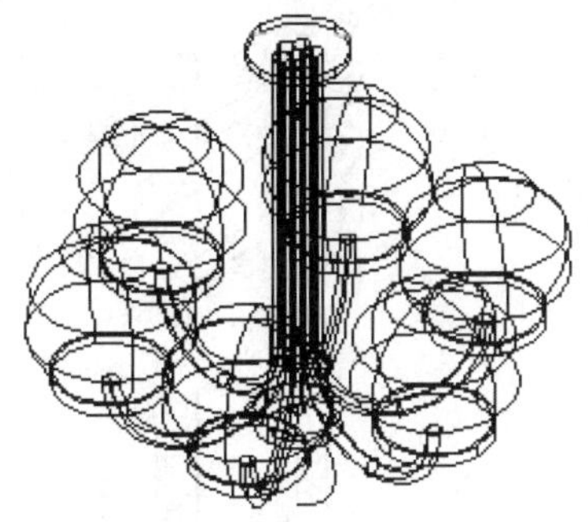

图 5-87　三维阵列复制实体

22 选择“视图”菜单中的“消隐”命令，调整图形的视觉效果，如图 5-88 所示。

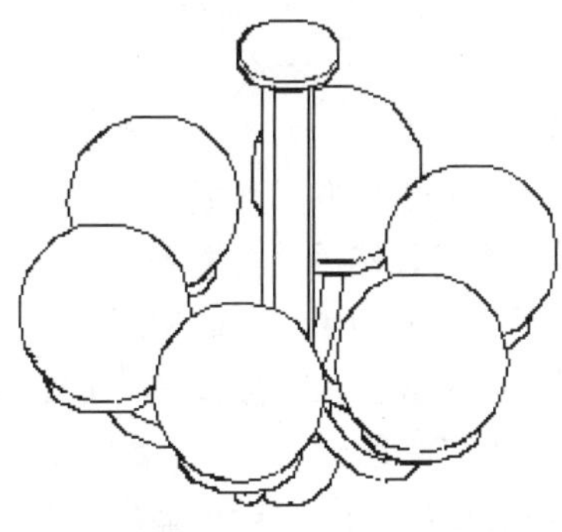

图 5-88　消隐样式观察图形

23 选择“视图”菜单中“动态观察”子菜单中的“自由动态观察”命令，调整三维视角，从下方侧面看模型效果，如图 5-89 所示。

相关知识　**什么是差集**

差集运算可以从一个实体中减去另外一个或多个实体对象所生成的新实体。

差集前：

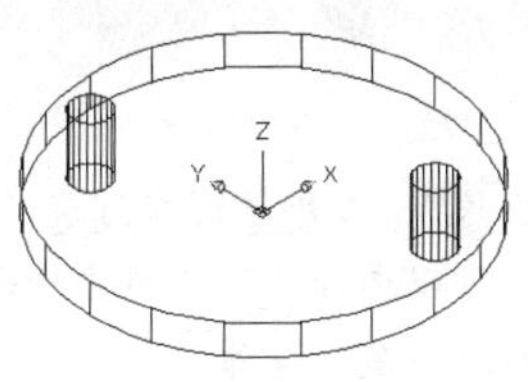

差集后：

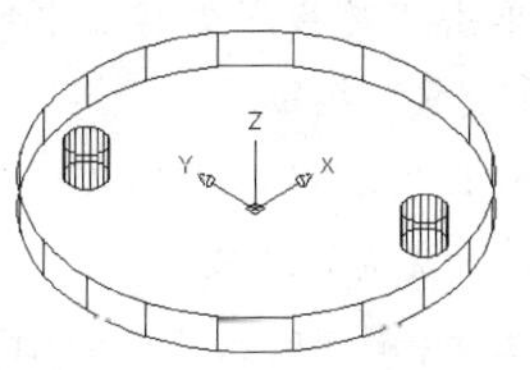

操作技巧　**差集的操作方法**

可以通过以下 4 种方法来执行“差集”操作：

- 选择“修改”→“实体编辑”→“差集”菜单命令。
- 单击“建模”工具栏中的“差集”按钮。
- 单击“实体编辑”工具栏中的“差集”按钮。
- 在命令行中输入“subtract”后，按回车键。

相关知识　**什么是交集**

交集运算是保留两个或者多个实体的重叠公共部分实体。

交集前：

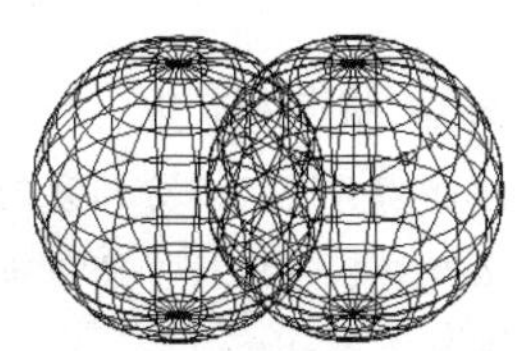

交集后：

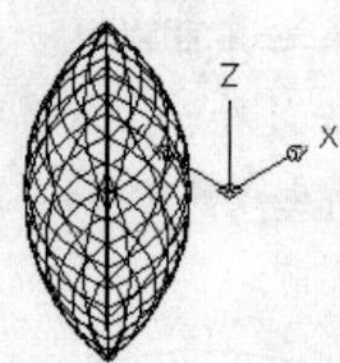

操作技巧 交集的操作方法

可以通过以下 4 种方法来执行“交集”操作：

- 选择“修改”→“实体编辑”→“交集”菜单命令。
- 单击“建模”工具栏中的“交集”按钮。
- 单击“实体编辑”工具栏中的“交集”按钮。
- 在命令行中输入“intersect”后，按回车键。

实例 5-7 说明

- 知识点：
  - 样条曲线
  - 镜像
  - 图案填充
  - 文字
  - 并集
  - 编辑文字
- 视频教程：
  光盘\教学\第 5 章 建筑实体修改
- 效果文件：
  光盘\素材和效果\05\效果\5-7.dwg
- 实例演示：
  光盘\实例\第 5 章\绘制指示牌

相关知识 编辑实体边

编辑实体边可以分为复制边、着色边、压印边、圆角边和倒角边 5 个功能。

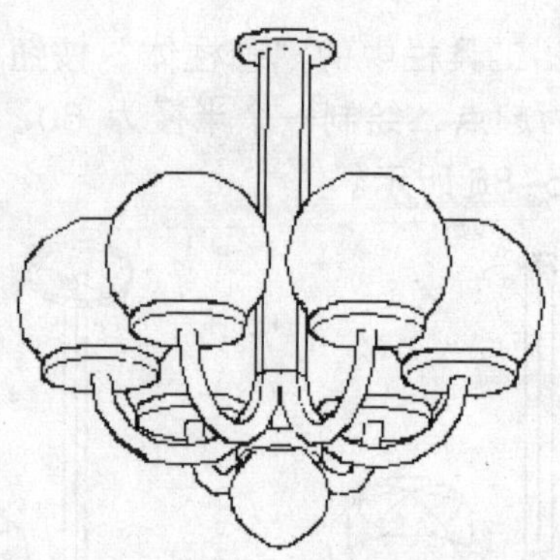

图 5-89 调整三维视角

实例 5-7 绘制指示牌

本实例将制作一个指示牌，主要应用了样条曲线、镜像、图案填充、文字、并集、编辑文字等功能。实例效果如图 5-90 所示。

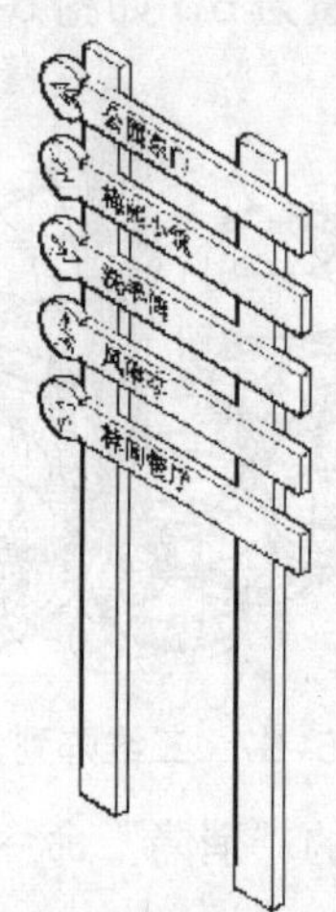

图 5-90 指示牌效果图

操作步骤

1. 单击“绘图”工具栏中的“直线”按钮，绘制两条线段，沿极轴向上绘制 50，然后将光标移动到右下方，按 Tab 键输入角度 65° 后，再按 Tab 键输入长度为 45。再将光标移动到左上方，按 Tab 键输入角度 150° 后，再按 Tab 键输入长度为 18，如图 5-91 所示。
2. 单击“绘图”工具栏中的“样条曲线”按钮，绘制两条弧线，如图 5-92 所示。
3. 单击“修改”工具栏中的“镜像”按钮，镜像复制另一半图形，如图 5-93 所示。

图5-91　绘制线段

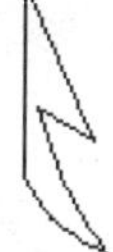

图5-92　绘制两条弧线

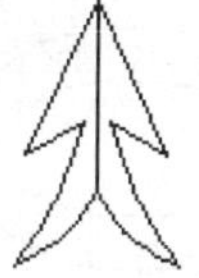

图5-93　镜像复制另一半

4 单击“绘图”工具栏中的“图案填充”按钮，打开“图案填充和渐变色”对话框，如图5-94所示。

5 单击“类型和图案”选项组中“图案”后面的按钮，打开“填充图案选项板”对话框，并设置填充样式为“SOLID”，单击“确定”按钮，返回到“图案填充和渐变色”对话框，如图5-95所示。

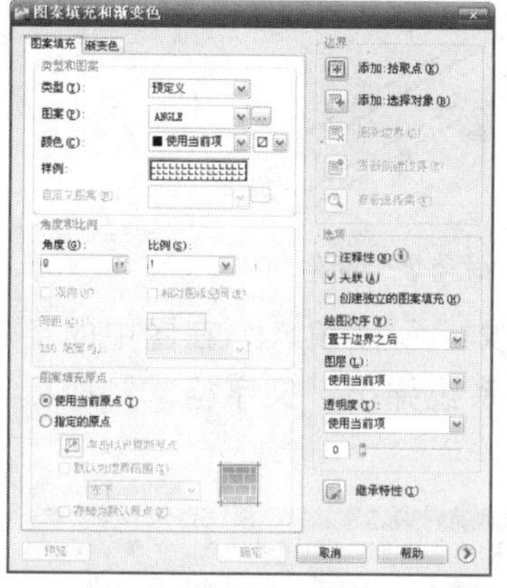

图5-94　“图案填充和渐变色”对话框

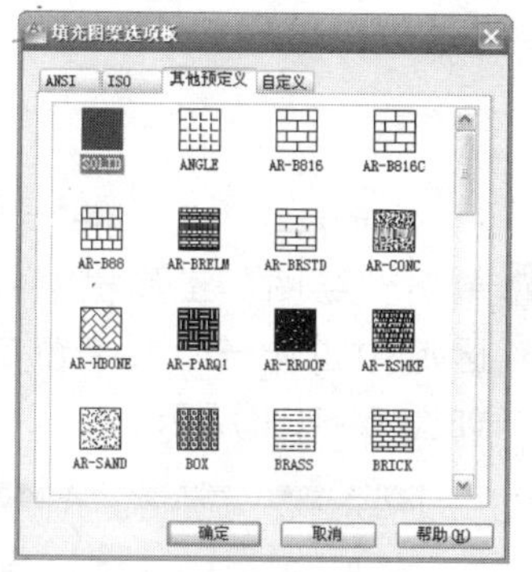

图5-95　“填充图案选项板”对话框

6 单击“边界”选项组中的“添加：拾取点”按钮，切换到图形中填充图案后，按回车键再次返回到“图案填充和渐变色”对话框，单击“确定”按钮填充箭头，如图5-96所示。

7 选择“视图”菜单中“三维视图”子菜单中的“东北等轴测”命令，将视图由二维绘图切换到三维绘图，如图5-97所示。

图5-96　填充箭头

图5-97　切换到三维视图

8 单击“建模”工具栏中的“圆柱体”按钮，绘制一个半径为50、高度为20的圆柱体，如图5-98所示。

9 单击“建模”工具栏中的“长方体”按钮，绘制一个长度为70、宽度为500、高度为20的长方体，如图5-99所示。

相关知识　什么是复制边

复制边功能可以复制三维实体对象的各个边。所有的边都复制为直线、圆弧、圆、椭圆或样条曲线对象。

操作技巧　复制边的操作方法

可以通过以下3种方法来执行“复制边”操作：

- 选择“修改”→“实体编辑”→“复制边”菜单命令。
- 单击“实体编辑”工具栏中的“复制边”按钮。
- 在命令行中输入“solidedit”后，按回车键。

相关知识　什么是着色边

使用着色边功能可以为三维实体的某个边设置颜色。

着色边前：

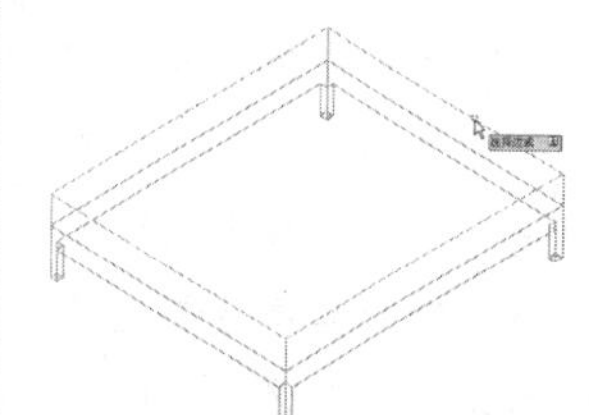

着色边后：

操作技巧 着色边的操作方法

可以通过以下3种方法来执行“着色边”操作：

- 选择“修改”→“实体编辑”→“着色边”菜单命令。
- 单击“实体编辑”工具栏中的“着色边”按钮。
- 在命令行中输入“solidedit”后，按回车键。

相关知识 什么是压印边

压印边功能是将圆弧、圆、直线、二维和三维多段线、椭圆、样条曲线、面域压印到三维实体中，以创建三维实体上的新面。

使用压印边功能时，可以删除原始压印对象，也可以保留下来以供将来编辑使用。压印对象必须与选定实体上的面相交，这样才能压印成功。

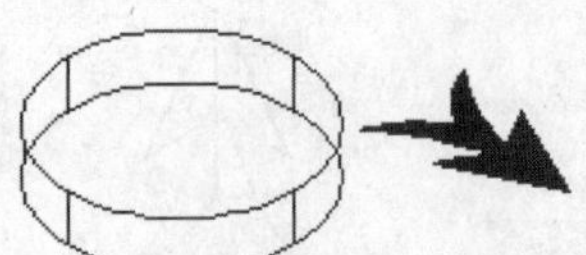

图 5-98 绘制圆柱体

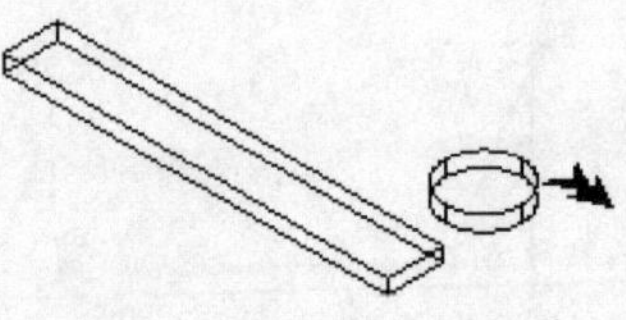

图 5-99 绘制长方体

10 单击“修改”工具栏中的“移动”按钮，把 3 个图形组合起来，将箭头的交点移动到圆柱体的顶面圆心，然后再向左上极轴移动 10；再将长方体的短边中点移动到圆柱体的顶面圆心，然后再向右下极轴移动 40，如图 5-100 所示。

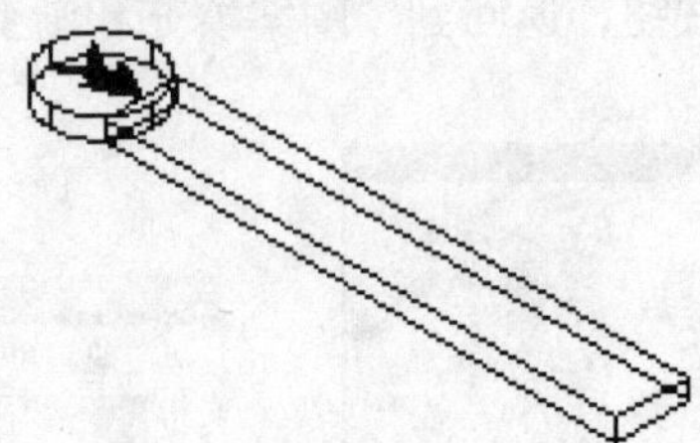

图 5-100 组合 3 个图形

11 单击“绘图”工具栏中的“文字”按钮A，在图中的空白区域中拉伸一个文字窗口，系统弹出“文字格式”面板，如图 5-101 所示。

图 5-101 “文字格式”面板

12 设置文字高度为 35 后，输入文字“梅园小筑”，如图 5-102 所示。

13 单击“修改”工具栏中的“旋转”按钮和“移动”按钮，调整文字，并将文字移动到长方体顶面的合适位置，如图 5-103 所示。

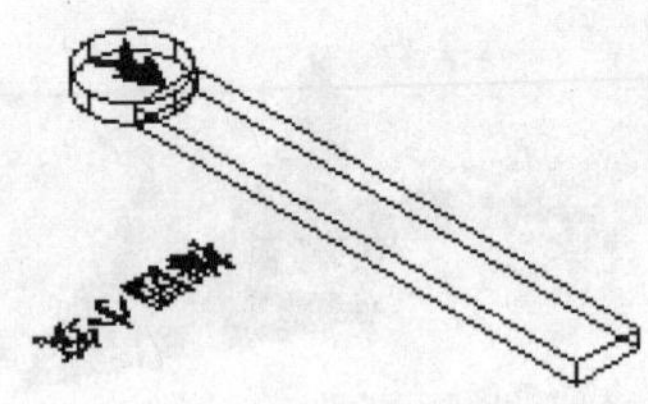

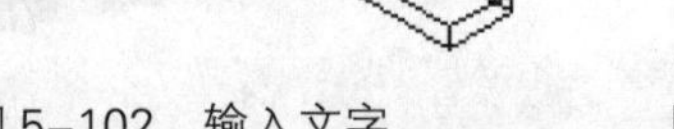

图 5-102 输入文字

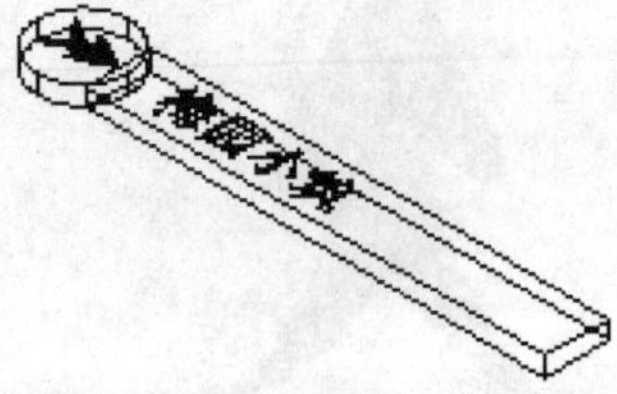

图 5-103 调整文字

14 单击“建模”工具栏中的“并集”按钮，将两个实体合并成一个新的实体，如图 5-104 所示。

15 单击“建模”工具栏中的“三维旋转”按钮，调整图形，如图 5-105 所示。

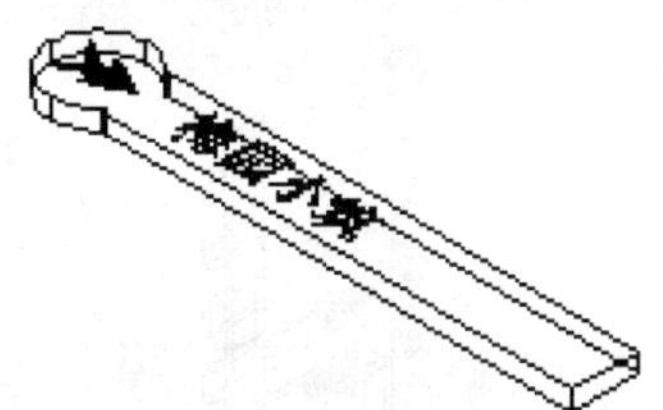

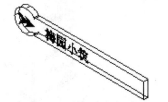

图 5-104　并集实体　　图 5-105　调整图形

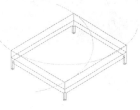

16 单击“建模”工具栏中的“长方体”按钮，绘制一个长为 25、宽为 80、高为 1400 的长方体，如图 5-106 所示。

17 单击“修改”工具栏中的“复制”按钮，将绘制的长方体沿左上极轴复制 350，如图 5-107 所示。

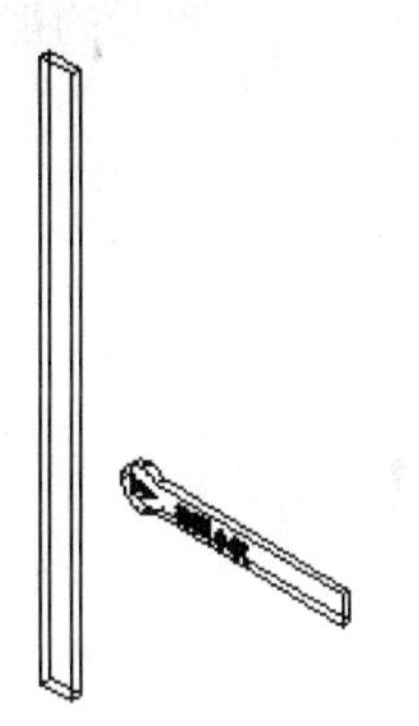

图 5-106　绘制长方体

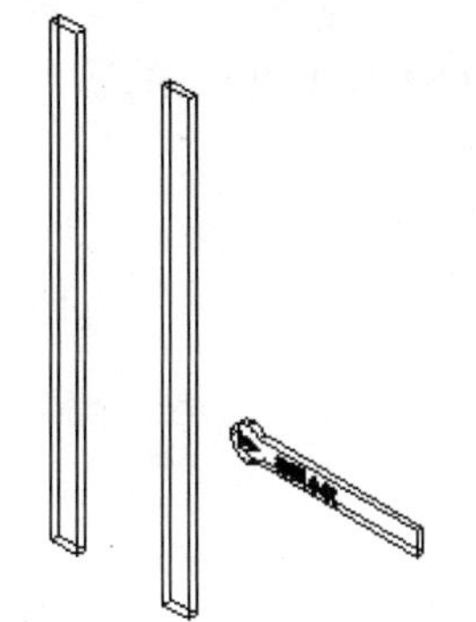

图 5-107　复制长方体

18 单击“修改”工具栏中的“移动”按钮，将指示牌移动到两长方体上，如图 5-108 所示。

19 单击“修改”工具栏中的“复制”按钮，将指示牌向下复制 4 个，间距为 150，如图 5-109 所示。

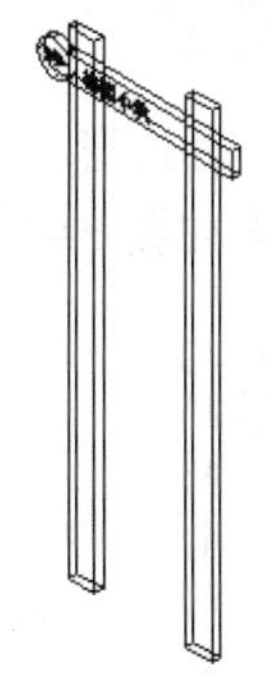

图 5-108　移动指示牌

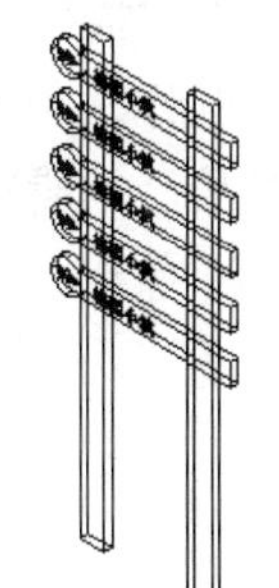

图 5-109　复制指示牌

20 单击“建模”工具栏中的“三维旋转”按钮，通过三维旋转来调整指示牌上的指示箭头，如图 5-110 所示。

21 双击文字，输入其他地名，例如“公园东门”、“洗手间”、“风雨亭”、“林间餐厅”等，如图 5-111 所示。

压印边前：

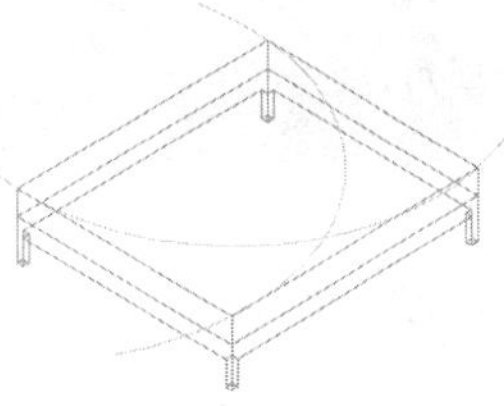

压印边后：

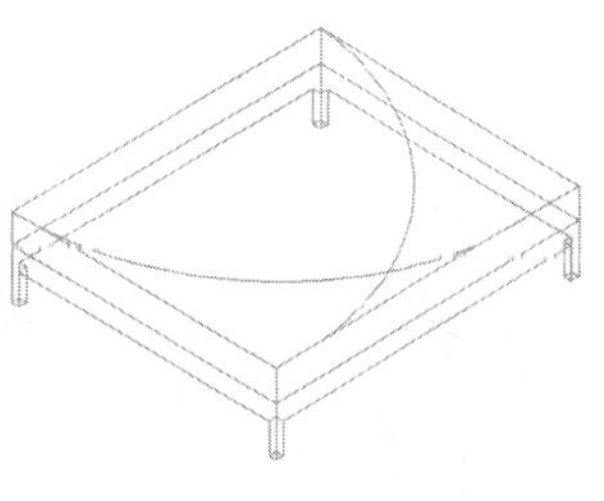

操作技巧　压印边的操作方法

可以通过以下 3 种方法来执行“压印边”操作：

- 选择“修改”→“实体编辑”→“压印边”菜单命令。
- 单击“实体编辑”工具栏中的“压印”按钮。
- 在命令行中输入“imprint”后，按回车键。

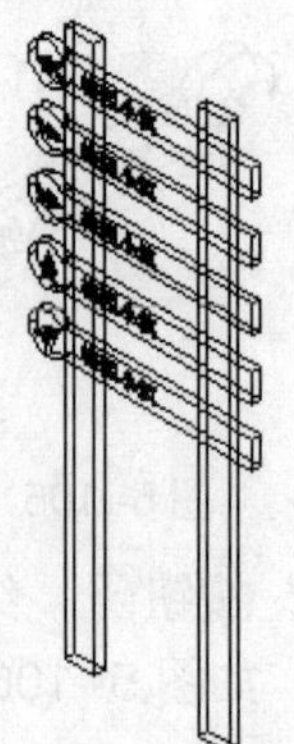

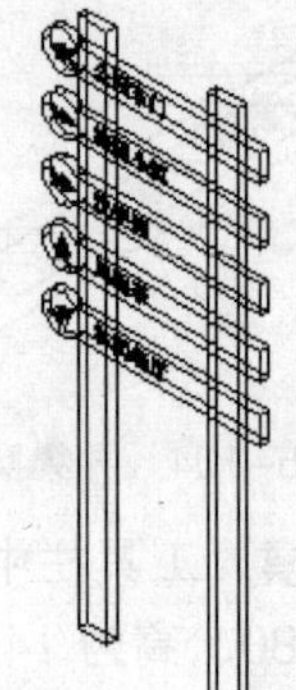

图 5-110　调整指示箭头　　　　图 5-111　调整文字

22 单击“视图”菜单中的“消隐”命令，调整图形的视觉效果，如图 5-112 所示。

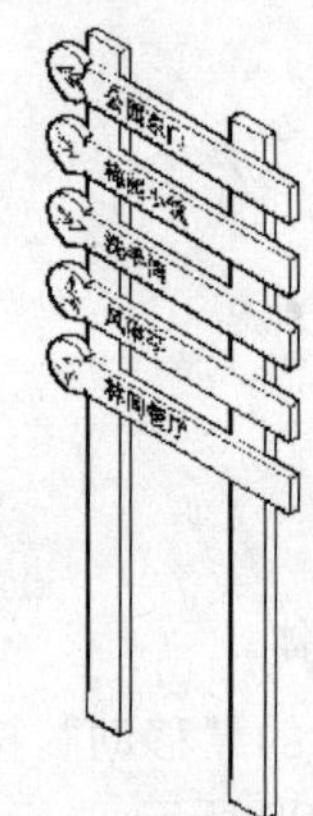

图 5-112　消隐样式观察图形

实例 5-8　绘制六角笔筒

本实例将制作六角笔筒，主要应用了多边形、二维拉伸成实体、差集、倒角、消隐等功能。实例效果如图 5-113 所示。

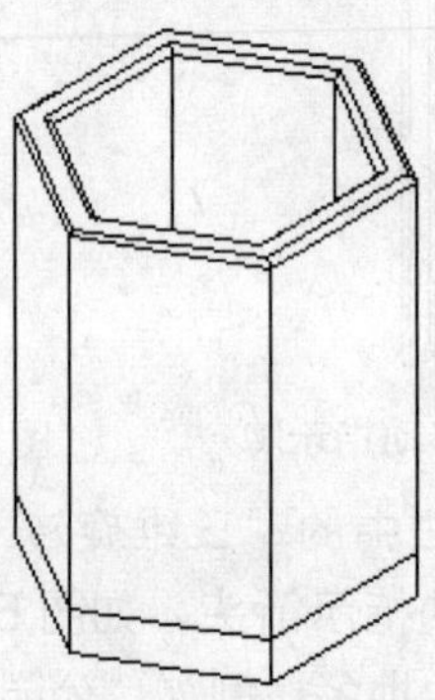

图 5-113　六角笔筒效果图

相关知识　什么是圆角边

与二维图形中的圆角功能类似，这里是对三维实体的边倒圆角。

圆角边前：

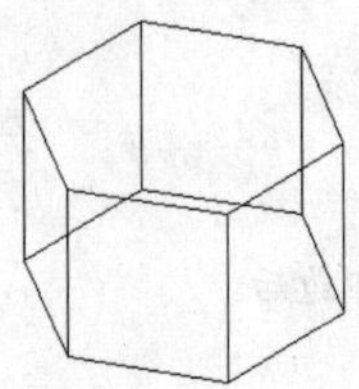

圆角边后：

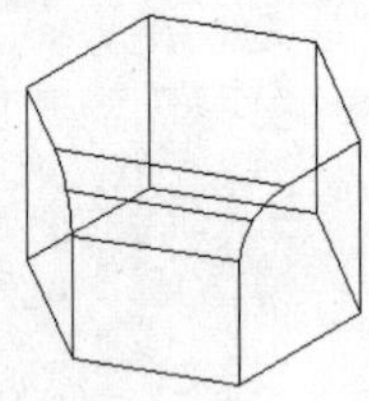

实例 5-8 说明

知识点：

- 多边形
- 二维拉伸成实体
- 差集
- 倒角
- 消隐

视频教程：

光盘\教学\第 5 章　建筑实体修改

效果文件：

光盘\素材和效果\05\效果\5-8.dwg

实例演示：

光盘\实例\第 5 章\绘制六角笔筒

操作步骤

1 单击“视图”菜单中“三维视图”子菜单中的“东北等轴测”命令，将视图由二维绘图切换到三维绘图。

2 单击“绘图”工具栏中的“多边形”按钮，绘制一个内接于圆、半径为 60 的正六边形，并用复制功能在原图形上复制一个正六边形，如图 5-114 所示。

3 单击“修改”工具栏中的“偏移”按钮，将正六边形向内偏移，如图 5-115 所示。

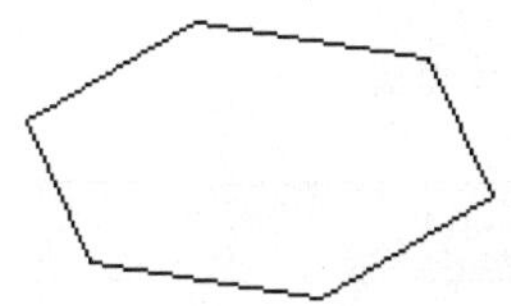

图 5-114　绘制正六边形

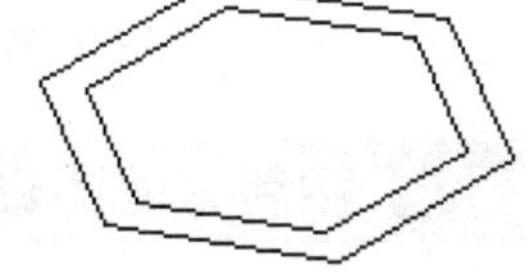

图 5-115　偏移正六边形

4 单击“建模”工具栏中的“拉伸”按钮，拉伸底座，将大的正六边形向下拉伸 15，并将剩下的两个正六边形创建成面，如图 5-116 所示。

5 单击“建模”工具栏中的“差集”按钮，将大的正六边形减去小的，如图 5-117 所示。

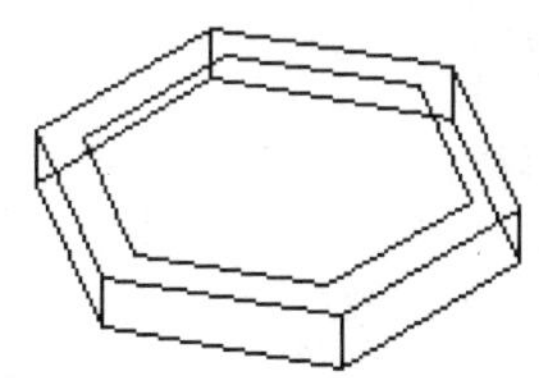

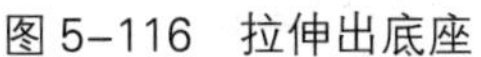

图 5-116　拉伸出底座

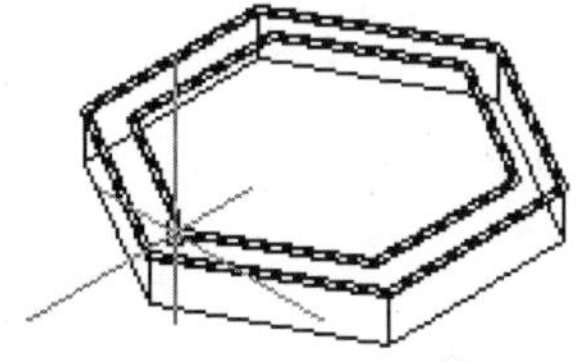

图 5-117　差集面

6 单击“建模”工具栏中的“拉伸”按钮，拉伸底座，将大的正六边形向上拉伸 130，如图 5-118 所示。

7 单击“修改”工具栏中的“倒角”按钮，将顶面的内外边角倒直角，倒角距离为 2、2，如图 5-119 所示。

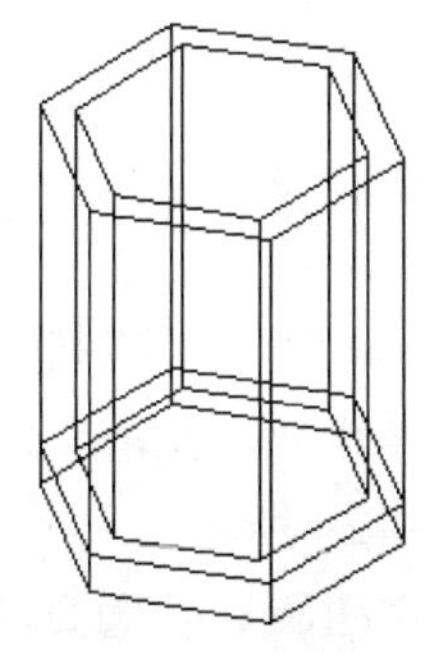

图 5-118　拉伸出笔筒

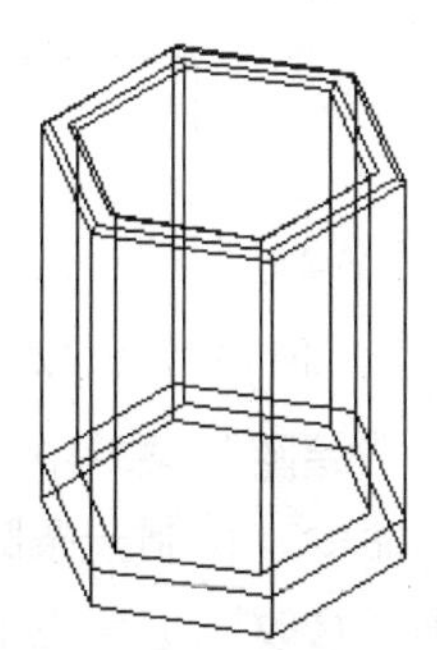

图 5-119　顶面内外边倒直角

操作技巧　圆角边的操作方法

可以通过以下 3 种方法来执行“圆角边”操作：

- 选择“修改”→“实体编辑”→“圆角边”菜单命令。
- 单击“实体编辑”工具栏中的“圆角边”按钮。
- 在命令行中输入“filletedge”后，按回车键。

相关知识　什么是倒角边

与二维图形中的倒角功能类似，这里是对三维实体的边倒直角。

倒角边前：

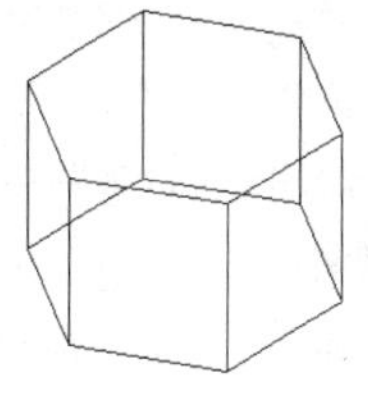

倒角边后：

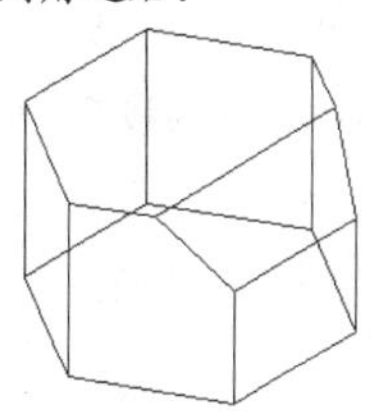

操作技巧　倒角边的操作方法

可以通过以下 3 种方法来执行“倒角边”操作：

- 选择“修改”→“实体编辑”→“倒角边”菜单命令。
- 单击“实体编辑”工具栏中的“倒角边”按钮。

8 选择“视图”菜单中的“消隐”命令，调整图形的视觉效果，如图 5-120 所示。

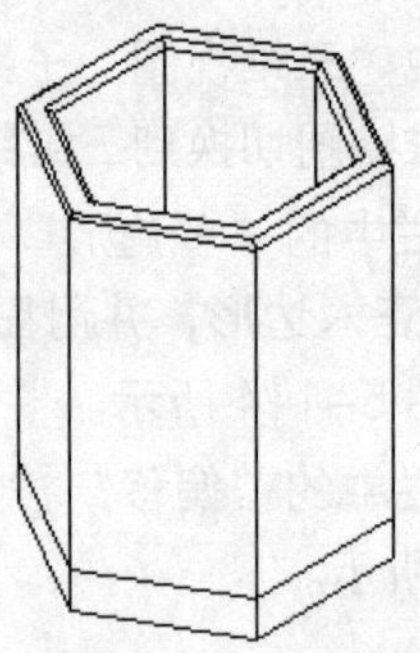

图 5-120　消隐样式观察图形

实例 5-9　绘制方底圆口杯

本实例将制作方底圆口杯，主要应用了多线段、圆弧、环形阵列、三维旋转、边界网格、三维阵列、拉伸、建模等功能。实例效果如图 5-121 所示。

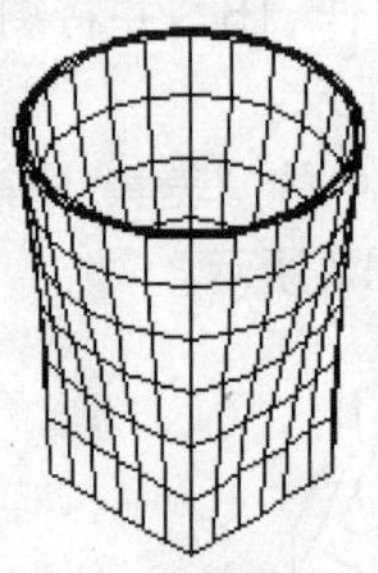

图 5-121　方底圆口杯效果图

操作步骤

1 单击“绘图”工具栏中的“多段线”按钮，绘制一个长宽都为 60 的正方形，如图 5-122 所示。

2 单击“绘图”工具栏中的“直线”按钮，以角点为起点和端点绘制两条斜线，如图 5-123 所示。

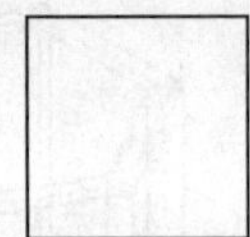

图 5-122　绘制正方形

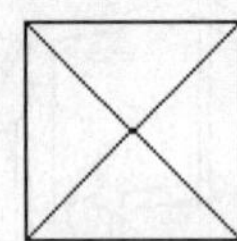

图 5-123　绘制斜线

3 选择“绘图”菜单中“圆弧”子菜单中的“圆心、起点、端点”命令，绘制一条圆弧，如图 5-124 所示。

4 单击“修改”工具栏中的“偏移”按钮，将圆弧向外偏移 8、10，如图 5-125 所示。

- 在命令行中输入“chamferedge”后，按回车键。

实例 5-9 说明

- 知识点：
  - 多段线
  - 圆弧
  - 环形阵列
  - 三维旋转
  - 边界网格
  - 三维阵列
  - 拉伸
  - 建模
- 视频教程：
  光盘\教学\第 5 章　建筑实体修改
- 效果文件：
  光盘\素材和效果\05\效果\5-9.dwg
- 实例演示：
  光盘\实例\第 5 章\绘制方底圆口杯

相关知识　编辑实体面

编辑实体面可以分为拉伸面、移动面、偏移面、删除面、旋转面、倾斜面、着色面以及复制面 8 个功能。

相关知识　什么是拉伸面

拉伸面就是将选定的三维实体对象的面拉伸到指定的高度或沿某一路径拉伸，一次可以拉伸多个面。

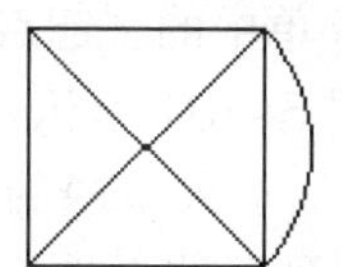

图 5-124　绘制圆弧

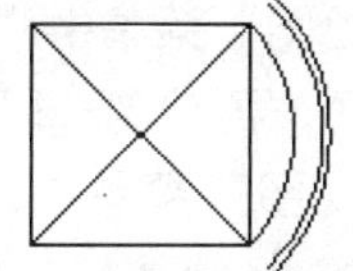

图 5-125　偏移圆弧

5 单击“修改”工具栏中“矩形阵列”下拉列表框中的“环形阵列”按钮，将两条偏移的圆弧环形阵列复制 4 个，如图 5-126 所示。

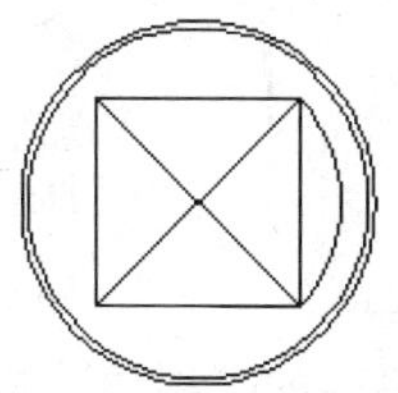

图 5-126　环形阵列复制圆弧

6 单击“修改”工具栏中的“延伸”按钮，延伸两条斜线到最外边的圆弧上，如图 5-127 所示。

7 单击“修改”工具栏中的“修剪”按钮和“删除”按钮，修剪矩形以内的斜线并删除第一条圆弧，如图 5-128 所示。

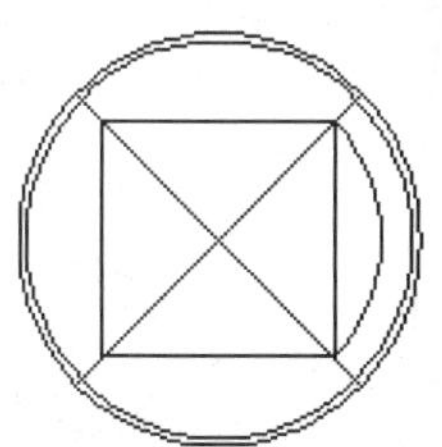

图 5-127　延伸斜线

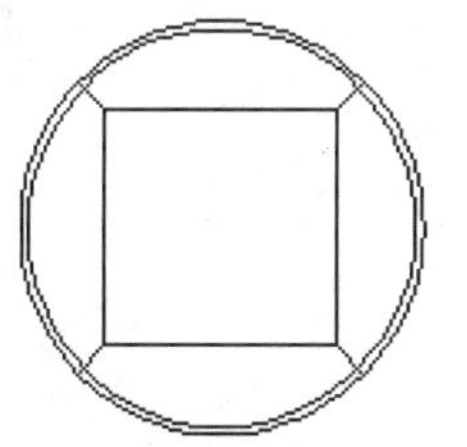

图 5-128　修剪和删除多余线段

8 单击“绘图”工具栏中的“直线”按钮，绘制两条长度为 120、10 的线段和一条长度为 2 的单独线段，如图 5-129 所示。

9 选择“绘图”菜单中“圆弧”子菜单中的“圆心、起点、端点”命令，以长度为 2 的线段的中点为圆心，两端分别为起点和端点，绘制一段圆弧，并将圆弧和线段创建成一个面，如图 5-130 所示。

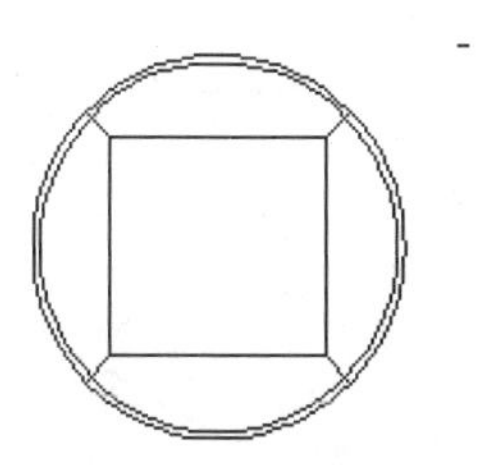

图 5-129　绘制线段

图 5-130　绘制圆弧

拉伸面前：

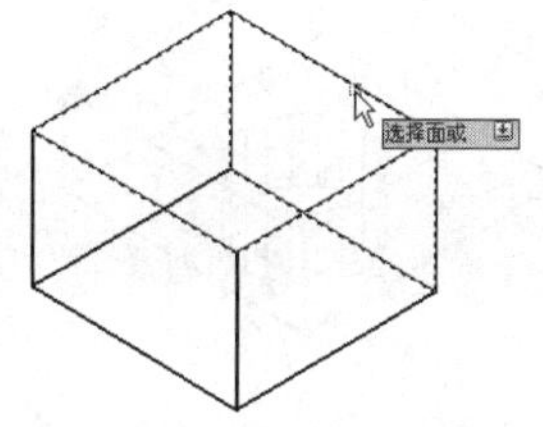

拉伸面后：

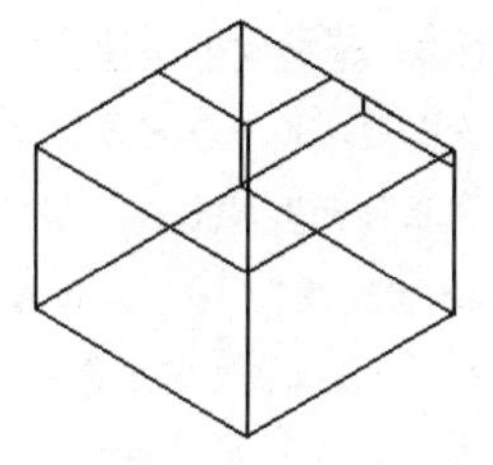

操作技巧　**拉伸面的操作方法**

可以通过以下3种方法来执行“拉伸面”操作：

- 选择“修改”→“实体编辑”→“拉伸面”菜单命令。
- 单击“实体编辑”工具栏中的“拉伸面”按钮。
- 在命令行中输入“solidedit”后，按回车键。

相关知识　**什么是移动面**

移动面就是沿指定的高度或距离移动选定的三维实体对象的面。

移动面前：

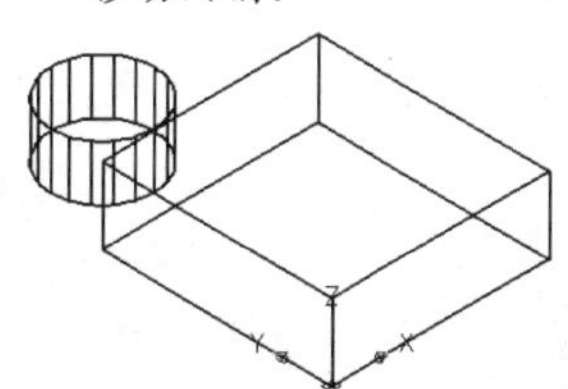

移动面后：

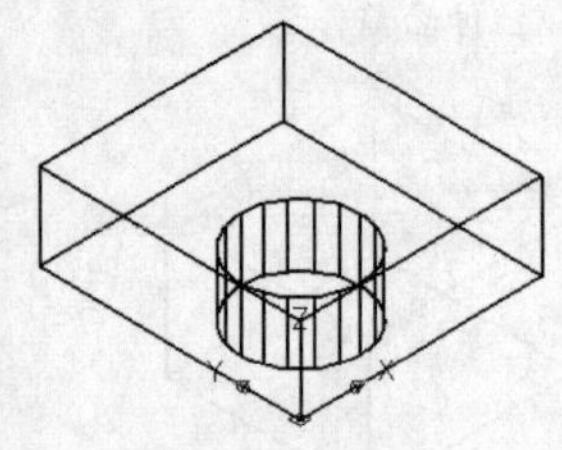

操作技巧 移动面的操作方法

可以通过以下3种方法来执行"拉伸面"操作：

- 选择"修改"→"实体编辑"→"拉伸面"菜单命令。
- 单击"实体编辑"工具栏中的"移动面"按钮。
- 在命令行中输入"solidedit"后，按回车键。

相关知识 什么是偏移面

偏移面就是沿指定方向偏移实体的面或曲面，偏移后的面替代原来的面。

偏移面前：

10 选择"绘图"菜单中"圆弧"子菜单中的"起点、端点、方向"命令，再绘制一段圆弧，如图5-131所示。

11 单击"视图"菜单中"三维视图"子菜单中的"东北等轴测"命令，将视图由二维绘图切换到三维绘图，如图5-132所示。

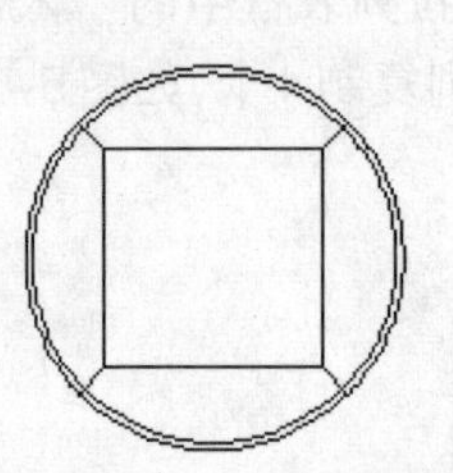

图5-131 绘制圆弧

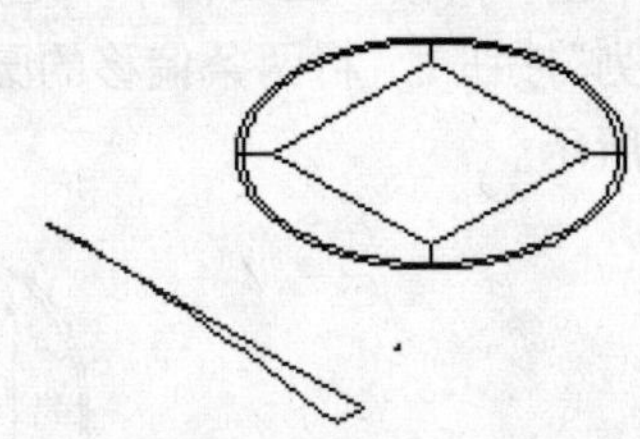

图5-132 切换成三维视图

12 单击"修改"工具栏中的"移动"按钮，将正方形沿极轴向下移动120，如图5-133所示。

13 单击"建模"工具栏中的"三维旋转"按钮，旋转直线、圆弧和面，如图5-134所示。

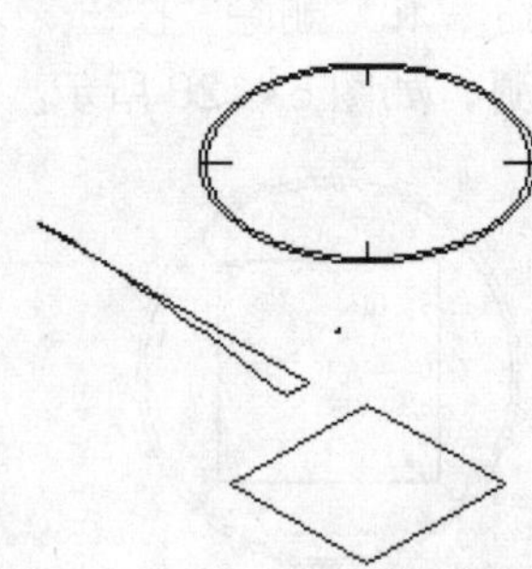

图5-133 移动正方形

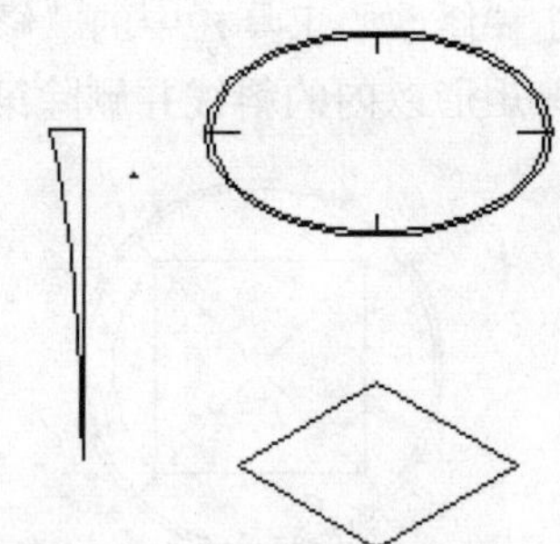

图5-134 三维旋转直线、圆弧和面

14 单击"修改"工具栏中的"移动"按钮，将圆弧和面移动到图形中，如图5-135所示。

15 单击"修改"工具栏中的"复制"按钮，将圆弧向内复制一个，如图5-136所示。

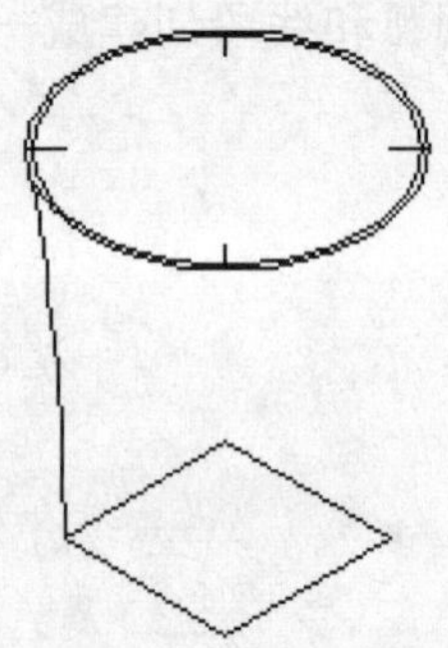

图5-135 移动圆弧和面

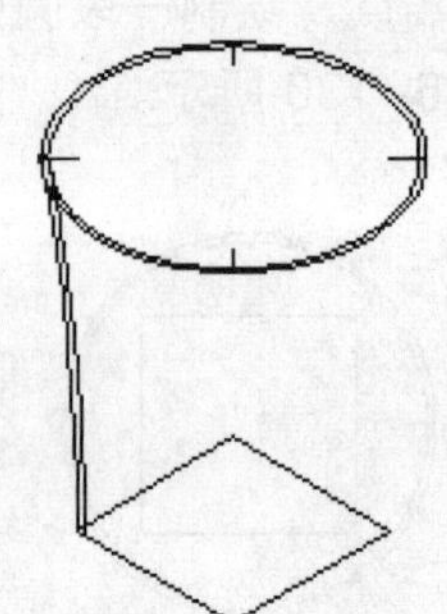

图5-136 复制圆弧

16 单击“修改”菜单中“三维操作”子菜单中的“三维阵列”命令，三维环形阵列复制两段圆弧，阵列复制 4 个，如图 5-137 所示。

17 单击“绘图”工具栏中的“直线”按钮，绘制复制三维阵列后圆弧的连线，如图 5-138 所示。

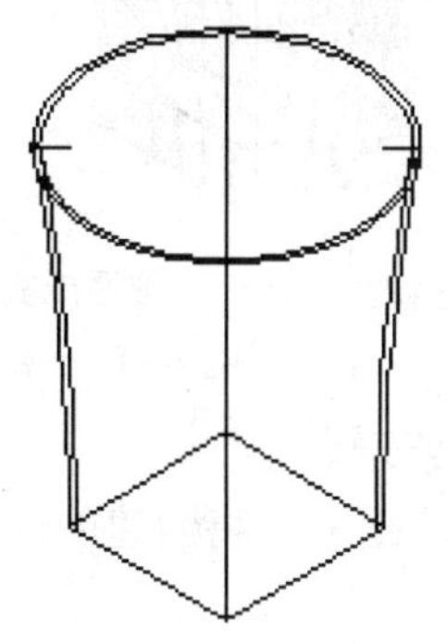

图 5-137　阵列复制

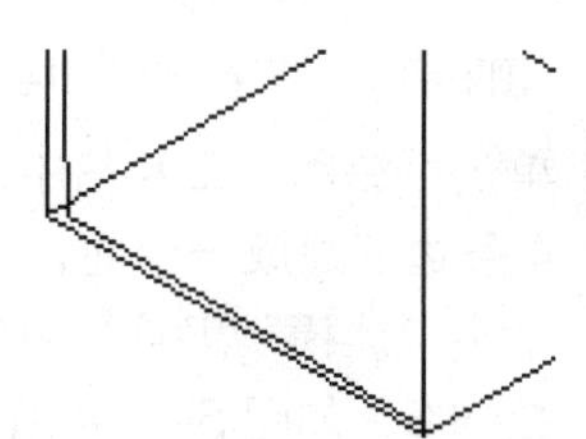

图 5-138　绘制圆弧的连线

18 单击“修改”工具栏中的“打断丁点”按钮，反复使用两次，单独打断正方形的一条边，如图 5-139 所示。

19 选择“绘图”→“建模”→“网格”→“边界网格”命令，通过选择 4 条边创建网格来表示实体，这里先创建一个面中的两个网格。在选择被遮挡的边界时，可以通过“视图”菜单中“动态观察”子菜单中的“自由动态观察”命令调整视图角度，再进行选择，如图 5-140 所示。

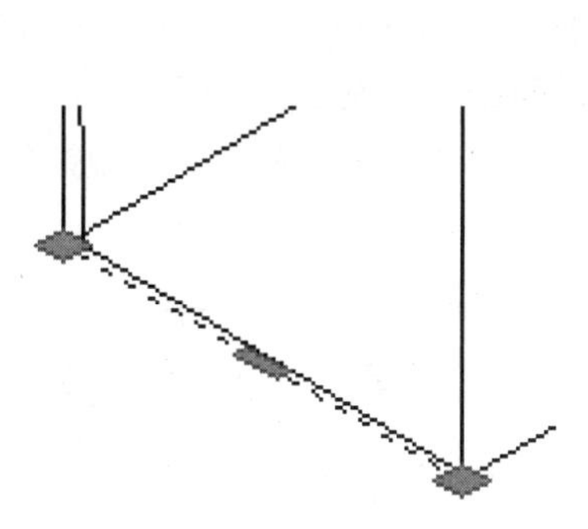

图 5-139　打断正方形的一条边

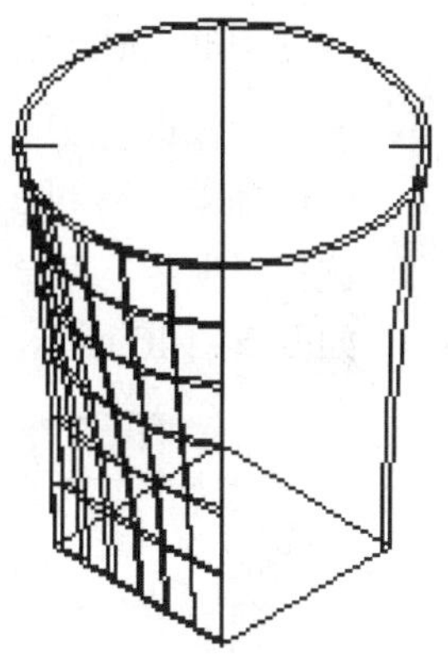

图 5-140　创建网格

20 选择“修改”菜单中“三维操作”子菜单中的“三维阵列”命令，三维环形阵列复制两个网格，阵列复制 4 个，如图 5-141 所示。

21 单击“建模”工具栏中的“旋转”按钮，旋转复制移动过的小半圆面，如图 5-142 所示。

偏移面后：

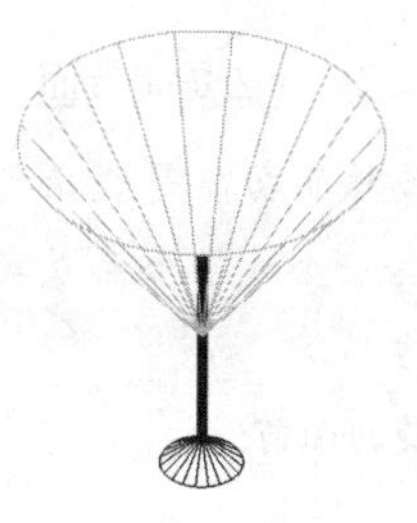

操作技巧　偏移面的操作方法

可以通过以下 3 种方法来执行“偏移面”操作：

- 选择“修改”→“实体编辑”→“偏移面”菜单命令。
- 单击“实体编辑”工具栏中的“偏移面”按钮。
- 在命令行中输入“solidedit”后，按回车键。

相关知识　什么是删除面

删除面功能可以从选择集中删除选择的面。

操作技巧　删除面的操作方法

可以通过以下 3 种方法来执行“删除面”操作：

- 选择“修改”→“实体编辑”→“删除面”菜单命令。
- 单击“实体编辑”工具栏中的“删除面”按钮。
- 在命令行中输入“solidedit”后，按回车键。

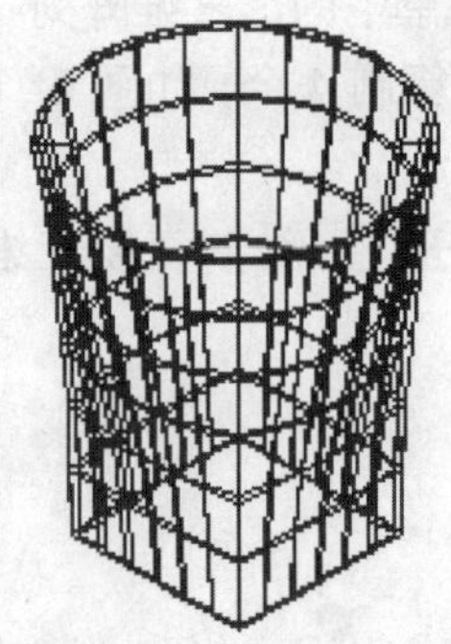

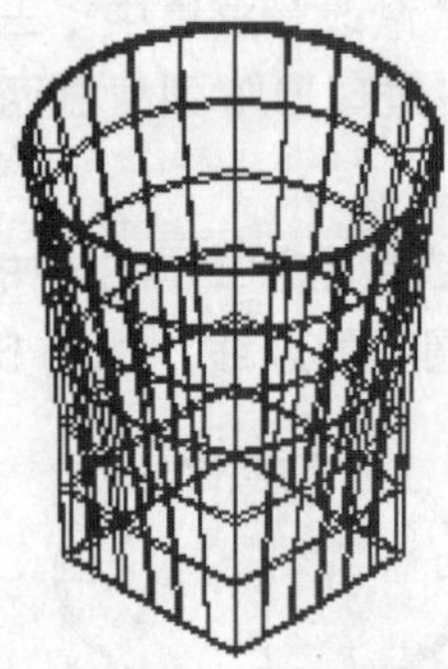

图 5-141 三维阵列网格　　图 5-142 旋转小半圆面成实体

22 单击“绘图”工具栏中的“面域”按钮，将底面正方形的 4 条边创建成一个面，如图 5-143 所示。

23 单击“建模”工具栏中的“拉伸”按钮，将创建的面向上拉伸 3，如图 5-144 所示。

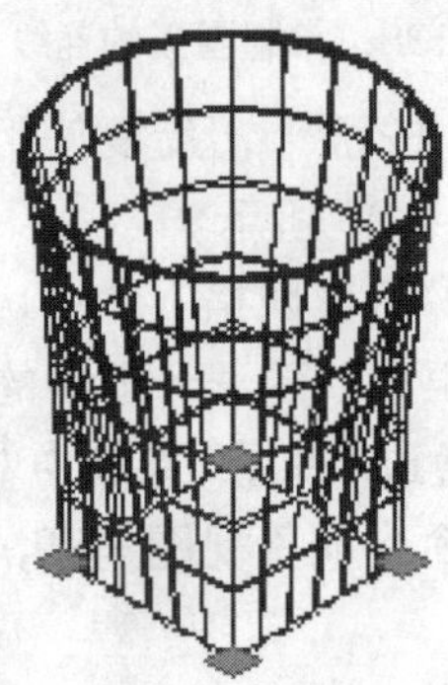

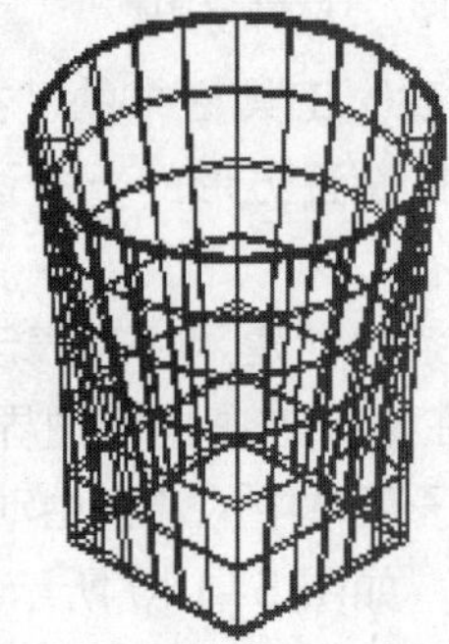

图 5-143 创建成面　　图 5-144 拉伸面成实体

24 单击“修改”工具栏中的“移动”按钮，将拉伸后的实体沿极轴向上移动 8，并删除辅助线，如图 5-145 所示。

25 选择“视图”菜单中的“消隐”命令，调整图形的视觉效果，如图 5-146 所示。

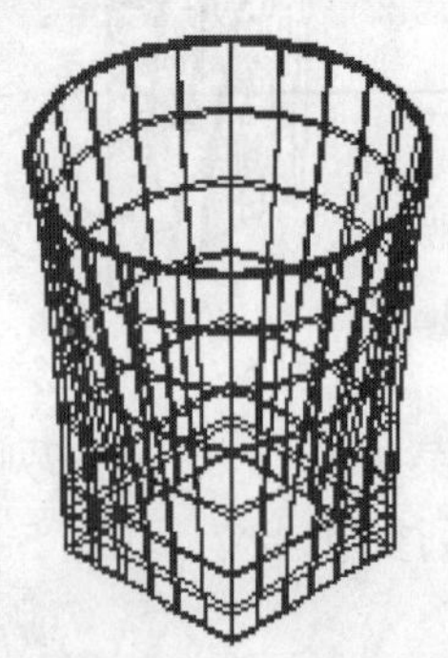

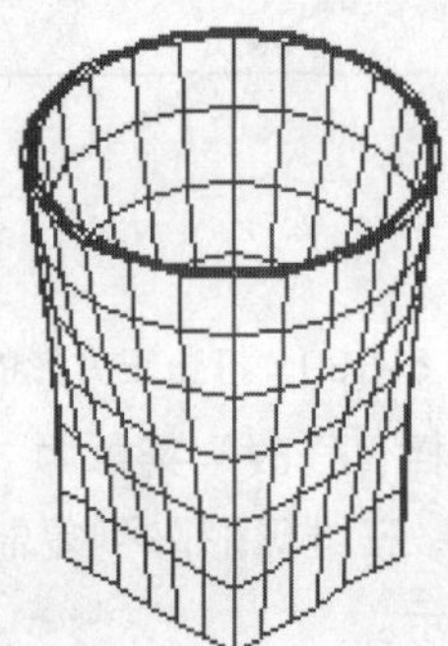

图 5-145 移动拉伸的实体并删除辅助线段　图 5-146 消隐样式观察图形

相关知识 **什么是旋转面**

旋转面功能是绕指定的轴旋转一个或多个面或实体的某些部分。

旋转面前：

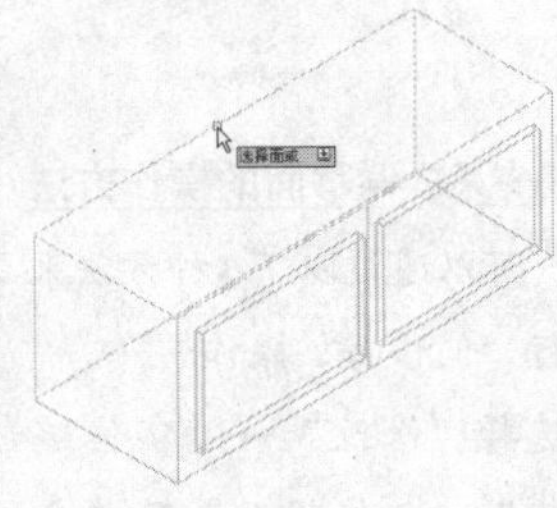

旋转面后：

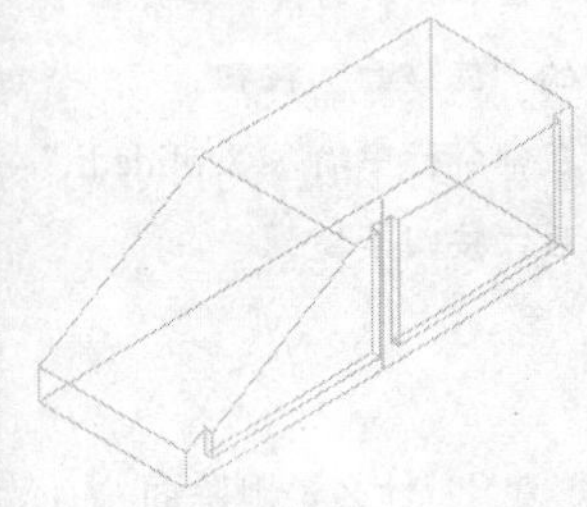

操作技巧 **旋转面的操作方法**

可以通过以下3种方法来执行“旋转面”操作：

- 选择“修改”→“实体编辑”→“旋转面”菜单命令。
- 单击“实体编辑”工具栏中的“旋转面”按钮。
- 在命令行中输入“solidedit”后，按回车键。

实例 5-10　绘制护栏

本实例将制作护栏，主要应用了点样式、定数等分、扫掠、并集、剖切、球体等功能。实例效果如图 5-147 所示。

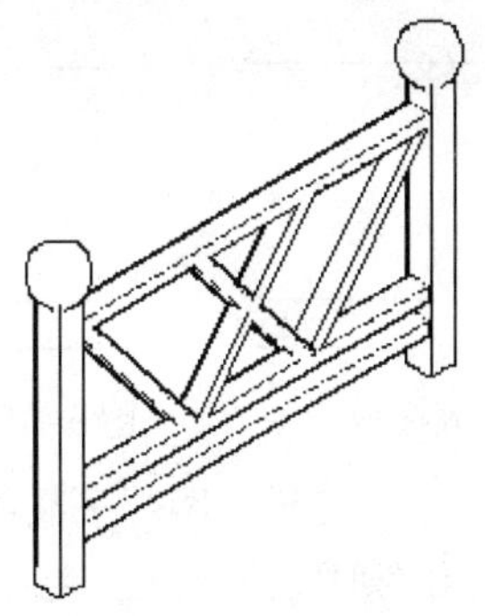

图 5-147　护栏效果图

操作步骤

1 单击“绘图”工具栏中的“直线”按钮，绘制一条长为 1200 的线段，如图 5-148 所示。

2 单击“修改”工具栏中的“偏移”按钮，将线段向下偏移 500、600，如图 5-149 所示。

图 5-148　绘制线段　　图 5-149　偏移线段

3 选择“格式”菜单中的“点样式”命令，打开“点样式”对话框，并设置第 2 排第 4 种样式为当前点样式，然后单击“确定”按钮，返回到绘图窗口，如图 5-150 所示。

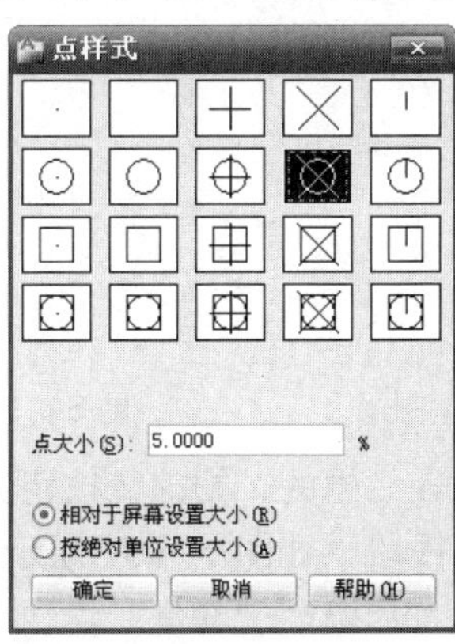

图 5-150　“点样式”对话框

实例 5-10 说明

- 知识点：
  - 点样式
  - 定数等分
  - 扫掠
  - 并集
  - 剖切
  - 球体
- 视频教程：
  光盘\教学\第 5 章 建筑实体修改
- 效果文件：
  光盘\素材和效果\05\效果\5-10.dwg
- 实例演示：
  光盘\实例\第 5 章\绘制护栏

相关知识　什么是倾斜面

倾斜面可以将选择对象倾斜，改变成倾斜状态。

倾斜面前：

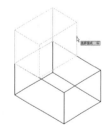

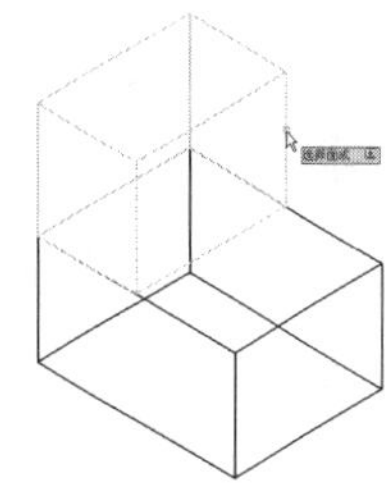

倾斜面后：

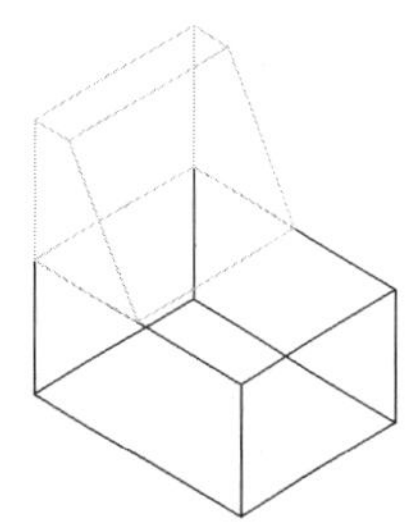

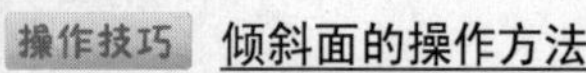

操作技巧 **倾斜面的操作方法**

可以通过以下3种方法来执行“倾斜面”操作：

- 选择“修改”→“实体编辑”→“倾斜面”菜单命令。
- 单击“实体编辑”工具栏中的“倾斜面”按钮。
- 在命令行中输入“solidedit”后，按回车键。

相关知识 **什么是着色面**

着色面可以为面设置颜色。

着色面前：

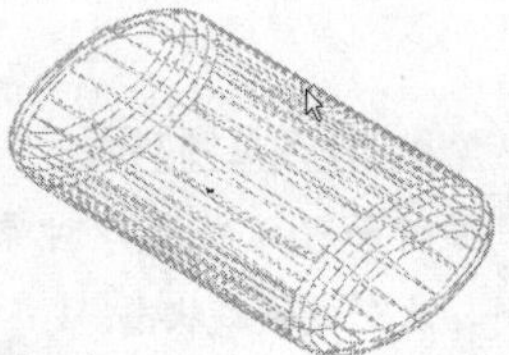

着色面后：

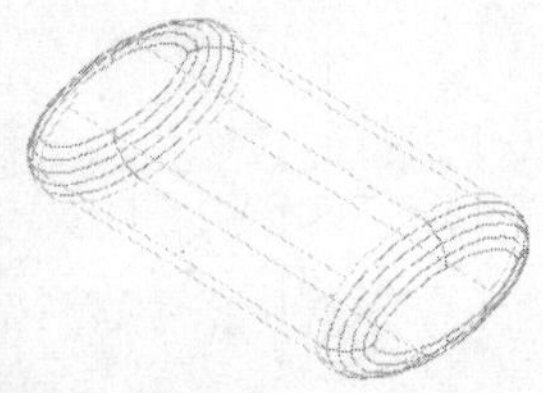

操作技巧 **着色面的操作方法**

可以通过以下3种方法来执行“着色面”操作：

- 选择“修改”→“实体编辑”→“着色面”菜单命令。
- 单击“实体编辑”工具栏中的“着色面”按钮。

4 选择“绘图”菜单中“点”子菜单中的“定数等分”命令，将上面两条水平线段分成3段，如图5-151所示。

5 单击“绘图”工具栏中的“直线”按钮，绘制4条直线，连接端点与直线之间的节点，并删除4个节点，如图5-152所示。

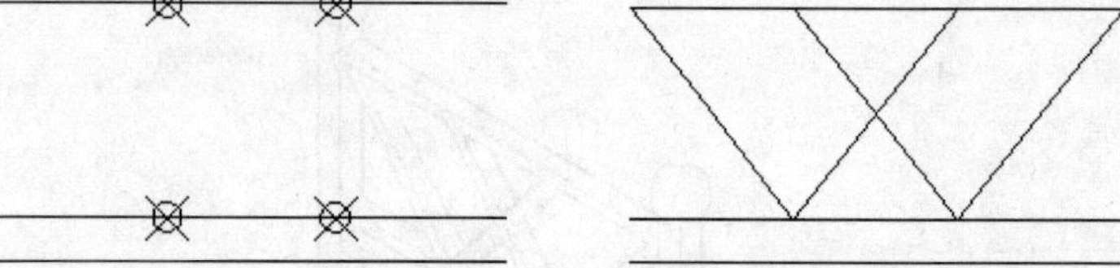

图5-151 等分线段　　图5-152 绘制直线并删除节点

6 选择“视图”菜单中“三维视图”子菜单中的“东北等轴测”命令，将视图由二维绘图切换到三维绘图，如图5-153所示。

7 单击“建模”工具栏中的“三维旋转”按钮，三维旋转图形，如图5-154所示。

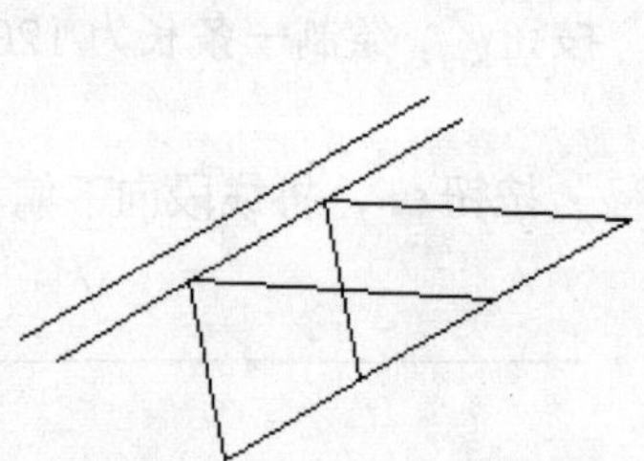

图5-153 调整成三维视图　　图5-154 三维旋转图形

8 单击“绘图”工具栏中的“矩形”按钮，绘制一个长为60、宽为40的矩形，如图5-155所示。

9 单击“修改”工具栏中的“复制”按钮，复制6个矩形，如图5-156所示。

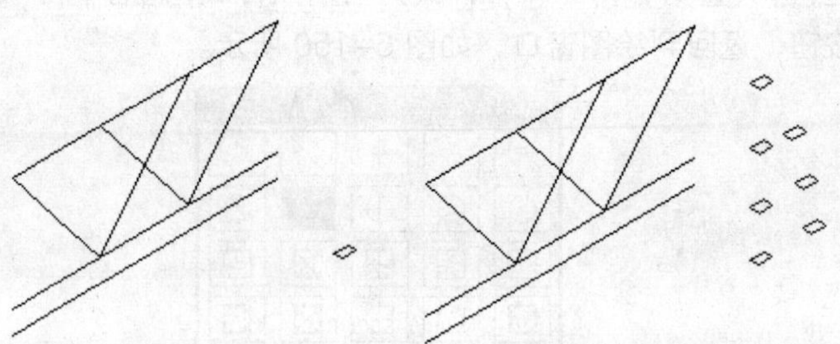

图5-155 绘制矩形　　图5-156 复制矩形

10 单击“建模”工具栏中的“扫掠”按钮，用7个矩形依次扫掠绘制的所有线段，如图5-157所示。

11 单击“建模”工具栏中的“并集”按钮，合并所有实体，如图5-158所示。

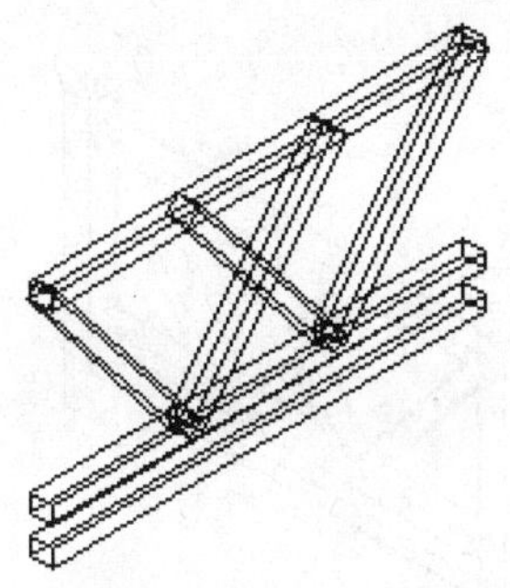

图 5-157　扫掠线段

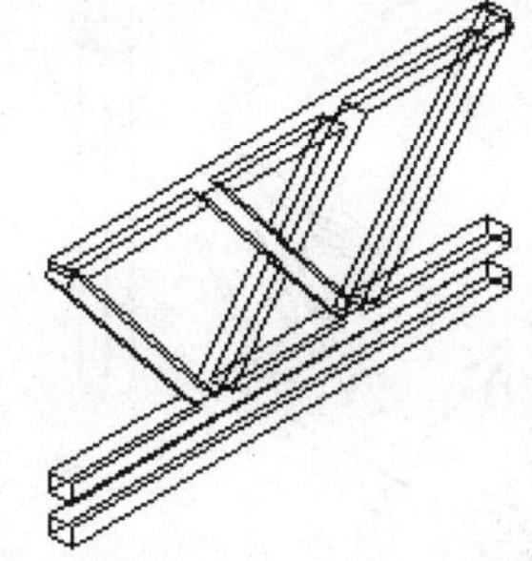

图 5-158　并集实体

12 选择“修改”菜单中“三维操作”子菜单中的 “剖切”命令，剖切两边扫掠多出的部分实体，并删除剖切后多余的实体，如图 5-159 所示。

13 单击“建模”工具栏中的“长方体”按钮，绘制两个长为 80、宽为 80、高为 900 的长方体，如图 5-160 所示。

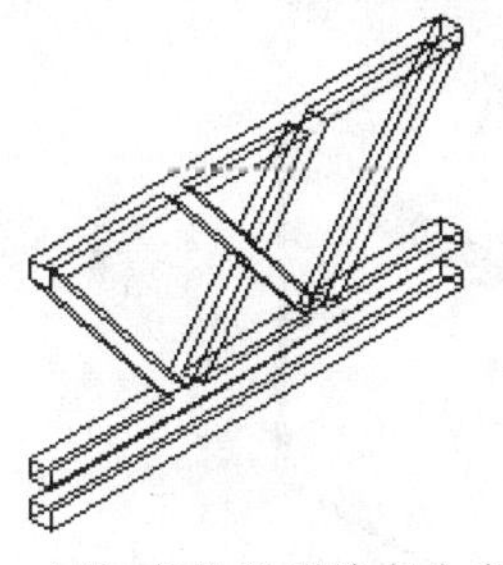

图 5-159　剖切实体并删除多余实体

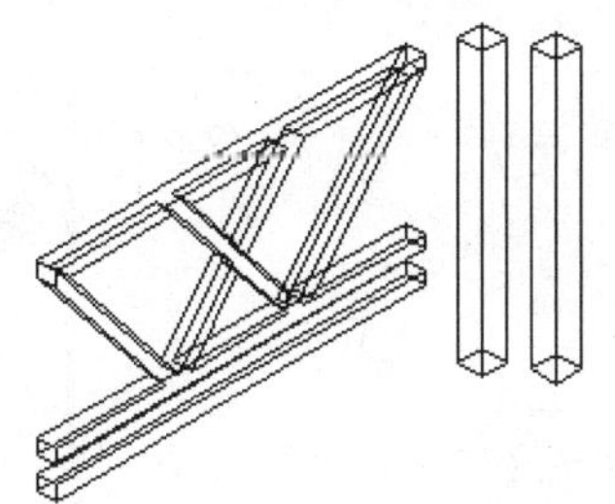

图 5-160　绘制长方体

14 单击“修改”工具栏中的“移动”按钮，将两个长方体移动到图形中，如图 5-161 所示。

15 单击“绘图”工具栏中的“直线”按钮，在长方体的两个顶面绘制两条线，如图 5-162 所示。

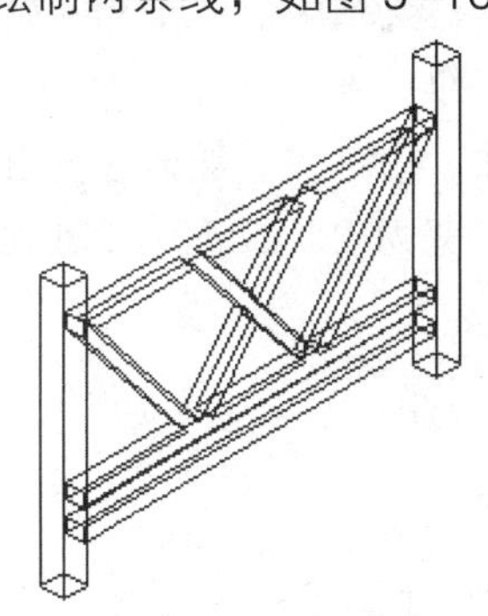

图 5-161　移动长方体

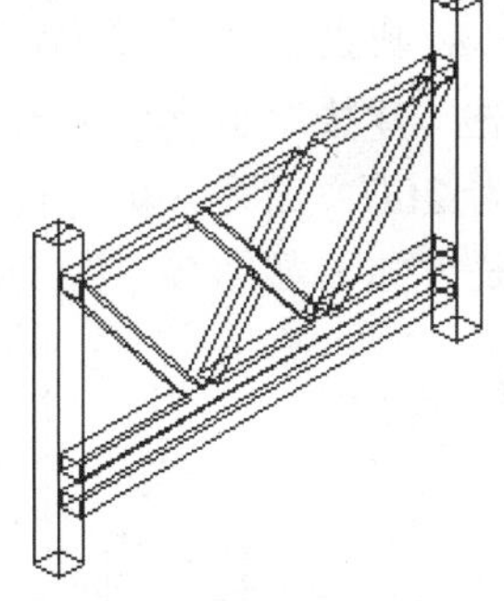

图 5-162　绘制辅助线

16 单击“建模”工具栏中的“球体”按钮，以辅助线的中点为中心点，绘制半径为 80 的球体，如图 5-163 所示。

17 选择“视图”菜单中的“消隐”命令，调整图形的视觉效果，如图 5-164 所示。

- 在命令行中输入“solidedit”后，按回车键。

相关知识　什么是复制面

使用复制面功能可以复制或删除三维实体对象中的面，复制面时，选定的面将作为面域或体复制。

复制面前：

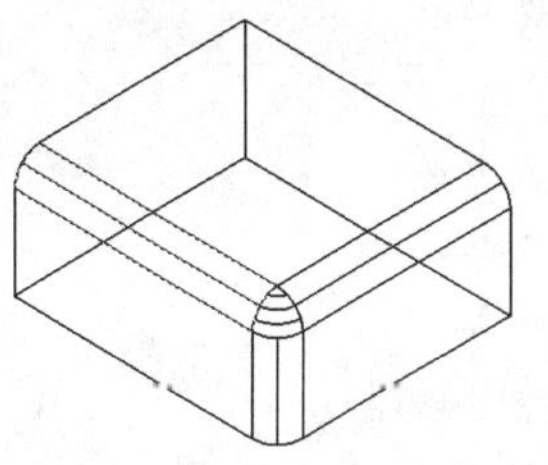

复制面后：

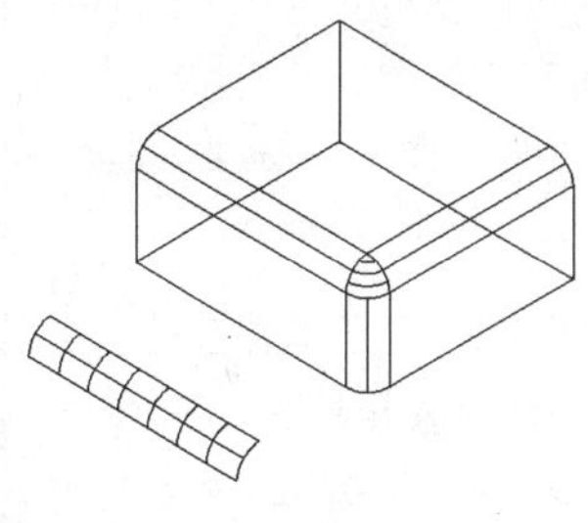

操作技巧　复制面的操作方法

可以通过以下3种方法来执行“复制面”操作：

- 选择“修改”→“实体编辑”→“复制面”菜单命令。
- 单击“实体编辑”工具栏中的“复制面”按钮。
- 在命令行中输入“solidedit”后，按回车键。

相关知识 三维网格的分类

三维网格主要分为旋转网格、平移网格、直纹网格和边界网格。

实例5-11说明

- 知识点：
  - 长方体
  - 差集
  - 圆角
  - 剖切
  - 扫掠
  - 插入块
  - 缩放
- 视频教程：

  光盘\教学\第 5 章 建筑实体修改
- 效果文件：

  光盘\素材和效果\05\效果\5-11.dwg
- 实例演示：

  光盘\实例\第 5 章\绘制工具箱

相关知识 绘制旋转网格

绘制旋转网格之前，首先需要绘制一个对象（可以是直线、圆弧、圆、样条曲线、二维多段线、三维多段线等），然后再沿旋转轴（可以是直线、二维多段线、三维多段线等）绘制出旋转网格。

旋转网格前：

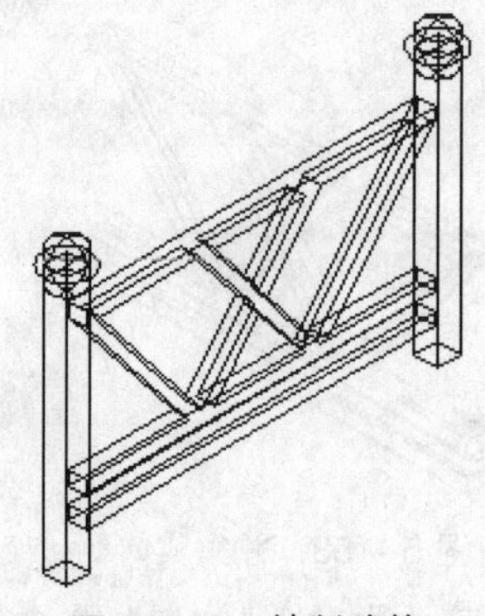

图 5-163 绘制球体

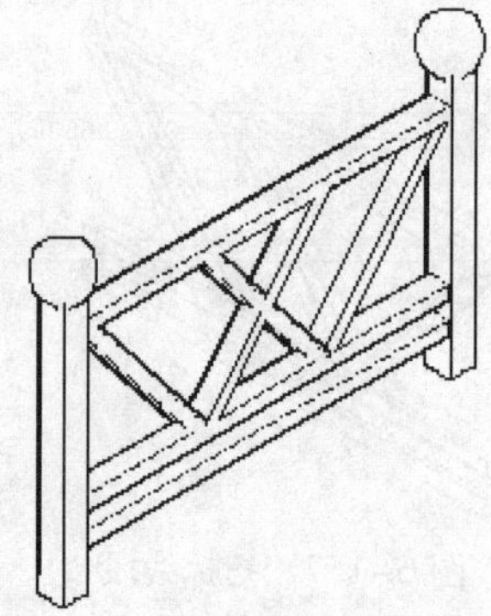

图 5-164 消隐样式观察图形

实例 5-11 绘制工具箱

本实例将制作工具箱，主要应用了长方体、差集、圆角、剖切、扫掠、插入块、缩放等功能。实例效果如图 5-165 所示。

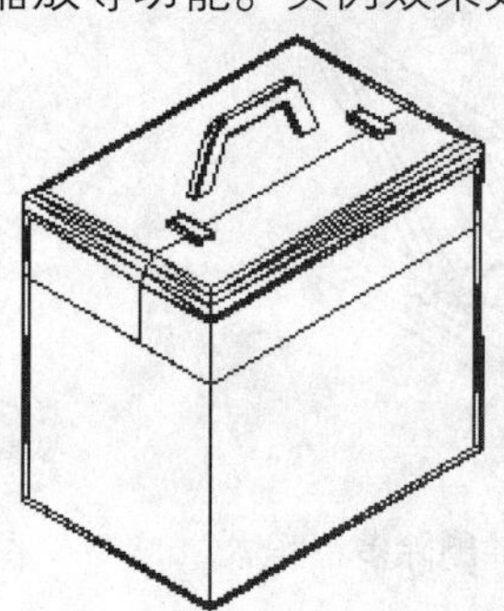

图 5-165 工具箱效果图

操作步骤

1 选择“视图”菜单中“三维视图”子菜单中的“东北等轴测”命令，将视图由二维绘图切换到三维绘图。

2 单击“建模”工具栏中的“长方体”按钮，绘制长为 360、宽为 250、高为 340，长为 350、宽为 240、高为 330 的两个长方体，如图 5-166 所示。

图 5-166 绘制长方体

3 单击“绘图”工具栏中的“直线”按钮，绘制 3 条辅助线，如图 5-167 所示。

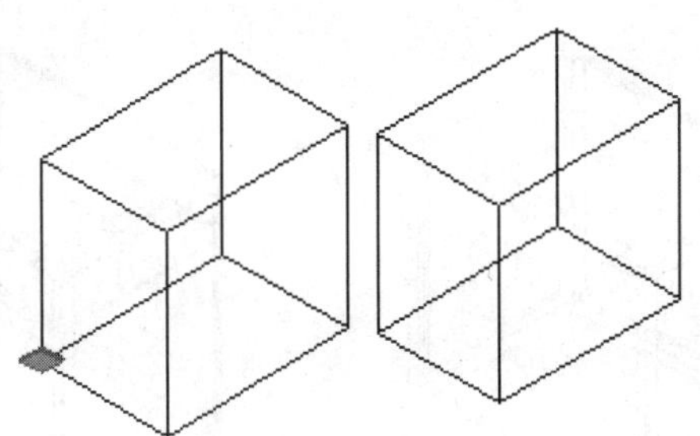

图 5-167 绘制辅助线

4 单击“修改”工具栏中的“移动”按钮，将小长方体移动到图形中，如图 5-168 所示。

5 单击“建模”工具栏中的“差集”按钮，用大的长方体减去小的长方体，如图 5-169 所示。

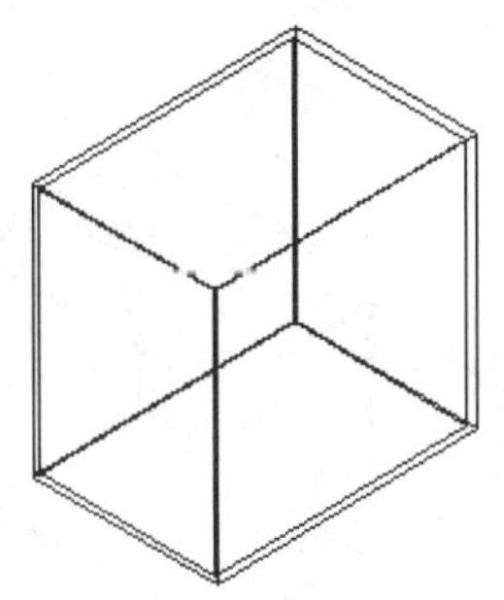

图 5-168 移动长方体

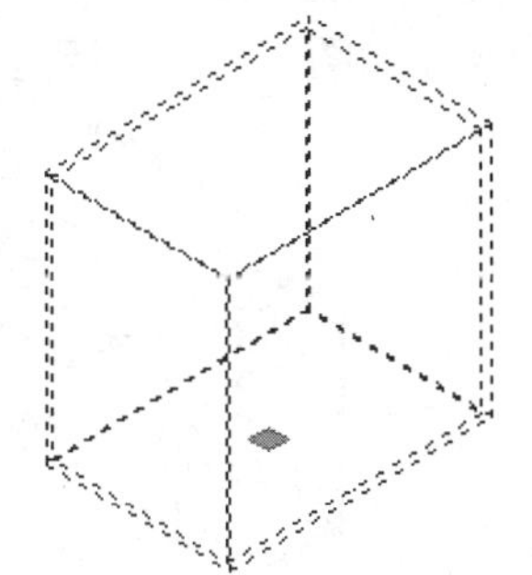

图 5-169 差集实体

6 单击“修改”工具栏中的“圆角”按钮，将实体的外部和内部棱边倒圆角，先倒内部圆角，圆角半径为 15，然后再倒外部圆角，圆角半径为 20，并删除辅助线段，如图 5-170 所示。

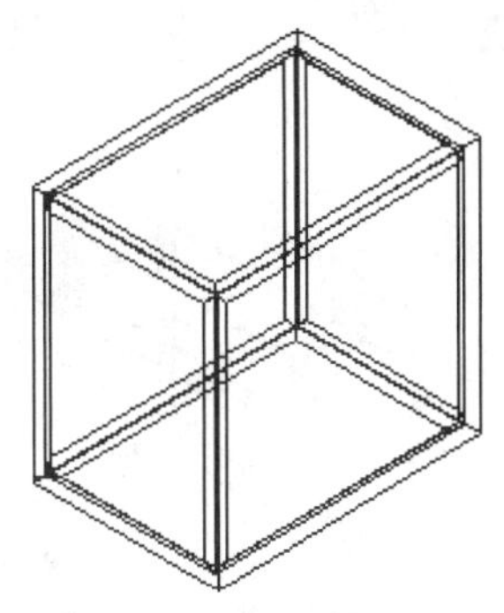

① 倒内部棱边

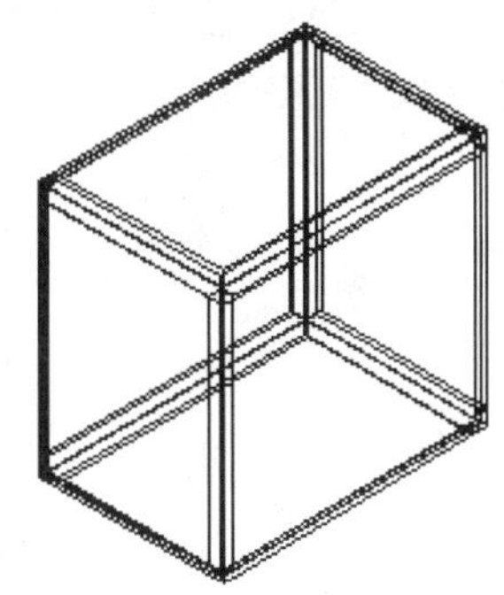

② 倒外部棱边

图 5-170 棱边倒圆角

7 单击“绘图”工具栏中的“直线”按钮，绘制长为 85、35 的两条辅助线，如图 5-171 所示。

8 选择“修改”菜单中“三维操作”子菜单中的“剖切”命令，用辅助线的端点剖切实体两次，如图 5-172 所示。

旋转网格后：

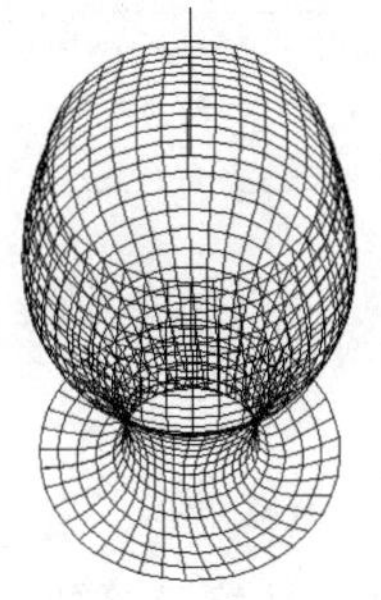

操作技巧 **旋转网格的操作方法**

可以通过以下两种方法来执行“旋转网格”操作：

- 选择“绘图”→“建模”→“网格”→“旋转网格”菜单命令。
- 在命令行中输入“revsurf”后，按回车键。

相关知识 **绘制平移网格**

平移网格是路径曲线和方向矢量定义的基本平移曲面。路径曲线可以是直线、圆弧、圆、椭圆、椭圆弧、二维多段线、三维多段线或样条曲线。方向矢量可以是直线，也可以是开放的二维或三维多段线。可以将使用该功能创建的网格看做是指定路径上的一系列平行多边形。

平移网格前：

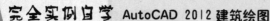

平移网格后：

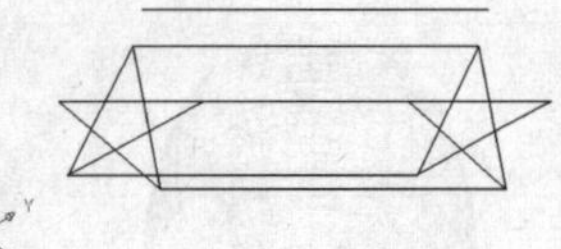

操作技巧 平移网格的操作方法

可以通过以下两种方法来执行"平移网格"操作：

- 选择"绘图"→"建模"→"网格"→"平移网格"菜单命令。
- 在命令行中输入"tabsurf"后，按回车键。

相关知识 绘制直纹网格

可以使用以下两个不同的对象定义直纹网格的边界：直线、点、圆弧、圆、椭圆、椭圆弧、二维多段线、三维多段线或样条曲线。作为直纹网格"轨迹"的两个对象必须全部开放或全部闭合。点对象可以与开放或闭合对象成对使用。

直纹网格前：

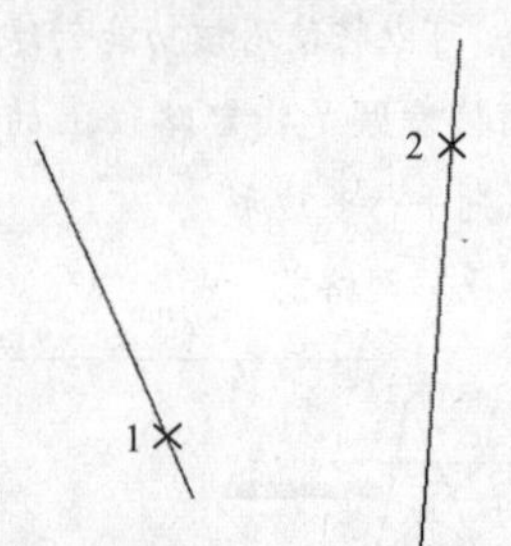

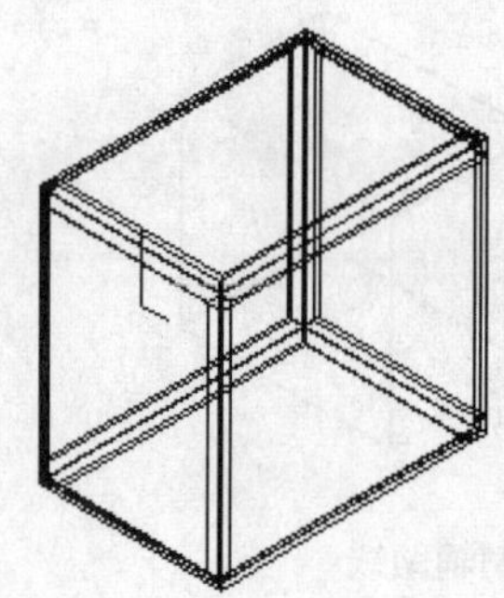

图 5–171　绘制辅助线

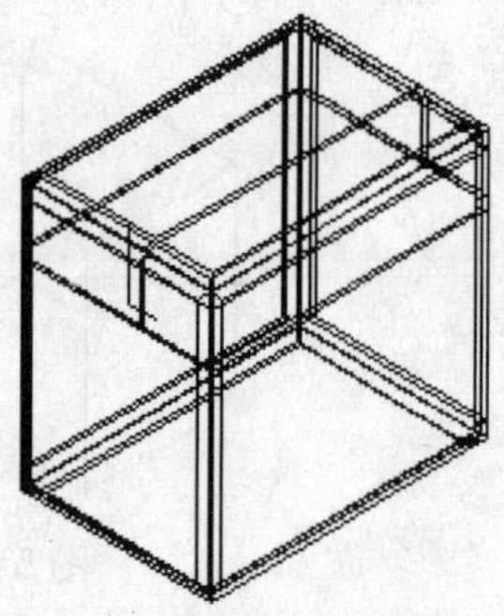

图 5–172　剖切实体

9 单击"绘图"工具栏中的"直线"按钮，绘制长度为 90、140、60 的 3 条线段，如图 5–173 所示。

10 单击"修改"工具栏中的"移动"按钮，将 3 条线段组合起来，如图 5–174 所示。

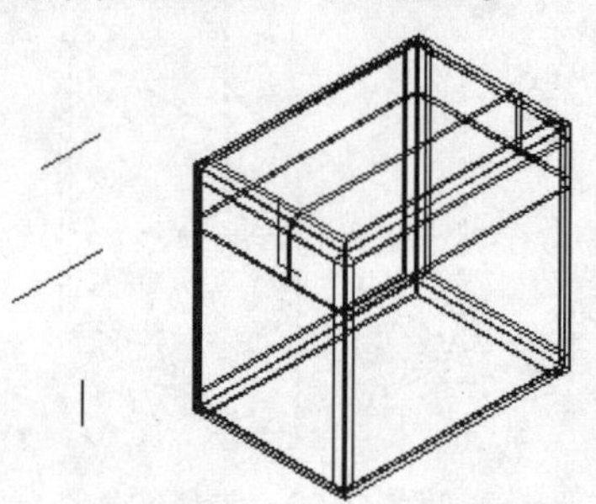

图 5–173　绘制直线

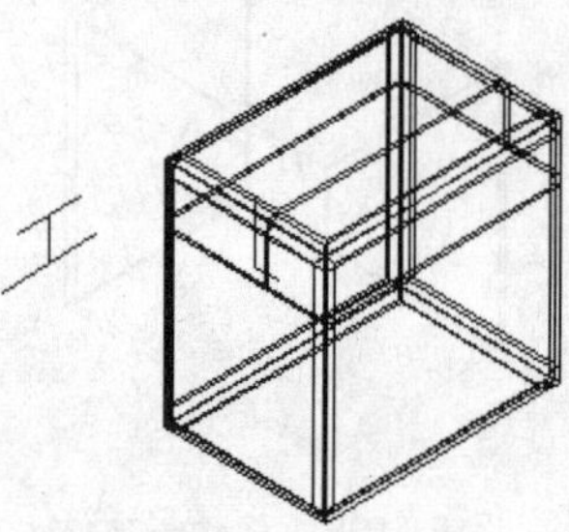

图 5–174　移动线段

11 选择"工具"菜单中"新建 UCS"子菜单中的"X"命令，沿 X 轴旋转坐标轴 90°，如图 5–175 所示。

12 单击"绘图"工具栏中的"多段线"按钮，绘制一条连线，如图 5–176 所示。

图 5–175　旋转 X 轴坐标轴

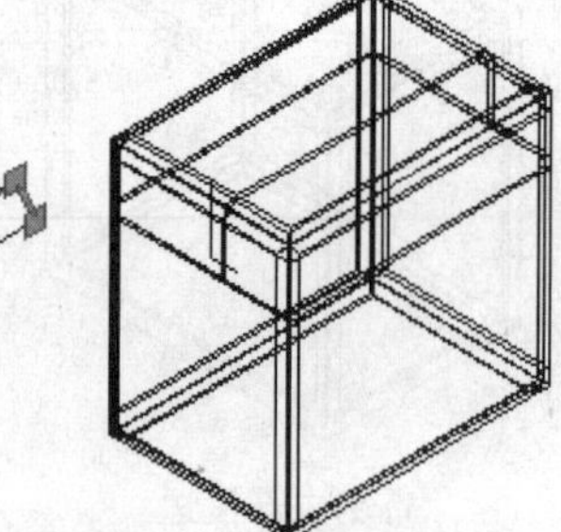

图 5–176　绘制多段线

13 单击"修改"工具栏中的"移动"按钮，将多段线和垂直线段移动到空白区域，如图 5–177 所示。

14 单击"修改"工具栏中的"圆角"按钮，倒圆角多段线的两个夹角，圆角半径为 10，如图 5–178 所示。

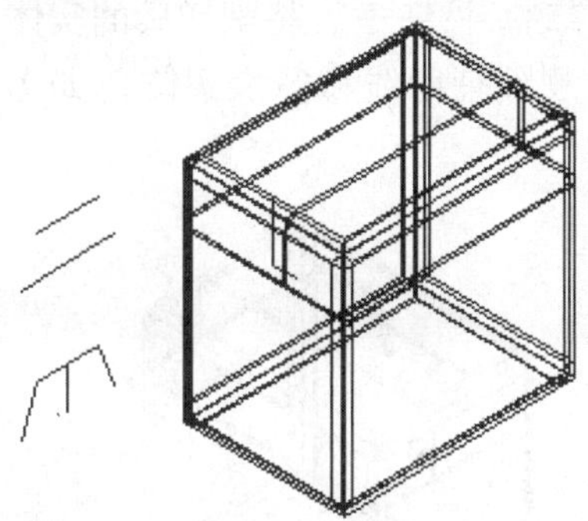

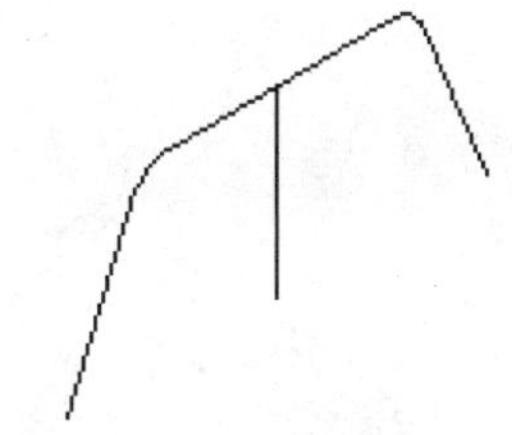

图 5-177　移动多段线和垂直线段　　　　图 5-178　倒圆角多段线

15 选择“工具”菜单中“新建 UCS”子菜单中的“X”命令，沿 X 轴旋转坐标轴-90°，如图 5-179 所示。

16 单击“绘图”工具栏中的“矩形”按钮，绘制一个长为 10、宽为 20 的矩形，如图 5-180 所示。

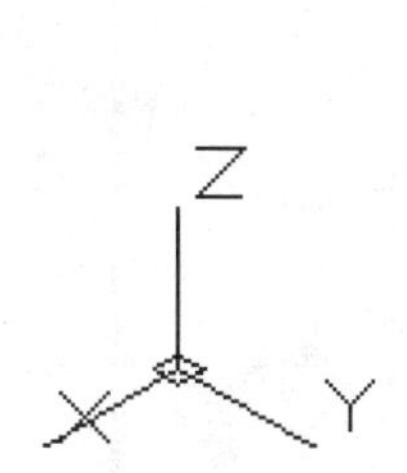

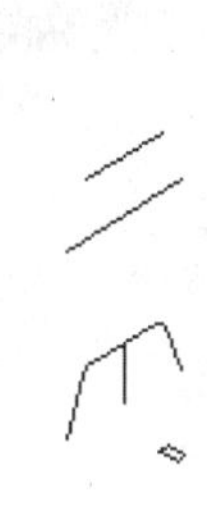

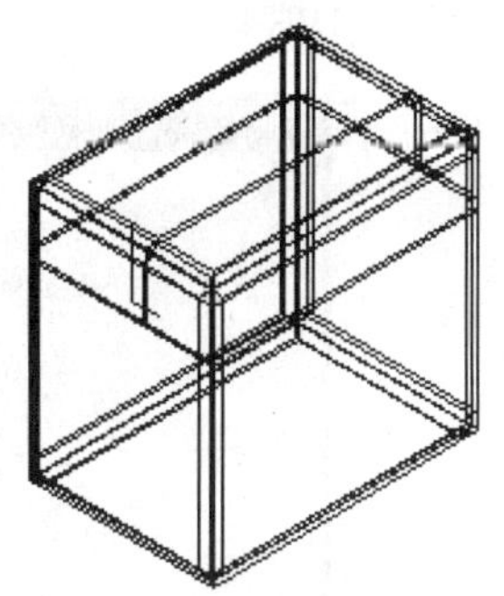

图 5-179　旋转 X 轴坐标轴　　　　图 5-180　绘制矩形

17 单击“修改”工具栏中的“圆角”按钮，倒圆角矩形的 4 个角，圆角半径为 2，如图 5-181 所示。

18 单击“建模”工具栏中的“扫掠”按钮，用倒圆角后的矩形扫掠多段线，如图 5-182 所示。

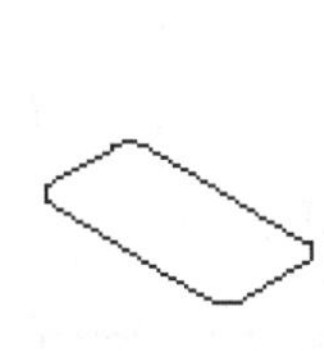

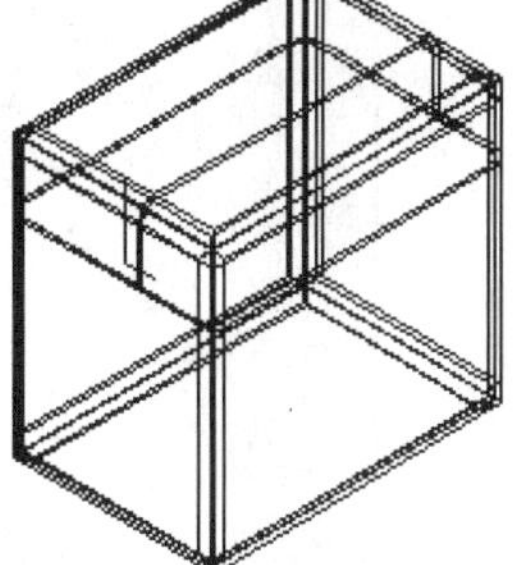

图 5-181　倒圆角矩形　　　　图 5-182　扫掠多段线

19 选择“修改”菜单中“三维操作”子菜单中的“剖切”命令，剖切扫掠后的实体，如图 5-183 所示。

直纹网格后：

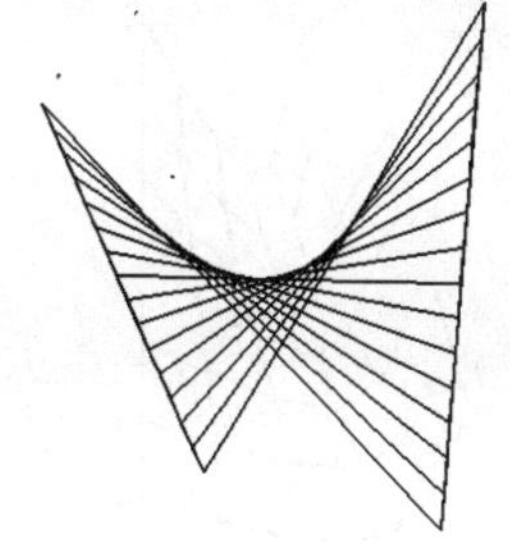

操作技巧　直纹网格的操作方法

可以通过以下两种方法来执行“直纹网格”操作：

- 选择“绘图”→“建模”→“网格”→“直纹网格”菜单命令。
- 在命令行中输入“rulesurf”后，按回车键。

相关知识　绘制边界网格

边界网格的制作方法是先确定曲面的 4 条边，然后再通过 4 条边生成曲面。可以作为边的曲线的可以是直线、弧、多段线等。

边界网格前：

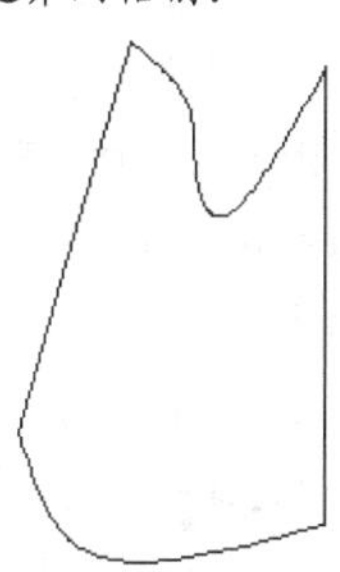

边界网格后：

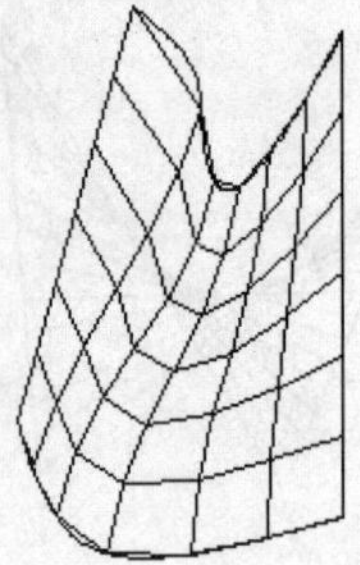

操作技巧 **边界网格的操作方法**

可以通过以下两种方法来执行“边界网格”操作：

- 选择“绘图”→“建模”→“网格”→“边界网格”菜单命令。
- 在命令行中输入“edgesurf”后，按回车键。

疑难解答 **如何快速变换图层**

在一个有许多图层的文件中，要想迅速地将当前层转换到想转换的图层，只需单击“图层”工具栏中的“将对象的图层置为当前”按钮。然后在绘图区选择要转换的图层上的任一图形，当前层立刻变换到选取的图形所在层。

当图形太复杂时，不容易选中图层所在的图，这种方法显得不够方便。这时，可以单击“图层控制”右端的下拉列表框，从中选择一个图层作为当前层。

20 单击“修改”工具栏中的“移动”按钮，将剖切后的实体移动到图形中，移动把手并删除辅助线和多余实体，如图 5-184 所示。

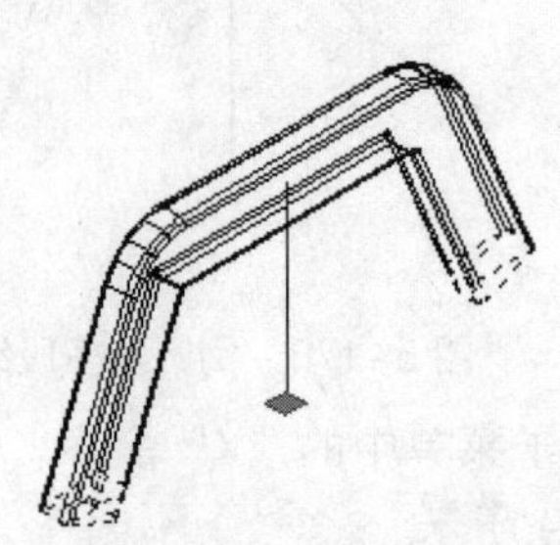

图 5-183 剖切实体

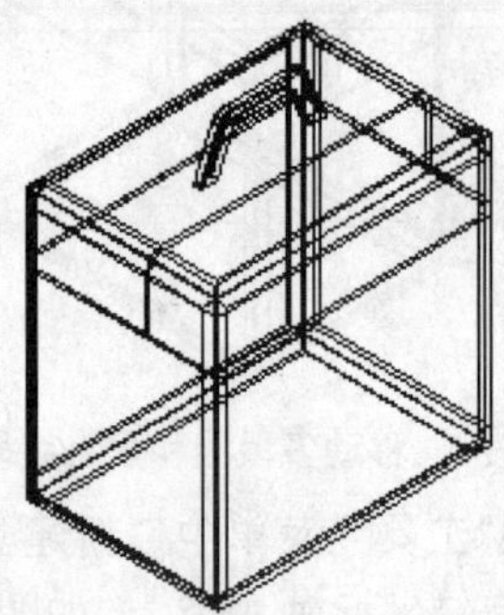

图 5-184 移动图形并删除多余实体

21 选择“插入”菜单中的“块”命令，打开“插入”对话框，如图 5-185 所示。

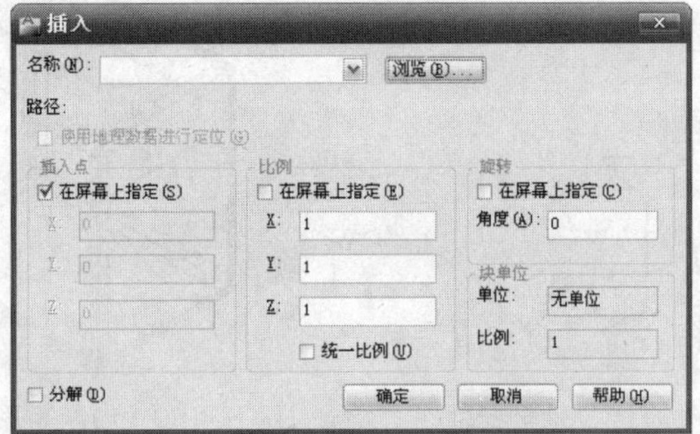

图 5-185 “插入”对话框

22 单击“浏览”按钮，打开“选择图形文件”对话框，在对话框中选择“锁扣.dwg”文件，如图 5-186 所示。

图 5-186 “选择图形文件”对话框

23 单击“打开”按钮，返回到“插入”对话框。再单击“确定”按钮，在图形中插入“锁扣”的图块，如图 5-187 所示。

24 单击“修改”工具栏中的“缩放”按钮，由于图块较小，需要放大图形，放大比例为 8，如图 5-188 所示。

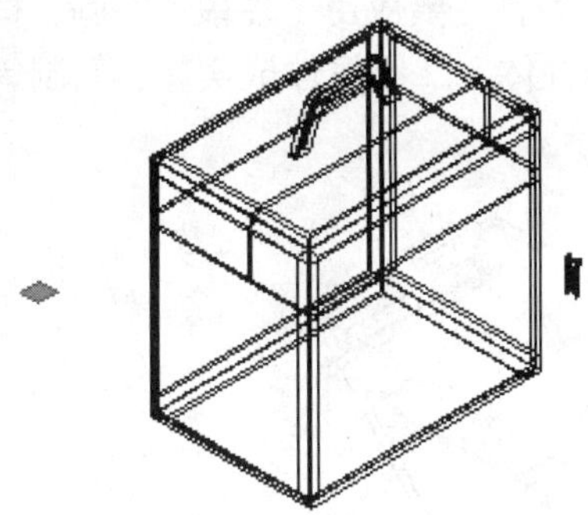
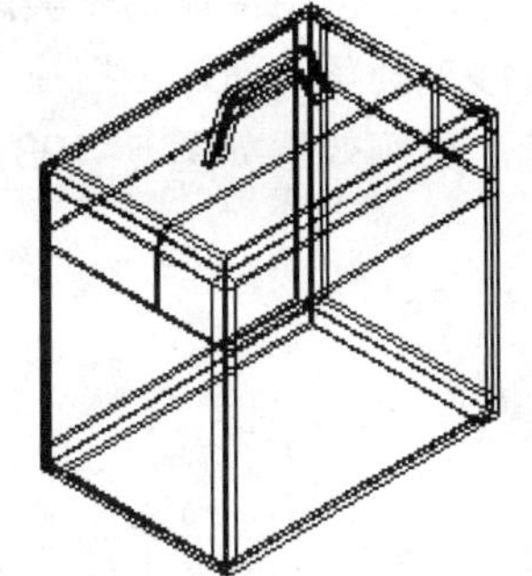

图 5-187　插入“锁扣”图块　　　　图 5-188　放大图块

25 单击“建模”工具栏中的“三维旋转”按钮，旋转锁扣图形，如图 5-189 所示。

26 单击“修改”工具栏中的“移动”按钮，将锁扣移动到图形中，如图 5-190 所示。

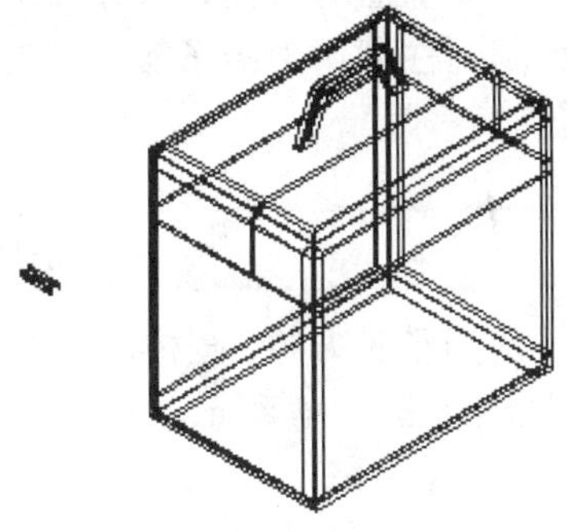
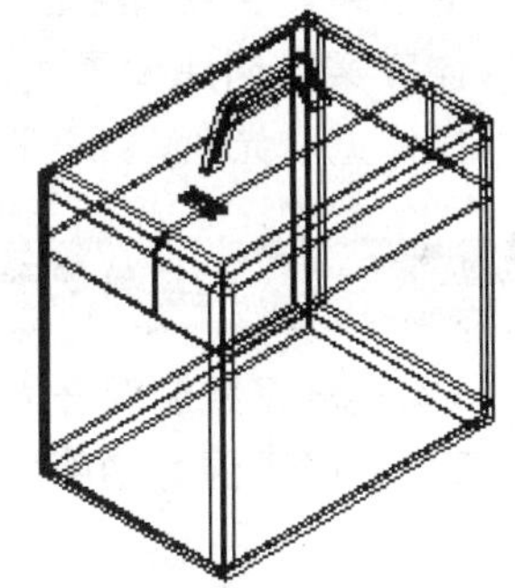
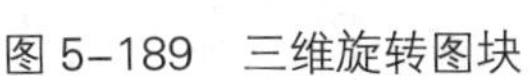

图 5-189　三维旋转图块　　　　图 5-190　移动图块

27 选择“修改”菜单中“三维操作”子菜单中的“三维镜像”命令，镜像复制另一边的锁扣，如图 5-191 所示。

28 选择“视图”菜单中的“消隐”命令，调整图形的视觉效果，如图 5-192 所示。

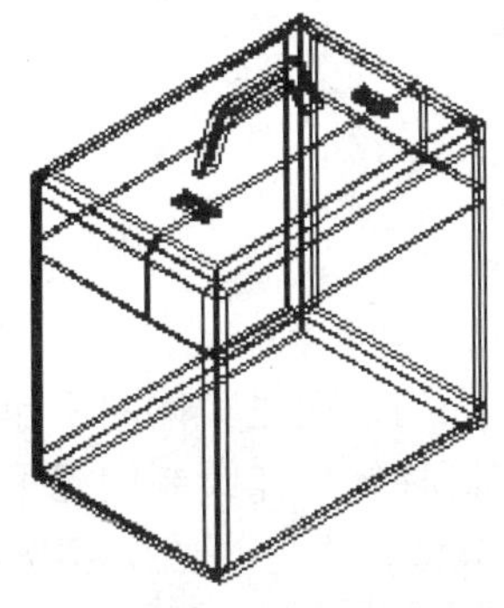
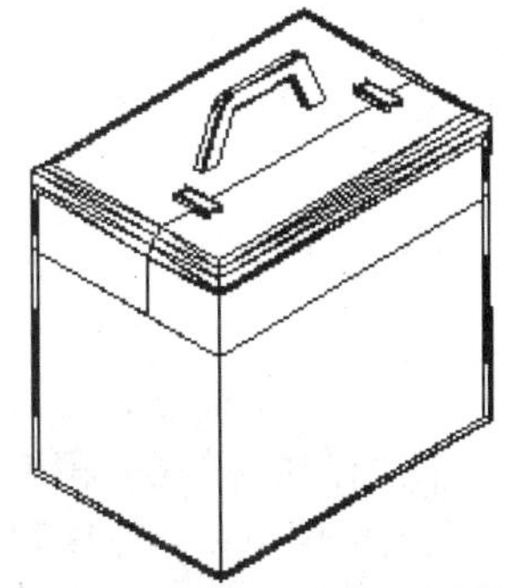

图 5-191　三维镜像复制图块　　　　图 5-192　消隐样式观察图形

“图层控制”下拉列表框：

疑难解答 **设置绘图界限有什么优势**

图形界限好比图样的幅面，画图时就在图界内，一目了然。按图界绘制的图打印很方便，还可实现自动成批出图。

当然，有人习惯在一个图形文件中绘制多张图，这样设置图界就没有太大的意义了。

疑难解答 **对象捕捉和对象追踪的区别**

在 AutoCAD 中，使用对象捕捉可以精确定位，使用户在绘图过程中可直接利用光标来准确地确定目标点，如圆心、端点、垂足等。

对象追踪有助于按指定角度或与其他对象的指定关系绘制对象。打开“自动追踪”功能有助于以精确的位置和角度绘制图形。“自动追踪”功能包括两种追踪选项：极轴追踪和对象捕捉追踪。可以通过状态栏上的“极轴追踪”按钮或“对象捕捉追踪”按钮打开或关闭“自动追踪”功能。

实例 5-12 绘制椅子

本实例将绘制椅子实体模型，主要应用了多段线、圆、样条曲线、圆角、面域、扫掠、圆柱体、二维拉伸成实体、复制等功能。实例效果如图 5-193 所示。

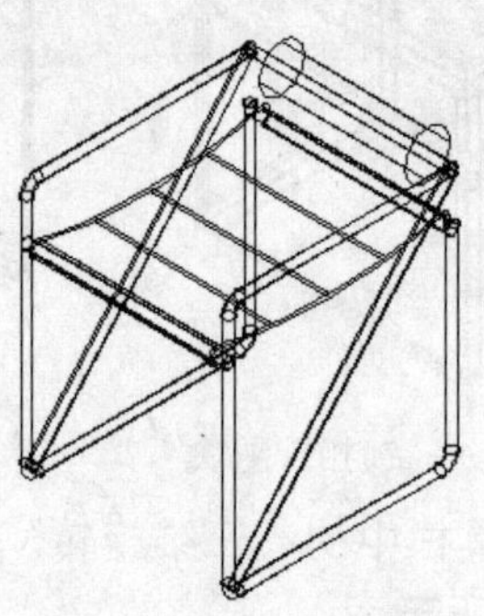

图 5-193 椅子效果图

在绘制图形时，绘制椅子架的路径和一个小圆，扫掠出椅子架，再用样条曲线绘制一个椅子面的截面，通过二维拉伸成实体创建椅子面，最后绘制圆柱体作为椅子靠背。具体操作见“光盘\实例\第 5 章\绘制椅子”。

实例 5-13 绘制双开大门

本实例将绘制双开大门，主要应用了长方体、圆柱体、差集、并集、三维镜像等功能。实例效果如图 5-194 所示。

图 5-194 双开大门效果图

在绘制图形时，绘制一边的大门，通过实体的相加相减得到门的样式，再使用长方体和圆柱体功能绘制门把手，最后使用三维镜像复制另外一半。具体操作见“光盘\实例\第 5 章\绘制双开大门”。

疑难解答 在关闭图形后，怎样设置不跳出.bak 文件

.bak 文件是当前打开图形的备份文件，默认情况下，每次关闭图形时，每个文件都会生成此备份文件。如果不想生成备份文件，可以通过两种方法来实现。

方法一：使用菜单设置

（1）单击“工具”→“选项”命令，系统弹出“选项”对话框，选择“打开和保存”选项卡。

（2）取消选中“每次保存均创建备份”复选框。

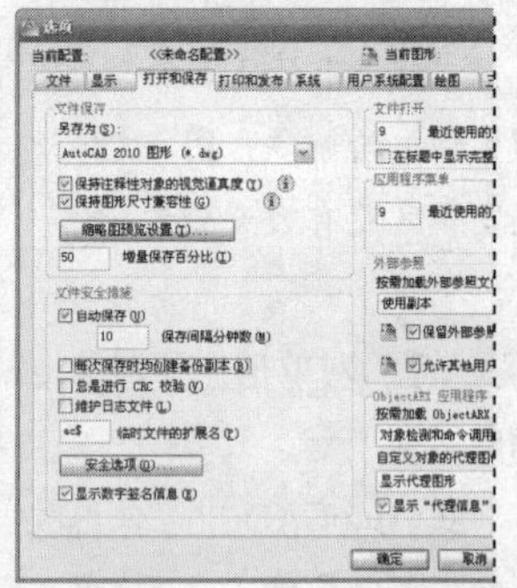

（3）单击“确定”按钮，保存取消备份的设置。

方法二：使用命令行设置

在命令行输入“isavebak”，将其值设置为 0 即可。当系统变量为 1 时，每次保存都会创建.bak 格式的备份文件。

疑难解答 由于误保存，覆盖了原图，怎样恢复数据

如果只保存了一次，及时将扩展名为.bak 的同名文件改为扩展名为.dwg，再在 AutoCAD 中打开即可。如果保存多次，原图便无法恢复。

第 6 章 建筑平面图

本章主要以实例的形式，详细讲述建筑绘图中最重要也是最基本的建筑平面图的绘制方法和技巧，并且还在本章的小栏中详细介绍建筑平面图的设计规范和要求。

本章讲解的实例和主要功能如下：

实　例	主要功能	实　例	主要功能	实　例	主要功能
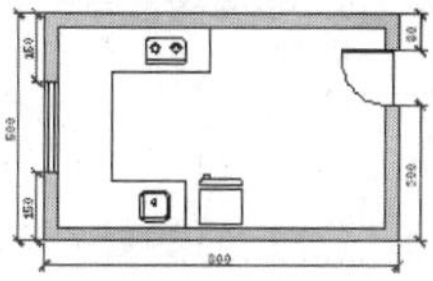 绘制厨房平面图	直线 偏移 修剪 圆弧 线性标注	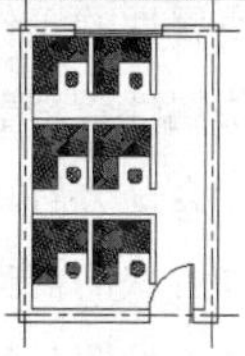 绘制办公室平面图	直线 偏移 修剪	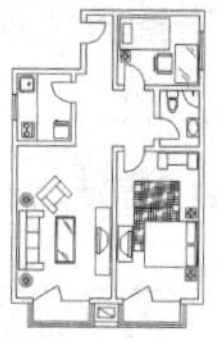 绘制家居布局图	打开文件 插入块 移动 复制
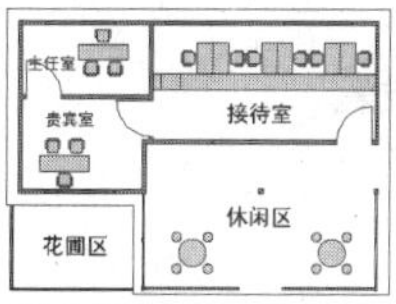 绘制服务厅平面图	直线 圆 二维编辑 图案填充	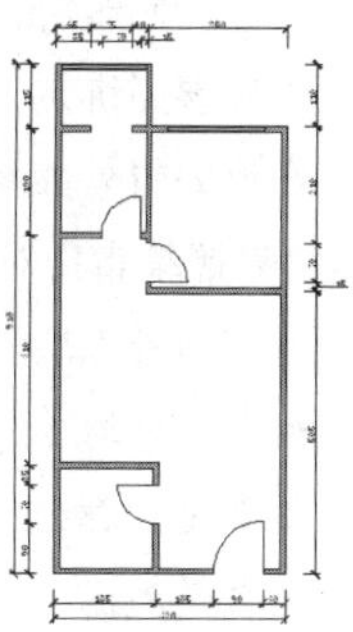 绘制居家平面图	复制 旋转 圆弧 图案填充 各类标注	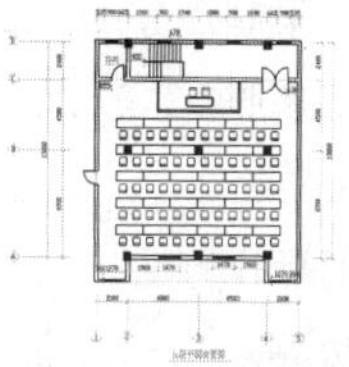 绘制会议室平面图	矩形阵列 圆弧 插入块 各类标注
				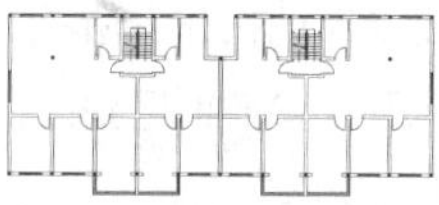 绘制住宅平面图	直线 圆 偏移 修剪 复制 图案填充
				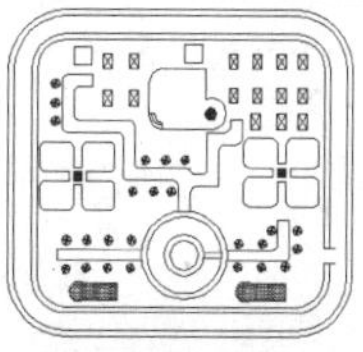 绘制小区平面图	矩形 圆角 圆 直线 复制

本章在讲解实例操作的过程中，全面系统地介绍关于建筑平面图的相关知识和操作方法，包含的内容如下：

实例 6-1　绘制厨房平面图

本实例将制作厨房平面图，主要应用了直线、偏移、修剪、圆弧、线性标注等功能。实例效果如图 6-1 所示。

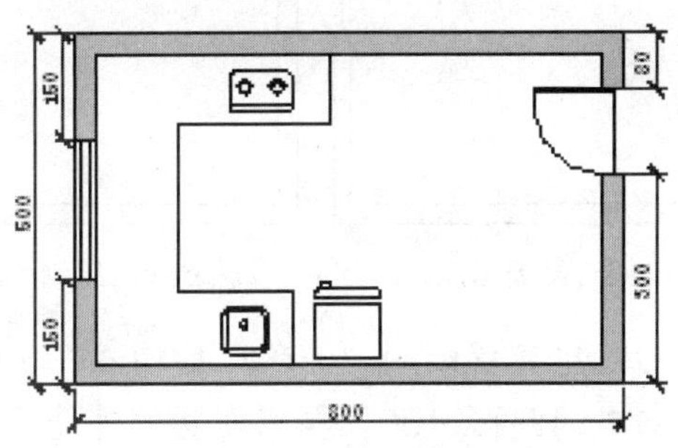

图 6-1　厨房平面效果图

操作步骤

1. 单击“绘图”工具栏中的“直线”按钮，绘制一个长为 500、宽为 800 的矩形，如图 6-2 所示。
2. 单击“修改”工具栏中的“偏移”按钮，将绘制的矩形向内偏移 30，如图 6-3 所示。

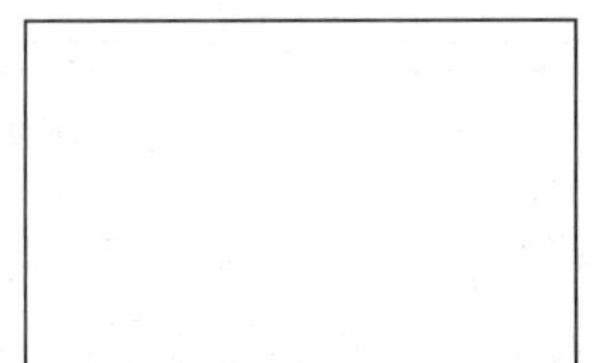

图 6-2　绘制矩形

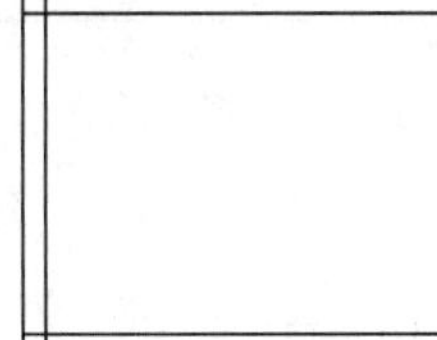

图 6-3　偏移矩形

3. 单击“修改”工具栏中的“修剪”按钮，修剪出外墙，如图 6-4 所示。
4. 单击“修改”工具栏中的“偏移”按钮，将上边的外墙水平线段向下偏移 80、85、200，再将右边的外墙垂直线段向左偏移 15、130，如图 6-5 所示。

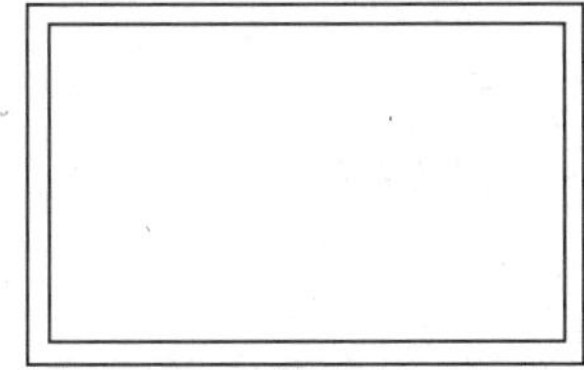

图 6-4　修剪出外墙

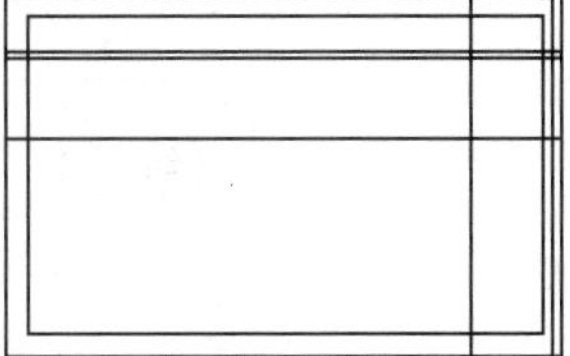

图 6-5　偏移线段

5. 单击“修改”工具栏中的“修剪”按钮，把门修剪出来，如图 6-6 所示。

实例 6-1 说明

- 知识点：
  - 直线
  - 偏移
  - 修剪
  - 圆弧
  - 线性标注
- 视频教程：
  光盘\教学\第 6 章 建筑平面图
- 效果文件：
  光盘\素材和效果\06\效果\6-1.dwg
- 实例演示：
  光盘\实例\第 6 章\绘制厨房平面图

相关知识　建筑平面图概念

对于单体建筑设计来说，一栋建筑设计的好坏取决于建筑的平面设计。

建筑平面图实际上是房屋的水平剖视图（除屋顶平面图外），也就是假想用一水平平面经门窗洞口处将房屋剖开，移去切平面以上的部分，对切平面以下的部分用正投影法得到的投影图。它是立、剖面以及三维模型和透视图的基础。

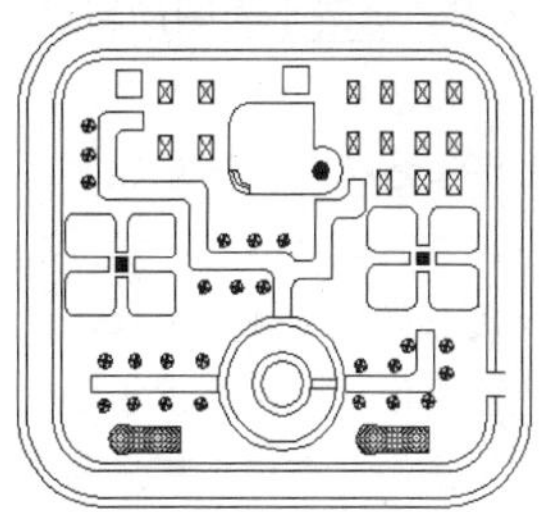

相关知识　建筑平面图的类型

建筑施工图中的个面图，一般可以分为以下几种类型：

1. 底层平面图

第一层房间的布置、建筑入口、门厅以及楼梯等。

2. 标注层平面图

该平面图表示中间各层的平面图。

3. 顶层平面图

该平面图房屋最高层的平面图

4. 屋顶平面图

该平面图即屋顶平面的水平投影图。

相关知识 建筑平面图的内容

建筑平面图的基本内容包括以下几点:

- 标明建筑物形状、内部的布置及朝向。
- 标明门窗及其过梁的编号、门的开启方向。
- 标明室内装修做法。
- 综合反映其他各工种(工艺、水、暖等)对土建的要求，在图中标明其位置和尺寸。
- 标明各层的地面标高。
- 标明建筑物的尺寸。
- 标明建筑物的结构形式以及主要建筑材料。
- 标明剖面图、详图和标准配件的位置及其编号。
- 平面图中不易标明的内容，如施工要求、砖及灰浆的标号等需要用文字加以说明。

相关知识 建筑平面图的特点

在绘制建筑平面图时，通常需要注意以下几个特点:

1. 定位轴线

定位轴线是施工定位、放线的重要依据。凡是承重墙、柱子等主要承重构件都应画出轴线来确定其位置。定位轴线采用细点画线表示，并予以编号。轴线的端部画细实线圆圈。

2. 图线

建筑平面图中的图线是有规定的，即粗细有别、层次分明。可按以下的规定进行使用:

6 选择“绘图”菜单中“圆弧”子菜单中的“起点、端点、方向”命令，绘制一段圆弧表示门的开启弧线，如图 6–7 所示。

图 6–6 修剪出门

图 6–7 绘制门的开启弧线

7 单击“修改”工具栏中的“偏移”按钮，将上下的外墙水平线段向中间偏移 150，再将左边的外墙垂直线段向右偏移 8、22，如图 6–8 所示。

8 单击“修改”工具栏中的“修剪”按钮，修剪出窗户，如图 6–9 所示。

图 6–8 偏移线段

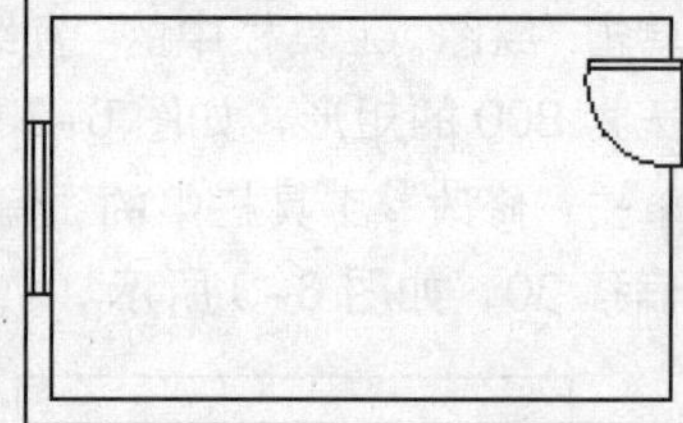

图 6–9 修剪出窗户

9 单击“修改”工具栏中的“偏移”按钮，将上下的外墙水平线段向中间偏移 130，再将左边的外墙垂直线段向右偏移 150、320、370，如图 6–10 所示。

10 单击“修改”工具栏中的“修剪”按钮，修剪出厨房台面，如图 6–11 所示。

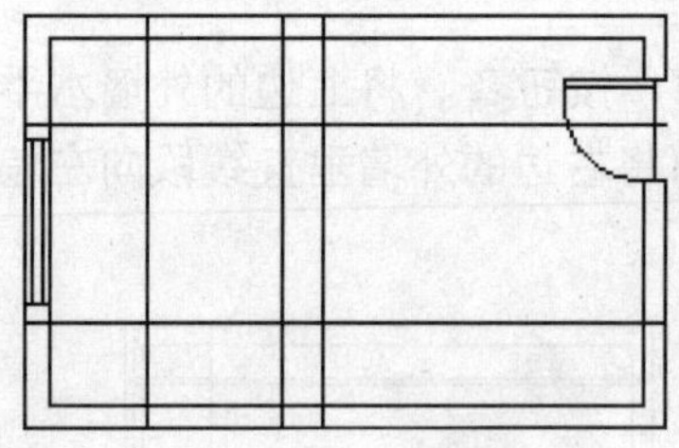

图 6–10 偏移线段

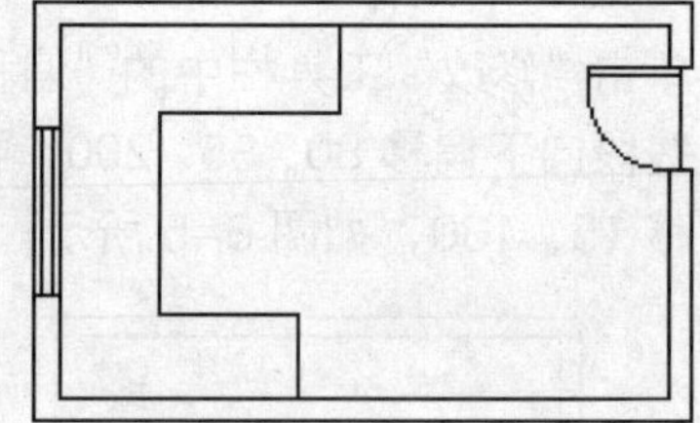

图 6–11 修剪出厨房台面

11 单击“绘图”工具栏中的“矩形”、“直线”和“圆”按钮，绘制一个灶台，并将图形调整到合适位置，如图 6–12 所示。

12 单击“绘图”工具栏中的“矩形”和“圆”按钮，绘制一个水槽，并将图形调整到合适位置，如图 6–13 所示。

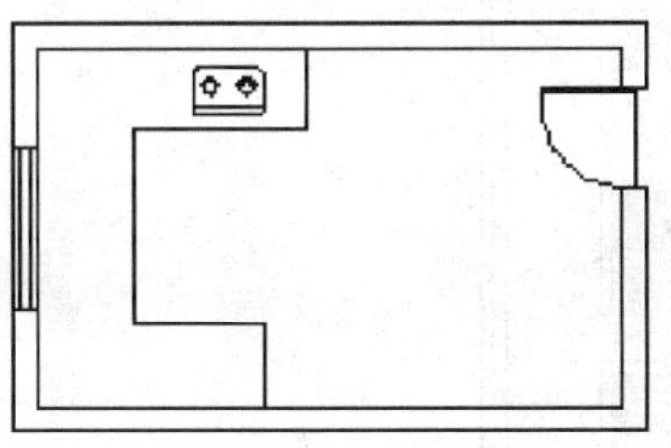

图 6–12　绘制灶台　　　　图 6–13　绘制水槽

13 单击“绘图”工具栏中的“矩形”按钮和“圆”按钮，绘制一个电冰箱，并将图形调整到合适位置，如图 6–14 所示。

14 单击“绘图”工具栏中的“图案填充”按钮，打开“图案填充和渐变色”对话框，设置“SOLID”作为图案填充样式，设置颜色为“灰色”并填充墙体，如图 6–15 所示。

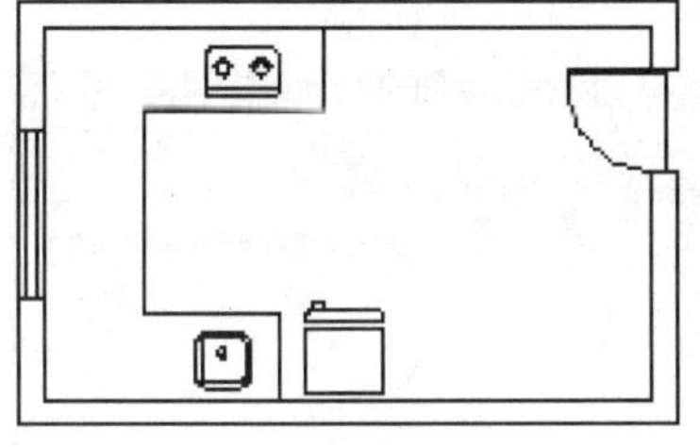

图 6–14　绘制电冰箱

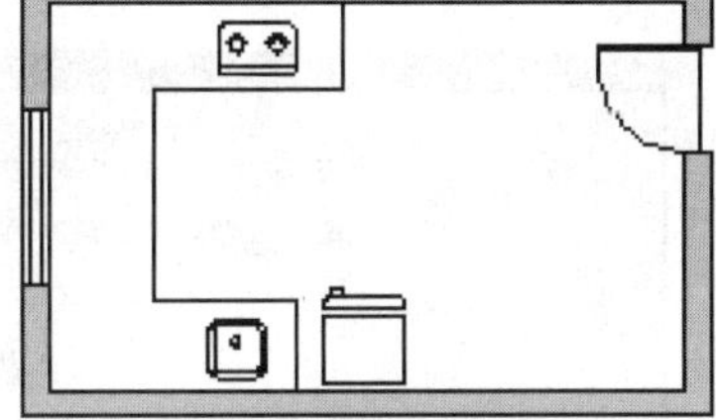

图 6–15　填充墙体

15 在“特性”工具栏中的“颜色”下拉列表框中选择“蓝”选项，如图 6–16 所示。

16 单击“标注”工具栏中的“线性”按钮，标注图形的基本尺寸，如图 6–17 所示。

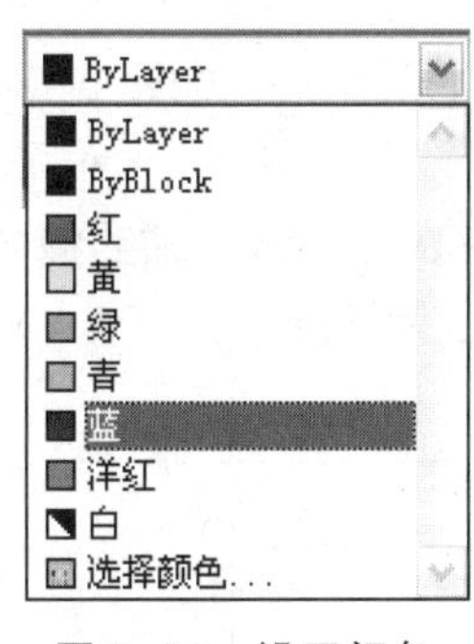

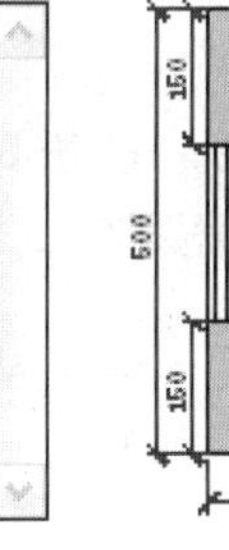

图 6–16　设置颜色

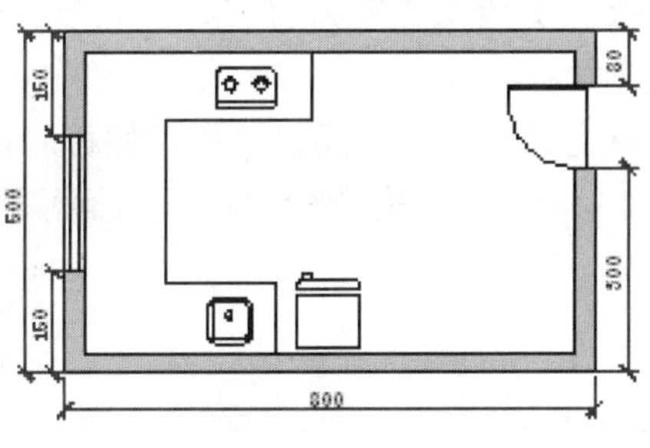

图 6–17　标注基本尺寸

实例 6-2　绘制办公室平面图

本实例将制作办公室平面图，主要应用了直线、偏移、修剪等功能。实例效果如图 6–18 所示。

- 门的开启线用中实线，即 0.5b。
- 被剖切到的墙、柱的断面轮廓线用粗实线，即 b。
- 尺寸线、标高符号、定位轴线的圆圈、轴线等用细实线和细点画线绘制。
- 其余可见轮廓线用细实线，即 0.35b。

3. 标注尺寸

在标注建筑尺寸时，需要注意以下几点：

- 内墙必须注明与轴线的关系、墙厚、门窗洞口尺寸等。
- 首层平面图上还要标明室外台阶、散水等尺寸。
- 各层平面图还应标明墙上留洞的位置、大小洞底标高。
- 所有外墙一般应标注 3 道尺寸，最里面是表示门窗洞口、墙垛、墙厚等详细尺寸；中间是轴线尺寸，表明开间和进深的尺寸；最外面是外包尺寸，表明建筑物的总长度和总宽度。

4. 详图索引符号

一般在屋顶平面图附近配以檐口、女儿墙泛水、雨水口等构造详图，以配合平面图的识读。凡需绘制详图的部位，均应画上详图索引符号。

5. 比例

绘制平面图常采用 1:50、1:100、1:200 的比例。实际工程中常用 1:100 的比例。

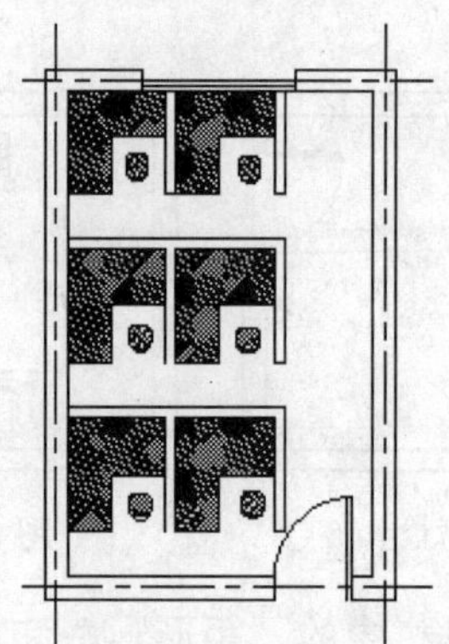
图 6-18　办公室平面效果图

操作步骤

1 单击“图层”工具栏中的“图层特性管理器”按钮，创建点画线和轮廓线两个图层，如图 6-19 所示。

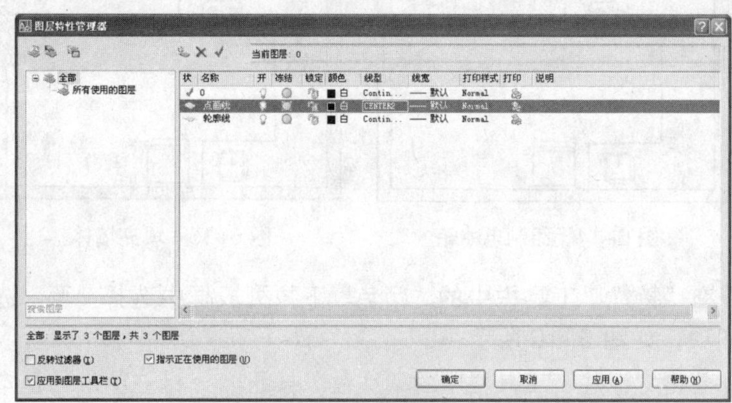

图 6-19　设置图层

2 将点画线设置为当前图层，然后绘制两条线段，如图 6-20 所示。

3 单击“修改”工具栏中的“偏移”按钮，将水平辅助线向上偏移 450，垂直辅助线向右偏移 300，如图 6-21 所示。

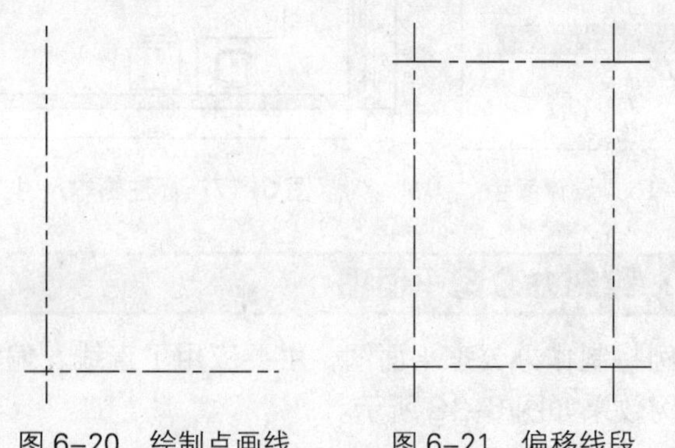
图 6-20　绘制点画线　　图 6-21　偏移线段

实例 6-2 说明

知识点：

- 直线
- 偏移
- 修剪

视频教程：

光盘\教学\第 6 章　建筑平面图

效果文件：

光盘\素材和效果\06\效果\6-2.dwg

实例演示：

光盘\实例\第 6 章\绘制办公室平面图

相关知识　线宽比例设置

b 的大小可根据不同情况选取适当的线宽组。

b	0.5b	0.35b
0.35	0.18	
0.5	0.25	0.18
0.7	0.35	0.25
1.0	0.5	0.35
1.4	0.7	0.5
2.0	1.0	0.7

相关知识　建筑平面图的绘图步骤

绘制建筑平面图时，一般可以分为以下几个步骤：

（1）根据绘制图形的情况，设置绘图环境。

（2）绘制轴网并标注轴网。

（3）绘制出柱网、墙体、门窗、阳台、楼梯、散水等设备。

（4）插入设施，如椅子、桌子，通常插入存储的图块或插入外部参照图形来完成。

（5）标注尺寸、添加文字说明以及表框等。

4 再次单击“修改”工具栏中的“偏移”按钮，将 4 条点画线都向两边偏移 10，并将偏移线段设置为轮廓线，如图 6-22 所示。

5 单击“修改”工具栏中的“修剪”按钮，修剪出墙体的轮廓，如图 6-23 所示。

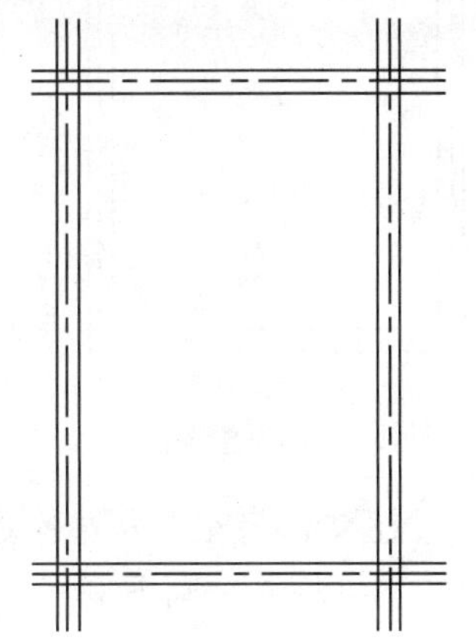

图 6-22 偏移线段并设置为轮廓线

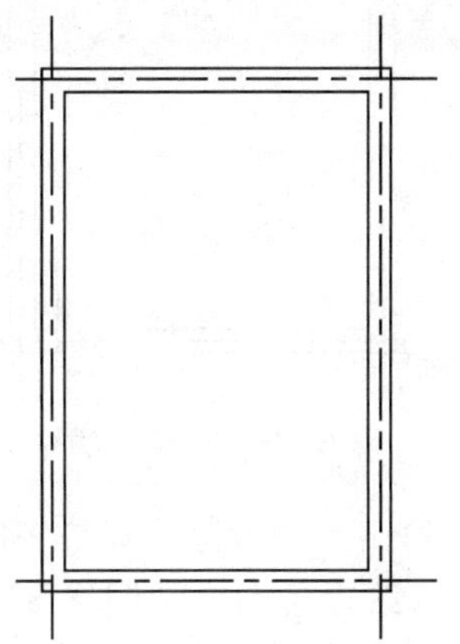

图 6-23 修剪出墙体轮廓

6 单击“修改”工具栏中的“偏移”按钮，将右边的垂直辅助线向左偏移 30、100，下边的水平辅助线向上偏移 80，并将偏移线段设置为轮廓线，如图 6-24 所示。

7 单击“修改”工具栏中的“修剪”按钮，修剪图形中的多余线段，如图 6-25 所示。

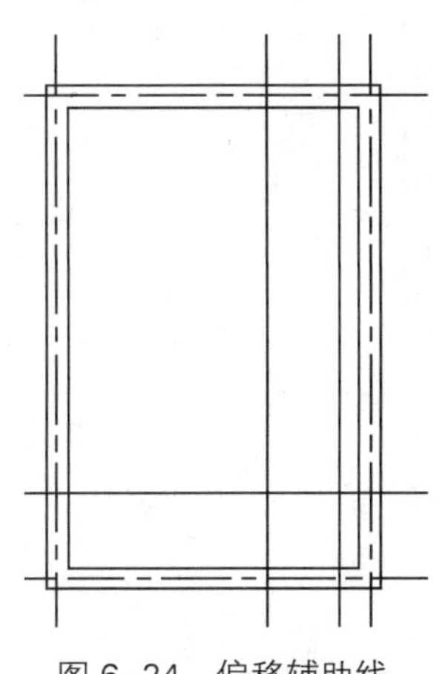

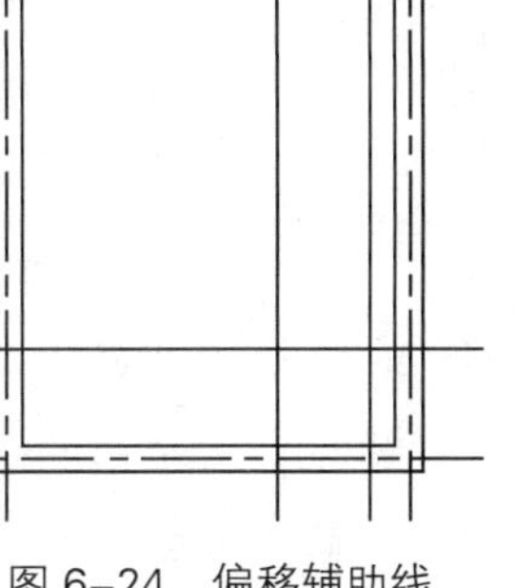

图 6-24 偏移辅助线

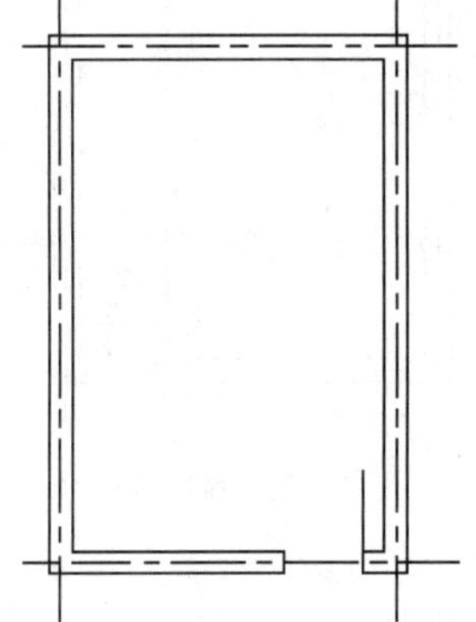

图 6-25 修剪多余线段

8 单击“修改”工具栏中的“偏移”按钮，将修剪后的垂直线段再向左偏移 5，并用直线连接两个端点，形成一个门的轮廓，如图 6-26 所示。

9 选择“绘图”菜单中“圆弧”子菜单中的“起点、端点、角度”命令，绘制一条代表门开启方向的弧线，圆弧角度 80°，并将绘制的弧线设置为轮廓线，如图 6-27 所示。

相关知识 设置绘图环境

用户在开始绘图时首先要规划图形的绘图环境。其内容包括设置图形的绘图单位、图形界限和设置图形的图层和线型。

建筑工程中的墙体、门窗、踏步、标高、设备、尺寸、说明等按国家规范的规定应采用实线、虚线、中心线、点画线等各种不同的线型，并且线型宽度各不相同。为了方便管理这些图形，使它们不会出现混乱，AutoCAD 引入图层的概念，把各个不同属性的图形放在不同的层上进行处理，这样可以方便用户对图形的修改和编辑。

相关知识 各种建筑图形的图层设置

图层中的各种建筑绘图都有相关的国家规范，下面具体说明：

图层名称	颜色	线型	线宽
轴线	红色	点画线	0.25
辅助线	白/黑色	实线	0.25
粗实线	品红	实线	0.5
细实线	白/黑色	实线	0.15
墙线	白/黑色	实线	0.25
屋顶	白/黑色	实线	0.25
门	黄色	实线	0.25
窗	青色	实线	0.25
文字	白/黑色	实线	0.25

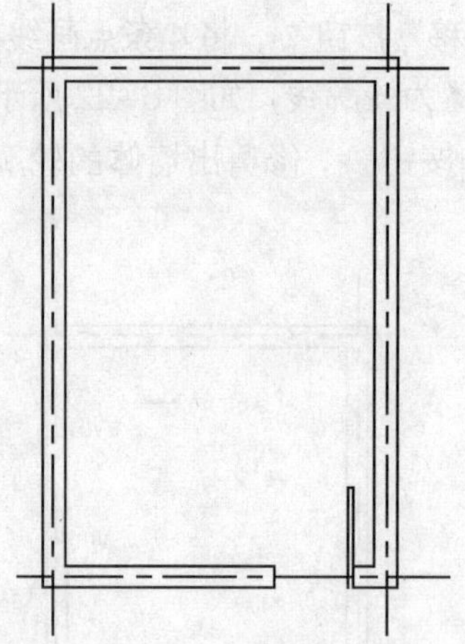
图 6-26 生成门的轮廓

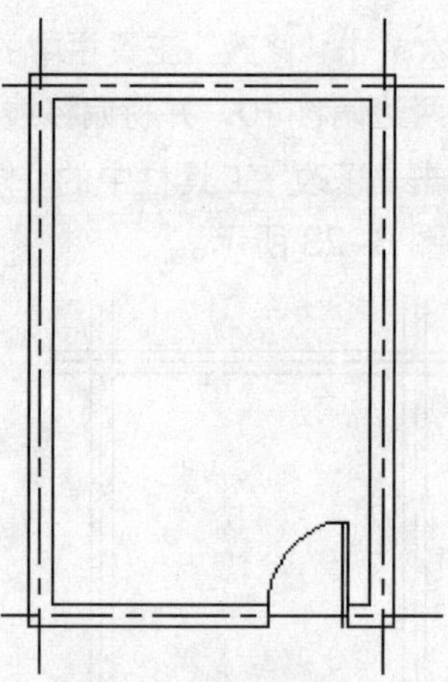
图 6-27 设置轮廓线

10 单击“修改”工具栏中的“偏移”按钮，将左右两边的垂直线段各向中间偏移 80，再将上边的水平辅助线向下偏移 5，如图 6-28 所示。

11 单击“修改”工具栏中的“修剪”按钮，修剪出窗户，并将修剪后的线段设置为轮廓线，如图 6-29 所示。

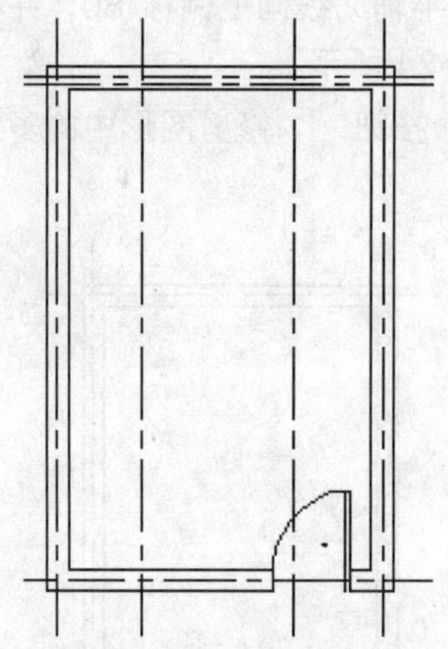
图 6-28 偏移辅助线

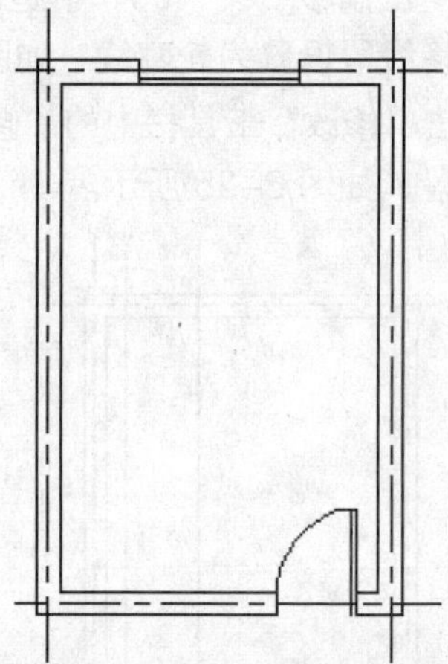
图 6-29 修剪出窗户

12 单击“修改”工具栏中的“偏移”按钮，将左边的垂直辅助线向右偏移 100、110、200 和 210，将下边的辅助线向上偏移 50、150、160、200、300、310 和 350，并将偏移的线段设置为轮廓线，如图 6-30 所示。

13 单击“修改”工具栏中的“修剪”按钮，修剪出办公室的隔断，如图 6-31 所示。

14 单击“修改”工具栏中的“偏移”按钮，将左边的辅助线向右偏移 50，将下边的辅助线向上偏移 350、400，并将偏移的线段设置为轮廓线，如图 6-32 所示。

重点提示 新模板设置提醒

使用样板文件作为新图形文件的模板，平面图要求的绘图环境和样板文件中相同的部分无需重新设置。

相关知识 什么是定位轴线

建筑平面图的设计绘图工作通常情况下是从定位轴线开始的，其一般绘制方法如下：

（1）利用“直线”命令绘制第一条水平轴线与垂直方向轴线，接着使用“偏移”命令阵列生成其他轴线。

（2）用二维命令绘制一个标准柱截面后直接多次复制或阵列，当然也可将标准柱截面做成图块，进行插入操作即可。

（3）利用“圆”命令绘制轴线符号，并利用“单行文字”命令标注轴线编号。

（4）最后标注轴线之间的距离尺寸。

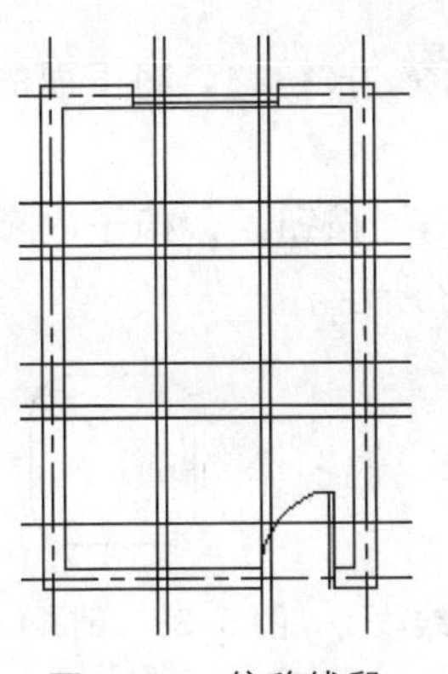

图 6-30　偏移线段

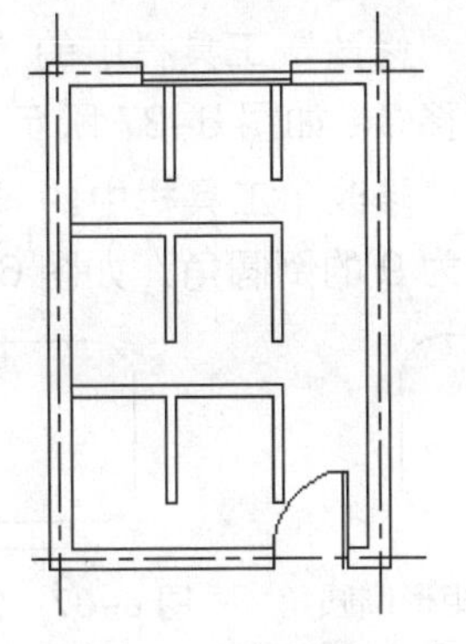

图 6-31　修剪出隔断

15 单击“修改”工具栏中的“修剪”按钮，修剪出桌子，如图 6-33 所示。

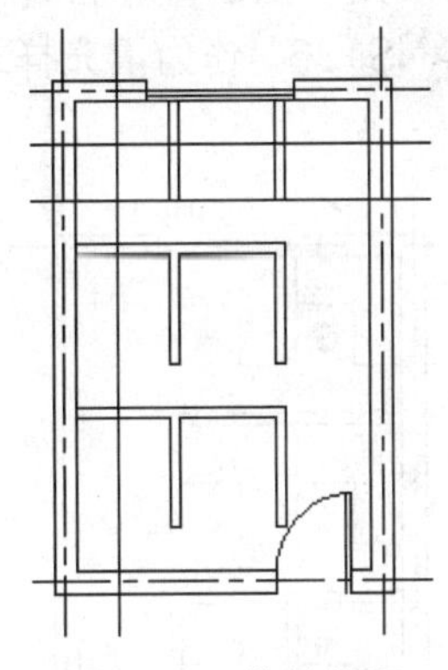

图 6-32　偏移线段

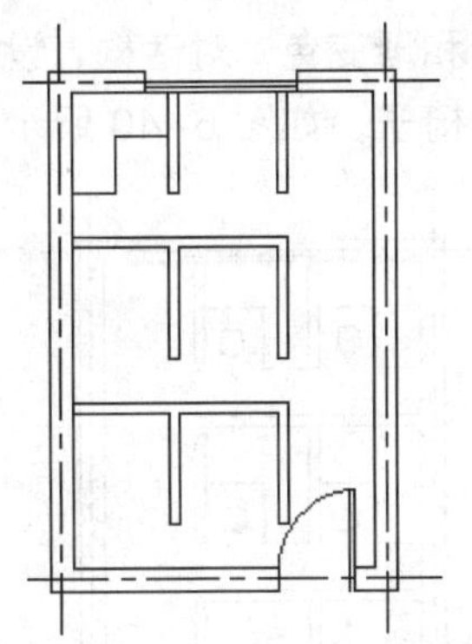

图 6-33　修剪出桌子

16 单击“修改”工具栏中的“复制”按钮，复制其他隔断里的桌子，如图 6-34 所示。

17 单击“绘图”工具栏中的“直线”按钮，绘制一个长和宽都为 20 的矩形，如图 6-35 所示。

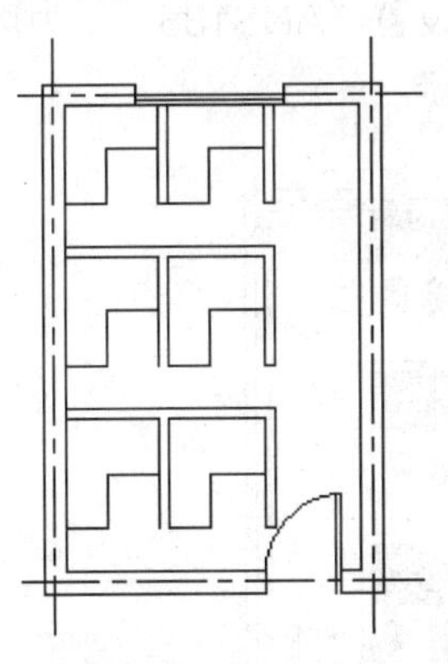

图 6-34　复制桌子

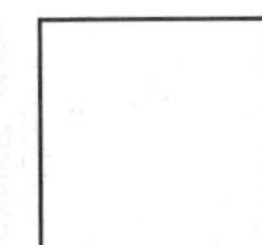

图 6-35　绘制矩形

18 单击“修改”工具栏中的“圆角”按钮，对矩形的 4 个角倒圆角，圆角半径为 5，如图 6-36 所示。

相关知识　正交定位轴网的分类

正交轴网有两种方式：正交正放与正交斜放。

相关知识　正交正放定义

正交正放是指轴线的网格与 X 轴和 Y 轴平行。下面来绘制一个正交正放来解说定义，创建的步骤如下：

1. 绘制线段

单击“绘图”工具栏中的“直线”按钮，绘制相交的线段。

2. 偏移垂直线段

单击“修改”工具栏中的“矩形阵列”按钮，设置阵列对象为垂直线段，行数为 1、列数为 10，行偏移为 0，列偏移为 80。

阵列复制垂直线段效果：

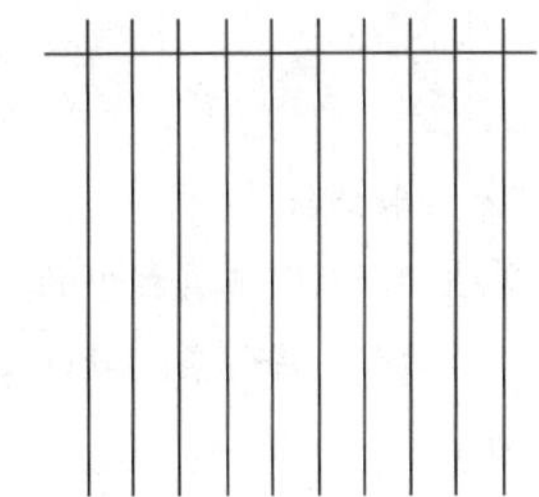

3. 偏移水平线段

单击“修改”工具栏中的“偏移”按钮，将水平线段向下偏移 60、160、240、340、380、480、560，得到正交正放轴线。

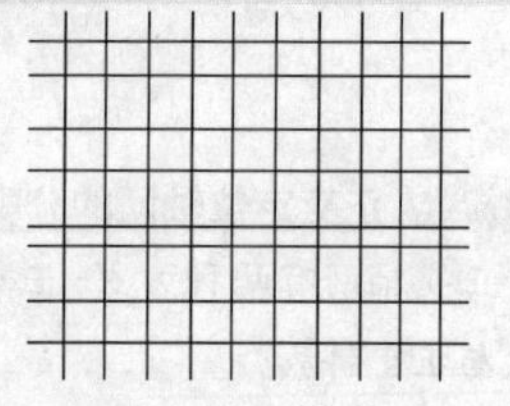

正交正放轴线

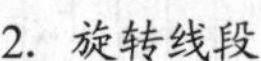

相关知识 正交斜放定义

正交斜放轴网的绘制方法与正交正放轴网相似，只是在正交正放轴网绘制完成后应用“旋转”命令将其旋转到合适的角度即可。因为轴网具有对称性或单元性，可在作为对称部分或单元轴网后用“镜像”或“复制”命令绘制相同的轴网，这样可以大大提高工作效率。

下面来绘制一个正交斜放来解说定义，创建的步骤如下：

1. 绘制线段

单击“绘图”工具栏中的“直线”按钮，绘制相交的水平线段和垂直线段。

2. 旋转线段

单击“修改”工具栏中的“旋转”按钮，将两条线段以交点为基点，旋转-45°。

3. 偏移线段

单击“修改”工具栏中的“偏移”按钮，将左边的斜线向右下偏移 60、140、240、320、400、520、600。

19 单击“修改”工具栏中的“偏移”按钮，将下面的线段向下偏移 3，如图 6-37 所示。

20 单击“修改”工具栏中的“圆角”按钮，椅子的靠背进行半径为 9 的倒圆角，如图 6-38 所示。

图 6-36 矩形倒圆角

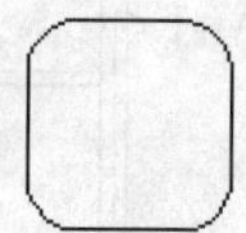

图 6-37 偏移线段

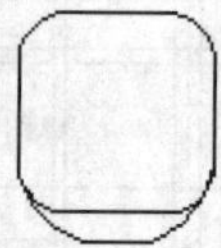

图 6-38 倒圆角靠背

21 单击“修改”工具栏中的“移动”按钮和“复制”按钮，将椅子移动到图形中并复制 5 张椅子，如图 6-39 所示。

22 单击“绘图”工具栏中的“图案填充”按钮，打开“图案填充和渐变色”对话框，设置“ANS136”作为填充样式填充图形椅子，如图 6-40 所示。

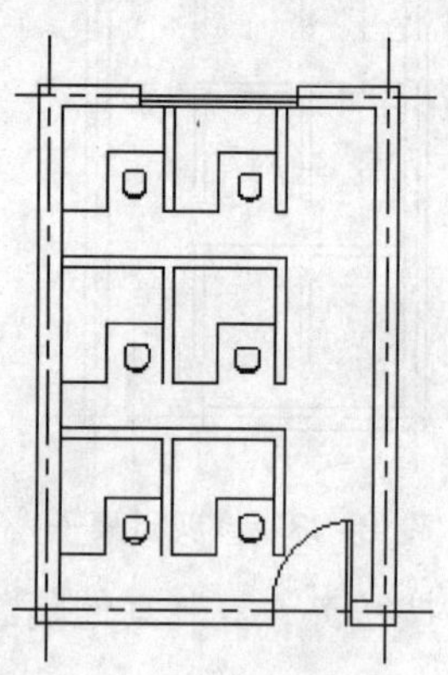

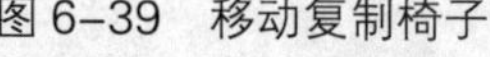

图 6-39 移动复制椅子

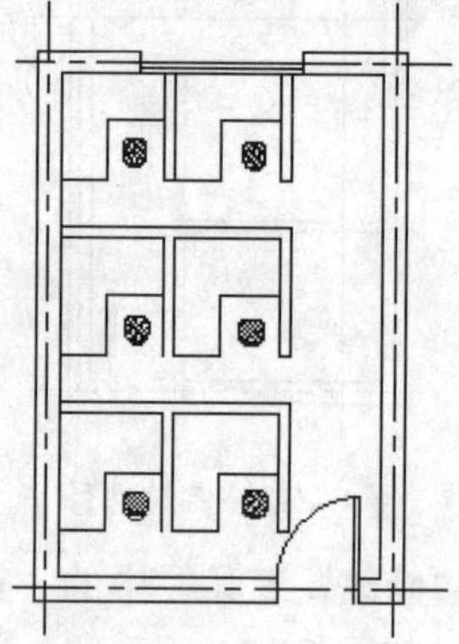

图 6-40 填充椅子

23 再次单击“绘图”工具栏中的“图案填充”按钮，打开“图案填充和渐变色”对话框，设置“ANS138”作为填充样式填充图形桌子，如图 6-41 所示。

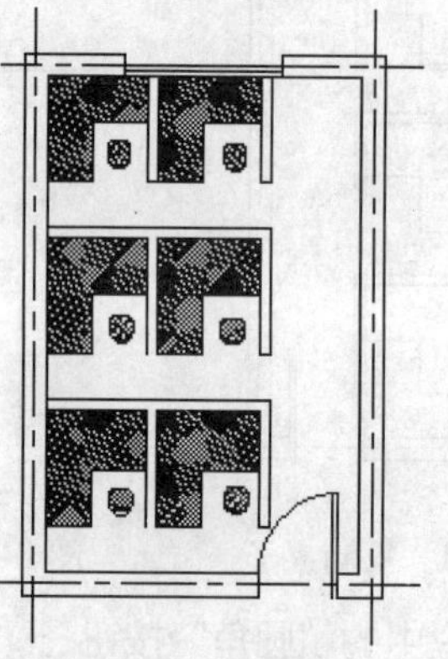

图 6-41 填充桌子

实例 6-3 绘制家居布局图

本实例将制作家居布局图，主要应用了打开文件、插入块、移动、复制等功能。实例效果如图 6-42 所示。

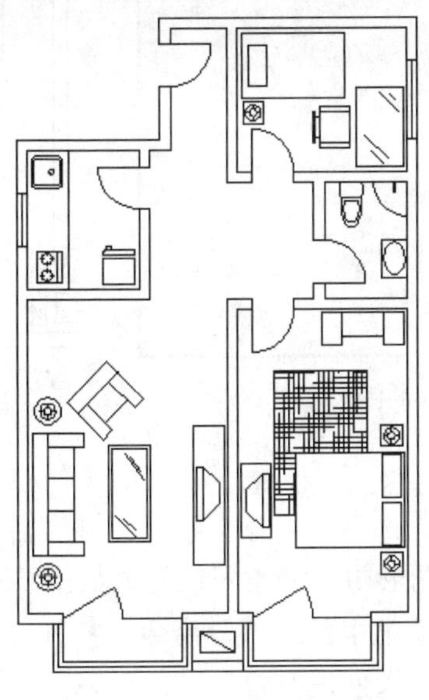

图 6-42 家居布局效果图

操作步骤

1. 单击“标准”工具栏中的“打开”按钮，打开“选择图形”对话框，选择“家居平面图”并打开文件，如图 6-43 所示。

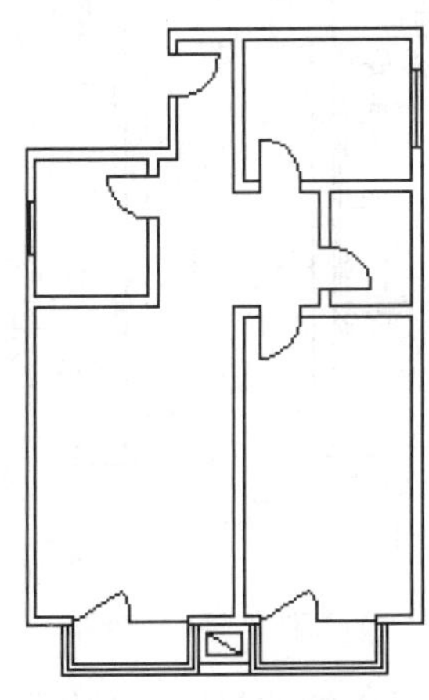

图 6-43 打开家居平面图

2. 选择“插入”菜单中的“块”命令，打开“插入”对话框。单击“浏览”按钮，打开“选择图形文件”对话框，在素材里选择“床、床头柜、地毯.dwg”文件，插入块并调整好位置，如图 6-44 所示。

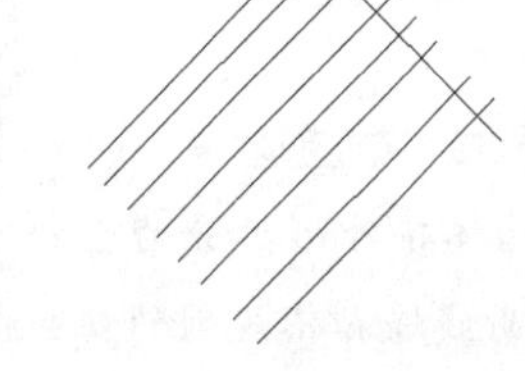

再次单击“修改”工具栏中的“偏移”按钮，将右边的斜线向左下偏移 100、140、220、320、460、520、620。

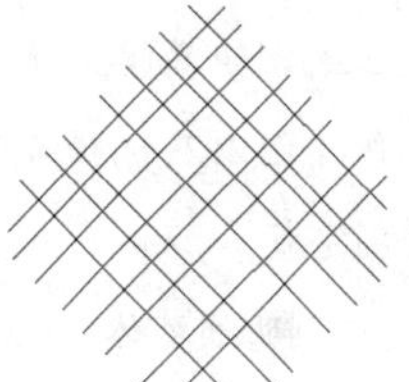

正交斜放轴线

实例 6-3 说明

知识点：

- 打开文件
- 插入块
- 移动
- 复制

视频教程：

光盘\教学\第 6 章 建筑平面图

效果文件：

光盘\素材和效果\06\效果\6-3.dwg

实例演示：

光盘\实例\第 6 章\绘制家居布局图

相关知识 墙体的绘制

在设计方案时，可以用单线绘制墙体，将当前层设定为“墙体”层，并且关闭其他图层。建筑制图规范规定，墙体是以粗实线绘制的。

① 选择插入的图形

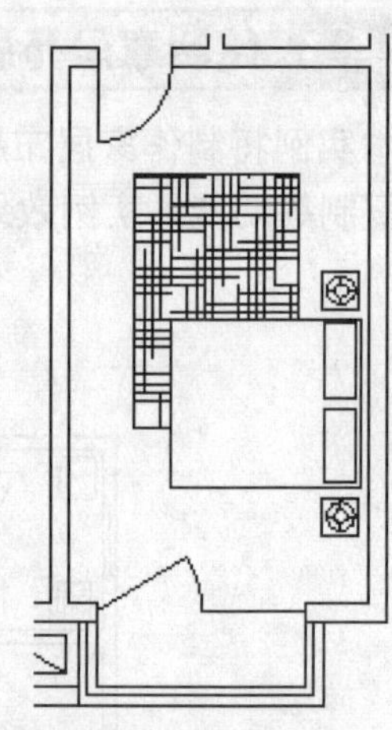
② 调整位置

图 6-44　插入块

3 用同样的方法，选择“卧室电视机”和“卧室衣柜”两个块文件，插入到图形中并调整好位置，如图 6-45 所示。

4 选择“插入”菜单中的“块”命令，打开“插入”对话框。在客厅中插入“大沙发及灯”、“小沙发”、“茶几”、“客厅电视机”4 个图块，并调整好位置，如图 6-46 所示。

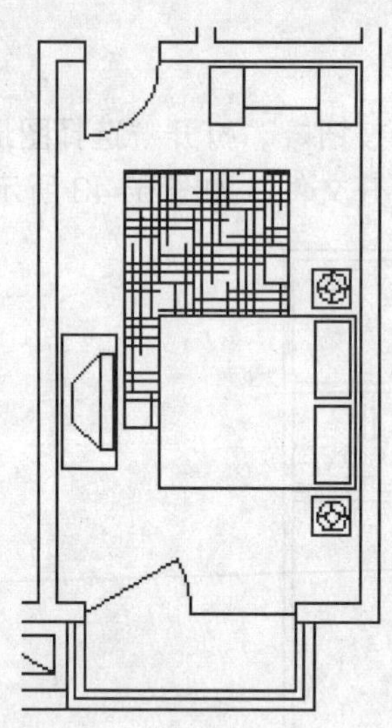
图 6-45　插入卧室的其他图块

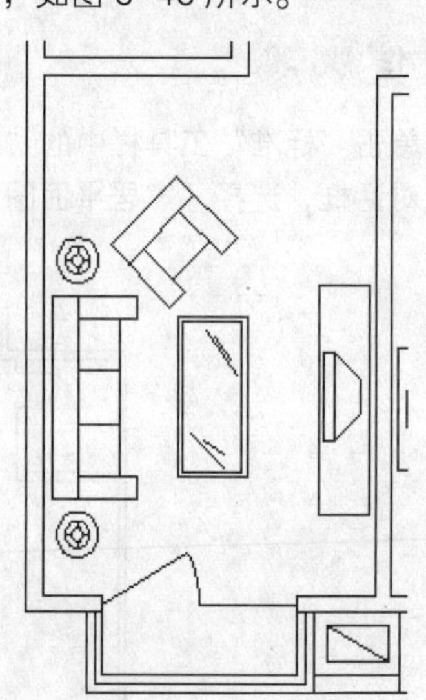
图 6-46　插入客厅的图块

5 单击“修改”工具栏中的“复制”按钮，将内墙线向右复制 800，形成厨房台面，如图 6-47 所示。

6 选择“插入”菜单中的“块”命令，打开“插入”对话框，在厨房中插入“厨房水槽”、“厨房灶台”、“冰箱”3 个图块，并调整好位置，如图 6-48 所示。

相关知识 墙体的分类

墙体按外形可分为直线墙、曲线墙和不规则的扭曲组合墙体。

1. 绘制直线墙

通常在民用建筑中，使用的都是规则的直线型墙体，它绘制起来也比较简单，使用基本的二维绘图以及编辑命令就可以绘制完成。

2. 绘制曲线墙体

在建筑设计中，也会经常运用到曲线墙体，以适应功能和造型的需要。

3. 不规则的扭曲组合墙体

这类墙体在设计中用的很少，绘制起来也不方便，绘制时需要根据其特点和要求来绘图。

重点提示 绘制直线墙时的要点

直线墙的绘制应注意以下几点：

- 在设计墙体时，仅设计墙体本身是不够的，还应考虑门窗、阳台、楼梯和结构布置等相关因素，为深入细部打下基础。

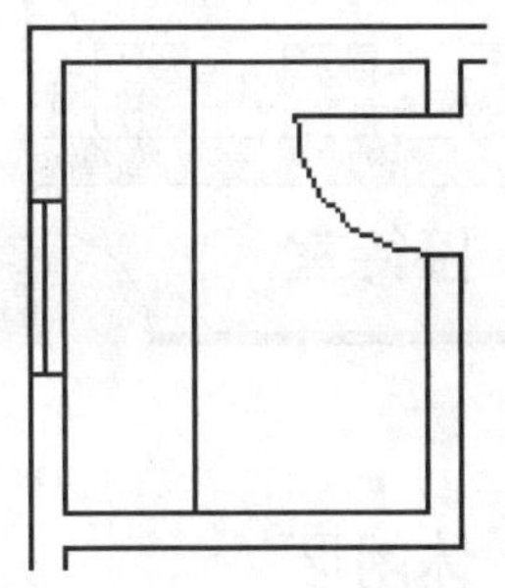

图 6-47　复制出厨房台面

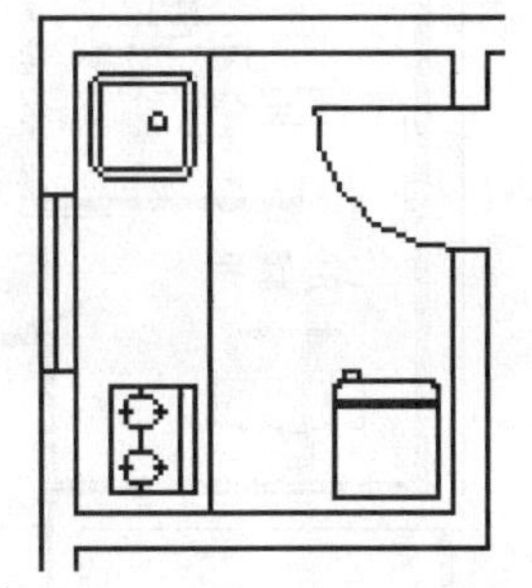

图 6-48　插入厨房的图块

7 选择“插入”菜单中的“块”命令，打开“插入”对话框，在小卧室中插入“单人床和床头柜”、“书桌和椅子”两个图块，并调整好位置，如图 6-49 所示。

8 选择“插入”菜单中的“块”命令，打开“插入”对话框，在卫生间中插入“马桶”、“洗浴间”和“洗脸池”3 个图块，并调整好位置，如图 6-50 所示。

图 6-49　插入小卧室的图块

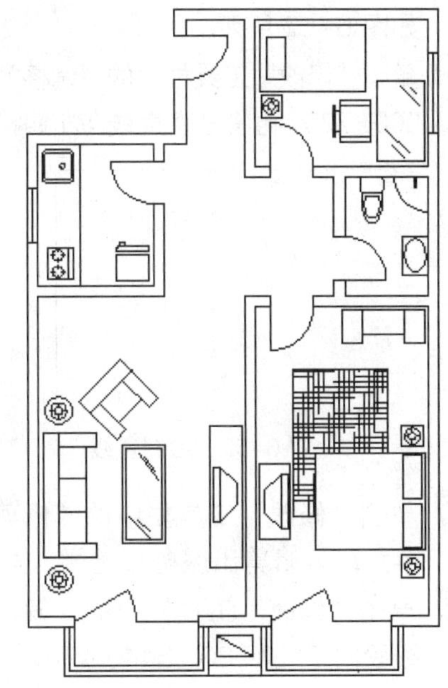

图 6-50　插入卫生间的图块

实例 6-4　绘制服务厅平面图

本实例将制作服务厅平面图，其中包括房屋平面结构、室内摆设以及室外休闲区等，主要应用了直线、圆、二维编辑、图案填充等功能。实例效果如图 6-51 所示。

- 建筑设计以 100 为基本模数，建筑的结构体系模数一般为 300，因此可设定绘图栅格间距和捕捉模数为 300，运用目标捕捉快捷键快速准确定位。水平和垂直墙可以在正交状态下以模数在轴网或网点上定位。
- 斜墙线可根据已知墙线两端点的情况，用目标捕捉来实现，也可使用旋转功能，如果已知墙线端点坐标就可用极坐标、相对坐标定位。

重点提示　绘制曲线墙时的要点

曲线墙的绘制应注意以下几点：

- 完整的圆墙一般可使用基本的二维绘图中的圆功能中的圆心、半径、两点、圆心或三点定圆的方法绘制。
- 对于可以利用“圆”命令绘制的规则的一般圆弧墙，则可使用圆、圆弧功能或构造线功能中的“圆弧”选项进行绘制，一般采用的是三点法或两点圆心法绘制。要注意的是，在绘制圆弧墙时应该注意起点和终点的顺序。

- 可采用绘辅助线或已知墙线定位的方法绘制一些难以定位的弧线墙。绘制时可运用编辑、查询和构造命令。
- 两条直线墙与一条圆弧墙相切可用圆角功能来完成；多个圆弧墙组成的曲线墙应多运用对象捕捉模式准确定位，并灵活运用弧线的多种绘制方式。

实例 6-4 说明

知识点：

- 直线
- 圆
- 二维编辑
- 图案填充

视频教程：

光盘\教学\第6章　建筑平面图

效果文件：

光盘\素材和效果\06\效果\6-4.dwg

实例演示：

光盘\实例\第 6 章\绘制服务厅平面图

相关知识 插入设施

在绘制完墙体后，要使图形进一步完善，所以要添加内部的设施。平时存储一些必要的图形转换成为快，在绘制相关图形时，可以直接插入图块或插入外部参照图形，方便绘图操作，此过程可以简化绘图的步骤，节省文件的大小。

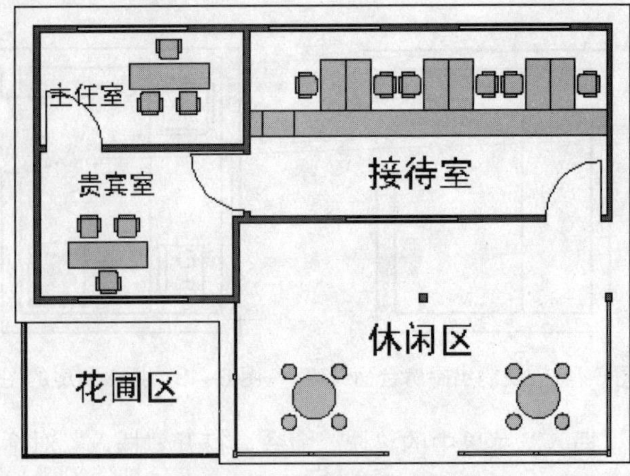

图 6-51　服务厅平面效果图

操作步骤

1. 单击“绘图”工具栏中的“直线”按钮，沿 X 轴绘制一条长为 1000 的直线，再沿 Y 轴向下绘制一条长为 725 的直线，如图 6-52 所示。
2. 单击“修改”工具栏中的“偏移”按钮，将水平直线向下偏移 500、725，再将垂直直线向左偏移 670、1000，如图 6-53 所示。

图 6-52　绘制直线

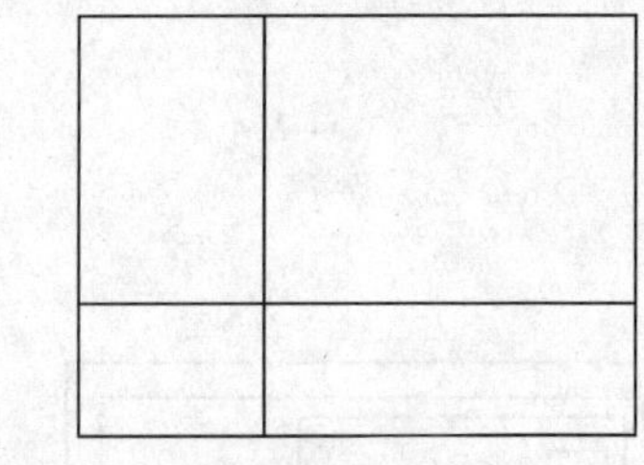

图 6-53　偏移直线

3. 单击“修改”工具栏中的“修剪”按钮，修剪图形中的多余线段，修剪出服务厅范围，如图 6-54 所示。
4. 单击“修改”工具栏中的“偏移”按钮，将最上边的水平线段向下偏移 30、344、470，再将最左边的垂直线段向右偏移 30、362、970，如图 6-55 所示。

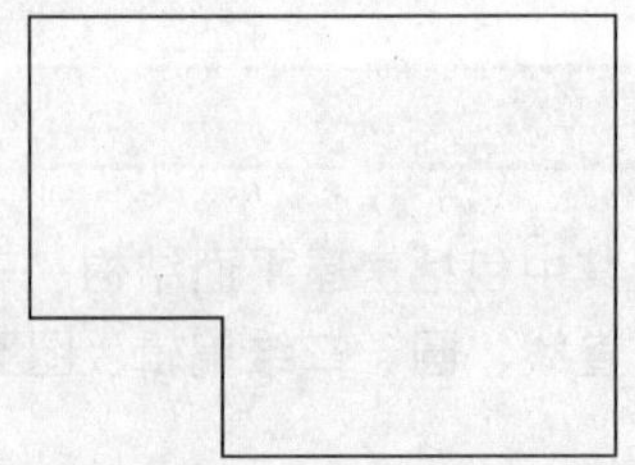

图 6-54　修剪出服务厅范围

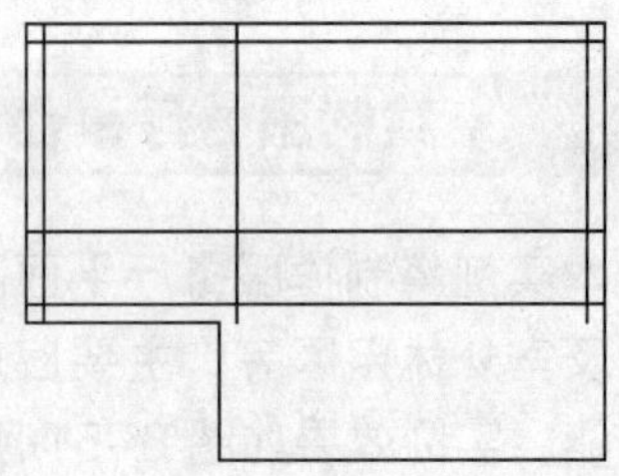

图 6-55　偏移直线

5 单击“修改”工具栏中的“修剪”按钮，修剪图形中的多余线段，修剪出服务厅外墙，如图 6–56 所示。

6 单击“修改”工具栏中的“偏移”按钮，将外墙的线段向内再偏移 10，如图 6–57 所示。

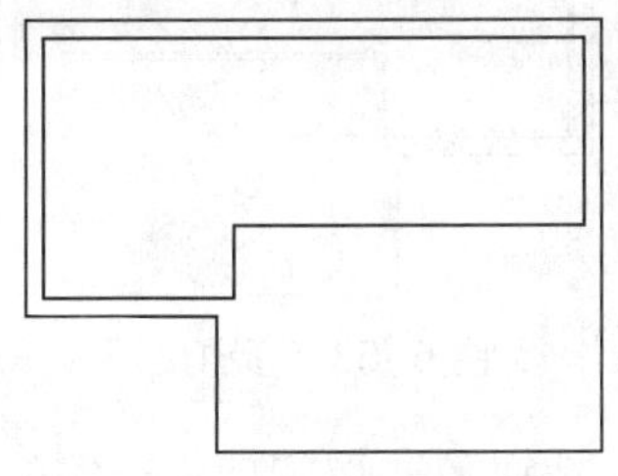

图 6–56　修剪出服务厅外墙

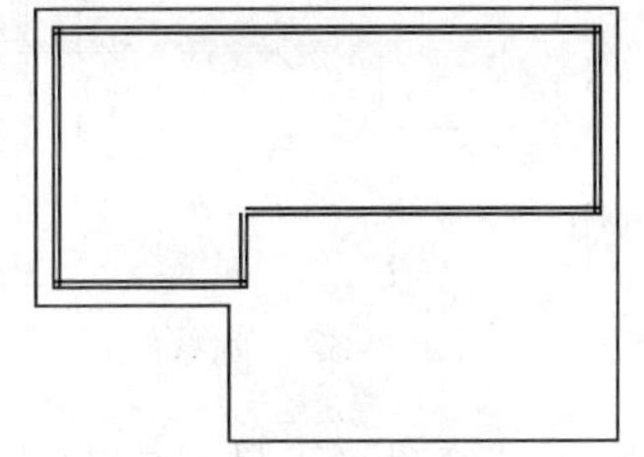

图 6–57　偏移直线

7 单击“修改”工具栏中的“延伸”按钮，延伸未相交的两条线段，如图 6–58 所示。

8 单击“修改”工具栏中的“修剪”按钮，修剪多余的线段，修剪出内墙，如图 6–59 所示。

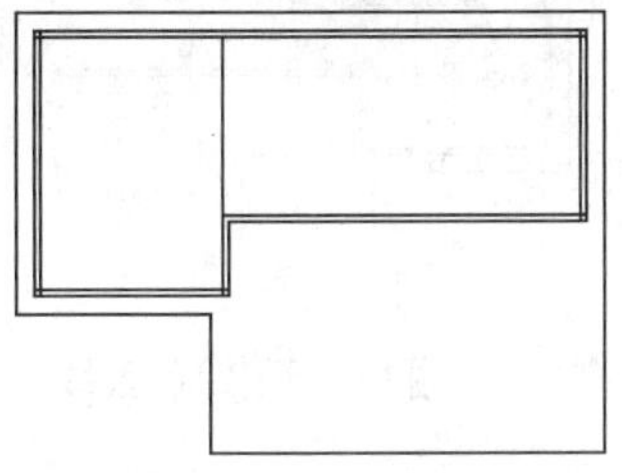

图 6–58　延伸线段

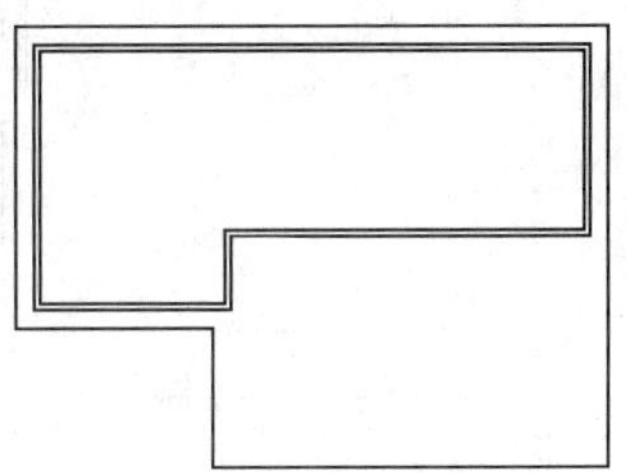

图 6–59　修剪出内墙

9 单击“修改”工具栏中的“偏移”按钮，最上边的水平线段向下偏移 220、230，再将最左边的垂直线段向右偏移 370、380，如图 6–60 所示。

10 单击“修改”工具栏中的“修剪”按钮，修剪多余的线段，修剪出内部格局，如图 6–61 所示。

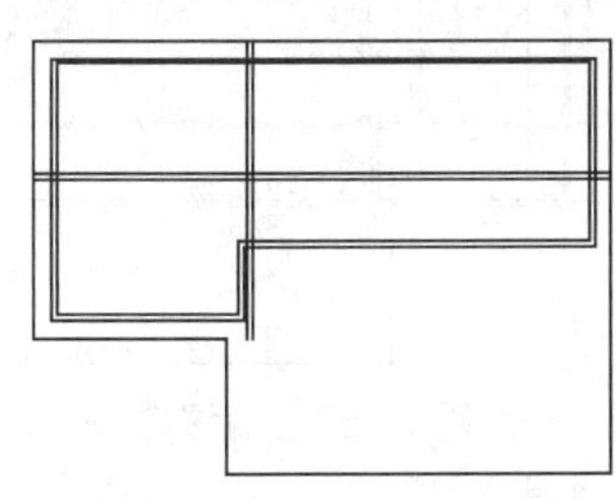

图 6–60　延伸线段

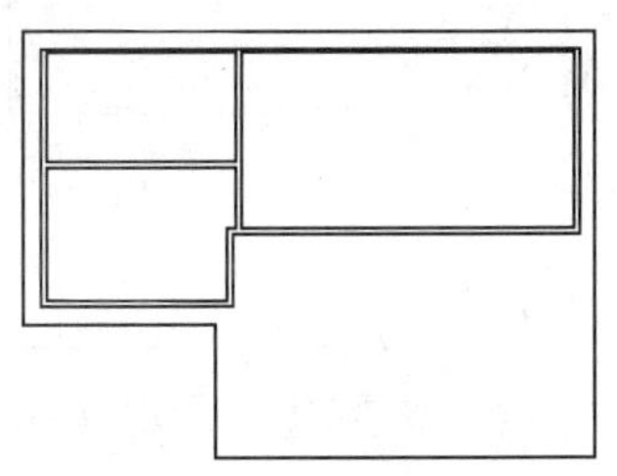

图 6–61　修剪出内部格局

11 单击“修改”工具栏中的“偏移”按钮，最上边的水平线段向下偏移 235、325，再将最左边的垂直线段向右偏移 50、140、860、950，如图 6–62 所示。

相关知识　什么是块

块是由一个对象或多个对象组成的一个整体，它可以被移动、复制或删除，常用于绘制重复的图形对象，根据用户需要将块插入到所需要的位置。块还可以输出成一个新的图形文件而且与当前图形没有任何关系。

将所有图形创建成块后，选择图形后就只有一个夹点了，可以通过该夹点来调整块的位置。

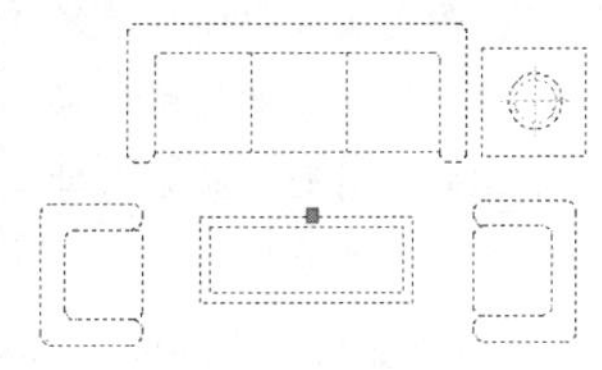

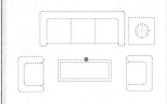

重点提示　块的特点

块的特点主要有以下几点：

1. 提高工作效率

通过引用块可以避免重复绘制同一个图形对象，只需要创建一次然后存储起来，再次使用时直接插入即可，从而大大提高了绘图效率，节省了时间而且也减少了出错率。

12 单击“修改”工具栏中的“修剪”按钮，修剪多余的线段，修剪出门，如图 6-63 所示。

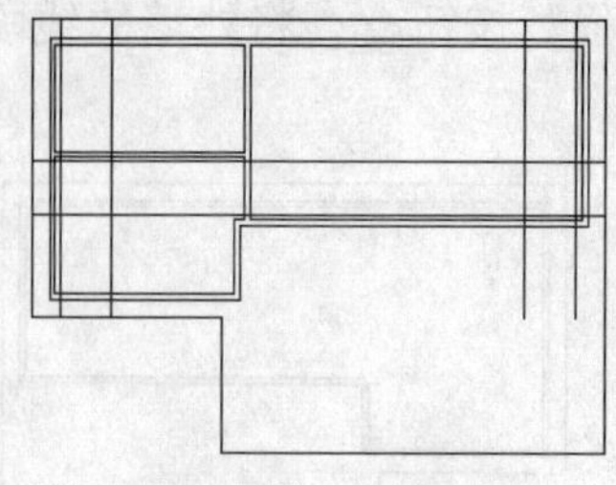

图 6-62 偏移线段

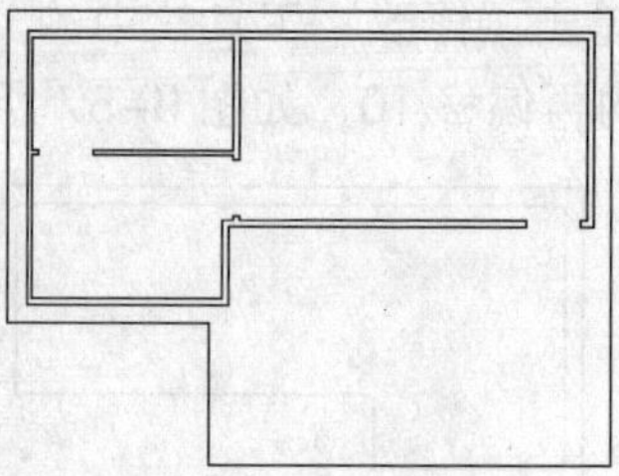

图 6-63 修剪出门

13 单击“绘图”工具栏中的“圆”按钮，以门旋转一侧的中心墙为圆心，绘制半径为 90 的圆，如图 6-64 所示。

14 单击“绘图”工具栏中的“直线”按钮，以圆心为起点，绘制到圆的直线，如图 6-65 所示。

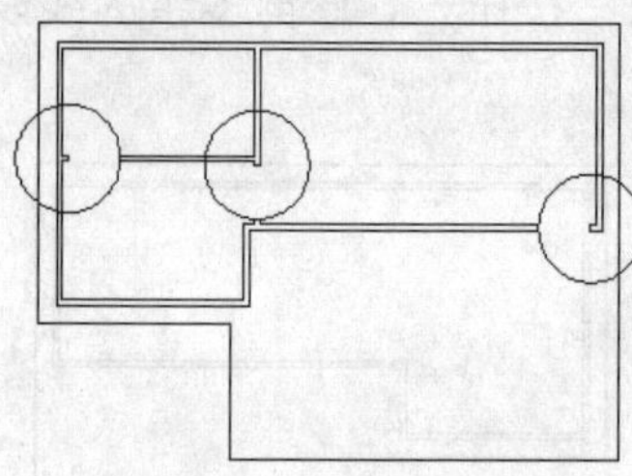

图 6-64 绘制圆

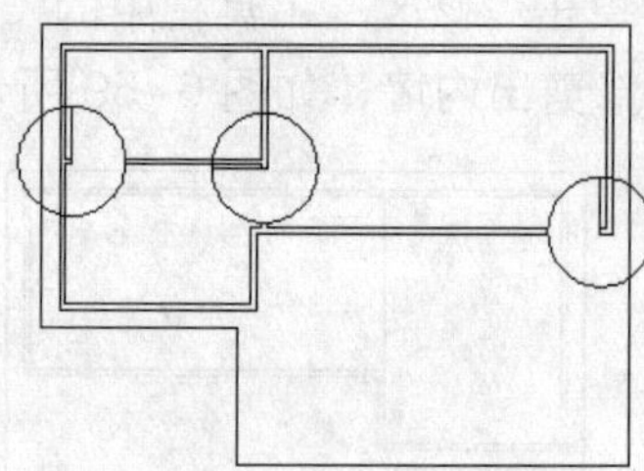

图 6-65 绘制直线

15 单击“修改”工具栏中的“修剪”按钮，修剪多余的线段，修剪出门的开启方向与样式，如图 6-66 所示。

16 单击“修改”工具栏中的“偏移”按钮，最上边的水平线段向下偏移 32、38、336、342、462、468，再将最左边的垂直线段向右偏移 100、280、535、715，如图 6-67 所示。

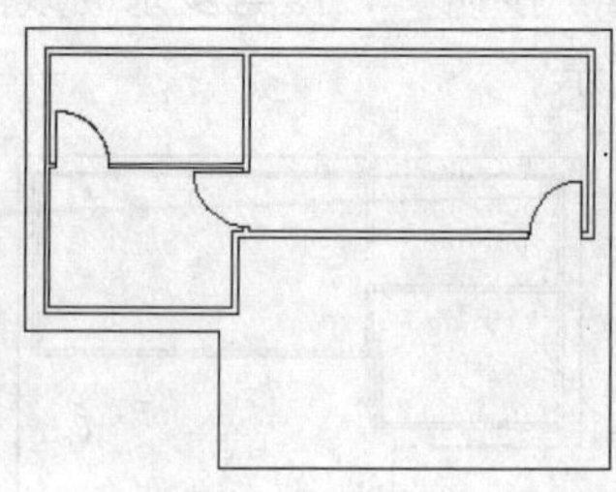

图 6-66 修剪出门的开启方向与样式

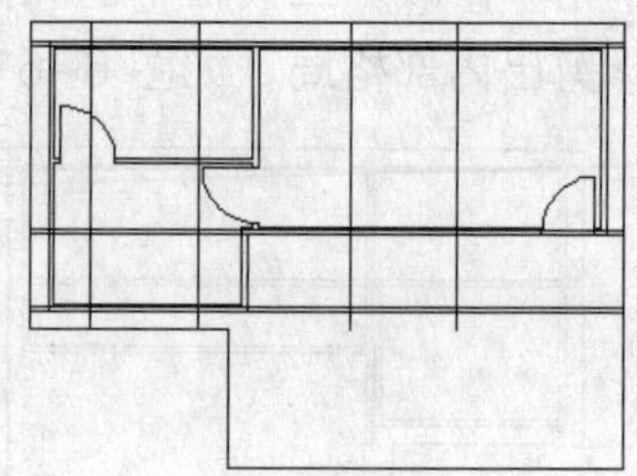

图 6-67 偏移线段

17 单击“修改”工具栏中的“修剪”按钮，修剪多余的线段，修剪出窗户，如图 6-68 所示。

18 单击“修改”工具栏中的“复制”按钮，将修剪好的窗户沿 X 轴极轴向右复制 310、620，如图 6-69 所示。

2. 节省存储空间

在绘制图形时，每一个图形对象的相关信息都会被存储起来占用一定的存储空间，如对象的图层信息、位置信息、类型属性等。如果存在大量相同的图形，它们的相关信息也一同被存储起来，这样就浪费了磁盘空间。文件越大，执行操作的速度也就越慢。

相同的文件被定义为块之后，只要保存一次信息即可，从而节省存储空间。

3. 有利于修改图形

在绘制图形时，尤其是大型的图样文件，对图形进行修改是经常要做的工作。把许多相同的图形定义成块以后，只要对块进行修改，就能同时修改大量相同的图形，而无需对它们逐个进行修改。

4. 快捷地提取块属性

块属性是将数据附着到块上的标签或标记，属性中可能包含的数据包括材料编号、价格、注释和物主的名称等。从块中提取属性信息后可以转送到数据库、报表或其他需要的文件中。

操作技巧 创建块的操作方法

可以通过以下 3 种方法来执行“创建块”功能：

- 选择“绘图”→“块”→“创建”菜单命令。
- 单击“绘图”工具栏中的“创建块”按钮。
- 在命令行中输入“block”后，按回车键。

图 6-68 修剪出窗户　　图 6-69 复制窗户

19 单击“修改”工具栏中的“偏移”按钮，最上边的水平线段向下偏移 167、207，再将最左边的垂直线段向右偏移 400、450，如图 6-70 所示。

20 单击“修改”工具栏中的“修剪”按钮，修剪多余的线段，修剪出服务台，如图 6-71 所示。

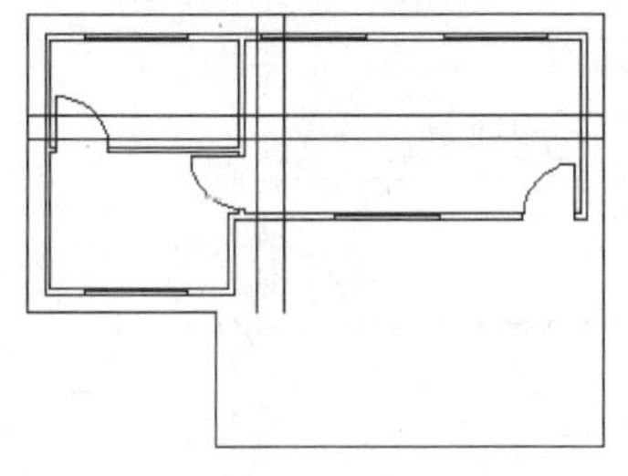

图 6-70 偏移线段　　图 6-71 修剪出服务台

21 单击“绘图”工具栏中的“矩形”按钮，在空白区域中，绘制一个长为 40、宽为 80 的矩形作为桌子，再分别绘制长为 5、宽为 26，长为 30、宽为 30，长为 20、宽为 5 的 3 个矩形，如图 6-72 所示。

22 单击“修改”工具栏中的“移动”按钮与“复制”按钮，将后绘制的 3 个矩形组合成椅子，如图 6-73 所示。

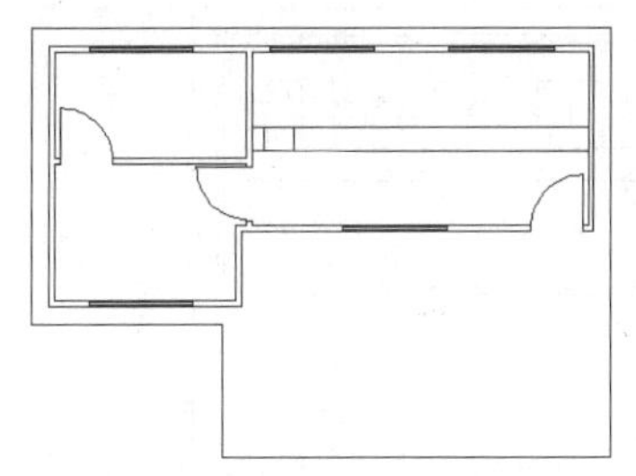

图 6-72 绘制四个矩形　　图 6-73 组合椅子

23 单击“修改”工具栏中的“圆角”按钮，倒圆角椅子面，圆角半径为 5，如图 6-74 所示。

24 单击“修改”工具栏中的“移动”按钮，将桌子与椅子移动到图形中，如图 6-75 所示。

相关知识 “块定义”对话框中的各项设置

在执行以上任意一操作后，都可以打开“块定义”对话框（因小栏版面有限，对话框只截取一部分），该对话中各选项的功能如下：

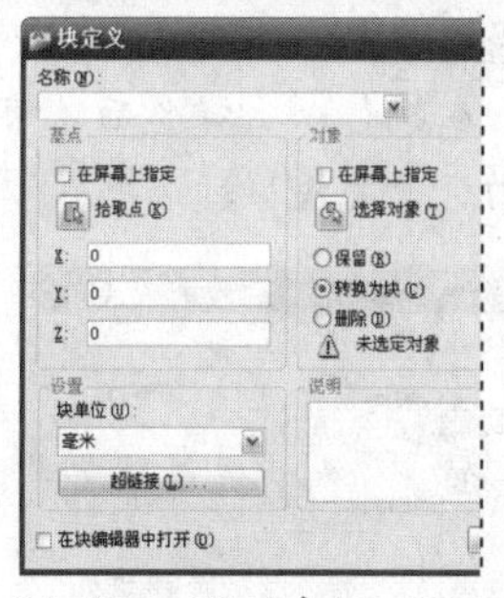

- “名称”下拉列表框：用于输入块的名称。当行中包含多个块时，还可以在下拉列表框中选择已存在的块。
- “基点”选项组：用于设置块的插入基点位置。用户可以直接在“X”、“Y”、“Z”文本框中输入，也可以单击“拾取点”按钮，切换到绘图窗口中，选择基点。从理论上讲，用户可以选择块上的任意一点作为插入基点，但是为了作图方便，需要根据图形的结构选择基点。一般基点选在块的对称中心、左下角或其他有特征的位置。
- “对象”选项组：用于设置组成块的对象。
- “方式”选项组：用于设置组成块的方式。
- “设置”选项组：在“块单位”下拉列表框中设置插入图块时的插入比例单位。单击“超链接”按钮可以插入超链接文档。

相关知识 什么是存储块

存储块也可以称为写块，使用存储块可以将块或图形对象写入新的图形文件中。

操作技巧 存储块的操作方法

可以通过以下这种方法来执行“存储块”功能：

- 在命令行中输入“wblock”后，按回车键。

相关知识 “写块”对话框中的各项设置

在执行以上操作后，可以打开“写块”对话框。

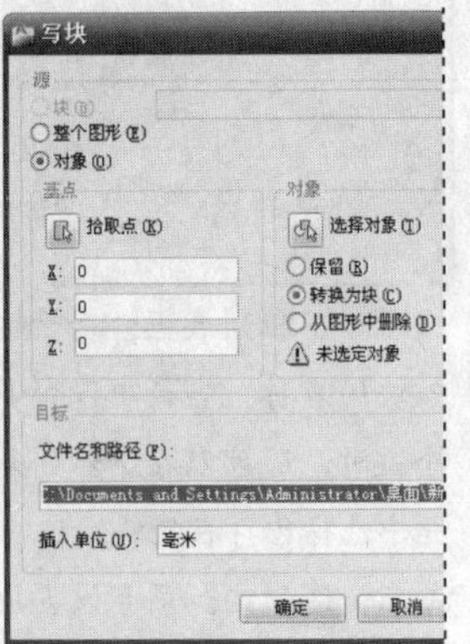

在该对话框中各选项的功能如下：

- “源”选项组：设置块和对象，将其另存为文件并设置插入点。
- “基点”选项组：设置块的基点。
- “对象”选项组：设置块的对象以及转换样式。
- “目标”选项组：设置文件名和路径，以及插入图块时的插入比例单位。

操作技巧 什么是插入块

创建了块以后，需要时就可以直接插入块了。

插入前：

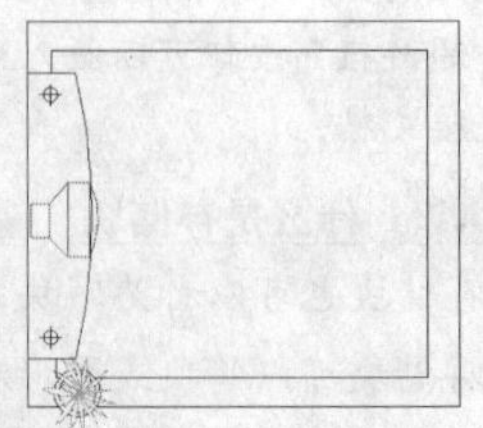

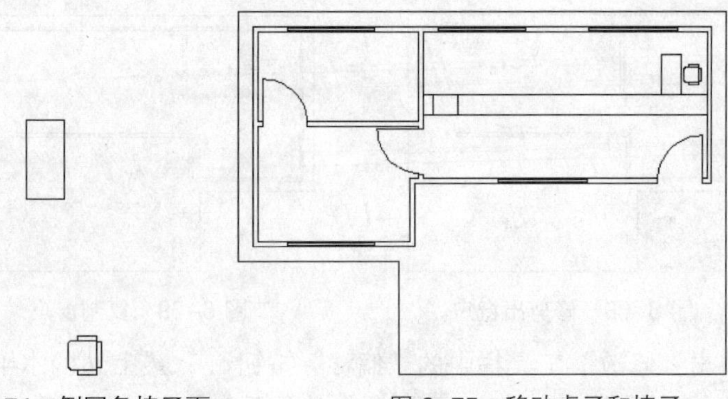

图 6-74　倒圆角椅子面　　图 6-75　移动桌子和椅子

25 通过“镜像”、“复制”、“旋转”、“移动”、“通过蓝色夹点拉伸矩形”5 个功能，绘制并调整其他的椅子与桌子。具体操作可以看相关视频，这里不再细说，如图 6-76 所示。

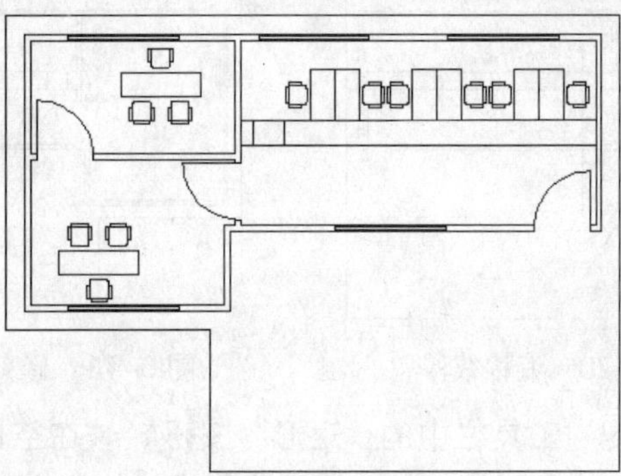

图 6-76　复制并调整其他桌椅

26 单击“绘图”工具栏中的“矩形”按钮，在空白区域中绘制长为 12、宽为 12 的立柱，再绘制长为 4、宽为 114，长为 5、宽为 8 的 3 个矩形，如图 6-77 所示。

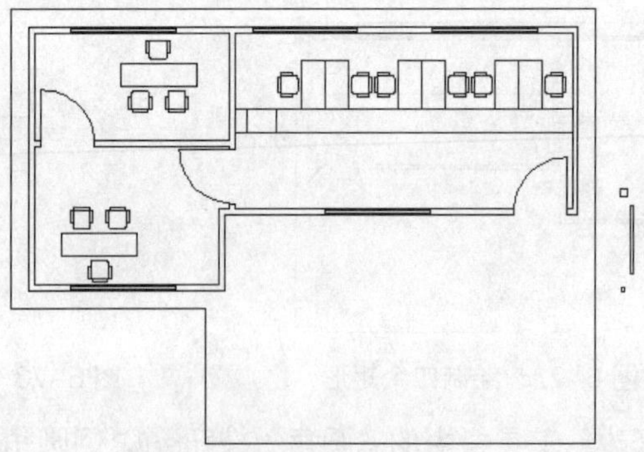

图 6-77　绘制 3 个矩形

27 单击“绘图”工具栏中的“直线”按钮，绘制一条长为 126 的辅助线段，如图 6-78 所示。

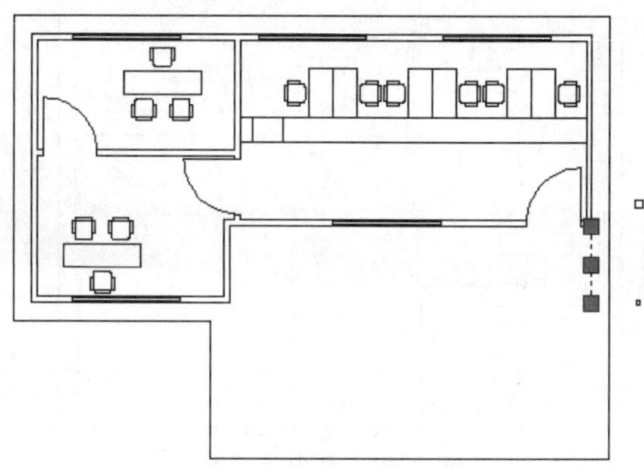

图 6-78　绘制辅助线段

28 单击“修改”工具栏中的“移动”按钮，将绘制的3个矩形依次移到图形中，如图 6-79 所示。

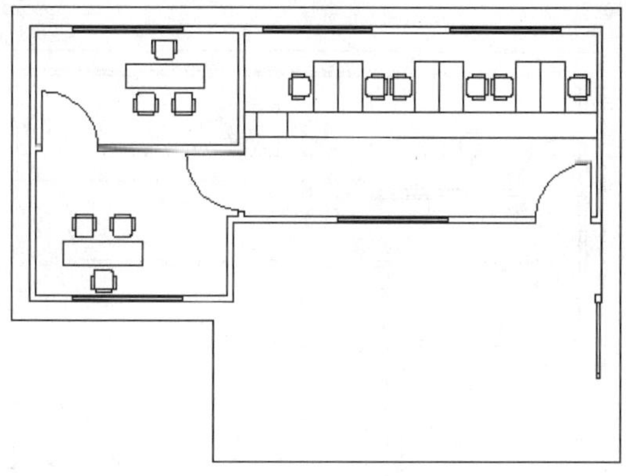

图 6-79　移动矩形

29 通过“复制”、“旋转”、“镜像”、“移动”这 4 个功能，绘制并调整其他的立柱与围栏，再删除辅助线。具体操作可以看相关视频，这里不再细说，如图 6-80 所示。

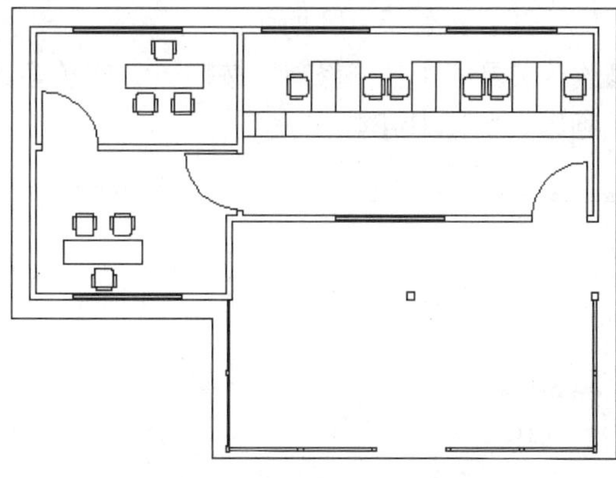

图 6-80　复制并调整立柱与围栏

30 单击“绘图”工具栏中的“圆”按钮，在空白区域中绘制两个圆，半径分别为 35、12，绘制户外桌椅，如图 6-81 所示。

插入后：

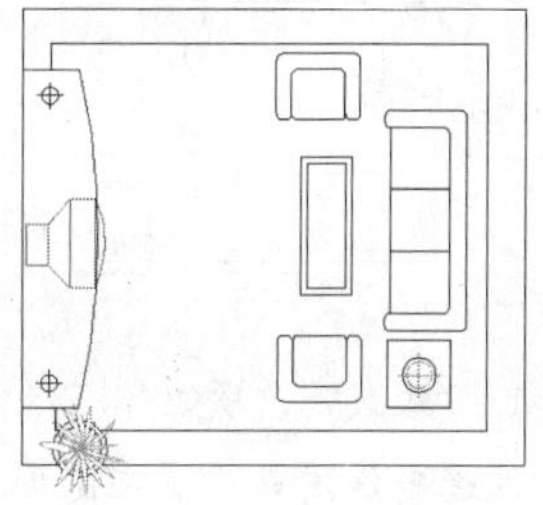

操作技巧　插入块的操作方法

可以通过以下 3 种方法来执行“插入块”功能：

- 选择“插入”→“块”菜单命令。
- 单击“绘图”工具栏中的“插入块”按钮。
- 在命令行中输入“insert”后，按回车键。

相关知识　什么是块属性

块属性是附着在块上的非图形信息，在定义一个块时，属性必须预先定义然后被选定。块属性是可包含在块定义中的文字对象，它是块的组成部分。通常情况下，属性用于在块的插入过程中进行自动注释。

“属性定义”对话框：

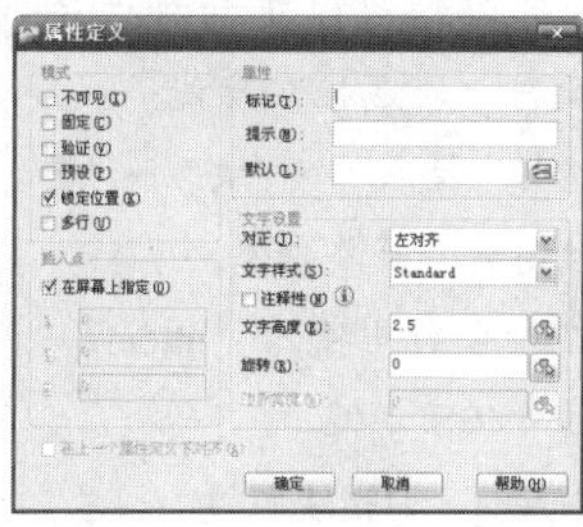

相关知识　“块属性”对话框中的各选项设置

“块属性”对话框，主要用来定义属性模式、属性标记、属性提示、属性值、插入点和属性的文字设置等。

插入属性文字“组合沙发”：

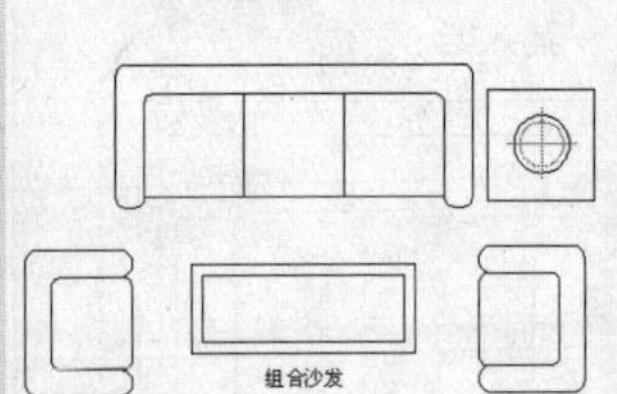

1. “模式”选项组

该选项组用来设置在图形中插入块时，与块关联的属性值。

2. “属性”选项组

该选项组用于定义块的属性。

3. “插入点”选项组

该选项组用于指定属性位置。

4. “文字设置”选项组

该选项组用于设置属性文字的对正、样式、高度和旋转等，直接在选项后选择或输入值即可。

5. “在上一个属性定义下对齐”复选框

如果选择了“在上一个属性定义下对齐”复选框，则将属性标记直接置于上一个定义的属性的下面。如果之前没有创建属性定义，则此选项不可用。

操作技巧 块属性的操作方法

可以通过以下两种方法来执行“块属性”功能：

- 选择“插入”→“块”→“属性定义”菜单命令。
- 在命令行中输入“attdef”后，按回车键。

相关知识 编辑块属性

通过“增强属性编辑器”对话框可以编辑块的属性。

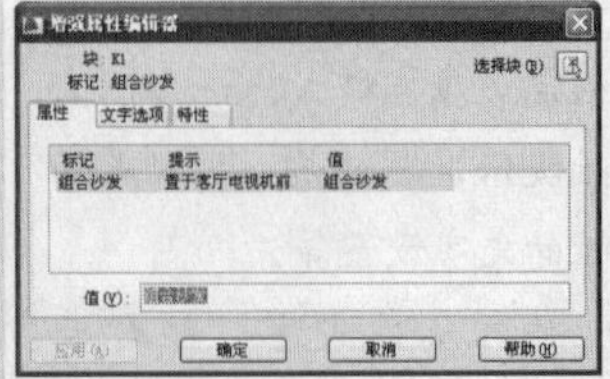

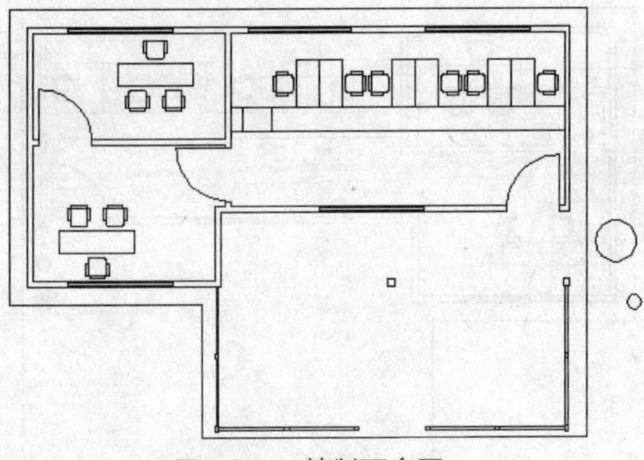

图 6-81 绘制两个圆

31 通过“移动”、“阵列”、“镜像”这 3 个功能，绘制并调整户外桌椅。具体操作可以看相关视频，这里不再细说，如图 6-82 所示。

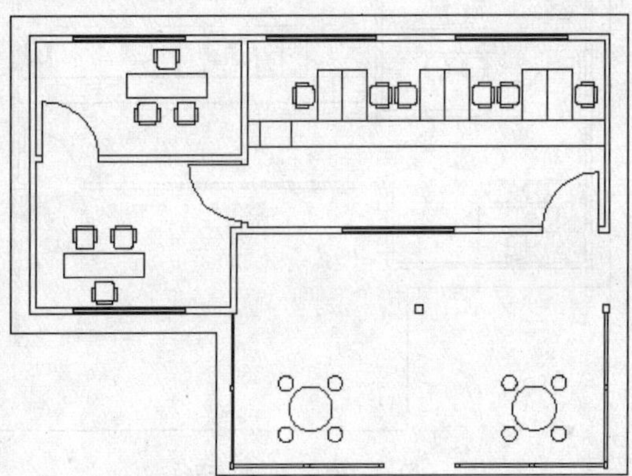

图 6-82 绘制并调整户外桌椅

32 单击“修改”工具栏中的“偏移”按钮，将外围水平短线框向下偏移 209、212、215，再将外围垂直短线框向左偏移 314、317、320，如图 6-83 所示。

33 单击“修改”工具栏中的“修剪”按钮，修剪多余的线段，修剪出花圃区，如图 6-84 所示。

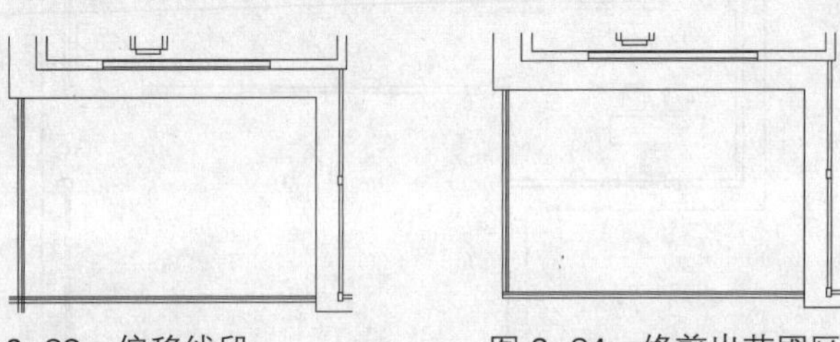

图 6-83 偏移线段　　图 6-84 修剪出花圃区

34 单击“绘图”工具栏中的“图案填充”按钮，打开“图案填充和渐变色”对话框，设置“SOLID”作为图案填充样式，设置颜色为深灰色，并填充墙体和立柱，如图 6-85 所示。

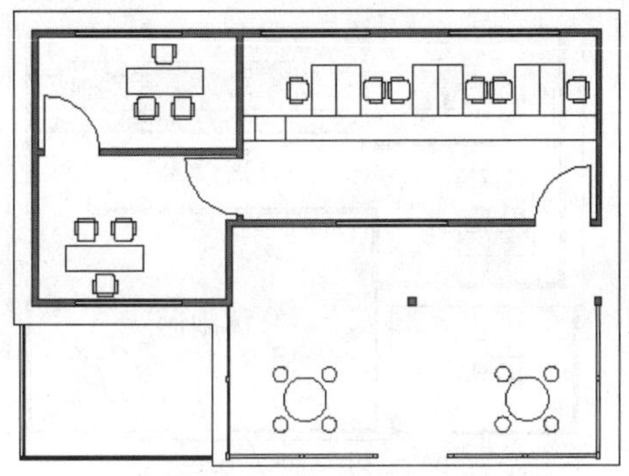

图 6-85　填充墙体和立柱

35 重复填充步骤，用较淡的灰色，填充桌椅、服务台、围栏以及花圃围栏，如图 6-86 所示。

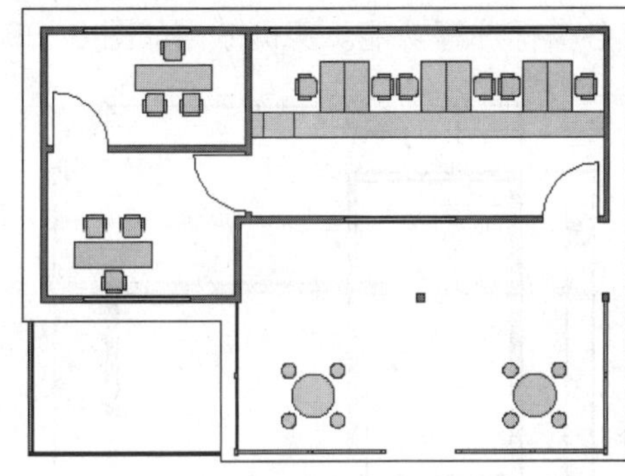

图 6-86　填充剩下物体

36 单击“格式”菜单中的“文字样式”命令，打开“文字样式”对话框，设置“字体”为黑体，设置高度为“40”，单击“应用”按钮返回到“图案填充和渐变色”对话框，再单击“关闭”按钮即可，如图 6-87 所示。

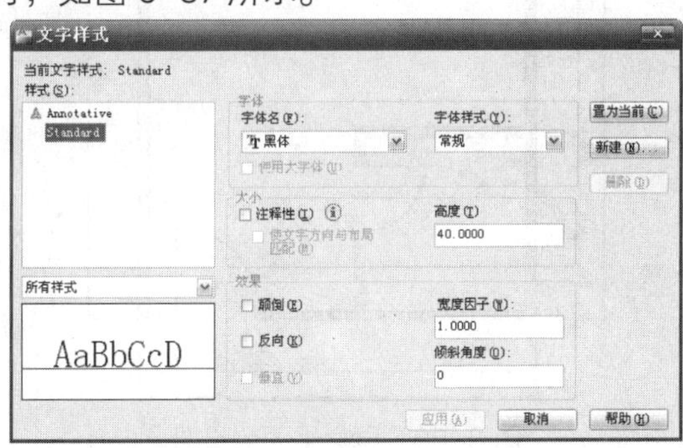

图 6-87　“文字样式”对话框

37 单击“绘图”工具栏中的“文字”按钮 A，在图中适当位子输入相应的文字，然后再用“移动”功能稍作调整。其中有两个房间的面积较小，如果采用较大的文字不合适，可以通过调整文字高度来改变效果，如图 6-88 所示。

1. “属性”选项卡

该选项卡显示了指定给每个属性的标记、提示和值。此处只能修改属性值。

2. “文字选项”选项卡

在该选项卡中，可以设置属性文字显示方式的特性，如文字样式、对正、旋转、高度等。

3. “特性”选项卡

该选项卡用于修改属性文字的图层、线宽、线型、颜色以及打印样式等。

相关知识　块属性管理器

块属性管理器用于管理块的属性，可以在块中编辑属性定义、从块中删除属性，以及调整插入块时系统提示用户输入属性值的顺序。

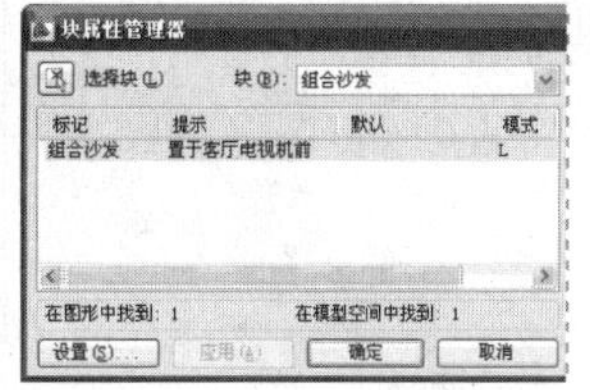

操作技巧　块属性管理器的操作方法

可以通过以下两种方法来执行“块属性”功能：

- 选择“插入”→“块”→“属性定义”菜单命令。
- 在命令行中输入“attdef ”后，按回车键。

实例 6-5 说明

- 知识点：
  - •复制
  - •旋转
  - •圆弧
  - •图案填充
  - •各类标注
- 视频教程：
  光盘\教学\第 6 章 建筑平面图
- 效果文件：
  光盘\素材和效果\06\效果\6-5.dwg
- 实例演示：
  光盘\实例\第 6 章\绘制居家平面图

相关知识 什么是分解块

块作为一个整体图形，不能单独对其中的组成对象进行编辑，如果需要在一个块中单独修改一个或多个对象，可以将块定义分解为它的组成对象。

分解前：

分解后：

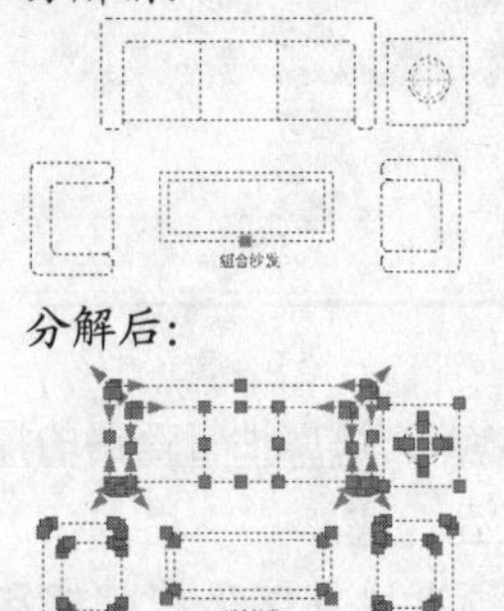

操作技巧 分解块的操作方法

可以通过以下 3 种方法来执行"分解块"功能：

- 选择"修改"→"分解"菜单命令。
- 单击"修改"工具栏中的"分解"按钮。
- 在命令行中输入"explode"后，按回车键。

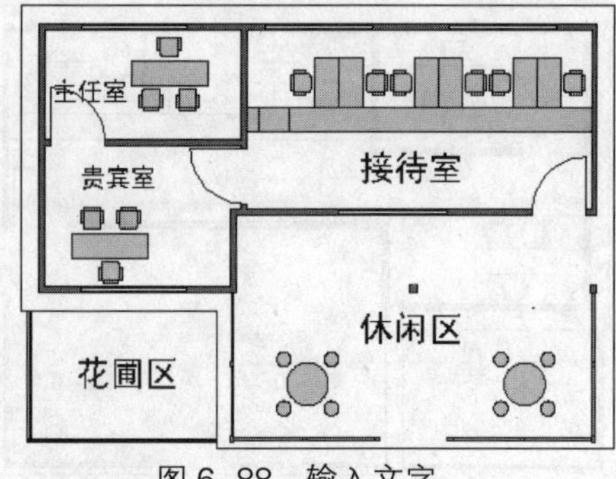

图 6-88 输入文字

实例 6-5 绘制居家平面图

本实例将制作居家平面图，主要应用了复制、旋转、圆弧、图案填充以及各类标注等功能。实例效果如图 6-89 所示。

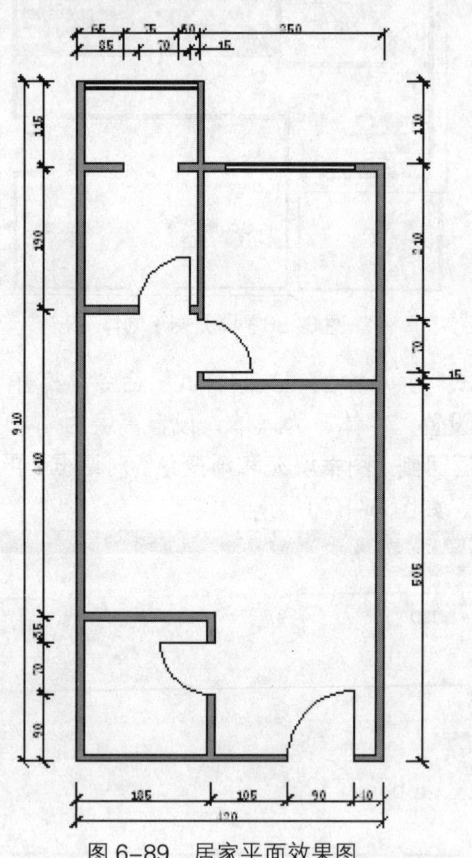

图 6-89 居家平面效果图

操作步骤

1 单击"绘图"工具栏中的"直线"按钮，沿 X 轴绘制一条长为 400 的直线，再沿 Y 轴向下绘制一条长为 780 的直线，如图 6-90 所示。

2 单击“修改”工具栏中的“偏移”按钮，将水平线段向上偏移 10、110、120，向下偏移 180、190、280、290、590、600、780、790，如图 6-91 所示。

图 6-90 绘制线段

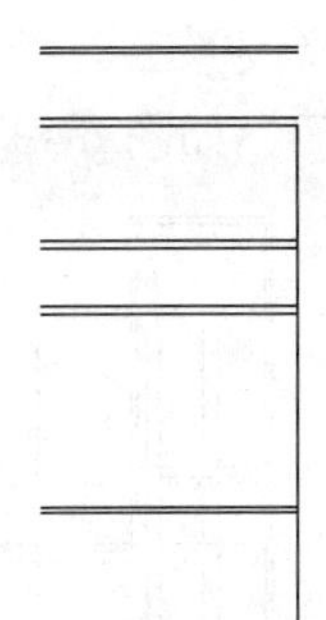

图 6-91 偏移水平线段

3 再次单击“修改”工具栏中的“偏移”按钮，将垂直线段向左偏移 220、230、235、245、400、410，再将垂直线段向右偏移 10，如图 6-92 所示。

4 通过蓝色将其中 3 条水平线段拉伸长度，如图 6-93 所示。

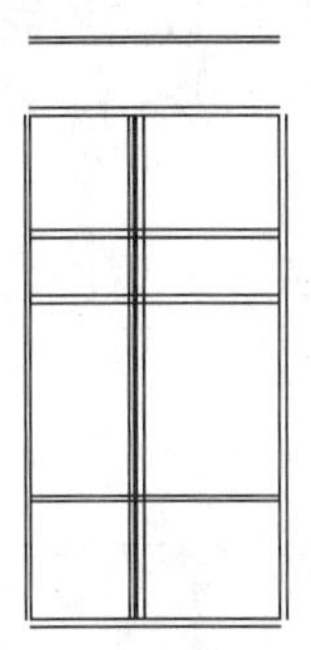

图 6-92 偏移垂直线段

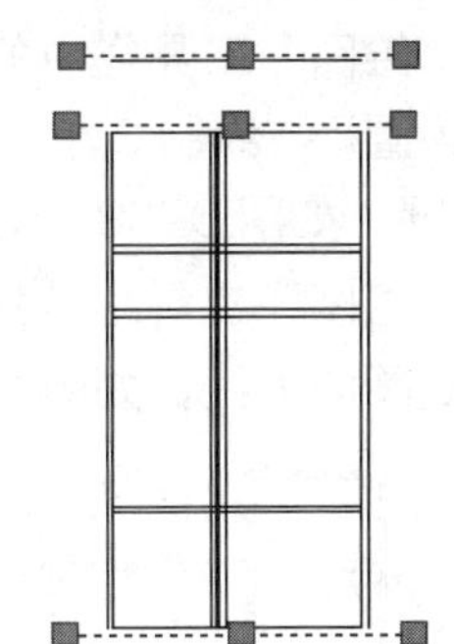

图 6-93 通过蓝色夹点延伸线段

5 单击“修改”工具栏中的“延伸”按钮，延伸其中 5 条垂直线段，如图 6-94 所示。

6 单击“修改”工具栏中的“修剪”按钮，修剪多余线段，修剪出房子的格局，如图 6-95 所示。

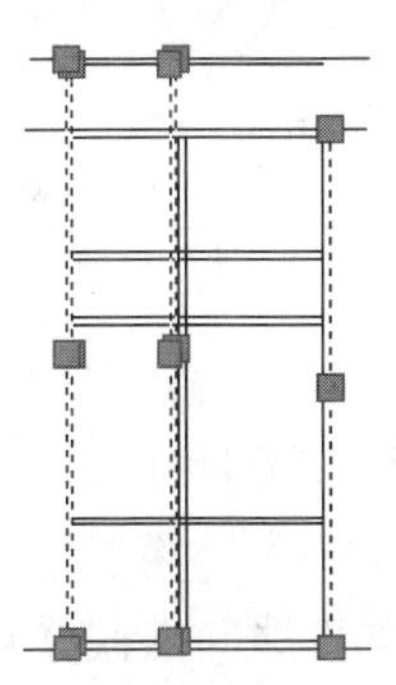

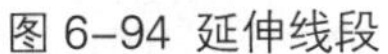

图 6-94 延伸线段

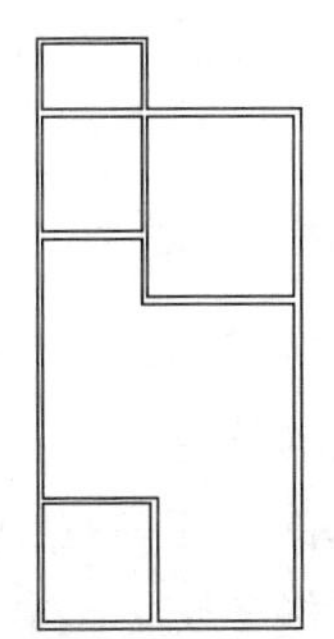

图 6-95 修剪出房子的格局

重点提示 分解块的前提

创建块时，在“块定义”对话框的“方式”选项组下，如果没有选中“允许分解”复选框，则该块不能被分解。

相关知识 什么是外部参照

外部参照是指一幅图形中对另一幅外部图形的引用。

在进行工程设计时常会碰到在绘制一张图时还可能调用另一个图形文件的情况，但又不想占用太大的存储空间，这时就可以使用 AutoCAD 的外部参照功能。

相关知识 外部参照与块的区别

外部参照与块有相似之处，但又存在着差异，其差异在于以下 3 点：

- 对主图形的操作不会改变外部参照图形文件内容。当打开具有外部参照的图形时，系统会自动把各外部参照图形文件重新调入内存并在当前图形中显示出来。
- 而以外部参照方式将图形插入到某一图形，即主图形中后，被插入图形文件的信息并不直接加入到主图形中，主图形只是记录参照的关系，如参照图形文件的路径信息等。
- 一旦插入了块，此块就永久性地插入到当前图形中，成为当前图形的一部分。

重点提示 外部参照图形的限制

如果一个文件与当前文件中存在的块有相同的名字，就不能将这个文件作为外部文件引用过来。这时要使用这个文件作为外部引用，必须使用重命名功能重新给块命名。

相关知识 外部参照的依赖符

在 AutoCAD 的图形数据文件中，有可以记录块、图层、线型及文字样式等内容的表，表中的项目称为命名目标。

对于一些位于外部参照文件中的这些组成项，就称为外部参照文件的依赖符，当插入外部参照时，系统会重新命名参照文件的依赖符，然后再将其加入到主图形中。

AutoCAD 所具有的自动更新外部参照依赖符名称的功能，可以使用户非常方便地看出每个命名目标来自哪一个外部参照文件，而且主图形文件与外部参照文件中具有相同名称的依赖符并不会混淆。

7 单击“修改”工具栏中的“偏移”按钮，将最下边的水平线段向上偏移 90、160、520、590，再将最右边的垂直线段向左偏移 40、130、265、280、335、355，如图 6-96 所示。

8 单击“修改”工具栏中的“修剪”按钮，修剪多余线段，修剪出门，如图 6-97 所示。

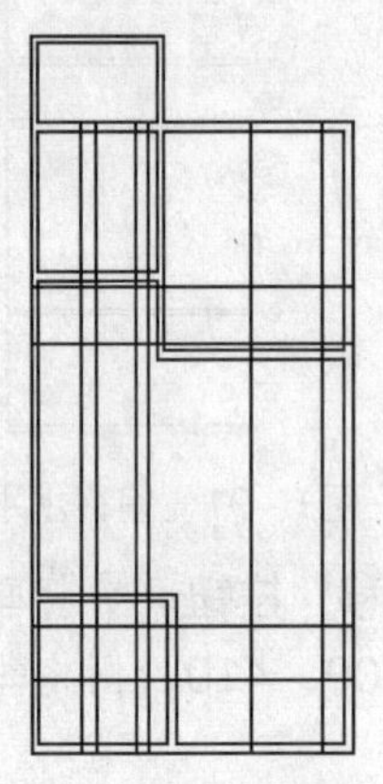

图 6-96 偏移线段

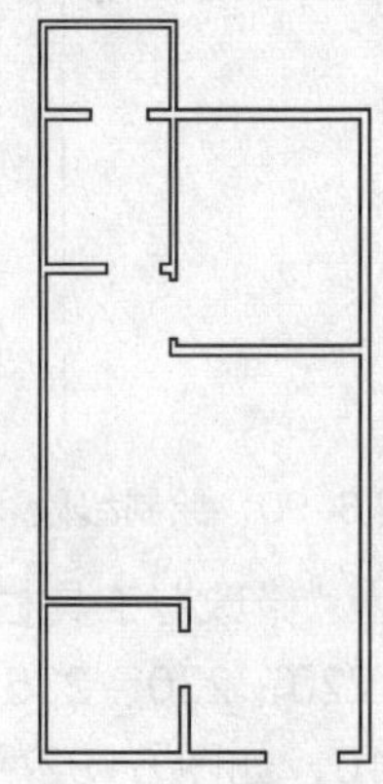

图 6-97 修剪出门

9 单击“绘图”工具栏中的“圆”按钮，以门旋转一侧的中心墙为圆心，绘制 3 个半径为 70 的圆，在大门处绘制半径为 90 的圆，如图 6-98 所示。

10 单击“绘图”工具栏中的“直线”按钮，以圆心为起点，绘制到圆的直线，如图 6-99 所示。

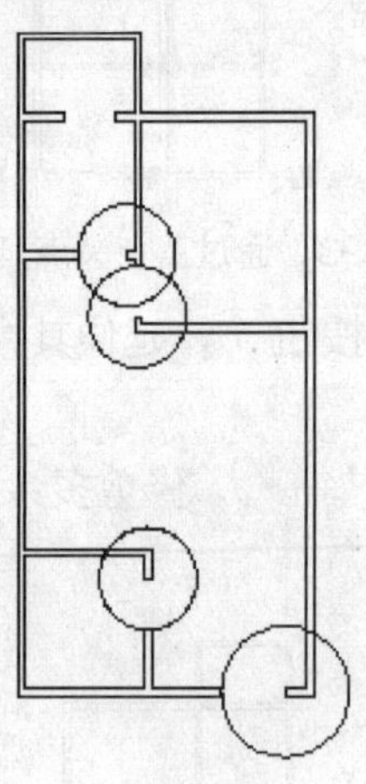

图 6-98 绘制圆

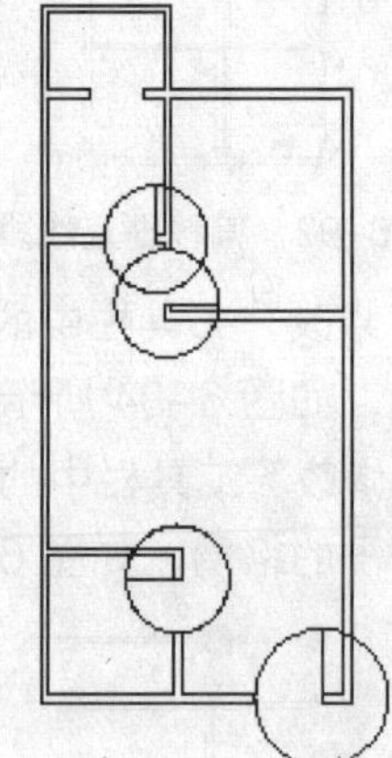

图 6-99 绘制直线

11 单击“修改”工具栏中的“修剪”按钮，修剪多余的线段，修剪出门的开启方向与样式，如图 6-100 所示。

12 单击“修改”工具栏中的“偏移”按钮，将窗户处的墙外线向内偏移 2.5、7.5，再将最右边的垂直线向内偏移 40、215，如图 6-101 所示。

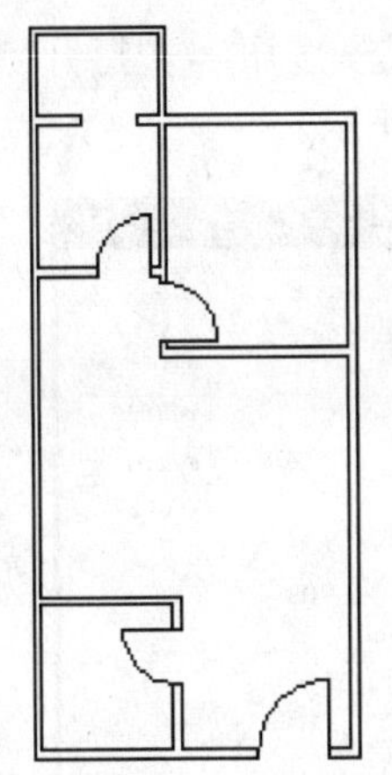

图 6-100 修剪出门的开启方向与样式

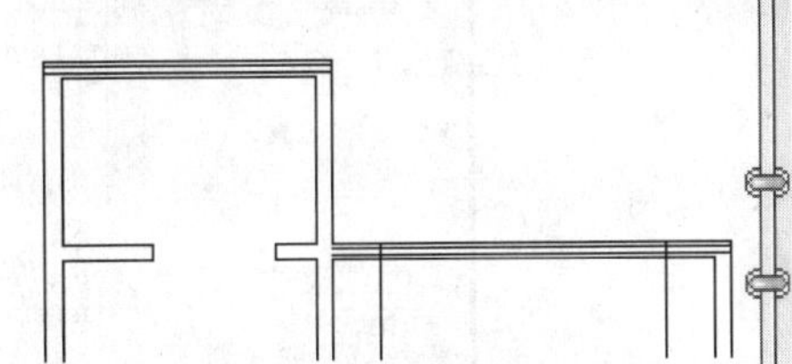

图 6-101 偏移线段

13 单击“修改”工具栏中的“延伸”按钮，延伸其中的两条线段，如图 6-102 所示。

14 单击“修改”工具栏中的“修剪”按钮，修剪多余的线段，修剪出窗户，如图 6-103 所示。

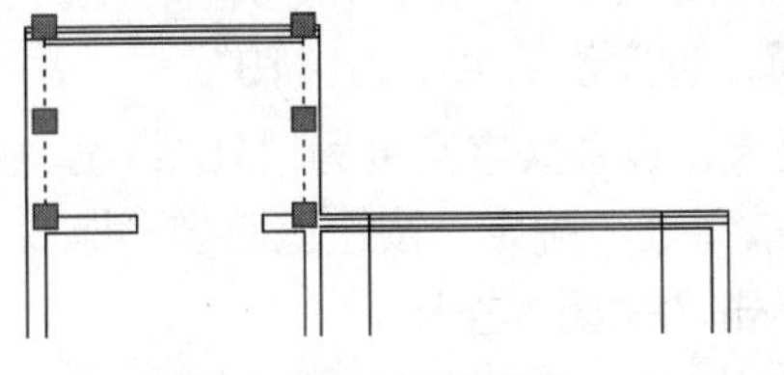

图 6-102 延伸线段

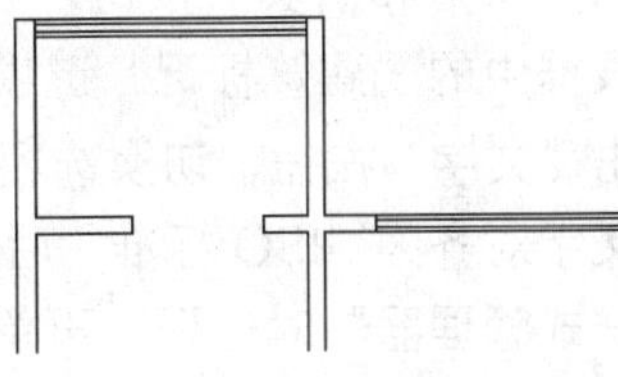

图 6-103 修剪出窗户

15 单击“绘图”工具栏中的“图案填充”按钮，打开“图案填充和渐变色”对话框，设置“SOLID”作为图案填充样式，颜色设置为“253”，填充墙体，如图 6-104 所示。

16 单击“绘图”工具栏中的“矩形”按钮，绘制一个比平面图稍大一些的矩形，如图 6-105 所示。

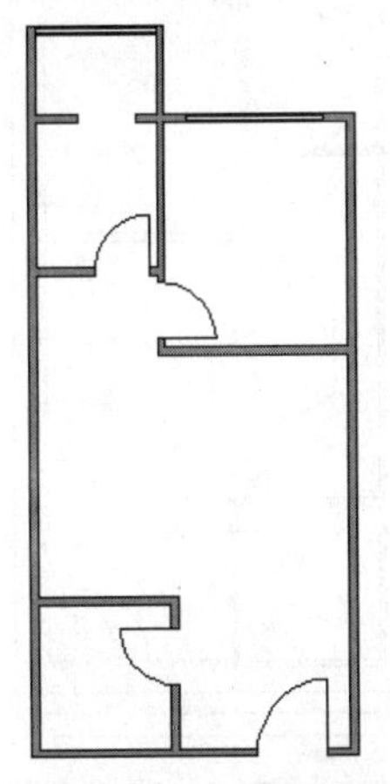

图 6-104 填充墙体

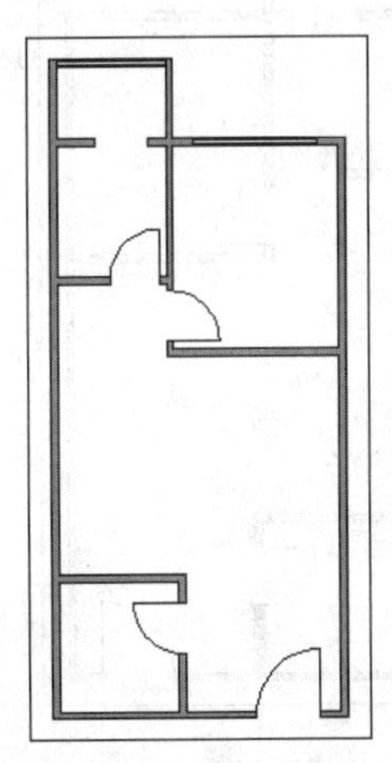

图 6-105 绘制矩形

相关知识 什么是附着外部参照

将图形文件以外部参照的形式插入到当前图形中的步骤就是附着外部参照。

在此选项板上方单击“附着 DWG”按钮或在“参照”工具栏中单击“附着外部参照”按钮，都可以打开“选择参照文件”对话框。

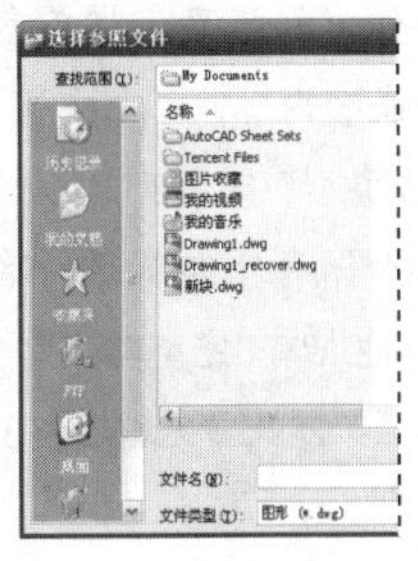

选择参照文件后，将打开“附着外部参照”对话框。利用此对话框可以将图形文件以处部参照的形式插入到当前图形中。

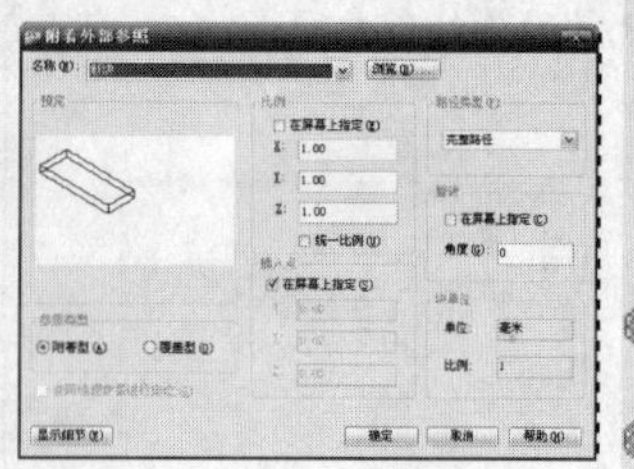

此对话框中各选项的含义如下。

- “名称”下拉列表框：显示附着图形的文件名。
- “预览”列表框：显示附着文件的图形。
- “参照类型”选项组：其中包括“附加型”和“覆盖型”两个单选按钮。选中“附加型”单选按钮，将会显示出嵌套参照中的嵌套内容，这样就避免了其他文件的多次衔接，也消除了循环引用的可能性；选中“覆盖型”单选按钮，则不显示嵌套参照中的嵌套内容。
- “路径类型”下拉列表框：用于选择保存外部参照的路径类型，包括有“完整路径”、“相对路径”以及“无路径”3种类型。
- “比例”文本框：设置附着图形的比例大小。如果选中了“在屏幕上指定”复选框，则在附着图形时设置比例大小，也可以直接在X、Y、Z后的文本框中直接输入各自坐标轴的比例。

17 单击“标注”工具栏中的“标注样式”按钮，打开“标注样式管理器”对话框，如图6-106所示。

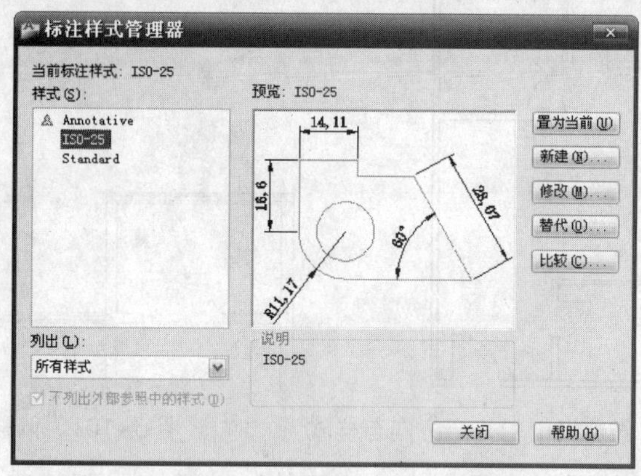

图6-106 “标注样式管理器”对话框

18 单击“修改”按钮，打开“修改标注样式：ISO-25”对话框，设置超出尺寸线为“7”，起点偏移量为“3.5”。

19 单击“符号和箭头”按钮，切换选项卡，选择“箭头”下拉列表框中的“建筑标记”选项，设置箭头大小为“13”。

20 单击“文字”按钮，切换选项卡，设置文字高度为“15”，设置文字对齐为“ISO标准”后，单击“确定”按钮返回到“标注样式管理器”对话框，再单击“关闭”按钮。

21 单击“标注”工具栏中的“线性”按钮，在图中先标注一段尺寸，如图6-107所示。

22 单击“标注”工具栏中的“连续”按钮，标注下面一侧的全部尺寸，如图6-108所示。

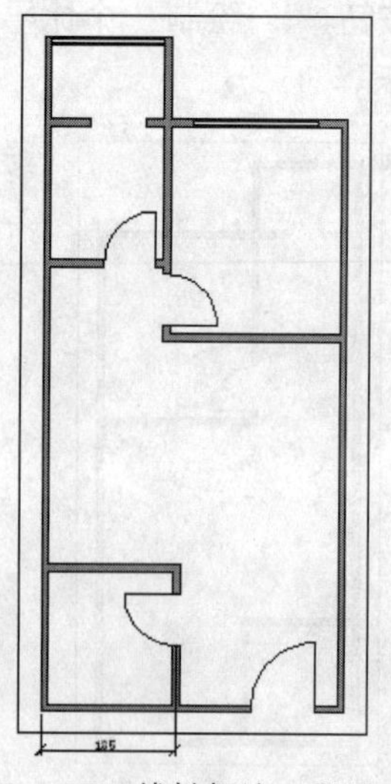

图6-107 线性标注一段尺寸

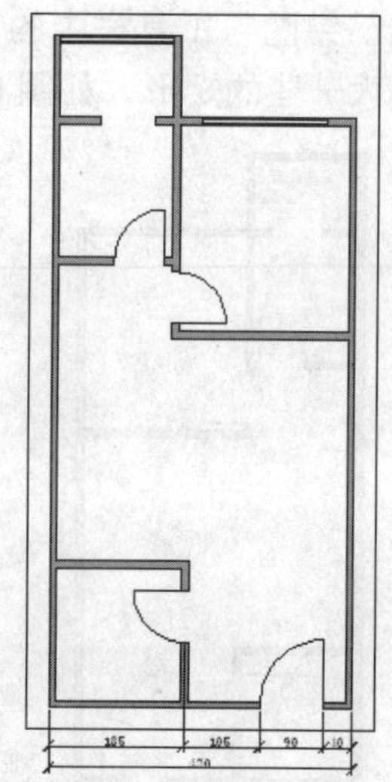

图6-108 标注这一侧的全部尺寸

23 单击“标注”工具栏中的“线性”按钮，框选所有标注，通过蓝色夹点将标注的节点拉伸到矩形上，如图 6–109 所示。

24 用同样的方法，外加“直线”功能，标注另外 3 个面的尺寸，并将标注的节点拉伸到矩形上。其中，在复杂处可以通过双层标注或多层标注将图形标注清楚，如图 6–110 所示。

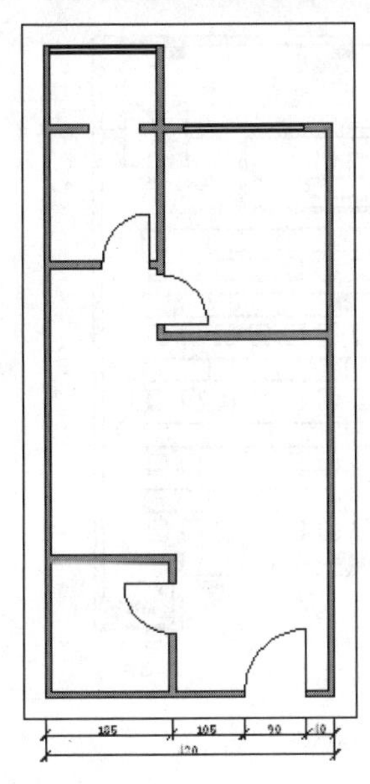

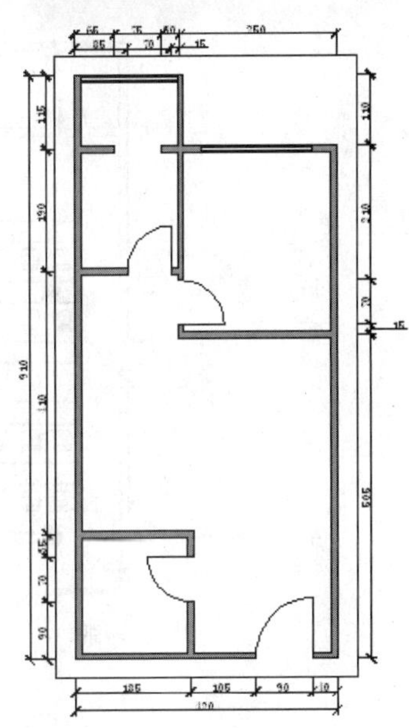

图 6–109　通过蓝色夹点拉伸标注节点　　图 6–110　标注另外 3 个面的尺寸

25 单击“修改”工具栏中的“删除”按钮，删除矩形框，如图 6–111 所示。

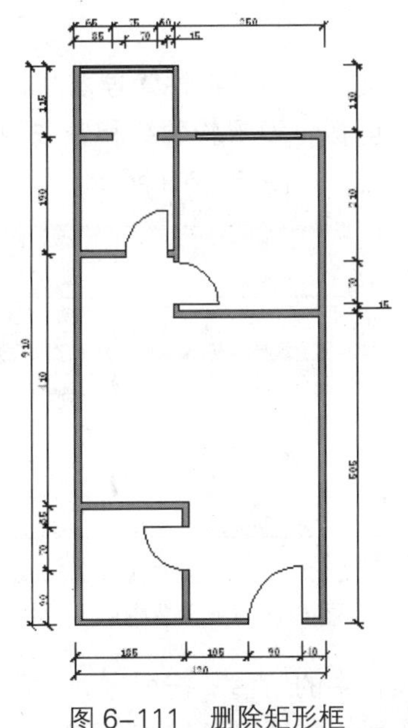

图 6–111　删除矩形框

- “插入点”选项组：设置插入附着图形的方式。如果选中了“在屏幕上指定”复选框，则在附着图形时设置插入位置，也可以直接在 X、Y、Z 后的文本框直接输入坐标确定插入点为位置。
- “旋转”选项组：设置插入附着图形后的角度。如果选中了“在屏幕上指定”复选框，则在附着图形时设置角度，也可以直接在“角度”文本框中直接输入坐标确定插入图形后的角度。
- “块单位”选项组：显示附着图形的单位以及比例。

操作技巧 **外部参照的操作方法**

可以通过以下 3 种方法来执行“外部参照”功能：

- 选择“插入”→“外部参照”菜单命令。
- 单击“参照”工具栏中的“外部参照”按钮。
- 在命令行中输入“external-references”后，按回车键。

实例 6-6 说明

- **知识点：**
  - 矩形阵列
  - 圆弧
  - 插入块
  - 各类标注
- **视频教程：**
  光盘\教学\第 6 章　建筑平面图
- **效果文件：**
  光盘\素材和效果\06\效果\6-6.dwg
- **实例演示：**
  光盘\实例\第 6 章\绘制会议室平面图

相关知识　管理外部参照

用户可以在"外部参照"面板中对外部参照进行编辑和管理，"外部参照"面板如下所示。

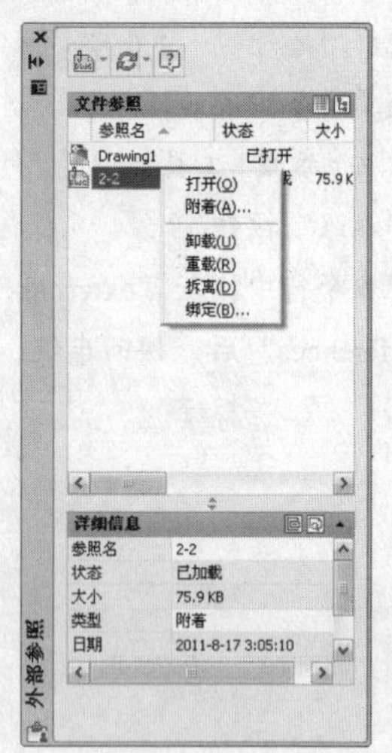

当用户附着多个外部参照后，在"参照各"列表框中的文件上鼠标右键单击，将弹出快捷菜单。在菜单上选择不同的命令可以对外部参照进行相关操作。

实例 6-6　绘制会议室平面图

本实例将制作会议室平面图，主要应用了阵列、圆弧、插入块、各类标注等功能。实例效果如图 6-112 所示。

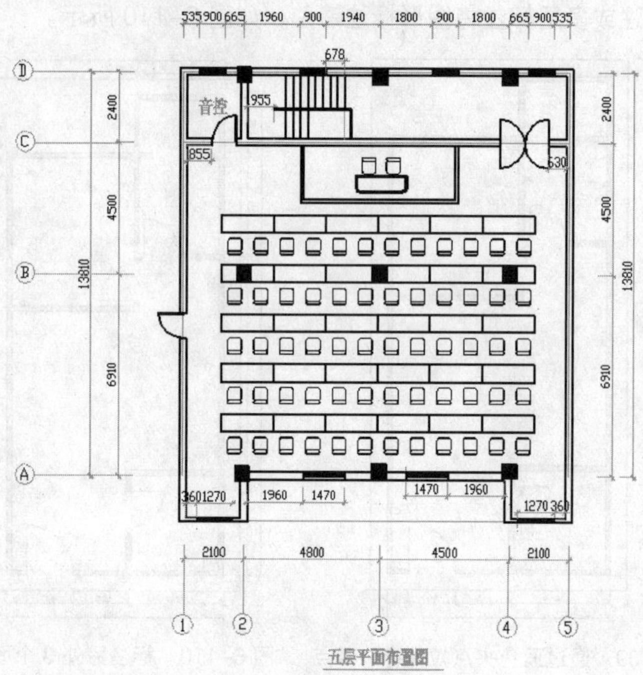

图 6-112　会议室平面效果图

操作步骤

1 单击"图层"工具栏中的"特性管理器"按钮，打开"图层特性管理器"面板，设置轮廓线和轴线两个图层，并将轴线设置为当前图层，如图 6-113 所示。

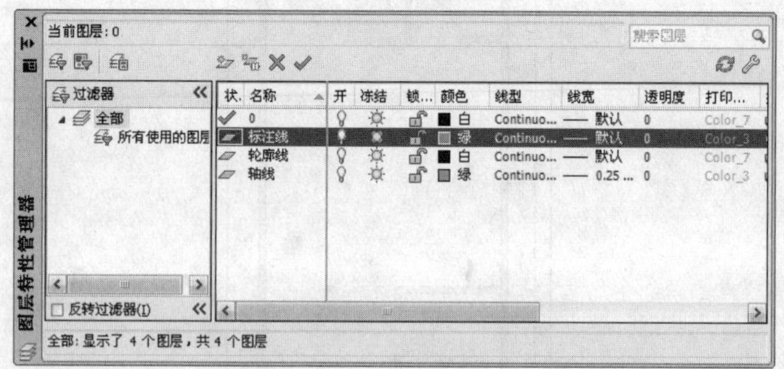

图 6-113　设置图层

2 单击"绘图"工具栏中的"直线"按钮，分别绘制长为 13500、13810 的两条直线，如图 6-114 所示。

3 单击“修改”工具栏中的“偏移”按钮，将水平线段向下偏移 2400、6900、138100、139615，再将垂直线段向右偏移 535、1435、2100、4060、4960、6900、8700、9600、11400、12065、12965、13500，如图 6-115 所示。

图 6-114　绘制直线

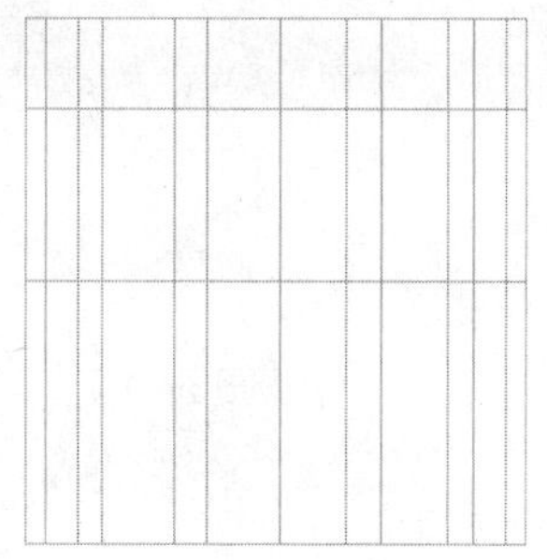

图 6-115　偏移线段

4 将图层设置为标注线，单击“标注”工具栏中的“标注样式”按钮，标注设置如下：单击“直线”选项卡，设置尺寸线的颜色为“绿色”，选中“固定长度的尺寸界线”复选框，在其下面的“长度”文本框中输入 500；在“箭头和标记”选项卡的“箭头”选项组中设置“第一项”、“第二个”、“引线”标记都是“建筑标记”，“箭头大小”为 150；在“文字”选项卡中设置“文字高度”为 300，在“主单位”选项卡中设置“精度”为 0。

5 单击“标注”工具栏中的“线性”按钮和“连续”按钮，标注轴线的尺寸，如图 6-116 所示。

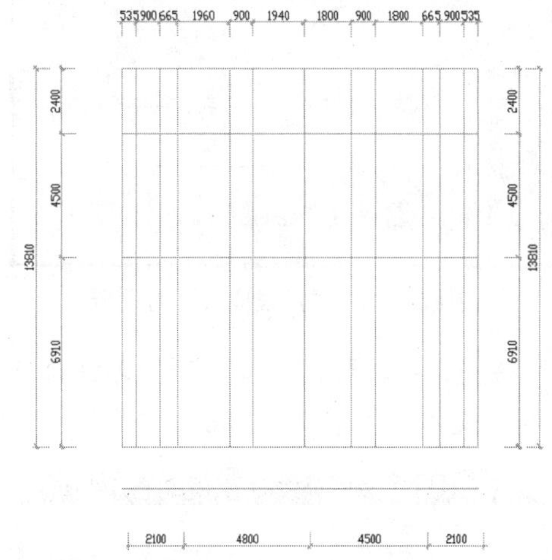

图 6-116　标注轴线尺寸

6 选择“插入”菜单中的“块”命令，打开“插入”对话框，插入属性标记符号，移动到图形中，并标注图形中的编号，如图 6-117 所示。

下面来讲解一下弹出快捷菜单中的 6 个命令选项的功能。

- “打开”命令：单击此命令可在新建窗口中对选定的外部参照进行编辑。在“外部参照管理器”对话框关闭后，显示新建窗口。
- “附着”命令：单击此命令将会打开“选择参照文件”对话框，在此对话框中可以选择需要插入到当前图形中的外部参照文件。
- “卸载”命令：单击此命令可从当前图形是移走不需要的外部参照文件，但移走后仍保留此参照文件的路径，如果需要参照此图形时，单击对话框中的“重载”按钮即可。
- “重载”命令：单击此命令可在不退出当前图形的情况下，更新外部参照文件。
- “拆离”命令：单击此命令可从当前图形中移去不再需要的外部参照文件。
- “绑定”命令：单击此命令可将外部参照的文件转换为一个正常的块，这样可以将所参照的图形文件永久地插入到当前图形中，插入后系统将外部参照文件的依赖符转换成永久的符号。

相关知识　**裁减外部参照**

可定义外部参照或块的剪辑边界，还可以设置前后剪裁面。

操作技巧 裁减外部参照的操作方法

可以通过以下 3 种方法来执行“裁减外部参照”功能：

- 选择“修改”→“裁减”→“外部参照”菜单命令。
- 单击“参照”工具栏中的“裁减外部参照”按钮。
- 在命令行中输入“xclip”后，按回车键。

相关知识 “裁减外部参照”菜单中的各选项设置

在执行以上任意一个操作都会将光标变成小矩形，选定一个外部参照后，按回车键弹出如下菜单。

开(ON)
关(OFF)
剪裁深度(C)
删除(D)
生成多段线(P)
● 新建边界(N)

菜单中的各个命令选项的功能如下：

- “开”命令：可打开外部参照剪裁功能。为参照图形定义了剪裁边界和前后剪裁面后，在主图形中仅显示位于剪裁边界、前后剪裁面之内的参照图形部分。
- “关”命令：可关闭外部参照剪裁功能，选择此选项要显示全部参照图形，不受边界的限制。
- “剪裁深度”命令：可为参照的图形设置前后剪裁面。

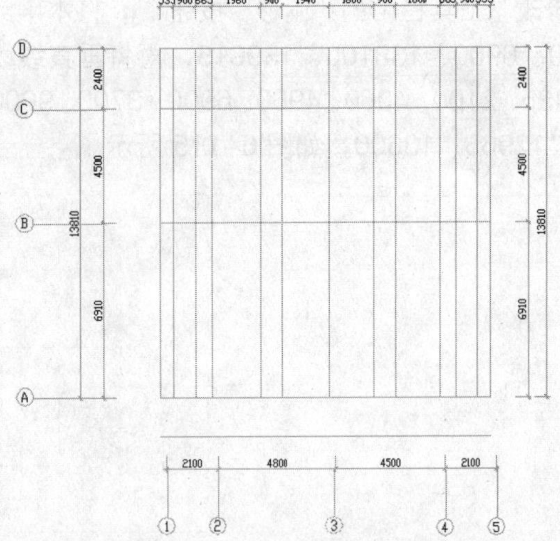

图 6-117 标注属性标记

7 选择“格式”菜单中的“多线样式”命令，打开“多线样式”对话框，如图 6-118 所示。

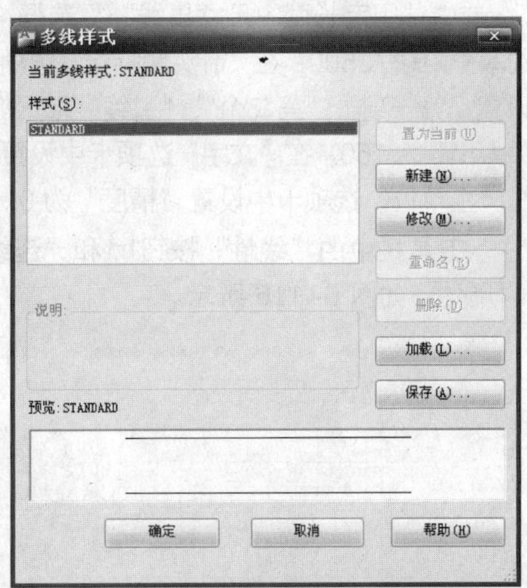

图 6-118 “多线样式”对话框

8 单击“新建”按钮，系统弹出“创建新的多线样式”对话框，在“新样式名”文本框中输入“240”，如图 6-119 所示。

图 6-119 “创建新的多线样式”对话框

9 单击“继续”按钮，系统弹出“新建多线样式：240”对话框，设置偏移量为 120 和–120 后，单击“确定”按钮，返回到“多线样式”对话框，再单击“确定”按钮返回到绘图窗口，如图 6–120 所示。

图 6–120　“新建多线样式：240”对话框

10 用同样的方法，创建多线样式：120，并设置其偏移量为 60、–60。

11 单击“绘图”菜单中的“多线”命令，设置“对正”为无，设置“比例”为 1，设置“样式”为 240，然后绘制会议室的外墙，如图 6–121 所示。

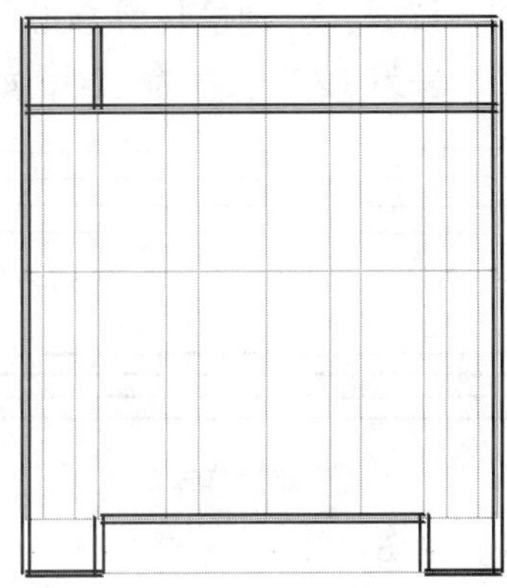

图 6–121　绘制多线

12 选择“修改”菜单中“对象”子菜单中的“多线”命令，打开“多线编辑工具”对话框，如图 6–122 所示。

13 单击“角点结合”按钮和“T 形打开”按钮，编辑多线，如图 6–123 所示。

14 单击“标注”工具栏中的“线性”按钮，为了方便后面的操作，先标注部分图形的尺寸，如图 6–124 所示。

- “删除”命令：可删除指定外部参照的剪裁边界。
- “生成多段线”命令：可自动生成一条与剪裁边界相一致的多段线。
- “新建边界”命令：可设置新的剪裁边界。

重点提示　怎样控制裁减边界

设置剪裁边界后，使用系统变量 Xclipframe 可控制是否显示剪裁边界，当 Xclipframe 为 0 时不显示，为 1 时显示。

相关知识　外部参照绑定

使用外部参照绑定可以把从外部参照文件中选取的一组依赖符永久地加入到主图形中，从此成为主图形中不可分割的一部分。

操作技巧　外部参照绑定的操作方法

可以通过以下 3 种方法来执行“外部参照绑定”功能：

- 选择“修改”→“对象”→“外部参照”→“绑定”菜单命令。
- 单击“参照”工具栏中的“外部参照绑定”按钮。
- 在命令行中输入“xbind”后，按回车键。

相关知识 **在位编辑外部参照**

使用在位编辑外部参照可以在图形中直接编辑外部参照的图形。

在位编辑外部参照前：

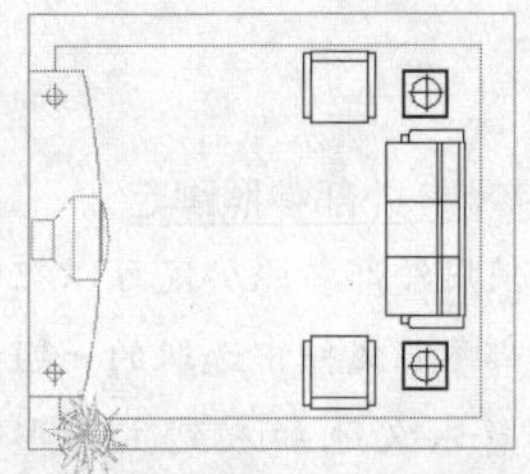

在位编辑外部参照后：

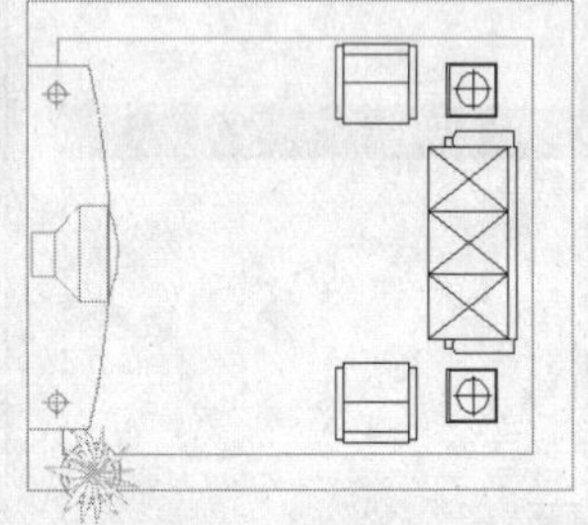

操作技巧 **在位编辑外部参照的操作方法**

可以通过以下3种方法来执行“在位编辑外部参照”功能：

- 选择“工具”→“外部参照和块的外位编辑”→“在位编辑参照”菜单命令。

图 6-122 “多线编辑工具”对话框

图 6-123 编辑多线

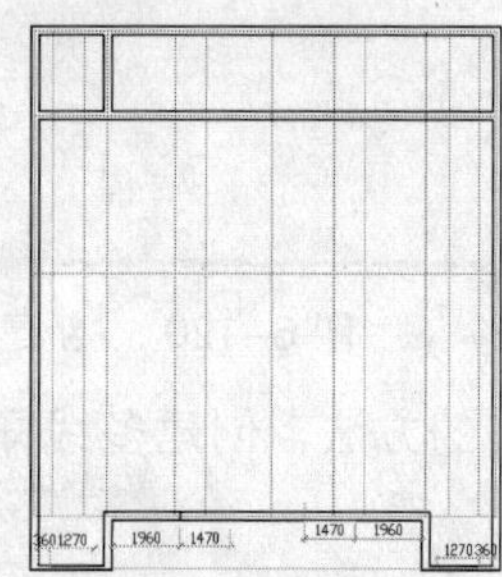

图 6-124 标注尺寸

15 单击“绘图”工具栏中的“直线”按钮，在图形外的空白区域绘制 3 种窗户样式，分别是长为 900、宽为 240，长为 1470、宽为 240，长为 1270、宽为 120，如图 6-125 所示。

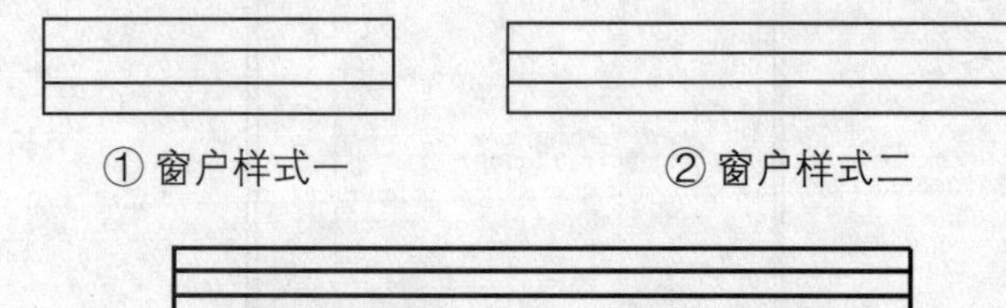

① 窗户样式一　② 窗户样式二　③ 窗户样式三

图 6-125 绘制窗户

16 单击“修改”工具栏中的“移动”按钮和“复制”按钮，将“窗户样式一”移动到图形中，并复制3个，如图 6-126 所示。

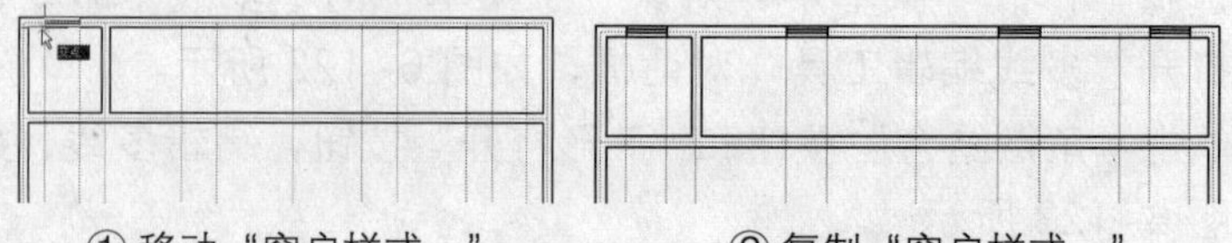

① 移动“窗户样式一”　② 复制“窗户样式一”

图 6-126 移动并复制窗户

17 单用同样的方法，移动和复制“窗户样式二”和“窗户样式三”，如图6-127所示。

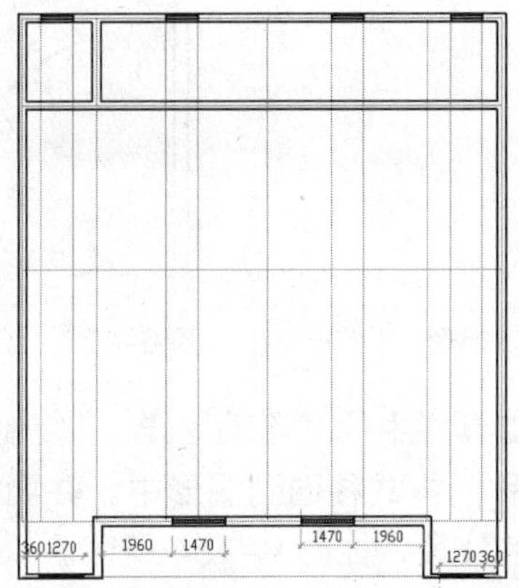

图6-127　移动并复制窗户样式二、样式三

18 绘制样式一，单击“绘图”工具栏中的“直线”按钮，绘制两条垂直相交的线段，如图6-128所示。

19 单击“修改”工具栏中的“偏移”按钮，将垂直线段向左右各偏移840，如图6-129所示。

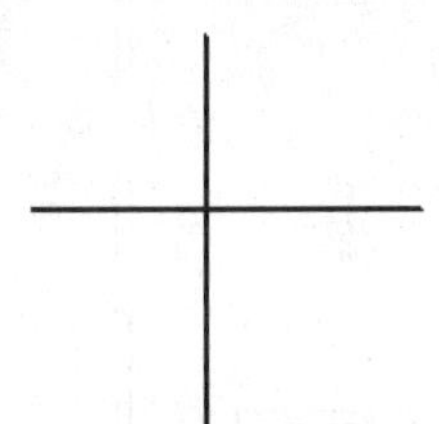

图6-128　绘制线段

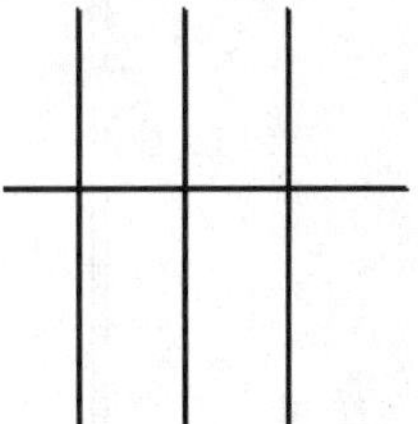

图6-129　偏移线段

20 单击“绘图”工具栏中的“圆”按钮，以偏移线段与水平线段的交点为圆心，绘制两个圆，如图6-130所示。

21 单击“修改”工具栏中的“修剪”按钮，修剪出门的样式，如图6-131所示。

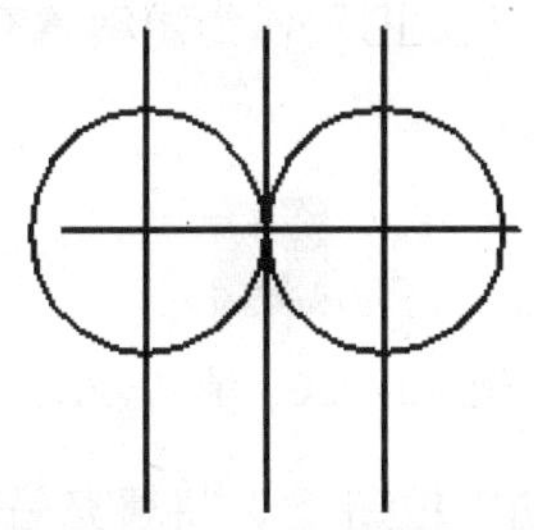

图6-130　绘制圆

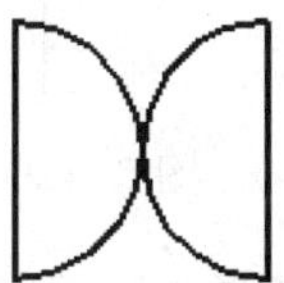

图6-131　修剪出门

22 绘制样式二，单击“绘图”工具栏中的“矩形”按钮，绘制一个长为40、宽为850的矩形，如图6-132所示。

- 单击“参照”工具栏中的“在位编辑”按钮。
- 在命令行中输入“refedit”后，按回车键。

相关知识　“参照编辑”对话框中的各选项设置

在执行以上任意一操作都会将光标变成小矩形，选定一个外部参照后，即可弹出“参照编辑”对话框。

“参照编辑”对话框由“标识参照”和“设置”两个选项卡组成。

1. “标识参照”选项卡

“标识参照”选项卡中各选项的功能如下：

- “参照名”列表框：列出了要进行在位编辑的参照以及选定参照中嵌套的所有参照。
- “预览”列表框：显示当前选定参照的预览图像。
- 路径：显示选定参照文件的位置。如果选定的参照是一个块，则不显示路径。
- “自动选择所有嵌套的对象”单选按钮：用来控制嵌套对象是否自动包含在参照编辑任务中。

- “提示选择嵌套的对象”单选按钮：用来控制是否在参照编辑任务中逐个选择嵌套对象。

2. “设置”选项卡

“设置”选项卡中各选项的功能如下：

- 创建唯一图层、样式和块名：用来控制从参照中提取的图层和其他对象是否是唯一可修改的。
- 显示编辑的属性定义：用来控制编辑参照期间是否提取和显示块参照中所有可变的属性定义。
- 锁定不在工作集中的对象：用来锁定所有不在工作集中的对象，以避免在参照编辑状态时，选择和编辑其他图形中的对象。

疑难解答 插入块和插入外部参照的区别

插入块可以对它进行分解后融入图中进行编辑操作，也可以进行块的复制粘贴等操作。

插入外部参照只是在图中参照了一个外部文件，参照对象其实并没有在图中只是调用而已，它会随着原图形的修改而变动。不能对它进行分解等编辑操作，但它可方便地通过管理器卸载或更新。由于插入的外部参照不是直接读取文件内部数据，而是依靠路径信息来读取的，所以外部参照建立以后不能更改其路径或名称。

23 选择“绘图”菜单中“圆”子菜单中的“起点、圆心、角度”命令，绘制一段门开启的圆弧，如图 6-133 所示。

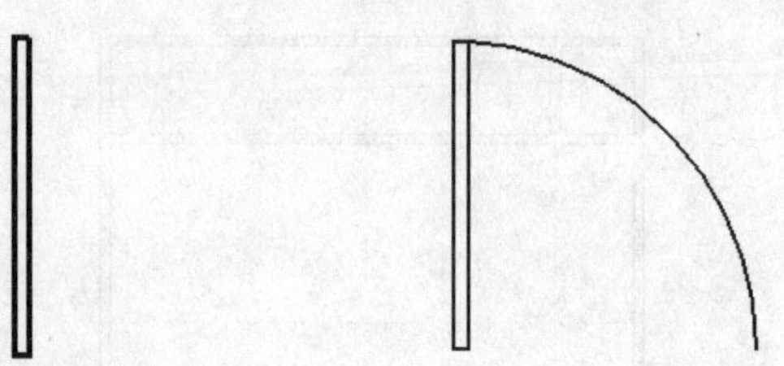

图 6-132　绘制矩形　　图 6-133　绘制圆弧

24 单击“修改”工具栏中的“移动”、“复制”、“旋转”按钮，将两种门样式移动到图形中，并调整到合适位置，然后修剪多余的线段，如图 6-134 所示。

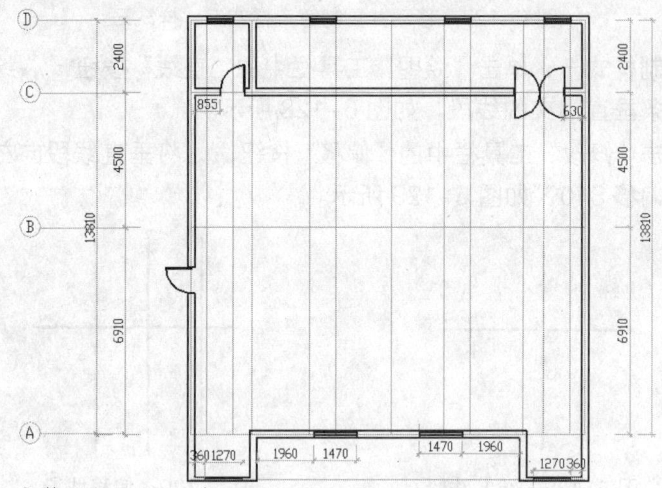

图 6-134　移动、复制门

25 单击“绘图”工具栏中的“矩形”按钮，绘制一个长宽均为 500 的矩形，绘制梁柱，如图 6-135 所示。

26 单击“绘图”工具栏中的“图案填充”按钮，打开“图案填充和渐变色”对话框，设置“SOLID”作为图案填充样式，填充梁柱，如图 6-136 所示。

图 6-135　绘制矩形　　图 6-136　填充矩形

27 单击“修改”工具栏中的“移动”按钮，将填充后的梁柱移动到图形中并复制梁柱，如图 6-137 所示。

28 单击“绘图”工具栏中的“直线”按钮，分别绘制长为 1950、5500、1950 的 3 条线段，如图 6-138 所示。

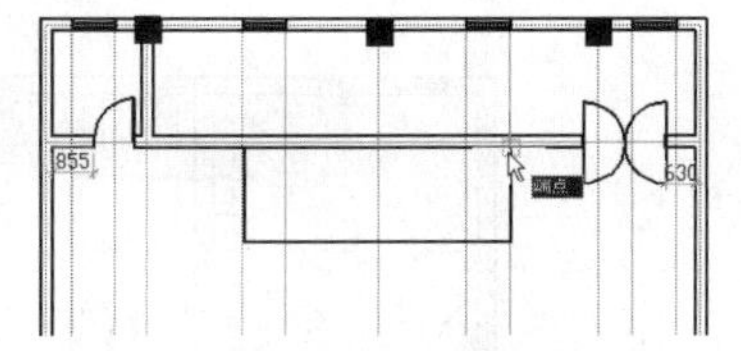

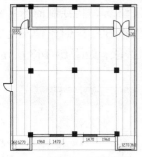

图 6-137　移动并复制梁柱　　　　图 6-138　绘制线段

29 单击“修改”工具栏中的“偏移”按钮，将绘制的线段向内偏移 100，并使用修剪功能修剪多余线段，如图 6-139 所示。

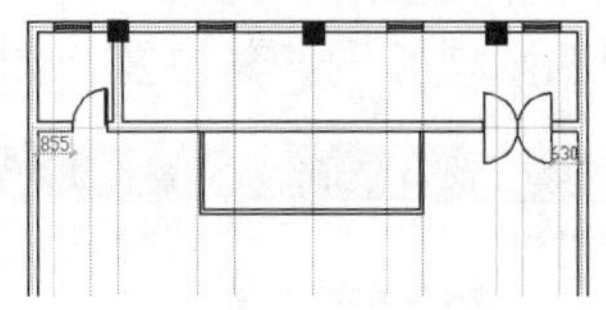

图 6-139　偏移并修剪线段

30 单击“绘图”工具栏中的“直线”按钮，从左数第二个窗子的右下角点为起点，向右绘制 678，再向下绘制 1125，如图 6-140 所示。

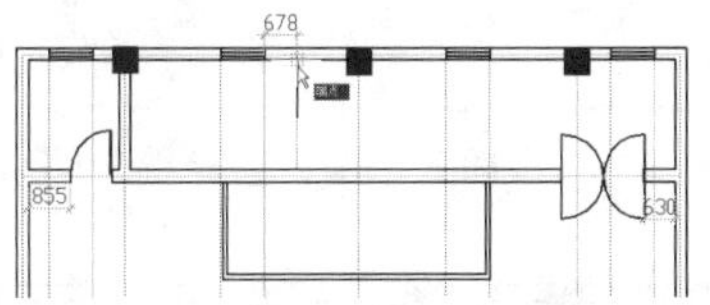

图 6-140　绘制线段

31 单击“修改”工具栏中的“矩形阵列”按钮，以计数的样式，设置行数为 1，列数为 8，行偏移为 0，列偏移-260，阵列复制线段，如图 6-141 所示。

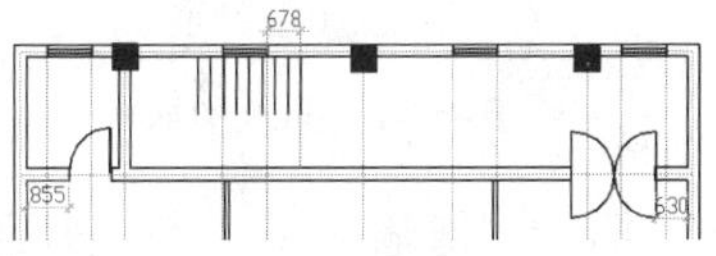

图 6-141　阵列复制线段

32 单击“绘图”工具栏中的“直线”按钮，绘制一条长为 2730 的直线，再向下绘制到墙的垂直线段，位置及效果如图 6-142 所示。

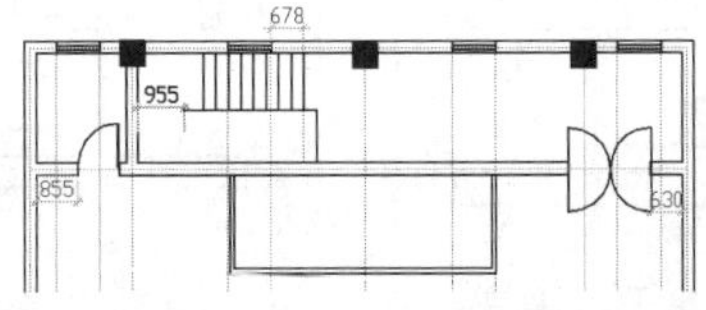

图 6-142　绘制线段

疑难解答　制定内外部块及其属性

利用 AutoCAD 的“块”以及属性功能，可以大大提高绘图效率。“块”有内部图块与外部图块之分。内部图块属一个文件范围之内，在内部可自由使用，不受约束，内部图块一旦被定义，它与文件会同时被储存和打开。外部图块将“块”的主文件的形式写入磁盘（wblock），其他图形文件也可使用。

疑难解答　无法为图形填充图案

无法填充图案的原因有以下两点：

- 要填充的区域没有被填入图案，或全部被填入白色或黑色。
- 图形不是封闭的。

出现第一种情况是因为“图案填充”对话框中的比例设置不当。比例设置得过大，要填充的图案被无限放大之后，显示在图形内的图案正好是一片空白；比例设置得过小，要填充的图案被无限缩小之后，看起来就像一团色块，如果背景色是白色，则显示为黑色色块，如果背景色是黑色，则显示为白色色块。

出现第二种情况，说明填充边界不是封闭的。此时，放大视图观察各个交点，可发现有的线段之间没有交点，也就是图形不封闭。另外，还要注意封闭的边界是必须位于同一个平面内，如果封闭边界的某些点不位于同一个平面内，当填充的时候也会提示无法找到有效填充边界。

建筑术语 什么是墙垛

墙垛是指从地面凸起的柱状结构，起到了加强墙体结构和稳定性的用途，也可以作为局部承重构件。

在生活中，墙垛的身影随处可见，如小区外墙，这类墙垛通常是带铁栅栏的钢筋水泥实体。

带护栏墙垛：

建筑术语 什么是牌楼

牌楼最早也称为牌坊，最早始于周朝，是用于旌表节孝的纪念物。牌楼是中国的独特景观，蕴藏了中国特有的建筑艺术以及文化载体，其中以北京的牌楼最多，也最有特点。

牌楼的形式主要分为木牌楼、石牌楼、琉璃牌楼、木石混合牌楼和木砖混合牌楼等。

33 单击“修改”工具栏中的“偏移”按钮，将绘制的水平线段向下偏移 50，再将垂直线段向左偏移 50，同时延伸左边的 4 条楼梯线，再修剪扶手之间的多余线段，如图 6-143 所示。

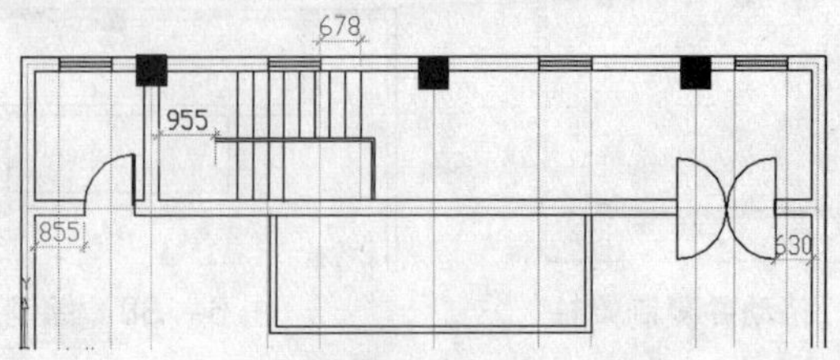

图 6-143　偏移并修剪线段

34 选择“插入”菜单中的“块”命令，打开“插入”对话框，插入演讲台桌椅的图块并调整其位置，如图 6-144 所示。

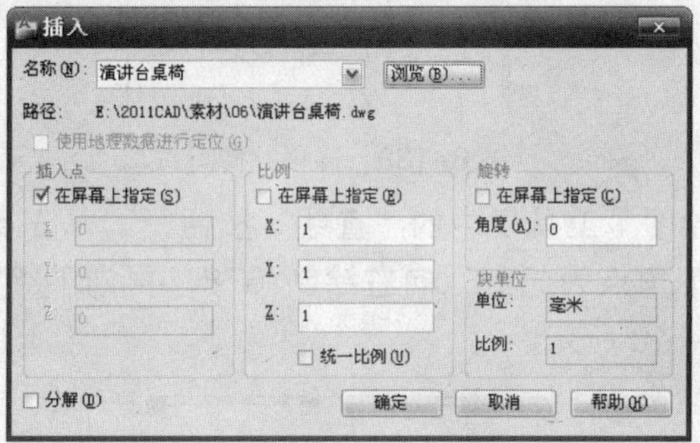

① 插入“演讲台桌椅”图块

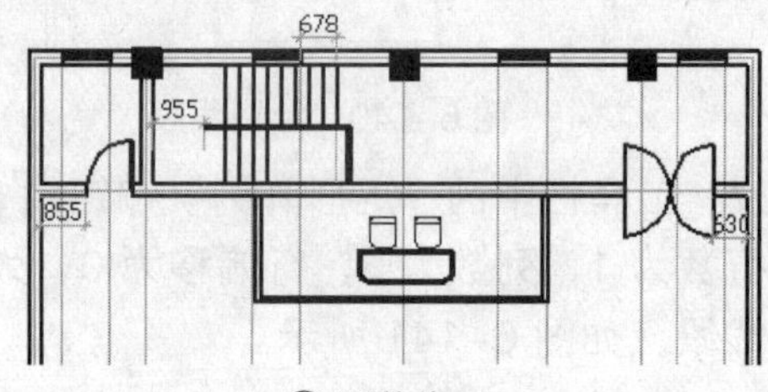

② 调整位置

图 6-144　插入图块

35 用同样的方法，插入“普通桌子”和“普通椅子”两个图块并调整其位置，如图 6-145 所示。

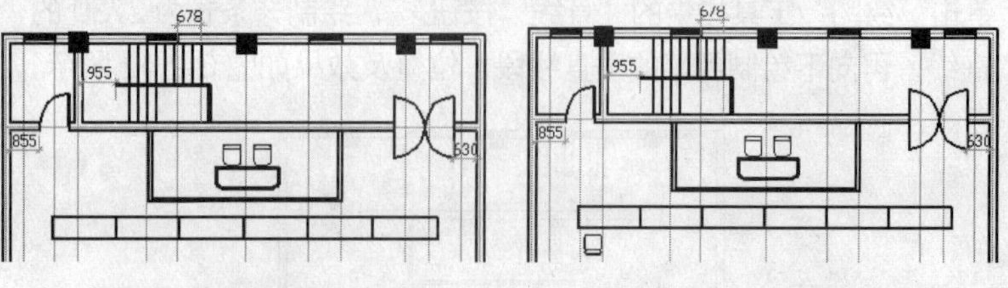

① 插入“普通桌子”图块　　② 插入“普通椅子”图块

图 6-145　插入桌椅图块

36 单击“修改”工具栏中的“阵列”按钮，打开“阵列”对话框，设置行数为 1，列数为 12，行偏移为 0，列偏移为 920，阵列复制椅子，如图 6-146 所示。

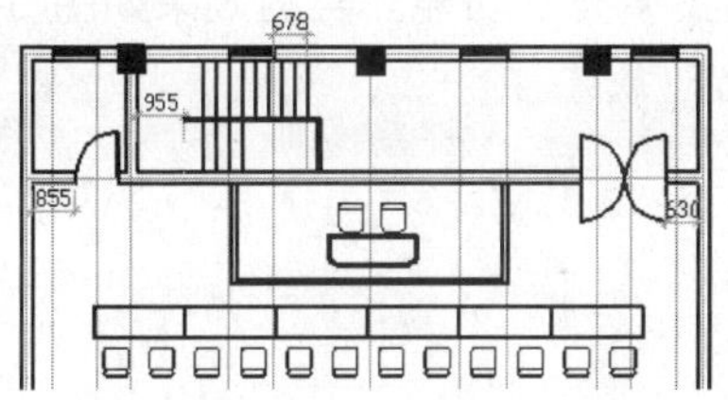

图 6-146　阵列复制椅子

37 再次单击“修改”工具栏中的“阵列”按钮，打开“阵列”对话框，设置行数为 5，列数为 1，行偏移为-1700，列偏移为 0，阵列复制桌子和椅子，如图 6-147 所示。

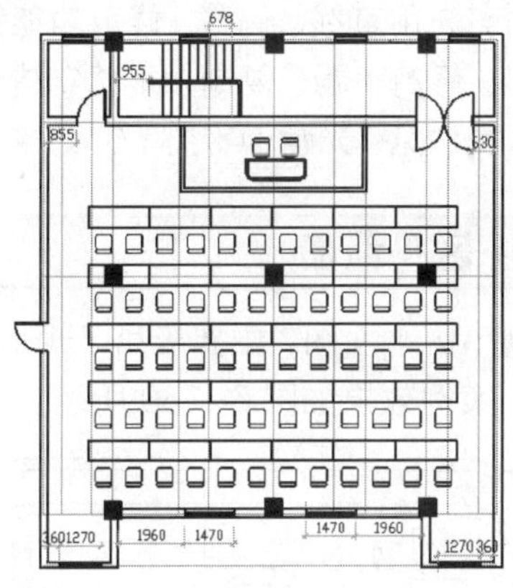

图 6-147　阵列复制桌子和椅子

38 单击“绘图”工具栏中的“多行文字”按钮 A，设置文字样式为宋体，文字高度为 450 后，输入文字“会议室平面图”，并在文字下绘制一条直线，然后关闭图层中的轴线层，得到最终效果，如图 6-148 所示。

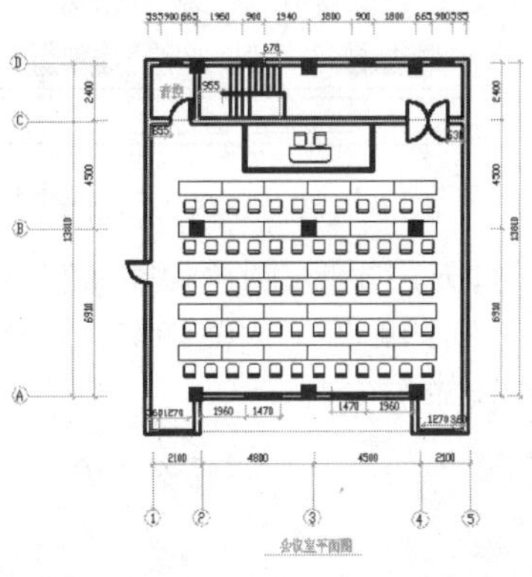

图 6-148　输入文字并关闭轴线图层

牌楼多数以有柱子的门形建筑物，多屹立于道路中。

六角亭牌楼：

建筑术语　什么是回廊

廊是指屋檐下的过道，或带独立屋顶的通道。回廊是指将建筑群的通道连接起来，形成曲折、回环的走廊。其中较为经典回廊属苏州的园林。

庭院回廊：

建筑术语　什么是屋脊

山脊是指两个相对的坡面所形成的一条顶带状地形。同理，屋脊也就是屋顶上的一条顶点隆起的部分。

起初是由弧形的瓦片盖在屋脊上，起到了防漏的效果。随着建筑水平的提高，防漏已经不需要再用瓦片来解决了，因此现在屋脊也演变成了一种屋顶修饰。

屋脊可以分为以下多种：

- 正脊
- 垂脊
- 戗脊
- 角脊
- 岔脊

正脊：

建筑术语 什么是屋檐

屋檐指前后屋顶斜坡的边缘超出房子的延伸部分，也称为瓦檐或房檐。其主要起到了保护房子墙面少受雨水浸泡，也可以减少阳光的照射，从而提高建筑的使用寿命。

一般前后檐对称相同：

实例 6-7 绘制住宅平面图

本实例将绘制住宅的平面图，主要应用了直线、圆、偏移、修剪、复制、图案填充等功能。实例效果如图 6-149 所示。

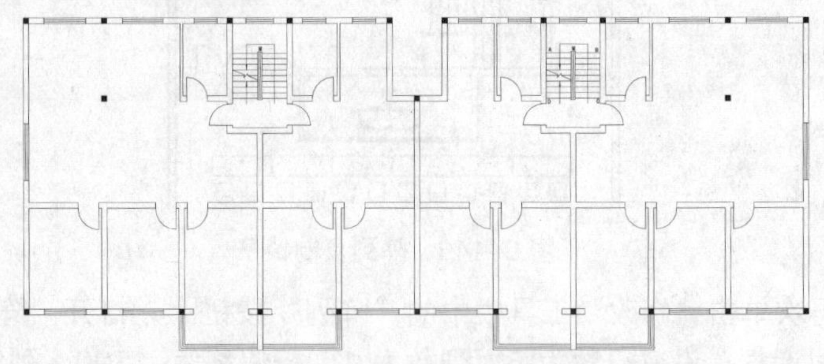

图 6-149 建筑平面效果图

在绘制图形时，先用直线、偏移、修剪功能绘制住建筑的外墙轮廓，再用偏移、修剪、圆、复制功能修饰内部细节，最后进行图案填充，具体操作见“光盘\实例\第 6 章\绘制住宅平面图”。

实例 6-8 绘制小区平面图

本实例将绘制小区平面图，主要应用了矩形、圆角、圆、直线、复制等功能。实例效果如图 6-150 所示。

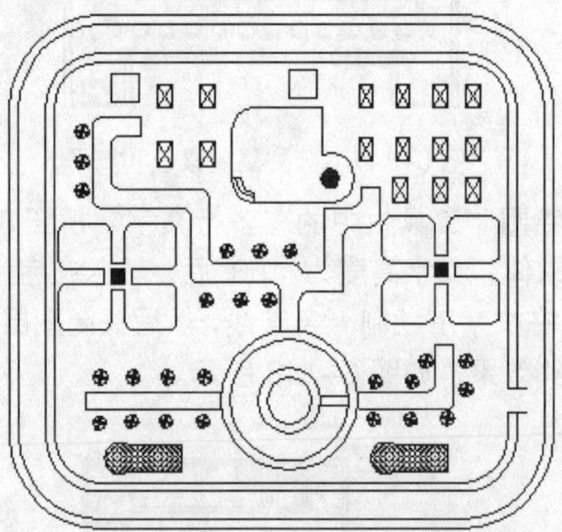

图 6-150 小区平面效果图

在绘制图形时，先用矩形、圆角功能绘制出小区的范围轮廓，再用直线、圆、复制功能修饰内部细节，具体操作见“光盘\实例\第 6 章\绘制小区平面图”。

07

第7章 建筑立面图

建筑立面图是建筑物的正投影图，是展示建筑物外貌特征以及外墙面装饰的工程图样，是建筑施工中进行高度控制与外墙装修的技术依据。另外，结合本章小栏的立面建筑绘图的相关知识，能够帮助读者进一步了解建筑立面。

本章讲解的实例和主要功能如下：

实　例	主要功能	实　例	主要功能	实　例	主要功能
绘制中式窗户（一）	直线 偏移 修剪	绘制中式窗户（二）	直线 偏移 修剪	绘制电脑桌立面图	偏移 修剪 镜像
绘制玄关立面图（一）	偏移 修剪 复制 镜像	绘制玄关立面图（二）	矩形 圆角 复制 圆 删除	绘制挂落	直线 偏移 修剪 矩形阵列 延伸
绘制楼梯栏杆	矩形、偏移 修剪、旋转 延伸、删除	绘制卫生间立面图	直线、圆弧 偏移、修剪 图案填充	绘制客厅背景墙	偏移、修剪 圆、插入块 多行文字 线性标注
绘制小区大门	线宽、镜像 移动、圆角 矩形、旋转 多行文字	绘制别墅立面图	图层、旋转 延伸、圆弧 多段线 陈列、复制 图案填充 线性标注 连续标注	绘制住宅立面图	直线、偏移 修剪、旋转 复制、镜像 线性标注 连续标注

本章在讲解实例操作的过程中，全面系统地介绍关于建筑立面图的相关知识和操作方法，包含的内容如下：

实例 7-1　绘制中式窗户（一）

本实例将绘制一个中式窗户，主要应用了直线、偏移、修剪等功能。实例效果如图 7-1 所示。

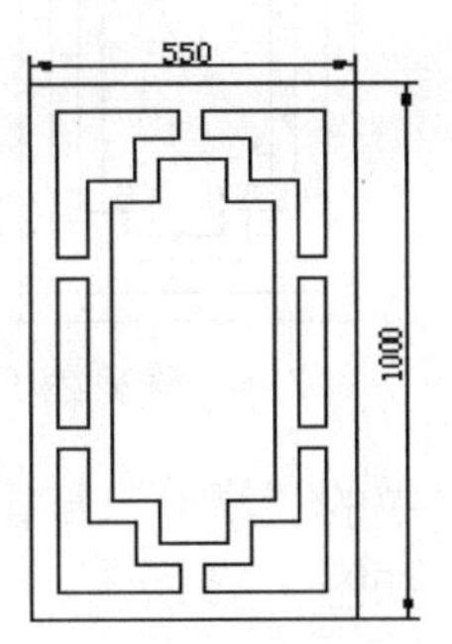

图 7-1　中式窗户效果图

操作步骤

1. 单击“绘图”工具栏中的“直线”按钮，绘制一个长为 550、宽为 1000 的矩形，如图 7-2 所示。
2. 单击“修改”工具栏中的“偏移”按钮，将 4 条线段向内偏移 50，如图 7-3 所示。
3. 单击“修改”工具栏中的“修剪”按钮，修剪出窗户的边框，如图 7-4 所示。

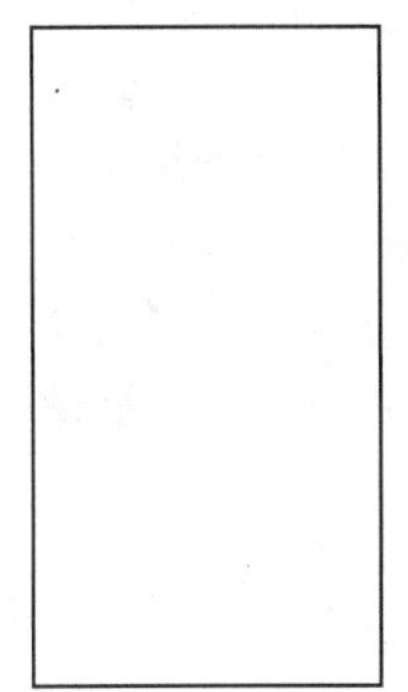

图 7-2　绘制矩形

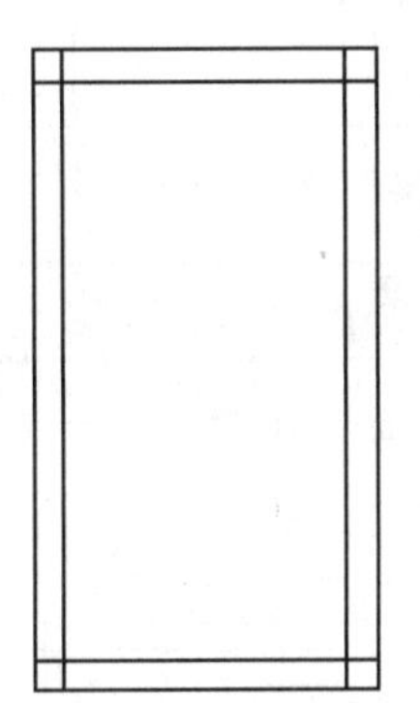

图 7-3　偏移线段

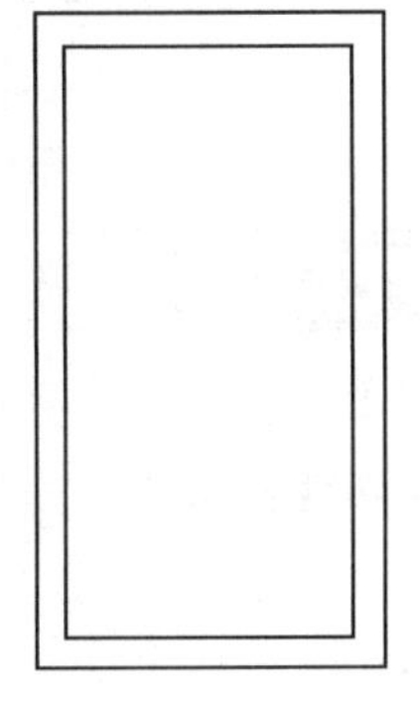

图 7-4　修剪线段

4. 单击“修改”工具栏中的“偏移”按钮，将最外边的 4 条线段分别向内偏移 100、140、180、220，如图 7-5 所示。
5. 单击“修改”工具栏中的“修剪”按钮，修剪出窗户的内部结构，如图 7-6 所示。
6. 单击“修改”工具栏中的“偏移”按钮，将最左边的线段向右偏移 255、295，再将最上边的线段向下偏移 320、360、640、680，如图 7-7 所示。

实例 7-1 说明

- 知识点：
  - 直线
  - 偏移
  - 修剪
- 视频教程：
  光盘\教学\第 7 章　建筑立面图
- 效果文件：
  光盘\素材和效果\07\效果\7-1.dwg
- 实例演示：
  光盘\实例\第 7 章\绘制中式窗户 1

相关知识　建筑立面图

建筑立面图是建筑物立面的正投影图，是展示建筑物外貌物特征以及外墙面装饰的工程图样，是建筑施工中进行高度控制与外墙装修的技术依据。在完成建筑平面图的绘制之后，就可以进行建筑立面图的绘制工作了。

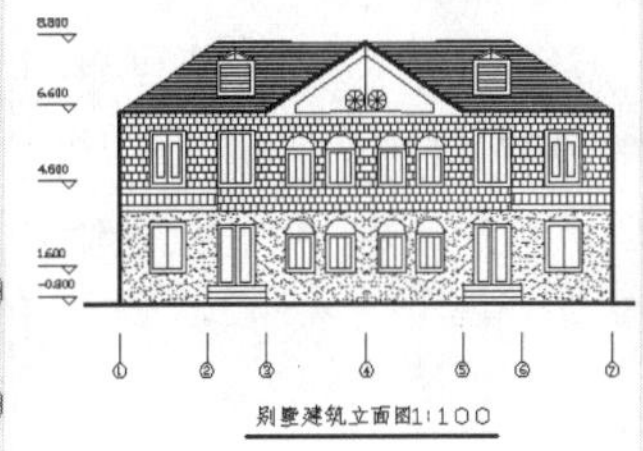

相关知识　建筑立面图的绘制方法(1)

建筑设计的绘制顺序是没有标准而且也没有统一规

定的。用 AutoCAD 绘制建筑立面图有两种基本方法：传统方法和模型投影法。

1. 传统方法

传统立面图绘制方法是基于手工绘图 AutoCAD 方法，是指选定某一投影方向，根据建筑形体的情况，直接利用 AutoCAD 的二维绘图命令绘制建筑立面图。这种绘图方法简单、直观、准确，只需以绘制完成的平面图为基础。绘制的立面图是彼此相互分离的，不同方向的立面图必须独立绘制。

实例 7-2 说明

- 知识点：
  - 直线
  - 偏移
  - 修剪
- 视频教程：
  光盘\教学\第 7 章　建筑立面图
- 效果文件：
  光盘\素材和效果\07\效果\7-2.dwg
- 实例演示：
  光盘\实例\第 7 章\绘制中式窗户 2

相关知识　建筑立面图的绘制方法(2)

2. 模型投影法

模型投影法是利用 AutoCAD 建模准确、消隐迅速的优势，根据所创建的建筑物外表三维线框模型或实体

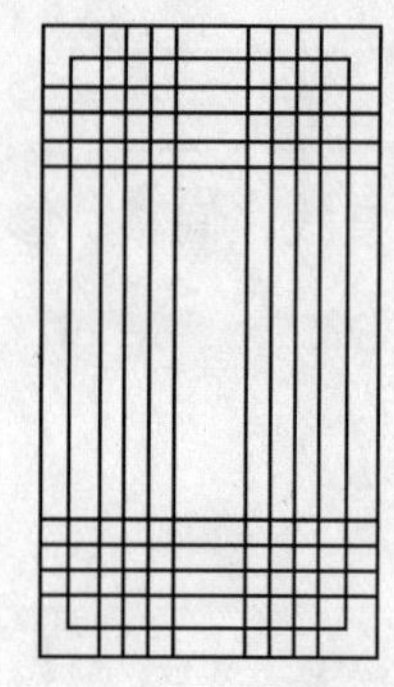

图 7-5　偏移线段

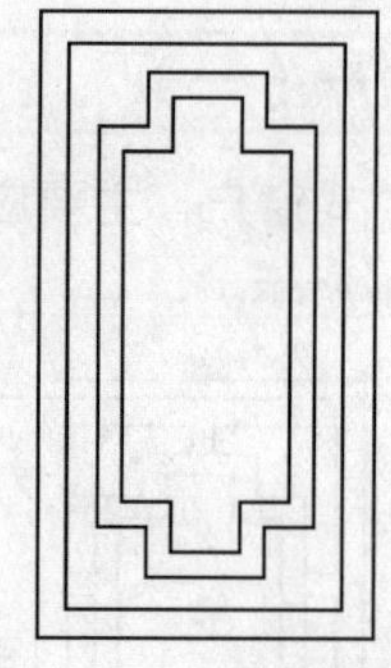

图 7-6　修剪线段

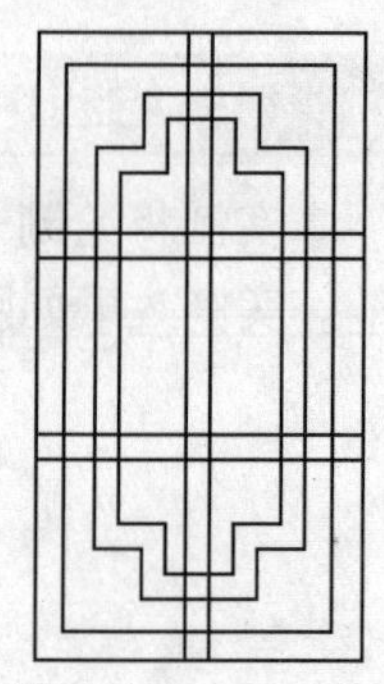

图 7-7　偏移线段

7 单击“修改”工具栏中的“修剪”按钮，修剪出框架与内部结构的连接部分，如图 7-8 所示。

8 单击“标注”工具栏中的“线性”按钮，标注窗户的尺寸，如图 7-9 所示。

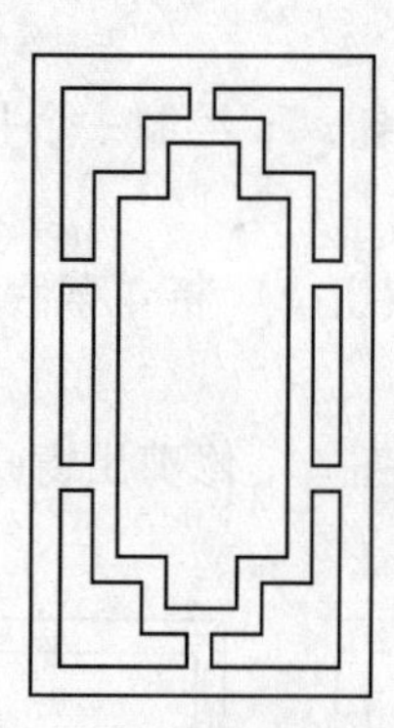

图 7-8　修剪连接部分

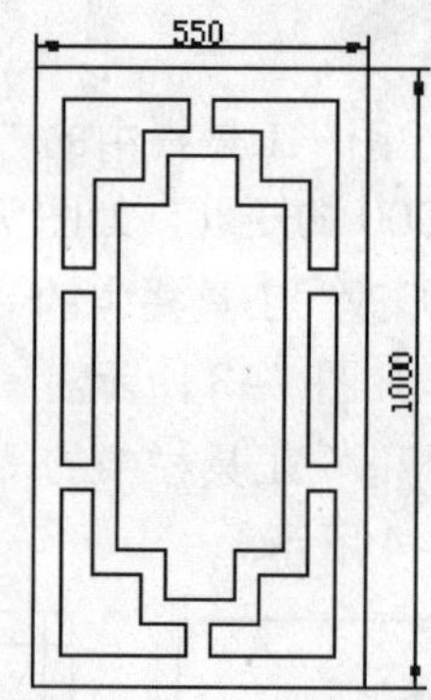

图 7-9　标注窗户尺寸

实例 7-2　绘制中式窗户（二）

本实例将绘制另一种中式窗户，主要应用了直线、偏移、修剪等功能。实例效果如图 7-10 所示。

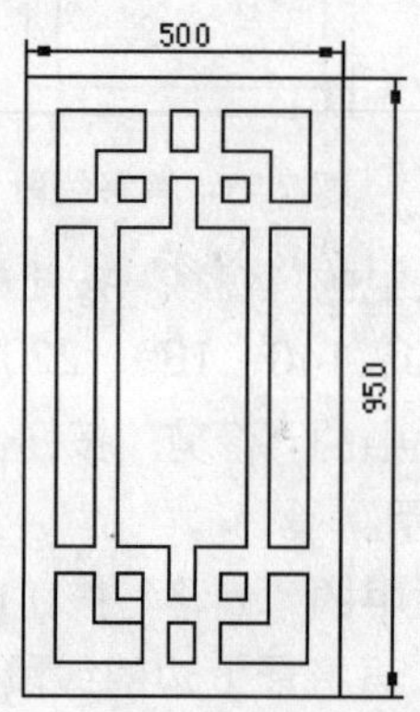

图 7-10　实例效果图

操作步骤

1 单击“绘图”工具栏中的“直线”按钮，绘制出一个长为500、宽为950的矩形，如图7-11所示。

2 单击“修改”工具栏中的“偏移”按钮，将4条线段各向内偏移50，如图7-12所示。

3 单击“修改”工具栏中的“修剪”按钮，修剪出窗户的边框，如图7-13所示。

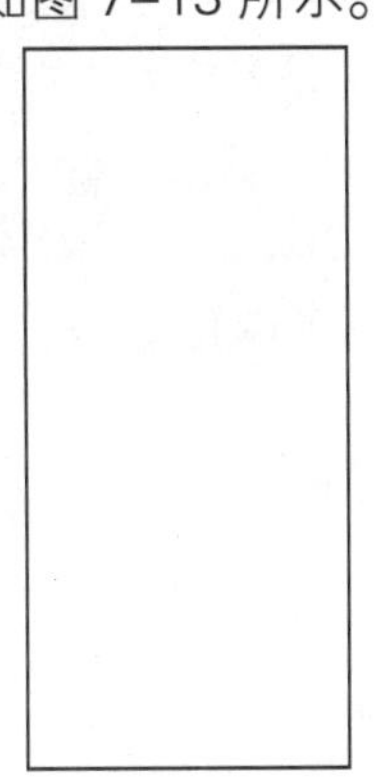

图7-11　绘制线段

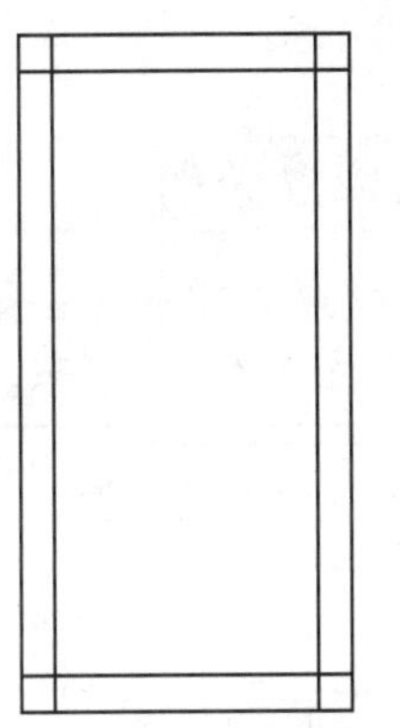

图7-12　偏移线段

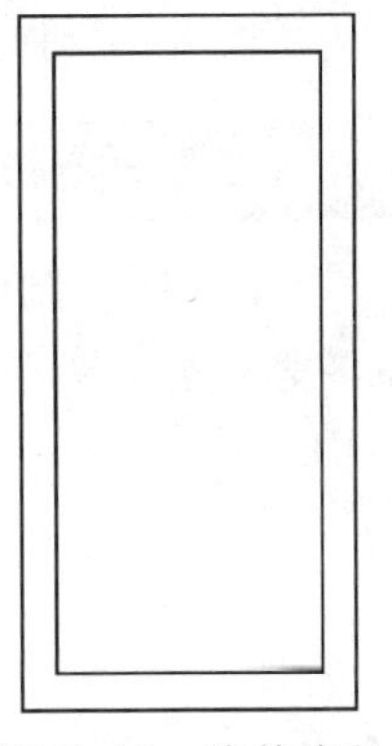

图7-13　修剪线段

4 单击“修改”工具栏中的“偏移”按钮，将最外边的4条线段分别向内偏移110、150，如图7-14所示。

5 单击“修改”工具栏中的“修剪”按钮，修剪出窗户的内部结构，如图7-15所示。

6 单击“修改”工具栏中的“偏移”按钮，将最外边的4条线段分别向内偏移190、230，如图7-16所示。

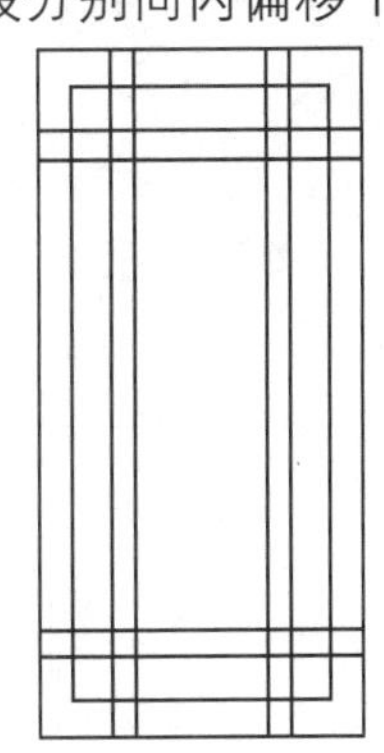

图7-14　偏移线段

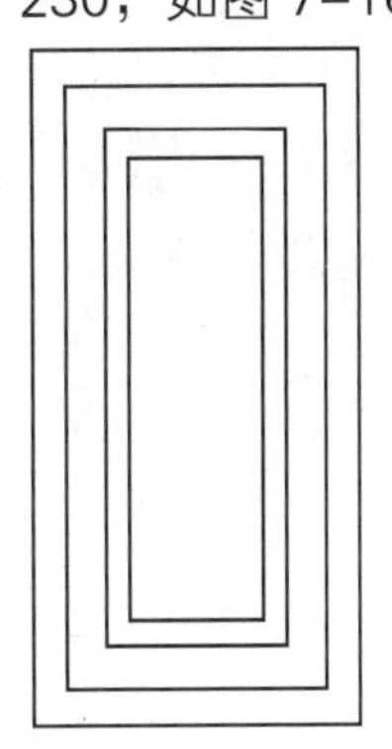

图7-15　修剪线段

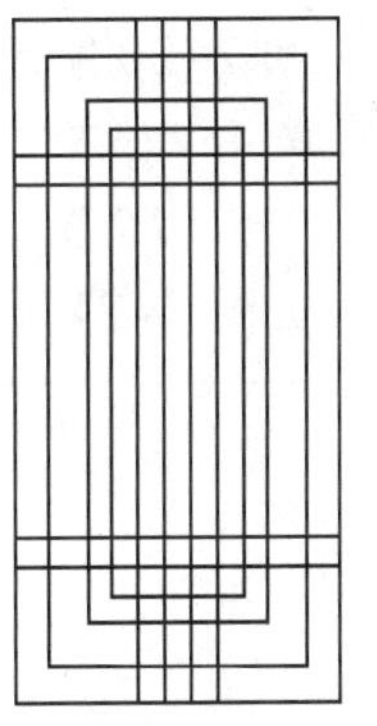

图7-16　偏移线段

7 单击“修改”工具栏中的“修剪”按钮，修剪出框架与内部结构的连接部分，如图7-17所示。

8 单击“标注”工具栏中的“线性”按钮，标注窗户的尺寸，如图7-18所示。

模型，选择不同视点方向观察模型并进行消隐处理，即得到不同方向的建筑立面图。

这种方法的优点是，它直接从三维模型上提取二维立面信息，一旦完成建模工作，就可生成任意方向的立面图。

相关知识　绘制建筑立面图的步骤

一般建筑立面图的绘制步骤如下：

（1）绘制地平线、定位轴线、各层的楼面线、楼面或女儿墙的轮廓、建筑外墙轮廓等。

（2）绘制立面门窗洞口、楼梯间、阳台、墙身及在外墙外面的柱子等可见的轮廓。

（3）绘制门窗、雨水管、外墙分割线等立面细部构造。

（4）标注尺寸及标高，添加索引符号及必需的文字说明。

相关知识　建筑立面图的绘图比例

在绘图时，其绘图比例与平面图一致，最常用的比例有：

- 1:50。
- 1:100。
- 1:200。
- 1:500。

实例 7-3 说明

- 知识点：
  - 偏移
  - 修剪
  - 镜像
- 视频教程：

  光盘\教学\第 7 章　建筑立面图
- 效果文件：

  光盘\素材和效果\07\效果\7-3.dwg
- 实例演示：

  光盘\实例\第 7 章\绘制电脑桌立面图

相关知识　立面图的平面图素

在绘制立面图时，需要注意以下几个平面图素：

- 建筑设计中，平面决定立面。但建筑立面施工图并不反映建筑内部等构件以及平面图中的文本标注等，而且过多的标注和构件还会影响三维图形的绘制和观察。所以，在进行三维图形的绘制之前，首先应该将这些无关图形删除或关闭。
- 平面图中需保留的构件有外墙、台阶、雨篷、阳台、室外楼梯、外墙上的门窗、花台、散水等。删除与立面生成无关的内容，可框选要删除的图形，用 R 或 A 选项取消或增加一些选项。
- 如果建筑物每层变化不大，可以选择一层或标准层平面作为生成立面的基础平面；如果建筑物的形体变化较大，即各层平面差别较大，

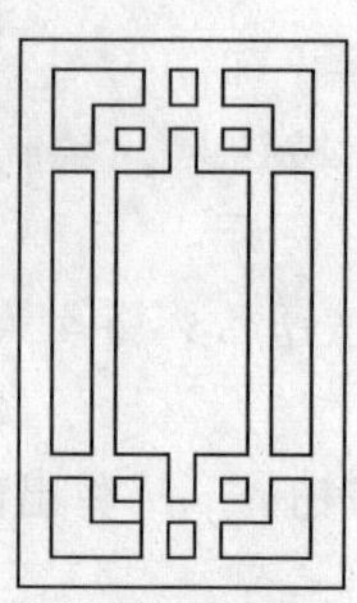

图 7-17　修剪连接部分

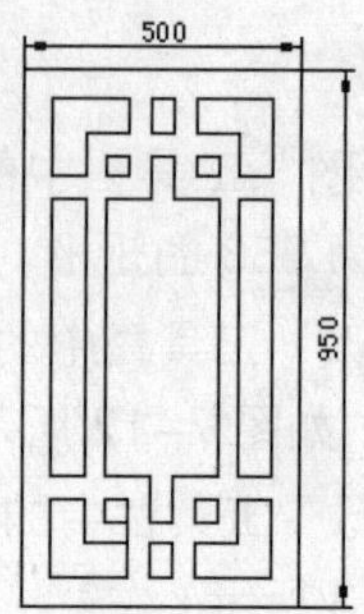

图 7-18　标注窗户尺寸

实例 7-3　绘制电脑桌立面图

本实例将制作电脑桌立面图，主要应用了偏移、修剪、镜像等功能。实例效果如图 7-19 所示。

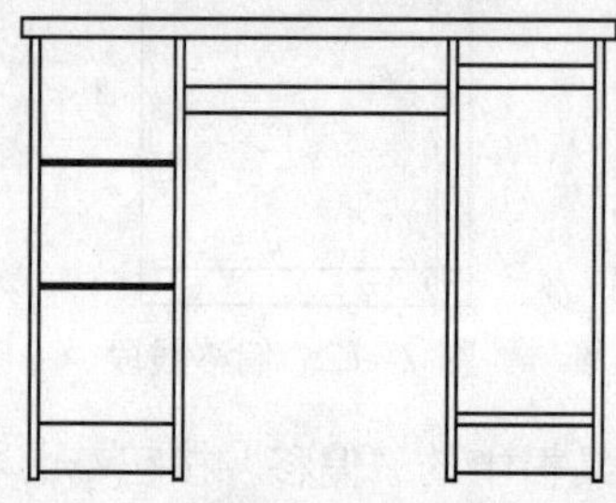

图 7-19　电脑桌立面效果图

操作步骤

1. 单击“绘图”工具栏中的“直线”按钮，沿 X 轴绘制长度为 120 的直线，再沿 Y 轴绘制长度为 75 的直线，如图 7-20 所示。
2. 单击“修改”工具栏中的“偏移”按钮，将水平线段向下偏移 2.5、75，再将垂直线段向左偏移 2、4、31.5、33.5，如图 7-21 所示。

图 7-20　绘制直线

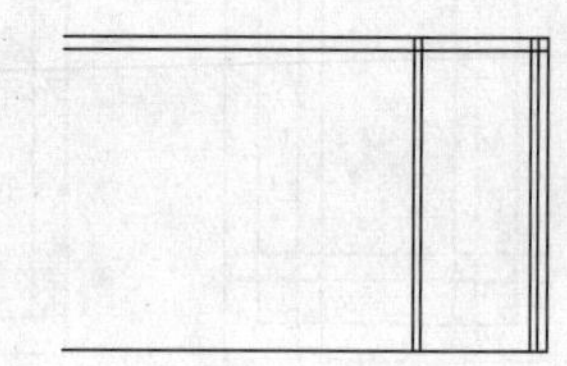

图 7-21　偏移线段

3. 单击“修改”工具栏中的“修剪”按钮，修剪图形中的多余线段，如图 7-22 所示。
4. 单击“修改”工具栏中的“镜像”按钮，以最上边水平线段的中点为起点，沿 Y 轴极轴上的任意一点，镜像复制所有垂直线段，如图 7-23 所示。

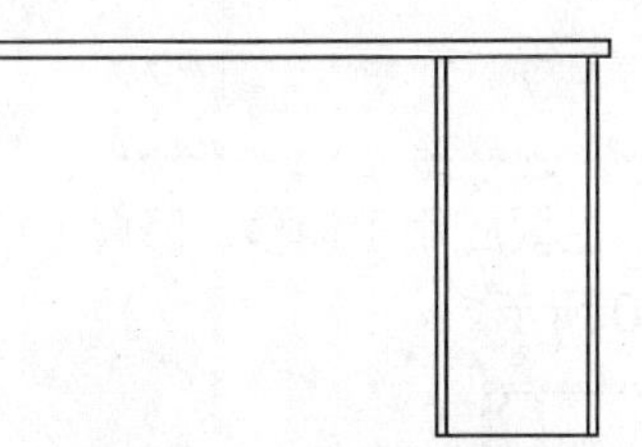

图 7-22 修剪多余线段

图 7-23 镜像复制垂直线段

5 单击“修改”工具栏中的“偏移”按钮，将左下边水平短线段向上偏移 1、9、31、31.5、51.5、52，如图 7-24 所示。

6 单击“修改”工具栏中的“修剪”按钮，修剪出电脑桌左边的抽屉，如图 7-25 所示。

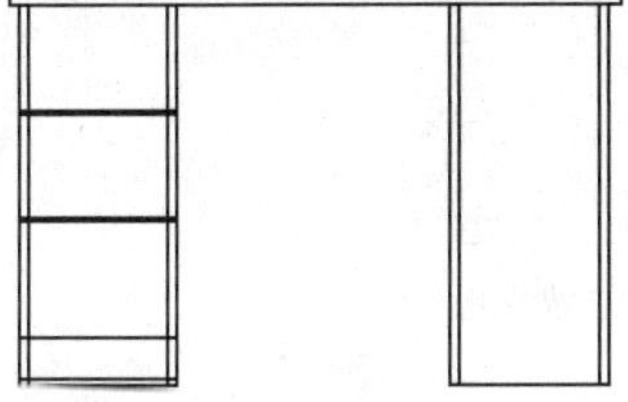

图 7-24 偏移线段

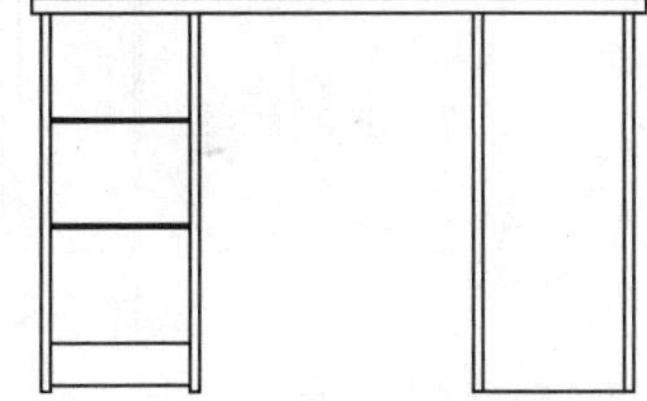

图 7-25 修剪出抽屉

7 单击“修改”工具栏中的“偏移”按钮，将右下边水平短线段向上偏移 1、9、11、64、68，如图 7-26 所示。

8 单击“修改”工具栏中的“修剪”按钮，修剪出电脑桌右边的鼠标架和主机架，如图 7-27 所示。

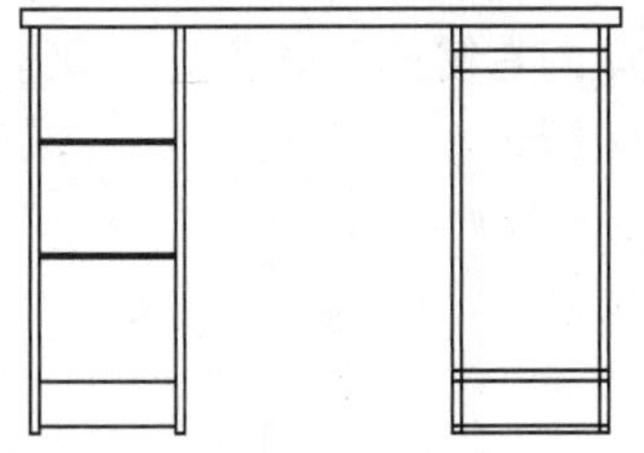

图 7-26 偏移线段

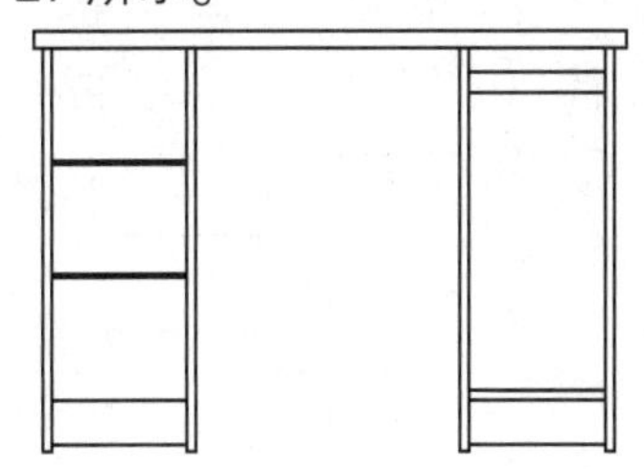

图 7-27 修剪出鼠标架和主机架

9 单击“修改”工具栏中的“偏移”按钮，将最上边的水平线段向下偏移 11、15，如图 7-28 所示。

10 单击“修改”工具栏中的“修剪”按钮，修剪出键盘架，如图 7-29 所示。

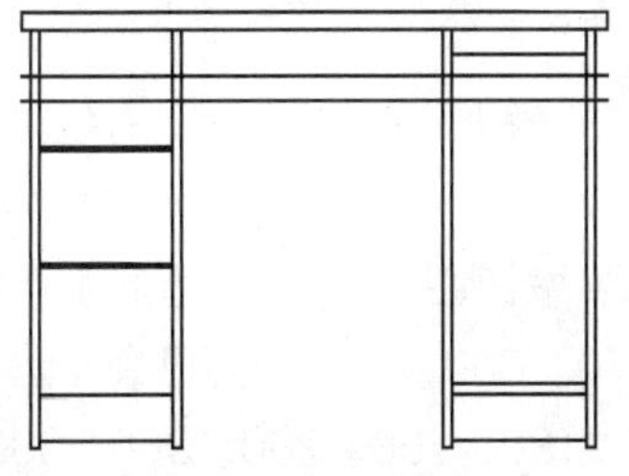

图 7-28 偏移线段

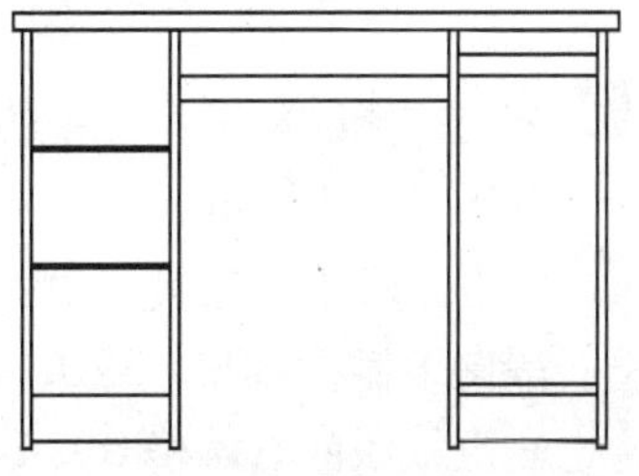

图 7-29 修剪出键盘架

例如高层建筑物裙楼、塔楼、楼顶层等就必须每层分开处理，分别利用各部分生成立面，然后加以拼接即可完成整体立面图。

- 如果用户在绘制建筑平面施工图时，设置了绘图图层，则可用分层删除的方法来进行删除。例如，用 LILNE 命令锁定及冻结墙线、门窗、台阶、阳台、楼梯等有用的图层，然后用 ERASE 命令删除其他无关的图层；用 PURGE 命令的 ALL 选项删除无用图层、图块和尺寸标注格式；再打开锁住或冻结的图层，删除一些无用图形后保存图形，即完成平面辅助图素的准备工作。

相关知识 **绘制外墙立面时的注意事项**

在绘制外墙立面时，需要注意以下几点事项：

- 以平面图为基础，依据建筑的外墙尺寸和层高，生成外墙立面（一般外墙轮廓线为粗实线，各层连接处不能断开），接着以平面图为基础绘制平面图中有起伏转折的部分墙体。
- 依据屋顶形式和女儿墙的高度（一般女儿墙的高度为 900～1200mm，非上人屋面女儿墙高度为 500～600mm，平屋顶和坡屋顶没有女儿墙）生成屋顶立面。

- 绘制墙体可以以轴线和平面墙体轮廓作为参考，使用“直线”、“多段线”以及“偏移”等命令绘制。

在绘制墙体时，可以单独为外墙设计设置绘图环境，打开轴线层和“墙体”层，设定栅格间距和光标捕捉模数为100（因为建筑设计规范规定建筑立面的模数一般为100mm），并打开捕捉功能（按F9键），坐标处于跟踪状态（按F6键），打开正交状态（按F8键）。

实例 7-4 说明

- 知识点：
  - 偏移
  - 修剪
  - 复制
  - 镜像
- 视频教程：

  光盘\教学\第7章 建筑立面图
- 效果文件：

  光盘\素材和效果\07\效果\7-4.dwg
- 实例演示：

  光盘\实例\第7章\绘制玄关立面图（一）

相关知识 <u>绘制墙的方法与技巧</u>

绘制墙图形时，有以下几点方法和技巧需要注意：

- 在立面图中，上一层立面总是基于下一层平面的外墙轮廓，因此在完成一层平面后，可以复制后进行修改得到二、三甚至其他层立面。
- 如果外墙轮廓线是有规律地重复出现时，直接用绘图命令来绘制墙体的方法会觉得复杂，以致降低绘图效率。利用

实例 7-4 绘制玄关立面图（一）

本实例将制作玄关的立面图（一），主要应用了偏移、修剪、复制、镜像等功能。实例效果如图7–30所示。

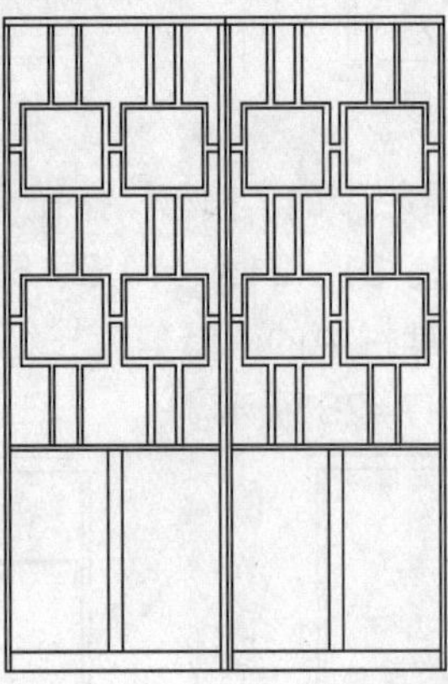

图7–30　玄关立面效果图

操作步骤

1. 单击“绘图”工具栏中的“直线”按钮，沿X轴向左绘制长度为800的直线，再Y轴向下绘制长度为2300的直线，如图7–31所示。
2. 单击“修改”工具栏中的“偏移”按钮，将水平线段向下偏移20、1500、2300，再将垂直线段向右偏移20、780、800，偏移出玄关的大致框架，如图7–32所示。

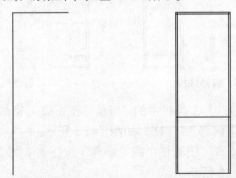

图7–31　绘制线段　　　图7–32　偏移出玄关框架

3. 单击“修改”工具栏中的“修剪”按钮，修剪多余的线段，如图7–33所示。
4. 单击“修改”工具栏中的“偏移”按钮，将最上边的水平线段向下偏移300、320、450、470、600、620，再将最左边的垂直线段向右偏移60、80、160、180、260、280、360、380，如图7–34所示。

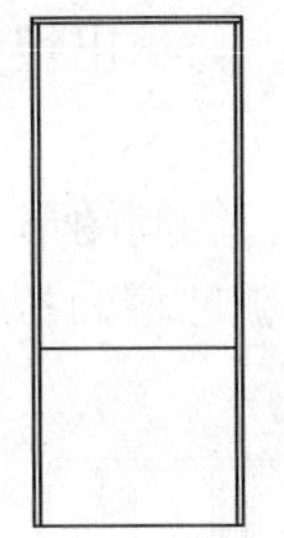

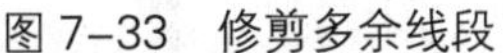

图 7–33　修剪多余线段

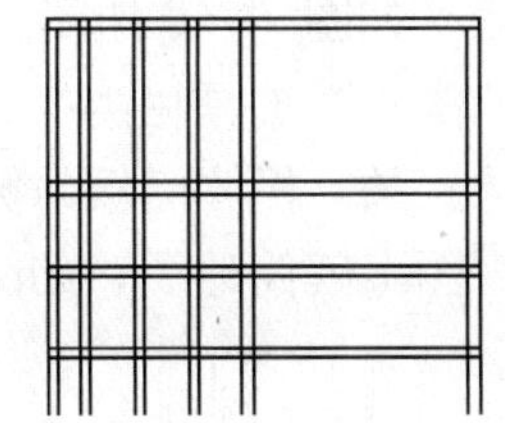

图 7–34　偏移木架

5 单击“修改”工具栏中的“修剪”按钮和“删除”按钮，修剪出一个木架结构，如图 7–35 所示。

6 单击“修改”工具栏中的“镜像”按钮，将修剪好的第一个木架结构，以最上边水平线段的中心点，沿 Y 轴极轴做镜像复制，如图 7–36 所示。

7 单击“绘图”工具栏中的“直线”按钮，绘制两木架之间的断口连线，如图 7–37 所示。

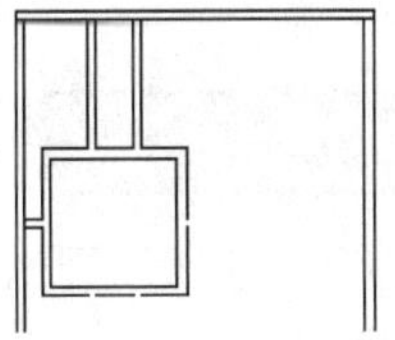

图 7–35　修剪出一个木架

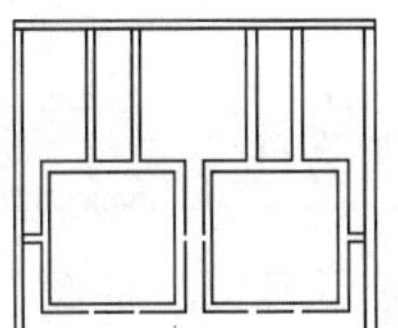

图 7–36　镜像复制木架

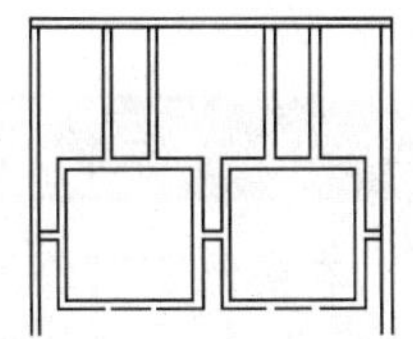

图 7–37　绘制断口的连线

8 单击“修改”工具栏中的“复制”按钮，将木架向下复制，如图 7–38 所示。

9 玄关上摆放装饰的木架绘制完成后，下面来绘制下半部分，双开柜体门。单击“修改”工具栏中的“偏移”按钮，将最下边的水平线段向上偏移 70、780，再将最左边的垂直线段向右偏移 375、425，如图 7–39 所示。

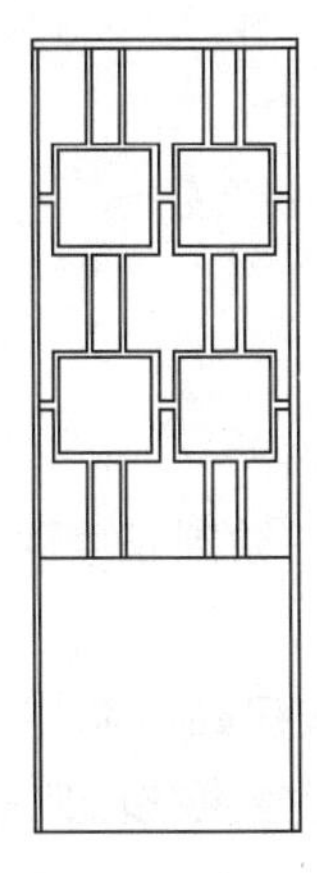

图 7–38　复制木架

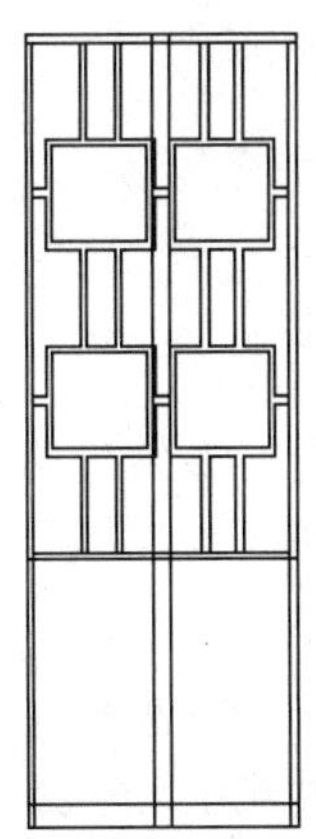

图 7–39　偏移线段

AutoCAD 中的复制工具如“复制”、“阵列”、“镜像”、“偏移”等可以方便快速地大量复制有规律排列的墙线。

- 墙体是有宽度的，一般外墙宽度为 240，所以在绘制时有外墙应向定位轴线外偏移 120。此外，凡是在平面图中向外凸出的部分在立面图中都应该有表述，在绘制时尤其应该注意凸出外柱、雨篷、装饰构件等部分。
- 在用各种方法绘制立面墙线后还需要对墙线进行编辑，如墙线和其他轮廓线的接头、断开、延伸、删除、圆角、移动等。
- 对于墙线的接头、圆角都可以使用“圆角”命令，圆角半径为 0 时，两线接直角，半径大于 0 时，两线接圆角；墙线倒斜角用“倒角”命令可做不同斜度的切角；其他如“延伸”、“修剪”、“删除”、“偏移”等命令也都是十分常用的编辑命令。

相关知识　绘制门窗立面

绘制门窗立面需要注意以下几个方面的内容：

- 在方案草图设计过程中，立面门窗可能只是一些标明的位置或洞口，进入建筑初步设计阶段，绘制完成立面墙后，就需要将它们仔细绘制出来。此时，应该依据建筑的门窗形式和尺寸、门窗离地高度绘制立面门窗。

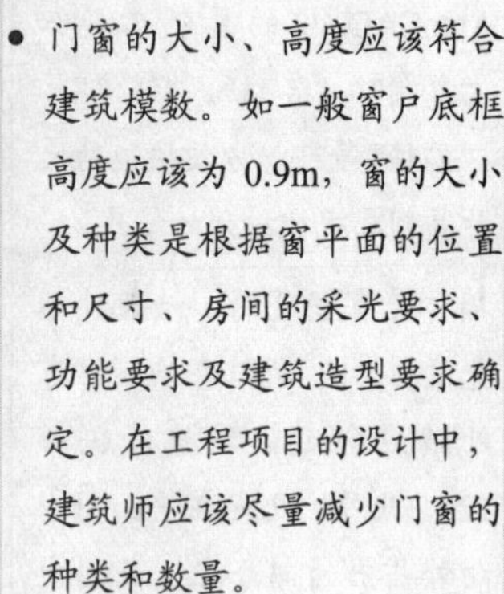

- 门窗的大小、高度应该符合建筑模数。如一般窗户底框高度应该为 0.9m，窗的大小及种类是根据窗平面的位置和尺寸、房间的采光要求、功能要求及建筑造型要求确定。在工程项目的设计中，建筑师应该尽量减少门窗的种类和数量。

普通门高度为 2m，入口防盗门宽度为 1m，高窗底框高度应在 1.5m 以上，门的宽度、高度以及门的立面形式设计是根据门平面的位置和尺寸、人流量要求而定的。

- 先根据不同种类的门窗绘制一些标准立面门、窗块，在需要时根据实际尺寸指定比例缩放插入或直接调用建筑专业图库的图形，这是使用 AutoaCAD 绘制门窗的最佳办法，其绘制方法与平面门绘制方法类似。

实例 7-5 说明

知识点：

- 矩形
- 圆角
- 复制
- 圆
- 删除

视频教程：

光盘\教学\第 7 章 建筑立面图

效果文件：

光盘\素材和效果\07\效果\7-5.dwg

实例演示：

光盘\实例\第 7 章\绘制玄关立面图（二）

10 单击“修改”工具栏中的“修剪”按钮，修剪出柜体门和踢脚板，如图 7-40 所示。

11 单击“修改”工具栏中的“复制”按钮，复制图形，形成双柜体玄关。柜体门板为侧边开 80mm 圆弧凹槽为拉手，所以正视图上就简略了，如图 7-41 所示。

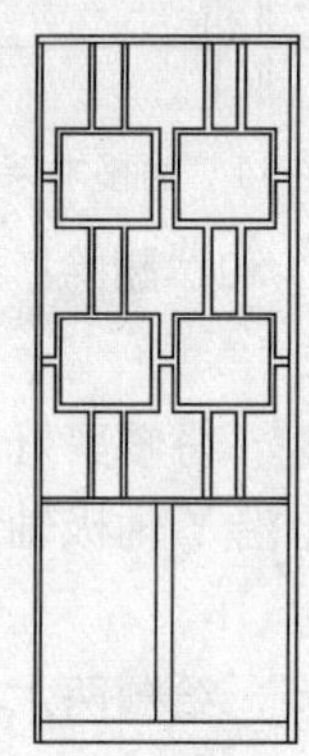

图 7-40　修剪柜体门和踢脚板

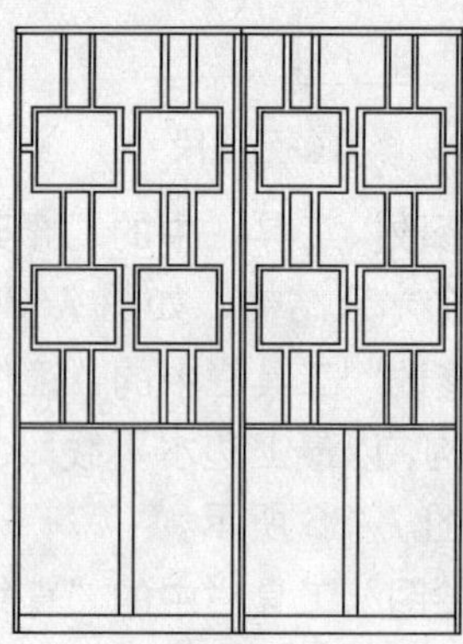

图 7-41　复制柜体

实例 7-5　绘制玄关立面图（二）

本实例将制作另一种玄关的立面图，主要应用了矩形、圆角、复制、圆、删除等功能。实例效果如图 7-42 所示。

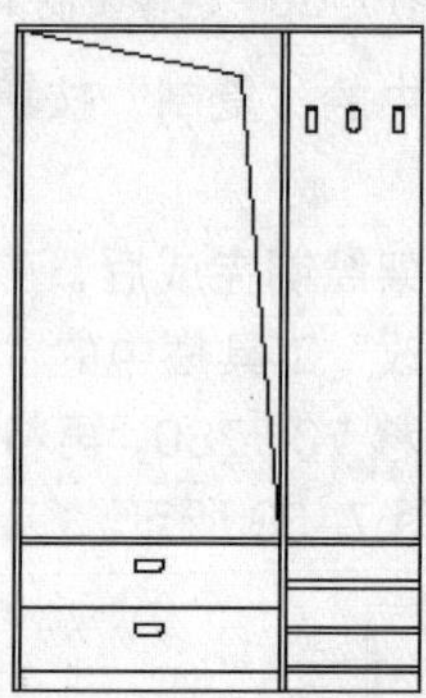

图 7-42　玄关立面效果图

操作步骤

1 单击“绘图”工具栏中的“直线”按钮，沿 X 轴向左绘制长度为 1200 的直线，再沿 Y 轴向下绘制长度为 2200 的直线，如图 7-43 所示。

2 单击“修改”工具栏中的“偏移”按钮，将水平线段向下偏移 20、1700、1720、2200，再将垂直线段向右偏移 20、780、800、1200，如图 7-44 所示。

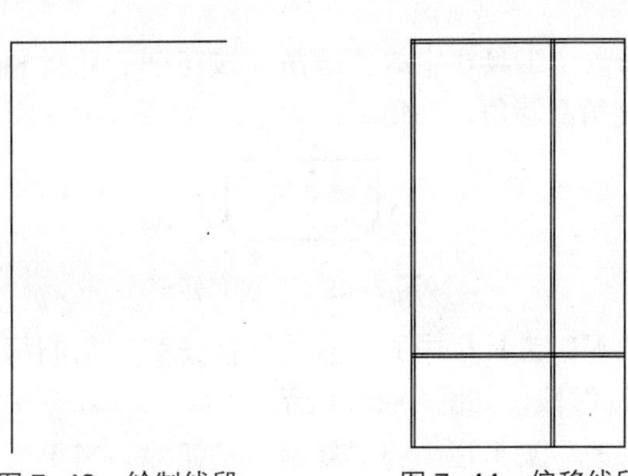

图 7-43　绘制线段　　　　图 7-44　偏移线段

3 单击“修改”工具栏中的“修剪”按钮，修剪出玄关的大致结构，如图 7-45 所示。

4 单击“修改”工具栏中的“偏移”按钮，将最下边的水平线段向上偏移 60、80、190、210、270、340、360，如图 7-46 所示。

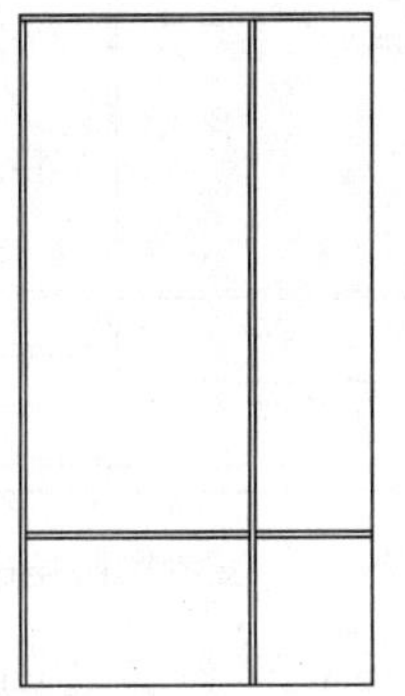

图 7-45　修剪出大致结构

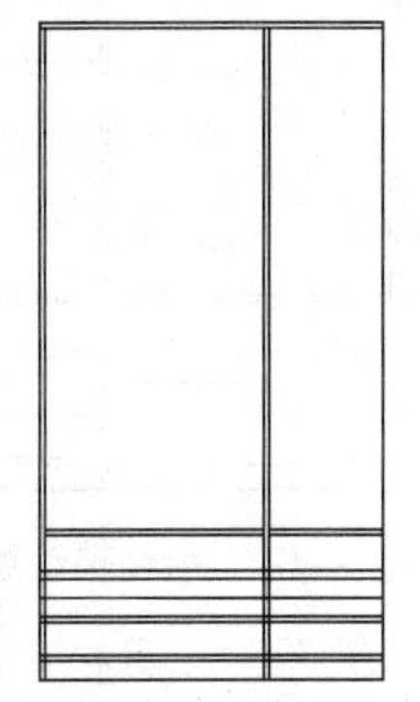

图 7-46　偏移线段

5 单击“修改”工具栏中的“修剪”按钮，修剪出玄关下半部分的抽屉和格子，如图 7-47 所示。

6 单击“绘图”工具栏中的“矩形”按钮，在图形外绘制一个长为 80、宽为 40 的矩形，如图 7-48 所示。

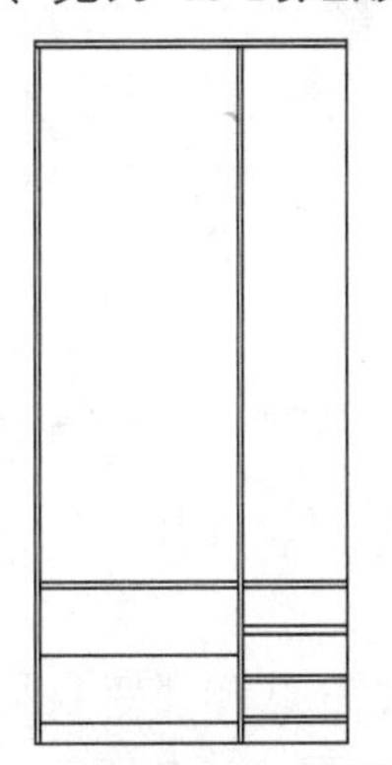

图 7-47　修剪出抽屉和格子

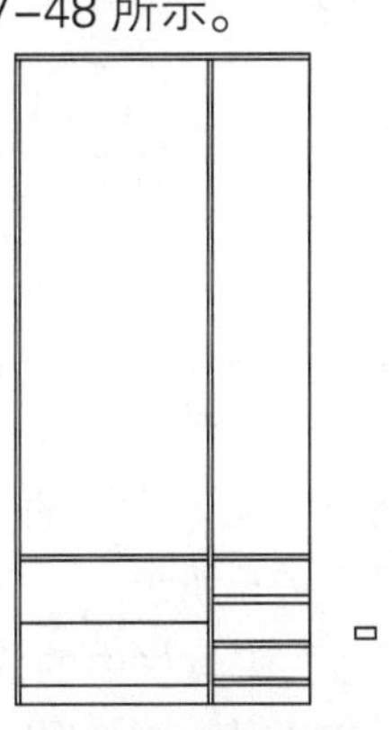

图 7-48　绘制矩形

相关知识　建筑图样的分类

建筑图样根据功能划分，可以分为施工图、竣工图和方案图 3 类。

1. 施工图

施工图是给施工方或建筑方看的图样，主要包含了工程的总体布局，施工的建筑外部形状、内部布置、结构构造、做法等一些方便建筑的规范和要求。

2. 竣工图

竣工图是指在工程竣工后所出的最终施工图。由于施工过程中难免会遇到一些与要求不符的问题，在征求了设计人员的同意后作出一些修改后，因此竣工时就会有一些与施工图样不同的地方，为了保存建筑图样做备份，就需要按照竣工时重新绘制图样，也就是竣工图。

3. 方案图

方案图是指在工程或建筑在还没有开工前的假想图，也可以说是设计蓝图。

相关知识 建筑制图的基本要求

在绘制建筑图样时，需要注意以下几点规范：

- 所有绘制的图样都要配备图样封皮、图样说明以及图样目录等。

封皮内容包括工程名称、图样类别以及制图日期等。

图样说明包括工程概况、设计方、施工方、建筑单位等。

- 每张图样都需标明图样的图名、图号、比例、制图时间等。
- 打印图样的出图比例。

相关知识 建筑制图比例

在绘制图样时，要根据实际尺寸缩放，绘制成图样，应用比较普遍的比例有：

1:1	1:2
1:3	1:4
1:5	1:6
1:10	1:15
1:20	1:25
1:30	1:40
1:50	1:60
1:80	1:100
1:150	1:200
1:250	1:300
1:400	1:500

相关知识 建筑绘图线型规范

根据不同的线型，适用于不同建筑的绘制，下面分别说明：

7 单击“修改”工具栏中的“圆角”按钮，将绘制矩形的下边两个直角倒圆角，圆角半径为 15，如图 7-49 所示。

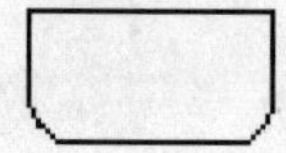

图 7-49 倒圆角矩形

8 单击“绘图”工具栏中的“直线”按钮，绘制两段长度为 50 的辅助线段，如图 7-50 所示。

9 单击“修改”工具栏中的“复制”按钮，将倒圆角后的矩形复制到辅助线上，如图 7-51 所示。

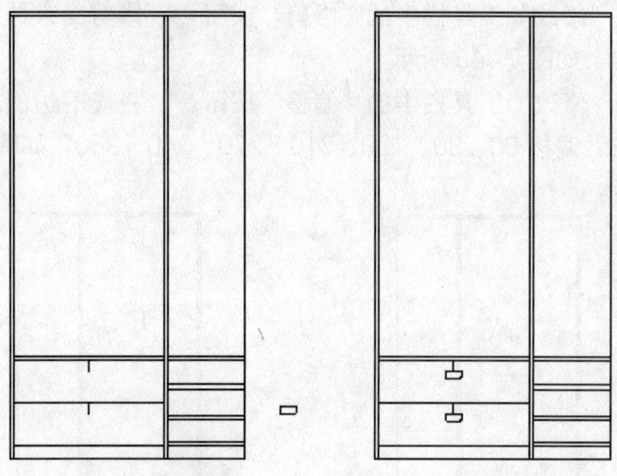

图 7-50 绘制辅助线　　图 7-51 复制倒圆角的矩形

10 单击“绘图”工具栏中的“圆”按钮，绘制一个半径为 15 的圆，如图 7-52 所示。

11 单击“修改”工具栏中的“复制”按钮，将圆向下复制 60，如图 7-53 所示。

12 单击“绘图”工具栏中的“直线”按钮，做两圆的切线和切线之间的连线，如图 7-54 所示。

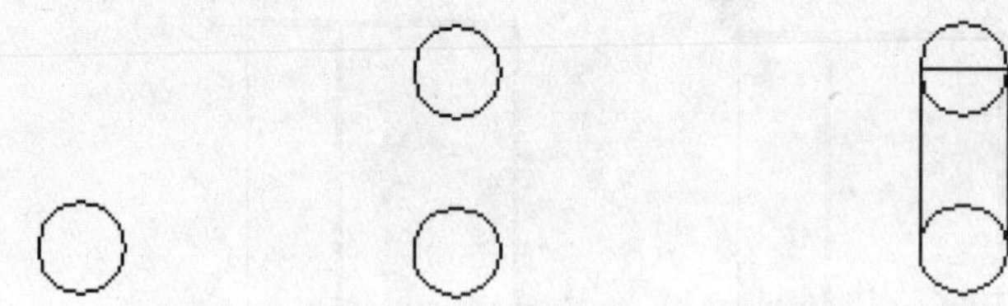

图 7-52 绘制圆　　图 7-53 复制圆　　图 7-54 绘制切线及连线

13 单击“修改”工具栏中的“修剪”按钮，修剪出衣服的挂钩，如图 7-55 所示。

14 单击“修改”工具栏中的“移动”按钮和“复制”按钮，设置玄关右上边为挂衣服的地方，如图 7-56 所示。

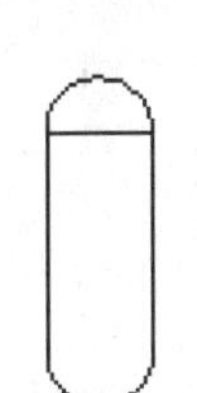

图 7-55　修剪挂钩

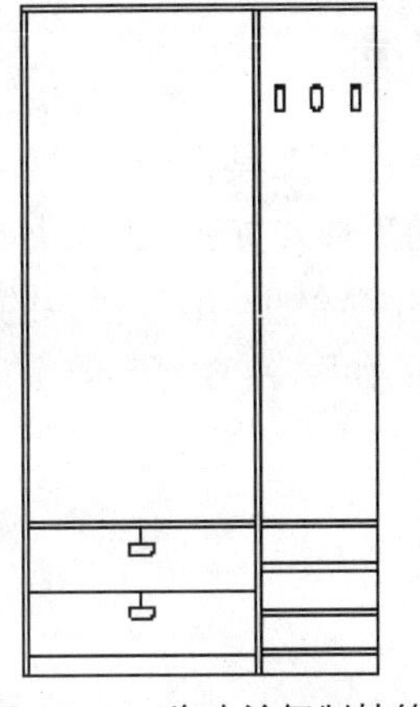

图 7-56　移动并复制挂钩

15 单击“绘图”工具栏中的“直线”按钮，设置玄关左上边为镜子，这里绘制折线来表示，如图 7-57 所示。

16 单击“修改”工具栏中的“删除”按钮，删除辅助线段和多余图形，如图 7-58 所示。

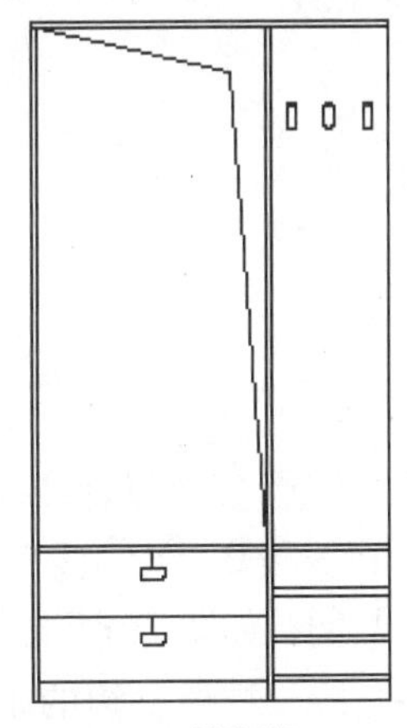

图 7-57　绘制镜子

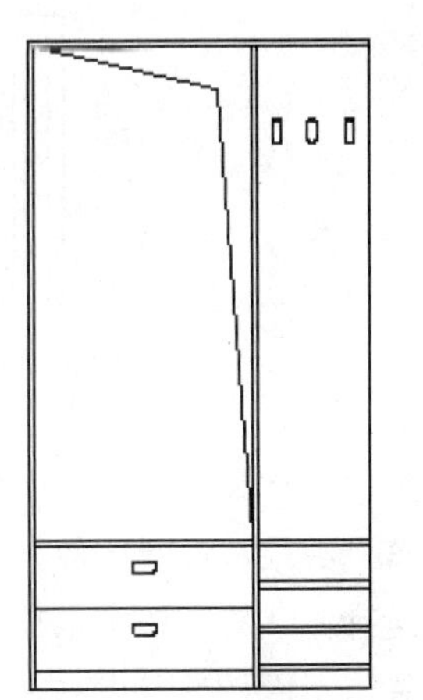

图 7-58　删除辅助线段和多余图形

实例 7-6　绘制挂落

本实例将绘制挂落，主要应用了直线、偏移、修剪、矩形阵列、延伸等功能。实例效果如图 7-59 所示。

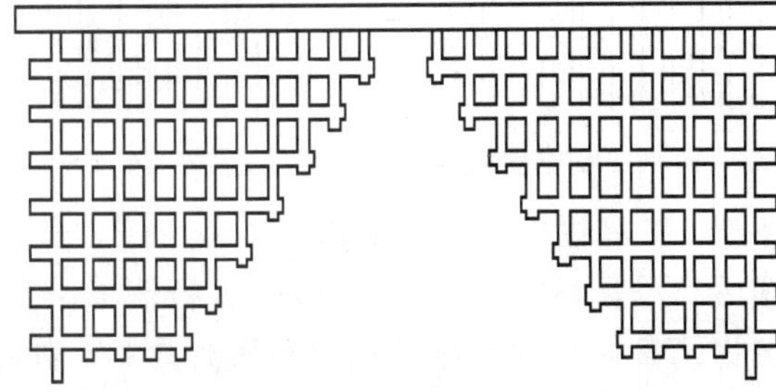

图 7-59　挂落效果图

1. 粗实线（0.3mm）

粗实线主要应用的地方有：

- 平面、剖面图中被剖切主要建筑结构的轮廓线。
- 室内外立面图的轮廓线。
- 建筑构造详图中建筑物的表面线。

2. 中实线（0.15～0.18mm）

中实线主要应用的地方有：

- 平面、剖面图中被剖切次要建筑的轮廓线。
- 室内外平面、立面、剖面建筑图中的构件轮廓线。
- 建筑构造详图中的一般轮廓线。

3. 细实线（0.1mm）

细实线主要应用的地方有：

- 填充线。
- 尺寸线。
- 尺寸界线。
- 索引符号。
- 标高符号。
- 分格线。

4. 细虚线（0.1～0.13mm）

细虚线主要应用的地方有：

- 室内平面、顶面图中未剖切到的主要轮廓线。
- 建筑构造以及构造配件的不可见轮廓线。
- 拟扩建的建筑轮廓线。
- 外开门的立面开门表示线段。

5. 细点画线（0.1～0.13mm）

细点画线主要应用的地方有：

- 中心线。
- 对称线。
- 定位轴线。

6. 细折断线（0.1～0.13mm）

细折断线主要应用的地方：不需要画全的断开界线。

操作步骤

1. 单击“绘图”工具栏中的“直线”按钮，绘制一个长 1500、宽 60 的矩形，如图 7-60 所示。

2. 再次单击“绘图”工具栏中的“直线”按钮，向下绘制 920 的线段，如图 7-61 所示。

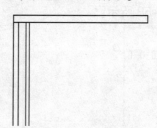

图 7-60　绘制矩形

图 7-61　再次绘制线段

3. 单击“修改”工具栏中的“偏移”按钮，将垂直线段向右偏移 60、140、180，如图 7-62 所示。

图 7-62　偏移线段

4. 单击“修改”工具栏中的“矩形阵列”按钮，选择计数模式阵列线段，设置行数为 1，列数为 11，行偏移 0，列偏移 120，选择偏移的右边两条垂直线段进行阵列复制，如图 7-63 所示。

5. 单击“修改”工具栏中的“偏移”按钮，将最上边的水平线段向下偏移 140、180，如图 7-64 所示。

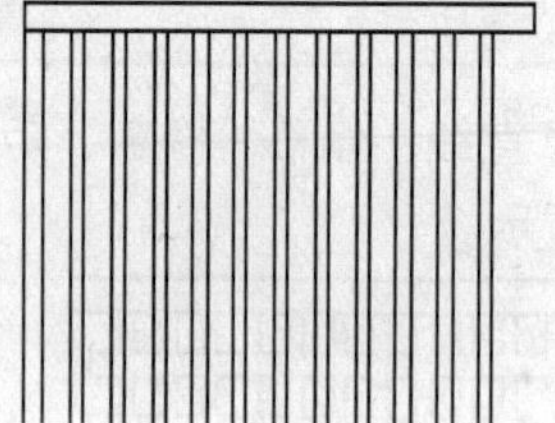

图 7-63　阵列复制垂直线段

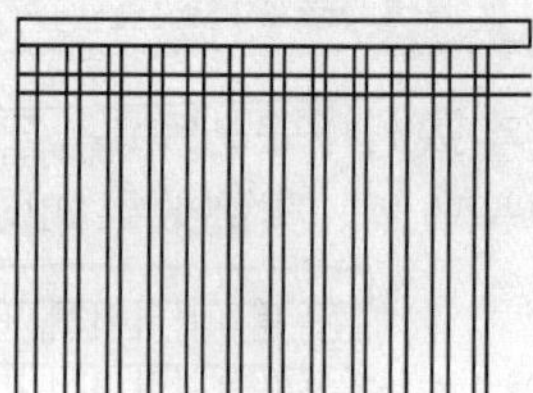

图 7-64　偏移线段

6. 单击“修改”工具栏中的“矩形阵列”按钮，选择计数模式阵列线段，设置行数为 7，列数为 1，行偏移-120，列偏移 0，选择两条偏移的水平线段进行阵列复制，如图 7-65 所示。

实例 7-6 说明

- 知识点：
  - 直线
  - 偏移
  - 修剪
  - 矩形阵列
  - 延伸
- 视频教程：
  光盘\教学\第 7 章　建筑立面图
- 效果文件：
  光盘\素材和效果\07\效果\7-6.dwg
- 实例演示：
  光盘\实例\第 7 章\绘制挂落

相关知识　建筑绘图文字规范

建筑绘图注释文字时，要注意以下几点：

- 引出为箭头或点，引出线和标注需统一。
- 文字说明：在 A0、A1、A2 图样中，字高为 4mm；在 A3、A4 图样中，字高为 3mm。

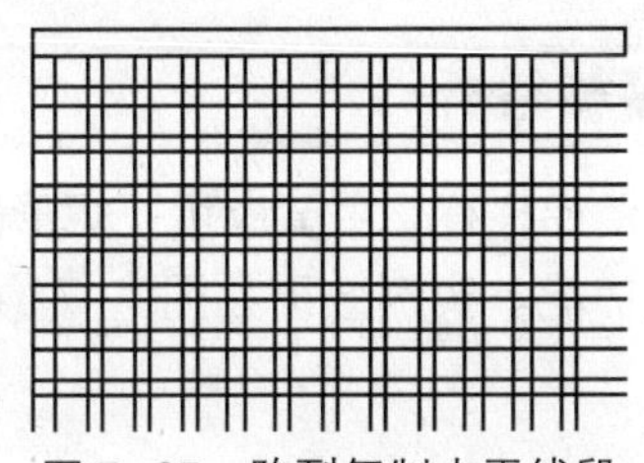
图 7-65　阵列复制水平线段

7 单击“修改”工具栏中的“修剪”按钮，修剪多余的线段，如图 7-66 所示。

8 单击“修改”工具栏中的“偏移”按钮，将垂直线段向右偏移 680、800、920、1040、1160、1280、1400，再将最上边的水平线段向下偏移 200、320、440、560、680、800、920、980，如图 7-67 所示。

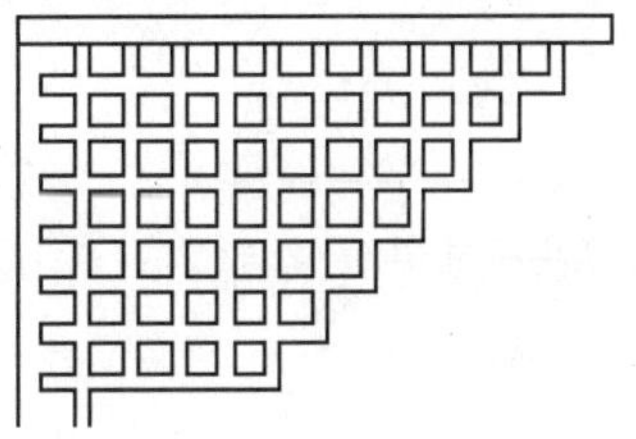
图 7-66　修剪多余线段

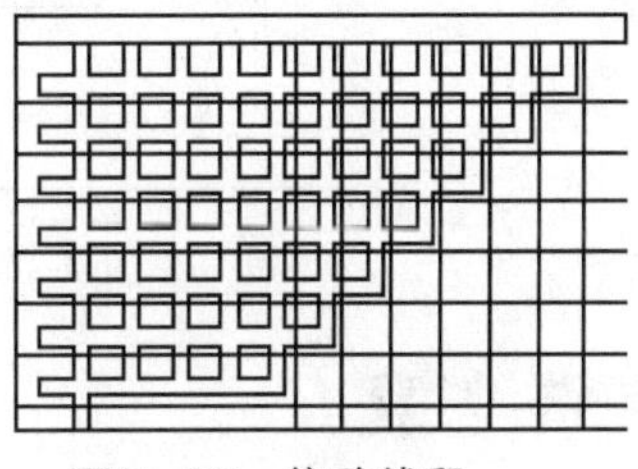
图 7-67　偏移线段

9 单击“修改”工具栏中的“延伸”按钮，延伸边角，增加挂落的美观性，如图 7-68 所示。

10 单击“修改”工具栏中的“修剪”按钮，修剪半幅挂落，如图 7-69 所示。

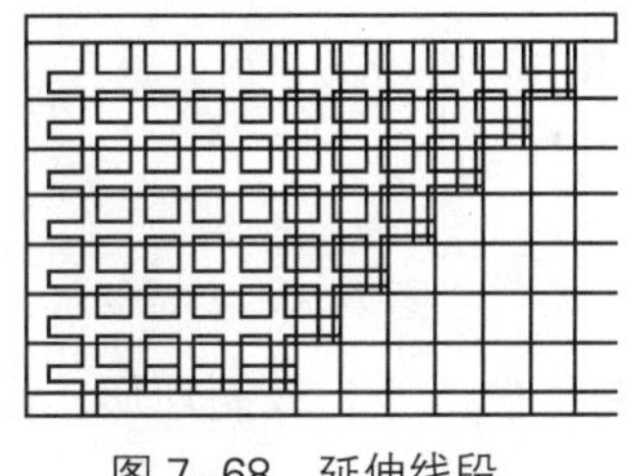
图 7-68　延伸线段

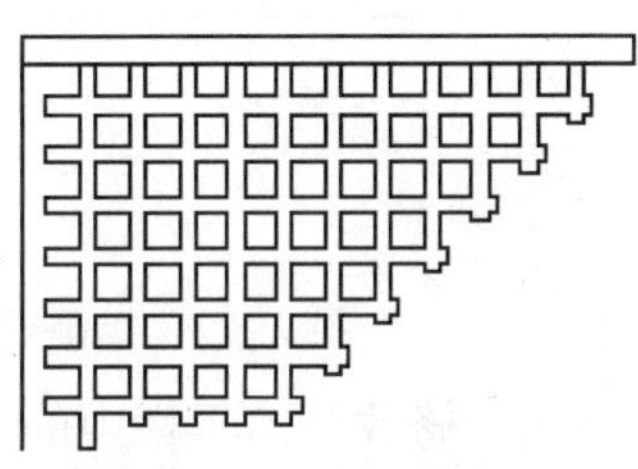
图 7-69　修剪线段

11 单击“修改”工具栏中的“镜像”按钮，镜像复制另一半挂落，并删除多余线段，如图 7-70 所示。

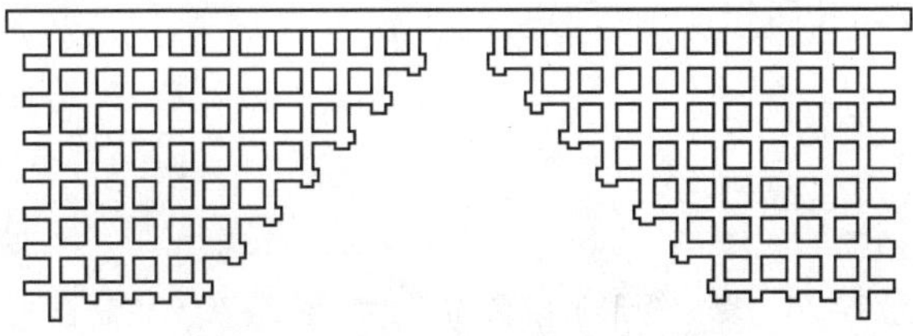
图 7-70　镜像复制并删除多余线段

相关知识　打印出图样的笔号设置

笔号	颜色	线宽
1 号	红色	0.1mm
2 号	黄色	0.1～0.13mm
3 号	绿色	0.1～0.13mm
4 号	浅蓝色	0.15～0.18mm
5 号	深蓝色	0.3～0.4mm
6 号	紫色	0.1～0.13mm
7 号	白色	0.1～0.13mm
8 号	灰色	0.05～0.1mm
9 号	灰色	0.05～0.1mm
10 号	红色	0.6～1mm

相关知识　标高符号设置

建筑绘图的标高符号也有相应的设置。

- 数字在 A0、A1、A2 图样中，字高为 2.5mm；在 A3、A4 图样中，字高为 2mm。
- 符号为倒立的等腰直角三角形。
- 数字以 m 为单位，保留到小数点后 3 位（0.000）。
- 零点标高写成 ± 0.000，正数标高不标注“+”，但是负数标高必须标注“-”。
- 同样的位置标注不同的标高，需要分清正负符号。

01 02 03 04 05 06 07 08 09 10 11

实例 7-7 绘制楼梯栏杆

本实例将绘制楼梯栏杆，主要应用了矩形、偏移、修剪、旋转、延伸、删除等功能。实例效果如图 7-71 所示。

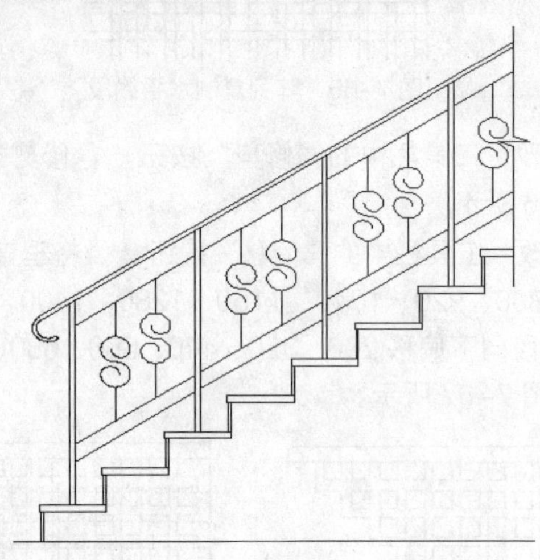

图 7-71 楼梯栏杆效果图

操作步骤

1 单击“绘图”工具栏中的“矩形”按钮，绘制长为 250、宽为 30 和长为 10、宽为 130 的两个矩形，如图 7-72 所示。

2 单击“修改”工具栏中的“移动”按钮，组合两个矩形，如图 7-73 所示。

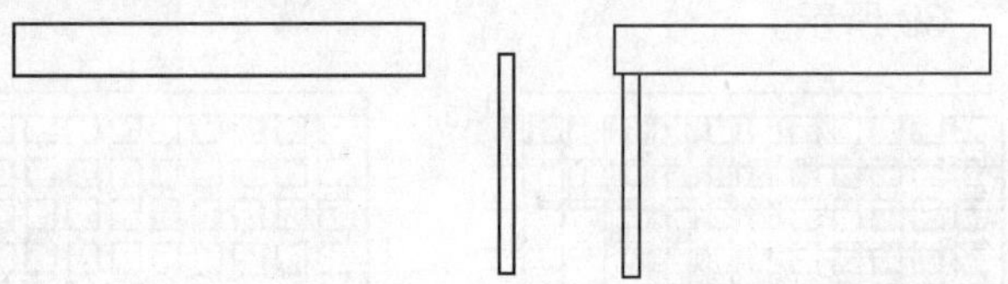

图 7-72 绘制矩形　　图 7-73 移动矩形

3 单击“修改”工具栏中的“复制”按钮，复制矩形，形成楼梯台阶样式，如图 7-74 所示。

4 单击“绘图”工具栏中的“直线”按钮，绘制一段线段，并通过蓝色夹点适当调节线段，用于表示台阶下的这一层，如图 7-75 所示。

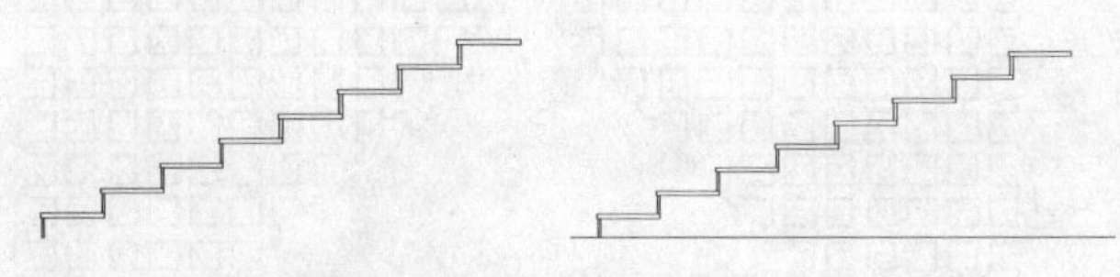

图 7-74 复制矩形形成台阶　　图 7-75 绘制直线

实例 7-7 说明

- 知识点：
  - 矩形
  - 偏移
  - 修剪
  - 旋转
  - 延伸
  - 删除
- 视频教程：
  光盘\教学\第 7 章　建筑立面图
- 效果文件：
  光盘\素材和效果\07\效果\7-7.dwg
- 实例演示：
  光盘\实例\第 7 章\绘制楼梯栏杆

相关知识　建筑绘图尺寸标注规范

在标注建筑图样上，需要注意以下几点：

- 标注尺寸为统一体，如果需要条个别标注数值，可以通过特性面板修改尺寸数值。
- 尺寸界线应与标注物体间距 2～3mm，第一道尺寸线与标注物体间距 10～12mm，相邻的尺寸线间距 7～10mm。
- 半径、直径标注的箭头样式应为实心闭合的箭头。
- 标注在 A0、A1、A2 图样中，字高为 2.5mm；在 A3、A4 图样中，字高为 2mm。
- 标注文字距离尺寸线 1～1.5mm。

5 单击“绘图”工具栏中的“矩形”按钮，绘制一个长为 20、宽为 900 的矩形，如图 7–76 所示。

6 单击“修改”工具栏中的“移动”按钮和“复制”按钮，将矩形移动到图形中并复制出一个，如图 7–77 所示。

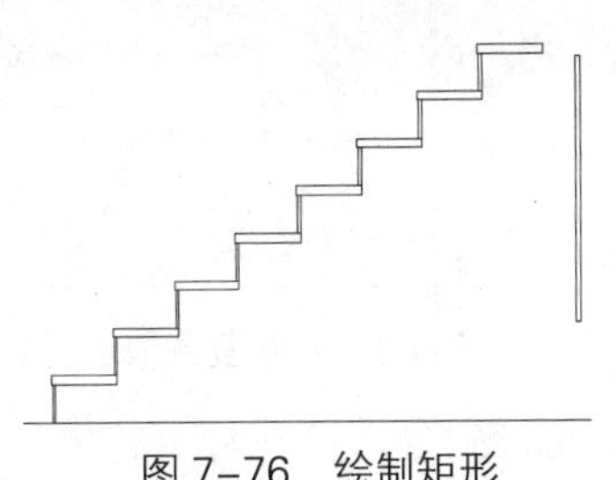

图 7–76 绘制矩形

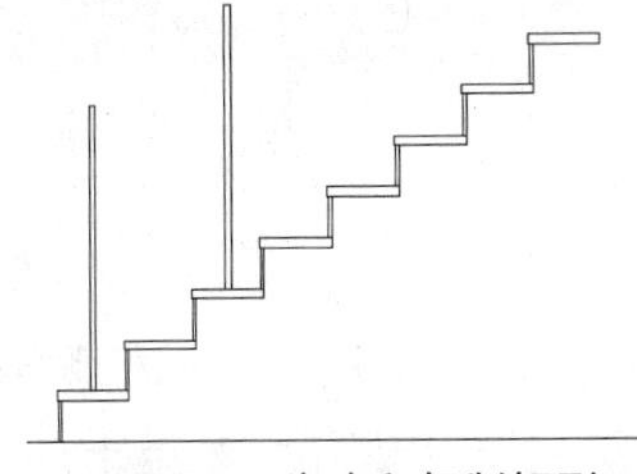

图 7–77 移动和复制矩形

7 单击“绘图”工具栏中的“直线”按钮，以台阶的角点为起点和端点，绘制一条辅助线段，并向上偏移 80，如图 7–78 所示。

8 单击“修改”工具栏中的“修剪”按钮和“删除”按钮，修剪偏移后过长的线段和删除辅助线段，然后再将线段向上复制 75、600，如图 7–79 所示。

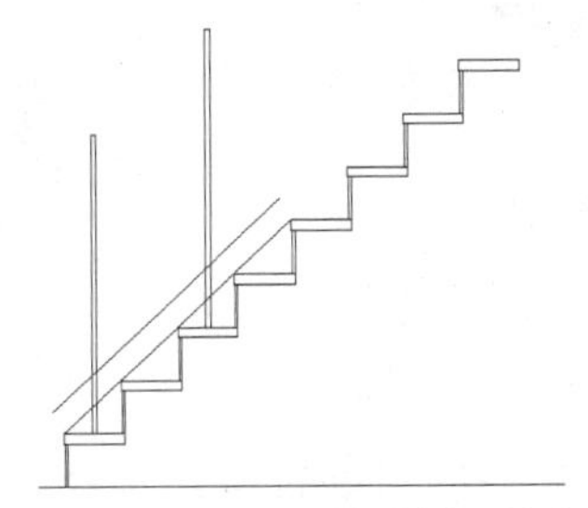

图 7–78 绘制并偏移辅助线段

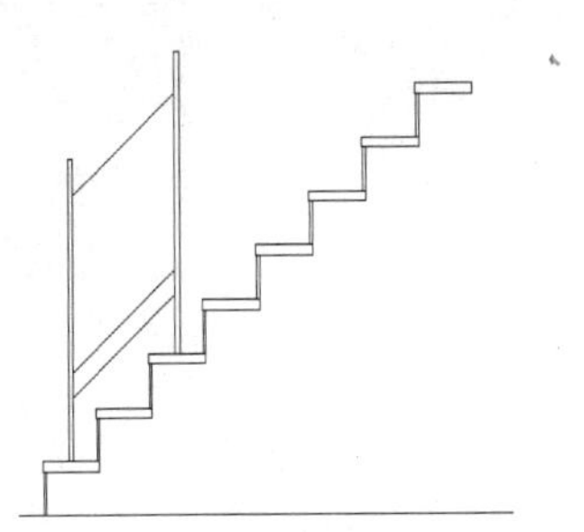

图 7–79 修剪并复制偏移线段

9 单击“绘图”工具栏中的“圆”按钮，在空白区域上绘制半径为 35 和 55 的两个圆，并以圆心为起点，绘制两条辅助线段，如图 7–80 所示。

10 单击“修改”工具栏中的“移动”按钮，将两个圆组合起来，如图 7–81 所示。

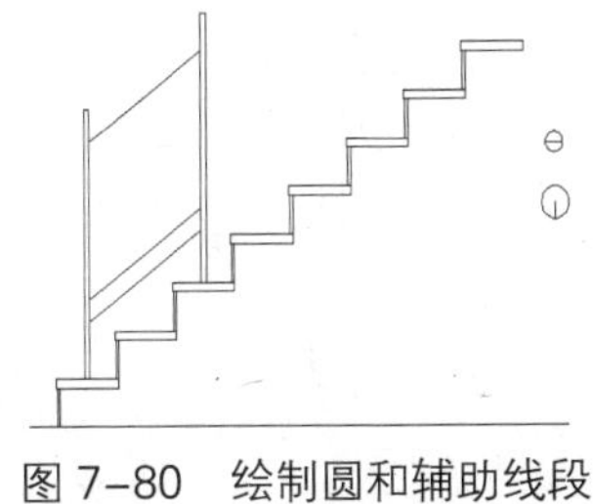

图 7–80 绘制圆和辅助线段

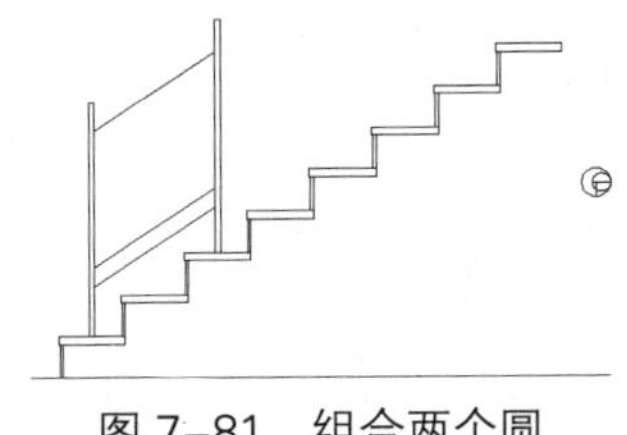

图 7–81 组合两个圆

11 单击“修改”工具栏中的“修剪”按钮和“删除”按钮，修剪圆并删除两条辅助线段，如图 7–82 所示。

相关知识 **建筑绘图图层设置**

在建筑图样中，为了规范图层，通常也有一些要求。一般制图可以分为以下图层：

字母	图层
A	墙体层
B	家具层
C	填充层
D	窗层
E	布置层
F	尺寸层
G	文字层
H	轴线层
I	轴线标注层
J	分格层

相关知识 **图层的用途**

在 AutoCAD 中，图层是一个管理图形对象的工具，它的作用就是对图形几何对象、文字和标注等进行归类。在 AutoCAD 中，每个图层都以一个名称作为标识，并具有颜色、线型、线宽等各种特性和开、关、冻结等不同的状态。

操作技巧 打开"图层"面板的操作方法

可以通过以下 3 种方法来执行打开"图层面板"操作：

- 选择"格式"→"图层"菜单命令。
- 单击"图层"工具栏中的"图层"按钮。
- 在命令行中输入"layer"后，按回车键。

操作技巧 新建图层的操作方法

在执行以上任意一种操作，都可以打开"图层"面板。

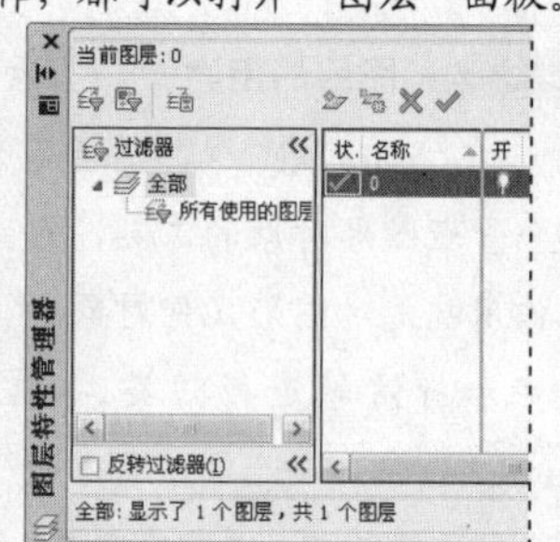

默认情况下，AutoCAD 中只包含一个名为"0"的图层，用户可以根据自己的需要建立新的图层。

单击"新建图层"按钮，系统弹出名称为"图层 1"的新图层，默认情况下，新创建的图层与当前图层状态、颜色、线型及线宽等设置相同。

12 单击"修改"工具栏中的"旋转"按钮，用旋转复制的方法，旋转修剪后的圆，如图 7-83 所示。

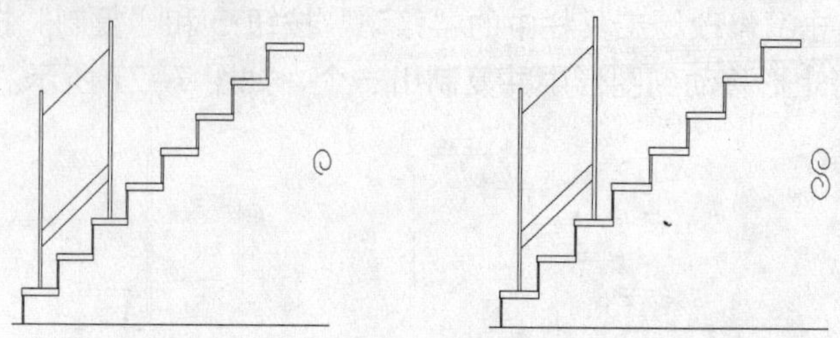

图 7-82 修剪圆和删除辅助线段 图 7-83 旋转复制修剪后的圆

13 选择"格式"菜单中的"点样式"命令，打开"点样式"对话框，设置第 2 排第 4 个样式，然后单击"确定"按钮完成设置，如图 7-84 所示。

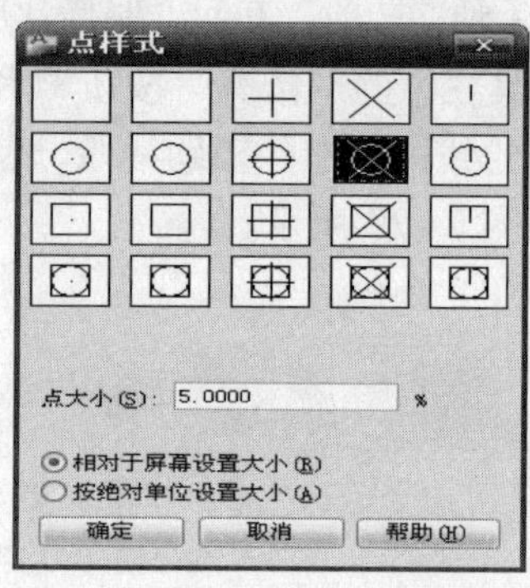

图 7-84 "点样式"对话框

14 选择"绘图"菜单中"点"子菜单中的"定数等分"命令，将上面两条斜线等分成 3 份，并绘制垂直线段连接节点，如图 7-85 所示。

15 单击"修改"工具栏中的"移动"按钮，将图外的花式移动到图形中，并复制一个，然后再修剪直线，并删除 4 个节点，如图 7-86 所示。

图 7-85 定数等分并绘制直线 图 7-86 添加花式并修剪

16 单击“修改”工具栏中的“复制”按钮，向台阶上依次复制栏杆，如图 7–87 所示。

17 单击“绘图”工具栏中的“直线”按钮，在图外空白区域绘制折断线，如图 7–88 所示。

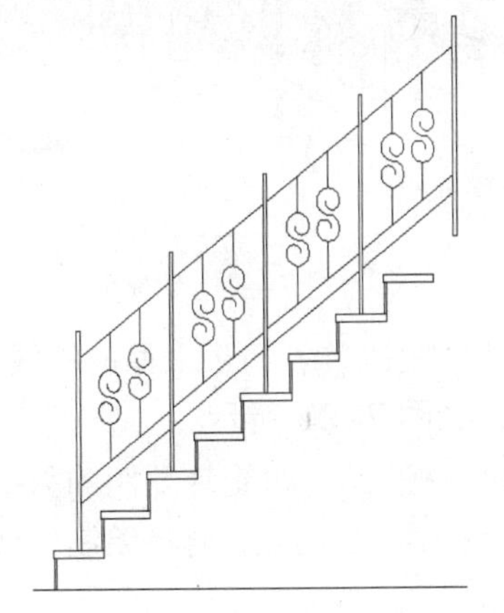

图 7–87 向台阶上依次复制栏杆

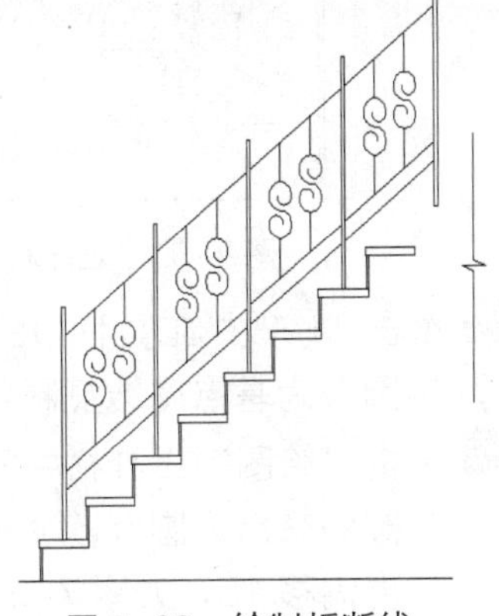

图 7–88 绘制折断线

18 单击“修改”工具栏中的“移动”按钮，将折断线移动到图形中并适当调整，然后修剪和删除断线以右的部分，形成折断的符号，如图 7–89 所示。

19 单击“绘图”工具栏中的“直线”按钮，绘制两条线段，并将斜线向上偏移 15，如图 7–90 所示。

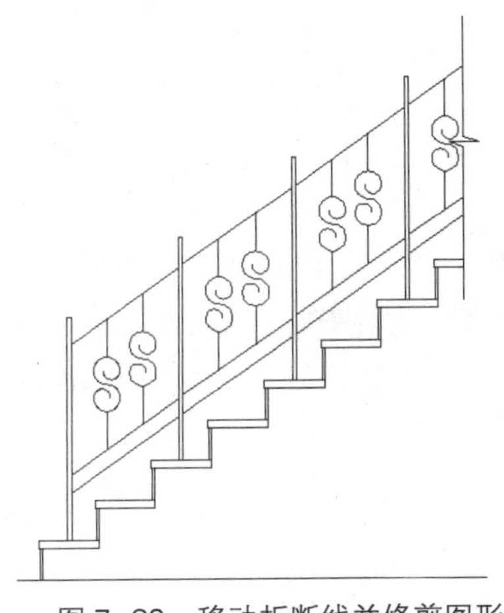

图 7–89 移动折断线并修剪图形

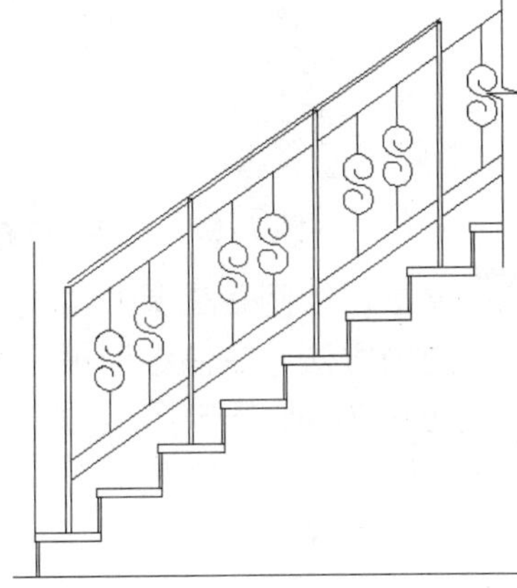

图 7–90 绘制直线并偏移斜线

20 单击“修改”工具栏中的“延伸”按钮，将两根斜线向两端延伸，如图 7–91 所示。

21 单击“绘图”工具栏中的“圆”按钮，以最上面斜线与垂直线段的交点为圆心，绘制一个半径为 60 的圆，并选定圆，如图 7–92 所示。

重点提示 图层重命名

如果要给新的图层重新命名，只要单击新建图层的名称，它变为可改写状态，重新输入新的名称然后按回车键即可。

相关知识 设置图层颜色

设置图层颜色的操作在图层特性管理器中完成。

不同的图层可设置成不同的颜色，这样便于区分图形的不同部分。默认情况下，新图层颜色为白色，用户可以单击图层特性管理器中新图层里的颜色块，打开“选择颜色”对话框，从中选择所需要的颜色。也可以在“颜色”对话框中的其他选项卡，使用“真彩色”和“配色系统”的方式来选择需要的颜色。

“真彩色”选项卡：

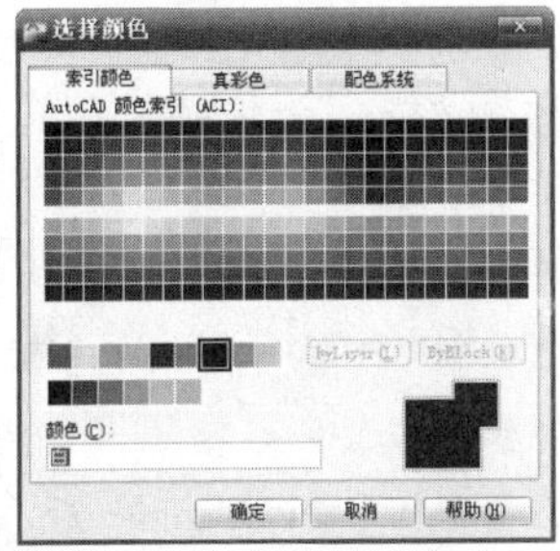

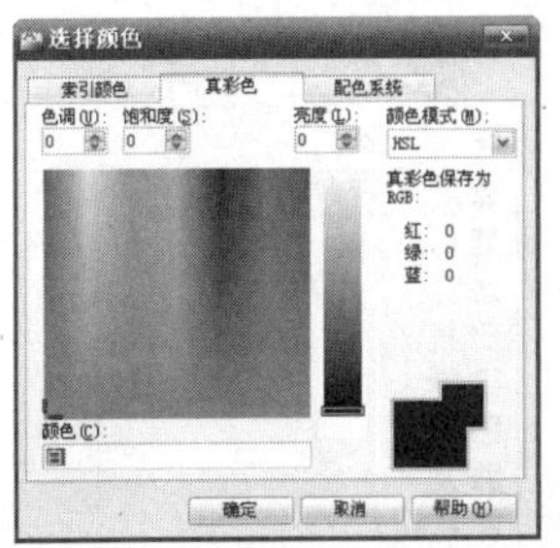

"配色系统"选项卡：

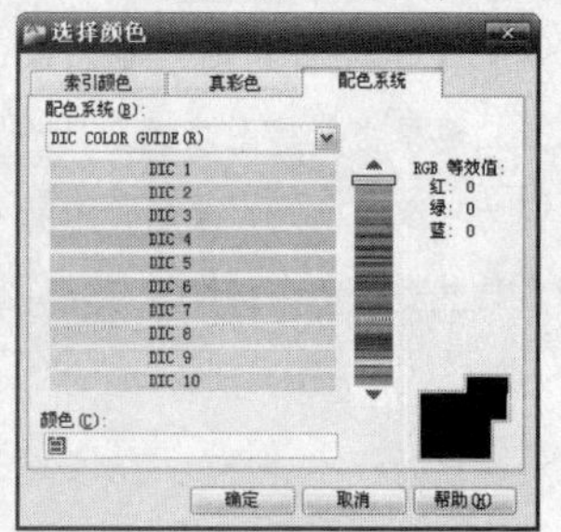

重点提示 图层中黑白色的特性

在 AutoCAD 中，黑色和白色是相互对应的。如果默认背景是黑色，则默认图形的颜色为白色；如果默认背景是白色，则默认图形的颜色为黑色。

操作技巧 设置颜色的其他操作方法

可以通过以下 3 种方法来设置颜色的操作：

- 选择"格式"→"颜色"菜单命令。
- 单击"特性"工具栏中的"颜色控制"下拉列表中的"选择颜色"选项。
- 在命令行中输入"color"后，按回车键。

"颜色控制"下拉列表：

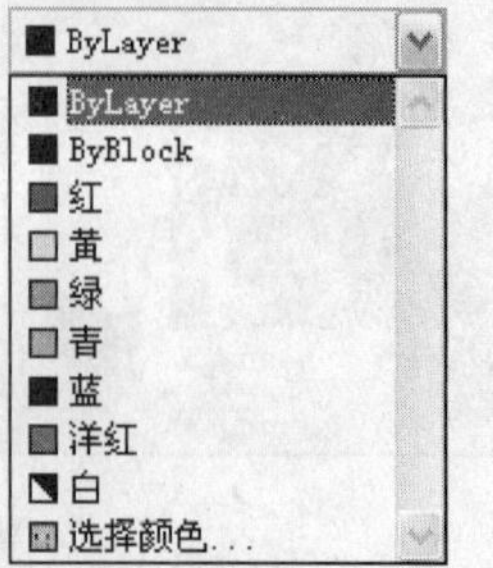

图 7-91　延伸斜线

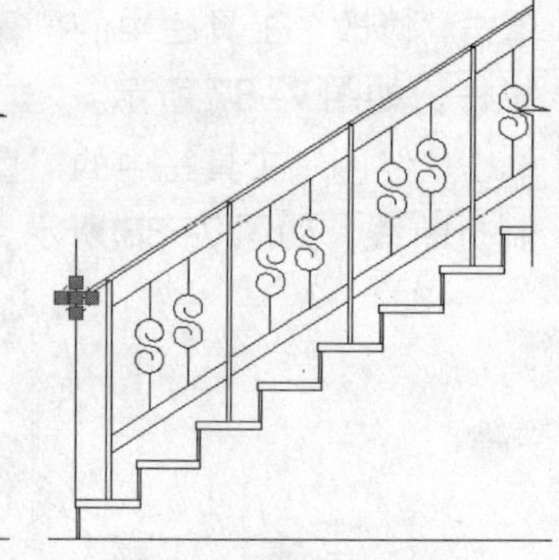

图 7-92　绘制圆

22 单击"修改"工具栏中的"旋转"按钮，将最上面的斜线，以圆心为基点旋转复制-90°，如图 7-93 所示。

23 单击"绘图"工具栏中的"圆"按钮，以旋转复制的斜线与圆的交点为圆心，绘制一个半径为 60 的圆，再将绘制的圆向内偏移 15，如图 7-94 所示。

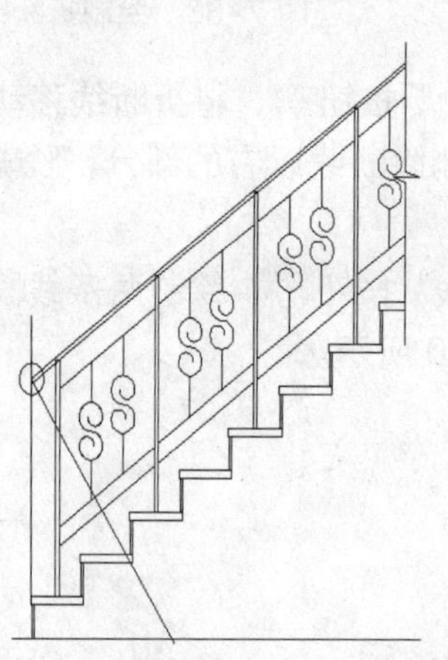

图 7-93　旋转复制斜线

图 7-94　绘制圆

24 单击"绘图"工具栏中的"圆"按钮，用两点绘制一个圆的方法，在偏移和被偏移的两个圆之间，绘制一个小圆，如图 7-95 所示。

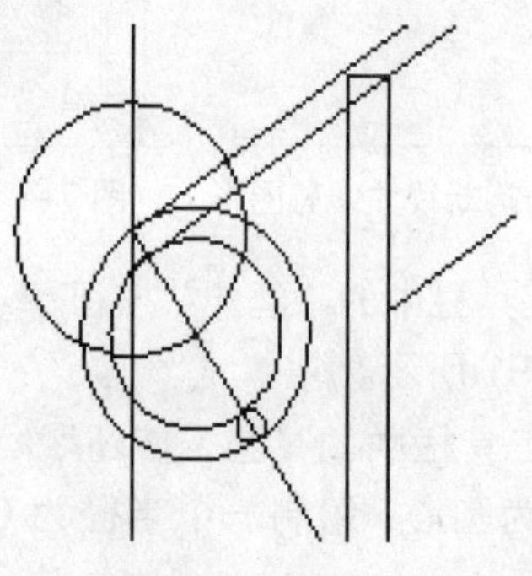

图 7-95　绘制小圆

㉔ 单击“修盖”工具栏中的“修剪”按钮和“删除”按钮，修剪和删除多余的线段，如图 7–96 所示。

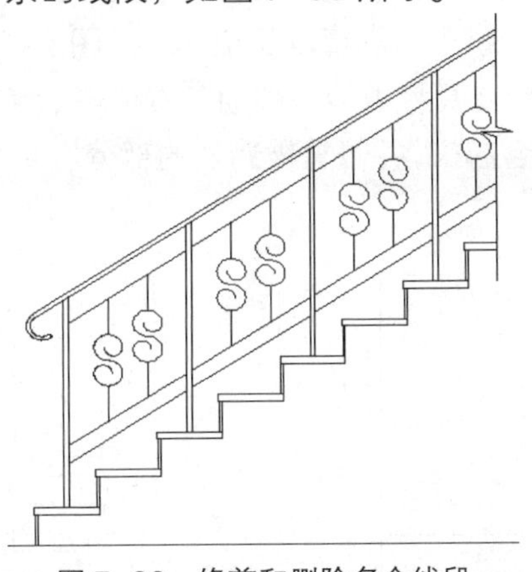

图 7–96　修剪和删除多余线段

实例 7-8　绘制卫生间立面图

本实例将绘制卫生间立面图，主要应用了直线、圆弧、偏移、修剪、图案填充等功能。实例效果如图 7–97 所示。

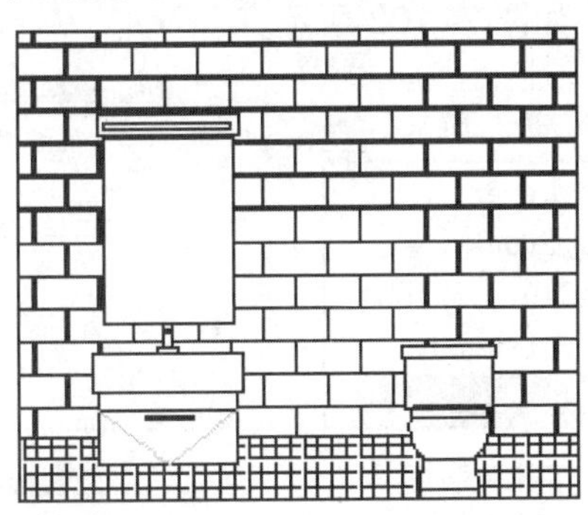

图 7–97　卫生间立面效果图

操作步骤

1 单击“绘图”工具栏中的“矩形”按钮，绘制一个长为 2800、宽为 2300 的矩形，如图 7–98 所示。

2 单击“绘图”工具栏中的“直线”按钮，以矩形的两条短边的中点，绘制一条直线，并将直线向下移动 850，如图 7–99 所示。

图 7–98　绘制矩形

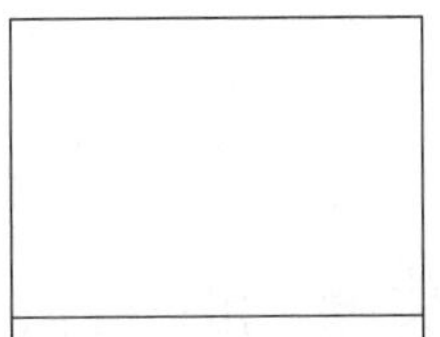

图 7–99　绘制、移动直线

实例 7-8 说明

- 知识点：
  - 直线
  - 圆弧
  - 偏移
  - 修剪
  - 图案填充
- 视频教程：

光盘\教学\第 7 章　建筑立面图

- 效果文件：

光盘\素材和效果\07\效果\7-8.dwg

- 实例演示：

光盘\实例\第 7 章\绘制卫生间立面图

相关知识　设置图层线型

设置图层线型的操作在图层特性管理器中完成。

在绘制图形时，通常要用到多种线型，以区分不同的部位，如点画线、虚线、实线等。在 AutoCAD 2012 中，既有简单的线型又有复杂的线型，用户可根据不同的需要来设定不同的线型。

设定线型的步骤如下：

（1）打开“选择线型”对话框，在图层特性管理器中，单击“线型”列表下的“Continuous”选项，打开“选择线型”对话框。

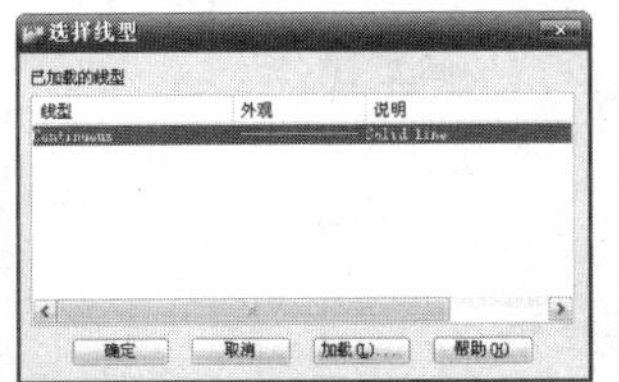

（2）打开“加载或重载线型”对话框，单击“加载”按钮，打开“加载或重载线型”对话框。

（3）选择合适的线型。在“可用线型”列表中选择所需要的线型，单击“确定”按钮返回到“选择线型”对话框。这时对话框中将显示刚才所选中的线型，选中此线型，单击“确定”按钮即可改变线型。

操作技巧 设置线型的其他操作方法

还可以通过以下 3 种方法来设置线型的操作：

- 选择“格式”→“线型”菜单命令。
- 单击“特性”工具栏中的“线型控制”下拉列表中的“选择线型”选项。
- 在命令行中输入“linetype”后，按回车键。

执行以上任意一操作，都可以打开“线型管理器”对话框。

3 单击“绘图”工具栏中的“矩形”按钮，绘制长为 650、宽为 900，长为 750、宽为 200，长为 700、宽为 350 的 3 个矩形，绘制镜子、水槽以及柜子，如图 7–100 所示。

4 单击“修改”工具栏中的“移动”按钮，将 3 个矩形移动到图形中组合起来，并修剪被遮挡的部分水平线，如图 7–101 所示。

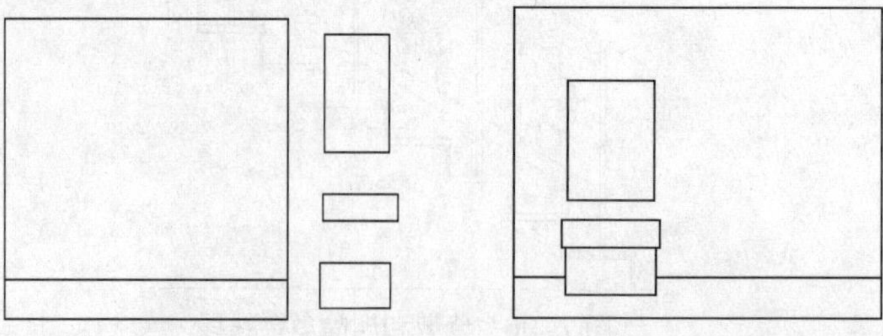

图 7–100 绘制矩形　　图 7–101 组合矩形并修剪遮挡线段

5 在“特性”工具栏中的“线型”下拉列表框中选择“其他”选项，打开“线型管理器”对话框。单击“加载”按钮，打开“加载或重载线型”对话框，添加一种虚线，并设置线型的比例为 2，如图 7–102 所示。

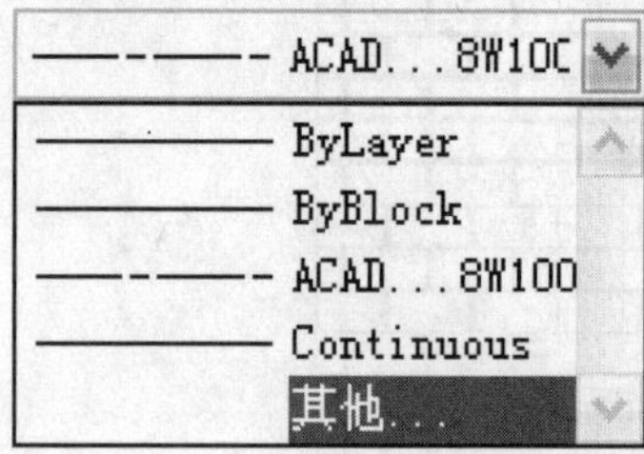

①“线型”下拉列表框

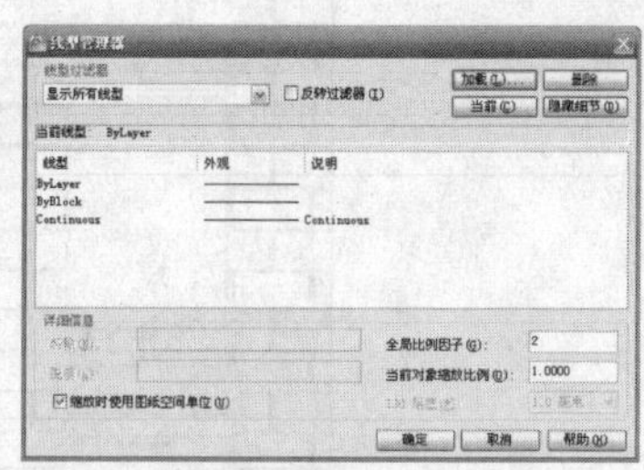

②“线型管理器”对话框

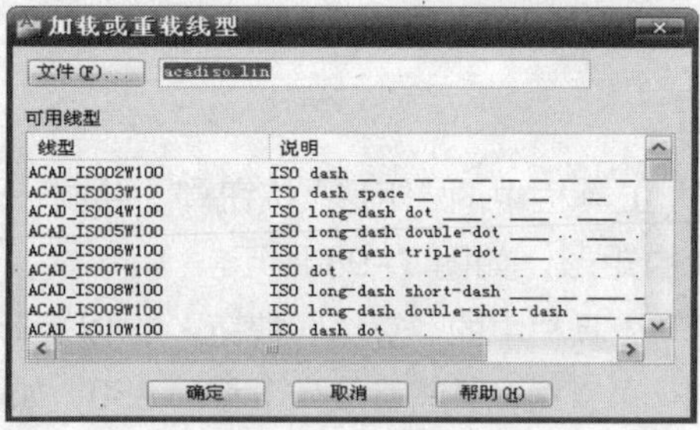

③“加载或重载线型”对话框

图 7–102 添加虚线线型

6 单击“绘图”工具栏中的“直线”按钮，绘制水平线段并适当调整，用于柜子的分割线，并将线段设置为虚线，颜色设置为灰色，绘制柜子门的开启方向，如图 7–103 所示。

7 单击“绘图”工具栏中的“矩形”按钮，绘制长为 710、宽为 100，长为 630、宽为 40，长为 240、宽为 20 的 3 个矩形，如图 7-104 所示。

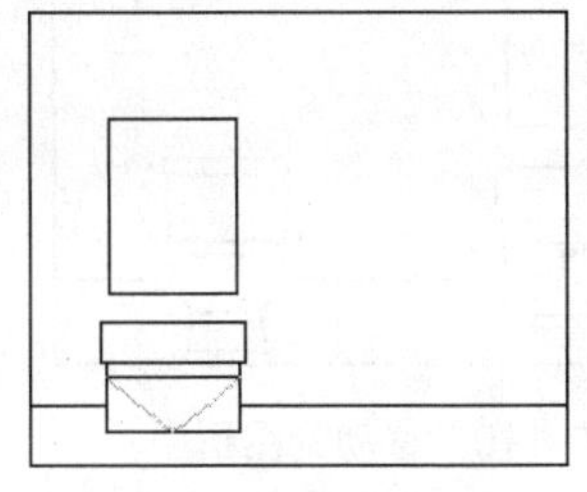

图 7-103　绘制直线

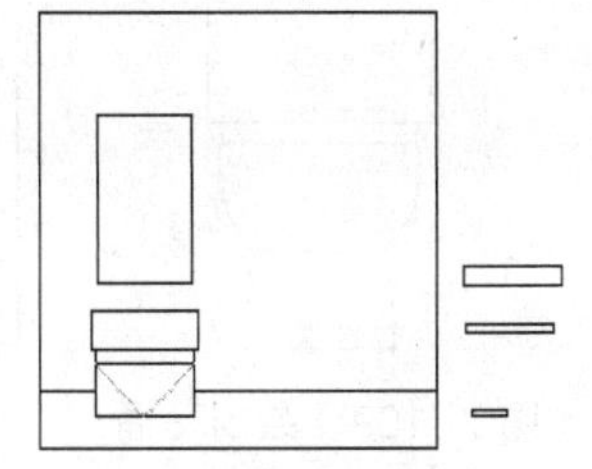

图 7-104　绘制矩形

8 单击“修改”工具栏中的“圆角”按钮，将中间矩形的 4 个角进行倒圆角，圆角半径为 20，并用移动功能将矩形移动到图形中组合起来，绘制镜前灯和柜子拉手，如图 7-105 所示。

9 单击“绘图”工具栏中的“矩形”按钮和“直线”按钮，绘制一个简单的水龙头，如图 7-106 所示。

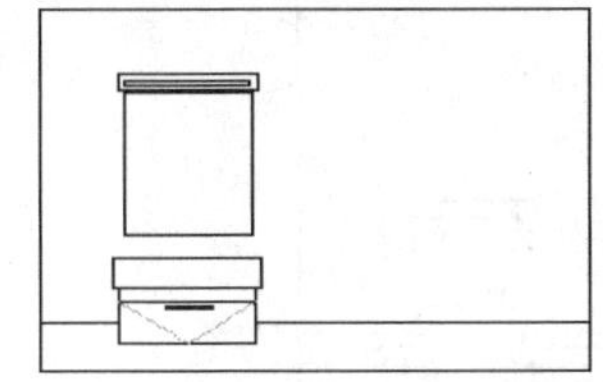

图 7-105　组合成镜前灯和拉手

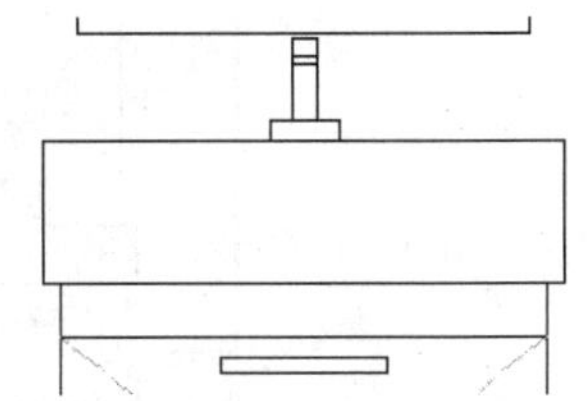

图 7-106　绘制水龙头

10 单击“绘图”工具栏中的“矩形”按钮，绘制长为 480、宽为 50，长为 450、宽为 250，长为 350、宽为 20，长为 300、宽为 40 的 4 个矩形，如图 7-107 所示。

11 单击“修改”工具栏中的“移动”按钮，将 4 个矩形组合起来，如图 7-108 所示。

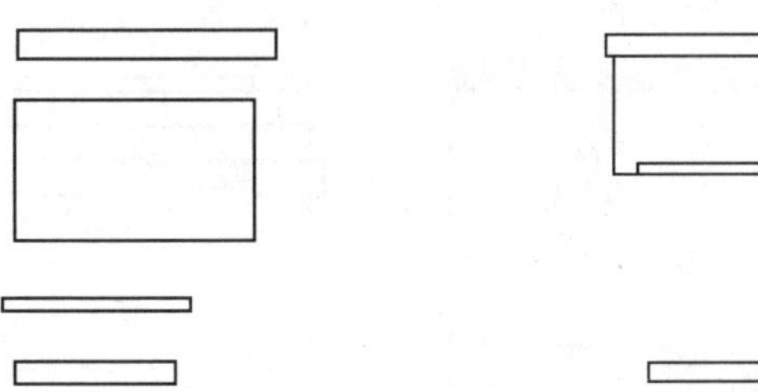

图 7-107　绘制长方体　　图 7-108　组合图形

12 单击“绘图”工具栏中的“直线”按钮和“圆弧”按钮，绘制出一个完成的马桶正视图，如图 7-109 所示。

13 单击“修改”工具栏中的“移动”按钮，将马桶移动到图形中，并删除被遮挡掉的水平线，如图 7-110 所示。

在对话框中加载需要的线型，操作步骤与图层中加载线型的方法类同。

相关知识　设置图层线宽

设置图层线宽的操作在图层特性管理器中完成。

线宽就是用不同宽度的线条来表现对象的大小或类型，它可以提高图形的表达能力和可读性。在图层特性管理器中，单击“线宽”列表下的单击“默认”选项或已经设置的线宽值，将打开“线宽”对话框。

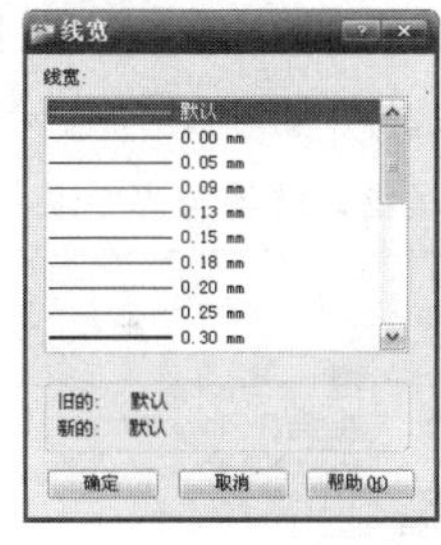

在“线宽”对话框下即可选择当前图层的线条宽度。

操作技巧　设置线宽的其他操作方法

可以通过以下 3 种方法来设置线型的操作：

- 选择“格式”→“线宽”菜单命令。
- 在“特性”工具栏中的“线宽控制”下拉列表中选择合适的线型。
- 在命令行中输入“linetype”后，按回车键。

执行以上任意一操作，都可以打开“线宽设置”对话框。

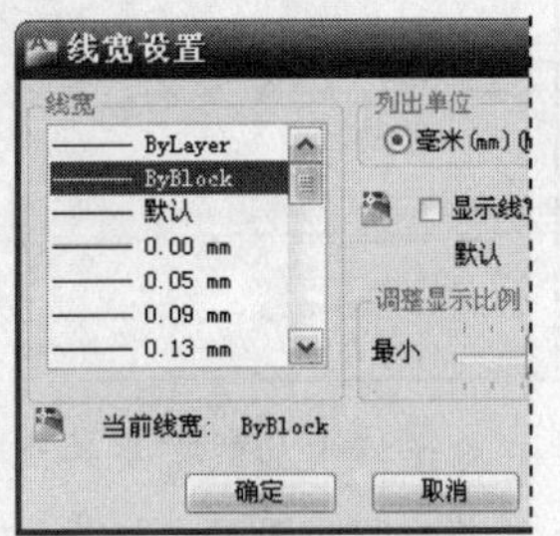

在对话框中设置合适的线宽，还可以调整线宽的单位和显示比例。

相关知识 怎样切换图层

切换图层的操作在图层特性管理器中完成。

在“图层特性管理器”对话框的图层列表中，选择某图层，然后单击“当前图层”按钮，可以将该图层转换为当前层。此时，就可以在该图层上进行绘制或编辑图形操作。也可以鼠标右键单击图层名称，在弹出的快捷菜单中选择“置为当前”命令，也可将该图层转换为当前层。

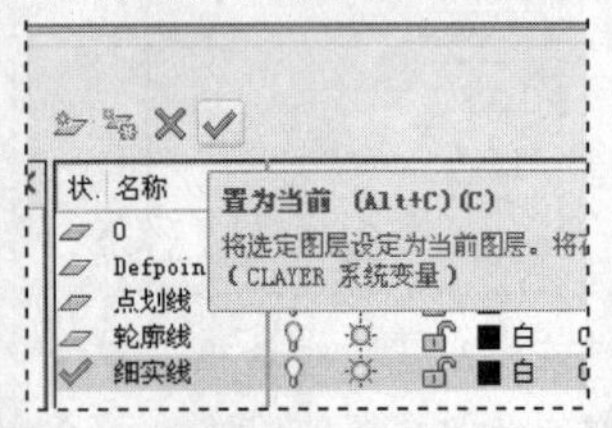

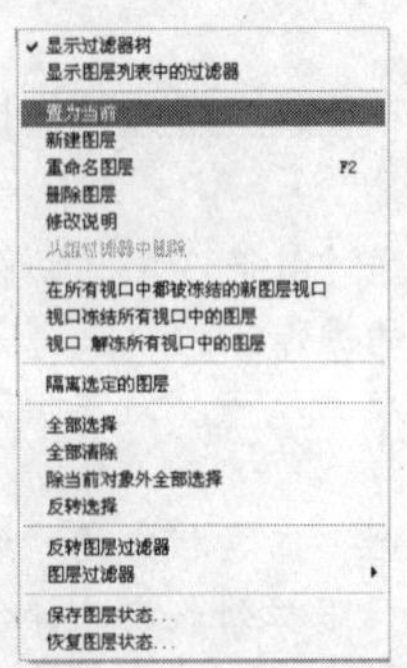

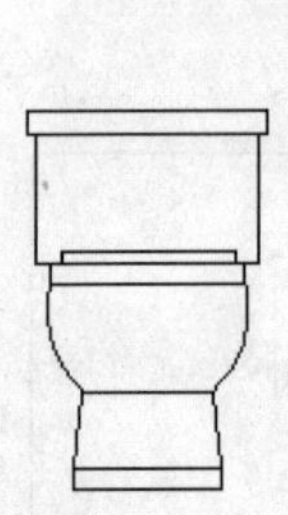

图 7-109 绘制马桶

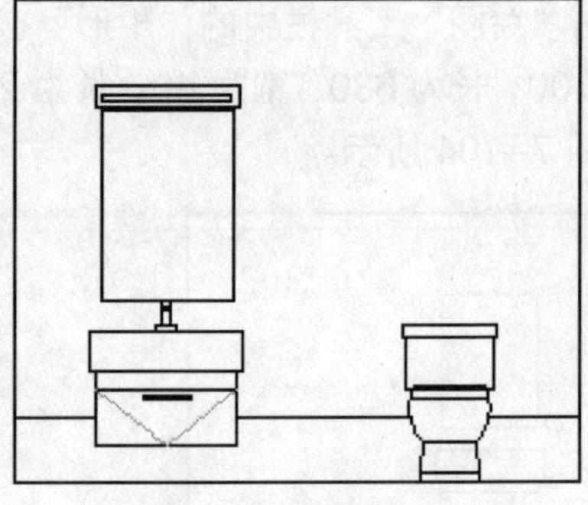

图 7-110 移动到图形中

14 单击“绘图”工具栏中的“图案填充”按钮，打开“图案填充和渐变色”对话框，用默认样式填充水平线以下的墙体，设置比例为 15，如图 7-111 所示。

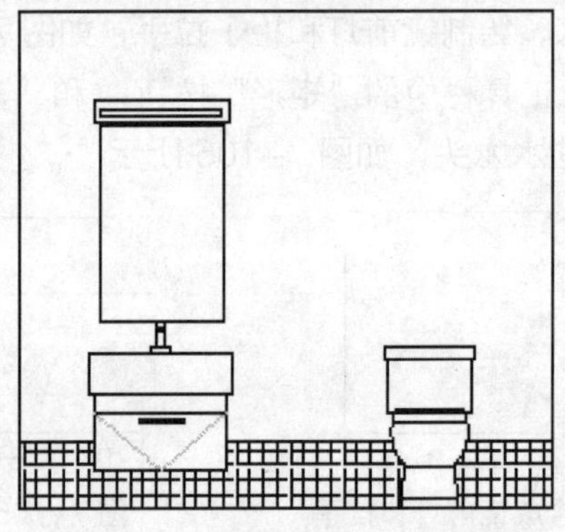

图 7-111 填充水平线以下的墙体

15 单击“绘图”工具栏中的“图案填充”按钮，打开“图案填充和渐变色”对话框。单击“图案”后面的弹出按钮，在弹出的“填充图案选项板”对话框中，将填充图案设置为“AR-B816C”样式，设置比例为 0.8，填充水平线以上的墙体，如图 7-112 所示。

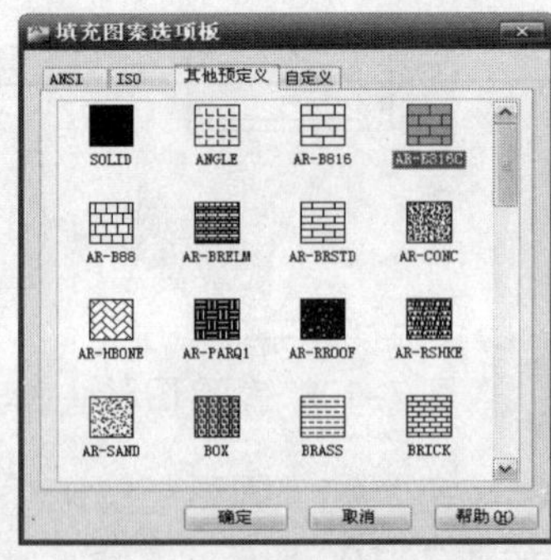

① 设置填充样式

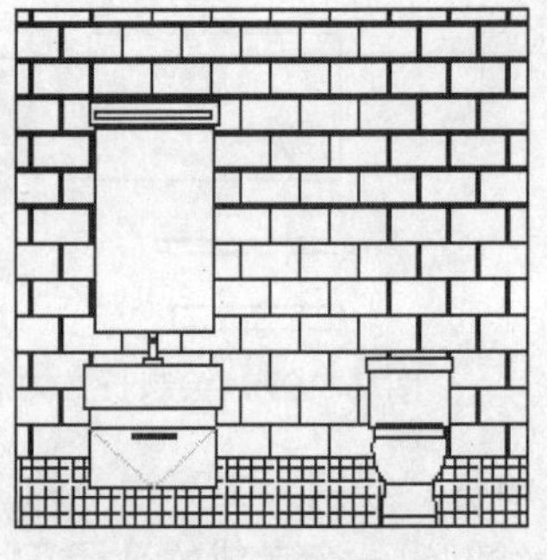

② 填充水平线以上的墙体

图 7-112 填充图形

实例 7-9　绘制客厅背景墙

本实例将绘制客厅背景墙，主要应用了偏移、修剪、圆、插入块、多行文字、线性标注等功能。实例效果如图 7-113 所示。

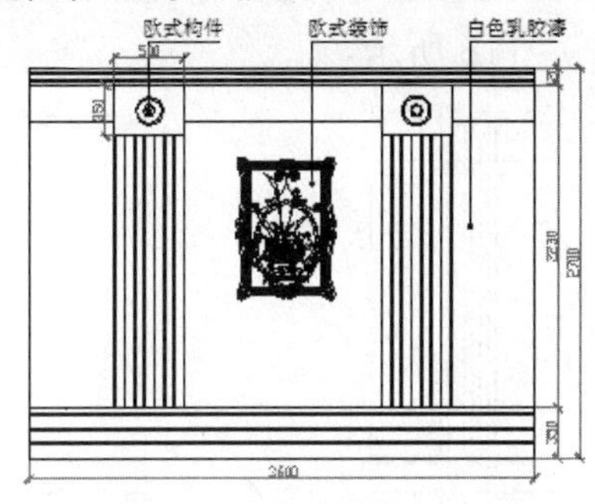

图 7-113　客厅背景墙效果图

操作步骤

1. 单击“绘图”工具栏中的“直线”按钮，绘制一个长为 3600、宽为 2700 的矩形，如图 7-114 所示。

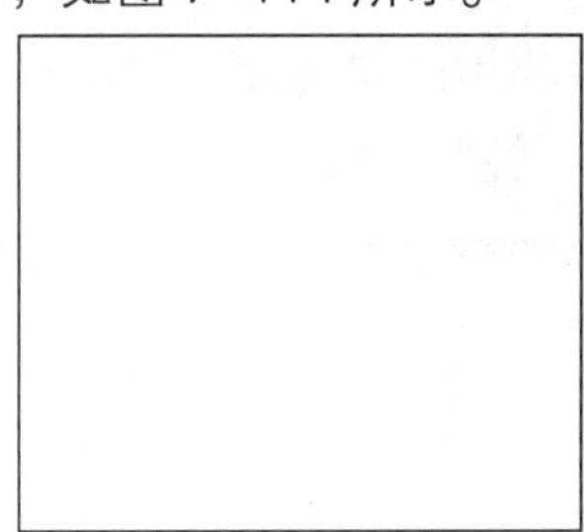

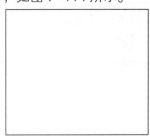

图 7-114　绘制矩形

2. 单击“修改”工具栏中的“偏移”按钮，将上边的水平线段向下偏移 30、40、90、100、120，再将下边的水平线段向上偏移 100、120、200、210、300、310、350，绘制出踢脚线和下边的装饰线（由于线段基数过大，偏移数值又较小，所以在图上看不太明显），如图 7-115 所示。
3. 再次单击“绘图”工具栏中的“偏移”按钮，将上边的水平线段向下偏移 370、470，再将右边的垂直线段向左偏移 600、610，如图 7-116 所示。

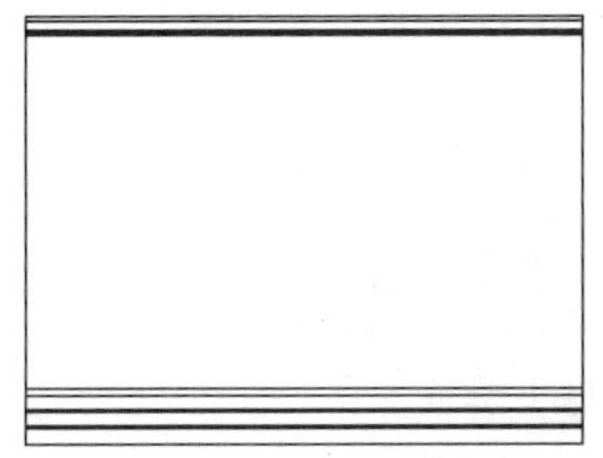

图 7-115　偏移线段

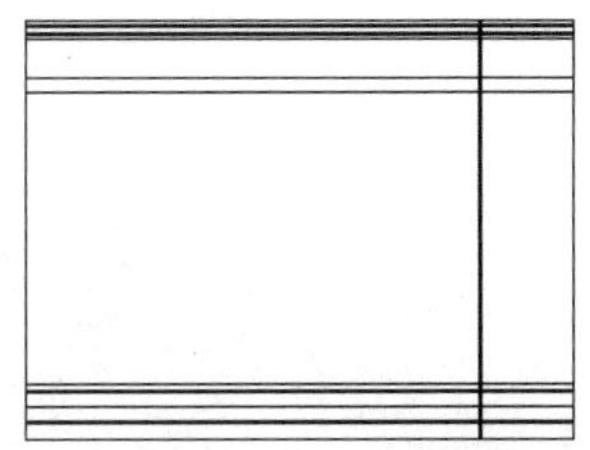

图 7-116　再次偏移线段

被置为当前图层的图层名称前将显示标志，并且在图层特性管理器的左上角标明当前图层名，如“当前图层：图层 1”，即表示“图层 1”为当前图层。

实例 7-9 说明

知识点：

- 偏移
- 修剪
- 圆
- 插入块
- 多行文字
- 线性标注

视频教程：

光盘\教学\第 7 章　建筑立面图

效果文件：

光盘\素材和效果\07\效果\7-9.dwg

实例演示：

光盘\实例\第 7 章\绘制客厅背景墙

相关知识　控制图层状态

控制图层状态的操作在图层特性管理器中完成。

在图层特性管理器对话框中，单击“图层状态管理器”按钮，打开“图层状态管理器”对话框。

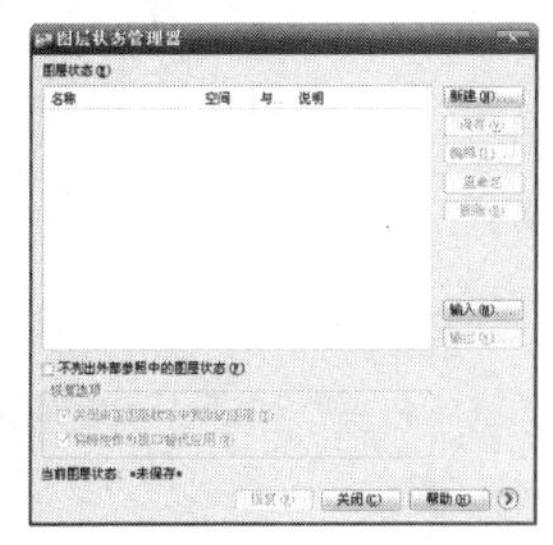

在对话框中控制图层状态有以下3方面的内容:

1. 保存和恢复图层的状态及属性

此功能允许用户指定将图形中某些状态及属性保存下来,供以后恢复。这些保存的设置将作为一个块插入到当前图形中,并和当前图形一起保存。

2. 冻结/解冻图层操作功能增强

在 AutoCAD 2012 中,可以直接在“对象特性”工具栏中的“图层”下拉列表中执行冻结/解冻图层的操作,为用户提供了很大的方便。

3. 新增“图层状态管理器”对话框

在“图层特性管理器”对话框中,单击“图层状态管理器”按钮,将会打开“图层状态管理器”对话框。用户利用此对话框可以修改当前图形中的图层状态,使它与另一幅图形中的图层相匹配。

4 单击“修改”工具栏中的“矩形阵列”按钮，以计数模式阵列线段，设置行数为 1，列数为 8，行偏移为 0，列偏移为 −70，阵列复制两条垂直线段，如图 7–117 所示。

5 单击“修改”工具栏中的“修剪”按钮，修剪图形中的多余线段，如图 7–118 所示。

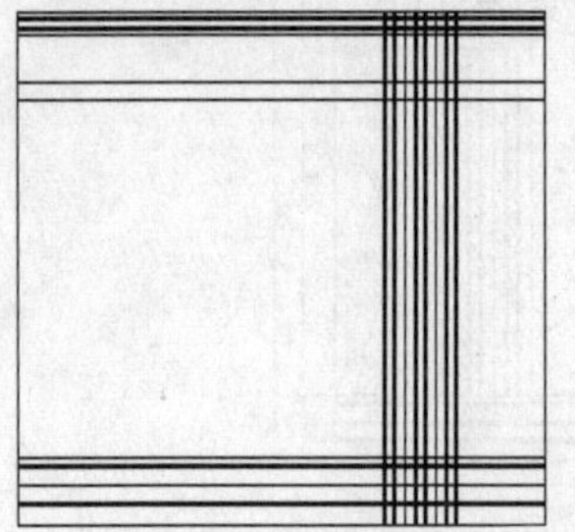

图 7–117　阵列复制垂直线段

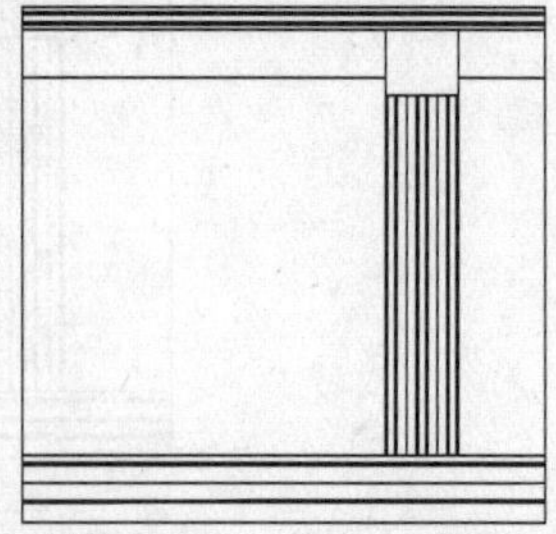

图 7–118　修剪多余线段

6 单击“绘图”工具栏中的“圆”按钮，绘制半径为 30、40、90、100 的 4 个同心圆，并调整到合适的位置，绘制墙上装饰，如图 7–119 所示。

7 单击“修改”工具栏中的“镜像”按钮，镜像对称复制，并修剪多余线段，如图 7–120 所示。

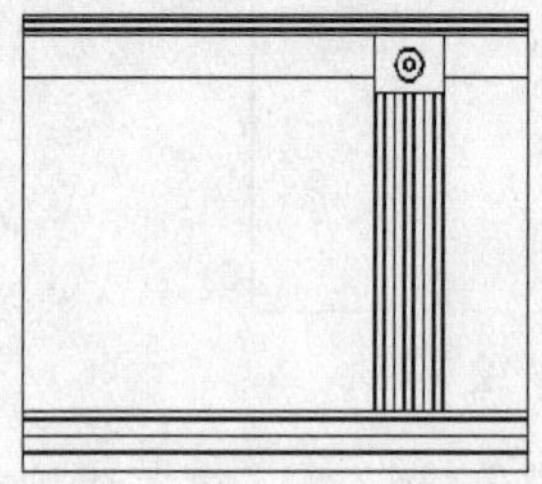

图 7–119　绘制墙上装饰

图 7–120　镜像对称复制并修剪多余线段

8 选择“插入”菜单中的“块”命令，打开“插入”对话框，插入图块“墙上装饰”，并调整其位置，如图 7–121 所示。

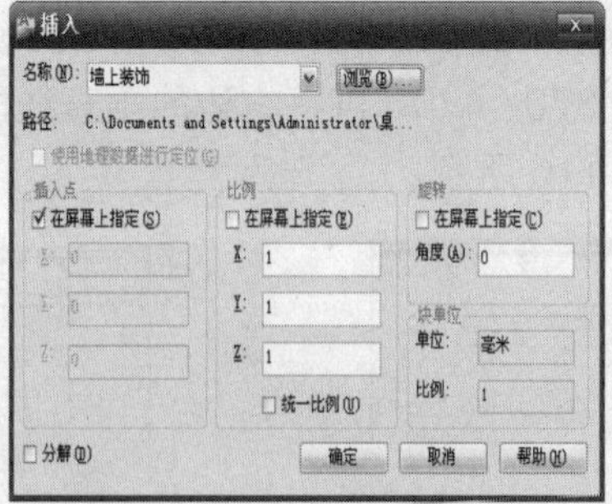

① 插入图块“墙上装饰”

图 7–121　插入图块

② 调整位置

图 7-121 插入图块（续）

9 单击“绘图”工具栏中的“圆”按钮，绘制一个半径为 15 的圆，如图 7-122 所示。

10 单击“绘图”工具栏中的“图案填充”按钮，打开“图案填充和渐变色”对话框，设置“SOLID”图案填充样式并填充圆，如图 7-123 所示。

图 7-122 绘制圆　　图 7-123 填充圆

11 单击“绘图”工具栏中的“直线”按钮，绘制一段引线，如图 7-124 所示。

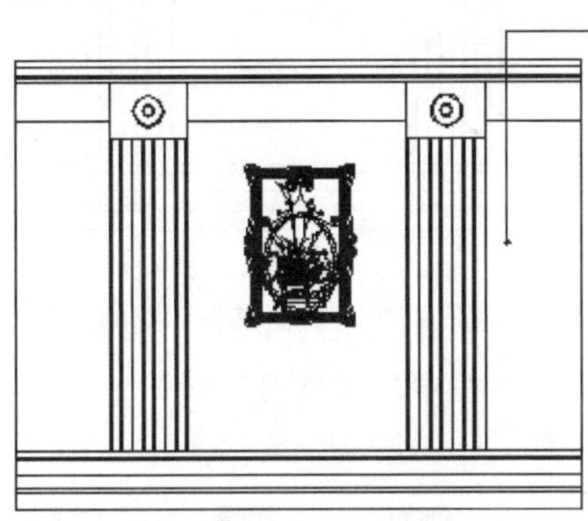

图 7-124 绘制引线

12 单击“绘图”工具栏中的“多行文字”按钮A，框选一个矩形作为输入文字的范围后，系统弹出“文字样式”面板，设置文字样式宋体，设置文字高度 110，输入文字“白色乳胶漆”，并将文字调整到引线上，如图 7-125 所示。

① “文字样式”面板

图 7-125 输入文字并调整其位置

相关知识 “图层状态管理器”对话框的各项设置

在“图层状态管理器”对话框中，各个选项功能如下：

- 图层状态：罗列出图形中的图层名称、空间、与 DWG 相同、说明等信息。
- “新建”按钮：单基该按钮可以打开“要保存的新图层状态”对话框，输入一个文件名后，单击“确定”按钮即可保存新建图层。

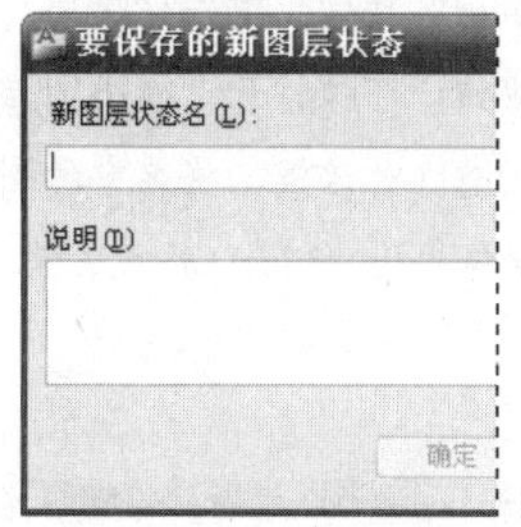

- “保存”按钮：用于保存选定的命名图层状态。
- “编辑”按钮：单击“编辑”按钮可以打开“编辑图层状态”对话框，从中可以修改选定的命名图层状态。

- “重命名”按钮：在图层状态下，重新命名图层。
- “删除”按钮：删除选中的命名图层。
- “输入”按钮：单击“输入”按钮可以打开“输入图层状

态”对话框，选择一个文件，即可输入文件所附带的图层。

- “输出”按钮：单击“输出”按钮，可以打开“输出图层状态”对话框，将选中的图层保存为“*.las”格式文件。

重点提示 **图层特性中的限制**

在“图层状态管理器”对话框中，“在当前视口中的可见性”选项仅适用于布局视口，“开（ON）/关（OFF）”和“冻结（F）/解冻（T）”选项仅适用于模型空间视口。

② 调整文字位置

图 7-125　输入文字并调整其位置（续）

13 用同样的方法，输入其他文字“欧式构件”和“欧式装饰”，如图 7-126 所示。

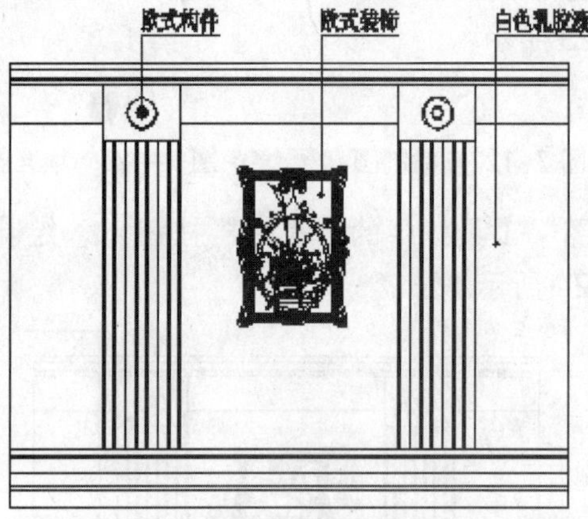

图 7-126　输入其他引线和文字

14 单击“标注”工具栏中的“线性”按钮，标注图形中的一些基本尺寸，如图 7-127 所示。

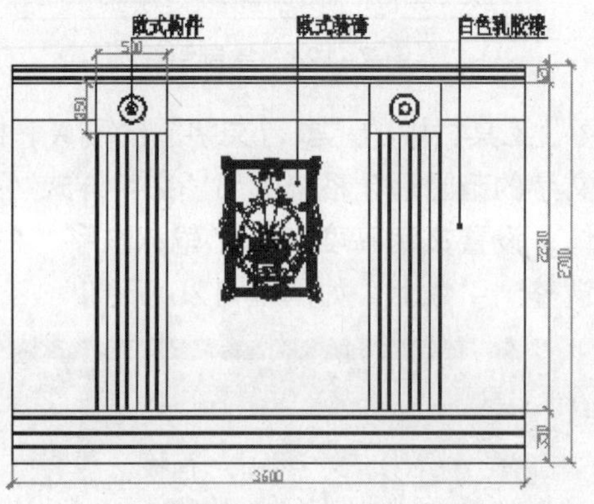

图 7-127　标注尺寸

实例 7-10　绘制小区大门

本实例将绘制小区大门图，主要应用了线宽、镜像、移动、圆角、矩形、旋转、多行文字等功能。实例效果如图 7-128 所示。

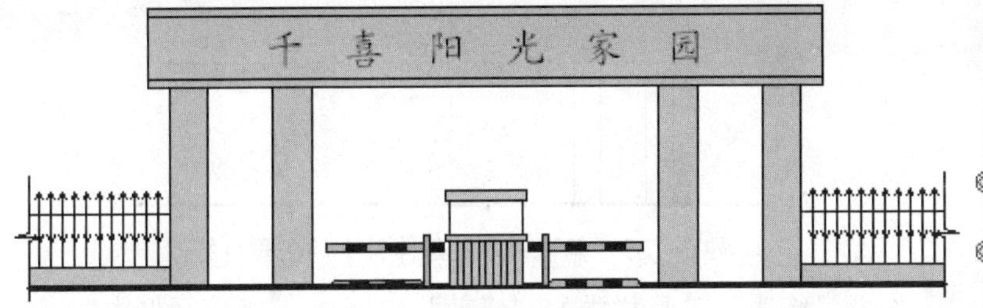

图 7-128　小区大门效果图

操作步骤

1 选择“格式”菜单中的“线宽”命令，打开“线宽设置”对话框，在“线宽”下拉列表中设置线宽为 0.30 后，单击“确定”按钮返回到绘图窗口，如图 7-129 所示。

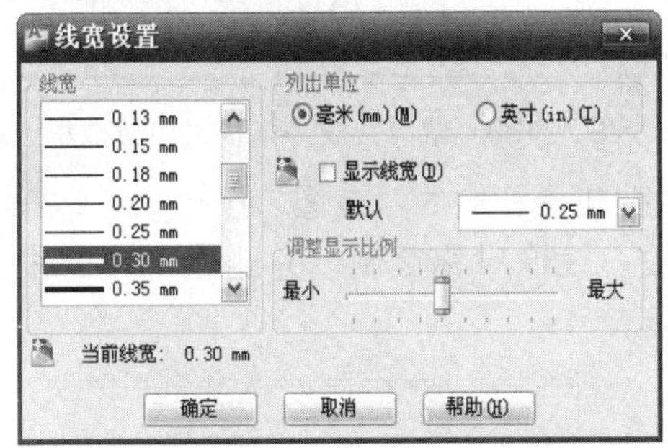

图 7-129　“线宽设置”对话框

2 在状态栏中打开“显示/隐藏线宽”功能，单击“绘图”工具栏中的“直线”按钮，绘制一条长为 3800 的线段，如图 7-130 所示。

图 7-130　绘制线段

3 单击“特性”工具栏中的“线宽控制”下拉列表框，从中选择“0.25”选项，再次单击“绘图”工具栏中的“直线”按钮，以线段的中点向上绘制一条长为 800 的直线，如图 7-131 所示。

图 7-131　绘制直线

实例 7-10 说明

- 知识点：
  - 线宽
  - 镜像
  - 移动
  - 圆角
  - 矩形
  - 旋转
  - 多行文字
- 视频教程：
  光盘\教学\第 7 章　建筑立面图
- 效果文件：
  光盘\素材和效果\07\效果\7-10.dwg
- 实例演示：
  光盘\实例\第 7 章\绘制小区大门

相关知识　什么是过滤图层

过滤图层的操作在图层特性管理器中完成。

在 AutoCAD 中绘制图形时，如果图形中包含大量的图层，在“图层特性管理器”对话框中单击“新特性过滤器”按钮，使用打开的“图层过滤器特性”对话框来命名图层过滤器。

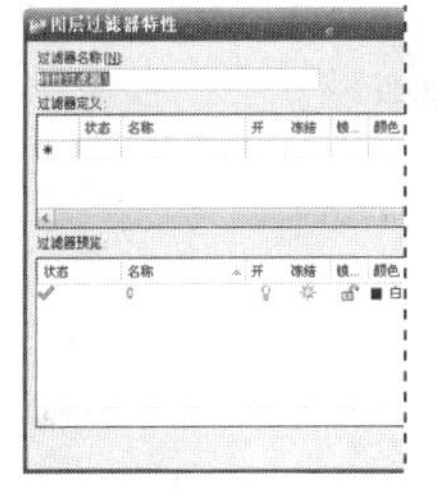

通过该对话框可以创建一个图层过滤器，再通过创建的过滤器来显示具有某些相同特性的所有图层信息，从而方便管理。

4 单击“修改”工具栏中的“偏移”按钮，将垂直线段向左偏移 720、880、1150、1310、1400，再将水平粗线向上偏移 800、1120，并将偏移的粗线设置为细线，并延伸其中的两条垂直线段，如图 7-132 所示。

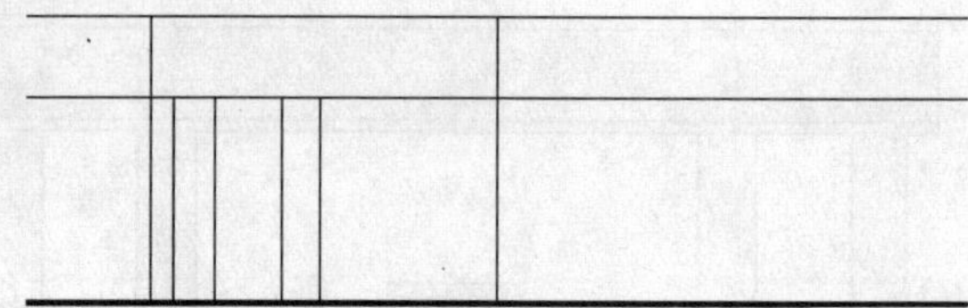

图 7-132 偏移线段并延伸其中两条垂直线段

5 单击“修改”工具栏中的“修剪”按钮，修剪图形中的多余线段,并将上边两根水平线段各向中间偏移30,如图 7-133 所示。

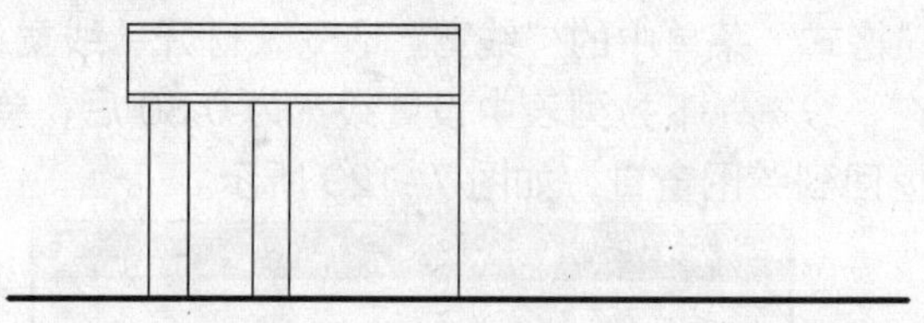

图 7-133 修剪线段并偏移上边两根水平线

6 单击“修改”工具栏中的“镜像”按钮，以第一根垂直线段为中心线，镜像对称复制，并删除中间的镜像线，如图 7-134 所示。

图 7-134 镜像复制并删除镜像线

7 单击“绘图”工具栏中的“矩形”按钮，在图中空白处绘制长为 300、宽为 180，长为 330、宽为 20，长为 300、宽为 140，长为 340、宽为 40 的 4 个矩形，如图 7-135 所示。

图 7-135 绘制 4 个矩形

重点提示 过滤要领

在“图层过滤器特性”对话框中的“过滤器名称”文本框中输入过滤器的名称，其中可以用“?”符号来代替任意一个字符。在“过滤器定义”下拉列表中，可以设置过滤条件，包括图层名称、状态、颜色等过滤条件。

相关知识 什么是图形界限

图形界限是指能够绘图区域的边界，为了避免在绘图过程中所绘制的图形超出用户工作区域或图样的边界，必须使用图形界限来标明边界。

操作技巧 图形界限的操作方法

可以通过以下两种方法来执行“图形界限”操作：

- 选择“格式”→“图形界限”菜单命令。
- 在命令行中输入“limits”后，按回车键。

重点提示 用光标替代坐标值

除了可以在命令行输入坐标值以外，还可以用鼠标单击的方式。先确定图形界限的左下角点，然后再确定图形界限

8 单击“修改”工具栏中的“移动”按钮，将4个矩形组合起来，组成一个门口的岗亭，如图7-136所示。

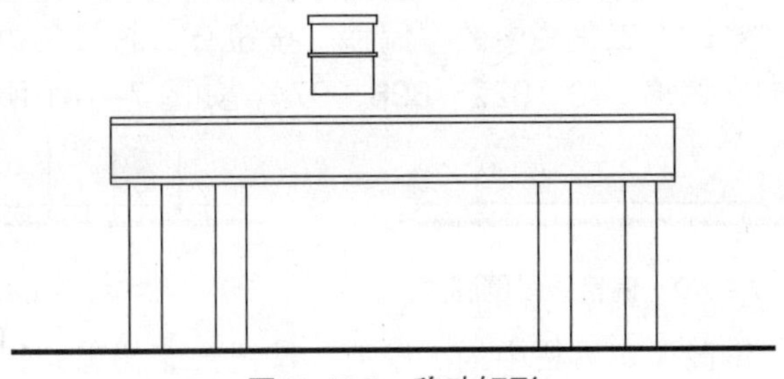

图7-136 移动矩形

9 单击“绘图”工具栏中的“直线”按钮，在步骤7中绘制的4个矩形中的大矩形中以上下中心点绘制一条垂直线段，并向左右各偏移30、60、90、120，如图7-137所示。

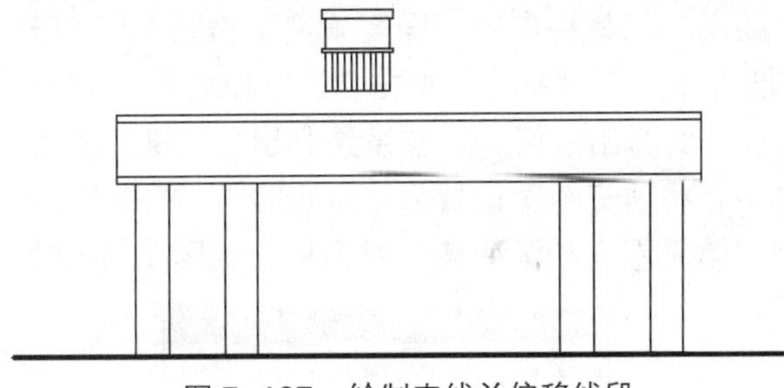

图7-137 绘制直线并偏移线段

10 单击“修改”工具栏中的“移动”按钮，将绘制好的岗亭移动到图形中，如图7-138所示。

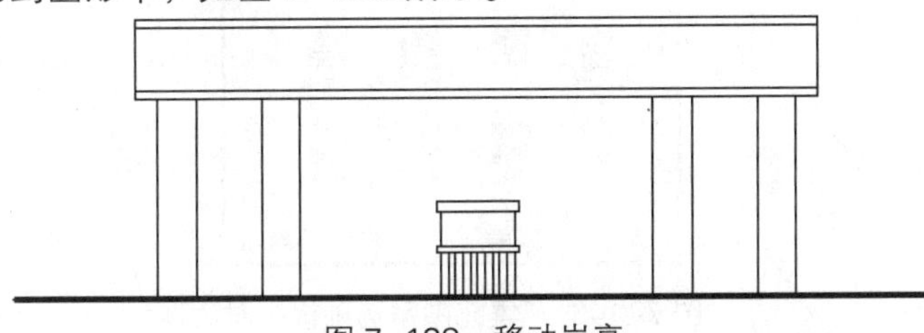

图7-138 移动岗亭

11 单击“修改”工具栏中的“偏移”按钮，将左边最上边的水平线段向下偏移1100，再将最左边的线段向右偏移670、1050，如图7-139所示。

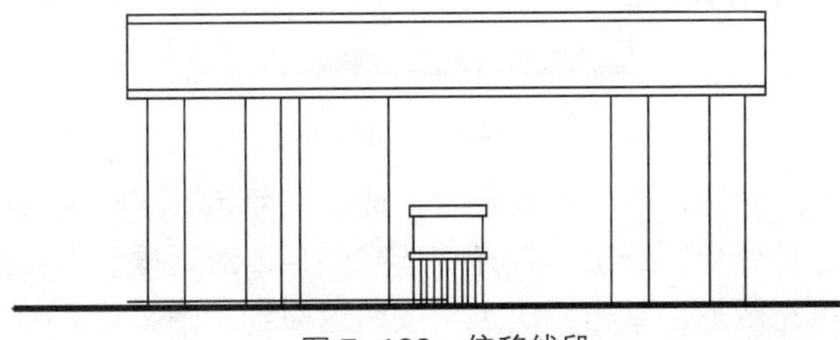

图7-139 偏移线段

相关知识 什么是图形单位

图形单位的设置主要包括设置长度单位、角度的类型、精度以及角度的起始方向等。在绘制图形前，一般要设置图形单位，这样在绘图时才能做到精确、有效。

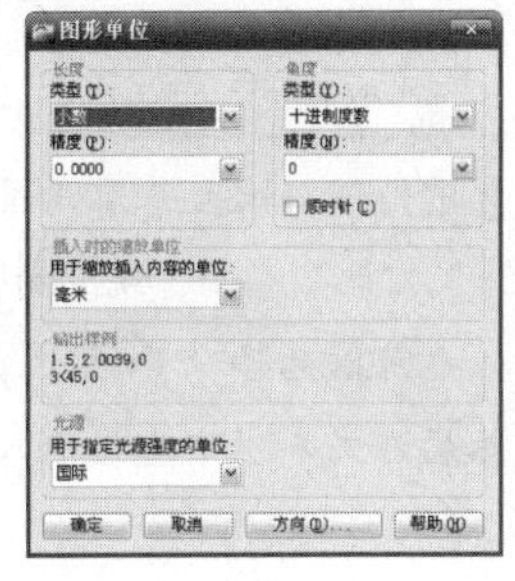

在“图形单位”对话框中可以对长度、角度、插入时的缩放单位、光源和输出样例5个选项进行设置。

1. 长度

在“长度”选项组中，可以设置图形的长度单位类型和精度。

2. 角度

在“角度”选项组中，可以设置图形的角度类型和精度。

3. 插入时的缩放单位

单击“用于缩放插入内容的单位”下拉列表框，从打开的下拉列表框中可以选择所要插入图形的单位，默认单位为毫米。

4. 光源

用来指定光源强度的单位，单击下拉按钮可以从下拉列表框中选择“国际”、“美国”或“常规”选项，默认为“国际”选项，表示采用国际单位。

5. 方向

单击“图形单位”对话框中的“方向”按钮，系统弹出“方向控制”对话框。

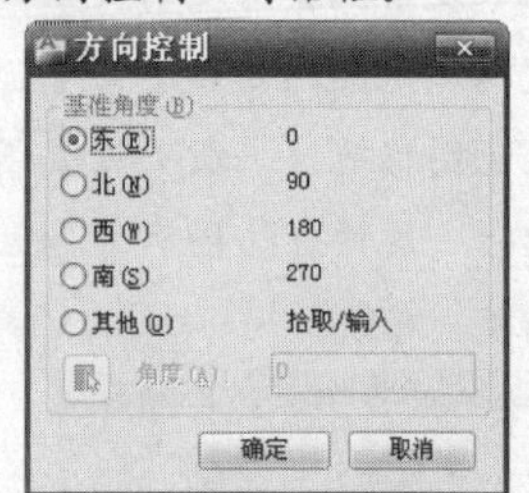

其中，可以设置基准角度为“东”、“北”、“西”或“南”方向，也可以选择“其他”选项，然后在文本框中直接输入角度值。

相关知识 什么是图形的缩放

在 AutoCAD 中，如果用户打开的文件图形太小或太大以至于无法清楚地辨别图形细部或显示整个图形时，可以使用缩放来实现图形的显示（命令子菜单和工具栏按钮）。

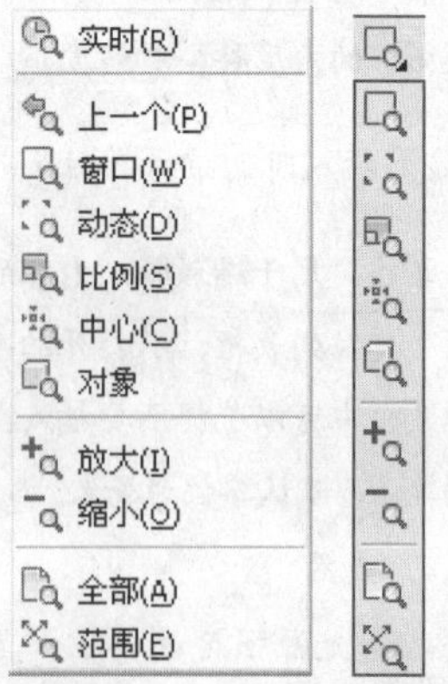

12 单击“修改”工具栏中的“圆角”按钮，对 3 条偏移线段的夹角倒圆角，圆角半径为 20，如图 7-140 所示。

13 单击“修改”工具栏中的“偏移”按钮，将最左边的垂直线段向右偏移 746、822、898、974，如图 7-141 所示。

图 7-140 偏移线段倒圆角

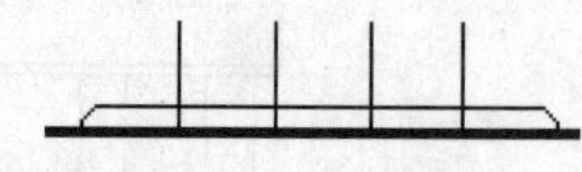

图 7-141 偏移线段

14 单击“修改”工具栏中的“修剪”按钮，修剪偏移后过长的线段，修剪出减速挡，如图 7-142 所示。

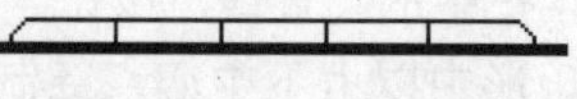

图 7-142 修剪偏移线段

15 单击“绘图”工具栏中的“图案填充”按钮，打开“图案填充和渐变色”对话框中，单击“类型和图案”选项组中“图案”选项后的弹出按钮，在系统弹出的“填充图案选项板”对话框中，将填充图案设置为“SOLID”，单击“确定”按钮返回到“填充图案和渐变色”对话框，如图 7-143 所示。

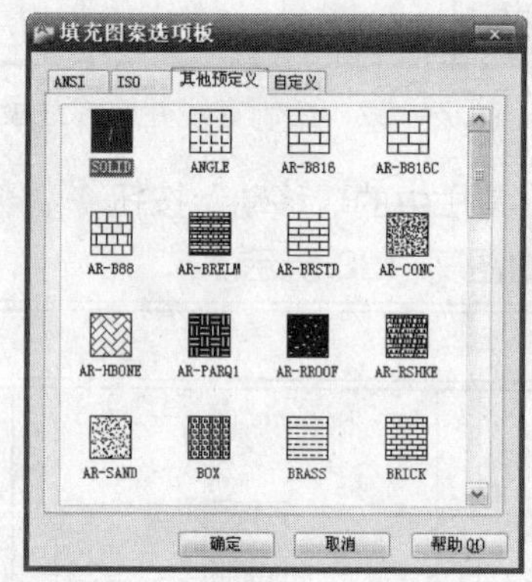

图 7-143 “填充图案选项板”对话框

16 单击“边界”选项组中的“添加：拾取点”按钮，切换到绘图区，选择其中的两个方格。按回车键返回到“填充图案和渐变色”对话框，单击“确定”按钮，将图案填充为黑色，如图 7-144 所示。

图 7-144 填充黑色

17 用同样的方法，在设置颜色时，选择“颜色”下拉列表框中的“选择颜色”选项，打开“选择颜色”对话框。选择黄色然后填充图形，单击“确定”按钮返回到“图案填充和渐变色”对话框，如图 7-145 所示。

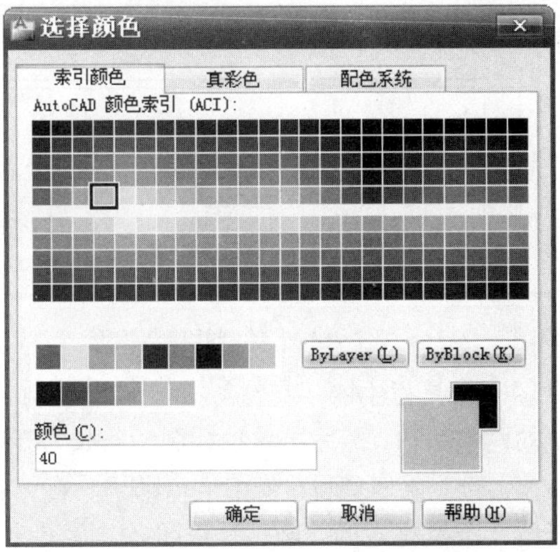

图 7-145　“选择颜色”对话框

18 填充另外 3 个方格，填充颜色为深黄色，如图 7-146 所示。

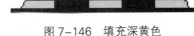

图 7-146　填充深黄色

19 单击“绘图”工具栏中的“矩形”、“直线”、“图案填充”和“移动”按钮，绘制挡车栏杆，如图 7-147 所示。

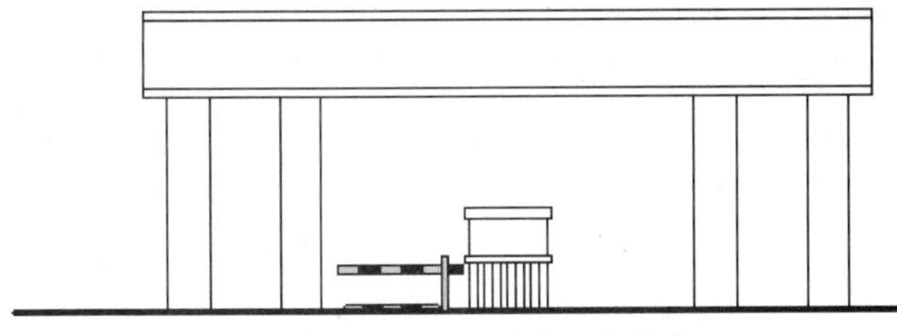

图 7-147　移动挡车栏杆

20 单击“修改”工具栏中的“镜像”按钮，将减速挡和挡车栏杆镜像对称复制，如图 7-148 所示。

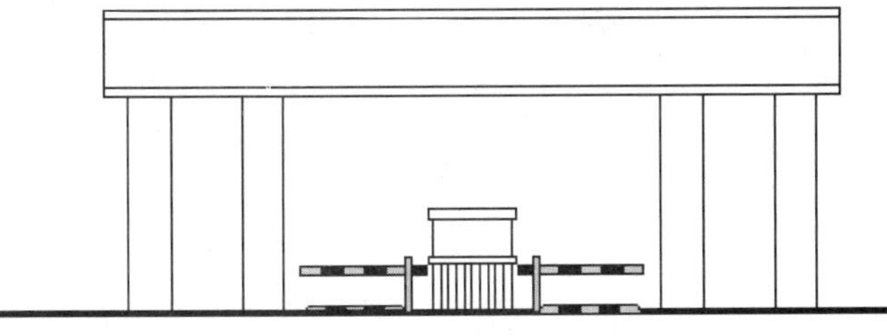

图 7-148　镜像复制图形

21 单击“绘图”工具栏中的“矩形”按钮，在图中空白处，绘制两个长 590、宽 80 的矩形，绘制两个围栏石基，再将矩形移动到图形中，如图 7-149 所示。

进行图形缩放操作时，图形在绘图区中的位置大小并不改变，这样可以方便观察当前视口中的图形，以保证能够准确地捕捉目标。

操作技巧　图形缩放的操作方法

可以通过以下 3 种方法来执行“图形缩放”操作：

- 选择“视图”→“缩放”子菜单中的各项命令。
- 单击“标准”工具栏中的“窗口缩放”下拉列表框中的各项按钮。
- 在命令行中输入“zoom”后，按回车键。

操作技巧　图形缩放的主要功能

在命令行中输入“zoom”后，按回车键提示命令行显示了全部、中心、动态、范围、上一个、比例、窗口、对象、实时 9 个选项，其各选项含义如下：

1. 全部

此选项表示在当前视口中显示整个文档的所有内容，包括绘图界限以外的图形。在平面视图中，所有图形将被缩放到栅格界限和当前范围两者中较大的区域中。

在三维视图中，“全部缩放”选项与“范围缩放”选项效果一样。

2. 中心

根据用户定义的点作为屏幕中心缩放的图形，同时输入新的缩放倍数，缩放倍数可以由相对值和绝对值确定。

3. 动态

选择此选项后屏幕上会显示几个不同颜色的图框。当选择此图框内的图形进行缩放时，系统不用重新计算，从而节省生成图形的时间；中心有“X”号的黑色实线框为观察框，可在整个图样上移动也可调整其大小，用它来选取需要缩放的图形区域；“X”号表示缩放的中心点位置。

4. 范围

根据当前屏幕显示范围，最大限度地将图形全部显示在屏幕中。

5. 上一个

选择此选项可恢复前一个显示视图，但最多只能恢复前10个视图。

6. 比例

选择此选项只需要在命令行中输入比例因子即可缩放图形。当输入数值大于0，却小于1时为缩小图形；当输入数值大于1时为放大图形。

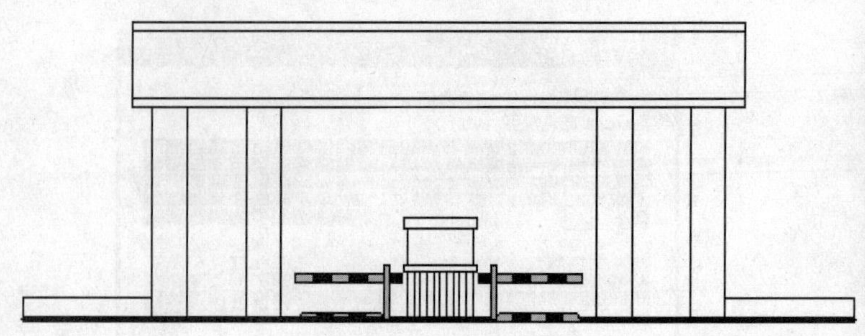

图 7–149　绘制并移动矩形

22 单击“绘图”工具栏中的“直线”按钮，绘制长度分别为30、300的两条线段，然后再单独绘制一条长为590的线段，再将线段30向下偏移200，如图7–150所示。

23 单击“修改”工具栏中的“旋转”按钮，旋转上面长为30的线段，旋转角度60°，旋转下面长为30的线段，旋转角度–60°，如图7–151所示。

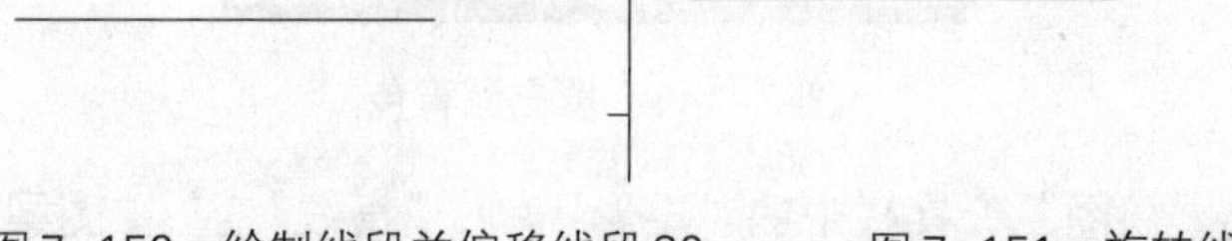

图 7–150　绘制线段并偏移线段30　　图 7–151. 旋转线段30

24 单击“修改”工具栏中的“镜像”按钮，镜像复制两条旋转过的短线段，并组合图形，如图7–152所示。

25 单击“修改”工具栏中的“复制”按钮，将围栏竖条向左右复制，间隔50，如图7–153所示。

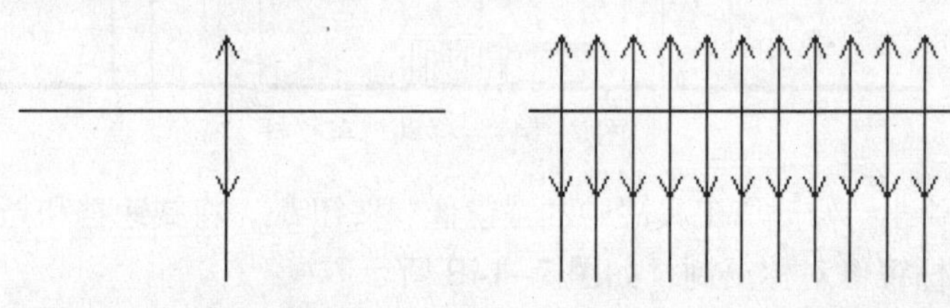

图 7–152　组合图形　　图 7–153　复制围栏竖条

26 单击“修改”工具栏中的“移动”按钮和“复制”按钮，将围栏移动到图形中，并复制另一边，如图7–154所示。

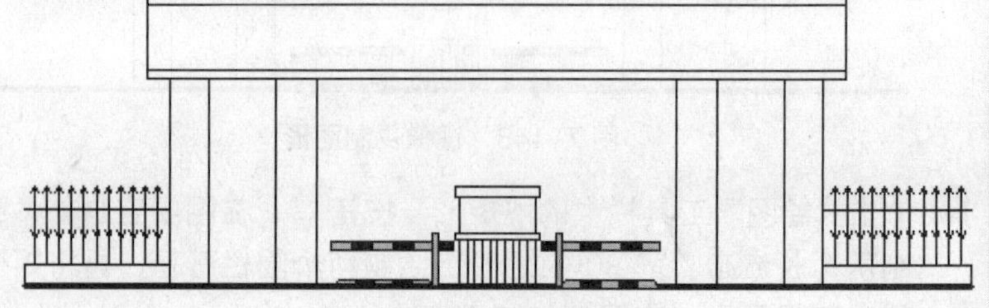

图 7–154　移动和复制围栏

27 单击"绘图"工具栏中的"多段线"按钮，绘制折断线，用于表示围栏还可以延伸，但是本图只绘制到这里，如图 7-155 所示。

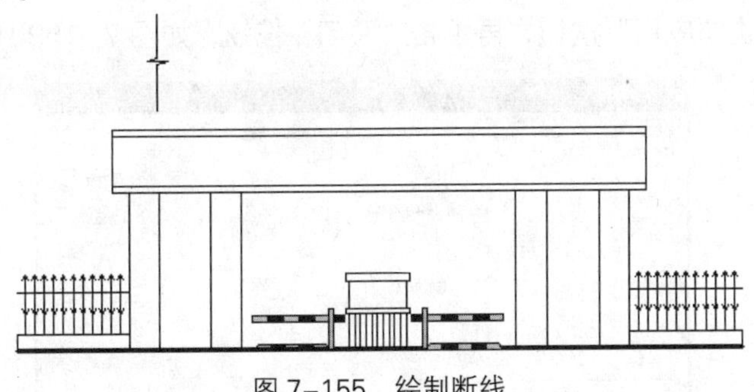
图 7-155 绘制断线

28 单击"修改"工具栏中的"移动"按钮和"复制"按钮，将断线移动到图形中，并复制到另一边，然后修剪多余的线段，如图 7-156 所示。

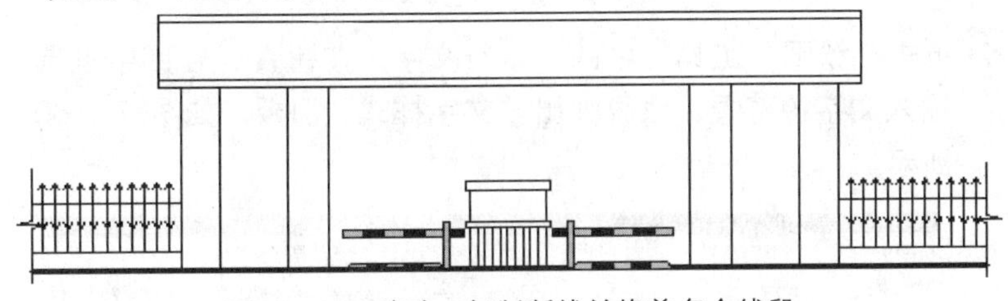
图 7-156 移动、复制断线并修剪多余线段

29 单击"绘图"工具栏中的"图案填充"按钮，用粉色填充部分图形，如图 7-157 所示。

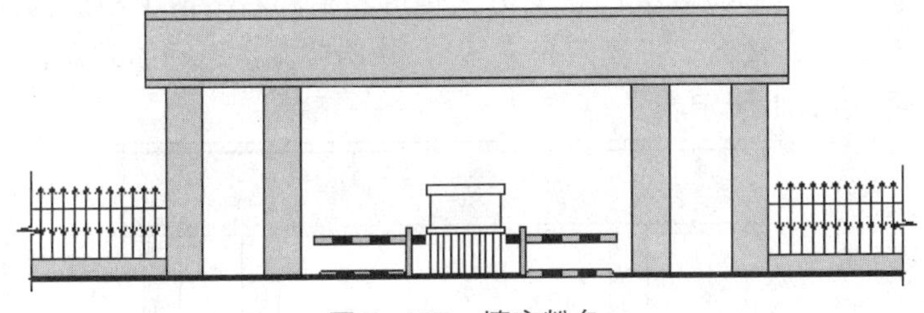
图 7-157 填充粉色

30 单击"绘图"工具栏中的"图案填充"按钮，用银色填充岗亭，如图 7-158 所示。

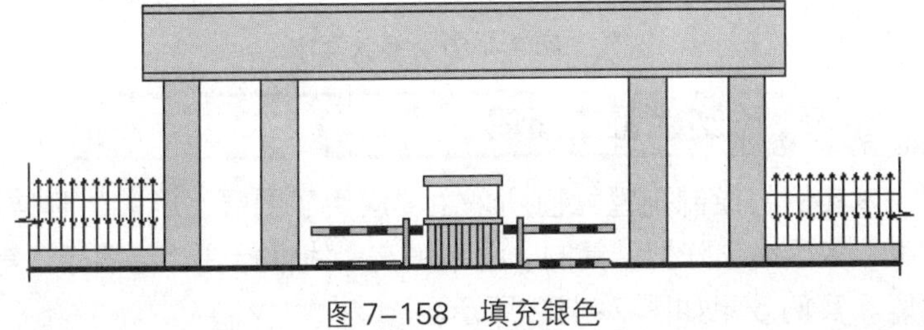
图 7-158 填充银色

7. 窗口

以窗口的形式定义显示矩形区域。

8. 对象

选择此选项，需要在绘图中指定一个或多个需要放大的图形后，按回车键将指定的图形放大为整个绘图区域。

9. 实时

用户可任意缩放图形显示。选择此选项后光标在绘图区中变为图标，按住鼠标向上移动时将图形放大，向下移动则将图形缩小。

相关知识 什么是图形的平移

视图平移可以重新定位图形，以便看清图形的其他部分。

"图形平移"子菜单：

操作技巧 图形平移的操作方法

可以通过以下 3 种方法来执行"图形平移"操作：

- 选择"视图"→"平移"子菜单中的各项命令。

- 单击“标准”工具栏中的“实时平移”按钮。
- 在命令行中输入“pan”后，按回车键。

操作技巧 图形平移的主要功能

图形平移主要分为实时平移和定点平移两项，其功能为：

1. 实时平移

实时平移模式下，光标指针变成一只小手。按下鼠标并拖动，窗口中的图形即可按拖动的方向平移。要退出平移模式，可以 Esc 键或 Enter 键。

2. 定点平移

通过指定基点和位移值来平移视图。

31 单击“格式”工具栏中的“文字样式”按钮，打开“文字样式”对话框。在对话框中选择“字体名”下拉列表框中的“楷体_GB2312”选项，在“高度”文本框中输入“120”后，单击“应用”按钮，再单击“关闭”按钮，如图 7-159 所示。

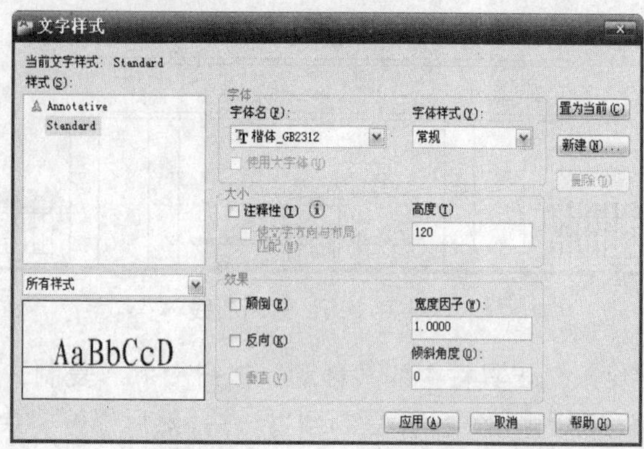

图 7-159 设置文字样式

32 单击“绘图”工具栏中的“多行文字”按钮，在图中框选输入文字的范围，系统弹出“文字样式”面板，如图 7-160 所示。

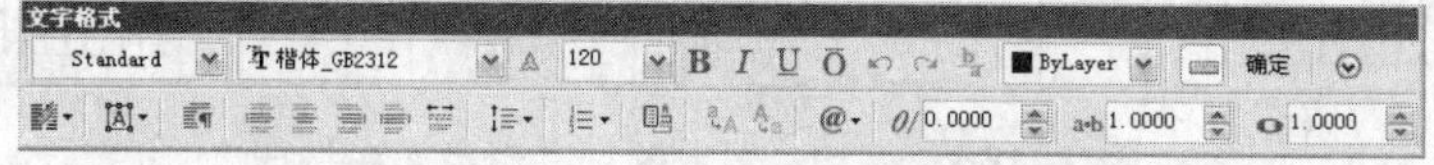

图 7-160 “文字样式”面板

33 在第二行的“多行文字对正”下拉列表框中选择“正中 MC”选项，然后设置大门正上方大矩形左上和右下两个角点为文字范围，输入“千喜阳光家园”，并调节文字之间的间隔，如图 7-161 所示。

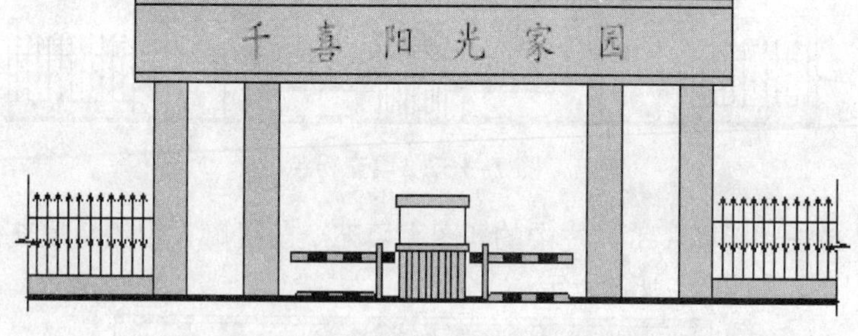

图 7-161 输入文字

实例 7-11 绘制别墅立面图

本实例将绘制别墅立面图，主要应用了图层、旋转、延伸、圆弧、多段线、阵列、复制、图案填充、线性标注、连续标注等功能。实例效果如图 7-162 所示。

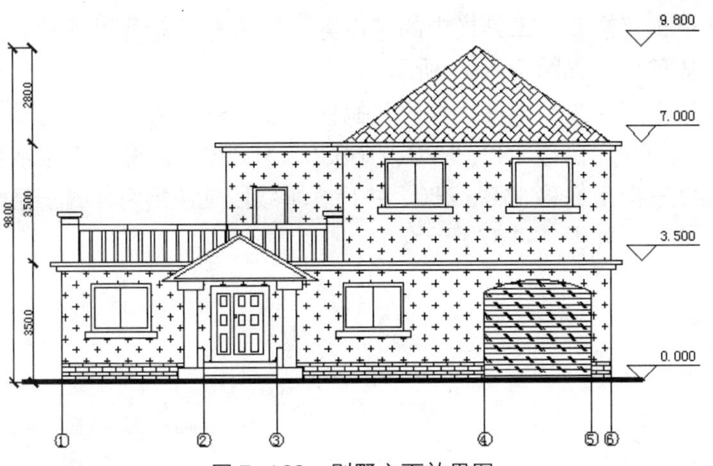

图 7-162　别墅立面效果图

操作步骤

1 单击“图层”工具栏中的“图层特性管理器”按钮，打开“图层特性管理器”面板，设置粗实线、轮廓线、填充线 3 个图层，并将粗实线设置为当前图层，如图 7-163 所示。

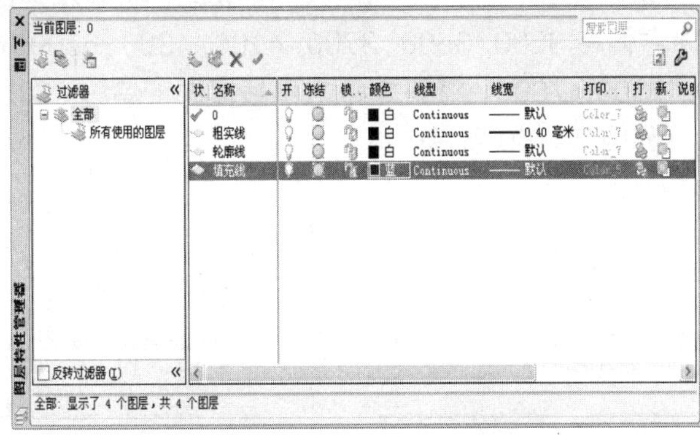

图 7-163　设置 3 个图层

2 单击“绘图”工具栏中的“直线”按钮，绘制一条长为 20000 的水平线段，将轮廓线设置为当前图层，并绘制一条垂直线段，如图 7-164 所示。

3 单击“修改”工具栏中的“偏移”按钮，将水平线段向上偏移 3500、7000、10500、12500，并将偏移的线段设置为轮廓线，再将垂直线段向右偏移 5000、8500、16500，如图 7-165 所示。

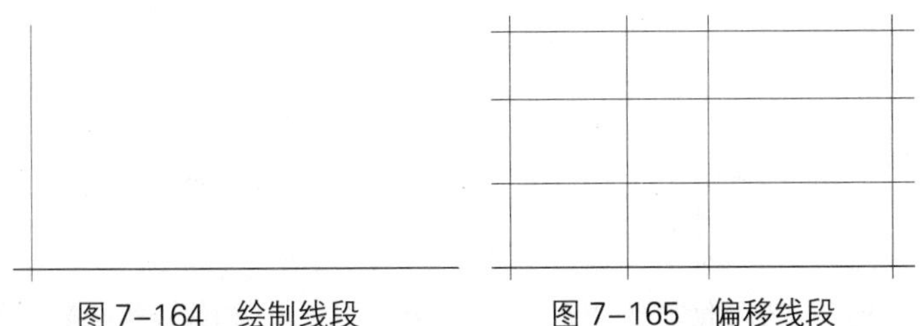

图 7-164　绘制线段　　图 7-165　偏移线段

实例 7-11 说明

- 知识点：
  - 图层
  - 旋转
  - 延伸
  - 圆弧
  - 多段线
  - 阵列
  - 复制
  - 图案填充
  - 线性标注
  - 连续标注
- 视频教程：
  光盘\教学\第 7 章　建筑立面图
- 效果文件：
  光盘\素材和效果\07\效果\7-11.dwg
- 实例演示：
  光盘\实例\第 7 章\绘制别墅立面图

相关知识　什么是鸟瞰视图

鸟瞰视图是集缩放和平移与一体的一项功能。它在观察图形时，是以一个独立窗口的形式存在，其结果反映在绘图窗口的当前视图窗口中。

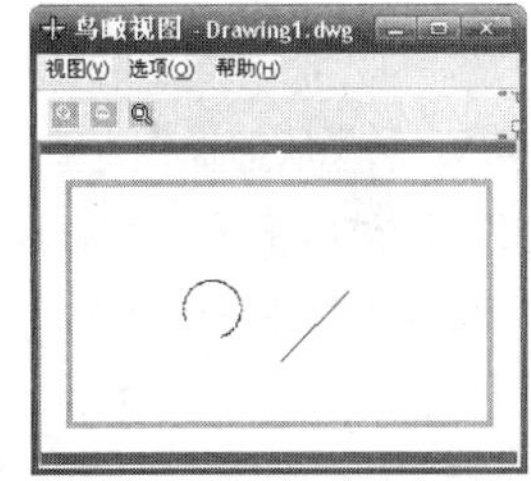

操作技巧　鸟瞰视图的操作方法

可以通过以下两种方法来执行“鸟瞰视图”操作：

- 选择“视图”→“鸟瞰视图”菜单命令。
- 在命令行中输入“dsviewer”后，按回车键。

相关知识　什么是重画

当使用“删除”命令删除图形时，屏幕上将出现一些杂乱的标记，这些标记实际上是不存在的，只是留下的重叠图像，这时就可以使用“重画”命令。此命令能够使系统在显示内存中更新屏幕，清除临时标记，还可以更新用户使用的当前视图窗口。

操作技巧 重画的操作方法

可以通过以下两种方法来执行“重画”操作：

- 选择“视图”→“重画”菜单命令。
- 在命令行中输入“redrawall”后，按回车键。

相关知识 什么是重生成

如果用户一直使用某个命令修改或编辑图形，但此图形没有任何变化，就可以使用重生成功能更新屏幕显示。

操作技巧 重生成的操作方法

可以通过以下两种方法来执行“重生成”操作：

- 选择“视图”→“重生成”菜单命令。
- 在命令行中输入“regen”后，按回车键。

相关知识 开多文档的优势

在AutoCAD 2012中可以同时打开多个绘图文档，每个绘图文档之间既相互联系又相互独立。用户可以在各个绘图文档间交换信息，从而提高工作效率。

4 单击“修改”工具栏中的“修剪”按钮，修剪出别墅的主体轮廓，如图 7–166 所示。

5 单击“修改”工具栏中的“偏移”按钮，将最左边的垂直线段向左偏移 130、320、16630、16820，再将第 3 条水平线段向下偏移 110、260，并将水平线段延伸到偏移的垂直线段上，如图 7–167 所示。

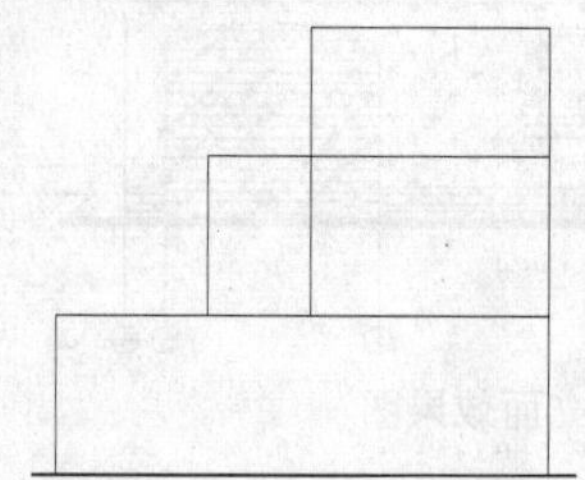

图 7–166 修剪出主体轮廓

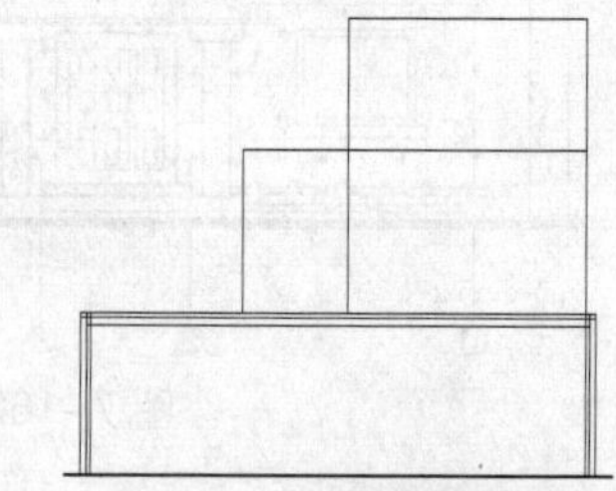

图 7–167 偏移和延伸线段

6 单击“修改”工具栏中的“修剪”按钮，修剪出底层的屋檐，如图 7–168 所示。

7 单击“修改”工具栏中的“偏移”按钮，将最左边的垂直线段向右偏移 3200、3500、3700、4100、4300、6500、6700、7100、7300、7600，将第 3 条水平线段向下偏移 460、810、3100，如图 7–169 所示。

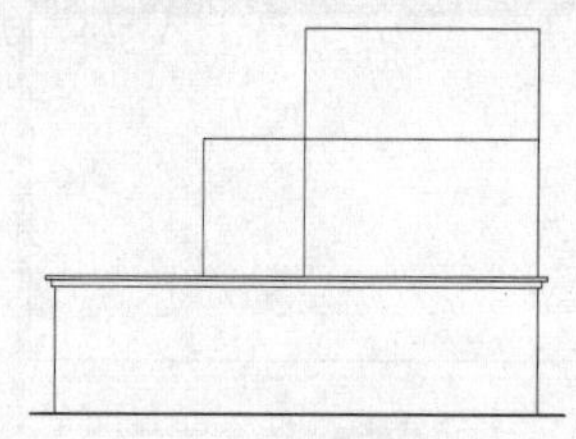

图 7–168 修剪出底层屋檐

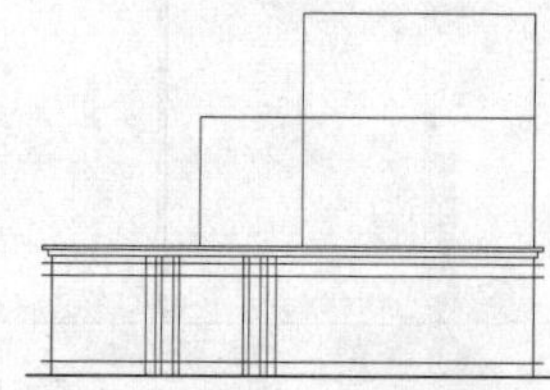

图 7–169 偏移线段

8 单击“修改”工具栏中的“修剪”按钮，修剪出门厅，如图 7–170 所示。

9 单击“修改”工具栏中的“旋转”按钮，将两根未修剪的垂直线段，以各自于水平线的交点为基点进行旋转，左边的垂直线段旋转 120°，右边的垂直线段旋转 240°，并用直线功能连接旋转线段的下端点，如图 7–171 所示。

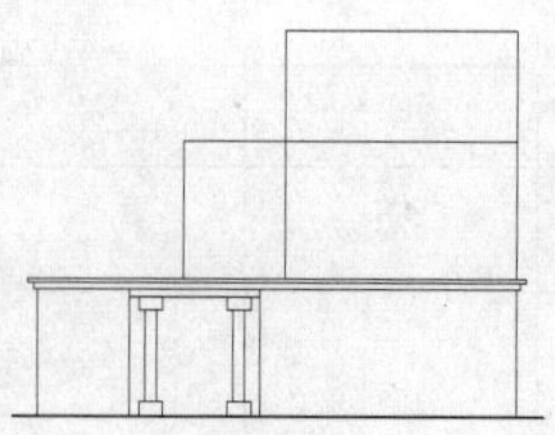

图 7–170 修剪出门厅

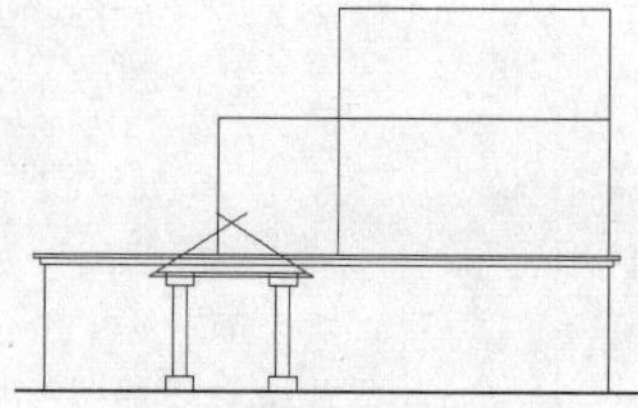

图 7–171 旋转线段并连接下端点

10 单击“修改”工具栏中的“偏移”按钮，将两条旋转的斜线向内偏移 100，如图 7-172 所示。

11 单击“修改”工具栏中的“修剪”按钮，修剪图形中的多余线段，如图 7-173 所示。

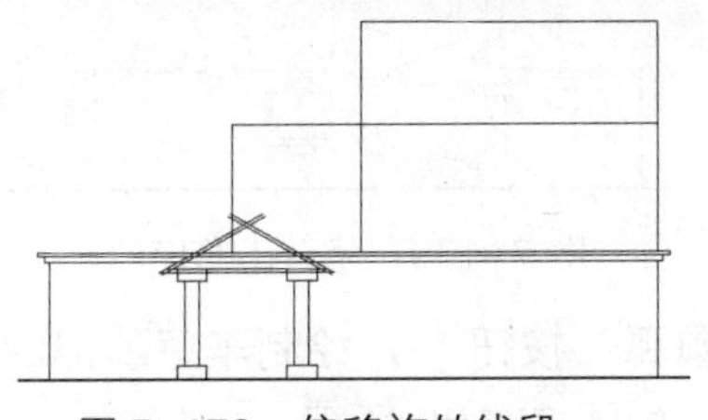

图 7-172　偏移旋转线段

图 7-173　修剪多余线段

12 单击“修改”工具栏中的“偏移”按钮，将最左边的垂直线段向右偏移 4300、6500，再将底层左边的水平线段向下偏移 2500、2900、3100、3300，并将水平线段延伸到垂直线段上，如图 7-174 所示。

13 单击“修改”工具栏中的“修剪”按钮，修剪出台阶，如图 7-175 所示。

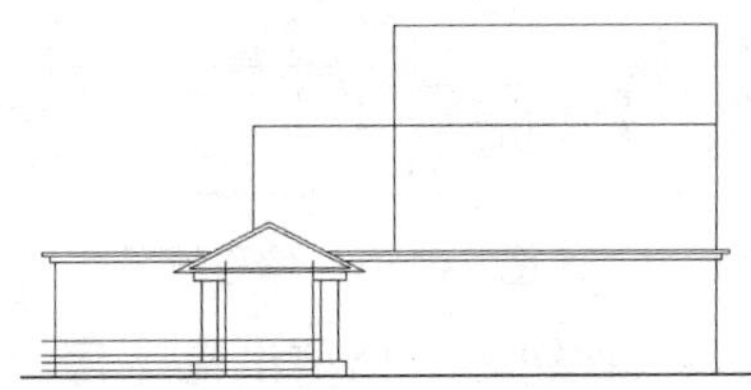

图 7-174　偏移线段

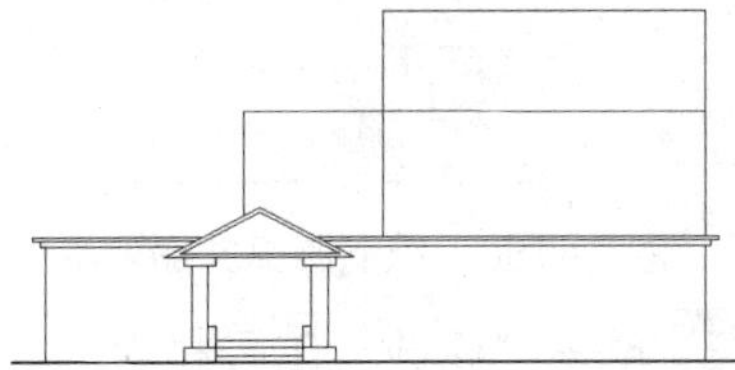

图 7-175　修剪出台阶

14 单击“绘图”工具栏中的“矩形”按钮和“圆”按钮，绘制一扇大门，并将门移动到图形中的合适位置，如图 7-176 所示。

15 单击“绘图”工具栏中的“矩形”按钮和“直线”按钮，绘制一个窗，并将窗移动到图形中的合适位置，再复制另一个窗，如图 7-177 所示。

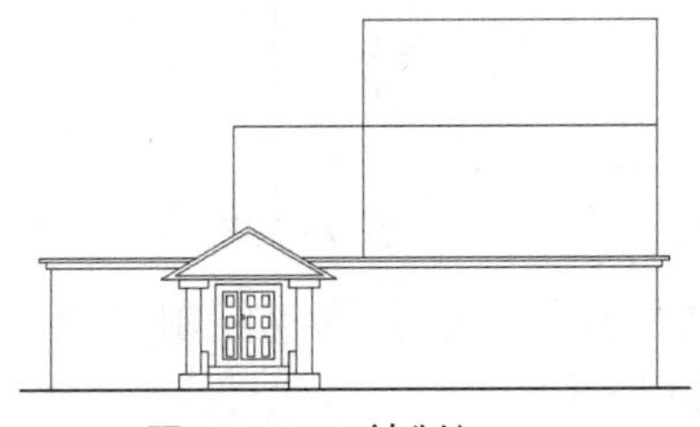

图 7-176　绘制门

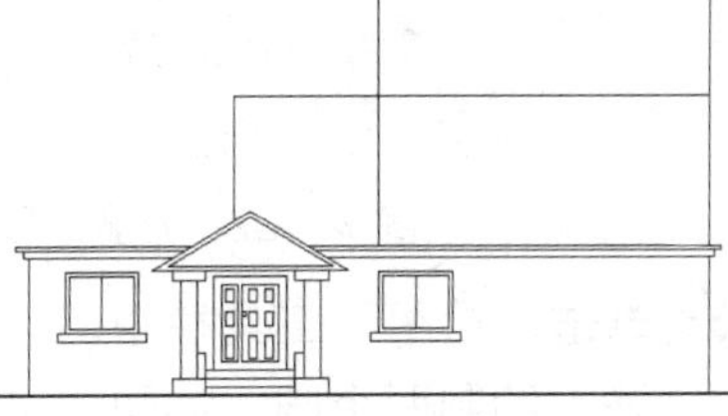

图 7-177　绘制窗

16 单击“修改”工具栏中的“偏移”按钮，将最右边的垂直线段向左偏移 600、3800，再将底层右边的水平线段向下偏移 550、900，如图 7-178 所示。

相关知识　开多文档的设置

单击“窗口”菜单命令后，在打开菜单的下半部分显示了当前打开的所有文档的路径和文件名，单击相应的文件名即可将其设置为当前文档。

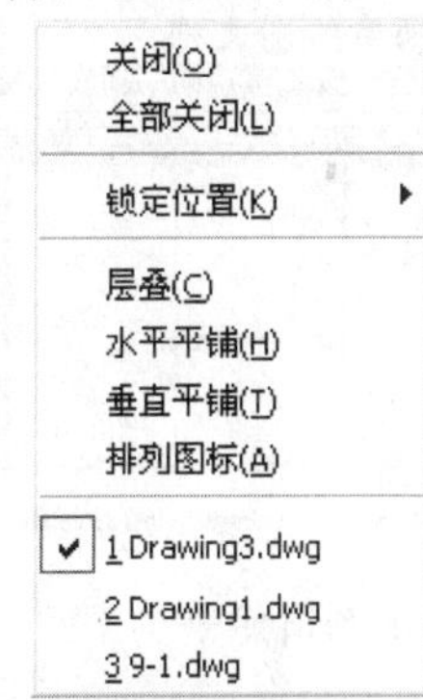

“窗口”菜单中的各种文档排列方式的含义如下：

1. 层叠

该功能用于层叠放置当前打开的所有绘图文档。

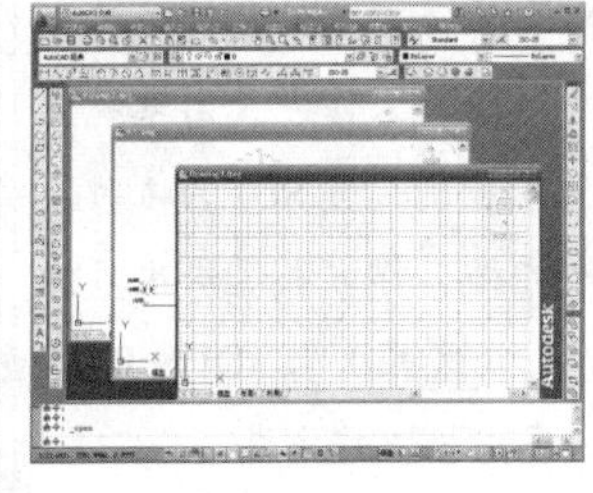

2. 水平平铺

该功能用于水平排列当前打开的所有绘图文档。

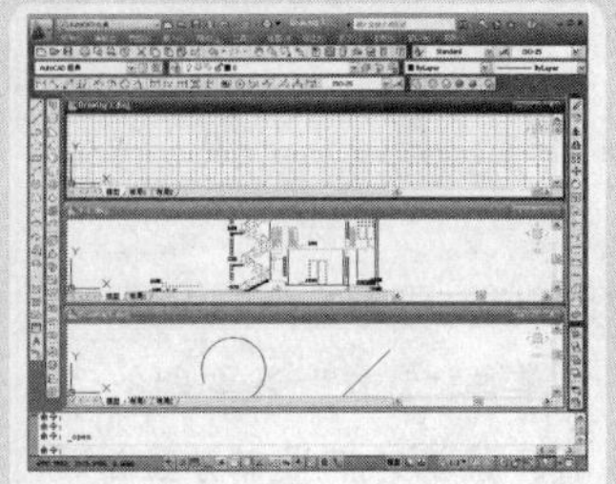

3. 垂直平铺

该功能用于垂直排列当前打开的所有绘图文档。

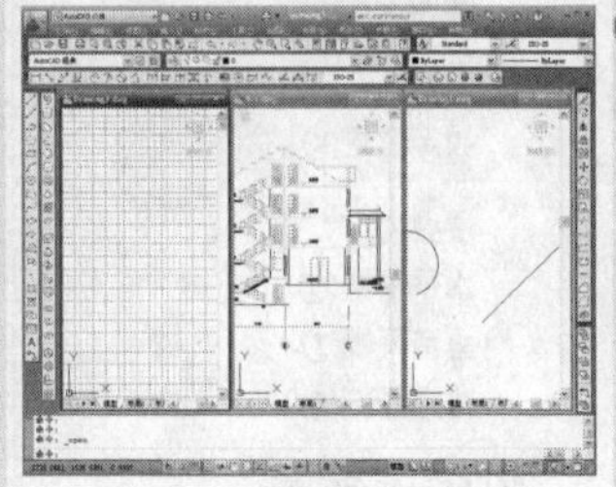

4. 排列图标

该功能用于重新排列图标。

相关知识 **文档工作设置参数**

用户也可设置AutoCAD的文档工作方式为单文档工作方式，文档的工作方式由系统变量SDI控制。当SDI为1时，为单文档工作方式（每次只能打开一个文档）；当SDI为0时，则为多文档工作方式。

相关知识 **多文档间操作**

在多文档设计环境中，文档间的操作方法有以下3种。

1. 绘图文档间相互交换信息

AutoCAD中，系统支持鼠标拖动操作，可在文档之间进行复制、粘贴等操作。

17 单击“修改”工具栏中的“修剪”按钮，修剪出车库门，如图7–179所示。

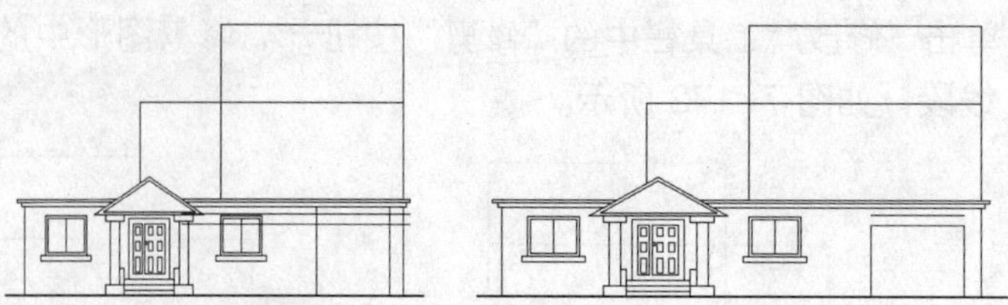

图7–178 偏移线段　　图7–179 修剪出车库门

18 单击“绘图”工具栏中的“圆弧”按钮，绘制车库顶部的圆弧，并删除两条水平线段，如图7–180所示。

19 单击“修改”工具栏中的“偏移”按钮，将第2层左数第2根垂直线段向左偏移130、320、3630、3820、8130、8320，再将第2层的水平线段向下偏移110、260，并延伸水平线段到偏移的垂直线段上，如图7–181所示。

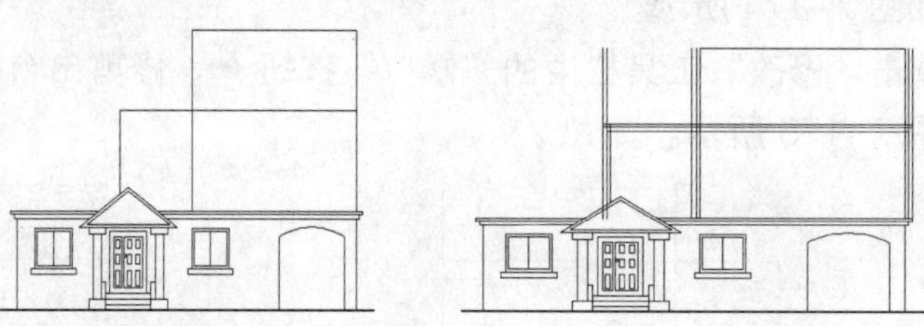

图7–180 绘制圆弧并删除水平线段　　图7–181 偏移线段

20 单击“修改”工具栏中的“修剪”按钮，修剪出第2层的屋檐，如图7–182所示。

21 单击“绘图”工具栏中的“多段线”按钮，绘制长为1350、40、150、600、150、40、1350的线段，绘制出一个栏杆的柱体，如图7–183所示。

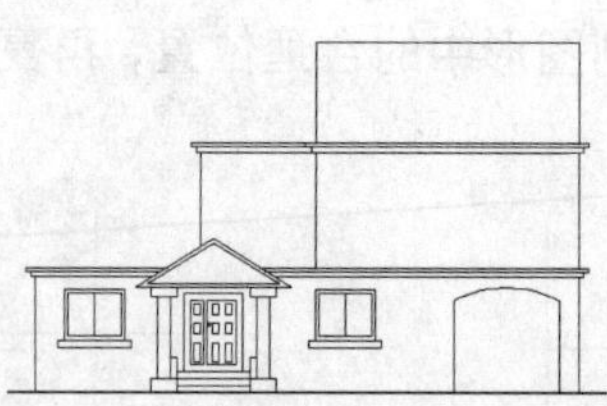

图7–182 修剪出屋檐

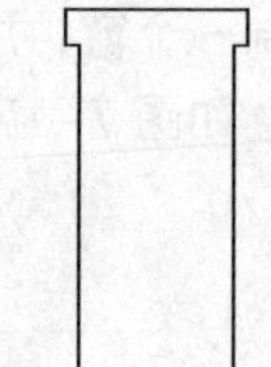

图7–183 栏杆柱体

22 单击“绘图”工具栏中的“圆”按钮，用两点绘制圆的方法，绘制两个圆，如图7–184所示。

23 单击“修改”工具栏中的“偏移”按钮，将最上边的水平线段向下偏移150、200、380，如图7–185所示。

24 单击“修改”工具栏中的“修剪”按钮和“删除”按钮，修剪和删除图形中的多余线段，如图7–186所示。

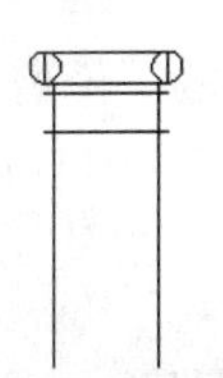

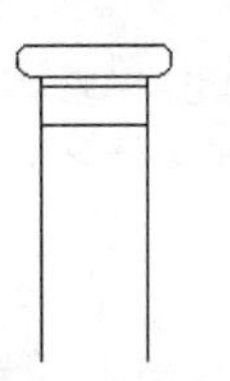

图 7-184　绘制圆　图 7-185　偏移线段　图 1-186　修剪和删除多余线段

25 单击“修改”工具栏中的“移动”按钮，将在图形外绘制的栏杆柱体移动到图形中，并向右复制一个，如图 7-187 所示。

26 单击“修改”工具栏中的“修剪”按钮和“删除”按钮，修剪和删除被建筑遮挡所断的部分图形，如图 7-188 所示。

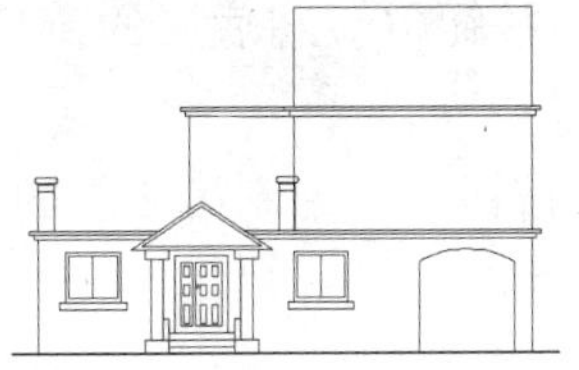

图 7-187　移动并复制柱体　图 7-188　修剪被遮挡掉的图形

27 单击“绘图”工具栏中的“直线”按钮，以柱体上线段的端点为起点，沿 X 轴向右绘制 1500，向下绘制 200，向左绘制 50，再沿 Y 向下绘制到底层屋檐的垂线，绘制出一段栏杆，如图 7-189 所示。

28 单击“修改”工具栏中的“偏移”按钮，将栏杆上长的垂直向左偏移 275，如图 7-190 所示。

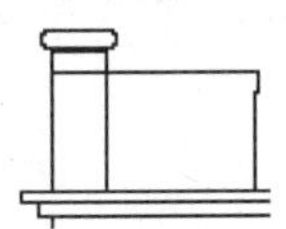

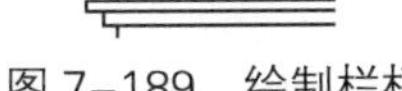

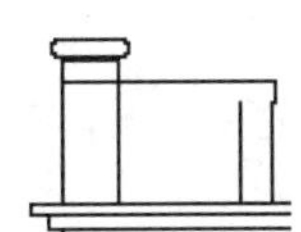

图 7-189　绘制栏杆　图 7-190　偏移线段

29 单击“修改”工具栏中的“阵列”按钮，打开“阵列”对话框，并设置行数为 1、列数为 4、行偏移为 0、列偏移为 -375，选择两个长的垂直线段进行阵列复制，如图 7-191 所示。

30 单击“绘图”工具栏中的“直线”按钮，绘制栏杆之间的连线，如图 7-192 所示。

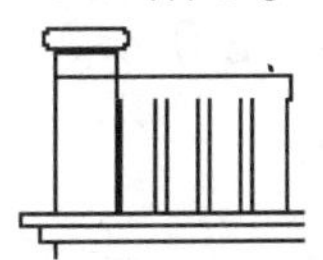

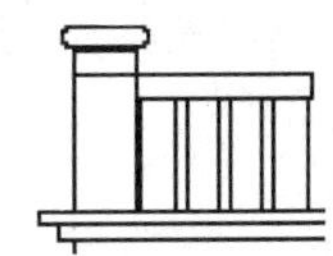

图 7-191　阵列复制线段　图 7-192　绘制栏杆之间的连线

31 单击“修改”工具栏中的“阵列”按钮，将这段绘制好的栏杆进行阵列复制，设置行数为 1、列数为 5、行偏移为 0、列偏移为 1500，如图 7-193 所示。

2. 多文档命令并行执行

AutoCAD 支持在不结束某绘图文档正在执行命令的情况下，同时切换到另一个文档进行操作，然后回到此绘图文档可继续执行此命令。

3. 从资源管理器向 AutoCAD 输入图形

在 AutoCAD 中，系统支持以拖动的方式将文件插入到当前图形中。打开“资源管理器”对话框，选择要插入的文件，按住鼠标不放将其拖动到任务栏的 AutoCAD 图标上，系统此时会自动打开 AutoCAD 窗口，绘图文件作为一个块插入到当前的绘图环境中。

疑难解答　**设置的点画线为什么显示为实线**

对于这种情况，是由于线型的比例设置不当所导致的，这种情况在画的图形比较小时经常出现。解决方法是：将默认的线型比例改小。

方法一：在命令行中输入命令“ltscale”后，反复试验即可。

方法二：单击“工具”→“选项板”→“特性”命令，打开“特性”选项板，打开“常规”面板，将“线型比例”数值改小。

在“特性”面板中将“线型比例”由1改为0.5。

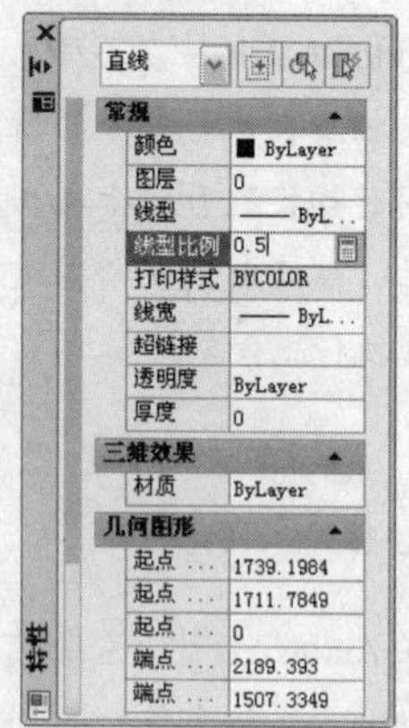

建筑术语 **建筑中庭院的定义**

庭院被认为是建筑空间的一个部分，是作为文化载体融入到传统建筑和现代建筑的各个方面。

建筑术语 **庭院的分类**

现代建筑的庭院主要可以分为中式庭院和西式庭院。

1. 中式庭院

中式庭院以景为主，将整个庭院融入到景中，突出的庭院的秀美。中式庭院中主要由山、水、植物、动物、庭院小筑等组成。

2. 西式庭院

西式庭院以实用性为主，以功能主义优先，将景融入生活，突出庭院的功能。

32 单击“修改”工具栏中的“修剪”按钮，修剪被门厅所遮挡掉的栏杆线段，如图 7-194 所示。

图 7-193　阵列复制栏杆

图 7-194　修剪线段

33 单击“修改”工具栏中的“复制”按钮，将底层的窗户复制到第二层中，如图 7-195 所示。

34 单击“绘图”工具栏中的“矩形”按钮，绘制第 2 层的门，这里就不再细说，如图 7-196 所示。

图 7-195　复制窗户

图 7-196　绘制门

35 单击“绘图”工具栏中的“直线”按钮，绘制一个屋顶，并删除多余线段，如图 7-197 所示。

图 7-197　绘制屋顶

36 再次单击“绘图”工具栏中的“直线”按钮，绘制一条辅助线，以区分墙基和墙面，如图 7-198 所示。

图 7-198　绘制直线

37 单击“绘图”工具栏中的“图案填充”按钮，打开“图案填充和渐变色”对话框，设置“CORK”作为图案填充样式，比例设置为 50，填充车库门，如图 7-199 所示。

图 7-199 填充车库门

38 设置“AR-BRSTD”作为图案填充样式，比例设置为 2，填充墙基，如图 7-200 所示。

图 7-200 填充墙基

39 设置“CROSS”作图案填充样式，比例设置为 75，填充墙面，如图 7-201 所示。

图 7-201 填充墙面

40 设置“AR-HBONE”作为图案填充样式，比例设置为 2，填充屋顶，并修剪辅助线，如图 7-202 所示。

图 7-202 填充屋顶

相关知识 庭院的形式

随着历史的发展，庭院的形态丰富多样，以江南私家园林尤为突出。庭院的合围形式主要可以分为以下几种：

- 以院墙合围的庭院：在建造建筑时，以院墙为边界，在边界内建设建筑以及庭院。通常应用在比较大规模的建筑群上，如圆明园。
- 以建筑合围的庭院：这种合围方式多应用的民用建筑上，如北京的四合院。
- 以回廊、墙垛等建筑合围的庭院：这类合围方式多应用在园林建筑上，采用了比较多变灵活的方式合围庭院。
- 以建筑合围建筑并在之间的过渡处形成庭院：这类合围多出现在宫殿或宗教建筑上，并不是太常见。

相关知识 庭院的组成部分

观赏性的庭院，通常都离不开以下几点元素。

1. 山石

山石是以石景的方法，模拟自然界中的山势，又有“瘦、皱、漏、透”的说法。现代建筑中的庭院表现手法多为叠石，也取自然的意境。

2. 水体

有了山石再来说水体，两者相加，给人一种依山傍水，回归

41 单击“标注”工具栏中的“线性”按钮，标注立面图高度尺寸，并适当调整标注延伸线，如图 7-203 所示。

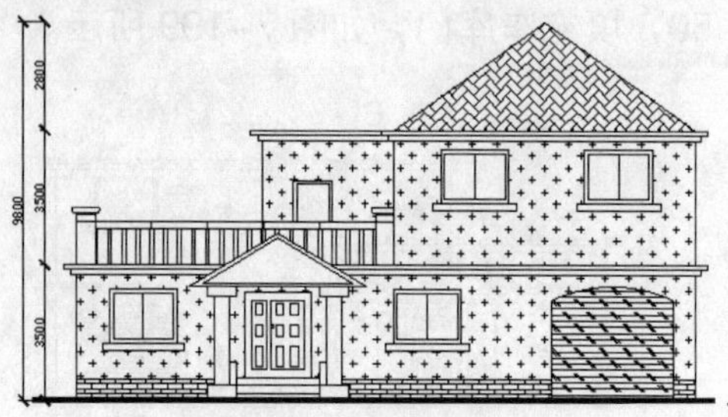

图 7-203　标注立面图高度尺寸

42 选择“插入”菜单中的“块”命令，打开“插入块”对话框，插入“标高符号”和“属性标记符号”，结合单行文字功能，标注图形，如图 7-204 所示。

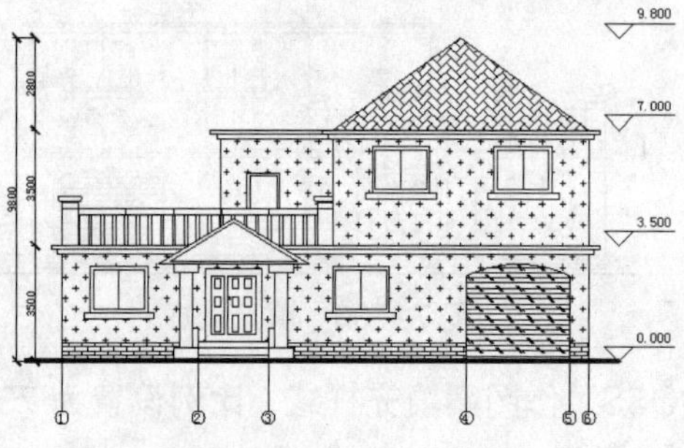

图 7-204　标注图形

实例 7-12 绘制住宅立面图

本实例将绘制住宅立面图，主要应用了直线、偏移、修剪、旋转、复制、镜像、线性标注、连续标注等功能。实例效果如图 7-205 所示。

图 7-205　住宅立面效果图

在绘制图形时，先绘制一个单元，上下层相同的物件可以相互复制，然后再镜像复制其他单元。具体操作见“光盘\实例\第 7 章\绘制住宅立面图”。

大自然的感觉。水为庭院带来了生气，也起到了调节局部气候的用途。

3. 植物

庭院中种植什么植物，也需要根据庭院来选择。需要根据庭院的大小、通透、光照、气候等因素来选择合适的植物。例如，在南方，可以选择宽叶常绿的植被来种植。

4. 动物

庭院中最适合养殖的动物是鱼。在水体中养几条红鲤鱼，既能丰富庭院的生态，也调节了庭院的气氛。

5. 庭院小筑

庭院中可以摆放一些石桌、石椅、凉亭等，这些都算是庭院小筑，有了这些小筑的修饰，才使整个庭院更加完美、和谐。

相关知识 赏石的“瘦、皱、漏、透”

它们每个字都代表了一定的含义。例如，“瘦”是指以平视的立体形状，“皱”是指传统赏石的表面形状，“漏”和“透”指三维空间的立面形状。将这 4 个字组合在一起，整个石头的就形成了一个变化无穷的组合。在赏石上，用这 4 个字充分发挥了审美和想象的空间。例如，“瘦、皱、漏、透”的经典代表太湖石如下所示：

08

第 8 章

建筑三视图

三视图一般应用在机械绘图中，在建筑绘图中并不常见，只有在建筑图形复杂、两个视图无法清楚表达时才会应用到三视图。本章将通过实例讲解三视图的基本理论与绘制方法，并在小栏知识中介绍一些快速、精准绘图的方法。

本章讲解的实例和主要功能如下：

实　　例	主要功能	实　　例	主要功能
绘制书桌三视图	直线 偏移 圆角 线性标注	绘制旗台俯视图	直线、偏移 修剪、复制 延伸、镜像 线性标注 连续标注
		绘制旗台主视图	偏移 修剪 圆角 修订云线 线性标注 连续标注
绘制模型三视图	直线 偏移 修剪	绘制旗台侧视图	复制 镜像 删除 线性标注 连续标注

本章在讲解实例操作的过程中，全面系统地介绍关于建筑三视图的相关知识和操作方法，包含的内容如下：

实例 8-1　绘制书桌三视图

本实例将制作书桌三视图，主要应用了直线、偏移、圆角、线性标注等功能。实例效果如图 8-1 所示。

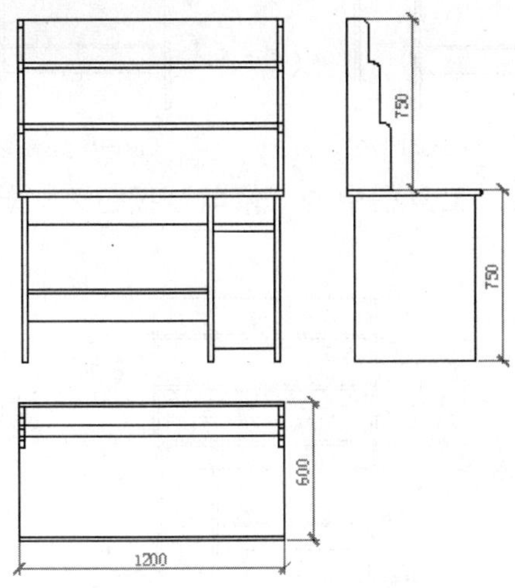

图 8-1　书桌三视图效果图

操作步骤

1 单击“绘图”工具栏中的“直线”按钮，绘制长为 1200、1500 的两条直线，如图 8-2 所示。

2 单击“修改”工具栏中的“偏移”按钮，将水平线段向上偏移 60、180、300、320、570、600、725、750，再将垂直线段向左偏移 15、40、320、345、1160、1185、1200，如图 8-3 所示。

图 8-2　绘制线段

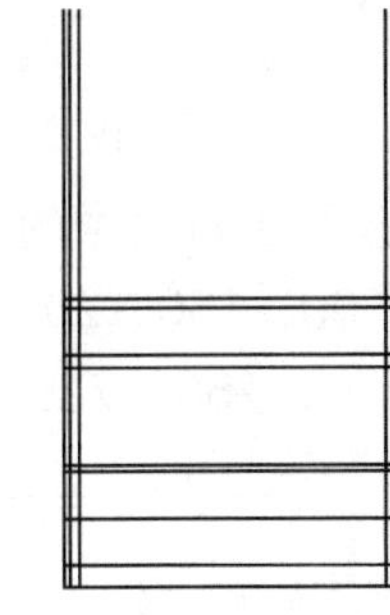

图 8-3　偏移线段

3 单击“修改”工具栏中的“修剪”按钮，修剪出书桌，如图 8-4 所示。

4 单击“修改”工具栏中的“偏移”按钮，将最上边的水平线段向上偏移 255、270、290、525、540、560、715、750，再将最右边的垂直线段向左偏移 25、1175，如图 8-5 所示。

实例 8-1 说明

- **知识点：**
  - 直线
  - 偏移
  - 圆角
  - 线性标注
- **视频教程：**
  光盘\教学\第 8 章　建筑三视图
- **效果文件：**
  光盘\素材和效果\08\效果\8-1.dwg
- **实例演示：**
  光盘\实例\第 8 章\绘制书桌三视图

相关知识　建筑三视图

建筑三视图是指从实体建筑的前视、俯视、侧视 3 个方向绘制的图形，并将图形按照一定的规范排列的图形称为三视图，建筑上用到的三视图并不多，但有些形状复杂、尺寸较多的图形，可以通过三视图将图形表达得更加清楚。

相关知识　建筑各个视角

一个实体建筑，可以由多个视角来绘制图形，单从一个方面，是无法标注出所有图形尺寸的，因此在绘制图形时，需要注意各个视角图形的配合，包括前视、后视、俯视、仰视、左视、右视 6 个方面。下面以一个简单的沙发实体为例讲解 6 个视角。

"沙发"模型：

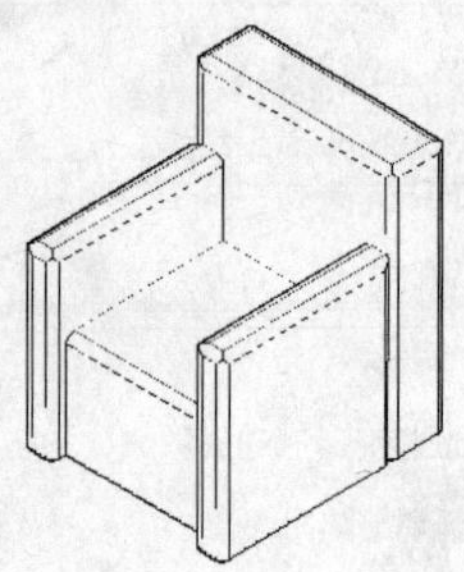

1. 前视

前视也称为主视或正视，是从建筑的正面观察，并绘制出来的图形。前视图可以标注建筑物的长度、高度，以及相关的一些尺寸。

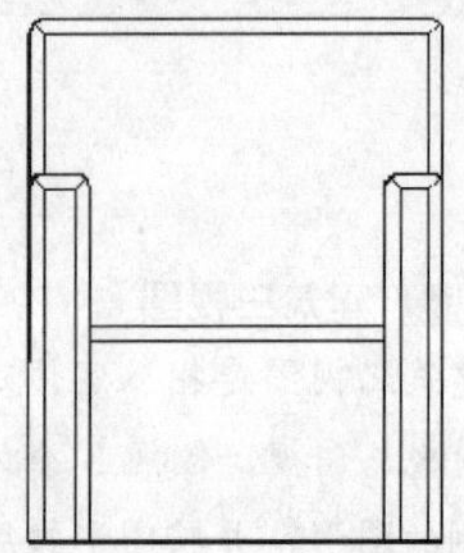

2. 后视

后视是从建筑的后面观察，并绘制出来的图形。

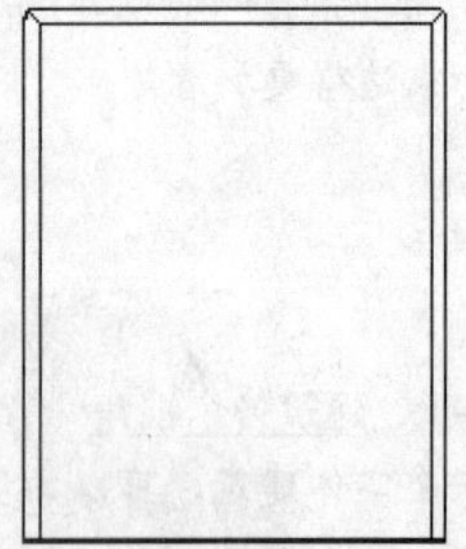

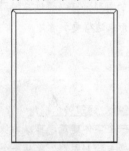

3. 俯视

俯视是从建筑的上面向下观察，并绘制的图形。例如，公园示意图，也可以算是俯视图。在俯视图上可以标注出建筑物的长、宽等尺寸，以及建筑物顶面的一些设施。

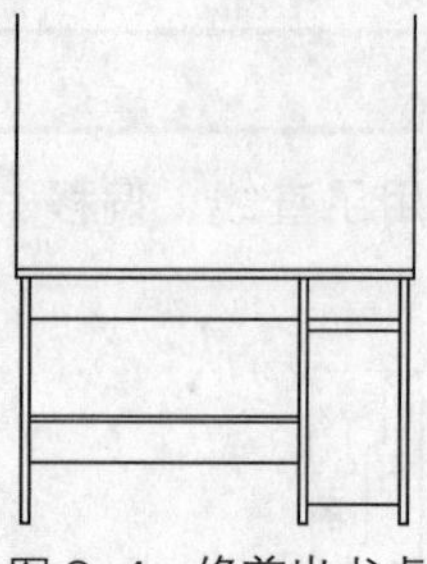

图 8-4 修剪出书桌

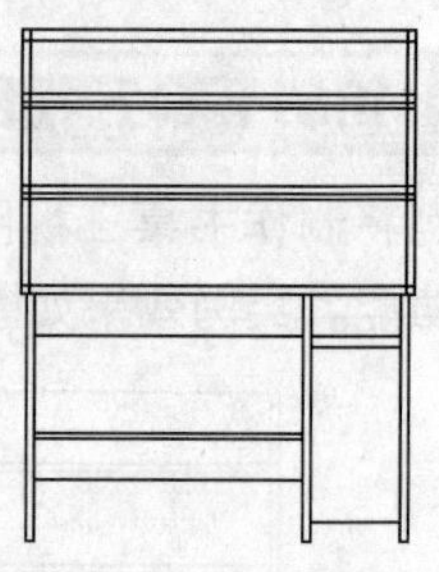

图 8-5 偏移线段

5 单击"修改"工具栏中的"修剪"按钮，修剪出书架，如图 8-6 所示。

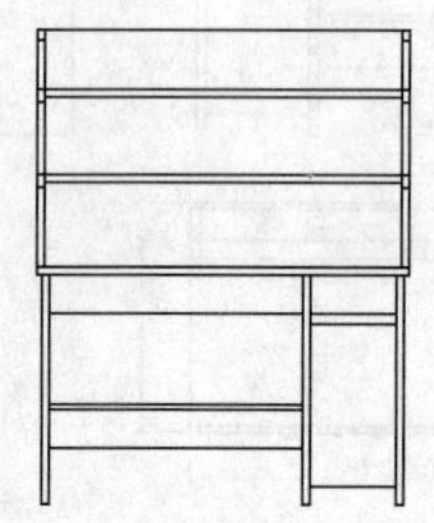

图 8-6 修剪出书架

6 单击"绘图"工具栏中的"直线"按钮，在主视图书架的一角沿水平线绘制一条直线，然后再绘制条垂直线段，如图 8-7 所示。

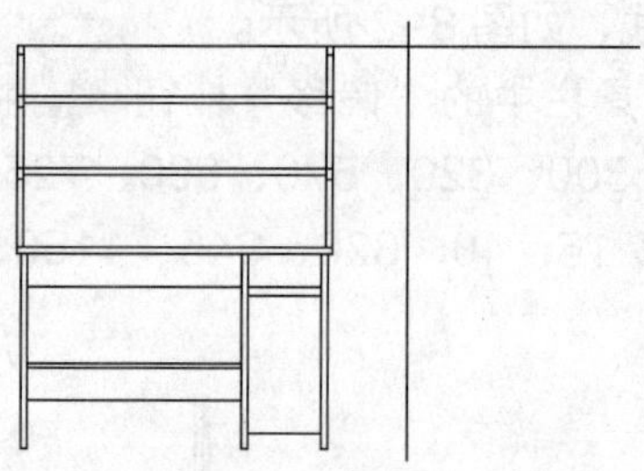

图 8-7 绘制直线

7 单击"修改"工具栏中的"偏移"按钮，将垂直线段向右偏移 30、100、150、200、570、600，再将水平线段向下偏移 190、460、750、775、1500，如图 8-8 所示。

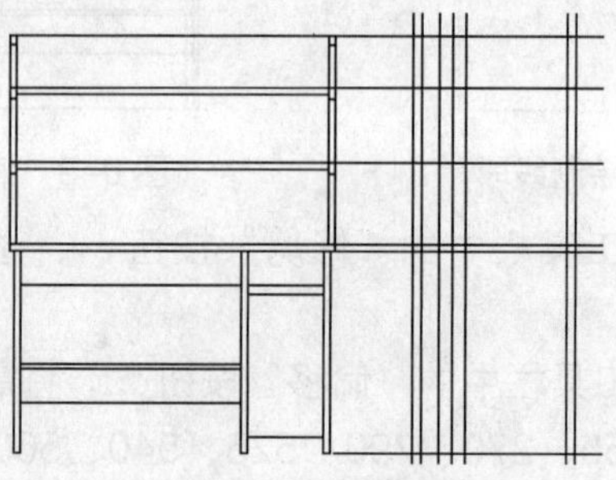

图 8-8 偏移直线

8 单击“修改”工具栏中的“修剪”按钮，修剪出书桌的侧视图，如图 8-9 所示。

9 单击“修改”工具栏中的“圆角”按钮，圆角书架角，圆角半径为 35，在圆角书桌的前边上下两角，圆角半径为 12.5，如图 8-10 所示。

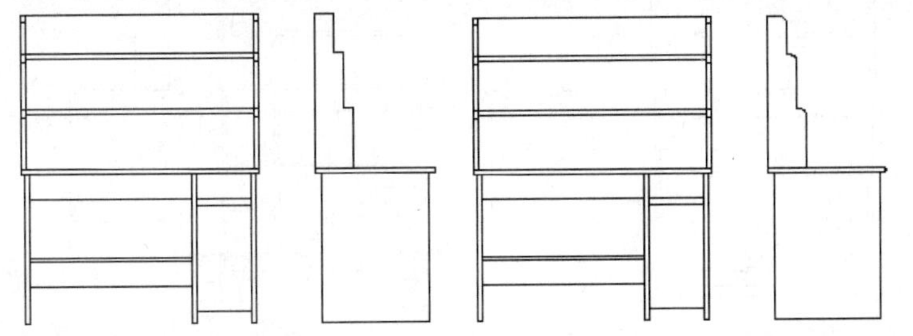

图 8-9　修剪出书桌侧视图　　　图 8-10　圆角书架及书桌前边

10 单击“绘图”工具栏中的“直线”按钮，在主视图书桌面的一角沿垂直线绘制一条直线，然后再绘制一条水平线段，如图 8-11 所示。

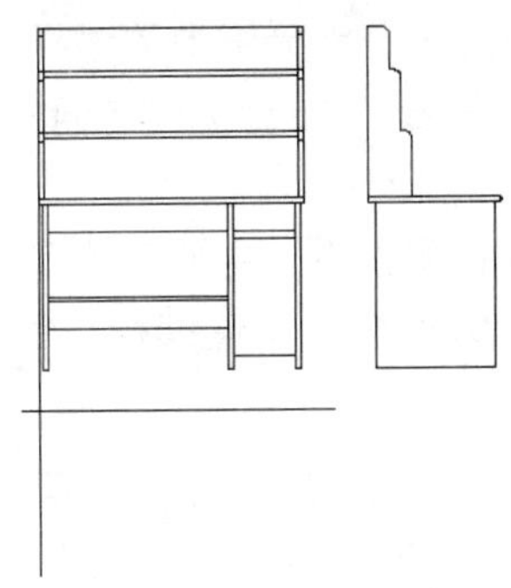

图 8-11　绘制直线

11 单击“修改”工具栏中的“偏移”按钮，将垂直线段向右偏移 25、1175、1200，再将水平线段向下偏移 15、65、100、115、150、165、200、587.5、600，如图 8-12 所示。

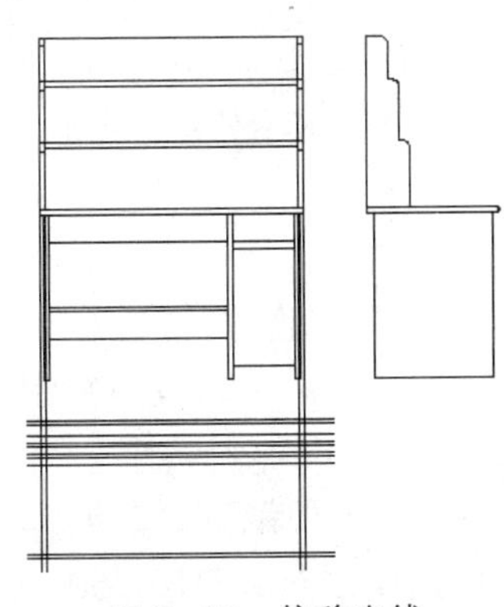

图 8-12　偏移直线

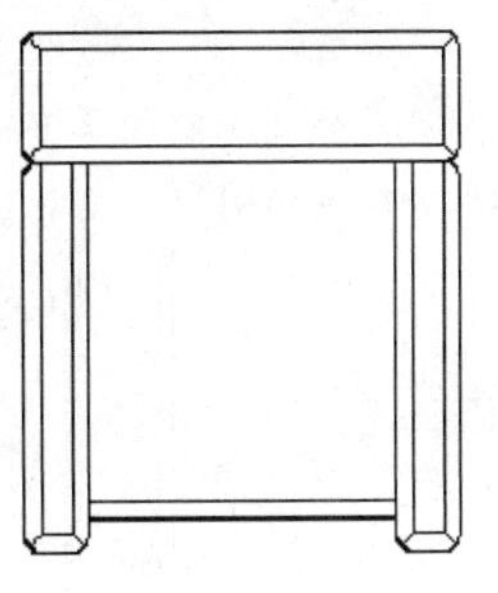

4. 仰视

仰视是从建筑物的下面向上观察，并绘制的图形。当然实物的建筑物是不可能从下面观察的，但是在 CAD 中，绘制出了实体，就可以从各个角度观察图形，因此从下面仰视图形也是可行的。

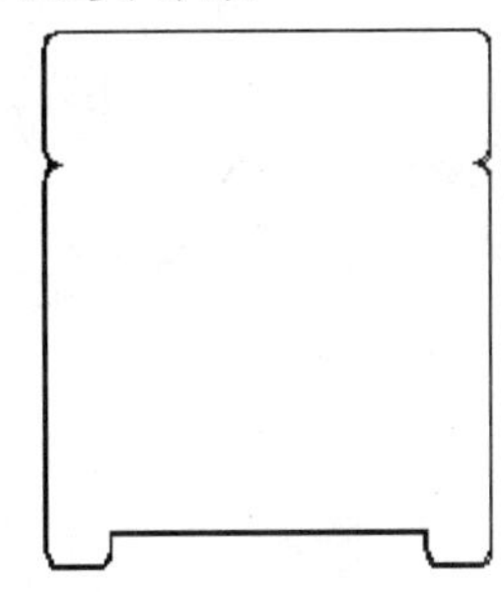

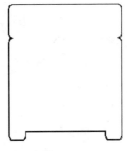

5. 左视

左视是从建筑物的正左方观察，并绘制的图形。通常左视图和右视图只要选择其中一个绘制即可，因此在选择左右两个角度时需要绘制比较特别的一个角度。

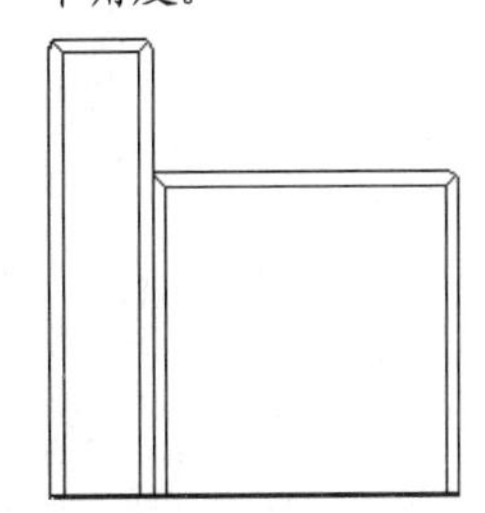

在绘制侧面视图时，可以标注建筑物的宽度、高度，以及侧面上的一些设施。

6. 右视

右视是从建筑物的正右方观察，并绘制的图形。

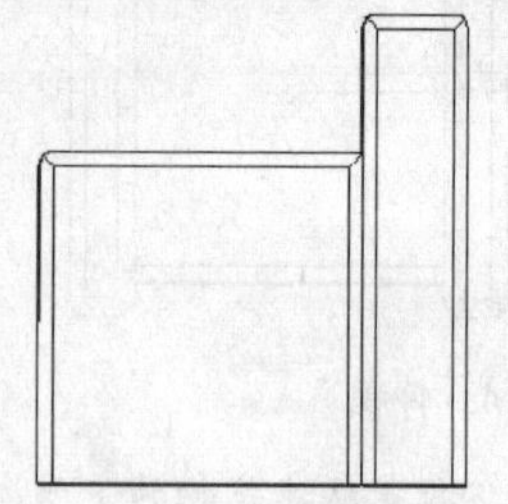

重点提示 三视图的绘制要领

三视图中，可以根据实体图形，就可以绘制出一套三视图，也可以根据两个已知的视图，绘制出第三个视图。绘制三视图的要点有以下几点：

- 先绘制实体，然后绘制或修饰挖空的部分。
- 先绘制大件，再绘制小件。
- 先绘制轮廓，再修饰细节。

实例 8-2 说明

- 知识点：
  - 直线
  - 偏移
  - 修剪
  - 复制
  - 延伸
  - 镜像
  - 线性标注
  - 连续标注
- 视频教程：

  光盘\教学\第 8 章　建筑三视图
- 效果文件：

  光盘\素材和效果\08\效果\8-2.dwg
- 实例演示：

  光盘\实例\第 8 章\绘制旗台俯视图

12 单击“修改”工具栏中的“修剪”按钮，修剪出书桌的俯视图，如图 8-13 所示。

13 单击“标注”工具栏中的“线性”按钮，简单标注书桌三视图的基本尺寸，如图 8-14 所示。

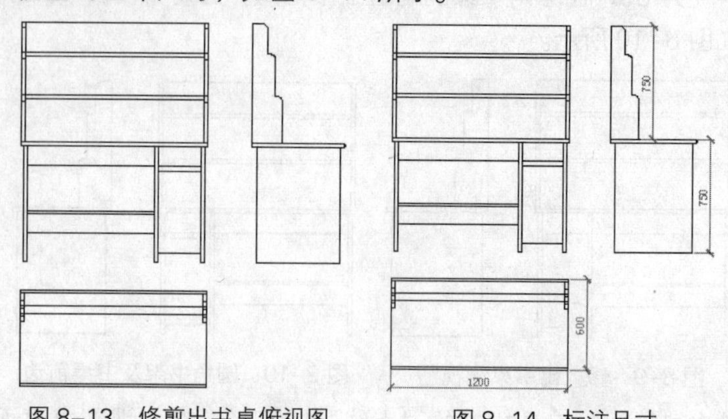

图 8-13　修剪出书桌俯视图　　图 8-14　标注尺寸

实例 8-2 绘制旗台俯视图

绘制旗台三视图是一个十分细致的过程，步骤也相当繁琐，因此在这里将实例分成 3 个步骤：绘制俯视图、绘制主视图以及绘制侧视图。

本实例将制作旗台俯视图，主要应用了直线、偏移、修剪、复制、延伸、镜像、线性标注、连续标注等功能。实例效果如图 8-15 所示。

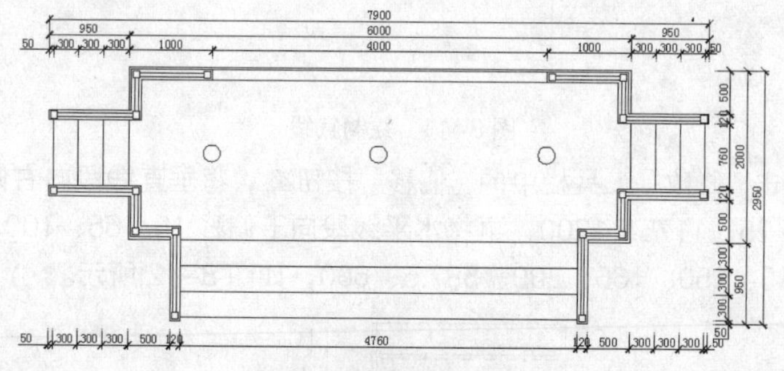

图 8-15　旗台俯视效果图

操作步骤

1 单击“绘图”工具栏中的“直线”按钮，沿 Y 轴向上绘制一条长为 2950 的直线，再沿 X 轴向右绘制一条长为 7900 的直线，如图 8-16 所示。

2 单击“修改”工具栏中的“偏移”按钮，将水平直线向下偏移 2000，再将垂直直线向右偏移 950、6950，如图 8-17 所示。

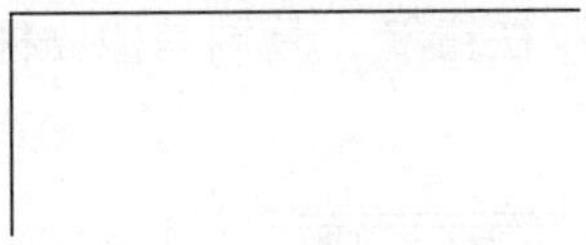

图 8-16　绘制直线 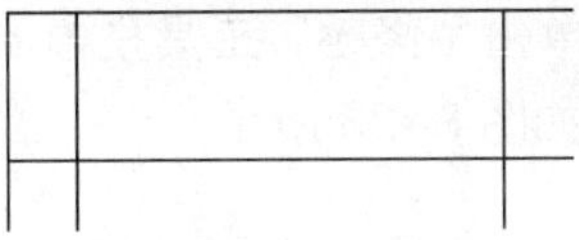　　　　图 8-17　偏移直线

3 单击“修改”工具栏中的“修剪”按钮，修剪多余的线段，修剪出旗台，如图 8-18 所示。

4 单击“修改”工具栏中的“偏移”按钮，将水平线段向下偏移 30、150（改数值）、500、620、1380，再将垂直线段向右偏移 50、980、1100、1950，如图 8-19 所示。

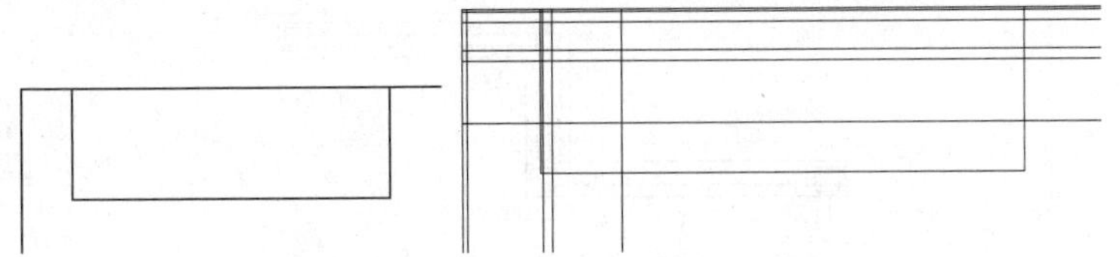

图 8-18　修剪图形　　　　图 8-19　偏移直线

5 单击“修改”工具栏中的“修剪”按钮，修剪多余的线段，修剪出围栏的范围和台阶，如图 8-20 所示。

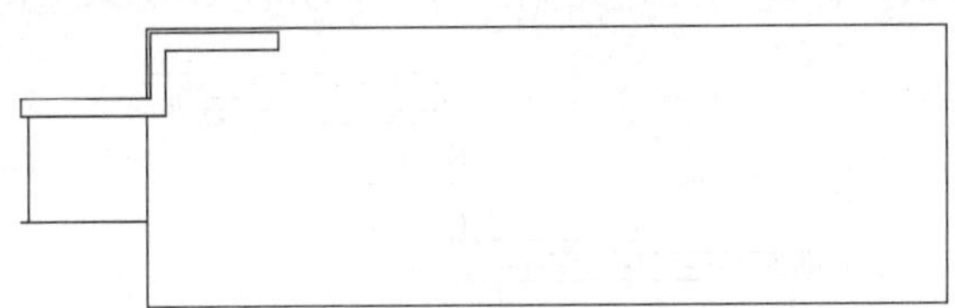

图 8-20　修剪出围栏的范围和台阶

6 单击“修改”工具栏中的“偏移”按钮，将围栏的水平短线向下偏移 20、100，再将垂直短线向右偏移 20、100，如图 8-21 所示。

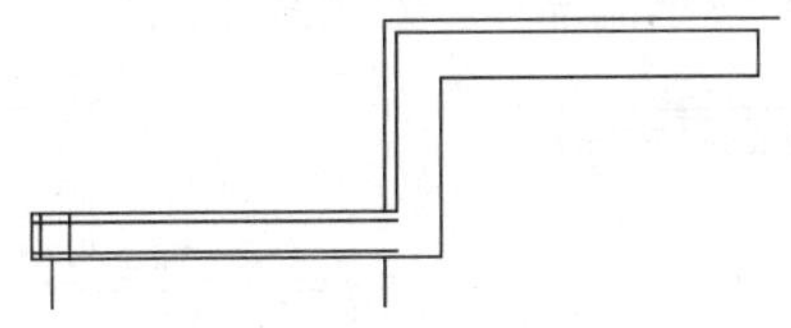

图 8-21　偏移围栏短线

7 单击“修改”工具栏中的“修剪”按钮，修剪多余的线段，修剪出围栏的立柱，如图 8-22 所示。

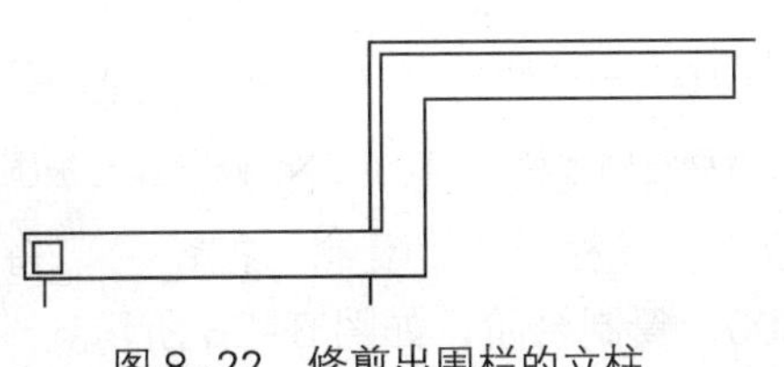

图 8-22　修剪出围栏的立柱

相关知识　快速精准绘图

无论是手工绘图还是计算机绘图，要能够快速精确地绘图，辅助方法是必不可少的。计算机绘图的辅助方法有很多，如对象捕捉、栅格等。

相关知识　什么是栅格

栅格是点的矩阵，延伸到指定为图形界限的整个区域。使用栅格类似于在图形下放置一张坐标纸。利用栅格可以对齐对象并直观显示对象之间的距离。如果放大或缩小图形，可能需要调整栅格间距，使其适合新的比例。

操作技巧　开启或关闭栅格的操作方法

可以通过以下 4 种方法来开启或关闭栅格的操作：

- 选择“工具”→“草图设置”菜单命令，在打开的“草图设置”对话框中，切换到“栅格和捕捉”选项卡，选中“开启栅格”复选框即可打开栅格功能，取消对该复选框的选取就可以关闭栅格功能。

8 单击“修改”工具栏中的“复制”按钮，复制其他立柱，如图 8–23 所示。

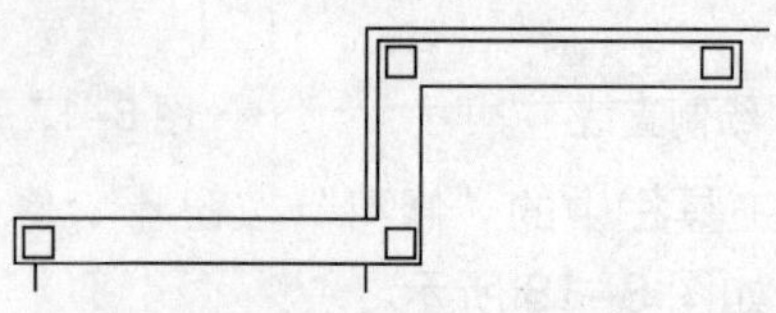

图 8–23　复制其他立柱

9 单击“修改”工具栏中的“偏移”按钮，将围栏范围的短线向内部偏移 40、80，如图 8–24 所示。

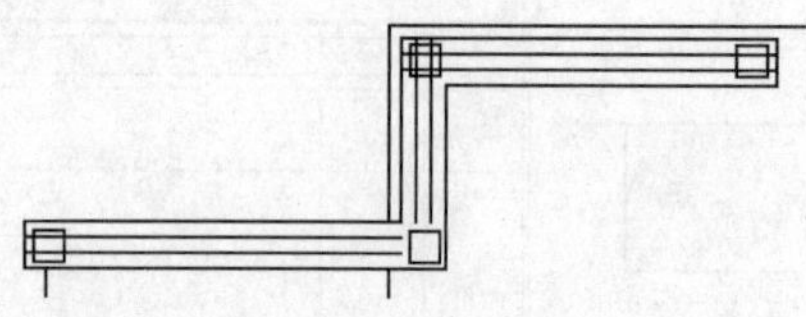

图 8–24　偏移围栏范围的短线

10 单击“修改”工具栏中的“延伸”按钮和“修剪”按钮，将 4 条没有连接到立柱的线段延伸相交到立柱上，并修剪过长的线段，修剪出立柱之间的围栏，如图 8–25 所示。

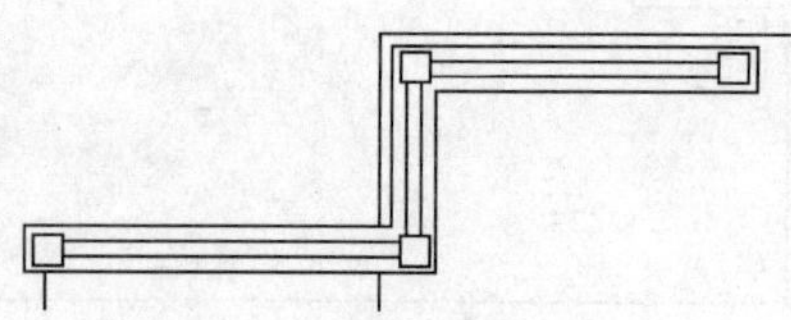

图 8–25　绘制围栏

11 单击“修改”工具栏中的“镜像”按钮，以台阶的中点为镜像线起点，沿 X 轴镜像对称复制围栏，如图 8–26 所示。

12 单击“修改”工具栏中的“修剪”按钮，修剪镜像复制时旗台被围栏所遮挡的部分，如图 8–27 所示。

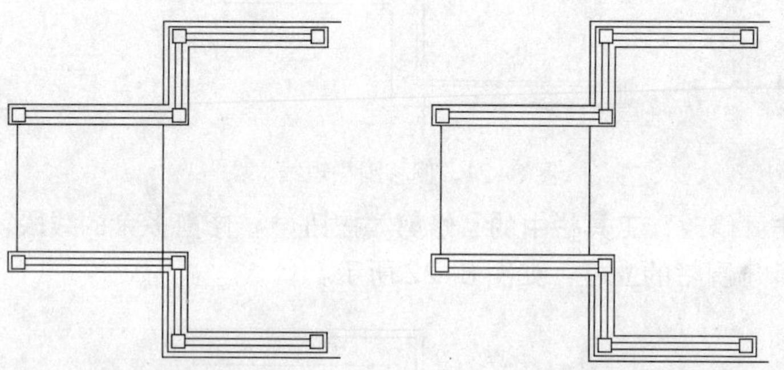

图 8–26　镜像对称复制围栏　　图 8–27　修剪旗台被围栏所遮挡的部分

13 单击“修改”工具栏中的“复制”按钮，将台阶线向右复制 300、600，复制台阶，如图 8–28 所示。

- 将光标移动到状态栏的“栅格”按钮上，单击鼠标右键，单击“设置”按钮，在系统弹出的“草图设置”对话框执行同上一方法同样的步骤即可开启或关闭栅格功能。
- 将光标移动到状态栏上，单击“栅格”按钮，即可关闭或开启栅格功能，其中按钮凹下时为开启栅格功能，按钮凸出时为关闭栅格功能。
- 按 F7 键开启栅格功能，再按一次就可以关闭栅格功能。

相关知识　**什么是捕捉**

捕捉模式用于限制十字光标，使其按照用户定义的间距移动。它有助于使用鼠标或者定点设备来精确地定位点。

“捕捉”具有设定鼠标指针移动的距离的功能。“栅格”是由许多标定的小点组成的，所起的作用就像坐标纸。

操作技巧　**开启或关闭捕捉的操作方法**

可以通过以下 4 种方法来开启或关闭捕捉的操作：

- 选择“工具”→“草图设置”菜单命令，在打开的“草图设置”对话框中，切换到“栅格和捕捉”选项卡，选中“开启捕捉”复选框即可打开捕捉功能，取消对该复选框的选取就可以关闭捕捉功能。

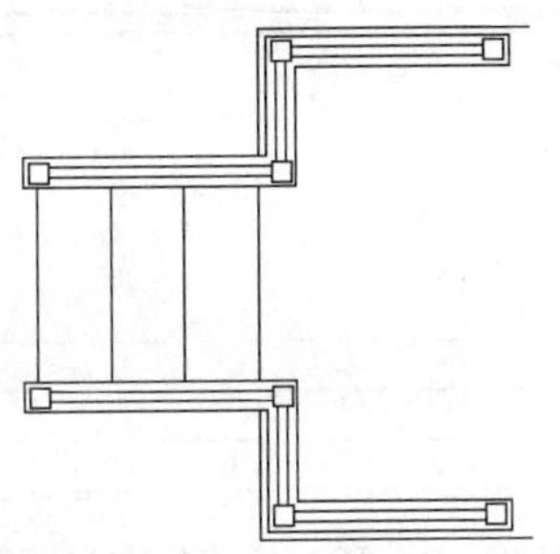

图 8-28　复制台阶线

14 单击“修改”工具栏中的“镜像”按钮，以台阶的中点为镜像线起点，沿 X 轴镜像对称复制围栏，并修剪台阶处被围栏所遮挡的线段，如图 8-29 所示。

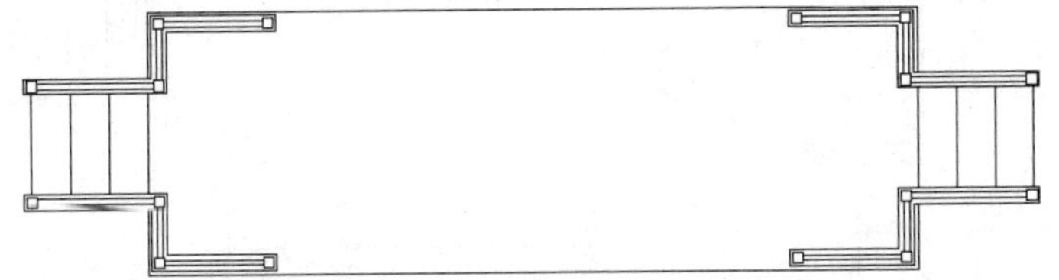

图 8-29　镜像围栏并修剪多余线段

15 单击“绘图”工具栏中的“直线”按钮，绘制两段直线，绘制旗台后面的照壁，如图 8-30 所示。

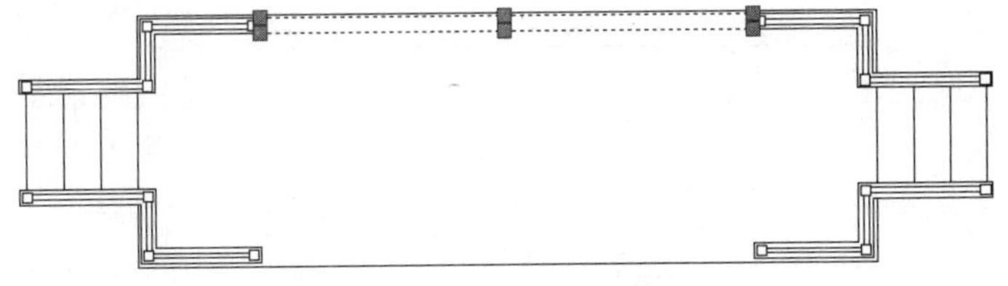

图 8-30　绘制照壁

16 单击“修改”工具栏中的“偏移”按钮，将左下边的垂直旗台边线向右偏移 500、620、5380、5500，再将下边的水平旗台边线向下偏移 300、600、900、950，如图 8-31 所示。

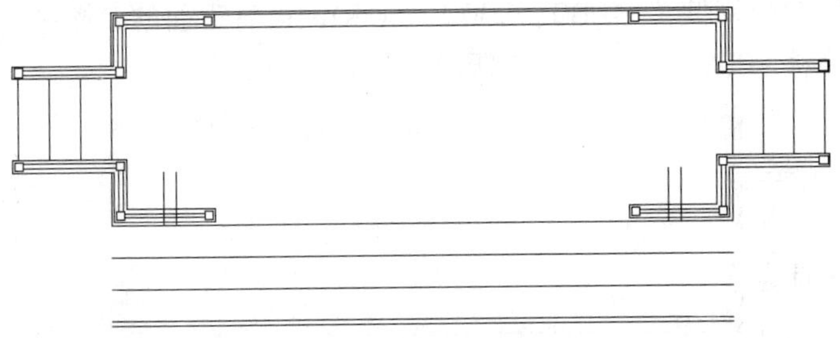

图 8-31　偏移线段

17 单击“修改”工具栏中的“延伸”按钮，将偏移的垂直线段都向下延伸到最下边的水平线段，如图 8-32 所示。

- 将光标移动到状态栏的“捕捉”按钮上，单击鼠标右键，单击“设置”按钮，在系统弹出的“草图设置”对话框执行同上一方法同样的步骤即可开启或关闭捕捉功能。
- 将光标移动到状态栏上，单击“捕捉”按钮，即可关闭或开启捕捉功能，其中按钮凹下时为开启捕捉功能，按钮凸出时为关闭捕捉功能。
- 按 F9 键开启捕捉功能，再按一次就可以关闭捕捉功能。

相关知识　**“捕捉和栅格”选项卡中的各项参数设置**

在“草图设置”对话框中的“捕捉和栅格”选项卡中，可以设置其他参数，其各项的含义分别如下：

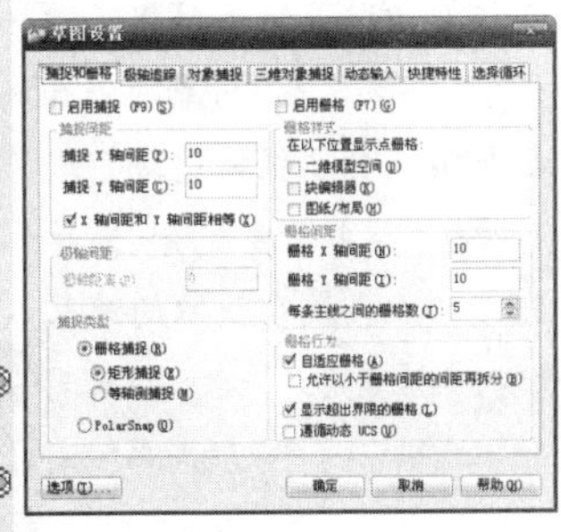

- “启用捕捉”复选框：用于打开或关闭捕捉方式，选中此复选框，可以使用捕捉功能。

- “捕捉”选项组：用于设置捕捉间距、角度及基点坐标。
- “启用栅格”复选框：用于打开或关闭栅格方式，选中此复选框，可以使用栅格功能。
- “栅格”选项组：用于设置栅格的间距。
- “捕捉类型和样式”选项组：用于设置捕捉的类型和样式，此选项组中包括“栅格捕捉”和“极轴捕捉”两种。
- “栅格捕捉”单选按钮：选择此按钮后，可以设置捕捉样式为栅格捕捉。“栅格捕捉”单选按钮中还包括“矩形捕捉”和“等轴测捕捉”两个单选按钮。选择“矩形捕捉”单选按钮后可以将捕捉样式设置为标准的矩形捕捉；选择“等轴测捕捉”单选按钮后可以将捕捉样式设置为等轴测栅格。
- “极轴捕捉”单选按钮：选择此单选按钮后，可以设置捕捉样式为极轴捕捉，此时在使用了极轴追踪或对象捕捉追踪的情况下指定点，光标将沿着极轴角或对象捕捉追踪角进行捕捉，这些角度是相对最后指定的点或最后获取的对象捕捉点计算的；并在“极轴间距”选项中的“极轴距离”文本框中设置极轴捕捉间距。

相关知识 什么是对象捕捉

对象捕捉是将指定点限制在现有对象的确切位置上，例如中点或交点。使用对象捕捉可以迅速定位对象上的精确位置，而不必知道坐标或绘制构造线。例如，使用对象捕捉可

图 8-32 延伸偏移的垂直线段

18 单击“修改”工具栏中的“修剪”按钮，修剪出正面的台阶与围栏，如图 8-33 所示。

图 8-33 修剪出正面的台阶与围栏

19 重复之前绘制立柱与立柱之间围栏的画法绘制正面的围栏，如图 8-34 所示。

图 8-34 绘制正面的围栏

21 单击“修改”工具栏中的“偏移”按钮，将侧边的台阶线段向中间偏移 1000、3000、5000，再将正面的台阶线向上偏移 1000，如图 8-35 所示。

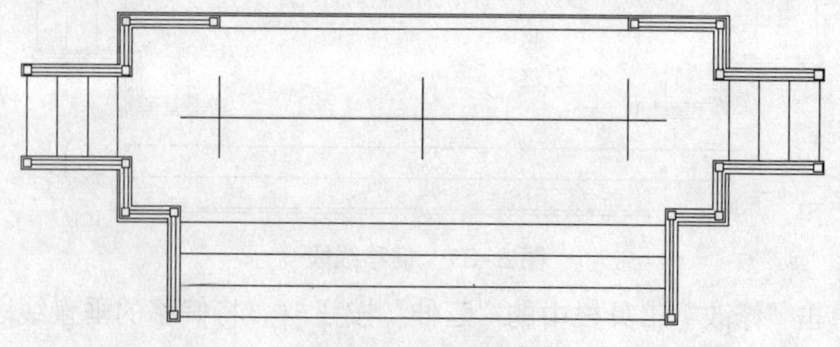

图 8-35 偏移线段

21 单击“绘图”工具栏中的“圆”按钮，以偏移线段的 3 个交点为圆心，绘制 3 个半径为 100 的圆、绘制地面上插旗杆的预留孔，并删除偏移线段，如图 8-36 所示。

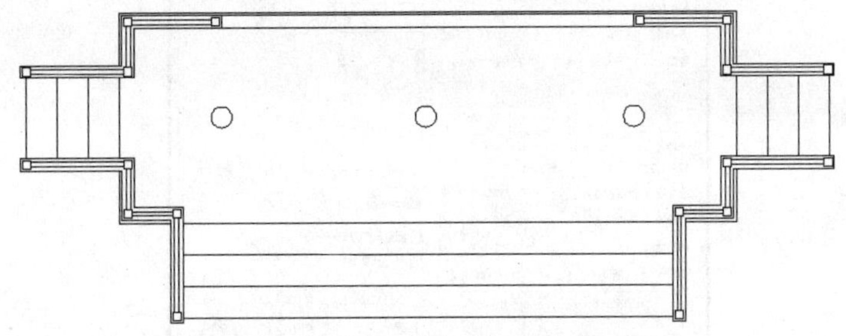

图 8-36　绘制圆并删除偏移线段

22 单击“绘图”工具栏中的“矩形”按钮，绘制一个比俯视图稍大一些的矩形，如图 8-37 所示。

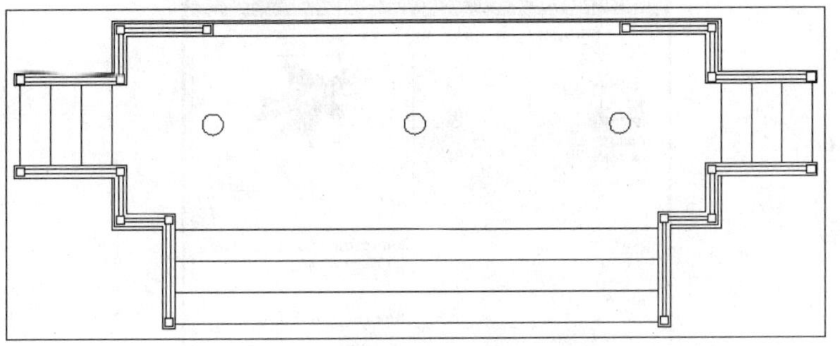

图 8-37　绘制矩形

23 单击“标注”工具栏中的“标注样式”按钮，打开“标注样式管理器”对话框，如图 8-38 所示。

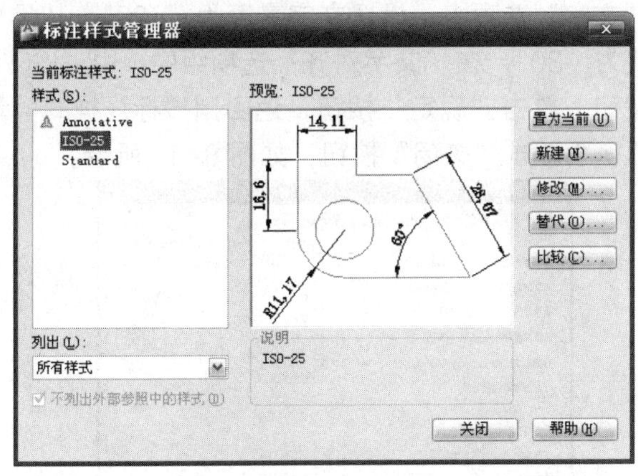

图 8-38　“标注样式管理器”对话框

24 单击“修改”按钮，打开“修改标注样式：ISO-25”对话框，设置“超出尺寸线”数值框为“45”、“起点偏移量”数值框为“25”，如图 8-39 所示。

以绘制到圆心或多段线中点的直线。只要 AutoCAD 提示输入点就可以指定对象捕捉。

操作技巧　开启或关闭对象捕捉的操作方法

可以通过以下 3 种方法来开启或关闭对象捕捉的操作：

- 选择“工具”→“草图设置”菜单命令，在打开的“草图设置”对话框中，切换到“对象捕捉”选项卡，选中“开启对象捕捉”复选框即可打开对象捕捉功能，取消对该复选框的选取就可以关闭对象捕捉功能。
- 将光标移动到状态栏上，单击“对象捕捉”按钮，即可关闭或开启对象捕捉功能，其中按钮凹下时为开启对象捕捉功能，按钮凸出时为关闭对象捕捉功能。
- 按 F3 键开启对象捕捉功能，再按一次就可以关闭对象捕捉功能。

相关知识　对象捕捉模式（1）

“对象捕捉”选项卡下有 13 个对象捕捉模式可供选择，各个模式的含义分别如下：

1. 端点

此模式搜索一个对象的端

点。可以捕捉到圆弧、椭圆弧、直线、多线、多段线、样条曲线、面域或射线最近的端点，或捕捉宽线、实体或三维面域的最近角点。

此模式搜索一个对象的端点。可以捕捉到圆弧、椭圆弧、直线、多线、多段线、样条曲线、面域或射线最近的端点，或捕捉宽线、实体或三维面域的最近角点。

选取端点：

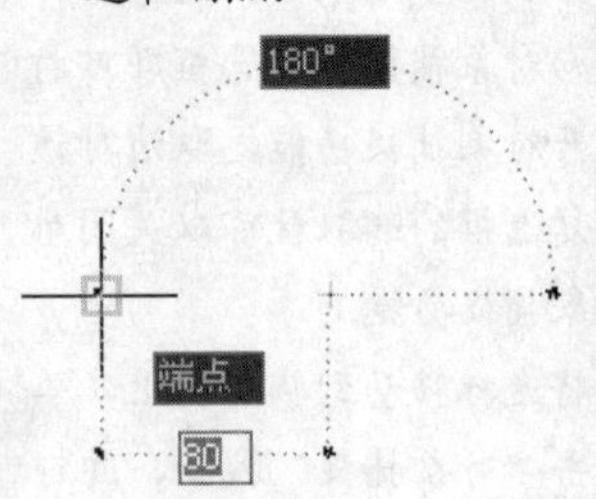

2. 中点

此模式搜索到另一个对象的中点，可以捕捉到圆弧、椭圆、椭圆弧、直线、多线、多段线线段、面域、实体、样条曲线或参照线的中点。

中点的图标为△，一般为黄色，用户可以在“选项”工具栏的“草图”选项卡中进行设置。常用到的多线段和圆弧的中点。

选择矩形边的中点：

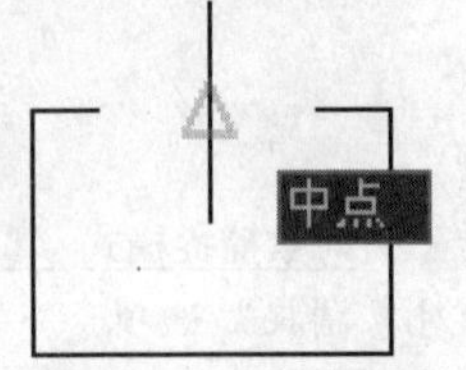

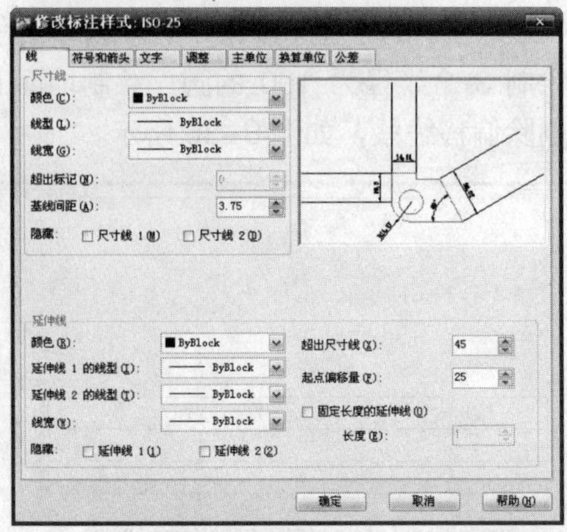

图 8-39 “修改标注样式：ISO-25” 对话框

25 选择“符号和箭头”选项卡，在“第一个”下拉列表框中选择“建筑标记”选项，设置“箭头大小”数值框为“80”，如图8-40所示。

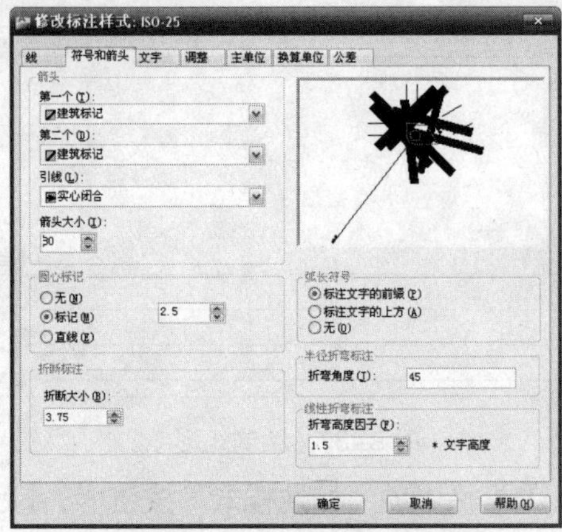

图 8-40 设置箭头大小为 80

26 选择“文字”选项卡，设置文字高度为“100”，从尺寸线偏移设置为“30”，在“文字对齐”选项组中选中“ISO 标准”单选按钮，单击“确定”按钮，返回到“标注样式管理器”对话框，再单击“关闭”按钮，如图 8-41 所示。

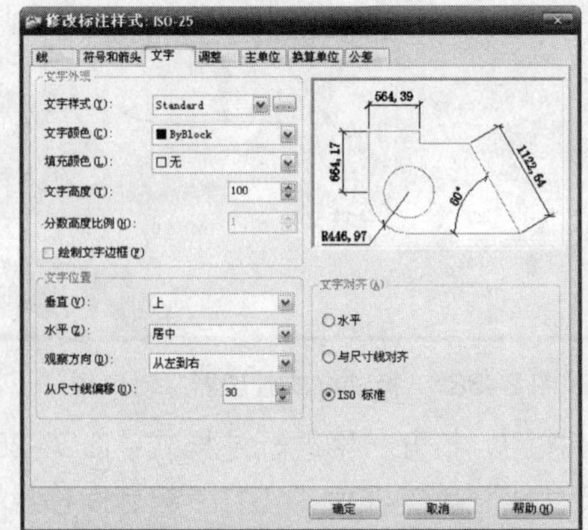

图 8-41 设置文字高度和对齐方式

27 单击“标注”工具栏中的“线性”按钮和“连续”按钮，标注下面一侧的全部尺寸，如图 8–42 所示。

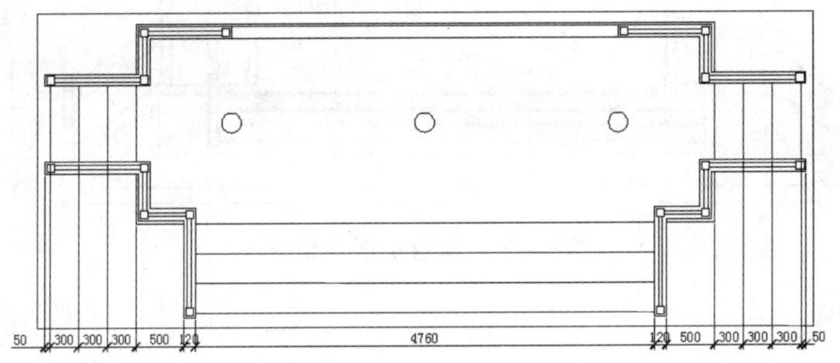

图 8–42 标注这一侧的全部尺寸

28 单击“标注”工具栏中的“线性”按钮，框选所有标注，通过蓝色夹点，将标注的节点拉伸到矩形上，如图 8–43 所示。

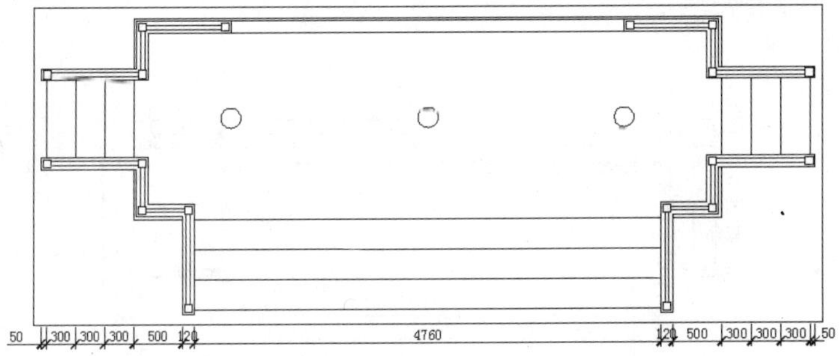

图 8–43 通过蓝色夹点拉伸标注节点

29 用同样的方法，标注另外两面的尺寸，并将标注的节点拉伸到矩形上。由于左右两个侧面绘制的图形是对称的，所以只要标注一个侧面即可，并删除矩形框，如图 8–44 所示。

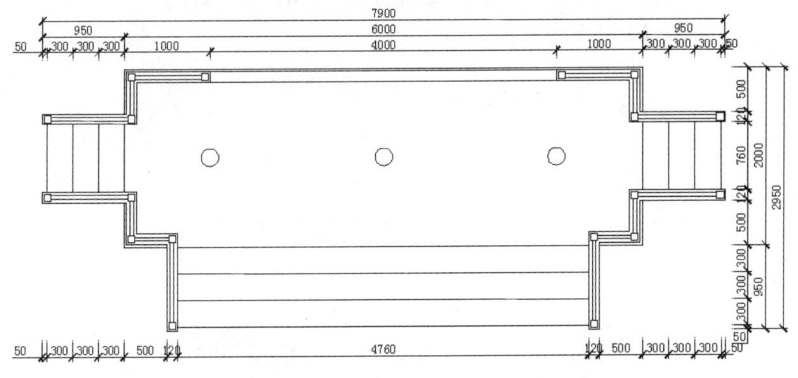

图 8–44 标注另外两面的尺寸并删除矩形框

实例 8–3 绘制旗台主视图

本实例将制作旗台主视图，主要应用了偏移、修剪、圆角、修订云线、线性标注、连续标注等功能。实例效果如图 8–45 所示。

选择圆弧中点：

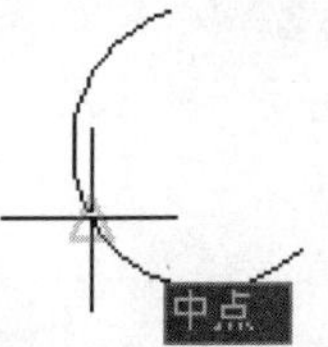

3. 圆心

可以捕捉到圆弧、圆、椭圆或椭圆弧的中心点。圆心模式可以捕捉到圆弧的圆心。

4. 节点

捕捉到点对象、标注定义点或标注文字起点。如图 7-7 所示，这是一条四等分的直线，当光标移到等分点时，将会出现⊠图标。

直线上的节点：

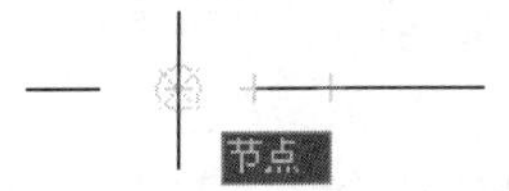

5. 象限点

捕捉到圆弧、圆、椭圆或椭圆弧的象限点。图中图标所在的地方即为象限点，在 AutoCAD 2012 中，象限点的图标为◇。

圆上的象限点：

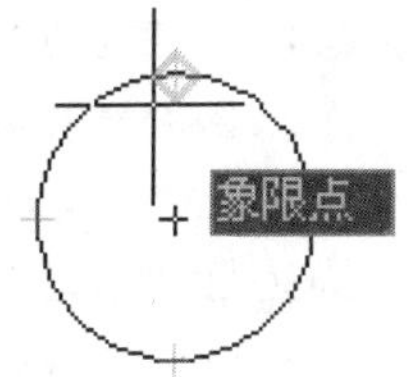

椭圆上的象限点：

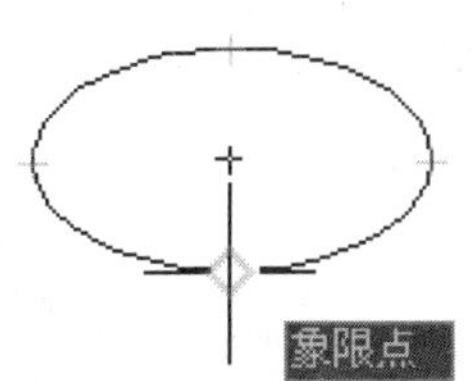

实例 8-3 说明

- 知识点：
  - 偏移
  - 修剪
  - 圆角
  - 修订云线
  - 线性标注
  - 连续标注
- 视频教程：
  光盘\教学\第 8 章　建筑三视图
- 效果文件：
  光盘\素材和效果\08\效果\8-3.dwg
- 实例演示：
  光盘\实例\第 8 章\绘制旗台主视图

相关知识　对象捕捉模式（2）

6. 交点

此选项搜索一些组合对象的交点，如圆弧、圆、椭圆、椭圆弧、直线、多线、多段线、射线、面域、样条曲线或参照线的交点。

“延伸交点”捕捉到两个对象的潜在交点（如果这两个对象沿它们的自然路径延长将会相交）。选择“交点”对象捕捉模式时，AutoCAD 将自动打开“延伸交点”模式。面域和曲线的边可使用“交点”和“延伸交点”模式，但是三维实体的边或角点不能使用它们。

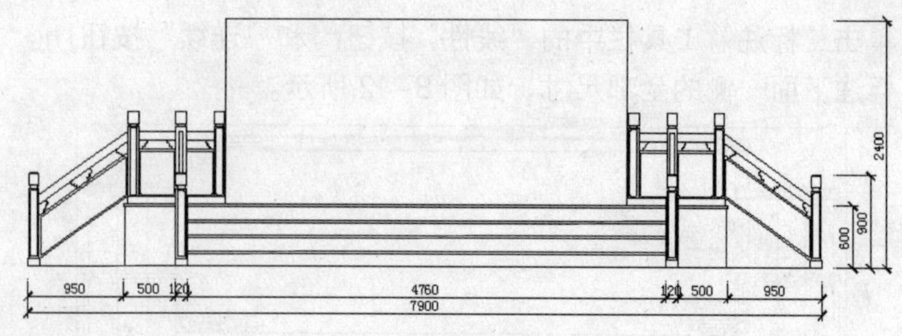

图 8-45　旗台主视效果图

操作步骤

1 单击“绘图”工具栏中的“直线”按钮，在俯视图上，沿 X 轴绘制一条直线，如图 8-46 所示。

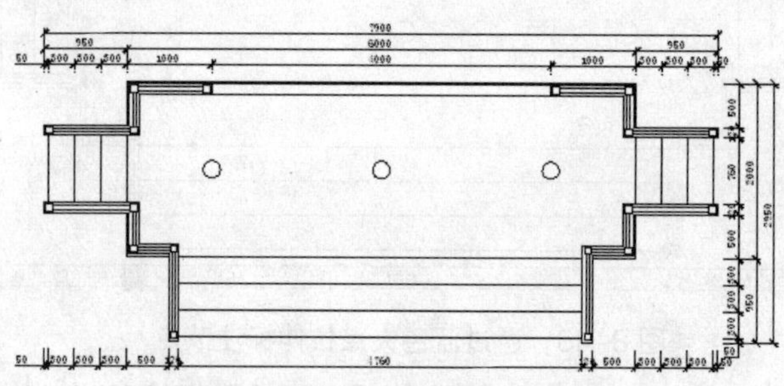

图 8-46　沿 X 轴绘制一条直线

2 再次单击“绘图”工具栏中的“直线”按钮，以俯视图最上边的水平线的中点为起点，沿 Y 轴向上绘制一条线段，如图 8-47 所示。

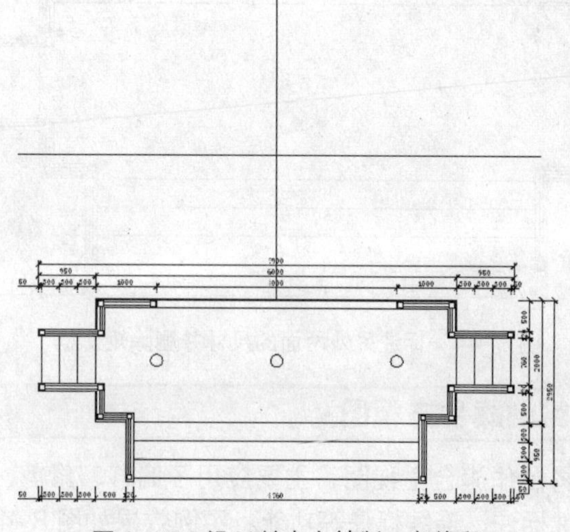

图 8-47　沿 Y 轴向上绘制一条线段

3 放大局部视图，单击“修改”工具栏中的“偏移”按钮，将垂直线段向左偏移 2380、2500、2985、3000，再将水平线段向上偏移 575、600，如图 8-48 所示。

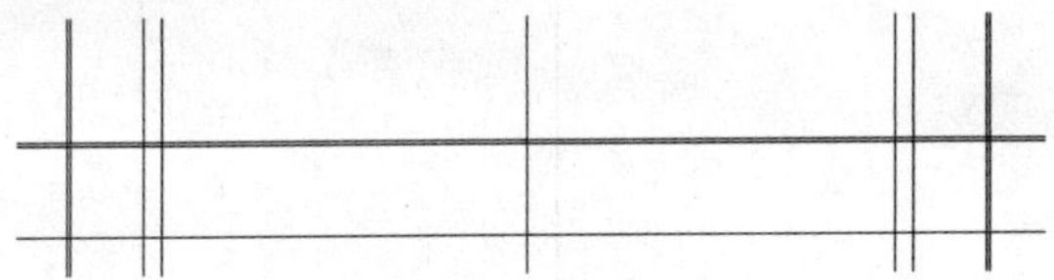

图 8-48　偏移线段

4 单击“修改”工具栏中的“修剪”按钮，修剪出旗台主视图样式，如图 8-49 所示。

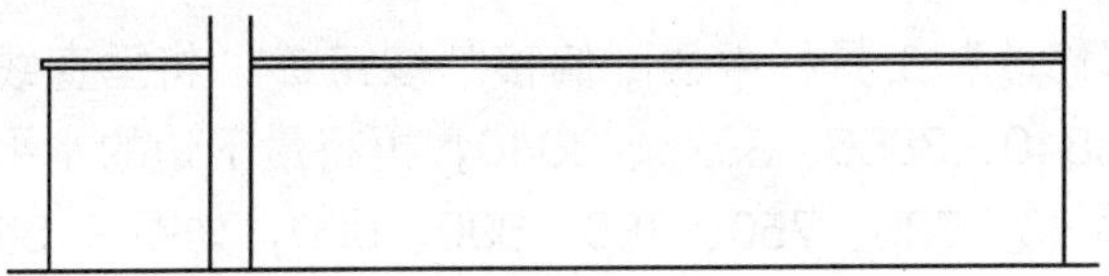

图 8-49　修剪出旗台主视图样式

5 单击“修改”工具栏中的“偏移”按钮，将垂直线段向左偏移 2000，再将最下边的水平线段向上偏移 2400，如图 8-50 所示。

6 单击“修改”工具栏中的“修剪”按钮，修剪出照壁，如图 8-51 所示。

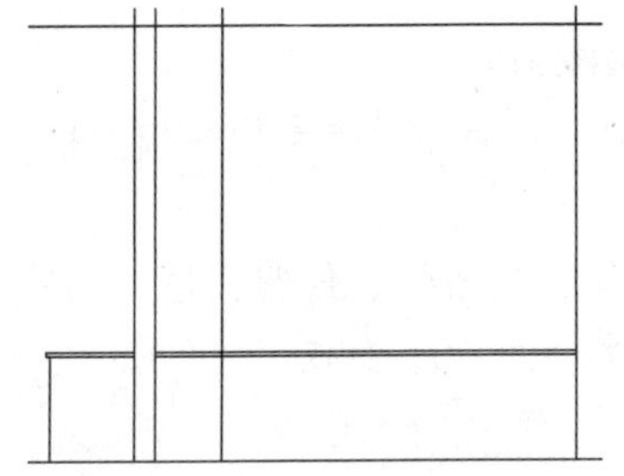

图 8-50　偏移线段

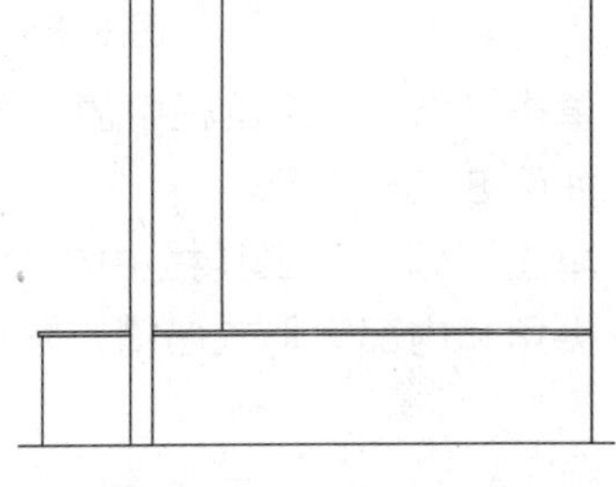

图 8-51　修剪出照壁

7 单击“修改”工具栏中的“偏移”按钮，将垂直线段向左偏移 2970、3830、3950，再将最下边的水平线段向上偏移 80、680，如图 8-52 所示。

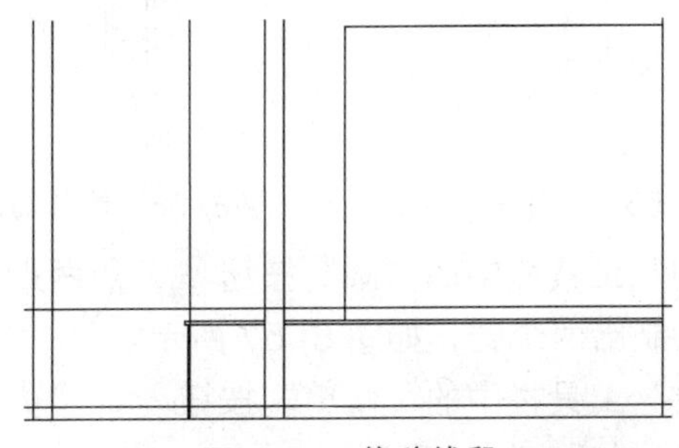

图 8-52　偏移线段

7. 延伸

当光标经过对象的端点时，显示临时延长线，这样可以方便用户使用延长线上的点进行绘制。

8. 插入点

该功能用于捕捉到属性、块、形或文字的插入点。

9. 垂足

捕捉到圆弧、圆、椭圆、椭圆弧、直线、多线、多段线、射线、面域、实体、样条曲线或参照线的垂足。

当正在绘制的对象需要捕捉一个以上的垂足时，AutoCAD 将会自动打开“递延垂足”捕捉模式。可以用直线、圆弧、圆、多段线、射线、参照线、多线或三维实体的边作为绘制垂直线的起始对象。可以用“递延垂足”在这些对象之间绘制垂直线。当靶框经过“递延垂足”捕捉点时，AutoCAD 显示工具栏提示和标记。

圆上的垂足：

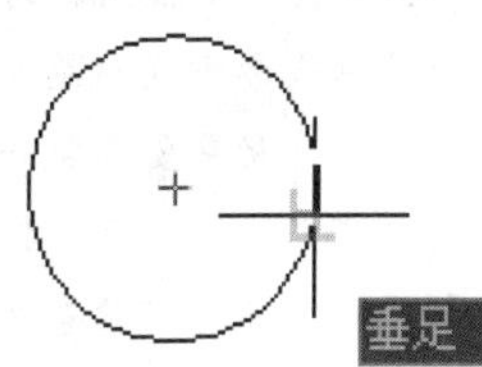

圆弧上的垂足：

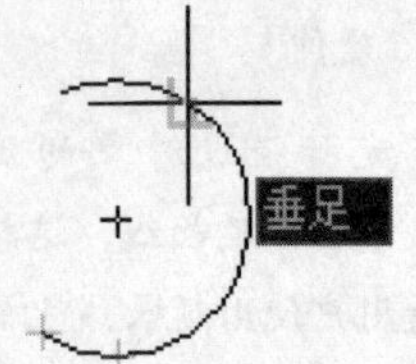

直线上的垂足：

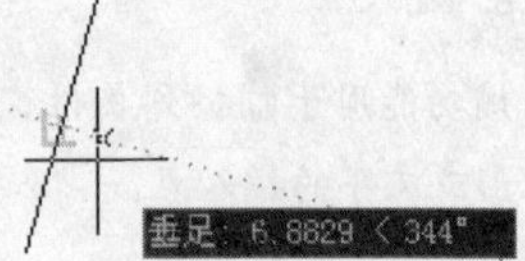

10. 切点

该功能可以捕捉到圆弧、圆、椭圆、椭圆弧或样条曲线的切点。当正在绘制的对象需要捕捉一个以上的切点时，AutoCAD 将自动打开“递延切点”捕捉模式。例如，可以用“递延切点”来绘制与两条弧、两条多段线弧或两个圆相切的直线。当靶框经过“递延切点”捕捉点时，AutoCAD 显示标记和工具栏提示。

11. 最近点

此选项用于搜索另一个对象上与光标最近的点，可以捕捉到圆弧、圆、椭圆、椭圆弧、直线、多线、点、多段线、射线、样条曲线或参照线的最近点。例如，当光标需要选取一条直线上的任意点时，可以打开这个模式，光标可以顺着这条直线从头到尾走一遍。

12. 外观交点

“外观交点”包括两种单独的捕捉模式，即“外观交点”和“延伸外观交点”。

8 单击“修改”工具栏中的“修剪”按钮，修剪出围栏的基石，如图 8-53 所示。

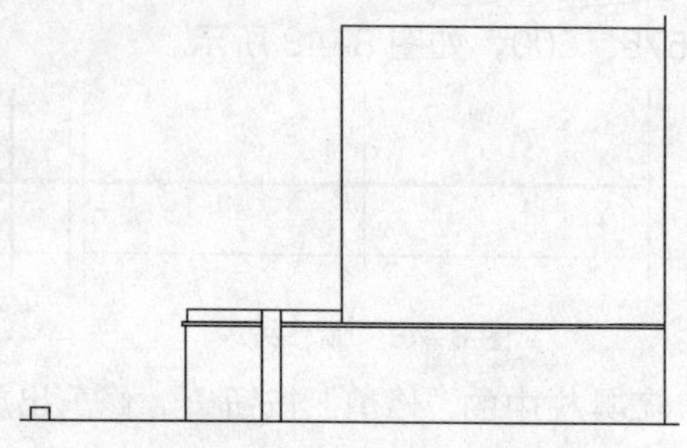

图 8-53 修剪出围栏的基石

9 单击“修改”工具栏中的“偏移”按钮，将垂直线段向左偏移 3840、3855、3925、3940，再将最下边的水平线段向上偏移 95、735、750、780、890、900，如图 8-54 所示。

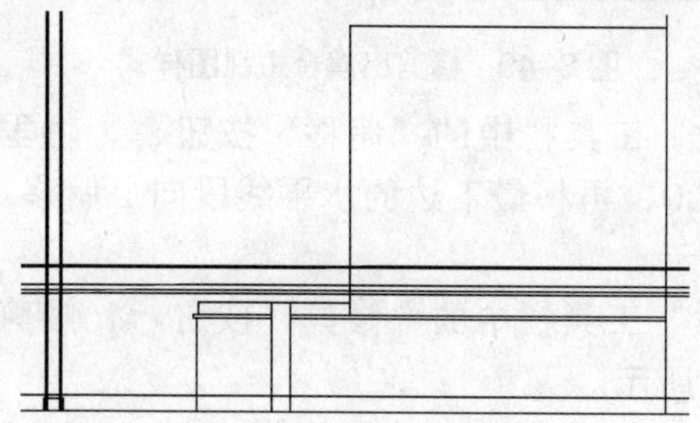

图 8-54 偏移线段

10 单击“修改”工具栏中的“修剪”按钮，修剪出一根立柱，如图 8-55 所示。

11 单击“修改”工具栏中的“圆角”按钮，修整立柱顶部的尖角和内部矩形式凹槽，圆角半径为 10，如图 8-56 所示。

图 8-55 修剪出立柱　　图 8-56 修整圆角

12 单击“绘图”工具栏中的“圆”按钮，用两点绘制一个圆的方法，绘制出两个圆，如图 8-57 所示。

13 单击“修改”工具栏中的“修剪”按钮，修剪出石柱之间的过渡凹槽，如图 8-58 所示。

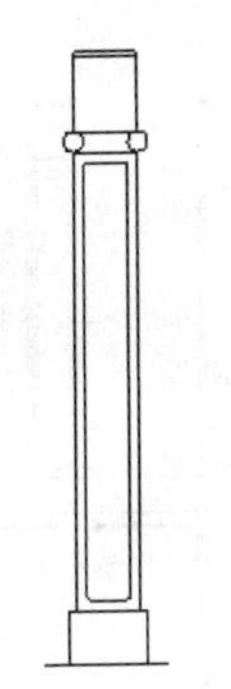

图 8-57　绘制圆

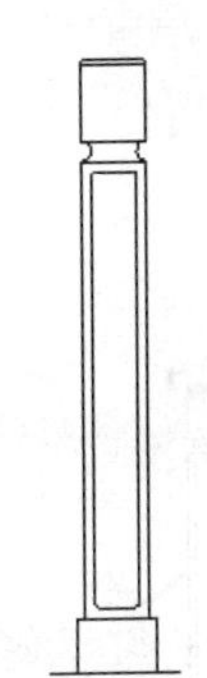

图 8-58　修剪出过渡凹槽

14 单击“修改”工具栏中的“复制”按钮，在图中复制其他的石柱，如图 8-59 所示。

15 单击“修改”工具栏中的“修剪”按钮和“删除”按钮，修剪和删除被石柱挡住的线段，如图 8-60 所示。

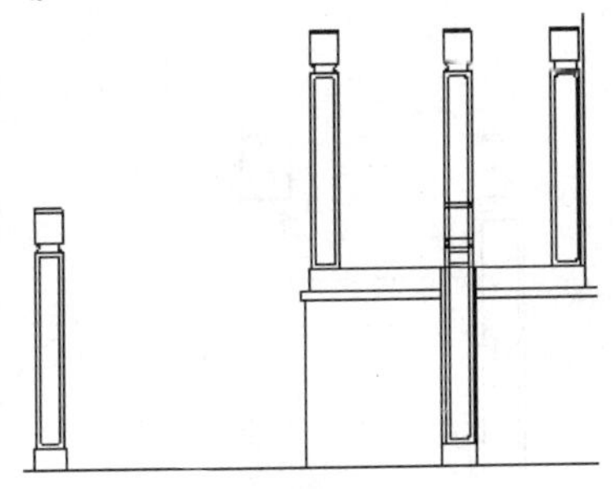

图 8-59　在图中复制其他石柱

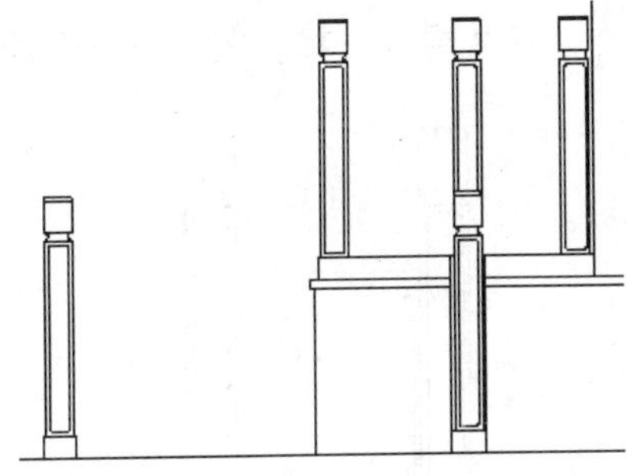

图 8-60　修剪和删除被石柱挡住的线段

16 单击“绘图”工具栏中的“直线”按钮，绘制立柱到旗台的过渡围栏，如图 8-61 所示。

17 单击“修改”工具栏中的“偏移”按钮，将垂直线段向左偏移 2505、2845，再将最下边的水平线段向上偏移 695、1115、1130、1220、1300，如图 8-62 所示。

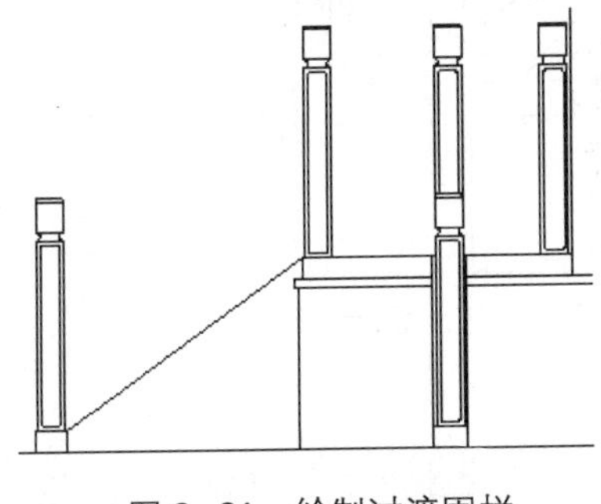

图 8-61　绘制过渡围栏

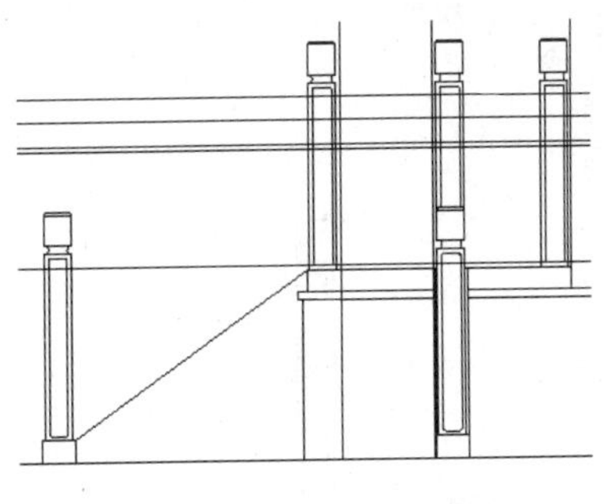

图 8-62　偏移线段

18 单击“修改”工具栏中的“修剪”按钮，修剪出立柱之间的围栏，如图 8-63 所示。

“外观交点”和“延伸外观交点”可以使用面域或曲线的边，但是不能使用三维实体的边或角点。

- 当“外观交点”对象捕捉模式打开时，也可以定位“交点”和“延伸交点”捕捉点。

“外观交点”捕捉两个对象（如圆弧、圆、椭圆、椭圆弧、直线、多线、多段线、射线、样条曲线或参照线）之间的外观交点。这两个对象在三维空间不相交，但可能在当前视图中看起来相交。

- “延伸外观交点”捕捉两个对象的假想交点，如果这两个对象沿它们的自然路径延长将会相交。

13. 平行

指定矢量的第一个点后，如果将光标移动到另一个对象的直线段上，光标沿着这条直线滑行一段，出现图标后，将光标移动到大概平行参照直线的位置，就会出现一条虚线段，在此虚线上单击，即可得到平行直线。

绘制平行线前：

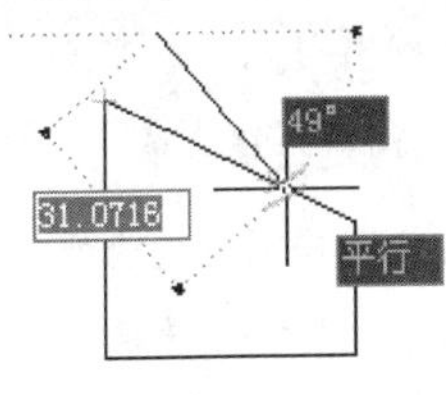

绘制平行线后：

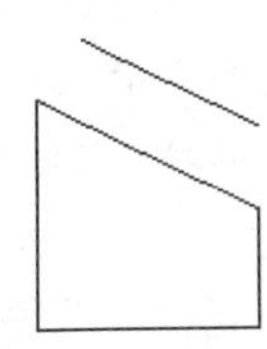

相关知识 **对象捕捉的其他方法**

除了在"草图设置"对话框中可以设置对象捕捉的模式外，还有两种方法可以设置对象捕捉：

1. "对象捕捉"工具栏

设置对象捕捉的另一个方式是使用"对象捕捉"工具栏，工具栏的调用前面已经介绍过，即在任意工具栏中单击鼠标右键，在弹出的菜单中选择即可。

在工具上，比"草图设置"对话框中多了"临时追踪点"和"捕捉自"两个按钮。

- 临时追踪点：此按钮的功能是在绘图中提供一个中转站，一般与自动追踪一起使用。指定此点之后，在此点上将出现一个小的加号(+)。移动光标时，将相对于这个临时点显示自动追踪对齐路径。要将此点删除，可将光标移回到加号（+）上面。
- 捕捉自：此按钮是指定一个点，然后从此点指定偏移量来绘制图形。

2. 通过快捷菜单

按住Shift键在空白处单击鼠标右键，可调出快捷菜单。在此快捷菜单中可选择所需要的子命令，把光标移到需要捕捉对象的特征点附近，就可以捕捉到相应的对象特征点。

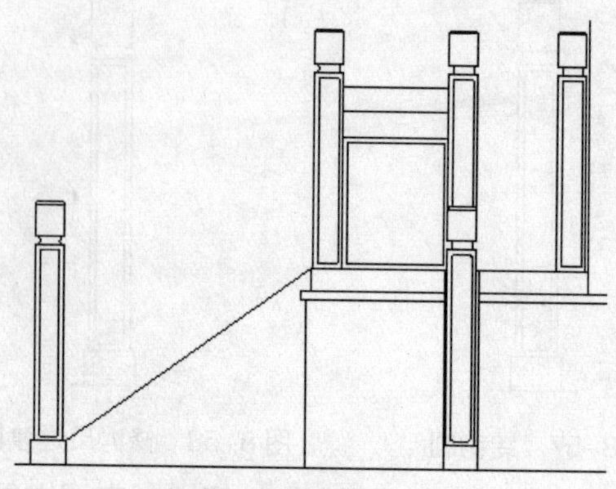

图 8-63　修剪出围栏

19 单击"修改"工具栏中的"圆角"按钮，倒圆角内部矩形式凹槽，圆角半径为 10，如图 8-64 所示。

20 单击"绘图"工具栏中的"修订云线"按钮，绘制围栏上下两层的连接，如图 8-65 所示。

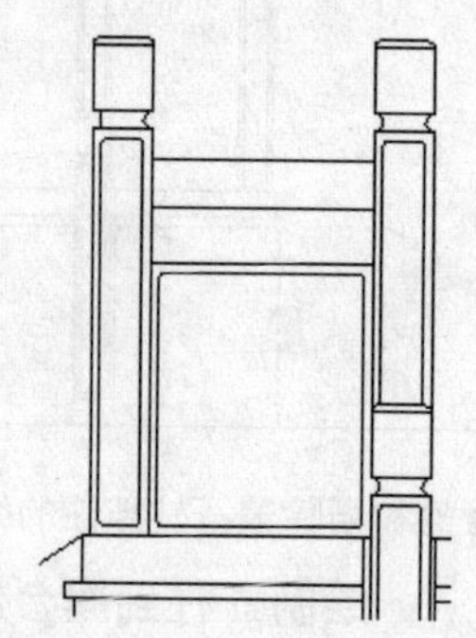

图 8-64　倒圆角凹槽

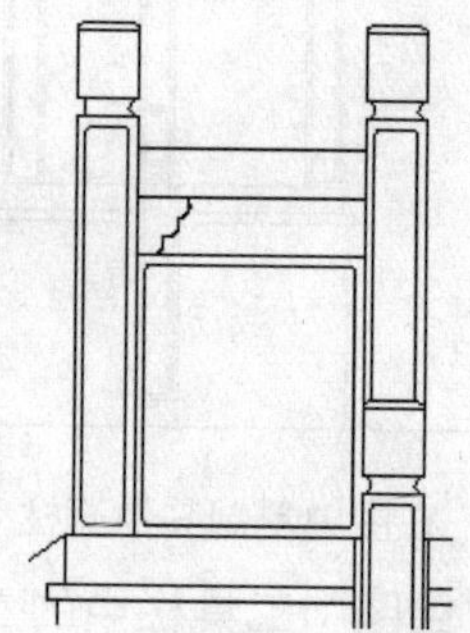

图 8-65　绘制围栏上下两层的连接

21 单击"修改"工具栏中的"镜像"按钮，镜像复制另一段云线，如图 8-66 所示。

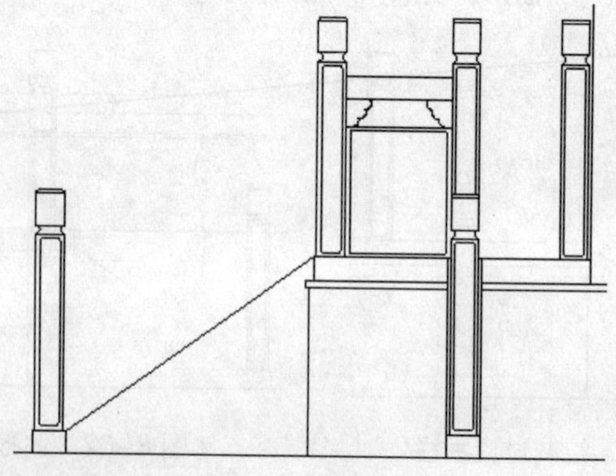

图 8-66　镜像复制云线

22 用同样的方法，绘制其他石柱之间的围栏，如图 8-67 所示。

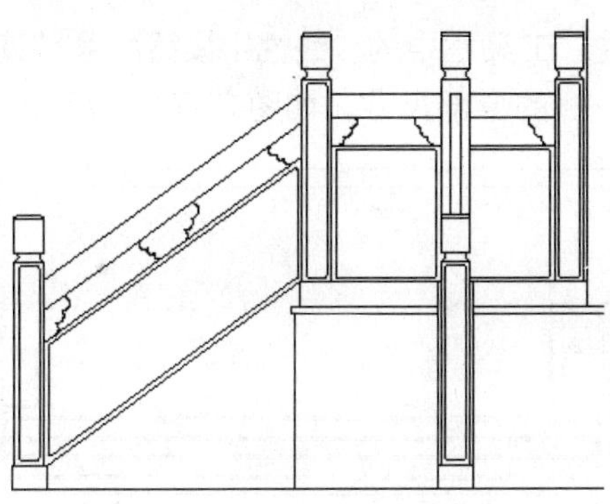

图 8-67　用同样的方法绘制围栏

23 单击“修改”工具栏中的“镜像”按钮，以垂直线段为镜像线，镜像复制另外半边主视图，并删除镜像线，如图 8-68 所示。

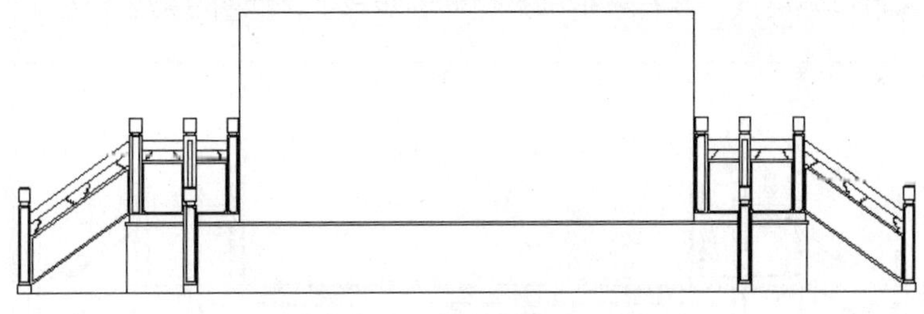

图 8-68　镜像复制并删除镜像线

24 单击“修改”工具栏中的“复制”按钮，复制正面旗台线，向下复制 150、300、450，复制台阶，如图 8-69 所示。

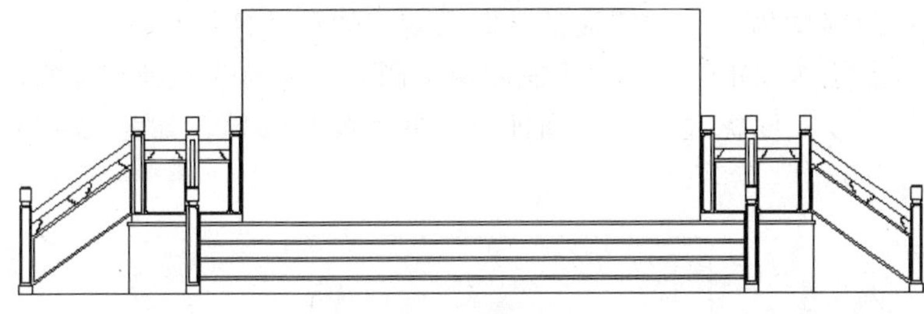

图 8-69　复制台阶

25 单击“绘图”工具栏中的“矩形”按钮，绘制一个矩形框，如图 8-70 所示。

图 8-70　绘制矩形

“对象捕捉”快捷菜单：

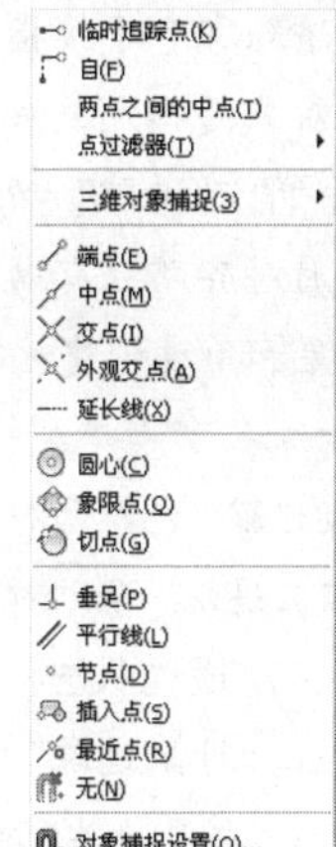

相关知识　正交的模式

在“正交”模式下，用户可以绘制与 X 轴平行或与 Y 轴平行的线段。

打开正交模式后，在绘图窗口中第一点是任意点，第二点可以输入数值也可以是任意一点。但它始终是与 X 轴或 Y 轴平行的一条直线。

操作技巧　开启或关闭正交的操作方法

可以通过以下两种方法来开启或关闭正交的操作：

- 将光标移动到状态栏上，单击“正交”按钮，即可关闭或开启正交功能，其中按钮凹下时为开启正交功能，按钮凸出时为关闭正交功能。
- 按 F8 键开启正交功能，再按一次就可以关闭正交功能。

相关知识 自动追踪模式

自动追踪有利于按指定角度或其他对象的指定关系绘制对象。在“自动追踪”功能打开时，临时对齐路径有助于以精确的位置和角度创建对象。

“自动追踪”包括两种追踪选项：“极轴追踪”和“对象捕捉追踪”。可以通过状态栏上的“极轴”或“对象追踪”按钮打开或关闭“自动追踪”功能。只有与对象捕捉一起使用对象捕捉追踪时必须设置对象捕捉，才能从对象的捕捉点进行追踪。

相关知识 极轴追踪功能

极轴追踪是通过角度的设置来追踪极轴的。

操作技巧 开启或关闭极轴追踪的操作方法

可以通过以下两种方法来开启或关闭极轴追踪的操作：

- 将光标移动到状态栏上，单击“极轴”按钮，即可关闭或开启极轴追踪功能，其中按钮凹下时为开启极轴追踪功能，按钮凸出时为关闭极轴追踪功能。
- 按 F10 键开启极轴追踪功能，再按一次就可以关闭极轴追踪功能。

26 单击“标注”工具栏中的“线性”按钮和“连续”按钮，标注下面一侧的全部尺寸，如图 8-71 所示。

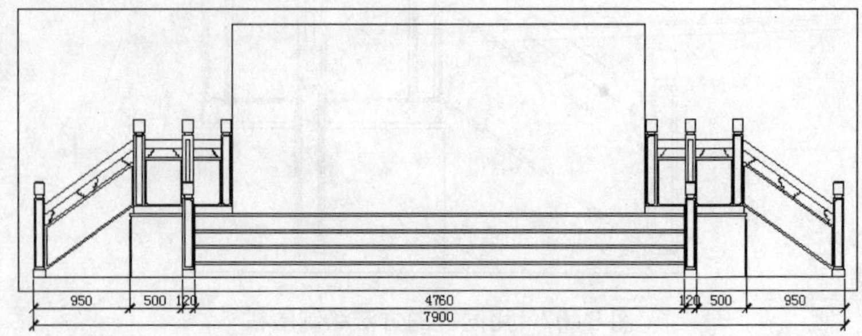

图 8-71　标注这一侧的全部尺寸

27 单击“标注”工具栏中的“线性”按钮，框选所有标注，通过蓝色夹点，将标注的节点拉伸到矩形上，如图 8-72 所示。

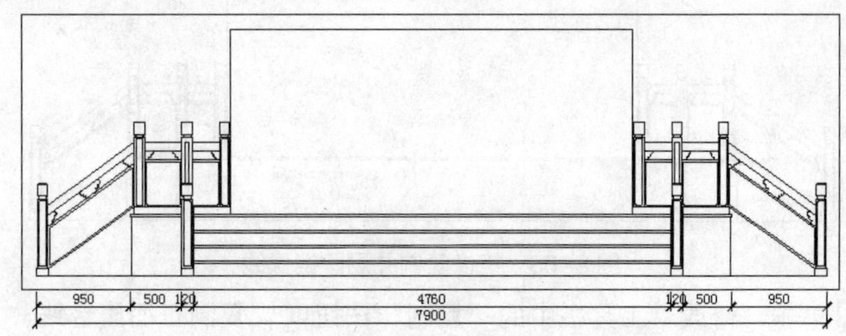

图 8-72　通过蓝色夹点拉伸标注节点

28 用同样的方法，标注部分侧面高度的尺寸，并将标注的节点拉伸到矩形上。由于左右两个侧面绘制的图形是对称的，所以只要标注一个侧面即可，并删除矩形框，如图 8-73 所示。

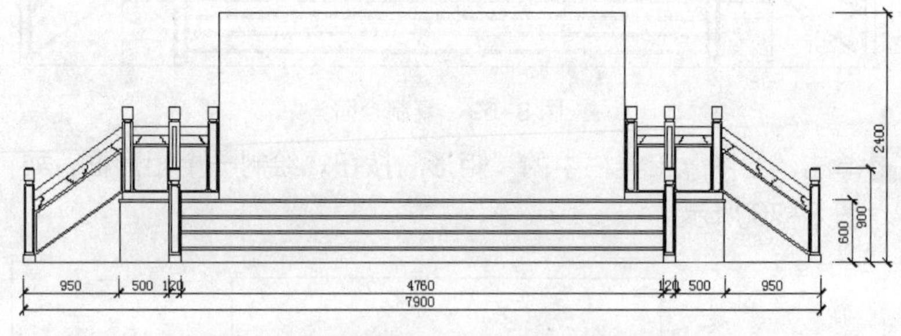

图 8-73　标注部分高度尺寸并删除矩形框

实例 8-4 绘制旗台侧视图

本实例将绘制旗台侧视图，主要应用了直线、偏移、修剪、镜像、线性标注、连续标注等功能。实例效果如图 8-74 所示。

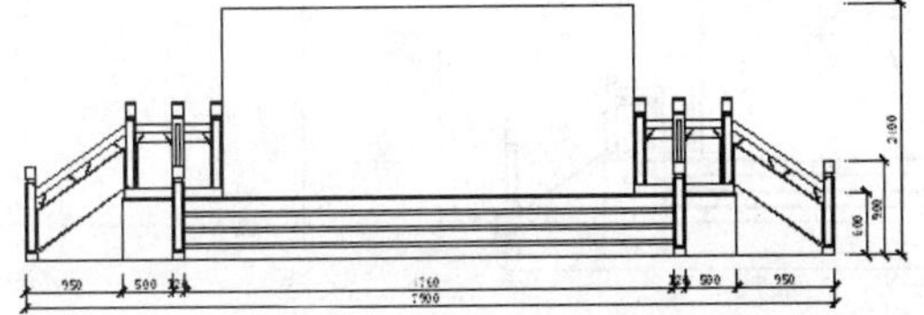

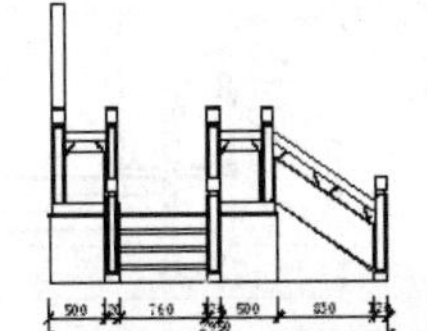

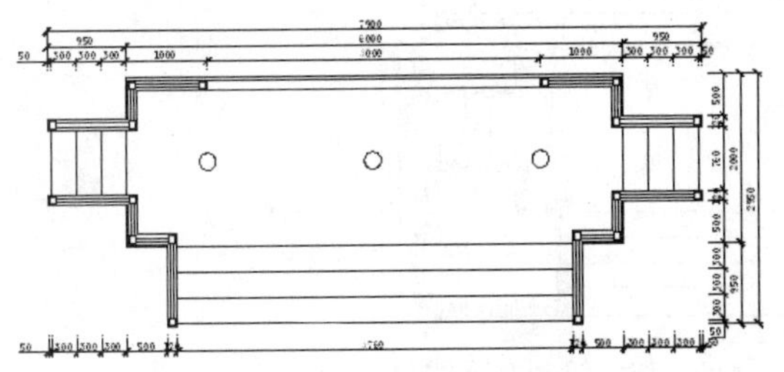

图 8-74　旗台侧视效果图

操作步骤

1 单击“绘图”工具栏中的“直线”按钮，在主视图上，沿 Y 轴绘制一条垂直线段，如图 8-75 所示。

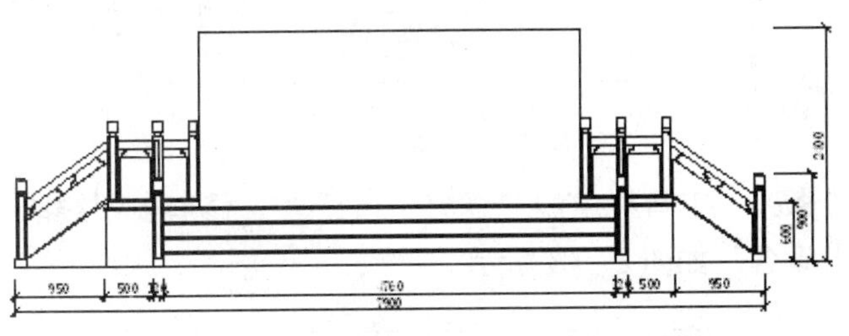

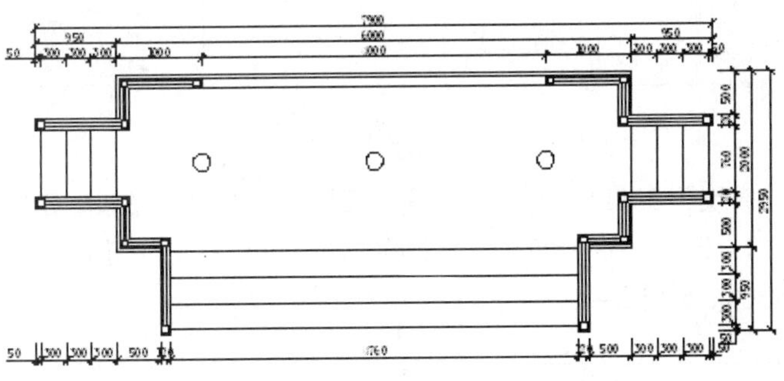

图 8-75　绘制一条垂直线段

2 再次单击“绘图”工具栏中的“直线”按钮，以主视图最下边的水平线的角点为起点，沿 X 轴向上绘制一条水平线段，如图 8-76 所示。

实例 8-4 说明

- **知识点：**
  - 复制
  - 镜像
  - 删除
  - 线性标注
  - 连续标注
- **视频教程：**
  光盘\教学\第 8 章　建筑三视图
- **效果文件：**
  光盘\素材和效果\08\效果\8-4.dwg
- **实例演示：**
  光盘\实例\第 8 章\绘制旗台侧视图

相关知识　“极轴追踪”选项卡中的各项参数设置

在“草图设置”对话框中的“极轴追踪”选项卡中可以设置其他参数，其各项的含义分别如下。

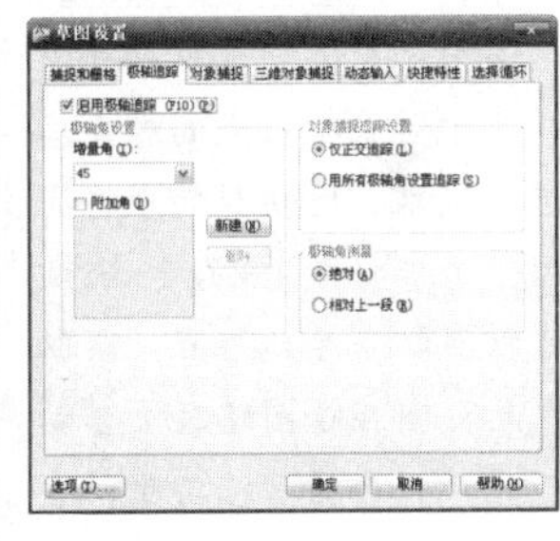

- “增量角”下拉列表框：设置用来显示极轴追踪对齐路径的极轴角增量。可以输入任何角度或从列表中选择常用角度，如 90°、45°、30°、22.5°、18°、15°、10° 和 5°。
- “附加角”复选框：对极轴追踪使用列表中的任何一种附加角度。

- “新建”按钮：最多可以添加10个附加极轴追踪对齐角度。
- “删除”按钮：删除选定的附加角度。
- “对象捕捉追踪设置”选项组：设置对象捕捉追踪选项。
  * “仅正交追踪”单选按钮：当对象捕捉追踪打开时，仅显示已获得的对象捕捉点的正交（水平/垂直）对象捕捉追踪路径。
  * “用所有极轴角设置追踪”单选按钮：如果对象捕捉追踪打开，则当指定点时，允许光标沿已获得的对象捕捉点的任何极轴角追踪路径进行追踪。
- “极轴角测量”选项组：设置测量极轴追踪对齐角度的基准。
  * “绝对”单选按钮：根据当前用户坐标系（UCS）确定极轴追踪角度。
  * “相对上一段”单选按钮：根据上一个绘制线段确定极轴追踪角度。

相关知识 对象捕捉追踪功能

使用对象捕捉追踪，可以沿着基于对象捕捉点的对齐路径进行追踪。已获取的点将显示为一个小加号（+），一次最多可以获取7个追踪点。获取点之后，当在绘图路径上移动光标时，将会显示相对于获取点的水平、垂直或极轴对齐路径。例如，可以基于对象端点、中点或对象的交点，沿着某个路径选择一点。

默认情况下，对象捕捉追踪将设置为正交。对齐路径将显示在始于已获取的对象点的0°、90°、180°、270°方向上。对于对象捕捉追踪，AutoCAD自动获取对象点。

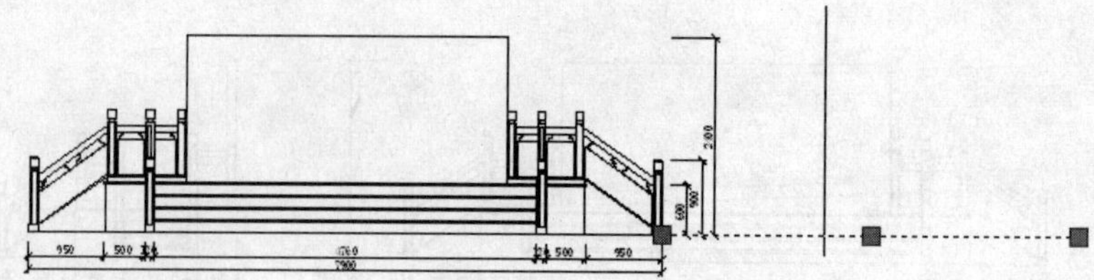

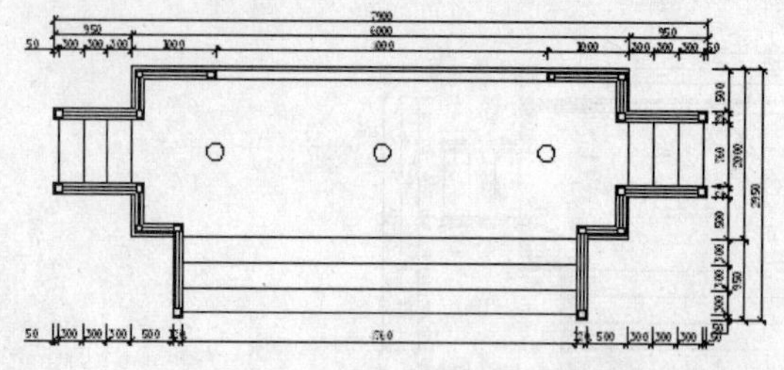

图 8-76 绘制水平线段

3 单击“修改”工具栏中的“偏移”按钮，将垂直线段向右偏移15、1985、2000，再将水平线段向上偏移575、600，如图8-77所示。

图 8-77 偏移线段

4 单击“修改”工具栏中的“修剪”按钮，修剪多余线段，修剪出旗台，如图8-78所示。

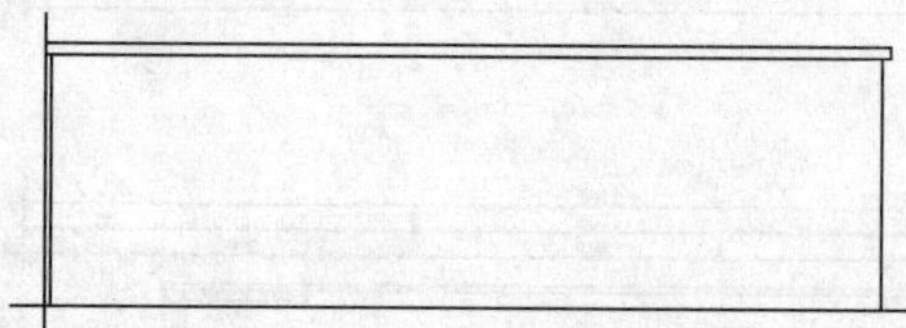

图 8-78 修剪出旗台

5 单击“修改”工具栏中的“偏移”按钮，将垂直线段向右偏移30、500、620、2830、2950，再将水平线段向上偏移80、680，如图8-79所示。

图 8-79 偏移线段

6 单击“修改”工具栏中的“修剪”按钮，修剪出围栏的基石，如图 8-80 所示。

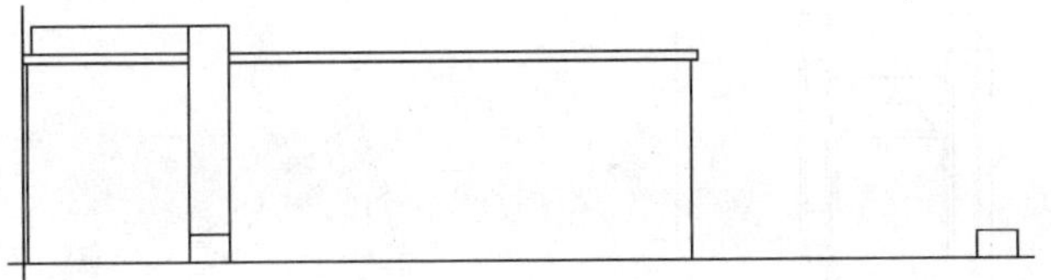

图 8-80　修剪出围栏的基石

7 单击“修改”工具栏中的“复制”按钮，从主视图中复制绘制好的石柱，如图 8-81 所示。

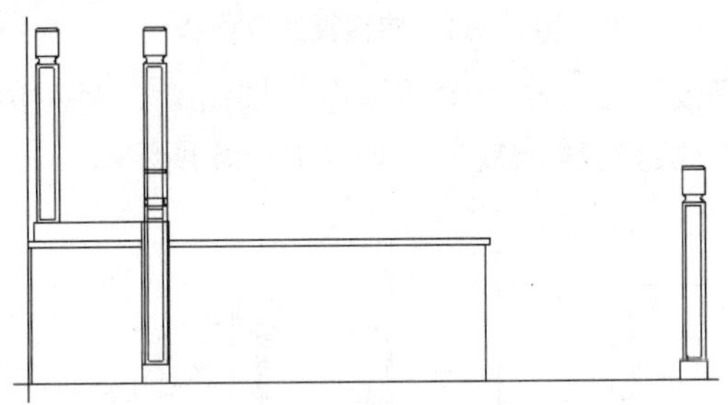

图 8-81　复制石柱

8 单击“修改”工具栏中的“修剪”按钮，修剪被遮挡部分的线段，如图 8-82 所示。

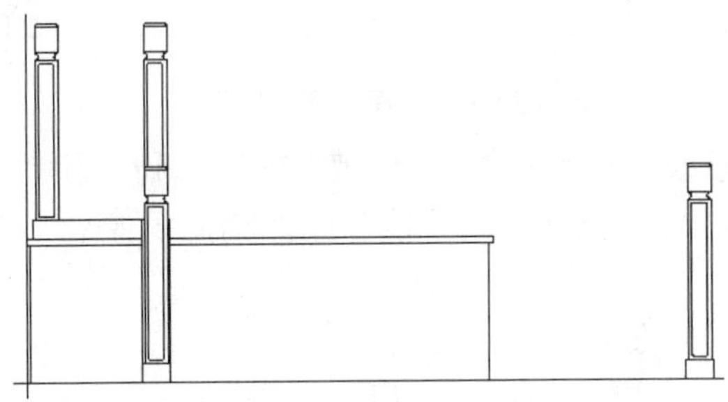

图 8-82　修剪被遮挡部分的线段

9 单击“修改”工具栏中的“复制”按钮，从主视图中复制石柱之间的围栏，如图 8-83 所示。

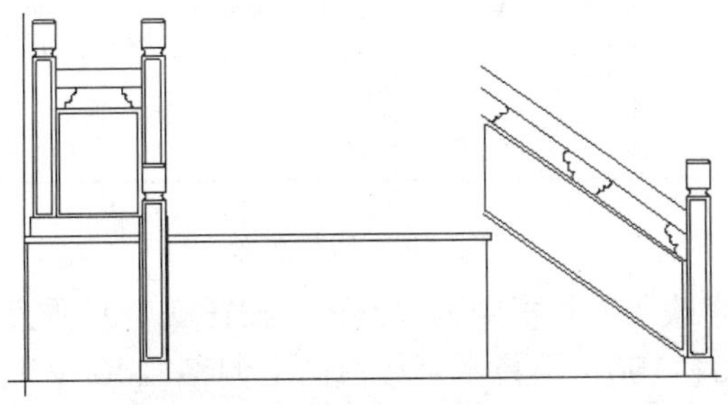

图 8-83　复制石柱之间的围栏

操作技巧　开启或关闭对象捕捉追踪的操作方法

可以通过以下两种方法来开启或关闭对象捕捉追踪的操作：

- 将光标移动到状态栏上，单击“对象追踪”按钮，即可关闭或开启对象追踪功能，其中按钮凹下时为开启对象追踪功能，按钮凸出时为关闭对象追踪功能。
- 按 F11 键开启对象追踪功能，再按一次就可以关闭对象追踪功能。

相关知识　命名视图

用户可以在一张复杂的工程图样中，创建多个视图，假如要观看或修改图样上的某个部分视图时，将该图样恢复即可。

操作技巧　创建命名视图的操作方法

可以通过以下 3 种方法来创建“命名视图”的操作：

- 选择“视图”→“命名视图”菜单命令。
- 单击“视图”工具栏中的“命名视图”按钮。
- 在命令行中输入“view”后，按回车键。

相关知识　“视图管理器”对话框中的各项参数设置

执行以上任意一种操作方法都可以打开“视图管理器”对话框。

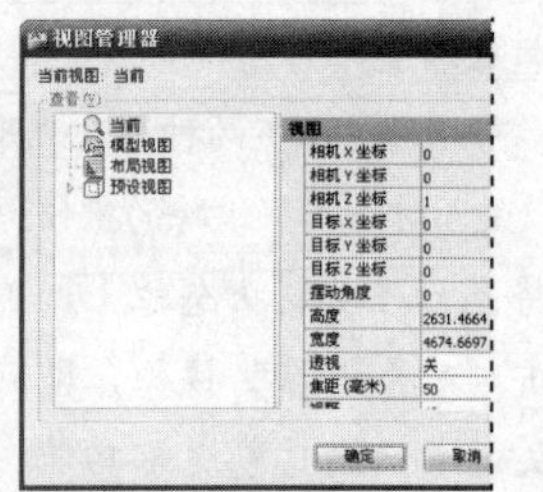

该对话框中的各个选项功能如下：

- 当前视图：列出了当前视图中已命名了视图的名称、位置、UCS 以及透视模式。
- 位置当前：用于将选中的命名视图置为当前视图。
- 新建：用于创建新的命名视图。单击该按钮，即可打开“新建视图”对话框。
- 更新图层：使用选中的命名视图中保存的图层信息更新当前模型空间，或者布局视口中的图层信息。
- 编辑边界：切换到绘图窗口中，用户可以重新定义视图的边界。
- 详细信息：单击该按钮，即可打开“视图详细信息”对话框。该对话框显示了指定命名视图的详细信息。
- 删除：删除已选中的命名视图。

相关知识 应用命名视图

在 AutoCAD 中，用户可以根据需要，一次命名多个视图。

10 单击“修改”工具栏中的“偏移”按钮，将垂直线段向右偏移 1000，用作辅助镜像线，如图 8-84 所示。

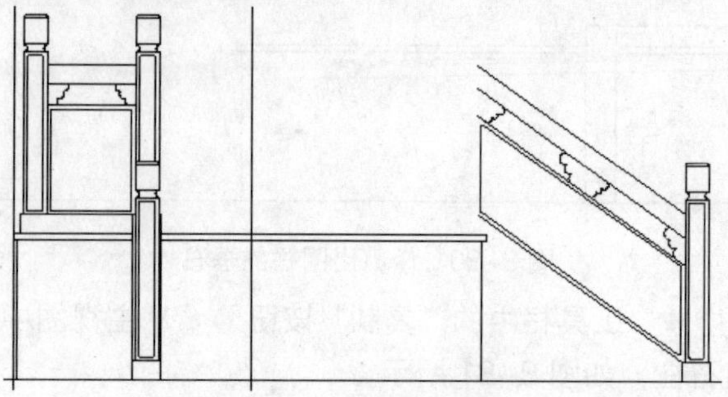

图 8-84 偏移辅助镜像线

11 单击“修改”工具栏中的“镜像”按钮，将左边的 3 根石柱以及围栏进行镜像复制，如图 8-85 所示。

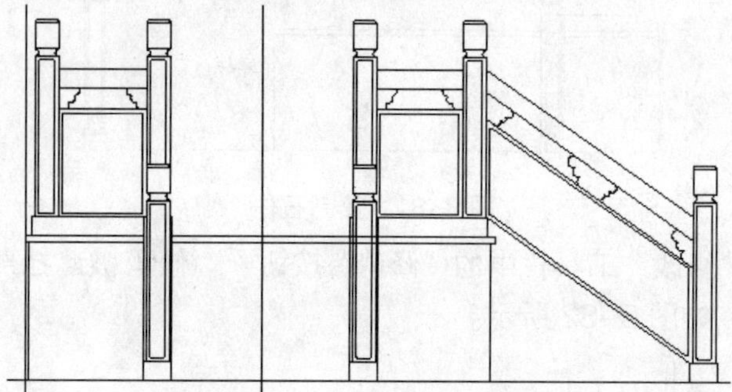

图 8-85 镜像复制图形

12 单击“修改”工具栏中的“修剪”按钮和“删除”按钮，修剪被石柱遮挡部分的线段和删除辅助镜像线，如图 8-86 所示。

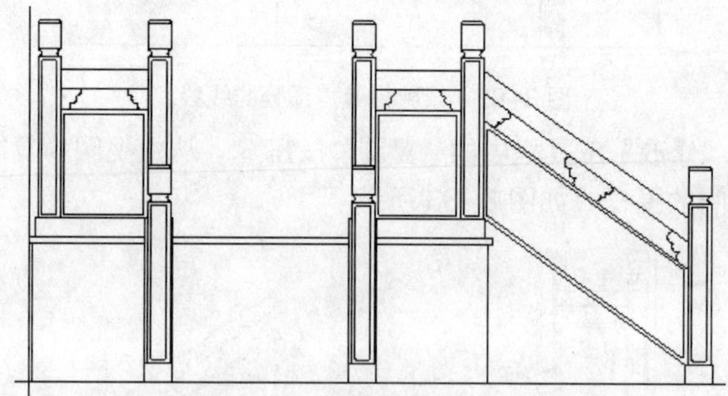

图 8-86 修整图形

13 单击“修改”工具栏中的“偏移”按钮，将垂直线段向右偏移 30、150，再将水平线段向上偏移 2400，如图 8-87 所示。

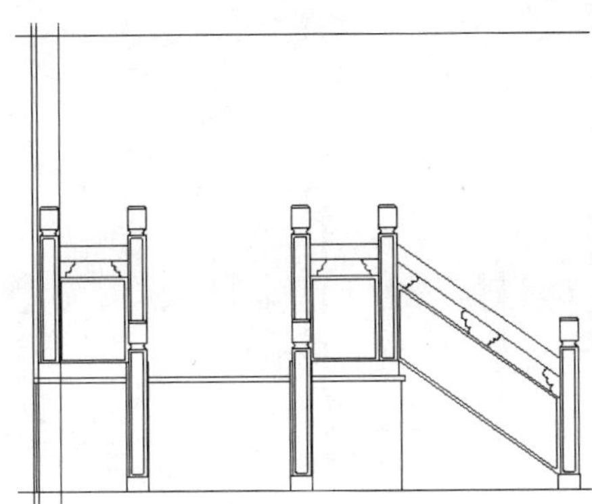

图 8-87　偏移线段

14 单击“修改”工具栏中的“修剪”按钮，修剪出侧视的照壁，如图 8-88 所示。

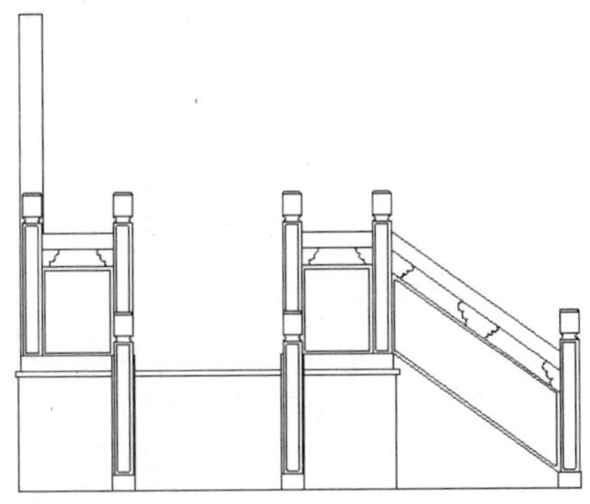

图 8-88　修剪出侧视的照壁

15 单击“修改”工具栏中的“复制”按钮，复制台阶，如图 8-89 所示。

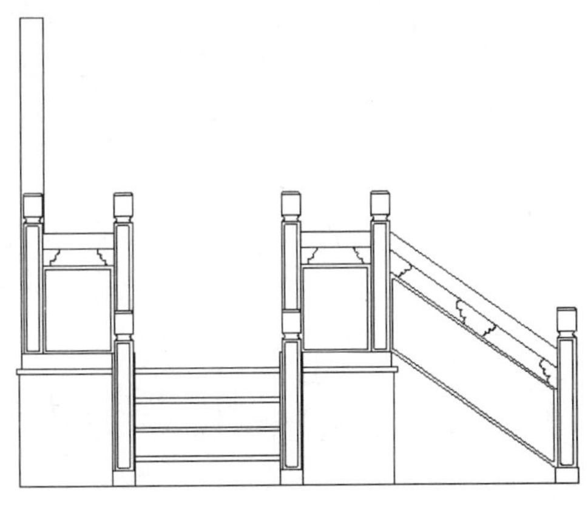

图 8-89　复制台阶

16 单击“绘图”工具栏中的“直线”按钮，在侧视图的下方绘制一条辅助线段，如图 8-90 所示。

假如需要重新使用已命名的视图时，只需要将视图恢复到当前视口即可。假如视图窗口中包含多个视口，用户也可以将视图恢复到活动视口中，或者将不同的视图恢复到不同的视口中，以同时显示模型的多个视图。

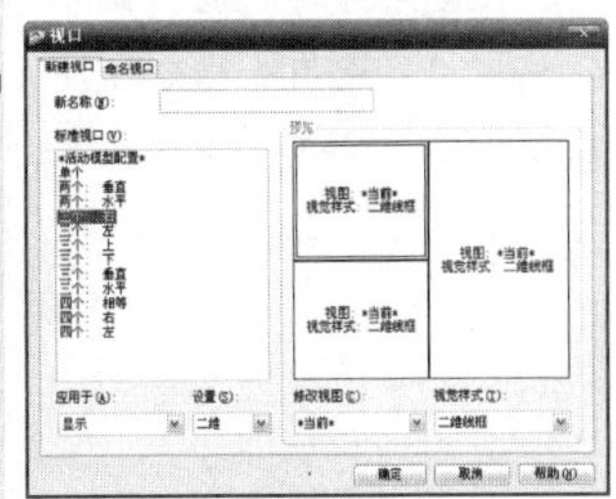

在恢复视图时，可以恢复视口的中点、查看方向、缩放比例因子、透视图等设置，如果在命名视图时将当前的 UCS 随视图一起保存起来，在恢复视图时也可以恢复 UCS。

疑难解答　**如何减少文件大小**

在图形绘制完成后，使用 purge 命令，可以清理掉多余的图形对象。例如，没用的块，没有对象的图层，未用的线型、字体、尺寸样式等，可以有效地减少文件大小。一般彻底清理需要使用 purge 命令 2～3 次。

另外，默认情况下，如果需要释放磁盘空间，则必须设置 isavepercent 系统变量为 0，来关闭这种逐步保存特性，这样当第二次存盘时，文件大小就减少了。

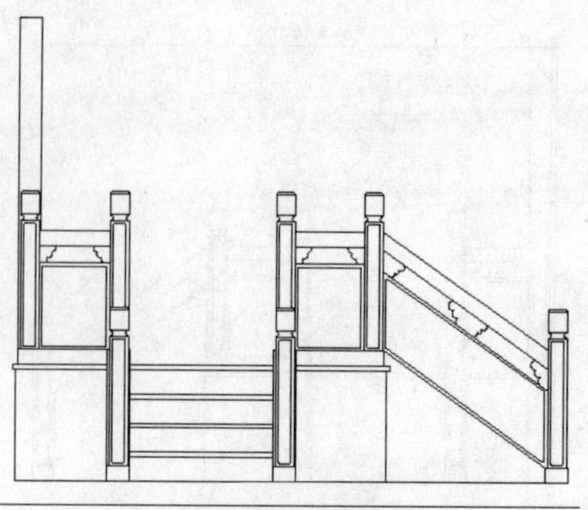

图 8-90 绘制辅助线段

17 单击“标注”工具栏中的“线性”按钮和“连续”按钮，标注下面一侧的全部尺寸，如图 8-91 所示。

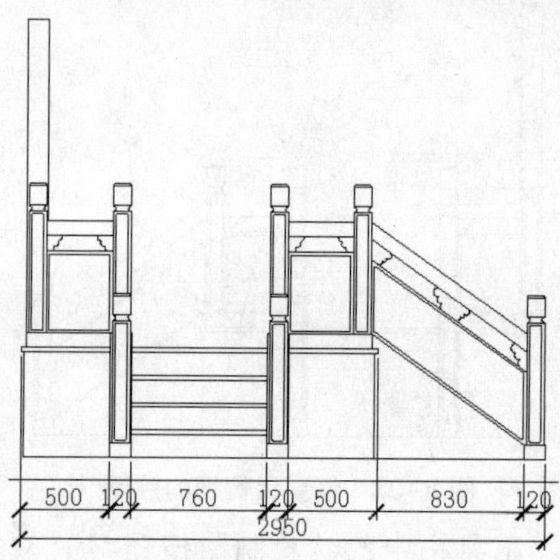

图 8-91 标注这一侧的全部尺寸

18 单击“标注”工具栏中的“线性”按钮，框选所有标注，通过蓝色夹点，将标注的节点拉伸到矩形上，如图 8-92 所示。

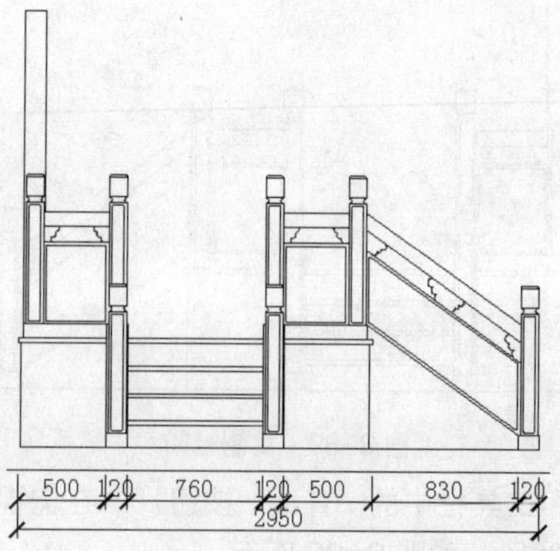

图 8-92 将标注的节点拉伸到辅助线上

疑难解答 **临时追踪点和捕捉自的区别**

临时追踪点：可通过指定的基点进行极轴追踪。

捕捉自：可与其他捕捉方式配合使用，适用于指定捕捉的基点。

建筑术语 **什么是照壁**

照壁也称为影壁，在民间农村比较常见，普遍作为院落进门后的一面墙，为了阻挡外人看宅内。在宫廷里，经常作为镶嵌龙、虎等图案或者是吉祥字，作为摆设修饰物。

民间照壁：

宫廷照壁：

19 单击“修改”工具栏中的“删除”按钮，删除水平辅助线段，得到最终的效果，如图 8-93 所示。

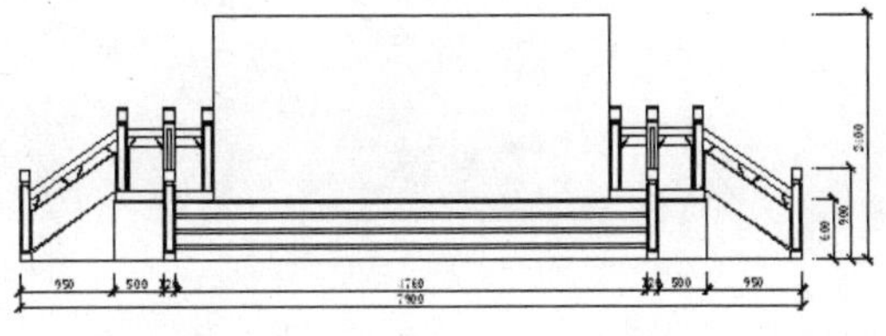

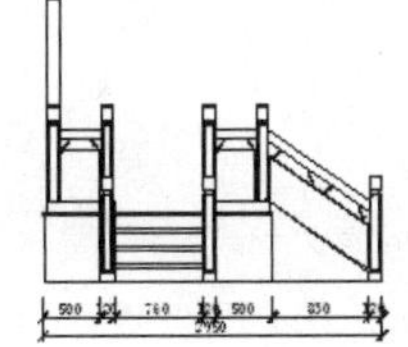

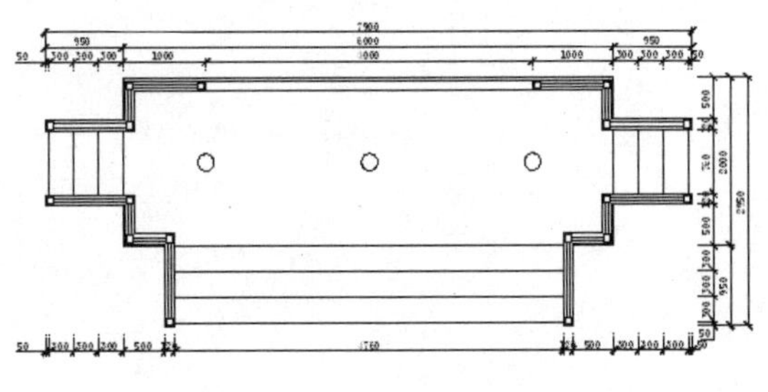

图 8-93　最终效果

实例 8-5　绘制模型三视图

本实例将绘制模型三视图，主要应用了直线功能。实例效果如图 8-94 所示。

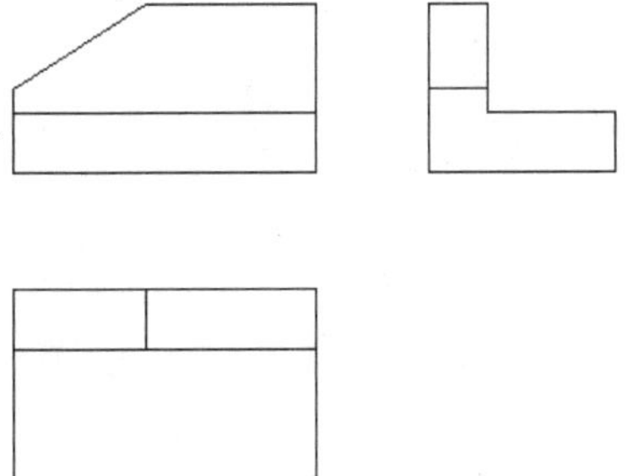

图 8-94　模型三视效果图

在绘制图形时，先绘制主视图，然后根据主视图中的特点，绘制其他两个视图。具体操作见“光盘\实例\第 8 章\绘制模型三视图”。

建筑术语　**什么是阁楼**

阁楼多为斜顶多层建筑物，处在尖顶部分的房子要比一般楼层高出好多，在 4m 以上的顶层，做隔层，作为复式住宅结构。阁楼通常作为储藏、住宅的良好处所。

阁楼通常显得空间不规则，部分格局过于矮小，利用这些缺陷，使空间的变化更加丰富。但是在装修时，需要注意不要破坏阁楼的原有结构，如防水、隔热、采光等。

第 9 章

建筑剖面图与剖视详图

建筑剖面图和剖视详图是建筑施工图中的重要内容，它和平面图以及立面图结合在一起，才能使人更加清楚地了解建筑物的总体结构特征。本章实例结合小栏的理论知识，详细介绍建筑剖面图和剖视详图的绘制。

本章讲解的实例和主要功能如下：

实　例	主要功能	实　例	主要功能
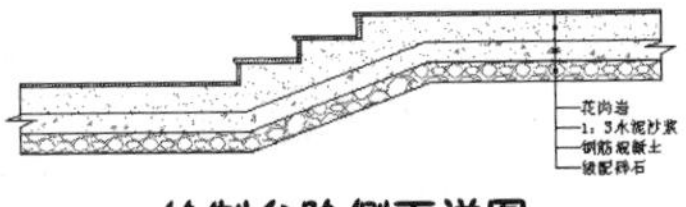 绘制台阶侧面详图	直线、偏移、修剪、图案填充单行文字	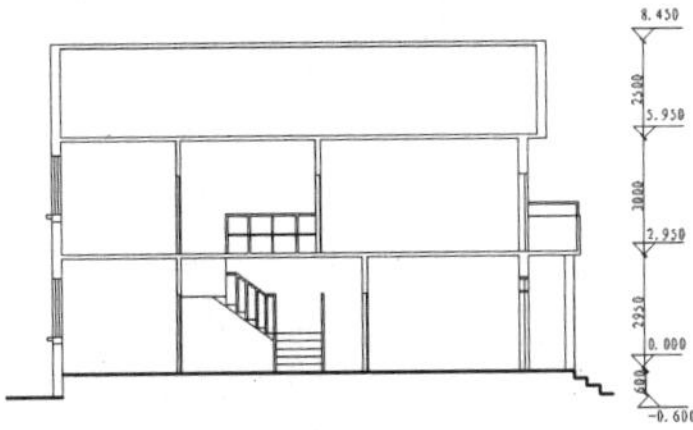 绘制房屋剖面图	图层、直线偏移、修剪旋转、复制标高符号文字注释
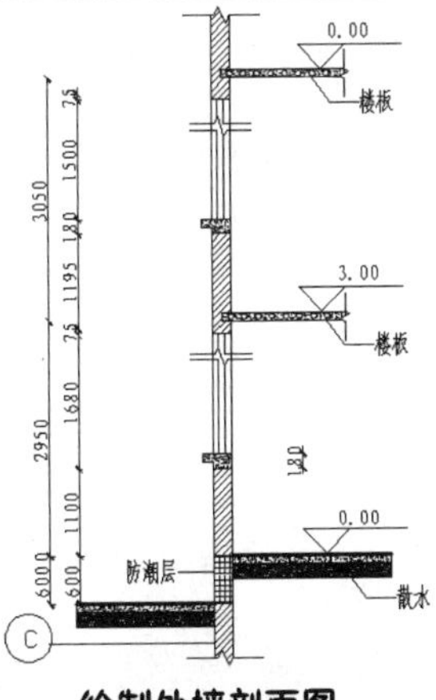 绘制外墙剖面图	直线、圆、偏移延伸、图案填充、单行文字、快速标注	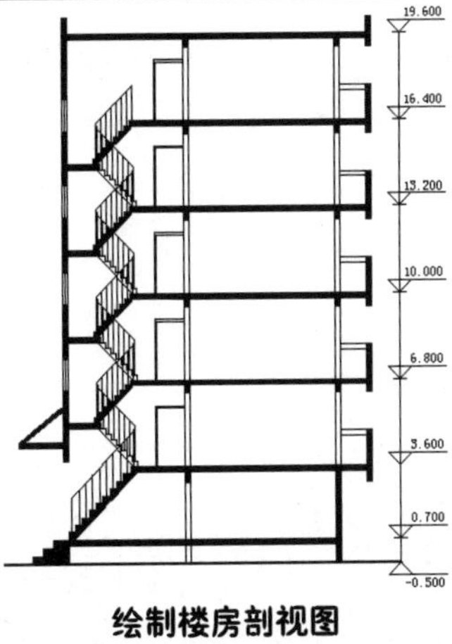 绘制楼房剖视图	直线、偏移、复制、旋转、修剪、延伸

本章在讲解实例操作的过程中，全面系统地介绍关于建筑剖面图与剖视详图的相关知识和操作方法，包含的内容如下：

实例 9-1　绘制台阶侧面详图

本实例将制作一段台阶侧面的详细图，主要包括台阶的构造、材料的分布等，主要应用了直线、偏移、修剪、图案填充、单行文字等功能。实例效果如图 9-1 所示。

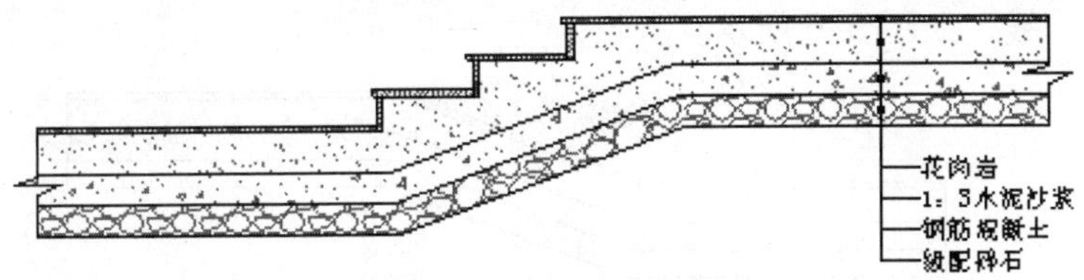

图 9-1　台阶侧面详细效果图

操作步骤

1 单击“绘图”工具栏中的“直线”按钮，沿 X 轴绘制一条长为 1200 的直线，输入角度为 30，绘制一条长为 1000 的斜线，再沿 X 轴绘制一条长为 1200 的直线，如图 9-2 所示。

图 9-2　绘制直线

2 单击“修改”工具栏中的“偏移”按钮，将 3 条线段向上偏移 100、200、330、350，如图 9-3 所示。

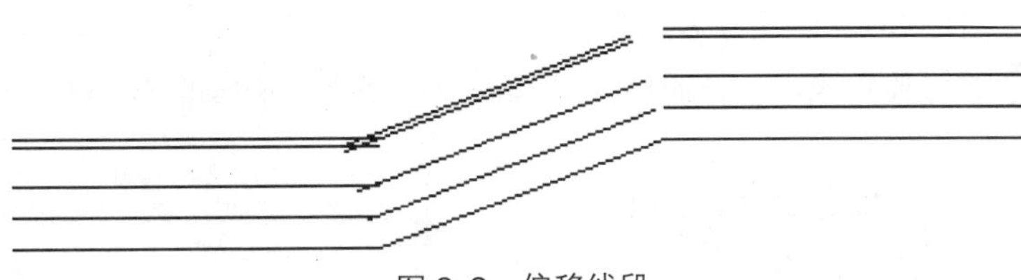

图 9-3　偏移线段

3 选择最右边水平线段中的最上面一根线段，通过蓝色夹点拉伸左边的长度，如图 9-4 所示。

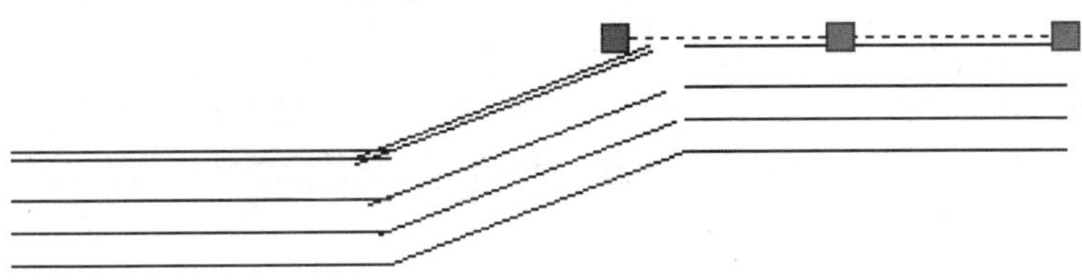

图 9-4　拉伸线段

4 单击“修改”工具栏中的“延伸”按钮，偏移所不相交的线段，并修剪线段，如图 9-5 所示。

实例 9-1 说明

- 知识点：
  - 直线
  - 偏移
  - 修剪
  - 图案填充
  - 单行文字
- 视频教程：
  光盘\教学\第 9 章　建筑剖面图与剖视详图
- 效果文件：
  光盘\素材和效果\09\效果\9-1.dwg
- 实例演示：
  光盘\实例\第 9 章\绘制台阶侧面详图

相关知识　建筑剖面图

建筑剖面图主要用来表达建筑物内各层之间以及内部构造的特征，也是建筑图样的重要组成部分。剖面图与平面图立面图并结合辅助详图，就可以更加清楚地了解建筑的总体结构。

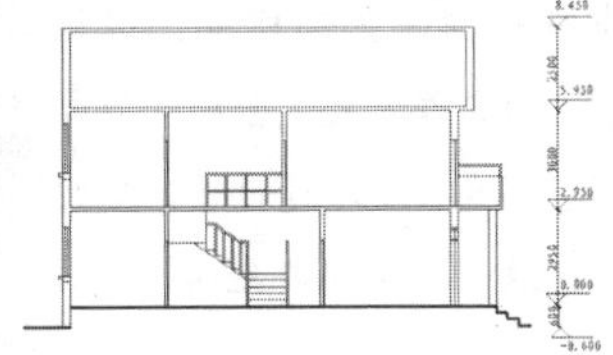

相关知识　建筑剖面图的绘制方法

建筑剖面图的设计一般是在完成平面图和立面图的设计之后进行的。通常有以下两种方法绘制剖面图：

1. 第一种方法

一般情况下，用AutoCAD绘制建筑剖面图时，是以建筑平面图和立面图为其生成基础，利用AutoCAD系统提供的二维绘图命令进行绘制。这种绘图方法简便、直观，效率较高，适用于从底层开始向上逐层设计，相同的部分逐层向上阵列或复制，最后再进行编辑和修改即可。

2. 第二种方法

以生成的平面图为基础，依据立面设计提供的层高、门窗等有关情况，将剖面图中剖切到或看到的部分保留，然后从剖切线位置将与剖视方向相反的部分剪去，并给剩余部分指定基高和厚度，得到剖面图三维模型的大体框架，然后以它为基础生成剖面图。

如果想用计算机完全精确地绘制剖面图，也可以把整个建筑物建成一个实体模型，但是这样必须详尽地将建筑物内外构件全部建成三维模型，其工作量大，占用的计算机空间大，处理速度慢，从时间和效率来看很不经济。

相关知识 **建筑剖面图的基本内容**

一般来说，建筑剖面图包含了以下基本内容：

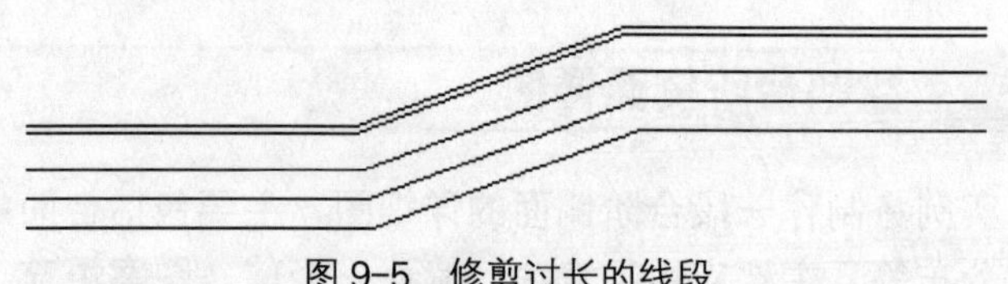

图 9-5 修剪过长的线段

5 单击“绘图”工具栏中的“直线”按钮，绘制两边的折断线，如图 9-6 所示。

图 9-6 绘制折断线

6 再次单击“绘图”工具栏中的“直线”按钮，以上边第 2 层线的交点为起点，沿极轴向上绘制 114，再沿水平线绘制到第 2 层斜线，如图 9-7 所示。

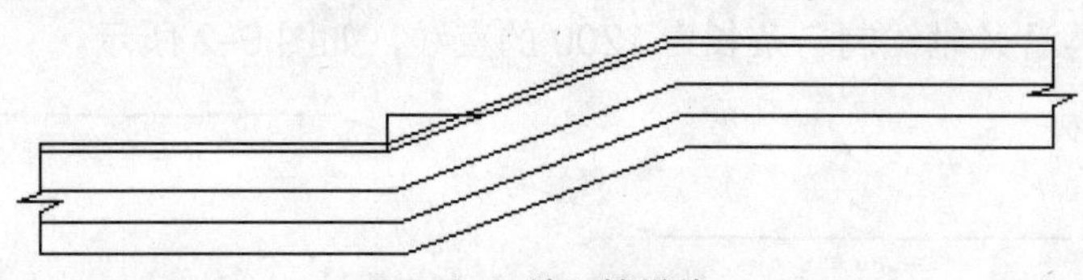

图 9-7 绘制楼梯线

7 单击“修改”工具栏中的“偏移”按钮，将步骤 6 绘制的水平线段向上偏移 20，再将上一步绘制的垂直线段向左偏移 20、30，如图 9-8 所示。

8 通过蓝色夹点，将偏移 30 的线段向上拉伸，如图 9-9 所示。

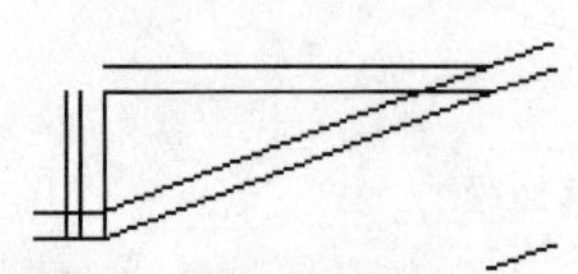

图 9-8 偏移线段

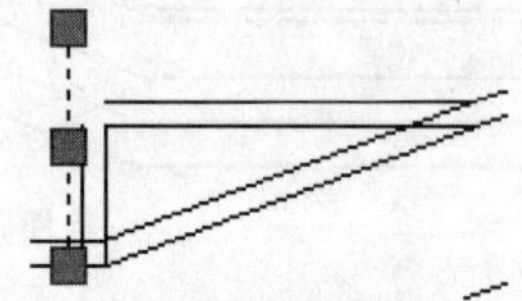

图 9-9 通过蓝色夹点拉伸线段

9 单击“修改”工具栏中的“延伸”按钮，延伸两条水平线段，如图 9-10 所示。

10 单击“绘图”工具栏中的“圆”按钮，使用两点绘制一个圆的方法，绘制一个小圆，然后修剪和删除功能，修整图形，如图 9-11 所示。

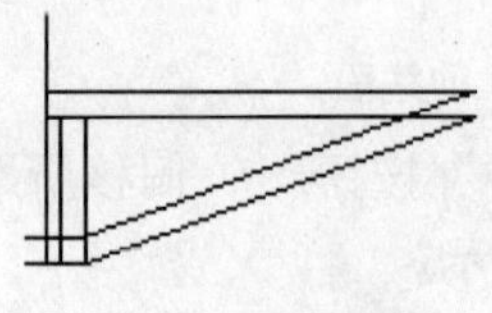

图 9-10 延伸线段

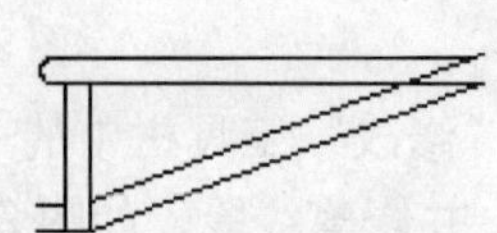

图 9-11 绘制圆并修整图形

11 单击“修改”工具栏中的“复制”按钮，复制两节台阶，如图 9–12 所示。

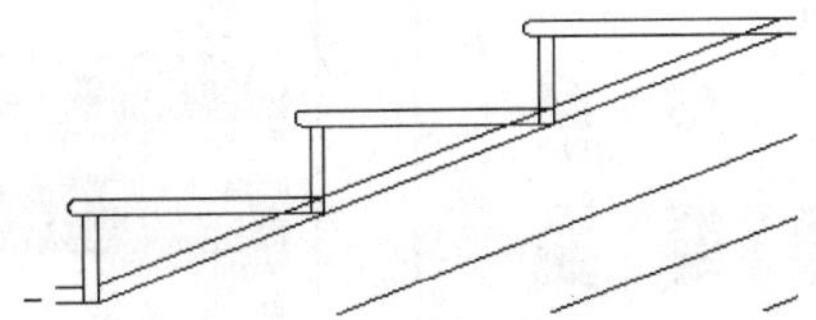

图 9–12　复制两节台阶

12 单击“修改”工具栏中的“删除”按钮和“修剪”按钮，删除上面两根斜线，再修剪台阶，如图 9–13 所示。

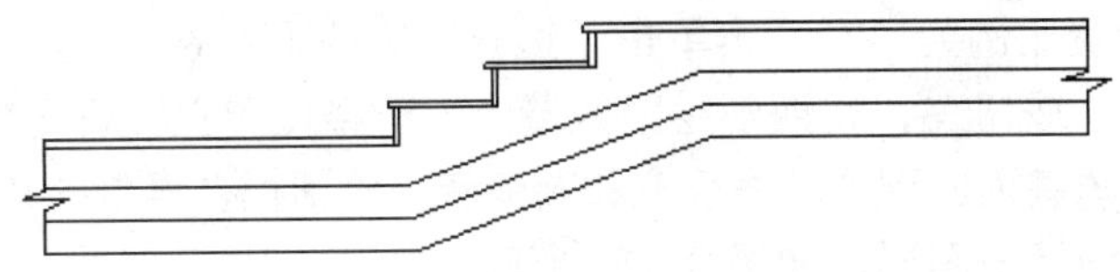

图 9–13　删除斜线和修剪台阶

13 单击“绘图”工具栏中的“图案填充”按钮，打开“图案填充和渐变色”对话框，如图 9–14 所示。

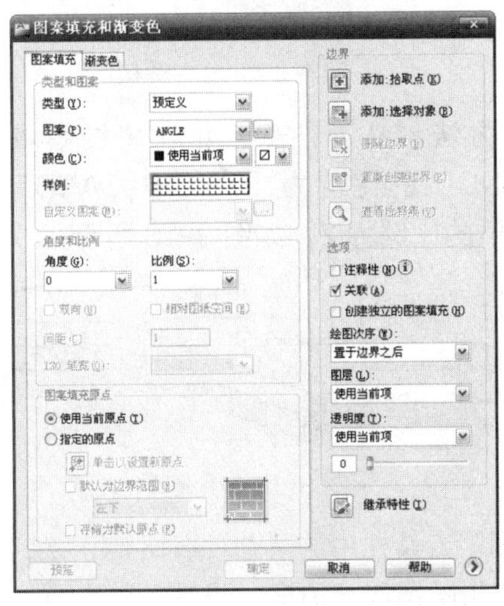

图 9–14　“图案填充和渐变色”对话框

14 单击“类型和图案”选项组中的“图案”后面的按钮，打开“填充图案选项板”对话框，选择“SOLID”作为填充样式，再单击“确定”按钮返回到“图案填充和渐变色”对话框，如图 9–15 所示。

15 在“类型和图案”选项组中的“颜色”下拉列表框中单击“选择颜色”命令，打开“选择颜色”对话框，选择颜色深灰色或者在“颜色”对话框中直接输入 252，再单击“确定”按钮返回到“图案填充和渐变色”对话框，如图 9–16 所示。

- 被剖切到的墙、梁及其定位轴线。
- 室内底层地面、各楼层面、屋顶、门窗、楼梯、阳台、室外地面、明沟及室内外装修等剖切带和可见的内容。
- 在剖面图中标注响应的尺寸和标高。
- 标名楼地面、屋顶各层的构造。通常用引出线说明楼地面、屋顶的构造做法。如果另画详图或已有说明，可以在剖面图中用索引符号引出说明。

相关知识　**绘制建筑剖面图的步骤**

绘制建筑剖面图主要包括以下几个步骤：

1. 绘制定位轴线

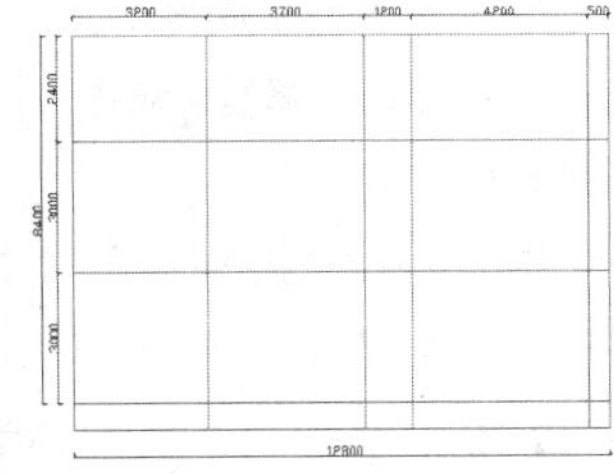

第一步中主要应用了图层、直线、偏移等功能，为了给绘制后期的步骤打下基础。

此图中，标注是为了给读者看清绘制的尺寸。

2. 绘制建筑轮廓线

绘制室内外地平线，各层楼面线和屋面线，并绘制出墙、柱轮廓线等。

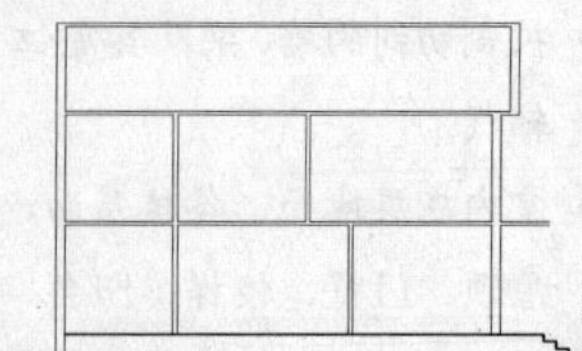

第二步中主要应用了直线、多线以及图层中的图层冻结功能。

在绘制地平线时，用直线功能，在绘制墙线和楼面线时，用多线功能，绘制完成后，冻结图层中的轴线图层显示得到上图效果。

3. 绘制细部构件

预制好门窗的位置，绘制出楼板、屋顶的构造厚度以及细部构件，如楼梯、台阶等。

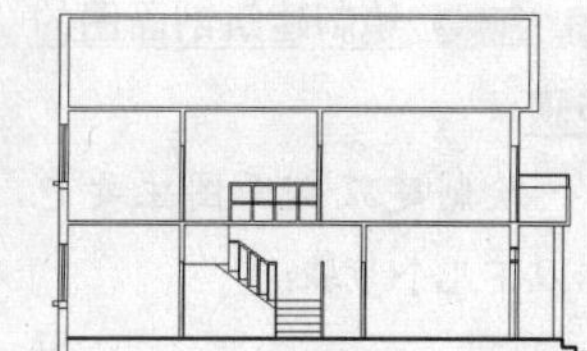

第三步中主要应用了直线、矩形、偏移、修剪、旋转、阵列等功能。

绘制步骤为先绘制窗户，再绘制门，接着绘制楼梯以及二楼的露台。

4. 删除多余线段并修整图形

检查无误后，删除多余的线段，按施工图要求加深图线，画材料图例。

第四步主要是检查图样是否有出错，由于之前已经加深了地平线，这里就不需要再作其他的修改了。

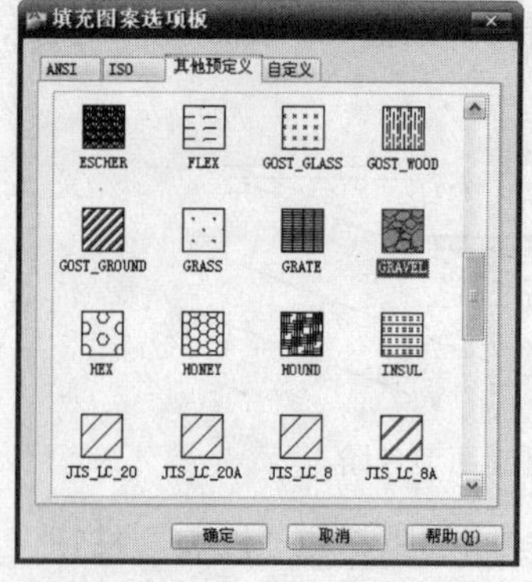

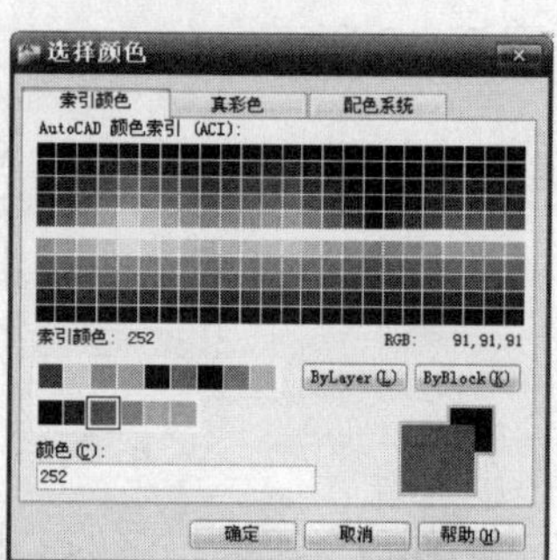

图 9-15 “填充图案选项板”对话框　图 9-16 “选择颜色”对话框

16 设置比例为“7”，再单击“边界”选项组中的“添加：拾取点”按钮，切换到绘图区域中，选择墙和立柱填充后，按回车键返回到“图案填充和渐变色”对话框，再单击“确定”按钮填充图形，如图 9-17 所示。

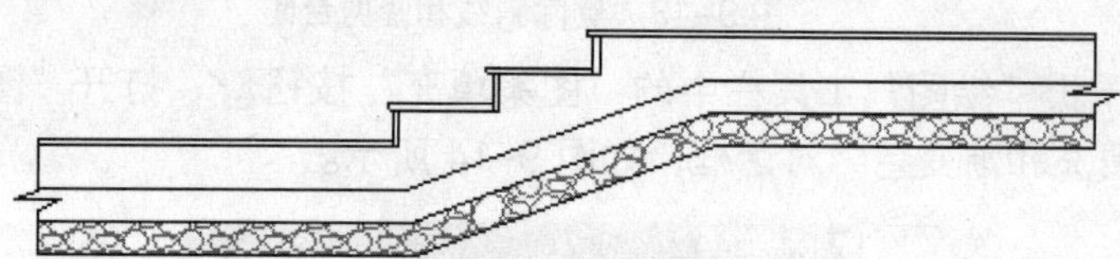

图 9-17 填充结构层

17 用相同的方法，从下往上，依次将图案填充样式设置为“AR-CONC”的比例为 1，“AR-SAND”的比例为 2，“ANSI31”的比例为 2，如图 9-18 所示。

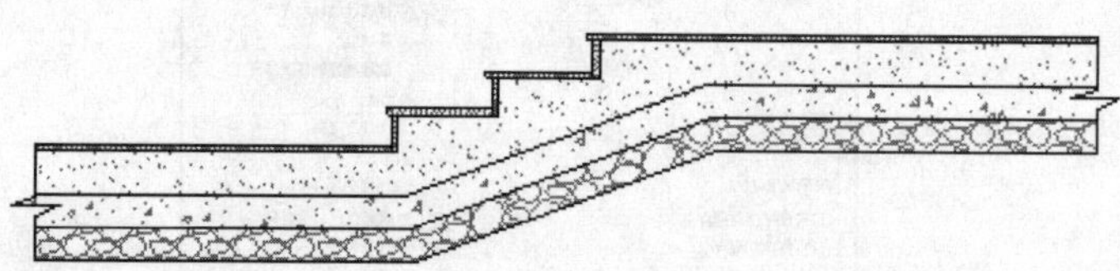

图 9-18 填充其他层次

18 单击“绘图”工具栏中的“圆”按钮，绘制一个半径为 10 的圆，再使用图案填充命令，设置“SOLID”作为填充样式，设置黑色并填充此圆，如图 9-19 所示。

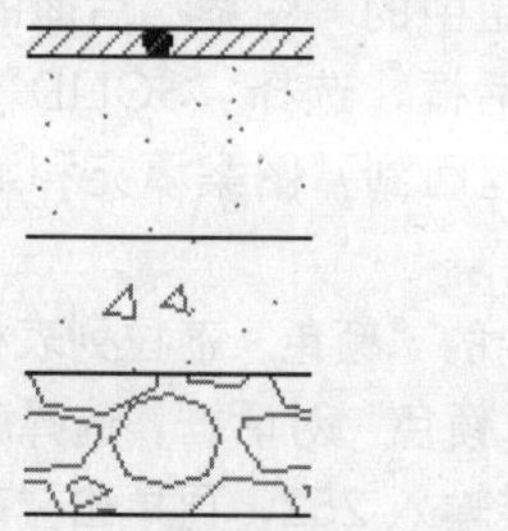

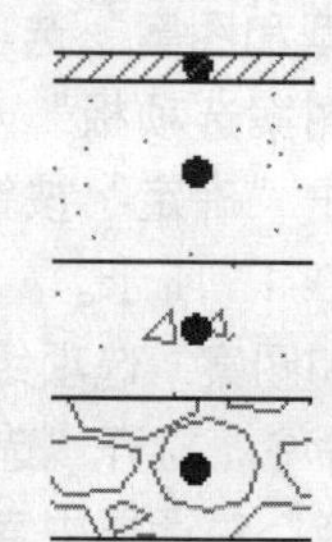

图 9-19 绘制圆并填充　图 9-20 复制填充圆

19 单击“修改”工具栏中的“复制”按钮，将圆复制到每个层次中，如图 9-20 所示。

20 单击“绘图”工具栏中的“直线”按钮，以最上面的圆心为起点，向下绘制引线，如图 9-21 所示。

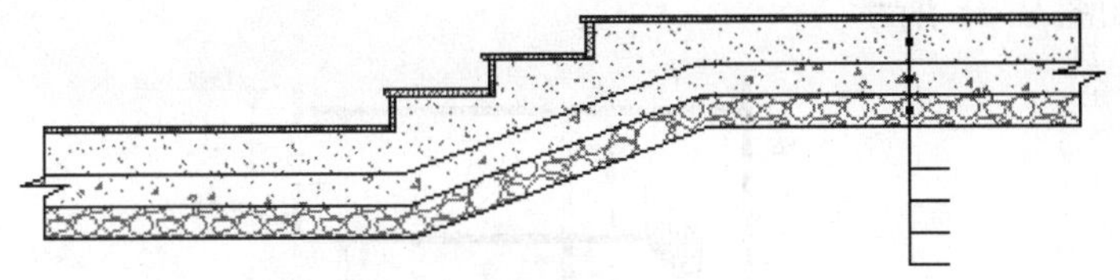

图 9-21　绘制引线

21 单击“文字”工具栏中的“文字样式”按钮，打开“文字样式”对话框，并设置“文字高度”为“80”，然后单击“应用”按钮，再单击“关闭”按钮返回到绘图窗口，如图 9-22 所示。

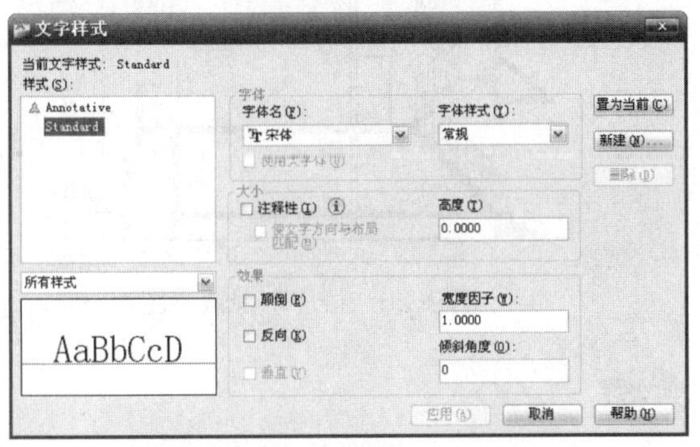

图 9-22　“文字样式”对话框

22 单击“文字”工具栏中的“单行文字”按钮，在最下边一条引线后单击一点，输入文字“级配碎石”，如图 9-23 所示。

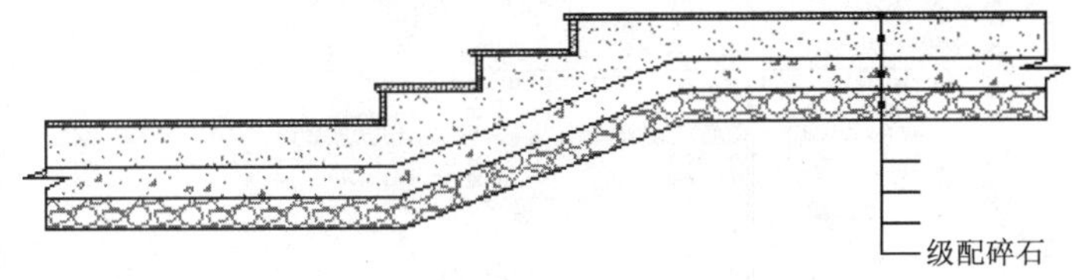

图 9-23　在最下边一条引线后输入“级配碎石”

23 用相同的方法，从下往上，依次输入“钢筋混凝土”、“1:3 水泥沙浆”、“花岗岩”，如图 9-24 所示。

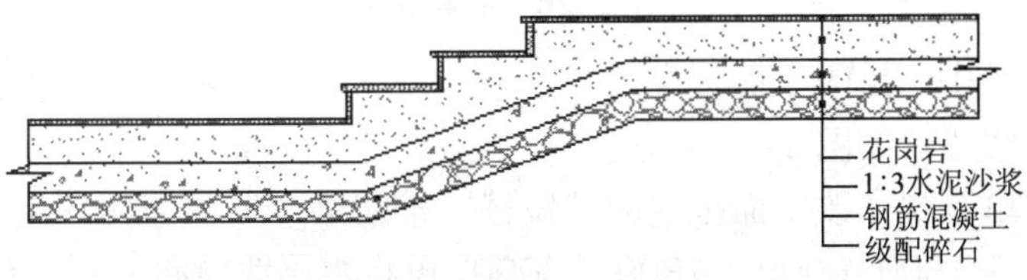

图 9-24　输入其他层次的文字

5. 修饰图形

标注轴线编号、标高尺寸、内外部尺寸、门窗编号、索引符号以及书写其他文字说明。

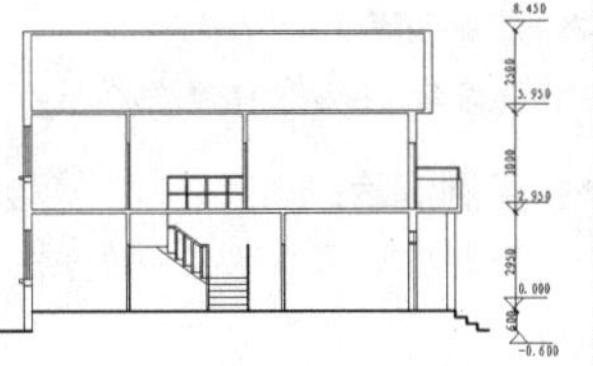

第五步中主要应用了线性标注、连续标注、插入标高符号、输入文字注释等功能。

在绘制此步骤图形时，先做图形的高度标注，这里运用到了线性标注和连续标注，标注完后，标注的夹点调整标注的尺寸界线。然后插入标高符号，并复制到每个高度上。最后使用单行文字功能，输入文字注释。

实例 9-2 说明

- **知识点：**
  - 直线
  - 偏移
  - 复制
  - 旋转
  - 修剪
  - 延伸
- **视频教程：**
  光盘\教学\第 9 章 建筑剖面图与剖视详图
- **效果文件：**
  光盘\素材和效果\09\效果\9-2.dwg
- **实例演示：**
  光盘\实例\第 9 章\绘制楼房剖视图

相关知识　建筑剖面图的绘制要求

在绘制建筑剖面图时，需要注意以下几点要求：

1. 图幅

根据要求选择建筑图样尺寸。

2. 比例

用户可以根据建筑物大小，采用不同的比例。

绘制剖面图常用的比例有1:50、1:100、1:200。一般采用的是 1:100 的比例。当建筑过小可采用 1:50，当建筑过大时，可采用 1:200。

3. 线型

建筑剖面图中，被剖切轮廓线应采用粗实线表示，其余构配件采用细实线，被剖切构件内部材料也应该表示。例如，楼梯构件，在剖面图中应该表现出其内部结构。

实例 9-2　绘制楼房剖视图

本实例将制作楼房剖视图，主要为了介绍房子的结构，主要应用了直线、偏移、复制、旋转、修剪、延伸等功能。实例效果如图 9-25 所示。

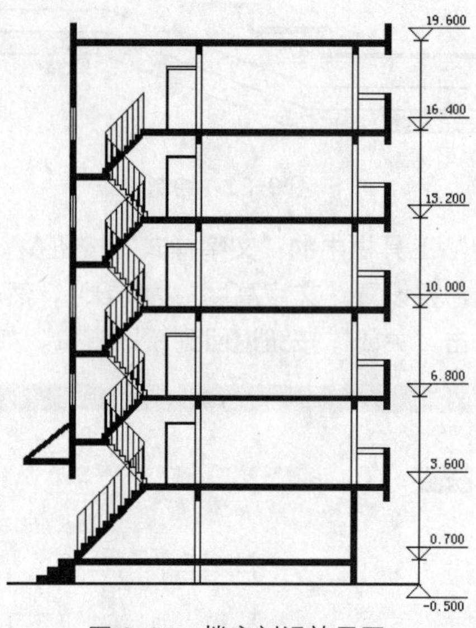

图 9-25　楼房剖视效果图

操作步骤

1. 单击“图层”面板中的“图层特性”按钮，打开“图层特性管理器”面板，并设置点画线、轮廓线、粗实线 3 个图层，如图 9-26 所示。

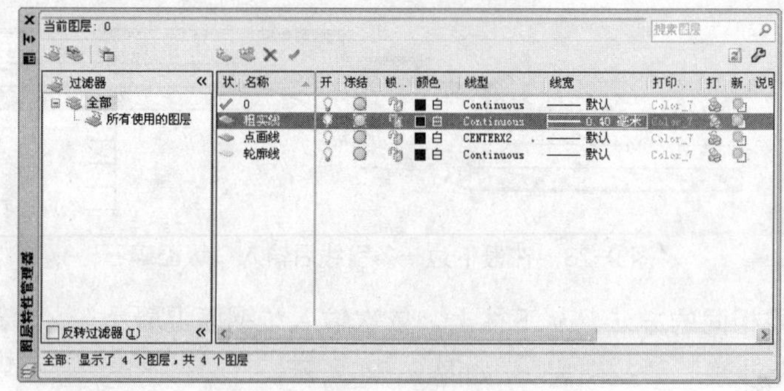

图 9-26　创建 3 个图层

2. 单击“绘图”面板中的“直线”按钮，绘制水平和垂直的线段，如图 9-27 所示。
3. 单击“修改”面板中的“偏移”按钮，将垂直线段向右偏移 1300、6000、11800、13000，再将水平线段向上偏移 800、3500、5100、20000、21000，如图 9-28 所示。

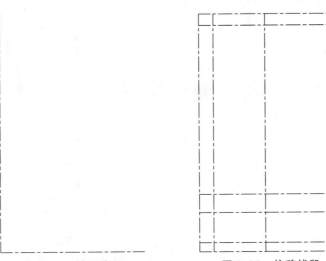

图 9-27　绘制线段

图 9-28　偏移线段

4 单击“修改”面板中的“偏移”按钮，将底层的点画线向两边各偏移 100，然后选择最下边的水平线段，将其设置为粗实线，并进行适当拉伸，如图 9-29 所示。

5 关闭点画线图层，再将最下边的水平线向上偏移 3000、3800，并将偏移线段设置为轮廓线，如图 9-30 所示。

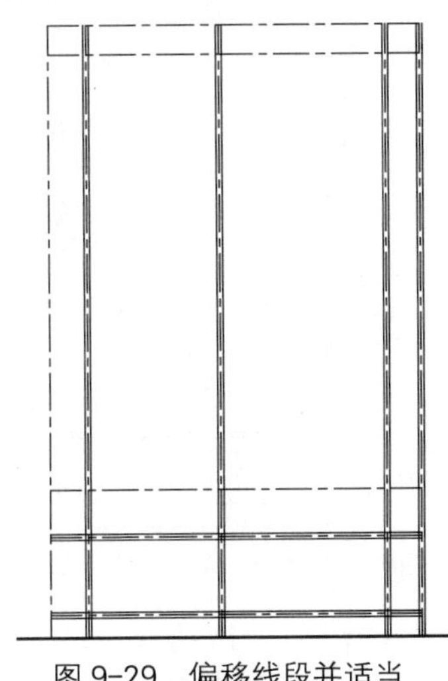

图 9-29　偏移线段并适当调整最下的水平线段

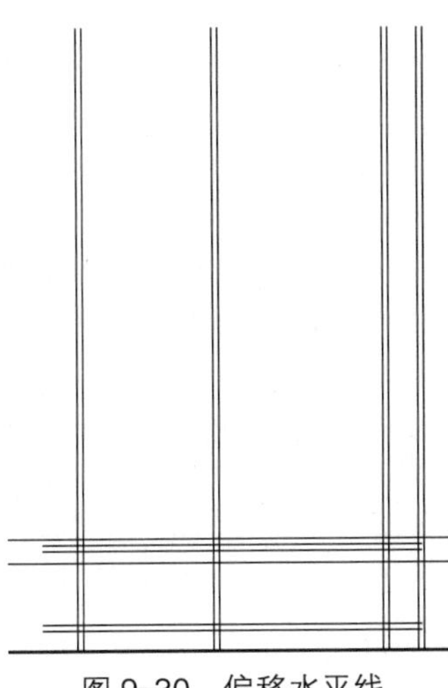

图 9-30　偏移水平线

6 单击“修改”面板中的“修剪”按钮，将图形中多余的线段进行修整，如图 9-31 所示。

7 单击“绘图”面板中的“直线”按钮，以大门口的交点为起点，绘制门前台阶，再以楼梯的内台阶为起点，向上绘制一条垂线，如图 9-32 所示。

4. 定位轴线

剖面图一般只绘制两端的轴线及其编号，与建筑平面图相对应，便于读图样。

5. 图例

剖面图一般也要采用图例来绘制图形。一般情况下，剖面图上的构件，如门窗等，都应该采用国家有关标准规定的图例来绘制，而相应的具体构造会在建筑详图中采用较大的比例来绘制。常用构造以及配件的图例可以查看有关建筑规范。

6. 尺寸标注

建筑剖面图主要标注建筑物的标高，具体为室外地平、窗台、门、窗洞口、各层层高、房屋建筑物的总高度，习惯上将建筑剖面图的尺寸也分为 3 道。

7. 详图索引符号

一般建筑立面图的细部做法。如屋顶檐口、女儿墙、雨水口等构造都需要绘制详图，需要绘制详图的地方都要标注详图符号。

重点提示 **建筑剖面图注意事项**

在读建筑剖面图时，需要注意以下事项：

- 首先应该注意图名、比例、建筑材料以及轴线符号。
- 与建筑平面图的剖切标注相互对照，确定剖面图的剖切位置以及投影方向。
- 建筑物的分层情况和内部空间组合、结构构造形式、墙、柱、梁板之间的相互关系。

- 建筑物投影方向上可见的构造。
- 建筑物标高、构配件尺寸以及建筑剖面图的文字说明。
- 详图索引符号。

相关知识 **建筑详图**

由于建筑平面图、立面图、剖面图采用的比例较小，只能宏观上将房屋的主体表示出来，而无法把所有细部内容表达清楚，因此需要用比例较大的建筑详图为建筑各视图进行细部补充。这样用较大的比例将房屋的细部或构配件的构造做法、尺寸、构配件的相互关系、材料等详尽地绘制出来的图样就称为建筑详图。

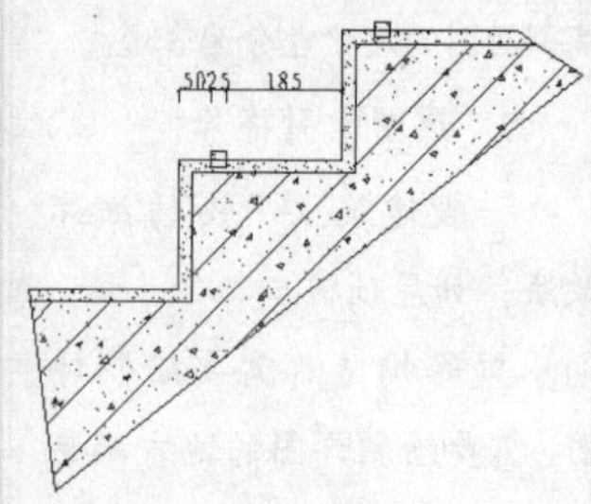

相关知识 **建筑详图的特点**

一般说来，墙身剖面图只需要一个剖面详图就能表示清楚。而楼梯间、卫生间就可能需要增加平面详图，门窗就可能需要增加立面详图。详图的数量与建筑物的复杂程度以及平面图、立面图、剖面图的内容以及比例相关，需要根据具体情况来选择，其标准就是要达到能完全表达详图的特点。它主

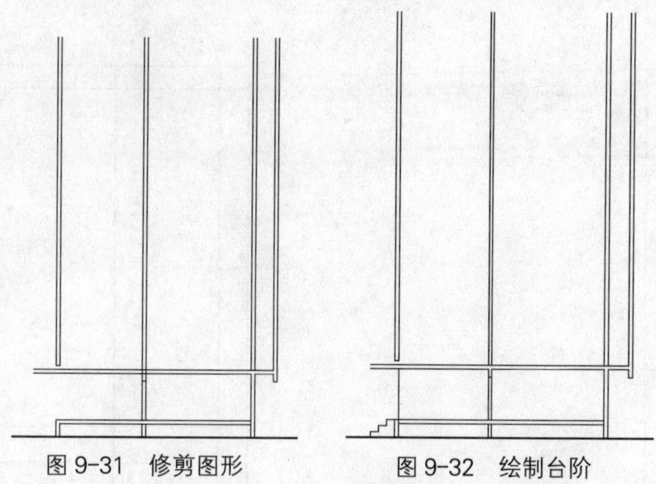

图 9-31 修剪图形　　图 9-32 绘制台阶

8 单击“修改”面板中的“旋转”按钮，绘制的线段以起点为基点旋转-45°，再将旋转的线段延伸到上边的水平线段，再将楼梯的内台阶延伸到上一层水平线段上，如图 9-33 所示。

9 单击“绘图”面板中的“直线”按钮，绘制一层到二层的楼梯一个台阶，并复制其他的台阶，再修剪多余的线段，如图 9-34 所示。

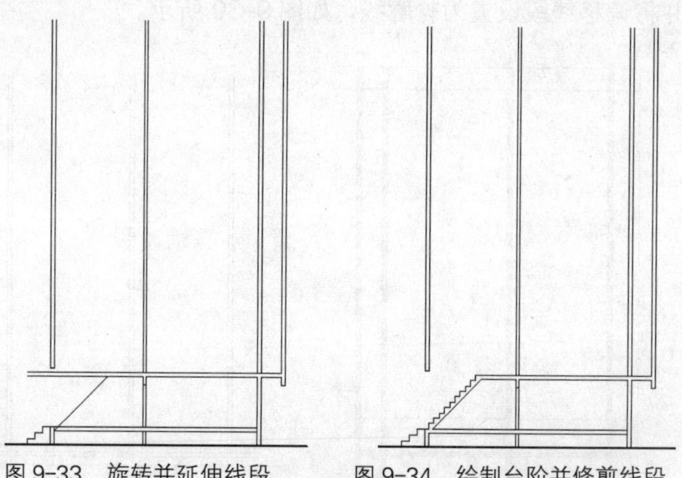

图 9-33 旋转并延伸线段　　图 9-34 绘制台阶并修剪线段

10 单击“修改”面板中的“直线”按钮，以楼梯台阶水平线段的中点向上绘制 1300，并复制到其他台阶上，最后连接第一条到最后一条线段形成楼梯扶手，如图 9-35 所示。

11 单击“修改”面板中的“偏移”按钮，将最下边的粗实线向上偏移 4300、4500、5800、6000，再将最左边的垂直线段向左偏移 1500、1700，并将偏移线段设置为轮廓线，如图 9-36 所示。

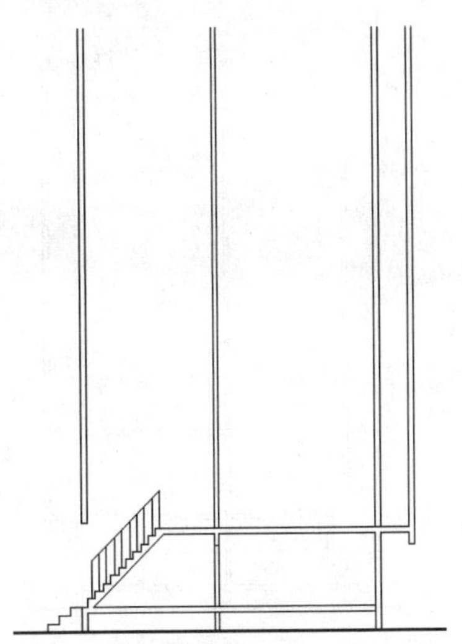

图 9-35　绘制扶手

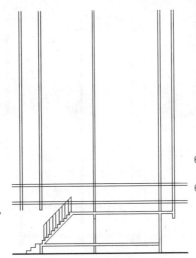

图 9-36　偏移最下面的水平线

12 单击“绘图”面板中的“直线”按钮，绘制一条线段，再修剪出门檐，如图 9-37 所示。

13 打开点画线图层，将二层的水平点画线段向上偏移 3200，如图 9-38 所示。

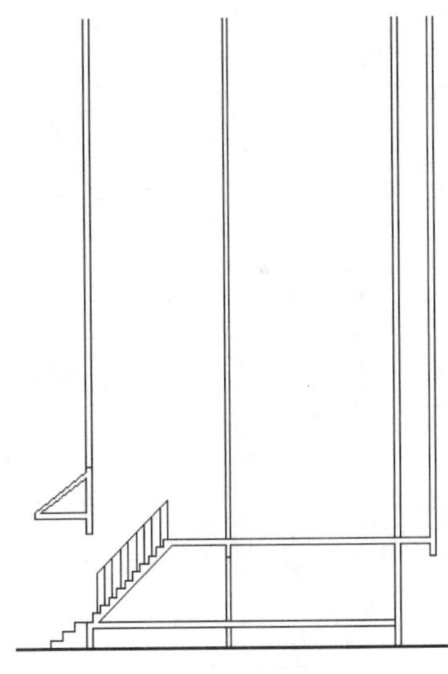

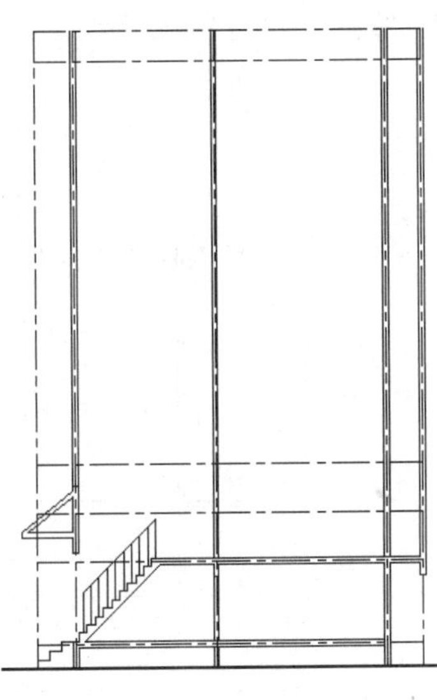

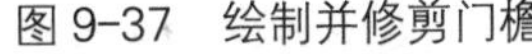

图 9-37　绘制并修剪门檐

图 9-38　偏移点画线

14 单击“修改”面板中的“偏移”按钮，将中间的两条水平点画线向上下各偏移 100，再将粗实线向上偏移 4700、4900、6300，并将偏移线段设置为轮廓线，如图 9-39 所示。

15 关闭点画线图层，并修剪图形中的多余线段，如图 9-40 所示。

要可以分为以下 3 点：

- 大比例。
- 图示详尽清楚。
- 尺寸标注全。

相关知识　建筑详图的内容

建筑详图的主要内容包括以下几点：

- 详图的名称、比例。
- 详图符号及其编号以及再需另外绘制详图时的索引符号。
- 建筑构配件的形状及其他构配件的详细构造、层次、有关的详细尺寸和材料图例等。
- 详细标明各部分和各个层次的用料、做法、颜色以及施工要求等。
- 需要标注的标高等。

相关知识　几何约束

几何约束是指以参数化绘制图形的设计技术，以二维几何图形的关联和限制约束条件。

常用的约束分为以下两种：

- 几何约束控制对象之间的关系。
- 标注约束控制对象的距离、角度、长度以及半径。

“参数”菜单：

参数(P)
几何约束(G)
自动约束(C)
约束栏(B)
标注约束(D)
动态标注(Y)
删除约束(L)
约束设置(S)
参数管理器(M)

"几何约束"子菜单：

- 重合(C)
- 垂直(P)
- 平行(A)
- 相切(T)
- 水平(H)
- 竖直(V)
- 共线(L)
- 同心(N)
- 平滑(M)
- 对称(S)
- 相等(E)
- 固定(F)

菜单中各个选项的功能如下：

- "重合"命令：将选择图形靠近并重合到第二个选择图形上。
- "垂直"命令：将两个选择的图形约束为相互垂直。
- "平行"命令：将两个图形约束为垂直，如果约束对象不是两条直线，使用平行功能将改变图形的样子。
- "相切"命令：与重合类同，但是仅限于圆、圆弧、椭圆、椭圆弧与其他图形做相切约束。
- "水平"命令：约束图形与水平坐标平行。
- "竖直"命令：约束图形与垂直坐标平行。
- "共线"命令：将两条线段合并约束成一条线段。
- "同心"命令：将圆、圆弧、椭圆、椭圆弧约束成同一个圆心。
- "平滑"命令：将样条曲线约束成平滑的直线。

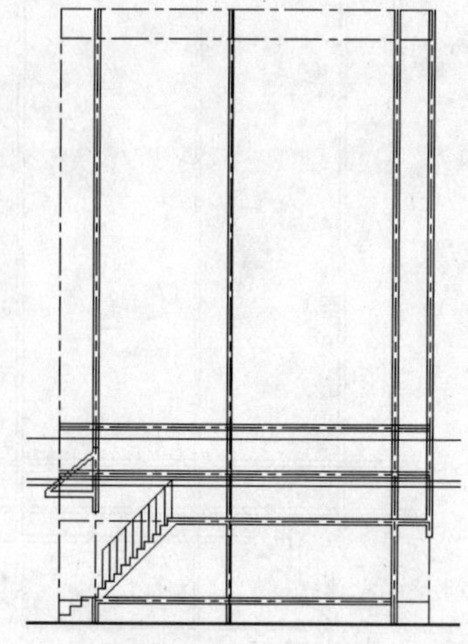

图 9-39　偏移点画线

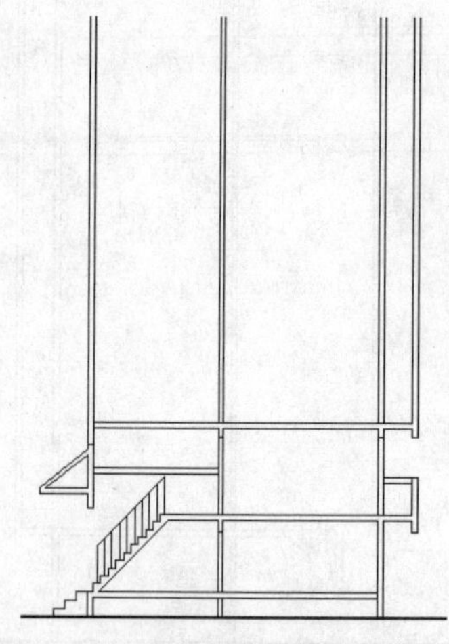

图 9-40　关闭点画线并修剪图形

16 单击"绘图"面板中的"直线"按钮，以扶手最右边的垂直线段的下端点向左上 45° 绘制二楼到三楼的转角层，向上绘制 200，向左绘制 200，反复绘制出楼梯效果，并用同样的方法绘制通往三楼的楼梯，如图 9-41 所示。

17 单击"修改"面板中的"修剪"按钮，修剪图形中的多余线段，如图 9-42 所示。

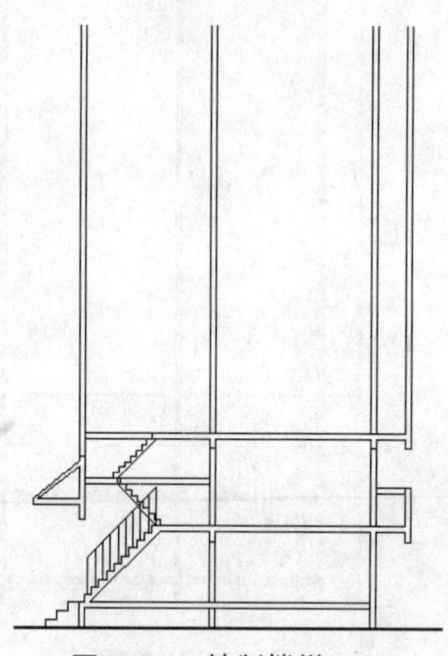

图 9-41　绘制楼梯

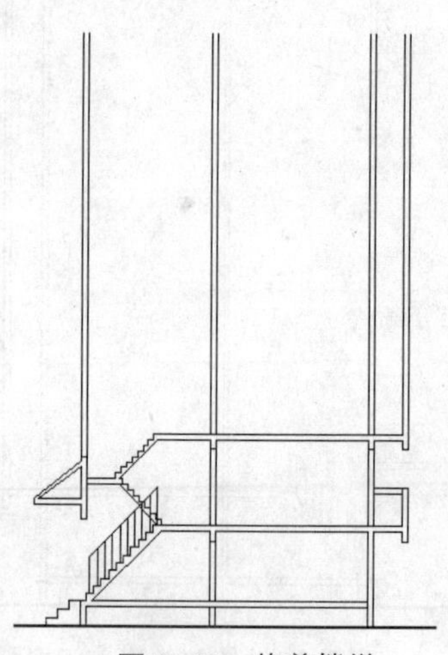

图 9-42　修剪楼梯

18 单击"绘图"面板中的"直线"按钮，用之前绘制扶手的方法绘制扶手，并连接起来，如图 9-43 所示。

19 单击"绘图"面板中的"矩形"按钮，绘制出二楼的门框，如图 9-44 所示。

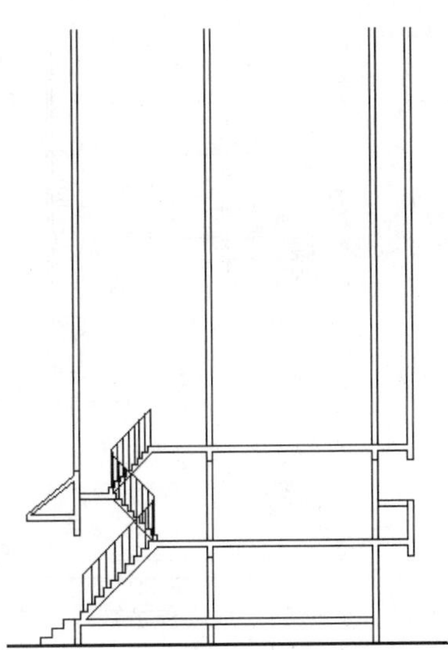

图 9-43　绘制扶手

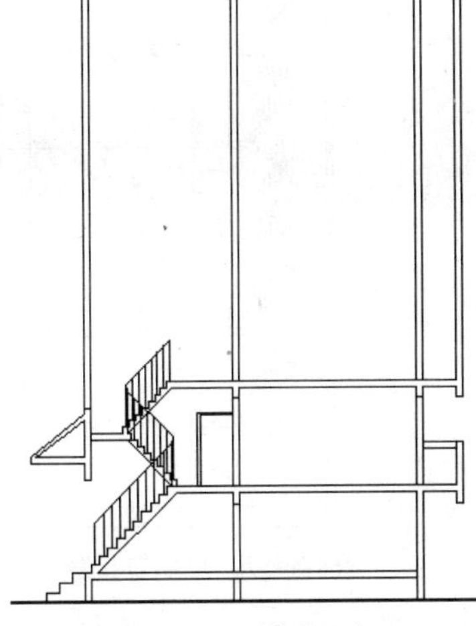

图 9-44　绘制门框

20 单击“修改”面板中的“偏移”按钮，将粗实线向上偏移 6400、7600，再将最左边的垂直线段向右偏移 100，并将偏移的线段设置为轮廓线，如图 9-45 所示。

21 单击“修改”面板中的“修剪”按钮，修剪出走廊的窗户，如图 9-46 所示。

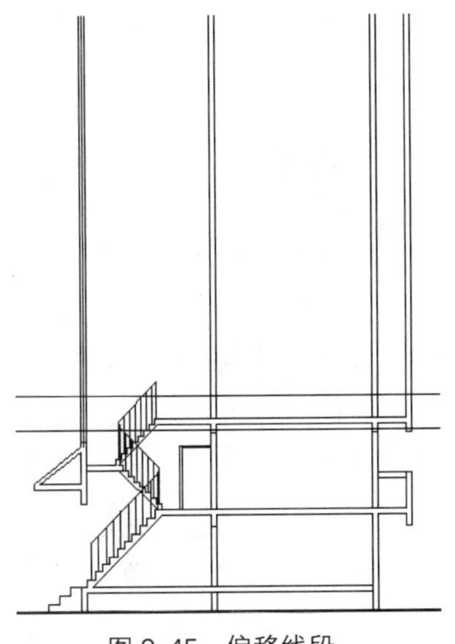

图 9-45　偏移线段

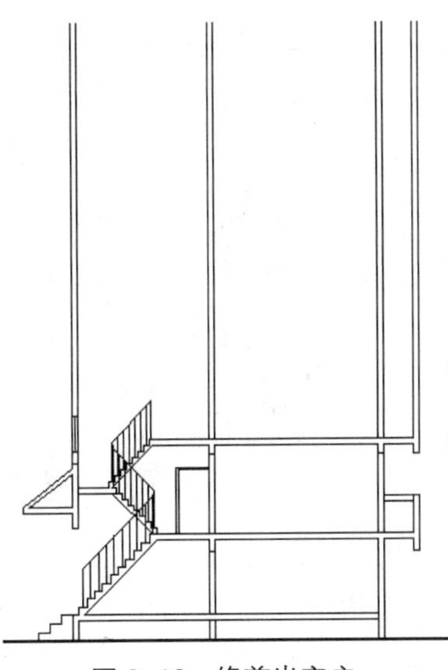

图 9-46　修剪出窗户

22 单击“修改”面板中的“复制”按钮，将第二层绘制的图形向上复制，如图 9-47 所示。

23 单击“修改”面板中的“删除”按钮，将顶层多余的图形进行删除，如图 9-48 所示。

- “对称”命令：先选择两个需要对称的图形，然后再选择一个参照物，将两个图形对称摆放并约束。
- 相等：先选择参照图形，然后选择被相等的图形，使后选择图形的所有特性与之前的图形相同。但是仅限用于同类型的图形，如线段只能相等线段，圆能相等与圆或圆弧。
- 固定：将选择的图形约束在当前坐标。

操作技巧　约束图形的操作方法

在约束条件下，随意调整图形位置或角度都不会改变它们的约束关系。

下面用约束来举一个绘图的实例：

（1）先随意绘制三个圆。

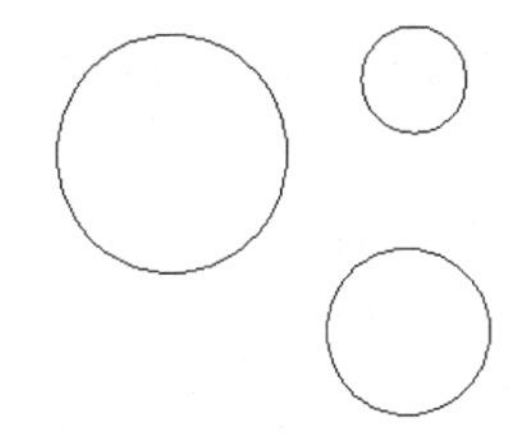

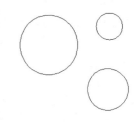

（2）然后单击“参数”→“几何约束”→“相切”菜单命令，选择其中的两个圆，约束图形。

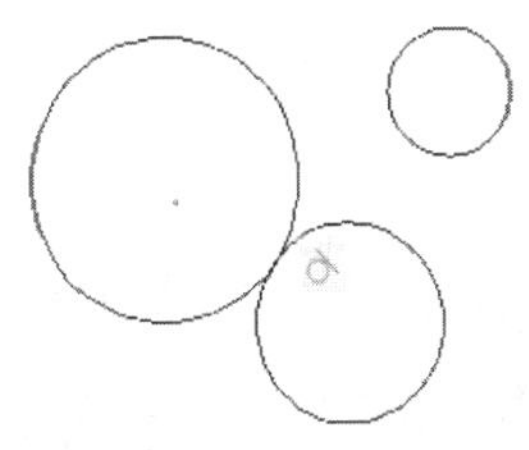

（3）按回车键，再次执行几何约束相切命令，并约束第三个圆。

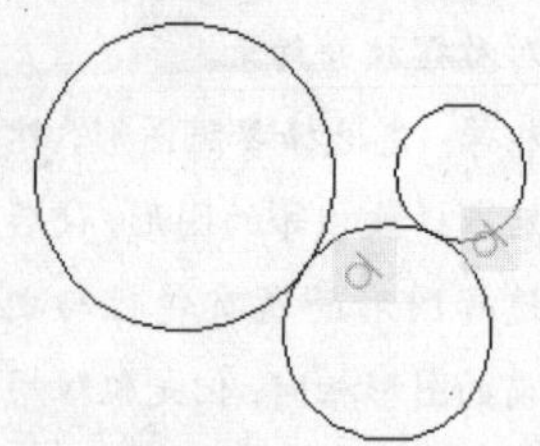

（4）再次按回车键，约束没有相切的两个圆。

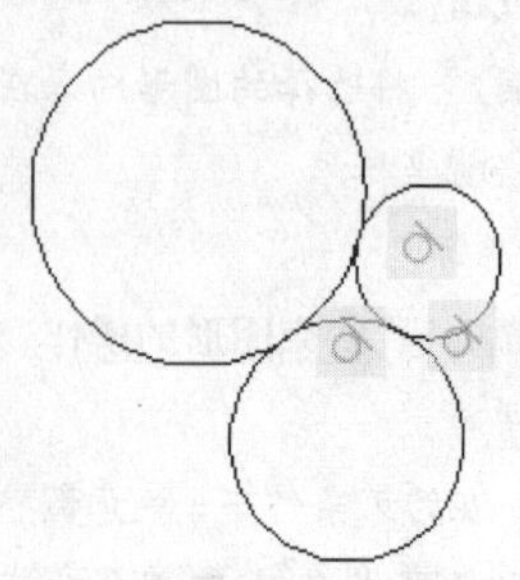

这样，就锁定了这3个圆之间的关系，无论怎样调整或变化，这 3 个圆都还是相切的，只能执行“参数”菜单下的“删除约束”功能才能结束约束关系。

选择其中一个圆：

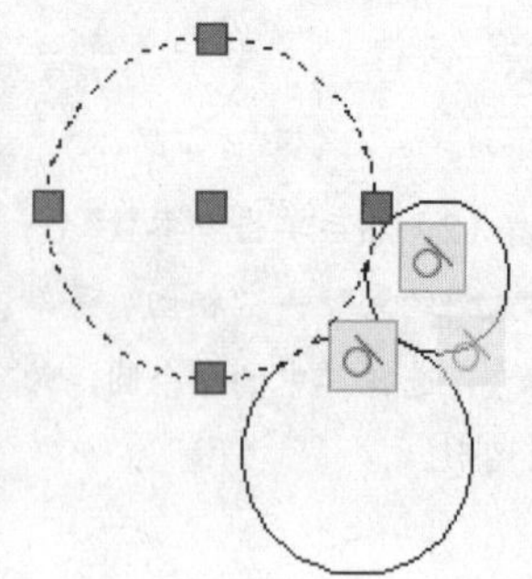

通过蓝色夹点调整圆的大小后，与其他圆相切的约束关系依然存在。

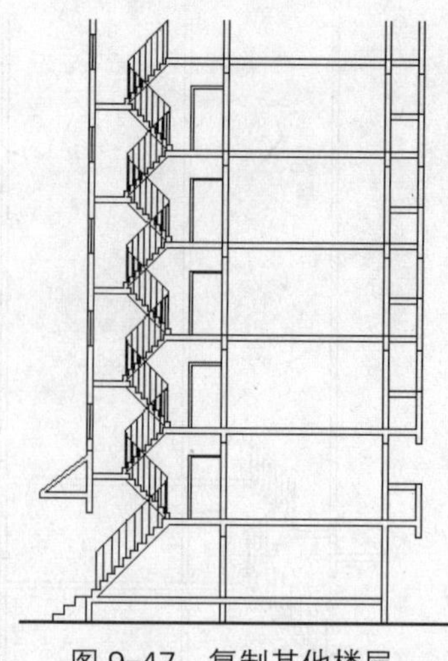

图 9-47 复制其他楼层

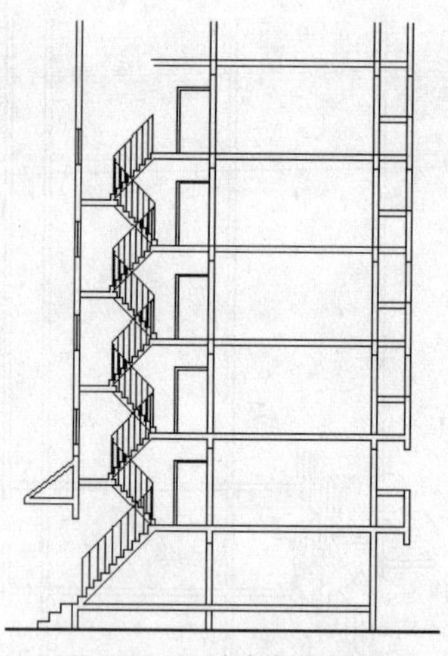

图 9-48 删除多余线段

24 单击“修改”面板中的“延伸”按钮，将顶层的线段延伸完整，再将粗实线向上偏移 20200，改偏移线段设置为轮廓线，如图 9-49 所示。

25 单击“修改”面板中的“修剪”按钮，对屋顶、阳台、层与层之间的剖面，以及每层房顶的剖面的多余线段进行修剪，如图 9-50 所示。

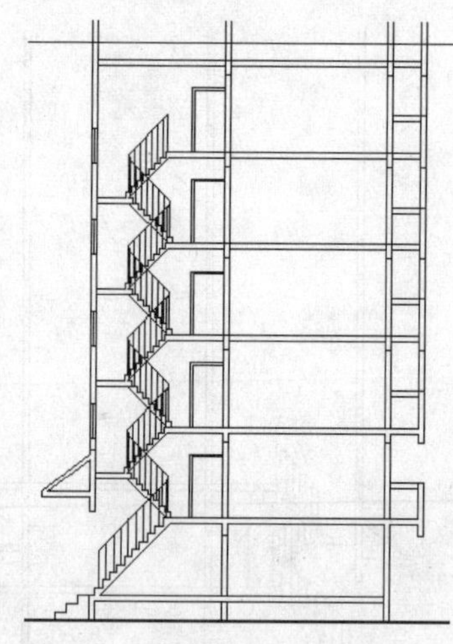

图 9-49 延伸线段并偏移粗实线

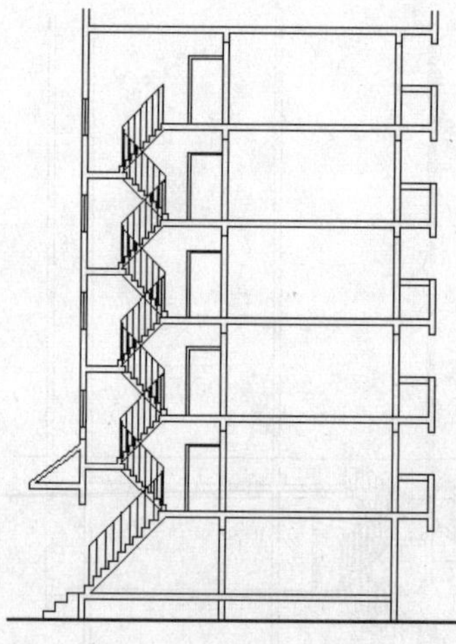

图 9-50 修剪出房顶

26 单击“绘图”面板中的“图案填充”按钮，打开“图案填充和渐变色”对话框，在图案中单击“SOLID”选项，并填充图形，如图 9-51 所示。

27 单击“绘图”面板中的“直线”按钮，绘制标高符号，这里就不再细说，再复制和标注图形，如图 9-52 所示。

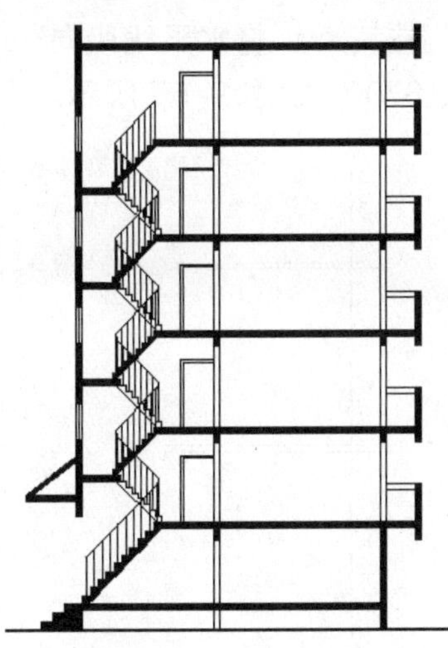

图 9-51　填充图形

图 9-52　标注尺寸

从小圆没变可以看出，大圆被放大后与小圆的约束关系不变。

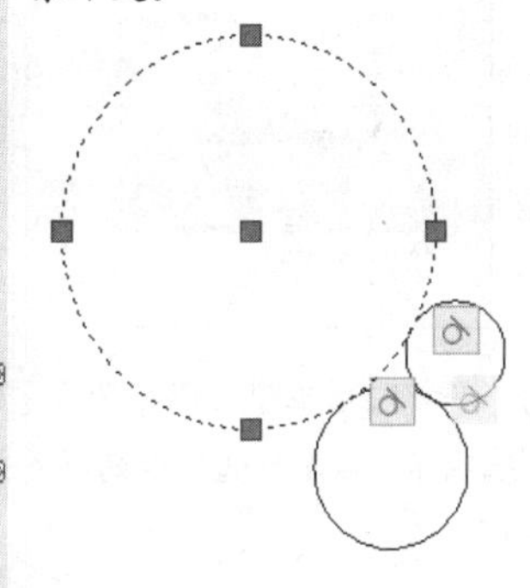

实例 9-3　绘制外墙剖面图

本实例将制作外墙剖面图，外墙剖面图表示出的内容一般有屋面板，檐口的构造、尺寸和用料，以及墙身等其他构件的关系，主要应用了直线、圆、偏移、延伸、图案填充、单行文字、快速标注等功能。实例效果如图 9-53 所示。

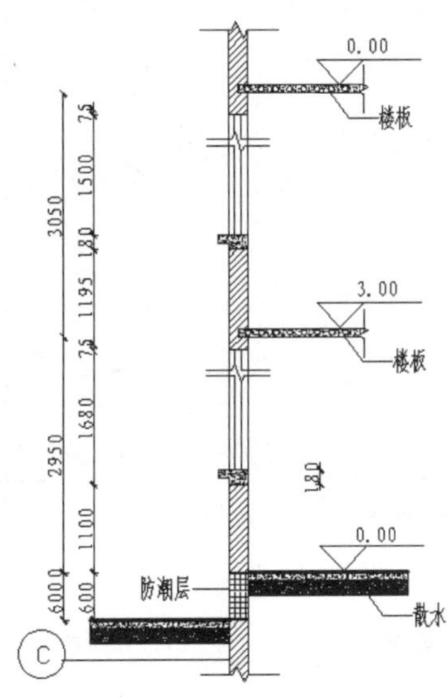

图 9-53　外墙剖面效果图

实例 9-3 说明

- **知识点：**
  - 直线
  - 圆
  - 偏移
  - 延伸
  - 图案填充
  - 单行文字
  - 快速标注
- **视频教程：**
  光盘\教学\第 9 章 建筑剖面图与剖视详图
- **效果文件：**
  光盘\素材和效果\09\效果\9-3.dwg
- **实例演示：**
  光盘\实例\第 9 章\绘制外墙剖面图

操作步骤

1 单击“绘图”工具栏中的“直线”按钮，在绘图区绘制两条水平和垂直的线段，如图 9-54 所示。

相关知识　“约束设置”对话框中的各项参数设置

选择“参数”菜单中的“约束设置”菜单命令，打开“约束设置”对话框。

“约束设置”对话框：

2 单击“修改”工具栏中的“偏移”按钮，将水平线段向上偏移 600、3550、3650、6600、6700，如图 9-55 所示。

图 9-54 绘制线段　　图 9-55 偏移水平线段

3 选中最下方的两条水平辅助线，设置线宽为 0.30mm，将这两条水平线作为地平线，如图 9-56 所示。

4 单击“修改”工具栏中的“偏移”按钮，将垂直线段向右偏移 240，如图 9-57 所示。

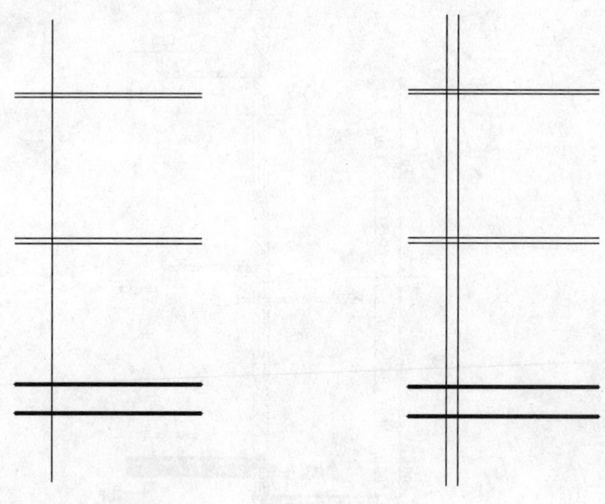

图 9-56 设置地平线　　图 9-57 偏移垂直线段

5 单击“修改”工具栏中的“修剪”按钮，修剪出部分墙体，如图 9-58 所示。

6 单击“绘图”工具栏中的“矩形”按钮，以地平线的两个端点为角点，绘制一个矩形，如图 9-59 所示。

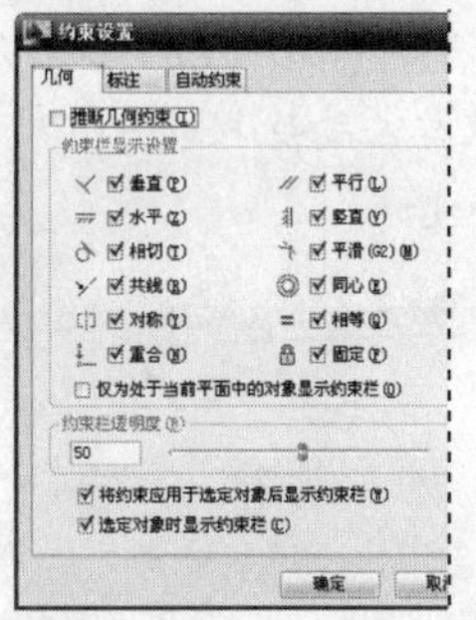

在该对话框中可以分为 3 个选项卡，其各个选项卡的功能如下：

1. “几何”选项卡

用于约束栏中各个约束的设置。

- “推断几何约束”复选框：创建和编辑几何图形时推断几何约束。
- “约束栏显示设置”选项组：用于设置几何约束的开启，选择选项前的复选框即可，可同时选择一个或多个复选框。
- “全部选择”：选择几何约束类型。
- “全部清除”：清除选定的几何约束类型。
- “仅为处于当前平面中的对象显示约束栏”复选框：仅为当前平面上受几何约束的对象显示约束栏。
- “约束栏透明度”选项组：设定图形中约束栏的透明度。
- “将约束应用于选定对象后显示约束栏”复选框：使用约束功能后显示相关约束栏。
- “选定对象时临时显示约束栏”复选框：临时显示选定对象的约束栏。

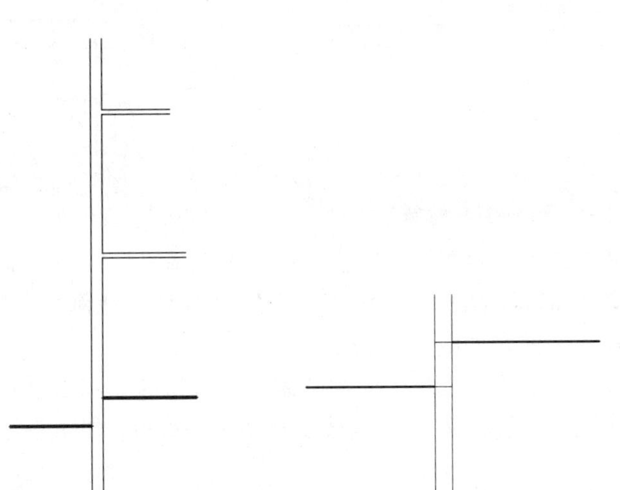

图 9-58　修剪出部分墙体　　　　图 9-59　绘制矩形

7 单击“绘图”工具栏中的“图案填充”按钮，打开“图案填充和渐变色”对话框，选择图案“ANGLE”作为填充样式，设置“比例”为 10，单击“选择对象”按钮，在绘图区选中作为防潮层的矩形，单击“确定”按钮填充图案，如图 9-60 所示。

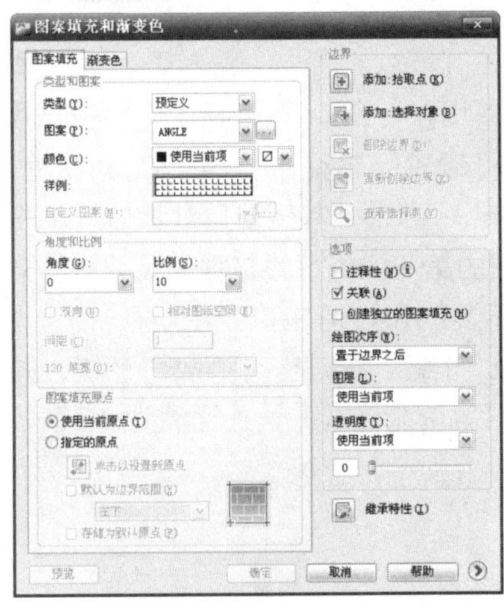

① 设置图案填充

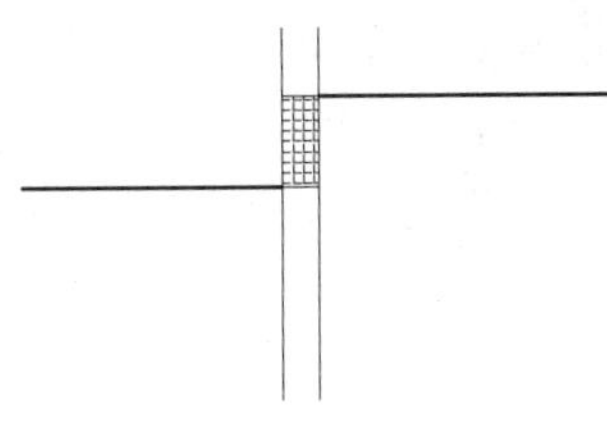

② 填充效果

图 9-60　填充矩形

8 单击“修改”工具栏中的“偏移”按钮，将地平线向下偏移 100、200，把偏移的线段设置成默认样式，并用直线连接，绘制散水，如图 9-61 所示。

9 单击“绘图”工具栏中的“图案填充”按钮，打开“图案填充和渐变色”对话框，选择图案“AR-CONC”作为填充样式，设置填充比例为 0.5，选中地面和散水的上部，如图 9-62 所示。

2. “标注”选项卡

显示标注约束时设定行为中的系统配置。

- 标注约束格式：设定标注名称格式和锁定图标的显示。
- 为选定对象显示隐藏的动态约束：显示选定时已设定为隐藏的动态约束。

3. “自动约束”选项卡

控制应用于选择集的约束。

- 上移：在列表中上移选定项目来更改其顺序。
- 下移：在列表中下移选定项目来更改其顺序。
- 全部选择：选择所有几何约束类型以进行自动约束。
- 全部清除：清除所有几何约束类型以进行自动约束。
- 重置：将自动约束设置重置为默认值。
- 相切对象必须共用同一交点：指定两条曲线必须共用一个点以便应用相切约束。
- 垂直对象必须共用同一交点：指定直线必须相交或者一条直线的端点必须与另一条直线或直线的端点重合。
- 公差：设定可接受的公差值以确定是否可以应用约束。

相关知识　标注约束和动态约束

标注约束是针对标注所定义的约束命令，功能和几何约束类同。标注约束包括对齐、水平、竖直、角度、半径、直径。

- 对齐(A)
- 水平(H)
- 竖直(V)
- 角度(N)
- 半径(R)
- 直径(D)

动态约束是用于设置约束是否显示和隐藏约束符号。动态约束包括选择对象、全部显示和全部隐藏。

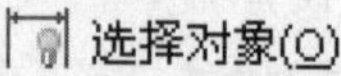

- 选择对象(O)
- 全部显示(S)
- 全部隐藏(H)

相关知识　取消约束

在需要修改或删除约束时，可以通过取消约束来实现。

方法：单击“参数”菜单中的“删除约束”菜单命令。

删除约束前：

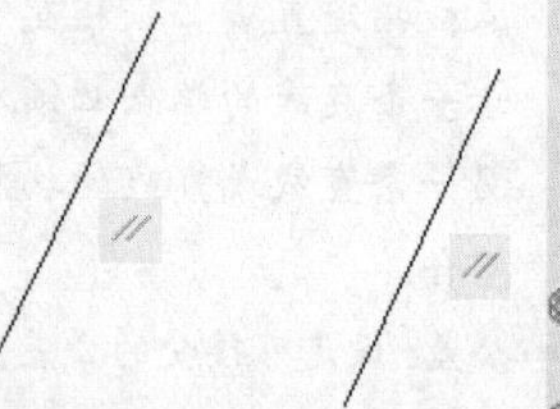

删除约束后：

图 9-61　绘制散水　　图 9-62　填充散水上部

10 再次单击“绘图”工具栏中的“图案填充”按钮，设置图案“AR-SAND”作为填充样式，设置填充比例为 0.5，填充散水下部，如图 9-63 所示。

11 单击“修改”工具栏中的“偏移”按钮，将最上边的水平线段向下偏移 2050，偏移出一条辅助线段，如图 9-64 所示。

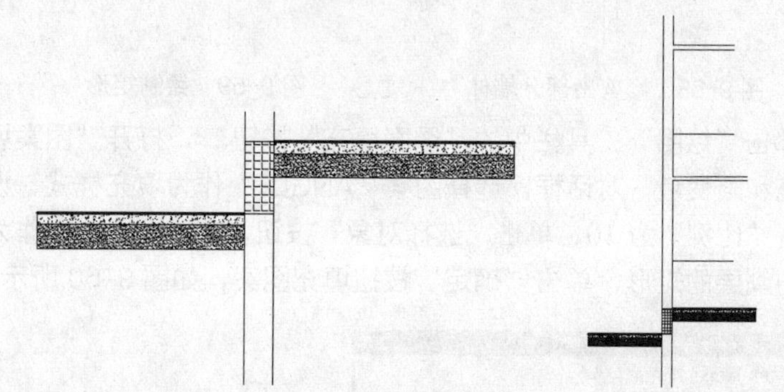

图 9-63　填充散水下部　　图 9-64　偏移水平线段

12 选择“插入”菜单中的“块”命令，系统弹出“插入”对话框，从中选择名称为“chuanghu”的块，其他使用默认值，单击“确定”按钮，在上面绘制的第一条偏移线与垂直辅助线的交点处单击，插入窗户并向下复制，如图 9-65 所示。

13 单击“修改”工具栏中的“分解”按钮，打散两个块，并设置“AR-CONC”作为图案填充样式，设置比例为 0.5，填充窗台，如图 9-66 所示。

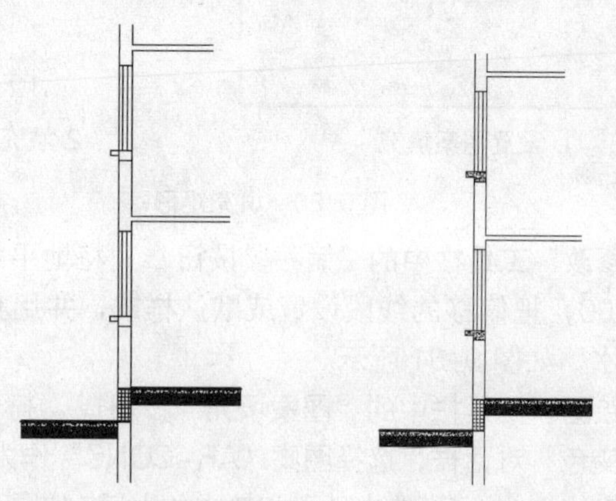

图 9-65　插入并复制窗户　　图 9-66　填充窗台

14 单击“绘图”工具栏中的“直线”按钮，绘制折断线，如图 9-67 所示。

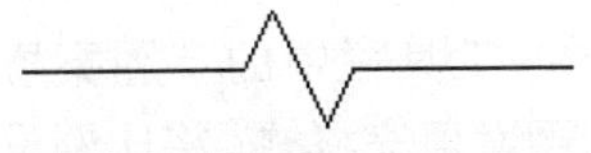

图 9-67　绘制折断线

15 单击“修改”工具栏中的“移动”按钮、“复制”按钮和“旋转”按钮，在图中绘制折断线，如图 9-68 所示。

16 单击“修改”工具栏中的“延伸”按钮，再结合直线功能将楼板直线延伸到墙体中央，并将其开口闭合，如图 9-69 所示。

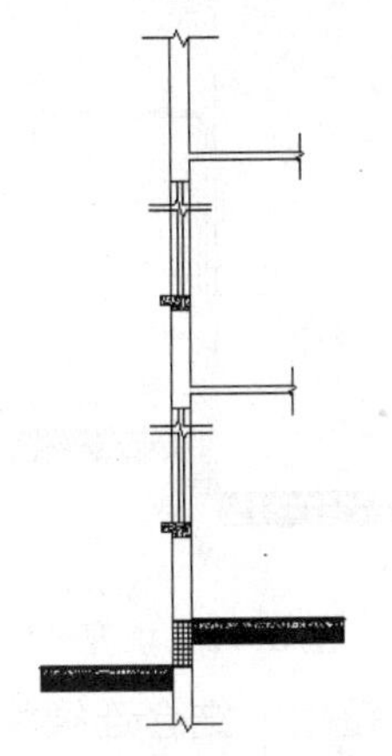

图 9-68　将折断线移至图中

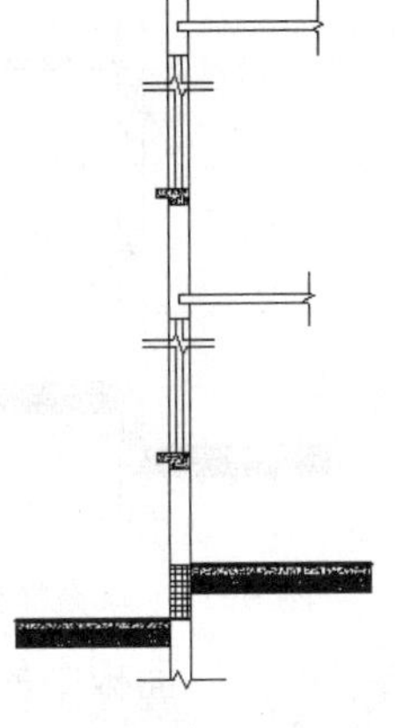

图 9-69　延伸楼板直线

17 单击“绘图”面板中的“圆”按钮，在楼板中间绘制半径为 35 的圆，绘制楼板中的空心部分，并修剪掉中间的直线，如图 9-70 所示。

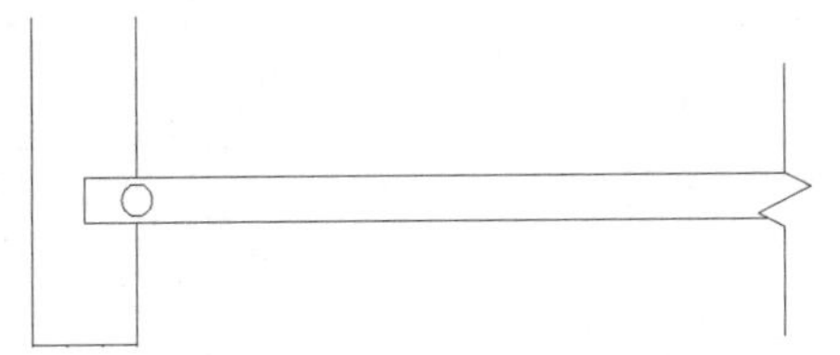

图 9-70　绘制楼板空心部分并修剪中间的直线

18 单击“修改”面板中的“矩形阵列”按钮，设置“行”为 1，列为“8”，“行偏移”为 0，“列偏移”为 180，如图 9-71 所示。

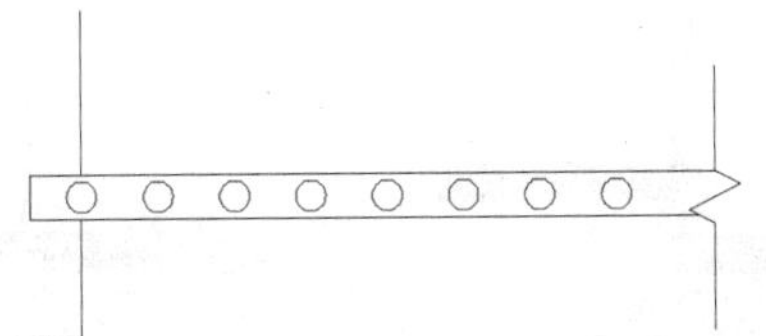

图 9-71　矩形阵列复制圆

建筑知识　建筑的构造组成

建筑的构造主要可以分为基础、墙柱、楼板、楼梯、屋顶、门窗 6 个部分。

1. 基础

基础是建筑的底部受力承重构件，载荷着建筑物的全部重量，并将力传递到基地上。高强度的基础有利于建筑的使用寿命。

2. 墙柱

墙和柱是基础向上延伸的产物，起到了围护、承重和隔断的用途。

3. 楼板

楼板主要是将一个建筑分割成若干个层，起到了上下隔断、保温、隔热、防水的效果。

4. 楼梯

楼梯是作为建筑上下楼层的连接通道。

5. 屋顶

屋顶是建筑的顶层构件，主要功能为防水、保温、隔热的效果，并为顶层的住户抵御自然环境，如刮风，下雨等。

6. 门窗

门和窗是在墙的基础上开凿的交通、采光、通风构件，也是方便室内外交流的必须构件。

建筑知识　建筑的框架结构

由柱、梁组成的框架来支撑和载荷承重的结构称为框架结构。框架按主要构件分，可以分为以下 3 种。

1. 板柱框架结构

由楼板和柱组成的框架，柱之间不设梁，柱顶直接支撑楼板的 4 个角，呈四角支撑。

2. 梁板柱框架结构

由横梁、楼板和柱组成的框架，柱上架横梁，在横梁上铺楼板，这样受力更加均匀，也是最为常用的框架模式。

3. 剪力墙框架结构

在梁、板、柱框架或板、柱框架系统的适当位置，在柱与柱之间设置几道剪力墙。其刚度比原框架增大许多倍。此类结构多用于高层建筑。

建筑知识 **基础与地基的关系**

在基础之下就是地基，主要载荷和卸载了建筑物的大部分重力。

地基可以分为天然地基和人工地基两种。

- 天然地基：是指不需要经过人工加工就可以直接浇筑基础的建筑地基。
- 人工地基：是指经过人工处理的地基，主要的加工方法有：打桩法、换土法、压实法、化学处理等。

19 单击“绘图”工具栏中的“图案填充”按钮，设置“AR-CONC”作为图案填充样式，将比例设置为 0.5，填充图形，并复制圆和图案填充，如图 9-72 所示。

20 再次单击“绘图”工具栏中的“图案填充”按钮，设置“ANSI31”作为图案填充样式，将比例设置为 20，填充外墙，如图 9-73 所示。

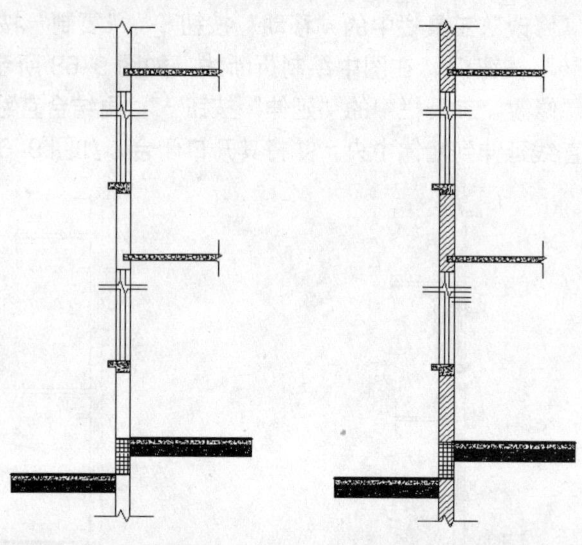

图 9-72　填充楼板　　图 9-73　填充外墙

21 单击“标注”面板中的“线性”按钮，结合连续等功能标注图形，如图 9-74 所示。

22 单击“绘图”面板中的“直线”按钮，画出轴线，再在轴线末端画上一个半径为 300 的圆，然后利用“单行文字”功能，在里面写上轴线的编号，如图 9-75 所示。

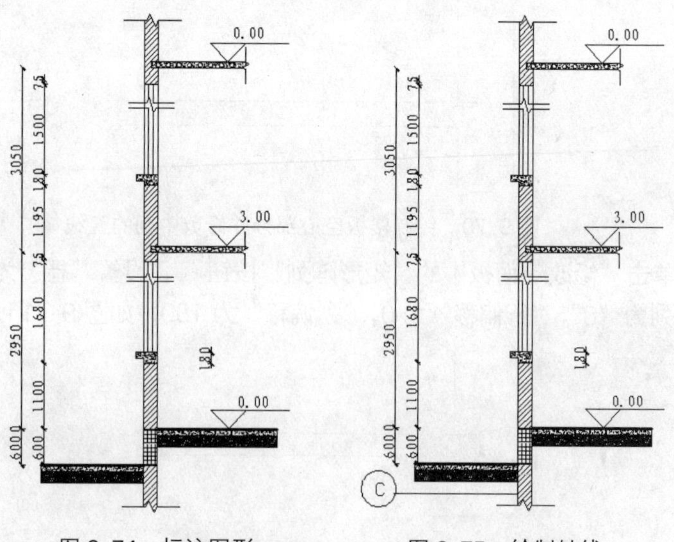

图 9-74　标注图形　　图 9-75　绘制轴线

2 单击“标注”面板中的“快速标注”按钮，输入一些描述结构的具体要求，并调整到合适位置，如图 9-76 所示。

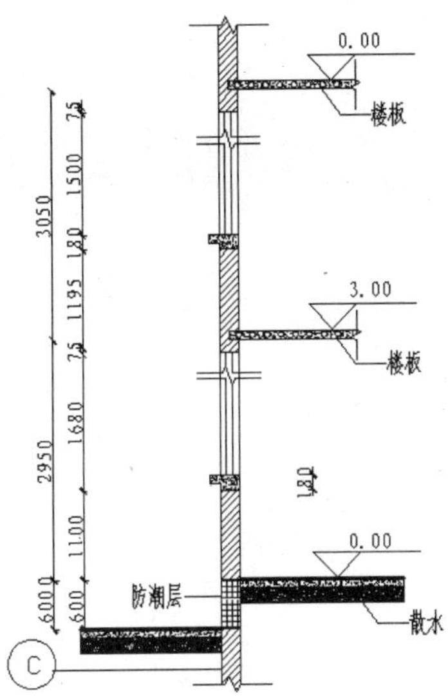

图 9-76　添加文字标注

实例 9-4　绘制房屋剖面图

本实例将制作房屋剖面图，主要应用了图层、直线、偏移、修剪、旋转、复制、标高符号、文字注释等功能。实例效果如图 9-77 所示。

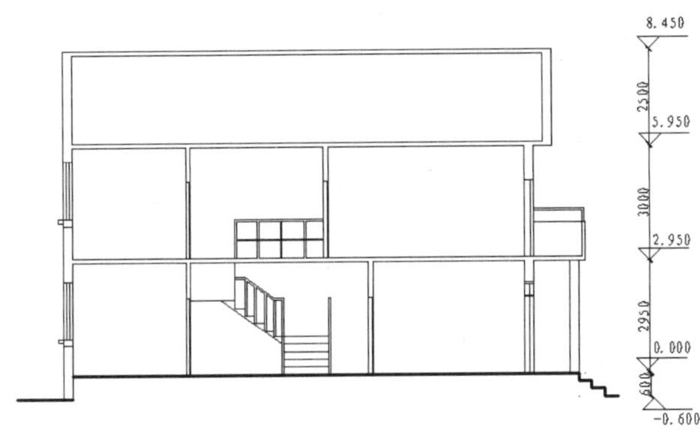

图 9-77　房屋剖面效果图

在绘制图形时，先绘制出建筑的轮廓，然后依次向上绘制，再修饰内部细节，最后标注标高尺寸。具体操作见“光盘\实例\第 9 章\绘制房屋剖面图”。

建筑知识　**建筑材料**

建筑材料是指建筑物上应用到的建造、装饰材料，主要可以分为结构材料、装饰材料和专用材料。

1. 结构材料

结构材料是指建筑物建设时应用到的材料，包括木材、石材、钢材、混凝土、砖瓦、玻璃、有机材料、复合材料等。

2. 装饰材料

装饰材料是指建筑物在装修时应用到的材料，包括油漆、涂料、玻璃、瓷砖、贴面、金属镀板等。

3. 专用材料

专用材料是指建筑物的一些特殊地方所应用到的材料，如卫生间要用为地板做防水、防漏处理的材料、门窗要用做密封处理的材料等。

10

第 10 章 绘制生活小物件

本章综合了之前所学习到的所有知识，绘制出生活中常见的一些实体物件模型。另外小栏部分主要讲述三维模型的分类，以及实体的渲染及设置等相关知识。

本章讲解的实例和主要功能如下：

实　例	主要功能	实　例	主要功能	实　例	主要功能
绘制羽毛球	直线 二维编辑 二维旋转成实体 三维编辑	绘制书柜	长方体 差集 扫掠	绘制床	直线 二维编辑 长方体 三维编辑
绘制公园座椅	二维绘图 二维编辑 扫掠、球体 剖切	绘制上下床	直线 长方体 圆角 三维编辑	绘制简易组装图	移动 复制 删除 直线
绘制秋千	二维绘图 二维编辑 长方体 圆环体 二维拉伸成实体	绘制床头柜	长方体 直线、圆弧 面域、二维旋转成实体、复制	绘制台灯	圆柱体 圆锥体 球体 圆角

本章在讲解实例操作的过程中，全面系统地介绍关于绘制生活小物件的相关知识和操作方法，包含的内容如下：

实例 10-1　绘制羽毛球

本实例将制作一个羽毛球模型，主要是应用了直线、二维编辑、二维旋转成实体、三维编辑等功能。实例效果如图 10-1 所示。

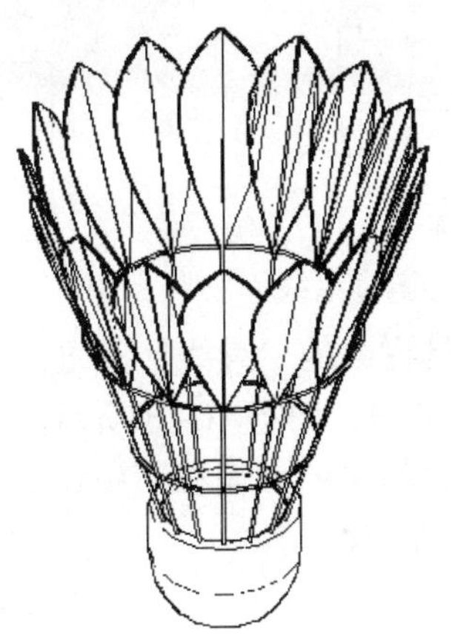

图 10-1　羽毛球效果图

操作步骤

1. 单击“绘图”工具栏中的“直线”按钮，绘制长为 50、80 两条互相垂直的直线，如图 10-2 所示。
2. 单击“修改”工具栏中的“偏移”按钮，把水平线段向下偏移 30、向上偏移 5，再将垂直线段向右偏移 42、50，如图 10-3 所示。

图 10-2　绘制直线

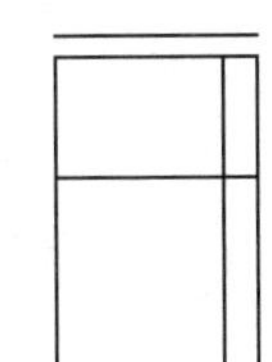

图 10-3　偏移线段

3. 单击“修改”工具栏中的“延伸”按钮，延伸偏移的两条垂直线段，如图 10-4 所示。
4. 单击“绘图”工具栏中的“圆”按钮，绘制一个半径为 50 的圆，如图 10-5 所示。

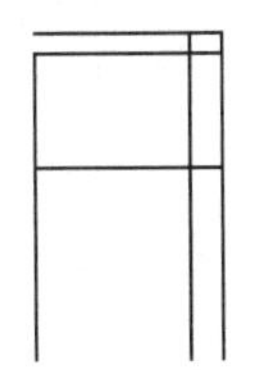

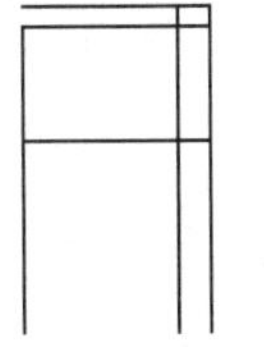

图 10-4　延伸线段

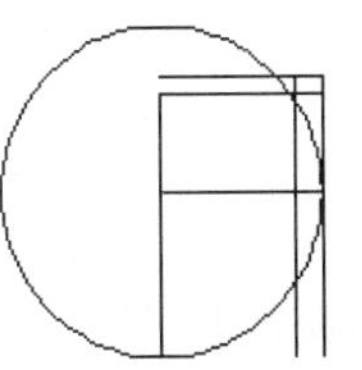

图 10-5　绘制圆

实例10-1说明

- 知识点：
  - 直线
  - 二维编辑
  - 二维旋转成实体
  - 三维编辑
- 视频教程：
  光盘\教学\第 10 章 绘制生活小物件
- 效果文件：
  光盘\素材和效果\10\效果\10-1.dwg
- 实例演示：
  光盘\实例\第 10 章\绘制羽毛球

相关知识　AutoCAD 中的辅助工具

在 AutoCAD 中，辅助工具都是直接或间接地为绘图服务的，因此在很多情况下，使用辅助工具可以大大提高绘图的效率。

相关知识　照相机功能

用户可以将照相机放置到图形中以定义三维视图。照相机有下列几个属性：

- 位置：定义要观察的三维模型的起点。
- 目标：通过指定视图中心的坐标来定义要观察的点。
- 前向和后向剪裁平面：指定剪裁平面的位置。剪裁平面是定义（或剪裁）视图的边界。在照相机视图中，将隐藏照相机与前向剪裁平面之间的所有对象。同样隐藏后向剪裁平面与目标之间的所有对象。

操作技巧 创建照相机的操作方法

可以通过以下 3 种方法来执行"创建照相机"操作:

- 选择"视图"→"创建相机"菜单命令。
- 单击"视图"工具栏中的"创建相机"按钮。
- 在命令行中输入"camera"后，按回车键。

相关知识 照相机预览

创建了照相机后，当选中照相机时，将会打开"相机预览"窗口。

在预览框中显示了使用照相机观察到的视图效果，在"视觉样式"下拉列表框中可以设置预览窗口中图形的视觉样式，包括"概念"、"三维隐藏"、"三维线框"和"真实"。

另外，选择"视图"→"相机"→"调整距离"命令或"视图"→"相机"→"回旋"命令，可以在视图中直接观察图形。

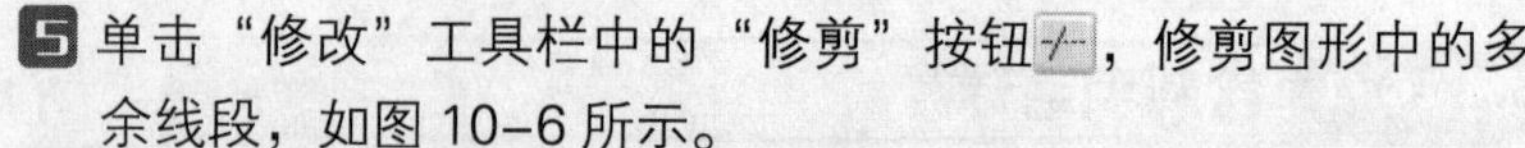

5 单击"修改"工具栏中的"修剪"按钮，修剪图形中的多余线段，如图 10-6 所示。

6 单击"修改"工具栏中的"删除"按钮，删除偏移 30 的直线，如图 10-7 所示。

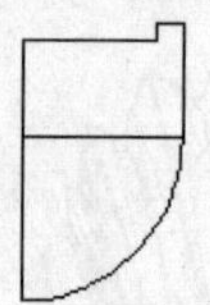

图 10-6 修剪多余线段

图 10-7 删除直线

7 单击"绘图"工具栏中的"直线"按钮，沿 Y 轴向上绘制一条长为 300 的直线，如图 10-8 所示。

8 单击"修改"工具栏中的"偏移"按钮，将线段向右偏移 0.6，如图 10-9 所示。

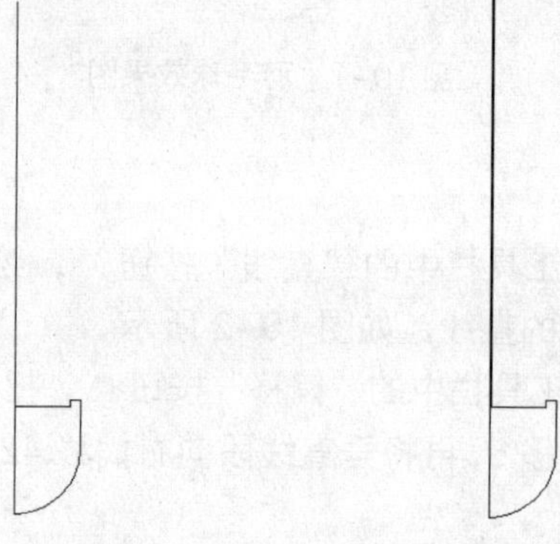

图 10-8 绘制一条直线　　图 10-9 偏移直线

9 单击"绘图"工具栏中的"直线"按钮，以直线的上端点为起点，向右绘制 0.16，然后再连接偏移线段的下端点，最后连到直线的下端点，如图 10-10 所示。

10 单击"修改"工具栏中的"删除"按钮，将偏移 0.6 的直线删除，如图 10-11 所示。

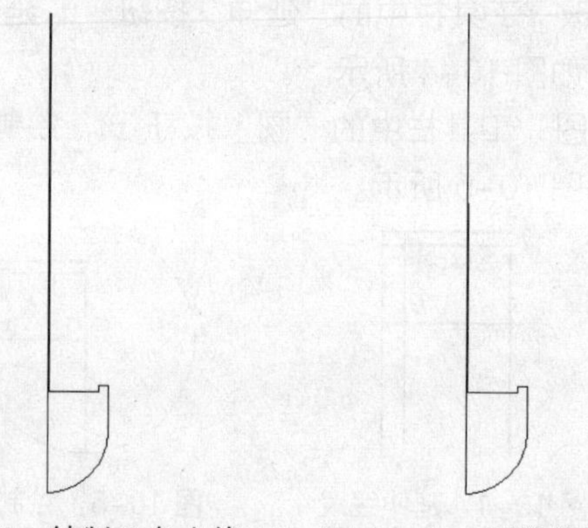

图 10-10 绘制 3 条直线　　图 10-11 删除偏移线段

11 单击“绘图”工具栏中的“面域”按钮，框选所有线段，创建成两个面，如图 10-12 所示。

12 单击“绘图”工具栏中的“样条曲线”按钮，绘制一段样条曲线，这里只需要大致上相似即可，如图 10-13 所示。

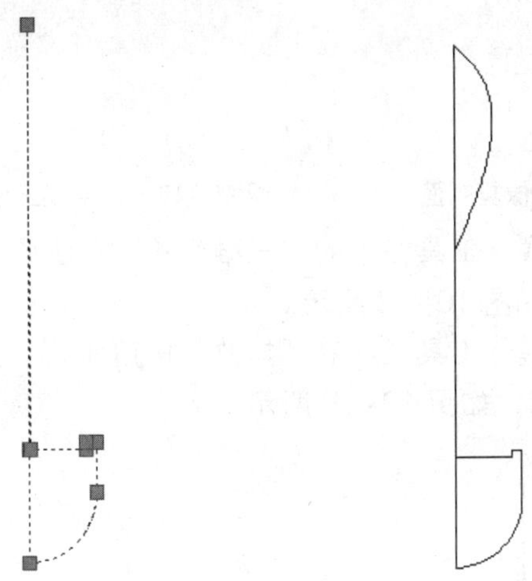

图 10-12　创建成两个面　　　图 10-13　绘制一段样条曲线

13 单击“绘图”工具栏中的“直线”按钮，将样条曲线的起点和端点连接起来，如图 10-14 所示。

14 单击“绘图”工具栏中的“面域”按钮，将步骤 13 绘制的直线与样条曲线创建成一个面，如图 10-15 所示。

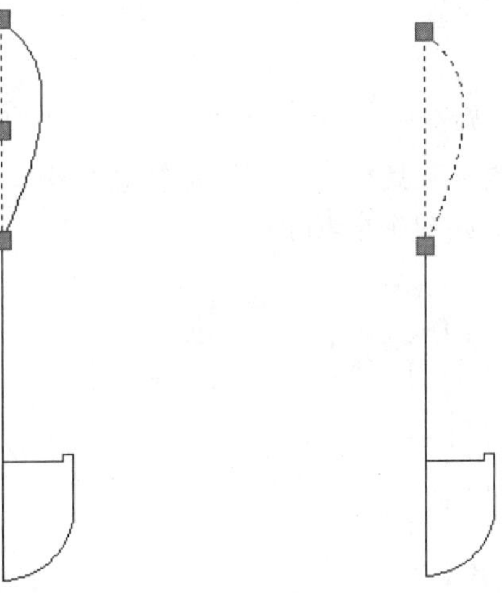

图 10-14　连接样条曲线　　　图 10-15　创建成面

15 单击“修改”工具栏中的“镜像”按钮，将步骤 14 创建的面进行对称复制，如图 10-16 所示。

16 单击“视图”菜单中“三维视图”子菜单中的“东北等轴测”命令，将视图由二维视图切换到三维视图，如图 10-17 所示。

相关知识　运动路径动画

通过在“运动路径动画”对话框中指定设置来确定运动路径动画的动画文件格式。可以使用若干设置控制动画的帧率、持续时间、分辨率、视觉样式和文件格式。

选择“视图”→“运动路径动画”菜单命令，或在命令行中输入“anipath”命令，系统弹出“运动路径动画”对话框。

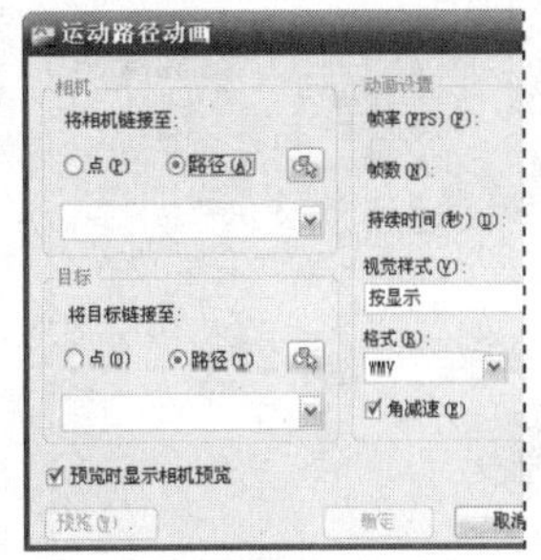

在该对话框中，“相机”选项组适用于设置照相机链接到的点或路径，使照相机位于指定点观测图形或沿路径观察图形。“目标”选项组用于设置照相机目标链接到的点或路径。“动画设置”选项组用于设置动画的帧率、帧数、持续时间、分辨率等属性。

设置完属性后，单击“预览”按钮，将打开“动画预览”对话框，从中可以预览动画播放效果。

相关知识　漫游和飞行

用户可以模拟在三维图形中的漫游和飞行。穿越漫游模型时，将沿 XY 平面行进。

飞越模型时，将不受 XY 平面的约束，所以看起来像飞过模型中的区域。

1. 漫游

选择“视图”→“漫游和飞行”→“漫游”菜单命令，打开“定位器”面板。

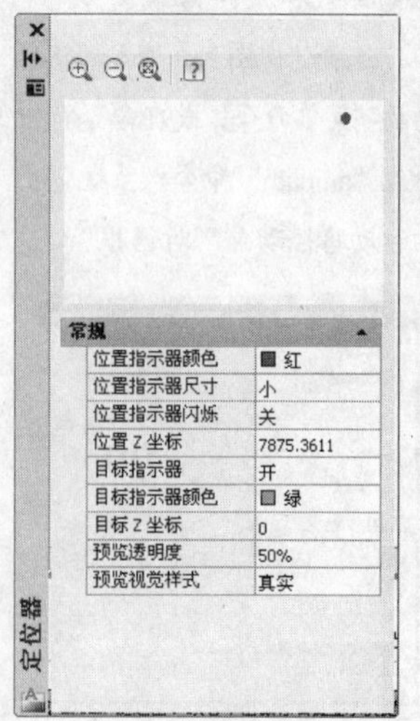

在该面板的预览框中显示了模型的 2D 顶视图，指示器显示了当前用户在模型中所处的位置，通过拖动可以改变指示器的位置。在“基本”选项组中可以设置位置指示器的颜色、尺寸、是否闪烁等属性。

2. 飞行

选择“视图”→“漫游和飞行”→“飞行”菜单命令，也可以打开“定位器”选项板。

在该面板中设定飞行相关的参数。

3. 设置漫游和飞行

选择“视图”→“漫游和飞行”→“漫游和飞行设置”菜单命令，系统弹出“漫游和飞行设置”对话框。

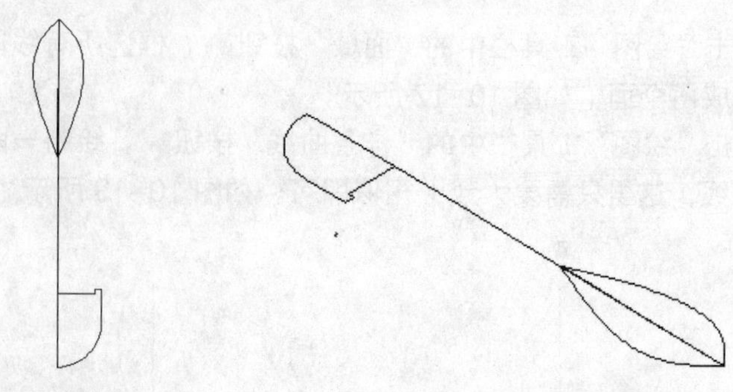

图 10-16　镜像复制面　　　图 10-17　切换成三维视图

17 单击“建模”工具栏中的“三维旋转”按钮，将视图旋转成立式，如图 10-18 所示。

18 单击“建模”工具栏中的“拉伸”按钮，将上面两个小的面拉伸 0.3，如图 10-19 所示。

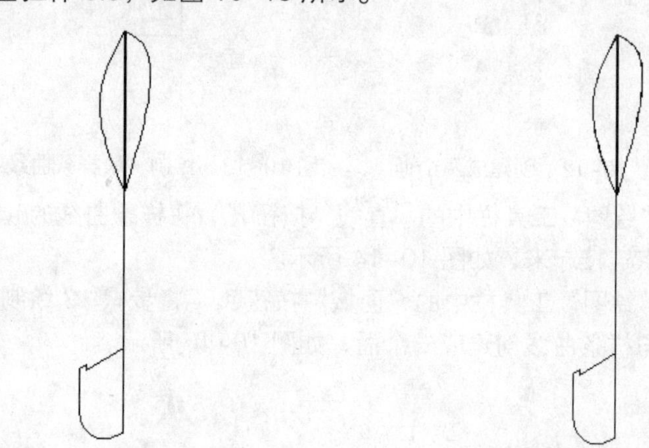

图 10-18　旋转视图　　　图 10-19　拉伸两个面

19 单击“修改”工具栏中的“移动”按钮，调整拉伸后的实体到中间，如图 10-20 所示。

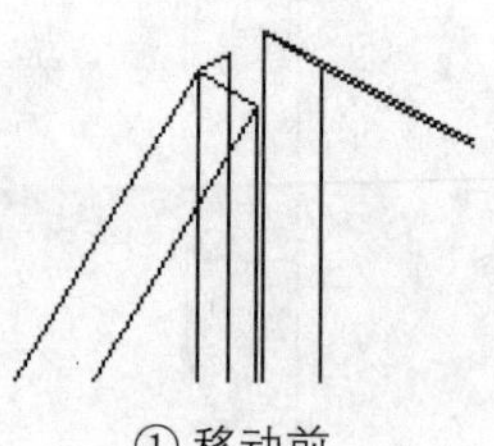

① 移动前　　　② 移动后

图 10-20　移动拉伸实体

20 单击“建模”工具栏中的“旋转”按钮，将剩下的两个面旋转成实体，如图 10-21 所示。

21 单击“建模”工具栏中的“并集”按钮，将上面的 3 个实体合并成一个实体，如图 10-22 所示。

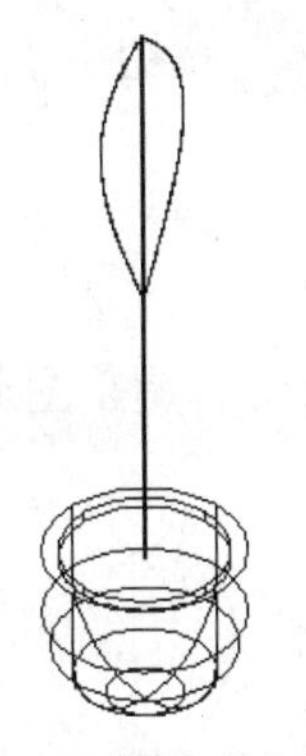

图 10-21　旋转成实体

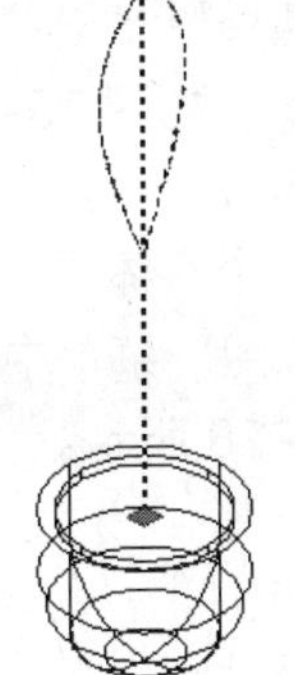

图 10-22　并集 3 个实体

22 单击“修改”工具栏中的“移动”按钮，将并集后的实体沿极轴移动 42，如图 10-23 所示。

23 单击“建模”工具栏中的“三维旋转”按钮，旋转角度为 5°，如图 10-24 所示。

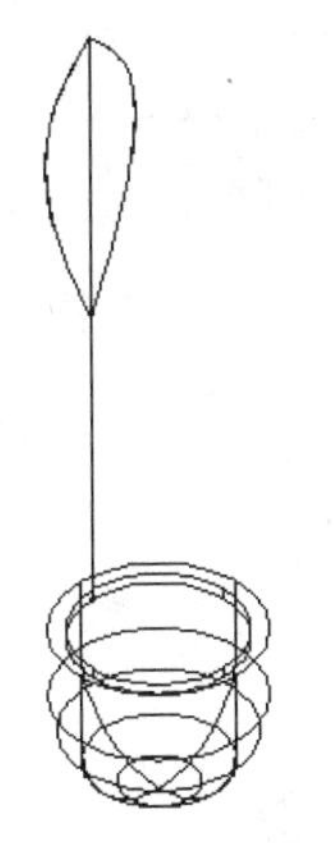

图 10-23　移动并集的实体

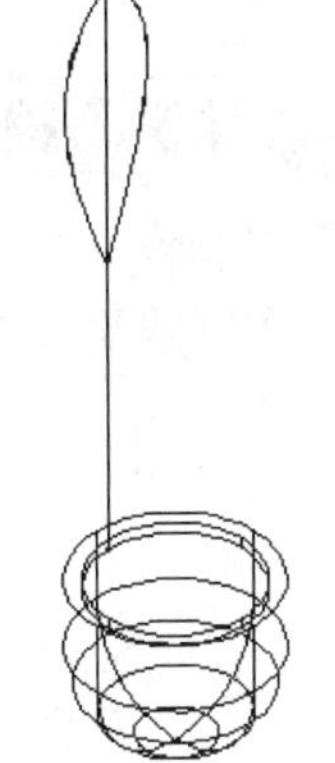

图 10-24　旋转实体

24 再次单击“建模”工具栏中的“三维旋转”按钮，旋转角度为 18°，如图 10-25 所示。

25 单击“修改”工具栏中的“矩形阵列”下拉按钮中的“环形阵列”按钮，选择羽毛实体，环形阵列复制 16 根，如图 10-26 所示。

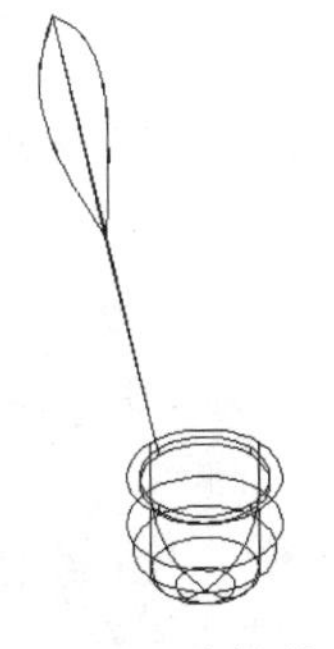

图 10-25　再次旋转实体

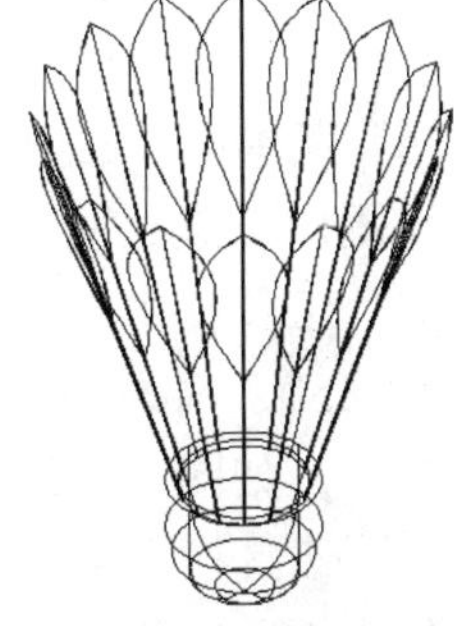

图 10-26　环形阵列复制羽毛

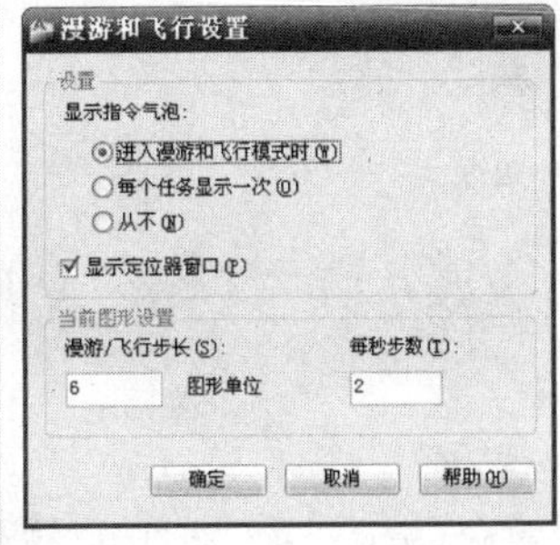

通过该对话框，可以设置显示指令窗口时机、窗口显示的时间，以及当前图形设置的步长和每秒步数。

- “设置”选项组：设置“显示指令气泡”和“显示定位器窗口”的相关参数。
- “当前图形设置”选项组：设置漫游和飞行的模式参数。

相关知识　三维渲染

在屏幕上绘制好实体模型后，物体是以线框的形式显示的，并不能完全真实地显示物体的实际状态。利用 AutoCAD 提供的“渲染”命令，可以对三维实体模型进行渲染，包括添加材料、控制光源、添加场景和背景等，还可以控制实体的反射性和透明性等属性，从而生成具有真实感的实体。

26 单击“建模”工具栏中的“圆环体”按钮，绘制两个箍羽毛的绳子，如图10–27所示。

27 单击“建模”工具栏中的“并集”按钮，框选所有实体，组建成一个实体。

28 选择“视图”菜单中的“消隐”命令，调整图形的视觉效果，如图10–28所示。

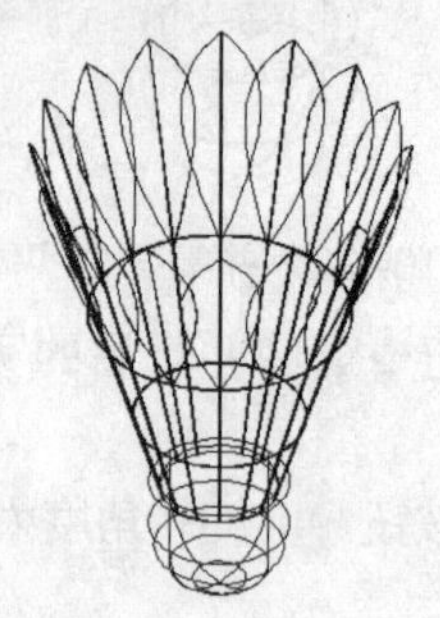

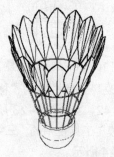

图10–27　绘制绳箍　　　图10–28　消隐样式观察图形

实例10-2 绘制书柜

本实例将制作一个书柜模型，主要应用了长方体、差集、扫掠等功能。实例效果如图10–29所示。

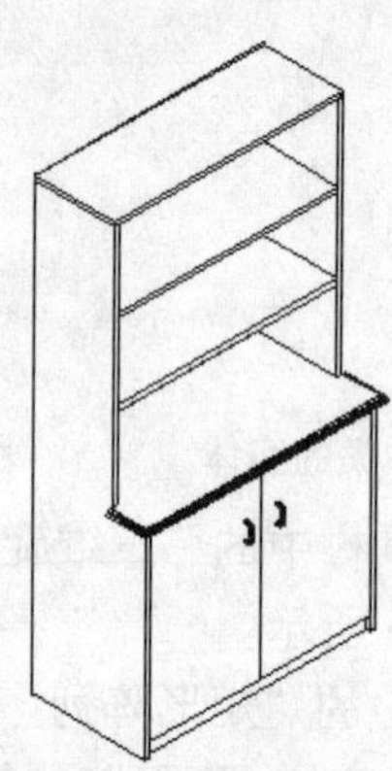

图10–29　书柜效果图

操作步骤

1 选择“视图”菜单中“三维视图”子菜单中的“东北等轴测”命令，将视图由二维绘图切换到三维绘图。

2 单击“建模”工具栏中的“长方体”按钮，分别绘制长为1000、宽为350、高为20和长为20、宽为500、高为1830的两个长方体，如图10–30所示。

3 单击“修改”工具栏中的“移动”按钮，将两个长方体组合起来，如图10–31所示。

实例10-2说明

- 知识点：
  - 长方体
  - 差集
  - 扫掠
- 视频教程：
  光盘\教学\第10章　绘制生活小物件
- 效果文件：
  光盘\素材和效果\10\效果\10-2.dwg
- 实例演示：
  光盘\实例\第10章\绘制书柜

相关知识 什么是渲染

在AutoCAD中进行渲染时，需要首先设置好实体的表面纹理、光源等，以使生成的实体渲染效果更加真实。用户可以选择“视图”→“渲染”子菜单中的命令，或者单击“渲染”工具栏中的按钮来渲染实体。

“渲染”工具栏：

“渲染”子菜单：

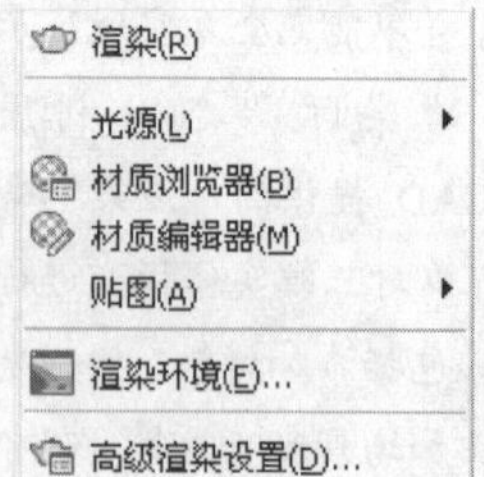

操作技巧 渲染的操作方法

可以通过以下3种方法来执行“渲染”操作：

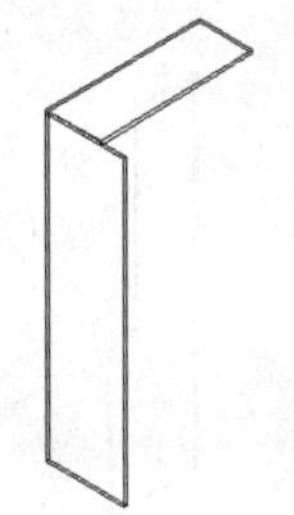

图 10-30　绘制长方体　　　图 10-31　组合长方体

4 单击“修改”工具栏中的“复制”按钮，复制大的长方体到另一边，如图 10-32 所示。

5 单击“建模”工具栏中的“长方体”按钮，绘制一个长为 1000、宽为 150、高为 1070 的长方体，如图 10-33 所示。

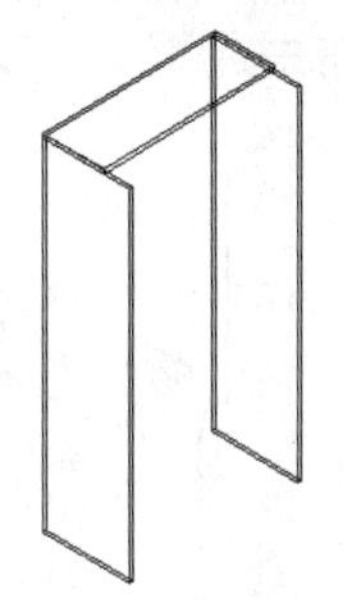

图 10-32　复制长方体

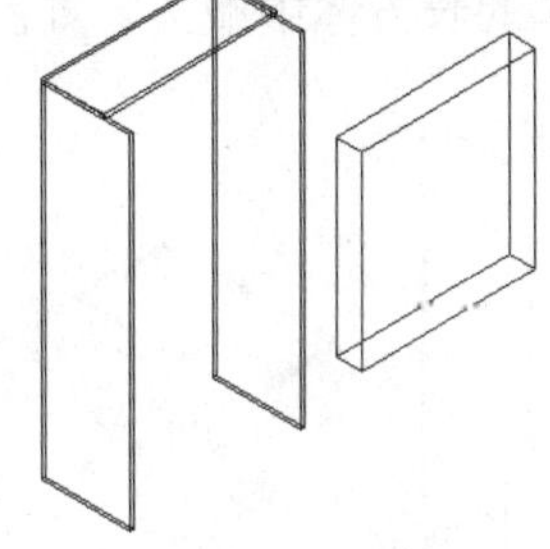

图 10-33　绘制长方体

6 单击“修改”工具栏中的“移动”按钮，将绘制的长方体移动到图形中，如图 10-34 所示。

7 单击“建模”工具栏中的“差集”按钮，先选择两个竖的长方体，然后再减去后移动的长方体，如图 10-35 所示。

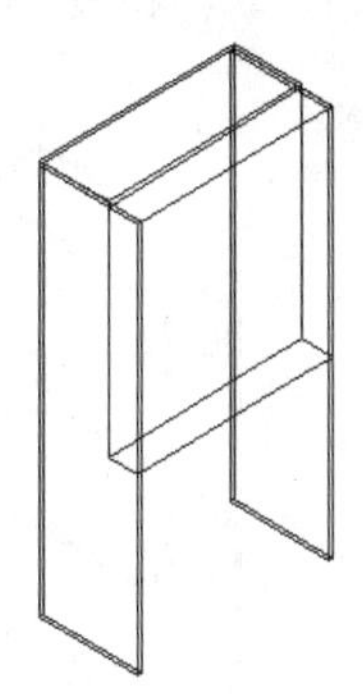

图 10-34　移动长方体

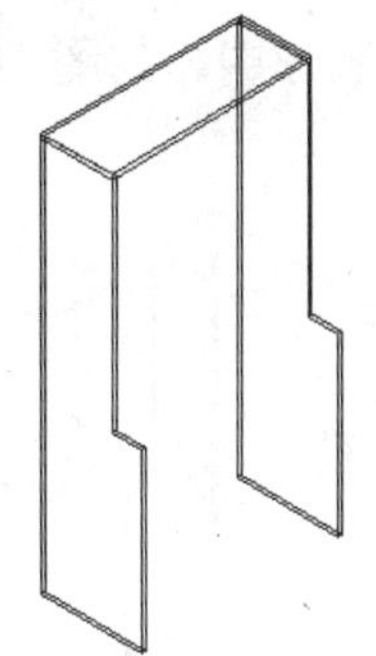

图 10-35　差集实体

8 单击“建模”工具栏中的“长方体”按钮，再创建两个长方体，尺寸分别为长为 1050、宽为 525、高为 20 和长为 45、宽为 350、高为 20，绘制面板，如图 10-36 所示。

9 单击“修改”工具栏中的“复制”按钮，复制个上一步绘制的小长方体，如图 10-37 所示。

- 选择“视图”→“渲染”→“渲染”菜单命令。
- 单击“渲染”工具栏中的“渲染”按钮。
- 在命令行中输入“render”后，按回车键。

相关知识　渲染操作文档

在执行了以上任意一种操作后，都可以对当前的图形作出渲染操作。

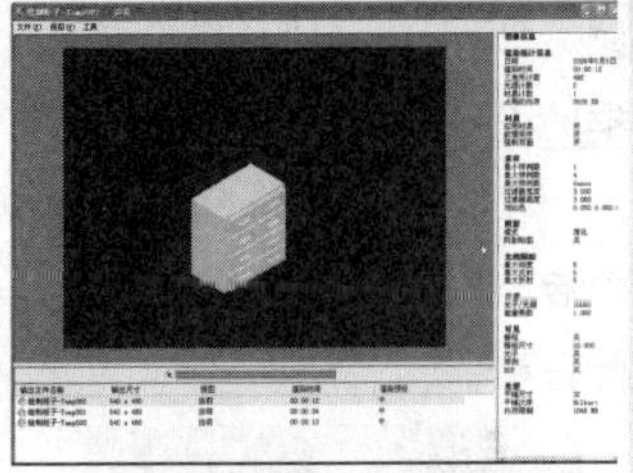

该窗口分为 3 个窗格：图像窗格、统计信息窗格和历史记录窗格。

- 图像窗格：显示了当前视口中图形的渲染效果。
- 右侧的图像信息窗格：显示了图像的质量、光源和材质等详细信息。
- 历史记录窗格：显示了当前渲染图像的文件名称、大小、渲染时间等信息。

相关知识　设置渲染环境

通过设置渲染环境，可以改变雾化或深度效果，这种效果与大气效果非常相似。

操作技巧 **设置渲染环境的操作方法**

可以通过以下 3 种方法来执行“设置渲染环境”操作：

- 选择“视图”→“渲染”→“渲染环境”菜单命令。
- 单击“渲染”工具栏中的“渲染环境”按钮。
- 在命令行中输入“renderenvironment”后，按回车键。

相关知识 **“渲染环境”对话框的设置**

在执行以上任意一种操作后，都可以打开“渲染环境”对话框。

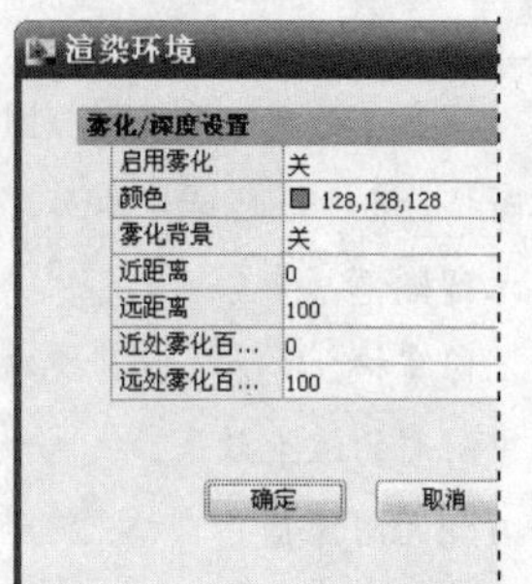

对话框中各项的功能如下：

- 启用雾化：启用雾化或关闭雾化，而不影响对话框中的其他设置。
- 颜色：指定雾化颜色。单击“选择颜色”按钮，打开“选择颜色”对话框，可以从 255 种索引（ACI）颜色、真彩色和配色系统颜色中定义颜色。
- 雾化背景：不仅对背景进行雾化，也可以对几何图形进行雾化。

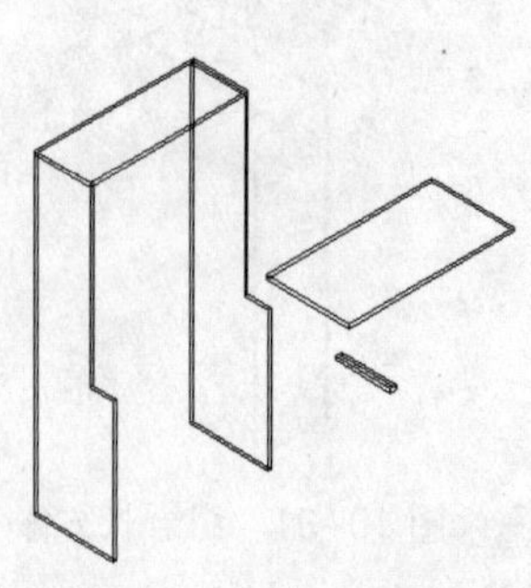
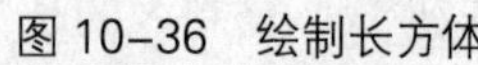

图 10-36　绘制长方体

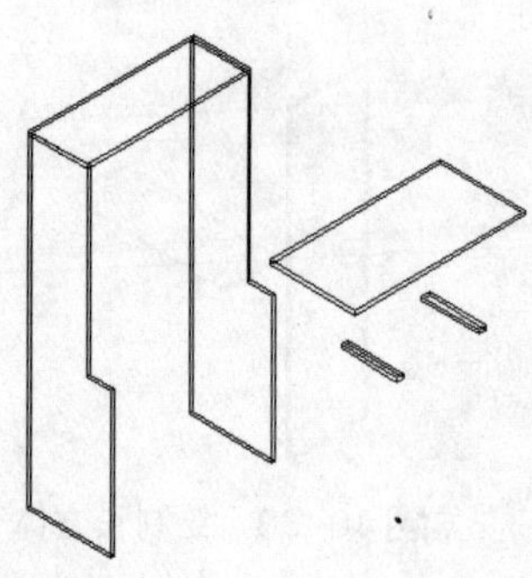

图 10-37　复制小长方体

10 单击“修改”工具栏中的“移动”按钮，将这 3 个实体组合起来，如图 10-38 所示。

11 单击“建模”工具栏中的“差集”按钮，将两个小的长方体从大的长方体中减去，如图 10-39 所示。

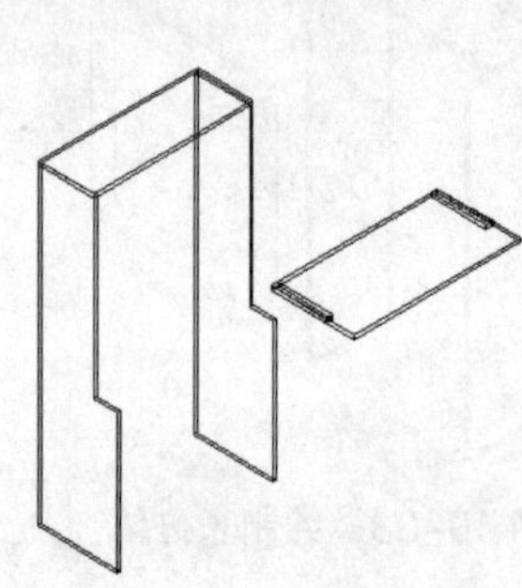

图 10-38　组合长方体

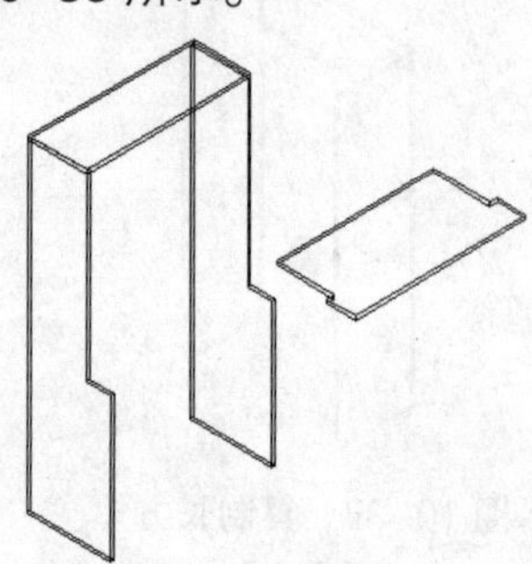

图 10-39　差集实体

12 单击“修改”工具栏中的“圆角”按钮，倒圆角部分边缘，圆角半径为 20，如图 10-40 所示。

13 单击“修改”工具栏中的“移动”按钮，将变形后的实体组合到图形中，如图 10-41 所示。

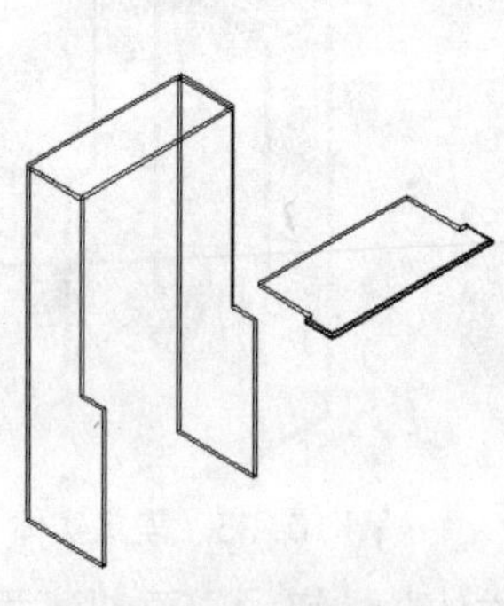

图 10-40　边缘倒圆角

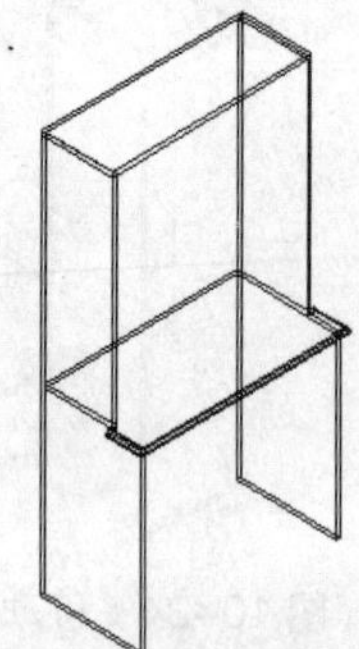

图 10-41　组合图形

14 单击“建模”工具栏中的“长方体”按钮，再绘制 3 个长方体、尺寸分别为长为 960、宽为 20、高为 60，长为 960、宽为 480、高为 20，长为 480、宽为 20、高为 700，绘制踢脚板、门板以及柜内的底板与隔板，如图 10-42 所示。

15 单击“修改”工具栏中的“移动”按钮，将 3 个实体移动到图形中，如图 10-43 所示。

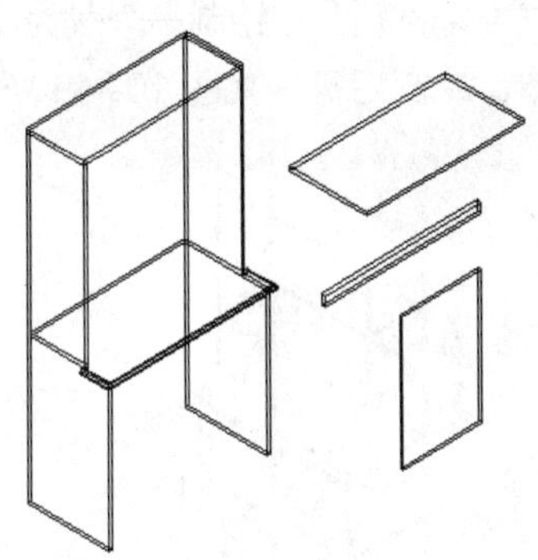

图 10-42　绘制长方体

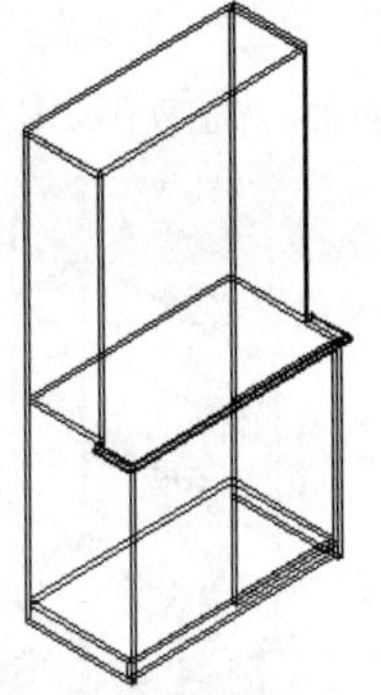

图 10-43　移动组合图形

16 单击“修改”工具栏中的“复制”按钮，将门板向左复制一个，将底板向上复制 360，如图 10-44 所示。

17 单击“建模”工具栏中的“长方体”按钮，绘制一个长为 960、宽为 350、高为 20 的长方体，绘制隔板，如图 10-45 所示。

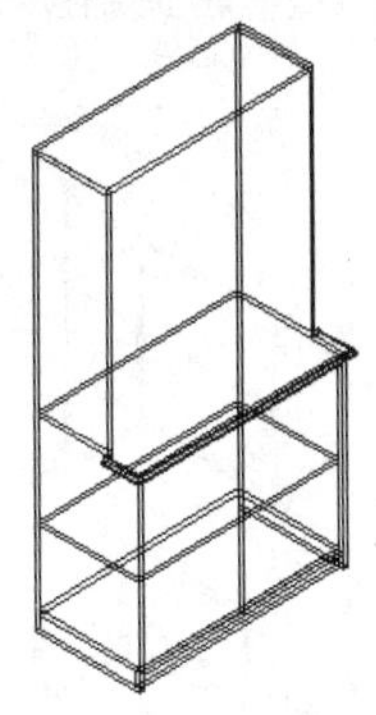

图 10-44　复制长方体

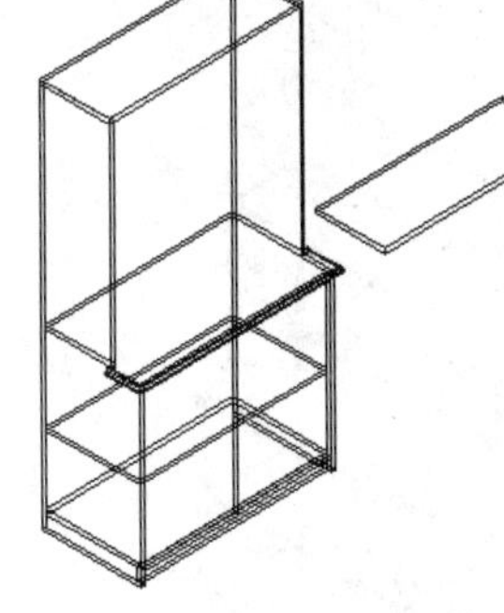

图 10-45　绘制长方体

18 单击“绘图”工具栏中的“直线”按钮，绘制两段连续的辅助线 350、350，如图 10-46 所示。

19 单击“修改”工具栏中的“移动”按钮，将绘制的长方体移动到图形中，如图 10-47 所示。

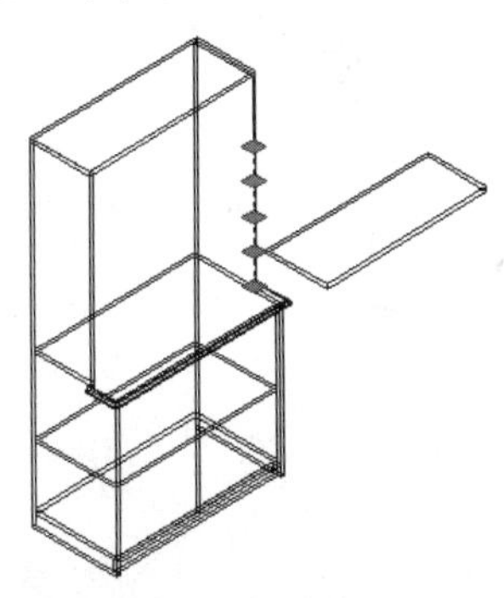

图 10-46　绘制辅助线段

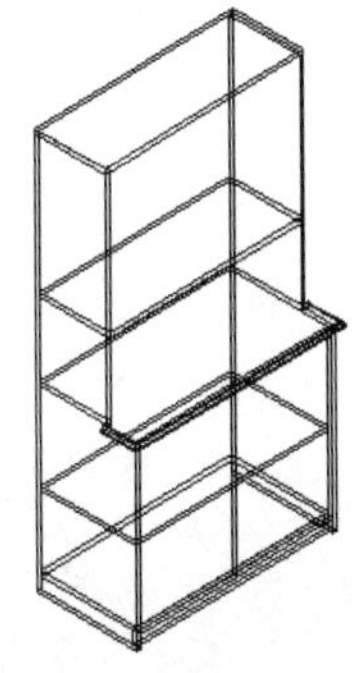

图 10-47　移动长方体

- 近距离：指定雾化开始处到照相机的距离。将其指定为到远处剪裁平面距离的十进制小数。可以通过在“远距离”字段中输入或使用微调控制来设置该值。近距离设置不能大于远距离设置。
- 远距离：指定雾化结束处到照相机的距离。将其指定为到远处剪裁平面距离的十进制小数。可以通过在“近距离”字段中输入或使用微调控制来设置该值。远距离设置不能小于近距离设置。
- 近处雾化百分比：指定近距离处雾化的不透明度。
- 远处雾化百分比：指定远距离处雾化的不透明度。

相关知识 创建光源

光源在 AutoCAD 渲染中起着非常重要的作用。适当的光源会影响到实体各个表面的明暗情况，并且能够产生阴影。其中光源可以分为点光源、聚光灯和平行光 3 种。

相关知识 创建点光源

点光源从其所在位置向所有方向发射光线，其强度会随着距离的增加而衰减。点光源可以用来模拟灯泡发出的光。点光源在局部区域中可以替代环境光，将点光源与聚光灯组合起来就可以达到通常所需要的光的效果。

创建点光源时，当指定了光源位置后，还可以设置光源的名称、强度、状态、阴影、衰减、颜色等属性。

设置点光源：

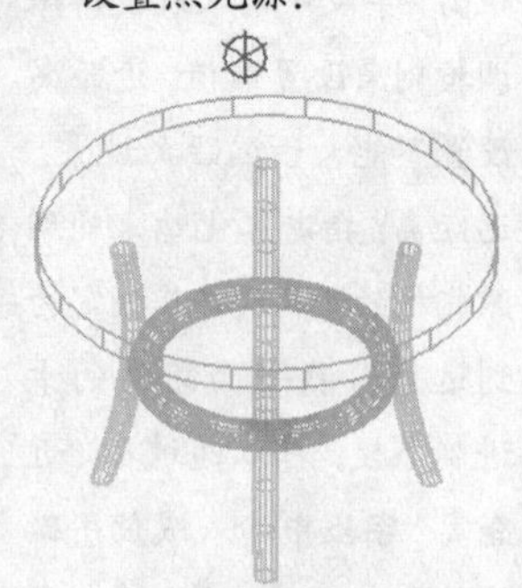

渲染点光源效果：

操作技巧 创建点光源的操作方法

可以通过以下 3 种方法来执行“创建点光源”操作：

- 选择“视图”→“渲染”→“光源”→“新建点光源”菜单命令。
- 单击“光源”工具栏中的“新建点光源”按钮。
- 在命令行中输入“pointlight”后，按回车键。

20 单击“修改”工具栏中的“复制”按钮，将长方体向上复制，如图 10-48 所示。

21 单击“建模”工具栏中的“长方体”按钮，绘制一个长为 1000、宽为 5、高为 1850 的长方体，绘制后身，如图 10-49 所示。

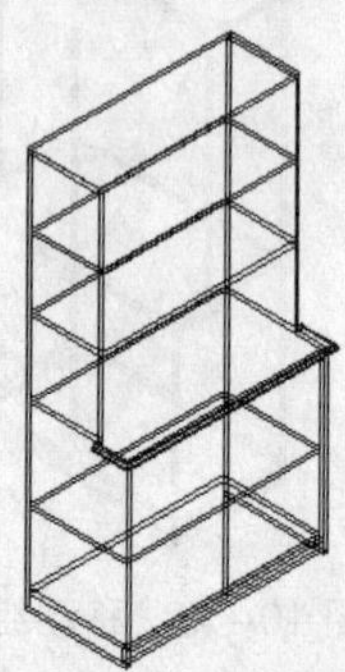

图 10-48 复制长方体

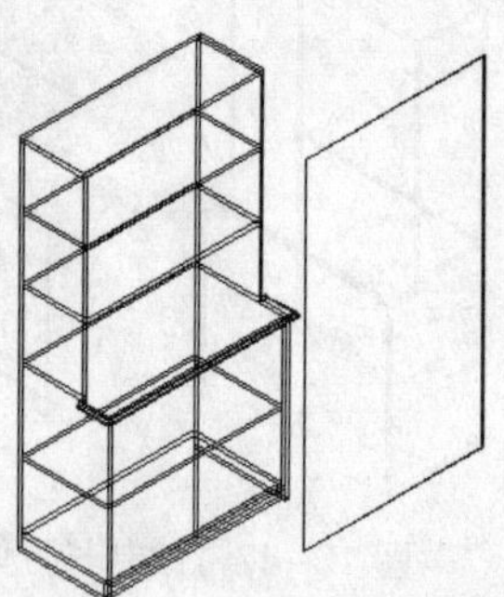

图 10-49 绘制长方体

22 单击“修改”工具栏中的“移动”按钮，将绘制的长方体移动到图形中，如图 10-50 所示。

23 用绘制门拉手的方法，绘制两个门拉手，并调整到图形中，如图 10-51 所示。

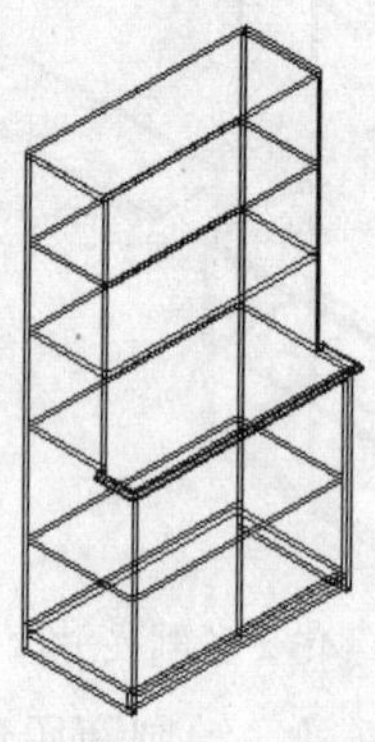

图 10-50 移动长方体

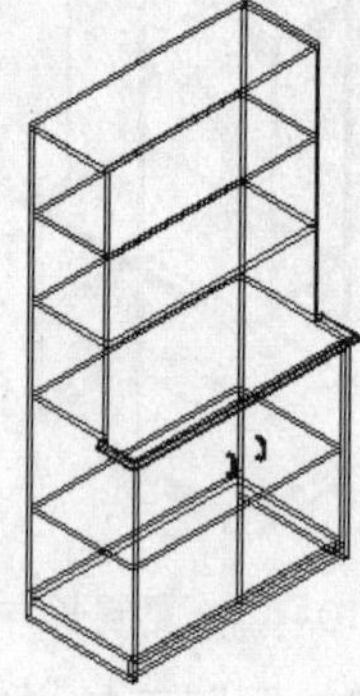

图 10-51 插入拉手

24 选择“视图”菜单中的“消隐”命令，调整图形的视觉效果，如图 10-52 所示。

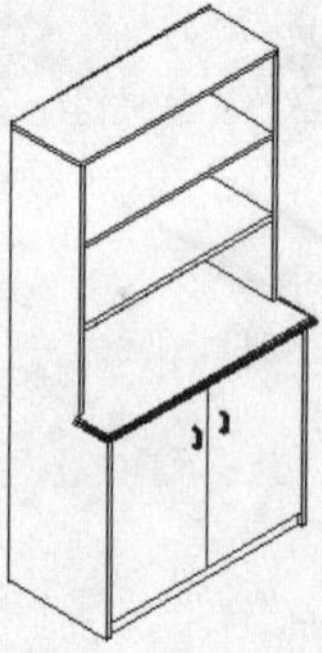

图 10-52 消隐样式观察图形

实例 10-3　绘制床

本实例将制作一个床的模型，主要应用了直线、二维编辑、长方体、三维编辑等功能。实例效果如图 10-53 所示。

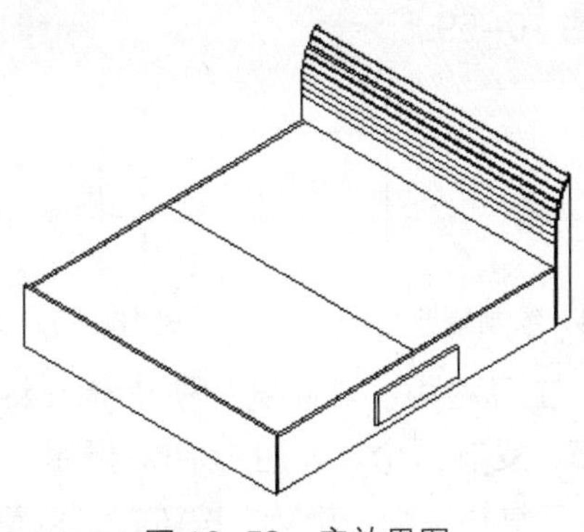

图 10-53　床效果图

操作步骤

1. 单击“绘图”工具栏中的“直线”按钮，分别绘制长为 950、100、650 的 3 条直线，绘制床头，如图 10-54 所示。
2. 选择“绘图”菜单中“圆弧”子菜单中的“起点、端点、角度”命令，先指定高的端点，再指定矮的端点，输入 35 后按回车键绘制圆弧，如图 10-55 所示。

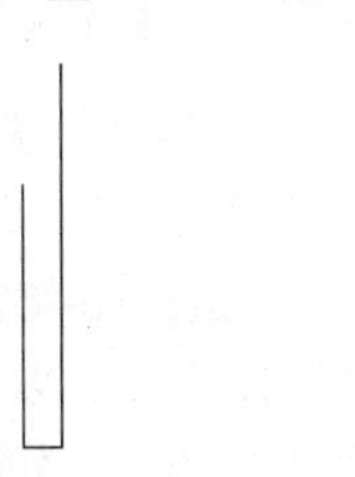

图 10-54　绘制 3 条直线　　图 10-55　绘制圆弧

3. 单击“绘图”工具栏中的“矩形”按钮，绘制长为 20、宽为 550 和长为 20、宽为 45 的两个矩形，如图 10-56 所示。
4. 单击“修改”工具栏中的“移动”按钮，调整大矩形的位置，如图 10-57 所示。

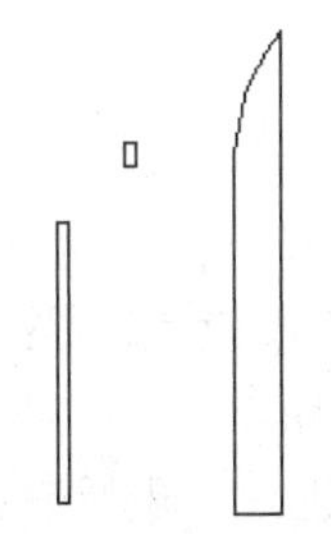

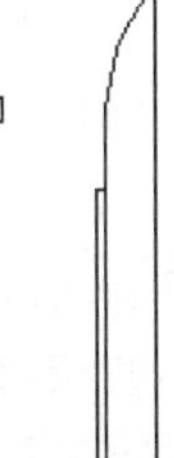

图 10-56　绘制矩形　　图 10-57　调整大矩形

实例10-3说明

- 知识点：
  - 直线
  - 二维编辑
  - 长方体
  - 三维编辑
- 视频教程：
  光盘\教学\第 10 章　绘制生活小物件
- 效果文件：
  光盘\素材和效果\10\效果\10-3.dwg
- 实例演示：
  光盘\实例\第 10 章\绘制床

相关知识　创建聚光灯

聚光灯发射有方向的圆锥形光束，其光方向和圆锥尺寸可以调节。聚光灯的强度也随着距离的增加而衰减。当来自聚光灯的光照射到表面时，照明强度最大的区域被照明强度较低的区域所包围，因此聚光灯适用于高亮显示模型中的局部区域。

创建聚光灯时，当指定了光源位置和目标位置后，还可以设置“名称”、“强度”、“状态”、“聚光角”、“照射角”、“阴影”、“衰减”和“颜色”。

设置聚光灯：

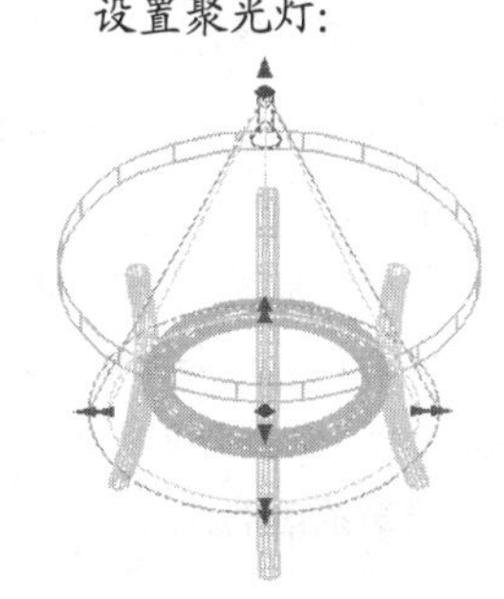

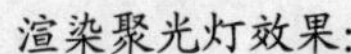

渲染聚光灯效果：

操作技巧 创建聚光灯的操作方法

可以通过以下 3 种方法来执行“创建聚光灯”操作：

- 选择“视图”→“渲染”→“光源”→“新建聚光灯”菜单命令。
- 单击“光源”工具栏中的“新建聚光灯”按钮。
- 在命令行中输入“spotlight”后，按回车键。

相关知识 创建平行光

平行光源是指向一个方向发射平行光射线，光射线在指定光源点的两侧无限延伸，并且平行光的强度随着距离的增加而衰减，而且平行光可以穿过不透明的实体，照射到其后面的实体上而不会被挡住。

在实际渲染中，平行光的方向要比其位置重要得多，为了避免混淆。最好将平行光源放置在图形范围中。

5 单击“绘图”工具栏中的“直线”按钮，绘制一条辅助线，以大矩形的左上角点为起点，沿 Y 轴向上绘制一条长为 5 的线段，如图 10-58 所示。

6 单击“修改”工具栏中的“移动”按钮，将小矩形移动到图形中，如图 10-59 所示。

图 10-58 绘制辅助线　　图 10-59 移动小矩形

7 单击“修改”工具栏中的“复制”按钮，将小矩形向上复制，间距为 5，复制两个，如图 10-60 所示。

8 单击“修改”工具栏中的“旋转”按钮，以复制的第二个小矩形的右下角为旋转点，旋转角度为-3°，如图 10-61 所示。

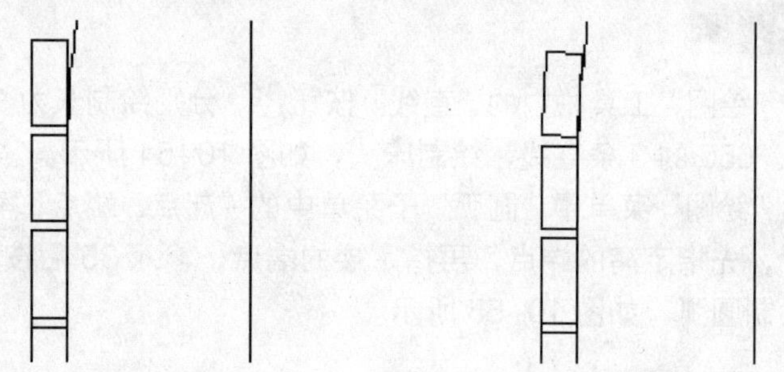

图 10-60 复制两个矩形　　图 10-61 旋转第二个小矩形

9 单击“修改”工具栏中的“复制”按钮，复制最上面的小矩形，向上复制一个，间距为 5，如图 10-62 所示。

10 单击“修改”工具栏中的“旋转”按钮，以复制的第二个小矩形的右下角为旋转点，旋转角度为-5°，如图 10-63 所示。

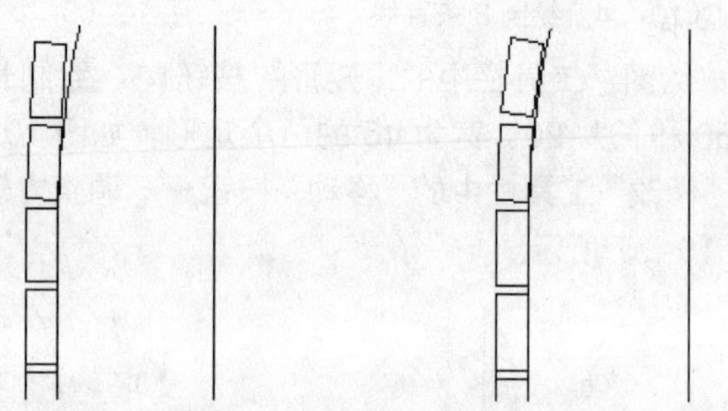

图 10-62 复制一个矩形　　图 10-63 旋转-5°

11 反复操作复制与旋转，直到将矩形复制到顶端，旋转角度适中即可，不要超过弧线，如图 10-64 所示。

12 单击“修改”工具栏中的“删除”按钮，删除辅助线段，如图 10-65 所示。

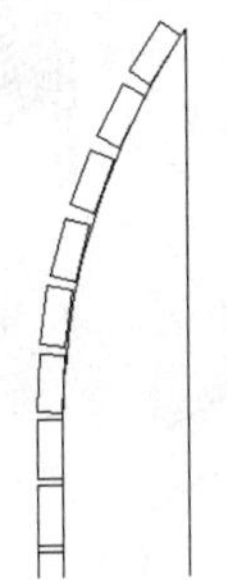

图 10-64　重复复制与旋转操作

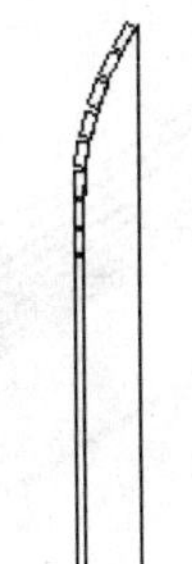

图 10-65　删除辅助线段

13 单击“绘图”工具栏中的“面域”按钮，框选所有图形，创建 10 个面，如图 10-66 所示。

14 单击“视图”菜单中“三维视图”子菜单中的“东北等轴测”命令，将视图由二维视图切换到三维视图，如图 10-67 所示。

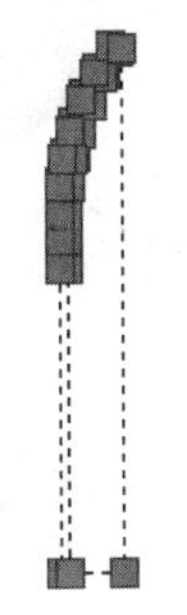

图 10-66　创建 10 个面

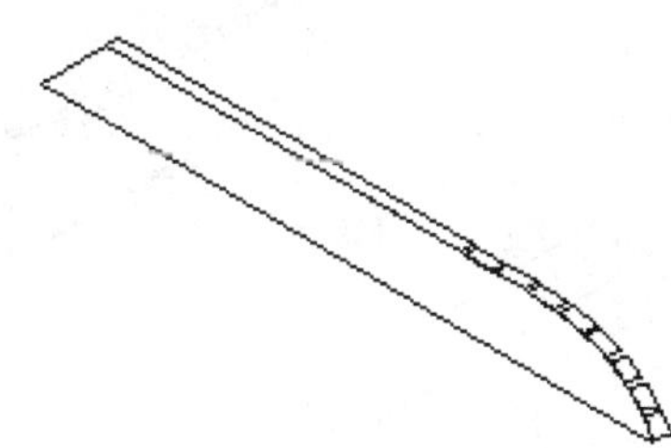

图 10-67　切换成三维视图

15 单击“建模”工具栏中的“三维旋转”按钮，将二维图形旋转成竖立样式，旋转两次，如图 10-68 所示。

16 单击“建模”工具栏中的“拉伸”按钮，将后面的矩形拉伸 20，其他矩形面拉伸 2000，如图 10-69 所示。

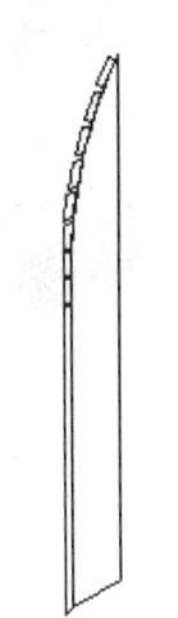

图 10-68　旋转图形

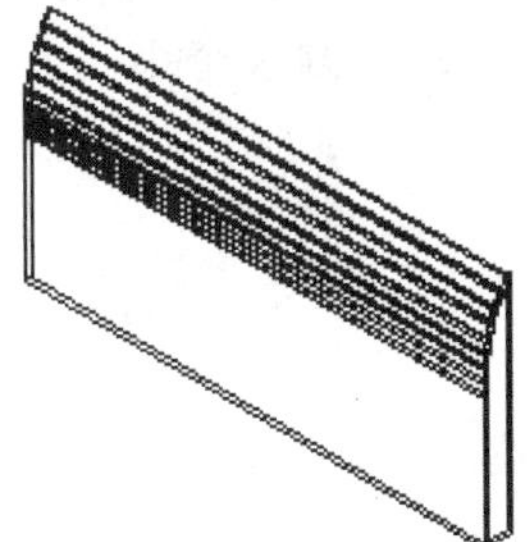

图 10-69　拉伸面成实体

17 单击“修改”工具栏中的“复制”按钮，将异形实体向左上极轴复制 1980，如图 10-70 所示。

18 单击“建模”工具栏中的“长方体”按钮，绘制两个长方体，尺寸分别是长为 2200、宽为 20、高为 380，长为 20、宽为 2000、高为 400，绘制床的框架，如图 10-71 所示。

渲染平行光效果：

操作技巧 创建平行光的操作方法

可以通过以下 3 种方法来执行“创建平行光”操作：

- 选择“视图”→“渲染”→“光源”→“新建平行光”菜单命令。
- 单击“光源”工具栏中的“新建平行光”按钮。
- 在命令行中输入“distantlight”后，按回车键。

相关知识 光源列表

创建了光源之后，可以通过选项面板来查看所创建的光源。

方法：选择“视图”→“渲染”→“光源”→“光源列表”菜单命令，打开“模型中的光源”面板，通过该面板可以查看创建的光源。

在列表框中可以对已经设置的光源参数作调整，以方便将光效调整到最佳状态。

"模型中的光源"面板：

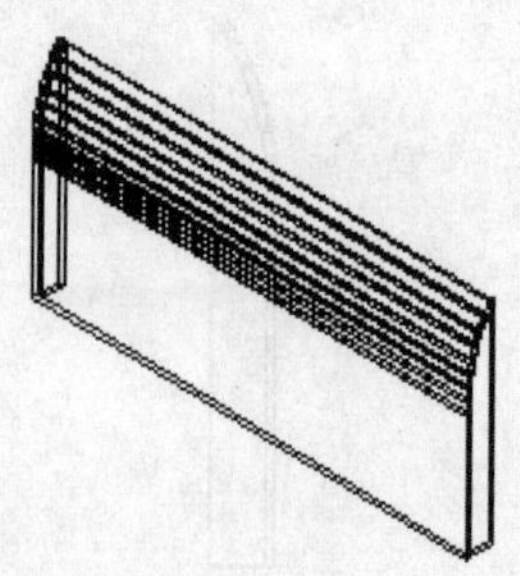
图 10-70 复制异形实体

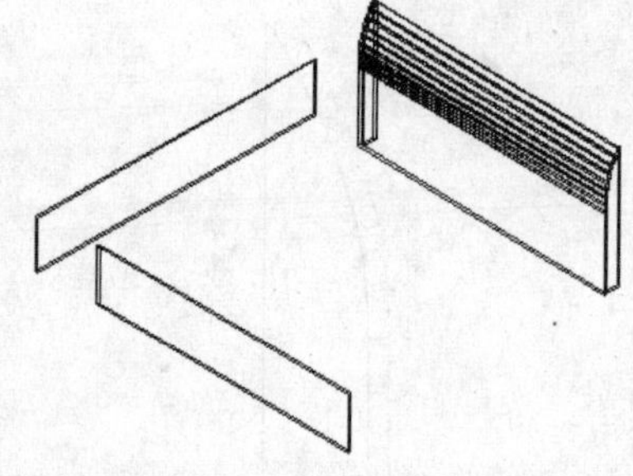
图 10-71 绘制长方体

19 单击"修改"工具栏中的"移动"按钮，将两个长方体组合到图形中，如图 10-72 所示。

20 单击"修改"工具栏中的"复制"按钮，复制另一边的框架长方体，如图 10-73 所示。

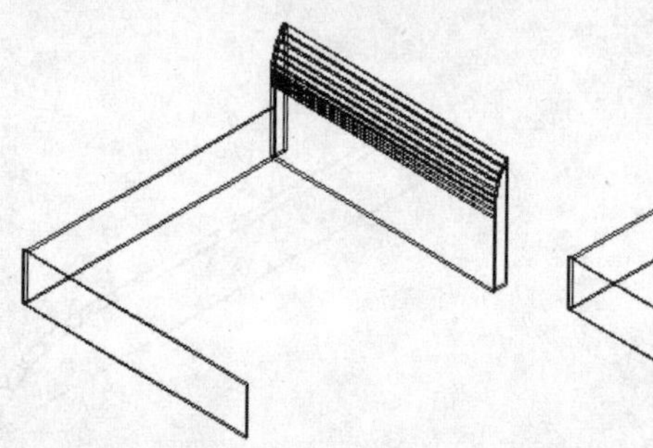
图 10-72 移动长方体　　图 10-73 复制长方体

21 单击"建模"工具栏中的"长方体"按钮，绘制 3 个长方体，尺寸分别是长为 2200、宽为 20、高为 360，长为 20、宽为 1960、高为 360，长为 20、宽为 20、高为 180，绘制床的支撑板材，如图 10-74 所示。

22 单击"修改"工具栏中的"复制"按钮，复制一个大的长方体，再复制 3 个小长方体，如图 10-75 所示。

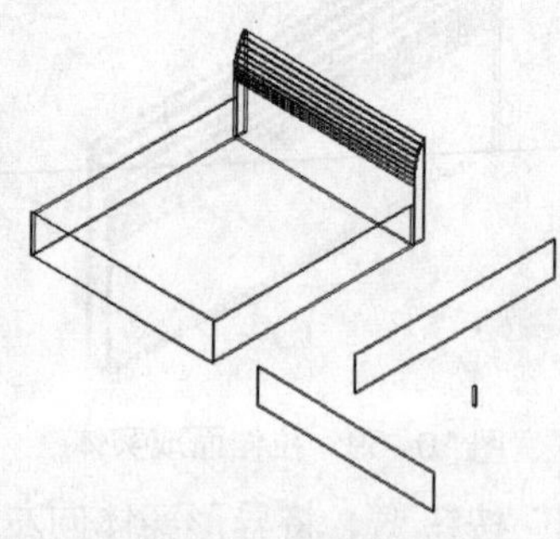
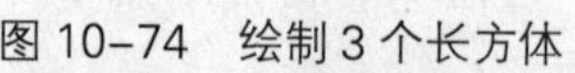
图 10-74 绘制 3 个长方体

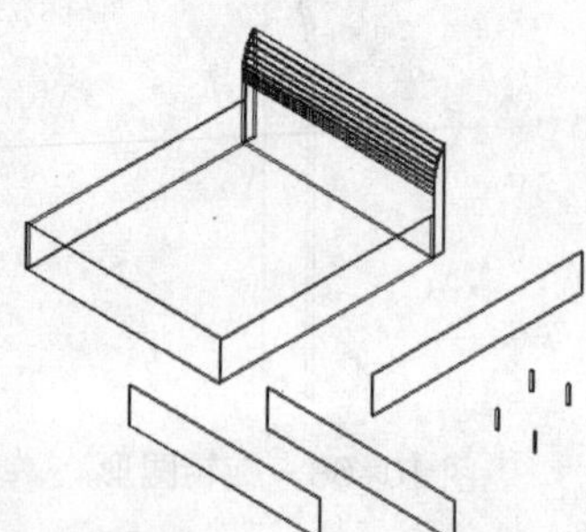
图 10-75 复制长方体

23 单击"绘图"工具栏中的"直线"按钮，绘制一条辅助线段，如图 10-76 所示。

相关知识 通过地理位置设置光照

通过经度、纬度和北向设置地理位置，然后以地理位置来模拟光照。

操作技巧 设置地理位置的操作方法

可以通过以下 3 种方法来执行"设置地理位置"操作：

- 选择"工具"→"地理位置"菜单命令。
- 单击"光源"工具栏中的"地理位置"按钮。
- 在命令行中输入"geographiclocation"后，按回车键。

相关知识 设置地理位置参数

在执行了以上任意一种

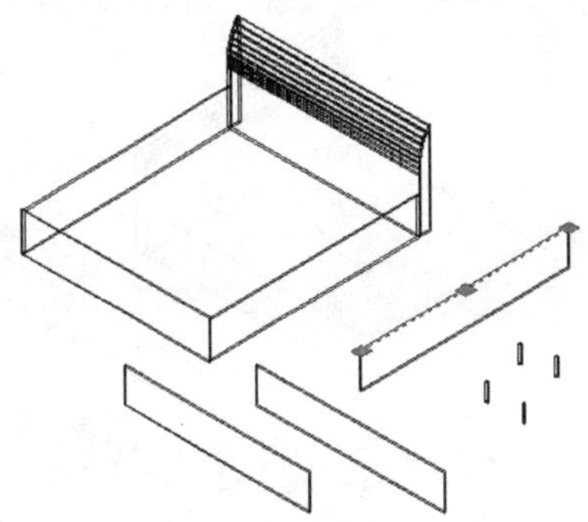

图 10-76 绘制辅助线段

24 单击“格式”菜单中的“点样式”命令，打开“点样式”对话框，设置图中样式，如图 10-77 所示。

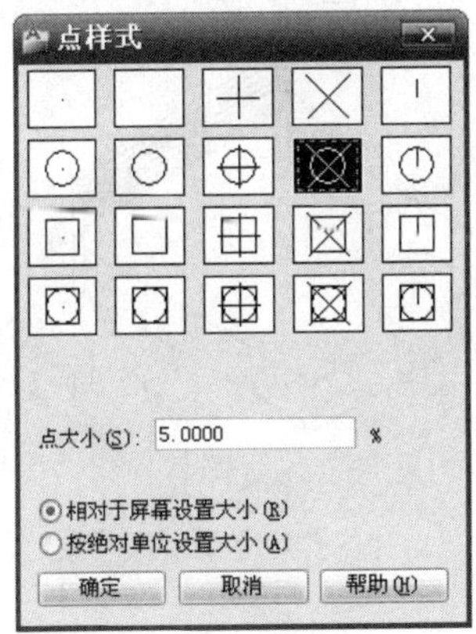

图 10-77 “点样式”对话框

25 选择“格式”菜单中“点”子菜单中的“定数等分”命令，将辅助线段分为 3 段，如图 10-78 所示。

26 单击“修改”工具栏中的“移动”按钮，将 4 个小长方体分别移动到合适的位置，如图 10-79 所示。

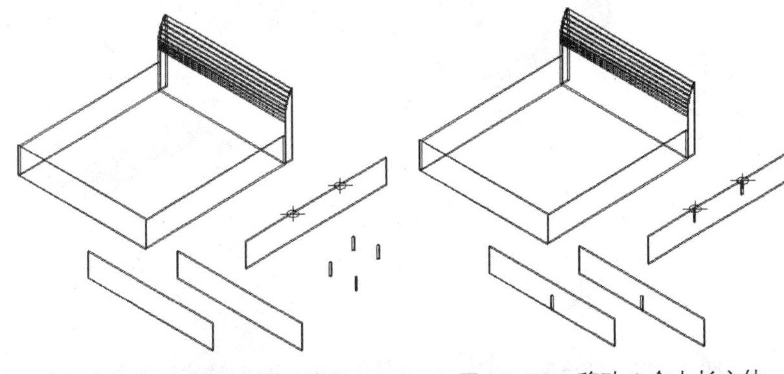

图 10-78 定数等分辅助线段　　图 10-79 移动 4 个小长方体

27 单击“修改”工具栏中的“删除”按钮，删除辅助线和节点，如图 10-80 所示。

操作后，都可以打开“地理位置-定义地理位置”对话框。

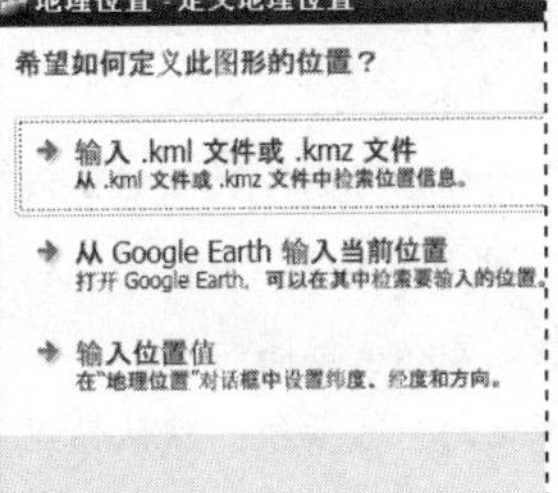

该对话框中各选项含义如下：

- 输入.kml文件或.kmz文件：从.kml 文件或.kmz 文件中检索地理位置的信息。
- 从Google Earth输入当前位置：打开 Google Earth 中检索需要输入的地理位置。
- 输入位置值：在“地理位置”对话框中设置经度、纬度以及方向参数。

相关知识 **“地理位置”对话框中的各项参数设置**

在“地理位置-定义地理位置”对话框中选择第三个选项后，可以打开“地理位置”对话框。

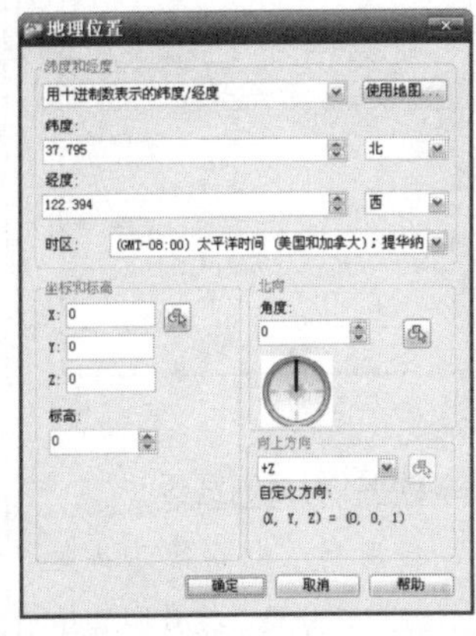

该对话框中各选项功能如下：

- “纬度和经度”选项组：以十进制值显示或设置纬度、经度和方向。
- “坐标和标高”选项组：设定世界坐标系（WCS）、X、Y、Z 以及标高的值。
- “北向”选项组：默认情况下，北方是世界坐标系（WCS）中 Y 轴的正方向。
- “向上方向”选项组：默认情况下，向上方向为 Z 轴正方向（0，0，1）。向上方向和正北方向始终受到约束以互相垂直。

相关知识 “位置选择器”对话框

在“地理位置”对话框中单击“使用地图”按钮，可以打开“位置选择器”对话框。在该对话框中，通过选择地区并在地图上指定地点，即可达到选择地理位置的效果。

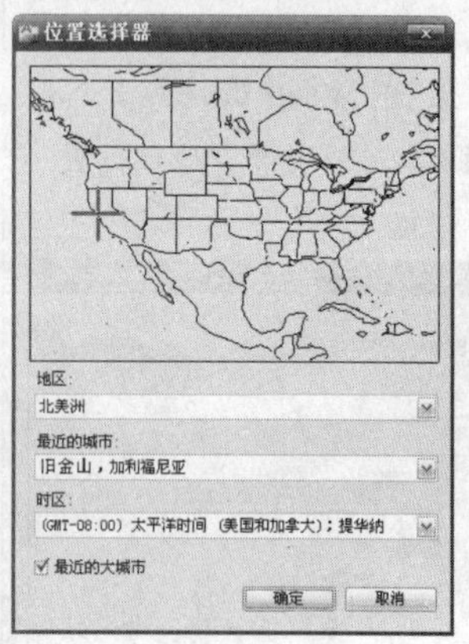

相关知识 材质浏览器

使用材质浏览器可以查看、组织、分类、搜索和选择需要的材质。

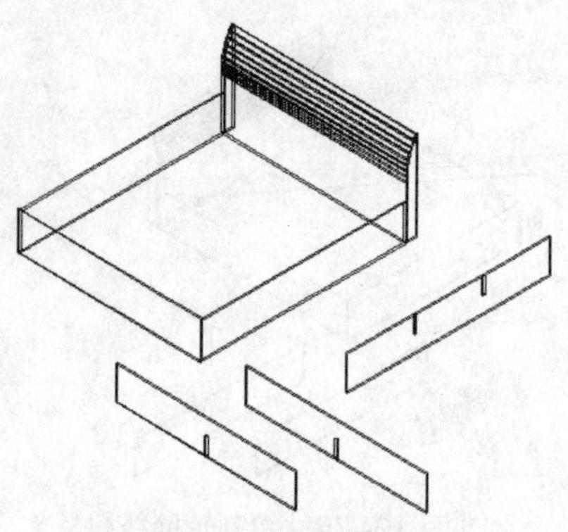

图 10-80　删除辅助线和节点

28 单击“建模”工具栏中的“差集”按钮，选择大的实体，然后减去小的实体，如图 10-81 所示。

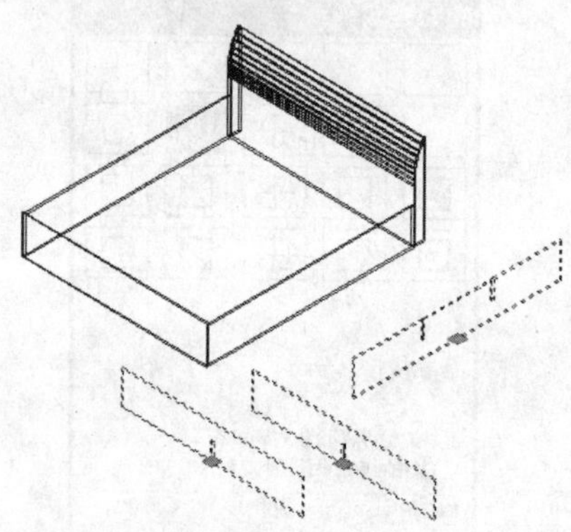

图 10-81　差集实体

29 单击“修改”工具栏中的“移动”按钮，将 3 个剪切过的实体进行组合，如图 10-82 所示。

30 再次单击“修改”工具栏中的“移动”按钮，将组合好的图形移动到原图形中，如图 10-83 所示。

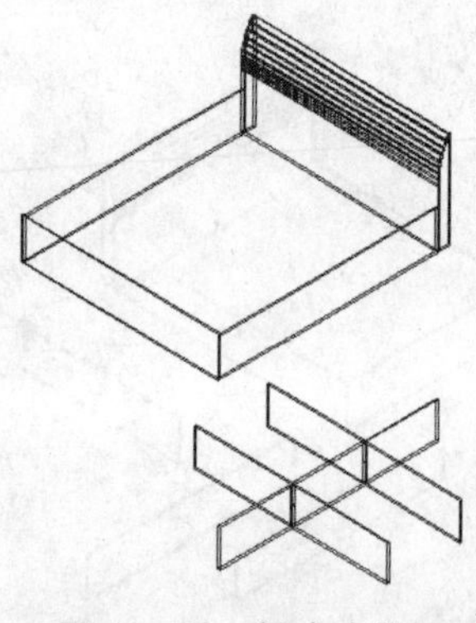

图 10-82　组合实体

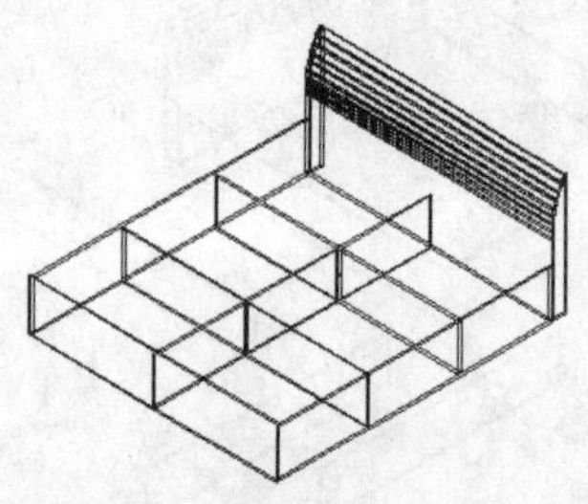

图 10-83　移动实体到图形中

31 单击“建模”工具栏中的“长方体”按钮，绘制一个长为 1100、宽为 1960、高为 20 的长方体，绘制床板，如图 10-84 所示。

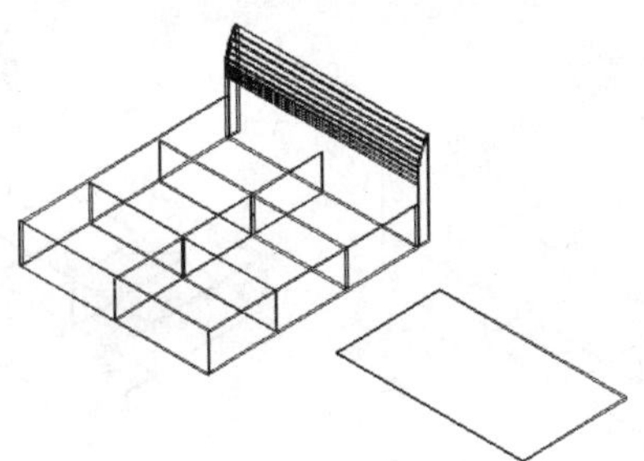

图 10–84　绘制长方体

32 单击“修改”工具栏中的“移动”按钮，将绘制的长方体放入图形中，如图 10–85 所示。

33 单击“修改”工具栏中的“复制”按钮，复制另一块床板，如图 10–86 所示。

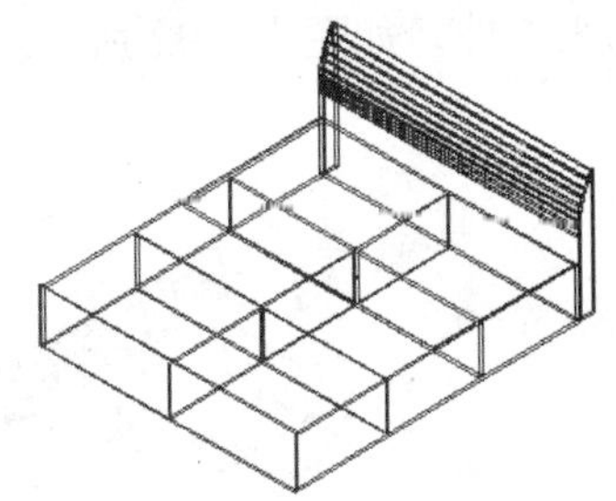

图 10–85　移动长方体

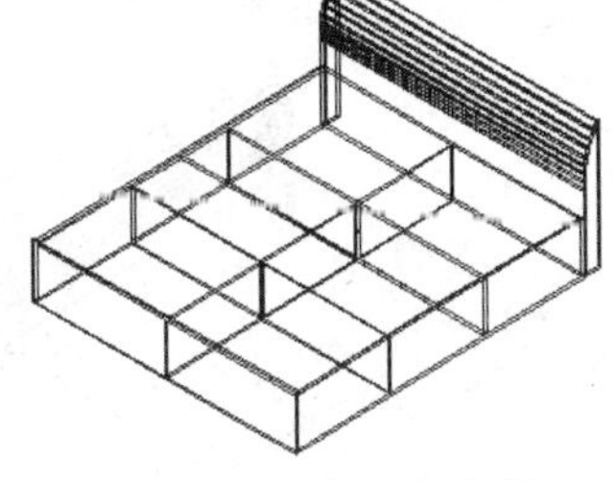

图 10–86　复制长方体

34 单击“建模”工具栏中的“长方体”按钮，绘制 3 个长方体，尺寸分别为长为 640、宽为 20、高为 200，长为 560、宽为 20、高为 130，长为 20、宽为 450、高为 130，绘制抽屉，如图 10–87 所示。

35 单击“修改”工具栏中的“复制”按钮，复制一个小的长方体，如图 10–88 所示。

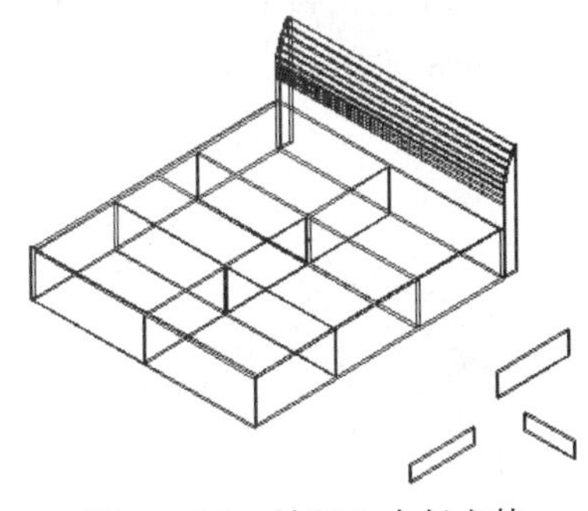

图 10–87　绘制 3 个长方体

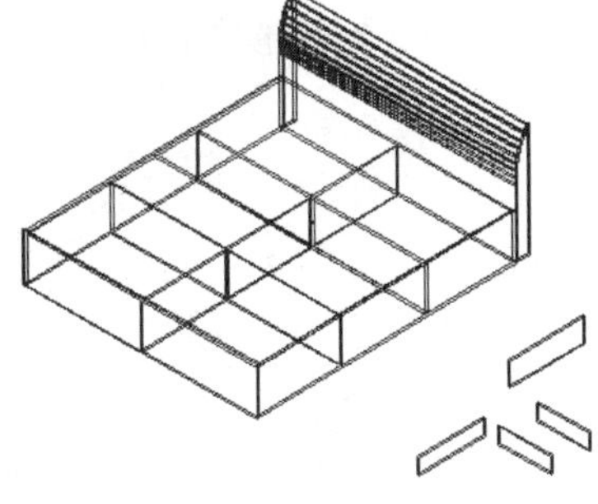

图 10–88　复制小长方体

36 单击“修改”工具栏中的“移动”按钮，将抽屉组合起来，如图 10–89 所示。

37 单击“绘图”工具栏中的“直线”按钮，绘制两条辅助线段，如图 10–90 所示。

“材质浏览器”面板：

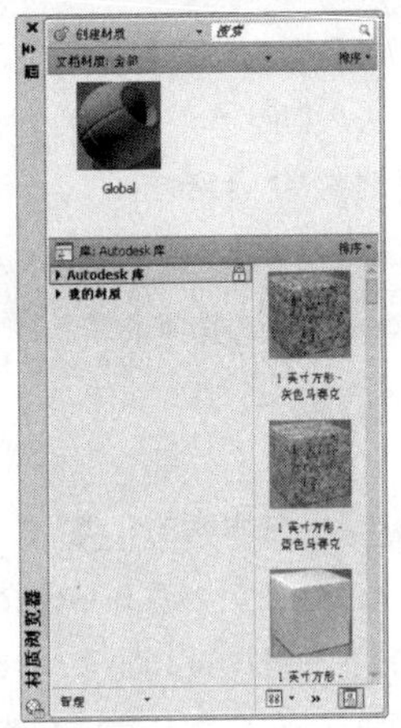

在“材质浏览器”面板中包含的各个组件的功能如下：

- 浏览工具栏：包含“显示或隐藏库树”按钮和搜索框。
- 文档中的材质：显示当前图形中所有已保存的材质。可以按名称、类型、样例形状和颜色对材质排序。
- 材质库树：显示 Autodesk 库（包含预定义的 Autodesk 材质）和其他库（包含用户定义的材质）。
- 库详细信息：显示选定类别中材质的预览。
- 浏览器底部栏：包含“管理”菜单，用于添加、删除和编辑库和库类别。此菜单还包含一个按钮，用于控制库详细信息的显示选项。

操作技巧 打开材质浏览器的操作方法

可以通过以下 3 种方法来执行“打开材质浏览器”操作：

- 选择“视图”→“渲染”→“材质浏览器”菜单命令。
- 单击“渲染”工具栏中的“材质浏览器”按钮。
- 在命令行中输入“matbrowseropen”后，按回车键。

相关知识 **材质库的分类**

Autodesk的材质库中包含了700多种材质和1000多种纹理。此库为只读，但可以将Autodesk 材质复制到图形中，编辑后保存到用户自己的库。材质库可以分为以下3种：

1. Autodesk 库

Autodesk库包含Autodesk提供的预定义材质，可用于支持材质的所有应用程序。该库包含与材质相关的资源，如纹理、缩略图等。

无法编辑 Autodesk 库，所有用户定义的或修改的材质都将被放置到用户库中。

2. 用户库

用户库包含要在图形之间共享的所有材质，但Autodesk库中的材质除外。用户可以复制、移动、重命名或删除用户库。

3. 嵌入库

嵌入库包含在图形中使用或定义的一组材质，且仅适用于此图形。当安装了使用Autodesk材质的首个Autodesk

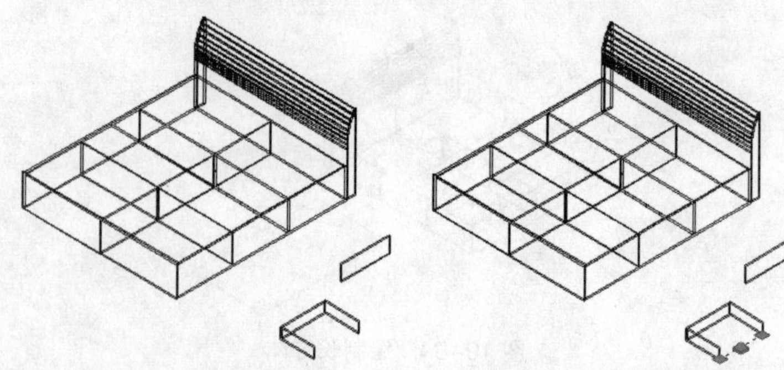

图 10-89 组合长方体　　图 10-90 绘制辅助线

38 单击“修改”工具栏中的“移动”按钮，移动抽屉面板组合实体，如图 10-91 所示。

39 单击“建模”工具栏中的“长方体”按钮，绘制一个长为600、宽为 2000、高为 140 的长方体，如图 10-92 所示。

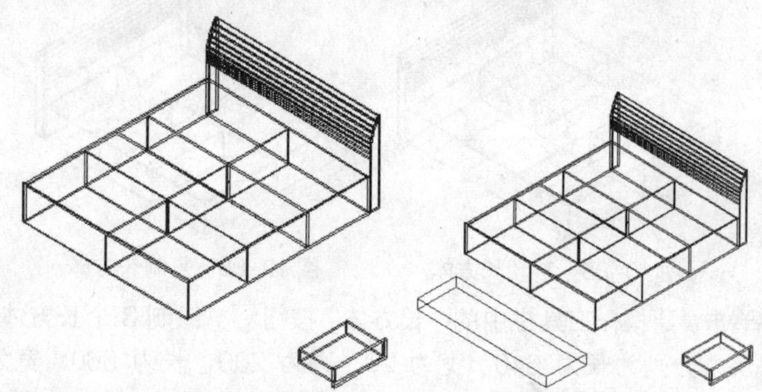

图 10-91 组合抽屉面板　　图 10-92 绘制长方体

40 单击“绘图”工具栏中的“直线”按钮，绘制一条长为 100的辅助线段，如图 10-93 所示。

41 单击“修改”工具栏中的“移动”按钮，将之前绘制的长方体移动到图形中，如图 10-94 所示。

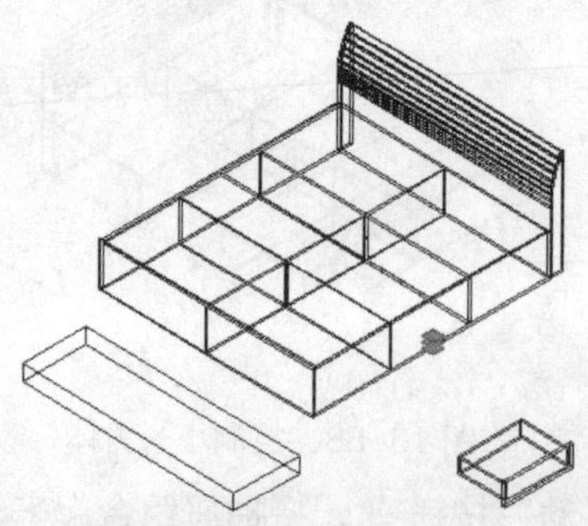

图 10-93 绘制辅助线

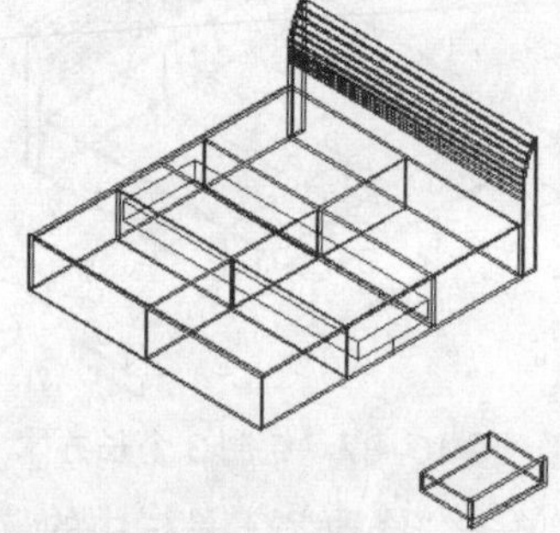

图 10-94 移动长方体

42 单击“建模”工具栏中的“差集”按钮，选择床的框架，然后减去移动的长方体，如图 10-95 所示。

43 单击“修改”工具栏中的“移动”按钮，将抽屉部分的实体都移动到图形中，如图 10-96 所示。

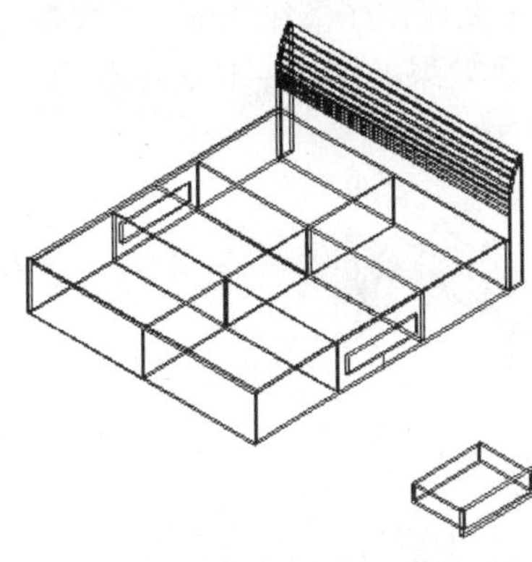

图 10-95　差集实体

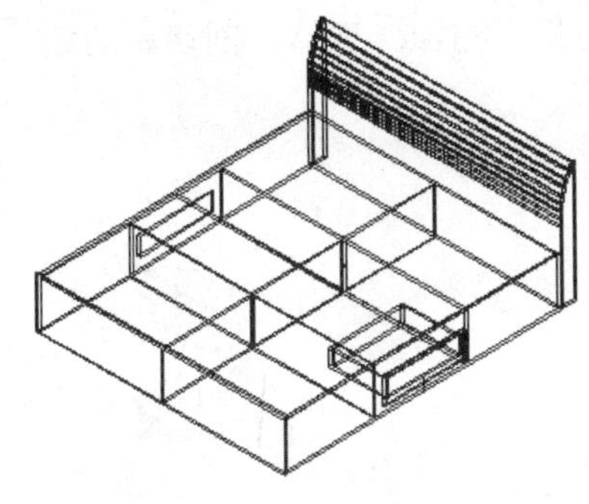

图 10-96　移动抽屉到图形中

44 单击“修改”工具栏中的“删除”按钮，删除之前的所有辅助线段，如图 10-97 所示。

45 选择“修改”菜单中“三维操作”子菜单中的“三维镜像”命令，对称复制抽屉部分的实体，如图 10-98 所示。

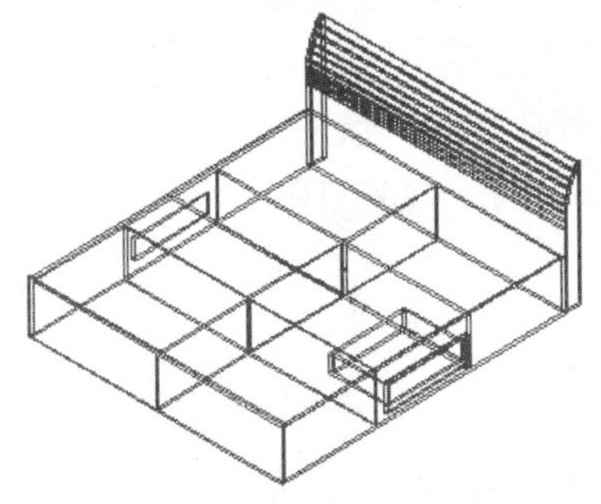

图 10-97　删除辅助线

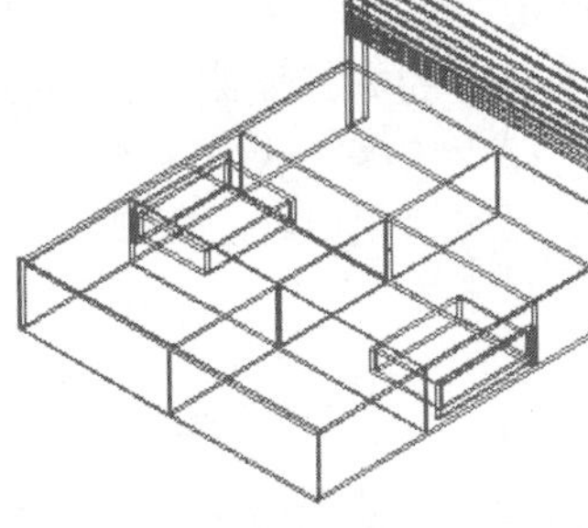

图 10-98　对称复制另半边抽屉

46 选择“视图”菜单中的“消隐”命令，调整图形的视觉效果，如图 10-99 所示。

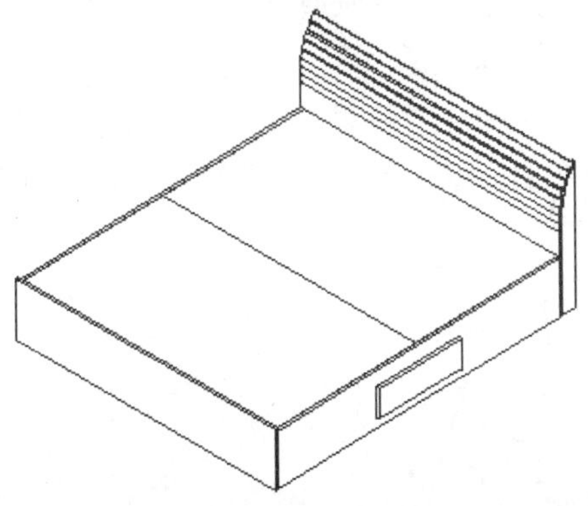

图 10-99　消隐样式观察图形

应用程序后，将自动创建该库，并无法重命名此类型的库，它将存储在图形中。

相关知识　管理材质库

在“材质浏览器”选项板中，有一个较为有用的功能，即管理材质库。通过该选项板左下角的“管理”下拉菜单中的选项可管理材质库。

管理
打开现有库
创建新库
删除库
创建类别
删除类别
重命名

“管理”下拉菜单中各项的功能如下：

- 打开现有的库：选择该选项将打开“添加库”对话框，从中选择任何现有的库。

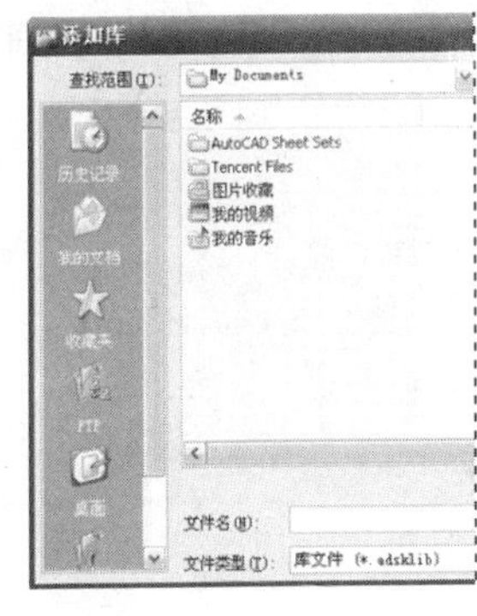

- 创建新库：选择该选项将打开“创建库”对话框，从中可创建新库。

“创建库”对话框：

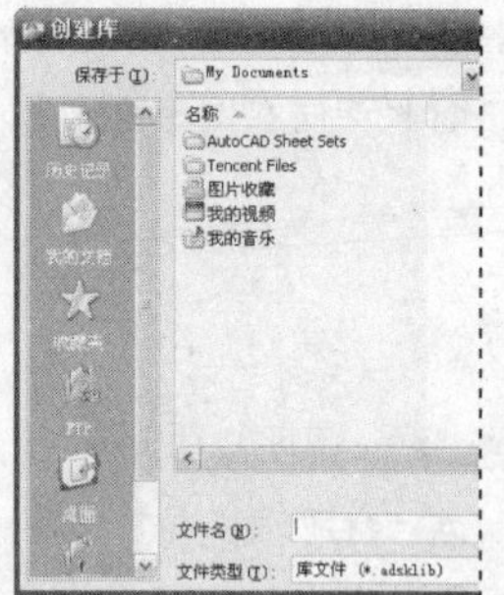

- 删除库：删除选中的库。
- 创建类别：选择库并单击创建类别。
- 删除类别：选择类别并单击删除类别。
- 重命名：选择库或类别，然后指定新的名称。

实例10-4说明

- 知识点：
  - 二维绘图
  - 二维编辑
  - 扫掠
  - 球体
  - 剖切
- 视频教程：
  光盘\教学\第10章　绘制生活小物件
- 效果文件：
  光盘\素材和效果\10\效果\10-4.dwg
- 实例演示：
  光盘\实例\第10章\绘制公园座椅

相关知识　材质编辑器

在“材质编辑器”面板中，可以编辑修改设置好的材质，

实例 10-4　绘制公园座椅

本实例将制作公园座椅模型，主要应用了二维绘图、二维编辑、扫掠、球体、剖切等功能。实例效果如图 10-100 所示。

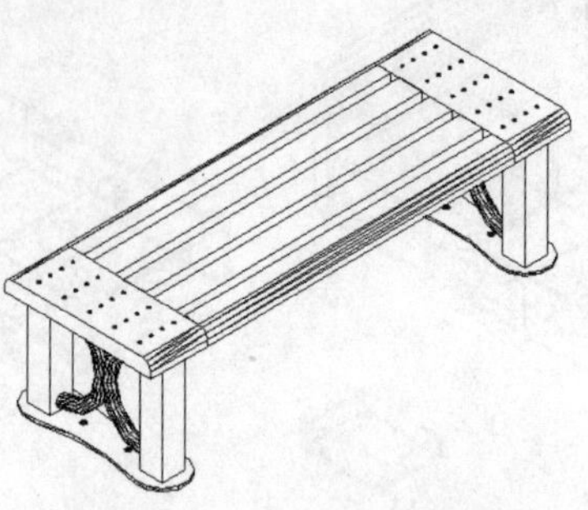

图 10-100　公园座椅效果图

操作步骤

1. 单击“绘图”工具栏中的“直线”按钮，绘制一条长为 400 的垂直辅助线段，再以两个端点绘制半径为 80 的圆，如图 10-101 所示。
2. 单击“绘图”工具栏中的“圆”按钮，用“切点、切点、半径”的方式绘制一个半径为 700 的圆，然后镜像对称复制圆。由于图太大，这里只截取部分图，如图 10-102 所示。

图 10-101　绘制辅助线段和圆

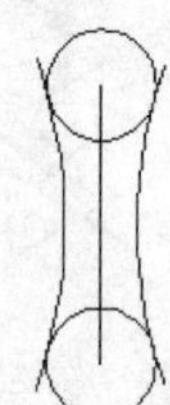

图 10-102　绘制大圆并对称复制

3. 单击“修改”工具栏中的“修剪”按钮和“删除”按钮，修剪多余的线段，再将所有线段用面域功能创建成面，如图 10-103 所示。
4. 选择“视图”菜单中“三维视图”子菜单中的“东北等轴测”命令，将视图由二维视图切换到三维视图，如图 10-104 所示。

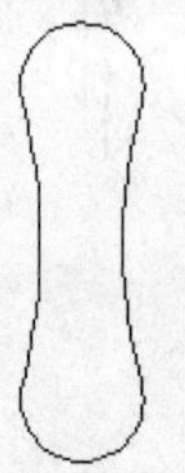

图 10-103　修剪图形并创建成面

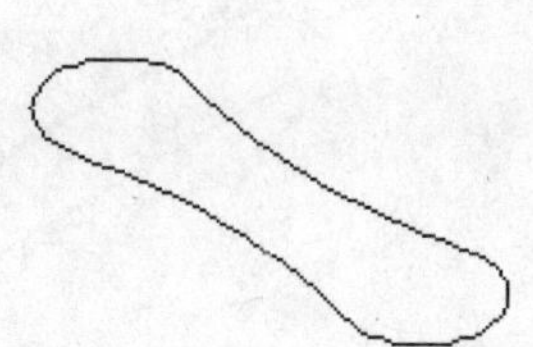

图 10-104　切换成三维视图

5 单击“建模”工具栏中的“拉伸”按钮，将创建的面拉伸 10，如图 10-105 所示。

6 单击“绘图”工具栏中的“直线”按钮，绘制一条长为 120 的辅助线段，并在辅助线的端点上绘制半径为 10、高度为 10 的圆柱体，再将圆柱体向左上复制 160，如图 10-106 所示。

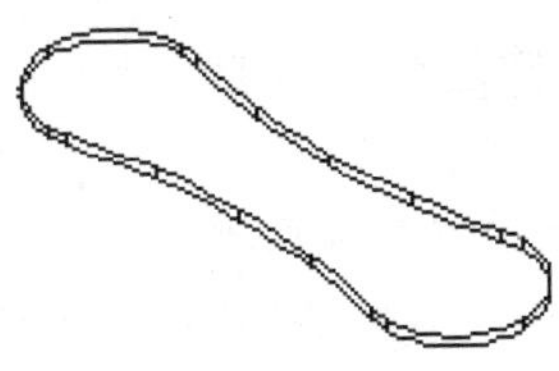

图 10-105 拉伸面生成实体

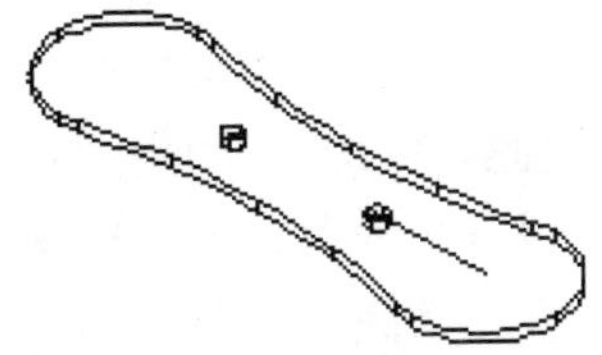

图 10-106 绘制并复制圆柱体

7 单击“建模”工具栏中的“差集”按钮，将两个小圆柱体从大的实体中减去，然后删除辅助线段，如图 10-107 所示。

8 单击“建模”工具栏中的“长方体”按钮，绘制一个长为 80、宽为 80、高为 350 的长方体，如图 10-108 所示。

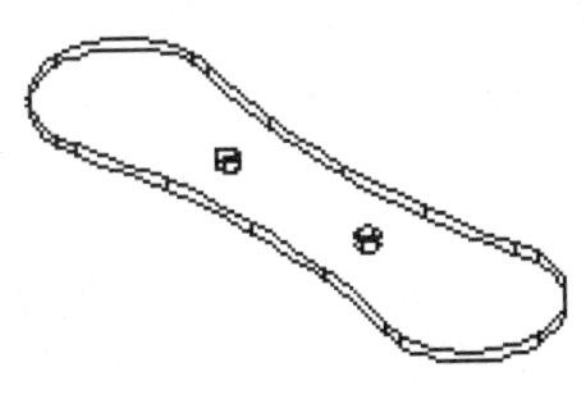

图 10-107 差集实体并删除辅助线段

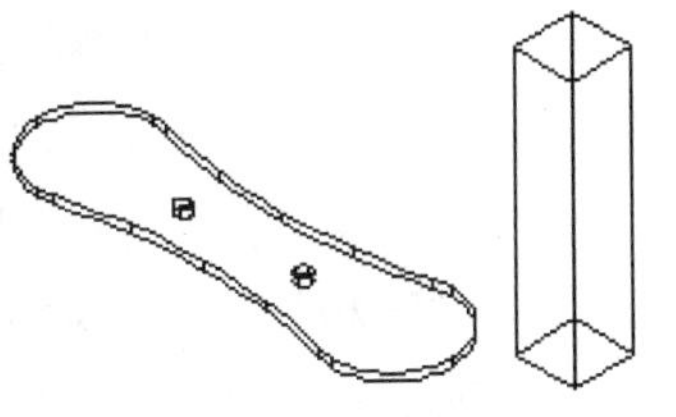

图 10-108 绘制长方体

9 单击“绘图”工具栏中的“直线”按钮，绘制一条辅助线段，再将长方体移入，并向左上复制 400，如图 10-109 所示。

10 单击“建模”工具栏中的“长方体”按钮，绘制一个长为 200、宽为 520、高为 50 的长方体，如图 10-110 所示。

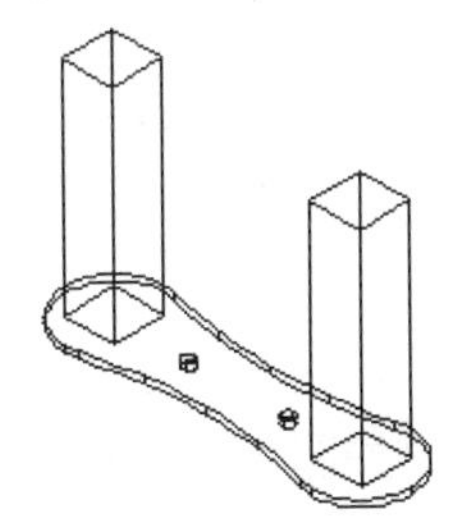

图 10-109 移动并复制长方体

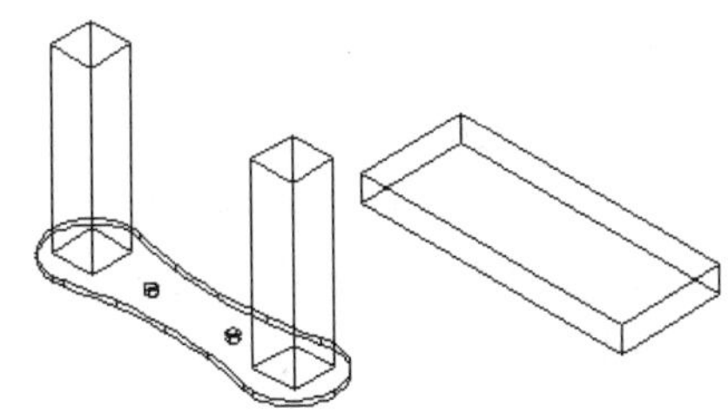

图 10-110 绘制长方体

11 单击“建模”工具栏中的“圆柱体”按钮，绘制一个半径为 5、高度为 50 的圆柱体，如图 10-111 所示。

12 单击“绘图”工具栏中的“直线”按钮，绘制 3 条辅助线段，并将圆柱体移动到新绘制的长方体中，如图 10-112 所示。

通过选择“类型”下拉列表框中的陶瓷、饰面凹凸以及浮雕图案 3 个选项修改相关参数，修改材质达到预期效果为止。

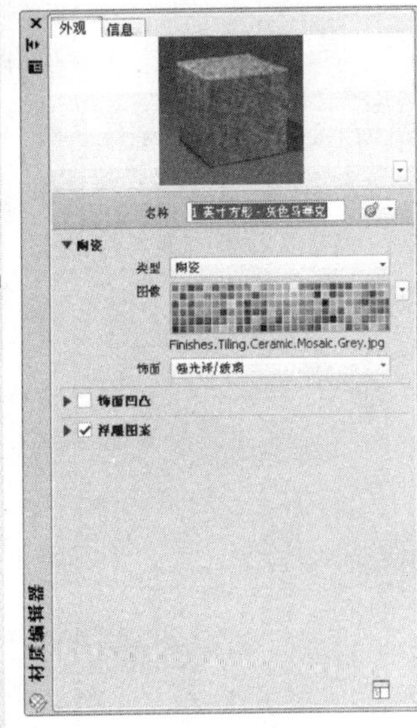

在“信息”选项卡中，可以查看到材质的所有信息，如描述、类型、颜色、图案等。

相关知识 高级渲染设置

我们通过对渲染的高级属性设置，可以达到更加优质的图形效果。可以渲染的项目包括渲染输出到窗口或视口、渲染输出尺寸、曝光类型、是否打开材质和纹理等。

操作技巧 打开高级渲染设置的操作方法

可以通过以下 3 种方法来执行“打开高级渲染设置”操作：

- 选择“视图”→“渲染”→“高级渲染设置”菜单命令。

- 单击“渲染”工具栏中的“高级渲染设置”按钮。
- 在命令行中输入“rpref”后，按回车键。

相关知识 设置高级渲染参数

在执行以上任意一种操作后，都可以打开“高级渲染设置”面板。

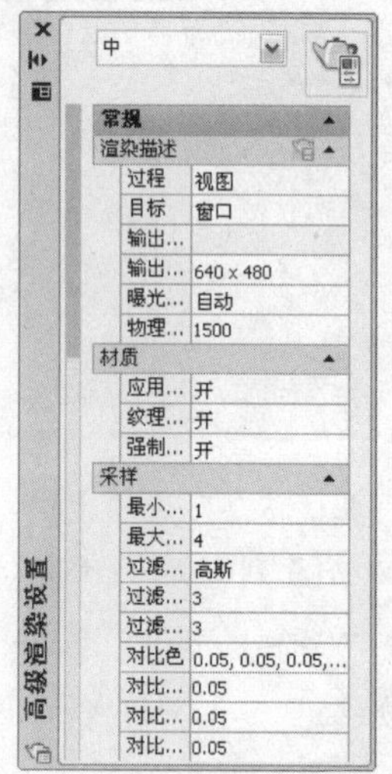

该面板中包括 5 个参数区，依次为常规、光线跟踪、间接发光、诊断和处理。各参数区中包含多个参数。通过这些参数可以设置关于渲染的各个属性。

- 常规：描述渲染图形的常规参数，如过程、目标、输出等。
- 光线跟踪：设置光线的深度、折射、反射以及是否开启着色时的光线跟踪功能。
- 间接发光：用于设置光源反射时的发光参数，如全局照明、最终聚集以及光源特性。

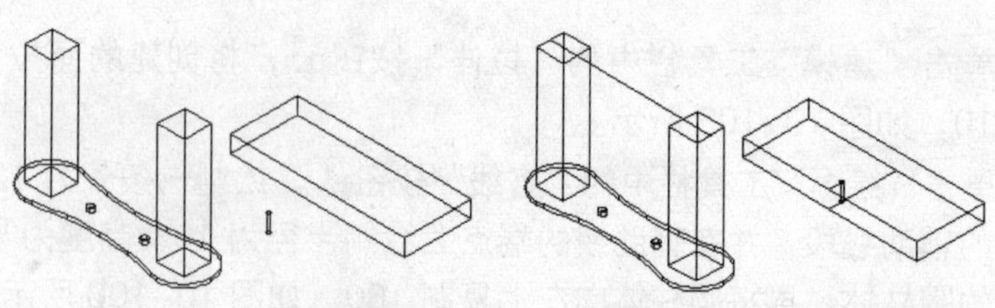

图 10-111　绘制圆柱体　　图 10-112　移动圆柱体

13 单击“修改”工具栏中的“复制”按钮，将圆柱体向右上极轴复制 3 个，间距为 40；再将 4 个圆柱体向左上极轴和右下极轴各复制两排，行间距为 90，如图 10-113 所示。

14 单击“修改”工具栏中的“圆角”按钮，将长方体顶面两条短边倒圆角，圆角半径为 30，如图 10-114 所示。

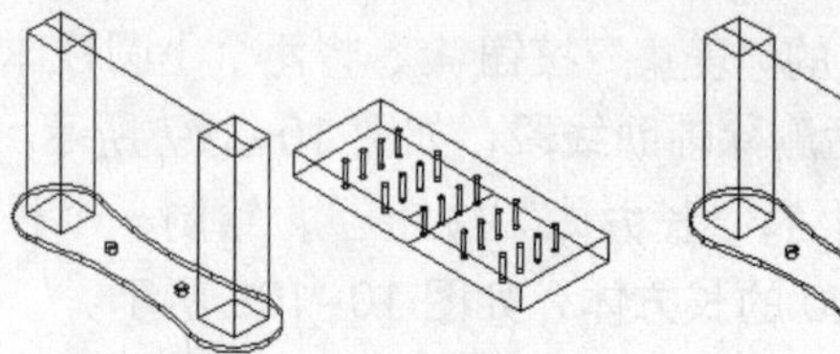

图 10-113　复制圆柱体

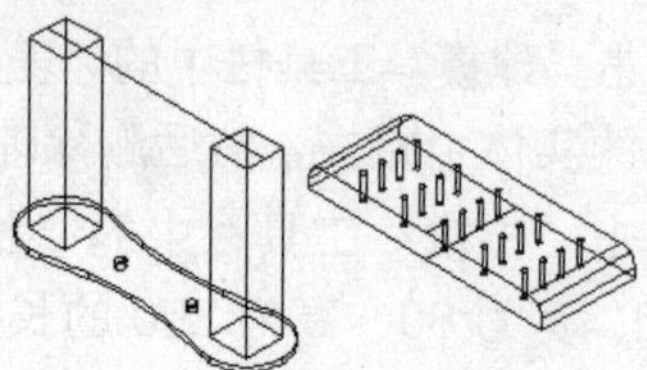

图 10-114　长方体倒圆角

15 单击“建模”工具栏中的“差集”按钮，将所有小圆柱体从长方体中减去，再将实体组合起来，如图 10-115 所示。

16 单击“建模”工具栏中的“圆环体”按钮，绘制一个半径为 150、圆管半径为 20 的圆环体，如图 10-116 所示。

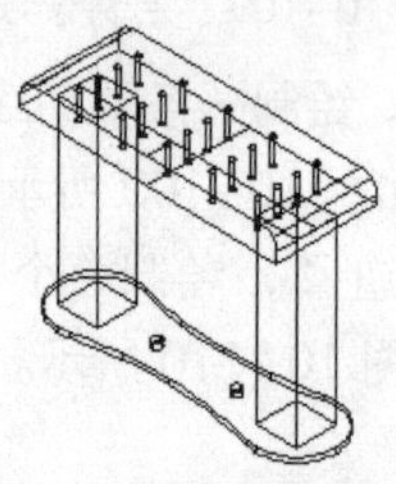

图 10-115　差集并移动实体

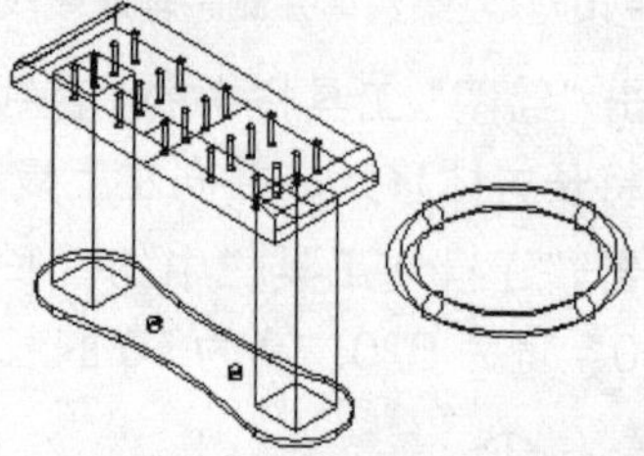

图 10-116　绘制圆环体

17 选择“修改”菜单中“三维操作”子菜单中的“剖切”命令，从中对半剖切圆环体，如图 10-117 所示。

18 单击“建模”工具栏中的“三维旋转”按钮，旋转两个一半的圆环体，再将实体移动到图形中，如图 10-118 所示。

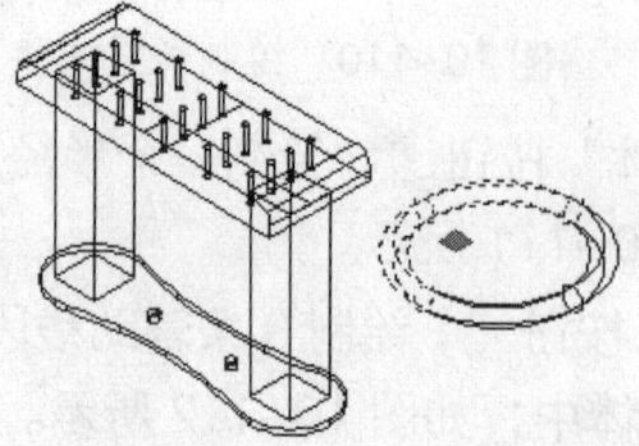

图 10-117　剖切圆环体

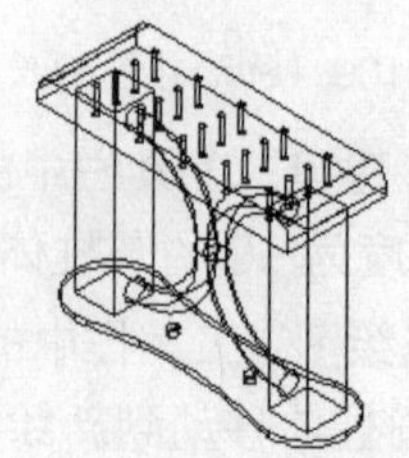

图 10-118　旋转并移动实体

19 单击“建模”工具栏中的“长方体”按钮，绘制一个长为 1100、宽为 80、高为 50 的长方体，并将长方体移动到图形中，如图 10-119 所示。

20 单击“修改”工具栏中的“复制”按钮，将长方体向左上极轴复制 4 个，间距为 110，如图 10-120 所示。

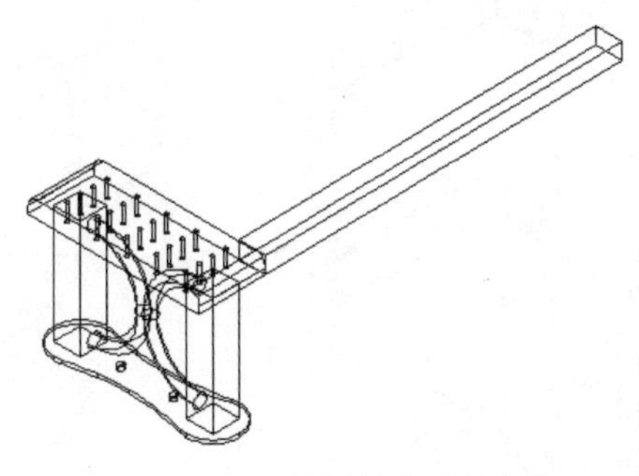

图 10-119　绘制并移动长方体

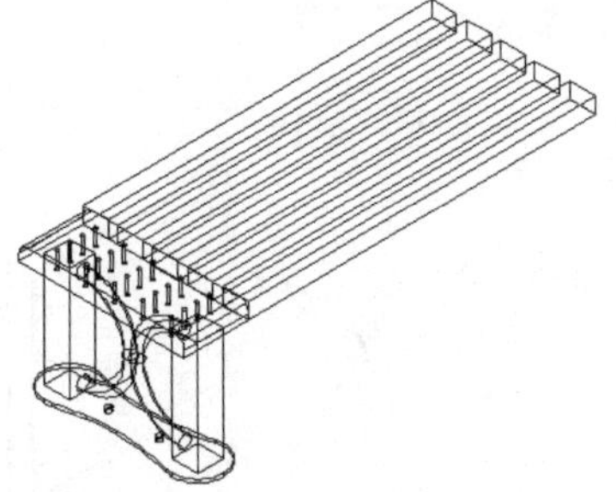

图 10-120　复制长方体

21 单击“修改”工具栏中的“圆角”按钮，倒圆角外围的两个长方体的一条长边，圆角半径为 30，如图 10-121 所示。

22 选择“修改”菜单中“三维操作”子菜单中的“三维镜像”命令，镜像复制另一边的椅子脚，如图 10-122 所示。

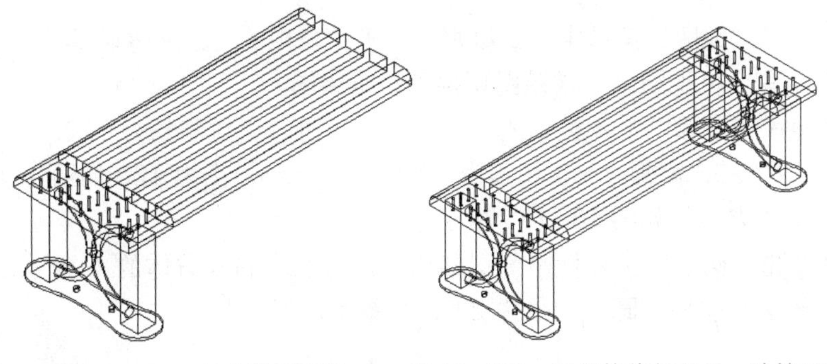

图 10-121　长方体倒圆角　　图 10-122　三维镜像复制另一边椅子脚

23 选择“视图”菜单中的“消隐”命令，调整图形的视觉效果，如图 10-123 所示。

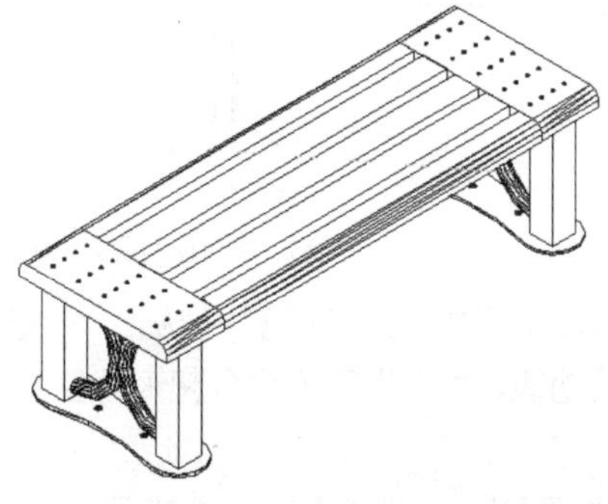

图 10-123　消隐样式观察图形

- 诊断：设置一些可见的辅助功能参数，如栅格、栅格尺寸等。
- 处理：设置一些渲染时的处理参数，如平铺尺寸、平铺次序等。

相关知识　**“选择渲染预设”下拉列表框中各个选项**

在“选择渲染预设”下拉列表框中可以选择预设的渲染类型，包括“草稿”、“低”、“中”、“高”和“演示”。

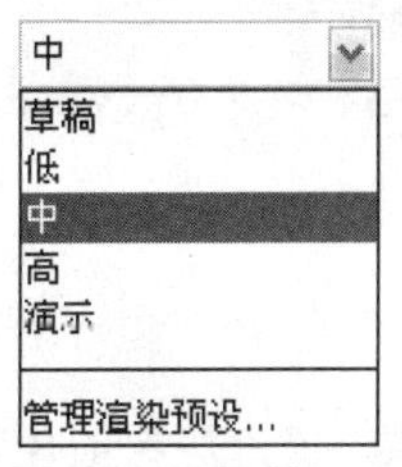

- 草稿：设置渲染的草稿样式。
- 低：设置低值参数的渲染样式。
- 中：设置普通值参数的渲染样式。
- 高：设置高值参数的渲染样式。
- 演示：设置渲染样式最佳效果时的参数设置。
- 管理渲染预设：单击该选项可以打开“渲染预设管理器”对话框。

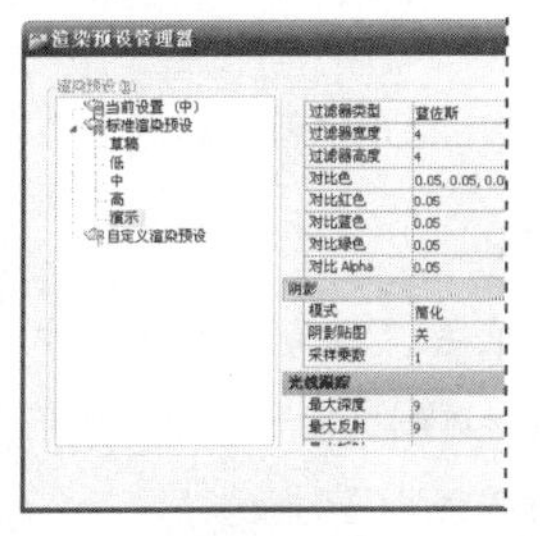

通过该对话框，可以自定义设置渲染预设参数。

实例10-5说明

- 知识点：
  - 直线
  - 长方体
  - 圆角
  - 三维编辑
- 视频教程：

光盘\教学\第 10 章　绘制生活小物件

- 效果文件：

光盘\素材和效果\10\效果\10-5.dwg

- 实例演示：

光盘\实例\第 10 章\绘制上下床

操作技巧 渲染沙发的操作方法

下面我们通过渲染一个沙发来熟悉渲染实体的操作：

1. 打开文件

打开一个实体沙发。

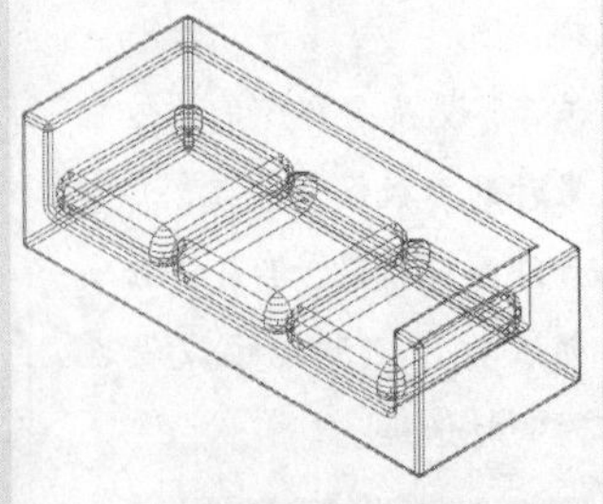

2. 打开“材质浏览器”面板

单击“渲染”工具栏中的“材质浏览器”按钮，打开“材质浏览器”面板。

实例 10-5 绘制上下床

本实例将制作一个上下床的模型，主要应用了直线、长方体、圆角、三维编辑等功能。实例效果如图 10-124 所示。

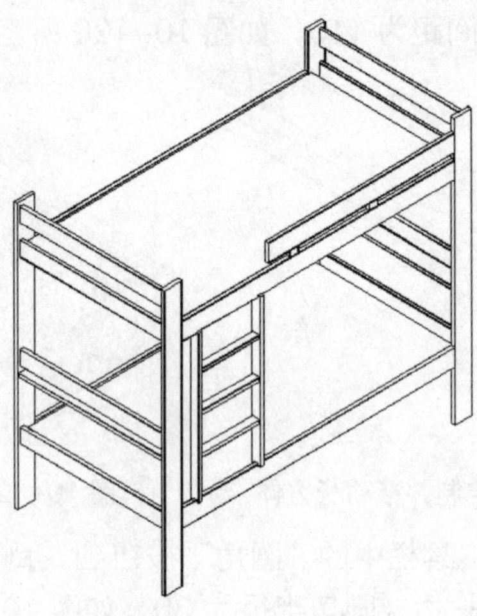

图 10-124　上下床效果图

操作步骤

1 选择“视图”菜单中“三维视图”子菜单中的“东北等轴测”命令，将视图由二维绘图切换到三维绘图。

2 单击“建模”工具栏中的“长方体”按钮，绘制长为 120、宽为 25、高为 1800 和长为 1900、宽为 25、高为 120 的两个长方体，如图 10-125 所示。

3 单击“修改”工具栏中的“圆角”按钮，将长方体的 4 条长边倒圆角，圆角半径为 2.5，如图 10-126 所示。

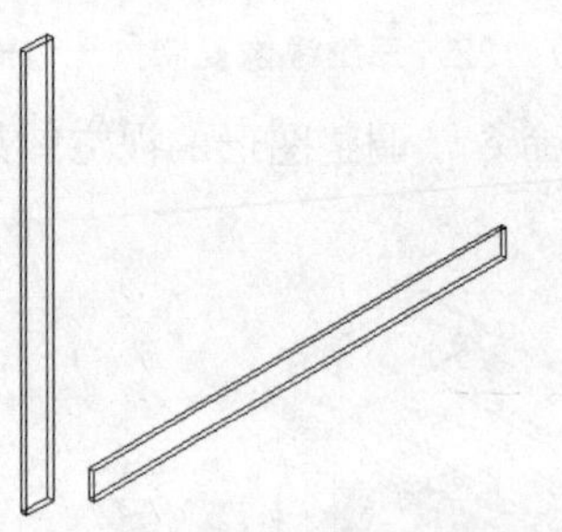

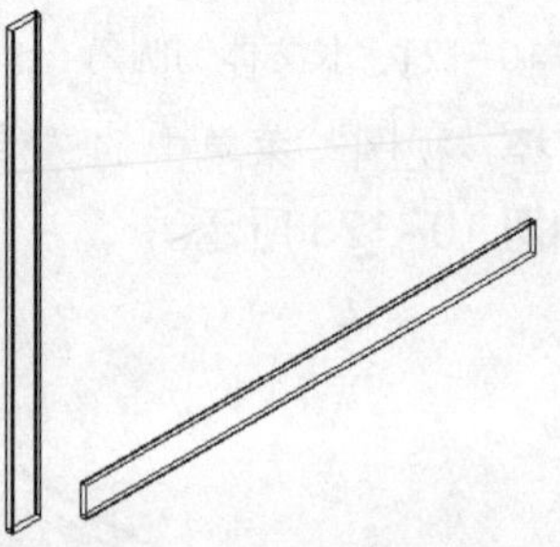

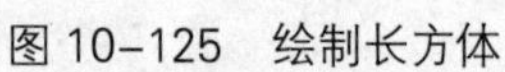

图 10-125　绘制长方体　　图 10-126　倒圆角 4 条长边

4 单击“绘图”工具栏中的“直线”按钮，绘制长为 460、1100 的两段辅助线，然后将实体组合起来再复制，如图 10-127 所示。

5 单击“建模”工具栏中的“长方体”按钮，绘制长为 25、宽为 1000、高为 100，长为 2000、宽为 25、高为 50 和长为 30、宽为 25、高为 35 的 3 个长方体，如图 10-128 所示。

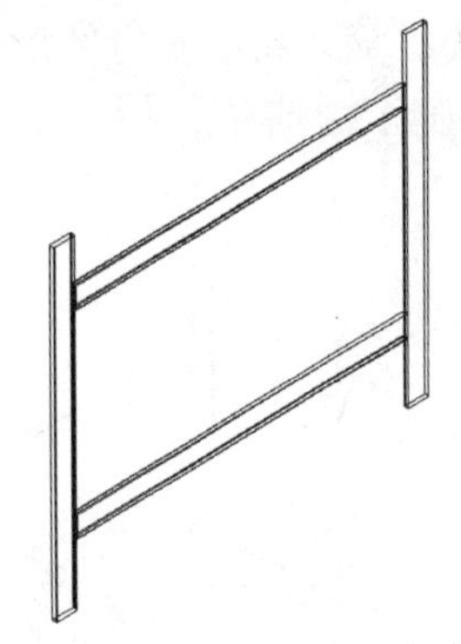

图 10-127　移动并复制实体

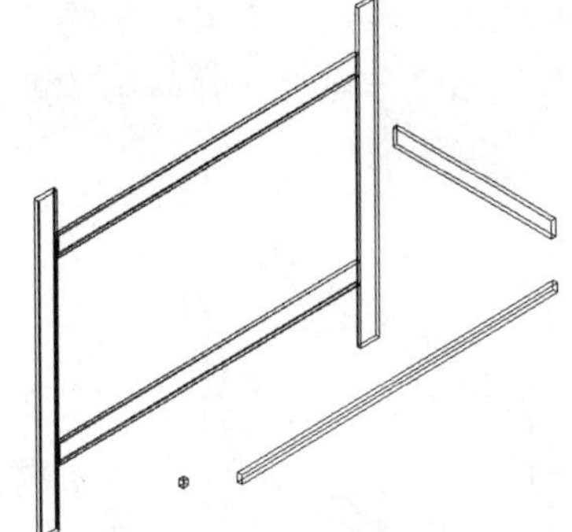

图 10-128　绘制 3 个长方体

6 单击“修改”工具栏中的“圆角”按钮，倒圆角其中一个长方体的 4 条长边，圆角半径为 2.5，如图 10-129 所示。

7 单击“绘图”工具栏中的“直线”按钮，绘制一条辅助线，如图 10-130 所示。

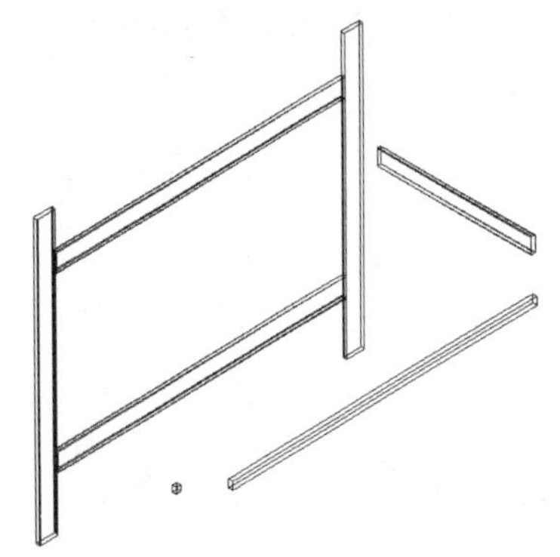

图 10-129　倒圆角其中一个长方体

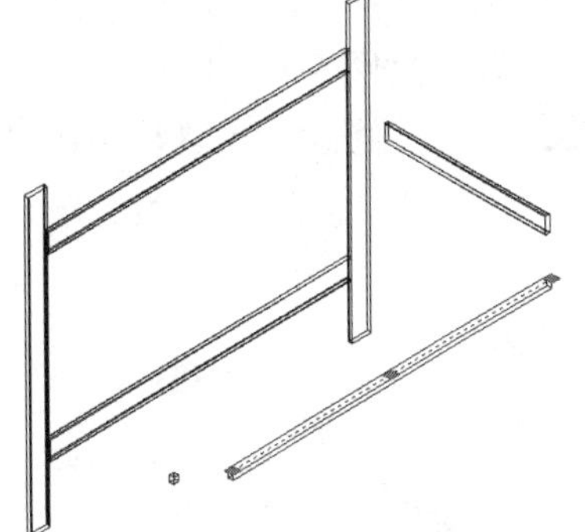

图 10-130　绘制辅助线

8 选择“格式”菜单中的“点样式”命令，打开“点样式”对话框，设置样式，如图 10-131 所示。

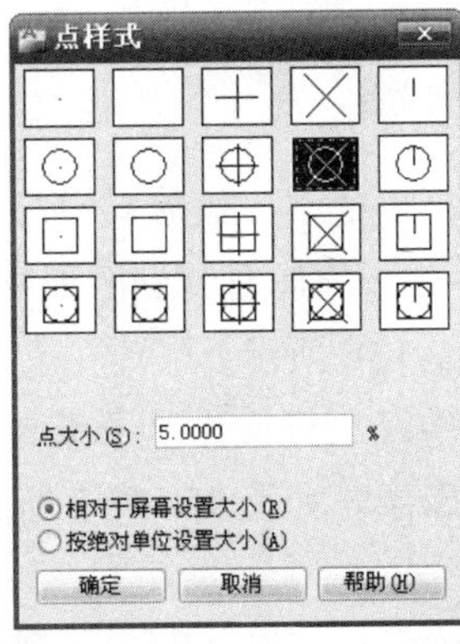

图 10-131　“点样式”对话框

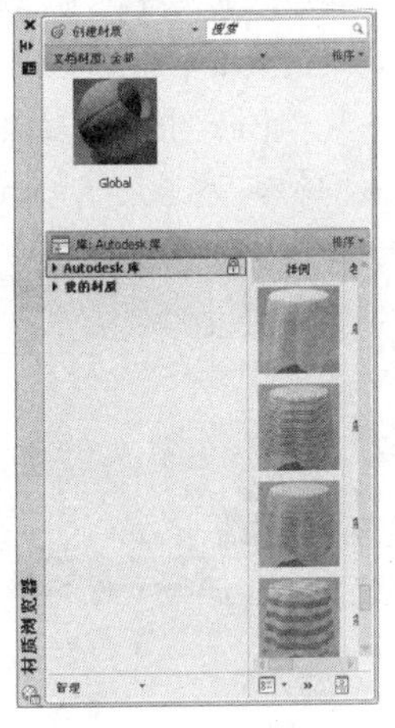

3. 设置素材

添加材质“格子花呢-红色”和“卵石花纹-褐色”素材。

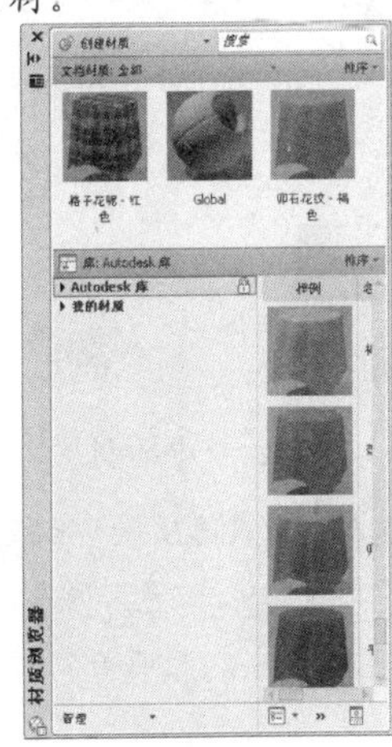

4. 设置视觉样式

单击“视觉样式”工具栏中的“真实视觉样式”按钮，设置图形的视觉样式。

5. 添加材质

单击添加的两种材质，在弹出的快捷菜单中选择“添加到”子菜单中的“活动的工具选项板”命令，系统会自动打开“工具选项板”面板。

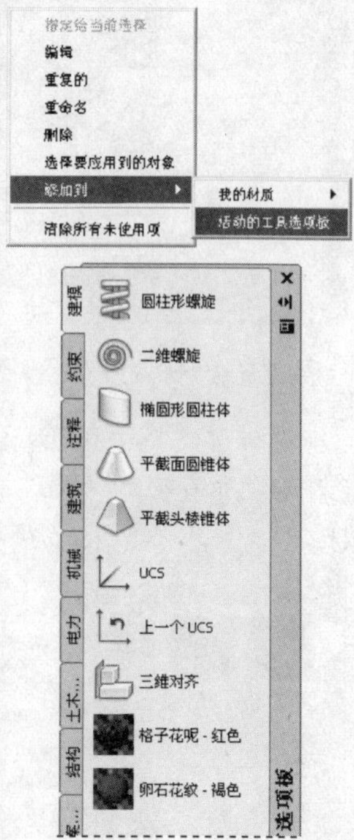

6. 选择面板中的材质

选择“工具选项板”面板中的“格子花呢-红色”选项，系统弹出“材质-已存在”对话框。

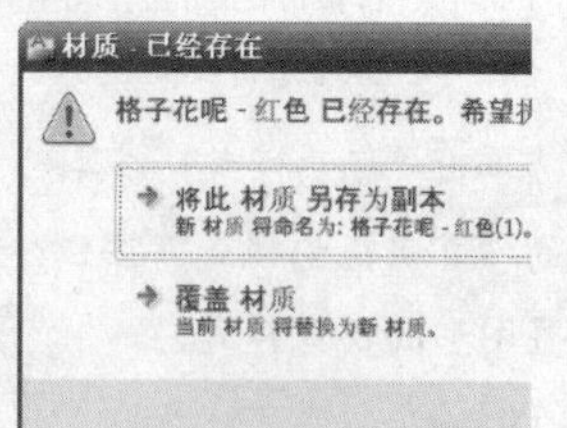

7. 用材质填充实体

选择“覆盖材质”选项，鼠标指针变为一个小方块，在方块上显示一只毛笔的图形，选择需要填充的图形——3 个沙发垫。

9 选择“格式”菜单中“点”子菜单中的“定数等分”命令，将辅助线段分为 6 段，如图 10-132 所示。

10 单击“修改”工具栏中的“复制”按钮，将小长方体复制到每个节点上，并差集实体，如图 10-133 所示。

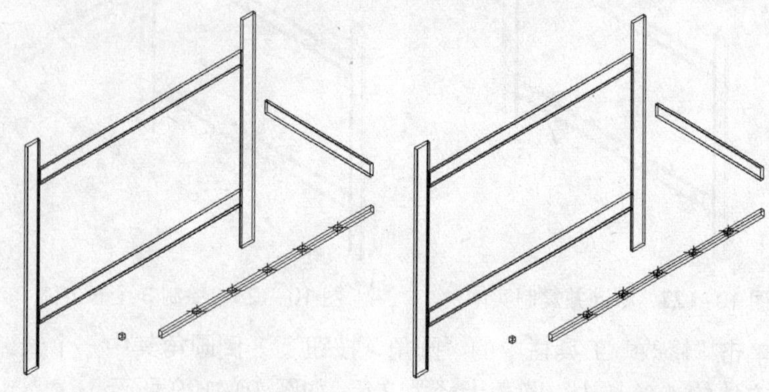

图 10-132　定数等分成 6 段　　图 10-133　复制并差集实体

11 单击“绘图”工具栏中的“直线”按钮，绘制长为 375、30 的两条辅助线，并将实体复制到图形中，然后删除辅助线段，如图 10-134 所示。

12 单击“修改”工具栏中的“复制”按钮，将长方体复制到图形中，如图 10-135 所示。

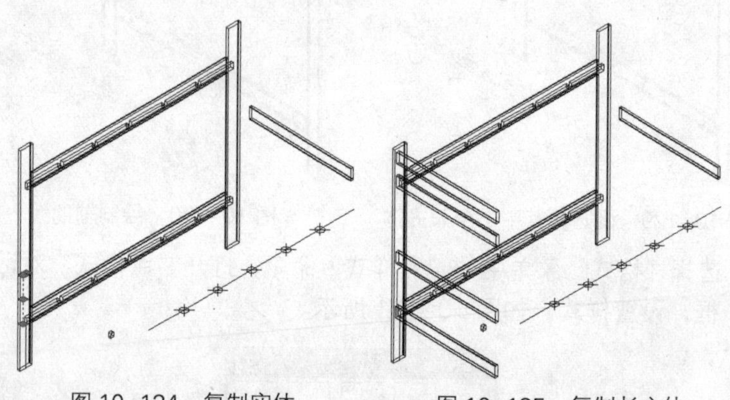

图 10-134　复制实体　　图 10-135　复制长方体

13 单击“建模”工具栏中的“三维旋转”按钮，将在外的长方体旋转 90°，并将长方体复制到图形中，然后删除辅助线段和实体，如图 10-136 所示。

14 选择“修改”菜单中“三维操作”子菜单中的“三维镜像”命令，对称复制出床架，如图 10-137 所示。

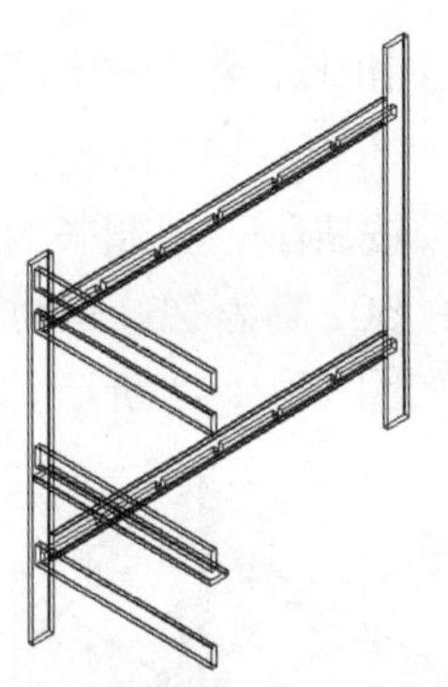

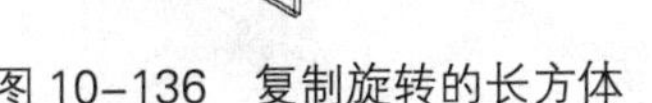

图 10-136　复制旋转的长方体

图 10-137　对称复制床架

15 单击"建模"工具栏中的"长方体"按钮，绘制长为 30、宽为 1000、高为 35 和长为 2000、宽为 1000、高为 20 的两个长方体，如图 10-138 所示。

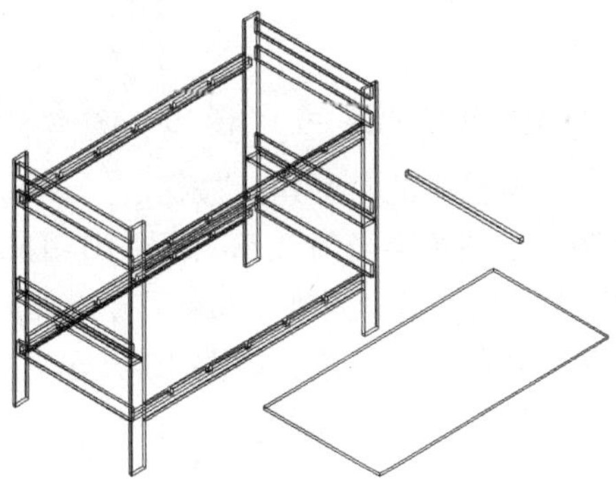

图 10-138　绘制长方体

16 单击"修改"工具栏中的"复制"按钮，将绘制的长方体复制到图形中的合适位子，并删除复制之前的实体，如图 10-139 所示。

17 单击"建模"工具栏中的"长方体"按钮，绘制一个长为 1300、宽为 25、高为 120 和两个长为 60、宽为 25、高为 40 的长方体，如图 10-140 所示。

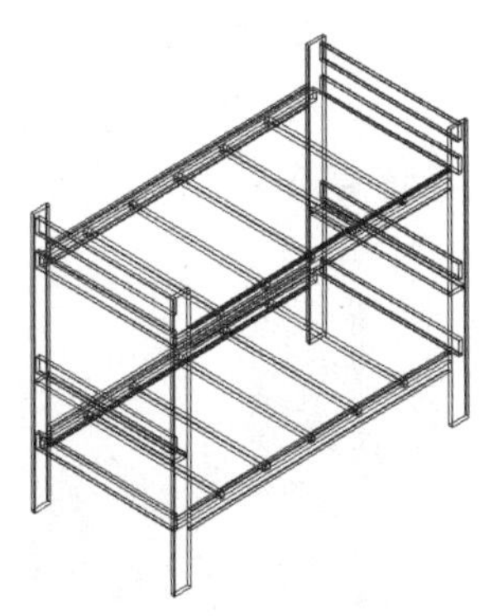

图 10-139　复制长方体

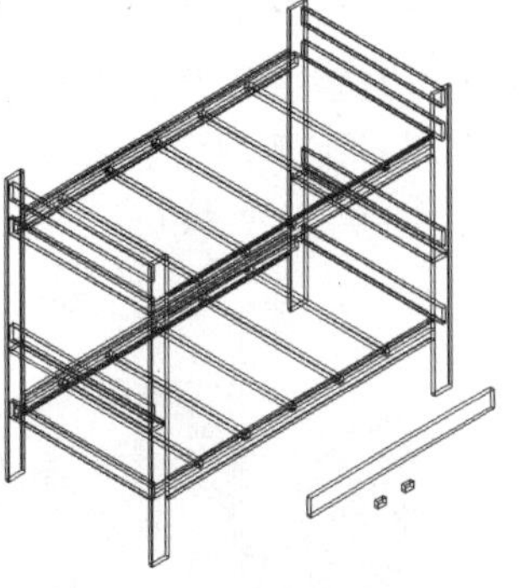

图 10-140　绘制长方体

8. 在"工具特性"对话框调整参数

如果感觉所添加的材质效果不是很好，可以调整材质的相关参数，再重新添加材质。单击选择材质，单击鼠标右键，在弹出的快捷菜单中选择"特性"命令，打开"工具特性"对话框。

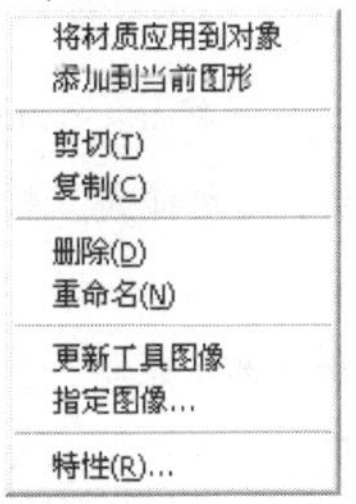

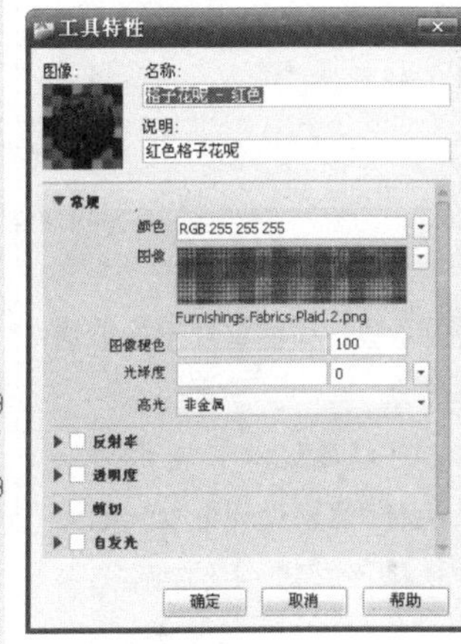

在该对话框中可设置材质的反射率、透明率、剪切、自发光、凹凸的相关参数，设置材质参数达到较为满意的效果。

9. 添加材质的最终效果

添加沙发皮质材质效果。

相关知识 设计中心

AutoCAD 设计中心的主要功能是管理 AutoCAD 图形中的设计资源，方便各种资源的相互调用。

通过设计中心，可以管理图形图块、文字样式、标注样式、图层、布局、线型、图案填充以及外部参照等。它不仅可以调用本机中的图形文件，还可以调用网络上其他计算机上的文件。

操作技巧 启动设计中心的操作方法

可以通过以下 4 种方法来执行"启动设计中心"操作：

- 选择"工具"→"选项板"→"设计中心"菜单命令。
- 单击"标准"工具栏中的"设计中心"按钮。
- 在命令行中输入"adcenter"后，按回车键。
- 按 Ctrl+2 组合键。

18 单击"绘图"工具栏中的"直线"按钮，绘制辅助线，再将实体倒圆角后，移动到图形中，如图 10-141 所示。

19 单击"建模"工具栏中的"长方体"按钮，绘制长为 25、宽为 60、高为 1000，长为 400、宽为 50、高为 25，长为 450、宽为 25、高为 10 的 3 个长方体，如图 10-142 所示。

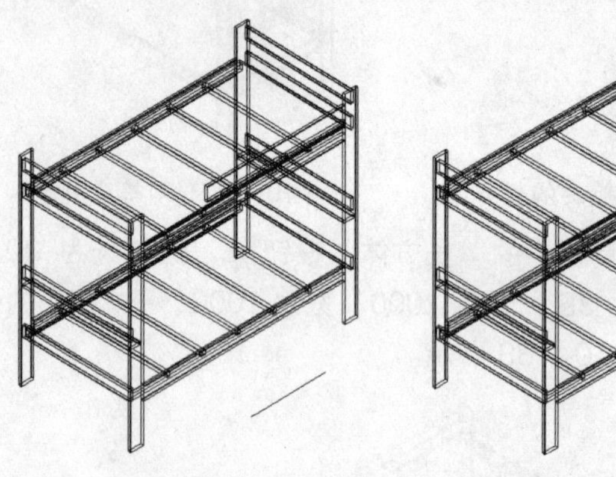

图 10-141 倒圆角实体并移动到图形中　　图 10-142 绘制 3 个长方体

20 单击"修改"工具栏中的"圆角"按钮，将其中两个实体的长边缘倒圆角，圆角半径为 2.5，如图 10-143 所示。

21 单击"绘图"工具栏中的"直线"按钮，绘制一条辅助线，并使用定数等分功能平分线段，如图 10-144 所示。

图 10-143 实体倒圆角　　图 10-144 绘制辅助线并定数等分

22 单击"修改"工具栏中的"移动"按钮，与其他两个长方体组合，并复制其他长方体，如图 10-145 所示。

23 单击"建模"工具栏中的"差集"按钮，将左右两边的长方体减掉上下两个长方体，如图 10-146 所示。

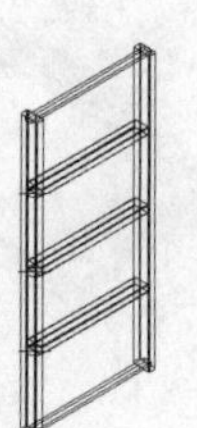

图 10-145 复制长方体

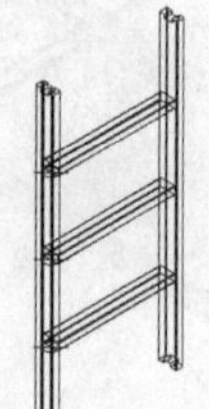

图 10-146 差集实体

24 单击“绘图”工具栏中的“直线”按钮，绘制一条长为 100 的辅助线段，并使用移动功能将爬梯实体移动到图形中，再删除辅助线，如图 10–147 所示。

25 单击“视图”菜单中的“消隐”命令，调整图形的视觉效果，如图 10–148 所示。

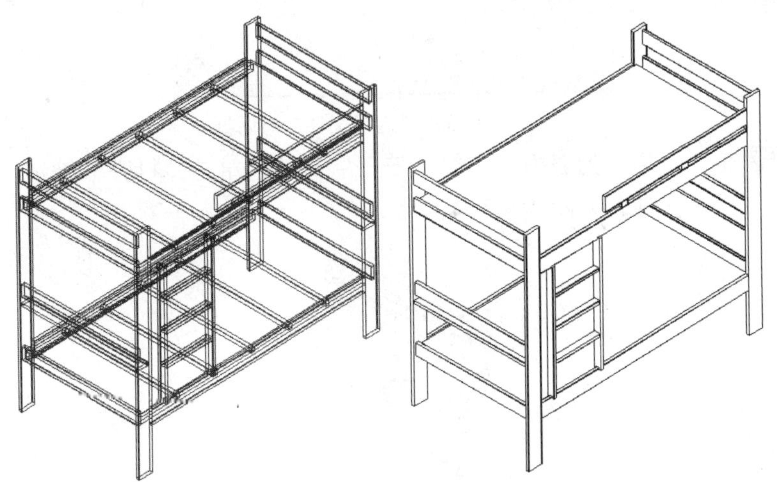

图 10–147　将实体移动到图形中　　图 10–148　消隐样式观察图形

实例 10-6　绘制简易组装图

本实例将制作一个简易的组装图，是为了方便用户看到产品的组装步骤图，主要应用了移动、复制、删除、直线等功能。实例效果如图 10–149 所示。

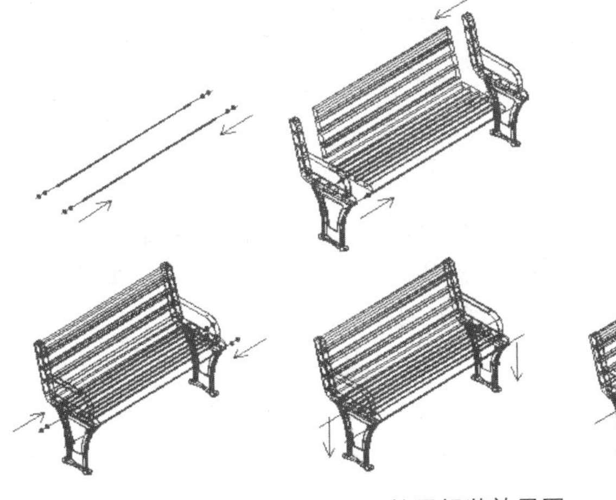

图 10–149　简易组装效果图

操作步骤

1 单击“文件”工具栏中的“打开”按钮，打开“选择文件”对话框，如图 10–150 所示。

实例10-6说明

知识点：

- 移动
- 复制
- 删除
- 直线

视频教程：

光盘\教学\第 10 章　绘制生活小物件

效果文件：

光盘\素材和效果\10\效果\10-6.dwg

实例演示：

光盘\实例\第 10 章\绘制简易组装图

相关知识　“设计中心”面板设置

在执行以上任意一种操作后，都可以打开“设计中心”面板。使用设计中心可以浏览、查找、预览以及插入内容，包括块、图案填充和外部参照等。

单击“文件夹”或“打开的图形”选项卡时，将显示两个窗格：树状图窗格和内容区域窗格，从中可以管理图形内容。

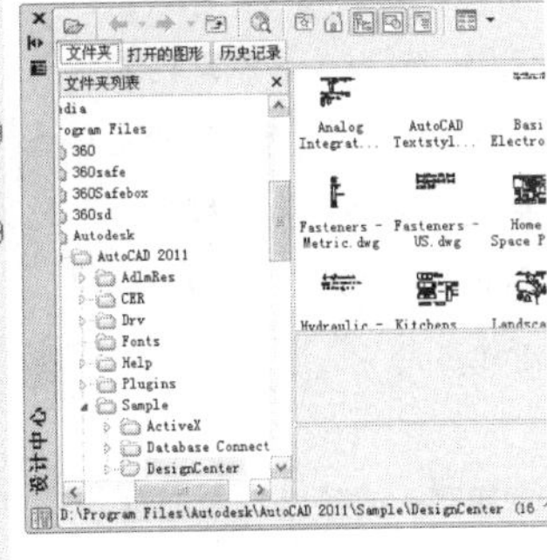

在面板的工具栏中包含了以下功能按钮：

- 加载：单击此按钮打开“加载”对话框，可以浏览本地和网络上的文件，然后选择需要的文件加载到内容区域中。

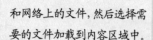

- 上一页：返回历史记录列表中上一次打开的位置。
- 下一页：返回历史记录列表中下一次的位置。
- 上一级：显示当前路径中上一级的内容。
- 搜索：单击此按钮打开“搜索”对话框，从中可以通过指定搜索条件在图形中查找图形、块以及非图形对象。
- 收藏夹：在内容区域中显示“收藏夹”文件夹的内容。
- 主页：设计中心返回到默认文件夹。安装时，默认文件夹被设置为安装目录的 Sample\DesignCenter 文件夹。
- 树状图切换：显示或隐藏树状视图。如果绘图区域需要更多的空间，可隐藏树状图。
- 预览：显示或隐藏内容区域窗格中选定项目的预览。
- 说明：显示或隐藏内容区域窗格中选定项目的文字说明。
- 视图：单击此按钮弹出下拉菜单，可以为加载到内容区域中的内容选择不同的显示格式，分为“大图标”、“小图标”、“列表”、“详细信息”4 种格式。

相关知识 调整设计中心显示

启动 AutoCAD 设计中心后，默认情况下“设计中心”选项卡处于浮动状态。用户可以根据自己的需要，调整选项

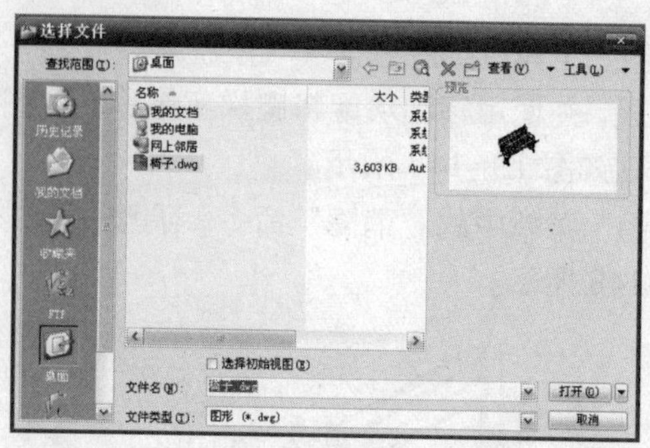

图 10-150 “选择文件”对话框

2 在“名称”列表框中选择“椅子”文件，单击“打开”按钮打开文件，如图 10-151 所示。

图 10-151 打开“椅子”文件

3 单击“修改”工具栏中的“复制”按钮，在图形的左方复制一个模型实体，如图 10-152 所示。

图 10-152 复制模型实体

4 单击“修改”工具栏中的“移动”按钮，将 4 颗固定铁架的螺栓沿极轴向上移动 200。为了方便读者观察，本实例暂时将螺栓设置为红色，如图 10-153 所示。

图 10-153 移动螺栓实体

5 单击“绘图”工具栏中的“直线”按钮，沿极轴绘制长为 100、300 的两条直线，再使用旋转功能将绘制的线段组成一个箭头，如图 10-154 所示。

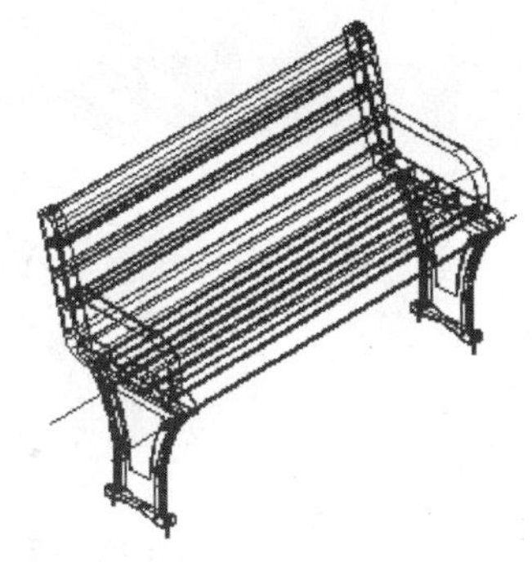

图 10-154　绘制箭头

6 单击“建模”工具栏中的“三维旋转”按钮，再结合复制和移动功能调整箭头位置，代表此步骤在安装时，螺栓固定座椅，如图 10-155 所示。

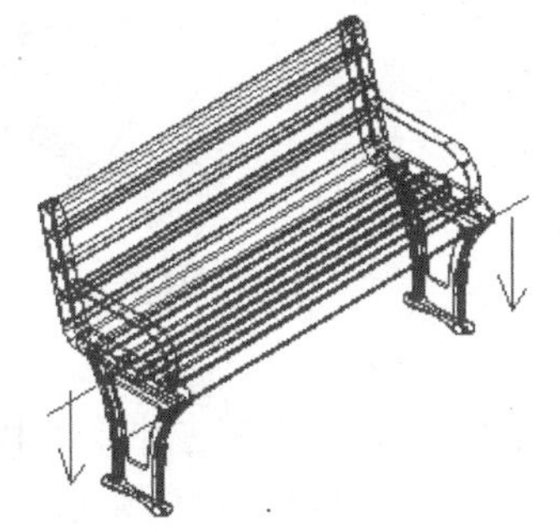
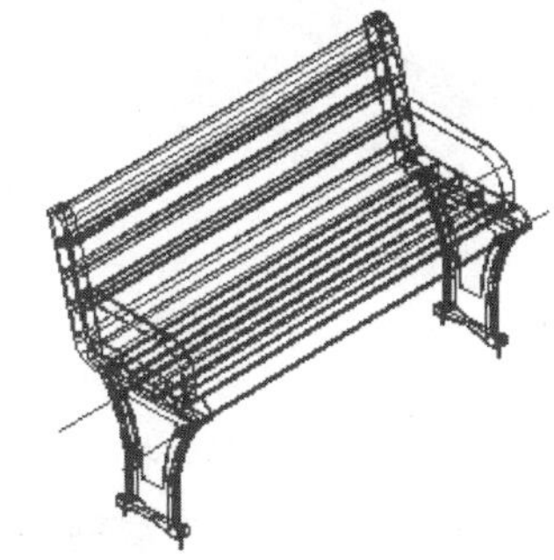

图 10-155　调整箭头

7 单击“修改”工具栏中的“复制”按钮，将第二个实体模型再向左复制，同时删除新复制图形中的螺栓，如图 10-156 所示。

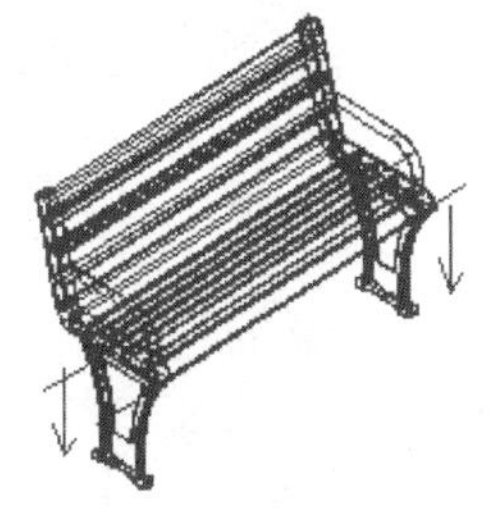
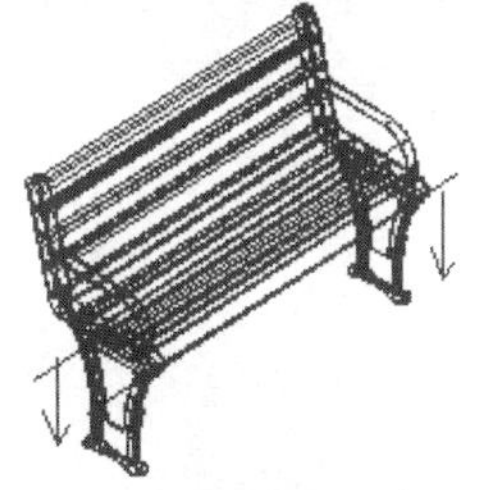

图 10-156　复制实体并删除螺栓

8 单击“修改”工具栏中的“移动”按钮，将固定座椅螺栓的外部垫片向外移动 150，螺母向外移动 200。为了方便读者观察，本实例暂时将螺栓设置为红色，如图 10-157 所示。

卡的显示位置。设计中心的显示方式有以下几种：

1. 固定面板的位置

双击“设计中心”面板的标题栏，面板将不再是浮动状态，而固定显示在工作界面的左端。再次双击标题栏，则重新变为浮动状态。

2. 自动隐藏

在“设计中心”面板的快捷菜单中选择“自动隐藏”命令，则“设计中心”面板会自动隐藏起来，只显示一个标题栏。

3. 锚点居左和锚点居右

在“设计中心”面板的快捷菜单中选择“锚点居左”或“锚点居右”命令，则面板整个悬靠到工作面的左端或右端，并自动隐藏。

相关知识　**查看图形文件信息**

在“设计中心”面板中，可以使用的选项卡有 4 个，用户可以方便地观察和选择设计中心里的图形文件。

1. “文件夹”选项卡

在该选项卡中，显示了本地计算机或网络驱动器中文件和文件夹的层次结构，并可在预览框中预览图形。

2. “打开的图形”选项卡

该选项卡中显示了当前工作任务中打开的所有图形，包括最小化的图形。

3. “历史记录”选项卡

该选项卡显示了最近在设计中心打开的文件的记录。用户可以在历史记录中选择要显示的文件，或者删除不需要的文件。

4. “联机设计中心”选项卡

该选项卡用于访问联机设计中心网页。通过联机设计中心，用户可以访问许多已绘制好的符号、制造商信息及内容集成商站点等。

相关知识 设计中心的搜索功能

使用AutoCAD设计中心的查找功能，可以快速查找图形、图层、块、标注样式、文字样式、图案填充等图形内容。单击面板工具栏中的“搜索”按钮，即可打开“搜索”对话框。

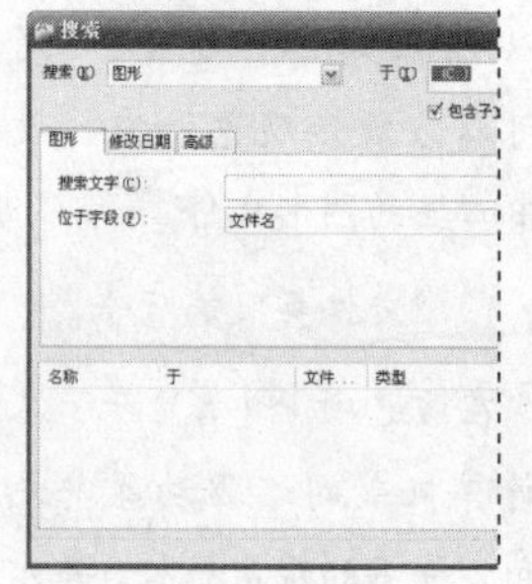

该对话框中“搜索”下拉列表框中的各选项如下：

- 图层：搜索图层的名称。
- 图形：搜索图形文件。

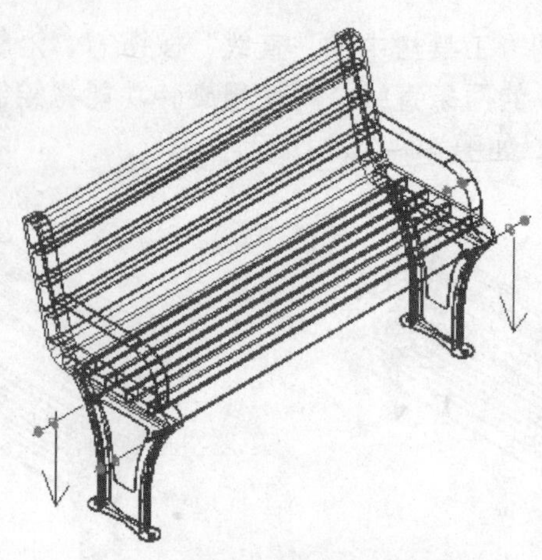

图 10-157 向外移动螺母和垫片

9 单击“建模”工具栏中的“三维旋转”按钮，旋转箭头，调整为相对，再使用移动功能调整箭头，代表此步骤在安装时，螺母垫片从外部固定座椅，如图 10-158 所示。

图 10-158 调整箭头位置

10 单击“修改”工具栏中的“复制”按钮，将第三个实体模型在第二个模型上复制，并删除外部固定座椅的螺母和垫片，如图 10-159 所示。

图 10-159 复制实体并删除外部的螺母和垫片

11 单击“修改”工具栏中的“移动”按钮，将两边铁架向外移动 200，如图 10-160 所示。

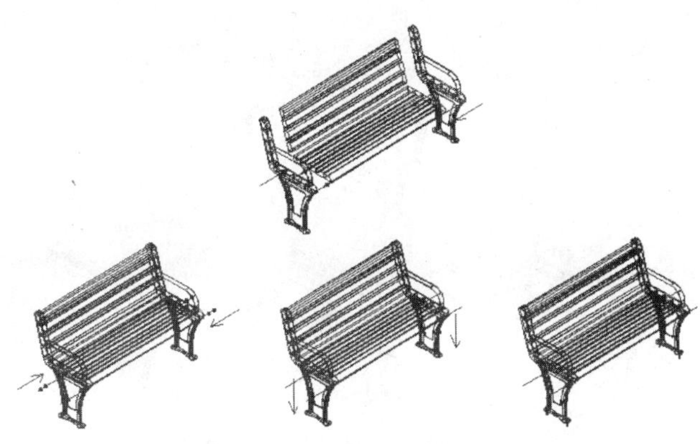

图 10-160　移动铁架

12 再次单击“修改”工具栏中的“移动”按钮，将箭头移动到图形螺母附近明显位置，代表此步骤在安装时，铁架套住之间的凳条和螺杆，如图 10-161 所示。

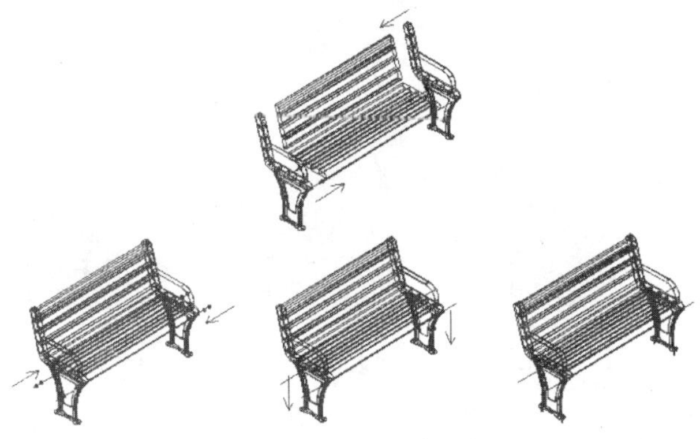

图 10-161　移动箭头

13 单击“修改”工具栏中的“复制”按钮，将第四个实体模型再向左复制，并删除铁架和铁架之间的凳条，如图 10-162 所示。

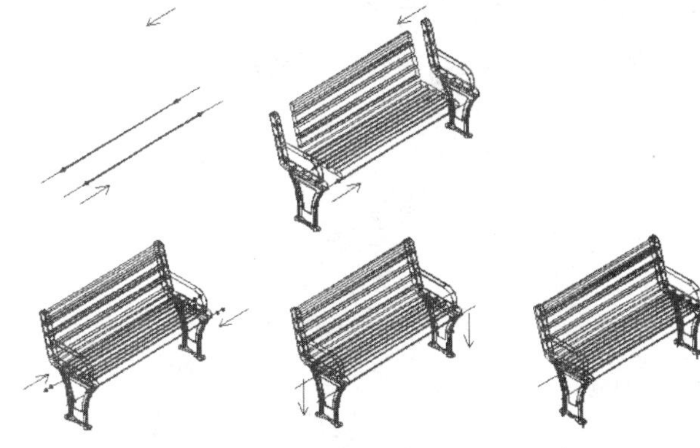

图 10-162　复制实体并删除铁架和铁架之间的凳条

14 单击“修改”工具栏中的“移动”按钮，将固定座椅螺杆的内部螺母向外移动 150，垫片向外移动 200，如图 10-163 所示。

- 图形和块：搜索图形和块的名称。
- 块：搜索块的名称。
- 填充图案：搜索填充模式的名称。
- 填充图案文件：搜索填充图案文件的名称。
- 外部参照：搜索外部参照的名称。
- 多重引线样式：搜索多重引线样式的名称。
- 布局：搜索布局的名称。
- 文字样式：搜索文字样式的名称。
- 标注样式：搜索标注样式的名称。
- 线型：搜索线型的名称。
- 表格样式：搜索表格样式的名称。

重点提示　搜索选择图形元素要领

选择的图形元素不同，对话框中显示的选项卡也将不同。例如，选择“图形”选项时，显示的选项卡包括“图形”、“修改日期”和“高级”；选择“块”时，只显示“块”选项卡。

搜索元素为块时的对话框：

实例10-7 说明

知识点：

- 二维绘图
- 二维编辑
- 长方体
- 圆环体
- 二维拉伸成实体

视频教程：

光盘\教学\第10章 绘制生活小物件

效果文件：

光盘\素材和效果\10\效果\10-7.dwg

实例演示：

光盘\实例\第 10 章\绘制秋千

疑难解答 **怎样设置可以在当前窗口渲染图形，而不用打开渲染窗口**

默认情况下，AutoCAD 在渲染图形时会打开渲染窗口，其渲染信息及效果均会在此窗口中显示，如果觉得打开渲染窗口太费时间，则可以直接在当前视口中查看渲染效果。

设置方法如下：

1. 打开“高级渲染设置”面板

单击“渲染”工具栏中的“高级渲染设置”按钮，打开“高级渲染设置”面板。

2. 设置“窗口”为“视口”

在“常规”选项卡中“目标”下拉列表框中选择“视口”选项。这样再渲染图形时，渲染效果即可在当前视口中显示，而不会打开渲染窗口。

图 10-163 向外移动垫片和螺母

15 再次单击“修改”工具栏中的“移动”按钮，调整箭头到合适位置，代表此步骤在安装时，将螺母垫片拧在螺杆上，可以在之后的步骤中从内部固定座椅，如图 10-164 所示。

图 10-164 调整箭头位置

实例 10-7 绘制秋千

本实例将制作秋千，首先绘制秋千的座椅，再绘制一个圆台地面和秋千的架子，主要应用了二维绘图、二维编辑、长方体、圆环体、二维拉伸成实体等功能。实例效果如图 10-165 所示。

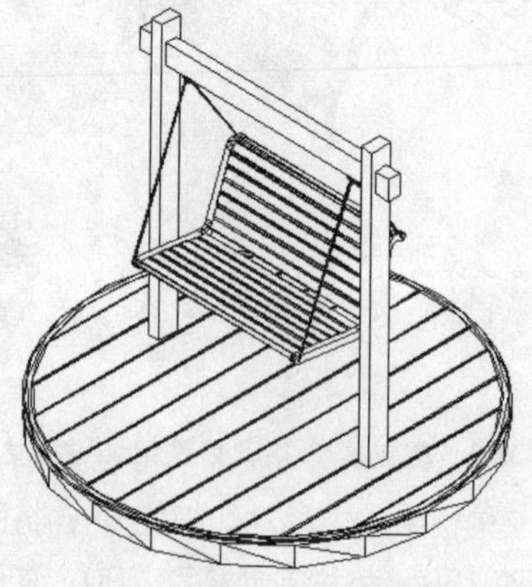

图 10-165 秋千效果图

操作步骤

1 单击“绘图”工具栏中的“直线”按钮，沿水平向右绘制一条长为 50 的线段，沿垂直再向上绘制一条长为 50 的线段，再沿水平向右绘制一条长为 10 的线段，如图 10–166 所示。

2 单击“修改”工具栏中的“圆角”按钮，对上面的直角倒圆角，圆角半径为 6，如图 10–167 所示。

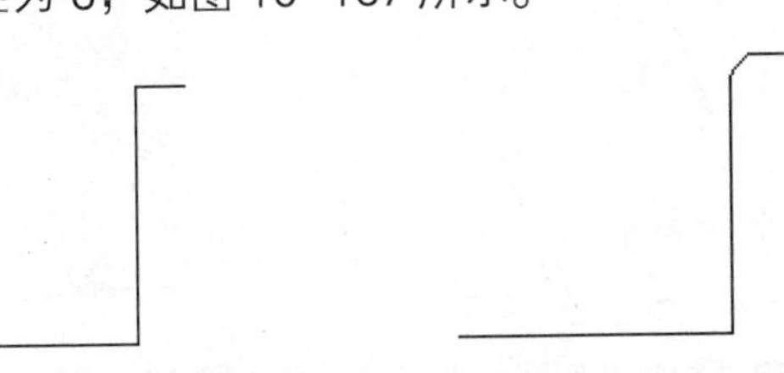

图 10–166　绘制直线　　图 10–167　倒圆角图形

3 单击“修改”工具栏中的“旋转”按钮，对除第一条直线外的所有线段旋转，旋转角度为–12°，并倒圆角夹角，圆角半径为 6，如图 10–168 所示。

4 单击“修改”工具栏中的“偏移”按钮，将所有线段向下偏移 4，如图 10–169 所示。

图 10–168　旋转并倒圆角图形　　图 10–169　偏移线段

5 单击“绘图”工具栏中的“圆”按钮，用两点绘制圆的方式绘制两个圆，然后修剪多余部分的圆，最后创建成一个整面，如图 10–170 所示。

6 单击“绘图”工具栏中的“多段线”按钮，以下边圆弧的中点为起点向上绘制 100，然后再将鼠标拖动至右下方，按 Tab 键后输入角度为 34°，再按 Tab 键输入长度为 67，如图 10–171 所示。

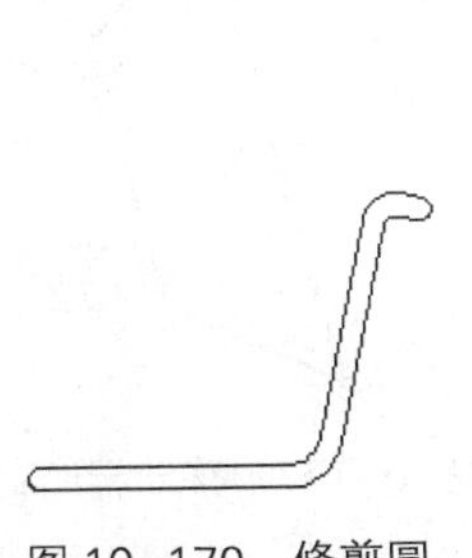

图 10–170　修剪圆

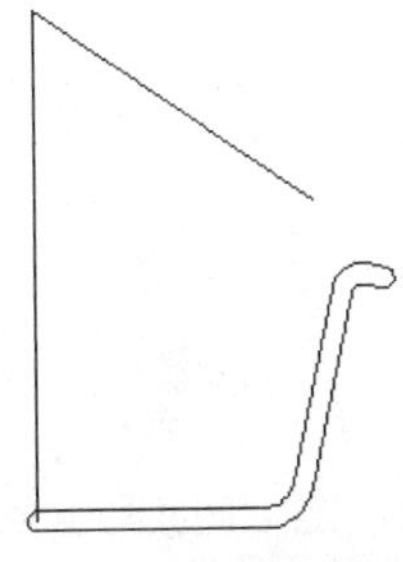

图 10–171　绘制多段线

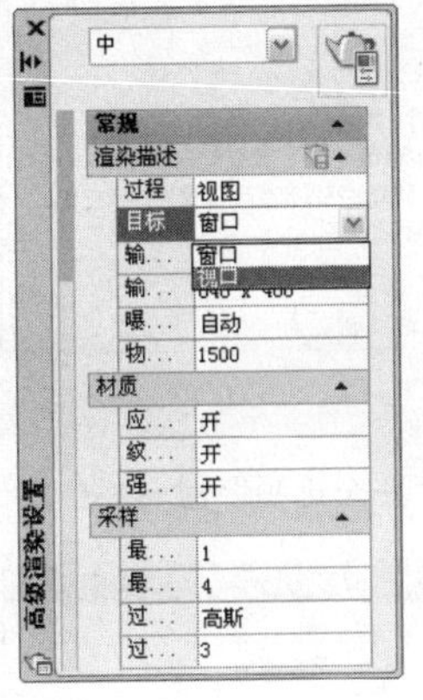

疑难解答　如何对图形文件进行加密

为图形文件加密，主要是通过在保存时设置图形文件输入密码来实现的。有两种方法可以对图形文件加密。

方法一：

1. 打开“图形另存为”对话框

在文件绘制完成后，单击“保存”按钮。如果文件是已经保存过的，可单击“另存为”按钮，执行这两种操作都可以打开“图形另存为”对话框。

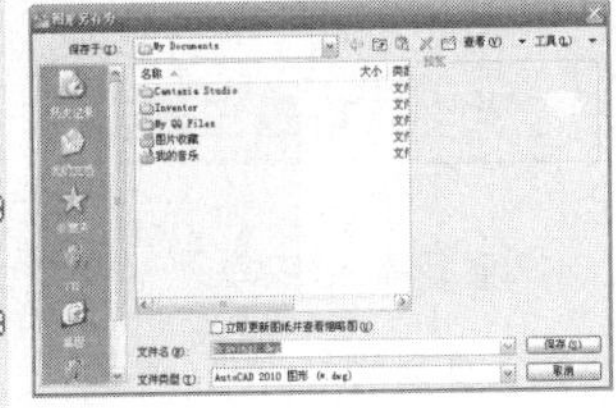

2. 打开“安全选项”对话框

单击“工具”按钮，在下拉菜单中选择“安全选项”命令，即可打开“安全选项”对话框。

7 单击“修改”工具栏中的“旋转”按钮，将绘制的多段线以起点为基点，旋转-22°，再将创建的面以同一基点旋转-7.5°，然后倒圆角多段线，如图 10-172 所示。

8 选择“视图”菜单中“三维视图”子菜单中的“东北等轴测”命令，将视图由二维视图切换到三维视图，如图 10-173 所示。

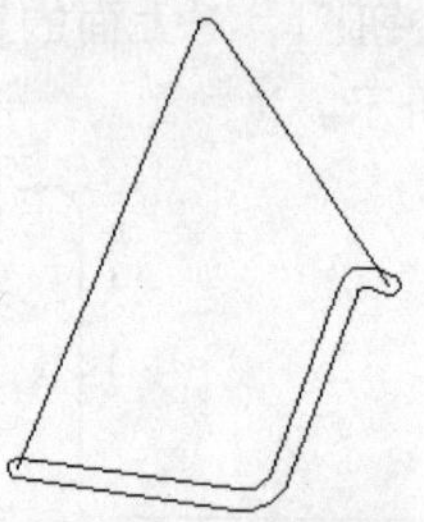

图 10-172 旋转并倒圆角多段线

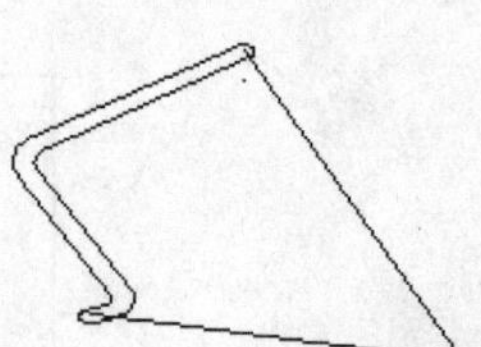

图 10-173 切换成三维视图

9 单击“建模”工具栏中的“三维旋转”按钮，旋转图形的角度，如图 10-174 所示。

10 单击“建模”工具栏中的“拉伸”按钮，拉伸面和拉伸高度，如图 10-175 所示。

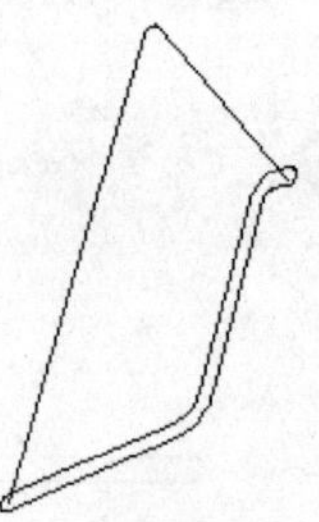

图 10-174 旋转图形角度

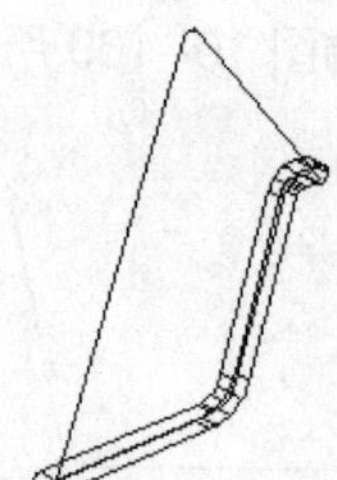

图 10-175 拉伸面

11 单击“绘图”工具栏中的“圆”按钮，绘制一个半径为 0.5 的圆，然后扫掠多段线，如图 10-176 所示。

12 单击“修改”工具栏中的“移动”按钮，将先创建的实体向左上方极轴移动 0.5。因为绳子是贴着异形实体绘制的，扫掠的圆半径为 0.5，扫掠后的实体就有 0.5 的半圆实体压着异形实体，因此需要移动 0.5 来修改图形，如图 10-177 所示。

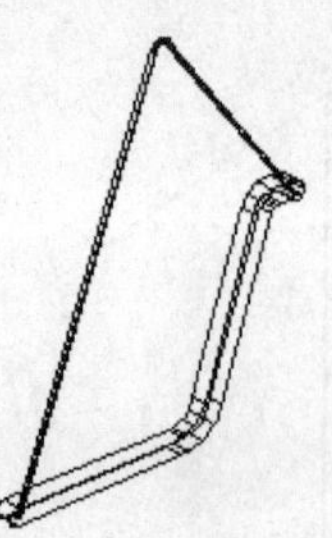

图 10-176 绘制圆并扫掠多段线

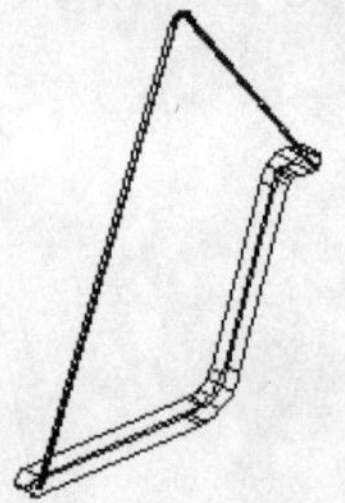

图 10-177 移动异形实体

工具(L)
添加/修改 FTP 位置(D)
将当前文件夹添加到“位置”列表中(P)
添加到收藏夹(A)
选项(O)...
安全选项(S)...

“安全选项”对话框：

安全选项
密码 数字签名
用于打开此图形的密码或短语(O):
加密图形特性
当前加密类型:
Microsoft Base Cryptographic Provider v1.0
高级选项(A)...
确定

3. 设置密码

在“用于打开此图形的密码或短语”文本框中输入图形文件的加密密码，单击“确定”按钮，系统弹出“确认密码”对话框。

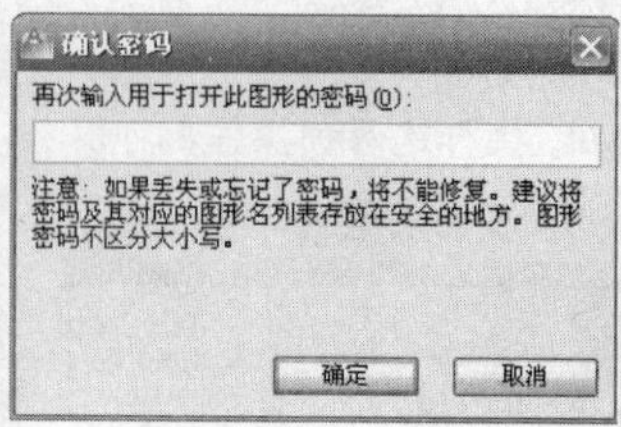

4. 重复输入密码

再次重复输入密码，单击“确定”按钮，密码加密完成。

5. 保存文件

方法二：

1. 打开快捷菜单

在绘图区中单击鼠标右键，在弹出的快捷菜单中选择“选项”命令。

13 单击“建模”工具栏中的“长方体”按钮，绘制一个长为 6、宽为 110、高为 3.5 的长方体，如图 10-178 所示。

14 单击“修改”工具栏中的“圆角”按钮，倒圆角长方体的 4 条长边，圆角半径为 0.5，如图 10-179 所示。

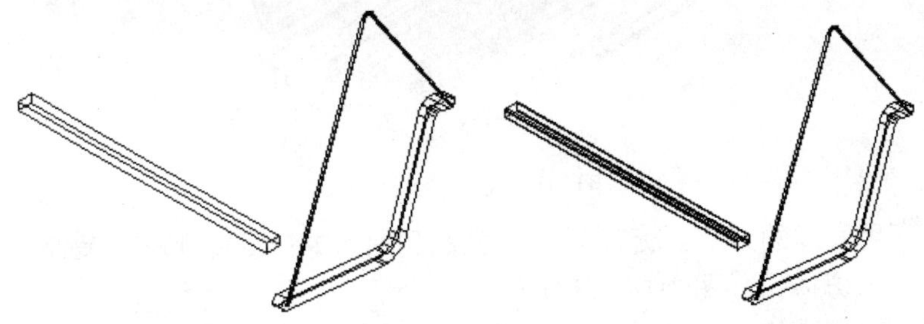

图 10-178　绘制长方体　　图 10-179　倒圆角长方体的长边

15 单击“建模”工具栏中的“三维旋转”按钮，将倒圆角后的长方体旋转成倾斜，旋转角度为 7.5°，然后移动到图形上，如图 10-180 所示。

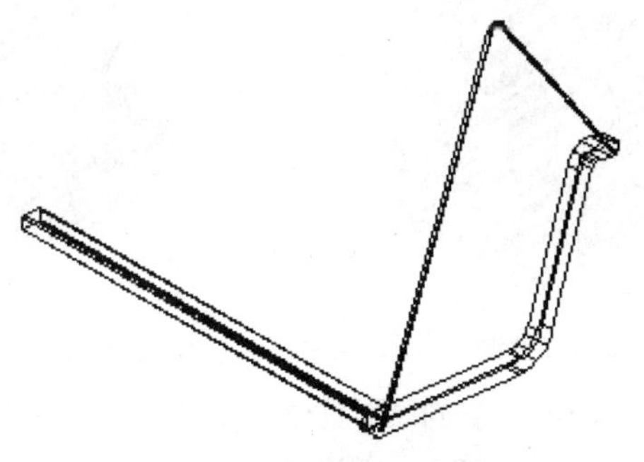

图 10-180　旋转并移动长方体

16 单击“修改”工具栏中的“复制”按钮，沿实体的倾斜线复制 6 个长方体后，再在空白区域复制一个长方体，复制间隔为 7，如图 10-181 所示。

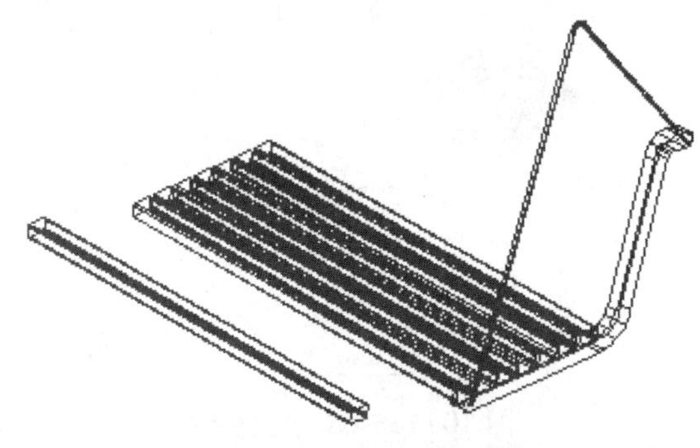

图 10-181　复制长方体

17 单击“建模”工具栏中的“三维旋转”按钮，旋转最后复制的长方体，旋转角度为 102°，并复制长方体，如图 10-182 所示。

快捷菜单：

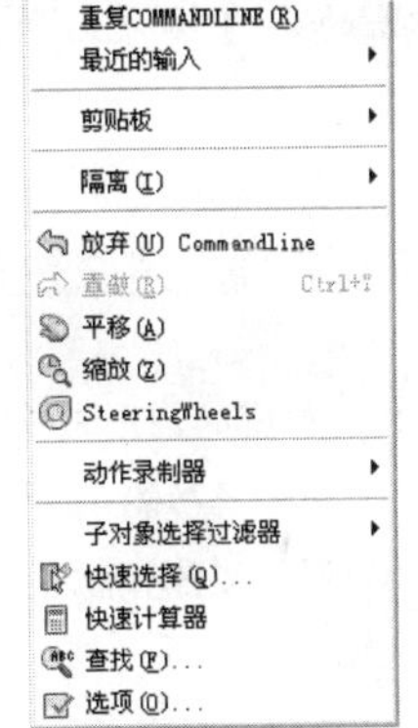

2. 打开“选项”对话框

在快捷菜单中选择“选项”命令，打开“选项”对话框。

“选项”对话框：

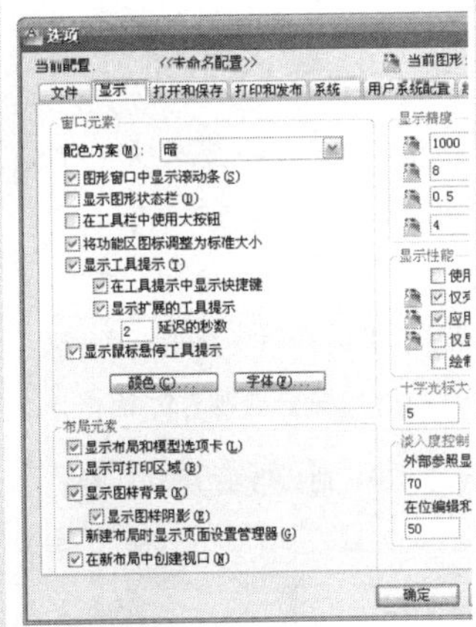

“选项”对话框主要用于设置系统的配置与参数。

3. 切换到“打开和保存”选项卡

单击“打开和保存”标签页，即可切换到“打开和保存”选项卡。

4. 打开“安全选项”对话框

单击“安全选项”按钮，打开“安全选项”对话框。

5. 后续操作

接下来的操作步骤与第一种方法的第 3 步之后的操作相同。

疑难解答 **怎样取消文件的加密**

对已经加密的图形文件也有相应的取消密码功能。有两种方法可以对图形文件解密。

方法一:

1. 打开"图形另存为"对话框

在文件绘制完成后，单击"保存"按钮。如果文件是已经保存过的，就单击"另存为"按钮，执行这两种操作都可以打开"图形另存为"对话框。

2. 打开"安全选项"对话框

单击"工具"按钮，在下拉菜单中选择"安全选项"命令，打开"安全选项"对话框。

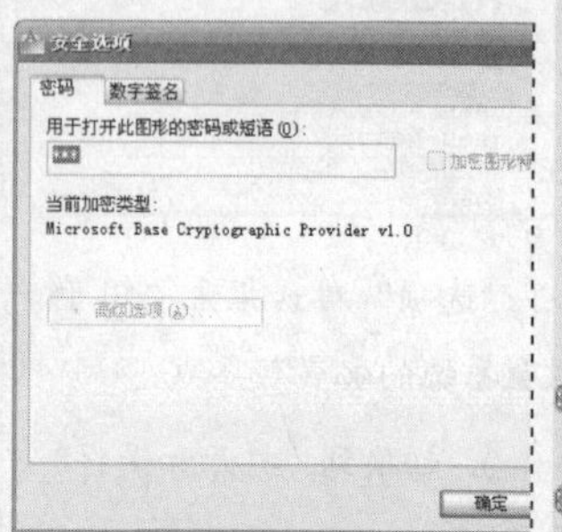

3. 删除密码

删除以设定的密码，单击"确定"按钮，系统弹出"已删除密码"对话框。

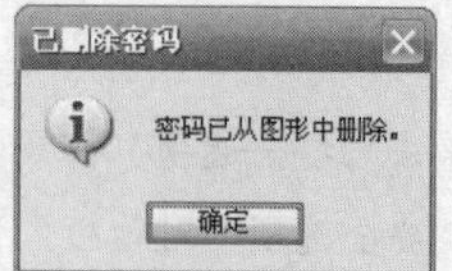

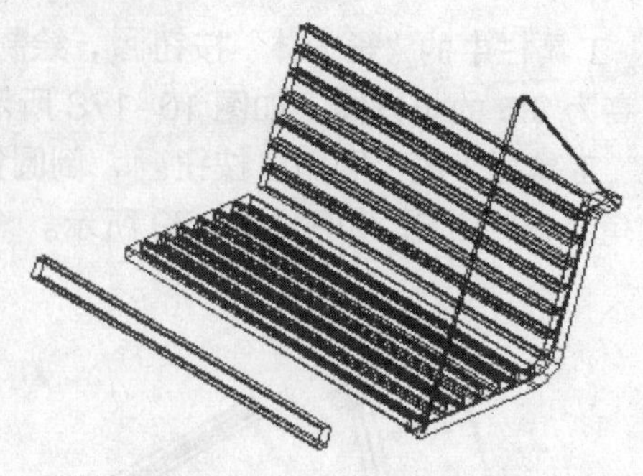

图 10-182 复制长方体

18 用同样的方法，旋转 25°，复制到图形中；旋转 90.5° 复制长方体，如图 10-183 所示。

19 选择"修改"菜单中"三维操作"子菜单中的"三维镜像"命令，镜像复制框架和绳子，如图 10-184 所示。

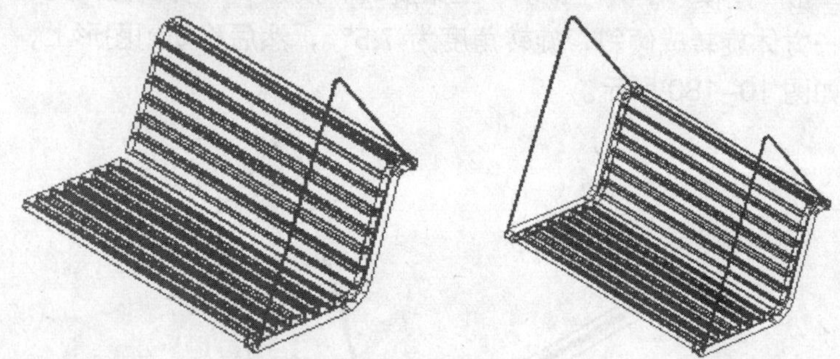

图 10-183 旋转并复制长方体　　图 10-184 三维镜像复制框架和绳子

20 单击"建模"工具栏中的"圆柱体"按钮，绘制半径为 125、高度为 15，半径为 120、高度为 12，半径为 120、高度为 3 的 3 个圆柱体，其中在绘制高度为 3 的圆柱体时，是以高度为 12 的圆柱体顶面为圆心绘制的，所以两个圆柱体组合在一起。绘制秋千的场地，如图 10-185 所示。

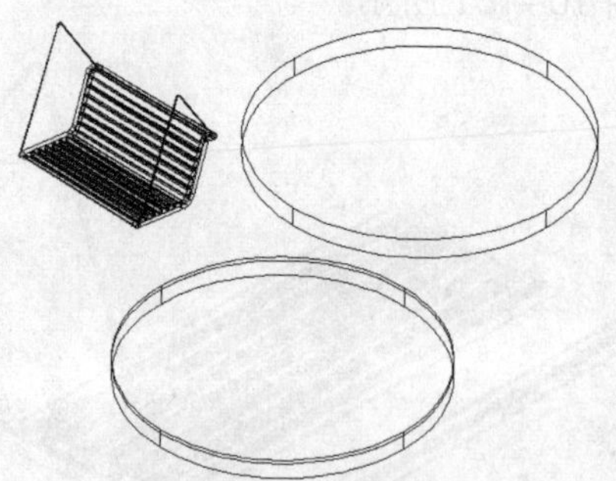

图 10-185 绘制圆柱体

21 单击"修改"工具栏中的"复制"按钮，将两个圆柱体复制到大的圆柱体中差集并倒圆角，圆角半径为 2，如图 10-186 所示。

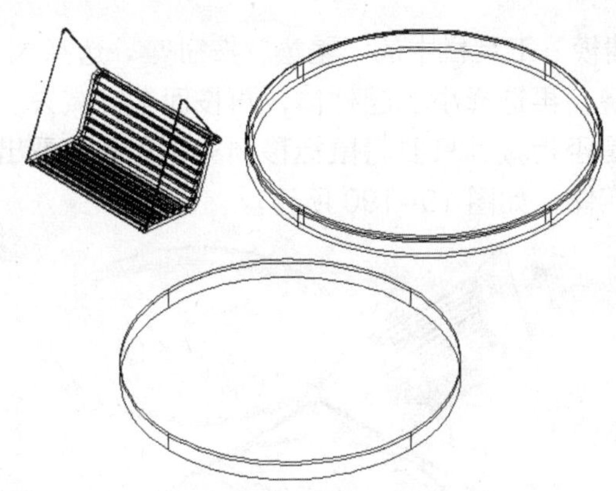

图 10-186　差集实体并倒圆角

22 单击“建模”工具栏中的“长方体”按钮，绘制长为 240、宽为 20、高为 3 的长方体和长为 240、宽为 260、高为 3 的长方体，如图 10-187 所示。

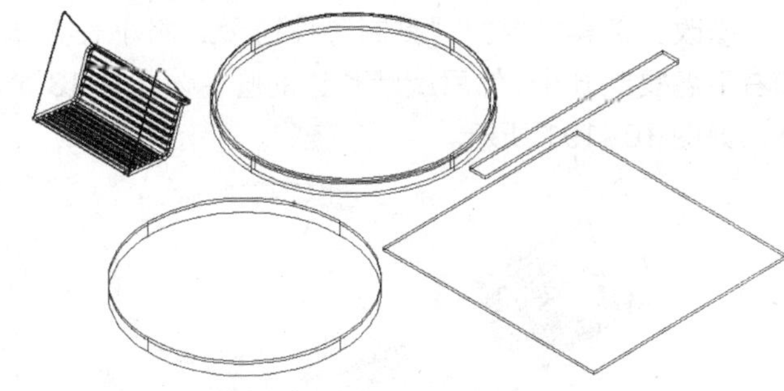

图 10-187　绘制长方体

23 单击“修改”工具栏中的“圆角”按钮，倒圆角长方体上面的两条长边，圆角半径为 0.8，如图 10-188 所示。

24 单击“绘图”工具栏中的“直线”按钮，绘制辅助线段，以小圆柱体的顶面圆心为起点，向左下极轴绘制一条长为 120 的线段，再将长方体移动到辅助线上，如图 10-189 所示。

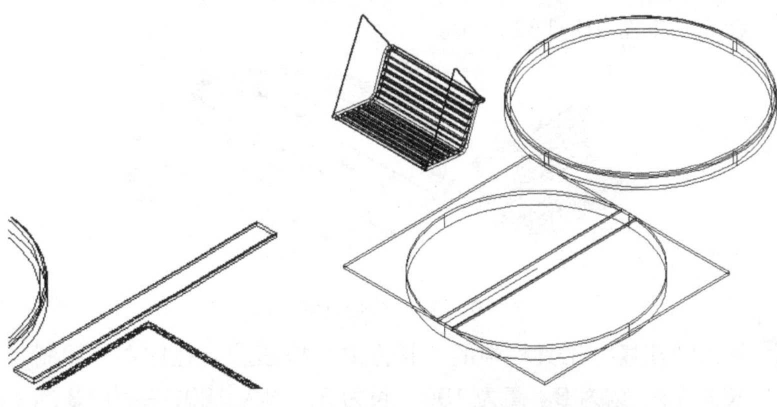

图 10-188　倒圆角长方体的两条长边

图 10-189　绘制辅助线并移动两个长方体

4. 保存操作

单击“确定”按钮，保存解密操作。

方法二：

1. 打开快捷菜单

在绘图区中单击鼠标右键，在弹出的快捷菜单中选择“选项”命令。

2. 打开“选项”对话框

在快捷菜单中选择“选项”命令，打开“选项”对话框。

3. 切换到“打开和保存”选项卡

单击“打开和保存”标签页，即可切换到“打开和保存”选项卡。

4. 打开“安全选项”对话框

单击“安全选项”按钮，打开“安全选项”对话框。

5. 删除密码

删除以设定的密码，单击“确定”按钮，系统弹出“已删除密码”对话框。

6. 保存操作

单击“确定”按钮，保存解密操作。

疑难解答　“文件”菜单下的关闭和退出有什么区别

从字面上看，这两个命令似乎都可以关闭 AutoCAD，其实不然，它们是有一定区别的。

“关闭”命令用于关闭当前打开的 AutoCAD 文档，并不能退出 AutoCAD。“退出”命令在关闭当前文档的同时也会关闭 AutoCAD，也就是退出 AutoCAD。

疑难解答 如何使十字光标充满全屏

可以通过以下两种方法设置十字光标：

方法一：“选项”对话框设置。

1. 打开快捷菜单

在绘图区中单击鼠标右键，在弹出的快捷菜单中选择“选项”命令。

2. 打开“选项”对话框

在快捷菜单中选择“选项”命令，打开“选项”对话框。

3. 设置“十字光标大小”值

在“显示”选项卡中的“十字光标大小”文本框中输入100，或者将右边的滑块调整到最大。

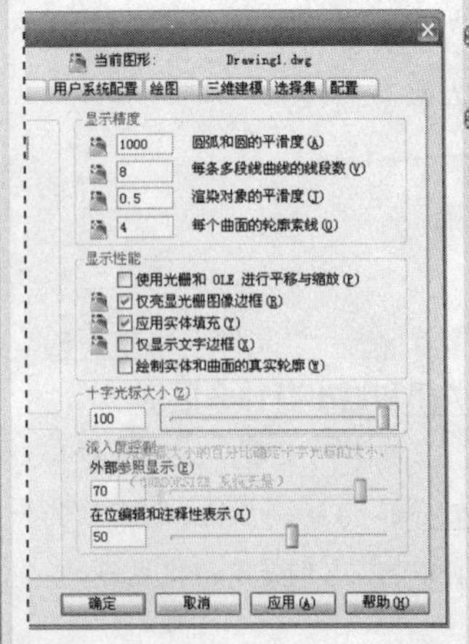

25 单击“建模”工具栏中的“差集”按钮，选择大的长方体，按回车键，再选择小的圆柱体，再按回车键减去。在图形上看不出是否相减，只要将鼠标移到实体上即可看出已经相减成一个实体，如图 10-190 所示。

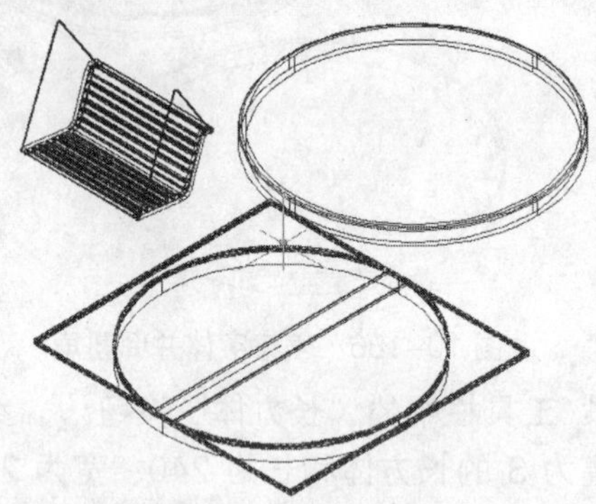

图 10-190 差集实体

26 单击“修改”工具栏中的“复制”按钮，将小长方体向左上和右下各复制 6 个，然后旋转长边的圆柱体减去 13 个小长方体，如图 10-191 所示。

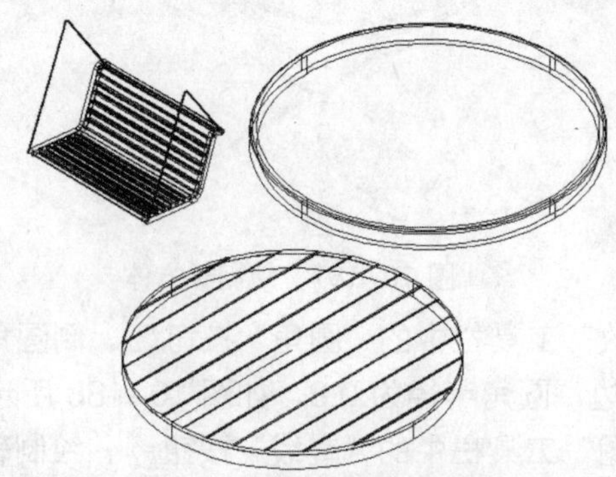

图 10-191 复制并差集实体

27 单击“修改”工具栏中的“移动”按钮，将场地实体组合起来，如图 10-192 所示。

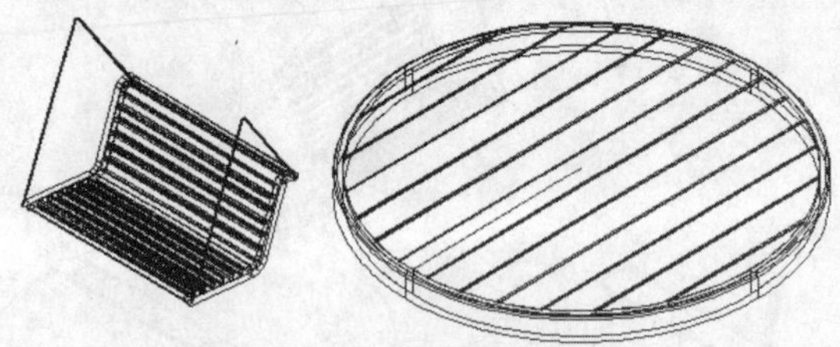

图 10-192 组合场地实体

28 单击“建模”工具栏中的“长方体”按钮，在空白处绘制长为 13、宽为 8、高为 190，长为 8、宽为 180、高为 13 的两个长方体，如图 10-193 所示。

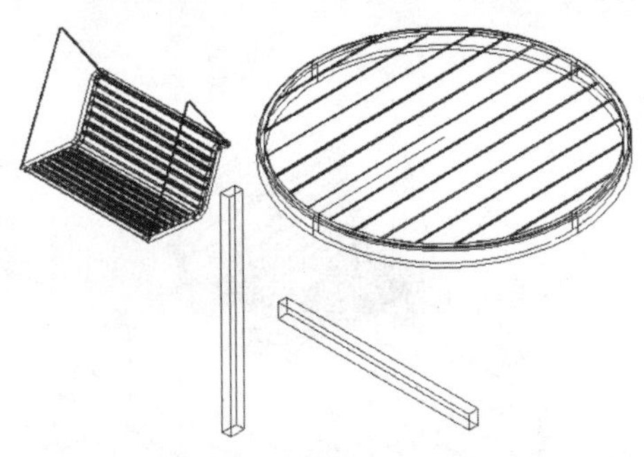

图 10-193　绘制两个长方体

29 单击"修改"工具栏中的"移动"按钮，将两个长方体移动到图形中，并原地复制竖的长方体后再对称复制，如图 10-194 所示。

30 单击"建模"工具栏中的"差集"按钮，选择两个竖的长方体，减去横的长方体，如图 10-195 所示。

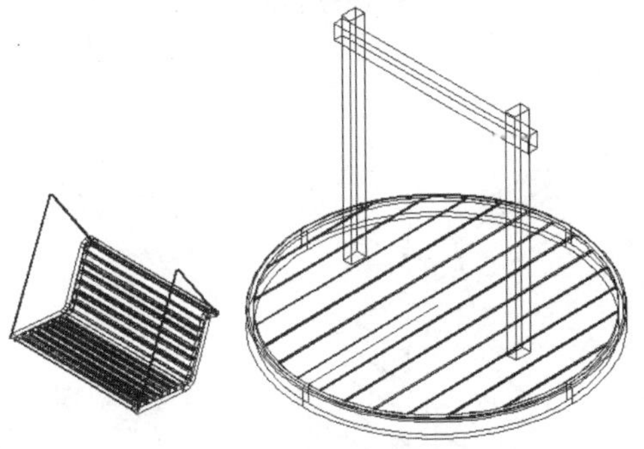

图 10-194　复制竖的长方体

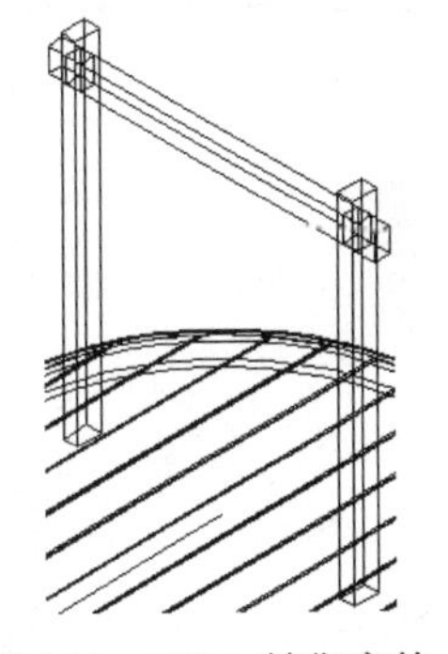

图 10-195　差集实体

31 单击"建模"工具栏中的"圆环体"按钮，绘制一个圆环半径为 2.5、圆直径为 1 的圆环体，如图 10-196 所示。

32 单击"建模"工具栏中的"三维旋转"按钮，将绘制的圆环体旋转 90°，再通过移动和复制功能复制环扣，如图 10-197 所示。

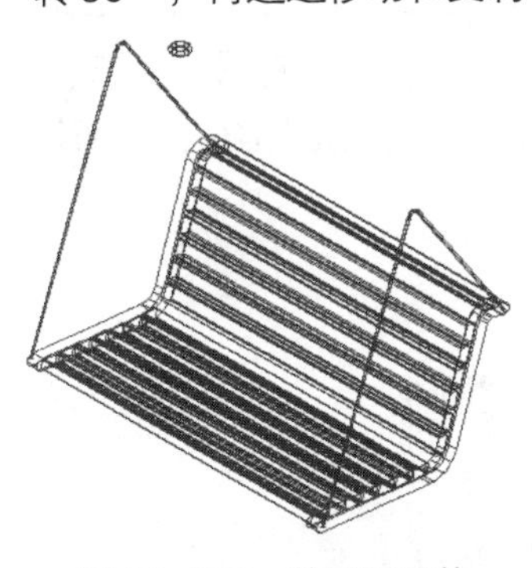

图 10-196　绘制圆环体

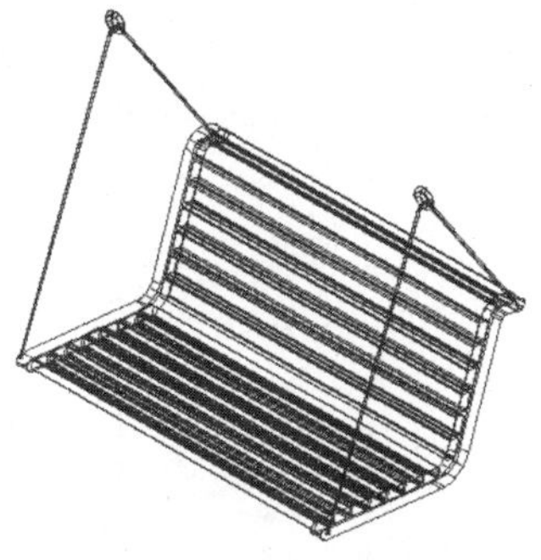

图 10-197　旋转、移动、复制圆环体

33 单击"绘图"工具栏中的"直线"按钮，绘制两段辅助线段，并适当调整位置，将实体移动到图形中后，再删除辅助线段，如图 10-198 所示。

4. 保存设置

单击"确定"按钮，保存十字光标的设置。

方法二：通过系统变量设置。

可在命令行上直接修改 cursorsize 系统变量。

疑难解答　**光标总是有规则地跳动，但是无法指向需要的点**

这很可能是打开了状态栏上的"捕捉模式"造成的。"捕捉模式"打开后，移动鼠标时，十字光标会沿着栅格点有规则地跳动。

解决方法：只要在状态栏上关闭"捕捉模式"功能即可。

建筑知识　**什么是建筑密度**

建筑密度是指建筑所占的面积与整体项目总面积的比值，一般用百分比表示。例如，一个公园，公共设施占 40%，其他都为绿化，这就表示建筑密度为 40%。

建筑知识　**建筑的 3 大材料**

建筑的 3 大材料是指钢材、水泥、木材。下面简单说一下 3 种材料的优缺点。

1. 钢材

优点：构造均匀，强度高，可加工性好。

缺点：易腐蚀，维护费用高。

2. 水泥

优点：成本低，凝结前有良好的可塑性，硬化后有较高的强度和耐久性，可以通过不同的配比调制出不同性能的水泥，可以发挥工业废料的余热，混合使用变废为宝。

缺点：强度小，自重大，硬化时间长，施工周期长，外界波动因素多。

3. 木材

优点：易于加工，质量轻便，有较好的韧性、弹性、抗冲击能力，导电和导热性低，有丰富纹理可用于装饰。

缺点：构造不均匀，怕火、怕水、怕虫蛀，比较容易老化。

建筑知识 **什么是绿地率**

绿地率是项目绿化总面积与总用地面积的比值，一般用百分数表示，主要包括居住附近的绿化带、小游园场地、组团绿化带等。

建筑知识 **什么是建筑总高度**

建筑总高度指从室外地平到建筑物顶部的总尺寸，不包括地下部分，如停车场等。

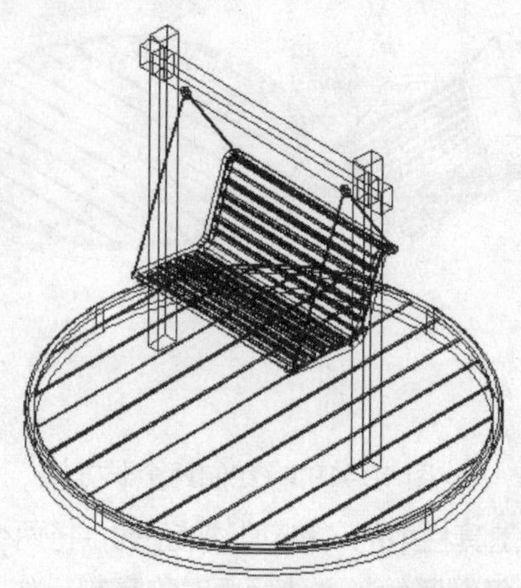

图 10–198 移动秋千实体

34 选择“视图”菜单中的“消隐”命令，调整图形的视觉效果，如图 10–199 所示。

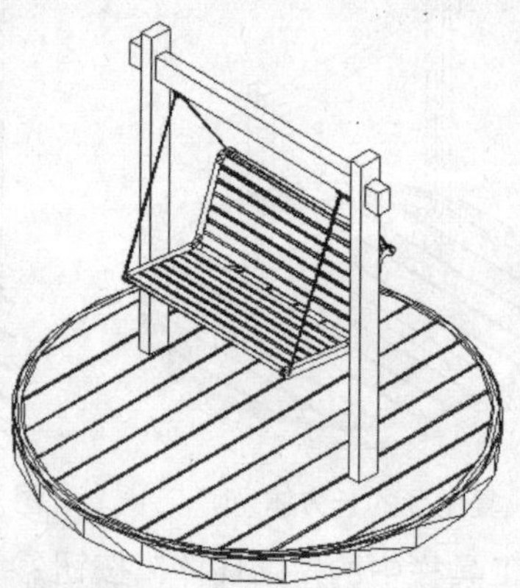

图 10–199 消隐样式观察图形

实例 10-8 绘制床头柜

本实例将绘制床头柜，主要应用了长方体、直线、圆弧、面域、二维旋转成实体、复制等功能。实例效果如图 10–200 所示。

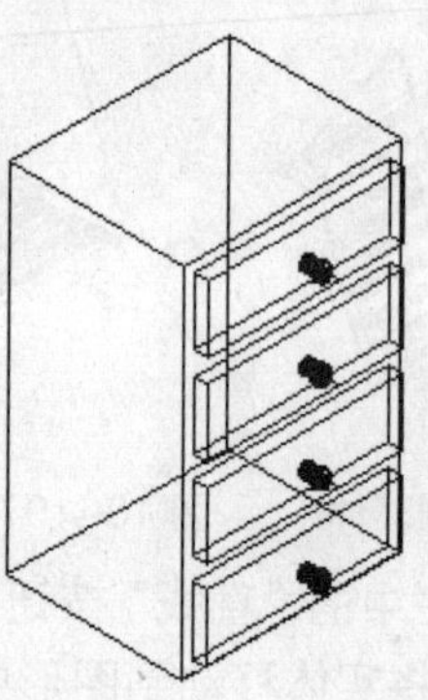

图 10–200 床头柜效果图

在绘制图形时，先在二维平面上绘制柜子抽屉的把手，然后切换成三维视图绘制柜子，并复制抽屉和把手。具体操作见“光盘\实例\第 10 章\绘制床头柜”。

实例 10-9　绘制台灯

本实例将绘制台灯，主要应用了圆柱体、圆锥体、球体、圆角等功能。实例效果如图 10-201 所示。

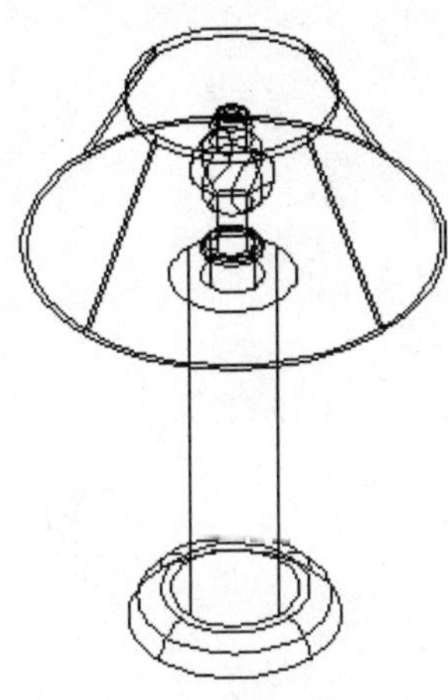

图 10-201　台灯效果图

在绘制图形时，先用圆柱体和球体制作出台灯的支架和灯泡，然后再用圆锥体制作出灯罩。具体操作见“光盘\实例\第 10 章\绘制台灯”。

建筑知识　**什么是建筑标高**

建筑物的某一部位到水基准点的高差，称为该部位的标高。除了建筑的标高外，还有相对标高和绝对标高之分。

1. 相对标高

相对标高是以建筑物的第一层建筑的地面为零点（+0.00），表示某处距首层地面的高度。在建筑物的某一位置到第一层高度的差值为相对标高。

2. 绝对标高

绝对标高也称海拔高度，我国把青岛附近黄海的平均海平面定为绝对标高的零点，全国各地的标高均以此为基准。以建筑物的某一位置到黄海海平面的高度差值为绝对标高。

第 11 章 建筑公共设施

本章绘制的是一些比较大型的建筑物或建筑设施，综合了三维绘图的大部分功能。在本章的小栏部分，介绍建筑的分类以及图形的打印与发布等相关知识。

本章讲解的实例和主要功能如下：

实　例	主要功能	实　例	主要功能	实　例	主要功能
绘制报刊亭	直线 长方体 圆锥体 三维编辑	绘制候车亭	二维编辑 长方体 圆环体 圆柱体 三维编辑	绘制凉亭	二维拉伸成实体 旋转、交集 圆柱体 圆环体 球体
绘制板楼底层	直线 偏移 长方体 差集	绘制板楼中间层	复制 长方体 差集	绘制板楼顶层	直线 复制 二维拉伸成实体 长方体 圆柱体 剖切 并集
板楼细节修饰			长方体 移动 剖切 并集		

本章在讲解实例操作的过程中，全面系统地介绍关于建筑公共设施的相关知识和操作方法，包含的内容如下：

实例 11-1 绘制报刊亭

本实例将制作一个报刊亭的模型，主要应用了直线、长方体、圆锥体、三维编辑等功能。实例效果如图 11-1 所示。

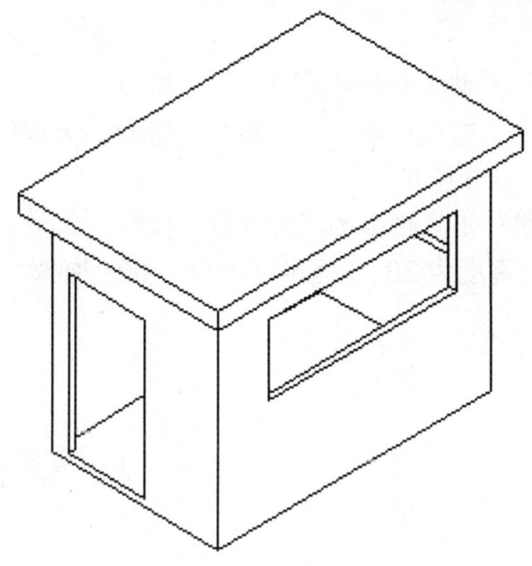

图 11-1 报刊亭效果图

操作步骤

1 选择“视图”菜单中“三维视图”子菜单中的“东北等轴测”命令，将视图由二维绘图切换到三维绘图。

2 单击“建模”工具栏中的“长方体”按钮，绘制长为 2400、宽为 1500、高为 1800，长为 2280、宽为 1380、高为 1680 的两个长方体，如图 11-2 所示。

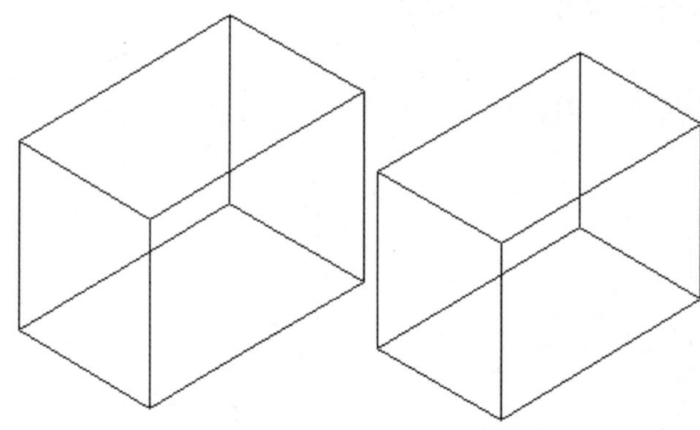

图 11-2 绘制两个长方体

3 单击“绘图”工具栏中的“直线”按钮，绘制长度为 60 的 3 条连续辅助线段，如图 11-3 所示。

4 单击“修改”工具栏中的“移动”按钮，将小的长方体移动到大长方体中，如图 11-4 所示。

实例 11-1 说明

- 知识点：
  - 直线
  - 长方体
  - 圆锥体
  - 三维编辑
- 视频教程：
  光盘\教学\第 11 章 建筑公共设施
- 效果文件：
  光盘\素材和效果\11\效果\11-1.dwg
- 实例演示：
  光盘\实例\第 11 章\绘制报刊亭

相关知识 什么是建筑物

建筑物就是指提供人们生活、学习、工作、居住，以及从事生产和文化活动的房屋。

相关知识 建筑物的分类

建筑物按用途可以分民用建筑、工业建筑以及农业建筑 3 类。

1. 民用建筑

民用建筑是指提供人们日常生活应用的建筑物，包括居住建筑和公共建筑两类。

2. 工业建筑

工业建筑是指提供工业生产相关的建筑或者为工业生产提供服务的附属用房，如厂房、仓库等。

3. 农业建筑

农业建筑是指提供农业生产相关的建筑或者为农业生产提供服务的附属用房，如种子站、储物仓库。

相关知识 按建筑特性分类

建筑可以根据不同的特性进行一些分类，有助于区分各种不同用途的建筑。

1. 按年限分

建筑物按年限分，可以分为以下4类：

- 临时性建筑。使用年限在15年以内的建筑为临时性建筑，如菜市场、临时停车场。
- 次要建筑。使用年限在25～50年的建筑为次要建筑，如工厂、仓库等。
- 一般性建筑。使用年限在50～100年的建筑为一般性建筑，如居民住宅、商场、医院等。
- 主要建筑。使用年限在100年以上的建筑为主要建筑，如火车站、飞机场等。

2. 按层数或高度分

建筑物按层数或高度分，可以分为以下5类：

- 低层建筑。建筑物层数在1～3层范围之内的建筑为低层建筑，如平房、路边的单层建筑等。

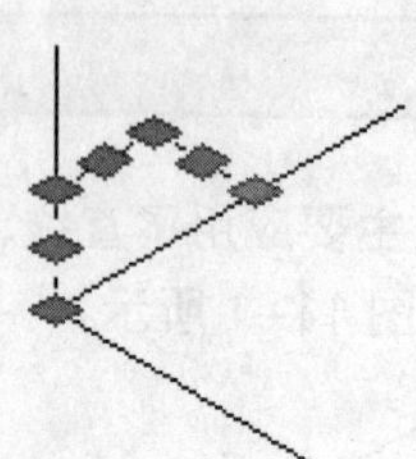

图 11-3　绘制3条辅助线段

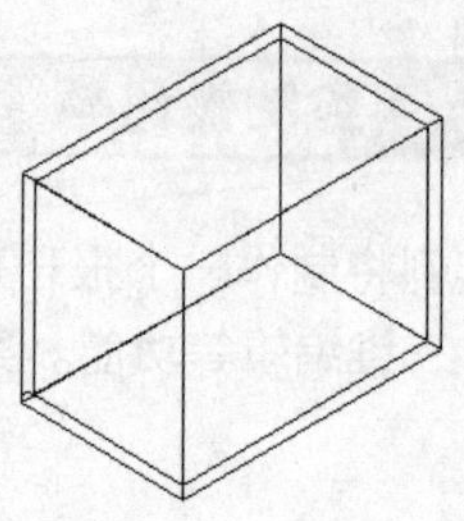

图 11-4　移动长方体

5 单击“建模”工具栏中的“差集”按钮，大实体减去小实体，如图11-5所示。

6 单击“建模”工具栏中的“圆锥体”按钮，绘制一个底面半径为30、高度为30、顶面半径为60的倒圆锥体，如图11-6所示。

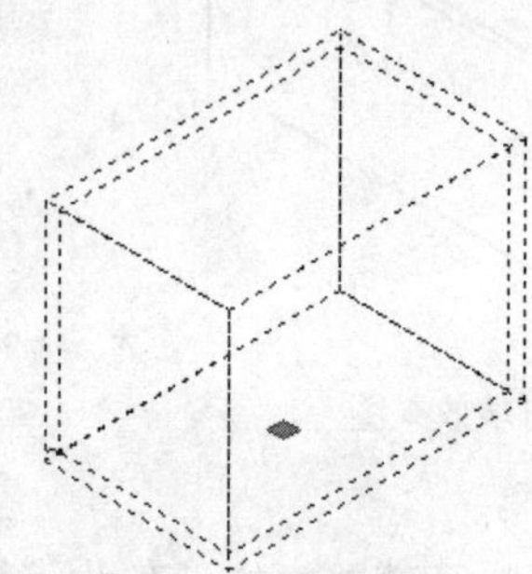

图 11-5　差集实体

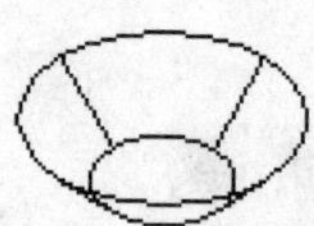

图 11-6　绘制倒圆锥体

7 单击“绘图”工具栏中的“直线”按钮，绘制长为180的两条辅助线段，如图11-7所示。

8 单击“修改”工具栏中的“移动”按钮，把倒圆锥体移动到图形中，如图11-8所示。

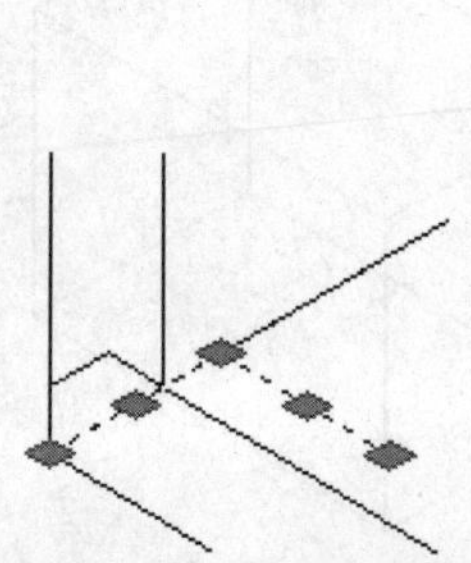

图 11-7　绘制辅助线段

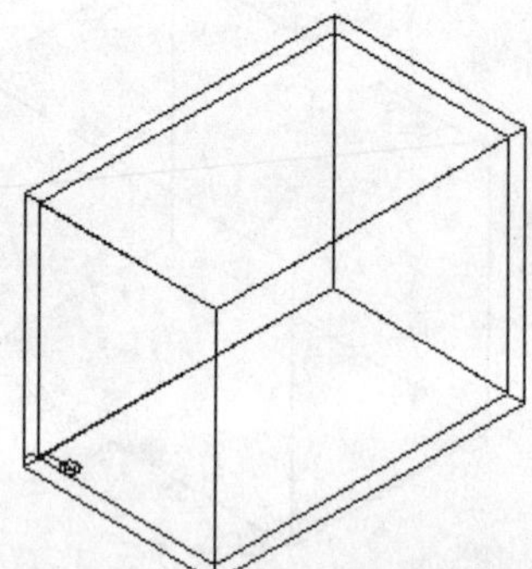

图 11-8　移动倒圆锥体

9 单击“建模”工具栏中的“三维阵列”按钮，三维阵列复制倒圆柱体，设置行数为2，列数为2，层数为1，行间距为1140，列间距为-2040，并删除辅助线段，如图11-9所示。

10 单击“建模”工具栏中的“长方体”按钮，绘制长为 60、宽为 900、高为 600，长为 1650、宽为 60、高为 600，长为 60、宽为 690、高为 1350 的 3 个长方体，如图 11-10 所示。

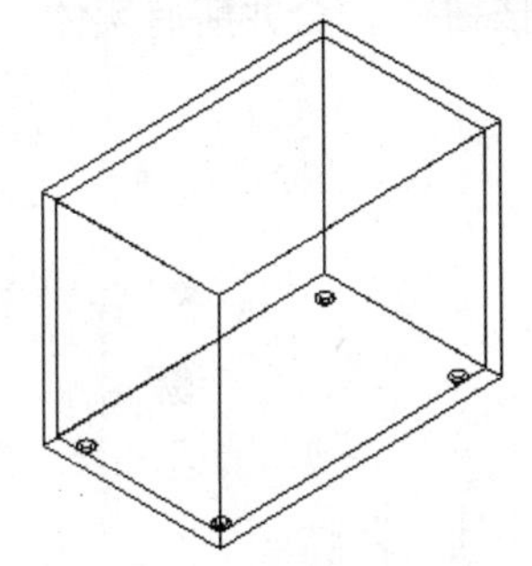

图 11-9　三维阵列倒圆锥体并删除辅助线

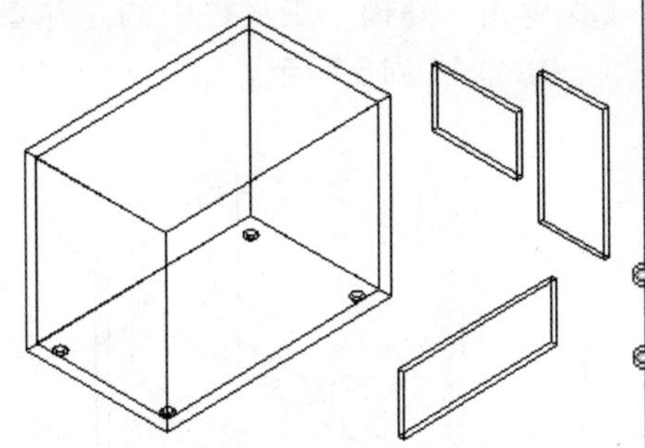

图 11-10　绘制 3 个长方体

11 单击“绘图”工具栏中的“直线”按钮，绘制长为 240、90 的两条辅助线段，如图 11-11 所示。

12 单击“修改”工具栏中的“移动”按钮，将长方体移动到图形中，并从原实体中减去，如图 11-12 所示。

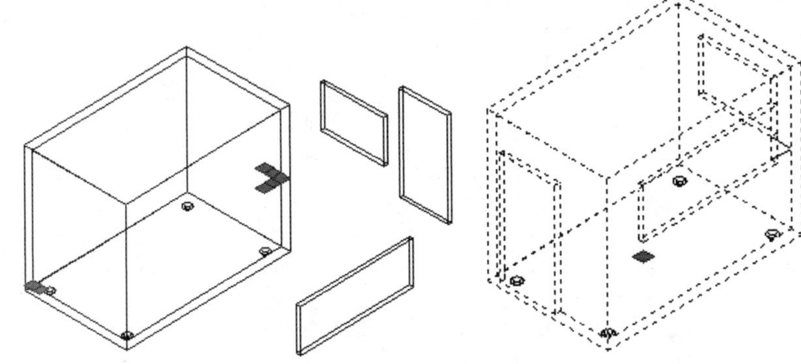

图 11-11　绘制两条辅助线段　　图 11-12　移动并差集实体

13 单击“建模”工具栏中的“长方体”按钮，绘制一个长为 2700、宽为 1800、高为 150 的长方体，如图 11-13 所示。

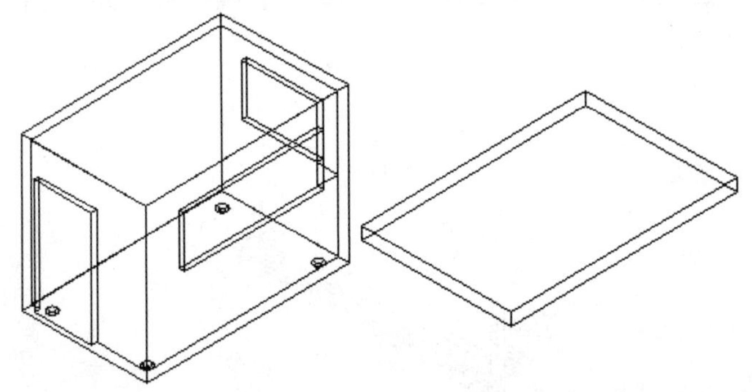

图 11-13　绘制一个长方体

- 多层建筑。建筑物层数在 4～6 层范围之内的建筑为多层建筑，如低层住宅等。
- 中高层建筑。建筑物层数在 7～9 层范围之内的建筑为中高层建筑，如居民住宅中带电梯的小高层等。
- 高层建筑。建筑物层数在 10 层以上或者 24～100m 之间的建筑为高层建筑，如商业楼、写字楼、高层公寓住宅等。
- 超高层建筑。建筑物高度在 100m 以上的建筑为超高层建筑，如摩天大楼等。

3. 按施工方法分

建筑物按施工方法分，可以分为以下 4 类：

- 现浇、现砌。建筑物的主要承重构件是在现场浇筑、砌筑而成的。
- 部分现砌、部分装配。墙体、立柱是现场砌筑，楼板、屋面板、楼梯等由其他地方预制完成后，拉到现场组装而成的模式。
- 部分现浇、部分装配。内墙等内部构件采用现场浇筑，其他构件由预制后，拉到现场组装而成的模式。
- 全装配。建筑的所有构件都为预制构件，在现场吊装、焊接、处理节点。

4. 按主要承重材料分

建筑物按主要承重材料分，可以分为以下 5 类：

- 木结构。以木板墙、木柱、木楼板、木屋顶建造的建筑为木结构建筑，如古代的建筑等。
- 砖木结构。建筑物的主要承重物件以砖木做成的，其中竖向承重构件的墙体、立柱用砖，水平承重构件的楼板、屋顶梁架用木建造的建筑为砖木结构建筑，如仓库等。
- 砖混结构。建筑物用砖做竖向承重构件，用钢筋混凝土做水平承重构件的建筑为砖混结构，如农村建造的房子等。
- 钢筋混凝土结构。主要的承重构件都以钢筋混凝土建造的建筑，如城市中的住宅等。
- 钢结构。以钢材为主要承重建造的建筑，如大桥等。

14 单击“绘图”工具栏中的“直线”按钮，绘制长为 150 的两条辅助线段。再将长方体移动到图形中，然后删除辅助线段，如图 11-14 所示。

15 单击“建模”工具栏中的“并集”按钮，合并所有实体，如图 11-15 所示。

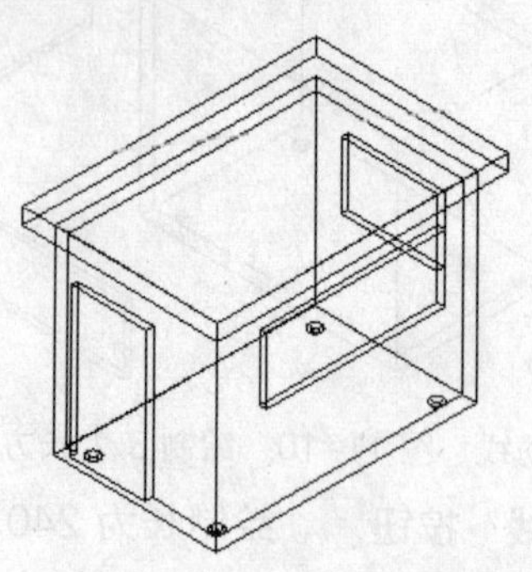

图 11-14 移动长方体

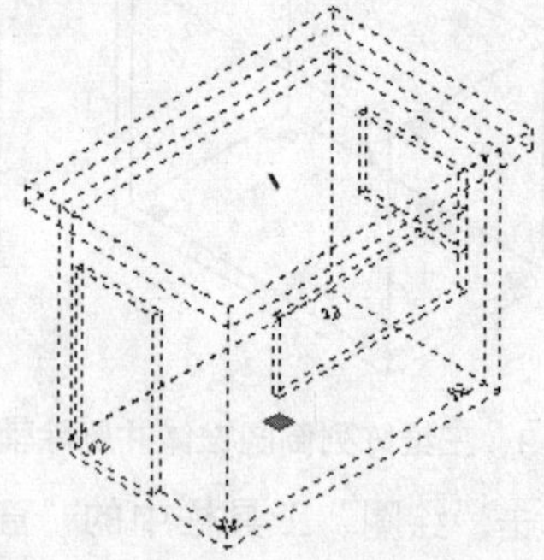

图 11-15 并集所有实体

16 选择“视图”菜单中的“消隐”命令，调整图形的视觉效果，如图 11-16 所示。

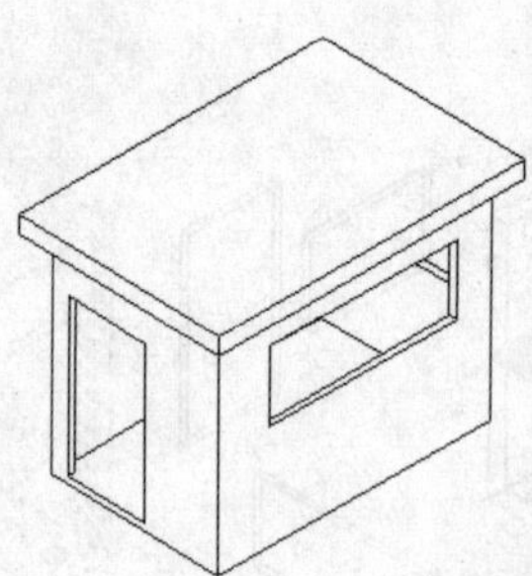

图 11-16 消隐样式观察图形

实例 11-2 说明

- 知识点：
  - 二维编辑
  - 长方体
  - 圆环体
  - 圆柱体
  - 三维编辑
- 视频教程：
  光盘\教学\第 11 章 建筑公共设施
- 效果文件：
  光盘\素材和效果\11\11-2.dwg
- 实例演示：
  光盘\实例\第 11 章\绘制候车亭

实例 11-2 绘制候车亭

本实例将制作一个候车亭的模型，主要应用了二维编辑、长方体、圆环体、圆柱体、三维编辑等功能。实例效果如图 11-17 所示。

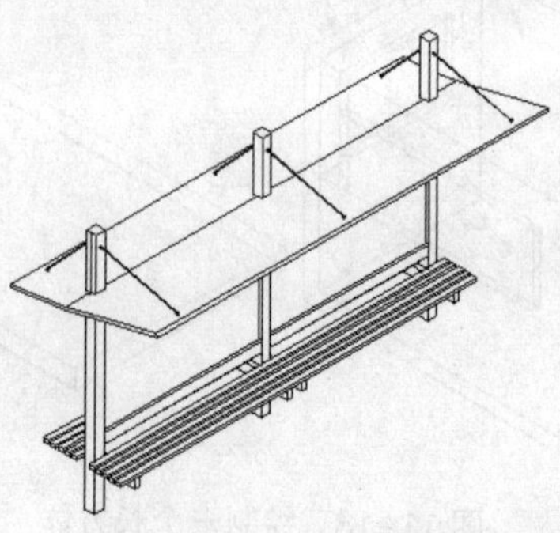

图 11-17 候车亭效果图

操作步骤

1 选择“视图”菜单中“三维视图”子菜单中的“东北等轴测”命令，将视图由二维绘图切换到三维绘图。

2 单击“建模”工具栏中的“长方体”按钮，分别绘制长为 120、宽为 120、高为 3000 和长为 2000、宽为 120、高为 120 的两个长方体，如图 11–18 所示。

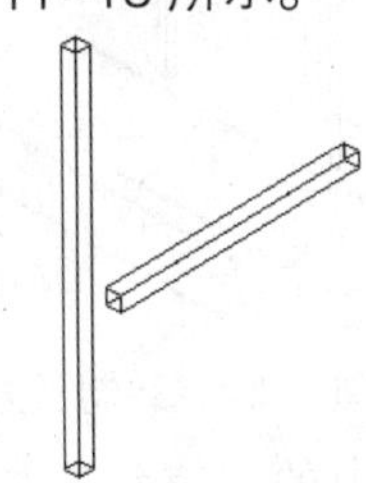

图 11–18 绘制长方体

3 单击“修改”工具栏中的“移动”按钮，移动横长方体到竖长方体的一个角点，然后再将横长方体沿 Z 轴极轴向上移动 700，如图 11–19 所示。

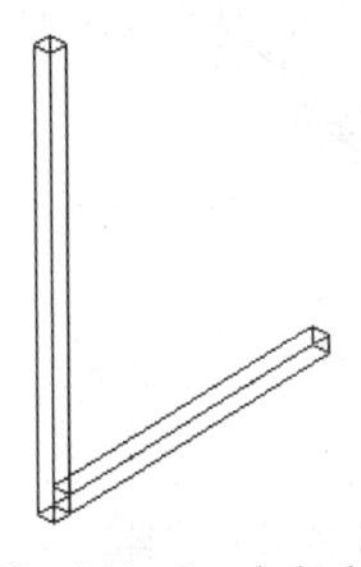

① 移动到一个角点

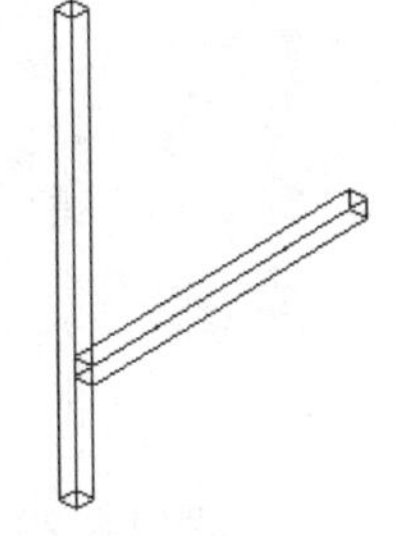

② 再向上移动 700

图 11–19 移动长方体

4 单击“修改”工具栏中的“复制”按钮，将横长方体向上复制 1300，再将竖长方体向右上极轴复制 2120，如图 11–20 所示。

5 再次单击“修改”工具栏中的“复制”按钮，将右边 3 个实体再次复制，如图 11–21 所示。

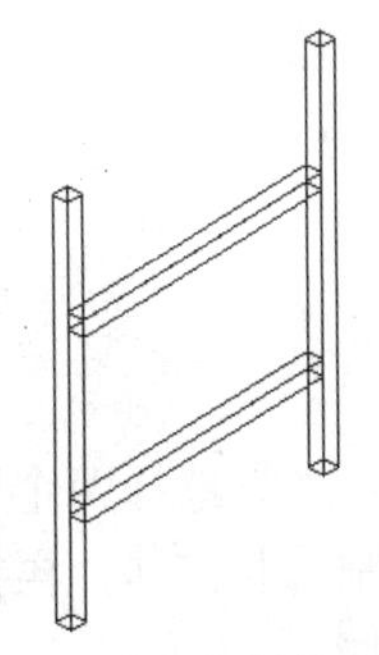

图 11–20 复制长方体

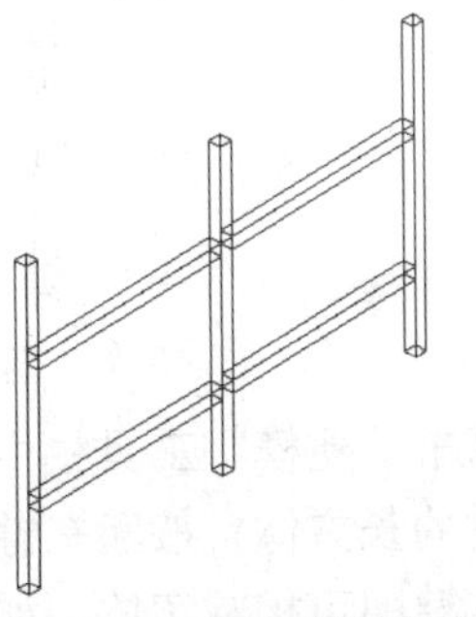

图 11–21 再次复制长方体

相关知识 建筑的门与窗

在建筑物中，门与窗是两个比较灵活的构件。门的主要功能是交通，兼采光和通风的效果。窗的主要功能是采光和通风。门窗的次要功能还有许多，比如降噪声、防风、防雨、保温等。

相关知识 门的分类

门可以根据不同的特性分成各个种类：

- 按材料分：木门、钢铁门、塑料门、铝合金门等。
- 按开启方式分：平开门、卷帘门、推拉门、折叠门、转门、弹簧门、自动门等。
- 按镶嵌材料分：玻璃门、纱门、胶合板门、拼板门等。

相关知识 窗的分类

窗也可以根据不同的特性分成各个种类：

- 按材料分：木窗、钢铁窗、塑料窗、铝合金窗等。
- 按开启方式分：平开窗、转窗、推拉窗、固定窗、液压窗等。
- 按镶嵌材料分：纱窗、木窗、百叶窗、隔音窗、防暴窗、保温窗等。

相关知识 建筑中的变形缝

在建筑中，变形缝可以分为伸缩缝、沉降缝和防震缝3种。

1. 伸缩缝

伸缩缝是为了防止建筑因温度变化产生裂缝所事先预留的缝隙。建筑物长度方向，每隔一定距离就要预留伸缩缝，伸缩缝主要应用在屋顶、墙体、楼板等地面以上的水平构件上。

伸缩缝的宽度一般为20～30mm，伸缩缝之间填充保温材料。

2. 沉降缝

当房屋相临部分的可能会因为过度载荷，而产生不均匀的沉降，致使建筑物开裂甚至断裂等现象。为了防止此类现象的发生，在建设建筑物时，不光要在屋顶、楼板、墙体断开，还要在基础部分断开，根据地面的可压缩性，地基处理、载荷等因素设置不同的沉降缝。

沉降缝宽度要根据房屋的层数定：二、三层时可取50～80mm；四、五层时可取80～120mm；五层以上时不应小于120mm。

6 单击“建模”工具栏中的“长方体”按钮，分别绘制长为4960、宽为1200、高为40和长为4960、宽为700、高为40的两个长方体，如图11-22所示。

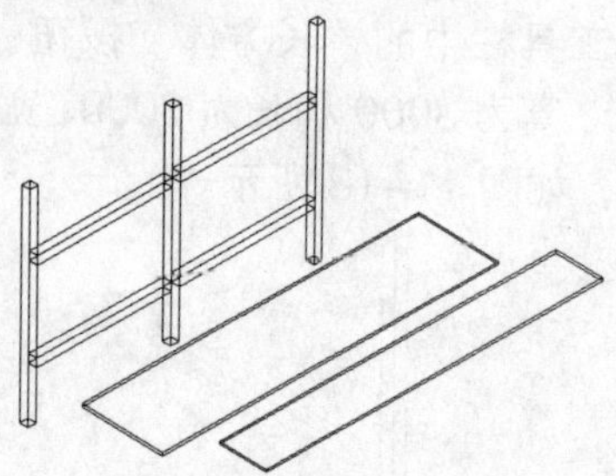

图11-22 绘制长方体

7 单击“绘图”工具栏中的“直线”按钮，分别绘制长为700、300的两条辅助线段，并将长方体移动到图形中，如图11-23所示。

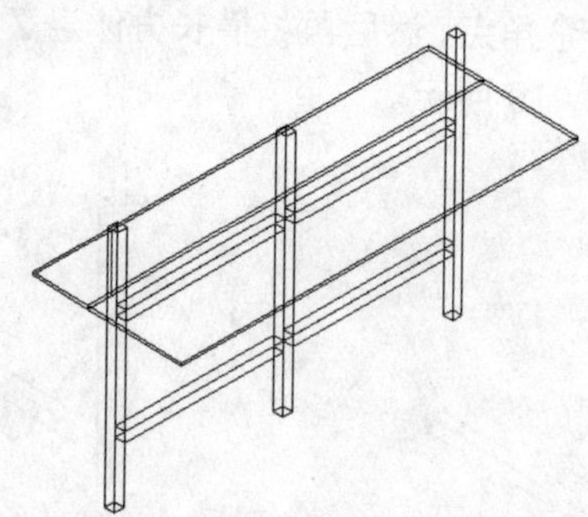

图11-23 绘制辅助线并移动长方体

8 单击“建模”工具栏中的“三维旋转”按钮，将两个长方体移动到图形中，将大的长方体旋转15°，小长方体旋转8°，并复制3个竖的长方体，如图11-24所示。

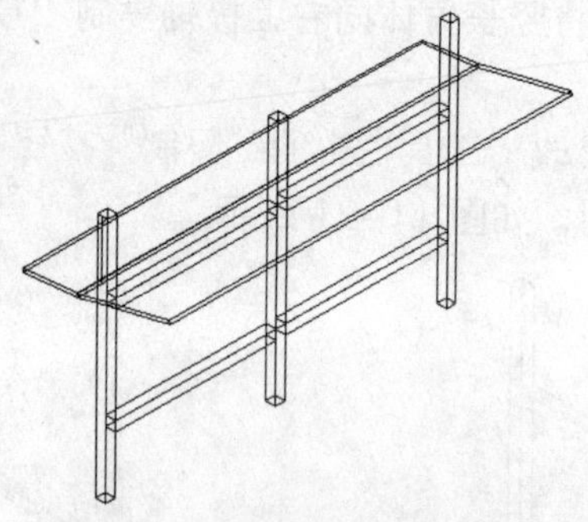

图11-24 旋转长方体

9 单击“建模”工具栏中的“差集”按钮，先选择两个旋转过的长方体，按回车键。再选择3个复制的长方体，再按回车键即可相减实体，如图11-25所示。

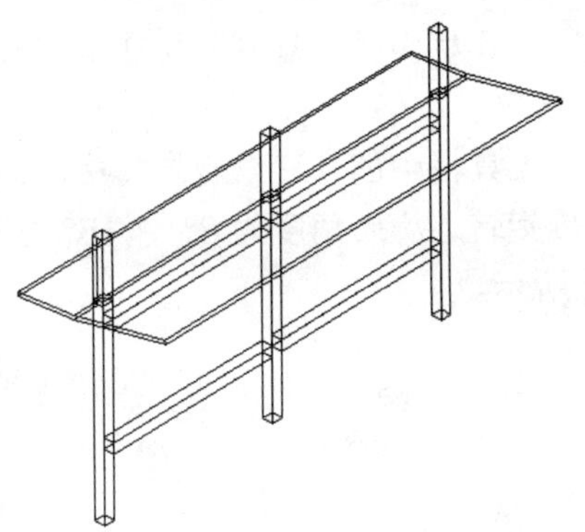

图 11-25 差集实体

10 单击“建模”工具栏中的“圆环体”按钮，绘制一个半径为 10、圆管半径为 4.5 的圆环体，如图 11-26 所示。

11 单击“建模”工具栏中的“圆柱体”按钮，绘制一个底面半径为 4.5、高度为 6 的圆柱体，如图 11-27 所示。

图 11-26 绘制圆环体

图 11-27 绘制圆柱体

12 单击“建模”工具栏中的“三维旋转”按钮，旋转圆环体，旋转角度为 90°，如图 11-28 所示。

13 单击“修改”工具栏中的“移动”按钮，将圆柱体移动到圆环体上，并将两个实体相加，如图 11-29 所示。

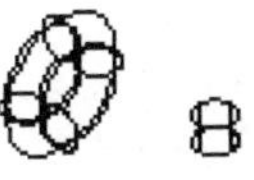

图 11-28 三维旋转圆环体

图 11-29 移动圆柱体然后并集

14 选择“修改”菜单中“三维操作”子菜单中的“剖切”命令，以第一根立柱为例，剖切顶部，如图 11-30 所示。

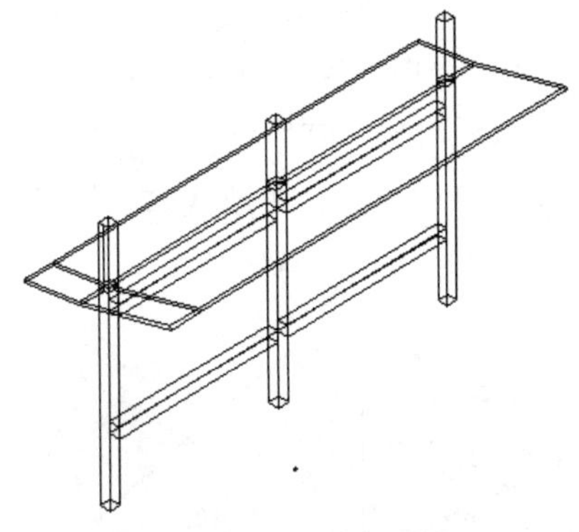

图 11-30 剖切顶部

3. 防震缝

防震缝在地震区域用的比较普遍，主要是为了防止地震对建筑造成的破坏。防震缝一般从基础顶面开始，沿建筑全高设置。一般多层砌体建筑物的缝宽取 50～100mm；多层钢筋混凝土结构建筑，高度 15m 及以下时，缝宽为 70mm；当建筑高度超过 15m 时，按烈度增大缝宽。

相关知识 什么是板楼

板楼一般是指由若干个单元式的楼群拼接而成，是以横向发展的多层或高层建筑。板楼比较整齐，楼层一般不会超过 12 层。

下面来了解一下板楼的优点与缺点。

1. 优点

- 南北通透：利于采光和空气流通。
- 用户的建筑使用率高：建筑格局比较均匀，使用率较高，通常达到 90%，而塔楼户型才只有 75%。
- 板楼的均好性强：同一幢建筑中的户型都较为相似，优劣差距小。

2. 缺点

- 房子密度小，房价相比塔楼要高一些。板楼建筑都比较低，住的人也比较少，因此房子密度就小，价格也比较高。
- 格局不宜改造：板楼中的墙体多为承重墙，不方便改造。

相关知识 什么是塔楼

塔楼一般是建筑外形像塔，长宽大致相同，以纵向发展为主的高层建筑。

下面来了解一下塔楼的优点与缺点。

1. 优点

- 建筑密度高，房价相比板楼要低一些。塔楼建筑多为高层建筑或超高层建筑，居住的人多，因此房子密度大，价格相对而言也就低一些。
- 格局灵活多变：塔楼多采用框架结构，除了少数承重墙外，都可以改变格局。
- 楼层高，视野好：塔楼的楼层高，可以观赏到板楼所无法看到的城市风景。
- 结构强度高，抗震性好：塔楼采用框架结构，现场浇筑楼板，因此结构强度要比板楼高，抗震安全性好。

15 单击“修改”工具栏中的“复制”按钮，绘制 3 个环扣，如图 11–31 所示。

16 单击“建模”工具栏中的“三维旋转”按钮，对 4 个环扣分别进行三维旋转，旋转角度为 8°、15°、90°、-90°，如图 11–32 所示。

图 11–31 复制环扣　　图 11–32 三维旋转 4 个环扣

17 单击“修改”工具栏中的“移动”按钮，将 4 个环扣移动到图形中，如图 11–33 所示。

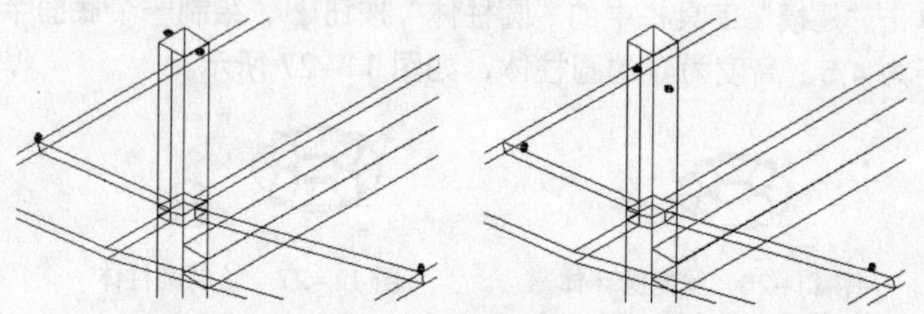

①先将环扣移动到各个端点　②再沿极轴或剖切端点输入数值移动环扣

图 11–33 移动环扣

18 单击“绘图”工具栏中的“直线”按钮，以环扣的中点为端点，绘制两条直线，如图 11–34 所示。

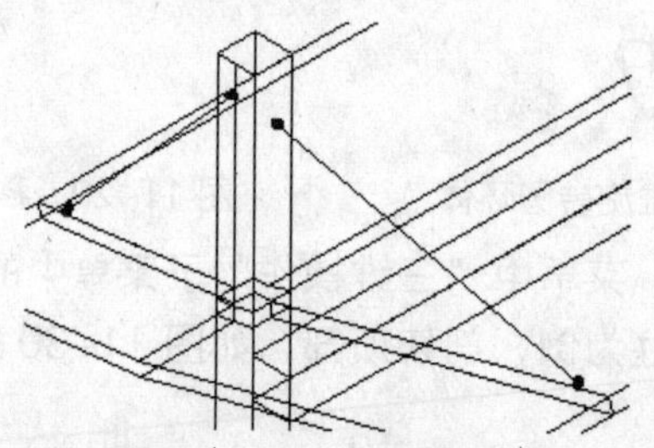

图 11–34 绘制直线

19 单击“绘图”工具栏中的“圆”按钮，绘制两个半径为 4 的圆，并扫掠之前绘制的直线，生成实体，如图 11–35 所示。

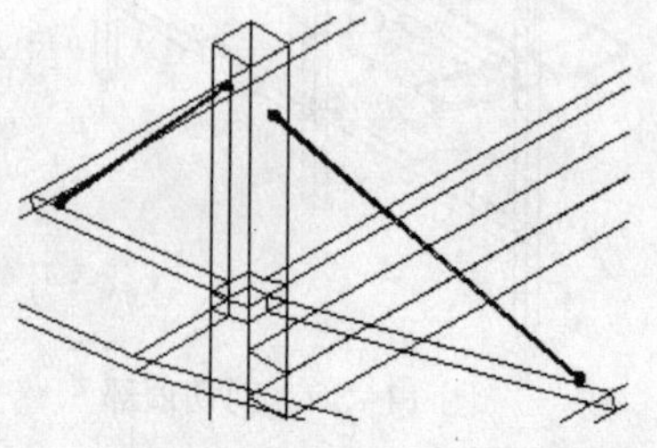

图 11–35 绘制圆并扫掠直线成实体

20 单击“修改”工具栏中的“复制”按钮，将 4 个环扣以及钢丝绳索向右上极轴复制 2120、4240，并将先前剖切成两部分的顶再合并成一个实体，如图 11-36 所示。

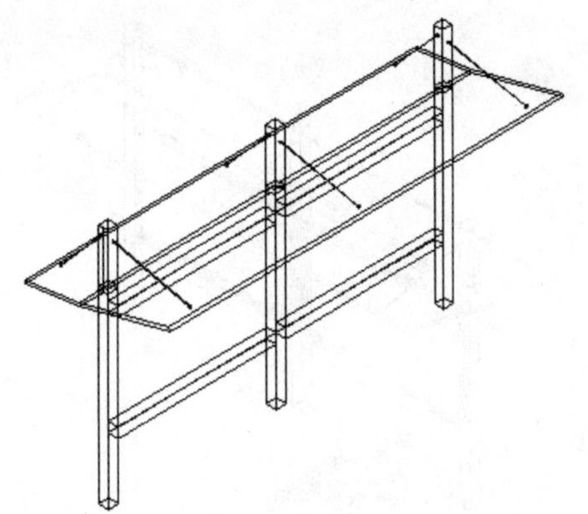

图 11-36　复制环扣和绳索，同时并集顶部

21 单击“建模”工具栏中的“长方体”按钮，绘制广告牌，绘制两个长为 2000、宽为 40、高为 1180 的长方体，如图 11-37 所示。

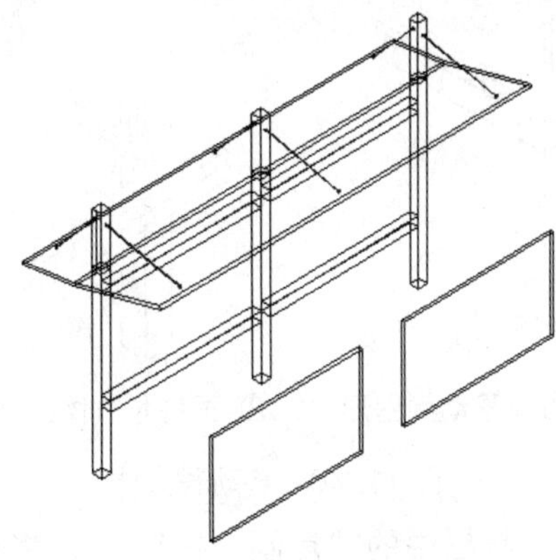

图 11-37　绘制两个一样的长方体

22 单击“修改”工具栏中的“移动”按钮，将两个长方体移动到图形中，如图 11-38 所示。

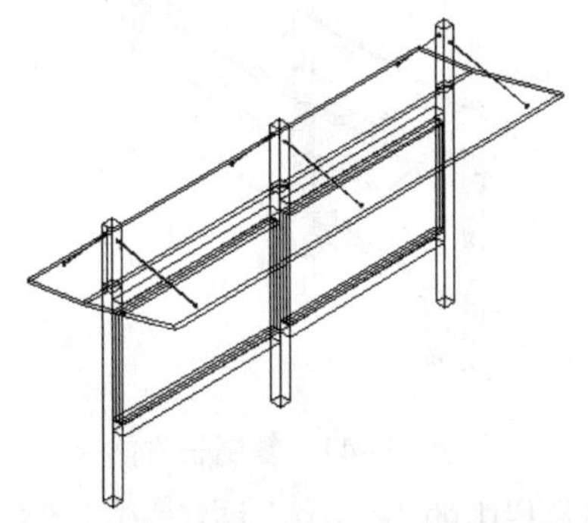

图 11-38　移动长方体

2. 缺点

- 均好性低：因为塔楼的朝向不定，因此同层的户型不均匀，好坏差别大。
- 使用率低：塔楼的使用率比板楼要低，如有些户型的厨房、卫生间处在不通风、不采光的环境下，也可以称为“灰色空间”。

相关知识　**什么是打印图形**

图形绘制完成后，有时需要将其打印出来。在打印图形之前，通常需要进行适当的设置后再打印，如打印设置的选择、打印范围的调整、打印比例、打印区域和打印选项的设置等。

操作技巧　**打印的操作方法**

可以通过以下 5 种方法来执行“打印”操作：

- 单击标题栏上的“打印”按钮。
- 选择“文件”→“打印”菜单命令。
- 单击“标准”工具栏中的“打印”按钮。
- 按 Ctrl+P 组合键。
- 在命令行中输入“plot”后，按回车键。

相关知识　**“打印-模型”对话框的设置**

在执行以上任意一种操作后，都可以打开“打印-模型”对话框。

23 单击“建模”工具栏中的“长方体”按钮，绘制座椅底部木架，绘制一个长为60、宽为920、高为120的长方体，如图11-39所示。

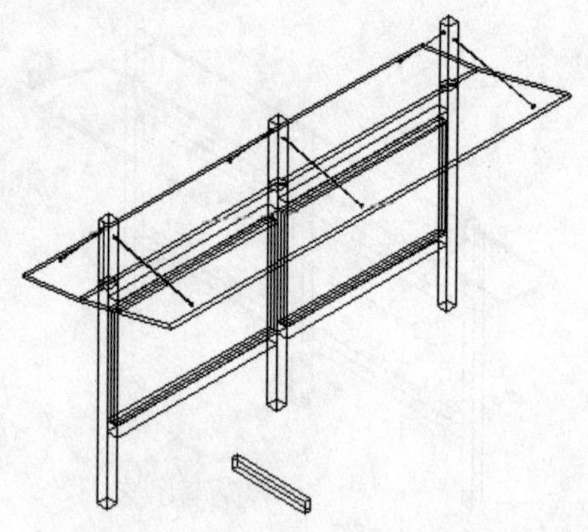

图 11-39 绘制长方体

24 单击“修改”工具栏中的“移动”按钮，将两个长方体移动到图形中，如图11-40所示。

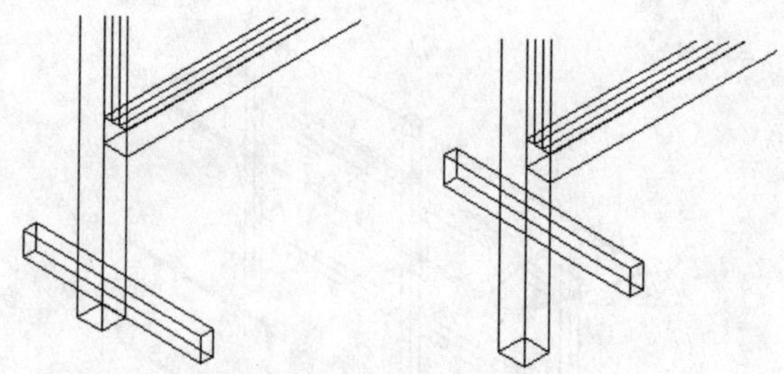

① 将长方体移动到图形中 ② 再将长方体向上移动430

图 11-40 移动长方体

25 单击“修改”工具栏中的“复制”按钮，将长方体向右上复制1940、2120、4060，如图11-41所示。

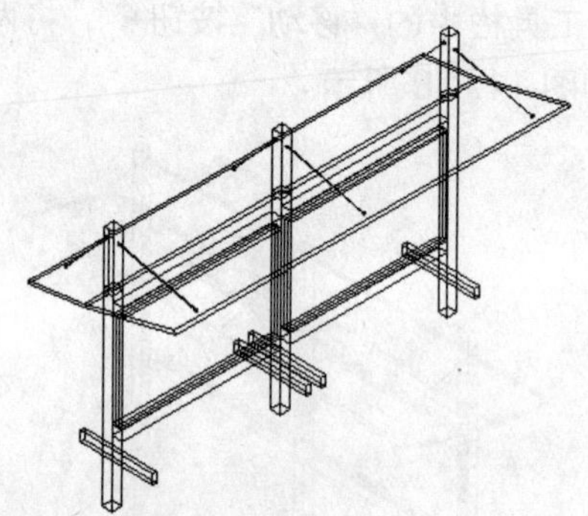

图 11-41 复制长方体

26 单击“建模”工具栏中的“长方体”按钮，绘制一个长为4520、宽为60、高为40的长方体，绘制座椅凳条，如图11-42所示。

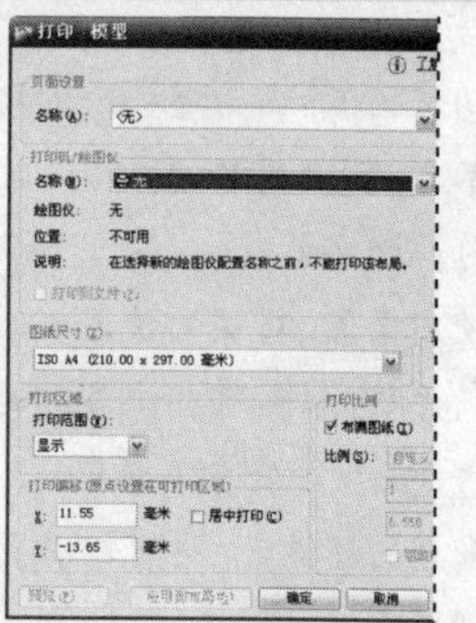

该对话框中各选项的含义如下：

- “页面设置”选项组：列出了图形中已命名或已保存的页面设置。单击右端的“添加”按钮，系统弹出“添加页面设置”对话框，从中输入页面设置名，单击“确定”按钮，可新建页面设置，然后可通过“页面设置管理器”修改此页面的设置。

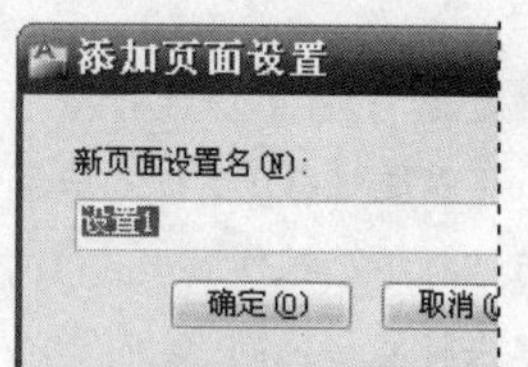

- “打印机/绘图仪”选项组：从该下拉列表框中选择已经安装的打印机名称。

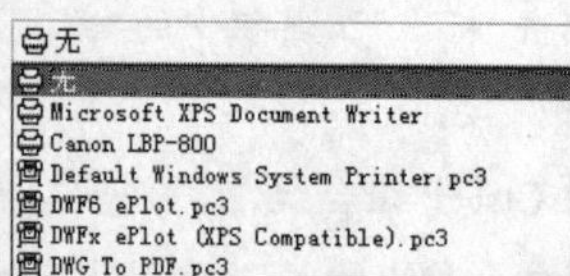

- “图纸尺寸”选项组：设置所选打印设备可用的标准图样尺寸。如果从“布局”打印，可以先在“页面设置管理器”中指定图样尺寸；如果从“模型”打印，则需要在打印时指定图纸尺寸。

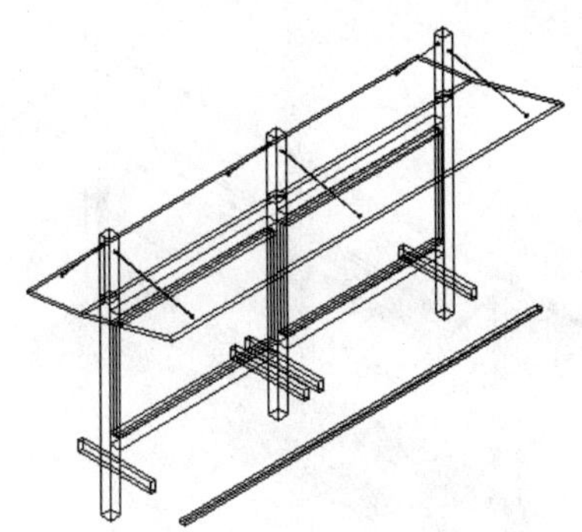

图 11-42　绘制长方体

27 单击“绘图”工具栏中的“直线”按钮，以长方体角点向左下极轴绘制长为 200 的辅助线段，再向右下极轴绘制长为 20 的辅助线段，再将长方体移动辅助线的端点上，如图 11-43 所示。

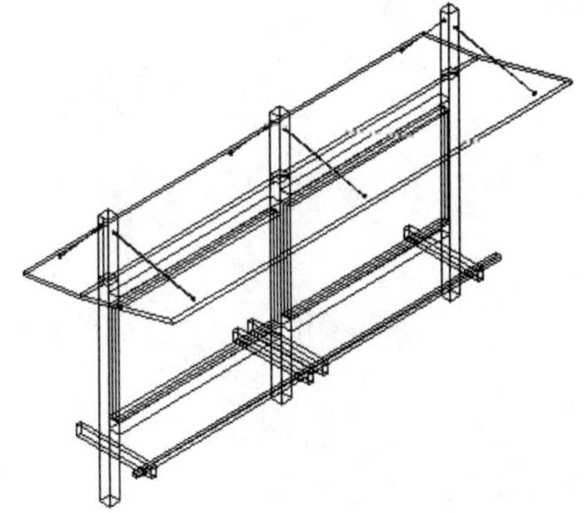

图 11-43　移动长方体

28 单击“修改”工具栏中的“复制”按钮，将长方体向左上极轴复制 85、170、255、340，如图 11-44 所示。

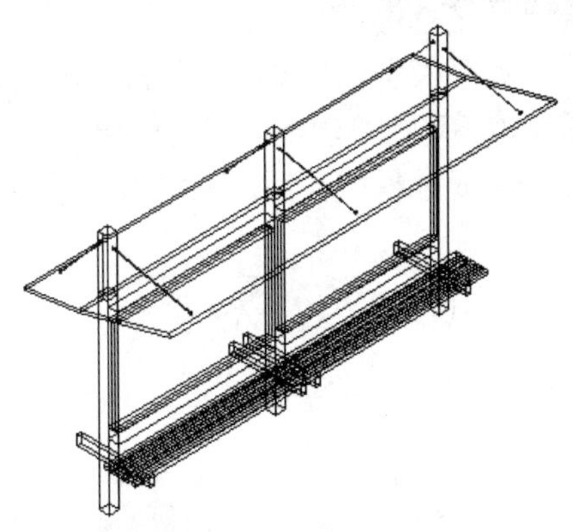

图 11-44　复制长方体

29 单击“修改”菜单中“三维操作”子菜单中的“三维镜像”命令，以立柱为镜像线，三维镜像复制 5 根座椅的凳条，如图 11-45 所示。

- 打印区域：用于设置打印的范围，单击右端的下拉按钮，打开下拉列表框，其中包括以下 4 项。

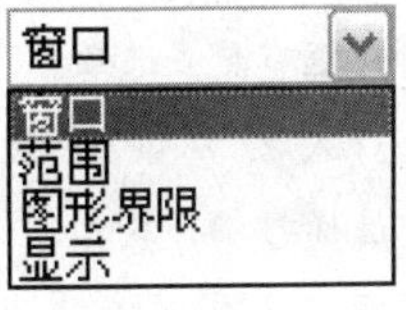

  * 窗口：打印指定的图形的任何部分。选择“窗口”选项，将切换到绘图区，指定打印窗口后，即返回到对话框。指定窗口后，其右端会出现“窗口”按钮，单击该按钮，返回到绘图区，可重新指定窗口。
  * 范围：打印包含对象的图形的部分当前空间。当前空间内的所有几何图形都将被打印。
  * 图形界限：打印布局时，将打印指定图样尺寸的可打印区域内的所有内容，其原点从布局中的（0，0）点计算得出。在“模型”环境下打印时，将打印栅格界限所定义的整个绘图区域。如果当前视口不显示平面视图，该选项与“范围”选项效果相同。
  * 显示：打印“模型”环境中当前视口中的视图或布局选项卡中的当前图样空间视图。
- 打印比例：选中“布满图纸”复选框，则缩放图形，以布满设置的图样尺寸；取消选中此复选框，下面的“比例”属性变为可用，从后面的列表框中可以选择一种打印比例。

- 打印偏移：用于指定打印区域相对于可打印区左下角或图纸边界的偏移。单击对话框右下角的⊙按钮，展开对话框有更多选项。
- 打印样式表：从该下拉列表框中选择打印样式表。
- 着色视口选项：指定着色打印选项，包括按显示或在线框中、按隐藏模式、按视觉样式还是按渲染来打印着色对象集。此设置的效果反映在打印预览中，而不反映在布局中。
- 图形方向：设置图形的打印方向。

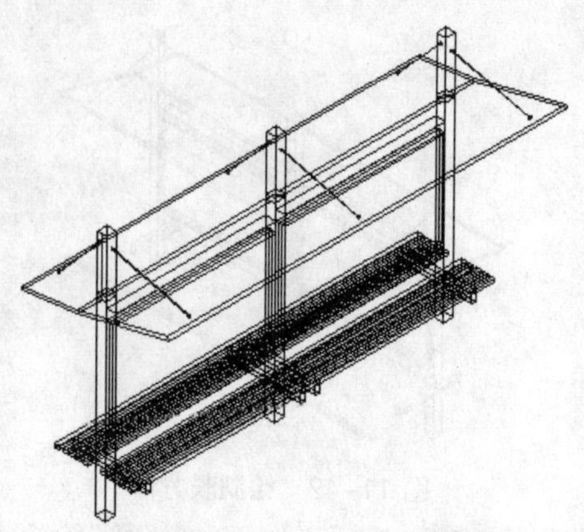

图 11-45　三维镜像复制凳条

30 选择“视图”菜单中的“消隐”命令，调整图形的视觉效果，如图 11-46 所示。

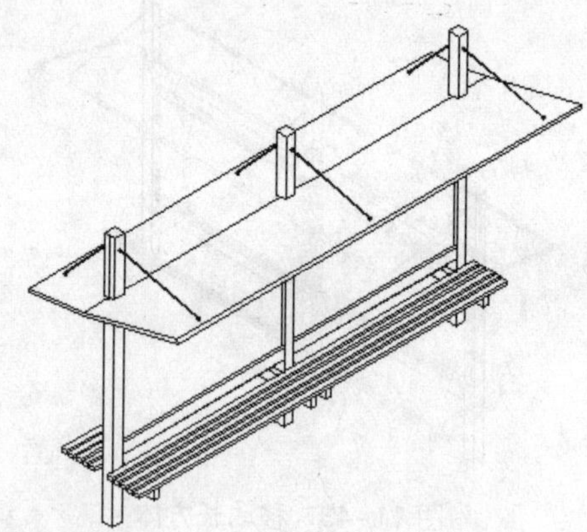

图 11-46　消隐样式观察图形

实例 11-3　绘制凉亭

本实例将制作凉亭模型，主要应用了拉伸成实体、旋转、交集、圆柱体、圆环体、球体等功能。实例效果如图 11-47 所示。这里只是为了做一个简单模型，因此在细节方面可能有所欠缺。

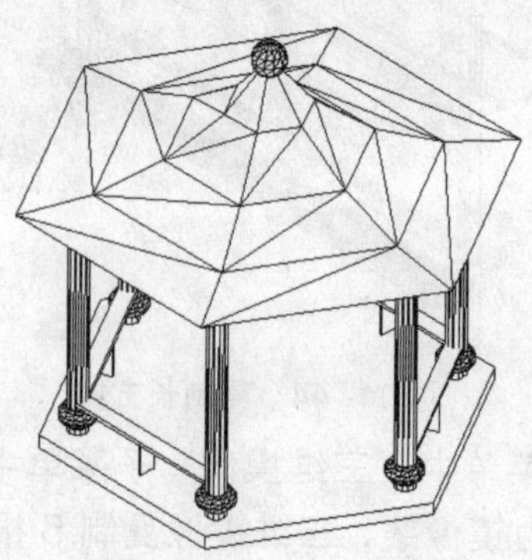

图 11-47　凉亭效果图

实例 11-3 说明

- 知识点：
  - 拉伸成实体
  - 旋转
  - 交集
  - 圆柱体
  - 圆环体
  - 球体
- 视频教程：

  光盘\教学\第 11 章　建筑公共设施
- 效果文件：

  光盘\素材和效果\11\效果\11-3.dwg
- 实例演示：

  光盘\实例\第 11 章\绘制凉亭

相关知识　其他打印方式

除了在系统中最普通的打印方法外，还有 3 种打印方式，下面分别介绍。

操作步骤

1 单击“绘图”工具栏中的“直线”按钮，绘制长为 1500、2400 的两条线段，并绘制圆弧（角度为 60°），如图 11-48 所示。

2 再次单击“绘图”工具栏中的“直线”按钮，绘制长为 2400 的垂直线段，再水平绘制线段，如图 11-49 所示。

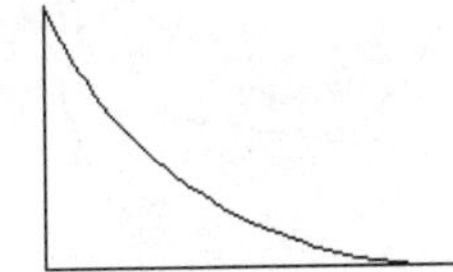

图 11-48　绘制直线和圆弧　　图 11-49　绘制线段

3 单击“修改”工具栏中的“旋转”按钮，将垂直线段以上端点为基点，旋转 30°，并延伸旋转后的斜线，如图 11-50 所示。

4 单击“修改”工具栏中的“修剪”按钮，修剪多余的线段。然后使用镜像功能对称复制，然后将所有线段创建成两个面，如图 11-51 所示。

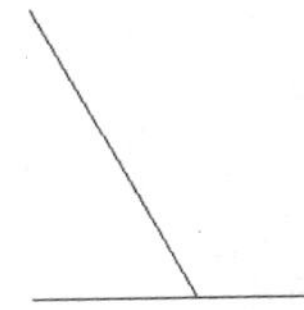

图 11-50　旋转并延伸线段

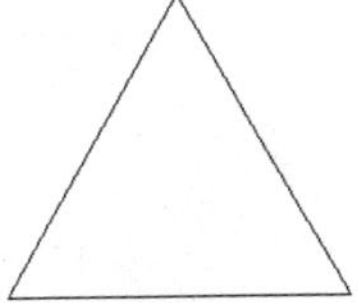

图 11-51　修剪线段然后镜像复制

5 单击“视图”菜单中“三维视图”子菜单中的“东北等轴测”命令，将视图由二维绘图切换到三维绘图，然后三维旋转面，如图 11-52 所示。

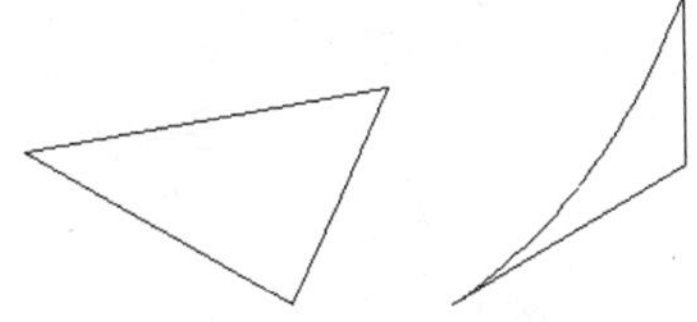

图 11-52　切换成三维视图并旋转其中一个面

6 单击“建模”工具栏中的“拉伸”按钮，拉伸竖面 3000，拉伸平面 1500，如图 11-53 所示。

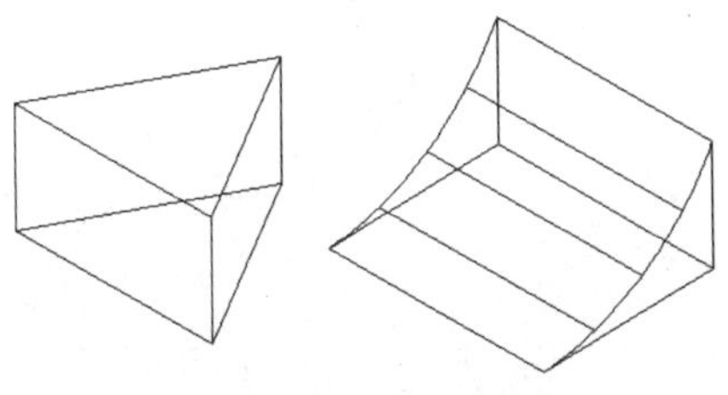

图 11-53　拉伸面

1. 电子打印

可以使用 AutoCAD 中的 EPLOT 的特性，将图形以电子形式发布到 Internet 上，所创建的文件以 Web 图形格式（.DWF）文件保存。可以使用 Internet 浏览器打开、查看和打印 DWF 文件，DWF 文件支持实时缩放和平移，可以控制图层、命名视图和嵌入超链接的显示。

DWF 以基于矢量的格式创建，通常是压缩的。因此，压缩的 DWF 文件的打开和传输的速度要比 AutoCAD 图形文件大。在 AutoCAD 中，还提供了两个可用作创建 DWF 文件的预配置 EPLOT PC3 文件。可以修改这些配置文件，或者用“添加打印机”向导创建附加的 DWF 打印机配置。DWF Classic.pc3 配置文件创建的输出文件以黑色图形为背景，DWF EPLOT.PC3 文件创建具有白色背景和图样边界的 DWF。

2. 批处理打印

AutoCAD 提供了 Visual Basic 批处理打印使用程序，用于打印一系列 AutoCAD 图形。用户可以立刻打印图形，也可以将它们保存在批处理打印文件中以供以后使用。批处理打印使用程序独立于 AutoCAD 运行，可以从 AutoCAD 程序组中执行。

7 单击“修改”工具栏中的“移动”按钮，将两个实体组合起来，如图 11-54 所示。

8 单击“建模”工具栏中的“交集”按钮，选择两个实体做交集处理，生成新的实体，如图 11-55 所示。

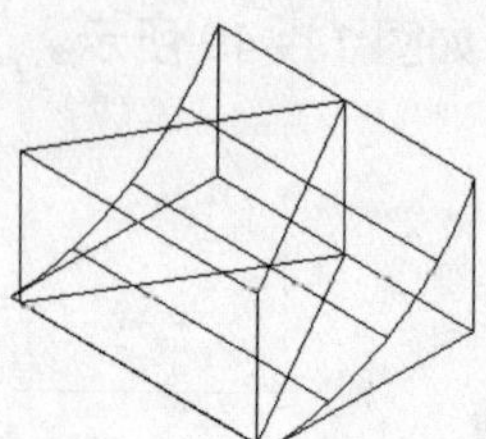

图 11-54 移动实体

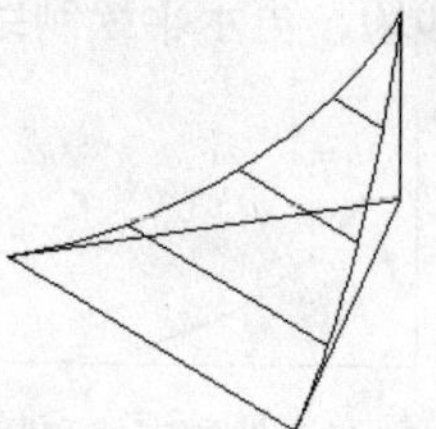

图 11-55 交集实体

9 选择“修改”菜单中“三维操作”子菜单中的“三维阵列”命令，用环形模式复制 6 个，形成凉亭的顶，如图 11-56 所示。

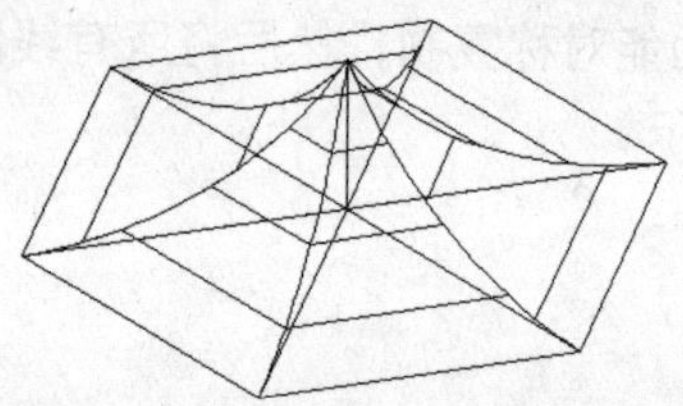

图 11-56 三维阵列环形复制实体

10 单击“建模”工具栏中的“球体”按钮，以顶端为中心点，绘制一个半径为 200 的球体，如图 11-57 所示。

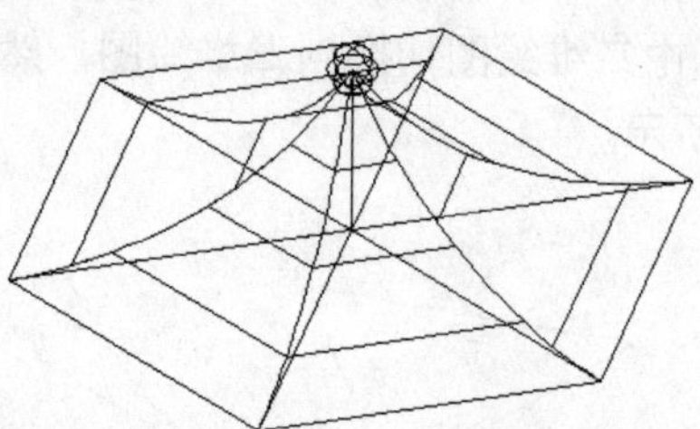

图 11-57 绘制球体

11 单击“建模”工具栏中的“圆柱体”按钮，绘制一个底面半径为 120、高度为 3000 的圆柱体，再绘制两个半径为 120、管径为 100 的圆环体，如图 11-58 所示。

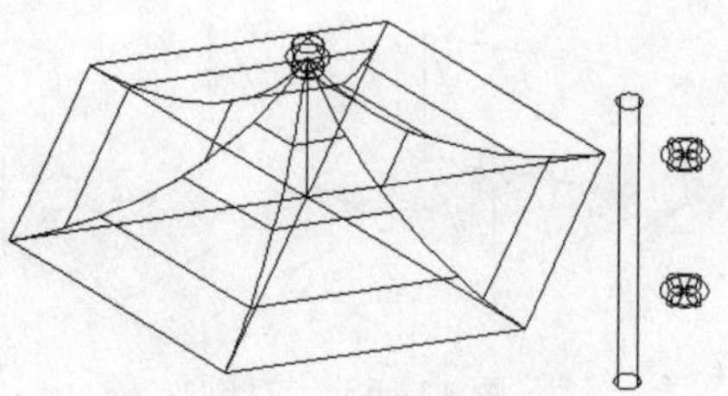

图 11-58 绘制圆柱体和圆环体

在使用批处理打印成批图形之前，应该检查所有必要的字体、外部参照、线性、图层特性和布局的有效性，保证成功地加载和显示图形。一旦使用批处理打印使用程序创建了打印图形列表，就可以将 PC3 文件附着到每一个图形。没有附着 PC3 文件的图形，其打印效果为开始批处理打印使用程序之前的默认值。

3. 使用脚本文件

AutoCAD 可以创建脚本文件来打印图形，脚本文件可以指定命名页面设置，或者打印图形中的不同视图，AutoCAD 可以读取使用文本编辑器或字处理器创建的文本文件中的脚本。脚本文本文件必须保存为 ASCⅡ格式，并使用.scr 文件扩展名。

当在 AutoCAD 2012 中创建新的脚本时，必须使用新的 plot 命令行。可以在任意指定以下变量：布局名称、页面设置名称、输出设备名称以及文件名称。

相关知识 **什么是打印样式表**

打印样式也是对象的一个特性，它可以控制对象的打印特性，包括颜色、抖动、灰度、笔号、虚拟笔、淡显、线型、线宽、线条端点样式、线条连接样式和填充样式。

12 单击“修改”工具栏中的“移动”按钮，将圆柱体和圆环体组合起来，然后移动到图形中，形成凉亭的支柱，如图 11-59 所示。

13 选择“修改”菜单中“三维操作”子菜单中的“三维阵列”命令，用环形模式，环形复制 6 根支柱，如图 11-60 所示。

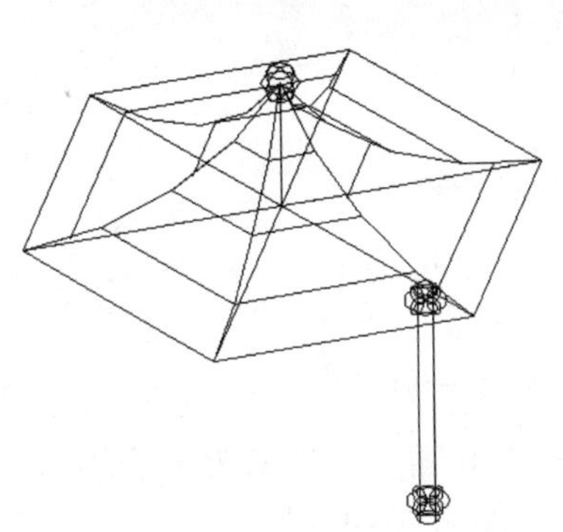

图 11-59 移动圆柱体和圆环体

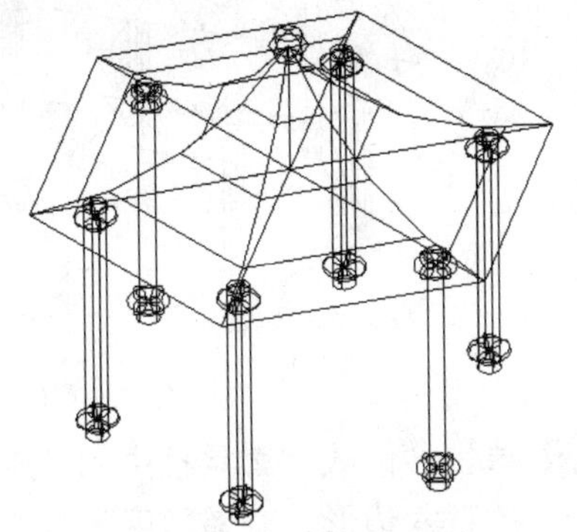

图 11-60 三维镜像复制支柱

14 单击“建模”工具栏中的“长方体”按钮，分别绘制长为 2000、宽为 200、高为 40 和长为 30、宽为 200、高为 370 的两个长方体，如图 11-61 所示。

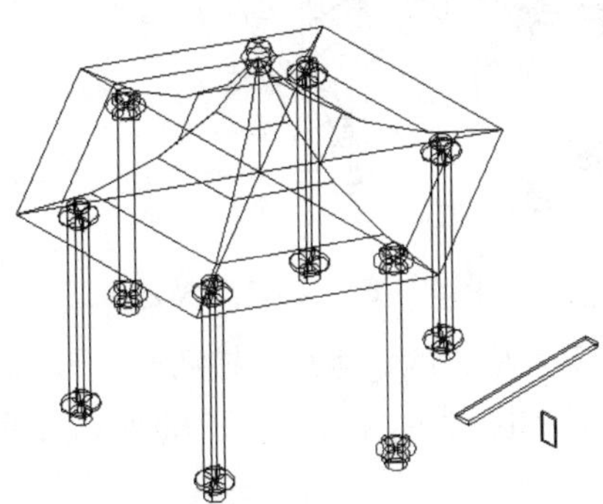

图 11-61 绘制长方体

15 单击“绘图”工具栏中的“直线”按钮，绘制辅助线，然后使用移动、旋转、三维阵列功能，将凉亭座椅移动到图形中并复制，然后删除辅助线段，如图 11-62 所示。

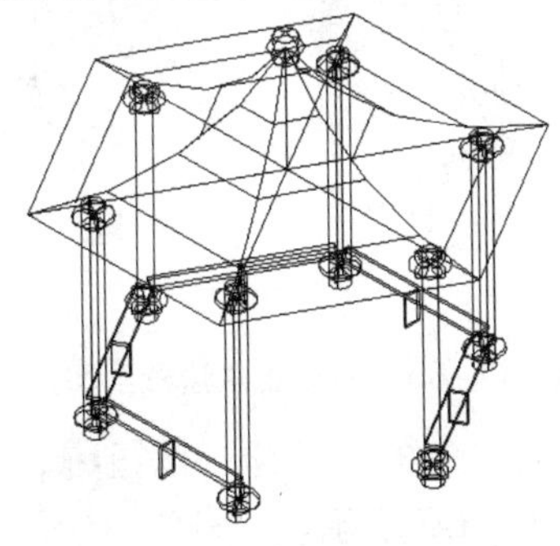

图 11-62 移动和复制凉亭座椅

“Plot Styles”窗口：

操作技巧 打印样式表的操作方法

可以通过以下两种方法来执行“打印样式表”操作：

- 选择“文件”→“打印样式管理器”菜单命令。
- 在命令行中输入“stylesmanager”后，按回车键。

相关知识 打印样式表的设置

在 AutoCAD 中，可以通过打印样式表完成以下几种属性的设置：

- 黑白、灰度、彩色等方式打印。
- 打印线条的粗细。
- 实心填充样式，如实心、交叉等 100%～5%的灰度填充。
- 线型、线条连接、线条段点等式样。

相关知识 打印样式表的分类

打印样式表有两种类型：颜色相关打印样式表和命名打

印样式表。窗口中扩展名为.ctb 的文件是指“颜色相关打印样式表”，扩展名为.stb 是指“命名打印样式表”。颜色相关打印样式表根据对象的颜色设置样式；命名打印样式可以赋予某个对象，而与对象的颜色无关。

1. 颜色相关打印样式表

用对象的颜色决定打印的特征（如线宽）。例如，图形中所有红色的对象均以相同方式打印。可以在颜色相关打印样式表中编辑打印样式，但不能添加或删除打印样式。颜色相关打印样式表中有 256 种打印样式，每种样式对应一种 AutoCAD 颜色。创建颜色相关打印样式表时，可以输入包括以前在 PCP、PC2 或 AutoCAD 配置文件（CFG）中的打印机配置信息。

2. 命名打印样式表

由用户定义打印的样式。使用命名打印样式表时，具有相同颜色的对象可能会以不同的方式打印，这取决于赋予对象的打印样式。命名打印样式表的数量取决于用户的需要量。像所有其他特性一样，可以将命名打印样式赋予某个对象或布局。

重点提示 打印样式表的优点

打印样式表具有以下几个优点：

16 单击“绘图”工具栏中的“多边形”按钮，绘制一个内接于圆，半径为 2500 的正六边形，如图 11-63 所示。

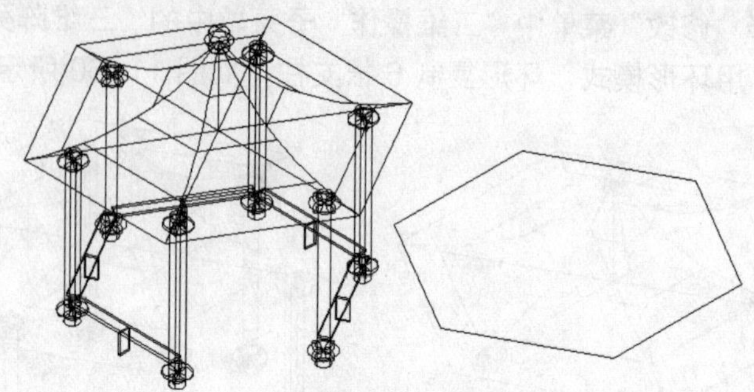

图 11-63 绘制正六边形

17 单击“修改”工具栏中的“旋转”按钮，旋转上一步绘制的正六边形，旋转角度为 30°，如图 11-64 所示。

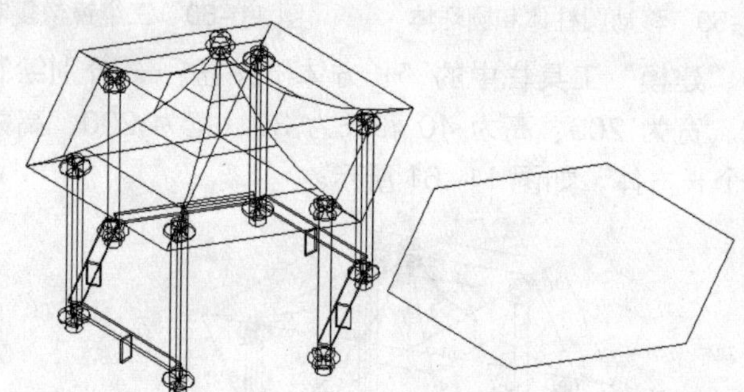

图 11-64 旋转正六边形

18 单击“绘图”工具栏中的“直线”按钮，绘制辅助线。然后将正六边形移动到图形中，接着删除辅助线，如图 11-65 所示。

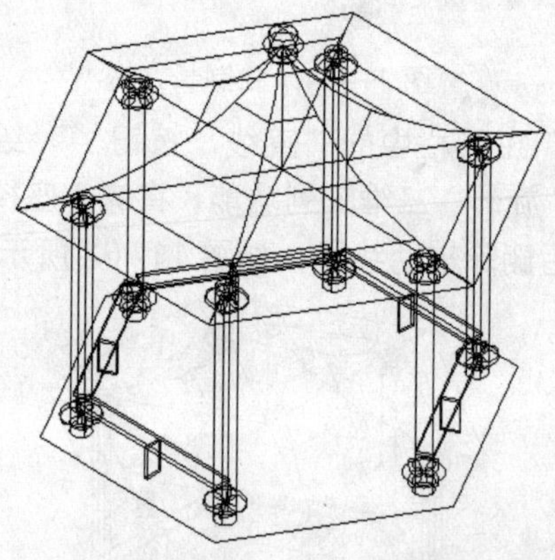

图 11-65 移动正六边形到图形中

19 单击“建模”工具栏中的“拉伸”按钮，将正六边形向下拉伸 130，如图 11-66 所示。

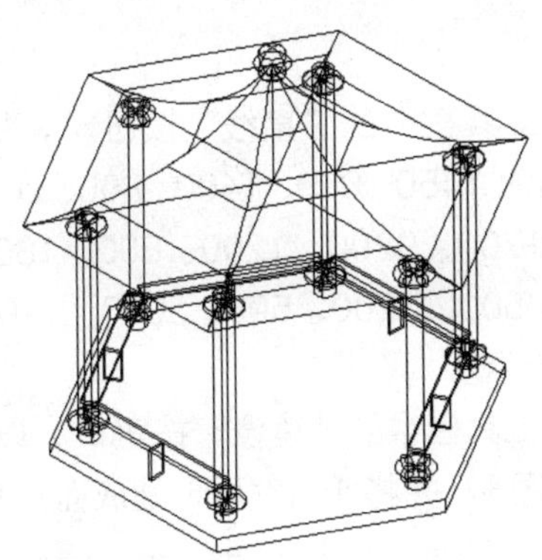

图 11-66　拉伸成实体

20 单击“视图”菜单中的“消隐”命令，调整图形的视觉效果，如图 11-67 所示。

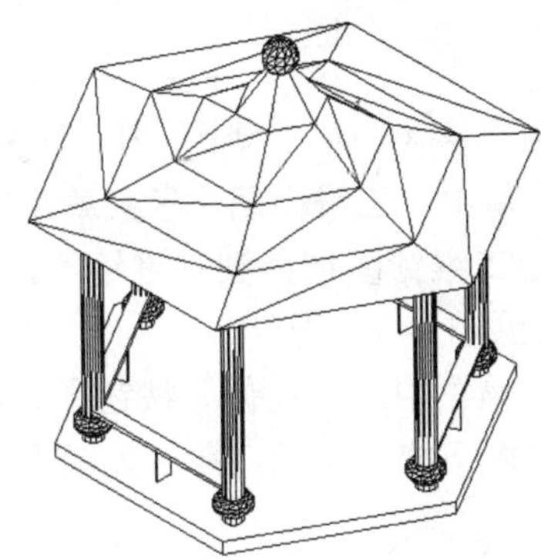

图 11-67　消隐样式观察图形

实例 11-4　绘制板楼底层

绘制板楼实体模型是一个十分细致的过程，步骤也相当烦琐，因此在这里将实例分成 4 个步骤：绘制底层、绘制中间层、绘制顶层以及绘制细节修饰。

本实例主要应用了直线、偏移、长方体、差集等功能。实例效果如图 11-68 所示。

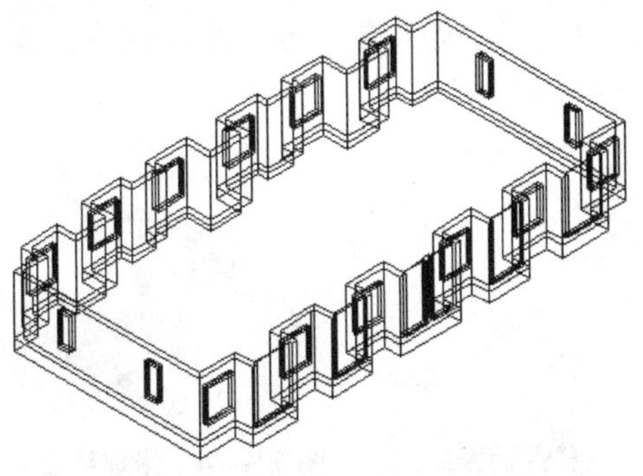

图 11-68　板楼底层效果图

- 打印样式具有图形颜色相关或图层图块命名相关两种方式。
- 通过附着打印样式表到“布局”和“模型”选项卡，可永久保持其打印样式。
- 通过附着不同的打印样式表到布局，可以创建不同外观的打印图样。
- 命名打印样式可以独立于物理的颜色使用。可以给物体指定任意一种打印样式，而不论物体是什么颜色。

实例 11-4 说明

知识点：

- 直线
- 偏移
- 长方体
- 差集

视频教程：

光盘\教学\第 11 章　建筑公共设施

效果文件：

光盘\素材和效果\11\效果\11-4.dwg

实例演示：

光盘\实例\第 11 章\绘制底层

相关知识　创建打印样式表

打印样式的特性是在打印样式表中定义的，可以将它附着到“模型”标签和布局上去。每一个对象和图层都有打印样式特性。

通过附着不同的打印样式到布局上，可以创建不同外观的打印图样。使用“添加打印样式表”向导来创建新的打印样式表。假如给对象指定一种打印样式，然后把包含该打印样式定义的打印样式删除，该打印样式将不起作用。

操作技巧 添加打印样式表的具体操作过程

添加打印样式表的具体操作步骤如下：

（1）选择“工具”→“向导”→“添加打印样式表”菜单命令，打开“添加打印样式表”对话框。

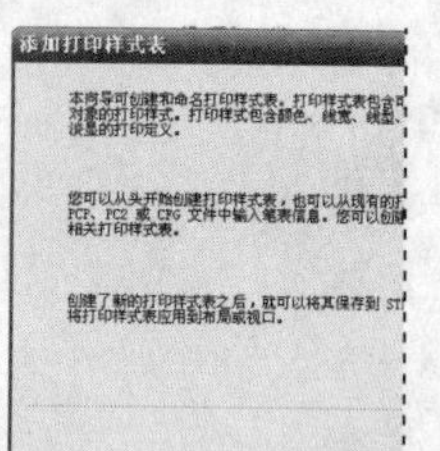

（2）单击“下一步”按钮，进入“添加打印样式表-开始”对话框，在该对话框中可以根据工作的需要，选择相应的表。

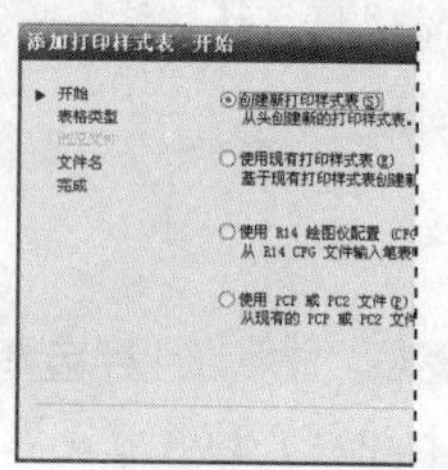

（3）在选定了打印样式表的单选按钮后，单击“下一步”按钮进入“添加打印样式表-选择打印样式表”对话框，

操作步骤

1 单击“绘图”工具栏中的“直线”按钮，从右上起点开始，绘制尺寸分别为1450、800、1400、800、2000、800、1700、800、2200、1700、9200、1200、800、1800、900、1500、1200、2000、500、1200、500、2000、1200、750的线段，如图11-69所示。

2 单击“修改”工具栏中的“镜像”按钮，以起点和端点为镜像线对称复制图形，并将所有线段创建成面，如图11-70所示。

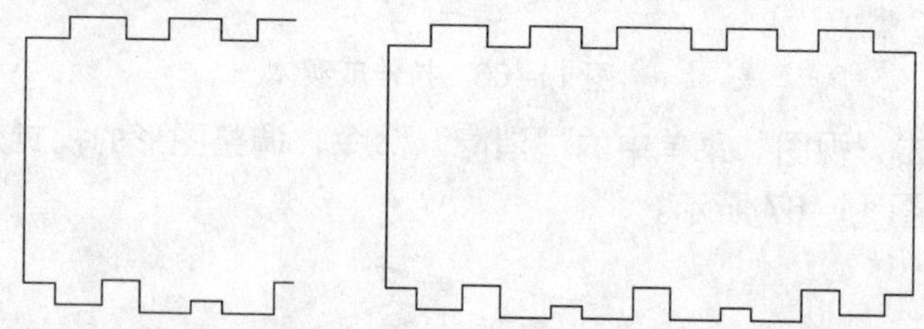

图11-69 绘制线段　　图11-70 镜像对称复制

3 选择“视图”菜单中“三维视图”子菜单中的“东北等轴测”命令，将视图由二维绘图切换到三维绘图，然后在原图形上复制一个面，如图11-71所示。

4 单击“建模”工具栏中的“拉伸”按钮，将创建的面向下拉伸300，再将剩下的一个面打散，如图11-72所示。

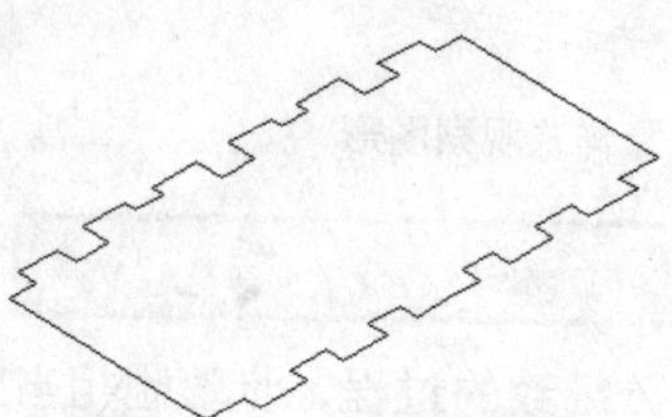

图11-71 切换成三维视图

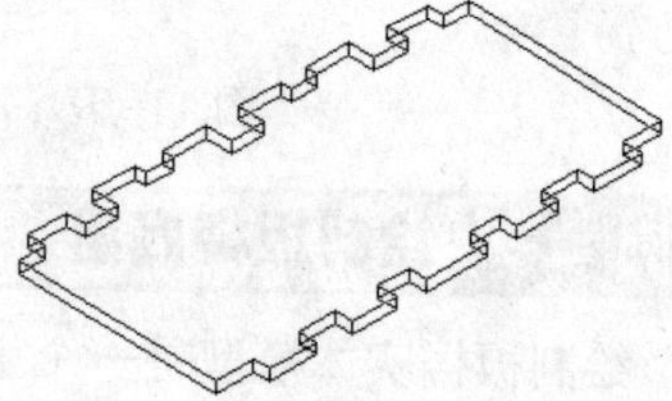

图11-72 拉伸成实体

5 单击“修改”工具栏中的“偏移”按钮，将打散的线段向内偏移250，并通过蓝色夹点调整没有相交的线段，如图11-73所示。

6 单击“修改”工具栏中的“修剪”按钮，修剪相交多余的线段，然后将线段创建成两个面，再将大面减去小面，如图11-74所示。

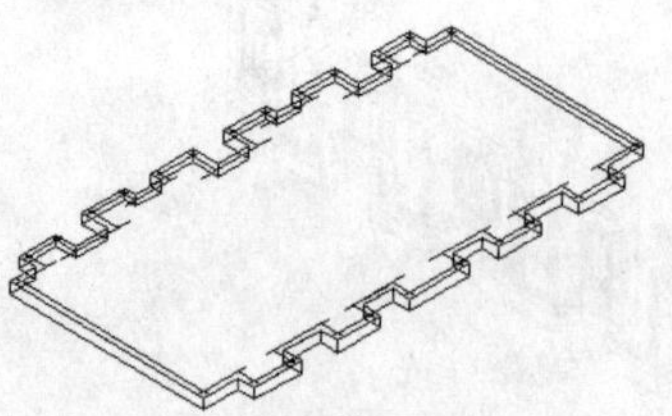

图11-73 偏移并调整线段

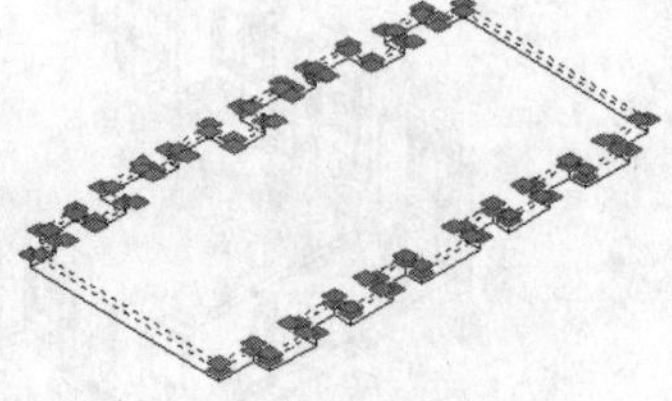

图11-74 修剪线段创建面再差集面

7 单击“建模”工具栏中的“拉伸”按钮，拉伸差集后的面，向上拉伸 2800，如图 11–75 所示。

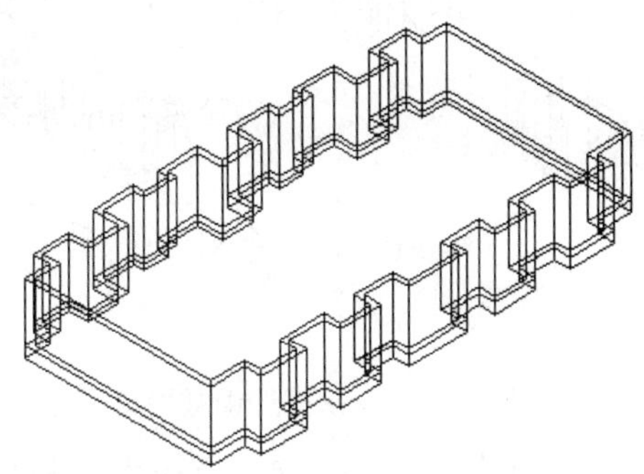

图 11–75　拉伸差集的面成实体

8 单击“建模”工具栏中的“长方体”按钮，绘制长为 1700、宽为 250、高为 2600，长为 1700、宽为 50、高为 2600，长为 1500、宽为 250、高为 2600，长为 1500、宽为 50、高为 2600，长为 1050、宽为 250、高为 2600，长为 1050、宽为 50、高为 2600 的 6 个长方体，如图 11–76 所示。

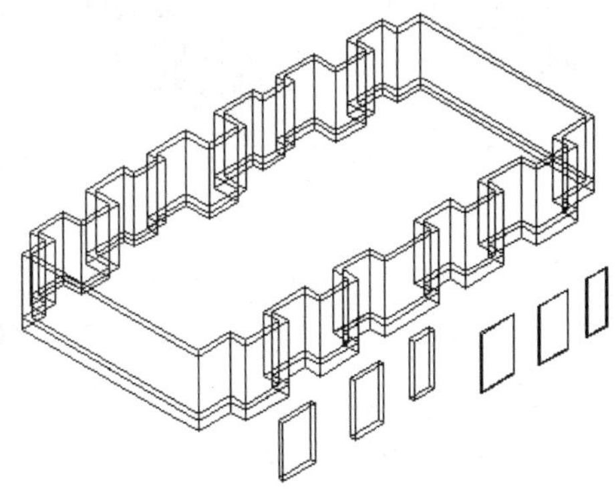

图 11–76　绘制长方体

9 单击“修改”工具栏中的“移动”按钮，将 3 个宽为 250 的长方体移动到图形中，并三维镜像复制长方体，如图 11–77 所示。

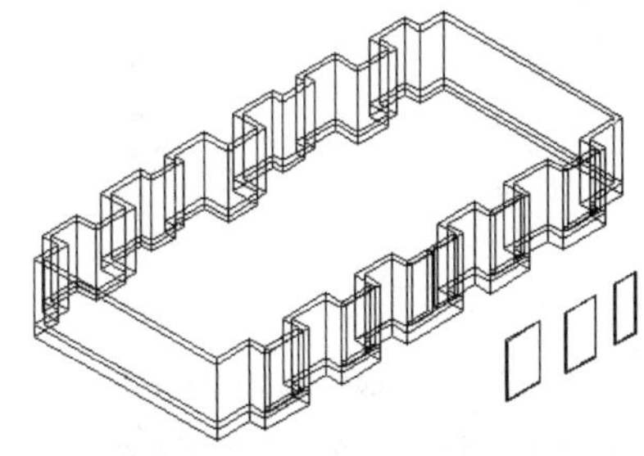

图 11–77　三维镜像复制实体

10 单击“建模”工具栏中的“差集”按钮，将 6 个长方体从楼层的实体中减去，减出阳台，如图 11–78 所示。

在该对话框中设置表格的类型。

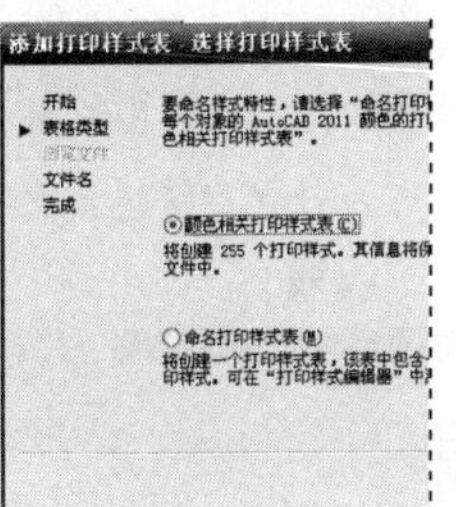

（4）选择表类型单选按钮后，单击“下一步”按钮，进入“添加打印样式表–文件名”对话框，在这里可以为所建立的打印样式表指定名称，该名称将作为所建立的打印样式的标记名。

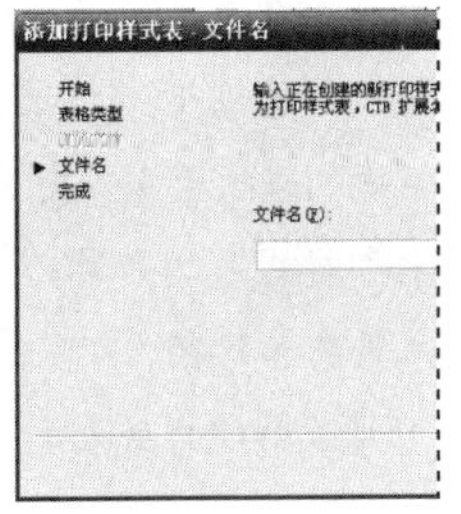

（5）输入名称后单击“下一步”按钮，进入“添加打印样式表-完成”对话框，单击“完成”按钮就将打印样式添加完毕。

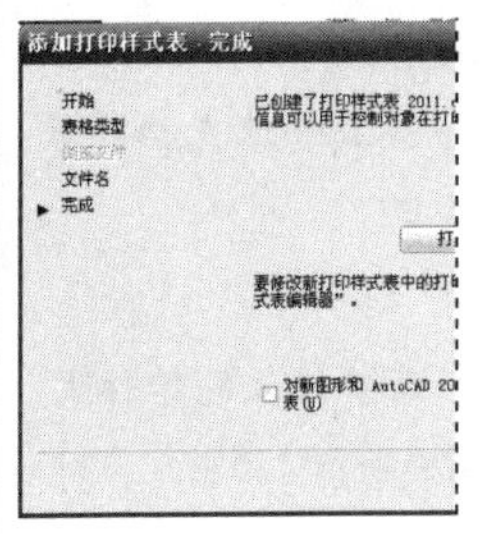

相关知识　**编辑打印样式表**

编辑打印样式表可以添加、删除和重命名打印样式，并且可以编辑打印样式表中的打印样式参数。

在“Plot Styles”窗口中，选择一个“.CTB”文件图标并双击，即可打开“打印样式表编辑器”对话框。

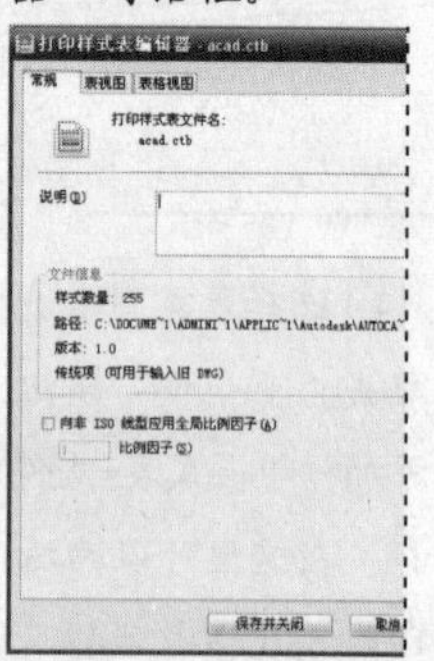

在“打印样式表编辑器”对话框中，可以分为常规、表视图和表格视图 3 个选项卡。

1. “常规”选项卡

在“常规”选项卡中，提供了当前打印样式表的名称、说明、版本信息和路径，可以在对话框中修改打印样式表的说明信息，也可以在非 ISO 直线和填充图案上应用缩放比例。

2. “表视图”选项卡

“表视图”选项卡提供了打印颜色、指定的笔号、淡显、线型、线宽、线条端点样式、线条连接样式和填充样式等选项的设置。

使用“表视图”进行编辑时，在需要修改的特性上单击，该属性框可弹出下拉列表框或者变成输入文本框，可以对其属性值进行修改。

3. “表格视图”选项卡

“表格视图”选项卡的选项内容与表视图基本相同。

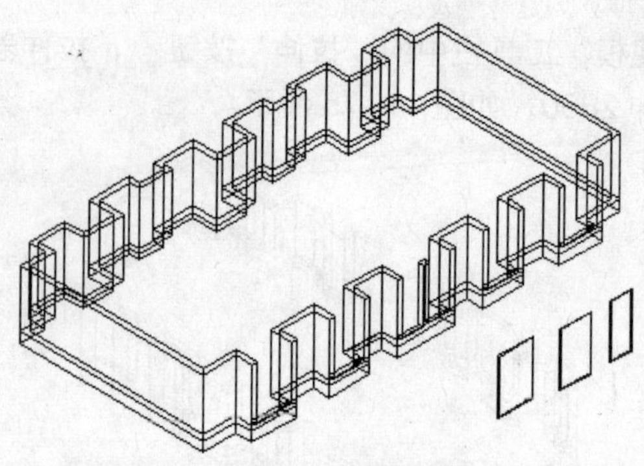

图 11-78 从楼层中减去实体

11 单击“修改”工具栏中的“移动”按钮，将阳台按上落地玻璃窗，把 3 个宽为 50 的长方体移动到图形中，并三维镜像复制长方体，如图 11-79 所示。

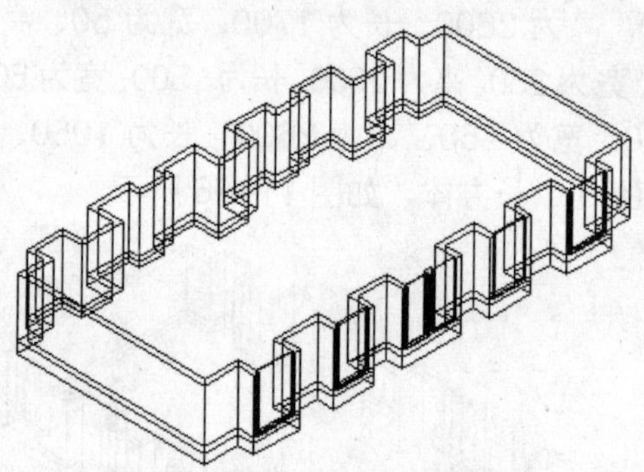

图 11-79 三维镜像复制实体

12 单击“建模”工具栏中的“长方体”按钮，分别绘制长为 1300、宽为 250、高为 1500 和长为 1300、宽为 50、高为 1500 的两个长方体，如图 11-80 所示。

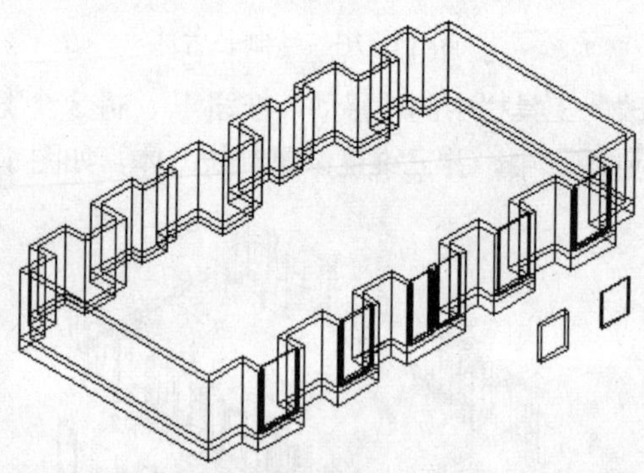

图 11-80 绘制长方体

13 单击“修改”工具栏中的“移动”按钮，将宽为 250 的长方体移动到图形中，并复制长方体到其他窗户的位置上，可以配合三维旋转和移动辅助此步骤，如图 11-81 所示。

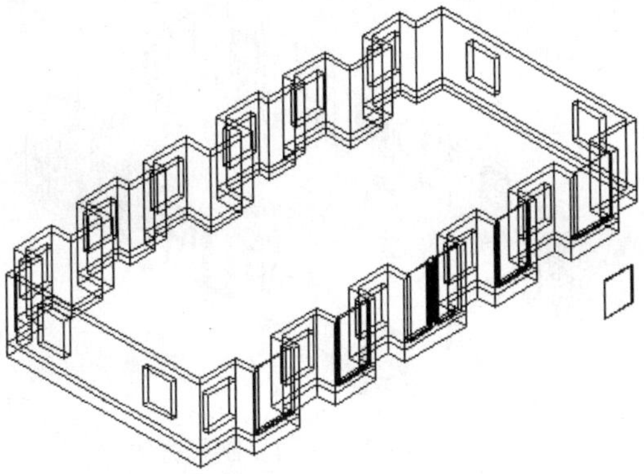

图 11-81　复制长方体

14 选择侧面的 4 个长方体，通过蓝色夹点，缩小 1300 尺寸到 600，如图 11-82 所示。

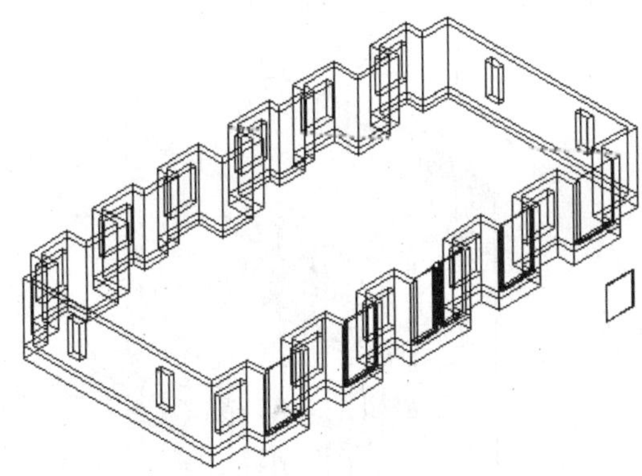

图 11-82　调整长方体

15 单击“建模”工具栏中的“差集”按钮，从楼层的实体中减去之前移动复制的长方体，减出窗户，如图 11-83 所示。

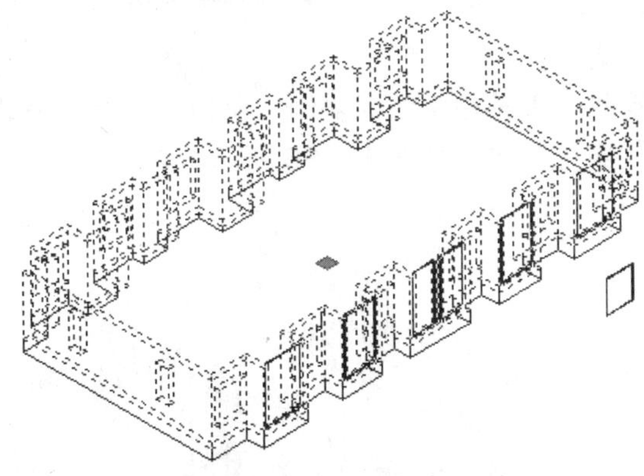

图 11-83　差集实体

16 单击“修改”工具栏中的“移动”按钮和“复制”按钮，将玻璃窗按到窗口上，把宽为 50 的长方体移动到图形中，如图 11-84 所示。

使用“表格视图”进行编辑的操作相对于“表视图”的操作要简单，系统在对话框中每一种颜色所要设计的颜色特性，可以对所需要的特性值进行修改。

相关知识　**什么是发布**

发布提供了一种简单的方法来创建图样图形集或电子图形集。电子图形集是打印的图形集的数字形式。通过将图形发布至 Design Web Format（DWF）文件来创建电子图形集。

相关知识　**创建图样集**

可以使用“创建图样集”向导来创建图样集。在向导中，可以为现有图形从头开始创建图样集，也可以使用图样集样例作为样板进行创建。指定的图形文件的布局将输入图样集中，用于定义图样集的关联和信息存储在图样集数据（DST）文件中。

在使用“创建图样集”向导创建新的图样集时，将创建新的文件夹 AutoCAD Sheet Sets 作为图样集的默认存储位置，位于“我的文档”文件夹中。用户可以修改图样集文件的默认位置，但是最好将 DST 文件和项目文件存储在一起。

在“创建图样集”向导中，选择从图样集样例创建图样集时，该样例将提供新图样集的组织结构和默认设置。用户还可以指定根据图样集的子集存储路径创建文件夹。

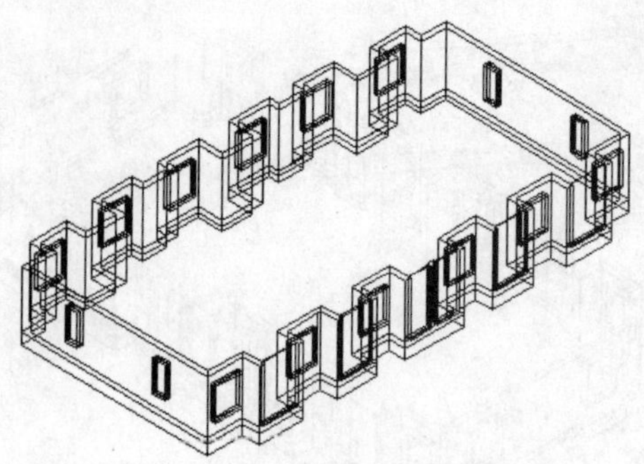

图 11-84 移动复制长方体

实例 11-5 说明

- 知识点：
  - 复制
  - 长方体
  - 差集
- 视频教程：
  光盘\教学\第 11 章 建筑公共设施
- 效果文件：
  光盘\素材和效果\11\效果\11-5.dwg
- 实例演示：
  光盘\实例\第 11 章\绘制中间层

实例 11-5 绘制板楼中间层

本实例主要应用了复制、长方体、差集等功能。实例效果如图 11-85 所示。

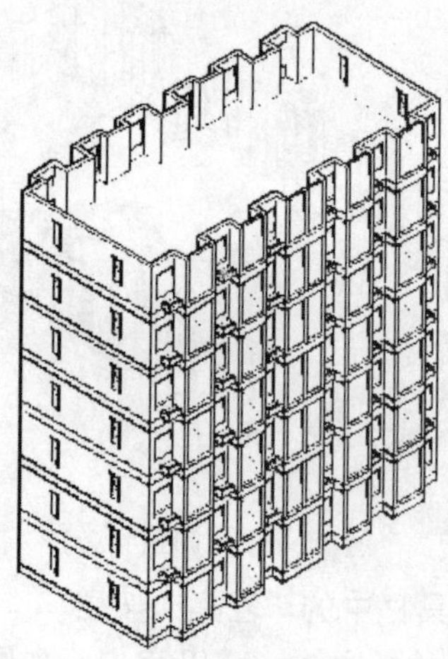

图 11-85 板楼中间层效果图

重点提示 创建图样集时的要点

创建图样集需要注意以下几点：

- 合并图形文件：将要在图样集中使用的图形文件移动到几个文件夹中，以简化图样集的管理。
- 避免多个布局选项卡：要在图样集中使用的图形文件只应包含一个布局。在多用户访问的情况下，一次只能在一个图形中打开一张图样。

操作步骤

1 单击“修改”工具栏中的“复制”按钮，将底层向上复制一层，代表第二层，如图 11-86 所示。

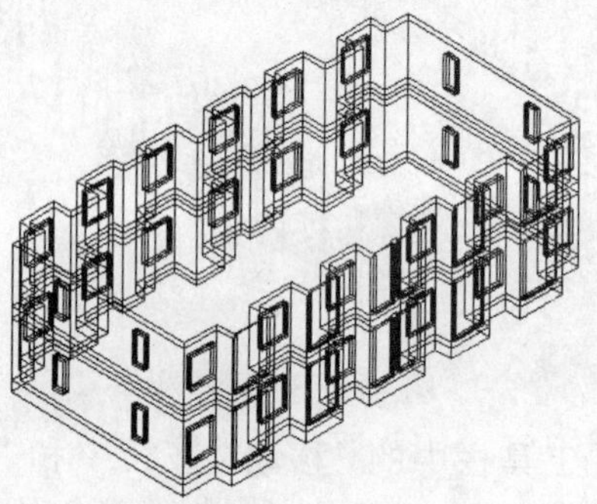

图 11-86 复制楼层

2 单击“建模”工具栏中的“长方体”按钮，分别绘制长为900、宽为600、高为300和长为700、宽为500、高为100的两个长方体，如图11-87所示。

3 单击“修改”工具栏中的“移动”按钮，两个长方体组合起来，如图11-88所示。

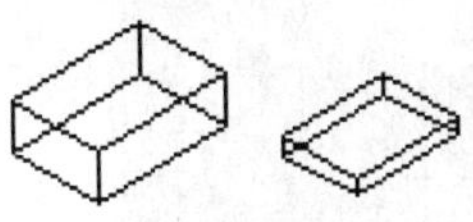

图11-87 绘制长方体

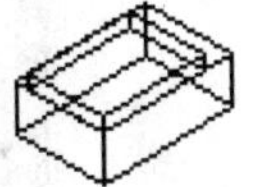

图11-88 移动长方体

4 单击“建模”工具栏中的“差集”按钮，绘制空调平台，大长方体减去小长方体，如图11-89所示。

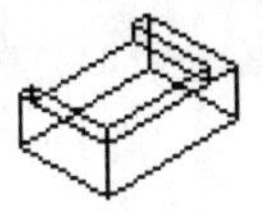

图11-89 差集实体

5 单击“修改”工具栏中的“移动”按钮和“复制”按钮，将实体移动到第二层的图形中，如图11-90所示。

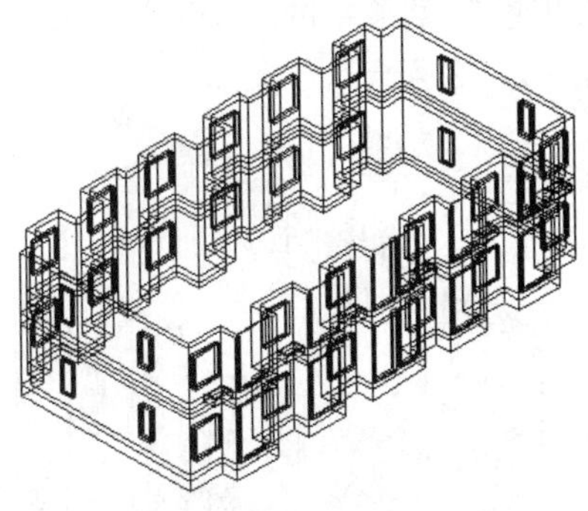

图11-90 移动复制长方体

6 单击“建模”工具栏中的“并集”按钮，将第二楼层和空调平台相加，如图11-91所示。

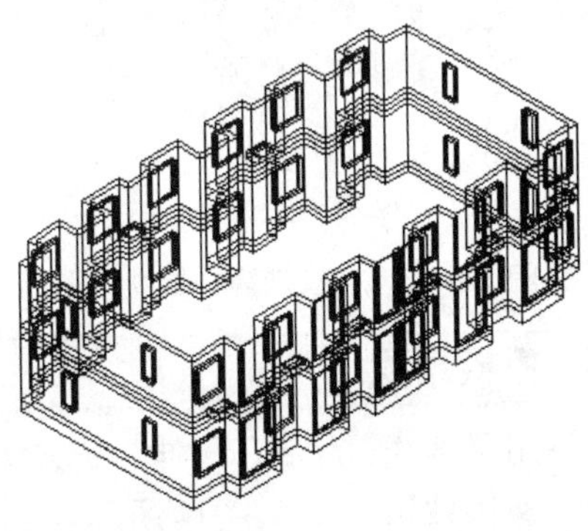

图11-91 并集实体

- 创建图样创建样板：创建或指定图样集用来创建新图样的图形样板（DWT）文件。该图形样板文件称作图样创建样板。在“图样集特性”对话框或“子集特性”对话框中指定该样板文件。
- 创建页面设置替代文件：创建或指定DWT文件来存储页面设置，以便打印和发布。该文件称作页面设置替代文件，可用于将一种页面设置应用到图样集中的所有图样，并替代存储在每一个图形中的各个页面设置。

相关知识 编辑图样集

编辑图样集可以合并要发布到绘图仪、打印文件或DWF文件的图样集合，可以为特定用户自定义图形集也可以随着项目的进展添加、删除、重排序、复制和重命名图形集中的图样。

可以将图样集直接发布至图样，或发布至可以使用电子邮件、FTP站点、工程网站或CD进行发布的单个或多个DWF文件。

相关知识 发布电子图样集

用户将图样合并为一个自定义的电子图形集即可发布Web图形格式的电子图形集。

电子图形集是打印的图形集的数字形式，它保存为单个的多页“.DWF”文件，可以由不同的用户共享。可以以电子邮件附件的形式发送电子图形集，也可以通过工程协作站点共享电子图形集，或者将其发布到网上。

发布操作将生成 DWF6 文件，这些文件是以给予适当的格式创建的，这种格式可以保证精确性。可以使用免费的 DWF 文件查看器查看或打印 DWF 文件。DWF 文件可以通过电子邮件、FTP 站点、工程网站或者 CD 等形式发布。

发布至 DWF 文件时，应使用 DWF6 ePlot.pc3 绘图仪配置文件。用户可以使用安装时选择的默认 DWF6 ePlot.pc3 绘图仪驱动程序，也可以修改配置设置，如颜色深度、显示精度、文件压缩、字体处理等选项。

操作技巧 发布的操作方法

可以通过以下3种方法来执行“发布”操作：

- 选择“文件”→“发布”菜单命令。
- 单击“标准”工具栏中的“发布”按钮。
- 在命令行中输入“publish”后，按回车键。

7 单击“修改”工具栏中的“复制”按钮，将第二层向上复制 5 层，如图 11-92 所示。

图 11-92　复制楼层

8 复制后的图形由于线段太多，严重影响了观察和继续绘图。所以，选择“视图”菜单中的“消隐”命令，调整图形的视觉效果，如图 11-93 所示。

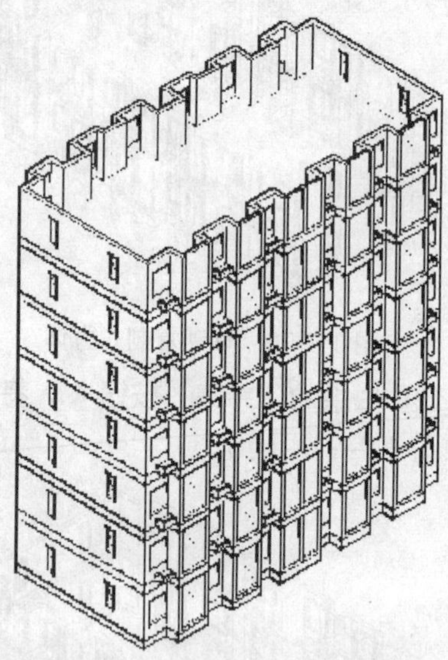

图 11-93　切换消隐样式观察图形

实例 11-6 绘制板楼顶层

本实例主要应用了直线、复制、拉伸、长方体、圆柱体、剖切、并集等功能。实例效果如图 11-94 所示。

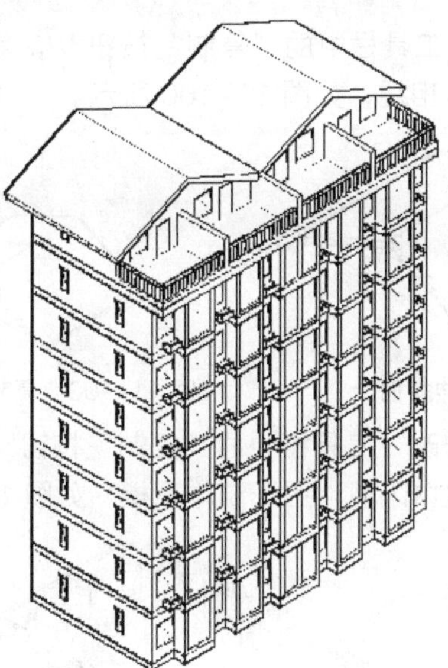

图 11–94　板楼顶层效果图

操作步骤

1 单击“绘图”工具栏中的“直线”按钮，在空白处绘制长为 5500 的直线，再向上绘制长为 2500 的直线，然后连接线段的起点形成一个三角形，如图 11–95 所示。

2 选择“修改”菜单中“三维操作”子菜单中的“三维镜像”命令，以线段 2500 为镜像面的两点，镜像复制另外两条线段，再删除线段 2500，如图 11–96 所示。

图 11–95　绘制线段

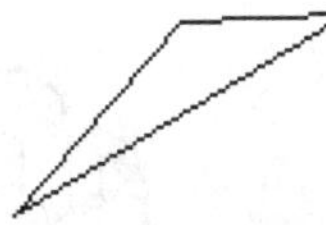

图 11–96　三维镜像复制线段并删除线段 2500

3 单击“修改”工具栏中的“复制”按钮，将剩余线段向右下极轴复制 8500，如图 11–97 所示。

4 单击“绘图”工具栏中的“直线”按钮，绘制连线，连接两个三角形，如图 11–98 所示。

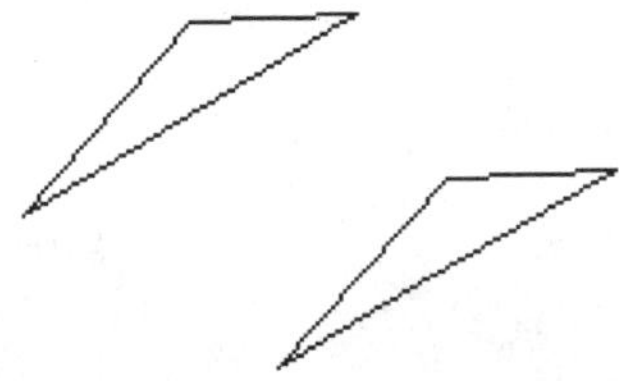

图 11–97　复制线段

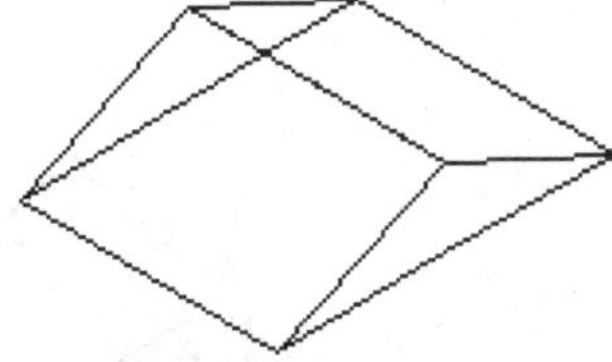

图 11–98　绘制连线

5 单击“绘图”工具栏中的“面域”按钮，创建两个斜面，然后将面向下拉伸 350，如图 11–99 所示。

实例 11-6 说明

知识点：

- 直线
- 复制
- 拉伸
- 长方体
- 圆柱体
- 剖切
- 并集

视频教程：

光盘\教学\第 11 章 建筑公共设施

效果文件：

光盘\素材和效果\11\效果\11-6.dwg

实例演示：

光盘\实例\第 11 章\绘制顶层

相关知识　“发布”对话框设置

在执行以上任意一种操作后，都可以打开“发布”对话框。

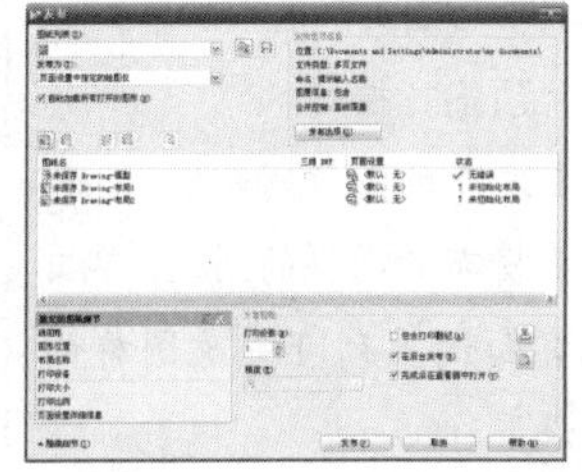

该对话框中的各个选项功能如下：

- “图纸列表”选项组：显示当前图形集(DSD)或批处理打印(BP3)文件。
- “发布为”选项组：定义发布图样列表的方式。可以发布为多页 DWF、DWFx 或 PDF 文件，也可以发布到页面设置中指定的绘图仪。

- “自动加载所有打开的图形”复选框：选中此复选框后，所有打开文档的内容将自动加载到发布列表中。
- “发布选项信息”选项组：显示发布图形的选项信息，单击“发布选项”按钮，可以打开“发布选项”对话框，用于设置发布选项时的各项参数设置。

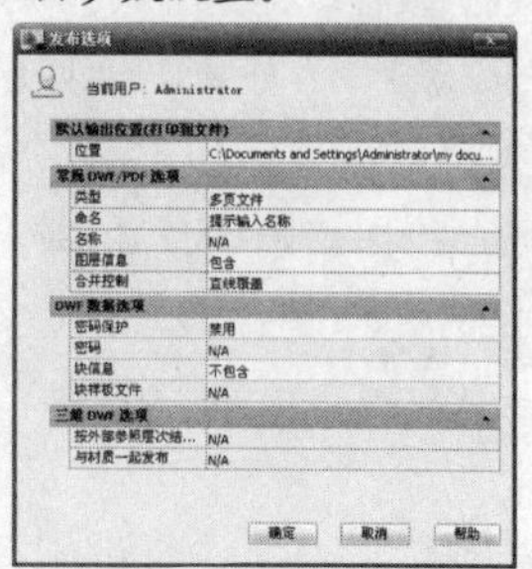

- 图纸列表按钮：图纸列表按钮共有五个按钮。
  - “添加图样”按钮
  - “删除图样”按钮
  - “上移图样”按钮
  - “下移图样”按钮
  - “预览”按钮
- 要发布的图样列表框：包含要发布的图样的列表。单击页面设置列可更改图样的设置。
- 选定的图样细节：显示选定页面设置的以下有关信息：打印设备、打印尺寸、打印比例和详细信息。
- 发布控制：用于设置发布时的一些用户设置，如打印份数、精度等。

相关知识 **“打印戳记”对话框设置**

在“发布”对话框中，单击

6 单击“修改”工具栏中的“复制”按钮，复制屋顶斜坡，再将 4 个实体相加，如图 11–100 所示。

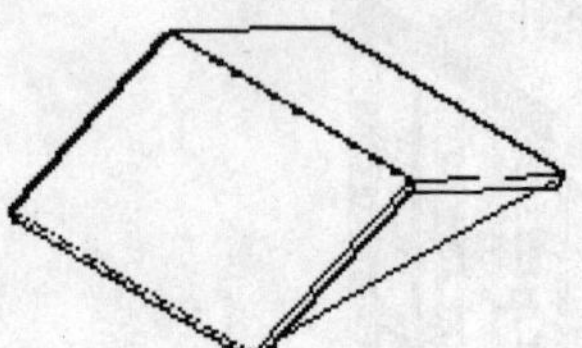

图 11–99 拉伸斜面

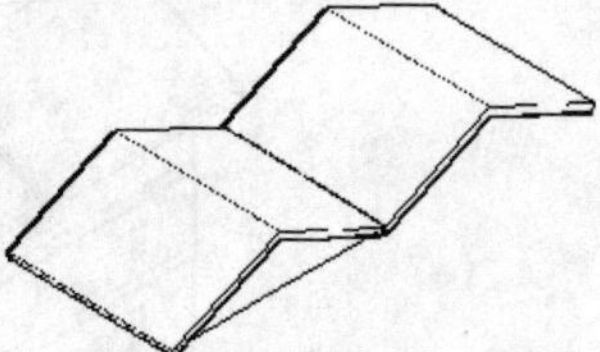

图 11–100 复制屋顶斜坡并相加

7 再次单击“修改”工具栏中的“复制”按钮，复制一个楼层到图形外空白区域，用于制作顶楼，如图 11–101 所示。

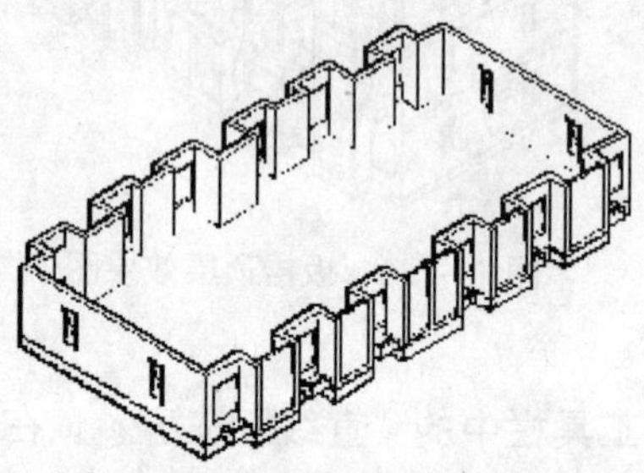

图 11–101 复制楼层

8 选择“修改”菜单中“三维操作”子菜单中的“剖切”命令，从侧边第二个窗户开始垂直剖切楼房实体，如图 11–102 所示。

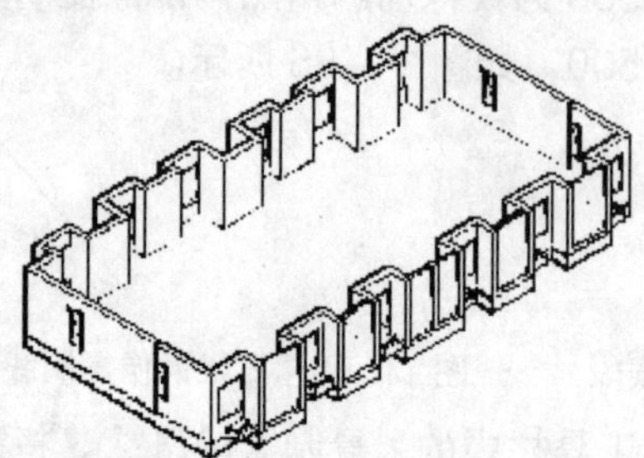

图 11–102 剖切楼层

9 单击“修改”工具栏中的“删除”按钮，删除右下部分实体，如图 11–103 所示。

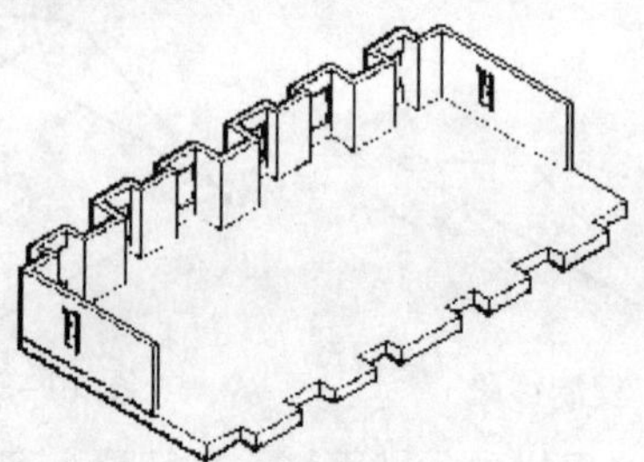

图 11–103 删除部分实体

10 选择“修改”菜单中“实体编辑”子菜单中的“拉伸面”命令，将右下楼层平面的凹凸部分补齐，如图 11–104 所示。

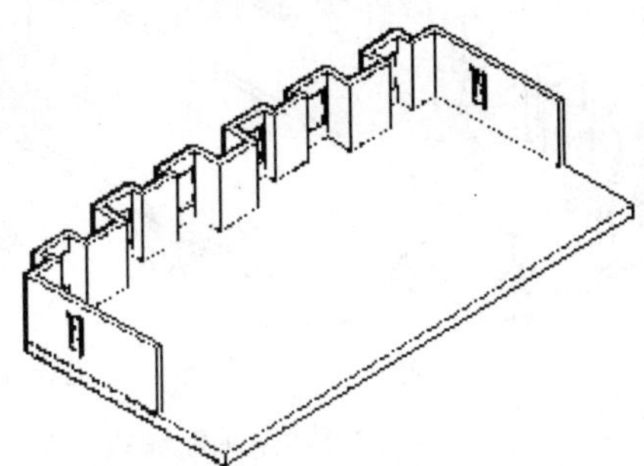

图 11–104　拉伸凹面

11 单击“建模”工具栏中的“长方体”按钮，绘制一个长为 20400、宽为 250，高为 2800 的长方体，如图 11–105 所示。

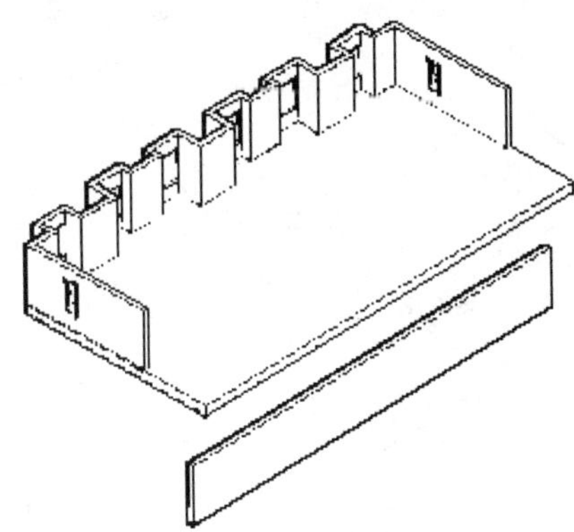

图 11–105　绘制长方体

12 单击“修改”工具栏中的“移动”按钮，将绘制的长方体移动到图形中，并与同一楼层的墙面并集，如图 11–106 所示。

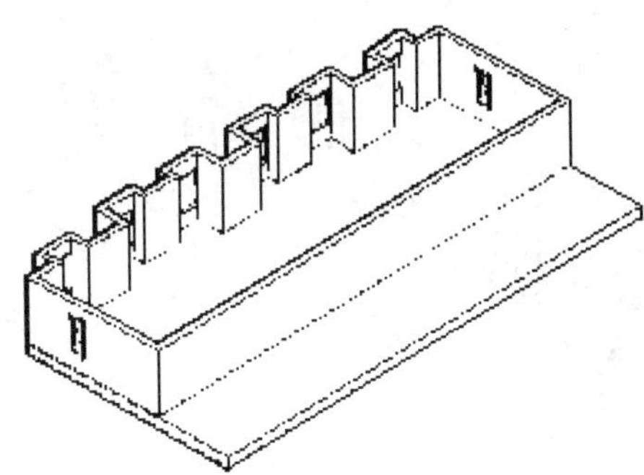

图 11–106　移动并并集实体

13 单击“绘图”工具栏中的“直线”按钮，绘制辅助线段，从楼房的角点为起点，向上绘制 2000，再向左下极轴绘制 550，再向右下极轴绘制 500，如图 11–107 所示。

“打印戳记设置”按钮，可以打开“打印戳记”对话框。

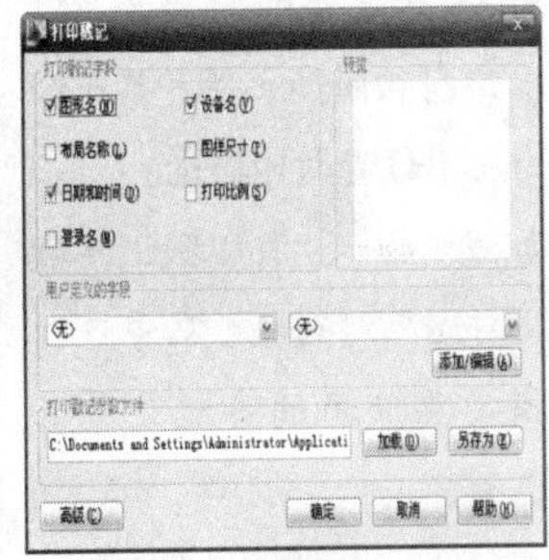

该对话框中的各个选项功能如下：

- “图形名”复选框：在打印戳记信息中包含图形名称和路径。
- “布局名称”复选框：在打印戳记信息中包含布局名称。
- “日期和时间”复选框：在打印戳记信息中包含日期和时间。
- “登录名”复选框：在打印戳记信息中包含 Windows 登录名（Windows 登录名包含在 LOGNNAME 系统变量中）。
- “图样尺寸”复选框：在打印戳记信息中包含当前配置的打印设备的图样尺寸。
- “打印比例”复选框：在打印戳记信息中包含打印比例。
- “预览”显示框：提供打印戳记位置的直观显示。不能使用其他方法预览打印戳记，这个预览栏也不是对打印戳记内容的预览。
- “用户定义的字段”选项组：提供打印时，可选作打印、记录或者既打印又有记录的文字。每一个用户定义列表中选择的值都会被打印。
- “添加/编辑”选项组：显示“用户定义的字段”对话框，从中可以添加、编辑或删除用户定义的字段。

- 打印戳记参数文件：将打印戳记信息存储在扩展名为.pss 的文件中。多个用户可以访问相同的文件并基于公司标准设置打印戳记。
- 加载：显示“打印戳记参数文件名”对话框，从中可以指定要使用的参数文件的位置。

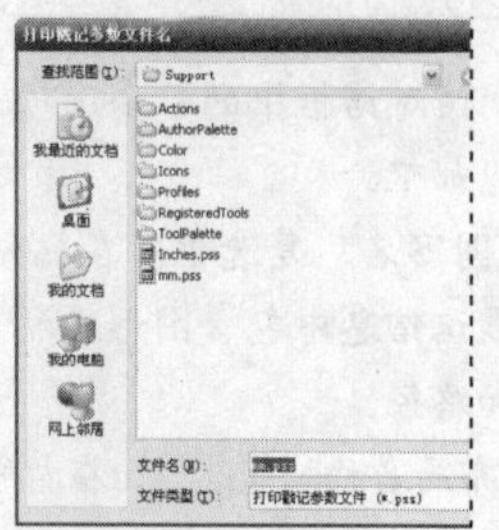

- 另存为：在新参数文件中保存当前打印戳记设置。
- “高级”按钮：单击该按钮即可打开“高级选项”对话框，在该对话框中设置打印戳记的位置、文字特性和单位，也可以创建日志文件并指定它的位置。

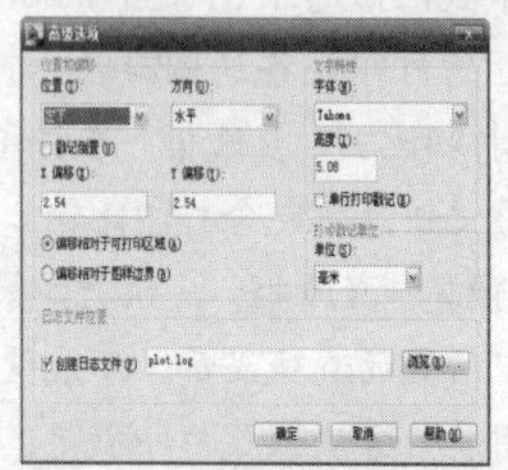

重点提示 打印戳记文件

AutoCAD 提供了两个 PSS 文件，即 Mm.pss 和 Inches.pss 文件，这两个文件位于 AutoCAD 的 Support 文件夹中。初始默认打印戳记参数文件名由安装 AutoCAD 时操作系统的区域设置确定。

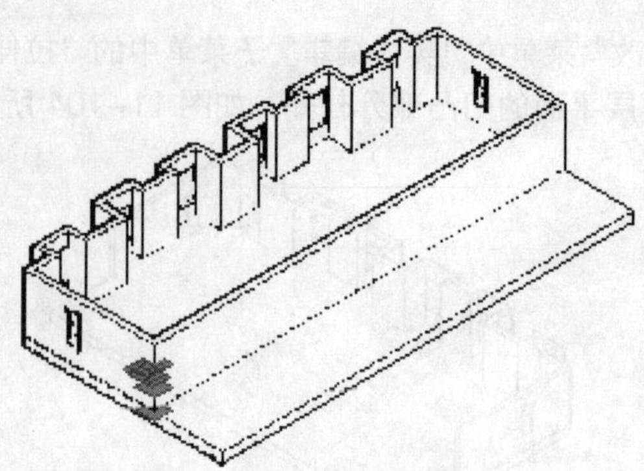

图 11–107 绘制辅助线段

14 单击“修改”工具栏中的“移动”按钮，将楼顶的斜坡实体移动到图形中，如图 11–108 所示。

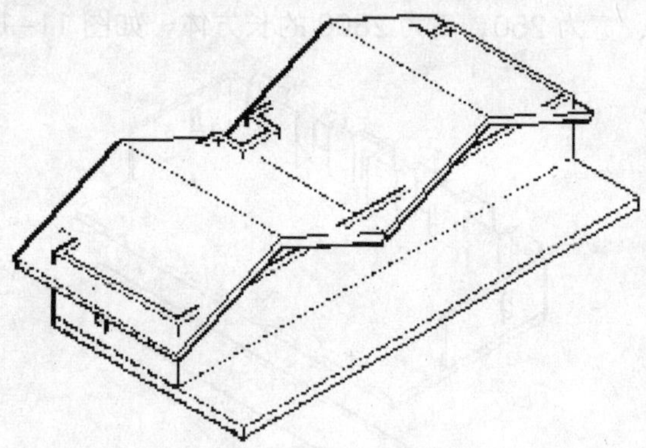

图 11–108 移动斜坡实体

15 选择“视图”菜单中“视觉样式”子菜单中的“二维线框”命令，调整视图观察样式，可以看到实体下面的隐藏线段和图形，如图 11–109 所示。

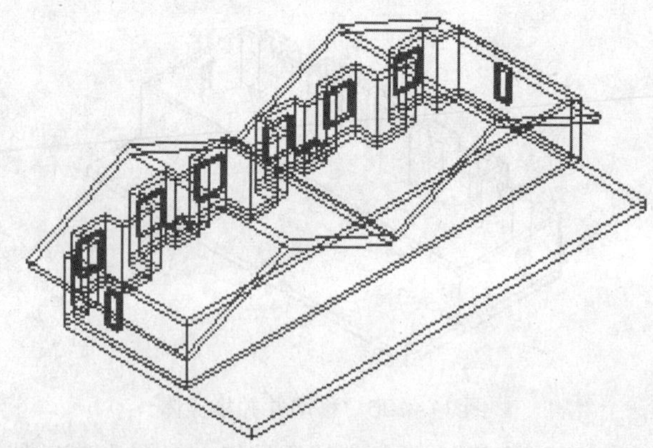

图 11–109 调整视图样式

16 选择“修改”菜单中“实体编辑”子菜单中的“拉伸面”命令，拉伸楼房的高度为 2000，如图 11–110 所示。

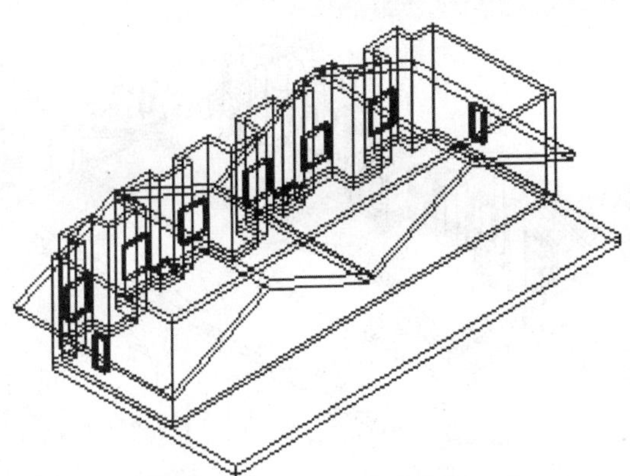

图 11-110　拉伸楼房实体

17 选择“修改”菜单中“三维操作”子菜单中的“剖切”命令，以顶部斜面实体的下面各个顶点剖切拉伸高出的楼房墙面。此步骤要反复多次，再删除剖切后高出房顶的实体，如图 11-111 所示。

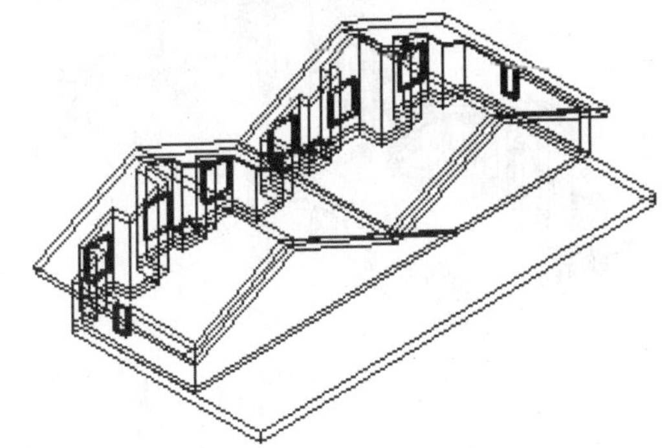

图 11-111　剖切楼房并删除部分实体

18 单击“建模”工具栏中的“并集”按钮，合并剖切后余下的墙面实体，如图 11-112 所示。

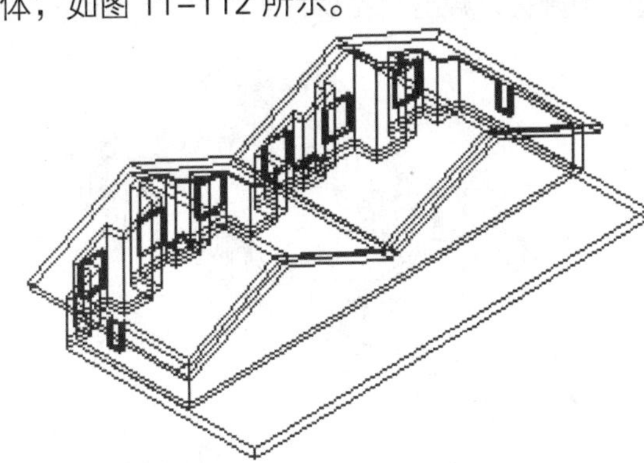

图 11-112　并集剩余的墙面实体

19 单击“建模”工具栏中的“长方体”按钮，绘制长为 1000、宽为 250、高为 2100，长为 1000、宽为 150、高为 2100，长为 1300、宽为 250、高为 1500，长为 1300、宽为 50、高为 1500，的 4 个长方体，如图 11-113 所示。

相关知识　发布三维 DWF

使用三维 DWF 发布，可以创建和发布三维模型的 Design Web Format 文件。作为 AutoCAD 中的技术预览，3DDWFPUBLISH 命令是所有网络安装中的默认功能，在单机版安装中则是可选功能。使用三维 DWF 发布，可以生成三维模型的 DWF 文件，它的视觉逼真度几乎与原始 DWG 文件相同。三维 DWF 发布将创建单页 DWF 文件，其中只包含模型空间对象。对三维 DWF 发布功能的访问仅限于命令行交互。但是作为技术预览，存在一些已知的局限性。

三维 DWF 文件的接收者可以使用 Autodesk DWF Viewer 查看和打印它们。

疑难解答　为什么打印出的字体是空心的

打印出空心的字体是因为设置存在问题。在命令行输入“textfill”命令，值为 0 则字体为空心，值为 1 则字体为实心。

疑难解答　为什么打印时，图样上有的线段却没打印出来

出现这种情况是由于线条的图层设置存在问题。在图层中，Defpoints（定义点）层的线条和被冻结的图层的线条都无法打印出来。

解决方法：如果要打印的线条处在定义点图层中，将其变换到其他相应的图层即可；若要打印线条的图层被冻结，将其所在的图层解冻即可。

疑难解答 **模型空间和图样空间的区别**

模型空间是用于绘制图形的，图样空间是设置图形的打印输出。可以说，“图样空间”是为图样打印输出量身定做的，因为很多打印功能在“模型空间”里面基本难以实现。

建筑知识 **什么是飘窗**

飘窗是在房子的窗户处向外凸出一个平台，再用大块的玻璃封闭窗口，这样既保持了窗子的公用，又扩展是视野。

由于规定，层高 2.2 m 以上的建筑单位才算面积，所以飘窗一般不算房屋的面积中。

1. 优点：

- 增加了房子的采光。

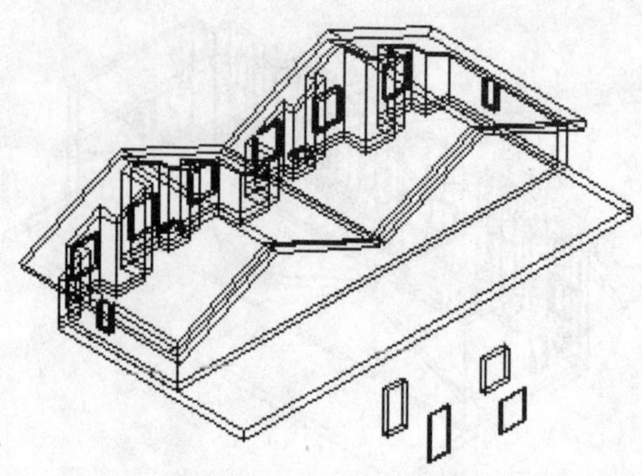

图 11-113　绘制长方体

20 单击“修改”工具栏中的“移动”按钮和“复制”按钮，将宽为 250 的长方体移动到图形中并复制，如图 11-114 所示。

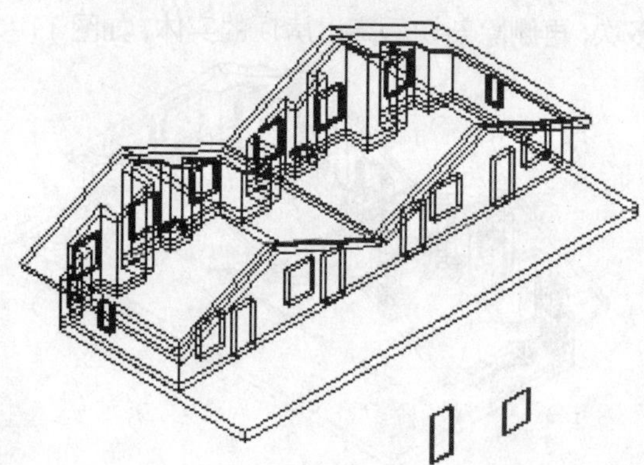

图 11-114　移动并复制长方体

21 单击“建模”工具栏中的“差集”按钮，将移动和复制的长方体从墙体中减去，减出门和窗户的位置，如图 11-115 所示。

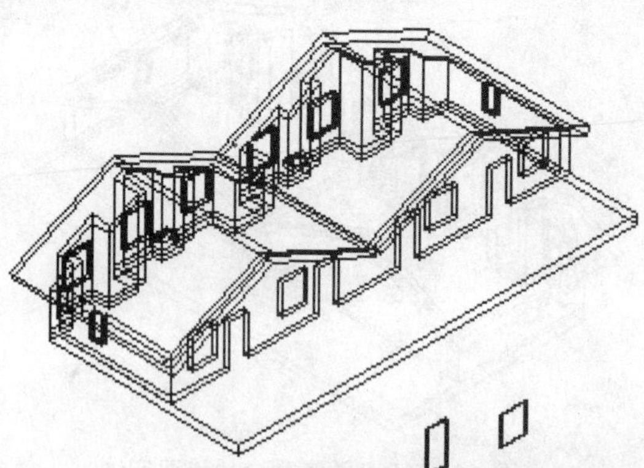

图 11-115　差集实体

22 单击“修改”工具栏中的“移动”按钮和“复制”按钮，将宽为 150 的门和宽 50 的窗户移动到图形中并复制，如图 11-116 所示。

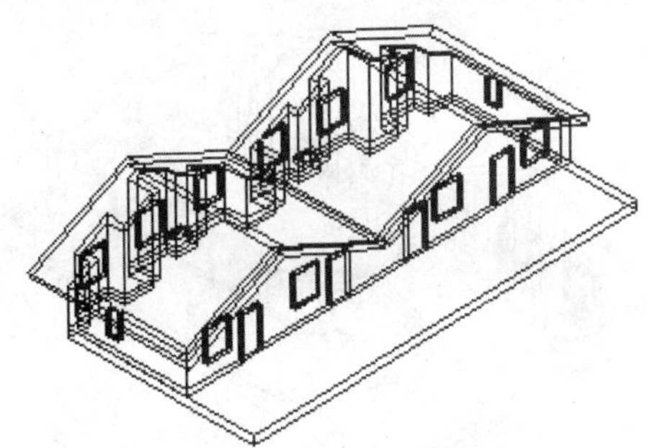

图 11-116　移动并复制门窗

23 单击“建模”工具栏中的“长方体”按钮，绘制两个长为 250、宽为 3550、高为 350 的长方体，一个长为 20400、宽为 250、高为 350 的长方体，一个长为 350、宽为 3500、高为 2000 的长方体，如图 11-117 所示。

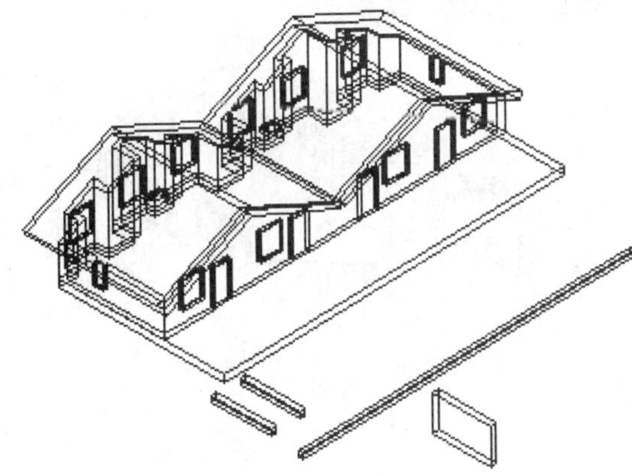

图 11-117　绘制长方体

24 单击“修改”工具栏中的“移动”按钮和“复制”按钮，将阳台的隔断墙移动到图形中并复制，如图 11-118 所示。

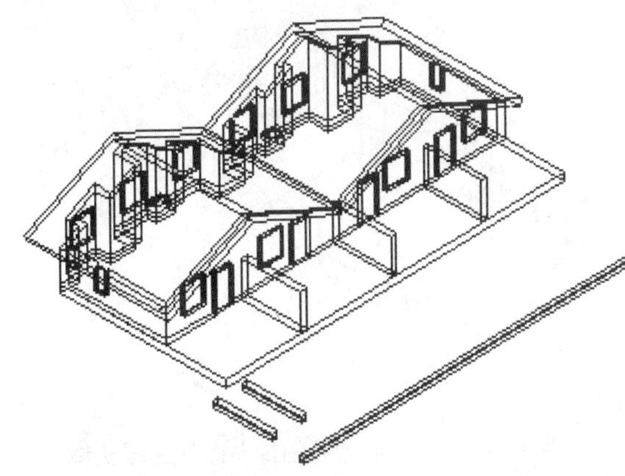

图 11-118　移动并复制隔断墙

25 单击“修改”工具栏中的“移动”按钮，将阳台的围栏石基移动到图形中，如图 11-119 所示。

- 价格便宜或免费。
- 扩宽了视野，尤其是高层建筑的房子。

2. 缺点：

- 对低层的用户，路人通过飘窗直接可以看到户内，让人感觉生活在别人的眼皮子底下，而拉上窗帘，采光效果又不好。
- 夏季时，光照时间过长，室内温度高，同时也增加空调的用电消耗。
- 冬季时，室内外温差大，保温效果不好。

建筑知识 **什么是落地窗**

落地窗一般是由地面到顶的窗户，这样的窗户没有凸出的平台，与飘窗相比，显得更加宽敞，采光效果也更好。

1. 优点：

- 增加了房子的采光，由于是落地样式，玻璃比飘窗的更大，采光效果也更好。
- 增加了室内空间，不占用面积。
- 扩宽了视野，尤其是高层建筑的房子。

2. 缺点：

与飘窗的缺点类同。

建筑知识 **什么是阳台**

阳台是起居室的延伸，提供一个临时性活动地方，也方便了生活，如晒衣服、种植花草、养宠物等。

阳台的样式一般可以分为悬挑式、嵌入式和转角式3种。

悬挑式：

嵌入式：

转角式：

建筑知识 **什么是露台**

露台是指顶层建筑中不带顶的阳台称为露台，露台的面积一般比较大。

在装修露台时，可以根据自己的需要，搭建小型室外休闲场所，也可以改建成阳光房等。

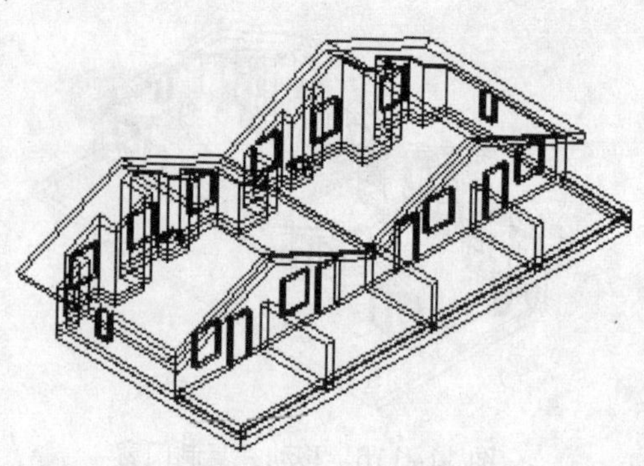

图 11-119　移动围栏石基

26 单击“绘图”工具栏中的“多段线”按钮，分别绘制长为3425、4550的线段，并倒圆角多段线之间的夹角，圆角半径为 100。由于基数太大，圆角在图中并不明显，这里将其省略，如图 11-120 所示。

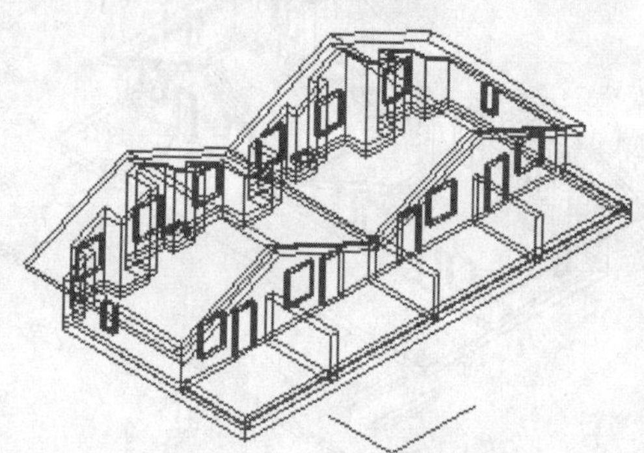

图 11-120　绘制多段线

27 单击“绘图”工具栏中的“圆”按钮，绘制一个半径为 50 的圆，然后用圆扫掠多段线，如图 11-121 所示。

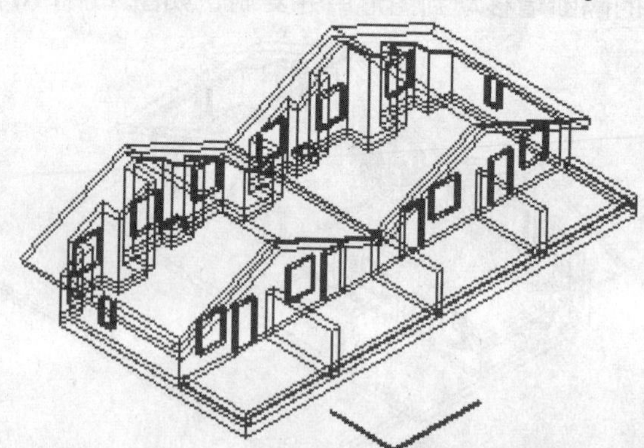

图 11-121　绘制圆并扫掠多段线生成实体

28 单击“建模”工具栏中的“圆柱体”按钮，绘制半径为 50、高度为 950 和半径为 50、高度为 5250 的两个圆柱体，并旋转高度为 5250 的圆柱体，如图 11-122 所示。

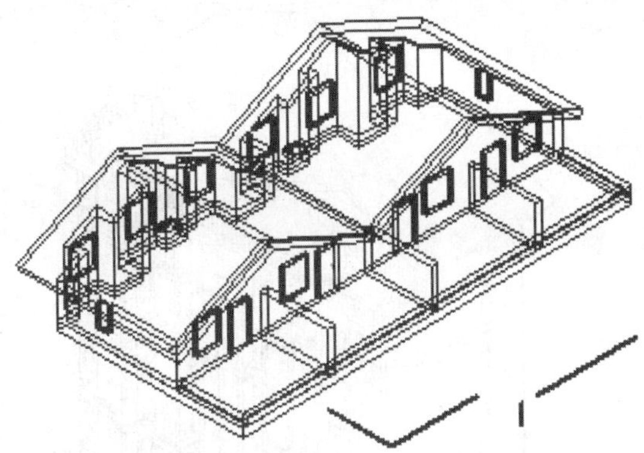

图 11-122　绘制圆柱体并三维旋转实体

29 单击“修改”工具栏中的“移动”按钮和“复制”按钮，将围栏的实体移动到图形中，并进行复制和三维镜像，如图 11-123 所示。

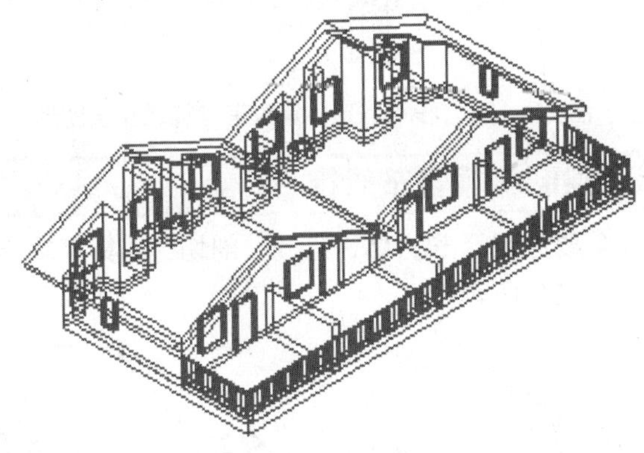

图 11-123　移动并复制围栏实体

30 单击“建模”工具栏中的“并集”按钮，顶层楼房的墙体与绘制的隔断和围栏实体相加，如图 11-124 所示。

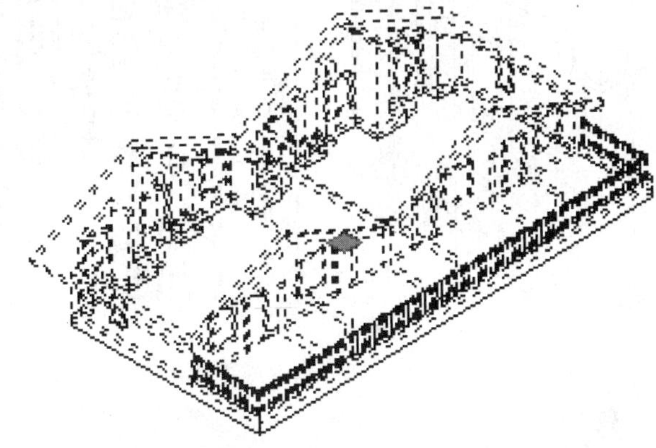

图 11-124　并集实体

31 单击“修改”工具栏中的“移动”按钮，将顶楼移动到整体图形中，并调整成消隐样式观察图形，如图 11-125 所示。

露台：

建筑知识　**装修材料**

建筑材料可以分为室内装修材料和室外装修材料。

1. 室内装修材料

室内装修材料大致可以分为有机材料、无机材料、复合材料 3 种。

- 有机材料：涂料（主要为油漆）、塑料、复合地板等。
- 无机材料：饰面玻璃、彩色水泥、瓷砖等。
- 复合材料：复合材料是指有机与无机复合型的装修材料，主要包括铝塑板、人造大理石等。

2. 室外装修材料

室内装修材料也同样适用于室外，但是其成分可能有所改变。此外，室外装修材料中石材的应用比重很大。

建筑知识　**瓷砖的挑选**

瓷砖的挑选也可以通过观、量、听、试 4 个步骤进行筛选。

1. 观

看瓷砖表面的色泽匀称，还要看表面的光洁度、平整度是否均匀，边角有无破损，图案是否完整等。

2. 量

丈量瓷砖边长精度，有利于节省铺砖的效率。

3. 听

听敲击瓷砖所发出的声音，用手指敲击瓷砖中下部，如果发出清脆、悦耳的响声为上品，如果发出的声音沉闷、滞浊为下品。

4. 试

做滴水实验，将水滴在瓷砖的背面，看水滴散开浸润的快慢。吸水速度越慢，说明瓷砖的密度大，为上品；吸水速度越快，瓷砖的密度稀疏，为下品。

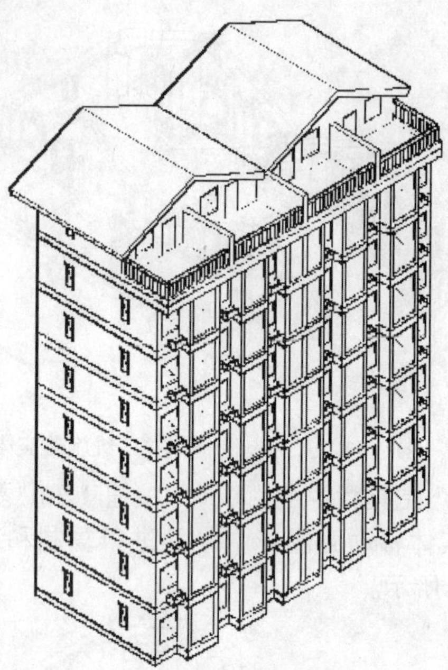

图 11-125　移动房顶并调整消隐样式观察图形

实例 11-7　绘制板楼细节修饰

本实例主要应用了长方体、移动、剖切、并集等功能。实例效果如图 11-126 所示。

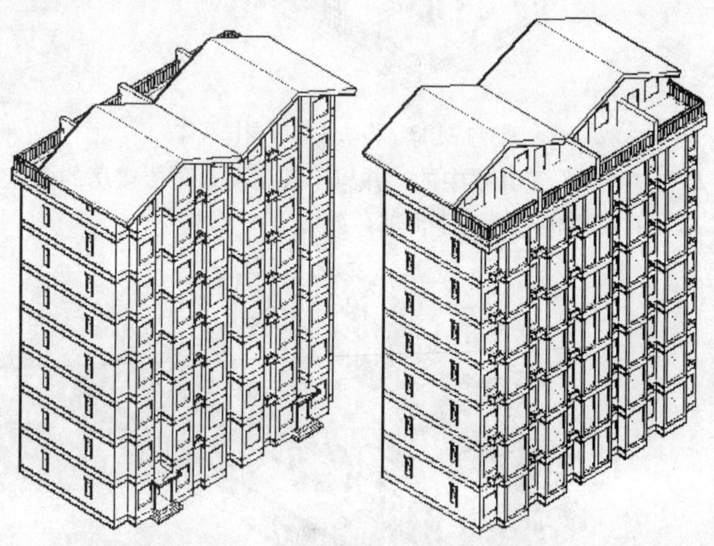

图 11-126　板楼细节修饰效果图

实例 11-7 说明

- 知识点：
  - 长方体
  - 移动
  - 剖切
  - 并集
- 视频教程：
  光盘\教学\第 11 章 建筑公共设施
- 效果文件：
  光盘\素材和效果\11\11-7.dwg
- 实例演示：
  光盘\实例\第 11 章\细节修饰

操作步骤

1 选择“视图”菜单中“三维视图”子菜单中的“西南等轴测”命令，调整视图角度，如图 11-127 所示。

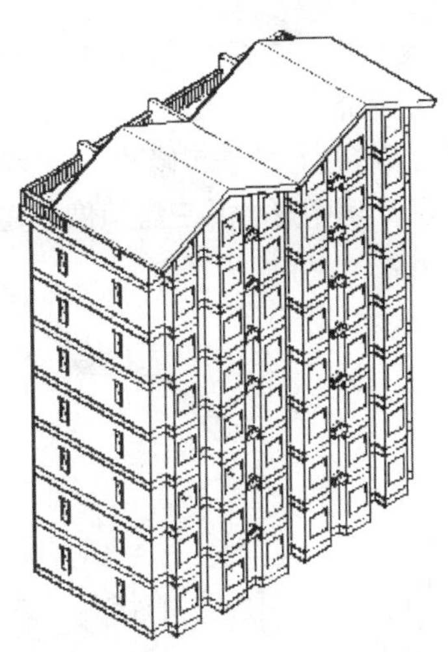

图 11-127 西南等轴测观察图形

2 将视觉样式调整成二维线框后，单击"建模"工具栏中的"长方体"按钮，分别绘制长为 2300、宽为 1800、高为 150，长为 1900、宽为 1600、高为 150，长为 1500、宽为 1400、高为 150，长为 150、宽为 900、高为 2300，长为 150、宽为 1200、高为 2300，长为 2100、宽为 1700、高为 50 的 6 个长方体，如图 11-128 所示。

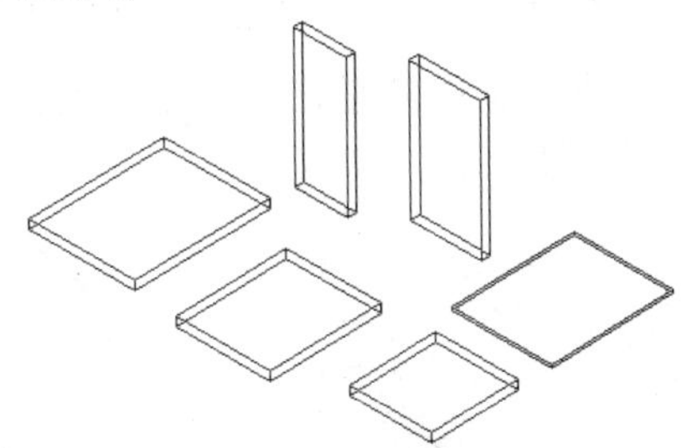

图 11-128 绘制长方体

3 单击"修改"工具栏中"移动"按钮，将几个实体组合起来，并集实体，如图 11-129 所示。

4 选择"修改"菜单中"三维操作"子菜单中的"剖切"命令，以实体的各个角点剖切多次，并删除多余实体，如图 11-130 所示。

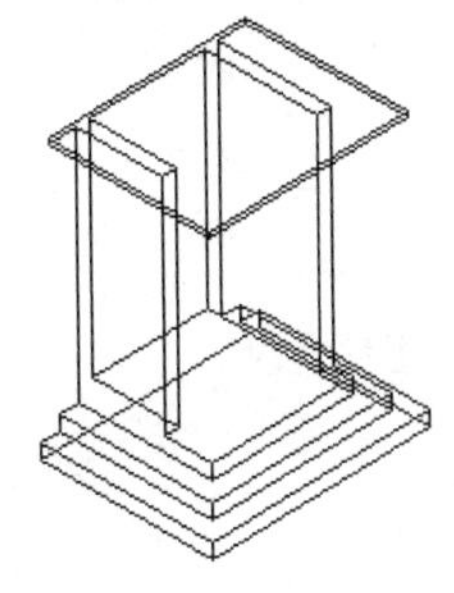

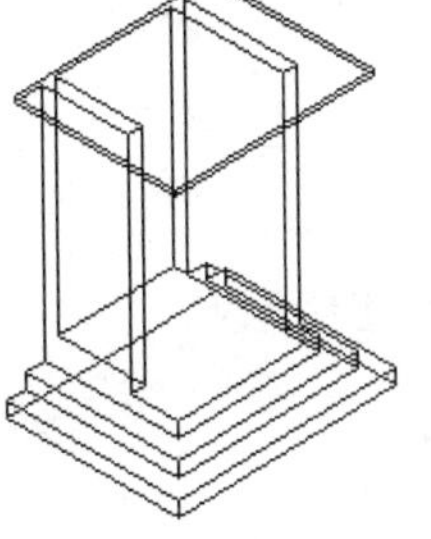

图 11-129 组合实体及并集实体

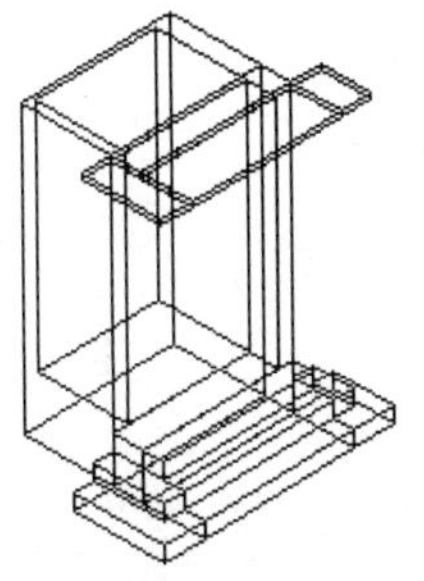

图 11-130 剖切并删除多余实体

建筑知识 **木地板的挑选**

挑选木地板时，要考虑木地板与墙壁颜色、家具色泽的搭配。同时还要考虑产品的耐久性和自己的经济能力。

在购买时，需要明确：

- 木地板的品种、花色、档次、价格和规格等。
- 木地板的质量以及保修承诺。
- 铺设方法。

另外，在铺设完地板后，要最少保养 24 小时，使木地板之间的胶结固化，使地板的使用寿命更加长久。

建筑知识 **木材的挑选**

在装修时，木材的使用量并不是太大，主要用在打造衣柜、橱柜等，也可以用做房间隔断上。

在挑选木材时，需要注意以下两点：

1. 木材的含水率

一般的木材含水率为 8%～12%，水分过多容易腐蚀木材，水分太少木材又容易开裂、起翘。测量木材的含水率有以下几种方法：

- 手掂法：用手掂量木材的分量，即使是两块相同的木材，含水率也是不一样的，含水率大的木材分量肯定会比较重一些。

- 手摸法：将手帖到木材表面感受潮湿度，潮湿度大的木材分量重。
- 敲钉法：在购买木料前，带一枚长钉，干燥的木料往往比较容易钉钉，潮湿度大的就刚好相反。

2. 体积的计量

在计算体积时，以木材的中间量计量。一些不法商家通过量最宽处检量，从而增加木材体积。

3. 挑纹理直的

在挑选木料时，尽量看清木料上是否带有裂缝、节子、虫眼等，这些都是次品木料上带的毛病。并且在挑选时，要挑纹理直的，这样易于加工，也可以保持在日常生活中家具不易变形。

4. 木料颜色

在做浅色家具时，不可用深色的木料，其次还要看木料的颜色是否正常，如局部呈淡黄色或白色，表示木质疏松，如果能用指甲划开或剥落，就不能使用。

5. 木料的存放

木料挑选好后，最好在通风干燥处存放，经过半年到一年自然风干后，才可使用，切忌不可存放在阳光下暴晒。

5 单击“建模”工具栏中“并集”按钮，将组合好的实体合并成新的实体，绘制单元门，如图 11-131 所示。

6 将视觉样式调整成消隐后，单击“修改”工具栏中的“移动”按钮，将单元门移动到图形中并三维镜像，如图 11-132 所示。

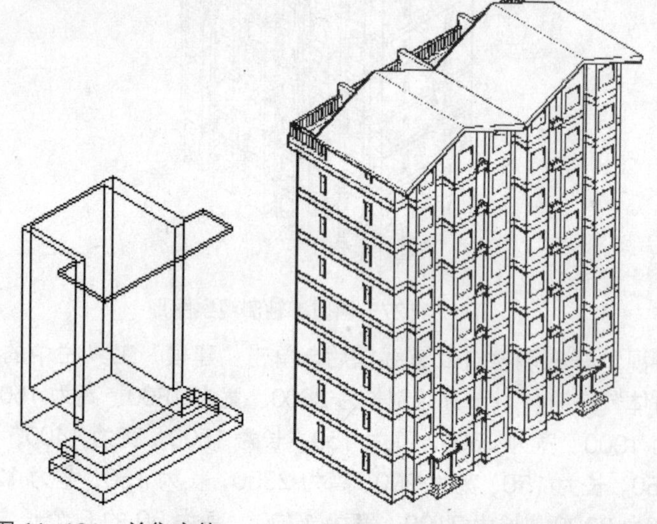

图 11-131　并集实体　　图 11-132　移动并复制单元门

7 单击“修改”工具栏中“复制”按钮，复制整个楼房实体。并使用三维旋转调整视图角度，这样就可以在一张图上同时看到楼房正反两个面，如图 11-133 所示。

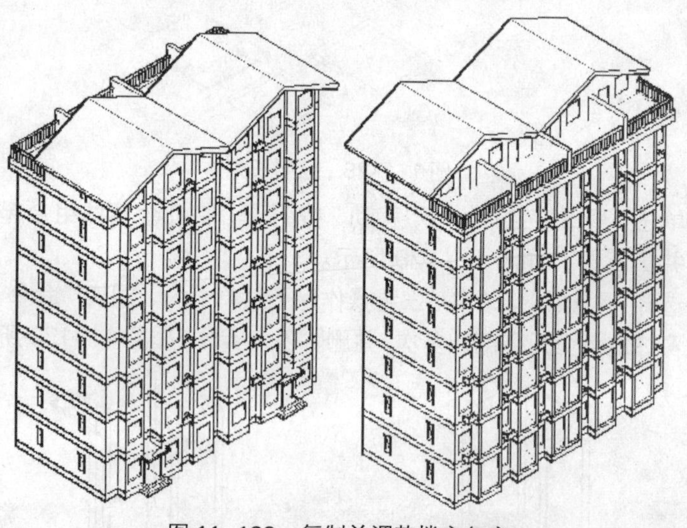

图 11-133　复制并调整楼房角度